国家出版基金项目
NATIONAL PUBLICATION FOUNDATION

"十三五"国家重点出版物
出版规划项目

中国农药研究与应用全书
Books of Pesticide Research and Application in China

农药制剂与加工

Pesticide Formulation and Production

任天瑞　戴 权　张 雷　主编

化学工业出版社
·北京·

本书在简述农药剂型加工相关知识的基础上，详细介绍了农药制剂研究方法以及农药制剂中的助剂、填料与溶剂，重点介绍了我国当前农药主要剂型，包括可湿性粉剂、颗粒剂、水分散粒剂、干悬浮剂、乳油、可溶液剂（水剂）、水乳剂、微乳剂、悬浮剂、悬乳剂、可分散油悬浮剂、微囊悬浮剂、悬浮种衣剂以及其他剂型［包含烟剂、泡腾剂、膏剂、热雾剂、水面扩散油（粉）剂、可乳化粉剂、水面飘浮性颗粒剂以及飞防制剂）的理论基础、加工工艺、质量控制指标与检测方法、开发实例与典型配方等内容。另外，还专门阐述了现代农药制剂工厂的管理，特别是农药制剂生产控制与管理的智能化理念，对农药制剂研发人员与管理人员具有积极的指导意义。

本书可供广大农药剂型研发及农药生产企业有关技术人员使用，也可作为大专院校相关专业的教学参考书。

图书在版编目（CIP）数据

中国农药研究与应用全书．农药制剂与加工/任天瑞，戴权，张雷主编．—北京：化学工业出版社，2019.8

ISBN 978-7-122-34353-6

Ⅰ．①中…　Ⅱ．①任…②戴…③张…　Ⅲ．①农药剂型-加工-中国　Ⅳ．①S48②TQ450.6

中国版本图书馆CIP数据核字（2019）第078464号

责任编辑：刘　军　冉海滢　张　艳　　文字编辑：焦欣渝　　责任印制：薛　维
责任校对：边　涛　　装帧设计：王晓宇

出版发行：化学工业出版社（北京市东城区青年湖南街13号　邮政编码100011）
印　　装：中煤（北京）印务有限公司
787mm×1092mm　1/16　印张36¼　字数922千字　2019年10月北京第1版第1次印刷

购书咨询：010-64518888　　售后服务：010-64518899
网　　址：http://www.cip.com.cn
凡购买本书，如有缺损质量问题，本社销售中心负责调换。

定　　价：180.00元

《中国农药研究与应用全书》

编辑委员会

本书编写人员名单

主　　编：任天瑞　戴　权　张　雷

副 主 编：姚再男　陆东亮

编写人员：（按姓名汉语拼音排序）

陈福勇（南京再拓生物科技有限公司）

陈　杰（浙江农林大学）

戴　权（中国农药工业协会）

刘志文（无锡颐景丰科技有限公司）

陆东亮（上海杜邦农化有限公司）

罗湘仁（江苏明德立达作物科技有限公司）

任天瑞（上海师范大学）

王信幸（浙江中山化工集团股份有限公司）

姚再男（上海市农药研究所有限公司）

张　博（上海师范大学）

张国生（沈阳中化农药化工研发有限公司）

张　雷（贵州大学）

张树鹏（贵州大学）

序

农药作为不可或缺的农业生产资料和重要的化工产品组成部分，对于我国农业和大化工实现可持续的健康发展具有举足轻重的意义，在我国农业向现代化迈进的进程中，农药的作用不可替代。

我国的农药工业 60 多年来飞速地发展，我国现已成为世界农药使用与制造大国，农药创新能力大幅提高。近年来，特别是近十五年来，通过实施国家自然科学基金、公益性行业科研专项、“973”计划和国家科技支撑计划等数百个项目，我国新农药研究与创制取得了丰硕的成果，农药工业获得了长足的发展。“十二五”期间，针对我国农业生产过程中重大病虫草害防治需要，先后创制出四氯虫酰胺、氯氟醚菊酯、噻唑锌、毒氟磷等 15 个具有自主知识产权的农药（小分子）品种，并已实现工业化生产。5 年累计销售收入 9.1 亿元，累计推广使用面积 7800 万亩。目前，我国农药科技创新平台已初具规模，农药创制体系形成并稳步发展，我国已经成为世界上第五个具有新农药创制能力的国家。

为加快我国农药行业创新，发展更高效、更环保和更安全的农药，保障粮食安全，进一步促进农药行业和学科之间的交叉融合与协调发展，提升行业原始创新能力，树立绿色农药在保障粮食丰产和作物健康发展中的权威性，加强正能量科普宣传，彰显农药对国民经济发展的贡献和作用，推动农药可持续发展，通过系统总结中国农药工业 60 多年来新农药研究、创制与应用的新技术、新成果、新方向和新思路，更好解读国务院通过的《农药管理条例（修订草案）》；围绕在全国全面推进实施农药使用量零增长行动方案，加快绿色农药创制，推进绿色防控、科学用药和统防统治，开发出贯彻国家意志和政策导向的农药科学应用技术，不断增加绿色安全农药的生产比例，推动行业的良性发展，真正让公众对农药施用放心，受化学工业出版社的委托，我们组织目前国内农药、植保领域的一线专家学者，编写了本套《中国农药研究与应用全书》（以下简称《全书》）。

《全书》分为八个分册，在强调历史性、阶段性、引领性、创新性，特别是在反映农药研究影响、水平与贡献的前提下，全面系统地介绍了近年来我国农药研究与应用领域，包括新农药创制、农药产业、农药加工、农药残留与分析、农药生态环境风险评估、农药科学使用、农药使用装备与施用、农药管理以及国际贸易等领域所取得的成果与方法，充分反映了当前国际、国内新农药创制与农药使用技术的最新进展。《全书》通过成功案例分析和经验总结，结合国际研究前沿分析对比，详细分析国家“十三五”农药领域的研究趋势和对策，针对解决重大病虫害问题和行业绿色发展需要，对中国农药替代技术和品种深入思考，提出合理化建议。

《全书》以独特的论述体系、编排方式和新颖丰富的内容，进一步开阔教师、学生和产业领域研究人员的视野，提高研究人员理性思考的水平和创新能力，助其高效率地设计与开发出具有自主知识产权的高活性、低残留、对环境友好的新农药品种，创新性地开展绿色、清洁、可持续发展的农药生产工艺，有利于高效率地发挥现有品种的特长，尽量避免和延缓抗性和交互抗性的产生，提高现有农药的应用效率，这将为我国新农药的创制与科学使用农药提供重要的参考价值。

《全书》在顺利入选“十三五”国家重点出版物出版规划项目的同时，获得了国家出版基金项目的重点资助。另外，《全书》还得到了中国工程院绿色农药发展战略咨询项目（2018-XY-32）及国家重点研发计划项目（2018YFD0200100）的支持，这些是对本书系的最大肯定与鼓励。

《全书》的编写得到了农业农村部农药检定所、全国农业技术推广服务中心、中国农药工业协会、中国农业科学院植物保护研究所、贵州大学、华东理工大学、华东师范大学、中国农业大学、上海师范大学、湖南化工研究院等单位的鼎力支持，这里表示衷心的感谢。

宋宝安，钱旭红

2019 年 2 月

前言

农药包含原药与制剂，作为农资产品，必须将农药原药转变为制剂后才能够在农作物上施用，所以农药制剂加工是农药工业全产业链的重要组成部分。

2002年邵维忠主编的《农药助剂》、2003年凌世海主编的《固体制剂》与郭武棣主编的《液体制剂》等著作的出版，为农药制剂行业的发展提供了系统的理论知识与应用技术指导。

国家“十一五”与“十二五”期间，农药制剂与助剂科研项目被列入科技部组织实施的“科技支撑计划”，显著地推动了我国农药制剂工业化与商业化水平的整体提高。

目前我国农药工业产值已经跃居世界首位，农药出口的比例越来越大。以前国外的制剂与助剂品种，现在国内的几乎全部能够替代。最近20年，国内农药制剂领域涌现出大量的新技术、新工艺与新品种，我国已经成为世界农药生产大国。

保障粮食安全，体现国家意志，中国不仅要做农药工业的大国，还要做农药工业的强国。农药制剂的发展方向要求高效性、安全性、水性化，从而达到国产农药的高质量与高利润，实现这一目标任重道远。

在此背景下，2016年6月19日，宋宝安院士与钱旭红院士在京组织召开编写《中国农药研究与应用全书》动员会议，其中《农药制剂与加工》指派我来组织编写，多位同仁参加了本书的撰稿工作。

国内许多制剂专家共同表示，希望写出一本高度实用性的经典作品，并且给予热情指导，出谋划策，主动提供相关资料。为了实现大家的共同愿望，在《农药制剂与加工》的编写过程中，笔者们百忙中抽出时间，在上海共召开了5次写作讨论会议，30多次网络交流会议，征求了60多家制剂企业与科研单位的需求意见，对书籍选用内容进行了详细论证，达成共识，历经2年多时间，将本书编写完成。

本书由19章与4个附录组成。编排方式以凌世海、郭武棣与邵维忠三位先生分别主编的同类书籍的分类方法为参照，将助剂与年产万吨以上的制剂类型以独立章节论述，其中第17章还归纳介绍了8种小吨位的农药剂型。在吸取了前人优秀的农药制剂加工经验的基础上，重点介绍了近20年的新技术、新成果、新的制剂品种与特色助剂。书中收录的内容大部分是通过多次实验验证并已经产业化的制剂配方与加工工艺。许多内容来源于一线工程技术人员的实践经验，属于作者的首次发表。

各位作者在写作过程中实行分工合作，每章内容2次交叉审核，力争内容无误，文字简洁。书中还吸收了部分对农药剂型开发具有指导意义的医药制剂工艺；专门阐述了现代农药制剂工厂的管理，体现了农药制剂生产控制与管理的智能化理念；新增了世界先进的针对具体作物病虫害防治对象而推出的农药制剂品种目录，为农药制剂研发人员针对植保新问题进行农药复配配方设计，提供了翔实的参考资料。

本书还有一个突出的地方是对国内助剂的介绍，与以往不同的是目前几乎所有国际上最先进的农药助剂在国内都有可替代产品，这是我国近些年来在新材料合成领域的突破性成果，对今后我国农药制剂加工的可持续发展意义非凡。

本书写作分工：第 1 章由戴权编写，第 2、5、9 章由张雷编写，第 3、6 章及 17.1～17.5、17.7～17.8 节由任天瑞编写，第 4、10、11 章由王信幸编写，第 7 章由陈福勇编写，第 8、13、14 章由刘志文编写，第 12 章、第 17.6 节由张国生编写，第 15、16 章由罗湘仁、张博编写，第 18 章由陈杰编写，第 19 章由陆东亮、戴权编写。张树鹏负责全书的整理，姚再男参加了本书大纲编撰部分内容的策划工作，任天瑞负责本书总撰稿与总审稿工作。

本书除编写人员名单中列出的作者外，还有相关企业的李卫国、王随家、林继洋等提供了大量有价值的资料，另外，任帅臻、项汉、廖少玮、郭旭、史雅丽、代晶晶、何炼、张振兵、朱红、翁雨佳、董秀莲、张丽萍、胡国耀、李文刚、邱俊云等研究生，参与了本书的文献调研、分子式输入与文件整理，为本书的出版做了大量的工作，在此一并表示衷心的感谢。

由于水平有限，书中难免有不足和疏漏之处，恳请读者不吝批评指正。

任天瑞

2019 年 3 月 28 日

目录

第 1 章 绪论 001

1.1 农药制剂加工的定义和意义 001
1.2 农药制剂的剂型分类和类型 001
1.3 确定农药剂型的主要因素 003
1.4 农药制剂质量标准 004
1.4.1 农药制剂质量主要检测内容的确定 004
1.4.2 农药制剂标准分析 005
1.4.3 助剂的安全性分析 009
1.5 农药制剂的发展趋势 013
1.5.1 环境友好的水性化剂型 013
1.5.2 发展高含量固体剂型 014
1.5.3 混用与混剂迅猛发展 016
1.5.4 缓释剂受到高度重视 017
1.6 我国农药制剂加工发展概况及展望 018
1.6.1 农药制剂发展简史 018
1.6.2 我国目前主要的农药制剂剂型 019
1.6.3 我国农药制剂登记情况 021
1.6.4 农药制剂工程化技术 021
1.7 我国农药制剂工厂发展概况及展望 022
1.7.1 我国农药制剂工厂的生产现状 022
1.7.2 制剂工程设计应重点考虑的因素 022
1.7.3 农药制剂工程化技术的内容 023
1.7.4 我国农药制剂未来展望 024
1.7.5 我国农药制剂研发热点 026
参考文献 029

第 2 章 农药制剂研究方法 030

2.1 农药制剂配方研究的意义与内容 030
2.2 配方研究的主要依据及内容 031
2.3 配方单一因素研究方法 031
2.3.1 因素轮选法 031
2.3.2 对分法 032

2.3.3 黄金分割法 033
2.3.4 分数法 034
2.3.5 抛物线法 034
2.4 配方多因素研究方法 035
2.4.1 经验法 035
2.4.2 比例法 035
2.4.3 三角形法 036
2.4.4 正交试验法 040
参考文献 045

第 3 章 农药制剂中的助剂、填料与溶剂 046

3.1 表面活性剂基础 046
3.1.1 表面张力 046
3.1.2 表面活性剂结构特征 047
3.1.3 表面活性剂润湿性的测定 048
3.1.4 表面活性剂的定性分析 049
3.1.5 临界胶束浓度 050
3.1.6 亲水亲油平衡值及在农药助剂中的应用 052
3.2 农药助剂的种类 060
3.2.1 乳化剂 060
3.2.2 分散剂 066
3.2.3 润湿剂、渗透剂 073
3.2.4 稳定剂 075
3.2.5 增效剂 076
3.2.6 黏着剂 077
3.2.7 展着剂 077
3.2.8 抑泡剂 078
3.2.9 安全剂 078
3.2.10 其他助剂 078
3.3 农药助剂的作用机理 079
3.3.1 乳化作用机理 079
3.3.2 分散作用机理 080
3.3.3 润湿、浸透作用机理 081
3.3.4 稳定化作用机理 082
3.3.5 增溶作用机理 083
3.3.6 起泡和消泡作用机理 084
3.4 天然物表面活性剂 085
3.5 非离子表面活性剂结构与功能 090
3.5.1 聚氧乙烯非离子表面活性剂 090

3.5.2 多元醇类非离子表面活性剂 092
3.5.3 含氮类非离子表面活性剂 093
3.5.4 嵌段聚醚型非离子表面活性剂 094
3.5.5 甾醇衍生的非离子表面活性剂 094
3.5.6 非离子表面活性剂的其他应用 095
3.6 阴离子表面活性剂结构与功能 096
3.7 聚羧酸盐表面活性剂结构与功能 098
3.7.1 聚羧酸盐表面活性剂结构 098
3.7.2 聚羧酸盐表面活性剂分散稳定机理及热力学变化规律 099
3.8 阳离子表面活性剂结构与功能 108
3.8.1 胺盐型阳离子表面活性剂 108
3.8.2 季铵盐型阳离子表面活性剂 109
3.8.3 杂环型阳离子表面活性剂 110
3.8.4 疏水基通过中间键与氮原子连接的阳离子表面活性剂 110
3.8.5 聚合型阳离子表面活性剂 111
3.8.6 鎓盐型阳离子表面活性剂 111
3.9 两性表面活性剂结构与功能 111
3.9.1 甜菜碱型两性离子表面活性剂 113
3.9.2 咪唑啉型表面活性剂 115
3.9.3 氨基酸型两性表面活性剂 115
3.10 填料类型及作用 116
3.10.1 滑石粉 116
3.10.2 叶蜡石 117
3.10.3 硅藻土 117
3.10.4 高岭土 118
3.10.5 蒙脱土 118
3.10.6 白炭黑 120
3.10.7 海泡石 120
3.10.8 白云石 121
3.10.9 方解石 122
3.10.10 其他填料 123
3.10.11 填料的选择原则 125
3.11 溶剂 127
3.11.1 溶剂的定义 127
3.11.2 农药溶剂的作用 127
3.11.3 农药溶剂的选择原则 127
3.11.4 农药溶剂的分类 128
3.11.5 农药溶剂的应用 130
3.12 最近10年国内外新报道的各类助剂 132

参考文献 141

第 4 章 可湿性粉剂 143

4.1 概述 143
4.2 可湿性粉剂的助剂及性能 144
4.2.1 润湿剂 144
4.2.2 分散剂 145
4.2.3 载体 145
4.2.4 其他助剂 147
4.3 可湿性粉剂质量控制指标及检测方法 148
4.4 配方的筛选 148
4.4.1 配方组成的选择原则 148
4.4.2 工艺过程的配方优化 149
4.5 生产工艺 149
4.5.1 混合工艺及设备 149
4.5.2 粉碎工艺及设备 149
4.6 可湿性粉剂应用实例 150
4.7 可溶粉(粒)剂 151
参考文献 152

第 5 章 颗粒剂 153

5.1 概述 153
5.1.1 颗粒剂的发展简史 153
5.1.2 剂型特点 153
5.2 粒剂的配制 154
5.2.1 粒剂配制的类型 154
5.2.2 粒剂制备的主原料 155
5.3 粒剂的加工工艺 158
5.3.1 包衣造粒 158
5.3.2 吸附造粒 160
5.3.3 挤压造粒 161
5.3.4 挤出造粒 162
5.3.5 团聚造粒 163
5.3.6 流化造粒 165
5.3.7 球晶造粒 165
5.4 颗粒剂的质量控制指标及检测方法 166
5.4.1 质量控制指标 166
5.4.2 检测方法 166
参考文献 169

第 6 章　水分散粒剂 170

6.1　概论 170
6.2　水分散粒剂的理论基础 171
6.2.1　界面作用基本理论 171
6.2.2　水分散粒剂中水的存在形态与作用 172
6.3　水分散粒剂的助剂及性能 174
6.3.1　分散剂 174
6.3.2　润湿剂 175
6.3.3　黏结剂 176
6.3.4　其他助剂 177
6.3.5　填料 180
6.4　配方的筛选 180
6.4.1　配方组成 180
6.4.2　配方筛选 181
6.4.3　加工工艺 182
6.5　水分散粒剂的加工工艺 183
6.5.1　(混料)软材制备水分的控制 183
6.5.2　造粒工艺 184
6.5.3　干燥工艺 184
6.5.4　水分散粒剂配方中常出现的问题及解决方法 184
6.6　挤出造粒工艺 185
6.6.1　螺旋挤出造粒 186
6.6.2　旋转挤出造粒 187
6.6.3　摇摆造粒 187
6.7　流化床造粒工艺 188
6.7.1　流化床造粒简述 188
6.7.2　流化床造粒法的分类 188
6.7.3　影响造粒制品的因素 188
6.7.4　流化床造粒常出现的问题及解决方法 188
6.8　水分散粒剂质量控制指标及检测方法 189
6.9　水分散粒剂的典型配方 189
参考文献 195

第 7 章　干悬浮剂 196

7.1　概述 196
7.1.1　干悬浮剂与悬浮剂的异同 196
7.1.2　干悬浮剂与水分散粒剂的区别 196
7.1.3　干悬浮剂的特点 197

7.2 干悬浮剂的配方设计 197
7.2.1 载体 198
7.2.2 黏结剂 198
7.2.3 分散剂 198
7.2.4 润湿剂 198
7.3 湿粉碎技术 198
7.3.1 农药参数 198
7.3.2 干悬浮剂砂磨 198
7.3.3 研磨介质参数 199
7.3.4 过程参数对磨效的影响 199
7.4 干悬浮剂生产设备 200
7.4.1 压力式喷雾干燥器 200
7.4.2 喷雾造粒条件控制 200
7.4.3 喷雾造粒常见问题及解决方法 201
7.5 干悬浮剂质量控制指标及检测方法 202
7.6 干悬浮剂经典配方案例 203
参考文献 203

第 8 章 乳油 204

8.1 乳油概述 204
8.1.1 基本概念 204
8.1.2 乳油的质量评价体系 208
8.1.3 乳油存在的问题及发展前景 210
8.2 乳油的理论基础 214
8.2.1 HLB 值在乳油制剂中的应用 214
8.2.2 溶解作用 214
8.2.3 乳化作用 215
8.2.4 增溶作用 215
8.3 乳油的开发方法 216
8.3.1 乳油配方初始筛选方法 216
8.3.2 乳油的基本要求 221
8.3.3 乳油的设计思想 222
8.3.4 实验室配制 223
8.4 未来乳油的发展方向及改进 224
8.4.1 乳油的技术层面改进 224
8.4.2 乳油物理稳定性的评估 228
8.5 乳油开发实例 229
8.5.1 精喹禾灵简介 229
8.5.2 乳油配方研究 229

8.6 乳油常用调试方法和技巧及常用的乳油单体 231
8.6.1 乳油调试基本理论和方法指导 231
8.6.2 高浓度乳油配方调试建议 232
8.7 乳油生产的工程化技术 234
8.7.1 乳油加工工艺 234
8.7.2 乳油加工的主要设备 234
8.7.3 乳油的安全化生产 236
8.8 乳油典型配方举例 238
参考文献 241

第9章 可溶液剂 242

9.1 概述 242
9.1.1 可溶液剂的概念 242
9.1.2 可溶液剂的特点 242
9.1.3 可溶液剂的发展概况 242
9.2 可溶液剂的理论基础 243
9.2.1 溶解机理 243
9.2.2 增溶作用 247
9.2.3 助溶剂的助溶作用 250
9.2.4 表面活性剂的增效作用 251
9.2.5 无机盐的增效作用 252
9.3 可溶液剂的组成及加工工艺 253
9.3.1 可溶液剂的配方组成 253
9.3.2 可溶液剂的加工工艺 256
9.4 可溶液剂的质量控制指标及检测方法 256
9.4.1 可溶液剂的质量控制指标 256
9.4.2 可溶液剂的检测方法 257
9.5 可溶液剂实用配方举例 258
参考文献 259

第10章 水乳剂 260

10.1 概述 260
10.2 水乳剂的理论基础 260
10.2.1 水乳剂不稳定的表现形式 260
10.2.2 水乳剂稳定性的控制 261
10.3 水乳剂的开发思路 262
10.4 最新水乳剂的研发理论 264
10.4.1 稳定性机理研究 264
10.4.2 水乳剂长期物理稳定性的评估 266

10.4.3 水乳剂配方开发研究方法 268
10.5 水乳剂的质量控制指标及检测方法 270
10.6 水乳剂典型配方 271
参考文献 272

第11章 微乳剂 273

11.1 概述 273
11.1.1 微乳剂的发展简史 273
11.1.2 剂型特点 273
11.1.3 微乳剂的不足之处 274
11.2 微乳剂的物理稳定性 274
11.2.1 微乳剂浊点 274
11.2.2 微乳剂低温稳定性 275
11.3 微乳剂的配方组成及加工工艺 276
11.3.1 微乳剂的配方组成 276
11.3.2 微乳剂的加工工艺 278
11.4 微乳剂的质量控制指标及检测方法 279
11.4.1 微乳剂质量控制指标检测方法 279
11.4.2 微乳剂质量控制指标建议值 280
11.5 微乳剂的典型配方 280
参考文献 281

第12章 悬浮剂 282

12.1 概述 282
12.1.1 悬浮剂的发展简史 282
12.1.2 剂型特点 283
12.2 悬浮剂的理论基础 283
12.2.1 悬浮体系的流变性能 283
12.2.2 黏度、粒径、Zeta 电势与悬浮率的关系 284
12.2.3 稳定性机理研究 284
12.2.4 悬浮剂长期物理稳定性的评估 285
12.3 悬浮剂的配方组成 287
12.3.1 有效成分 287
12.3.2 分散剂 287
12.3.3 润湿剂 289
12.3.4 增稠剂 291
12.3.5 稳定剂 292
12.3.6 抗冻剂 292
12.3.7 pH 调节剂 292

12.3.8 消泡剂 292
12.3.9 防腐剂 292
12.3.10 增效剂 292
12.3.11 悬浮剂配方开发中的常见问题及解决方案 293
12.4 悬浮剂开发实例 296
12.4.1 悬浮剂的典型配方 296
12.4.2 应用实例 296
12.5 喷雾药液物化性质研究 299
12.6 悬浮剂生产的工程化技术 300
12.6.1 悬浮剂加工工艺 301
12.6.2 悬浮剂的研磨设备 302
12.6.3 悬浮剂的安全化生产 306
12.7 悬浮剂应用实例 308
12.7.1 商品化的悬浮剂品种 308
12.7.2 悬浮剂产品的应用效果 308
12.8 悬浮剂的质量控制指标及检测方法 311
12.9 悬浮剂实用配方举例 313
参考文献 322

第13章 悬乳剂 324

13.1 概述 324
13.1.1 悬乳剂基本概念及其特点 324
13.1.2 悬乳剂组成、配方及要点 324
13.2 悬乳剂的配方组成与加工条件 325
13.2.1 悬乳剂配方的基本组成 325
13.2.2 悬浮剂的加工条件 325
13.2.3 悬乳剂中活性成分和溶剂的要求 326
13.3 悬乳剂的助剂 326
13.3.1 分散剂 327
13.3.2 润湿剂 328
13.3.3 乳化剂 329
13.3.4 增稠剂 329
13.3.5 防冻剂 330
13.3.6 消泡剂 330
13.3.7 溶剂 331
13.4 配方研发与加工工艺 332
13.4.1 悬乳剂配方研发 332
13.4.2 加工设备和工艺 332
13.5 悬乳剂生产的工程化技术 333

13.6 悬乳剂质量控制指标及检测方法 335
13.7 悬乳剂配方问题总结及建议 335
13.7.1 悬乳剂的配方问题 335
13.7.2 农药悬乳剂的稳定性 336
13.7.3 悬乳剂的配方举例 337
13.8 悬乳剂典型配方 339
参考文献 340

第14章 可分散油悬浮剂 341

14.1 概述 341
14.1.1 可分散油悬浮剂的发展简史 341
14.1.2 剂型特点 342
14.2 可分散油悬浮剂的配方组成及加工工艺 343
14.2.1 可分散油悬浮剂的配方组成 343
14.2.2 润湿分散剂在油悬剂中的应用理论 345
14.2.3 可分散油悬浮剂的加工工艺 347
14.3 可分散油悬浮剂存在的问题 348
14.3.1 不稳定性 348
14.3.2 絮凝和聚集 349
14.3.3 奥氏熟化 349
14.3.4 分层和粒子沉积 349
14.4 助剂性能及用途 350
14.4.1 油基 350
14.4.2 结构稳定剂 351
14.5 可分散油悬浮剂产品介绍及配方举例 354
14.5.1 当前国内产量较大的油悬剂产品介绍 354
14.5.2 油悬剂产品配方举例 356
14.6 可分散油悬浮剂体系不稳定性的原因与体现及解决建议 359
14.6.1 可分散油悬浮剂的剂型不稳定的原因与体现 359
14.6.2 可分散油悬浮剂不稳定的解决方案 361
14.7 可分散油悬浮剂乳化剂和分散剂的筛选 361
14.8 可分散油悬浮剂乳化剂分散的调整方法和判定 362
14.8.1 乳化分散的调整方法 362
14.8.2 油悬剂中的乳化分散问题的判定 362
14.9 可分散油悬浮剂质量控制指标和检测方法 363
14.10 可分散油悬浮剂典型配方 363
参考文献 365

第15章 微囊悬浮剂 367
15.1 概述 367
15.1.1 微囊概念及组成 367
15.1.2 农药微胶囊制剂的发展概述 368
15.2 农药微胶囊常用的囊壁材料 369
15.2.1 天然高分子材料 369
15.2.2 半合成高分子材料 370
15.2.3 全合成高分子材料 371
15.3 农药微胶囊的制备工艺及原理 372
15.3.1 物理法 372
15.3.2 物理化学法 372
15.3.3 化学法 373
15.3.4 原位聚合法 373
15.3.5 界面聚合法 378
15.3.6 相分离法 380
15.4 农药微胶囊的释放机理 388
15.4.1 农药微胶囊囊芯释放理论 388
15.4.2 影响微胶囊释放的因素 389
15.5 农药微囊悬浮剂的开发 391
15.5.1 配方的组成 391
15.5.2 微囊悬浮剂的开发实例 395
15.5.3 国内外农药微囊悬浮剂简介 399
15.6 农药微囊悬浮剂的性能测定 400
15.7 智能控释农药微胶囊 402
15.7.1 响应不同刺激信号的智能材料的种类 402
15.7.2 智能控释农药微胶囊 403
参考文献 405
第16章 悬浮种衣剂 407
16.1 概述 407
16.1.1 悬浮种衣剂的发展简史 407
16.1.2 基本概念 407
16.1.3 种衣剂的分类 408
16.2 悬浮种衣剂的配方与加工工艺 410
16.2.1 悬浮种衣剂的主要组成与技术要求 410
16.2.2 悬浮种衣剂的配方组成与加工工艺 411
16.3 悬浮种衣剂理论基础和存在问题 412
16.3.1 悬浮种衣剂基础理论知识 412

16.3.2 悬浮种衣剂存在的问题与解决方法 413
16.4 悬浮种衣剂质量控制指标和检测方法 415
参考文献 416

第17章 其他制剂 417

17.1 烟剂 417
17.1.1 烟剂定义 417
17.1.2 烟剂农药特点 417
17.1.3 烟剂品种 418
17.1.4 作用原理 418
17.1.5 防治范围与使用条件 418
17.1.6 施药时间与方法 418
17.1.7 施药剂量 418
17.1.8 注意事项 419
17.2 泡腾剂 420
17.2.1 泡腾片的概念和作用原理 420
17.2.2 泡腾片的特点 420
17.2.3 泡腾片的常用辅料 420
17.2.4 泡腾片的常用制粒工艺 422
17.2.5 泡腾片制备过程中常见的问题 423
17.3 膏剂 423
17.3.1 概述 423
17.3.2 软膏剂的基质 424
17.3.3 软膏剂的附加剂 428
17.3.4 软膏剂的制备及举例 428
17.3.5 软膏剂的质量检查 429
17.4 热雾剂 430
17.4.1 概念 430
17.4.2 烟雾机 430
17.4.3 热雾剂的应用 431
17.5 水面扩散油(粉)剂 432
17.5.1 概述 432
17.5.2 性能测定 433
17.5.3 小结与讨论 435
17.6 可乳化粉剂 435
17.6.1 可乳化粉剂的特性 435
17.6.2 可乳化粉剂配方研究 435
17.7 水面漂浮性颗粒剂 438
17.8 飞防制剂 439

17.8.1 飞防助剂 439
17.8.2 飞防助剂对 18% 草铵膦水剂性能影响举例 443
17.8.3 飞防设备 451
17.8.4 飞防制剂 455
参考文献 458

第18章 农药制剂的生物活性测定 460

18.1 概述 460
18.1.1 农药制剂的生测内容 460
18.1.2 农药及其制剂生测试验设计的原则 461
18.2 杀虫剂的生物测定 461
18.2.1 杀虫剂毒力测定与评价 461
18.2.2 杀虫剂生物测试实例 463
18.3 杀菌剂的生物测定 466
18.3.1 杀菌剂毒力测定与评价 466
18.3.2 杀菌剂生物测定实例 469
18.4 除草剂的生物测定 470
18.4.1 除草剂活性测定与评价 470
18.4.2 除草剂生物活性测定 471
18.5 混剂的活性与评价 475
18.5.1 杀虫、杀菌剂混剂的活性与评价 475
18.5.2 除草剂混剂的活性与评价 476
18.6 作物安全性的测定与评价 478
18.6.1 杀虫、杀菌剂作物安全性的测定与评价 478
18.6.2 除草剂作物安全性的测定与评价 478
18.7 制剂的田间药效试验 480
参考文献 481

第19章 农药制剂工厂 482

19.1 概述 482
19.1.1 农药制剂工厂总体布局设计 482
19.1.2 农药企业面临的形势 483
19.1.3 农药制剂工厂管理流程新解 484
19.1.4 农药制剂工厂建设方案 485
19.1.5 农药制剂工厂建设的规范流程 485
19.2 农药制剂车间的工艺设计 486
19.2.1 农药制剂车间工程建设的现状 486
19.2.2 农药制剂车间工程项目工艺设计的内容 486
19.2.3 生产工艺流程设计和优化 487

19.2.4 定型设备选型和非标设备设计 487
19.2.5 车间整体布局设计 488
19.2.6 管道设计 489
19.2.7 除尘、除味系统及微负压车间设计 490
19.2.8 安装设计 490
19.2.9 以水乳剂为例的安全化生产流程 491
19.3 交叉污染 493
19.3.1 预防交叉污染方针及体系的建立 494
19.3.2 工厂预防交叉污染管理层职责 494
19.3.3 人员的信息交流 494
19.4 设计和规划生产单元 495
19.4.1 生产单元的分隔 495
19.4.2 交叉污染风险评估中的关键因素 496
19.4.3 评估清洗能力 497
19.5 生产单元的隔离 497
19.6 危险因素 498
19.6.1 危险因素 498
19.6.2 同时操作时设备隔离对发生交叉污染事故的可能性影响情况 498
19.6.3 导致交叉污染发生的 12 个危险源要素 499
19.6.4 产品生产过程中相对工艺发生交叉污染危险性要素 500
19.6.5 非同时的操作 500
19.6.6 非同时的操作控制措施 500
19.7 清洗要求 501
19.7.1 生产设备清洗标准限值 501
19.7.2 除草剂清洗标准限值 502
19.7.3 杀虫剂的清洗水平 503
19.7.4 杀菌剂的清洗水平 505
19.7.5 活性成分浓度低于 1g(a. i.)/kg 的制剂产品清洗水平 505
19.8 生产设备的清洁清洗 505
19.8.1 一般的清洗程序 505
19.8.2 目视检查 506
19.8.3 生产单位(设备)湿洗 506
19.8.4 生产单位(设备)采用干洗 506
19.8.5 清洗能力验证 507
19.8.6 清洗介质的回收 507
19.8.7 设计设备提高清洗效率 507
19.8.8 设备清洗关键重点区域介绍 508
19.9 清洗流程及实例 511
19.9.1 清洗流程 511

19.9.2 清洗实例分析 512
19.10 农药制剂工厂仓库 516
19.10.1 仓库现场鉴定进场货物 516
19.10.2 仓库贮存管理 516
19.10.3 适用于所有仓库的更多标准 517
19.11 数字化农药制剂车间 518
19.11.1 数字化农药制剂车间的概念 518
19.11.2 农药制剂加工数字化的核心内容 518
19.11.3 数字化执行层 519
19.11.4 数字化农药制剂车间的优势 519
19.12 未来农药制剂加工工厂的发展方向 520
19.12.1 安全、环保、健康是农药制剂工厂运营的底线和基础 520
19.12.2 品质、高效是农药制剂工厂的生命 521
19.12.3 智能化农药制剂工厂是未来发展的趋势 521
19.13 二维码整体解决方案 524
19.13.1 农药标签新规定 524
19.13.2 二维码在农药标签上的应用 524
19.13.3 二维码的价值 525
参考文献 526

附录 527

附录 1 农药剂型名称及代码(GB/T 19378—2017) 527
附录 2 农药产品控制项目及评审要求 531
附录 3 表面活性剂常用缩略词释义 545
附录 4 为本书提供相关资料和科研数据的企业 549

索　引 550

第 1 章
绪论

1.1 农药制剂加工的定义和意义

农药制剂加工涉及农药剂型、助剂、载体、加工设备及工艺工程等诸多方面，只有相互之间有机地结合，才能开发出稳定的、高质量的制剂品种。当前农药制剂加工已不仅仅是为满足农药可以使用的基本条件，更重要的是通过科学合理的农药剂型加工技术生产出高性能的制剂，以克服农药原药存在的各种缺陷，进一步提高药效，降低毒性，减少污染，避免对有益生物的危害，延缓有害生物抗药性的发展，从而扩大农药品种的应用范围，延长使用寿命。目前世界农药制剂加工发展的趋势是高效、安全、环保、经济、方便和功能化。因此，国外大多数农药公司都投入巨资开发新剂型，提高制剂质量。水分散粒（片）剂、泡腾粒（片）剂、干悬浮剂、微乳剂、水乳剂、悬乳剂等新剂型正在迅速兴起，并逐步成为主流。国际农药制造商协会联合会（GIFAP）推荐的农药剂型代码已有 60 多种。为适应多品种农药、理化性能和防治对象的需要，一种原药往往加工成多种剂型和制剂。单从原药、制剂的产量以及制剂的品种数来看，我国已成为世界农药生产大国，2015 年产量已达到 374 万吨，但剂型结构、新剂型、制剂质量、配套助剂等与发达国家相比仍有较大差距。制剂加工工程化水平亟待提高[1]。

农药制剂加工的意义：通常情况下农药的原药和母液是不能直接使用的，必须加工成各种剂型以制剂形式加以使用。加工后的农药，具有一定的形态、组分、规格，统称为农药制剂。目的在于：①赋形，如粉状、颗粒状等（便于流通和使用）；②稀释作用，通常用水稀释（减少对作物、人畜、天敌、环境的危害）；③优化生物活性，改善渗透、展着等性能（通过特定的质量指标提高防效）；④使活性成分达到最高的稳定性（保质期至少两年）；⑤扩大使用方式和用途（如菊酯类用于卫生杀虫）；⑥高毒原药低毒化（阿维菌素）；⑦控制原药释放速度（微胶囊）；⑧混合制剂，使具有兼治、延缓耐药性发生、提高安全性等作用。

1.2 农药制剂的剂型分类和类型

农药剂型通常按制剂的形态分为固体制剂和液体制剂（表 1-1）。据统计，我国目前登记生产的农药制剂品种的剂型有乳油、可湿性粉剂、粉剂、母粉、粒剂、大粒剂、细粒剂、微粒剂、粉粒剂、水面漂浮粒剂、水分散粒剂、泡腾片剂、泡腾粒剂、水分散片剂、可溶粉剂、可溶粒剂、可溶片剂、水剂、悬浮剂、悬乳剂、微乳剂、水乳剂、悬浮种衣剂、水乳种衣剂、可湿粉种衣剂、干粉种衣剂、干拌种剂、湿拌种剂、拌种剂、油悬浮剂、可溶液剂（含可溶浓剂、液剂）、母液（母药）、烟剂、热雾剂、熏蒸片剂、熏蒸剂、块剂、湿粉、膏剂（含糊剂）、毒饵、油剂、油脂缓释剂、涂抹剂（含涂布剂）、展膜油剂、水面扩散剂、撒滴剂、微胶囊剂、石硫合剂、注杆液剂、防霉防蛀片等。

表 1-1 农药剂型的分类

<table>
<tr><th>按形态分类</th><th>范围</th><th>具体种类</th></tr>
<tr><td rowspan="3">固体制剂</td><td>粉剂</td><td>粉剂
可湿性粉剂
可溶粉剂</td></tr>
<tr><td>粒剂</td><td>颗粒剂
水分散粒剂
水可溶粒剂</td></tr>
<tr><td>片剂</td><td>普通片剂
泡腾片剂</td></tr>
<tr><td rowspan="2">液体制剂</td><td>水基型制剂</td><td>水剂
微乳剂
悬浮乳剂
水悬浮乳剂
水乳剂</td></tr>
<tr><td>油基型制剂</td><td>乳油
可溶液剂
油可分散悬浮剂</td></tr>
</table>

2003～2013 年我国的主要剂型登记情况如表 1-2 所示。

表 1-2 2003～2013 年 14 种农药剂型在国内的登记情况

编号	剂型	2003 年	2004 年	2005 年	2006 年	2007 年	2008 年	2013 年
1	EC	36	498	776	991	3868	8930	13500
2	WP	12	304	476	639	2345	5357	8286
3	AS	7	70	147	184	743	1602	2313
4	SC	2	16	48	81	404	1028	1717
5	ME	0	13	16	36	210	579	960
6	AE	6	8	12	18	214	529	1311
7	EW	2	7	8	11	122	365	561
8	WG	0	2	6	13	149	373	549
9	SP	2	7	15	19	72	164	367
10	SE	0	0	0	0	49	121	235
11	CS	0	1	1	1	14	29	48
12	SD	0	0	0	0	6	9	430
13	SG	0	0	0	0	3	7	8
14	BF	1	1	1	1	1	2	20

迄今为止，国际上使用的农药剂型约 90 种，其中剂型及其代码见附录 1。

1.3 确定农药剂型的主要因素

农药原药或母液加工成制剂选择什么样的剂型十分重要，对于最终制剂的推广应用、经济效益和社会效益，有着直接的关系。确定制剂的剂型需要考虑多方面的因素：①农药活性成分的物理、化学性质；②农药活性成分的生物活性和作用方式；③使用的方法（如喷雾、涂抹或撒播等）；④使用的安全性和环保性；⑤剂型的加工成本；⑥市场的需求。一旦这些因素被确定下来，就可选择最终剂型的加工类型，并通过筛选确定加工剂型使用的助剂和载体以及加工工艺。

首先，剂型的选择考虑农药活性成分的物理特性（形态、熔点、溶解度、挥发度）和化学特性（水解稳定性、热稳定性）。如果原药易溶于水，则可以选择加工成水剂、可溶粉剂、可溶粒剂、粉剂，不宜考虑加工成水悬浮剂。同时，若某些农药在水中的稳定性差，也不宜加工成水溶液剂，可考虑加工成固体剂型如可溶粉剂或以油性介质为载体的剂型。如果原药易溶于有机溶剂，则以加工成乳油、水乳剂、油剂、微胶囊剂为宜。如果原药在水中、烃类溶剂中的溶解度很低且熔点较高，则以加工成可湿性粉剂、微乳剂、悬浮剂、水分散粒剂较为合适。一种农药能加工成多少剂型，主要取决于农药原药的理化性质，尤其是溶解特性和物态。但是，农药制剂剂型的最终确定还由制剂的生物性质和经济效益来决定。

其次是生物靶标的特性。由于每种生物靶标都有一些特性，因此，一种原药虽有多种剂型可用于防治某一特定的生物靶标，但是其中某种剂型对这种特定的生物靶标一定有最好的防治效果。例如使用辛硫磷防治土壤害虫，颗粒剂、高浓度液剂、毒饵等剂型均可使用，但辛硫磷本身有易光解的缺点，所以颗粒剂的防治效果好，而且使用方便。再如，使用氟虫腈防治暴发性蝗虫，可湿性粉剂、悬浮剂、水分散粒剂、油剂均可，但以超低容量喷雾剂（油悬剂）为最好，因其药效好、功效高、不易挥发飘移。再如防治柑橘介壳虫，由于这种害虫表皮蜡质层厚，以渗透性强的油剂或者乳油药效最好。

再次是使用技术的要求。使用方式是飞机施药，还是地面喷粉；是喷粉，还是喷雾，或是烟熏；使用的目的是速效，还是长效。使用技术要求不同，选择的剂型也不尽相同。一般，常量喷雾应选择乳油、可湿性粉剂、悬浮剂、水乳剂等常用剂型；保护地选择烟剂最为合适；超低容量喷雾应选择油剂、油悬剂，亦可选择高浓度乳油。

还有，局部的施药环境也是影响选择剂型的重要因素之一。例如，使用杀虫双防治水稻螟虫等害虫，由于漂移能使稻田附近的桑树叶上沾上杀虫双，致使蚕大量死亡，若使用杀虫双粒剂则比较安全。再如，防治竹蝗、松毛虫，由于竹林、森林一般生长在山坡上，不便行走，尤其缺水，喷洒乳液极不方便，因此，使用烟剂或热雾剂则更为合适。

最后，剂型选择必须考虑加工成本及在市场上的竞争力，如果脱离了市场，即使是优良的剂型，推广也会遇到许多困难。如在农药剂型中缓释剂是一种非常好的剂型，其持效期长、安全，对环境污染小，但由于加工成本高，技术掌握难度较大，市场需求相对较弱，其竞争力受到一定影响，因此，与其优秀的性质相比，总体发展还是较为缓慢的。其发展的关键是必须在技术上有所突破，选择廉价适用的囊皮材料和易于生产操作的加工工艺，才能更好地拓展其发展空间[2]。

1.4 农药制剂质量标准

目前国际上农药制剂的质量标准多为联合国粮农组织（FAO）标准，其采用的是国际农药分析协作委员会（CIPAC）组织制定的农药原药和制剂的分析方法，是国际上公认的最权威的农药分析方法。我国农药制剂的质量体系经历了一个逐步建立和完善的过程。由于我国农药工业起步较晚，基础差，当时的农药制剂产品质量很难与国际接轨，初期虽建立了一套符合当时国情的质量监督检验管理体系，但随着我国农药工业实力的全面提升，过去的体系已经远远不能适应当今我国农药发展的需求，因此，建立一套完全与国际接轨的制剂质量标准体系变得十分迫切和必要。

1.4.1 农药制剂质量主要检测内容的确定

（1）有效成分含量　有效成分含量是农药制剂中最重要的指标，以质量分数（%）或克/千克、克/升表示。有效成分是指农药产品中具有生物活性的特定化学结构成分。生物活性是指对昆虫、螨、病菌、鼠、杂草等有害生物的行为、生长、发育和生理生化机制的干扰、破坏、杀伤作用，还包括对动、植物生长发育的调节作用。FAO 对农药制剂的有效成分含量允许在标明含量上下一定范围内变化，例如 50g/kg（±10%）。我国的标准要求为应不低于标明含量，近年也有允许在标明含量上下一定范围内变化的趋势。

（2）粉粒细度　粉剂类农药制剂（粉剂、可湿性粉剂、悬浮剂、干悬浮剂、粒剂）的质量指标之一，以能通过一定筛目的百分率表示。如日本、美国规定粉剂的细度 98%通过 45μm 筛（325 目筛）。我国目前对大多数粉剂只要求 95%通过 75μm 筛（200 目筛）。粉剂的药效和细度有较密切的关系。在一定范围内，药效与粒径成反比，触杀性杀虫剂的粉粒越小，则每单位质量的药剂与虫体的接触面越大，触杀效果也就越好。在胃毒性农药中，药粒愈小，愈易为害虫吞食，食后亦较易被肠道吸收而发挥毒效。但药粒过细，喷药时易出现漂移、靶标附着率降低反而影响药效，并对环境不利。因此，在确定粉剂的细度时，应根据原药特性、加工设备条件和施药机械水平，确定合适的粒径。

（3）容重　容重是粉剂的质量指标之一。容重即每单位容积内粉体的质量（g/mL），又称表观密度。按填充紧密程度的不同，容重又分为疏松容重和紧密容重两种。前者是粉体自然装满容器时的容重。后者是粉体装入容器后，经规定的机械振动，使粉体装填比较紧密时的容重。同一种粉体的容重小，表示粉粒较细，粉体含水量低。在测定方法一致的条件下，粉剂和可湿性粉剂的容重与所用填料的容重、助剂的种类、有效成分的种类和浓度以及粉粒的细度有关，填料的容重影响最大。选择填料的容重要考虑以下两个因素。①固体原药和填料的疏松容重相近，以避免在施药过程中原药和填料的分离，造成单位面积上药剂不均匀。②从施用的药剂和风速考虑填料的容重：当风速小于 2.5m/s 时，要求粉粒的容重在 0.46～0.60g/mL 范围之内，飞机喷粉则要求在 0.66～0.80g/mL 之间。容重可用于监测粉剂的粉碎程度及含水情况，也可根据粉剂的容重来计算包装袋的大小以及粉剂加工厂的仓容。

（4）润湿性　可湿性粉剂类农药制剂的质量指标之一，是被测的可湿性粉剂从一定高度撒到水面至完全润湿的时间。我国制定的测定方法为将通过 40 目筛（约 400μm）的 5g 样品，在距水面 100mm 处，撒入盛有 30℃标准硬水（342mg/L，钙：镁＝80：20）的烧杯中，记录从样品撒入至完全润湿的时间。很多不溶于水的原药都是不能被水润湿的，要想改变这种性质就要在加工时配加一定量的润湿剂。润湿剂可降低农药颗粒与水之间的界面张力，使药粉能很快被水润湿、分散。对可湿性粉剂不但要求制剂本身具有被水润湿的性能，而且还应要求按使用时规定的稀释倍数用水稀释使其悬浮液喷到植物上后，能很好地润湿植物，并能展开。润湿性差的可湿性粉剂悬浮液喷到植物上后，不能很好润湿和扩展，药液很容易从叶片上滚落下去，降低药效的发挥。因而常见在施用可湿性粉剂时，另外加入一些表面活性剂，就会提高药效，这可能就是增加了悬浮液的润湿性。FAO 规定可湿性粉剂的润湿性为不大于 1min 或 2min，我国目前基本参照这一数值，过去不大于 5min 的要求已不再使用。限定润湿时间的目的是使药剂施用前加水稀释时，能很快被水润湿，分散成为均匀一致的悬浮液。

（5）悬浮率　可湿性粉剂、悬浮剂、水分散粒剂、微囊剂等农药剂型的质量指标之一。将药剂用水稀释成悬浮液，在特定温度下静置一定时间后，仍处于悬浮状态的有效成分的量占原样品中有效成分的量的百分率即为悬浮率。上述农药制剂对水稀释变成悬浮液后，用喷雾器喷洒，要求农药有效成分的颗粒在悬浮液中能在较长时间内保持悬浮状态，而不沉在喷雾器的底部，这样喷出去的药液比较均匀，防效好。如果沉在底部，早喷出去的药液浓度就会降低，植物上的药量少，防效会降低；而晚喷出去的药液浓度过高，有可能对植物造成药害。所以悬浮液悬浮率的高低是制剂药效能否发挥作用的重要因素。过去我国对农药制剂稀释液的悬浮率要求在 50%～70%之间，少数产品要求 80%。现今随着助剂性能的提高及加工设备的改进，悬浮率多已达到 80%～90%甚至以上。

（6）乳液稳定性　乳油类农药制剂的质量指标之一。用以衡量乳油加水稀释后形成的乳液中，农药液珠在水中分散状态的均匀性和稳定性。乳油类农药制剂需用水稀释成乳液后喷施。农业上使用的乳液绝大多数为水包油型（O/W），要求液珠能在水中较长时间地均匀分布，油水不分离，乳液中有效成分浓度保持均匀一致，充分发挥药效，避免产生药害。稳定性的优劣与配制乳油时选用的乳化剂的品种和加入量有关。FAO 对乳液稳定性的检测方法为：经热贮稳定性处理后的样品，用标准硬水稀释 20 倍，摇匀后立即观察，应完全乳化；停放半小时后分离出的乳膏容积一般不大于 2mL；停放 2h 后分离出的乳膏及浮油容积一般不大于 4mL；停放 24h 后重新摇匀，分离物应能再乳化。我国制定的乳液稳定性测定标准为：乳油经用 342mg/L 标准硬水稀释一定倍数（200 倍、500 倍、1000 倍），搅匀后放入 100mL 量筒中，在 25～30℃静置 1h 观察，应没有浮油、沉油或沉淀析出。稀释倍数过高的如 1000 倍，即使乳液不够稳定，有少量浮油或乳膏分离出来，也不易观察到，这种观测方法是不合理的。用标准硬水稀释的倍数应该统一规定为 200 倍。

（7）成烟率　农药烟剂的质量指标之一。以烟剂燃烧时农药有效成分在烟雾中的含量与燃烧前烟剂中农药有效成分含量的百分比表示。烟剂在燃烧发烟过程中，其有效成分受热力作用，只有挥发或升华成烟的部分才有防治效果，其余的受热分解或残留在渣中。烟剂有效成分成烟率要求大于 80%，蚊香有效成分成烟率要求大于 60%。不同农药在同一温度下，或同一农药在不同温度下，其成烟率是不同的，而温度则取决于农药配方。应选择成烟率高的农药配方加工成烟剂。

（8）其他　还有一些剂型测试指标如：种衣剂的脱落率，悬浮剂、可湿性粉剂、水分散粒剂等的持久起泡性，微胶囊剂的释放速率，以及制剂的渗透性、展着性等指标都对相应制剂防效的发挥起到重要的作用。这些都是根据制剂的使用要求而制订的。

1.4.2 农药制剂标准分析

国际上农药制剂标准分析采用 CIPAC 方法，其直接被 FAO 农药规格所引用，并成为该农药规格能否制定和通过的关键因素。CIPAC 方法的发起单位往往是生产该农药的公司（跨国公司居多），而研究人员多是富有经验的高级农药分析专家。通过先进的分析仪器设备和科学的工作程序如GLP等找出最优操作条件。方法确定后，先进行小范围（包括跨国公司系统）合作研究，验证方法的可行性。然后由CIPAC统一组织国际合作研究，委托十多个具有国际一流水准的农药分析实验室，按照CIPAC方法合作研究规程和发起人具体的书面要求，进行实验验证。同时，全部分析数据必须在CIPAC年会上，接受来自世界各国农药分析专家的评审。评审通过后，实施一年内如无任何疑义，才能正式成为CIPAC方法。

1.4.2.1 相关的国际组织与机构

- 联合国粮食农业组织（FAO）
- 世界卫生组织（WHO）
- 经济合作和发展组织（OECD）
- 联合国工业发展组织（UNIDO）
- 国际标准化组织（ISO）
- 欧盟（EC）
- 美国国家环保局（EPA）
- 国际农药分析协作委员会（CIPAC）
- 国际官方分析化学家协会（AOAC）

通常将国际农药分析协作委员会（CIPAC）提出的方法作为仲裁方法。

1.4.2.2 农药制剂的物理和化学性质

（1）密度性质：假密度

a. 目的：为包装、运输和应用提供信息。当测定用体积（勺或其他容器）而不用质量计量时，密度指标对固体物质有特殊作用。

b. 适用范围：粉状或颗粒状的制剂。

c. 无通用要求。

（2）表面性质

① 润湿性

a. 目的：保证可分散（或可溶性）以及可乳化的粉剂或颗粒剂在喷雾器械中用水稀释时能够迅速润湿。

b. 适用范围：所有用水分散或溶解的固体制剂。

FAO/WHO通常要求在不搅拌的情况下，产品在1min被完全润湿。

我国通常要求可湿性粉剂、可溶粉剂、水分散粒剂的润湿时间≤120s。

② 持久起泡性

a. 目的：限制产品注入到喷雾器械中产生的泡沫量。

b. 适用范围：使用前需要用水稀释的所有制剂。

c. 无通用要求。

（3）细粒、碎片和附着物性质

① 湿筛试验

a. 目的：限制不溶颗粒物的量，以防止喷雾时堵塞喷嘴或过滤网。

b. 适用范围：可湿性粉剂（WP）、悬浮剂（SC，包括种子处理悬浮剂FS、油悬浮剂OD）、水分散粒剂（WG）、微囊悬浮剂（CS）、可分散液剂（DC）、悬乳剂（SE）、可溶片剂（ST）或可分散片剂（WT）、乳粉（EP）或乳粒剂（EG）。

c. 通常要求湿筛试验（75μm）≥98%。

② 干法筛分

a. 目的：限制未知大小的颗粒物的量。

b. 适用范围：直接使用的粉剂和颗粒剂。

c. 通常要求干筛试验（75μm）≥95%。

③ 粒度范围

a. 目的：保证颗粒剂中有可接受的比例处于适当的粒径范围内，避免产品在运输或处置过程中大、小颗粒上下分离，确保机械施药时流速均匀。

b. 适用范围：颗粒剂（GR）。

c. FAO/WHO 对颗粒剂通常要求≥85%的量在标称的粒度范围内；我国对颗粒剂通常要求粒径下限与上限的比不超过 1∶4。

④ 粉尘

a. 目的：限制颗粒状制剂的粉尘量。颗粒状制剂在处置和施药时可能将粉尘释放到空气中，造成对施药者的伤害。

b. 适用范围：颗粒剂（GR）、水分散粒剂（WG）、可溶粒剂（SG）。

c. 通常要求“几乎无粉尘”或“基本无粉尘”。

⑤ 抗磨性

a. 目的：保证颗粒状制剂在使用前仍然是完整的，减少颗粒剂在运输、搬运时摩擦产生的粉尘带来的风险，同时避免产生的粉尘（或细粉）对应用和田间药效的影响。

b. 适用范围：颗粒状制剂（GR、WG 和 EG）以及片状制剂（DT、WT、ST，取决于它们的使用方式）。

c. 无通用要求。

⑥ 对种子的附着性

a. 目的：保证给定的剂量保留在种子上并不易剥落，以减少使用时的风险和对田间药效的负面影响。

b. 适用范围：所有种子处理剂。

c. 无通用要求。

（4）分散度

① 分散度

a. 目的：保证制剂在用水稀释时容易并迅速地分散。

b. 适用范围：悬浮剂（SC）、微囊悬浮剂（CS）和水分散粒剂（WG）。

c. 无通用要求。

② 崩解时间和分散度或溶解度

a. 目的：保证可溶片剂或水分散片剂在水中迅速崩解，并且制剂能快速溶解并有良好的分散性。

b. 适用范围：可溶片剂（ST）和水分散片剂（WT）。

c. 无通用要求。

③ 悬浮率

a. 目的：保证有足够量的活性组分均匀地分布在悬浮液中，在施药时喷雾药液是有效成分均匀的混合液。

b. 适用范围：可湿性粉剂（WP）、悬浮剂（SC）、微囊悬浮剂（CS）、水分散粒剂（WG）。

c. 悬浮剂（SC）悬浮率≥80%，WP、CS、WG 悬浮率≥60%。

④ 分散稳定性

a. 目的：保证足够比例的有效成分均匀地分散在悬乳液中，在施药时喷雾药液是有效成分充分而有效的混合液。

b. 适用范围：悬乳剂（SE）、乳粒剂（EG）、乳粉（EP）、可分散液剂（DC）和油悬浮剂（OD）等。

c. FAO/WHO标准要求用CIPAC标准A水和D水稀释样品，在30℃±2℃（除非有其他特殊温度要求）下测定；我国标准要求用CIPAC标准D水稀释样品，在室温23℃±2℃下测定。

⑤ 乳液稳定性和再乳化性

a. 目的：保证足够比例的有效成分均匀分散于乳液中，在施药时喷雾药液是有效成分充分而有效的混合液。

b. 适用范围：乳油（EC）、水乳剂（EW）和微乳剂（ME）。

c. 我国采用CIPAC标准D水稀释样品200倍，在30℃±2℃ 1h后观察有无浮油和乳膏；FAO/WHO标准要求用CIPAC标准A水和D水稀释20倍，在30℃±1℃下应满足规定。

（5）流动性质

① 流动性

a. 目的：保证直接使用的粉剂、颗粒剂在药械中能够自由流动，以及水分散粒剂或水溶性粒剂在经水分散或溶解后药粒能自由流动，以及贮存结束后不结块。

b. 适用范围：粉剂（DP）、可溶粉剂（SP）、种子处理可分散粉剂（WS）、种子处理可溶粉剂（SS）、水分散粒剂（WG）以及可溶粒剂（SG）。

c. 一般无通用要求，FAO/WHO标准要求产品在54℃±2℃加压热贮14d后，使试验筛网上的试样在一定高度自由下落5～20次，然后测定通过5mm筛的量，采用≤…%表示。

② 倾倒性

a. 目的：保证制剂能够很容易地从容器中倾倒出。

b. 适用范围：悬浮状制剂（SC、FS、OD）、微囊悬浮剂（CS）、悬乳剂（SE）、水乳剂（EW）和相似的黏稠剂型，但也可以用于溶液状态的制剂，如：可溶液剂（SL）和乳油（EC）。

c. 水悬浮剂和油悬浮剂要求倾倒后残余物≤5.0%，洗涤后残余物≤0.5%；水乳通常要求倾倒后残余物≤3.0%，洗涤后残余物≤0.5%。

③ 黏度

a. 目的：保证含有2相或3相的制剂长期贮存后，经过再混合有适当的流动性以及粒子悬浮特性。

b. 适用范围：多相制剂。

（6）溶解和分解性质

① 酸度、碱度或pH值范围

a. 目的：减少有效成分潜在的分解、制剂物理性质的降低和对容器潜在的腐蚀。

b. 适用范围：在过量的酸或碱存在时，任何物质发生副反应的制剂。

c. 无通用要求。

② 与烃油的混溶性

a. 目的：保证制剂用油稀释时形成均匀的混合物。

b. 适用范围：使用前用油稀释的制剂（如OL）。

c. 一般无通用要求。

③ 水溶性袋的溶解性

a. 目的：保证装在水溶性袋中的制剂分散或溶解时不堵塞药械的滤网或喷嘴。

b. 适用范围：所有装在水溶性袋中的制剂。

c. FAO/WHO 标准要求悬浮的流动时间，限量≤30s。

④ 溶解度和/或溶液稳定性

a. 目的：保证水溶性制剂用水稀释时易溶解，形成稳定的溶液，没有沉淀和絮凝物等；可溶液剂配制成稀溶液后形成稳定的溶液。

b. 适用范围：所有水溶性制剂。

c. 无通用要求。

(7) 贮藏稳定性

① 在 0℃时的稳定性

a. 目的：保证在低温贮存期间，对制剂的物理性质，以及相关的分散性、颗粒性质无不良的影响。

b. 适用范围：所有液体制剂。

c. FAO/WHO 标准要求在测定试样中分离出的固体/液体物应≤0.3mL。

② 热贮稳定性

a. 目的：确保在高温贮存时对产品的性能无负面影响，并评价产品在常温下长期贮存时有效成分含量（相关杂质含量可能增加）以及相关物理性质变化。

b. 适用范围：所有制剂。

c. 在 54℃±2℃贮存 14d 后，除继续满足制剂的有效成分含量、相关杂质量、颗粒性和分散性等相关项目外，还需要规定有效成分含量不得低于贮存前测定值的 95%。

d. 替代的条件是：45℃±2℃，6 周；40℃±2℃，8 周；35℃±2℃，12 周；30℃±2℃，18 周。

③ 其他性质

a. 安全性：闪点。

b. 释放性质：如微胶囊等。

c. 喷洒性质：制剂及对水后的表面张力。

d. 黏附性。

1.4.3　助剂的安全性分析

1.4.3.1　农药助剂的种类

农药常用的助剂有表面活性剂、溶剂、增效剂、增稠剂、防腐剂、黏着剂、稳定剂等。表面活性剂有脂肪醇聚氧乙烯类、酚醚类、嵌段聚醚类、磺酸盐类、磺酸酯类、磷酸酯类、木质素类、萘磺酸盐聚合物类、酰胺类等；常用于农药的溶剂有三苯类芳烃溶剂、酮类、酯类、醚类、酰胺类等；增效剂有有机硅、脂肪胺、糖苷、增效醚、增效敏、增效磷等；稳定剂有松香酸、妥尔油、磷酸三苯酯、烷基磺酸盐等。

1.4.3.2　农药助剂的本质

农药助剂本身是具有一定毒性的化学物质，其毒性与其结构及使用剂量有很大关系，大量使用对环境、农产品安全存在很大的潜在威胁。

(1) 有机溶剂的毒性研究　工业用二甲苯中含有 6%～10%的乙苯、硫酚、苯等混杂的物质，其危害仍不容忽视。其中以苯对中枢神经和血液的作用最强。苯的主要代谢物为酚类，它对骨髓有强烈的毒性。长期的低浓度慢性中毒，作用于造血组织系统，会造成血象的改变，例如，红细胞、白细胞减少，血小板减少。

二甲苯也会造成血象的变化，例如：红细胞、白细胞减少，血小板减少，血红蛋白降低，以及骨髓细胞的变化，只是动物的慢性伤害反应远较苯或甲苯轻。另外，它同样会对心脏、肾、肝、骨髓造成伤害。

早在1987年，二甲苯已被美国国家环保局（EPA）确定为有毒物质，并不再批准登记含有二甲苯的农药制剂。目前我国也已完成对乳油中使用二甲苯的溶剂限量政策摸底和初步颁布施行，实行乳油新登记或者原有登记续展二甲苯检测上限10%的标准。

推荐替代二甲苯溶剂使用的主要是三甲苯、四甲苯、甲基萘等，这些溶剂或多或少都含有一定量的萘（一般10%以下）。三甲苯、四甲苯、甲基萘的毒性要比二甲苯和苯小得多，目前的动物实验还没有发现致癌和生殖毒性问题，且闪点高，安全性相对较高。

酮类溶剂中的环己酮和异佛尔酮都有一种让人胸闷和非常刺激的味道，环己酮吸入试验表明会刺激呼吸道黏膜并造成肺和肾损伤，并且会造成严重的眼刺激。环己酮在空气中吸入暴露阈值为190mg/L，8h平均暴露限量为100mg/L。异佛尔酮冷凝点－8℃（环己酮－32℃），水溶性12g/L（环己酮23g/L）；另外，异佛尔酮主要对眼、鼻、喉黏膜严重刺激，眼刺激水平为25mg/L，产生气味阈值为0.2mg/L，NIOSH的研究表明，异佛尔酮对肝脏和发育有一定程度的影响。

另外，酮类中的NMP（甲基吡咯烷酮），虽然是低挥发性、低毒溶剂，但最新研究发现NMP有潜在的生殖毒性，美国部分地区和欧洲已经限制其使用范围，如涂料、农药等人体可能大量暴露在NMP蒸气中的用途全部禁止。

（2）表面活性剂的毒性研究　根据结构和性质不同，表面活性剂可分为5大类：阴离子表面活性剂、阳离子表面活性剂、两性离子表面活性剂、非离子表面活性剂和其他表面活性剂。农药加工主要应用的多为阴离子表面活性剂和非离子表面活性剂。Toximul系列的表面活性剂是一种由不同结构的非离子型和阴离子型烃类物质组成的混合物。部分非离子型成分在环境中会降解为毒性更大的持久性代谢物，其中一些是内分泌干扰物。Toximul中有些成分不能渗进皮肤，但是能够被代谢掉或被肝清除。只有某些特定的成分或代谢物对基因的表达发挥作用，有些成分能够为没有过氧化酶体增殖剂激活受体的小鼠的多个细胞核受体提供配体。

长期生活于存在Toximul的环境中的小鼠的选择性血脂酶会升高，出现亚临床血脂障碍症状。因此，从事石油化工或农业的人长时间生活在弥漫着这些难降解有机化合物的环境中极易出现能量代谢功能紊乱的状况，患脂肪肝的概率也比常人高。

Agral90是一种非离子表面活性剂，其主要成分是壬基酚聚氧乙烯醚（NPEO），被广泛用作桶混助剂。环境中NPEO容易被微生物降解为壬基酚（NP），NP的化学性质比较稳定，是一种具有雌激素作用的内分泌干扰物或环境激素类有机物。NP可引起或增强机体活性氧自由基的损伤反应，导致脂质过氧化损伤。近年来，NP对人和野生动物的内分泌干扰作用引起了人们的普遍关注。

英国学者发现，当水中的NP质量浓度达10mg/L时，虹鳟鱼会发生生殖异常；另有研究表明，NP易引起乳腺癌细胞的异常繁殖。

1.4.3.3　农药助剂安全性的研究现状

农药助剂的使用初期，大多数人认为农药助剂尤其是农用表面活性剂对动植物及人类完全没有影响，而极少存在毒性的农药助剂是由于使用不当造成的。随着科学技术的发展，人类对农药助剂特别是农用表面活性剂、农药溶剂、填料载体及其降解产物对动植物和人类的毒害作用已有初步研究，其中农药表面活性剂、溶剂和填料载体的毒性及危害最为严重。20

世纪90年代召开农药助剂和应用的学术会议之后，我国农用表面活性剂的毒性和危害问题才得到研究学者的广泛关注。

虽然农药助剂对目标有害生物没有直接的活性作用，但对人类、有益生物和环境存在高低不等的毒害作用。过去的几十年中，有关农药残留的降解规律以及对环境影响的研究报道较多，而对农药助剂毒性及其危害的研究较少。因此，研究农药助剂对生物和环境的毒性和危害性具有重要意义。

美国国家环保局根据各种农药助剂的毒性和危害性将其进行分类列表管理。加拿大有害生物管理局在美国国家环保局对农药助剂分类方式的基础上，依农药助剂的毒性、危害性和管理强度递减的顺序将农药助剂分成1、2、3、4A、4B五大类，此外，还有两类分别是在加拿大使用的特殊助剂和蒙特利尔公约中规定的助剂。2006年，澳大利亚农药和兽药管理局制定和发布了农药助剂指导或登记资料要求。德国等其他国家已经出台相关的措施，对农药助剂实行登记制度，并依农药助剂的安全性进行分类管理。我国于2006年6月28日召开了农药助剂管理专题研讨会，会议对八氯二丙醚（农药增效剂）的生产、经营、使用及其毒性、残留等安全性问题进行了认真、仔细的讨论，并且介绍了境外农药助剂的管理情况。

1.4.3.4 农药助剂的安全性

（1）溶剂的安全性　由于大多数农药均难溶于水，因此，溶剂在农药的使用过程中不仅使用量大，而且应用十分广泛。有机溶剂、增溶剂、乳化剂和极性溶剂等在一些乳油、可溶液剂、微乳剂等液态农药制剂中是不可或缺的，常见的有苯、二甲苯、丙酮、乙醇等。其中有些溶剂的毒性并不低于农药本身。

乳油产品中甲苯、二甲苯的使用量相当大。据报道，我国每年用于配制乳油所使用的甲苯、二甲苯等有机溶剂约40万吨。而苯类有机溶剂对环境和人体的影响极为严重。例如在2.5%溴氰菊酯乳油中，溴氰菊酯含量只占到2.5%，而二甲苯含量却高达80%以上。有关专家指出溴氰菊酯乳油造成人的急性中毒，主要为二甲苯所致。但是在我国由于考虑到经济因素，一些成本低、毒性大的有机溶剂仍被大量使用，这些有机溶剂在农药使用过程中全部进入环境，不仅会造成严重的环境污染，而且会损害人体健康。多数有机溶剂本身的挥发性大，易对人的眼睛和呼吸道产生刺激作用。在发达国家，禁止使用芳香烃溶剂的趋势明显，尤其是在蔬菜、果树上使用芳香烃溶剂配制的乳油遭到了强烈的抵制。从1993年起，美国及其他西方发达国家相继颁布条款，用甲苯、二甲苯作溶剂的农药剂型不再登记，1999年起已波及发展中国家。

许多溶剂在水中有很高的化学需氧量（COD），这不仅提高了污水处理的难度，增加了环保的成本，还对植物、土地和水源造成严重污染。同时，溶剂的易燃、易爆等特性对农药和助剂生产、包装、运输及应用带来隐患，也对环境造成严重的影响。

（2）农用表面活性剂的安全性　随着我国农药产业的迅速发展，我国农用表面活性剂工业已有六十多年的历史，并已形成一定的规模。当前国内外表面活性剂工业发展迅速，其中绝大多数表面活性剂为化学合成的，其大量应用给环境造成了巨大的压力。已有研究学者对表面活性剂的毒理学及降解规律做基础性研究，但是人们对表面活性剂的生物降解及其对生态环境影响的注意力集中在产量大、浓度高、应用集中和自然界散布较窄的洗涤、清洁和个人卫生用品以及印刷、纺织、印染等领域，而农用表面活性剂的相关研究报道较少。

最主要的几类农药助剂几乎都是典型的表面活性剂或者是以它们为基础的复配物，占农药制剂量的90%以上，如烷基酚聚氧乙烯醚、脂肪醇聚氧乙烯醚、失水山梨醇脂肪酸酯等，因此，农用表面活性剂在农药助剂中占有特殊地位。

1.4.3.5 不同剂型中农药助剂的安全性

大多数情况下，农用表面活性剂（除部分飞防助剂外）都不单独应用，而是作为制剂的组分，因此，实际上应主要考察不同的助剂或复配物制剂对环境及生物的影响。目前农药最为广泛应用的传统剂型主要有粉剂（DP）、可湿性粉剂（WP）和乳油（EC）。据统计，2000 年我国农药制剂中乳油、粉剂、可湿性粉剂和颗粒剂等传统剂型占 72.3%（其中乳油占 46.7%），截止到 2016 年虽已降至 50%左右，但仍占据半壁江山。由于人们对环境保护和食品安全的关注，使农药的传统剂型受到严峻的挑战。

传统的乳油具有制造技术水平要求不高、农药有效成分含量高、活性成分在靶标作物上分布均匀、雾点干燥后药不易被雨水冲刷等特点。但是乳油中使用较高比例的甲苯、二甲苯、甲醇等有机溶剂来溶解原药，在使用过程中及使用后有机溶剂大量散发在大气中或通过渗透残留在土壤中，对生产工人、农民健康以及环境、食品安全等造成很大的负面影响。并且乳油容易渗透植物表皮和动物皮层，易产生药害或发生中毒事故。另外，如乳化剂性能不达标，久置未用，加水后往往出现油水分离现象（水面上漂油），这样的乳油会对植物产生药害，不能使用。

粉剂的优点是加工成本低、用喷粉器喷布速度快。因不用水，所以适合在干旱地带使用。其缺点是容易被风吹雨淋脱落，持效期较短；容易因风飘失，不易附着于植物体表，用量大，残效期较短，不但造成浪费，而且污染环境。

可湿性粉剂加水喷雾，在植物上的黏附性好，药效比同种原药的粉剂好，而且持效长。但经长期贮存，润湿性和悬浮率会下降。若加工细度不够或润湿剂质量差，在水中的分散性不好，容易堵塞喷头或在喷雾器内沉淀，以致喷洒不均匀造成植物局部药害。

1.4.3.6 农药助剂的管理

为保护人的健康和环境安全，许多国家和地区开始着手加强对农药助剂的管理。

（1）美国 EPA 对农药助剂的管理　美国 EPA 将农药中使用的助剂按照毒性、危险性和管理强度递减的顺序分为四类，要求提供相关登记所需资料，并根据进展情况，不断更新清单内容。Ⅰ类助剂属于已经证实对人类健康和环境存在危害的助剂，涉及 42 种化合物，如苯胺、石棉纤维、氯仿、二甲基亚砜、苯酚、壬基酚等，此类助剂已不允许继续使用。若要登记含此类助剂的产品，需提供该物质没有安全威胁的详细资料。有些剂型中使用的甲苯、二甲苯、DMF、正己烷、环己烷、异佛尔酮、乙腈等溶剂类物质属于Ⅱ类助剂，其具有潜在毒性或是有资料表明具有毒性。Ⅲ类助剂属于未知其毒性的化合物，涉及近 1100 种化合物，正在对其进行毒理学和生态学资料评估。Ⅳ类助剂属于毒性很小或几乎无毒的助剂。

（2）加拿大对农药助剂的管理　加拿大卫生部有害生物管理局（PMRA）于 2004 年制定了农药助剂的管理法规，并于 2005 年 1 月 9 日开始实施。加拿大可用于或曾经用于农药的助剂有 1200 多种化合物，其中绝大多数是依据 USEPA 的分类方式，按照毒性、危害性和管理强度递减的顺序分成 1、2、3、4A、4B 五大类。此外还有两类分别是在加拿大使用的特殊助剂和蒙特利尔公约中规定的助剂。其中 1 类助剂是已经被证实对人类健康和环境存在危害的助剂，包括一些致癌物质、神经毒素、慢性毒性物质、危害生殖的物质和对环境有污染的物质，如苯胺、四氯化碳、氯仿、二甲基亚砜等；2 类助剂是有必要进行毒性试验的有潜在毒性的助剂，如甲苯、二氯苯、肼、苯酚等；3 类助剂是一些毒性尚不明确的物质，如苯甲酸、烟酸、甲酸、生物素等；4A 类助剂是低风险助剂，包括 USEPA 所指的惰性物质和那些作为食品添加剂的物质，如乙酸、二氧化碳、棉籽油、蜂蜡等；4B 类助剂中有些可能有毒，但是在特定的使用条件下对公众健康和环境没有不利的影响，如丙二醇、异丙醇、乙醇等。在加拿大使用的特殊助剂有两种情况：一种情况是不在 USEPA 的列表内；另一种是需要对单个化合物进行鉴定或归类的特有助剂或混合物。

(3) 我国对农药助剂的管理 我国自实行农药登记管理以来，一直侧重于对农药有效成分的管理，对助剂的安全性研究和管理才刚刚起步。随着国民经济的不断发展和国际贸易的全球化，农药产品和农产品出口贸易日益增多，对我国农药管理工作提出了新的要求。

据资料显示，我国出口欧盟的茶叶中，总出口量的 40.7%因检测出八氯二丙醚而被退回；2005 年 9 月，内地销往香港地区的 11 个品牌蚊香因含有未经注册的八氯二丙醚而被香港渔农处查封并责成企业收回，紧接着香港消委会又通过香港各大媒体就八氯二丙醚对人类的危害公开向广大消费者告诫。上述情况引起了国内各有关部门的高度关注。

八氯二丙醚于 1959 年由 BASF 和日本 Sankyo 公司开发而成，主要作为增效剂使用。国内在食品和农药产品中均未制定该化合物的标准，但德国从 2001 年开始将此化合物列入限用名单，制定的 MRL（最高残留限量）标准为 0.01mg/kg，欧盟参照执行。有实验表明，八氯二丙醚吸入染毒可引起小鼠外周血细胞及肝、脾、肺细胞 DNA 的损伤，且肺细胞可能是主要的靶细胞；在一定剂量下，它对小鼠具有遗传毒性作用，对孕鼠和胎鼠也有一定的毒性作用；在一定剂量范围内，它会使脏器系数降低，对脾脏和 T 淋巴细胞有免疫抑制作用。另外，八氯二丙醚对呼吸系统有刺激作用，并可能对人体健康存在潜在的蓄积性危害，导致呼吸系统器官的严重损伤。有资料表明，八氯二丙醚是直接导致基因突变的诱导剂，它损伤肺组织细胞尤其是巨噬细胞，而这些细胞在清除肺污染物和免疫反馈中起着十分重要的作用。

为进一步保障农产品安全和人畜健康，增强我国农产品和农药产品在国际市场的竞争力，农业部于 2006 年 6 月 28 日在北京举行了以农药助剂管理为专题的研讨会。

2006 年 11 月 20 日，农业部发布了《加强对含有八氯二丙醚农药产品的管理》，决定自 2007 年 3 月 1 日起，撤销已经批准的所有含有八氯二丙醚的农药产品登记；自 2008 年 1 月 1 日起，不得销售含有八氯二丙醚的农药产品；对已批准登记的农药产品，如果发现含有八氯二丙醚成分，农业部将根据《农药管理条例》的有关规定撤销其农药登记。

1.5 农药制剂的发展趋势

随着全新结构、超高效农药的不断出现，农药新剂型的研究也得到迅速发展，一些环保、高效、安全、经济、使用方便的农药新剂型逐渐成为市场的主角，当前国际上农药剂型发展的趋势可概括为几个方面：

① 向水性（基）化发展。悬浮剂、水乳剂等制剂品种大量涌现。

② 向高浓度、固体化发展。用极少的助剂和载体，制剂有效成分含量有的甚至达到 90%以上，而部分液体或粉体剂型向粒剂、片剂、块剂、丸剂方向转变。

③ 向混配制剂发展。复配制剂、桶混制剂的广泛应用，可有效延缓抗性的产生，延长原药使用周期并提高综合防治能力。

④ 向功能化发展。省工省时提高效率，如缓释剂、泡腾片剂、漂浮粒剂、展膜剂等。

1.5.1 环境友好的水性化剂型

水性化制剂主要是指以水为载体的剂型，如：水乳剂（EW）、悬浮剂（SC）、悬乳剂（SE）、微乳剂（ME）等。

1.5.1.1 水乳剂发展迅速

液态农药或固态农药的溶液，在表面活性剂、助表面活性剂、防冻剂等助剂的作用下，以微小液滴分散在水中，形成稳定的O/W型的乳状液，当液滴直径在0.1～2μm时，外观呈乳白色乳状液，称为水乳剂。水乳剂以水为介质，不易燃，生产、贮运、使用安全，对环境污染少，且药滴微小，能充分发挥药效。一个好的配方，不仅产品性能稳定，长期贮存不发生相分离，有效成分几乎不降解，而且节约了大量的有机溶剂，成本可低于农药乳油。因此，目前农药水乳剂发展很快，市场潜力巨大。如1998年国外公司在我国登记的水乳剂品种只有2种，到2003年增长到13种。在这种形势的影响下，近年来，我国水乳剂得到了较快的发展，如2003年我国登记的水乳剂品种（不含卫生上用的水乳剂和同一品种重复登记的水乳剂）只有41种，2013年已到达561种，增长迅速，一大批水乳剂产品走上市场。如：菊酯类水乳剂、30%毒死蜱水乳剂、25%丙环唑水乳剂、50%乙草胺水乳剂、20%三唑磷水乳剂、1.8%阿维菌素水乳剂等。

1.5.1.2 悬浮剂将成为水基化制剂的代表

悬浮剂（suspension concentrates，SC）又称流动剂（flowable formulation），是水基性制剂中发展最快、可加工农药制剂品种最多、加工工艺最为成熟、相对成本较低的环保型剂型。其载体多为水相（悬浮剂SC），近年来涌现出的以植物油或其衍生物为载体的悬浮剂——油可分散悬浮剂（OD）也可看成环保型水基化的衍生剂型。

在20世纪60年代，英国的ICI公司采用湿法砂磨技术制得第一例农药悬浮剂。近十多年来，由于湿法粉碎工艺技术和设备不断改进和完善，先进测试仪器的使用，新的高品质分散剂、润湿剂等表面活性剂和其他添加剂的开发和应用，以及将胶体化学、表面化学的原理应用到悬浮剂的研究中，使农药悬浮剂研发技术获得迅速发展，农药悬浮剂的品质发生了根本性变化。农药悬浮剂由于加水稀释后能在防治靶标上较均匀覆盖，所以大多数用于作物叶面喷雾。一般来说，由于悬浮剂的粒径较小（1～5μm），其药效和持效性基本都优于可湿性粉剂，因此，在欧美发达国家悬浮剂已成为农药剂型中最基本和重要的剂型。在英国悬浮剂发展最为迅速，早在1993年悬浮剂已占其整个农药剂型市场销售量的26%，超过乳油（占24%）和可湿性粉剂（占17%），位居第一。1998年，由于水分散粒剂的发展，致使悬浮剂比例有所下降，但仍占21%。而在美国，悬浮剂在1993年和1998年所占比例分别为10%和13%，同样是发展迅速的主要剂型。值得注意的是，最近几年国外农化公司开发的一些非常有特点而且已进入中国市场并得到广泛认可和使用的新农药品种，其加工剂型都是悬浮剂，像200g/L氯虫苯甲酰胺SC（康宽）、25g/L多杀霉素SC（菜喜）、50g/L氟虫腈SC（锐劲特）、100g/L溴虫腈SC（除尽）、200g/L虫酰肼SC（米满）、125g/L高效氯氰菊酯SC（保富）、250g/L嘧菌酯SC（翠贝）和50g/L唑螨酯SC（霸螨灵）等。特别注意到近年来国外悬浮剂正朝着高浓度方向发展，主要目的是可以减少库存量，降低生产费用以及包装和贮运成本，说明国外悬浮剂加工配方工艺技术和生产设备已达到一个很高的水平。国外许多著名公司如Uniqema、Clariant、Rohdia、Huntsman、OmniChem、Akzo-Nobel和Westvaco等表面活性剂公司提供高质量的表面活性剂（润湿剂和分散剂）以及添加剂的选用获得成功，使得悬浮剂产品的品质进一步得到提升。如国外公司的500g/L异菌脲SC、甲基硫菌灵SC、多菌灵SC、杀螨隆SC、噻菌灵SC、四螨腈SC、430g/L戊唑醇SC和480g/L、600g/L吡虫啉SC等高浓度产品的质量非常稳定。国外公司在我国登记的悬浮剂品种已有100多个，其中高浓度悬浮剂品种约占50%，而且发展趋势还在增长，表明悬浮剂已成为逐步取代粉状制剂和部分乳油的优良剂型。

1.5.2 发展高含量固体剂型

目前，水性化剂型由于具有对环境污染小、贮运安全、节约资源等优点，因而受到人们的高度重视，其研究发展迅速。然而，某些原药由于在水中不稳定以及考虑到加工、包装、贮运和使用技术上的要求，不能加工成水性制剂，而乳油又存在着安全性差以及对环境污染严重等问题，也逐渐受到限制。因此，发展高含量固体制剂，是一个很好的补充，已越来越受到重视。高含量固体农药剂型主要包括高含量可湿性粉剂、水分散粒剂（干悬浮剂）、泡腾片剂、干种衣剂、高含量可溶粉（粒）剂等。高含量固体剂型有以下优点：①物理稳定性好，避免原药大量分解；②有利于超高效农药的加工；③安全性好，对环境污染小，便于加工、贮存和运输；④易于精细化加工，包装、贮运费用低[3]。

（1）水分散粒剂　水分散粒剂（干悬浮剂）是一种在水中能快速崩解分散，并能使有效成分在水中形成高悬浮状态的粒状化剂型。从某种意义上说，是在可湿性粉剂或水悬浮剂基础上的精加工。配方工艺要求高，加工工序较为复杂。尽管如此，由于它与传统剂型相比有非常鲜明的特性，因此颇受青睐。其特性介绍如下：

① 有广泛的适应性。首先是对农药品种的适应，几乎所有的可湿性粉剂和水悬浮剂产品都可以转换成该种剂型，对于一些熔点低、粉碎较困难、不便于制成可湿性粉剂以及在水中稳定性较差而无法制成水悬浮剂的农药品种，选择水分散粒剂（干悬浮剂）则有独特的使用价值；其次，是对制剂含量的适应，该剂型克服了传统剂型对制剂含量的制约因素，可以加工成许多高含量的水分散粒剂品种，如 90％莠去津水分散粒剂等。

② 对超高效农药具有良好的匹配性。随着人们对活性化合物筛选技术的不断进步，涌现出一批具有超强活性的农药新品种，由于它们大都分子链较长、活性官能团较大，将它们制成乳油已变得越发困难，因此必须走固体农药加工的新路，充分合理地发挥这些品种的药效需要有与之相适应的剂型以及加工技术，而水分散粒剂（干悬浮剂）正适应这种需要。

目前的许多超高效农药，每亩用量（有效成分）只有几克甚至不超过一克，如此少的用量，如若再把它们加工成低浓度可湿粉或水悬浮剂产品，很不经济。例如：苯磺隆系磺酰脲类小麦田的高效除草剂，每亩有效成分用量 0.8～1.2g，按照目前国内企业登记的 10％可湿性粉剂计算，每亩商品用量只需 10g 以上，而 75％干悬浮剂商品用量只需 1g 左右，节省了大量的包装、运输费用。

③ 水分散粒剂（干悬浮剂）生产工艺具有多样性。目前通常采用的有喷雾造粒、沸腾造粒、冷冻造粒、捏合挤压造粒等，工艺选择完全根据所加工农药的物化性能，确定最佳的加工工艺路线。

④ 水分散粒剂对环境具有友好性。当今化学农药的污染已成为一个严重的社会问题，在生物农药还无法完全取代化学农药的今天，如何最大限度地减少化学农药对环境的污染，已变得刻不容缓。水分散粒剂由于农药粒状化，大大减少了粉尘漂移对环境的危害，国内外市场上此类制剂产品发展迅速。近几年国家已加大对此方面的投入及宣传力度，农药剂型结构的严重不合理状况得到很大改善。如：75％苯磺隆、噻磺隆、绿磺隆干悬浮剂，20％甲磺隆水分散粒剂，70％吡虫啉水分散粒剂等。产品的各项性能指标均已达到国外同类产品水平。

（2）高含量固体种衣剂　用含有黏结剂的农药或肥料等组合物包覆种子，使之形成具有一定功能和包覆强度的保护层，这一过程称为种子包衣，包在种子外面的组合物称为种衣剂。应用种衣剂可实现隐蔽施药、目标施药，减少对天敌的危害和环境污染，可推动种子工业的标准化和商品化。

目前，市场上的种衣剂大多是悬浮液剂，有效成分含量低，大多在 20％～30％左右，最低的只有 3.5％，贮存时易发生分层和结块，造成使用不便，用过的大量包装容器难于处理。高含量固体种衣剂较液态种衣剂可节省包装和贮运费用，产品贮存稳定，使用方便，用后的包装物易于处理，有效成分含量可达 55％～60％。

固体种衣剂用水稀释使用时，能立即润湿而形成稳定的悬浮液。成膜剂必须迅速溶解，在和种子相混时，在规定的时间内能在种子表面固化成膜。种子包衣后，不仅要有良好的透气性，而且还必须能使活性成分缓慢释放，延长持效期。因此，在配制固体种衣剂时，成膜剂的选择至关重要。现已研制出以吡虫啉为主要成分的系列高含量固体种衣剂。

（3）高含量可溶粉（粒）剂　可溶粉剂是指在使用浓度下，有效成分能迅速分散而完全溶解于水中的一种剂型，该剂型适用于对水有良好亲和性的农药原药品种。由于其较高的浓度，因此其加工、贮运成本相对较低，加之它是固体剂型，又可用铝塑薄膜或水溶性薄膜包装，与液体剂型相比，包装成本大大降低了。

随着原药合成技术的进步，农药原药纯度的提高，制成该剂型的制剂含量越来越高，通常都在80％～90％之间。过去我国与国外同类产品的差距主要是在原药质量上，较低的原药纯度无法制成高含量可溶粉剂而派生出的高含量可溶粒剂。高含量可溶粒剂因其大粒化无粉尘污染，具有良好的市场前景，如50％甲磺隆钠盐可溶粒剂、75.7％草甘膦盐可溶粒剂。

（4）泡腾片剂　泡腾片剂的出现给传统的农药使用技术带来了一场革命，日本等一些发达国家在此领域处于领先水平。泡腾片剂最大的两个优点：一是省工、省时，使用方便，不需要在机械帮助下施药，免除了因机械故障或喷头堵塞造成的施药困难，其只需在水田的各个点人工撒施即可达到防治效果；二是减少了对农药器具的污染以及农药对人体的危害。

泡腾技术早期应用于医药或食品领域，在农药上的应用时间不长。由于应用环境的不同，在技术要求上有较大差别。医药食品由于所面对的对象是人体——一个相对封闭的有机体；而农药所面对的是一个较大的开放式空间，因此所制造的泡腾剂产品需要具备更好的崩解分散性能及更强的泡腾力才能使有效成分较为均匀地分布，达到理想的防治效果，因此技术要求很高。国内对此技术的研究成果不多。目前我国对研究出的苯噻草胺·苄磺隆泡腾片剂及二氯喹啉酸·苄磺隆泡腾片剂进行了批量生产，产生了一定的社会、经济效益。从当前的发展看，此类技术的应用前景是十分广阔的。

1.5.3　混用与混剂迅猛发展

1.5.3.1　含义

农药混合制剂或复配制剂，简称农药混剂，系指含有两种或两种以上有效成分的农药制剂，它们可以有各种剂型。

农药混剂不包括农药有效成分与基本不具生物活性的助剂或其他成分之间的混配，也不包括因工艺关系农药有效成分同系物、类似物、异构物之间的混合物。例如，杀虫剂与增效剂的混配，仍看作单剂；氯氰菊酯与顺式氯氰菊酯的乳油，分别看作单剂；以煤焦油中混合二甲酚为原料制备的混灭威乳油，也看作单剂。

还有一种是农药有效成分与化肥的混配制剂，不同于一般的农药混剂，可称作“药肥”。

1.5.3.2　分类

农药混剂可分为下述类别：

① 杀虫混剂。含有两种或多种杀虫剂有效成分的混剂，如50％吡蚜酮·烯啶虫胺水分散粒剂。

② 杀菌混剂。含有两种或多种杀菌剂有效成分的混剂，如70％霜脲氰·代森锰锌混合可湿性粉剂。

③ 杀虫杀菌混剂。含有一种或多种杀虫剂有效成分与一种或多种杀菌剂有效成分的混剂，如20％克百威·多菌灵混合种衣剂。

④ 除草混剂。含有两种或多种除草剂有效成分的混剂，如五氟磺草胺+氰氟草酯、烟嘧磺隆+莠去津等。

⑤ 植物生长调节混剂。含有两种或多种植物生长调节剂有效成分的混剂，如50%吲哚丁酸·萘乙酸粉剂。

此外，还有杀虫除草混剂、除草植物生长调节混剂等。

依据农药混剂中所含有效成分的数目分类，农药混剂可分为二元混剂和多元混剂。含有两种有效成分的混剂，称作二元混剂，如上述一些实例；含有三种有效成分的混剂，称作三元混剂，我国目前除除草剂、种衣剂外不主张含三元以上的混配。

1.5.3.3 意义

（1）延缓抗药性的产生　虽然前些年学术界对此尚有不同看法，但近年国内外通过科学实验，例如，对杀虫混剂及有关单剂通过多代汰选试虫的试验证明混剂的确能够延缓抗药性的产生。

这里要注意两个问题。第一，混剂延缓抗药性要在有害生物未发生耐药性或发生耐药性的最初时期，耐药性尚不严重之时使用，并非适用于防治已对其有效成分之一严重产生耐药性的有害生物。第二，混剂各有效成分之间不应产生交互抗性。

（2）扩大使用范围　混剂对其组成有效成分的各单剂而言，一般都扩大了防治对象和使用范围，从而达到兼治和省工的目的。尤其是除草剂的混剂品种，扩大了杀草谱，防除效果十分显著。但这种混配必须是兼容互补的，需要大量的生测实验方可确定最佳组合。

（3）增效　农药有效成分之间混配增效的例子很多。如有机磷、氨基甲酸酯、脒类等杀虫剂品种与菊酯类杀虫剂品种混配几乎都表现出对后者增效。昆虫对菊酯类杀虫剂“解毒”或产生抗药性的原因之一是体内多功能氧化酶活化，而辛硫磷可以抑制多功能氧化酶。因此，辛硫磷与菊酯类杀虫剂品种混配往往表现出显著增效。杀菌剂方面，抗生素类、硫黄以及一些非内吸性的保护性杀菌剂与内吸性杀菌剂混配，常常表现出对后者增效。有趣的是，硫黄与苯丁锡等杀螨剂混配，同样对杀螨有突出的增效作用。这些客观存在的规律，在混剂研制中应该加以利用。

混剂是否增效，首先必须选择适宜的防治对象，以室内毒力测定数据为依据；其次要经过田间药效试验验证。增效在田间的表现因受诸多条件限制，有时不易明显看出来。

1.5.4 缓释剂受到高度重视

农药缓释剂主要根据病虫害发生规律、特点及环境条件，通过农药加工手段使农药按照需要的剂量、特定的时间持续稳定地释放，以达到经济、安全、有效控制病虫害的目的。其主要优点为：①药剂释放量和时间得到了控制，使施药到位、到时，原药的功效得到提高；②有效降低了环境中光、空气、水和微生物对原药的分解，减少了挥发、流失的可能性，从而使残效期延长，用药量和用药次数减少；③同时使高毒农药低毒化，降低了毒性，减少了农药的漂移，减轻了环境污染和对作物的药害；④改善了药剂的物理性能，液体农药固型化，贮存、运输、使用和后处理都很简便[4]。

在农药剂型的研究中，最重要的就是控制释放型、复效型和缓释型。目前各种缓释剂中，工艺较成熟、品种较多、生产量较大的仍然是微胶囊剂。

微胶囊剂（microcapsule，MC）是当前农药新剂型中技术含量最高、最具开发前景的一种剂型。微胶囊技术是一种用成膜材料把固体或液体包覆形成微小粒子的技术，包覆所得的微胶囊粒子大小一般在微米至毫米级范围，通常使用的在5～400μm。包在微胶囊内部的物质称为囊芯，成膜材料称为壁材，壁材通常由天然或合成的高分子材料形成。由于农药活性物质被包覆在微小的囊状制剂内，因此，农药有效成分能缓慢释放，从而延长药剂的有效期，巩固防治效果，并使农药不易受到环境因素影响，而且相比于开发新药，成本大大降低，市场潜力扩大。

微胶囊的制备方法种类繁多，目前国内外采用的技术主要有相分离法（包括单相凝聚法、复相凝聚法）、界面聚合法、定位聚合法、喷雾干燥法等，相分离法和界面聚合法采用的较为普遍。

市场上应用较多的是微囊悬浮剂（CS），是指有效成分（芯料）内包在囊壁物质中的微小球体以水为载体形成的悬浮体系的制剂，其芯料物质是液体、固体或混合物，可以通过囊壁缓慢释放。目前国内外农药微胶囊的研制开发主要集中在杀虫剂、除草剂及灭鼠剂方面，已商品化的微囊悬浮剂不少于 30 种，如 Pennwalt 公司生产的甲基对硫磷、对硫磷、二嗪磷、氯菊酯，Stauffer 公司生产的扑草灭、杀鼠灵，杜邦和道化学公司等生产的除虫菊、毒死蜱、甲草胺等。近年来，国内微囊悬浮剂的研究取得突破性进展，毒死蜱、辛硫磷等微囊悬浮剂已进行产业化生产。目前，噻虫嗪、吡唑嘧菌酯等新型产品的微胶囊剂发展也有新的突破。

农药缓释剂是目前应用比较成功的农药制剂，但是从总体上看，缓释剂仍处于研究和开发阶段，各种缓释剂的选材、制作方法、技术指标、质量检验方法、释放速度与环境条件的关系等研究正在进行。存在的问题主要有以下几点。

① 由于我国长期使用乳油、粉剂和可湿性粉剂，农药缓释剂作为一个农药加工剂型还不能被生产单位普遍接受，应加强宣传推广工作。

② 微胶囊剂的研究和应用在我国取得了一定的进展，但应用领域和基础研究远远落后于欧美等国，到目前为止，商品化的微胶囊剂只有几种。应该对微胶囊剂释放机理和释放速率进一步深化研究，真正实现其对活性成分的控制释放。

③ 囊皮材料价贵、制剂化费用较高，经济上尚缺乏有力的竞争能力。今后缓释剂研究的重点将是寻求廉价的囊皮材料，开发制剂化费用较低类型的缓释剂以及高附加值农药的缓释剂。

④ 同时应对微胶囊剂加工技术，微胶囊剂的残留，微胶囊剂对森林生态环境可能出现的负面影响（如囊壁聚合物的蓄积问题），以及对有益昆虫的影响等进行研究。

总的说来，在我国缓释剂的发展起步迟，发展较缓慢。但随着人们对于安全、环境、生态和可持续发展的意识不断增强，微胶囊剂势必成为农药制剂发展的重要方向，农药生产企业应高度重视，以加快缓释剂农药制剂的研究、开发、生产，做好农药制剂的更新换代工作。

1.6 我国农药制剂加工发展概况及展望

1.6.1 农药制剂发展简史

从现代工业的角度看，我国农药制剂加工形成工业规模应从 20 世纪 50 年代开始起步，分为三个阶段。

① 1949 年 10 月～1983 年 3 月　以三氯类杀虫剂（六六六、滴滴涕等）固体剂型为主导的制剂加工时代。期末，制剂总产量达 150 万吨。其中粉剂产量 110 万吨，占 73.68％；可湿性粉剂产量 14 万吨，占 9.29％；乳油 18 万吨，占 12.5％。

② 1983 年 4 月～2000 年前后　以有机磷类（敌敌畏）、氨基甲酸酯类（克百威）液体

剂型为主导的制剂加工时代。期末，制剂加工能力达 150 万吨，乳油占 50%，可湿性粉剂、粉剂占 25%。农药企业发展到 2300 多家，其中制剂企业 1800 多家。年耗甲苯、二甲苯等有机溶剂约 40 万吨。

20 世纪 80 年代中期开始投入水基化农药新剂型基础研究，90 年代初该研究列入原化工部攻关项目并进行示范产品的产业化开发。

③ 2001 年至今　以低毒、高效、低残留的新型杂环类农药为主导，相应发展以水基化、粒状化为主导的环境友好型制剂，并将此列入了国家“十五”“十一五”“十二五”科技支撑计划。2015 年我国农药产量达到 374 万吨，并有 9 万多吨的进口。实际国内消耗 2014 年就达到 180.69 万吨。

同时，环境友好型农药新制剂大量涌现，形成新、老剂型并存的时期。

1.6.2　我国目前主要的农药制剂剂型

（1）水分散粒剂（WG）　入水后能迅速崩解、分散形成悬浮液的粒状农药剂型。产生于 20 世纪 80 年代初，是正在发展中的新剂型。这种剂型兼具可湿性粉剂和浓悬浮剂的悬浮性、分散性、稳定性好的优点，而克服了二者的缺点。与可湿性粉剂相比，它具有流动性好，易于从容器中倒出而无粉尘飞扬等优点；与浓悬浮剂相比，它可克服贮藏期间沉积结块、低温时结冻和运费高等缺点。

（2）粉剂（DP）　粉剂是由农药原药和填料混合加工而成的。有些粉剂还加入稳定剂。填料种类很多，常用的有黏土、高岭土、滑石、硅藻土等。对粉剂的质量要求，包括粉粒细度、水分含量、pH 值等。粉粒细度指标，一般 95%～98%通过 200 号筛目，粉粒平均直径为 30μm；通过 300 号筛目，粉粒平均直径为 10～15μm；通过 325 号筛目（超筛目细度），粉粒平均直径为 5～12μm。水分含量一般要求小于 1%，pH 值 6～8。粉剂主要用于喷粉、撒粉、拌毒土等，不能加水喷雾。

（3）可湿性粉剂（WP）　可湿性粉剂是由农药原药、填料和润湿剂混合加工而成的。可湿性粉剂对填料的要求及选择与粉剂相似，但对粉粒细度的要求更高。润湿剂采用纸浆废浆液、皂角、茶枯等，用量为制剂总量的 8%～10%；如果采用有机合成润湿剂（例如阴离子型或非离子型）或者混合润湿剂，其用量一般为制剂的 2%～3%。对可湿性粉剂的质量要求为应有好的润湿性和较高的悬浮率。悬浮率不良的可湿性粉剂，不但药效差，而且往往易引起作物药害。悬浮率的高低与粉粒细度、润湿剂种类及用量等因素有关。粉粒越细悬浮率越高。粉粒细度指标为 98%通过 200 号筛目，粉粒平均直径为 25μm，润湿时间小于 15min，悬浮率一般在 28%～40%范围内；粉粒细度指标为 96%以上通过 325 号筛目，粉粒平均直径小于 5μm，润湿时间小于 5min，悬浮率一般大于 50%。可湿性粉剂经贮藏，悬浮率往往下降，尤其是经高温悬浮率下降很快。若在低温下贮藏，悬浮率下降较缓慢。可湿性粉剂加水稀释，用于喷雾。

（4）颗粒剂（GR）　颗粒剂是由农药原药、载体和助剂混合加工而成的。载体对原药起附着和稀释作用，是形成颗粒的基础（粒基）。因此要求载体不分解农药，具有适宜的硬度、密度、吸附性和遇水解体率等性质。常用作载体的物质有白炭黑、硅藻土、陶土、紫砂岩粉、石煤渣、黏土、红砖、锯末等。常见的助剂有黏结剂（包衣剂）、吸附剂、润湿剂、染色剂等。颗粒剂的粒度范围一般在 10～80 目之间。按粒度大小分为微（细）粒剂（50～150 目）、粒剂（10～50 目）、大粒剂（丸剂，大于 10 目）；按其在水中的行为分为解体型和非解体型。颗粒剂用于撒施，具有使用方便、操作安全、应用范围广及延长药效等优点。高毒农药颗粒剂一般用作土壤处理或拌种沟施。

（5）水剂（AS） 水剂主要由农药原药和水组成，有的还加入小量防腐剂、润湿剂、染色剂等。该制剂以水作为溶剂，农药原药在水中有较高的溶解度，有的农药原药以盐的形式存在于水中。水剂加工方便，成本低廉，但有的农药在水中不稳定，长期贮存易分解失效。

（6）悬浮剂（SC） 悬浮剂又称胶悬剂，是一种可流动液体状的制剂。它由农药原药和分散剂等助剂混合加工而成，药粒直径小于微米。例如，40％多菌灵悬浮剂、20％除虫脲悬浮剂等。

（7）超低容量喷雾剂（ULV） 超低容量喷雾剂是一种油状剂，又称为油剂。它由农药和溶剂混合加工而成，有的还加入少量助溶剂、稳定剂等。这种制剂专供超低量喷雾机使用，或飞机超低容量喷雾，不需稀释而直接喷洒。由于该剂喷出雾粒细，浓度高，单位受药面积上附着量多，因此，加工该种制剂的农药必须高效、低毒，要求溶剂挥发性低、密度较大、闪点高、对作物安全等。如25％敌百虫油剂、25％杀螟松油剂、50％敌敌畏油剂等。油剂不含乳化剂，不能对水使用。

（8）可溶粉剂（SP） 可溶粉剂是由水溶性农药原药和少量水溶性填料混合粉碎而成的水溶性粉剂。有的还加入少量的表面活性剂。细度为90％通过80号筛目。使用时加水溶解即成水溶液，供喷雾使用。如80％敌百虫可溶粉剂、50％杀虫环可溶粉剂、75％敌克松可溶粉剂、64％野燕枯可溶粉剂、井冈霉素可溶粉剂等。

（9）微胶囊剂（MC） 微胶囊剂是用某些高分子化合物将农药液滴包裹起来的微型囊体。微囊粒径一般在25μm左右。它是由农药原药（囊芯）、助剂、囊皮等制成的。囊皮常用人工合成或天然的高分子化合物，如聚酰胺、聚酯、动植物胶（如海藻胶、明胶、阿拉伯胶）等，它是一种半透性膜，可控制农药释放速度。该制剂为可流动的悬浮体，使用时对水稀释，微胶囊悬浮于水中，供叶面喷雾或土壤喷雾施用。农药从囊壁中逐渐释放出来，达到防治效果。微胶囊剂属于缓释剂类型，具有延长药效、高毒农药低毒化、使用安全等优点。

（10）烟剂（FU） 烟剂是由农药原药、燃料（如木屑粉）、助燃剂（氧化剂，如硝酸钾）、消燃剂（如陶土）等制成的粉状物。细度通过80号筛目，袋装或罐装，其上配有引火线。烟剂点燃后可以燃烧，但没有火焰，农药有效成分因受热而气化，在空气中受冷又凝聚成固体微粒，沉积在植物上，达到防治病害或虫害的目的。在空气中的烟粒也可通过昆虫的呼吸系统进入虫体产生毒效。烟剂主要用于防治森林、仓库、温室、卫生等病虫害。

（11）水乳剂（EW） 水乳剂为水包油型不透明浓乳状液体农药剂型。水乳剂是由水不溶性液体农药原油、乳化剂、分散剂、稳定剂、防冻剂及水经均匀化工艺制成的。不需用油作溶剂或只需用少量。水乳剂的特点有：①不使用或仅使用少量的有机溶剂；②以水为连续相，农药原油为分散相，可抑制农药蒸气的挥发；③成本低于乳油；④无燃烧、爆炸危险，贮藏较为安全；⑤避免或减少了乳油制剂所用有机溶剂对人畜的毒性和刺激性，减少了对农作物的药害危险；⑥制剂的经皮及经口急性毒性降低，使用较为安全；⑦水乳剂原液可直接喷施，可用于飞机或地面微量喷雾。

（12）乳油（EC） 乳油主要是由农药原药、溶剂和乳化剂组成的，在有些乳油中还加入少量的助溶剂和稳定剂等。溶剂的用途主要是溶解和稀释农药原药，帮助乳化分散、增加乳油流动性等，常用的有二甲苯、苯、甲苯等。农药乳油要求外观清晰透明、无颗粒、无絮状物，在正常条件下贮藏不分层、不沉淀，并保持原有的乳化性能和药效。原油加到水中后应有较好的分散性，乳液呈淡蓝色透明或半透明溶液，并有足够的稳定性，即在一定时间内不产生沉淀，不析出油状物。稳定性好的乳液，油球直径一般在 0.1～1μm 之间。目前乳油是使用的主要剂型，但由于乳油使用大量的有机溶剂，施用后增加了环境负荷，所以有减少的趋势。

1.6.3　我国农药制剂登记情况

2018 年登记产品 4141 个，比上年略有下降。2018 年登记杀虫剂 1136 个，占比 28.96%，同比减少 4.0%；杀菌剂 1106 个，占比 30.36%，同比增加了 1.7%；除草剂 1529 个，占比 28.32%，同比增加了 1.7%；卫生杀虫剂 169 个，植物生长调节剂 165 个，其他 36 个。杀菌剂增速明显，已成为登记总数量中的首位，与前几年发生了较大变化，这与 2015 年吡唑醚菌酯等专利到期产品登记数量增多有着直接的关系。登记结构变化与产品专利过期之间的关系值得研究和跟踪，同时也值得警惕，知识产权、同质化等或许是未来的主要矛盾之一[5]。

如图 1-1 所示，2018 年我国农药制剂按剂型统计：悬浮剂 5131 个，可湿性粉剂 7012 个，水分散粒剂 2162 个，水剂 2938 个，乳油 9593 个，水乳剂 1254 个，可分散油悬浮剂 1248 个，微乳剂 1176 个，悬浮种衣剂 654 个，颗粒剂 813 个，电热蚊香液 371 个，悬乳剂 351 个，可溶粉剂 666 个，可溶粒剂 336 个，其他 2975 个。从剂型角度分析，乳油占比已下降到 26.1%，悬浮剂和水分散粒剂增长较快。

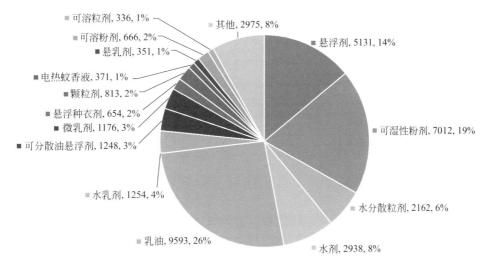

图 1-1　2018 年我国农药制剂统计表

（图中“悬浮剂 5131，14%”表示 2018 年我国悬浮剂登记产品为 5131 个，占所有登记产品的 14%。）

按毒性统计：低毒 28015 个，微毒 3093 个，中等毒 5241 个，高毒 327 个。

从以上登记情况分析，悬浮剂（SC）、水分散粒剂（WG）依然是登记及研发的主要方向，这与 2000 年以前发生了很大的变化。制剂水性化、颗粒化，有效成分控制释放，使用更加简单和方便，剂型的多样化和功能化，已是目前我国农药制剂的现状，并使剂型结构更加趋于科学合理。

1.6.4　农药制剂工程化技术

农药制剂工程化是农药制剂加工、生产、贮运、管理不可或缺的环节，是一个制剂企业现代化水平的重要标志，工程化水平的高低直接决定了企业的未来定位及产品的市场走势。

当今世界已步入智能制造时代，农药制剂的工程技术也必将会有质的飞跃。然而，农药制剂的工程化在我国制剂企业发展初期是普遍被忽视的，导致我国农药制剂工程化水平长期落后。近十年随着与国际接轨的步伐加快，国内制剂工程化水平有了明显提高。众多企业对制剂工厂的工程化技术更加重视，全新的符合国际标准的建设规范被广泛接受。

1.7 我国农药制剂工厂发展概况及展望

1.7.1 我国农药制剂工厂的生产现状

(1) 剂型多、品种多、规格多、变化快　我国农药加工工厂大部分是多剂型、多品种、多规格的综合性加工，同时，杀虫剂、杀菌剂、除草剂等混杂于同一厂区，包装规格繁多，加工及分装设备切换产品频繁。

(2) 平面式仓库多，占地面积大　由于工厂生产的品种、品规较多，造成了仓库库容大，许多企业生产区域的2/3都可能是库区，用于存贮包装物、原材料、辅助材料和成品等。

(3) 生产周期短，短时间内突击产能要求巨大　由于国内大多数农药制剂企业大都是以内销为主，用药时间十分集中，造成了生产周期只有3～5个月，往往一套1000t/年的生产装置几个月就要完成全年一半的设计产能，给生产和管理造成巨大的压力。

(4) 总体布局不合理，物流不畅　大多数制剂企业由于没有科学的总体布局，基本上是按需搭建的或改建仓库和厂房，导致厂区及车间内的物流不合理，严重影响生产安全和工作效率。

1.7.2 制剂工程设计应重点考虑的因素

(1) 如何提高农药制剂加工行业自动化、智能化水平　农药制剂加工已从机械化步入了自动化时代，并快速向智能化转变，很多大数据概念已经进入工厂的运作体系，比如二维码系统的应用，智能化仓库的运行，等等。因此，这就要求设计方案不仅要充分考虑工厂本身的产品特性，还要有超前理念，使工厂具有很强的适应性和先进性。

(2) 如何通过数据提高农药制剂加工效率、提高产品质量、降低成本　工艺的先进性体现了工程化的技术水平，工厂的数据化管理就是最关键的一个环节。所以，设计中首先关注数据采集的方式，数据对设备、对过程的管控，以达到效率和质量的提升。

(3) 如何通过相关的物流技术数据，帮助企业缩短产品生产周期、提高效率　物流的通畅对一个制剂企业是十分重要的，但往往被忽视。它包括厂区大环境的货物输送以及车间内部的物流。通畅的物流应该是方便、快捷、安全、合理的，同时，注重制剂工厂的特性便于对交叉污染的管控。

(4) 如何解决设备选择与生产能力的匹配和布局等问题　制剂工厂的一个突出问题是突击产能，需要在较短的时间内释放一年的产量，这就对设备与产能的匹配要求很高，既不能设计过大造成设备和空间的浪费，也不能过小导致产能不足。这些工程化的参数在设计规划之初就必须考虑周全。

(5) 如何提高农药制剂工厂的环境保护水平　制剂工程化技术一个突出表现就是环境治理，制剂工厂的环境问题包括两个方面：整个厂区“三废”处理；生产车间“三废”收集及工作环境。制剂工厂在粉尘控制、VOC（挥发性有机化合物）排放、操作环境的无尘化等方面的问题是必须关注的。

1.7.3　农药制剂工程化技术的内容

1.7.3.1　农药制剂工厂的总体设计

（1）在总平面布局设计中须满足我国相关标准和规范的要求　农药制剂加工虽然不涉及化学合成，但需要用到化工原料，属于化工行业。因此应符合以下规范要求：

《石油化工企业设计防火规范》（GB 50160—2018）；

《建筑设计防火规范》（GB 50016—2014）；

《工业企业总平面设计规范》（GB 50187—2012）；

《石油化学工业污染物排放标准》（GB 31571—2015）；

《化工企业总图运输设计规范》（GB 50489—2009）。

如在《石油化工企业设计防火规范》中明确要求了车间分类要求，所使用的溶剂不同，所归属的车间分类则不同。溶剂要求如表 1-3 所示。

表 1-3　农药制剂中的溶剂

名称	类别		特征	制剂中常用溶剂举例
液化烃	甲	A	15℃时的蒸气压力＞0.1MPa 的烃类液体及其他类似的液体	
可燃液体	甲	B	甲 A 类以外，闪点＜28℃	苯、甲苯、二甲苯、甲醇、乙醇
可燃液体	乙	A	28℃≤闪点≤45℃	100 号溶剂油，环己酮
可燃液体	乙	B	45℃≤闪点≤60℃	DMF
可燃液体	丙	A	60℃≤闪点≤120℃	150 号溶剂油、乙二醇
可燃液体	丙	B	闪点＞120℃	油酸甲酯

（2）农药制剂工厂布局的内容和要求

① 工厂布局的内容

a. 工厂总体平面布置。工厂各个组成部分，包括生产车间、辅助车间、仓库、办公室等各种作业单位和运输线路设施的相互关系，物料流向和流程，厂内外运输的连接。

b. 车间布置。包括工作地、设备、通道、管线之间的相互位置，物料搬运的流程及运输方式。

② 工厂总体布置设计的要求。满足生产要求，工艺流程合理；适应工厂内外运输要求，线路短捷顺直；合理用地；充分注意防火、防爆、防损与防噪；利用气候等自然条件，减少环境污染。

1.7.3.2　制剂工厂车间布置及工艺设计的要求

车间的布置和工艺设计需在充分可管控交叉污染的原则下进行，同时对产品、辅料、规格、数量进行综合分析，以确定最佳工艺路线和设计方案。比如对于单一的大吨位品种可采取自动化程度高的连续化设计等。

1.7.3.3　制剂工厂清洁生产、交叉污染管控、安全和“三废”处理

（1）清洁生产　要求对所有的加工区域进行除尘除味的设计，降低或避免物料与人体的接触。随着对员工职业健康卫生的重视，对制剂企业的清洁化生产要求会更加严格。

（2）交叉污染管控　这是制剂工程技术中最根本最核心的内容，并贯穿于整个设计的过程。首先是产品交叉污染风险评估，然后是工厂整体交叉污染防控设计，车间交叉污染防控设计，生产线及生产设备、管道等交叉污染防控设计。

（3）设备专用　如除草剂和杀虫剂、杀菌剂及某些特殊除草剂的生产等必须使用各自专

用装置生产线隔离；生产车间之间的间距；（粉剂/固体原药、加工、分装生产）分开存贮（原料、半成品、剩余料、包材）隔离；车间隔离：除草剂、杀虫剂、杀菌剂、高效除草剂的生产和贮存必须有不同的车间或仓库，一个车间的所有物料、设备容器、服装、工具等都不可用于其他车间。

（4）安全和“三废”处理　制剂工厂的安全和“三废”处理通常采用化工企业设计和管理规范，如甲乙丙类车间划分，罐区、废水池及消防池的设计要求等。

1.7.4　我国农药制剂未来展望

经过几十年的努力，尤其是近十几年的发展，我国农药产量已居世界第一位，但我国离农药强国还有很长的距离。全国两千多家农药企业，排名前十位的没有一家年产值达到10亿美元，这主要还是因为缺乏具有自主知识产权的创制品种，市场同质化严重。尽管如此，这些年我国农药制剂的发展还是得到了国际的认同，农药出口已从以原药为主逐步向以制剂为主转变，并发展迅速。我国农药制剂加工正朝着高效、安全、经济、方便、环保及智能化的方向发展。

（1）水基化制剂成为主流　从近几年国内农药制剂登记情况分析，悬浮剂（SC）、水乳剂（EW）等以水为介质的制剂登记数占30%以上，超过其他所有剂型。目前，在全球登记的农药新剂型中制成悬浮剂的多达350多个，在国内已登记的悬浮剂也近270个，尤其是国外的一些创制品种多以悬浮剂的剂型进入我国市场，优越性可见一斑。例如：氯虫苯甲酰胺200g/L悬浮剂、螺螨酯240g/L悬浮剂、嘧菌酯250g/L悬浮剂和多杀霉素480g/L悬浮剂等。同时，水乳剂在我国也发展强劲，虽然起步较迟，但目前开发的数量和产量都超过国外公司，截止到2008年，在我国登记的水乳剂品种已达到395个（包括国外公司76个），如氰氟草酯10%水乳剂、毒死蜱40%水乳剂、高效氯氟氰菊酯2.5%水乳剂、高效氯氰菊酯4.5%水乳剂和阿维菌素1.8%水乳剂等已基本取代同类乳油产品[6]。

（2）高效、省力化剂型受重视　随着我国城镇化建设步伐加快，农村劳动力不足问题日益突出，省工、高效的剂型受到青睐。油悬浮剂、水分散粒剂、泡腾片剂、大粒剂、撒滴剂、展膜油剂、热雾剂、航空喷雾制剂等高工效和省力剂型得到较好发展。如可分散油悬浮剂（OD），截止到2013年底，油悬浮剂登记总数为282个，占到整个农药制剂产品的1.3%，由于考虑增效的因素（可分散油悬浮剂较一般剂型增效明显）多以除草剂为主，以烟嘧磺隆为代表的可分散油悬浮剂（OD）系列品种全国达到3万～5万吨的销量。水分散粒剂在我国发展非常迅速，现已开发了包括80%吡蚜酮、70%吡虫啉、97%乙酰甲胺磷、80%戊唑醇、90%莠去津、40%烯酰吗啉、30%与10%苯醚甲环唑和5%甲维盐等近百个水分散粒剂产品。此外，漂浮粒剂、撒滴剂、油展膜剂等作为省力化施药的代表剂型，尤其适用于水稻田的除草、杀虫和杀菌等，在我国南方地区应用较广泛。

（3）控释和缓释技术成热点　在实际使用过程中，由于农药品种的理化性质和使用目的不同，农药实现缓释和控释具有重要意义，主要表现在以下几个方面：①控制活性成分释放，延长持效期，减少用药量和用药次数，减缓有害生物抗药性发生；②阻止药剂受光照、温度、土壤、微生物等因素影响而发生分解；③降低药剂在土壤中的吸附，最大限度发挥药效；④减少药剂在土壤中的淋溶和残留，避免进入水体产生污染，同时减少药害发生；⑤抑制挥发性，屏蔽气味，减少刺激性，降低对有益生物和人畜的毒性；⑥改善生物农药理化性质的稳定性，扩大应用范围。

近年来，国内众多企业及多所高校和研究机构都积极参与农药控制释放技术的研究和开发，先后开发出30%辛硫磷微囊悬浮剂、30%毒死蜱微囊悬浮剂、1%噻虫啉微囊粉剂、

2%噻虫啉微囊悬浮剂等品种，并伴随开发出具有控释效果的生物药肥等产品，取得了较好的经济效益和社会效益。

(4) 广谱性种衣剂备受青睐　种衣剂、拌种剂等种子处理剂是实现作物良种标准化、播种精量化以及农业生产增收节支的重要手段，其显著的防效和环保意义已被人们广泛认可。尤其是安全、高效、广谱的种子处理剂在我国虽然得到了一定的发展，但与国外相比，在品种、性能、安全性上仍有巨大的提升空间。粮食的安全首先就要注重种子的安全，因此，加快在种衣剂上的研究，赶超国际先进水平变得十分必要和迫切。

(5) 高性能农药助剂被广泛应用　在农药制剂加工领域，我国的农药助剂技术始终滞后于剂型的发展，在关键技术和品种上长期依赖进口。尤其是随着环境友好型剂型的涌现，市场供需矛盾更加突出，在一段时期新型高性能助剂市场几乎被国外公司垄断。制剂加工技术及其产业的迅猛发展，倒逼国内助剂行业也有了显著的进步，出现了一批具有自主知识产权的专业助剂团队和公司，涌现出了上海是大高分子材料有限公司、南京太化化工有限公司、江苏钟山化工有限公司、北京广源益农化学有限责任公司、江苏擎宇化工科技有限公司等研究和开发农药助剂的公司，推出了多款、多系列高效、低毒的高性能农药助剂，部分产品的性能甚至优于国外同类助剂产品，有力地推动了我国农药剂型加工行业的快速稳定发展。其中最具有代表性的是聚羧酸盐分散剂，无论是在性能、质量还是价格上都形成了对国外同类产品巨大的竞争优势。

(6) 绿色环保溶剂值得关注　2010年12月，由中国农药工业协会提出《农药乳油中有害溶剂限量标准及实施方案》的立项，获得工业和信息化部批准，并经全国标准化委员会农药专业委员会通过，于2014年3月1日起开始实施。传统乳油中二甲苯等芳烃类溶剂和甲醇、*N*,*N*-二甲基甲酰胺（DMF）等极性较大的传统溶剂不仅污染环境，而且还会威胁人类的身体健康，因此，寻找低毒环保溶剂来代替目前乳油中大量使用的传统溶剂，对于减少能源浪费和环境污染具有重大意义。

目前，天然源、可再生、易生物降解和低挥发性的溶剂已逐渐应用于乳油、水乳剂等液体农药剂型的研究开发中，国家在“十一五”“十二五”科技支撑计划农药创制关键技术开发领域课题设置中，专门列入环保助剂与剂型专项，支持农药绿色环保溶剂与助剂的开发与应用[1]。

(7) 增效喷雾和飞防助剂方兴未艾　随着飞防技术的广泛推广，农药药液在靶标体和作物叶片上的沉积、展着以及渗透的性能受到高度重视，因此，可以确保雾滴均匀覆盖在植物叶片和昆虫体表，提高黏附力和耐雨水冲刷性，减少药液流失，省工省时，减少农药残留等性能良好的飞防助剂将得到空前发展。

(8) 数据精准设计成为制剂研发的手段　最初，国内对农药剂型加工过程中各项技术指标的表征手段多采用目测和显微测微尺等较粗放的手段，实验效率低，且结果不准确。随着物理化学等相关学科的发展以及激光粒度测定仪、Zeta电位仪、电子扫描与衍射显微镜（SEM）、透射电子显微镜（TEM）、X射线光电子能谱分析（XPS衍射）、表（界）面张力仪、流变仪等先进仪器的出现，农药剂型加工的理论研究也在不断深入，正朝着微观、量化和精准的方向发展。

在农药悬浮剂稳定性的研究中，通过引入固-液吸附理论和静电稳定理论以及对悬浮剂流变学的研究，可以有效指导助剂品种和用量的选择，理论预测样品贮存稳定性的好坏，使人们有的放矢地进行悬浮剂配方的研制。Tur-biscan Lab是采用穿透力极强的近红外脉冲光源研究液体分散体系稳定性的专用仪器，能快速、准确地分析乳状液、悬浮液等体系的乳化、絮凝、沉淀等现象，定量分析上述现象所发生的速率以及粒子平均粒径、浓度等特性，可以为水乳剂物理稳定性评价和配方优化提供可靠依据。

(9) 农药制剂工程技术备受推崇　随着我国农药企业不断做大做强，以及在国际领域并购的常态化，我国农药企业在国际上的声音必将成为主旋律。在从农药大国走向强国的道路上，制剂工程技术的突破性发展至关重要，最终会决定制剂产品在国际上的定位。制剂工厂将逐步从自动化向智能化转变，标准化的智能制造工厂将成为农药制剂加工的主体，通过大数据进行的运营管理，将人为因素降到最低，形成智能化的生产和个性化产品[7]。

1.7.5 我国农药制剂研发热点

1.7.5.1 绿色乳油新配方体系的研究

彻底颠覆传统乳油的溶剂体系、乳化剂匹配体系，研制 VOC 含量低、对环境与生态安全性高的绿色乳油是第三代农药制剂技术开发的主要目标之一。2005 年 10 月，美国加州实施 VOC＜20%农药准入法规后，绿色乳油已成为世界农药研究的热点之一。

新配方体系构架的基础研究和设置是关键的核心技术。

新体系的取材以植物源材料和新型绿色溶剂为主，目前已有两条研究思路取得突破。

(1) 共溶剂系统研发思路　对溶剂组合进行研究，已有一批高安全性能的乳油产品问世。共溶剂组合的性能已呈现多样化，如：改善溶解性能、低 VOC、低刺激、防结晶、提高制剂稳定性等。

(2) 共溶剂-助剂系统研发思路　在共溶剂系统的基础上又筛选了某些表面活性剂作为组分之一。此时，表面活性剂充当 3 个角色，一作溶剂，二作乳化剂，三作喷施助剂，显著提高了乳油的安全性和药效。

1.7.5.2 “中国式”飞防用制剂的研究

目前在中国兴起的农田飞防小型无人机与欧美普遍使用的飞防植保技术所用的器械不同，普遍使用的药剂也不同。发展小型无人机农田飞防是一项系统工程，它需要机械、计算机、植保、气象、农药制剂、安全、空管、农药监管等多个专业密切合作，实施组合创新。

超低容量喷施剂的配套是迫切需要解决的关键技术之一。

当前使用较多的水乳剂、悬浮剂、可分散油悬浮剂、油悬浮剂、水分散粒剂等与传统的超低容量剂（UL）是两回事，无 FAO 标准可套用。

将这些剂型改为飞防制剂其实质就是把超低容量喷施技术由简单的油基药液喷施改变为复杂的水基药液喷施，需要针对一系列关键技术开展基础研究和应用研究。

(1) 规避高浓度施药（超出常规 100 倍或以上）所致风险的研究

① 提高制剂分散度，防止施药不均引起药害。

② 助剂的筛选，规避在高浓度下呈现植物毒性的助剂。

③ 原 EW、SE、SC 中含有高挥发性有机物的规避和替代及施药过程中公共安全问题的研究。

(2) 规避药液雾滴漂移所导致的风险　分类研究各种水基药液喷出后的形状和尺寸的变化及沉降的路径，建立一系列影响因子与结果的数字化模型。主要影响因子如飞行高度和速度、风向和强度、气温和湿度、药液喷出的起始速度和尺寸以及药液的表面张力、黏度、相对密度、挥发性等。

(3) 剂型和配方研究　如专用和通用的桶混助剂的研究。

（4）标准体系的建立

① 剂型的命名。建议在原剂型后加后命名，如 SC-U，中文称“悬浮剂（超低容量）”或“超低容量悬浮剂”，类推。

② 标准规范、产品标准等。研究对原有技术指标作延伸，如黏度、挥发性（雾滴失重率）、雾滴粒径、闪点等。

1.7.5.3　控制释放制剂技术

缓释制剂分为两类：一是纯缓释制剂，适用于卫生杀虫剂、粮库用药、地下害虫用药等，多为封闭用药；二是控制释放制剂，适用面广，用于大田防治能实现精准施药、提高药效，是绿色安全农药制剂技术的重要发展方向之一。

目前，能实现控制释放功能的是微囊制剂，此制剂自 21 世纪以来在全球获得了快速发展。控制释放技术是中国农药制剂技术中与国际水平差距大的领域之一。研发和掌握一系列关键技术是今后的重要发展方向。

（1）快速释放技术　快速释放是控制释放技术的基础，只有掌握了释放的快慢节奏才能实现控制释放。主要技术路线和关键技术介绍如下：

① 开发高含量（500g/L 左右）、无溶剂、薄壳微囊悬浮剂工艺。关键技术：冷、热贮和经时条件下的防破囊、抗结晶技术。

② 研究高含量（75%左右）微囊 WG 生产工艺，形成经济规模下的连续化成囊工艺、连续化喷雾造粒工艺。

（2）预设条件下快速释放技术

① 田头稀释后快速释放微囊制备　关键技术：囊材设计成对 pH 敏感的类反渗透膜，制剂按材料要求设置成微酸或微碱性，以保持稳定。药剂稀释恢复中性后，药物快速释放。

② 微碱性条件下释放技术　该法尤其适合将防治鳞翅目害虫的杀虫剂加工成 CS，这是因为甜菜夜蛾、棉铃虫、玉米螟等鳞翅目幼虫的消化道呈碱性。若在制剂中定向添加诱食剂效果更佳。

关键技术：囊材的结构修饰，嵌入易遇碱水解的基团（如酯键），利于遇碱破囊。

③ 研发微酸性条件下释放技术　用于种子处理或田间茎叶喷施的某些杀虫剂药物特别适合配制成这类制剂。田间喷施前，视虫情的轻重将喷施液 pH 调至 4～6，喷施在茎叶上的药液因水分蒸发而浓缩，酸度增大，药物可迅速释放。

关键技术：囊材的结构修饰，嵌入易遇酸水解的基团（如低聚乙缩醛基团），利于遇酸破囊。

（3）在水中不释放的技术　这一技术给药效高、但对水生生物高毒的农药品种带来了水田应用的巨大市场。

关键技术：

① 约 1/10 的水相与油相的农药原药混合制得油包水体系，以此作为囊芯物来制取 CS。

② 按渗透平衡和使用要求在囊内水相和囊外水相中加入渗透压调节剂（如盐、醇等），使得药剂在植物表面迅速释放。进入水中时，由于囊外渗透压大于囊内，故药物能长期贮于囊内至降解。

农药制剂控制释放技术将与世界科技同步发展。

1.7.5.4　纳米材料制剂技术

将纳米材料技术用于农药制剂，20 世纪末，国际上即开始了这方面的研究。纵观近 20

年的研究进展，可以看到：

① 达到纳米级的农药活性物，没有表现出像无机纳米材料所显示的量子尺寸效应和宏观量子隧道效应。

② 液体农药由于没有固定的表面，达到纳米级后显示了有限的尺寸效应（如微乳剂），但没有表现出典型纳米材料所具有的小尺寸效应和表面效应。

对纳米级农药制剂的研究宜注意选准切入点。国外的研究，相对集中在以下 3 个领域选题开发。

① 高熔点、难溶（水及一般溶剂中）的固体农药制剂，尤其是水基化制剂。

② 纳米级微囊（快速释放型）的研究和开发。

③ 利用纳米材料改善现有的农药制剂的性能。

1.7.5.5 活体微生物农药制剂技术

活体微生物农药是优先发展的绿色农药品种。相关的制剂技术是该类农药发展的主要技术瓶颈之一。活体微生物农药制剂技术以往属冷门专业，在国家产业政策的引导下，将成为农药制剂研发的热点之一。

目前发展的微生物农药品种主要集中在：真菌，如木霉菌等；细菌，如芽孢杆菌、假单胞菌等；病毒类，如多角体病毒、颗粒体病毒等。主要剂型有悬浮剂、可湿性粉剂、粒剂、水分散粒剂等。

活体微生物农药一般连同培养基、排泄物等一并作为活性组分进入制剂。真菌类和细菌类制剂开发的重点是延长制剂的货架寿命，需要研发的关键技术有：

① 使用当代农药制剂配方技术，优化微生物休眠环境（水分、pH 及专用稳定剂等），延长制剂的货架寿命。

② 筛选和引入碳源、氮源、展着剂等组分，增强微生物萌发和定殖能力，提高药效。

③ 解决微生物、培养基及多种功能性组分等共存于一个配方体系中的制剂稳定性问题。

④ 建立常用助剂与活体微生物相容性数据库。

1.7.5.6 清洁生产和制剂工程

清洁生产是农药产品走向国际的通行证。用现代农药制剂工程技术建设和改造制剂企业，进而全面实施清洁生产管理是中国农药制剂今后的重头戏。中国农药制剂业必将填补在制剂工程方面的长期缺位，展望未来，将会在以下 10 个方面获得快速发展[8]：

① 以防止交叉污染为主线的农药制剂工厂的总体布局设计的系统化、规范化。

② EC、AS、SL、EW、ME、FS 等工艺制备相对成熟的制剂车间，其生产装备逐步实施规范设计。

③ WP 的清洁化生产流程应在全行业得到大面积推广。

④ 大力推广挤压法制 WG 的连续化清洁生产流程。

⑤ 喷雾干燥制 WG 的全套装备和工艺将按照农药制剂的要求得到系统改造，使产品的强度和粉尘量能达标。

⑥ 沸腾床制 WG 工艺流程将会按清洁生产要求实施技术创新，实现连续化清洁生产。

⑦ 微囊悬浮剂和连续化微囊粒剂的生产实现连续化。

⑧ 乳粒剂的连续化生产。

⑨ 种子丸粒化连续化生产装置的国产化。

⑩ 开发与生物农药制剂相配套的专用装备。

参考文献

[1] 蒋凌雪，马红，陶波．农药，2009，48 (4)：235-238.
[2] 冷阳．世界农药，2011，33 (5)：49-53.
[3] 冯建国，吴学民．农药科学与管理，2016 (1)：26-31.
[4] 郭武棣．液体制剂．北京：化学工业出版社，2004.
[5] 肖艺，李明全，杨宝东，张志勇．农药，2006，45 (12)：796-798.
[6] 刘红梅，陈永，钟国华．广东化工，2009，36 (5)：47-49.
[7] 华乃震．现代农药，2007，6 (1)：1-7.
[8] 冷阳．世界农药，2017，39 (1)：1-8.

第 2 章
农药制剂研究方法

2.1 农药制剂配方研究的意义与内容

农药是一类特殊的商品，其作用为防治病虫害，实现农业生产增产增收，同时力争实现农药与人及环境的最佳相容性。为实现上述要求，几乎所有的农药品种都要配制成一定的剂型产品才能予以应用。由于农药活性化合物本身具有的不同物化性质，几乎所有的农药都必须制成适宜的剂型产品，才能应用于实际生产。然而，不同厂家生产的相同原药品种、相同剂型产品在实际应用中会出现不同的防治效果，其根本原因是制剂加工水平的不同。配方的优劣直接影响到产品的药效、靶标生物的抗性与生态环境安全。

在农药剂型产品的配制过程中，配方的研究就显得尤为重要。配方研究的任务主要为：提供功能独特的农药制剂产品，从而满足特定的用途、特定的防治环境及靶标、特定的施药技术等；实现药效的充分发挥；进一步实现剂型的多样化，制剂的环保化。通过配方研究可以在一个农药制剂配方中实现理化性能、药效、环境效益、经济效益四者的最佳结合。

配方研究的主要内容可以分为四大块，分别为助剂品种筛选、助剂配比筛选、加工工艺研究以及应用技术研究[1]。其中前三大块内容一般均包含在实验室配方研究的范畴之内；而应用技术研究一般需要与农业生产部门以及相关研究院所合作开展，常常将其独立区分。

实验室配方研究内容中以助剂品种筛选、助剂配比筛选为核心。因此，在实验室开展的配方研究工作主要以助剂为中心进行。随着国家对助剂研发和生产重视程度的提高，国家从“十一五”“十二五”开始立项开发我国具有自主知识产权的助剂新品种。目前，我国开发的助剂质量好，通用性较强，基本达到跨国公司水平。另外，跨国助剂公司的助剂产品通用性较强，通过对助剂产品信息的收集及更新，可以更为快捷地筛选出合理的配方。加工工艺研究则主要包含了加工设备研究、加工工艺流程研究等，一般情况下，配方研究均采用行业所能使用的现有设备开展研究，因此，作为配方研究人员则一般只考虑工艺流程的变化对配方的影响，加工设备研究则主要由设备研究人员完成。

影响配方质量的主要因素有以下几点：

① 剂型选择与活性物的匹配性；

② 配方组成的合理性；

③ 配方应用的通用性；

④ 配方加工方法的操作稳定性；

⑤ 配方与环境的相容性。

2.2 配方研究的主要依据及内容

农药配方研究的主要依据需要从原料、使用等对各方面予以考虑，概括起来主要有如下 6 个方面：

① 制剂理化性能：依据活性物物化性质确定剂型品种，以及需要控制的制剂理化性能指标。

② 产品经济性：控制合理的配方成本，考虑农药制剂产品市场的适应性。

③ 原料易得性：制剂产品所需原料应尽可能采用常规易得的原料，从而便于组织生产。

④ 安全性：包括所采用配方的制剂产品在生产、贮运、销售及使用过程中的安全性。

⑤ 区域差异：农业生产具有区域性差异，制剂产品的应用必然也是如此，因此，在配方研究过程中必须考虑不同区域对配方的不同要求。

⑥ 防治对象：同一个农药活性成分可能用于不同的作物及防治对象，不同的防治对象则具有不同的生物结构及生活习性。因此，配方的研究也必须充分关注防治对象的差异，提高配方的针对性。

配方对制剂理化性质、药效与经济效益的影响如图 2-1 所示。

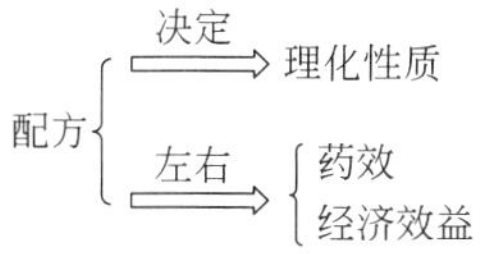

图 2-1　配方对制剂理化性质、药效与经济效益的影响

2.3 配方单一因素研究方法

单一因素研究方法是指在农药配方研究过程中只须考虑某一种因素对配方性能的影响时所采用的方法。在实际配方开发过程中一般配方所采用的活性物已确定，所采用的剂型也已明确，则所需确定的未知因素主要为所采用的助剂。针对该情况主要可采用如图 2-2 所示的方法开展配方研究。该方法可用于筛选配方的主要成分，但具有较大的随意性和盲目性。

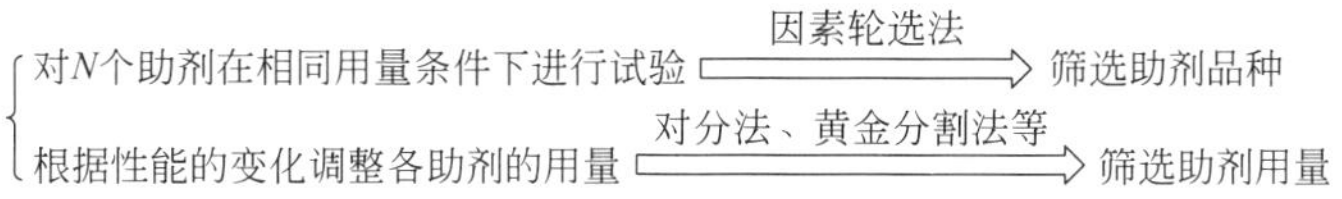

图 2-2　助剂的筛选方法

2.3.1 因素轮选法

该方法一般人为规定一个助剂使用量，然后对多个同类助剂在该相同用量下进行试验，从中选出性能较为优异的助剂，从而筛选出助剂品种；进一步以筛选出的助剂品种为配方所用助剂，在合理范围内开展助剂用量的调整试验，并根据性能变化调整各助剂的用量，最终筛选出最佳助剂用量。

【例 2-1】 90%莠去津 WG 助剂的筛选确定

该剂型产品中活性组分为莠去津，其含量为 90%，所需确定的是配方应采用何种助剂及其用量。90%莠去津 WG 常用助剂体系如表 2-1 所示。

表 2-1 90%莠去津 WG 常用助剂

助剂	A	B	C	D
分散剂	D425	T36	SD-819	D800
润湿剂	SR-02	SR-02	SR-02	SR-02

由于有效成分含量较高，初定润湿剂量为 2%，分别采用上述助剂进行 90%莠去津 WG 的配制，并进行悬浮率和崩解性实验测试，得到表 2-2 的结果。

表 2-2 90%莠去津 WG 悬浮率和崩解性能

项目	A	B	C	D
悬浮率/%	91.3	92.5	95.2	89.1
崩解次数	20	18	15	18

从上述实验结果筛选出聚羧酸盐和烷基磺酸盐作为备选助剂，进行 90%莠去津 WG 的配制，分别调整单剂用量并开展助剂性能测试，结果如表 2-1 所示。进一步从助剂用量筛选测试实验中明确润湿剂用量为 2%。由此，最终确认 90%莠去津 WG 的配方为表 2-2 所示的 C 组配方。

值得注意的是，该方法主要针对较为单一的因素进行轮选，由于进入轮选的助剂主要依靠实验者的选择，因此具有较大的随意性、盲目性。但在实际中，该方法为绝大多数刚接触剂型产品开发的人员应用。

2.3.2 对分法

该方法主要针对配方中已经确定某一组分，但需要在性能符合要求的前提下确定该组分最适用量的情况。

基本原理：已知配方采用组分为 A，其使用量范围在 $[P_a, P_b]$ 之间。如需确定组分 A 的最佳用量，先以 $(P_a+P_b)/2$ 的用量开展试验，观察试验结果，再以 $(P_a+P_b)/2$ 为中心点，分别向左向右调整用量，各自开展试验 1 次，观察试验结果的变化，舍弃性能变差的部分，以性能优化的部分在此范围再次循环开展上述过程，直至找到最佳用量。其示意图如图 2-3 所示。

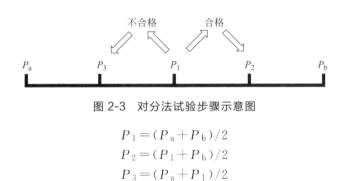

图 2-3 对分法试验步骤示意图

$$P_1=(P_a+P_b)/2$$
$$P_2=(P_1+P_b)/2$$
$$P_3=(P_a+P_1)/2$$

由于每次均舍弃了性能恶化的部分，因而通过本方法每次可以缩小试验范围 50%，大大降低试验强度。该方法在各种剂型开发中均可应用，尤其是针对制剂某一性能筛选相应助剂用量及筛选核心助剂总用量，如乳化剂总用量、分散剂＋润湿剂总用量等过程采用该方法具有显著的效果。

【例 2-2】50％二氯喹啉酸水分散粒剂助剂总量的确定

二氯喹啉酸是激素型喹啉羧酸类低毒除草剂，20℃时其在水中的溶解度仅为 0.065mg/kg (pH 7)，为此该产品一般制备成可湿性粉剂。其替代的水性化剂型首选为水分散粒剂。50％二氯喹啉酸 WG 的配方中分散剂与润湿剂的复合助剂总量一般为 4％、12％，以采用亨斯曼公司的助剂 WLN0100 和 WLN0200 为例进行配方研究，WLN0100 和 WLN0200 两者的比例采用助剂厂家推荐的比例，填料采用硅藻土。以 WG 的润湿崩解时间、分散性为指标进行助剂总量的筛选。

试验 1：以 8％助剂总用量进行 50％二氯喹啉酸 WG 的配制，并进行润湿崩解时间及分散性测定，润湿时间小于 120s，量筒混合法分散性测试中初分散性好，再分散性次数低于 10 次。各项指标均符合要求，则只需在 4％～8％用量范围内开展后续试验。

试验 2：以 6％助剂总用量进行 50％二氯喹啉酸 WG 的配制，润湿时间测定仍小于 120s，分散性测试仍达标。进一步缩小后续试验筛选范围为 4％～6％。

试验 3：以 5％助剂总用量进行 50％二氯喹啉酸 WG 的配制，润湿时间测定仍小于 120s，分散性测试仍达标。进一步缩小后续试验筛选范围为 4％～5％。

试验 4：以 4％助剂总用量进行 50％二氯喹啉酸 WG 的配制，润湿时间测定高于 120s，分散性测试中初分散性合格，但再分散性不合格。

由此可知，采用助剂 WLN0100 和 WLN0200 进行 50％二氯喹啉酸 WG 的配制时，助剂总量应控制在加入量 5％为宜。在该用量条件下产品各项指标合格且助剂成本最低。

2.3.3　黄金分割法

该方法与对分法类似，但在比例筛选上采用了黄金分割系数为基准进行处理，即先在助剂用量 [P_a，P_b] 范围内的 0.618 处做第一次试验，0.382 处做第二次试验，比较两个试验结果，去掉差点以外部分。在留下部分继续点。其示意图表述如图 2-4 所示。

图 2-4　黄金分割法示意图

$$P_1=(P_b-P_a)\times 0.618+P_a$$

$$P_2=(P_b-P_a)\times 0.382+P_a$$

【例 2-3】30％毒死蜱水乳剂中渗透剂用量筛选

为进一步提升 30％毒死蜱水乳剂防治稻纵卷叶螟等害虫的防效，在 30％毒死蜱水乳剂配方中增加渗透剂是有效措施之一。因此，开展 30％毒死蜱水乳剂添加渗透剂 Silwet HS-312 的研究，添加该助剂后要求：产品在水稻叶面上的黏附能力达到最佳，试验中以叶面上的持久量与单位面积喷雾总量比值达到最大值为指标进行评价。

有机硅助剂 Silwet HS-312 在 30％毒死蜱水乳剂中的用量筛选范围为 0～5％，在该范围内按黄金分割法首先选取用量为 5％×0.618＝3.09％及 5％－3.09％＝1.91％两个点进行第一轮试验，性能测试表明 3.09％的用量表现较好。

再以 1.91％～5％为范围进行第二轮试验，仍按黄金分割法选取（5％－1.91％）×

0.618＋1.91％＝3.82％及5％＋1.91％－3.82％＝3.09％两个试验点，性能测试表明3.09％的用量表现较好。

第三轮试验以1.91％～3.82％为用量范围开展试验，以此类推通过5轮试验可以得到最佳用量为3.37％。

2.3.4 分数法

$$\frac{1}{2}\quad\frac{2}{3}\quad\frac{3}{5}\quad\frac{5}{8}\quad\frac{8}{13}\quad\frac{13}{21}\quad\frac{21}{34}\quad\frac{34}{55}\cdots\quad F\text{ 数列}$$

其通式为：$F_n=F_{n-1}+F_{n-2}$（$n\geqslant3$）

分数法又称为斐波那契数列法，其以斐波那契数列为参照选取试验点。当试验范围的长度恰好是这串分数中的某一个分母时，用该分数去寻找首个试验点，此后按黄金分割法的循环法进行。当试验范围接近某个分数的分母时可以用虚拟数据扩大或缩小来调节。

【例2-4】EB中泡腾剂用量［10％,45％］，范围长度n为35，虚拟缩小至34。

第一次试验点：

$$P_1=(P_b-P_a)\times\frac{F_{n-1}}{F_n}+P_a=(45-10)\times\frac{21}{34}+10=31(\%)$$

第二次试验点：

$$P_2=P_b-P_1+P_a=44-31+10=23(\%)$$

① 若第二次试验点还能满足性能要求，则舍去P_1（31％）以上部分，第三次试验点：

$$P_3=P_1-P_2+P_a=31-23+10=18(\%)$$

② 若第二次试验点已不能满足性能要求，则舍去P_2（23％）以下部分，第三次试验点：

$$P_3=P_b-P_1+P_2=44-31+23=36(\%)$$

……

直到找到最少用量点。

2.3.5 抛物线法

首先做三点试验，得到三个数据，然后根据数据做抛物线，以抛物线顶点横坐标做下次试验，依次类推进行试验。

$$A(x_1,y_1),\quad B(x_2,y_2),\quad C(x_3,y_3)$$

$$y=\frac{(x-x_2)(x-x_3)}{(x_1-x_2)(x_1-x_3)}y_1+\frac{(x-x_1)(x-x_3)}{(x_2-x_1)(x_2-x_3)}y_2+\frac{(x-x_1)(x-x_2)}{(x_2-x_1)(x_3-x_2)}y_3$$

则抛物线的顶点坐标：

$$x=\frac{1}{2}\times\frac{y_1(x_2^2-x_3^2)+y_2(x_3^2-x_1^2)+y_3(x_1^2-x_2^2)}{y_1(x_2-x_3)+y_2(x_3-x_1)+y_3(x_1-x_2)}$$

实际配方研究过程中，首先选取的三个试验点中，一般已有两个点被试验条件所限定，分别为助剂用量的所在区间［A,B］。因此，只需在该区间任选一点开始试验即可。

【例2-5】15％高效氯氟氰菊酯（功夫菊酯）EW乳化剂用量的筛选试验

以配方的乳化分散性为指标进行配方质量的检验。其检验方法为热贮后的析水率大小，小于5％为合格。首先选取2％、6％及10％用量分别进行水乳剂的制备。将所有毒死蜱原药与二甲苯混合溶解后逐渐加入高效氯氟氰菊酯原药搅拌至溶解，再加入乳化剂搅拌均匀为油相，抗冻剂、硅酸镁铝与水混合为水相，在搅拌条件下逐渐将水相倒入油相中，并经高速剪切制成水乳剂样品。其配方组成及析水率检测结果如表2-3所示。

表 2-3　15%高效氯氟氰菊酯水乳剂不同配方及其乳化性

配方序号	乳化剂用量/%	析水率（54℃，14d）/%
1	2	5.7
2	6	5
3	10	7

2.4　配方多因素研究方法

在实际配方工作中，配方所需的助剂及填料对配方均会产生影响，采用单一因素研究方法无法满足这一条件。为提升研究效率，需要针对多因素影响条件下，开展配方筛选的方法研究，采用的研究方法主要有以下几种。

2.4.1　经验法

在产品配方开发中，经验法占有一定的地位。其原因为制剂产品的开发是以一定的经验积累为基础的。影响配方的因素除了原料、研究方法之外，研究人员的专业素质也是重要因素之一。即使已经采用诸如正交设计等方法，如果研究人员没有一定的开发经验，则在设计过程中诸如自变量的设定等不合理，最终会导致正确的方法却得不到良好的结果。

在配方研究过程中针对不同的情况，研发人员都会有意识和无意识地应用上述一些研究方法。

近年来逐渐发展的新型制剂对助剂的要求逐渐提高，常规助剂品种基本无法满足新剂型产品的要求。在助剂产品的选择上应注意予以区别，避免以不匹配的助剂进行筛选试验。

不同剂型对助剂的要求也不尽相同，而同类剂型产品一般来说在助剂品种上具有一定的通用性。因此，在开发过程中选择助剂品种可以依据原有的成功配方缩小助剂筛选的宽度。

如 15%毒死蜱水乳剂的乳化剂在 15%高效氯氟氰菊酯水乳剂、10%氟啶脲·毒死蜱水乳剂等同类产品上可以通用，只需对配比进行适当的调整。

2.4.2　比例法

2.4.2.1　在二元体系中的应用

该方法为 A、B 两种物质按一定的质量比或体积比或百分比的形式混合，通过实验指标的考核最终确定 A 与 B 合适的配比或 A、B 两种物质中某些组分的合适配比时所通常采用的方法。其要点在于 A、B 相混合的总量确定。如 A、B 在配方中的总量为 100%，A 取 X%，则 B 取（100－X）%，以保证 A、B 在 AB 混合物中的含量均可在 0～100%之间连续变化，如图 2-5 所示。

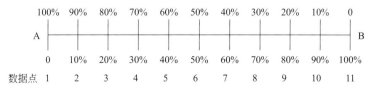

图 2-5　二元体系中比例法应用示意图

由图 2-5 可知，为实验评估两个组分（配对体系）体系需要 11 个组合，每一个点均对应一个两个组分配对 A 和 B 的组合。但在实际应用中该方法可与单因素研究中的对分法混合使用，从而大大降低了配方筛选次数，提升了研究效率。如乳油制剂乳化剂比例的筛选等。

2.4.2.2 在三元体系中的应用

上面介绍了比例法在二元体系中如何应用，那如果是三元系统呢？可以采用如下方法予以处理——将三个组分（A+B+C）的实验评估考虑成为基于单个组分与另两个已混合组分的再次组合。由此，可以得到三组实验比例，分别如图 2-6 所示。

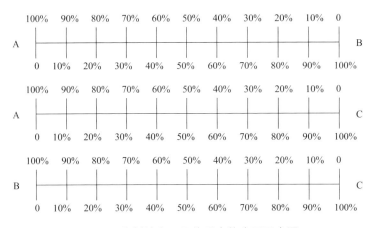

图 2-6 比例法在三元体系中的应用示意图

虽然按上述方法处理，在三元体系中仍可应用比例法，但相对二元体系，采用比例法进行处理三元体系，其实验次数大为增加，在实际配方研究过程中采用得较少。

2.4.3 三角形法

如前所述，如果在配方筛选试验中需要考虑的因素超过 2 个，采用比例法进行筛选就显得力不从心了。另外，随着剂型产品的发展，水乳剂、水分散粒剂等新型剂型在配方研究过程中需要考虑的因素往往有可能超过 2 个。那么如何有效地针对这一情况进行配方的研究呢？下面介绍一种研究过程中常用的方法——三角形法（又称拟三角相图法）[2,3]。

2.4.3.1 三角形法的基本概念

若系统由 A、B、C 三个组分构成，则称三组分系统。将吉布斯相律应用于三组分系统，应有 $f=3-\phi+2=5$，显然，对三组分系统最多相数为 5，最大的自由度数为 4，即系统最多有四个独立的强度变量。它们分别由温度、压力及两个相组成（摩尔分率、质量分率、浓度等）。因为三个组分 A、B、C 中三者的组成标度只有两个是独立的，它们的质量分数应有 $\omega(\mathrm{A})+\omega(\mathrm{B})+\omega(\mathrm{C})=1$。

因为最大的自由度数为 4，所以欲充分地描述三组分系统的相平衡关系就必须用四维坐标作图；当温度、压力两者中固定一个时，就可以用三维坐标图；而当温度、压力都固定时，可以用二维（平面）坐标图。下面介绍定温、定压下三组分系统平面坐标图表示法（图 2-7）。

2.4.3.2 配方研究过程中拟三角相图的引入

配方中需要加入 A、B、C 三种辅助组分，则可采用如图 2-8 所示的三角相图表示。成分为三角形已知成分，其中三个顶点 A、B、C 分别代表三个只含有纯辅助组分的配方；三

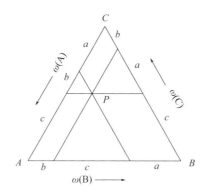

图 2-7　三角形法示意图

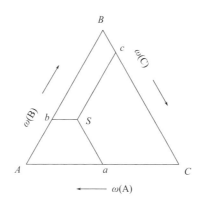

图 2-8　拟三角相图示意图

条边表三个只包含二元辅助组分的配方；三角形内任意一点 S 则代表一定成分的包含三种辅助组分的配方。在三角形内任意一点 S，引平行于各边的线段 Sa、Sb、Sc，则 $Sa+Sb+Sc=AB=BC=CA=100\%$。因此可用 Sa、Sb、Sc 来表示 S 点配方中三个组分 A、B、C 的含量。

由图 2-8 可知：$Sa=Ab=\omega(\mathrm{B})\%$，$Sb=Bc=\omega(\mathrm{C})\%$，$Sc=Ca=\omega(\mathrm{A})\%$可直接从三角形的三个边上读出三组分的百分数，为了方便，常在成分三角形中画出平行坐标的网格。

已知配方的成分，可以确定配方在三角形中的位置。已知位置，可求出配方的成分，见图 2-9 带网格的拟三角相图示意图，从比例法配方研究方法的外推除了从其他领域引入三角形配方研究方法外，该方法同样可以通过比例法在三元体系中的应用进行外推予以得到。前已述及，三元体系中实验者可以将三个组分（A+B+C）的实验评估考虑成为基于单个组分与另两个已混合组分的再次组合。

仔细观察图 2-9 会发现，该三角形中每个顶点代表一个配方中的一个组分；每条边代表两个组分的混合组成；内部区域则表示三个组分混合的所有区域。三个组分的混合可以看作是其中一个组分（即三角形的一个顶点）已经确定，另外两个组分（其余两个点确定的边）的混合，如图 2-9 所示。

让组分 A 以每间隔 10%递增，其余两个组分 B 和 C 随 A 的变化而递减。三角形中 C 以每间隔 10%递增的图形将以上得到的三个带平行分割线的每个顶点重合，就会发现在三角形区域这些平行的分割线（包括三个顶点）形成了 66 个交叉点，其中每个交叉点都对应

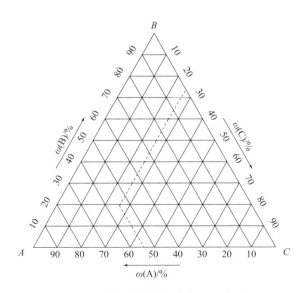

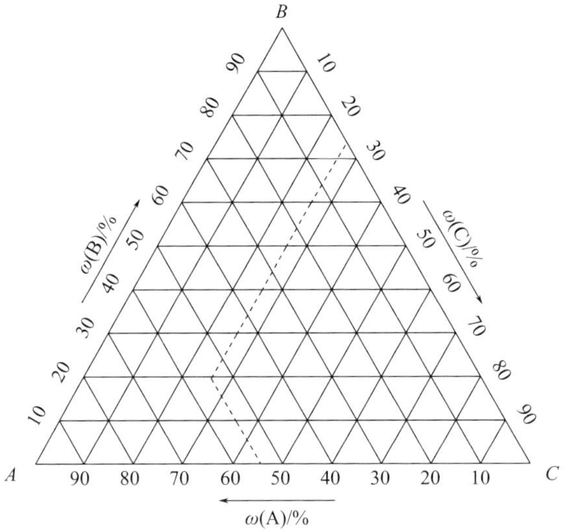

图 2-9 带网格的拟三角相图示意图

一个各组分含量不同的组合，而且每个点对分别对应的三个组分的比例也可以很容易地计算出来。

2.4.3.3 三角形法应用实例

如图 2-10 所示，用三角形法作三元相图：

① 分别配制油相、水相、助剂相。

② 先将油相与助剂相按一定质量比混合均匀。要求总质量一定（如 10g）并形成系列配比（如 O∶S＝1∶9、2∶8、…、9∶1）。

③ 在连续搅拌状态下将水相逐渐滴加到“O＋S”中，分别记录混合物发生透明、浑浊、液晶转折点时的水相用量，并计算各点时油相、助剂相、水相各自的质量分数。

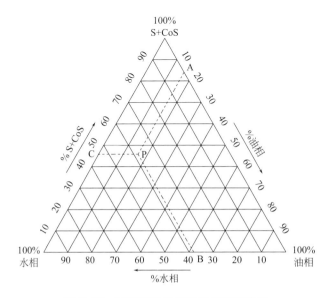

图 2-10 三角形法制作三元相图示意图

【**例 2-6**】80％敌草隆水分散粒剂分散剂的筛选

水分散粒剂与可湿性粉剂一样，具有出色的悬浮性、分散性和稳定性；水分散粒剂具有更好的流动性，易于从容器中取出；且该剂型无粉尘飞扬，对施药者安全；其可制备成高浓度制剂，降低贮运费等。

然而，水分散粒剂的成本较可湿性粉剂要高，其原因主要在于对助剂性能的要求更高，如可湿性粉剂中所采用的木质素磺酸盐钠盐类和萘磺酸钠盐甲醛缩合物类助剂，由于对水的硬度较敏感、热贮稳定性较差等原因在水分散粒剂中一般无法达到该剂型的要求。

如图 2-11 所示，针对 80％敌草隆水分散粒剂，试验采用英国禾大公司的 Atlox550S 为分散剂、阿克苏诺贝尔公司的 Morwet EFW 为助剂、高岭土为填料进行配方的筛选。其中 Atlox550S 为分散剂、Morwet EFW 为润湿剂、高岭土为填料。

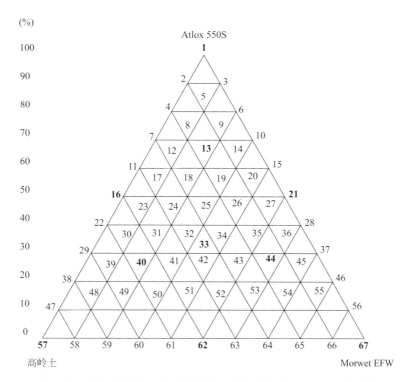

图 2-11　80%敌草隆水分散粒剂配方筛选三角形中的 10 个代表点

助剂总量控制在 15％以内，则其大致配方（质量分数）为：

敌草隆原药（98％）	82.0％
Atlox550S/ Morwet EFW/高岭土	15.0％

那么在总量为 15％的条件下如何调整 Atlox550S/Morwet EFW/高岭土三者的比例，以最少的试验次数获得最佳的配方试验结果呢？以三角形法进行试验设计，所有的分散剂、润湿剂、填料均根据三角形中的数量进行添加。

2.4.3.4　三角形法在四组分系统中的拓展应用

如需考虑四个组分在配方筛选中的相互影响，可将四个组分（A＋B＋C＋D）拆分为一个组分与其余三个组分的混合的再次组合，从而应用三角形法进行研究。按照三角形法推导原则，可以得到图 2-12，以说明四个组分的交互作用和拆分原理。

第四种组分 D 与其余三个组分（A、B、C）中的任意两个组分的组合可以通过图 2-12

在一个平面中表示。

那么如何表示D与A、B、C的关系呢，通过将同一个平面中的 D 点进行重合，可以得出新的图形——四面体，如图2-12所示。

当确定了D的含量，则剩余的A、B、C含量再通过常规的图2-13四组分系统中得出。由于该条件下，试验分析过程与常规三角形法基本相同，故此不再举例说明。

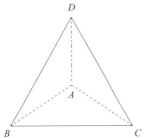

图 2-12 四组分系统中组分相互作用示意图

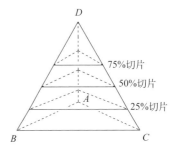

图 2-13 四组分系统中研究方法示意图

2.4.4 正交试验法

2.4.4.1 正交试验设计的优点

（1）正交试验能够在所有试验方案中均匀地挑选出代表性强的少数试验方案。

正交试验法的基本特点是：用部分试验来代替全面试验，通过对部分试验结果的分析，了解全面试验的情况。正因为正交试验是用部分试验来代替全面试验的，它不可能像全面试验那样对各因素效应、交互作用一一分析；当交互作用存在时，有可能出现交互作用的混杂。虽然正交试验设计有上述不足，但它能通过部分试验找到最优水平组合[4]。

如对于3因素3水平试验，若不考虑交互作用，可利用正交表（3^4）安排，试验方案仅包含9个水平组合，就能反映试验方案包含27个水平组合的全面试验的情况，找出最佳的生产条件。

在试验安排中，每个因素在研究的范围内选几个水平，就好比在选优区内打上网格，如果网格上的每个点都做试验，就是全面试验。如上例中，3个因素的选优区可以用一个立方体表示，3个因素各取3个水平，把立方体划分成27个格点，反映在图上就是立方体内的27个交叉点，见图2-14。

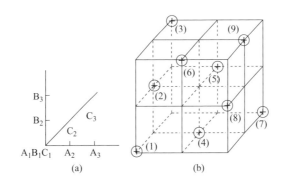

图 2-14 3因素水平试验的均衡分散立体图

若 27 个网格点都试验，就是全面试验，其试验方案如图 2-14（b）所示。

3 因素 3 水平的全面试验水平组合数为 $3^3=27$，4 因素 3 水平的全面试验水平组合数为 $3^4=81$，5 因素 3 水平的全面试验水平组合数为 $3^5=243$，这在科学试验中是有可能做不到的。正交设计就是从选优区全面试验点（水平组合）中挑选出有代表性的部分试验点（水平组合）来进行试验。如正方体图中标有试验号的 9 个交叉点，就是利用正交表 $L_9(3^4)$ 从 27 个试验点中挑选出来的 9 个试验点。即：

① $A_1B_1C_1$　② $A_2B_1C_2$　③ $A_3B_1C_3$　④ $A_1B_2C_2$　⑤ $A_2B_2C_3$

⑥ $A_3B_2C_1$　⑦ $A_1B_3C_3$　⑧ $A_2B_3C_1$　⑨ $A_3B_3C_2$

试验点为全面试验的 1/3，并且所取的 9 个试验点均衡地分布于整个立方体内，有很强的代表性，能够比较全面地反映选优区内的基本情况。

在制剂配方研究中，尤其是多元组分系统中考虑各组分比例的选择过程中利用该方法可以大大降低试验次数，从而提升研究效率。

（2）通过对这些少数试验方案的试验结果进行统计分析，可以推出较优的方案，而且所得到的较优方案往往不包含在这些少数试验方案中。

（3）对试验结果作进一步的分析，可以得到试验结果之外的更多信息。例如，各试验因素对试验结果影响的重要程度，各因素对试验结果的影响趋势等。

2.4.4.2　正交试验设计的基本步骤

正交试验设计总的来说包括两部分：一是试验设计；二是数据处理。基本步骤可简单归纳如下：

（1）明确试验目的，确定评价指标　任何一个试验都是为了解决某一个问题，或为了得到某些结论而进行的，所以任何一个正交试验都应该有一个明确的目的，这是正交试验设计的基础。

试验指标是表示试验结果特性的值，如产品的产量、产品的纯度等，可以用它来衡量或考核试验效果。

（2）挑选因素，确定水平　影响试验指标的因素很多，但由于试验条件所限，不可能全面考察，所以应对实际问题进行具体分析，并根据试验目的，选出主要因素，略去次要因素，以减少要考察的因素数。如果对问题了解不够，可以适当多取一些因素。确定因素的水平数时，一般尽可能使因素的水平数相等，以方便试验数据处理。最后列出因素水平表。

以上两点主要靠专业知识和实践经验来确定，是正交试验设计能够顺利完成的关键。

（3）选正交表，进行表头设计　根据因素数和水平数来选择合适的正交表。一般要求，因素数≤正交表列数，因素水平数与正交表对应的水平数一致，在满足上述条件的前提下，选择较小的表。例如，对于 4 因素 3 水平的试验，满足要求的表有 $L_9(3^4)$、$L_{27}(3^{13})$ 等，一般可以选择 $L_9(3^4)$，但是如果要求精度高，并且试验条件允许，可以选择较大的表。

表头设计就是将试验因素安排到所选正交表相应的列中。

（4）明确试验方案，进行试验，得到结果　根据正交表和表头设计确定每号试验的方案，然后进行试验，得到以试验指标形式表示的试验结果。

（5）对试验结果进行统计分析　对正交试验结果的分析，通常采用两种方法：一种是直观分析法（或称极差分析法）；另一种是方差分析法。通过试验结果分析可以得到因素主次顺序、优方案等有用信息。

（6）进行验证试验，作进一步分析　优方案是通过统计分析得出的，还需要进行试验验证，以保证优方案与实际一致，否则还需要进行新的正交试验。

2.4.4.3 正交试验设计结果的直观分析法

下面通过例子说明如何用正交表进行单指标正交设计，以及如何对试验结果进行直观分析。

【例 2-7】柠檬酸硬脂酸单甘酯是一种新型的食品乳化剂，它是柠檬酸与硬脂酸单甘酯在一定的真空度下通过酯化反应制得的，现对其合成工艺进行优化，以提高乳化剂的乳化能力。乳化能力测定方法：将产物加入油水混合物中，经充分混合、静置分层后，将乳状液层所占的体积百分比作为乳化能力，根据探索性试验，确定的因素与水平如表 2-4 所示，假定因素间无交互作用。

表 2-4 因素水平

水平	(A) 温度/℃	(B) 酯化时间/h	(C) 催化剂种类
1	130	3	甲
2	120	2	乙
3	110	4	丙

注意：为了避免人为因素导致的系统误差，因素的各水平哪一个定为 1 水平、2 水平、3 水平，最好不要简单地完全按因素水平数值由小到大或由大到小的顺序排列，应按“随机化”的方法处理，例如用抽签的方法，将 3h 定为 B_1，2h 定为 B_2，4h 定为 B_3。

本题中试验的目的是提高产品的乳化能力，试验的指标为单指标乳化能力，因素和水平是已知的，所以可以从正交表的选取开始进行试验设计和直观分析。

(1) 选正交表　本例是一个 3 水平的试验，因此要选用 $L_n(3^m)$ 型正交表，本例共有 3 个因素，且不考虑因素间的交互作用，所以要选一张 $m \geqslant 3$ 的表，而 $L_9(3^4)$ 是满足条件 $m \geqslant 3$ 最小的 $L_n(3^m)$ 型正交表，故选用正交表 $L_9(3^4)$ 来安排试验。

(2) 表头设计　本例不考虑因素间的交互作用，只需将各因素分别安排在正交表 $L_9(3^4)$ 上方与列号对应的位置上，一般一个因素占有一列，不同因素占有不同的列（可以随机排列），就得到所谓的表头设计（见表 2-5）。

表 2-5 表头设计

因素	A	空列	B	C
列号	1	2	3	4

不放置因素或交互作用的列称为空白列（简称空列），空白列在正交设计的方差分析中也称为误差列，一般最好留至少一个空白列。

(3) 明确试验方案　完成了表头设计之后，只要把正交表中各列上的数字 1、2、3 分别看成是该列所填因素在各个试验中的水平数，这样正交表的每一行就对应着一个试验方案，即各因素的水平组合，如表 2-6 所示。注意，空白列对试验方案没有影响。

表 2-6 试验方案

试验号	A	空列	B	C	试验方案
1	1	1	1	1	$A_1B_1C_1$
2	1	2	2	2	$A_1B_2C_2$
3	1	3	3	3	$A_1B_3C_3$
4	2	1	2	3	$A_2B_2C_3$

续表

试验号	A	空列	B	C	试验方案
5	2	2	3	1	$A_2B_3C_1$
6	2	3	1	2	$A_2B_1C_2$
7	3	1	3	2	$A_3B_3C_2$
8	3	2	1	3	$A_3B_1C_3$
9	3	3	2	1	$A_3B_2C_1$

例如，对于第 7 号试验，试验方案为 $A_3B_3C_2$，它表示反应条件为：温度 110℃、酯化时间 4h、乙种催化剂。

（4）按规定的方案做试验，得出试验结果　按正交表的各试验号中规定的水平组合进行试验，本例总共要做 9 个试验，将试验结果（指标）填写在表的最后一列中，如表 2-7 所示。

表 2-7　试验方案及试验结果分析

试验号	A	空列	B	C	乳化能力
1	1	1	1	1	0.56
2	1	2	2	2	0.74
3	1	3	3	3	0.57
4	2	1	2	3	0.87
5	2	2	3	1	0.85
6	2	3	1	2	0.82
7	3	1	3	2	0.67
8	3	2	1	3	0.64
9	3	3	2	1	0.66
K_1	1.87	2.10	2.02	2.07	
K_2	2.54	2.23	2.27	2.23	
K_3	1.97	2.05	2.09	2.08	
k_1	0.623	0.700	0.673	0.690	
k_2	0.847	0.743	0.757	0.743	
k_3	0.657	0.683	0.697	0.693	
极差 R	0.67	0.18	0.25	0.16	
因素主→次	A B C				
优方案	$A_2B_2C_2$				

在进行试验时，应注意以下几点：第一，必须严格按照规定的方案完成每一号试验，因为每一号试验都从不同角度提供有用信息，即使其中有某号试验事先根据专业知识可以肯定其试验结果不理想，但仍然需要认真完成该号试验；第二，试验进行的次序没有必要完全按照正交表上试验号码的顺序，可按抽签方法随机决定试验进行的顺序，事实上，试验顺序可能对试验结果有影响（例如，试验中由于先后实验操作熟练的程度不同带来的误差干扰，以及外界条件所引起的系统误差），把试验顺序打“乱”，有利于消除这一影响；第三，做试验

时，试验条件的控制力求做到十分严格，尤其是在水平的数值差别不大时，例如在本例中，因素B的B_1为3h，B_2为2h，B_3为4h，在以B_2为2h为条件的某一个试验中，就必须严格认真地让B_2为2h，若因为粗心造成B_2为2.5h或者B_2为3h，那就将使整个试验失去正交试验设计的特点，使后续的结果分析丧失了必要的前提条件，因而得不到正确的结论。

（5）计算极差，确定因素的主次顺序　首先解释表2-7中引入的三个符号。

K_i：表示任一列上水平号为i（本例中$i=1$，2或3）时所对应的试验结果之和。例如，在表2-7中，在B因素所在的第3列上，第1、6、8号试验中B取B_1水平，所以K_1为第1、6、8号试验结果之和，即$0.56+0.82+0.64=2.02$；第2、4、9号试验中B取B_2水平，所以K_2为2、4、9号试验结果之和，即：$K_2=0.74+0.87+0.66=2.27$；第3、5、7号试验中B取B_3水平，所以K_3为第3、5、7号试验结果之和，即$K_3=0.57+0.85+0.67=2.09$。同理可以计算出其他列中的K_i，结果如表2-7所示。

k_i：$k_i=K_i/s$，其中s为任一列上各水平出现的次数，所以k_i表示任一列上因素取水平i时所得试验结果的算术平均值。例如，在本例中，$s=3$，在A因素所在的第1列中，$k_1=1.87/3=0.623$，$k_2=2.54/3=0.847$，$k_3=1.97/3=0.657$。同理可以计算出其他列中的k_i，结果如表2-7所示。

R：称为极差，在任一列上$R=\max\{K_1,K_2,K_3\}-\min\{K_1,K_2,K_3\}$，或$R=\max\{k_1,k_2,k_3\}-\min\{k_1,k_2,k_3\}$。例如，在第1列上，最大的$K_i$为$K_2$（$=2.54$），最小的$K_i$为$K_1$（$=1.87$），所以$R=2.54-1.87=0.67$，或$R=0.847-0.623=0.224$。

一般来说，各列的极差是不相等的，这说明各因素的水平改变对试验结果的影响是不相同的，极差越大，表示该列因素的数值在试验范围内的变化，会导致试验指标在数值上有越大的变化，所以极差最大的那一列，就是因素的水平对试验结果影响最大的因素，也就是最主要的因素。在本例中，由于$R_A>R_B>R_C$，所以各因素从主到次的顺序为：A（温度），B（酯化时间），C（催化剂种类）。

有时空白列的极差比其他所有因素的极差还要大，说明因素之间可能存在不可忽略的交互作用，或者漏掉了对试验结果有重要影响的其他因素。所以，在进行结果分析时，尤其是对所做的试验没有足够的认知时，最好将空白列的极差一并计算出来，从中也可以得到有用的信息。

（6）优方案的确定　优方案是指在所做的试验范围内，各因素较优的水平组合。各因素优水平的确定与指标有关，若指标越大越好，则应选取使指标大的水平，即各列K_i（或k_i）中最大的那个值对应的水平；反之，若指标越小越好，则应选取使指标小的那个水平。

在本例中，试验指标是乳化能力，指标越大越好，所以应挑选每个因素的K_1、K_2、K_3（或k_1、k_2、k_3）中最大的值对应的那个水平，由于：

A因素列：$K_2>K_3>K_1$

B因素列：$K_2>K_3>K_1$

C因素列：$K_2>K_3>K_1$

所以优方案为$A_2B_2C_2$，即反应温度110℃，酯化时间2h，乙种催化剂。

另外，实际确定优方案时，还应区分因素的主次，对于主要因素，一定要按有利于指标的要求选取最好的水平，而对于不重要的因素，由于其水平改变对试验结果的影响较小，可以根据有利于降低消耗、提高效率等目的来考虑别的水平。例如，本例的C因素的重要性排在末尾，因此，假设丙种催化剂比乙种催化剂更价廉、易得，则可以将优方案中的C_2换为C_3，于是优方案就变为$A_2B_2C_3$，这正好是正交表中的第4号试验，它是已做过的9个试验中乳化能力最好的试验方案，也是比较好的方案。

本例中，通过直观分析（或极差分析）得到的优方案，并不包含在正交表中已做过的9个试验方案中，这正体现了正交试验设计的优越性。

（7）进行验证试验，作进一步的分析　上述优方案是通过理论分析得到的，但它实际上是不是真正的优方案还需进一步验证。首先，将优方案 $A_2B_2C_2$ 与正交表中最好的第4号试验 $A_2B_2C_3$ 做对比试验，若方案 $A_2B_2C_2$ 比第4号试验的试验结果更好，通常就可以认为 $A_2B_2C_2$ 是真正的优方案，否则第4号试验 $A_2B_2C_3$ 就是所需的优方案。若出现后一种情况，一般来说可能是没有考虑交互作用或者试验误差较大所引起的，需要作进一步的研究，可能还有提高试验指标的潜力。

参考文献

[1] 魏方林．第16届全国农药信息交流会暨“蓝丰生化”农药论坛，杭州，2009：72-76.

[2] 张鹏九，高越，刘中芳，史高川，赵劲宇，范仁俊．农药，2017，56（3）：180-184.

[3] 魏方林，吴慧明，程敬丽，刘迎，朱国念．农药学学报．2009，11：373-380.

[4] 刘广文．现代农药剂型加工技术．北京：化学工业出版社，2012.

第 3 章 农药制剂中的助剂、填料与溶剂

农药助剂（pesticide adjustments）是在农药剂型的加工和施用中使用的，除农药有效成分外的其他辅助物的总称。农药助剂有助于提高或改善农药制剂的物理或化学性质，可以是单一组分，也可以是多个组分的混合物。助剂本身一般没有生物活性。农药助剂在剂型配方或施药中是不可缺少的添加物，其目的是为了最大限度地发挥药效或有助于安全施药[1]。

农药有效成分只有与有害生物或被保护对象接触、摄取或吸收后才可以发挥作用，达到保护作物、控制有害生物的目的。农药助剂有以下四方面的作用：

（1）分散作用　农药加工有多种目的，但首先是分散作用。把每公顷用量只有几十克甚至几克的原药均匀地分散到广阔的田地或防治对象上，不借助于助剂是不可能实现的。

（2）充分发挥药效　有些农药必须同时使用配套助剂才能保证药效，如马拉硫磷使用展着剂 Triton CST，调节磷使用农乳 100 号、吐温 80、渗透剂 TX 等可使药效显著提高。

（3）满足应用技术的特殊性能要求　例如发泡喷雾法对起泡剂和泡沫稳定剂有特殊要求；控制释放技术对囊皮及悬浮助剂等有特殊考虑；经典喷雾技术则需要既满足超低容量喷雾要求的性能，又要具有专有的抗静电系统；农药/液体化肥联合施用是一项经济省时的技术，要求制剂有良好的相容性或施用专门的掺合剂等。以上这些先进的应用技术，只有借助于各种性能的助剂，才能使之实用化。

（4）保证安全　例如加入抗蒸腾剂和防漂移剂，降低对邻近敏感作物、人、畜等的危害；加入具特殊臭味的拒食助剂、特殊颜料，可向人们发出警告，避免误食或中毒；有些缺少选择性的除草剂，为保证作物免遭药害，常需配合安全剂一同施用。

农药助剂包括表面活性剂和其他填料。

3.1 表面活性剂基础

3.1.1 表面张力

表面张力，是液体表面层由于分子引力不均衡而产生的沿表面作用于任一界线上的张力，因此可以定义为促使液体表面收缩的力。将水分散成雾滴，即扩大其表面，有许多内部水分子移到表面，就必须克服这种力对体系做功——表面功。显然这样的分散体系便储存着

较多的表面能（surface energy）。

表面活性剂，又称界面活性剂，是数量比较大的一类化合物[2]。从原则上讲，凡是能降低表面张力的物质都具有表面活性，然而表面活性剂则是指能显著降低溶剂（一般为水）表面张力和液-液界面张力，并具有一定结构、亲水亲油特性和特殊吸附性能的物质。

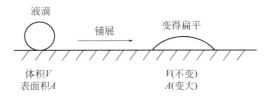

图 3-1 球形液滴变形

由图 3-1 可见，当球形液滴被拉成扁平后（假设液体体积 V 不变），液滴表面积 A 变大，这意味着液体内部的某些分子被“拉到”表面并铺于表面上，同样要受到向下的净吸力，这表明在把液体内部分子搬到液体表面时，需要克服内部分子的吸引力而消耗功。因此，表面张力（σ）可定义为增加单位面积所消耗的功 W。因此，从力学角度看，表面张力是在液体（或固体）表面上，垂直于任一单位长度并与表面相切的收缩力，常用单位为 mN/m。分子间力可以引起净吸力，而净吸力引起表面张力。表面张力永远与液体表面相切，而与净吸力相互垂直。

3.1.2 表面活性剂结构特征

表面活性剂分子由性质截然不同的两部分组成：一部分是与油有亲和性的亲油基（也称憎水基）；另一部分是与水有亲和性的亲水基（也称憎油基）。由于这种结构特点，表面活性剂也被称为两亲物质。表面活性剂的这种两亲特点使它溶于水后，亲水基受到水分子的吸引，而亲油基受到水分子的排斥。为了克服这种不稳定状态，就只有占据到溶液的表面，将亲油基伸向气相，亲水基伸入水中（图 3-2）

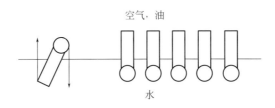

图 3-2 表面活性剂分子在油（空气）-水界面上的排列示意图

表面活性剂的种类很多，作用不同，应用的方面和范围不同。肥皂和洗衣粉有效成分结构分别示于图 3-3 中，肥皂的亲水基是羧酸钠（—COONa）；洗衣粉的活性成分是烷基苯磺酸钠，其亲水基是磺酸钠（$—SO_3Na$）。亲水基有许多种，而实际能作亲水基原料的只有较少的几种，能作亲油基原料的就更少。从某种意义来讲，表面活性剂的研制就是寻找价格低廉、货源充足而又有较好理化性能的亲油基和亲水基原料。

亲水基（如羧酸基等）常连接在表面活性剂分子亲油基的一端（或中间）。作为特殊用途，有时也用甘油、山梨醇、季戊四醇等多元醇的基团作亲水基。亲油基多来自天然动植物油脂和合成化工原料，化学结构很相似，只是碳原子数和端基结构不同。

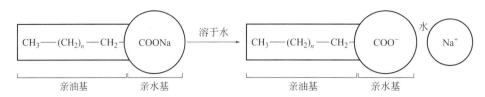

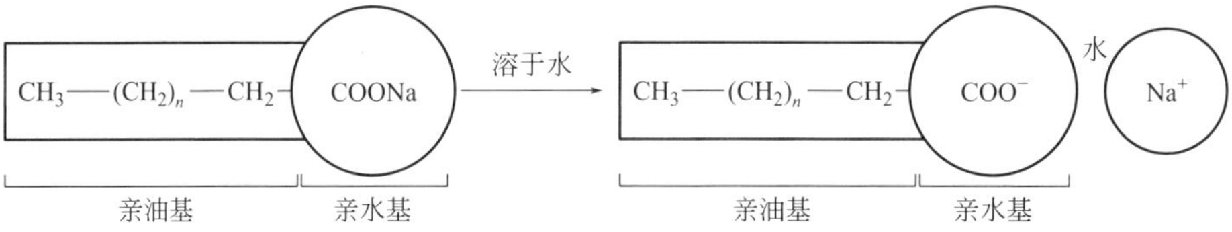

图 3-3 肥皂的亲油基与亲水基示意图

虽然表面活性剂分子结构的特点是两亲性，但并不是所有的两亲性分子都是表面活性剂，只有亲油部分有足够长度的两亲性物质才是表面活性剂。例如在脂肪酸钠盐系列中，碳原子数少的化合物（甲酸钠、乙酸钠、丙酸钠、丁酸钠等）虽皆具有亲油基和亲水基，有表面活性，但不起肥皂作用，故不能称之为表面活性剂。只有当碳原子数增加到一定程度后，脂肪酸钠才表现出明显的表面活性，具有一般的肥皂性质。大部分天然动植物油脂都是含 C_{10}～C_{18} 的脂肪酸酯类，这些酸如果结合一个亲水基就会变成有一定亲水性的表面活性剂，且有良好的溶解性。因此，通常以 C_{10}～C_{18} 作为亲油基的研究对象。

表面活性剂是由极性基团和非极性基团构成的物质。在低浓度时也能吸附在体系的表面或界面上，有效地改变表面或界面自由能，降低扩展这个表面或界面所需的能量。表面活性剂的基本特性有两点：一是在液体界面上选择吸附、分子取向，定向排列在界面上；二是数量达到临界胶束浓度（CMC）以上时形成所谓胶束。

表面活性剂在浓度未达临界值时，表面活性剂分子的存在状态有两种方式，部分表面活性剂分子在液体界面上吸附，定向排列。亲水基团指向水溶液，亲油基团指向液面外的空气。原因是分子在液面或内部受力不同，若分子处于溶液内，所受各方面力（吸引力和内聚力）是均等的，前者比后者大得多。同时，亲油基与水分子间只有斥力无吸引力，所以分子被推向水面排列在表面上。当排列的分子数量足够多时，会在液面形成单分子薄膜层。这种现象称定向吸附。结果大部分液体-空气界面被表面活性剂分子和空气界面所取代，则形成单位面积的新界面时，比形成水-空气界面时所需的能量要小。同种表面活性剂分子在液面处聚集愈多，浓度愈高，表面张力降低得愈多，直到整个液面完全被表面活性剂分子所覆盖为止，表面张力降到最小值。

在两种互不相溶的液体，如普通的油和水的液-液界面上，表面活性剂会发生以上的定向吸附现象。而且表面活性剂的亲油基和亲水基分别得到更好的定向吸附条件。亲水基指向水相，亲油基指向油相。此时表面活性剂的分子定向作用更为显著，降低表面张力或界面张力的效果更容易观察到。对某些农药助剂，诸如润湿剂、渗透剂、展着剂等，降低表面张力十分重要；而对另一些农药助剂，如分散剂、乳化剂等，降低界面张力更重要。原因是界面张力愈小，整个体系就更容易被分散和被乳化，从而自动形成悬乳液或乳状液的能力更强，在乳油、水悬剂 WG 和 DF 的自动分散性能设计中起着关键性作用。

3.1.3 表面活性剂润湿性的测定

润湿是液固两相间的界面现象。当一滴水落在布上，有时成为一颗水珠；如果一滴表面活性剂溶液落在布上，就容易渗透到布内。表面活性剂溶液具有这种润湿织物的能力，称为润湿力。

测定润湿力的方法，通常采用帆布沉降法、纱带沉降法、纱线沉降法和接触角法等。沉降法设备简单，可以得到一定准确度的相对数据，接触角法需要比较复杂的仪器。

现将帆布沉降法介绍如下。

（1）方法概述　通过机械作用使一定大小标准规格的帆布浸入液体中，在液体未浸透帆布前，由于浮力作用，帆布将悬浮在液体中；一定时间后，帆布被浸透，其相对密度大于液体的相对密度而下沉。不同液体对帆布润湿力的大小表现在沉降时间的长短上，以沉降时间作为比较润湿力大小的标准。帆布沉降法装置示意图见图 3-4。

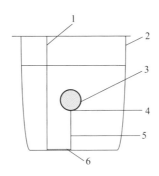

图 3-4　帆布沉降法装置示意图

1—铁丝架；2—烧杯；3—帆布圈；4—鱼钩；5—丝线；6—铁丝架小钩

（2）仪器

① 21 支 3 股×21 支 4 股标准细帆布，剪成直径为 35mm 的圆片，每块经感量为 0.001g 的天平称量，质量应在 0.38～0.39g 之间。

② 鱼钩：每个质量应在 20～40mg 之间，也可用同质量的细钢针制成鱼钩状。

③ 铁丝架：用直径为 2mm 的锌铁丝弯制。

④ 1000mL 烧杯：高 140～150mm，外径 110～120mm。

（3）操作步骤

① 配制 1.5g/L 表面活性剂水溶液。

② 按图 3-4，取 800mL 被测试液注入 1000mL 烧杯中，调节温度至 20℃±1℃。

③ 将鱼钩尖端钩入帆布圈距边约 2～3mm 处，鱼钩的另一端缚以丝线，丝线末端打一个小圈，套入丝线架中心处（铁丝架搁在烧杯边上），开启秒表，将帆布圈浸入试液中，其顶点应在液面下 10～20mm 处。

④ 由于液体帆布润湿，至相对密度大于试液时帆布圈开始下沉，至鱼钩下端触及杯底时即为终点，立即停止秒表，记录沉降所需时间。反复做 10 次试验，求取平均值。将与平均值相距正负秒数在 20 以上的除去后再求其平均值。

3.1.4　表面活性剂的定性分析

表面活性剂品种繁多，对未知的表面活性剂，首先需要快速、简便、有效地确定其离子型，即确定阴离子、阳离子、非离子及两性表面活性剂，是非常必要的。下面简单介绍一下阴离子型表面活性剂的鉴别方法——亚甲基蓝-氯仿法

（1）试剂　亚甲基蓝溶液：将 0.03g 亚甲基蓝、12g 浓硫酸和 50g 无水硫酸钠用水稀释至 1L。0.05%阴离子表面活性剂溶液；氯仿。

（2）操作步骤　在带塞试管中加入 3mL 亚甲基蓝溶液和 5mL 氯仿，加入一滴 0.05% 阴离子表面活性剂，塞上塞子充分振荡，并使其分层，一直滴到上下层对反射光呈同一颜色

时为止。一般需要 10～20 滴阴离子表面活性剂，接着加入 2mL 0.1%试样溶液，振荡后使其分层，静置观测两层颜色，见图 3-5。

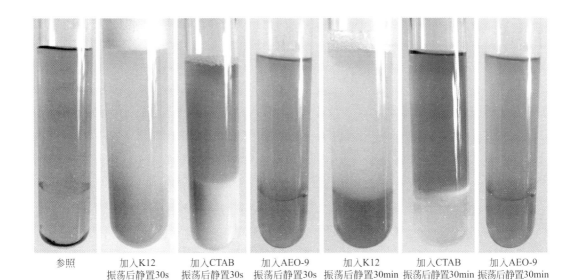

<div align="center">

参照 | 加入K12
振荡后静置30s | 加入CTAB
振荡后静置30s | 加入AEO-9
振荡后静置30s | 加入K12
振荡后静置30min | 加入CTAB
振荡后静置30min | 加入AEO-9
振荡后静置30min

图 3-5　亚甲基蓝-氯仿法鉴定表面活性剂离子类型示意图

</div>

（3）结果和判断　　如果氯仿层颜色较深，而水层几乎无色，表明存在阴离子表面活性剂，因为试剂是酸性的，如果存在肥皂的话，则已经分解成脂肪酸，所以肥皂不能被检测。

如果水层颜色较深，则表明存在阳离子表面活性剂，因为试剂是酸性的，两性表面活性剂通常显（微弱）阳性结果。

如果两层仍或多或少有相同颜色，或下层变成乳白色或极淡的颜色，表明存在非离子表面活性剂。

改良方法：在 5mL 1%试样溶液中加入 10mL 亚甲基蓝溶液和 5mL 氯仿，将混合物振荡 2～3min 使其分层，观察两层颜色，若氯仿层显蓝色的话，表明存在阴离子表面活性剂，继续加试样溶液则氯仿层蓝色更深。

3.1.5　临界胶束浓度

在研究表面活性剂水溶液的表面张力时发现，不论表面活性剂的种类和结构如何，水溶液的表面张力都随浓度的提高而快速降低。当继续提高浓度时，表面张力降低速度明显减慢，而逐步趋于恒定。不同表面活性剂使表面张力降低速度和达到恒定的最低值各不相同。实际上在研究表面活性剂水溶液的许多物化参数与浓度关系时，都发现有类似的特征浓度曲线变化。因此得到了临界胶束浓度（CMC）概念。CMC 是指表面活性剂溶液的特定浓度范围。在这个浓度范围内，溶液的若干物理化学性质发生突变。表面活性剂类型不同，实验条件不同，CMC 都有一个确定的数值范围。同一表面活性剂，用不同方法测得的 CMC 是一致的。现已证明表面活性剂的 CMC 值是一个非常重要的特征数。当表面活性剂浓度增加到 CMC 后，分子在溶液内形成胶束聚集体。

CMC 也是一种表面活性剂在液面形成单分子膜达到饱和状态时的特征数值，是表面活性剂在液内稳定化趋向发展的新起点，也是形成多种多样形状的胶束——小型、球形、棒状、层状胶束等的新起点，对研究表面活性剂的性质十分重要。对农药用表面活性剂来说，

只有达到 CMC 后这些表面活性剂胶束才能对包括农药原药在内的许多物质起明显的分散、乳化、可溶化等作用。事实上，使用表面活性剂助剂时，都必须高于其 CMC 值才能达到预期效果。部分市售农药表面活性剂 CMC 值如表 3-1 所示。

表 3-1　部分市售农药表面活性剂的 CMC 值

名　　称	CMC	测定方法
十二烷基硫酸钠（$C_{12}H_{25}OSO_3Na$）	0.2%	20℃导电度法
十二烷基苯磺酸钠	0.553g/L	25～30℃导电度法
双-2-乙基己基丁二酸酯磺酸钠	5.5%	导电度法
异辛基酚聚氧乙烯醚（Triton-100）	0.9%	冰点降低法
壬基酚聚氧乙烯醚$\left[C_9H_{19}\!-\!\!\left\langle\right\rangle\!\!-\!O(EO)_nH\right]$		
$n=9.5$	0.005%～0.006%	表面张力法（25℃）
$n=10.5$	0.005%～0.006%	表面张力法（25℃）
$n=15$	0.010%～0.011%	表面张力法（25℃）
$n=20$	0.015%～0.018%	表面张力法（25℃）
$n=30$	0.038%～0.046%	表面张力法（25℃）
$n=100$	0.46%	表面张力法（25℃）
辛基酚聚氧乙烯醚$\left[C_8H_{17}\!-\!\!\left\langle\right\rangle\!\!-\!O(EO)_{8.5}H\right]$	0.1%～0.013%	表面张力法（25℃）
月桂醇聚氧乙烯醚$\left[C_{12}H_{25}O(EO)_9H\right]$	3.4%	冰点降低法（0℃）
失水山梨醇单月桂酸酯（司盘 20）	0.2%	可溶化法（30℃）
失水山梨醇单月桂酸酯聚氧乙烯醚（吐温 20）	2.7%～3.2%	染料滴定法（18℃）
失水山梨醇单油酸酯聚氧乙烯醚（吐温 80）	0.9%～1.1%	染料滴定法（18℃）

预测法确定表面活性剂的 CMC 值。

① 磺酸盐表面活性剂 CMC 值的预测[3]，如表 3-2 所示。

表 3-2　磺酸盐表面活性剂 CMC 预测

序列	结构式	lgCMC 文献值	lgCMC 预报值
1	$C_{10}H_{21}CH(COOCH_3)SO_3Na$	−1.99	−2.07
2	$C_{10}H_{21}SO_3Na$	−1.40	−1.58
3	$C_{14}H_{29}CH(COOC_3H_7)SO_3Na$	−3.96	−3.98
4	$C_{16}H_{33}SO_3Na$	−3.13	−3.49
5	$C_7H_{15}CH(C_4H_9)SO_3Na$	−1.55	−1.79
6	$C_8H_{17}CH(C_3H_7)PHSO_3Na$	−2.72	−2.81
7	$C_8H_{17}SO_3Na$	−0.80	−0.93
8	$C_9H_{19}CH(OC_8H_{17})C_2H_5SO_3Na$	−3.92	−4.14
9	$C_9H_{19}CH(OPH)C_2H_5SO_3Na$	−2.71	−2.95

② 硫酸盐表面活性剂 CMC 值的预测，如表 3-3 所示。

③ 聚氧乙烯醚表面活性剂 CMC 值的预测，如表 3-4 所示。

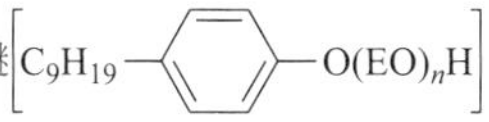

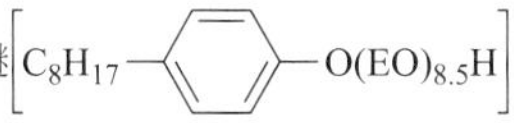

表 3-3 硫酸盐表面活性剂 CMC 预测

序列	结构式	lgCMC 文献值	lgCMC 预报值
1	$C_{10}H_{21}CH(C_5H_{11})SO_4Na$	−2.63	−2.47
2	$C_{12}H_{25}CH(C_3H_7)SO_4Na$	−2.76	−2.59
3	$C_{14}H_{29}EO_2SO_4Na$	−3.07	−2.87
4	$C_7H_{15}SO_4Na$	−0.66	−0.98
5	$C_8H_{17}CH(CH_3)SO_4Na$	−1.33	−1.36
6	$CF_4C_2H_4CH(C_7H_{15})SO_4Na$	−2.39	−2.29
7	$CF_6C_2H_4CH(C_7H_{15})SO_4Na$	−3.30	−3.25
8	$CF_8C_2H_4CH(C_7H_{15})SO_4Na$	−4.16	−4.22

表 3-4 聚氧乙烯醚表面活性剂 CMC 预测

序列	结构式	lgCMC 文献值	lgCMC 预报值
1	$C_{10}H_{21}(OC_2H_4)_8OH$	−3.0	−2.89
2	$C_{11}H_{23}(OC_2H_4)_8OH$	−3.52	−3.38
3	$C_{12}H_{25}(OC_2H_4)_4OH$	−4.19	−4.12
4	$C_{13}H_{27}(OC_2H_4)_8OH$	−4.57	−4.36
5	$C_{16}H_{33}(OC_2H_4)_6OH$	−5.80	−5.96
6	$C_4H_9O(C_2H_4O)_6H$	−0.11	−0.09
7	$C_8H_{17}(OC_2H_4)_3OH$	−2.13	−2.24
8	$C_8H_{17}OC_2H_4OH$	−2.31	−2.38
9	$p\text{-}t\text{-}C_8H_{17}C_6H_4O(C_2H_4O)_6H$	−3.67	−3.63

3.1.6 亲水亲油平衡值及在农药助剂中的应用

3.1.6.1 表面活性剂亲水亲油平衡值的概念

由于表面活性剂的亲水基有阳离子、阴离子、两性及非离子等不同种类，故其性质也各不相同。表面活性剂的性质是由其分子结构中多种因素所决定的，必须综合考虑各种因素才能较全面地理解其分子结构与性质的关系。据结构相似原理，表面活性剂分子中的憎水基与被作用的基团越相似，则它们间的亲和力越好。

为了使表面活性剂分子能定向保持在水面上，要求两亲分子的亲水基团的力量与亲油的碳氢链的力量之间能保持平衡。若分子的极性基越强，越易被拉入水中，需要有足够长的碳氢链才能使它保持在水面上，例如离子型极性基—COONa 的分子在水面上保持定向平衡就需要有 18 个碳原子以上的碳氢链，反之，非离子型亲水力量较弱的极性基，则需要几个这样的极性基能与一个较短碳氢链达到定向平衡。分子在油-水界面上定向平衡保持越好，溶液的表面活性就越大。Griffin 提出用亲水亲油平衡值（hydrophile-lipophile balance，HLB）来衡量分子的亲水亲油力量的强弱。现有足够的数据证明，表面活性剂的 HLB 是分子极性特征的量度，它并不是一个固定不变的给定值，而是一个数值范围。因此，表面活性剂 HLB 可定义为分子中亲水基团和亲油基团所具有的综合亲水亲油效应，在一定温度和硬度的水溶液中，这种综合亲水亲油效应强弱的量度为表面活性剂本身的 HLB 值，即表面活性剂 HLB 值。在其他条件下表现出的这种综合亲水亲油效应强弱的量度成为表面活性剂的有效 HLB 值。它可高于或低于本身的 HLB 值。从广义讲，有效 HLB 值比 HLB 值更重要。

3.1.6.2 表面活性剂 HLB 值与应用性能的关系

表面活性剂的性质取决于分子的两种基团结构、组成。研究农药用表面活性剂 HLB 值的重要任务之一，是找出其性质和应用间的内在规律，如表 3-5 所示。

表 3-5 表面活性剂 HLB 值范围与用途的关系

用途	HLB	用途	HLB
消泡剂	1.5～3	O/W 乳化剂	8～18
W/O 乳化剂	3.5～6	洗涤剂	13～15
润湿剂	7～9	增溶剂	15～18

3.1.6.3 表面活性剂 HLB 值的分析测定

表面活性剂之所以能得到广泛的应用就是因为它的两亲性，其两亲性的相对大小称为 HLB 值，是选择和应用表面活性剂的一个重要参考因素。

(1) 乳化法 乳化法的原理是用表面活性剂来乳化油相介质时，当表面活性剂的 HLB 值与油相介质所需的 HLB 值相同时，生成的乳液稳定性最好。

对于一般的水性表面活性剂，可使用松节油（所需 HLB 值为 16）和棉籽油（所需 HLB 值为 6）配制一系列需要不同 HLB 值的油相，每 15 份油相中加入 5 份待测表面活性剂，然后加入 80 份水，搅拌乳化，其中稳定性最好的试样中油相所需的 HLB 值就是表面活性剂的 HLB 值。

对于油性表面活性剂，可以固定油相为棉籽油，用另外一种水溶性较大的表面活性剂如司盘 60（所需 HLB 值为 14.9）与待测表面活性剂配制成不同比例的系列复合乳化剂，根据上述相同的方法，也可测出表面活性剂的 HLB 值。

在应用乳化法时要注意以下两个方面的问题：一是混合表面活性剂的 HLB 值的计算，现在基本上都采用重量加和法，这是一种粗略的算法；二是当待测表面活性剂的乳化力较强时，测得的 HLB 值是一个范围。一般的表面活性剂都可采用乳化法测出 HLB 值。对于特殊新型结构的表面活性剂，采用乳化法也可以得到可靠的结果，但缺点是比较烦琐、费时。

(2) 浊点、浊数法 浊点（CP）是指在一定的温度范围内，表面活性剂易溶于水成为澄清的溶液，而当温度升高或降低到一定程度时，溶解度反而减小，会在水溶液中出现浑浊、析出、分层的现象。溶液由透明变为浑浊时的温度称为浊点[3]。

这种浑浊的溶液静置一段时间后形成透明的两液相：一相为量少且含有较多被萃取物的表面活性剂富集相；另一相为量大且表面活性剂的浓度处于 2～20 倍于 CMC 的水相。这种现象是可逆的，一经冷却又可恢复为均相的溶液。浊点依表面活性剂的类型、浓度和外界条件的变化而变化。一般说来，随憎水部分的碳链的增长而降低，随亲水链的增长而升高，随浓度的增大而升高[4]。

测定方法（方法 A～方法 C 参见 GB/T 5559—2010）如下。

方法 A

适用对象：在 10～90℃ 间变浑浊的试样水溶液。

测定方法：0.5g 样品溶于 100mL 蒸馏水，量取 15mL 于试管中，插入温度计，水浴加热至浑浊，边搅拌边冷却，记录浑浊完全消失时的温度。重复试验两次，两次平行结果差不大于 0.5℃。

方法 B

适用对象：在低于 10℃变浑浊的或不能充分溶解于水的试样（不适用于某些含环氧乙烷低的试样，仅适用于溶于 25%二乙二醇丁醚水溶液的试样）。

测定方法：5g 样品溶于 45mL 25%二乙二醇丁醚液，量取 15mL 于试管中，插入温度计，水浴加热至浑浊，边搅拌边冷却，记录浑浊完全消失时的温度。重复试验两次，两次平行结果差不大于 0.5℃。

方法 C

适用对象：在高于 90℃变浑浊的试样。

测试方法：0.5g 样品溶于 100mL 5% NaCl 液中，量取 15mL，插入温度计，水浴加热至浑浊，边搅拌边冷却，记录浑浊完全消失时的温度。重复试验两次，两次平行结果差不大于 0.5℃。

方法 D

将 1g 膦配体溶解在质量分数为 9%的氯化钠溶液中，然后将盛有样品的试管放入水浴中加热，在搅拌下至溶液完全呈浑浊状态，停止加热，继续搅拌使溶液缓慢冷却，记录浑浊消失的温度，重复三次取平均值即为浊点。通过在氯化钠水溶液（以质量浓度计）中测定配体的浊点，然后采用外延法可以得到其在水中的浊点[5]。

浊点、浊数法、乳状液相转变法计算 HLB 值的公式如表 3-6 所示。

表 3-6　浊点、浊数法、乳状液相转变法 HLB 值计算公式

编号	计算公式	符号意义	适用范围
1	HLB=0.0980*X*+4.02	*X* 为 10%表面活性剂水溶液浊点，℃	PO-EO 嵌段共聚物
2	HLB=1602(*X*+115.9)/163.4−7.34		烷基酚聚氧乙烯醚
3	HLB=23.64lg*W*−10.16	*W* 为水数	酯型非离子表面活性剂
4	HLB=57.91lg*W*−58.55		脂肪醇、壬基酚、脂肪酸聚醚以及三甘 酯、山梨醇混合酯等及其乙氧基化产物
5	HLB=16.02lg*A*−7.34	*A* 为表面活性剂浊数，mL	烷基酚聚氧乙烯醚
6	HLB=0.89*A*+1.11		聚氧乙烯醚型和酯型离子表面活性剂

（3）临界胶束浓度法　表面活性剂的临界胶束浓度（CMC）与表面活性剂的亲油亲水性（HLB 值）之间有一定的对应关系。溶液很多性质如表面张力、电导率、渗透压等在此浓度之后，基本保持不变，可用来测定表面活性剂的 HLB 值。有关计算公式见表 3-7 和表 3-8。

表 3-7　CMC 法 HLB 值计算公式

编号	计算公式	适用范围
1	HLB=7+4.02lg(1/[CMC])	非离子表面活性剂
2	HLB=(2430.56−lg[CMC])/(169−lg[CMC])	聚乙二醇醚类非离子表面活性剂
3	HLB=1.412lg[CMC]−10.25	聚氧乙烯、聚氧丙烯型均匀共聚物，非离子表面活性剂
4	HLB=1.504lg[CMC]+43.132	烷基聚氧乙烯醚型硫酸盐阴离子表面活性剂

续表

编号	计算公式	适用范围
5	HLB=1.155lg[CMC]+42.887	烷基聚氧乙烯醚季铵型阳离子表面活性剂和聚醚硫酸盐阴离子表面活性剂
6	HLB=1.362lg[CMC]+22.189	碳氟阴离子表面活性剂
7	HLB=*A*lg[CMC]+*B*	阴离子表面活性剂

注：*A* 和 *B* 为常数，具体值见表 3-8。

表 3-8　阴离子表面活性剂的 *A*、*B* 值

表面活性剂	*A*	*B*
RCOOK	1.637	24.926
RCOONa	1.393	22.744
RSO_4Na	1.610	43.414
RSO_3Na	1.961	16.235
$C_nH_{2n+1}COONa$	1.961	6.816
$C_nH_{2n+1}COOK$	1.520	23.032

该法较简单，但有几个问题必须注意。一是表面活性剂形成胶束的能力除了与它的HLB值有关外，与它的立体结构也有很大关系，同样类型相同CMC的支链产品和直链产品的HLB值应该不同，而按照前面有关公式计算，二者却是相同的。二是表面活性剂中常常含有少量未反应的原料，有的产品中还存在一些电解质，它们对表面活性剂体系的CMC影响很大，此时采用CMC法计算HLB值误差较大。三是本法对于表面活性剂混合物不太适用，表面活性剂混合物的CMC与混合物单体之间的关系非常复杂，和采用重量加和法算出的表面活性剂混合物的HLB值不一致。

(4) 分配系数、溶解度法　分配系数法的原理是通过测定表面活性剂在一定的油水体系中两相的分配系数来计算表面活性剂的HLB值。从HLB值的定义来讲，该法是测定HLB值的最好方法之一，它应适用于所有的表面活性剂。但无论是在油相还是在水相，当表面活性剂超过一定浓度后都可能形成胶束，两相的胶束性质一般是不相同的，因此，当表面活性剂超过一定浓度后，分配系数不仅与HLB值有关，而且与表面活性剂的总量也有关，因而使测定和计算变得复杂。

溶解度法只测定表面活性剂在油或水中某一相的浓度，具有和分配系数一样的问题，根据活度来计算分配系数较为合理，但活度测定较困难。有关的计算公式见表 3-9。

表 3-9　分配系数法 HLB 值计算公式

编号	计算公式	符号意义	适用范围
1	$HLB=0.36c_{水}/c_{油}$	$c_{水}$、$c_{油}$ 分别为表面活性剂在水中和庚烷中的平衡浓度	有机硅非离子表面活性剂
2	$HLB=7+0.36\ln c_{水}/c_{油}$		一般非离子表面活性剂
3	$HLB=2.5\lg(T_o/T_w)+13$	T_o 和 T_w 为表面活性剂在油中和在水中的活度	非离子表面活性剂烷基酚、油酸 EO 加成物
4	$HLB_G=1.6K_{12}+13$	K_{12} 为表面活性剂在水中的活度/油中的活度	烷基酚 EO 加成物
5	$HLB=54(W-8.2)/(W-6.0)$	*W* 为溶解度	脂肪醇 EO 加成物

（5）水合热法　非离子表面活性剂分子中的极性基团与水分子之间形成氢键会导致焓的变化，测定其相对大小就可以推算出表面活性剂的 HLB 值。对于混合表面活性剂，只要各种乳化剂之间没有相互作用，也可以使用这种方法。该法简便，但需要精密的测量仪器。有关的计算公式见表 3-10。

表 3-10　水合热法 HLB 值计算公式

编号	计算公式	符号意义	适用范围
1	$HLB=0.42Q+7.5$	Q 为表面活性剂的水合热，4.1869J/g	司盘和吐温类非离子表面活性剂
2	$HLB=1.06H+21.96$	H 为表面活性剂的混合热焓	亲油性非离子表面活性剂

（6）核磁共振法　用核磁共振研究一些非离子表面活性剂亲油和亲水部分的氢原子时发现，其共振波谱的特性值与表面活性剂的 HLB 值有良好的一致性，用于表面活性剂 HLB 值的计算有快速简捷、重现性好的特点。对于表面活性剂混合物也适用。核磁共振法计算 HLB 值的公式见表 3-11。

表 3-11　核磁共振法 HLB 值计算公式

编号	计算公式	符号意义	适用范围
1	$HLB=3H/(15H+10L)$	L 和 H 为表面活性剂亲油基部分和亲水基部分的相对体积	烷基酚、脂肪醇的 EO 加成物
2	$HLB=60H/(H+2)$	H 为 NMR 谱图中亲水质子的相对体积	司盘、吐温、polysorbate 类非离子表面活性剂

（7）色谱法　用气相色谱法测定表面活性剂 HLB 值的原理随所用色谱柱的不同而不同。对于非极性色谱柱而言，试样保留时间主要与表面活性剂的沸点有关，例如对于聚氧乙烯醚系非离子表面活性剂同系物来说，分子中连接的聚氧乙烯醚单元数改变，沸点就随之改变，亲油亲水性也随之改变，关联二者就可得到 HLB 值的关系式。对于极性柱而言，试样的出峰时间与它的极性大小有关，显然对于同系物而言，极性与它的相对亲水性是密切相关的，由此也可以得出表面活性剂的 HLB 值。测量所用的色谱可以是纸色谱、液相色谱和薄层色谱等，也可用反相色谱测聚氧乙烯型非离子乳化剂的极性指数，再用极性指数计算出 HLB 值。

该法可用于混合物的分析，即根据各组分间的组成和 HLB 值大小来综合计算。从目前的研究结果来看，该法主要用于聚氧乙烯醚型非离子表面活性剂同系物的 HLB 分析，尚不能用于离子型表面活性剂的分析。色谱法计算 HLB 值的公式如表 3-12 所示。

表 3-12　色谱法 HLB 值计算公式

编号	计算公式	符号意义	适用范围
1	$HLB=8.55d-6.36$	$d=R_{乙醇}/R_{己烷}$；R 为保留时间	烷基或烷基酚聚氧乙烯醚型表面活性剂
2	$HLB=26-K/2.6$	K 为二异丁烯的分配系数	脂肪酸和脂肪醇的聚氧乙烯醚衍生物
3	$HLB=21.3-K/6.4$	K 为保留时间	脂肪醇聚氧乙烯醚衍生物
4	$HLB_G=10.25\lg d+1.90$	$d=(R_{甲醇}/R_{空气})/(R_{己烷}-R_{空气})$；$HLB_G$ 为按 Griffin 公式计算的 HLB	窄分布高纯度非离子聚氧乙烯醚型脂肪酸衍生物
5	$HLB_D=8.2\lg d+3.93$	$d=(R_{甲醇}/R_{空气})/(R_{己烷}-R_{空气})$；$HLB_D$ 为按 Davies 公式计算的 HLB	窄分布高纯度非离子聚氧乙烯醚型脂肪酸衍生物

3.1.6.4　表面活性剂 HLB 值的计算

（1）分子结构式法　这种方法假定表面活性剂的亲油基和亲水基部分对整个分子的亲油性和亲水性的贡献仅与各部分的分子量有关。分子结构式计算 HLB 值公式见表 3-13 和表 3-14。

表 3-13　分子结构式 HLB 值计算公式

编号	计算公式	符号意义	适用范围
1	$HLB=20(1-M_o-M_r)$	M_o 为亲油基分子量；M_r 为亲水基分子量	烷基酚、脂肪醇 EO 加成物系非离子表面活性剂
2	$HLB=19.45-66.8/NEO$	NEO 为单个烷基酚平均环氧乙烷加成的物质的量	烷基酚聚氧乙烯醚类非离子表面活性剂
3	$HLB=\omega_E/5$	ω_E 为分子中乙氧基单元占整个分子的质量分数，%	亲水链为聚氧乙烯的一般非离子表面活性剂
4	$HLB=(\omega_E+\omega_P)/5$	ω_P 为多元醇的质量分数，%	松香、蜂蜡、羊毛脂等环氧乙烷加成物
5	$HLB=7+11.7\lg(M_w/M_o)$	M_o 为亲油基分子量；M_w 为亲水基的分子量	一般环氧乙烷加成物，如脂肪醇聚氧乙烯醚
6	$HLB=A-Bn$	n 为表面活性剂亲油基的链长，不同表面活性剂的 A、B 值见表 3-14	阴离子表面活性剂

表 3-14　离子型表面活性剂的系数

表面活性剂	A	B
RCOOK	28.1	0.475
RCOONa	26.1	0.475
RSO_4Na	45.7	0.475
RSO_3Na	18.0	0.475
$C_nH_{2n+1}COOK$	28.1	0.870
$C_nH_{2n+1}COOH$	9.1	0.871

一般情况下，分子的亲水性、亲油性不仅与该部分的分子量有关，而且与该部分的化学结构有关。显然这种方法对于不同结构类型的表面活性剂要分别计算。由于表面活性剂在水溶液中都会采取一定的构象存在，结构性质并不是简单的加和，因而就存在一个有效链长的问题。但在简单的分子量 HLB 值计算中被略去了，采用本法计算，有时误差高达 36%。

（2）结构因子法　结构因子法考虑了不同表面活性剂的结构因素，分别计算表面活性剂中亲水基和亲油基各构成细节部分对亲水性和亲油性的贡献，部分克服了简单运用分子量计算带来的较大误差，公式的适用范围较广，与直接用分子结构式计算比较，需要的结构数据略多，这些数据可以在一般的表面活性剂文献中查到。结构因子法计算 HLB 值公式见表 3-15 和表 3-16。

（3）结构参数法　表面活性剂的一些结构参数与表面活性剂亲油基和亲水基的大小或相对作用大小相关，关联这种参数可以直接得出表面活性剂的 HLB 值。结构参数法计算 HLB 值公式见表 3-17。

表 3-15　结构因子法 HLB 值计算公式

编号	计算公式	符号意义	适用范围
1	$HLB = 7 + \sum$ 亲水基数 $- \sum$ 亲油基数		司盘、吐温和阴离子表面活性剂
2	$HLB_L = 7 + \sum$ 亲水基数 $- 0.475 n_{有效}$	$n_{有效}$ 为亲油基有效链长；HLB_L 为按 Lin & Marsnall 公式计算的 HLB 值；$n_{有效}$ 与表面活性剂的 CMC 相关：$\lg (CMC) = A - B n_{有效}$（A、B 值与亲水基的结构有关）	烷基聚氧乙烯醚和烷基聚氧乙烯醚硫酸盐型非离子和阴离子表面活性剂
3	$HLB_D = \sum$ 亲水基数 $- 0.870 n - 0.475 (n_{有效} - n) + 7$		EO、PO 化的氟碳表面活性剂
4	$HLB =$ 无机性数/有机性数 $\times K$	K 为常数，≈ 10 无机性数和有机性数参见有关文献	一般表面活性剂

表 3-16　常用表面活性剂亲水基、亲油基的基团数

亲水基团	基团数	亲油基团	基团数
—SO₄Na	38.7	—CH—	0.475
—COOK	21.1	—CH₂—	0.475
—COONa	19.1	—CH₃	0.475
—N（叔胺）	9.4	=CH—	0.475
酯（山梨醇环）	6.8	—CF₂—	0.87
酯（自由）	2.4	—CF₃	0.87
—COOH	2.1	—CH₂—CH₂—CH₂—O—	0.15
—OH（自由）	1.9	⊢CH₂—CH(CH₃)—O⊣	0.15
—O—	1.3		
—OH（山梨醇环）	0.5		
⊢CH₂—CH₂—O⊣	0.33		

表 3-17　结构参数法 HLB 值计算公式

编号	计算公式	符号意义	适用范围
1	$HLB = 20(1 - S/Ar)$	S 为酯的皂化数，Ar 为酸的酸值	多元醇脂肪酸酯及 EO 加成物
2	$HLB = \dfrac{\delta S - 8.2}{\delta S - 6.0} \times 54$	δS 为表面活性剂的溶度参数	阴离子表面活性剂

（4）极性指数法　表面活性剂由极性小的亲油基和极性大的亲水基两部分组成，对于同类表面活性剂，其极性与非离子表面活性剂分子中的亲油基和亲水基的相对大小有关。极性指数可以通过反向色谱法或介电常数来决定，此法一般只适用于非离子表面活性剂。由于计算极性指数的结构参数资料有限，本法的应用受到限制。极性指数法计算 HLB 值公式见表 3-18。

表 3-18　极性指数 HLB 值计算公式

编号	计算公式	符号意义	适用范围
1	$HLB_G=0.154IP-7.56\pm0.91$	IP 为极性指数	窄分布的司盘和吐温
2	$HLB_D=0.192IP-1.6\pm0.25$		窄分布的司盘和吐温
3	$HLB=0.309IP-18.3$		吐温、烷基酚、脂肪醇、脂肪酸的乙氧基化非离子表面活性剂
4	$HLB=2.455IP+11.0$		司盘类非离子表面活性剂
5	$HLB=0.27IP-20.6$		吐温类非离子表面活性剂
6	$HLB=0.3IP-17.6$		烷基酚聚氧乙烯醚
7	$HLB=0.216IP-7.4$		脂肪醇聚氧乙烯醚加成物
8	$HLB=0.352IP-22.2$		脂肪酸聚氧乙烯加成物
9	$HLB=0.316RP-21.5$	RP 为对甲醇的相对极性指数	司盘，吐温，烷基酚

(5) 预测法　预测法主要包括 W. C. Griffin 的经验公式法、Davies 的基团贡献法和 QSPR 描述符法等。以上 W. C. Griffm 的经验公式法为假定表面活性剂的亲油基和亲水基部分对整个分子的亲油性和亲水性的贡献仅与各部分的分子量有关，计算简便。由于表面活性剂在水溶液中都会以一定的构象存在，结构性质并不是简单的加和，故此法误差较大。Davies 的基团贡献法，把 HLB 值看成是整个表面活性剂分子中各单元结构（即亲水基和亲油基）的作用总和，这些基团各自对 HLB 值有不同的贡献（即对不同的基团指定不同的基数），将各基团的基数加和起来，就是表面活性剂分子的 HLB 值。由于 Davies 基团贡献法没有考虑分子的空间结构，对于相当一部分表面活性剂预测误差较大，或者由于缺少基团参数而无法计算。上海师范大学任天瑞课题[6,7]组采用 CoMFA 和 CoMSIA 方法，建立 3D-QSPR 模型，并基于化合物的三维结构预测表面活性剂的亲水亲油平衡值，如表 3-19 所示。通过分析分子场等势图在空间分布的情况，可以观察到表面活性剂分子周围立体场及疏水场对 HLB 值的影响。此外，还通过描述符的筛选，运用多元线性回归方法建立了一种预报硫酸盐类表面活性剂亲水亲油平衡值（HLB）的 QSPR 模型。

表 3-19　硫酸盐型表面活性剂对应结构的 HLB 预测

序列	结构式	HLB 文献值	HLB 预报值
1	$C_{12}H_{25}(OC_2H_4)SO_4^-$	39.50	39.71
2	$C_{13}H_{27}CH(CH_3)SO_4^-$	38.40	38.67
3	$C_{15}H_{31}SO_4Na$	38.66	38.74
4	$C_{18}H_{37}SO_4^-$	37.20	37.63
5	$C_8H_{17}SO_4Na$	41.88	41.73
6	$CH_2=CHCH=CH(CH_2)_7CH_2SO_4Na$	40.47	40.35
7	$CH_3CH=CHCH=CH(CH_2)_6CH_2SO_4Na$	40.94	40.43

3.1.6.5　表面活性剂混合物的 HLB 值计算

混合表面活性剂的 HLB 值一般采用质量分数加和法计算。结果虽然粗略，但完全可以满足一般应用的需要，通常的乳化法测定表面活性剂的 HLB 值也是以此为基础的。例如采用司盘 20（HLB=8.6）和吐温 20（HLB=16.7）混合表面活性剂乳化石蜡和芳香烃基矿物油 1∶1 的混合物（所需 HLB=10×0.5+12×0.5=11）时，需要司盘 20 和吐温 20 分别为 70%和 30%，即 8.6×0.7+16.7×0.3=11。

在数据资料充分的情况下，直接采用有关公式计算表面活性剂的 HLB 值十分方便。但对于结构复杂的表面活性剂（特别是高分子表面活性剂），分子中有一些特殊基团或同时有很多亲水基团和/或多个疏水基团，基团之间相互影响很大，采用直接计算法误差较大，此时只有用实验测试的方法才能取得较好的结果。

3.2 农药助剂的种类

通常，可根据农药助剂在农药剂型和施用中所起的作用，将它们分为四类：

① 有助于农药有效成分的分散，包括分散剂、乳化剂、稀释剂等；

② 有助于发挥药效或延长药效，包括稳定剂、增效剂、控制释放助剂等；

③ 有助于防治对象接触或吸收农药有效成分，包括润湿剂、渗透剂、展着剂、黏着剂等；

④ 有助于增加安全性及使用方便，包括安全剂、解毒剂、消泡剂、防漂移剂、药害减轻剂、警戒色等。

农药助剂种类繁多，至今尚无统一的国际命名原则和分类法。现今主要的农药助剂，如分散剂、乳化剂、润湿渗透剂等，大部分是表面活性剂或以表面活性剂为基础的混合物。农药助剂的主体是表面活性剂，属于精细化学品，其特点是品种多、高质量、小批量，在农药加工中得到了广泛的应用，所以也可将农药助剂分为表面活性剂和非表面活性剂两类。属于表面活性剂类的助剂有乳化剂、润湿剂、渗透剂、分散剂、黏着剂、展着剂、增黏剂、消泡剂、抗泡剂、抗絮凝剂、触变剂、稳定剂等。属于非表面活性剂类的助剂有载体、填料、溶剂、稀释剂、抗结块剂、防静电剂、pH 调节剂、防腐剂、安全剂、解毒剂、警戒色、抗冻剂、推进剂、增效剂、熏蒸助剂等。本节重点讨论表面活性剂类农药助剂的种类及作用机理。

3.2.1 乳化剂

乳化剂是表面活性剂的一种，是制备乳状液并赋予它一个最低稳定度所用的物质，其基本作用是能使原本互不相溶的两种液体，在乳化剂存在下使其中一种液体容易形成很小的液珠，均匀地分散在另一种液体中。液珠的直径一般大于 0.1μm，此种体系皆有一个最低的稳定度，这个稳定度可因有表面活性剂或固体粉末的存在而大大增加。

农药乳状液基本分为两种类型：一种是水包油型（O/W 型），此时油是分散相，水是连续相，这是化学农药乳状液的基本类型，农药乳油、浓乳剂、固体乳剂、微乳剂及水悬剂等施用时都是此类型的乳状液［图 3-6（a）］；另一种是油包水型（W/O 型），水作分散相，油作连续相，例如农药反转型乳油［图 3-6（b）］。

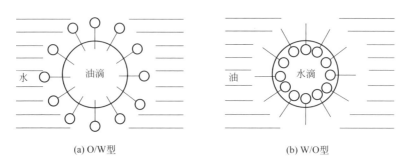

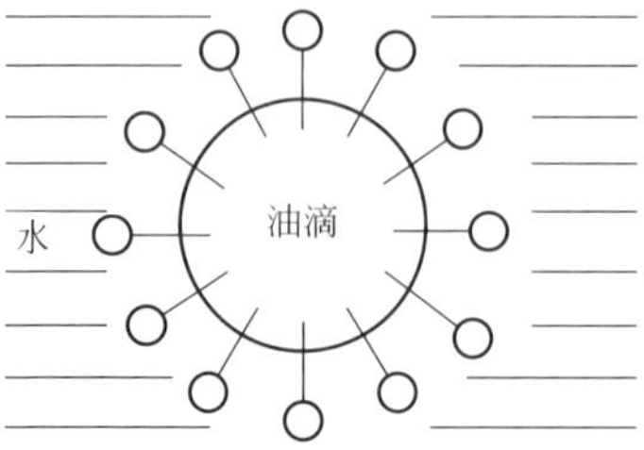

(a) O/W型

(b) W/O型

图 3-6 乳状液

农药乳化剂应具备的基本性能是：

① 乳化性能好，用量少，适用品种多，能达到较高的乳化水平，能配制高含量制剂；

② 自动分散性能好，所配制剂在稀释时，自动或稍加搅拌便能形成适当粒径的、稳定性符合要求的乳状液；

③ 与原药、溶剂及其他组分有良好的互溶性，低温时不分层或析出结晶、沉淀；

④ 发挥药效好，乳油稀释后喷洒在施药对象上有很好的黏着性、润湿性、渗透性，以便于更好地发挥药效；

⑤ 黏度低，流动性好，闪点较高，生产管理和使用方便、安全。

农药用乳化剂一般都是用各种乳化剂单体，根据被乳化对象的性质调配而成的，即一般乳化剂都是混合型乳化剂。乳化剂按化学结构可分为以下两种：

3.2.1.1 非离子型乳化剂

非离子型乳化剂是指在水溶液中不能电离而起乳化作用的表面活性剂，起乳化作用的是整个分子或分子群体，按亲水基和亲油基在分子中连接的化学键分类，分为醚型、酯型、端羟基封闭型和其他结构四大部分。

表 3-20　各类型乳化剂分子式

编号	分子式	编号	分子式
1	$R-C_6H_4-O(CH_2CH_2O)_nH$	8	$[C_6H_5-CH(CH_3)]_k-C_6H_3(C_6H_5)-O(EO)_n(PO)_m(EO)_pH$
2	$(C_9H_{19})_2C_6H_3-O(EO)_nH$	9	$C_6H_5-CH_2-C_6H_4-C_6H_3(CH_2C_6H_5)-O(EO)_nH$
3	$C_8H_{17}-C_6H_4-O(EO)_{9.7}(PO)_3H$	10	$RO(EO)_nH$
4	$C_8H_{17}-C_6H_4-O(EO)_{9.3}(PO)_{35}H$	11	$R-CO-NH(EO)_nH$
5	$[C_6H_5-CH(CH_3)]_k-C_6H_4-O(EO)_nH$	12	$R-CO-NH(EO)_nH$
6	$[C_6H_5-CH(CH_3)]_k-C_6H_3[C(CH_3)_2C_6H_5]-O(EO)_nH$	13	$R-CO-N[(EO)_mH][(EO)_nH]$
7	$[C_6H_5-CH(CH_3)]_k-ArO(C_nH_{2n}O)_a(C_mH_{2m}O)_b(C_nH_{2n}O)_cH$	14	$HOCH_2-CH(OH)-CH_2-O(CH(CH_3)CH_2O)_m-CH_2-CH(H)-CH_2OH \cdot OH$

编号	分子式	编号	分子式
15	$CH_2O(EO)_{n_1}H$ $CHO(EO)_{n_2}H$ $CH_2O(EO)_{n_3}H$ $(n_1+n_2+n_3=50\sim600)$	24	$_n(R)$—naphthalene—$SO_3^-M^+$
16	(结构式)	25	$R-\overset{\overset{O}{\parallel}}{C}-N(-CH_2COONa)(-R')$
17	(结构式)	26	$R-\overset{\overset{O}{\parallel}}{C}-N(-CH_2CH_2SO_3^-M^+)(-CH_3)$
18	C_9H_{19}—$O(EO)_{10}OCH_3$	27	R—$O(EO)_nSO_3^-M^+$
19	—$O(PO)_{10}(EO)_{21}OCH_2$—	28	$R-O-SO_3^-M^+$
20	$C_{17}H_{35}COO(EO)_{15}OCH_3$	29	$RO(EO)_n SO_3^- M^+$
21	$R-SO_3^-M^+$	30	$\left(-O(EO)_n\right)_k \overset{\overset{O}{\parallel}}{P}(OH)_{3-k}$
22	R—$SO_3^-M^+$	31	$[RO(EO)_n]_k \overset{\overset{O}{\parallel}}{P}(OH)_{3-k}$
23	CH_2-COOR $M^+SO_3^--\overset{\underset{H}{\mid}}{C}-COOR$	32	$\left(-\overset{\overset{CH_3}{\mid}}{CH}-\right)_k$—$O(EO)_n-\overset{\overset{O}{\parallel}}{P}(-OM)(-OM)$

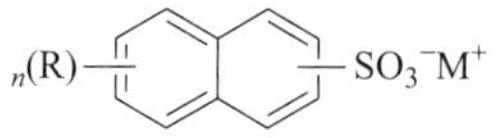

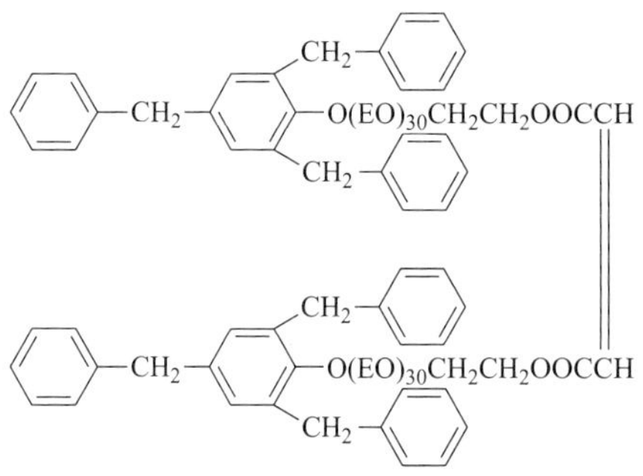

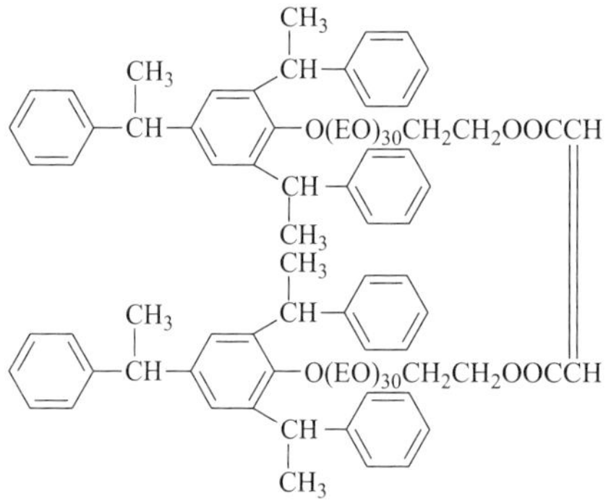

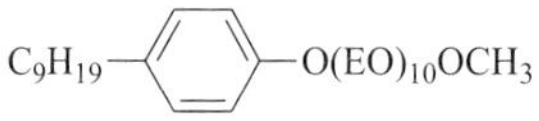

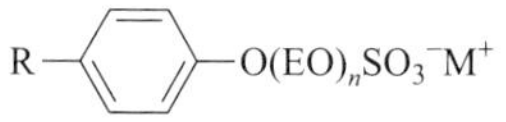

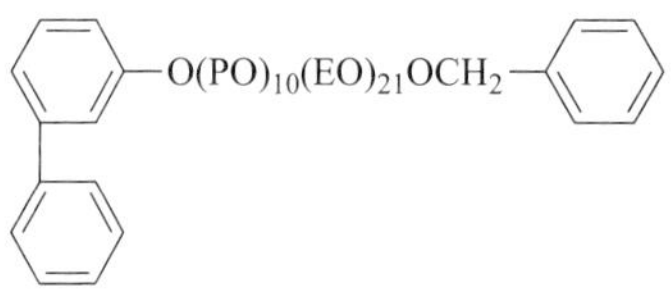

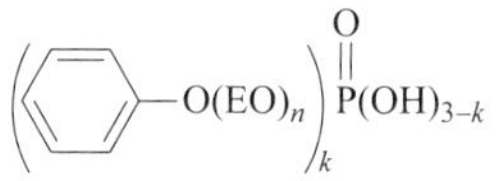

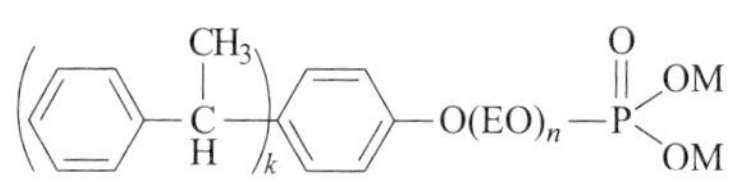

编号	分子式	编号	分子式
33	$RCOO(EO)_n \underset{OM}{\overset{\overset{\displaystyle O}{\|}}{P}} OM$	35	$RO(EO)_n \underset{OH}{\overset{OH}{P}}$
34	$[RCOO(EO)_n]_2 \overset{\overset{\displaystyle O}{\|}}{P} -OM$	36	$[RO(EO)_n]_2P-OH$

(1) 醚型非离子型乳化剂　主要是各种酚的环氧乙烷加成物。

① 烷基酚聚氧乙烯醚类：分子通式见表 3-20 中的 1。

主要品种有双丁基酚聚氧乙烯醚及三丁基酚聚氧乙烯醚产品 Pathogen T 及 BP、壬基酚聚氧乙烯醚、双壬基酚聚氧乙烯醚（见表 3-20 中的 2，式中 $n=9$，70，100，150）、辛基酚聚氧乙烯醚。

② 烷基酚聚氧乙烯聚氧丙烯醚：主要品种有辛基酚聚氧乙烯聚氧丙烯醚及壬基酚聚氧乙烯聚氧丙烯醚、环己基酚聚氧乙烯聚氧丙烯醚。分子式见表 3-20 中的 3、4 等。

a. 苯乙烯酚聚氧乙烯醚及类似品种：苯乙基酚聚氧乙烯醚，分子式见表 3-20 中的 5。苯乙基异丙苯基酚聚氧乙烯醚，分子式见表 3-20 中的 6。

b. 苯乙基联苯酚聚氧乙烯醚、苯乙基萘酚聚氧乙烯醚及类似物。

③ 苯乙基酚聚氧乙烯聚氧丙烯醚及类似品种：分子式见表 3-20 中的 7。式中，ArOH 代表含活性氢原子的酚类，包括苯酚、烷基酚、联苯酚、异丙苯基酚以及它们的混合物。n、m 为 2 或 3；当 $n=2$ 时，$m=3$；$n=3$ 时，$m=2$。a、b、c 为大于零的整数。k 为大于 1 的正整数。如苯乙基酚聚氧乙烯聚氧丙烯醚、苯乙基异丙苯基酚聚氧乙烯聚氧丙烯醚、苯乙基联苯酚聚氧乙烯聚氧丙基醚（分子式见表 3-20 中的 8）。

④ 苄基酚聚氧乙烯醚及类似品种：苄基酚聚氧乙烯醚、苄基烷基酚聚氧乙烯醚、苄基异丙苯基酚聚氧乙烯醚、苄基萘酚聚氧乙烯醚、二苄基联苯酚聚氧乙烯醚（分子式见表 3-20 中的 9）。

⑤ 苄基酚聚氧乙烯聚丙烯醚。

⑥ 苄基联苯酚聚氧乙烯聚氧丙烯醚。

⑦ 脂肪醇聚氧乙烯醚及类似物：分子式见表 3-20 中的 10 和 11。

⑧ 脂肪胺、脂肪酰胺的环氧乙烷加成物及类似品种。

a. 脂肪胺聚氧乙烯醚。它有两种化学结构，分子式见表 3-20 中的 12、13。

式中 R 碳数 $C_{11} \sim C_{17}$ 为多，$m+n \geqslant 0$，整数。

b. 脂肪酰胺的环氧乙烷加成物。

c. 季铵盐烷氧化物乳化剂。

(2) 酯型非离子型乳化剂　主要是脂肪酸、松香酸、蓖麻油、多元醇等的环氧乙烷加成物。

① 脂肪酸环氧乙烷加成物：分单酯和双酯两种。

② 松香酸环氧乙烷加成物及类似物：以松香为亲油基原料的环氧乙烷加成物。

③ 蓖麻油环氧乙烷加成物及衍生物：又分蓖麻油环氧乙烷化物、蓖麻油聚氧乙烯聚氧丙烯醚。

④ 丙三醇（甘油）为基本原料的非离子型乳化剂：可分二聚甘油和脂肪酸酯，如二聚甘油和椰子油酸的酯，双甘油聚丙二醇醚（分子式见表 3-20 中的 14）、甘油聚氧乙烯醚脂肪酸酯（分子式见表 3-20 中的 15）。

⑤ 多元醇（山梨醇）脂肪酸酯及其环氧乙烷加成物：如失水山梨醇脂肪醇酯作农药乳化剂。

此外还开发有环氧化大豆油的二羧酸酯及多甘油酯型表面活性剂等，既作乳化剂，也可作稳定剂或增稠剂。

（3）端羟基封闭型非离子型乳化剂　是指各类非离子型含聚氧乙烯醚链的端羟基被烷基、芳基、氨基甲酸等不活泼元素或基团取代的产物。

① 对称结构封端的非离子型乳化剂：分子式见表 3-20 中的 16、17。这类助剂用于有机磷乳油（如对硫磷、马拉硫磷、苯硫磷和敌敌畏等）。

② 不对称结构封端的非离子型乳化剂：非离子是环氧乙烷加成物，用烷氧基、羧酸基等封端。

其中除氨基甲酸酯封端的品种外，还有表面活性的二氨基甲酸酯封端的乳化剂和含氮的封端非离子乳化剂，及非离子环氧乙烷和环氧丙烷加成物的封端品种，是 20 世纪 80 年代德国 BASF 公司开发出来的。分子式见表 3-20 中的 18、19、20。由这种助剂制备的农药乳油具有较好的化学稳定性，例如 50%乐果乳油。

（4）其他结构类型的非离子型乳化剂

① 烷基酚、芳基酚、烷芳基酚或芳烷基酚聚氧乙烯醚或聚氧乙烯聚氧丙烯醚甲醛缩合物、如烷基酚聚氧乙烯醚甲醛缩合物、芳烷基酚聚氧乙烯醚甲醛缩合物、芳基酚聚氧乙烯醚甲醛缩合物。

② 聚氧乙烯聚氧丙烯嵌段共聚物。

3.2.1.2　阴离子型乳化剂

阴离子型乳化剂是指在水溶液中电离成离子的起乳化作用的表面活性剂，起乳化作用的是带负电荷的离子部分或离子群体。阴离子型乳化剂发挥乳化作用的功能远不如非离子型，主要分为磺酸盐和硫酸盐类，其次还有磷酸类和高分子阴离子乳化剂。

（1）磺酸盐型阴离子乳化剂

① 烷基磺酸盐：分子式见表 3-20 中的 21。

② 烷基苯磺酸盐：分子式见表 3-20 中的 22。根据烷基及成盐金属离子的变化，主要品种有烷基苯磺酸钙盐，简称农乳 500 号或钙盐。

我国生产的三大结构的钙盐：氯化煤油烷基苯磺酸钙、四聚丙烯苯磺酸钙和正构烷烃脱氢苯磺酸钙代表了当今国际上烷基苯磺酸钙的主要类型。表 3-21 列出了部分有代表性的产品名称。

表 3-21　烷基苯磺酸钙产品（农乳 500 号）

产品	产品代号	类型
ABS-Ca		Emcol
Agrol	Ca/L	Emcol
Alkasurl	AG-CA	Flo-Mo
Alkasurf	AG-CAHF（注：高闪点）	Flo-Mo
Alkasurf	CA	HOE
Argopon	HFP（注：高闪点）	
Arnnate	460	Hymal
Berol	822	Phenyl Sulfonate

续表

产品	产品代号	类型
Casol	k70HF（注：高闪点）	Phenyl Sulfonate
Chimipon	CA	Nanasa
DBC		Neopelex
Newlon	A-45-M	Sorpol DB-100
Ninate	401	TEC 75
Polyfac	ABS-60C	Tensiofix KL
Richonate	CS-602IH	Wettol EMI TENSARYL SBCa
Sermul	Ea88	Witconate 605A
Soitem	5c/70	

烷基苯磺酸钠、锌、钡、镁、铝等产品，由于其中烷基链长，变化较大。从 C_8～C_{18}烷基都有用。有时简写为 ABS-Na、ABS-Zn、ABS-Ba、ABS-Mg、ABS-Al 等。

③ 烷基丁二酸酯磺酸盐：分子式见表 3-20 中的 23。

④ 烷基二苯醚磺酸盐。

⑤ 烷基萘磺酸钙盐、镁盐：分子式见表 3-20 中的 24。

⑥ 苯乙基酚醚磺酸盐。

⑦ 脂肪酰胺肌氨酸盐（钠盐），如 *N*-烷基酰肌氨酸盐（钠盐），分子式见表 3-20 中的 25。R′为甲基。这种助剂是酰化氨基酸的衍生物，它的合成常用酰氯和肌氨酸钠在碱性介质中反应制得。

⑧ 脂肪酰胺牛磺酸盐及类似品种，如 *N*-甲基脂肪酰牛磺酸盐，分子式见表 3-20 中的 26。

⑨ 烷氧基聚氧乙烯醚磺酸盐，其特点是耐强电解质，在农药、液体化肥联用时用作乳化分散剂。

（2）硫酸盐型阴离子乳化剂　主要品种有烷基酚聚氧乙烯醚硫酸盐，分子式见表 3-20 中的 27；脂肪醇硫酸盐，分子式见表 3-20 中的 28；脂肪醇聚氧乙烯醚硫酸盐，分子式见表 3-20 中的 29；芳烷基酚聚氧乙烯醚硫酸盐及类似品种，如苯乙基酚聚氧乙烯醚硫酸盐。

（3）磷酸酯、亚磷酸酯型阴离子型乳化剂

① 烷基磷酸酯及类似品种。

② 烷基酚聚氧乙烯醚磷酯及类似品种：分子式见表 3-20 中的 30。此类乳化剂已成为多功能农药助剂的重要代表，广泛用于乳油、水悬剂等加工以及特殊农药、液体化肥联用技术。

③ 烷基聚氧乙烯醚磷酸酯和烷基聚氧丙烯醚磷酸酯。烷基聚氧乙烯醚磷酸酯及类似品种，分子式见表 3-20 中的 31。式中，R 碳数分布较广，从 C_4 到 C_{14} 烷基；$n>0$，整数；k 为 1 或 2。通常是包括单酯、双酯的混合物，有时还有少量三酯。除用作乳化剂外，还广泛用作稳定剂、分散剂、飞防助剂、水悬剂助剂等。

要指出的是，这类单酯产品是多功能农药助剂，受到人们的重视。例如美国氰胺公司采用这类乳化剂与钙盐复配后，在选用适当溶剂之后可解决某些乙酰苯胺乳油低温结晶问题。

④ 芳烷基酚聚氧乙烯醚磷酯及类似品种：如苯乙基酚聚氧乙烯醚磷酸酯及其盐（碱金

属盐及铵盐），分子式见表3-20中的32。式中，n 为EO加成数，一般 $n=10\sim30$；M为H、碱金属盐（Na或K）及有机铵离子；k 通常为2或3。

⑤ 脂肪酸聚氧乙烯酯磷酸盐：农药助剂用的是单酯和双酯磷酸盐，分子式见表3-20中的33、34。

⑥ 亚磷酸酯类乳化剂

a. 烷基亚磷酸酯：农药助剂中所用的亚磷酸酯以二烷基和三烷基亚磷酸酯较多，由低级醇经磷酸化反应制得，常用的亚磷酸化试剂有三氯化磷。

b. 烷基聚氧乙烯醚亚磷酸酯：常用的是单酯和双酯，分子式见表3-20中的35、36。

3.2.2 分散剂

分散剂是指在农药剂型加工中能阻止固-液分散体系中固体粒子的相互凝聚，使固体微粒在液相中较长时间保持均匀分散的一类物质。对农药科学而言，美国农药控制协会联合会（AAPCO）的定义是：分散剂是能降低分散体系中固体或液体粒子聚集（cohesiveness）的物质。现代化学农药品实际上都是含有农药有效成分的分散体系，制备这种分散体系多数必须使用分散剂助剂，如可湿性粉剂、乳油、粒剂、悬浮剂、胶悬剂、水分散粒剂、乳粉、微囊悬浮剂等农药剂型的加工均离不开分散剂，因此，分散剂是最重要、最常用和用量最大的一种农药助剂。农药分散剂通常分为5类，即工业副产物、阴离子型表面活性剂、非离子型表面活性剂、水溶性高分子物质和无机分散剂，具体类型见表3-22。

表3-22 分散剂的分类

类别	类型	举例
工业副产物	亚硫酸纸浆废液及其干固物	
阴离子型表面活性剂	（1）磺酸盐 ① 萘或烷基萘甲醛缩合物磺酸盐 ② 脂肪醇环氧乙烷加成物磺酸盐 ③ 烷基酚聚氧乙烯基醚磺酸盐 ④ 木质素及其生物磺酸盐 ⑤ 聚合的烷基芳基磺酸盐 （2）聚羧酸盐 （3）磷酸盐 ① 脂肪醇环氧乙烷加成物磷酸盐 ② 烷基酚聚氧乙烯基磷酸盐 （4）硫酸盐（主要为烷基酚聚氧乙烯基醚甲醛缩合物硫酸盐）	NNO P，扩散剂MF ORZAN P，PolyFON. Mq DAXAD SOPA
非离子型表面活性剂	（1）聚氧乙烯聚氧丙烯基醚嵌段共聚物 （2）烷基酚聚氧乙烯基磷酸酯	$HO(EO)_a(PO)_b(EO)_cH$
水溶分子物质	① 淀粉、明胶、阿拉伯胶、卵磷脂 ② 羧甲基纤维素（CMC） ③ 聚乙烯醇（PVA） ④ 聚乙烯吡咯烷酮（PVP） ⑤ 乙烯吡咯烷酮/乙酸乙烯酯共聚物 ⑥ 聚丙烯酸钠 ⑦ 聚乙二醇（PEG）	
无机分散剂	缩合磷酸盐等	五钠、六偏磷酸钠

分散剂种类较多，除水溶性高分子物质、无机分散剂外，都是表面活性剂，特别是在实际应用中，真正能单独起分散作用、性能好的分散剂几乎都是表面活性剂。工业副产物亚硫酸纸浆废液及其干固物，其之所以起分散作用是由于含有木质素磺酸盐，它们也可归为木质素及其衍生物磺酸盐类，故它们实际上也属于表面活性剂。目前在我国较为常用的分散剂主要是木质素磺酸盐、萘或烷基萘甲醛缩合物磺酸盐以及聚羧酸盐。

在制备乳油和可湿性粉剂时加入分散剂和悬浮剂易于形成分散液和悬浮液。这表明，作为农药分散剂不仅要求有分散性和/或浮化性，而且还要保持分散体系的相对稳定性。农药用表面活性剂的分散作用通常是指借助基本特性经一定的加工工艺促使不溶或难溶于水的固态或膏状物原药以细小微粒均匀地分散于水或其他液体中的过程，形成具有一定稳定性的水分散液或悬浮液。即通过分散剂在液-液和固-液界面上的各类吸附作用（如离子对吸附、离子交换吸附、氢键形成吸附、π 电子极化吸附、憎水作用吸附等），使分散粒子带上负电荷，并在溶剂化条件下形成静电场，使带同种电荷的粒子互相排斥。同时，由于分散剂牢固地吸附在分散微粒上，构成位阻障碍，可减少絮凝和沉降，增加分散体系的稳定性。分散过程通常由以下三个步骤形成：

① 润湿。在分散剂存在下，将固体外部表面润湿，并从内部表面取代空气。

② 团簇固体和凝集体的分裂。将固体表面及其内部润湿后，随后发生分裂和分散，这时粒子的电荷和表面张力作用成为重要因素。

③ 分散体系形成、稳定、破坏同时发生。粒子间相互碰撞是不可避免的，结果使粒子密度下降、絮凝、沉降、结晶生长增加，这是破坏的主要因素。为保持稳定，抗拒破坏，在粒子间需要一定的相斥力。通过分散剂的作用使粒子带上电荷并形成位阻障碍的吸附层，就能提供这种相斥力，这就是分散剂作用的基本原理。

在农药助剂中，以分散作用为主要功能的除分散剂外，还有溶剂、载体、填料、乳化剂、悬浮剂、抗结块剂、某些飞防助剂等。农药加工与应用对分散剂的基本性能要求有：在水和各种液体介质中的快速分散性、自动分散性或自崩解性，长期存放分散稳定性，贮运和堆放不结块、不起尘或少起尘等。

农药基本加工剂型可湿性粉剂和悬浮剂对分散剂的共同性能要求：①有一定的润湿性和分散悬浮性；②不结块，产品有良好的流动性；③化学稳定性和贮存稳定性；④良好的稀释性，与其他剂型产品的相容性；⑤适度的起泡性；⑥适应加工工艺性能等。

目前国内外最常用的分散剂品种有以下几种：

（1）工业副产物分散剂　亚硫酸纸浆废液及其干固物，是造纸厂中的副产物，是造纸原料经过亚硫酸盐如 $Ca(HSO_3)_2$、$Mg(HSO_3)_2$ 等处理得到木质纤维以后的废液。其中含有木质素及其衍生物的磺酸盐、树脂、糖及亚硫酸盐等化合物。商品废液为深褐色，密度一般为 $1.27g/cm^3$ 左右，其中干固物约 50%。因含有木质素磺酸盐，所以可作润湿分散剂。纸浆废液来源丰富，价格便宜，我国从 20 世纪 50 年代初就开始使用。当时，各农药生产厂大多是购买纸浆废液的浓缩液，经干燥加工后使用。由于浓缩液在运输、使用等方面有诸多不便，现已大量使用纸浆废液的干固物（片状或粉状）。

（2）阴离子型分散剂

① 烷基萘磺酸盐，以钠盐为主，单烷基萘磺酸盐和双烷基萘磺酸盐。

② 烷基苯磺酸钙盐及其他盐。

③ 烷基或芳烷基萘磺酸甲醛缩合物钠盐。

④ 双（烷基）萘磺酸盐甲醛缩合物钠盐。

⑤ 甲酚磺酸、萘酚磺酸甲醛缩合物钠盐。

⑥ 石油磺酸钠。

⑦ 有机磷酸酯类，包括烷基磷酸酯（单、双及三酯），烷基酚聚氧乙烯醚磷酸酯（单、双酯），双烷基酚聚氧乙烯醚磷酸酯（单、双酯），芳烷基酚聚氧乙烯醚磷酸酯（单、双酯），脂肪醇聚氧乙烯醚磷酸酯（单、双酯为主）。

⑧ *N*-甲基-脂肪酰基-牛磺酸盐（钠盐）。

⑨ 木质素及其衍生物磺酸盐。木质素及其衍生物磺酸盐是农药配方中采用的主要分散剂。常温下为固体，分散、润湿性能好，来源丰富，价格便宜。

木质素磺酸盐的结构较复杂，一般是愈创木基（即 4-羟基-3-甲氧基苯基）丙烷的多聚物。分子量为 2000～10000 不等，常用分子量大约为 4000。一般来说，低分子量的多为直链，高分子量的多为支链，在水中显示出聚合物电解质的行为。低分子量的易被生物降解，高分子量的则很难降解。

木质素磺酸盐主要是钠盐和钙盐，在国外已大量生产（含量 90%），是一种价廉物美的分散剂。我国已生产的木质素磺酸钠有分散剂 M-9、扩散剂 M-9。本品外观为棕色粉末，易溶于水，含水分<7%，还原物<12%，pH 值为 9.0～9.5，吸水性强，易潮解，具有良好的分散性能。同时，它属于水溶性高分子物质，具有抗沉降、保护胶体作用；另外，它又是胶体离子的螯合剂，具有抗硬水能力。木质素磺酸盐与萘磺酸甲醛缩合物塔莫尔（Tamil）适当配合，分散性更佳。

由于木质素成分复杂，因此，木质素及其衍生物磺酸盐为一系列产品[1]。国外以木质素磺酸盐为主成分，开发出一系列产品出售，见表 3-23。

此类化合物的主要优点除了分散性能好、常温下是固体、起泡性小以外，还有一定的润湿、增溶、乳化等作用，在硬水及酸碱介质中稳定等特点。

a. 分散剂 NNO：化学名称为萘磺酸钠甲醛缩合物，英文通用名称为 Dispersant NNO。本品为米黄色固体粉末，易溶于水，易吸潮。1%水溶液 pH 值为 7～9，耐酸、碱、盐及硬水，具有良好的分散性和保护胶体性，并有一定的乳化和润湿增溶等作用，无渗透性和起泡性。

b. 分散剂 MF：化学名称为次甲基双甲萘磺酸钠，英文通用名称为 Dispersant MF。本品外观为棕色均匀粉末，易溶于水，易吸潮，1%水溶液近中性，耐酸、碱、盐、硬水，具有良好的扩散性和一定的润湿、增溶、乳化等作用，无渗透性和起泡性。

⑩ 硫酸盐类——索伯：英文通用名称为 SOPA，化学名称为烷基酚聚氧乙烯基醚甲醛缩合物磺酸盐。索伯主要作为分散剂使用，使用时为了弥补其润湿性的不足，还必须加入润湿剂如 LAS、润湿渗透剂 T 等。HCWPA 系列助剂如 HCWPA-M 型就属于这种复配助剂。它是以 SOPA 加润湿剂及固体吸附剂复配而成的。复配产品不但具有润湿性和分散性，还能把常温下为液体的索伯变成固体粉末，便于运输和使用。

（3）非离子型分散剂　主要有聚氧乙烯聚氧丙烯醚嵌段共聚物和烷基酚聚氧乙烯基醚磷酸酯。

① 聚氧乙烯聚氧丙烯基醚嵌段共聚物：又称环氧乙烷环氧丙烷嵌段共聚物。其通式为：

$$HO(EO)_a—(PO)_b—(EO)_c H$$

式中，EO、PO 分别代表环氧乙烷和环氧丙烷；a，b，c 为任一正整数。该类型主要产品见表 3-24。

表 3-23　国外木质素磺酸盐及其衍生物产品

生产厂家	编号	生产厂家	编号
Borresperse	N	M-9	Na
	NA	MS	
Darvan	4	MSF	木质素磺酸盐甲醛缩合物（Na）
Daxad	21	Maracell	C
	23	Marasperse	C-21
HDES3234			CB
Indulin	C		CBOS-3
Iignositc			I
Lignosol	AXD		4IG-3
	B		52-CP
	BD		N-22
	D-10	Norlig	分散剂
	D-30		G42
	DXD	Orzan	Ls
	FTA		A
	HCX		P
	LC		S
	SF	PC	182
	SFL		825（EO 化改性）
	SF8		830
	SFX	Peresol	J
	TS	Polyfon	F
	SDT		H
	TSF		O
	WT		OD
	X		T
	XD	Product	LS33
Payling		Rychem	808
Reax	45A		824
	45B	San EX	P201
	L	Tensiofix	LS Special
	DA	Sorpol	9047K
	DTC	Totamin	
	T	UFOXANE	改性产品
	83A	Vanisperse	CB*
	85A	Vanrcell	E

表 3-24　环氧乙烷环氧丙烷嵌段共聚物产品

生产厂家	类型或编号	生产厂家	类型或编号
Arnox	BP 系列	HOE	S1816
Chimipal	PE300	S1816-1	
－302		S1816-2	
－400		Hyonic	PPE-194
Genapol	PAF	－254	
PF		Monolan	2000E/12
PL120		2500E/30	
PN		Polyfac	BC1646
Monolan	8000E/80	－1825	
Newpol	PT	Prond	502
Newpol	PE 系列	Soprofor	PL 系列
Nonionic	1035L 系列	Synperonic	PE 系列
Pepol	B 系列	T-DET	PEO-61
BS 系列		Teric	PE60 系列
Pluronic	F 系列		

此类化合物的特点是：式中 a、b、c 可以在合成时进行人工调节，根据 a、b、c 的不同，可得到具有不同分子量、不同性质的物质。当分子量小时，可以作为润湿剂使用，当分子量增大如在 8000～10000 之间时，又可作分散剂使用，并且可根据使用目的和要求作进一步调整。由于此类化合物具有明显的润湿性和分散性（视分子量大小），所以我们把这类物质称为具有润湿和分散双重性能的助剂。

② 烷基酚聚氧乙烯基醚磷酸酯：这类分散剂是近年来开发的新产品。如 1985 年美国开发的 Forlanitp。这类分散剂的主要特点是具有分散性，还具有润湿性、乳化性等。用它作为有机磷农药的分散剂更为合适，更为有效，这可能与其结构相似有关。

（4）水溶性高分子物质分散剂　水溶性高分子物质分散剂具有较好的保护胶体特性，因此又称为胶体保护剂。目前常用的主要是羧甲基纤维素（CMC）、聚乙烯醇（PVAO）、聚乙烯吡咯烷酮（PVP）、聚乙烯酸钠、乙烯吡咯烷酮/乙酸乙烯酯共聚 S630、聚乙二醇（PEG）等。此类分散剂和表面活性剂的润湿分散剂一起复配使用效果更佳。如 50%覆灭威可湿性粉剂配方中加入 1%CMC 作为抗沉降剂，产品悬浮率大为提高。但是，其用量要合适，不能太多，否则会产生不良效果。

羧甲基纤维素（CMC），其英文名称为 corboxy methyl cellulose，一般指它的钠盐，即羧甲基纤维素钠。CMC 是一种具有高分子结构的水溶性纤维素，其水溶液为胶体。它能溶于冷水、热水中，溶解度随聚合度的增加而减小，随取代度的增加而增大，溶于水后水的黏度增加，粒子的沉降速度减慢，提高了粒子的悬浮性。因此，在可湿性粉剂中常加入一定量的 CMC，一般为 1%左右，既可提高溶液的黏度，还可防止颗粒再沉淀，起到抗沉降作用。

羧甲基纤维素为白色或微黄色粉末，能溶于水，有吸湿性。从外观上看有纤维状和纤维粉末状两种；按黏度分为中黏度 300～600mPa·s 和高黏度 800～1200mPa·s 两种（均指 2%水溶液的黏度）。

羧甲基纤维素与亚硫酸纸浆废液干固物复配后，有协同效应，使用效果更佳。如应用于50%多菌灵可湿性粉剂中可提高悬浮率。羧甲基纤维素有增加泡沫稳定性和不易被粉碎的缺点。

(5) 无机分散剂 这类物质主要包括三聚磷酸钠和六偏磷酸钠等，分无水和有结晶水($Na_6P_3O_{10}\cdot 6H_2O$)两种，1%水溶液pH值为9.7。这一类物质属于无机电解质，其用量影响表面活性剂的表面活性，过高对表面活性剂有不利的影响。

分散剂的选择原则如下：

① 分散能力强的表面活性剂，有最强吸附力的吸引剂是有效分散剂。例如某些嵌段或接枝聚合物表面活性剂。

② 高分子分散剂，特别是分子式或链节上具有较多分支的亲油基和亲水基，并带有足够的电荷。其分散力较强，适应性较广。例如木质素磺酸盐类、烷基萘和萘磺酸甲醛缩合物、聚合羧酸盐、烷基酚聚氧乙烯醚甲醛缩合物丁二酸酯磺酸盐等都属于此类高分子分散剂。

③ 分散能力是表面活性剂的重要结构特性，必然与表面活性剂的HLB值(亲水亲油平衡值)相关。根据水相分散介质制备乳状液时，要求分散剂(更确切些是乳化剂或乳化分散剂)的HLB值为9～18，但也有例外，如聚醚F68分散剂HLB为29.5。在有机介质中的分散体系，一般要求分散剂HLB值小于10，即亲油性较强。表3-25列出了已知HLB值的部分农药分散剂产品。

④ 根据吸附作用原理对非极性固体农药，宜选非离子分散剂或弱酸性离子表面活性剂，若固体农药粒子表面具有官能团，明显显极性，则宜选具有极性亲和力的吸附型阴离子，尤其是高分子阴离子分散剂。

⑤ 化学结构相似原理。例如，有机磷类农药，其分散剂和乳化剂，根据经验应选用具有芳核聚氧乙烯或聚氧丙烯醚类，以及其甲醛缩合物，或者有机磷酸酯类表面活性剂，往往效果很好。

表3-25 农药分散剂及其部分产品

商品名	细分编号	化学名称	净含量/%	HLB值
Alkasurf	AG-CA	烷基苯磺酸钙	60	10.5
	AG-CAHP		60	10.5
	CA		60	10.5
Nikkol	DDP-2	烷基聚氧乙烯醚磷酸双酯	100	6.5
	DDP-4		100	9.0
	DDP-6		100	9.0
	DDP-8		100	11.5
	DDP-10		100	13.5
	TDP-2	烷基聚氧乙烯醚磷酸三酯($n=2$)	100	7.0
	TDP-4		100	7.0
	TDP-6		100	8.0
	TDP-8		100	11.5
	TDP-10		100	14.0

续表

商品名	细分编号	化学名称	净含量/%	HLB值
Pluronic	F38	环氧乙烷与以丙二醇环氧丙烷缩合物为亲油基的加成物系列	100	30.5
	F68		100	29.5
	F77		100	24.5
	F87		100	24.0
	F88		100	28.0
	F98			27.5
	F108			27.0
	F127			22.0
	L10			4.5
	L31			18.5
	L35			8.0
	P65			17.0
	P75			16.5
	P84			14.0
	P85			16.0
SIPEX	OS	油醇硫酸钠	26	42.0
	SD	月桂醇硫酸钠	93	40.0
Soluan	16	聚氧乙烯醚（16）羊毛醇	10	15.0
	25	聚氧乙烯醚（25）羊毛醇	100	16.0
	75	聚氧乙烯醚（75）羊毛醇	100	15.0
	97	聚氧乙烯醚（9）羊毛醇乙酰化	100	15.0
	98	聚氧乙烯醚（10）羊毛醇乙酰化	100	13.0
	L-575	聚氧乙烯醚（75）羊毛醇乙酰化	50	15.0
T-DET	D-70	双壬基酚聚氧乙烯醚（70）	100	18.0

⑥ 分散剂协同效应的应用。实践和理论证明，在多数农药分散体系中，选用两种或多种适当的分散剂或润湿分散剂，往往比用单一者效果好。一方面，农药制剂性能要求是多方面的。另一方面，这种联用复配助剂往往提供的性能较为全面。这是表面活性剂协同原理的具体应用，在整个农药助剂应用技术领域都是很重要的。

但是并非任何两种或多种分散剂都可联用，联用不当，有时会产生相反的效果。如农药润湿分散剂 SOPA. LomarPW 农助 2000 号是多种化学农药很好的分散剂，而用于 70%速灭威可湿性粉剂发现有絮凝作用。木质素磺酸盐，如 Marasperse N-22 等用于 80%伏草隆可湿性粉剂也发现有絮凝作用。因此，通过试验验证能否联用，是必要的。

⑦ 分散剂的掺合性。现代农业提倡推行农药之间的复配使用，农药与化肥的联用技术，对助剂系统要求有好的相容性，对电解质要求有好的掺合性。

⑧ 分散剂的经济性。一般来讲，农药分散剂的价格低于原药，但便宜不多。因此，农药分散剂要考虑经济性，要价廉，用量较少，一般干制剂中助剂为 1%～5%（以活性物%计），很少高于 10%。具体做法上可选用一种价廉而性能良好的品种作为主体，必要时加入

少量的优质（高性能、高价）助剂。

分散剂的选择和应用：首先要了解分散的机理，影响分散的因素和分散剂用量对产品性能的影响；其次，要对分散剂的种类、性能、来源、价格等有所了解，才能从中选出适于工业化生产的分散剂。

分散剂选择的具体方法：一般是采用直接配方和重复试验法，即所谓尝试法。

分散剂无效的原因：选择分散剂时，有时会出现分散剂无效的现象，究其原因，主要有以下两个方面：

① 分散剂与润湿剂和整个体系不配套。

② 可能是产品的颗粒大小及粒谱没有在适宜的范围内（一般要求在 5～10μm）。颗粒太大和粒度分布太宽的则分散性较差，悬浮率较低，这时应先从粒度大小及粒谱来解决，否则再好的分散剂也不易收到好的效果，得不到高悬浮率的产品。

3.2.3　润湿剂、渗透剂

农药润湿剂是指能降低液-固体系界面张力，增加含药液体对处理对象（植物、害虫等）固体表面的接触，使其能润湿或能加速润湿过程的一类物质。农药渗透剂是指促进含药组分渗透到处理对象内部，或增强药液透过处理表面进入物体内部的能力的润湿剂。

润湿剂和渗透剂在农药加工和应用方面都有着极为重要的作用。目前大多数农药剂型都离不开润湿剂和渗透剂助剂，如可湿性粉剂、可溶粉剂、固体乳化剂、水悬剂、油悬剂、干悬浮剂、粒剂和水分散粒剂等。在应用方面，若一些农药剂型中无润湿渗透剂，则该农药剂型就不便使用，药效也难以发挥。如可湿性粉剂，因其原药大多是疏水有机物，若无润湿剂的存在，用水稀释时就很难润湿，药粉会漂浮于水面而不便使用；用药对象植物茎叶表面、害虫体表也常有一层疏水很强的蜡质层，若无润湿渗透剂的存在，药效也就很难发挥。

润湿剂和渗透剂的分类详见表 3-26。

表 3-26　润湿剂和渗透剂的分类

类别	类型	举例
天然产物润湿剂、渗透剂	茶枯 皂角 蚕沙 亚硫酸纸浆废液及其干固物 动物肥料的水解物	
阴离子型表面活性剂	(1) 硫酸盐类 脂肪醇硫酸盐（烷基硫酸盐） 烷基醇聚氧乙烯基醚硫酸盐 烷基酚聚氧乙烯基醚硫酸盐 烷基酚聚氧乙烯基醚甲醛缩合物硫酸钠 (2) 磺酸盐类 烷基磺酸钠 烷基苯磺酸盐 烷基萘磺酸盐 烷基丁二酸磺酸盐 单烷基苯基聚氧乙烯基醚丁二酸磺酸钠 脂肪醇环氧乙烷加成物磺酸盐 烷基酚甲醛缩合物环氧乙烷加成物磺酸盐 烷基胺基牛磺酸盐 (3) 磷酸盐 烷基磷酸盐 (4) 羧酸盐	 月桂醇硫酸钠 月桂醇聚氧乙烯基醚硫酸钠 辛基酚聚氧乙烯基醚硫酸盐 SOPA（索伯） 石油磺酸钠 十二烷基苯磺酸钠、洗衣粉 拉开粉 润湿渗透剂 T 农乳 2000 号系列 月桂醇聚氧乙烯基醚硫酸钠 胰加漂 T 辛基磷酸盐 松油皂

续表

类别	类型	举例
非离子型表面活性剂	脂肪醇聚氧乙烯基醚 烷基酚聚氧乙烯基醚 失水山梨醇脂肪酸酯——司盘系列 失水山梨醇脂肪酸酯聚氧乙烯基醚——吐温系列 聚氧乙烯聚氧丙烯醚嵌段共聚物 烷基酚甲醛缩合物聚氧乙烯基醚	JFC 辛（壬）基酚聚氧乙烯基醚（OP） 司盘 20 吐温 60

目前常用的润湿剂、渗透剂品种有以下几种：

3.2.3.1 阴离子型表面活性剂的润湿剂和渗透剂

（1）硫酸盐类　脂肪醇硫酸盐（烷基硫酸盐）：其结构通式为 $R\text{-}OSO_3M$，式中，R 为烷基；M 为碱金属离子，一般为 Na^+。此类润湿剂中的主要品种为月桂醇基硫酸钠。国外商品名为 EMAL、LAS、Duponol、EP 等。月桂醇基硫酸钠系列用月桂醇与硫酸相互作用经中和而制得。它是由 R 为 $C_{12}\sim C_{14}$ 的烷基组成的混合物，其中以十二烷基硫酸钠为主。纯粹的十二烷基硫酸钠不易制得。实际上，在润湿性能方面，纯粹的十二烷基硫酸钠不如十三烷基硫酸钠好，但因纯粹的十三烷基硫酸钠也不易获得，所以一般以月桂醇为原料制取混合烷（$C_{12}\sim C_{14}$）硫酸钠。

此类润湿剂的特点是润湿性较好，在较大的 pH 值范围内均有活性。因此，在可湿性粉剂配方中应用它作润湿剂，特别是在日本应用较多。如花王株式会社开发的复合润湿分散剂，就用烷基硫酸钠作为润湿剂的组分。缺点是起泡力较强，在酸性介质中易分解。

还有烷基酚聚氧乙烯基醚甲醛缩合物硫酸盐。这类润湿剂以 SOPA 为代表，不但具有润湿性，也具有分散性，且以分散为主。

（2）磺酸盐类　由于磺酸基在硬水中高度稳定，并能使疏水性的有机物溶于水中，有较强的润湿能力，特别适于作润湿剂，因此，此类润湿剂是常用润湿剂中最主要的一类。

① 十二烷基苯磺酸钠。十二烷基苯磺酸钠包括正十二烷基苯磺酸钠和由四聚丙烯合成的带支链的十二烷基苯磺酸钠，缩写为 DBS-Na，国外商品名称为 Lgepal Na。从生物降解角度讲，直链的比支链的更易被降解。

十二烷基苯磺酸钠是典型的润湿剂。由于它性能好，在常温下为固体，来源丰富、价廉，因此是比较常用的润湿剂。我国生产的十二烷基苯磺酸钠主要作为洗衣粉的主要成分，与洗衣粉配套生产。它是 30%左右的水溶液。作为生产洗衣粉的原料，无须单独将固体的十二烷基苯磺酸钠分离出来，所以，农药加工厂采用 DBS-Na 作为润湿剂时，一般使用洗衣粉。

DBS-Na 虽是较好的润湿剂，但由于泡沫较多，作为可湿性粉剂的润湿剂较为不利，为了降低泡沫，可将它和非离子型表面活性剂复配，不但泡沫低，润湿效果佳，对水质水温的适应性也更广。

用洗衣粉作为润湿分散剂时，要注意以下几点。

a. 洗衣粉中含有碳酸钠、硅酸钠等碱性物质，具有明显的碱性，特别是通用型，其 pH 值为 10～10.5。因此，有些易为碱分解的农药不宜采用。

b. 洗衣粉中含有大量的无机盐和无机电解质，这些物质不但是多余的，而且还有不利的影响，在选用其他助剂作为新组分加入到体系中时，不能不考虑这种影响。

c. 一般洗衣粉起泡性较大，对配制可湿性粉剂悬浮液不利。

② 烷基萘磺酸盐：其通式为 $(R)_nC_{10}H_6SO_3M$，式中，R 为烷基；n 为正整数；M 为

碱金属。国外商品名为 PELEX NB、MORWET BDB、RP、NEKAL BA、NEKAL BA-75 等。它包括拉开粉系（NEKAL 系）和莱奥尼系（LEOWNIL 系）。主要品种为丁基萘磺酸钠（NEKAL A、润湿剂 HB 等），又名拉开粉 A。一般所说的拉开粉系，包括 1～3 个烷基（如异丙基、丁基、异丁基等）的产物，通常指以二丁基萘磺酸钠为主的混合物，又名渗透剂 BX，拉开粉 BN、BX、BNS。该品种外观为米白色粉末，易溶于水，1%水溶液 pH 值为 7～8.5，在强酸、强碱介质及硬水中都稳定；具有较好的润湿性并在低温下亦有良好的效果。这两点性质是一般的阴离子型表面活性剂所不及的。

拉开粉系（NEKAL），不但润湿性、渗透性好，而且增溶、分散等综合性能也好，此外，它还具有起泡性差、泡沫不稳定的优点。加之它们在常温下是固体，来源也比较方便，因此特别适于作可湿性粉剂的润湿剂，国外已普遍采用。如在 75%克百威（呋喃丹）母粉（实际上是可湿性粉剂）配方中就用了丁基萘磺酸钠为润湿剂；又如在 50%甲萘威（西维因）可湿性粉剂中，使用的就是 NEKAL BA-75 润湿剂。

③ 烷基丁二酸磺酸盐。代表品种为渗透剂 T（润湿剂 T），即二异辛基丁二酸磺酸钠，又名琥珀酸二异辛酯磺酸钠，商品名为 AEROSOL OT 和润湿剂 CB-102，是有名的润湿渗透剂。

该助剂外观为淡黄色至棕色黏稠液体。易溶于水，溶液乳白色，1%的水溶液 pH 值为 6.5～7.0，不耐强碱、强酸、重金属盐和还原剂，具有快速渗透和良好的润湿及乳化性，是有名的润湿渗透剂，国外在农药方面已普遍采用。

④ 单烷基苯聚氧乙烯基醚丁二酸磺酸钠——农乳 2000 号系列。该系列为我国仿制国外品种开发的新的润湿分散剂，虽以农乳（农药乳化剂）命名，但除具有乳化作用外，还有润湿分散作用。农乳 2000 号合成出来时为 30%水溶液，可以通过加工制成干粉，以适应农药可湿性粉剂配方的需要。

⑤ 烷酰胺基牛磺酸盐：国外商品名为 Lgepon T. H. C、H0ES1482。代表品种为胰加漂 T 润湿剂，化学名称为 *N*-甲基-*N*-油酰基牛磺酸钠。本品为德国赫司特公司开发，用途广泛。

3.2.3.2　非离子型表面活性剂的润滑剂和渗透剂

此类助剂起泡性差，抗硬水性能好，并具有润湿、渗透、增透、增溶、乳化、分散等综合性能，还可以通过调节环氧乙烷的聚合度来调节产品的润湿性，以适应不同的要求和目的。

（1）脂肪醇聚氯乙烯基醚　是目前各国应用最广泛的一大非离子型润湿剂和渗透剂。代表性品种为润湿渗透剂 JFC（或 JFCS），又名渗透剂 EA；浸润剂尼凡丁、5881 万能渗透剂等。其化学名称为月桂醇基聚氧乙烯基醚。pH 值呈中性，浊点 40～50℃。具有良好的稳定性，耐强酸、碱、次氯酸盐、硬水、重金属盐等。水溶性良好，具有良好的渗透性和润湿性，是有名的润湿渗透剂，添加少量即可获得良好的润湿性。其临界胶束浓度较小，为 0.091mol/L。JFC 无毒，不易燃，可与各类表面活性剂混合使用。

（2）烷基酚聚氯乙烯基醚　这类润湿剂在常温下是黏稠性液体或半固态蜡状，用于配制一定浓度粉剂时受到一定的限制，但由于性能好，在国外一些高浓度可湿性粉剂中，仍然使用。

3.2.4　稳定剂

稳定剂是防止农药有效成分在贮存过程中发生分解或农药物理性质发生变化的助剂。有些农药制剂在贮存过程中，由于填料中含有某些杂质的作用，或受外界环境条件（如光、温度、湿度等）的影响，有效成分逐渐分解，或使制剂逐渐丧失原有的性状，如粉状制剂结块或絮结，液体制剂中有效成分析出、乳剂分层、颗粒剂崩解等。选用适当的稳定剂，可以有效地防止上述情况发生。稳定剂按用途主要可分为两大类。

（1）有效成分稳定剂　防止农药有效成分分解的稳定剂，也称为抗分解剂，包括抗氧化剂、抗光解剂。

① 抗氧化剂。能够阻止或减轻空气对农药有效成分的氧化分解作用的稳定剂。某些醇类（如1,2-丁二醇、1,5-二醇等）、环氧化合物（如环氧化亚麻仁油、环氧化豆油等）、酸酐类（如邻苯二甲酸酐、环己烷酞酸酐等）等化合物可作为有机磷、氨基甲酸酯、拟除虫菊酯类农药的抗氧化剂。因为此类化合物比农药有效成分更容易被氧化。

② 抗光解剂。某些偶氮化合物可以作为一些光不稳定性农药，尤其是光敏性拟除虫菊酯类农药的抗光解剂。

③ 减活性剂。通过减弱农药填料的活化作用，从而提高农药有效成分稳定性的稳定剂。有机酸可以中和填料表面上的碱性活性点，如松香酸、妥尔油等有机酸可以作为有机磷杀虫剂的减活剂，有些物质如尿素、六亚甲基四胺（乌洛托品），可以封锁填料表面的“强酸位”，作为有机氯杀虫剂的减活剂。磷酸三苯酯、烷基磺酸盐等可以消除填料表面负电荷而使之丧失活性，非离子表面活性剂可抑制填料表面金属离子和金属化合物的催化分解作用。

（2）制剂稳定剂　防止农药物理性质变劣的稳定剂，主要有以下3类：

① 抗凝剂。此类助剂能防止农药粉状制剂絮结和可湿性粉剂悬浮率降低。此类助剂有些为表面活性剂，如烷基苯磺酸钠聚氧乙烯醚等，也可用某些无机盐类，如石膏、碳酸钙、磷酸钙等。

② 抗冻剂。能降低液态制剂农药的凝固点，防止农药有效成分分离析出的稳定剂。常用的有乙二醇、尿素、乙醇、食盐等。

③ 防崩解剂。可以提高颗粒剂的分解强度，防止颗粒崩解的稳定剂。常用的有聚乙烯醇、石蜡等。

④ 防霉变剂。防止微生物农药制剂发生霉变的稳定剂。许多微生物农药制剂，如井冈霉素、春雷霉素等，其制剂中含有一定量发酵过程中残存的杂质，在夏季高温时，很容易发生霉变，故在制剂中需加入少量的苯甲酸钠或食盐作为防霉变剂。

3.2.5　增效剂

能增加农药的药效而自身一般是没有活性的一类化合物称为增效剂。其主要作用是减少昂贵农药的用量和减缓生物的抗性。早在20世纪40年代，国外已开始研究DDT和除虫菊的增效剂，60年代氨基甲酸酯与有机磷两类杀虫剂增效剂的研究也引起了重视，但成效并不显著。直至目前，除个别例子外，增效剂主要还是应用在杀虫剂方面，特别是对拟除虫菊酯的应用是卓有成效的。下面介绍几类重要的增效剂品种：

（1）胡椒基化合物　此类化合物均含3,4-亚甲二氧苄基（胡椒基），是增效剂中品种最多、应用最广的一类，其代表品种有增效醚、增效砜、增效酯、增效醛，它们的主要增效对象是拟除虫菊酯。对某些氨基甲酸酯和有机磷杀虫剂有时也有增效作用。胡椒基增效剂的作用机制尚未有一致的定论，但大多倾向于认为是抑制昆虫体内的多功能氧化酶（mfo）系统，以减少其对杀虫剂的解毒作用。

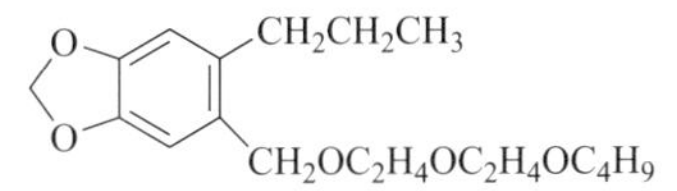

增效醚

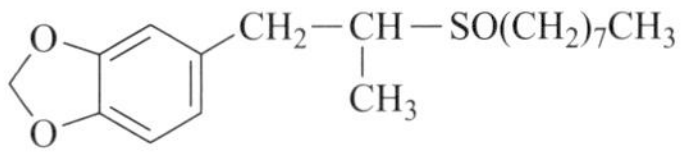

增效砜

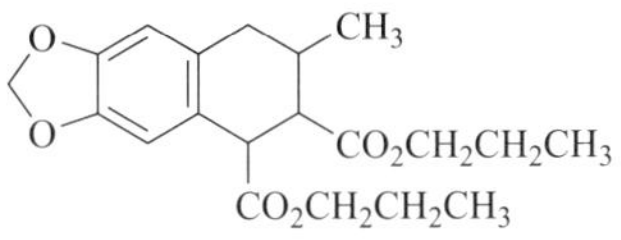

增效酯

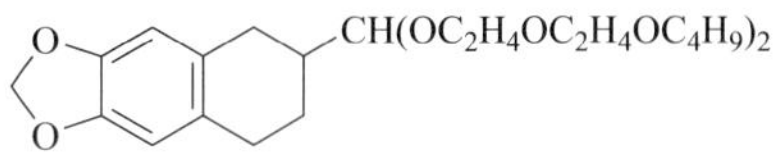

增效醛

（2）有机磷酸酯　主要有以下 3 个品种：

① 三苯磷：$(PhO)_3P{=}O$。其为马拉硫磷的专用增效剂，对少量其他有机磷杀虫剂如杀螟硫磷也有增效作用，对大多数杀虫剂不增效。

② 三丁磷（脱叶磷）。其原作为棉花脱叶剂应用，后发现它对磷酸酯类杀虫剂有增效作用；此外，对菊酯及 DDT 均有增效作用，是一种较广谱的增效剂。

③ 增效磷：$EtO_2P(S)OPh$。国外曾报道增效磷对家蝇体内多功能氧化酶和羧酸酯酶有抑制作用。后来中国科学院动物所进行了合成，并开发了其在增效剂方面的应用，是一种广谱性的农药增效剂，主要用于有机磷和拟除虫菊酯杀虫剂，对抗性害虫的增效活性明显。

（3）其他增效剂　增效胺主要用作拟除虫菊酯（包括除虫菊素）和氨基甲酸酯杀虫剂的增效剂，并对除虫菊素和烯丙菊酯起稳定剂作用，它还具有一定的杀虫活性。

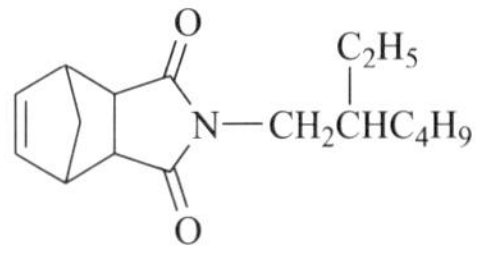

增效胺

3.2.6　黏着剂

黏着剂是指能增强农药在生物体（植物、害虫等）表面上的黏着性的助剂，大多数润湿剂都具有黏着性，在农药制剂中加入黏着剂，可以增强药剂在靶标表面的持留能力，防止因雨水冲刷、露浸、风吹、机械力、振动等因素引起的药剂的脱落，提高药剂的防治效果和残效期。常用的黏着剂有以下几种：

（1）天然黏着剂　各种黏度较大的矿物油、动物油、淀粉糊、树胶、豆粉、动物骨胶、废糖蜜等都属于天然黏着剂。此类物质具有一定的黏度，对靶标表面的附着性比较好。如粉剂中加入适量的矿物油或植物油、豆粉、淀粉等，可明显增加黏着性，提高药效。

（2）合成黏着剂　合成黏着剂是一类广为应用的农药黏着剂，黏着性强，包括羧甲基纤维素、聚乙烯醇、聚乙烯丁醚、聚乙酸乙烯酯以及各种表面活性剂等。如在悬浮剂中加入适量的聚乙烯醇，可湿性粉剂中加入适量的羧甲基纤维素，均可增强药剂的黏着性。

3.2.7　展着剂

展着剂是一种在给定体积时，能增加在固体上或另一液体上的覆盖面积的液体物质，在施用时添加，能在作物表面起到润湿渗透作用的一类综合性能助剂，包括润湿、渗透、展着、黏着、固着、成膜等，有时还包括一些特殊性能，如抗蒸腾、低泡、增效、延效、降低药害、易于生物降解等。

根据主要功能和应用特点，展着剂可分为两类。

（1）通用展着剂　用以提高药液润湿、渗透、展布、黏着等性能，主要用于乳剂、可湿性粉剂、水悬剂和溶液剂，喷施时临时添加，通常由展着剂活性组分（基剂）、溶剂、水和其他添加剂组成。

（2）特种展着剂　性能专一，其组成变化较大，大体上也包括基剂、溶剂、水三部分，可直接参与制剂加工，赋予制剂某种特性，使用方便、效果好，如阳离子水溶性除草剂用展着剂、植物生长调节剂抑芽丹 MH 专用展着剂、低公害易生物降解展着剂、防蒸发和防漂移展着剂、脱叶用展着剂、低泡性液体和固体展着剂等。

展着剂的基剂是决定展着剂性能和用途的关键组分，现代展着剂的基剂均由农药表面活性剂充当，主要是非离子型和阴离子型两类，阳离子型和两性离子型应用很少。

3.2.8 抑泡剂

抑泡剂是为防止农药在加工和使用时产生大量泡沫而加入的物质，如有些可湿性粉剂在对水稀释时，会产生大量泡沫，影响喷雾的连续性。故需加抑泡剂，此外，井冈霉素等生物农药发酵时，由于发酵液中含有大量淀粉、动物蛋白质等，在加热搅拌时，常发生大量泡沫，影响正常操作，也需在发酵液中加入少量抑泡剂。常用的抑泡剂有植物油、月桂酸、硬脂酸等。

3.2.9 安全剂

降低或消除除草剂对作物药害的助剂，也称为解毒剂。由于用药量过大或药剂残药期长的缘故，除草剂可能对本茬或下茬作物造成药害，特别是用于土壤处理的除草剂。安全剂的使用提高了除草剂的安全性，扩大了除草剂的效力和用途。安全剂的主要用途有以下三个方面：

（1）降低药害　对于高效而无选择性的除草剂，安全剂的使用可以降低除草剂对作物的药害，如氨基甲酸乙酯每公顷只用 1.21g 的剂量即可使莠去津对棉花的药害由 100%降至 10%。

（2）提高除草剂的用量　防治抗药性杂草时，需提高除草剂的用量，使用安全剂可避免高剂量的药害危险。如 *N*-二烯丙基-2,2-二氯乙酰胺可把菌达灭的用量提高 2 倍而无药害。

（3）消除除草剂的残留毒性　如除草剂莠去津等，在土壤中残留时间长，影响下茬作物，安全剂的使用可加速除草剂的分解，从而消除残留毒性。

安全剂可与除草剂加工成混合制剂，也可单独使用，进行种子处理、土壤处理或喷雾使用等。

安全剂，如警戒色，是指使药剂具有颜色的物质，属于安全性助剂。加工剧毒农药时，常在加工制剂中加入特定的着色剂，使药剂呈现出一定的颜色，以便和其他无毒物质加以区别，常用的警戒色为一些普通颜料等，红土也可以作为警戒色。

3.2.10 其他助剂

（1）助喷剂　能很快挥发成雾状的低沸点溶剂，作气雾剂使用的农药常溶于一种低沸点的化学溶剂中，并压入能承受压力的容器内，使用时只要阀门嘴一打开，就能使药剂迅速从阀门嘴喷出来形成雾状，以发挥杀虫效果，常用作助喷剂的有三氯一氟甲烷和二氯二氟甲烷（即氟利昂-12）。

（2）助燃剂　助燃剂是本身不能燃烧，但能供给燃烧所需要的氧的物质，如杀虫烟熏剂中的氯酸钾、硝酸钾等。

（3）发烟剂　发烟剂是点燃后能产生浓烟的物质，如硫酸钾、氯化铵等便是烟熏剂中常用的发烟剂。

（4）包衣剂　包衣剂是包在粉粒的外层，而且能把药剂固着在载体上防止崩解的物质，如石蜡、沥青、聚乙烯醇等都可作包衣剂。

3.3 农药助剂的作用机理

3.3.1 乳化作用机理

两种互不相接的液体，如大多数农药原油或农药原药的有机溶液与水经过激烈搅拌。其中原油或原药的有机溶液以 0.05～50μm 直径的微粒分散在水中，这种现象称为乳化。由于乳化作用得到的具有一定稳定度的油-水分散体系，叫做乳状液。其中被分散成微粒的液体原药或原药的溶液称为内相或分散相；另一部分液体（水）称为外相或连续相。

农药乳状液基本上分为两种类型。一种是水包油型（O/W 型）乳状液。此时油是分散相，水是连续相。这是化学农药乳状液的基本类型。农药乳油、水浓乳剂、固体乳剂、微乳状液以及某些水悬剂等施用时都是这种类型的乳状液。另一种是油包水型（W/O 型）乳状液，此时水是分散相，油是连续相。在农药反转型乳油中形成的就是这种乳状液。不过实际施用有时仍然将这种 W/O 型转化为 O/W 型乳状液，这是由选用适当的助剂配方和稀释条件来完成的，并且用在特定场合。

从能量观点看，乳化作用形成乳状液，大大增加了被分散相的表面积。它是增加体系能量的过程，需要做功。

$$W=\sigma_{1,2}\Delta S \tag{3-1}$$

式中　W——创造新表面所做的功，J；

$\sigma_{1,2}$——表面张力或两相间的界面张力，N/m；

ΔS——增加的表面积，m^2。

经验表明，单纯用机械能量，如各种搅拌器、均化器、胶体磨等得到的乳状液是一个很不稳定的体系，一旦静置下来，油和水又明显地分开，它们间的接触面又恢复到最小程度。这样制得的乳状液很难起实用价值。所以实际上都要加入起乳化作用的表面活性剂来制备稳定的乳状液。表面活性剂（乳化剂）加入后，其亲水基朝向水相，亲油基朝向油相，在界面上定向排列，形成界面保护膜层，降低了界面张力。这不仅使乳化作用易于进行，而且已分散的油滴表面的乳化剂保护膜阻止了油滴重新聚集，从而使乳状液的稳定性增加。这就是乳化剂的乳化作用。离子型乳化剂可以因电离使分散油粒带上相同电荷，阻止油滴相互靠拢。非离子型乳化剂虽不能电离，但绝大多数都有可与水发生氢键作用生成水化物的基团或亲水链节。同时，农药用非离子乳化剂所生成的界面保护膜，尤其是与适当的阴离子型如烷基苯磺酸钙盐之类相配合时，形成的混合型乳化剂界面保护膜比较牢固，因此乳状液比较稳定。农药用的乳化剂大部分是复配型，使用较多的是非离子与十二烷基苯磺酸钙的非/阴复配乳化剂。

对农药用表面活性剂的乳化作用、分散作用和增溶作用，常常通过制备农药乳状液的方法来考察和判断其优劣和实用性。有时这几种作用很难截然分开。从对象看，乳化作用是针对两种互不相溶的液体形成液-液分散体系（乳状液），而分散作用则是指一种固体以微粒分散在另一种不相溶的液体之中，形成的是固液分散体系，即悬浮液。亦即乳化作用的产物是乳状液，分散作用的产物为悬浮液，实际上，这两种农药分散体系的外观有时难以用肉眼区别。许多实验表明，乳状液的外观与液珠大小有一定关系，如表 3-27 所示。

表 3-27 乳状液外观与液珠大小

乳状液外观	液珠大小/μm	乳状液外观	液珠大小/μm
透明乳液	<0.05	蓝色荧光白色乳液	1～5
灰色半透明	0.05～0.1	蓝光浓乳液	1～10
蓝色半透明	0.1～1	奶白色乳液	10～50

表 3-27 对研究农药乳化剂、分散剂及其在配方中的应用颇有参考价值。乳状液的外观在评定多种农药制剂的质量时，诸如乳油、可湿性粉剂、水悬剂、油悬剂、干胶悬剂、水分散粒剂、固体乳剂、微乳状液和微囊剂等，都是一项很重要的指标。乳状液、悬浮液的稳定性理论研究，几十年来一直受到各国的重视。

3.3.2 分散作用机理

以表面活性剂为活性组分的农药分散剂在分散体系中具有分散作用，首先是基于表面活性剂在液-液界面和固-液界面上的吸附。这是由于分散剂的两亲分子结构使它易于自溶液内部迁移并富集于液面或油-水界面或界面体粒子表面上，即易于发生界面吸附。

当固体粒子自溶液（分散体）中将表面活性剂分子或离子吸附在固-液界面上时，表面活性剂在液-固表面上的浓度比在溶液内部大。

吸附定量关系，可用吉布斯定理来描述。

温度恒定时：

$$\Gamma=-\frac{c}{RT}\times\frac{\mathrm{d}\sigma}{\mathrm{d}c} \tag{3-2}$$

式中 Γ——单位表面上的过剩；

σ——表面张力；

c——表面活性剂浓度；

T——温度；

R——气体常数，取 8.314。

$$n_2'=\frac{\Delta n_2}{m}=\frac{V(c_0-c)}{m} \tag{3-3}$$

式中 n_2'——每 1g 固体吸附的溶质（表面活性剂组分 2）；

Δn_2——组分 2 在溶液中吸附前后的物质的量变化，亦即被吸附的物质的量；

V——溶液（分散体）体积；

c_0，c——吸附前后的溶液浓度（组分 2）；

m——固体质量。

此式假设溶剂（农药分散体多为水）未被吸附，对于稀溶液是适合的，故在农药应用分散体系中适用。由于分散剂的化学结构多样，吸附剂（原药和载体）的表面结构较复杂，包括其他组分的影响，所以目前要清楚地认识农药表面活性剂的吸附机理存在一定的困难。研究结果表明，吸附的可能方式有以下几种：

（1）离子交换吸附　此类吸附剂具有强烈带电吸附位置，如载体硅酸盐、氧化锡、作悬浮剂和分散剂用的铝镁硅酸盐。

（2）离子对吸附　表面活性剂离子吸附于具有相反电荷的、未被反离子所占据的固体表面位置。

(3) 氢键形成吸附　表面活性分子或离子与固体表面极性基团形成氢键而吸附。

在化学农药中，有一大批是结构上没有强烈带电吸附位，但有能形成氢键的极性基团，因而这可能是农药用表面活性剂吸附于农药或载体上最普遍的方式。例如速灭威、多菌灵、敌草隆原药，助剂中分散剂（如木质素磺酸盐）的酚羟基将吸附于农药分子上的氨基和羰基。其羟基、氨基或羰基也同样能吸附在分散剂中的相应基团上。实验表明，像木质素磺酸盐类经适当的化学变性制成不同分子量、不同磺化深度、不同含糖量等产品，就能适应多种化学农药多种制剂的需要，其原因就在于此。分散剂的复杂结构中，包括多种这样的基团，还可加以调整，使分散剂与原药和载体之间能找到许多相应的点相互吸附，构成适度的分散体系。

(4) π 电子极化吸附　分散剂分子中含有富电子的芳香核时，与农药原药和/或载体表面的强正电性位置相互吸引。

(5) 色散力（引力）吸附　分子间的色散力，任何情况都存在。

(6) 憎水作用吸附　分散剂的亲油基在水介质中易于相互联结形成“憎水链”，并与已吸附于表面的其他表面活性剂分子聚集而吸附，即以聚集状态吸附于农药或载体表面。

3.3.3 润湿、浸透作用机理

化学农药加工和使用中需要助剂起润湿、渗透作用的情况较多。主要包括：①农药制剂加工、可湿性粉剂、可溶粉剂、固体乳剂、水悬剂、油悬剂、干悬浮剂和水分散粒剂；②固体制剂以液体形式施用；③农药喷雾液的施用对象是重蜡质作物叶面杂草、害虫体，等等。

通常，人们称固体表面被液体覆盖的过程为润湿。表面活性剂的润湿作用是指其溶液以固-液界面代替被处理对象表面原来的固-气界面的过程。取代的推动力是表面活性剂降低了表（界）面张力的结果。因此，表面活性剂溶液的润湿能力除自身结构因素外，与固-液界面的界面张力有关。界面张力小，即界面张力降低愈多，固体表面愈易被润湿。从某种意义上讲，表面活性剂降低界面张力的能力，可以从润湿程度快慢得到反映。

从物理化学角度，固体表面被润湿的难易程度，通常取决于三种作用力，如图 3-7 所示。σ_1 为固体表面张力，作用是力图缩小固体表面积，增加固-液界面面积；$\sigma_{1,2}$ 为固体和液体间的界面张力，作用与 σ_1 相反，力图使固-液界面间的面积缩小；σ_2 为液体表面张力，作用是力图使液体表面积尽量缩小，如图 3-7 所示。

当液滴稳定下来，液体和固体间的这几种作用力达到平衡。

$$\sigma_1=\sigma_2\cos\theta+\sigma_{1,2} \tag{3-4}$$

式中　θ——液体在固体表面上的接触角。

接触角 θ 越小，表示该固体表面易被润湿。换言之，对给定固体表面，则表示该表面活性剂溶液的润湿能力好。

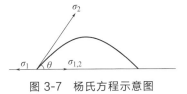

图 3-7　杨氏方程示意图

从能量观点，润湿乃是固体表面吸附的气体分子被液体分子取代的现象。这种取代过程总是伴随着体系的自由能降低。因此，严格地讲，凡是液固两相接触后，体系的自由能降低即为润湿。药液在被处理对象（作物或害虫）体表上展布，取代其表面上的气体分子，正是药液润湿作用的表现。这种药液的润湿作用通常是通过药液中的助剂的润湿作用来完成的。如果药液中缺少这种助剂或效力不足，就无法润湿被处理对象，很难保证药效充分发挥。未添加适当润湿剂的可湿性粉剂，在用水稀释时就很难润湿，往往会浮在水面。因为水的表面张力足以支持这些粉粒浮漂在水面上。

通过电子显微镜可以清楚地看到许多作物叶茎表面、害虫体表常有一层疏水性很强的蜡质层，水很难润湿。而且大多数化学农药本身难溶或不溶于水。所以农药加工和应用中有必要使用表面活性剂作润湿剂、渗透剂和展着剂等。用它们来减小被处理对象与药液间的界面张力，加强农药液滴的润湿、渗透和展布作用，以便更好地发挥药效。

研究指出，农药用表面活性剂的润湿作用有以下三种类型。

① 展着润湿

润湿所做的功 W_S 与表面张力 σ 和接触角 θ 的关系：

$$W_S = \sigma_{液}(\cos\theta - 1)$$

② 黏着润湿

所做功 W_A 的关系式：

$$W_A = \sigma_{液}(1 + \cos\theta)$$

③ 渗透性润湿

所做功 W_I 的关系式：

$$W_I = \sigma_{液}\cos\theta$$

$\theta \leqslant 180°$ 即 $W_A \geqslant 0$ 黏着润湿为主

$\theta \leqslant 90°$ 即 $W_I \geqslant 0$ 渗透润湿为主

$\theta \leqslant 0°$ 即 $W_S \geqslant 0$ 展着润湿为主

含有农药用表面活性剂的药液在被处理对象表面上的润湿作用大体有三种情形。

溶液的接触角 θ 通常用接触角测定仪来测定。表面活性剂的润湿性、渗透性在实验室可通过规定的润湿-渗透性试验装置测定。

表面活性剂的渗透作用有时又称浸透作用，是指能增强药液进入物质内部的能力和穿过表层的能力。和润湿作用一样，也是通过液体在固体表面上的行为来考察的。有几类农药助剂如润湿剂、渗透剂、展着剂等，渗透作用是一项基本性能指标。

3.3.4　稳定化作用机理

现已知道，各种农药及制剂的劣化、分解过程相当复杂。稳定化机理也不相同，许多尚不完全清楚。这里仅以有机磷农药的液体制剂中的乳油为代表，介绍稳定剂品种及应用技术。

影响有机磷乳油化学稳定性的主要因素：

① 原药纯度（含量）、杂质及副产物。

② 溶剂性质及用量，例如乙醇、丙醇、丁醇及聚乙二醇（来自乳化剂为多）等都可加速马拉硫磷等乳油的分解。

③ 乳化剂、分散剂的种类和用量。已经证明，常用的乳化剂阴离子 ABS-Ca 及类似品种是引起许多乳油贮存分解和乳化性能劣化的原因。在有机溶剂存在下，部分阴离子磺酸盐与有机磷酸酯反应，引起脱烷基等，导致分解和乳化性能下降。

$$\underset{|}{\overset{\overset{\displaystyle X}{\|}}{-P}}-OR^2 + R^1-SO_3M \longrightarrow OM-\underset{|}{\overset{\overset{\displaystyle X}{\|}}{P}}- + R^1-SO_3M-R^2$$

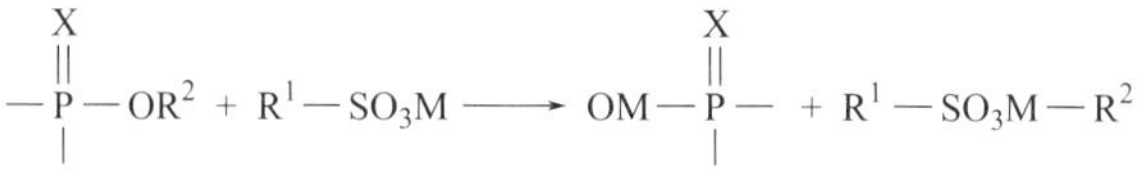

磺酸盐对不同金属离子的反应性能不同，ABS-Zn 优于 ABS-Ca 的稳定性。并发现了一系列稳定性较好的阴离子如 DBS-OCH_3、$C_5H_7SO_3OCH_3$、$C_{12}H_{25}O(EO)_nSO_3OC_2H_5$ 等。

④ 酸、碱性和 pH。大多数有机磷乳油在碱性介质（pH≥8）中不稳定，所以只能保持在中性或微酸性介质环境中。一旦发生明显的分解后，pH 立即发生变化。乳化剂 pH 一般也要求中性或 pH 6～7。

⑤ 水分。除了含水乳油外，通常即使微量的水分也会导致和加速乳油分解。特别是像敌敌畏之类对羟基敏感的农药，它们在配方组成中严禁带入水分，甚至所用乳化剂的水分都格外严格，需小于 3%。一般有机磷乳油乳化剂水分规定是小于 5%，有机氯农药乳化剂 5‰～10‰水分以内即可。

⑥ 其他组分。微量金属铁离子存在，较高气温下可导致马拉硫磷等乳油凝胶化，完全丧失使用价值。这些铁离子是由反应设备和管道带入的。在日本 20 世纪 60 年代初期有机磷乳化剂研制过程中，还发现某些乳化剂也能引起乳油凝胶化。

因此，各类有机磷乳油稳定剂的主要稳定机理就是消除上述因素或者将这些因素减少到最低限度。基本功能是充当稳定作用的乳化剂、分散剂、溶剂、稀释剂、pH 调节剂等。纯粹作为稳定剂组分也是有的。

3.3.5　增溶作用机理

农药用表面活性剂的增溶作用有时又称可溶化作用，是指某些物质在表面活性剂的作用下，在溶剂中的溶解度显著增加的现象，见图 3-8（a）。具有增溶作用的表面活性剂称为增溶剂，可溶化的液体或固体称为被增溶物，在农药加工制剂中，增溶剂是农药用表面活性剂和它们的复合物，被增溶物是农药有效成分和其他助剂组分。农药用表面活性剂能否呈现增溶作用，受到各种因素的限制，主要取决于其化学结构和浓度，以及被增溶物的性质及环境条件。从理论上讲，表面活性剂都具有增溶作用，但在现有农药制剂加工和施用条件下，只有一部分表面活性剂对一部分农药及其他配方组分表现出增溶作用，增溶效果也不相同。但有一个基本条件是增溶剂的浓度必须高于临界胶束浓度。原因是表面活性剂的增溶作用是建立在它的胶束结构和作用基础上的。临界胶束浓度（CMC）是形成胶束的起点，浓度高于临界胶束浓度（CMC）才可能形成各种胶束。胶束形成后，被增溶物的非极性部分可进入胶束内部，极性部分可处于胶束表面。极性较大的则与表面活性剂的亲水基结合。于是非极性物则可溶解于胶束内部，从而增溶，见图 3-8（b）。

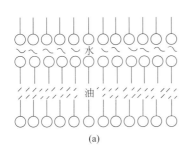

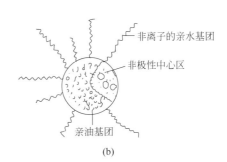

图 3-8　（a）表面活性剂对油的乳化增溶现象和（b）表面活性剂的球形胶束及其增溶模型

首先要注意的是，表面活性剂的增溶现象不同于一般的溶解作用。增溶作用形成的是所谓胶体溶液而不是分子溶液。物质溶解后，溶剂的某些性质，如沸点、冰点、渗透压等将发生较大的变化，而在增溶作用时溶剂的这些性质很少受影响。

其次，表面活性剂的增溶能力各不相同，影响因素较多，但都有一定的限度。当被增溶物超过胶束内部允许限量时，则会发生浑浊现象。有时要获得较好的增溶效果，增溶操作技术除了必要的环境条件，如温度、pH 值、搅拌等外，还要注意组分加入的先后顺序。一般先将助剂和被溶化物混合，完全溶解，然后再加入溶剂稀释，这样效果较好。此方法可用于制备某些农药微乳状液（一种高度定性的农药新目的分散体系）。制备可溶化性的农药乳油也常常用此法。

再次，增溶作用和乳化作用相似，但又有所不同，虽然有时很难严格区分开，特别是以用量较高的优质乳化剂制备农药乳油时，两种作用很可能都不同程度地存在。乳化作用形成的乳状液从化学热力学观点看是一个不稳定体系，时间长了终究是要分层破乳的，只是稳定性破坏时间长短的问题。但增溶作用不同，产生的是胶体溶液，是一个更加稳定的分散体系。增溶是一个可逆的平衡过程，无论用什么方法达到平衡后的增溶结果理论上是一样的。增溶时表面活性剂的胶束膨胀，球形胶束直径增大，层状胶束则层间距离变大，事实上，当分散粒子的大小达到 0.1～0.05μm 以下，形成了所谓微乳状液，从外观上乳状液变成透明或半透明的状态，这时，乳化作用和增溶作用都同时存在，分界线消失，产物的稳定性就高，可长达几天甚至几十天。

从理论上讲，表面活性剂的增溶作用在农药剂型加工中（如乳油、水悬剂、油悬剂、微乳状液等）具有重要意义，对开发具有优良增溶效果的乳化剂、分散剂尤其有用，对给定的农药乳化系统或分散系统，增溶性愈好，乳化和分散性亦愈好。

3.3.6 起泡和消泡作用机理

起泡性是表面活性剂去污和洗涤作用的关键因素之一，但作为农药助剂，除少数特殊应用场合，如农药发泡喷雾技术、田间喷雾用泡沫标志剂以及药械和容器的清洗，需要考虑洗涤性和起泡性以外，绝大多数场合是不希望农药用表面活性剂产生泡沫的，特别是在配方加工包装以及田间稀释和施用时起泡是不利的。所以许多制剂加工和施用时，要求助剂低泡，必要时还要加入消泡剂或抗泡剂。这是研究农药助剂起泡性和消泡性的客观需要。

泡沫是空气被包围在表面活性剂液膜中的一种现象，图 3-9 是表面活性剂起泡作用的示意图。表面活性剂分子在气液界面上形成定向吸附层（液膜），能使表面张力降低。当含有表面活性剂的某些液体，如农药乳状液、悬浮液等被搅拌、振摇或受冲击时，就很容易产生泡沫。气泡比水轻，所以很快浮到液面上来，又吸附液面上的一层表面活性剂分子，形成双层表面活性剂分子膜包围的气泡，其疏水基都指向空气。这样的气泡较稳定，不易被破坏。

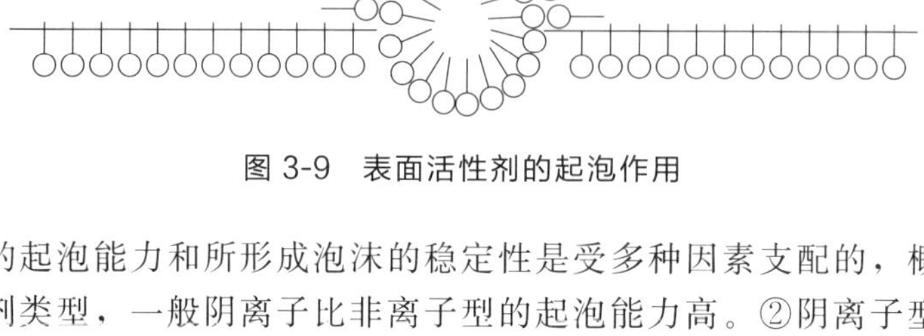

图 3-9 表面活性剂的起泡作用

表面活性剂的起泡能力和所形成泡沫的稳定性是受多种因素支配的，概括起来有 3 个方面。①表面活性剂类型，一般阴离子比非离子型的起泡能力高。②阴离子型表面活性剂中烷基苯磺酸盐的脂肪酸钠，其发泡能力与分子中碳链长短有关。在芳磺酸盐中，含芳环数少的品种起泡性较好，如烷基苯磺酸钠就比萘磺酸钠或萘磺酸钠甲醛缩合物的起泡性高。非离子型表面活性剂的起泡性与加成的环氧乙烷数或环氧丙烷数有关。如重要的农药助剂壬基酚聚氧乙烯醚类，随环氧乙烷数的增加，其水溶液的发泡力相应提高。③溶液浓度。每种表面活性剂都有最低的发泡起始浓度。在低于临界胶束浓度（CMC）时，泡沫密度与表面活性剂浓度成正比；高于 CMC 时，这种关系消失。

另外，溶液黏度、温度、pH 值、机械作用方式等都对起泡性和泡沫稳定性有明显影响。农药用表面活性剂的起泡性一般是采用 Ross-Miles 法测定的。农药用表面活性剂的起泡性和泡沫稳定性作用，在农药应用上有一定用途。农药泡沫喷雾技术是一项较新的应用技术，对制剂的特殊要求之一是能获得充分的泡沫并具一定的稳定性，以便在被处理对象表面上尽可能附着、展布药液，减少流失，减少对环境的污染。这种制剂的起泡性是通过助剂——起泡剂和泡沫稳定剂的联合作用来实现的。这时的泡沫实质上是作为农药有效成分的载体，用来控制喷雾方向，防止飞散和漂移。农药制剂的加工和应用技术中常有消泡的要求，由两方面来达到：一是选择起泡性低或不起泡的助剂；二是加入具有消泡或破泡性能的助剂——消泡剂或抗泡剂。但它们都要和表面活性剂的消泡作用相适应。实际上，表面活性剂的消泡作用和起泡作用，是一个问题的两个方面。从分子结构组成性能亲水亲油平衡值（HLB）观点，HLB 值为 1～3 时常作为消泡剂用，当 HLB 值达到 12～16 时则具有起泡性能。

3.4 天然物表面活性剂

该类助剂主要有茶枯、皂角粉、无患子粉、蚕沙、亚硫酸纸浆废液及其干固物、动物废料的水解物等，是农药中应用的早期助剂品种，我国早在 20 世纪 50 年代就广泛应用于农药可湿性粉剂的配方中，特别是在生产 6%六六六可湿性粉剂中大量使用。六六六停产后，其应用大为减少，不过有的至今仍在使用，主要用于可湿性粉剂、乳剂、固体乳剂、粒剂和乳油等剂型的加工。

（1）茶枯　茶枯又名茶籽饼，它是茶树籽榨取油后剩下的渣滓，其含有大量的茶皂素、油分、水分、精蛋白、精纤维、茶多糖等物质。其中，茶皂素的用途很广，具有乳化、分散、润湿、发泡的性能[8]。

茶皂素的结构属三萜类皂苷，由糖体、配基和有机酸组成。从分子结构看，茶皂素是一种非离子型表面活性剂。茶皂素能显著地降低溶液的表面张力，并随浓度的增加而逐渐下降，当浓度为 0.5%左右时，表面张力降至最低，从 76.85mN/m 降为 46.00mN/m，其后浓度再增加，表面张力也不再降低。茶皂素的临界胶束浓度（CMC）为 0.5%左右。HLB 值为 16。根据 HLB 值与应用的关系，茶皂素在分散、发泡、去污以及 O/W 型的乳化方面均有较好的性能。茶皂素的起泡力受外界环境条件的影响较小。首先，茶皂素抗硬水能力强，起泡力几乎不因水质硬度而改变，茶皂素表面活性剂具有很强的抗硬水能力。其次，茶皂素对溶液的酸碱度的适应性广。在 pH 4～10 范围内，茶皂素的起泡力变异很小，最后，无机盐对茶皂素的起泡力影响较小，稳泡性能好。

茶皂素在乳化、去污、洗涤、润湿、分散以及起泡、稳泡等方面的性能已有应用实践，如茶皂素洗涤剂产品，可充分利用茶皂素的天然性和对蛋白质纤维类的无损伤特性，开发羊毛、毛纺、丝绸、羽绒等一系列洗涤剂。例如，茶皂素洗护香波，具有洗发护发双重功能，洗涤后光泽、手感良好。利用茶皂素良好的乳化性能，已经开发出不同“油相”的乳化剂，如沥青乳化剂。这表明茶皂素乳化剂的乳化力强，分散均匀，乳液颗粒度小，从而使茶皂素石蜡乳化剂成功地应用于纤维板生产。产品板质量稳定，防水性能好。利用茶皂素的良好润湿、分散性，针对各种可湿粉农药的要求，开发农药润湿剂系列产品等。茶皂素应用于加气混凝土工业，开创了茶皂素在建材行业应用的先例，已先后研制出加气混凝土工业的气泡稳定剂和稳泡型发气剂等专业外加剂。

一般情况下，油脂的存在对茶皂素的润湿分散不利，因此，茶枯中所含的油脂越高，润湿分散性越差，产品的悬浮率也越低。试验表明，用有机溶剂去油脂后，润湿性和分散性都有所改善，其润湿时间比不去油的缩短一半，产品的悬浮率也得到提高，抗硬水能力增强。

（2）皂角粉、无患子粉　皂角粉是用皂角树的荚果磨成的细粉；无患子粉是用无患子树的果实磨成的细粉。它们均含有皂素（皂角荚中约含有11%的皂素，四川产无患子果肉中含有皂素24.4%），所以可作润湿、分散剂使用。

（3）蚕沙　蚕的粪便，含有卵磷脂、蛋白质及其他一些高分子物质，如粗纤维、粗脂肪等。这些高分子物质具有一定的润湿和分散作用，可作为农药助剂使用，此外，藻朊酸钠也可作可湿性粉助剂。

（4）糖酯类生物表面活性剂

① 种类。糖酯化合物是一类在细胞膜上承担物质传输和能量传递的具有生理活性的重要物质。糖酯生物表面活性剂是研究得最早的生物表面活性剂之一，从结构上看，糖酯是由一个或多个单糖残基与脂肪、单酰或二酰甘油以糖苷键相连所形成的化合物。这类分子兼有糖类和酯类的物理和化学性质，是生物表面活性剂中最重要、数量最大、品种最多的一类。

糖酯有不同的分类，按其化学结构可以分为糖醇酯、糖苷；按其种类可以分为鼠李糖酯、海藻糖酯、槐糖酯、纤维二糖酯和甘露糖赤酰糖醇酯等；按糖基数目可分为单糖酯、二糖酯和多糖酯。单糖酯包括鼠李糖酯 R_2、鼠李糖酯 R_4、甘露单酯、葡萄糖单酯和甘露糖赤酰糖醇酯。二糖酯包括纤维二糖单酯、纤维二糖双酯、鼠李糖酯 R_1、鼠李糖酯 R_3、海藻糖二酯、海藻糖四酯、麦芽糖单酯、麦芽糖双酯等。多糖酯包括麦芽糖三酯、麦芽三糖三酯及Emulsan等。

② 结构

a. 鼠李糖酯。铜绿假单胞菌可以合成四种鼠李糖酯，鼠李糖酯的亲水部分由1～2mol的鼠李糖组成，憎水部分由癸酸组成。其分子结构通式如下：

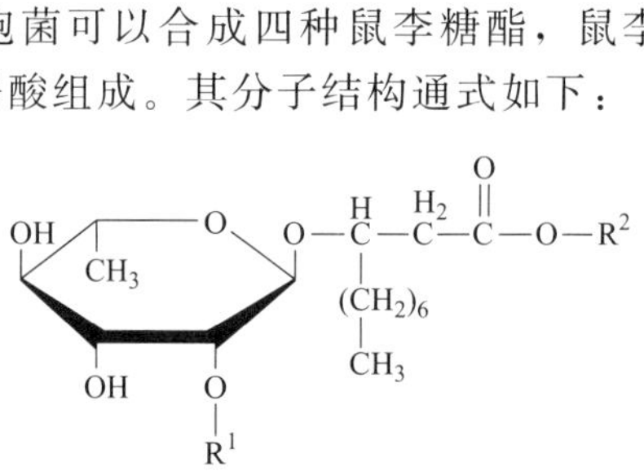

如果分子结构通式中的 R^1 为 H，R^2 为 β-羟基癸酸时，此化合物为鼠李糖酯 R^2；当 R^2 为 H 时，则为鼠李糖酯 R^4。如果 R^1 为 α-L-吡喃鼠李糖基，R^2 为 β-羟基癸酸时，此化合物为鼠李糖酯 R^1；当 R^2 为 H 时，则为鼠李糖酯 R^3。

b. 霉菌酸酯。霉菌酸酯中含有一种海藻糖或其他糖类，并在糖原中 C-6 和 C-6′羟基与 α-分支-β-羟基脂肪酸的化学结构通式为 R—CHOH—CHR′—COOH，其中 R 为 C_{18}～C_{28}，R′为 C_7～C_{12}。脂肪酸同系混合物的碳原子数目和不饱和度均是专一的，其碳原子变化范围霉菌酸为 C_{60}～C_{90}；诺卡式霉菌酸为 C_{40}～C_{60}；棒状霉菌酸为 C_{25}～C_{40}。霉酸菌酯类生物表面活性剂主要包括海藻糖脂和其他糖的霉菌酸酯。

由细菌生成的海藻糖酯分布比较广泛，如红平红球菌可以生成不同类型的海藻糖酯，其中一种只在 C-6 上有一脂肪酸残基，被称为海藻糖霉菌酸单酯，化学结构为 α,α'-海藻糖-6-棒状霉菌酸酯。除此之外，还产生了海藻糖霉菌酸双酯和海藻糖四酯等。

除了以海藻糖为亲水基外，也可以其他糖为碳源，得到葡萄糖、果糖、蔗糖的单、二、三霉菌酸酯，其化学结构分别如下：

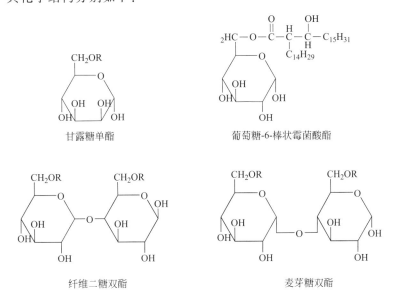

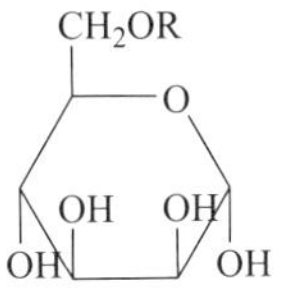

甘露糖单酯

葡萄糖-6-棒状霉菌酸酯

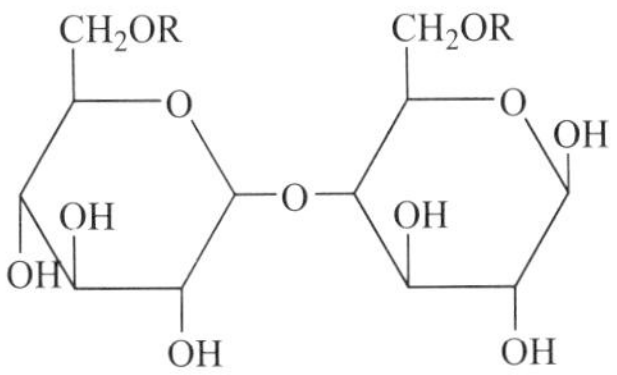

纤维二糖双酯

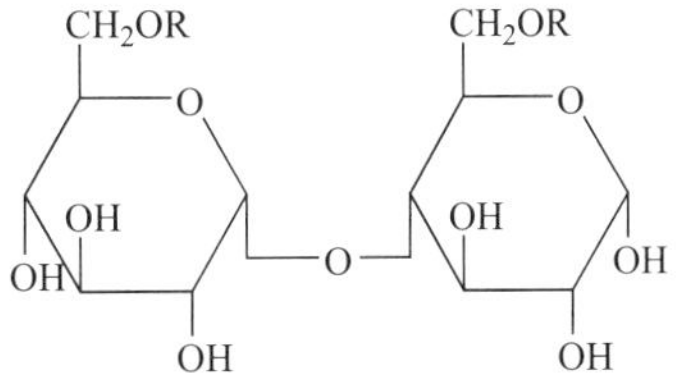

麦芽糖双酯

其中 R═R¹—CH(OH)—CH—(R²)—CO—；R¹，R² 为烷基。

c. 槐糖酯。其由槐二糖通过 β-糖苷键与吸附在 $C_{14}\sim C_{19}$ 脂肪酸次末端碳上的羟基相连形成的，这种槐二糖在 C-6 和 C-6′处的羟基通常被酰基化，脂肪部分通过糖苷键连接到还原糖的末端。脂肪酸末端羧基通常以内酯形式存在或水解产生一个阴离子型表面活性剂。槐糖酯有内酯型槐糖酯和酸性槐糖酯两种类型。

d. 纤维二糖酯。纤维二糖酯也叫黑粉菌酸，其主要成分为两个 D-葡萄糖残基产生的 β-D-吡喃纤维二糖，纤维二糖酯的分子结构通式如下：

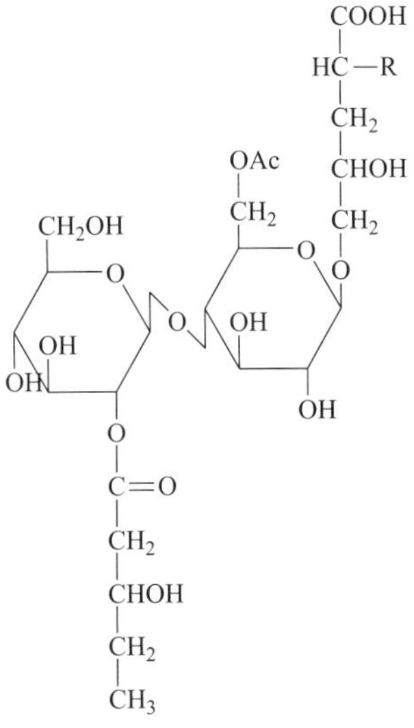

其中 R═H 或 OH

e. 甘露糖赤藓糖醇酯（MEL），由甘露糖基赤藓糖醇和脂肪酸酯化形成，是一种中等极性、非离子的胞外生物表面活性剂[9]。

③ 应用。糖酯来源广泛、应用范围广、安全性高，是联合国粮农组织（FAO）和世界卫生组织（WHO）等推荐使用的食品添加剂[10]。糖酯在食品工业的应用主要包括以下几个方面：

a. 食品乳化剂。目前在食品工业中应用最广泛的是蔗糖酯。具有乳化性能的蔗糖酯的酯化度通常少于4，工业生产的蔗糖酯通常是含有1～3个脂肪酸残基的蔗糖酯的混合物[11]。蔗糖酯可应用于冰淇淋的生产，随着蔗糖酯HLB值的增加，冰淇淋的表面张力不断降低，当蔗糖酯浓度为0.25%时样品黏度变化不大，因而可防止脂肪分子的过度凝集而影响冰淇淋的质量，且添加蔗糖酯的冰淇淋的融化速率与添加混合乳化剂的样品相似[12]。

b. 润湿与分散剂。低HLB值的蔗糖酯可作为润滑剂，在制作糕点的坯料中添加0.2%的蔗糖酯（HLB<8）有利于糕点脱模[13]。蔗糖酯的表面活性较强，可以吸附在分散的固体小粒子上，使作为分散相的固体微粒分散均匀，且不易沉淀。在冰淇淋和其他添加固体添加剂的饮料或糖浆和蜂蜜等易发生糖结晶的食品中加入少量的蔗糖酯即可提高它们的稳定性。蔗糖脂肪酸单酯具有良好的分散作用，可促进脂溶性维生素分散于水中。在制作钙强化饮料时，加入一定的蔗糖脂肪酸单酯可以提高碳酸钙的稳定性。在高脂肪含量的奶粉等粉末食品中，加入高亲水性的蔗糖酯，也可增加奶粉的溶解性和在冷水中的分散性[14]。

c. 食品质地改良剂。蔗糖酯等糖酯与食品物料具有很强的结合力，在生产巧克力、糖果、糕点的物料中添加一定量的蔗糖酯，不粘模具、加工方便、产品外观光亮完整。蔗糖酯具有较高的HLB值（10～18），非常适用于O/W型乳化体系，故在面包和蛋糕等食品加工中可发挥重要作用。蔗糖酯在面团中与直链淀粉结合形成复合物，提高淀粉的糊化温度，延长气体的形成时间，增大面团中气体的间隙，从而增大面团的膨化体积。蔗糖酯可与面筋中的亲水区和疏水区产生结合作用，改变面团的流变学性能，故可作为面包质地改良剂[15]。向面团中添加0.5%～1.0%的蔗糖酯（HLB>10）时可使烤面包的体积和柔软度增大15%以上。当面团中蔗糖酯的浓度低于1%时，饼干的延展性随着蔗糖酯HLB值及浓度的增大而增大[16]。

d. 作为微生物抑制剂。蔗糖酯对微生物具有较广泛的抑制作用，其中蔗糖酯对革兰氏阳性菌特别是形成孢子的革兰氏阳性菌的抑制作用较大。Tsuchido等研究发现，枯草杆菌在蔗糖酯的作用下会出现细胞裂解现象，认为可能是细菌在蔗糖酯诱导下产生自溶酶作用的结果。而蔗糖酯对乳酸菌的生长没有影响，所以其在一些发酵食品制造中仍可使用。将蔗糖酯加入涂膜剂中，可以抑制青霉菌对柑橘的危害，延长柑橘的贮藏时间。

e. 结晶调节剂和黏度调节剂。高HLB值的糖酯可抑制糖类在水相中的结晶，而低HLB值糖酯则可防止油脂的结晶生长。如蔗糖酯可调节巧克力的结晶速度，从而改善巧克力的口感[17]。

另外，高HLB值的糖酯有增黏作用，低HLB值的糖酯有降黏作用。因此，糖酯常与卵磷脂配合使用，作为巧克力、制糖工业的黏度调节剂。

f. 抗老化剂。糖酯可进入淀粉颗粒的螺旋体结构中，与直链淀粉形成络合物，抑制直链淀粉的结晶，延缓淀粉老化，使面制食品长期保持新鲜口味[18]。

（5）磷脂类生物表面活性剂　磷脂作为一种生物结构物质，广泛存在于动物的肝、脑和神经细胞以及植物种子里，具有类脂膜性质，是生物细胞膜的主要成分，其作为一类天然的表面活性剂，广泛应用于食品、医药和化妆品等领域。

磷脂是含有磷酸二酯键结构的酯类，除了甘油和脂肪酸外，还含有磷酸、氨基酸或者环醇等。磷脂分为甘油磷脂和鞘磷脂两种，其结构如下图：

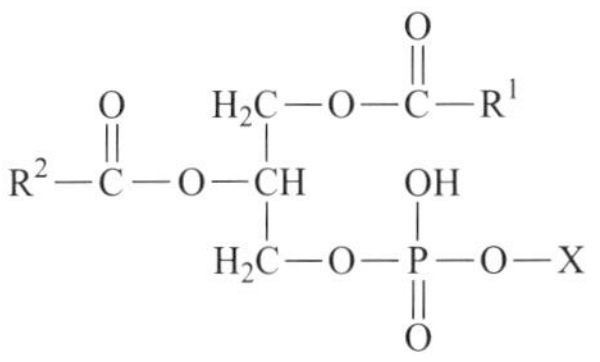

甘油磷脂通式

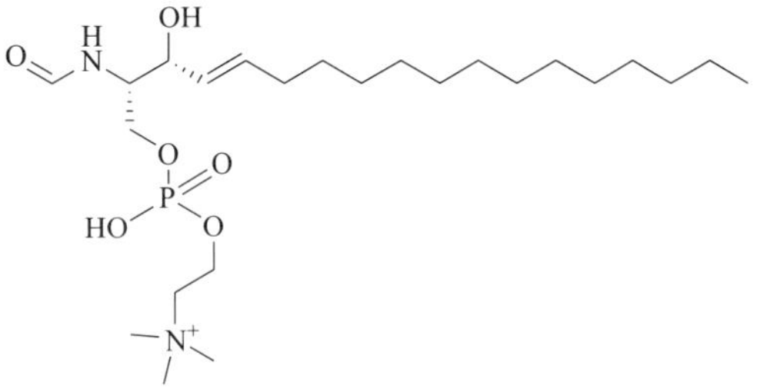

鞘磷脂

甘油磷脂可以看作三甘酯的一个脂肪酸被磷酸所取代而生成的磷酸酯，然后再被胆碱、乙醇胺和丝氨酸等分子酯化，构成有机体中最重要的三种甘油磷脂：磷脂酰胆碱（卵磷脂）、磷脂酰乙醇胺（脑磷脂）和磷脂酰丝氨酸。

甘油磷脂的两个长脂肪碳氢链为疏水性羟基链，其余的是亲水性基团，具有乳化性质。

鞘磷脂是细胞膜的重要成分之一，其主链为鞘氨醇，与脂肪酸通过酰胺键结合得到神经酰胺，然后与磷酸胆碱或磷酸乙醇胺通过磷酸酯键连接形成鞘磷脂。

甘油磷脂和鞘磷脂均带有由长脂肪碳氢链构成的疏水烃基链，其他部分为亲水性的剂型基团，即分子结构带有两亲结构，具有乳化性质，当与适当的水相混合时形成黄色乳状液。

（6）脂肪酸类生物表面活性剂　脂肪酸类表面活性剂广泛应用于化妆品、食品、医药等领域，包括脂肪酸单甘油酯、脂肪酸糖酯、聚甘油脂肪酸酯和长链脂肪酸蜡酯等。

脂肪酸按其碳链中是否含有双键和双键数量的多少分为饱和脂肪酸、单不饱和脂肪酸和多不饱和脂肪酸，重要的脂肪酸有月桂酸、棕榈酸、硬脂酸、油酸等。脂肪酸甘油酯通常指由甘油和脂肪酸（饱和的和不饱和的）经酯化所生成的酯类。根据所用脂肪酸分子的数目可分为甘油一(脂肪)酸酯［$C_3H_5(OH)_2(OCOR)$］、甘油二(脂肪)酸酯［$C_3H_5(OH)(OCOR)_2$］和甘油三(脂肪)酸酯［$C_3H_5(OCOR)_3$］。高碳数脂肪酸（俗称高级脂肪酸）的甘油酯是天然油脂的主要成分。其中最重要的是甘油三酸酯，如甘油三油酸酯（油精）、甘油三软脂酸酯（软脂精）和甘油三硬脂酸酯（硬脂精）。甘油酯是中性物质。不溶于水；溶于有机溶剂。会发生水解。例如油脂用烧碱水解（皂化）后生成高碳数脂肪酸的钠盐（钠肥皂，即普通肥皂）和甘油。其结构如下：

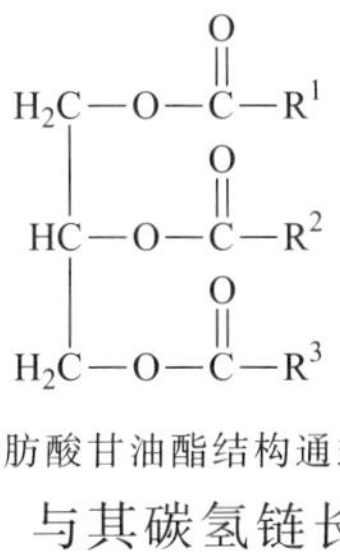

脂肪酸甘油酯结构通式

脂肪酸亲水亲油平衡值（HLB 值）与其碳氢链长度有关，如可以通过改变组成脂肪酸糖酯的脂肪酸碳链长度和糖基上羟基的数目调节其 HLB 值，最高可以达到 11～13，最低可以达到 3.5～4.0，既可以作为 W/O 型乳化剂，也可以作为 O/W 型乳化剂，在食品、医药、化妆品等领域有多种用途[19]。

3.5 非离子表面活性剂结构与功能

非离子表面活性剂可以改变气-液、液-液及液-固界面性质，使其具有起泡、消泡、乳化、分散、渗透、助溶等多方面的性能，因此，非离子表面活性剂广泛应用于人类活动的各个领域。非离子表面活性剂，是具有两亲结构的分子，一是亲水基团，二是疏水基团。疏水基原料是具有活泼氢原子的疏水化合物，如高碳脂肪醇、脂肪酸、高碳脂肪胺、脂肪酰胺等物质。目前使用量最大的是高碳脂肪醇。亲水基原料有环氧乙烷、聚乙二醇、多元醇、氨基醇等物质。表面活性剂的种类较多，水溶性的表面活性剂占总量的 70%以上，其中非离子型表面活性剂占 25%左右。非离子表面活性剂是分子中含有在水溶液中不离解的醚基为主要亲水基的表面活性剂，具有优异的润湿和洗涤功能，又可与其他离子型表面活性剂共同使用，是净洗剂、乳化剂配方中不可或缺的成分。非离子表面活性剂的许多优点使其从 20 世纪 70 年代起发展很快。与阴离子表面活性剂相比，非离子表面活性剂也存在一些缺陷，如浊点限制、不耐碱。

3.5.1 聚氧乙烯非离子表面活性剂

(1) 聚氧乙烯脂肪醇 其结构式：

$$R—O(C_2H_4O)_n—H$$

(2) 伯醇聚氧乙烯醚（AEO） 简称醇醚，是非离子表面活性剂中发展最快、用量最大的一个品种，一般由单一直链伯醇结构的脂肪醇，如月桂醇、十八碳醇等，以 NaOH、LiOH 等碱性物质作为催化剂，与一定物质的量之比的环氧乙烷在真空条件下加热合成。AEO 聚醚环氧乙烷加成物质的量是一个范围，因此是环氧乙烷加成数不同的多种聚氧乙烯醚的混合物。成品 AEO 的脂肪醇残余较低，环氧乙烷分布较窄。

AEO 具有低起泡性，高分散能力，对悬浮液及乳状液的分散、乳化稳定有特效。AEO 的溶解性能可以从完全油溶性（W/O）到完全水溶性（O/W），其亲水或亲油溶解特性取决于环氧乙烷加成的物质的量。亲水性随 EO 含量的增加明显提高，浊点、HLB 值、相对密度和黏度随环氧乙烷含量的增加而增大。

AEO 系列的一个显著特点就是在 50%～70%的水溶液中有很高的黏度，甚至生成凝胶体，特别是亲水性大分子量的产品，容易凝胶化，这也是 AEO 产品在使用时的一个缺陷，一般可以通过添加醇类如山梨醇、乙二醇单丁醚等解决凝胶现象。

(3) 仲醇聚氧乙烯醚（SEO） 是 12～14 碳的二级仲醇结构的醇醚。SEO 具有高流动性、低黏度、低倾点、窄凝胶分布、高渗透性能等特点[2]。因不含游离脂肪醇而无醇和醚的刺激气味，SEO 对皮肤和眼睛的刺激指数也很低。与其他类型的醇醚相比，最大的优点是低温条件下仍然具有流动性，渗透性能也优于 AEO 伯醇系列。

与伯醇聚醚 AEO 的碱性催化生产不同，SEO 仲醇聚醚是在酸性催化剂存在条件下，将 3mol 环氧乙烷加入 1mol 仲醇中，以获得 EO 数为 3 的 SEO-3。SEO-3 的生产过程一般采用意大利 BUSH 设备，连续喷雾式生产。大于 3mol 的仲醇乙氧基化物是在 SEO-3 的基础上，在碱性催化剂条件下继续加入环氧乙烷而获得的，该生产过程根据最终产物的不同而采取连续的或间歇反应釜的生产方式。

SEO 具有较高的生物降解能力，对生态的危害性要比 AEO 低，SEO 中游离醇含量低，因此对皮肤的刺激性远低于 AEO。在鱼毒性检测中，SEO 的毒理性数据也低于 AEO，因此，无论是针对人类皮肤还是自然环境，SEO 的毒性均比 AEO 小。

仲醇聚氧乙烯醚（SEO）的一个生产缺陷是成品中残余的未反应仲醇较多，仲醇残余量高达 20％以上，从而导致产品的乳化、除油、净洗等功能下降。

（4）支链异构化格尔伯特醇醚（ISO-AEO）　在脂肪醇聚醚系列中，支链化产品则具有许多特殊的优良性能，特别是在乳化与净洗方面，表现出了优异的效果。尤其是异构十三碳格尔伯特醇醚系列产品，各种性能出众。支链化异构醇醚的结构主要有 2-甲基、2-乙基、2-丙基三种支链类型，支链含量一般在 40％左右，这种支链的结构使产品具有更高的净洗性能。但是这种支链结构也同时带来一些缺点，比如支链化后低温流动性大幅度降低，低温条件下使用较为麻烦。

目前支链化的异构格尔伯特醇醚主要有 BASF 的 LUTENSOL 系列、SASOL 的 MULTSLO 系列以及 SHELL 的 NEODOL 系列。

（5）烷基酚聚氧乙烯醚（APEO）

$$R \text{——} \bigcirc \text{——} O(C_2H_4O) \text{——} H$$

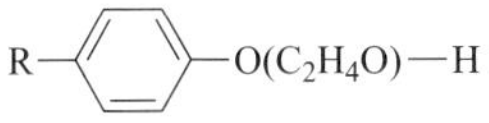

烷基酚聚氧乙烯醚（APEO）是通过烷基酚和环氧乙烷加成反应制得的。由于苯酚是弱酸性物质，其反应活泼性大于脂肪醇，所以生成的加成物速度快，产物中不含游离苯酚。烷基酚聚氧乙烯醚的酚羟基对位连接的烷基碳链长度通常在 8 或 9 个碳原子，低碳支链的烷基结构提高了水溶性和洗涤效能，对酸、碱及氧化剂、还原剂都较稳定，成本也较低。

烷基酚的聚氧乙烯醚主要有 TX、NP、OP 三个型号，其中 TX 与 NP 是同一类的产品，为壬基酚的聚氧乙烯醚，OP 则是辛基酚的聚氧乙烯醚。两种烷基酚醚的区别在于 OP 为 8 个碳的碳链，TX/NP 多出一个碳，为 9 个碳的碳链。OP 的乳化性能和渗透性能好于 TX/NP，分散性能差于 TX/NP。OP 的浊点和 HLB 值均高于 TX/NP，OP 的泡沫要低于 TX/NP。具体在应用方面，OP 更适合作乳化剂和较高温度条件下使用，TX/NP 适合温度低的条件下使用，性能更加全面，多用于净洗领域。

烷基酚聚氧乙烯醚虽然含有毒性激素，但是其乳化净洗效果还是相当出众的，在农业、工业硬表面清洗等领域，仍然发挥着巨大的作用。

（6）脂肪酸甲氧基聚氧乙烯醚酯（FMEE）

$$RCOO(CH_2CH_2O)_n CH_3$$

根据脂肪酸甲酯的结构不同，主要分为两种：一种是天然棕榈酸甲酯或天然椰油酸甲酯聚氧乙烯醚；另一种是硬脂酸甲酯聚氧乙烯醚。前者是以价格低廉的棕榈酸、椰油酸等为原料，属于绿色表面活性剂，在日化领域，特别是沐浴露以及洗面奶等产品有较大优势。但是该天然类型的 FMEE 净洗能力较差，远远不及 AEO 系列。目前天然类型的棕榈酸类 FMEE 仅属于研发热点，并没有规模化的生产与应用。

另一类 FMEE 是以硬脂酸甲酯为原料的聚氧乙烯醚，完全是石油衍生品，不属于绿色表面活性剂范畴。但是该类 FMEE 却具有极佳的净洗能力，其乳化性能次于异构醇醚和烷基酚聚醚系列，优于直链 AEO 系列和仲醇 SEO 系列，同时具有极佳的分散性能、高浊点、低泡沫特性。FMEE 与其他醇醚产品比较，一个显著的特点就是各种性能均衡，可以将 FMEE 作为成品单独去使用，使用较为方便。

（7）脂肪酸聚氧乙烯醚酯

$$RCOO(C_2H_4O)_n H$$

脂肪酸聚氧乙烯醚酯一般是由脂肪酸与一定比例的环氧乙烷通过加成反应生成的。依环氧乙烷加成物质的量的变化，聚氧乙烯脂肪酸可以在完全油溶性到完全水溶性的变化范围，但脂肪酸聚氧乙烯酯的溶解性比醇醚略差。

通常加成 18mol EO 的产品是水溶性的，加成 12～15mol EO 时在水中分散或溶解。对同一结构的脂肪酸，加成 EO 的物质的量越多，相对密度越大，黏度越高，流动性也越差。脂肪酸聚氧乙烯醚酯类化合物的商品名称为吐温系列，在常温下的强酸和强碱溶液中均可发生水解，在硬水中容易形成钙皂，影响其应用。脂肪酸聚氧乙烯醚酯与脂肪醇醚和烷基酚醚相比，润湿、去污和发泡力均比较差，但它成本低，泡沫少，与各种助剂复合可以配制多种民用和工业用清洗剂，在金属加工中用作特殊乳化剂、柔顺剂和冷却润滑的添加剂。

（8）聚氧乙烯脂肪胺化合物

$$R-N\Big\langle\begin{matrix}(C_2H_4O)_xH\\(C_2H_4O)_yH\end{matrix}$$

通过脂肪胺的聚氧乙烯化，可以制备多种商业化产品。聚氧乙烯脂肪胺表面活性剂有阳离子表面活性剂的性质，但随着环氧乙烷碳链个数的增加逐渐体现出非离子表面活性剂的性质。也会根据 pH 值不同显示不同的离子性质，碱性或中性介质中呈非离子型，而在酸性介质中呈阳离子型。

脂肪胺类聚氧乙烯醚以其弱阳离子特性使之在羊毛染色和农药乳油配方中用途广泛，它能用作毛发润湿剂和抗菌除臭剂，也可用于促进水溶性组分的吸收、渗透和附着等。

（9）聚氧乙烯酰胺

$$RCOON\Big\langle\begin{matrix}(C_2H_4O)_xH\\(C_2H_4O)_yH\end{matrix}$$

聚氧乙烯酰胺系非离子表面活性剂，是 20 世纪 60 年代以来发展起来的一类新型化学品，可用作净洗剂、乳化剂、润湿剂、破乳剂、增塑剂、增稠剂、杀菌剂、抗静电剂、润滑剂、分散剂等。它作为精细化工品的基料之一，用于轻工、纺织、化工、石油、医药、农药、塑料、金属加工等行业。

3.5.2 多元醇类非离子表面活性剂

多元醇类非离子表面活性剂为用途广泛、产量较大的一个品种，是由多元醇与脂肪酸直接酯化反应生成的产品，是分子中以酯基作为疏水基，其余未反应的羟基（—OH）作亲水基的一类表面活性剂，多元醇的酯类一般不具有净洗性能，更多地用于特殊领域的乳化、食品增稠、微乳液聚合、农药增效等领域。

3.5.2.1 烯基乙二醇酯

合成工艺：

$$2HOCH_2CH_2OH + 3HOOC_{16}H_{31} \xrightarrow[180℃]{\text{樟脑磺酸}} 3H_2O + HOCH_2CH_2OOCC_{15}H_{31} + C_{15}H_{31}COOCH_2CH_2OOCC_{15}H_{31}$$

主要分为乙烯乙二醇（EG）、聚乙烯乙二醇（PEG）、丙烯乙二醇（PG）的单酯、多酯。分子结构中烯基具有良好的亲水性和对称性，使烯基乙二醇酯易分散于水，具有良好的柔软、抗静电、芳香、平滑等性能，根据其酯化度和原料 PEG 聚合度的不同，产品的表面活性和亲水性大小（HLB）有所变化，可用于印花增稠剂、纺织纱线浆料、各种乳化剂或香波用的珠光剂等。

3.5.2.2 甘油酯

通常指由甘油和不同的脂肪酸（包括饱和脂肪酸和不饱和脂肪酸）经酯化所生成的酯类表面活性剂。根据生产所用脂肪酸的不同，可分为甘油一或单(脂肪)酸酯［$C_3H_5(OH)_2(OCOR)$］、甘油二(脂肪)酸酯［$C_3H_5(OH)(OCOR)_2$］和甘油三(脂肪)酸酯［$C_3H_5(OCOR)_3$］。其中最重要的是甘油三酸酯（三酰甘油），如甘油三油酸酯、甘油三软脂酸酯（16 碳）和甘油三硬脂酸酯（18 碳）。

单甘油酯的 HLB 值较低，在水中基本不能溶解，经乳化后可形成 W/O 型乳液。高纯度单甘油酯可作食品添加剂和食品乳化剂。C_8～C_{12}的三甘油酯具有耐氧化、溶解力好、黏度低等特点，被用作食品香料的溶剂和香料保香、增香剂，咖啡助溶剂，化妆品用乳化剂。

3.5.2.3　山梨醇酯(吐温类)

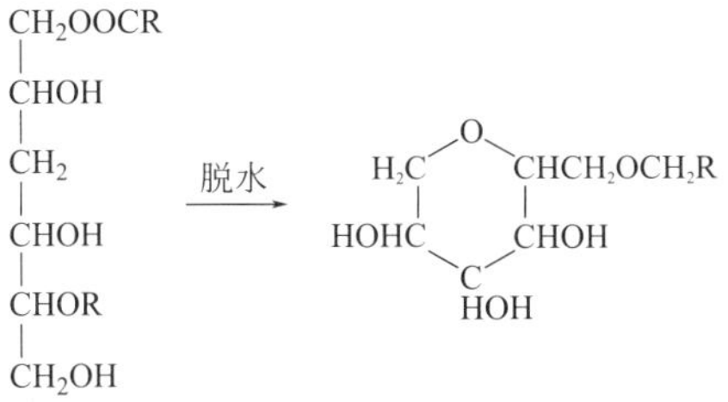

山梨醇酯一般是由分子内失水生成失水山梨醇酯，具有优异的乳化性能。由于山梨醇具有立体层叠式的结构，提高了耐热性和乳化性[8]，同时还有低温流动性，常用于机械油、润滑油、工业用的各种润滑剂、缓蚀剂、油性消泡剂、乳化聚合用稳定剂及亲油性分散剂等。

3.5.2.4　糖酯

由天然作物提取的葡萄糖、蔗糖等均具有多元羟基，可与月桂酸、棕榈酸、椰油酸、硬脂酸、蓖麻油酸等酯化而得到甘糖酯。由于糖类结构具有较多的羟基（—OH），因此，酯化后的糖酯具有极佳的水溶性。糖酯大都无味、无臭，有较低的临界胶束浓度（CMC），从而可以降低液体表面的张力。糖酯类表面活性剂生物降解完全，对人体几乎无毒、无刺激性，起泡性较低，常用作食品和医药用乳化剂。

3.5.2.5　烷基糖苷

烷基糖苷（APG），是由糖的半缩醛羟基与醇反应所生成的具有缩醛结构的表面活性剂，是一种绿色天然的新型非离子表面活性剂。APG 同时具有非离子和阴离子表面活性剂的特性，具有良好的亲肤性和生态安全性，是一种天然“绿色”非离子表面活性剂。

APG 多用于净洗剂中，产品价格较低，泡沫丰富而稳定，与阴离子或其他阳离子型表面活性剂配伍性好，而且无毒、无刺激、生物降解快而彻底。APG 对高浓度电解质不敏感，可耐硬水。APG 与聚氧乙烯醚型非离子表面活性剂不同的是，没有浊点，但润湿、渗透、净洗性能差于脂肪醇醚。

3.5.3　含氮类非离子表面活性剂

3.5.3.1　烷基醇酰胺 6501

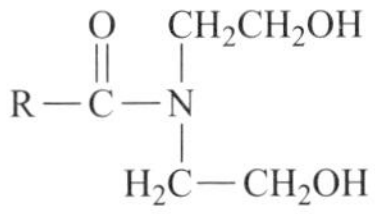

烷基醇酰胺系列也是一类应用广泛的非离子表面活性剂，由脂肪酸和乙醇胺缩合制得，根据原料的比例不同，主要分为三个型号，分别是 1∶1、1∶1.5、1∶2 型，烷基醇酰胺的溶解度和外观等性质随烷基链长不同、制备方法不同而有很大变化。高碳烷基醇酰胺的产品

熔点高，不易溶解；脂肪基相同时，单烷基醇酰胺比双烷基醇酰胺不易溶解于水。

烷基醇胺没有浊点，与其他聚氧乙烯型非离子表面活性剂不同，烷基醇酰胺具有使水溶液变稠的特性，浓度低于 10% 的溶液黏度可增至几百帕·秒。烷基醇酰胺的起泡性和泡沫稳定性好，常作增泡剂和稳泡剂。烷基醇酰胺 6501 的乳化净洗能力较差，在配方中不能作为主体原料，只能作为辅助成分，起到降低成本、改善外观、增加泡沫等作用。

3.5.3.2 氧化铵

$$R^1 \overset{+}{\underset{R^3}{\overset{|}{N}}} R^2 \quad O^-$$

氧化铵是具有极性结构的非离子表面活性剂，在水溶液中会根据溶液 pH 值的不同，显示不同的离子性质。在中性或碱性条件下，氧化铵在水溶液中以不电离的水化物胶束存在，显示非离子特性；在酸性溶液中，会显示一定的弱阳离子性，与阴离子表面活性剂会生成沉淀，所以氧化铵在 pH 值小于 7 的酸性条件下使用不能和阴离子表面活性剂复配。氧化铵的表面活性与其烷基碳链的碳原子数目有关，小于 16 个碳的产品有较好的表面活性，小于 10 个碳时会失去表面活性，具有类似二乙醇胺的性质；分子碳链大于 16 的氧化铵，几乎不能溶于水。

氧化铵被广泛地用于沐浴露等日化产品。在碱性或中性条件下氧化铵呈非离子特点，与阴离子、非离子、阳离子、两性离子表面活性剂都能很好地复配，并显示协同效应。氧化铵具有优良的泡沫性能与增稠作用，对皮肤保湿具有调理作用，无毒性，温和无刺激性。氧化铵与阴离子表面活性剂复配时，可减弱和控制阴离子表面活性剂使蛋白质变性的作用，从而降低阴离子表面活性剂对人体皮肤、眼睛的刺激等作用。

3.5.4 嵌段聚醚型非离子表面活性剂

结构通式：

$$HO(C_2H_4O)_a(C_3H_6O)_b(C_2H_4O)_cH$$

嵌段聚醚是以环氧乙烷（EO）、环氧丙烷（PO）或其他烯烃类氧化物为主体，以某些含活泼氢化合物为引发剂的嵌段共聚的非离子表面活性剂。按其聚合方式可分为整嵌、杂嵌两种类型。其中整嵌型聚醚在嵌段聚醚中种类最多，最为重要，其通式为 $HO(C_2H_4O)_a(C_3H_6O)_b(C_2H_4O)_cH$，整嵌聚醚在结构上可以有很广泛的变化，从而导致它的物理性质也可以是各种各样的，由此也为应用提供了广泛的选择余地。不同的整嵌聚醚产品的物理形态从可流动的液体、膏状物、固体到片状、粉末状均有存在。整嵌聚醚产品具有无刺激性、毒性小、不使头皮干燥脱脂等特点，可用于洗发剂，医药领域的耳、鼻、眼各种药剂滴剂，口腔洗涤剂，牙膏等，也可用作乳化剂及乳液稳定剂、增稠剂。

杂嵌聚醚类商品的水溶性稍差，随着脂肪醇的加入，其水溶性增加。在水中的溶解度随温度上升而下降，并有浑浊现象。杂嵌聚醚能溶于许多有机溶剂，可作消泡剂、润湿剂。杂嵌嵌段聚醚在塑料工业中用途颇广，是硬泡沫塑料的主要成分，但不作为表面活性剂的要求。另外，在纺织印染工业中，嵌段聚醚可用作纤维抽丝的润滑剂、抗静电剂、柔软剂等，也可用于某些产品的促染及增深剂。在织物的氧漂过程中，某些嵌段聚醚可用作过氧化氢溶液的稳定剂。

3.5.5 甾醇衍生的非离子表面活性剂

植物和动物都可以在体内自合成一些甾醇或甾醇衍生物，甾醇结构分为植物甾醇和动物甾醇。植物甾醇具有消炎和止痒两种功效，动物甾醇及以甾醇为基础的表面活性剂在一些化妆品中作活性组分相当流行。甾醇类表面活性剂的毒性非常低，对皮肤无刺激或仅有轻微刺激，特别是对眼和鼻腔无刺激。适用于个人保护用品、化妆品、沐浴剂、头发调理剂中，也用于医学药品中。

3.5.6　非离子表面活性剂的其他应用

3.5.6.1　在纺织印染中的应用

近年来，随着纺织纤维品种的不断更新，复合纤维、异形纤维、超细纤维等新合纤材料的出现，对印染加工提出了新的要求。而纺织印染用的染整助剂通常要求对织物具有较好的润湿作用，以及对染料有较强的增溶和分散能力，而且还能对染料或纤维具有一定的亲和力。此外，根据特殊需要，对织物可具有一定的柔软或拒水作用。因此，非离子表面活性剂的润湿、增效、分散、匀染、柔软、拒水作用对纺织印染工业来说具有十分重要的意义。非离子表面活性剂广泛应用于印染加工的各个阶段。

（1）退浆工艺　包括退浆剂、渗透润湿剂等，如渗透剂 JFC 就是常用的非离子渗透剂。

（2）精练工艺　精练剂的主要作用应保证织物能在工作液中快速渗透，具有良好的乳化、分散、洗净和防回沾功能，以便能有效去除织物表面的油剂、杂质和天然的蜡质，使精练过的坯布具有良好的上染和后加工的性能。

（3）染色与后整理工艺　包括匀染剂、分散剂、消泡剂、固色剂、皂洗剂、净洗剂等。非离子性表面活性剂由于其非离子特性，可以与阴离子、阳离子型染料、功能助剂拼混使用，而不影响染色与后整理效果，因此在染色和功能整理中也很常用。

3.5.6.2　在药剂中的应用

非离子表面活性剂在水溶液中呈非解离状态，决定其比离子表面活性剂有更好的稳定性和相溶性，且毒性和溶血作用相对较小，不易受电解质和溶液的影响，能与大多数药物配伍等。目前在药剂中可以作为增溶剂、乳化剂、助悬剂、抗氧剂、抗凝剂、种衣剂、消毒防腐剂等使用。在液体制剂中常用非离子表面活性剂起助溶作用，如不溶于水的蛇木碱，可以加聚环氧乙烷（10）失水的山梨醇单油酸酯解决蛇木碱不溶的问题。非离子表面活性剂在液体药剂中主要起乳化和助溶作用。注射用乳化剂要求纯度高、无毒性、无败血及副作用，且化学稳定性良好，贮存期间不能降解，能耐受高温消毒不浑浊等。非离子型表面活性剂失水山梨醇聚环氧乙烷型及聚环氧乙烷和聚环氧丙烷嵌段共聚物，可作静脉注射用液的乳化剂。在膜剂中非离子表面活性剂常作帮助成膜材料，常用的有羧甲基纤维素、聚乙二醇类等，除此之外，在膜材料中加入非离子表面活性剂如 PEG、PVP 等可以明显增加药物的渗透性。

在片剂中非离子表面活性剂的主要作用如下：

① 片剂的黏合剂，常用的有聚乙烯二醇甘油酯。

② 片剂的崩解剂，吐温或司盘类能增加药物的润湿性，加速水分渗入到药片颗粒的空隙和毛细管，均可使片剂较快崩解。

③ 片剂润滑剂，常用的有聚氧乙烯脂肪醇、PEG2000 和 PEG5000。具有毒性小，能溶于水，故可作洗盐脱水、硼酸等可溶性片剂的润滑剂。

④ 包衣物料，聚乙烯醇戊酸-对甲苯苯二甲酸酯（PVAP）是一种新的生物酶溶性包衣物料，它具有制备简单、包衣快、成本低、化学稳定性好、成膜性能好、抗胃酸能力强、肠溶性可靠、包衣简单等特点。此外还有聚乙烯吡咯烷酮（PVP）、聚乙二醇（PEG）等。

⑤ 片剂缓释剂和控释剂，由嵌段聚醚的水溶液经射线照射后制成交联型凝胶供缓释片用。在胶囊剂中常用 PEG8000 和 PEGA-MAS 提高软胶囊外壳的稳定性和生物再利用度。在微胶囊中可作为囊芯物中主药的附加剂，也可作为外胶囊材料。在气雾剂中可以作为悬浮

剂和制泡剂。

3.5.6.3 在酞菁颜料中的应用

酞菁是有机颜料中重要的一种高档颜料。主要表现在酞菁颜料粒子较大、粒径分布不均匀及分散稳定性差，这在很大程度上影响了酞菁颜料的使用性能，而颜料的表面处理技术是提高颜料使用性能的重要手段。利用非离子表面活性剂对颜料进行表面处理，有利于颜料粒子的细化和分散稳定，可以提高酞菁颜料的品质和使用性能。

3.6 阴离子表面活性剂结构与功能

阴离子型农药助剂是由离子性的亲水基团和油溶性的亲油基团组成的。在水相或油相中会离解成带电荷的阴离子和阳离子。表面活性剂的分散、乳化、润湿、渗透、悬浮等功能是由带负电荷离子部分或带负电荷离子群体来实现的。分子结构的这种特点决定了大部分阴离子助剂是油溶性的，特别是阴离子乳化剂和分散剂。它们可单独应用，更多的时候是和非离子和/或阴离子组合应用。一般不与阳离子联用，也很少与两性离子助剂联用[20]。

阴离子助剂对硬水、水温的适应性良好，热稳定性、耐气候性、贮运安全方面也好。作为农药助剂的结构应变性能也有足够的可选择性。主要表现在：①亲油基结构变化；②亲水基结构和在分子中位置的变化；③阴离子和阳离子种类和数目的变化；④某些非离子作中间体合成阴离子助剂。这是阴离子农药助剂品种多、性能适应性强、用途广的基本原因。一般来讲，阴离子农药助剂毒性较低，对人畜和生态环境都较为安全。不少品种在常温下为固体粉末或液态，使用计量方便。

阴离子表面活性剂分为磺酸盐、硫酸盐、磷酸酯盐、羧酸盐四个大类。表 3-28 从这四个大类对阴离子表面活性剂进行介绍：

(1) 磺酸盐 包括烷基苯磺酸盐、烷基萘磺酸盐、烷基磺酸盐、双萘磺酸亚甲基盐、脂肪酰 N-甲基-牛磺酸盐。

(2) 硫酸盐 包括脂肪醇硫酸盐、脂肪醇醚硫酸盐、脂肪酚醚硫酸盐。

(3) 磷酸酯盐 包括烷基磷酸酯、烷基醚磷酸酯、烷基酚醚磷酸酯。

(4) 羧酸盐 包括烷基羧酸盐、聚醚羧酸盐、松香酸钠、聚羧酸盐。

表 3-28 常用的农药用阴离子表面活性剂

编号	化学名称	结构式	主要应用性能
		磺酸盐类	
1	烷基苯磺酸盐	R—〈苯环〉—SO_3M	润湿、渗透、乳化、起泡、分散
2	烷基磺酸盐	R—SO_3M	润湿、渗透、乳化、起泡、分散
3	烷基萘磺酸盐	〈萘环，R取代，SO_3M〉	润湿、分散
4	双萘磺酸亚甲基盐	〈双萘环经CH_2相连，SO_3M，SO_3M〉	分散

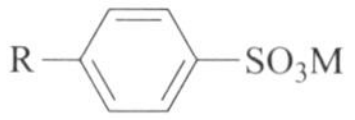

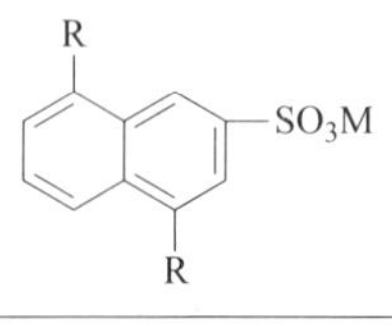

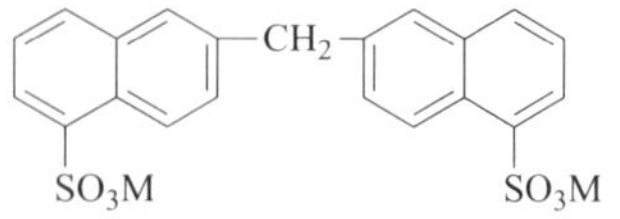

编号	化学名称	结构式	主要应用性能
5	烷基苯磺酸电中性盐	$R-\underset{\underset{O}{\parallel}}{\overset{\overset{O}{\parallel}}{S}}-OXO-\underset{\underset{O}{\parallel}}{\overset{\overset{O}{\parallel}}{S}}-R$	乳化、掺和、稳定
6	丁二酸二烷基酯磺酸盐	$ROOC-CH_2$ $ROOC-CH-SO_3M$	润湿、渗透、乳化
7	N-酰基肌氨酸钠盐	$R-\underset{O}{\overset{O}{C}}-\underset{CH_3}{N}-CH_2COONa$	掺合
8	脂肪酰 N-甲基-牛磺酸盐	$R-\underset{O}{\overset{O}{C}}-\underset{CH_3}{N}-CH_2CH_2SO_3M$	润湿、渗透、分散
9	萘磺酸甲醛缩合物	$\left[\begin{array}{c} \text{萘环}-CH_2-\text{萘环} \\ SO_3M \quad\quad SO_3M \end{array}\right]_n$	分散
硫酸盐类			
10	脂肪醇硫酸盐	$R-O-SO_3M$	润湿、渗透、乳化、起泡
11	脂肪醇醚硫酸盐	$RO(EO)_{\overline{n}}SO_3M$	润湿、渗透、乳化、分散
12	脂肪酚醚硫酸盐	$R-\phenyl-O(EO)_nSO_3M$	润湿、渗透、乳化、分散
磷酸酯盐类			
13	烷基磷酸酯	$(RO)_2\underset{OM}{\overset{O}{P}}\quad RO-\underset{OM}{\overset{O}{P}}-OM$	稳定、乳化、分散
14	烷基醚磷酸酯	$[RO(EO)_n]_2\underset{OM}{\overset{O}{P}}\quad RO(EO)_{\overline{n}}\underset{OM}{\overset{OM}{P}}O$	稳定、乳化、分散
15	烷基酚醚磷酸酯	$[R-\phenyl-O(EO)_n]_2-\underset{OM}{\overset{O}{P}}$ $R-\phenyl-O(EO)_n-\underset{OM}{\overset{OM}{P}}O$	稳定、乳化、分散
羧酸盐类			
16	烷基羧酸盐	$RCOOM$	发泡
17	聚醚羧酸盐	$RO-(CH_2CH_2O)_{\overline{n}}CH_2COOM$	分散、乳化

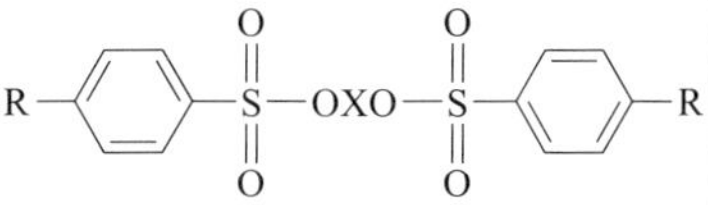

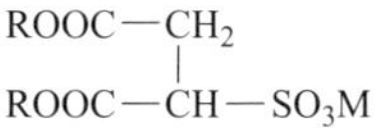

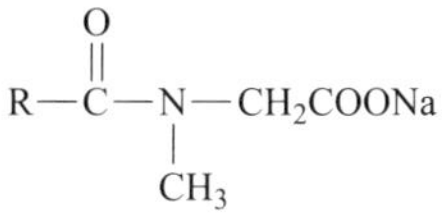

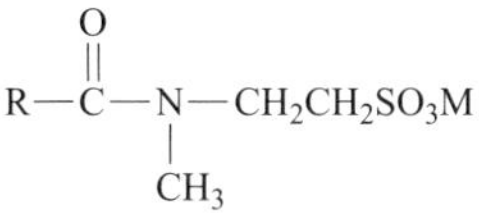

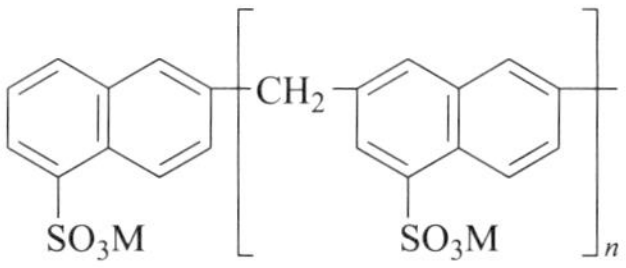

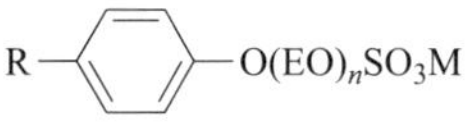

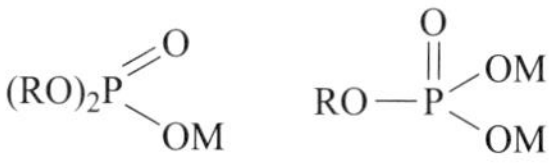

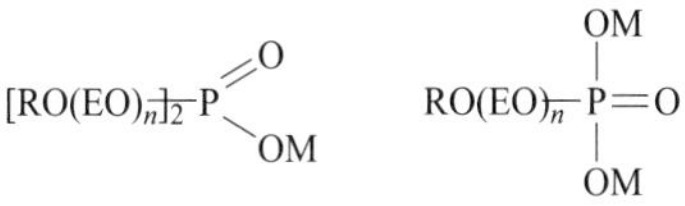

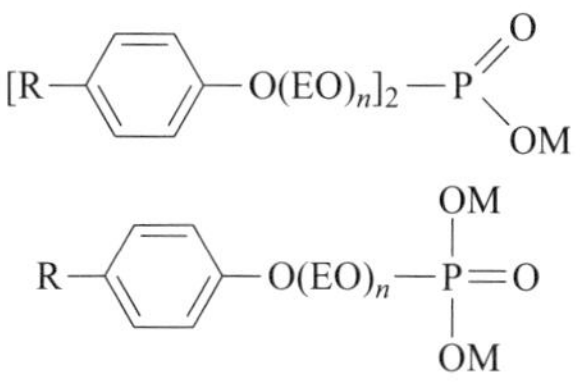

<div

续表

编号	化学名称	结构式	主要应用性能
18	松香酸钠		乳化、发泡、润湿
19	聚羧酸盐		分散、乳化

3.7 聚羧酸盐表面活性剂结构与功能

聚羧酸型分散剂是一种性能优良的高分子类阴离子表面活性剂[21]，由日本最先发明并作为水泥减水剂使用，现已在水煤浆、混凝土、农药及钛酸钡、二氧化硅、高岭土、二氧化钛[22]等无机粉体中广泛应用。与传统类型分散剂相比具有以下特点：对悬浮体系中的离子、pH 值以及温度等敏感程度小，分散稳定性高，不易出现沉降和絮凝；提高了固含量，且可显著降低体系黏度，使高固含量分散体系具有较好的流动性；可选择共聚单体种类多，分子结构与性能可设计性强，易形成系列化产品，产品结构特征是在重复单元的末端或中间位置带有 EO、—COOH、—COO—、$—SO_3—$等活性基团[23]，是一种发展潜力巨大、安全、高效的新型农药分散剂。

近年来，国内一些高校、企业相继研发出了性能优异的聚羧酸盐分散剂应用于农药制剂中，上海师范大学任天瑞[24~31]课题组对聚羧酸盐分散剂及其产业化进行了深入研究。例如上海是大高分子材料有限公司研发的 SD-816、SD-819，北京广源益农化学有限责任公司研发的 GY-D05、GY-D07，相比于传统的农药分散剂，它不含萘、甲醛等有害物质，可减少环境污染；在低掺量条件下赋予农药高分散性与稳定性[32]。

3.7.1 聚羧酸盐表面活性剂结构

聚羧酸盐分散剂是一种环保、安全、高效的新型分散剂，与其他分散剂相比，聚羧酸盐型分散剂的分子结构主要有以下几个突出的特点：①分子结构呈梳型，主链上带有较多的活性基团，并且极性较强，这些基团有磺酸基团（$—SO_3H$）、羧酸基团（—COOH）、羟基基团（—OH）和聚氧烷基类基团［$\leftarrow CH_2CH_2O \rightarrow_m R$］等。各个基团对分散相的作用是不相同的，如磺酸基的分散性较好；羧酸基除有较好的分散性外，还有缓凝效果；羟基不仅具有缓凝作用，还能起到浸透润湿的作用；聚氧烷基类基团具有保持流动性的作用。②侧链带有亲水性的活性基团，并且链较长，其吸附形态主要为梳形柔性吸附，可形成网状结构，具有较高的立体效应，再加上羧基产生的静电排斥作用，可表现出较大的立体斥力效应。③分子结构自由度相当大，外加剂合成时可控制的参数多，高性能化的潜力大。

通过控制主链的聚合度、侧链（长度、类型）、官能团（种类、数量及位置）、分子量大小及分布等参数可对其进行分子结构设计，针对特定对象或特定要求研制出具有特种功能的产品，目前合成聚羧酸盐表面活性剂的单体主要有以下几种[33]：

（1）不饱和酸，如马来酸酐、马来酸、丙烯酸和甲基丙烯酸；

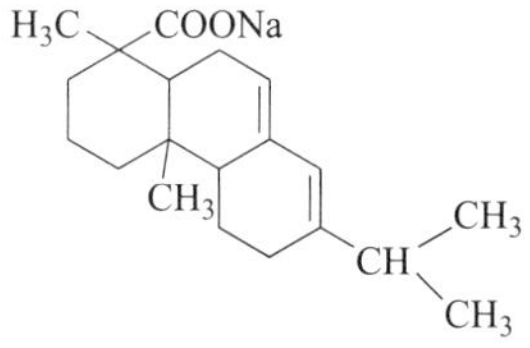

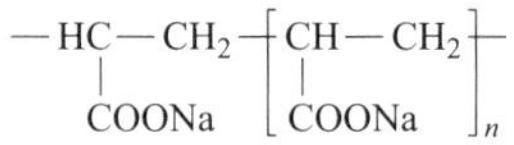

(2) 丙烯基衍生物；

(3) 苯乙烯磺酸盐或酯等；

(4) 丙烯酸（甲基丙烯酸）酯或酰胺等。

到目前为止，国内外已经合成出众多聚羧酸盐表面活性剂，其结构主要如表 3-29 所示。

表 3-29 近年来国内外主要聚羧酸盐表面活性剂结构

结构式	先导	参考文献
PS-b-PAA	PS-b-PtBA	[34]，[35]
PMMA-b-PAA	PMMA-b-PtBA	[36]
PBA-b-PAA	PBA-b-PtBA	[37]
P(BA-co-AA)-b-PAA	P(BA-co-AA)-b-PtBA	[38]
P(S-co-AA)-b-PAA	P(S-co-AA)-b-PEA	[39]

注：PAA—聚丙烯酸；PBA—聚丙烯酸丁酯；PEA—聚丙烯酸乙酯；PMAA—聚甲基丙烯酸；PMMA—聚甲基丙烯酸甲酯；PS—聚苯乙烯；PtBA—聚丙烯酸叔丁酯。

3.7.2 聚羧酸盐表面活性剂分散稳定机理及热力学变化规律

聚羧酸盐分散稳定机理主要有以下几个方面。

(1) 静电斥力理论　双电层斥力理论（DLVO）认为带电胶粒之间存在斥力势能和引力势能两种势能。带有负电侧基的分散剂分子吸附在农药颗粒表面，产生双电层。吸附有负电基团（含羧基、磺酸基）分散剂分子的农药颗粒受到颗粒间斥力势能与引力势能的共同影响，使农药颗粒间的总位能随颗粒间距发生变化，通过颗粒间的总位能影响农药颗粒之间的距离。因此，在双电层效应下使农药颗粒分散，阻碍其再凝聚，从而有效地增大流动性。带磺酸根的离子型聚合物电解质分散剂，静电斥力作用较强；带羧酸根离子的聚合物电解质分

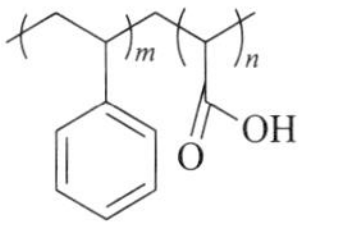

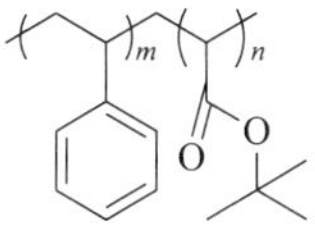

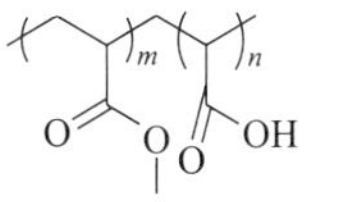

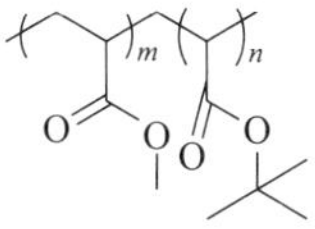

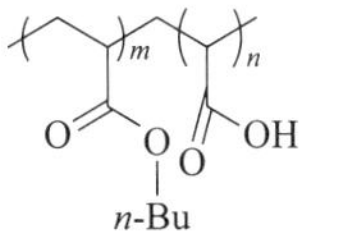

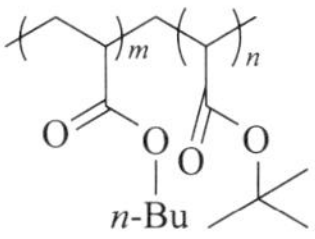

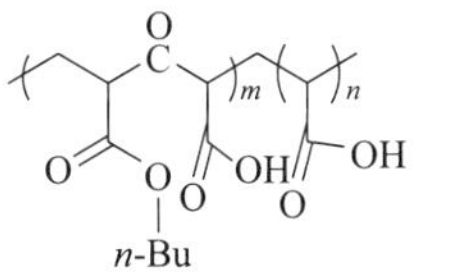

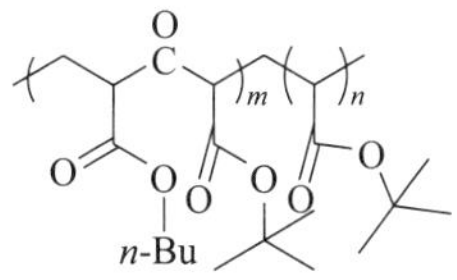

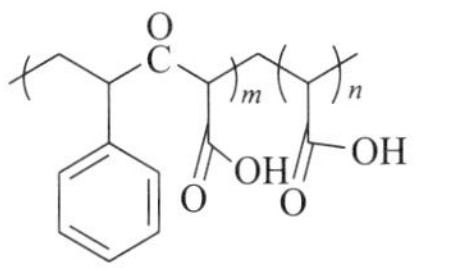

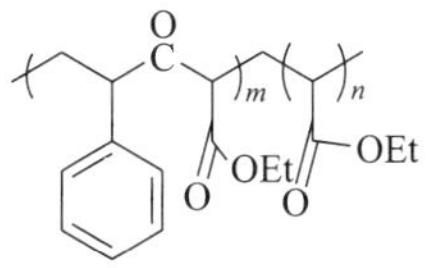

散剂，静电斥力作用次之；带羟基和醚基的非离子型表面活性剂，静电斥力最小。

（2）空间位阻效应　分散剂吸附在农药颗粒表面，形成一层有一定厚度的聚合物分子吸附层。当农药颗粒相互靠近时，吸附层相互重叠，在农药颗粒间会产生斥力作用。重叠越多，斥力越大，称之为空间位阻斥力。一般认为所有离子型聚合物都会引起静电斥力和空间位阻两种作用，大小取决于所用溶液中离子的浓度、聚合物的分子结构和摩尔质量。对于聚羧酸高效分散剂由于其侧链较长，吸附层相互重叠，导致农药粒子之间相互排斥而分散，从而具有较大的空间位阻斥力作用，所以，在掺量较小的情况下便对农药颗粒具有显著的分散作用。

（3）水化膜润滑及润湿作用　聚羧酸盐高效分散剂分子主链上较强的水化基团很容易与极性水分子以氢键的形式缔合，在农药颗粒表面形成一层稳定的具有一定机械强度的水化膜，水化膜的形成使农药颗粒润湿，并易于滑动，阻止了农药颗粒的相互聚结，保持农药浆较好的流动性。分散剂被吸附于农药颗粒和水之间的界面上，从而使界面张力降低。在与外界成分封闭的系统情况下，可使润湿面积增大。由于润湿作用会增大农药颗粒的水化面积，从而影响农药的水化速度。

（4）络合作用　Ca^{2+}能与聚羧酸分散剂中的羧基形成络合物，以钙配位化合物形式存在。Ca^{2+}还能以磺酸钙形式与外加剂结合，所以聚羧酸分散剂以Ca^{2+}为媒介吸附在农药颗粒上。

综上所述，聚羧酸盐系分散剂吸附在农药颗粒表面，使农药颗粒表面的Zeta电位降低，因此，吸附有该类分散剂的农药颗粒之间的静电斥力减小。但是，聚羧酸盐系分散剂在较低掺量的情况下，对农药颗粒就具有强烈的分散作用，这是因为：该类分散剂呈梳状吸附在农药颗粒表面，侧链伸向液相，从而使农药颗粒之间具有显著的空间位阻斥力作用；同时，侧链上带有许多亲水性活性基团（如—OH、—COOH等），使农药颗粒与水的亲和力增大。农药颗粒表面溶剂化作用增强，水化膜增厚，因此，该类分散剂具有较强的水化膜润滑作用。由于聚羧酸盐系分散剂分子中含有大量的羟基（—OH）、醚基（—O—）及羧基（—COOH），这些极性基团具有较强的液-气界面活性。因此，聚羧酸盐系高效减水剂的分散减水作用机理以空间位阻斥力作用为主，其次是水化膜润滑作用和静电斥力作用，同时还具有一定的降低固-液界面能效应。

胶体颗粒具有极大的比表面积和较高的比表面能，处于热力学极不稳定状态，在介质中容易互相“合并”发生凝聚而加速下降，产生絮凝等现象，严重时会破坏整个分散体系，导致沉淀、结块。欲使固体粒子在液体介质中分散成具有一定相对稳定性的分散体系，需借助分散剂以降低分散体系的热力学不稳定性和聚结不稳定性。胶体颗粒与分散剂分子之间的相互作用主要是“吸附-分散”过程。

聚羧酸盐分散剂对胶体粒子在液体中的分散性能，主要包括促进固体粒子在液体介质中的润湿、分散及阻止分散粒子再聚集过程，具体包括：①分散剂降低液体介质的表面张力γ_{lg}、固-液界面张力γ_{sl}和液体在固体上的接触角θ，提高润湿性和降低体系界面能。提高液体相固体粒子间隙中的渗透速度，产生其他利于固体粒子聚集体粉碎、分散的作用。②对已经研磨分散的细小颗粒，根据热力学原理，有自发合并的趋势，聚羧酸盐分散剂由主链锚固基团（如—COOH、$—SO_3$、$—NH_2$）和溶剂化侧链［$\leftarrow CH_2CH_2O \rightarrow R$］组成。其中锚固基团能够强烈吸附在颗粒表面，不易脱吸和转移，提供强的静电斥力使分散颗粒保持稳定；同时侧链中醚键与水介质相容性好，形成溶剂化链，导致固体颗粒间由于空间位阻作用维持稳定的分散状态；聚氧乙烯侧链中醚键上的氧与水分子形成氢键，从而形成亲水性立体膜，在固-液界面产生润湿、吸附作用，从而对体系产生分散作用[40]。聚羧酸盐分散剂与胶体粒子的相互作用过程可由润湿、吸附及分散稳定性三个阶段的吉布斯自由能变化、焓变等热力学变化说明。

3.7.2.1 胶体颗粒的润湿热[41,42]

聚羧酸盐分散剂对胶体颗粒在水介质中的分散过程，首先是胶体颗粒在水介质中的润湿性问题，这是颗粒分散的热力学基础。固体表面被液体润湿时，通常会放出热量，称为润湿热，它来源于表面自由焓的减少。润湿过程可看作是固-气界面的消失和固-液界面的形成。因此，润湿热可表示为：

$$Q=U_s-U_{s-1} \tag{3-5}$$

比表面能 U_s、比表面自由能 G^s 和比表面熵 S^s 之间的关系为：

$$U_s=G^s+TS^s=\sigma-T\left(\frac{\partial\sigma}{\partial T}\right)_P \tag{3-6}$$

将式（3-6）代入式（3-5）得：

$$Q=(\sigma_s-\sigma_{s-1})-T\left(\frac{\partial\sigma_s}{\partial T}\right)+T\left(\frac{\partial\sigma_{s-1}}{\partial T}\right)(P\ 恒定) \tag{3-7}$$

将杨氏方程：

$$\cos\theta=\frac{\sigma_s-\sigma_{s-1}}{\sigma_1} \tag{3-8}$$

代入式（3-7），得：

$$Q=U_1\cos\theta+T\sigma_1\sin\theta\ \frac{d\theta}{dT} \tag{3-9}$$

式（3-9）右侧参数均可测定，如果测得接触角 θ、液体表面张力及 θ 的温度系数，则可得润湿热 Q。常用形成单位固-液界面面积时所形成的热量来表示润湿热，单位 J/m^2。润湿热描述了液体对固体的润湿程度，润湿热越大，说明液体对固体的润湿程度越好，反之越差。

润湿热反映固-液分子间相互作用的强弱，因此，极性液体对极性固体具有较大的润湿热；非极性液体对极性固体的润湿热较小，而非极性固体与极性水的润湿热远小于与有机液体的润湿热。此外，固体细度对润湿热也有较大影响，超细/纳米颗粒具有较高的比表面能，常使得润湿热为正值，即需要吸热才能进行，而超细颗粒具有巨大的比表面积，通过吸附分散剂可以使得润湿热大为降低，减小了润湿过程的推动力。

3.7.2.2 分散剂吸附热力学研究

（1）分散剂在水-空气界面的吸附　表面活性剂所起的一切作用都与其在界面上的吸附密切相关。当表面活性剂水溶液浓度比较低时，表面活性剂分子便会聚集在界面上，形成定向吸附排列，从而使体系能量降低，可用 Gibbs 吸附公式定量描述。由于表面活性剂溶液的浓度一般很小，可用浓度 c 代替活度 α，得到的表面活性剂的 Gibbs 吸附通式为：

$$-\frac{d\gamma}{RT}=\sum\Gamma d\ln c_i \tag{3-10}$$

通过测定恒温时不同浓度溶液的表面张力 γ，应用 Gibbs 吸附公式求得吸附量 Γ，作 Γ-c 曲线，得吸附等温线。表面活性剂溶液表面吸附符合 Langmuir 型等温线的特征[43]，数学表达式如式（3-11）所示。

$$\frac{c}{\Gamma}=\frac{1}{\Gamma_m k}+\frac{c}{\Gamma_m} \tag{3-11}$$

由式（3-11）得饱和吸附量 Γ_m 及吸附常数 k，k 可认为是吸附平衡常数，因此，标准吸

附自由能 $\Delta G^{\Theta}=-RT\ln k$，由此可得体系的吸附标准自由能。

由饱和吸附量 Γ_m 可进一步计算表面上每个吸附分子所占的最小面积：

$$A=\frac{1}{N_0\Gamma_m} \tag{3-12}$$

式中　N_0——阿伏伽德罗常数。

（2）聚羧酸盐分散剂在固-液界面的吸附　聚羧酸盐分散剂吸附在颗粒表面，通过空间位阻或静电斥力使粒子保持良好的分散效果。因此，分散剂在颗粒表面的吸附，是其发挥分散作用的关键。从热力学角度看，吸附是吸附质从溶剂向吸附剂表面聚集的过程。通过研究吸附热力学可了解吸附的趋势、程度和驱动力，对于解释吸附特点、规律和机制有着重要的意义[44]。

郝汉[45]等分析了聚羧酸盐系列（GYD-1252、LG-3、TERSPERSE 2700、甲基丙烯酸钠-苯乙烯共聚物）及萘磺酸系列（Morwet D-425）分散剂在农药吡虫啉颗粒表面的吸附行为，发现分散剂在吡虫啉颗粒表面的吸附为单分子层吸附，符合 Langmuir 吸附模型[式(3-13)]。

$$\frac{c_e}{Q_e}=\frac{1}{bQ_{em}}+\frac{c_e}{Q_{em}} \tag{3-13}$$

式中　c_e——平衡浓度，g/L；

Q_e——吸附量，mg/g；

Q_{em}——饱和吸附量，mg/g；

b——Langmuir 吸附平衡常数，L/g，表示分散剂与颗粒表面的吸附力，与温度有关。

根据分散剂质均分子量 M_w 和 Langmuir 吸附常数 b，由式（3-14）和式（3-15）计算热力学常数 K[45]和 Gibbs 吸附自由能变 ΔG。以 $\ln K$ 对 $1/T$ 作图，由直线斜率和截距算出吸附焓变 ΔH（式 3-16），再由式（3-17）计算吸附熵变 ΔS。

$$K=M_W\times 55.6b \tag{3-14}$$

$$\Delta G=-RT\ln K \tag{3-15}$$

$$\ln K=-\frac{\Delta H}{RT}+\frac{\Delta S}{R} \tag{3-16}$$

$$\Delta S=\frac{\Delta H-\Delta G}{T} \tag{3-17}$$

结果发现，$\Delta G<0$、$\Delta S>0$，表明分散剂在吡虫啉颗粒表面的吸附是自发进行的熵增过程，吸附速率随温度的升高而增加；分散剂在吡虫啉颗粒表面的运动无序性增加[46]。这是由于分散剂在吡虫啉颗粒表面吸附导致熵减少而水分子同时脱吸附导致熵增加，而分散剂分子体积较水分子体积大得多，因此，单个分散剂分子在颗粒表面的吸附必然伴随多个水分子同时脱吸附。因此，水分子在颗粒表面脱吸附引起的熵增加远大于分散剂分子吸附引起的熵减小，整个吸附为熵增过程[47]。$\Delta H<0$ 且 $|\Delta H|<40$kJ/mol，可知该吸附为放热过程且为物理吸附，高温不利于吸附进行。聚羧酸分散剂在水泥颗粒、石膏粉体[48]及碳酸钙表面的吸附热力学行为也符合以上规律，然而马超[49]发现 TERSPERSE 2700 分散剂在氟虫腈颗粒界面的吸附焓变 $\Delta H>0$，说明吸附过程伴随着吸热，经红外光谱分析两者之间未发生化学吸附，因此与一般的物理吸附放热不同[50]，这是由于氟虫腈分子间存在氢键，吸热可促使氟虫腈分子间氢键解离，其他热力学参数结果与吡虫啉上的吸附研究结果相同。因此，可看出吸附焓变 ΔH 与吸附剂本身的性质有关。

此外，吸附焓变越负，表明吸附过程放热越大，越不利于该吸附进行。吸附过程放热大小标志着不同的吸附作用力，由吸附焓变区别化学吸附与物理吸附[50]，通常物理吸附焓变小于25kJ/mol，化学吸附焓变大于40kJ/mol。不同吸附作用力释放的能量不同：化学键力大于60kJ/mol，氢键力为2～40kJ/mol，疏水键力5kJ/mol，范德华力4～10kJ/mol。其中Morwet D-425、甲基丙烯酸钠-苯乙烯共聚物两种分散剂在吡虫啉颗粒表面的吸附焓变分别为−4.03kJ/mol及−6.24kJ/mol，因此，吸附过程为放热过程，且吸附的主要作用力为范德华力；LG-3、GYD-1252、TERSPERSE 2700在吡虫啉颗粒表面的吸附焓变为−23.39kJ/mol、−13.59kJ/mol及−16.93kJ/mol，表明吸附过程为放热过程，且吸附的主要作用力为氢键力；TERSPERSE 2700在氟虫腈颗粒表面的吸附焓变为25.70kJ/mol，表明吸附为吸热过程，吸附的主要作用力为氢键力。

3.7.2.3 聚羧酸盐分散剂稳定固体颗粒的机理

固体颗粒被润湿及分散后，在液体中存在分散与聚团两种形式。颗粒间的分散和团聚行为的根源是颗粒在液体介质中的作用力。作用力除范德华力、库仑力、双电层静电排斥力和聚合物吸附层的空间排斥力之外，还有溶剂化力、毛细管力、疏液力、磁吸引力等作用力。颗粒在液相中的相互作用主要取决于这些力之间的相互作用，颗粒间的作用总势能可用式(3-18)来描述[51]。

$$V_T = V_A + V_R + V_R^S + V_{else} \tag{3-18}$$

式中 V_T——总势能；

V_A——范德华力作用能；

V_R——双电层静电排斥作用能；

V_R^S——聚合物吸附层的空间排斥作用能；

V_{else}——其他作用能。

在一定体系里，纳米颗粒处于这几种作用能的平衡状态，当$V_A > V_R + V_R^S + V_{else}$时，纳米颗粒易团聚；当$V_A < V_R + V_R^S + V_{else}$时，纳米颗粒易分散。由总势能模型可以看出，要想使颗粒分散，就必须增强颗粒间的排斥作用力。增强排斥作用力方式主要有3种。

① 增大Zeta电位的绝对值，以提高颗粒间的静电排斥作用，阻碍粒子间由于范德华力作用而造成团聚，从而达到对颗粒分散的目的。

② 通过高分子分散剂在颗粒表面形成吸附层，产生并强化位阻效应，使颗粒间产生强位阻排斥力。由于熵和渗透排斥效应，颗粒表面吸附的大分子还能够阻止水或其他离子在颗粒上的吸附，从而减少由此引起的团聚。

③ 增强颗粒表面对分散介质的润湿性，以提高界面结构化，加大溶剂化膜的强度和厚度，增强溶剂化排斥作用。

(1) 范德华力作用能V_A　对于两个半径为a的球粒：

$$V_A = -\frac{Aa}{12H} \tag{3-19}$$

式中 A——Hamaker常数；

H——两球间的最短距离；

a——球半径。

颗粒间范德华作用力计算较简单，但在实际分散体系中，当颗粒表面有分散剂吸附层时，除颗粒本身的作用外，还必须考虑吸附层分子之间的吸附作用及吸附层对颗粒作用的影响。如考虑到分散剂吸附在颗粒表面上形成厚度为δ的吸附层，且它的Hamaker常数为A_{33}（颗粒及分散介质的Hamaker常数分别为A_{22}和A_{11}），则两等径球粒吸附层之间的最

之间的最

短距离为 Δ 时的 V_A 用式（3-20）计算[52]：

$$V_A = -\frac{1}{12}\left\{ \begin{array}{l} (A_{22}^{1/2}-A_{33}^{1/2})^2\left(\dfrac{a+\delta}{\Delta}\right)+(A_{33}^{1/2}-A_{11}^{1/2})^2\left(\dfrac{a}{\Delta+2\delta}\right) \\ +\dfrac{4a(A_{22}^{1/2}-A_{33}^{1/2})(A_{33}^{1/2}-A_{11}^{1/2})(a+\delta)}{(\Delta+\delta)(2a+\delta)} \end{array} \right\} \tag{3-20}$$

从上式可看出，随 δ 增加，V_A 绝对值越来越小，可见吸附层可减少 V_A 值，增加稳定性。这是因为吸附层增大了颗粒间的间距，其次，分散剂的 Hamaker 常数通常比固体颗粒小。另外，随 a 值增大，V_A 绝对值变得越来越大，即 V_A 值增大，稳定性变差。

（2）双电层静电排斥作用能 V_R　V_R 大小取决于分散颗粒的大小和形状、粒子间距离、表面电位 Ψ_0、分散介质离子强度及相对介电常数 ε_r。对于两个半径为 a 的球粒，在 $\kappa a \ll 1$，即颗粒小，双电层厚时：

$$V_R = \frac{\varepsilon_r a^2 \Psi_0^2}{H}\exp(-\kappa H_0) \tag{3-21}$$

式中　H_0——两球表面最短距离；

$\quad\quad H$——两球中心距离，$H = H_0 + 2a$；

$\quad\quad \kappa$——Debye-Hukel 参数，$1/\kappa$ 为双电层厚度。

$$\kappa = \frac{e^2 N_A \sum c_i z_i^2}{\varepsilon k T} \tag{3-22}$$

式中　e——离子静电电荷；

$\quad\quad N_A$——阿伏伽德罗常数；

$\quad\quad c_i$——i 离子摩尔体积浓度；

$\quad\quad z_i$——i 离子价数；

$\quad\quad \varepsilon$——介质绝对介电常数；

$\quad\quad k$——玻尔兹曼常数；

$\quad\quad T$——绝对温度。

在 $\kappa a \gg 1$，即颗粒大，双电层薄时：

$$V_R = \frac{\varepsilon_r a^2 \Psi_0^2}{2}\ln(1+e^{-\kappa H_0}) \tag{3-23}$$

离子型表面活性剂或聚合物吸附在颗粒表面形成吸附层对分散体系的稳定性有十分重要的作用。其对 V_R 值的影响有 3 个方面：①改变分散颗粒的表面电位，若加入与颗粒表面电荷相同的离子表面活性剂，则它的吸附会导致表面电位增大，稳定性提高；若加入与颗粒表面电荷相反的离子表面活性剂，则其吸附会导致表面电位下降，稳定性降低。②增加颗粒的有效半径，因为当吸附表面活性剂形成厚度为 δ 的吸附层时，颗粒有效半径从 a 增加到 $a+\delta$，使 V_R 增大；③改变分散介质的离子强度和介电常数 ε_r，因而改变 κ 值而导致 V_R 改变。

（3）分散剂空间排斥作用能　DLVO 理论在解释有高分子物质或非离子型表面活性剂稳定的微粒体系时，往往是不成功的，因其忽略了高聚物吸附层的作用，体系稳定的主要因素是高聚物吸附层而不是扩散层重叠的静电斥力。吸附的高聚物层对微粒体系稳定性的影响有 3 个方面：①带电聚合物被吸附后会增加颗粒间的静电斥力位能 V_R；②高聚物吸附层通常能减小 Hamaker 常数，因而会降低颗粒间的引力位能 V_A；③吸附高聚物颗粒相互靠近时，吸附层的重叠会产生一种新的斥力位能——空间位阻作用能 V_R^S，阻止粒子聚集。其中 V_R^S 表达式如式（3-24）所示[52]：

$$V_R^S=\frac{4\pi r^2(\delta-H/2)}{S(r+\delta)}\beta T\ln\frac{2\delta}{H} \tag{3-24}$$

式中　S——每个高聚物在颗粒表面吸附占据的面积，$S=M/(\Gamma N_A)$；

Γ——此浓度时分散剂吸附量；

N_A——阿伏伽德罗常数；

M——分子量；

β——Boltzmanm 常数；

T——绝对温度；

r——颗粒半径；

δ——吸附层厚度；

H——颗粒间的最短距离。

空间位阻稳定理论认为，当两个带有聚合物吸附层的粒子在互相接近时，有两种情况：①吸附层不能渗透，而只能被压缩；②吸附层可以互相渗透和重叠[53~55]。

根据吸附层性质，V_R^S通常包含四部分：熵斥力位能 V_R^θ、弹性斥力位能 V_R^E、渗透斥力位能 V_R^O及焓斥力位能 V_R^H，因此 $V_R^S=V_R^\theta+V_R^E+V_R^O+V_R^H$。

① 熵斥力位能 V_R^θ。当聚合物吸附层只能被压缩时，由于聚合物构型熵减少，产生熵斥力位能 V_R^θ。若把吸附在固体表面上聚合物分子看作刚性棒，则当两表面靠拢时，刚性棒表面活性剂分子活动自由度减少，产生的熵斥力位能 V_R^θ 为：

$$V_R^\theta=N_SkT\theta_\infty\left(1-\frac{H_0}{l}\right) \tag{3-25}$$

式中　N_S——单位表面积上吸附分子数；

θ_∞——两表面距 $H_0=\infty$表面被分子所覆盖的程度；

l——吸附表面活性剂分子的长度。

② 弹性斥力位能 V_R^E。当聚合物为弹性体时，聚合物吸附层受到压缩而产生弹性斥力位能 V_R^E：

$$V_R^E=0.75G(\delta-H_0/2)^{\frac{5}{2}}(a+\delta)^{\frac{1}{2}} \tag{3-26}$$

式中　G——吸附层的弹性模量；

a——球形粒子的半径；

δ——吸附层厚度；

H_0——被压缩吸附时两粒子间的最短距离。

③ 渗透斥力位能 V_R^O。当聚合物吸附层可以相互重叠和渗透时，在重叠区的聚合物浓度增大，由于重叠区域吸附层浓度差导致在重叠区产生过剩化学位，形成过渗透区，从而产生渗透斥力位能 V_R^O：

$$V_R^O=\frac{4}{3}\pi kTA_2c_2(\delta-H_0/2)^2(3a+2\delta+H_0/2) \tag{3-27}$$

式中　A_2——第二维里系数；

c_2——吸附层表面活性剂浓度。

④ 焓斥力位能 V_R^H。由于重叠区的聚合物浓度增加，还会引起热焓变化，产生焓斥力位能 V_R^H：

$$V_R^H=2n\int_{c_\infty}^{c_H}-\left(\frac{\partial \Delta H}{\partial c}\right)_n\mathrm{d}c \tag{3-28}$$

式中　ΔH——积分稀释热；

n——在重叠区内吸附聚合物分子的物质的量；

c_{H}——当 H 小于 2δ 时，在重叠的吸附层区内聚合物的浓度；

c_{∞}——当 H 大于 2δ 时，在吸附层区内聚合物的浓度。

带有聚合物吸附层的粒子在介质中的稳定是由空间排斥力位能和吸引力位能共同决定的。粒子间的排斥力位能是熵斥力位能、弹性斥力位能、渗透斥力位能和焓斥力位能的总和，通过控制聚合物浓度来增加吸附层厚度，就可以提高空间排斥力位能。而粒子间的吸引力位能为[56]：

$$V_{\mathrm{A}}=-\frac{A_{\mathrm{e}}}{12\pi D^{2}} \tag{3-29}$$

$$A_{\mathrm{e}}=\frac{2A_{130}}{\left(1+\dfrac{\delta}{D}\right)^{2}}+\frac{A_{131}}{\left(1+\dfrac{2\delta}{D}\right)^{2}} \tag{3-30}$$

式中　D——两个粒子吸附层之间的距离；

A_{130}——粒子与分散介质被聚合物分隔后的 Hamaker 常数；

A_{131}——粒子与粒子被聚合物分隔后的 Hamaker 常数。

但是，提高空间斥力位能之后，吸引力位能也将发生变化。若 A_{e} 增大，吸引力位能增加，则胶体稳定性下降；若 A_{e} 减小，吸引力位能降低，则胶体稳定性增加。

影响空间稳定性的因素主要有 3 个：①吸附高聚物分子的结构，一般来讲，最有效的高聚物是嵌段聚合物或接枝聚合物，即其分子一端“锚”在颗粒表面上，另一端伸向溶剂形成空间位垒，阻碍颗粒并在一起；②高聚物的分子量和吸附层厚度，分子量高的比低的稳定，厚的高聚物吸附层比薄的稳定；③分散介质的影响，良溶剂可使体系处于稳定状态，不良溶剂导致微粒团聚。

（4）静电位阻稳定机制　静电位阻稳定机制是静电稳定机制和间位阻稳定机制的结合。纳米颗粒表面吸附了一层聚电解质聚合物分子层，可通过本身所带的电荷排斥周围的粒子，又利用位阻效应防止做布朗运动的纳米颗粒靠近，产生复合稳定作用。聚羧酸分散剂化学分子结构中除了羧基、磺酸基等负离子提供静电斥力，同时 PEO 侧链产生空间位阻效应而使粒子稳定，分散稳定机制更符合静电位阻稳定机制。在水和非水介质中静电斥力的稳定是热力学亚稳定，而位阻作用力的稳定是热力学稳定。

Yoshioka 等[57]研究了聚羧酸系分散剂的吸附行为，通过计算分子间总的能量包括范德华长程力、静电力和立体位阻，得出立体位阻起主导作用，而静电力实际发挥的作用几乎可忽略，从焓的角度看，立体稳定作用主要取决于体系的熵变。分散体系中任意两个粒子之间总位能 V_{T}，是由范德华吸引位能 V_{A} 和立体作用位能 V_{S} 两部分构成的，即 $V_{\mathrm{T}}=V_{\mathrm{A}}+V_{\mathrm{S}}$。

当两个粒子的分散剂层外缘发生物理接触，粒子间的距离 h 小于分散剂层厚度 δ 的 2 倍，即 $h<2\delta$ 时，由于体积效应及界面层中的溶剂分子受到“排斥”，导致溶解链段的构象扰动，从而使局部的自由能上升，这时 V_{s} 发生变化。能量曲线见图 3-10。由于 PEO 侧链长度大约为 2nm，因此，当粒子间距小于 2nm 时，立体位阻的斥力范围即已超过范德华力的作用，相应位垒提高较多，浆体的分散稳定性提高。PEO 链段密度越大，保持水泥浆分散体系的时间越长。当分子量的大小及梳型结构的 PEO 侧链对水泥粒子的分散效果影响更大时，分子结构中的磺酸基、羧基等负离子基团产生的静电斥力则不易发挥。

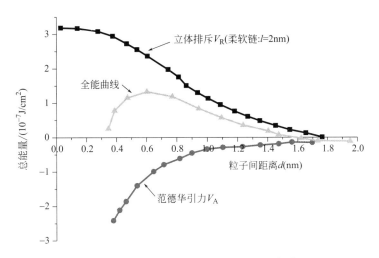

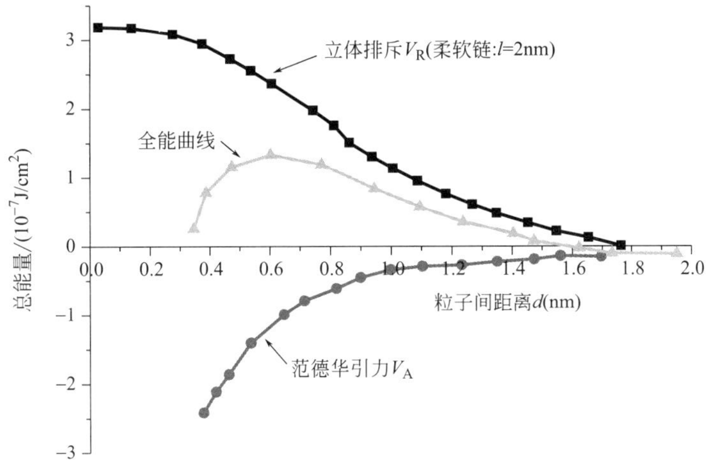

图 3-10　颗粒吸附分散剂的能量曲线[58]

（5）其他相互作用能

① 溶剂化作用能 V_{rj}。当颗粒表面吸附含亲水基团［—OH、—COOH、—$CONH_2$、—$N(CH_3)_3^+$、PO_4^{3-}］有机物或阳离子，或由于颗粒表面极性区域对附近溶剂分子的极化作用，在颗粒表面会形成溶剂化作用，而形成溶剂化的两颗粒间接近时，产生很强大的排斥力，即溶剂化作用力。

由于溶剂化膜的存在，当两颗粒相互靠近时，除了分子吸附作用和静电排斥作用外，当颗粒间间距减小到溶剂化膜开始接触时，就会产生溶剂化作用力。因此，为了进一步缩小颗粒间的距离，必须使溶剂化膜压缩变化，其强度取决于破坏溶剂分子的有序结构，使吸附有机物极性基或阳离子所需能量。

对于半径为 R 的球形颗粒的溶剂化作用能 V_{rj} 可用式（3-31）[58]表示：

$$V_{rj}=\pi R h_0 V_{rj}^0 \exp\left(-\frac{H}{h_0}\right) \tag{3-31}$$

式中　V_{rj}——颗粒间单位面积相互作用溶剂化作用能，J；

V_{rj}^0——溶剂化作用能量常数，与颗粒表面润湿性有关；

H——颗粒间作用距离，m；

h_0——衰减长度，m。

② 溶剂化作用能 V_{sy}[59,60]。疏液作用是由于颗粒表面与液体介质的极性不相容而导致的一种颗粒间相互吸引作用。疏液表面之间，甚至于疏液表面与亲液表面之间存在一种特殊的相互作用力，即疏液作用力。

对于半径相等的两个球形颗粒的疏液作用能 V_{sy}：

$$V_{sy}=\pi R h_0 V_{sy}^0 \exp\left(-\frac{H}{h_0}\right) \tag{3-32}$$

式中　V_{sy}^0——疏液作用能量常数，mJ/m^2；

h_0——衰减长度，m。

③ 磁吸引作用能 V_M。颗粒在外磁场作用下发生相互吸引而形成团聚。Fe_3O_4 是一种强磁性颗粒，它具有铁磁性性质。Jordan[61]提出了两铁磁性球形颗粒间在外磁场中的磁作用能 V_M 公式：

$$V_M=\frac{1}{\mu_0 R^3}[\mu_1\mu_2-3(\mu_1 D)(\mu_2 D)R^{-2}] \tag{3-33}$$

式中 μ_0——真空磁导率；

μ_1，μ_2——颗粒 1 和颗粒 2 的磁矩；

R——颗粒半径；

D——颗粒间距。

Fe_3O_4 纳米粒子表面用聚羧酸盐分散剂修饰后，两颗粒间在外磁场中的磁作用能 V_M 公式为[62]：

$$V_M=-\frac{8\pi\mu_0 R_c^3 M^2}{9\left(\frac{H}{R_c}+2\right)^3} \tag{3-34}$$

颗粒在水中分散时，范德华力、静电作用力及溶剂化作用力通常是存在的。其他的颗粒间作用力则发生于特定的环境或体系下，聚羧酸盐分散剂吸附在颗粒表面形成吸附层时，空间位阻效应往往是最关键的。其他当颗粒表面吸附高分子时，疏水作用力发生在疏水颗粒之间。它们的作用距离不尽相同，疏水作用力和溶剂化作用力的作用距离较短，均为 10nm，而范德华力、静电作用力和空间位阻作用力的作用距离较长，分别为 50～100nm、100～300nm 及 50～100nm。

3.8 阳离子表面活性剂结构与功能

阳离子表面活性剂在水溶液中发生电离，因其表面活性部分带有正电荷，故称其为阳离子表面活性剂。阳离子表面活性剂含有一个或两个长链烃疏水基，亲水基由含氮、磷、硫或碘等可携带正电荷的基团构成，目前最有商业价值的多为含氮化合物。含氮化合物中，氨的氢原子可以被一个或两个长链烃所取代而成为胺；也可以全部被烷烃取代成为季铵盐。还有一大类是氮杂环化合物，它们是烷基吡啶、咪唑啉、吗啉的盐类。亲水基和疏水基可以直接相连，也可通过酯、醚和酰胺键相连。

1928 年，阳离子表面活性剂开始被应用，1935 年，有研究认定阳离子表面活性剂的抑菌性具有很高的潜在价值。阳离子表面活性剂带有正电荷，而针织品、金属、玻璃、塑料、矿物、动物或人体组织等通常带有负电荷，因此，它在固体表面上的吸附与阴离子及非离子表面活性剂的情况不同。阳离子表面活性剂朝向固体表面的极性基团，由于静电引力朝向固体表面，疏水基朝向水相使固体表面呈“疏水状态”，因此不适用于洗涤和清洗。阳离子表面活性剂在固体表面所形成的吸附膜的特殊性能决定了阳离子表面活性剂应用的特殊性。

通常认为，阳离子表面活性剂和阴离子表面活性剂在水溶液中不能混合，否则将相互作用产生沉淀，从而失去表面活性。但事实并非如此，在混合表面活性剂体系中，由于阴、阳表面活性离子间强烈的静电作用，混合物具有比单一组分较低的临界胶束浓度和表面张力。这是由于阴、阳离子间的强吸引力，使溶液内部的表面活性分子更容易聚集成胶束，表面吸附层中的表面活性分子的排列更为紧密，表面能更低所致。虽然阴、阳离子混合物具有高的表面活性，但往往在其临界胶束浓度以上发生相分离，溶液变浑浊或出现珠光，甚至产生沉淀，这对应用非常不利。这种因静电作用而形成的离子化合物，会使阳离子表面活性剂失去对织物的柔软和抗静电作用。因此，在实际使用过程中，用阴离子表面活性剂洗过的织物，必须冲洗干净，否则将失去柔软和抗静电的效能。

3.8.1 胺盐型阳离子表面活性剂

胺盐由相应的胺用盐酸、醋酸等中和而得，胺盐为弱碱盐，对 pH 较为敏感。在酸性条件下，形成可溶于水的胺盐，具有表面活性；而在碱性条件下游离出胺，失去表面活性。

有机胺系阳离子表面活性剂，合成反应如下：

$$RR^1R^2N + HX \longrightarrow RR^1R^2N^{\oplus}HX^{\ominus}$$

式中，R 为长链烷基；R^1、R^2 可以是长链烷基、短链烷基或氢原子。

脂肪伯胺及其盐可作为有效的浮选剂、防结块剂、防水剂、防腐剂、燃料添加剂和杀菌剂等；脂肪仲胺作为一种中间体主要用于合成二烷基二甲基季铵盐；脂肪叔胺可用作沥青乳化剂、泥土絮凝剂、防锈剂、破乳剂和萃取剂等。

3.8.2 季铵盐型阳离子表面活性剂

季铵盐阳离子表面活性剂通常是由叔胺与烷基化剂经季铵化反应制取的，反应的关键在于各种叔胺的获得，季胺化反应一般较易实现。最重要的叔胺是烷基二甲基胺、二烷基甲基胺及伯胺的乙氧基化物和丙氧基化物。最常用的烷基化剂为卤代烷、氯化苄及硫酸二甲酯。反应式如下：

$$R-\underset{R^2}{\overset{R^1}{\mid}}{N} + CH_3Cl \longrightarrow \left[R-\underset{R^2}{\overset{R^1}{\mid}}{N}-CH_3\right]^+ Cl^-$$

$$R-\underset{R^2}{\overset{R^1}{\mid}}{N} + (CH_3)_2SO_4 \longrightarrow \left[R-\underset{R^2}{\overset{R^1}{\mid}}{N}-CH_3\right]^+ CH_3SO_4^-$$

$$R-\underset{R^2}{\overset{R^1}{\mid}}{N} + C_6H_5CH_2Cl \longrightarrow \left[R-\underset{R^2}{\overset{R^1}{\mid}}{N}-CH_2C_6H_5\right]^+ Cl^-$$

用烷基氯化苄与三甲胺或二甲基苄胺反应，可合成烷基苄基季铵盐，具有杀菌、杀真菌活性。

季铵盐与胺不同，它在碱性或酸性溶液中都能溶解，且离解为带正电荷的表面活性剂。季铵盐在阳离子表面活性剂中的地位最为重要、产量最大、应用最广，主要用作柔软剂、抗静电剂和杀菌剂等。常用的季铵盐型阳离子表面活性剂见表 3-30。

表 3-30　常用的季铵盐型阳离子表面活性剂

名称	代号	作用
十二烷基三甲基溴（氯）化铵	1231	主要用作杀菌剂、分散剂，纤维抗静电剂、柔软剂，天然或合成橡胶和沥青的乳化剂，水质稳定剂及青霉素发酵工艺过程中的蛋白质絮凝剂等
十六烷基三甲基溴（氯）化铵	1631	主要用于各种纤维抗静电剂，橡胶和沥青乳化剂，护发素调理剂，相转移催化剂，皮革加脂剂，涤纶真丝促进剂等
十八烷基三甲基溴（氯）化铵	1831	可用于防水涂料，天然纤维、合成纤维和玻璃纤维柔软剂，皮革加脂剂，硅油、橡胶的乳化剂，相转移催化剂，涤纶真丝促进剂，乳胶制品隔离剂和消泡剂，头发调理剂等
十二烷基二甲基苄基溴（氯）化铵	1227	主要用作杀菌剂，织物柔软抗静电剂，油田助剂，纺织工业的匀染剂，石油化工装置的水质稳定剂等。双长链烷基二甲基氯化铵主要用作杀菌剂、织物柔软剂、头发调理剂、油田杀菌剂和沥青乳化剂等

3.8.3 杂环型阳离子表面活性剂

杂环型阳离子表面活性剂为分子中除含有碳原子外，还含有其他原子且呈现环状结构的化合物。杂环的成环规律和碳环一样，最稳定和最常见的杂环也是五元环或六元环。有的环只含有一个杂原子，有的环含有多个或多种杂原子。常见的杂环型阳离子表面活性剂如咪唑啉型、烷基吡啶型、三嗪型和吗啉型等。

（1）咪唑啉型　所谓咪唑啉型阳离子表面活性剂是指分子中含有咪唑啉环的一类阳离子表面活性剂，是杂环型阳离子表面活性剂中最常用的品种。重要的有高碳烷基咪唑啉、羟乙基咪唑啉、氨基乙基咪唑啉等。与长碳链季铵盐不同，咪唑啉型中最常见的负离子是甲基硫酸盐负离子。

咪唑啉型表面活性剂具有优良的消除静电、抑制金属腐蚀和良好的软化纤维等性能，还有优异的分散、乳化、气泡、生物降解和杀菌等性能，可作高效有机缓蚀剂、润滑剂、杀菌剂、分散剂和乳化剂和抗静电剂等，广泛用于造纸、石油开采和炼制、燃料、化纤组织等工业。如：

$$\left[\begin{array}{c} C_{17}H_{35}-C \stackrel{N-CH_2}{\underset{N-CH_2}{\big\|}} \\ H \quad CH_2CH_2NHCOCH_3 \end{array}\right]^{+} HCOO^{-} \qquad \left[\begin{array}{c} CH_3 \\ R-C \stackrel{N-CH_2}{\underset{N-CH_2}{\big\|}} \\ CH_2CH_2NHCOR \end{array}\right]^{+} CH_4SO_4^{-}$$

（2）烷基吡啶型　吡啶季铵盐是由吡啶或甲基吡啶与卤代烷反应生成的类似季铵盐的化合物，主要用于染料固色剂和杀菌剂等。不同结构的卤代烷进行季铵化反应可制得不同的吡啶季铵盐。

（3）三嗪型　三嗪类衍生物为分子结构中含有三个氮原子的六元杂环化合物，其合成以三聚氰胺和三聚氯胺为原始原料。其中，三聚氰胺和甲醛反应引入羟甲基，然后用不同的醇按不同比例将其醚化，可得柔软剂 Permel，其结构式为：

$$C_{17}H_{35}COHNH_2CHN \underset{N}{\overset{NHCH_2OCH_3}{\underset{NHCH_2OCH_3}{\big\langle}}}$$

（4）吗啉型　此类表面活性剂主要用作润湿剂、洗涤剂、杀菌剂、乳化剂、染料固色剂和纤维柔软剂等。如 N-高碳烷基吗啉可由长链伯胺和双（2-氯乙基）醚反应制取：

$$NH\underset{CH_2CH_2}{\overset{CH_2CH_2}{\big\langle}}O + RBr \xrightarrow{K_2CO_3} R-N\underset{CH_2CH_2}{\overset{CH_2CH_2}{\big\langle}}O$$

3.8.4 疏水基通过中间键与氮原子连接的阳离子表面活性剂

由于高碳脂肪胺价格昂贵，因此可采用脂肪酸作原料与低碳有机胺衍生物反应，来制备阳离子表面活性剂。如先合成含酰胺、酯或醚等基团的叔胺，然后再用烷基化试剂进行季铵化，得到疏水基通过中间键与氮原子连接的阳离子表面活性剂。

（1）萨帕明（Sapamine）型　萨帕明型阳离子表面活性剂是典型的酰胺基铵盐，可用作纤维柔软剂、颜料固色剂等，其中酰胺键的耐水解能力较好，其基本结构式为：

$$C_{17}H_{33}CONHCH_2CH_2N\underset{C_2H_5}{\overset{C_2H_5}{\big\langle}} \cdot HX$$

（2）索罗明（Soromine）型　索罗明型阳离子表面活性剂是典型的酯基铵盐，此类产品原料便宜，制造简单，性能优良，是一种重要的纤维柔软剂，但在使用时应注意，由于此类化合物含有酯基，耐水解性能较差，可由脂肪酸与三乙醇胺在 160～180℃ 下加热缩合得到的中间体脂肪酰氧乙基二乙醇胺经季铵化而得，Soromine A 的合成途径如下：

$$C_{17}H_{35}COOH + N(C_2H_4OH)_3 \xrightarrow[-H_2O]{\triangle} C_{17}H_{35}-\overset{\overset{\displaystyle O}{\|}}{C}-OCH_2CH_2N(C_2H_4OH)_2 \xrightarrow{HCOOH}$$

$$\left[C_{17}H_{35}-\overset{\overset{\displaystyle O}{\|}}{C}-OCH_2CH_2NH(C_2H_4OH)_2\right]^+ HCOO^-$$

（3）阿柯维尔（Ahcovel）型　脂肪酸与多胺衍生物反应，可生成一系列阳离子表面活性剂，反应产物可用作柔软剂。

3.8.5　聚合型阳离子表面活性剂

如聚季铵盐-16，由乙烯咪唑鎓甲基氯化物和乙烯吡咯烷酮聚合制得，用于发用化妆品及护肤化妆品，有护发、调理、柔肤和定型的作用，可与阴离子表面活性剂良好复配。

HS-100 阳离子树脂，由乙烯吡咯烷酮和甲基丙烯酰胺丙基三甲基氯化铵聚合制得，易溶于水，对毛发、皮肤有良好的调理性，可与阴离子表面活性剂良好配伍，易于漂洗，不会产生聚集。

3.8.6　鎓盐型阳离子表面活性剂

由其他可携带正电荷的元素作为阳离子表面活性剂的亲水基时，称为鎓盐型阳离子表面活性剂。根据亲水基不同，大致可分为鏻化物、锍化物和碘鎓化合物等。

（1）鏻化物　三烃基鏻与卤代烷反应的产物为鏻鎓盐，也称季鏻盐阳离子表面活性剂。主要用作乳化剂、杀虫剂和杀菌剂，其化学稳定性和热稳定性比季铵盐高。

例如：等物质的量的溴代十二烷与三乙基膦在 90℃ 加热 12h，生成三乙基十二烷基鏻溴化物，收率为 80%，再用乙酸酯和乙醚处理后便能得到精制品。

（2）氧化锍和锍化合物　在非含氮的阳离子表面活性剂中，氧化锍化合物是非常有效的杀菌剂，如：硫酸二甲酯对十二烷基甲基亚砜进行甲基化处理。

$$C_{12}H_{25}\overset{\overset{\displaystyle O}{\uparrow}}{S}CH_3 + (CH_3)_2SO_4 \longrightarrow \left[C_{12}H_{25}\overset{\overset{\displaystyle O}{\uparrow}}{S}(CH_3)_2\right]^+ (CH_3SO_4)^-$$

这类氧化锍与苄基季铵盐相仿，是非常有效的杀菌剂，它对皮肤的刺激性很小，优于季铵盐，在阴离子洗涤剂和皂类中均具有杀菌能力。

（3）碘鎓化合物　碘鎓盐是由碘原子携带正电荷形成鎓盐，碘鎓盐具有抗微生物性能，与肥皂和阴离子表面活性剂有很好的相容性，在复配体系中可保持高效杀菌消毒效果。它与其他多数杀菌剂不同，对次氯酸盐的漂白作用有较好的稳定性。

例如：先用过氧乙酸将邻碘联苯氧化成亚碘酰联苯，再用硫酸将其环化成联苯碘鎓硫酸盐。

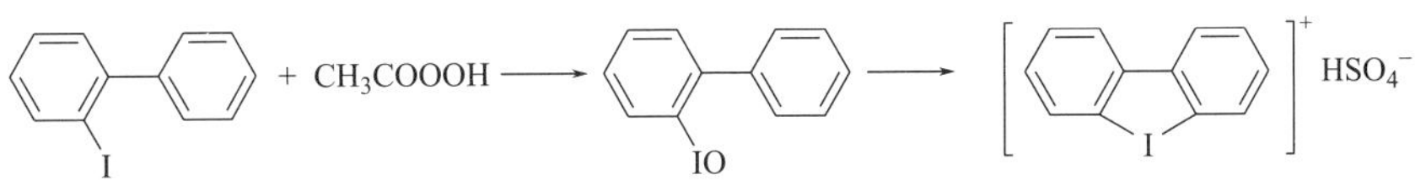

3.9　两性表面活性剂结构与功能

两性离子表面活性剂（zwitterionic surfaotants）是指在同一分子结构中同时存在被桥

链（碳氢链、碳氟链等）连接的一个或多个正、负电荷中心（或偶极中心）的表面活性剂。换言之，两性离子表面活性剂也可以定义为具有表面活性的分子残基中同时包含彼此不可被电离的正、负电荷中心（或偶极中心）的表面活性剂。

在英文名称中，"amphoterics"（两性表面活性剂）和 "zwitterionics"（两性离子表面活性剂）可以区分得很清楚，但中文名称却不能清楚区分。因此，广义的"两性表面活性剂"是狭义的"两性表面活性剂"和"两性离子表面活性剂"的统称：是指分子结构中同时具有阴离子、阳离子和非离子两种及以上亲水基的表面活性剂。这里主要讨论两性离子表面活性剂。

尽管两性离子表面活性剂分子中不带静电荷，但在其正、负偶极间存在强电场。阴离子或阳离子表面活性剂虽然电离时也产生正负电荷中心，但具有表面活性的分子残基上只带一种电荷，而两性离子表面活性剂在电离时产生的正、负电荷中心（或偶极中心）则共存于表面活性残基上，互相不能分开。因而在溶液中显示出独特的等电点性质，这是与其他类型表面活性剂的最大和最根本的区别。

两性离子表面活性剂的正电荷中心往往显示碱性，而负电荷中心往往显示酸性。酸性基基本都是羧基、磺酸基或磷酸基等；碱性基则为胺基或季铵基。这一结构特征决定了两性离子表面活性剂在溶液中既有释放一个质子的能力，又有吸收一个质子的能力。

$$[R\overset{+}{N}H_2CH_2COOH]Cl^- \overset{HCl}{\Longleftarrow} R\overset{+}{N}H_2CH_2COO^- \overset{NaOH}{\longrightarrow} R\overset{+}{N}H_2CH_2COONa^+$$

在强酸性水溶液中呈现阳离子性；在强碱性溶液中呈现阴离子性；而在 pH 值接近中性（等电点）时，则以内盐的形式存在即显示两性，这种内盐一般称为两性离子。此时在水中的溶解度较小，起泡性、润湿性、去污性能亦稍差。这种在不同 pH 范围内，两性离子表面活性剂在三种离子形式之间转换是这类含弱碱性 N 原子的两性离子表面活性剂的显著特征。

但含强碱性 N 原子的两性离子表面活性剂则显示出另外两种不同的离子变换特征，如羧基甜菜碱：

$$R-\overset{\underset{|}{CH_3}}{\underset{\underset{|}{CH_3}}{N}}-CH_2COO\bar{H}Cl \overset{HCl}{\Longleftarrow} R-\overset{\underset{|}{CH_3}}{\underset{\underset{|}{CH_3}}{N}}-CH_2CO\bar{O} \overset{NaOH}{\Longleftarrow} R-\overset{\underset{|}{CH_3}}{\underset{\underset{|}{CH_3}}{N}}-CH_2CO\overset{+}{O}HNa$$

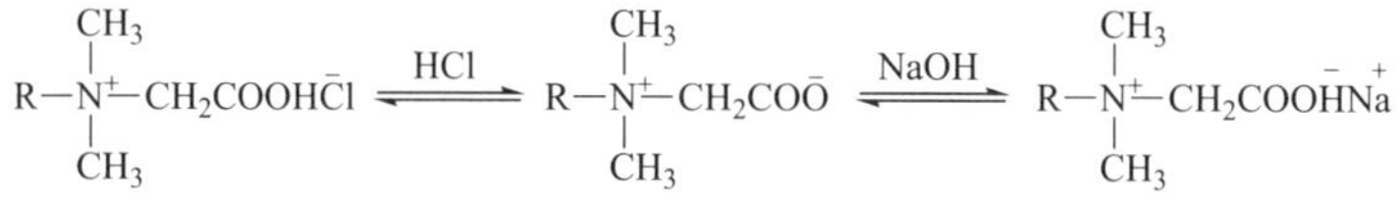

在强酸性溶液中呈现阳离子性，与阴离子相混，易生成沉淀；在中性或强碱性溶液中均呈现两性，因而在整个 pH 范围内只在两种离子形式间变换。另有一类两性离子表面活性剂对 pH 不敏感，在任何 pH 情况下，均以内盐或两性离子的形式存在，因而只存在一种离子形式。

在外界电场作用下，以阴离子形式存在的两性离子表面活性剂会向阳极迁移，而以阳离子形式存在的两性离子表面活性剂将会向阴极迁移。但是以内盐形式存在的两性离子表面活性剂在外界电场中既不会向阳极迁移，也不会向阴极迁移，因此，此种无迁移状态相应的溶液的 pH 就被称为两性离子表面活性剂的等电点（pI）。若以 pK_a 和 pK_b 分别表示两性离子表面活性剂酸性基团和碱性基团的解离常数，该两性离子表面活性剂的等电点（pI）可由下式表示：

$$pI = (pK_a + pK_b)/2$$

两性离子表面活性剂的等电点可以反映两性离子表面活性剂正负电荷中心的相对解离强度。若 pI<7，则表明负电荷中心的解离强度大于正电荷中心的解离强度；pI>7，则相反。等电点可以用酸碱滴定的方法确定，一般在 2～10 之间。

两性离子表面活性剂的熔点较高，如甜菜碱型大都在 120～180℃ 左右。两性离子表面活性剂可溶于水，难溶解于有机溶剂中。两性离子表面活性剂虽然其化学结构各有所不同，但均具有下列共同性能：①耐硬水，钙皂分散力强，耐高浓度电解质；②可与阴、阳、非离子表面活性剂混配，产生增效的协同效应；③与阴离子表面活性剂混合使用时与皮肤相容性好；④低毒性和对皮肤、眼睛的低刺激性；⑤有一定的抗菌性和抑霉性；⑥良好的生物降解性；⑦对硬表面及织物有较好的润湿性和去污性；⑧具有抗静电及织物柔软平滑性能；⑨有良好的乳化性和分散性。由于两性离子表面活性剂的上述特性，在日用化工、纺织工业、染料、颜料、食品、制药、机械、冶金、洗涤等领域得到广泛应用。

两性离子表面活性剂在洗涤剂中一般不作为主剂，而主要是利用它兼有洗涤和抗静电、柔软作用来改善洗后的手感。两性离子表面活性剂若按亲水基中的阴离子结构分类，可分为羧酸盐类、硫酸盐类、磺酸盐类、磷酸盐类等；若按阳离子结构分类，可分为甜菜碱型、咪唑啉型、氨基酸型、氧化胺型等。

3.9.1　甜菜碱型两性离子表面活性剂

甜菜碱是由 Sheihler 于 1869 年从甜菜中提取出来的一种天然含氮化合物。1876 年，Briihl 建议用甜菜碱（betaines）命名所有具有类似结构的化合物。现在，这一名称也用于描述含硫及含磷的类似化合物。天然甜菜碱因为分子中不具备足够长的疏水基而缺乏表面活性，只有当分子结构中一个—CH_3 被一个 C_8～C_{20}的长链烷基取代后才具有表面活性。具有表面活性的甜菜碱被统称为甜菜碱型两性离子表面活性剂。最简单的甜菜碱取代产物的分子中只含有一个长链烷基（$R=C_8$～C_{18}），称作烷基甜菜碱。

当然，天然甜菜碱分子中的甲基也可以被其他取代基取代，得到诸如烷基芳基甜菜碱或烷基酚胺丙基甜菜碱（AAPB）等；连接正负电荷中心的碳链可以增长，得到丙基甜菜碱、丁基甜菜碱等；乙酸基也可被其他基团取代，得到磺乙基甜菜碱、磺丙基甜菜碱或硫酸乙基甜菜碱、磷酸乙基甜菜碱等。

甜菜碱型两性离子表面活性剂与其他两性离子表面活性剂的区别在于：由于分子中季铵氮的存在，使其在碱性溶液中不具有阴离子性质。在不同的 pH 范围，甜菜碱两性离子表面活性剂只会以两性离子或阳离子表面活性剂的形式存在。因此，在等电点区，甜菜碱两性离子表面活性剂不会像其他具有弱碱性氮的两性离子表面活性剂那样出现溶解度急剧降低的现象。甜菜碱型两性离子表面活性剂为一内盐，与阳离子表面活性剂这类“外季铵盐型表面活性剂”不同，甜菜碱型两性离子表面活性剂可以与阴离子表面活性剂配伍使用，不会形成水不溶性“电中性”化合物。

目前生产和应用最为广泛的甜菜碱型两性表面活性剂主要有烷基甜菜碱、硫酸酯甜菜碱、磷酸酯甜菜碱、烷基酞胺甜菜碱、磺基甜菜碱等。

（1）烷基甜菜碱两性表面活性剂　烷基甜菜碱也称烷基二甲基甜菜碱，其中烷基一般为 C_{12}～C_{14}，国内习惯将十二烷基甜菜碱（LB）或椰油甜菜碱（COB）称作 BS-12。工业上一般采用十二叔胺或椰油叔胺与氯乙酸钠在碱性水溶液中反应制得。

由于分子中带有羧基，其易溶于水，溶液澄清透明，在不同 pH 值下，即使在等电点时也不会产生沉淀，耐硬水，更不会随着温度的升高而变浑浊。它具有优良的泡沫、润湿、乳化、洗涤等性能，可使毛发柔软，宜用于能调理头发且没有刺激性的头发洗护用品的制造，如婴幼儿用品；因为其耐硬水的特性，可以添加到洗衣粉、肥皂等洗涤用品中，用于东北、华北等硬水地区，生物降解相对容易、毒性小，对金属有良好的缓蚀性且抗硬水性强。它被广泛应用于配制洗发香波、儿童浴以及泡沫浴，也可以被用作纺织品的柔软剂、羊毛缩绒剂、抗静电剂、金属防腐蚀剂、抗静电剂、杀菌消毒剂、橡胶工业的凝胶乳化剂和乳化剂等。

（2）硫酸酯甜菜碱两性表面活性剂　硫酸酯甜菜碱两性表面活性剂一般由脂肪叔胺和氯丁醇反应制得。该类表面活性剂具有良好的乳化性、耐硬水性及耐酸碱性。且有研究表明，硫酸酯酰胺甜菜碱的表面活性要优于硫酸酯甜菜碱。

（3）磷酸酯甜菜碱两性表面活性剂　磷酸酯基甜菜碱两性表面活性剂因其具有优良的润湿性、增溶性、乳化分散性、抗静电性、热稳定性、良好的配伍性、易生物降解性及较低的刺激性而广泛应用于印染、塑料、造纸等工业。该类表面活性剂一般是由含羟基的有机化合物与磷酸化试剂进行酯化反应来合成的。王志辉等采用高级脂肪醇为原料制备出了一种新型的烷氧化羟基磷酸酯甜菜碱两性表面活性剂，同时测定了该物质的表面张力、临界胶束浓度及泡沫性能等。测定实验数据显示，该种合成的物质在特定的 pH 下具有良好的泡沫性能，且其属于高效表面活性剂。

（4）烷基酞胺甜菜碱两性表面活性剂　一般是以伯-叔型二胺与脂肪酸经酰胺化合成得到叔胺，再引入羧基，一般用氯乙酸钠（也可以用氯乙酸与氢氧化钠代替），合成为烷基酞胺基甜菜碱表面活性剂。陈馥等基于甜菜碱型表面活性剂的增加残酸黏度的特点，合成了十八烷基酰胺丙基甜菜碱（BET-18），该类表面活性剂是采用油酸和 3-二甲氨基丙胺为原料合成的。郑云川等为了增加表面活性剂与地层流体间的配伍性，研制出了一种新型的黏弹性的表面活性剂——芥子酰胺丙基甜菜碱。然而，具有酰基的甜菜碱表面活性剂在强酸或强碱性的溶液中由于酰胺键的水解使得其在这种 pH 环境下的稳定性较差。

一般情况下活性物占烷基酞胺甜菜碱成品中的 30%。初始原料叔胺的差异是烷基酰胺甜菜碱区别于烷基甜菜碱之处。因为此类两性表面活性剂分子中季铵氮的特殊性质使得其无论是在碱性还是酸性的介质中的化学稳定性均很好。因为烷基碳原子数的差异，烷基酰胺甜菜碱包括很多产品，其中主要的有椰油酰胺丙基甜菜碱（CAB）、月桂酰胺丙基甜菜碱（LAB）以及油酰胺甜菜碱（OAB）等，此类表面活性剂能够很好地与阴离子、阳离子、非离子表面活性剂配伍，不仅调理、洗涤、抗静电和杀菌作用较好，同时具有低刺激性、对皮肤作用温和、柔软性好及泡沫丰富的优势，能够很好地对黏度进行调节。

（5）磺基甜菜碱两性表面活性剂　磺基甜菜碱型表面活性剂具有性能稳定，耐强酸、强碱、盐及高温，且与其他表面活性剂复配性能较好等优点而得到了广泛的研究。磺基甜菜碱早期是用丙磺内酯与叔胺反应来制取的，但是由于该法生产温度低且丙磺内酯的毒副作用，如今较少使用该法。“羧基甜菜碱”的特性已经在很大程度上被人们所知。倘若羧基基团被磺基基团取代就会获得“磺基甜菜碱”。阳离子型的季铵基团以及阴离子型的磺酸根基团共同组成了磺基甜菜碱两性表面活性剂，耐温抗盐性与耐酸碱性强，化学性质稳定，毒性低，乳化能力强，能够较好地溶于其他类型的聚合物和表面活性剂中。

驱油用阴离子型表面活性剂容易在高矿化度的情况下与钙镁等离子形成沉淀而丧失界面活性。两性表面活性剂对钙镁离子具有很强的抵抗能力（如磺基甜菜碱对钙离子的稳定性高于 1800mg/L），另外，十二烷基磺基酸钠和混合十六烷基磺基甜菜碱，均具有较好的耐盐性，且能与阴离子表面活性剂之间进行较好的复配。

磺基型甜菜碱曾经被美国专利报道其被应用到三次采油中。此甜菜碱两性表面活性剂即便是在高盐水基介质的条件下仍可以对油水界面张力造成明显的降低，且其增溶与乳化能力较强。所以，在三次采油中磺基甜菜碱是一个新的发展方向。在近年的研究中表明，含有双亲油基的表面活性剂具有较高的表面活性，可以更好地溶于油中，有助于提高三次采油的采收率。

3.9.2　咪唑啉型表面活性剂

两性表面活性剂一般多从脂肪胺或季铵盐衍生而来，这种脂肪胺或季铵盐前体主要经由两条路径获得。一条路径是由脂肪酸与氨反应，生产的中间产物是伯胺或叔胺，由其衍生的两性表面活性剂可以是甜菜碱两性表面活性剂、长链烷基氨基酸盐或长链烷基亚氨基二丙（乙）酸盐等。这类反应以氨作为廉价的氮源，但制备中间体对反应条件与反应装置的要求较高。第二条路线是以烷基多胺作中间体，这一类反应以较昂贵的二元胺或多元胺为氮源，但后续反应可以在普通设备中进行，因而总体成本并不比第一条路线高。

制备烷基酰胺丙基甜菜碱（AAPB）时，中间产物由脂肪酸或其衍生物与 *N*,*N*-二甲基丙二胺反应制备。由于脂肪酸只能选择性地与 *N*,*N*-二甲基丙二胺中的伯胺基反应生成酰胺键，因而生产的产物比较纯净。

制备咪唑啉用的二胺原料多为羟乙基乙二胺，其中可以与脂肪酸反应的官能团有伯胺基、仲胺基和羟基，因而生成物比较复杂：

$$RCOOH + H_2NCH_2CH_2NHCH_2CH_2OH \longrightarrow RCONHCH_2CH_2NHCH_2CH_2OH$$

两性咪唑啉应用的最主要领域是温和性产品或对 pH 及电解质稳定性有特殊要求的场合。事实上，对 pH 和电解质的稳定性，以及水溶助长性在很大程度上与双羧基化产物中新增加的阴离子功能团有很大关系。

3.9.3　氨基酸型两性表面活性剂

氨基酸兼有羧基和氨基，本身就是两性化合物。当氨基上的氮原子被长链烷基取代就成为具有表面活性的氨基酸表面活性剂。

（1）结构类型　氨基酸型两性表面活性剂的种类很多，常见的有如下几类。

① 羧酸型

a. 长链烷基氨基酸，如：$RNH(CH_2)_nCOOH$，$RN[(CH_2)COOH]_2$，$n=2$，3。

b. *N*-烷基多氨基乙基甘氨酸，如：$R(NHCH_2CH_2)_nNHCH_2COOH$。

c. 烷基多胺多氨基酸，如：$R(NHCH_2CH_2CH_2)NHCH_2CH_2COOH$。

d. 烷基低聚氨基酸，如：

$$R-[\underset{\displaystyle CH_2COONa}{\underset{|}{N}}(CH_2)_n]_m-N(CH_2COONa)_2$$

$n=2$，3；$m=1\sim4$

e. 酰基低聚氨基酸，用酰基取代烷基低聚氨基酸中的烷基，即得酰基低聚氨基酸。

② 磺酸型，如：$RNHC_2H_4SO_3H$。

（2）性能与用途　氨基酸型两性表面活性剂的性质随 pH 值而变，随着 pH 值的改变可转为阴离子型或阳离子型。

$$R\overset{+}{N}H_2CH_2CH_2COOH \underset{H^+}{\overset{OH^-}{\rightleftharpoons}} R\overset{+}{N}H_2CH_2CH_2COO^- \underset{H^+}{\overset{OH^-}{\rightleftharpoons}} RNH_2CH_2CH_2CO\overset{-}{O}M^+$$

酸性(阳离子型)　　等电点范围　　碱性(阴离子型)

在等电点时，阴离子与阳离子在同一分子内相互平衡，此时溶解度最小，润湿力最小，泡沫性亦最低。

在正常 pH 值范围内有些氨基酸表面活性剂具有很低的表面张力与界面张力。例如 *N*-椰油基-*β*-氨基丙酸钠（DeripHat 151）及 *N*-十二酰/豆蔻酰-*β*-氨基丙酸（DeripHat 170C）的表面张力在 pH=7.0、浓度 0.01%时分别为 28.7mN/m 及 27.3mN/m，油水界面张力为

1.2mN/m 及 2.2mN/m，发泡性及泡沫稳定性较强，并随着 pH 值的变化而改变，润湿性亦好，亦随 pH 值的大小而变动。

3.10 填料类型及作用

填料是指填充材料，在加工农药粉剂、可湿性粉剂、颗粒剂时常常使用填料，在农药中加入适量填料的目的有两个：一是有些农药原料的黏性较大，很难单独用机械粉碎。为使其能被机械粉碎，常需混入适量的填料；二是有些农药的药效很高，单位面积上施用量很少，一些施药器械很难将这些少量农药撒施均匀，所以必须把药剂稀释后再撒施，填料正是起到稀释的作用。

填料本身的物化性能对制剂的药效、稳定性均有很大影响，所以在加工制剂时要根据原药及制剂的特性选择不同的填料。一般对填料调查研究的项目包括细度、真密度、假密度、吸湿性、水分、润湿性、悬浮率、比表面积、表面酸度、pH 值、含沙量、流动性、喷洒性、吸油率、离子交换容量等。上海师范大学任天瑞课题组张腾[64]等对农药制剂中所用的填料进行了系统研究。目前常用的填料有硅酸盐类的滑石、叶蜡石、黏土、硅藻土等；碳酸盐类的石灰石、白云石、方解石等及非矿物性填料，如玉米芯经过提炼糠醛后的废渣和木炭粉等[4]。

3.10.1 滑石粉

滑石粉属于硅酸盐类非金属矿，是一种白色柔软的疏水性物质，属天然的单斜晶系水合硅酸盐，化学组成为 $Mg_3[Si_4O_{10}](OH)_2$，由 31.7%的氧化镁、63.5%的二氧化硅、4.8%的水组成。通常成致密的块状、叶片状、放射状、纤维状集合体，外观呈无色透明或白色，但因含少量的杂质而呈现浅绿、浅黄、浅棕甚至浅红色，其 SEM 图及水溶液显微镜图如图 3-11 所示。由于其具有润滑性、抗黏、遮盖力良好、柔软、光泽好、耐高温等优良的物理、化学特性，滑石粉在化妆品、医药、造纸、涂料等行业得到了广泛的应用[5]。水滑石具有独特的热稳定特性，其热分解过程具有以下特征：在 70～190℃失去层间水，但结构仍完好；在 280～405℃时层板羟基脱水，并且有 CO_2 逐渐生成；410～580℃时，CO_2 完全脱除，形成金属氢氧化物。且在这一温度范围内，水滑石的热分解是可逆的，产物可吸收 H_2O、CO_2 或其他阴离子而恢复原来的层状结构，即呈现所谓的“记忆”效应。在 580℃以上的温度下，水滑石分解生成的金属氢氧化物开始烧结，并伴随复杂的相变，形成尖晶石[63]。

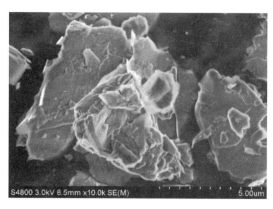

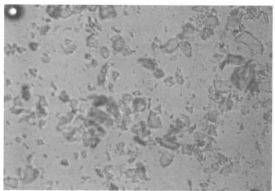

图 3-11 滑石粉的 SEM 图和水溶液显微镜图

3.10.2 叶蜡石

叶蜡石矿属硅酸盐类填料，是我国优势非金属矿产资源之一，储量居世界第三位。叶蜡石的多孔性，使得其中的水分成三种状态：吸附水、结合水、结构水。其表面表现出较强的极性性质，与有机基体之间很难相容；掺入偶联剂后，由于机械力化学作用，粉体颗粒表面包覆一层或数层偶联剂分子，其表面性质发生了很大的变化。而颗粒粒度分布是填料的最重要特性之一。颗粒细并且分布范围越窄，填料的价值就越高。粒度分布直接影响填料的密度和流动性。活性叶蜡石具有粒径小、分布范围窄的优点[65]。

3.10.3 硅藻土

硅藻土属硅酸盐类填料，是一种生物成因的硅质沉积岩，具有孔隙度大、吸附性强、化学性质稳定、体轻、质软、隔音、耐磨、耐热等特点。不溶于酸，易溶于碱。主要化学成分是 SiO_2，还有少量的 Al_2O_3、P_2O_3、CaO、MgO 等。作为玻璃钢、橡胶、塑料的填料，能明显增强制品的刚性和硬度，提高制品的耐热、耐磨、抗老化等性能，大幅度降低成本。若作为高沥青含量的路面和防水卷材的填料，能有效地解决泛油和挤浆现象，提高防滑性、耐磨性、抗压强度、耐浸蚀能力，大幅度地提高使用寿命[66,67]。

正常的硅藻土颜色多为白色、灰色、灰白色或者浅灰褐色等，值得注意的是，其颜色越深，说明硅藻土内的杂质含量越高。向硅藻土中掺入沥青之后，硅藻土的颜色将产生变化，使沥青路面的色调变得更加柔和。在采用了硅藻土之后，由于其自身的多孔结构，沥青路面将不再油亮，降低了基质沥青反光，汽车的日间行驶变得更加安全。

硅藻土的物理性质如下：

(1) 硅藻土颗粒的粒径　硅藻是以颗粒作为基本单元，而粒径则是衡量硅藻土的重要指标。不同用途的硅藻土填料，对应的颗粒粒径存在差别。在沥青混合料中使用的硅藻土，通常情况下是硅藻含量 80%以上的硅藻精土，其颗粒粒径是 10～40μm。由于颗粒粒径较小，有利于硅藻土与沥青均匀地混合，分散作用较好，因此，硅藻土可以作为增加沥青路面强度的合格填料。

(2) 比表面积　经过对建筑材料的研究可知，填料的很多性质均与颗粒的比表面积有关。硅藻土的表面积大约为 19～65m^2/g，该数值的大小一般与藻类种属有直接关系，作为多孔填料的硅藻土，其内部表面远比外部表面大，因此，硅藻土的总比表面积是由内表面积所代表的。正因如此，硅藻土拥有极强的吸附能力以及附着强度，能够有效地减小基质沥青的流动性，可以提升路面的抗滑指标。

(3) 硅藻细胞的微观结构　硅藻土是由上、下两个硅藻细胞壳扣合而成的，其微观形式大致可分为两种形态：一种是壳面呈辐射对称形式的圆形；另一种是壳面呈两侧对称形式的呈针、线和棒形。通常情况下，硅藻细胞的外壳壁上具有点纹、线纹和助纹等纹路，一般线纹附近的小孔直径约为 20～100μm，壳缝尺寸为 125μm 左右，硅藻土内部的孔隙度达 90%～92%。正是由于硅藻土细胞内部存在大量的孔隙，使得硅藻土与沥青之间拥有较好的黏附性，其使用性能得到保障。其微观形貌表征图如图 3-12 所示。

(4) 堆积密度　堆积密度主要是指在特定条件下单位体积原状土的重量。对于硅藻土，其堆积密度越大，说明原状土的质量越差，硅藻土质量不佳。一般情况下，我国硅藻土的平均堆积密度为 0.34～0.65g/cm^2，堆积密度越小，越有利于硅藻土将沥青混合料的微小孔隙填充满。

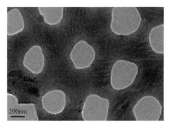

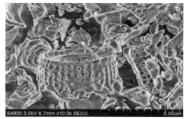

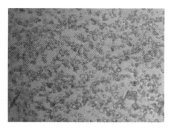

图 3-12 硅藻土的 TEM 图、 SEM 图和水溶液显微镜图

3.10.4 高岭土

高岭土，又名瓷土或白陶土，属硅酸盐类填料，理论化学式为 $Al_4(Si_4O_{10})\cdot(OH)_8$。纯净的高岭土为白色。高岭土是橡胶和塑料等高分子材料制品的重要填料之一。高岭土是一种重要的黏土矿物与工业矿物，也是地壳上分布最广、应用最为广泛的黏土矿物和工业矿产之一。迄今为止，高岭土因具有可塑性、黏结性、分散性、吸附性、化学稳定性等优良性质，已被广泛用于造纸、陶瓷、橡胶、塑料、耐火材料等领域。

高岭土主要包括黏土矿和非黏土矿两种成分，黏土矿有高岭石、地开石、水母石、变高岭石及珍珠陶土等；非黏土矿主要有云母、石英、长石，还有较少的重矿物质及部分自生次生的矿物质。高岭土中，Al_2O_3、SiO_2 的含量最多，Fe_2O_3、TiO_2 的含量较少，而 K_2O、Na_2O、CaO、MgO 的含量最少。纯净的高岭土颜色是纯白色，而普通高岭土通常含有一定的杂质，颜色是灰白色或淡黄色，其密度为 2.56～2.60g/cm^3，熔点约为 1785℃。高岭土质地较软，有滑腻感，并带有土味，可塑能力不强，易分散悬浮于水或其他溶液中，分散后可塑性、粘连性、烧结性、绝缘性、耐火度、离子吸附性、抗酸碱腐蚀性均较强，而阳离子交换性较弱[67]。高岭土 TEM 图和 SEM 图如图 3-13 及图 3-14 所示。

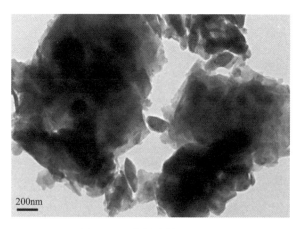

图 3-13 高岭土的 TEM 图

3.10.5 蒙脱土

蒙脱土（MMT）分子式为 $(Al,Mg)_2[Si_4O_{10}](OH)_2\cdot nH_2O$。它是一类典型的层状硅酸盐非金属纳米矿物，有较高的离子交换容量，具有较高的吸水膨胀能力，在水中能吸附大量的水分子而膨裂成极细的粒子，形成稳定的悬浮液。无机蒙脱土的晶体结构：整个结构

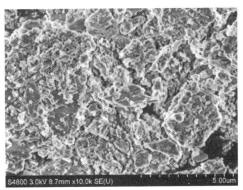

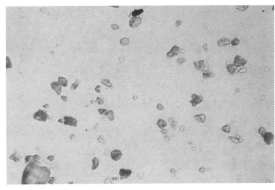

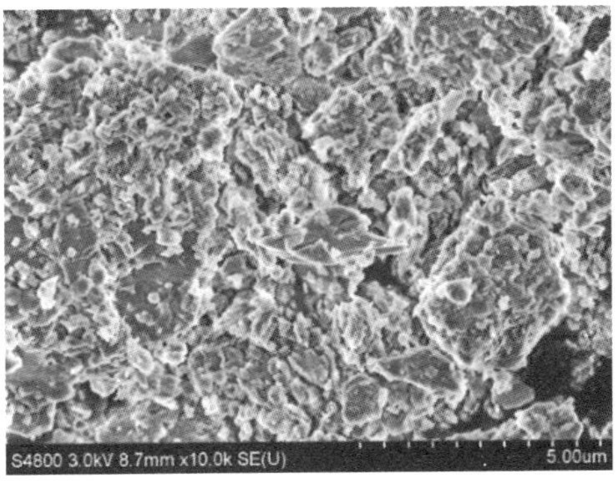

图 3-14　高岭土的 SEM 图和水溶液显微镜图

片层厚约 1nm，长、宽约 100nm，其分子结构中包含 3 个亚层，即 1 个铝氧八面体亚层和 2 个硅氧四面体亚层，通过共价键连接于各亚层之间。这种紧密堆积的四面体和八面体，促使其内部晶格间具有高度、有序的排列结构。蒙脱土晶体一般呈不规则片状，属单斜晶系；颜色为白色带浅灰，有时带浅蓝或浅红色，光泽暗淡；同时可见，钠基蒙脱土端面无卷曲现象，表面结构平坦且规整。图 3-15 为蒙脱土的 SEM 图和水溶液显微镜图。这种特殊的晶体结构使得蒙脱土具有许多特性，如具有较好的分散性、吸附性 、离子交换性、膨胀性和悬浮性等。图 3-16 显示了无机蒙脱土的热稳定性能，其热失重过程可以分为 3 个阶段：第一

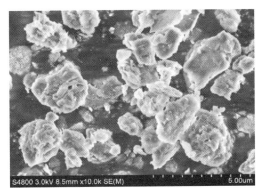

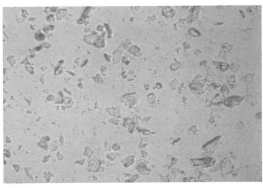

图 3-15　蒙脱土的 SEM 图和水溶液显微镜图

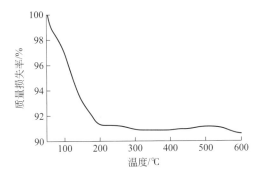

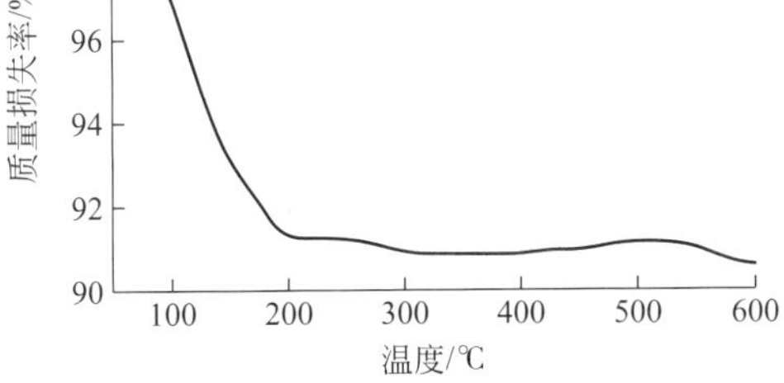

图 3-16　无机蒙脱土热失重谱图

阶段从室温到100℃，这一阶段存在着2%的微弱失重，主要是其表面吸附的游离水挥发而造成的；第二阶段从100～200℃，这一阶段的失重约为7%，主要是由于蒙脱土片层间失去物理或化学吸附水的缘故；第三阶段从200～600℃，这一阶段失重现象不明显，是由于构成蒙脱土片层的主要成分为无机硅酸盐，其热稳定性能相对较高，使得无机蒙脱土表现出很好的热稳定性[68,69]。

3.10.6 白炭黑

白炭黑是白色粉末状X射线无定形硅酸和硅酸盐产品的总称，主要是指沉淀二氧化硅、气相二氧化硅、超细二氧化硅凝胶和气凝胶，也包括粉末状合成硅酸铝和硅酸钙等。白炭黑是多孔性物质，组成为$SiO_2 \cdot nH_2O$，为白色疏松粉末，粒子极细，比表面积大，吸附容量和分散能力却很大。沉淀法生产的白炭黑比表面积一般都在200m^2/g。白炭黑TEM图和SEM图如图3-17所示。

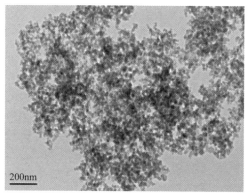

图3-17 白炭黑的TEM图和SEM图

3.10.7 海泡石

世界上探明的海泡石储量5000多万吨，主要生产国有西班牙、美国、土耳其、澳大利亚、俄罗斯、朝鲜、法国等。西班牙是海泡石资源丰富的国家，一般加工为成品和半成品出口，出口量占总产量的80%。我国在20世纪80年代初先后在江西东平、湖南浏阳、天津蓟县发现海泡石矿层，80年代后期又在东秦岭地区以及河北张家口、保定、唐山地区发现海泡石成矿带，已探明我国海泡石的储量丰富，约1200万吨[70]。由于海泡石比表面积大、吸附性能强，用它制成的颗粒剂有缓释功能。

海泡石的结构通式为$Si_{12}Mg_8O_{30}(OH)_4(OH_2)_4 \cdot 8H_2O$，由硅氧四面体和镁氧八面体组成。构成硅氧四面体基础的氧，组成间隔约0.65nm的连续晶层，而顶角的氧则交替指向这种连续晶层的上下，各四面体顶角所构成的晶层可以靠羟基加以完善。这些晶层按八面体与镁离子配位并相互连接起来。海泡石是由紧密的纤维组成的，而且纤维之间存在较大的空隙。在海泡石的纤维状晶体结构中有许多与纤维方向一致的管状贯穿通道。海泡石的这种特殊结构使其具有高达900m^2/g的理论比表面积。

海泡石为含水的镁硅酸盐，具有链状和层状纤维状的过渡型结构特征，属于2∶1层链状黏土。它的相对密度为2.4～2.6，硬度2～2.5，其10%悬浮液pH值大约为9，外观为白色絮状物，无毒无异味，对人体无害，耐高温，熔点1500～1700℃，收缩率低，可塑性好，可溶于盐酸，并具有绝缘性好、抗盐度高等特点。

（1）海泡石的化学组成　海泡石由于成因不同而化学组成有较大差异，主要有两种类型：一种为长纤维状的热液型海泡石，即 α-型海泡石；另一种为黏土状，但在显微镜下观察仍呈纤维状的沉积型海泡石，即 β-型海泡石。热液型纤维状海泡石中 MgO 和 SiO_2 含量高，而 Al_2O_3 含量低，为富镁海泡石；沉积型海泡石中 Al_2O_3 含量高，而 MgO 和 SiO_2 含量低，为富铝海泡石。

（2）海泡石的密度　海泡石的品位不同导致相对密度不同，一般为 2.0～2.6，相对密度越低则海泡石的品位越高。因此，测得海泡石的相对密度即可知道海泡石的纯度。经测定，海泡石的相对密度平均为 2.5 左右。

（3）海泡石的黏度　将精制的海泡石分别配制成 3%、5%、10%的水化液，用旋转黏度仪分别测定其黏度。测定结果见表 3-31。

表 3-31　不同浓度的海泡石水化液黏度

浓度/%	黏度/mPa・s
3	70
5	1400
10	3800

（4）海泡石的热稳定性　海泡石于 90℃失湿存水、沸石水；200～700℃失结晶水，结构无太大变化；820℃失结构水；850℃生成新相——顽火石。海泡石的化学组成随着温度变化而变化的结果见表 3-32。

表 3-32　不同温度下海泡石的组成

组成/%	温度/℃			
	20	300	500	850
SiO_2	35.40	33.58	39.78	44.13
MgO	24.13	20.82	19.97	20.24
CaO	19.42	18.98	18.13	20.29

（5）海泡石的保温隔热机理　研究表明[70]，当涂层中的气孔直径小到一定数量级时（如 50nm），气孔内的空气分子完全被吸附在气孔壁上，此时气孔实际上近似于真空状态；当涂层中这样的气孔足够多时，其热传导、对流传导率和辐射热传导的效率都减小，导致涂层总热导率减小，甚至可以获得低于无对流状态下空气的热导率。天然海泡石是一种多孔矿物材料，按海泡石晶体结构模型计算，海泡石的外比表面积可达 $400m^2/g$，内比表面积可达 $500m^2/g$。不仅如此，在海泡石的簇状纤维中存在大量的孔径在纳米级的微孔和中孔孔道。因此，在海泡石作为隔热骨料时，这些微孔和中孔可起到高效隔热作用，如图 3-18 为海泡石的 SEM 图和水溶液显微镜图。

3.10.8　白云石

白云石属碳酸盐类填料，储量丰富，分布广泛，在冶金、建材、化工、农业及环保等领域都有重要用途。白云石填料还可在不同程度上改善聚合物的物理化学性能。在涂料工业中，白云石主要用作颜料增充剂，即通过其空间和折射作用，提高颜料的有效性。超细级白云石填料还有抗沉降作用，可改善涂料的悬浮稳定性。在乙烯基涂料中，白云石填料具有

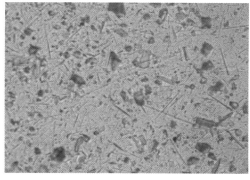

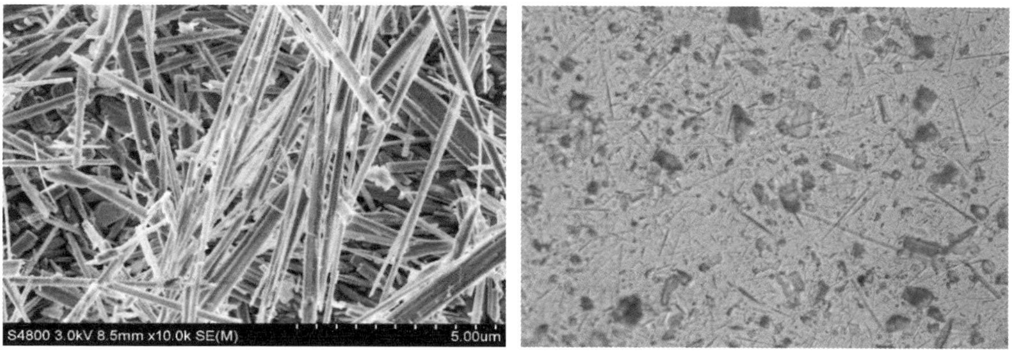

图 3-18　海泡石的 SEM 图和水溶液显微镜图

pH 调节作用，以防止 pH 降低。白云石充填的涂料对于金属有防腐蚀作用，这是因为白云石使金属和涂料界面上的 pH 升高，并在金属表面形成微溶性氧化保护膜。白云石填料还具有改善聚合物制品的耐气候性、抗擦洗性、提高机械强度、降低收缩率、内应力、吸水和吸油性以及减少裂缝等作用。在白色或彩色聚合物制品中，还可用以代替部分昂贵的钛白粉[71]。

3.10.9　方解石

方解石属碳酸盐类填料，其晶体结构为三方晶系，D63d-R3c。菱面体晶胞：arh＝0.637nm，$a=46°5'$，$Z=2$。钝菱面体晶胞：arh＝0.641nm，$a'=101°55'$，$Z=4$。六方晶胞 ah＝0.499nm，ch＝1.706nm，$Z=6$。主要粉晶谱线：3.03（100），1.910（90），1.873（80），2.28 ×2.09（70），1.600（60）。方解石的晶体结构类似于沿三次轴压缩的 NaCl 结构，并将其中的 Na^+ 和 Cl^- 分别以 Ca^{2+} 和［CO_3］$^{2-}$ 替换（图 3-19）。结构中［CO_3］$^{2-}$ 呈平面三角形，三角形平面皆垂直于三次轴分布。在整个结构中 O^{2-} 成层分布，在相邻层中［CO_3］$^{2-}$ 三角形的方向相反。钙的配位数为 6。Ca^{2+} 和［CO_3］$^{2-}$ 按立方最紧密堆积，所得晶胞呈钝菱面体（与菱面体解离方位一致），在现代结晶学中通常采用的晶胞是锐菱面体晶胞而非钝菱面体晶胞[72]。

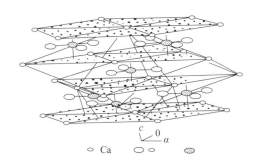

图 3-19　方解石的晶体结构

方解石是一种结晶的碳酸盐，其母岩是石灰岩，一般是通过地质沉积作用形成的。有的是岩浆后期低温热液活动的产物，或者由化学沉积作用所形成。方解石在地质作用的形成中，经过了不断的溶解-沉积作用，这相当于不断的提纯过程，故方解石的碳酸钙含量一般很高。相比较采用小方解石、白云石、大理石等原矿加工的其他矿石，大方解石具有白度高、纯度高、硬度低、光泽度高、比表面积大、加工流动性好、制品力学性能好等一系列优点[73]。

3.10.10　其他填料

（1）多孔珍珠岩　该填料资源丰富，价格便宜，只要将其粉碎到一定的粒度，然后在一定温度下焙烧，即能生成多孔吸附性填料。该填料适宜于作为颗粒剂基粒，农药与多孔珍珠岩按一定比例配合后，再覆盖一层包衣，即成稳定性良好的颗粒剂。该填料除了稳定性良好之外，还具有下列特点。

① 表面具有许多毛细孔，能强烈地吸附各种液体农药，适于制备释放期很长的颗粒剂。

② 假密度小，便于使用和加工，更适于作为成本较高的农药载体。

③ 珍珠岩具有很多球形小孔，但仍具有足够的强度，保证在生产和使用过程中不会因摩擦或受压而破碎成粉末。

④ 比热小，只要很少热量就能进行包衣或干燥处理，致使热敏性有效组分不易受热而分解。

⑤ 对 20～100 目的多孔珍珠岩颗粒，当其包衣较薄时，颗粒因摩擦而带电，因而有利于颗粒制剂附着于植株。

（2）褐煤　该填料资源丰富，价格便宜，吸附能力强，通常能吸附自身重量 1～2 倍的活性组分，诸如微量营养元素、土壤改良剂、植物养料、杀虫剂、除草剂或杀菌剂。褐煤除了含有大量的有机组分之外，还含有诸如铁、钛、镁、锶、锰、硼、钙等微量营养元素，因而有利于作物的生长。该填料的 pH 约 3.5，能校正土壤的碱性，使无机物和激素处于最佳状态。该填料若能与多孔珍珠岩配合使用，性能更为理想。

（3）改性填料　将含有硅的物质，例如硅藻土、石英、硅胶；含有氧化钙的物质，例如氢氧化钙进行水热反应，并通入 CO_2，随即生成碳酸化的硅酸钙，该物质可作为制备农药制剂的填料，尤其适用于对碱较敏感的农药，用该填料配制农药可湿性粉剂时，即能得到润湿性、悬浮率、流动性、稳定性等都非常好的可湿性粉剂。

（4）石膏系填料　将石膏焙烧脱水，不同的焙烧温度，生成下列不同的产物：

$$CaSO_4 \cdot 2H_2O \xrightarrow{120\sim130℃} CaSO_4 \cdot \frac{1}{2}H_2O$$

$$CaSO_4 \cdot \frac{1}{2}H_2O \xrightarrow{>130℃} CaSO_4 \cdot \alpha$$

$$CaSO_4 \cdot \alpha \xrightarrow{>300℃} CaSO_4 \cdot \beta$$

$$CaSO_4 \cdot \beta \xrightarrow{>600℃} CaSO_4 \cdot \gamma$$

$$CaSO_4 \cdot \gamma \xrightarrow{800\sim1000℃} \text{水硬石膏}$$

在搅拌下，将适量水加入上述各类石膏或它们的混合物中，并加适量添加剂。适于本工艺的添加剂有碱金属或碱土金属的无机盐、硫酸铝或硫酸钾、二元醇、乌洛托品、非离子或阴离子表面活性剂、天然或合成树脂等。将上述物料经适当处理后，再造粒、干燥或粉碎，即成为所需的颗粒或粉末填料。该填料的主要物理性能如下：

物理状态：颗粒状或粉状。

颜色：白色到淡褐色。

pH：6～9.0（5%悬浮液）。

流动性：良好。

水分：0.5%～3%。

吸湿性：0.3%～5%。

最大吸油率：14～26g油/100g颗粒。

表面酸化点和催化活性：完全没有或微量（用对二甲基氨基偶氮苯定性测定）。

阳离子交换容量：0～3mg/100g填料。

用该填料制备的农药制剂稳定性良好，活性组分不易分解，使用时能缓慢释放活性组分。

（5）碱性木质素（造纸的副产物） 该填料资源丰富，价格便宜，目前是取之不尽的工业原料。碱性木质素是极好的紫外线吸收剂，并具有抗氧化性能，是一种良好的抗氧化剂，能作为农药制剂的稳定剂。碱性木质素可以作为农药制剂的填料，尤其适用于对紫外线催化水解或降解非常敏感的农药，另外，碱性木质素本身就是一种良好的助剂，具有很好的分散性能。因此，用碱性木质素作为可湿性粉剂或粉剂的填料，不仅能增加农药制剂对光的稳定性，致使活性组分不易分解，而且还能明显地改善制剂的分散性。

将碱性木质素溶液pH为11～12的条件下，与氯甲代氧丙烷在80～95℃的温度下反应2h，即得木质素凝胶。每1000g木质素约需1～10g氯甲代氧丙烷。木质素凝胶为三维网状结构，能够作为农药缓释剂的载体。

（6）吸附性填料 将多孔结构的矿物填料经湿磨，制备成浊液，如果原填料的组分比例不合适，可预先加入8%～20%的塑性黏土。浑浊液中固体物的含量应不低于30%。剧烈搅拌浑浊液，然后进行喷雾干燥，即得到粒径达0.1～0.5mm的颗粒，再将颗粒于900～1300℃温度下连续烧结，使颗粒表面达到软化状态，冷却后就成为具有吸附性能的填料。

多孔结构的填料很多，主要有硅藻土、浮石、凝灰岩、多熔岩、多孔珍珠岩、蛭石、白垩等，多孔结构填料的用量不应超过95%质量。塑性黏土主要有蒙脱土、高岭土等，塑性黏土的用量通常在5%～30%质量范围内。喷嘴直径一般为0.8～2.5mm。喷雾干燥温度以400℃为宜。

按本工艺制备的吸附性填料近似呈球状，流动性好，能耐酸碱，并具有足够的强度，使用或进一步加工时，不会因摩擦或受压而粉碎成粉末。该填料吸附性能优良，至少能吸附自身重量50%的任何液体或液化农药，也能吸附气体或在加压下液化的活性组分。该填料尤其适用于具有内吸性能的活性组分。由该填料制备的农药制剂稳定性良好，活性组分不易分解，使用时，能缓慢地释放活性组分。

（7）植物填料 该填料资源丰富，价格便宜。凡含有木质素、纤维素或蛋白质的物质都能作为农药制剂的填料。

将农药与植物填料溶于有机溶剂，在催化剂和热的作用下，填料与农药发生化学反应，即生成含有可水解的酯键或酰胺键的农药制剂。某些植物填料与酸性农药反应时，应该预先用亚磺酰氯将农药转化成酰氯。

植物填料的种类很多，主要有各种树皮、碎木、锯渣、牛皮纸质素、玉米穗芯、稻壳、麦麸、胡桃壳、蔗渣、黄豆粉等。凡含有羧基、羟基或氨基的农药，诸如2,4-滴、敌百虫、甲胺磷、2甲4氯、茅草枯、氨氯吡啶酸（毒莠定）等都能与植物填料作用，生成缓释性农药制剂。

用该填料制备的农药制剂稳定性良好，活性组分不易分解。使用该制剂时，酯键或酰胺键因水解而逐渐断裂，致使活性组分缓慢地释放。

（8）凹凸棒土 凹凸棒土（AT）是一种层链状结构的含水的镁铝硅酸盐矿物。AT呈土状、致密块状，颜色有白色、灰白色、青灰色或弱丝绢光泽，其具有土质细腻、有油脂滑感、质轻、性脆、吸水性强、遇水不膨胀、湿时具有黏性和可塑性等特性。由于它本身的特殊结构，AT 已在建材、采矿、化肥、食品、农药、印染、环保等领域得到广泛应用[74]。

（9）元明粉　元明粉是芒硝脱水后的结晶体，其主要成分为含水硫酸钠（$Na_2SO_4 \cdot 10H_2O$），为一碱金属盐类，能以结晶水合物形式自水溶液中析出。元明粉的主要用途表现为：在化学工业中用于制造硫酸钠、硅酸钠及其他化工产品；在农药中主要应用于可湿性粉剂、水分散粒剂等；在洗涤工业中作为合成洗涤剂的填充材料；在造纸工业中作为制造硫酸盐纸浆时的蒸煮剂；在玻璃工业中用以代替纯碱，作助溶剂；在纺织工业中用于调配维尼纶纺丝凝固剂；用于有色金属冶金、皮革等方面，应用十分广泛。

3.10.11　填料的选择原则

粉剂对填料的要求：粉剂的填料本身不具有生物活性，只是帮助稀释原药，并使其能在粉碎机中磨成很细的粉状。填料的性质会影响磨粉机械的台时产量、产品性能和使用效果，因此必须注意填料的选择。目前填料尚无统一规格，以下仅是一般原则性的要求：

（1）填料的硬度　填料的硬度是指填料抵抗某种外来机械作用（如刻划、压入、研磨等）的能力。测定矿物的硬度有用摩氏硬度计和显微硬度计两种方法。

（2）填料的细度　粉剂中填料的细度对产品的细度影响很大。对液体农药，若采用喷雾、浸渍、混合工艺，液滴附着于填料粒子的表面（包括内表面），则填料的细度就决定着产品的细度；对固体原药，若采取原药和填料混合—粉碎—再混合工艺，则少量原药或黏附于填料的颗粒表面或以单位细粒分散于填料粒子之中，在这种情况下不仅要求填料粒子细、粒谱窄，而且要求和原药粒子大小相近，否则由喷粉器喷出时，可能前后部分含有不同量的有效成分，实验证实在若干具有触杀性能的农药可湿性粉剂中，若填料粉粒过细，则有效成分可能被此微小粉粒所包围而降低药效。如果单凭填料的机械摩擦就能使昆虫的表皮损伤而脱水致死，则粉粒愈细就愈容易附着虫体，接触面积亦愈大。粉粒大于 15μm 并无伤害昆虫的能力，以 1～15μm 为有效细度。

（3）填料的吸附容量　填料的吸附容量亦称饱和吸附容量，是指单位质量的填料吸附有机农药达到饱和点之前，仍能保持产品的分散性和流动性的吸附量，常以 mg/g 表示。填料使用的目的主要是将少量原药均匀地分布在填料的粒子表面，并能均匀撒布和附着在被防治的对象上，因此，要求填料必须具有一定的吸附容量，使得在生产过程中能牢固地吸附有效成分，并经过贮藏、运输直到使用之前仍能保持产品的分散性和流动性。填料的吸附容量和填料本身的结构有关，特别是同填料的微孔容积、微孔大小分布有关。如前所述，硅藻土、蒙脱土、凹凸棒土的吸附容量较大，而滑石粉、叶蜡石和高岭土的吸附容量较小。选择填料的吸附容量视原药的理化性能、粉剂中有效成分的含量、防治对象和使用方法而定。如固体原药加工成粉剂可以选用吸附容量小的填料，液体原油则需选用吸附容量大的填料；欲制高浓度的粉剂，则需选择吸附性能强的硅藻土、凹凸棒土、蒙脱石之类的填料，有时也以吸附性能一般的黏土拌以高吸附容量的白炭黑混用；欲制备低浓度粉剂，可选择吸附性能弱的滑石、叶蜡石和高岭土之类的填料。滑石因其活性小常用作有机磷粉剂的填料，对于一般粉剂，黏土类的填料吸附性能已满足要求，而六六六、滴滴涕性能稳定，从机械加工要求、价格和资源等方面考虑，黏土不失为有机氯农药的优良填料。熏蒸用的粉剂，选用吸附性能弱的填料有利于药剂的挥发；用于拌棉种防治棉蚜虫的甲拌磷粉剂，最好选用吸附性能很强的活性炭为填料，以使药效缓慢释放，既能延长药效又可克服对棉花种苗的药害。

（4）填料的流动性　粉剂的流动性在很大程度上依赖于填料的流动性，尤其是低浓度粉剂表现更为显著。填料的流动性不仅同填料的粒径大小和粒谱有关，而且与粒子形状有关。例如，滑石具有纤维状和片状结晶，流动性最好；硅藻土呈不规则的形状，流动性最差；凹凸棒土有针状结晶，叶蜡石呈厚片状，高岭土呈六角形薄片状结晶。它们流动性的顺序如下：

滑石粉＞凹凸棒土＞叶蜡石＞高岭土＞硅藻土

选择填料的流动性必须和填料的吸附容量、有效成分的含量和加工工艺结合在一起考虑。例如，当用喷雾浸渍法加工粉剂时，用滑石粉作填料，浓度稍高就超过其吸附容量而迅速失去其流动性，这时反而不如选择吸附容量大、流动性差的硅藻土作填料好。

用流动性好的填料作为原料可使其容易装卸和贮存，便于流经混合器，并减少堵塞粉碎机以及便于最终产品的包装，因此，填料的流动性是很重要的。一个加工得好的产品，其流动性应与填料一样。

（5）填料粒子的形状　填料粒子的形状对粉剂产品的粒子形状有很大的影响，特别是用喷雾浸渍法制造的低浓度粉剂的粒子形状主要是由被粉碎填料的粒子形状所决定的。粒子形状首先影响对昆虫、植物叶子的接触面积和黏着性。例如，正立方体形状的粒子，接触面积是总面积的1/6。而无限薄的平板状的粒子，接触面积接近总面积的1/2。显然，山字平板状的粒子具有大的接触面积，可以期望得到比球形粒子更好的黏着性。另外，粒子形状还影响毒性成分传递的难易和机械磨损作用的强弱。如圆滑的粒子，表面能和昆虫紧密接触、容易将毒物传递给昆虫，这就优于粗糙不规则的粒子。但粗糙多棱的粒子比圆滑的粒子更易擦伤昆虫身体的蜡层，使昆虫水分蒸发而枯死，有人认为硅藻石、氧化铝等单凭它们的机械作用就能杀死害虫。因此，粒子形状和药效的关系极为复杂。实际上，由于粒子间的凝聚，也不可能都以单一粒子而发生作用，因此，研究粒子的形状和药效的关系非常困难。

（6）填料的假密度和密度　填料的假密度对粉剂的假密度影响很大。选择填料的假密度要考虑两个因素：原料和填料的疏松假密度相近，以避免在施药过程中原药和填料的分离，使落地有远近之分而造成单位面积上药剂过多或不足；从施用的药械和风速考虑假密度，例如，当风力小于8.045km/h，要求粉粒的假密度在0.46～0.6g/cm^{3}范围之内，飞机喷粉则要求在0.66～0.80g/cm^{3}之间。一般说来，填料的假密度愈小，吸油率愈大，配制成的粉剂的流动性也愈好。对许多商品农药，凹凸棒土和蒙脱石提供的假密度在0.4～0.53g/cm^{3}范围之内是理想的，较轻的填料制成的产品容易被风吹散和飘失，农药颗粒不能很好地落在要防治的地区。

（7）填料的吸湿性能　填料的吸湿性能是指在一定湿度下填料的吸水量，常以吸水率表示。

填料的吸水率和填料的结构有关。滑石等矿物性强的填料一般吸水率小，而黏土、硅藻土一类的填料吸水率大。用吸湿性能强的填料制成的粉剂在贮藏、运输过程中易吸潮结块，不仅使有效成分分解加剧，而且使用不便，影响药效。因此，粉剂的填料要求吸水率小，以保证产品的质量和便于贮藏、使用，且采用吸水率小的填料也利于烘干，节省能耗。

（8）填料的电荷　当粉剂从喷粉器喷出时，粒子互相摩擦有可能产生电荷，无论电荷是正是负，当它接近叶面时，叶面即产生相反的感应电荷，因而较牢固地被吸附，可以避免因风、雨所引起的药剂流失。同时，由于带有相同电荷的粒子相互排斥，可使农药粒子分布比较均匀，既节省了农药，又减少了污染。

（9）填料的活性　活性小的填料是指填料表面活性点少，用它制成的粉剂在贮藏期有效成分分解率小。

3.11 溶剂

3.11.1 溶剂的定义

溶剂是指能够溶解另一种物质的液体，这种液体用来改变另一种物质的物理性质，而在化学组成上不发生变化。

一般农药行业通常所指的溶剂是指农药生产和应用中使用的溶剂、液体稀释剂和/或载体的总称，通常不包括配方用水和液体化肥溶液、农药合成用溶剂。本文所涉及的溶剂主要指农药加工过程中使用的或作为飞防助剂或稀释剂使用的有机溶剂。

3.11.2 农药溶剂的作用

① 溶解和稀释农药的有效成分，调节制剂含量，以便使用和施用。

② 提升和改进制剂的加工性能，如提高流动性，有利于计量。

③ 赋予制剂特殊性能：如降低对哺乳动物的毒性；减轻药害；减少漂移和挥发；减轻臭味或异味；延缓或防止制剂贮存中分解或变质，如减少分解、分层或沉淀等。

④ 制备增效或具有特定功能的液体制剂（增效剂或飞防助剂），增强制剂铺展、润湿和渗透作用，以有利于药效发挥。

⑤ 低量或超量飞防助剂、展膜油剂、静电喷雾等加工载体。

⑥ 农药助剂的生产与使用中也常设计或使用许多溶剂或助溶剂。

3.11.3 农药溶剂的选择原则

（1）对原药有良好的溶解性　溶剂必须具有一定的溶解力才能溶解活性组分和其他组分，具备较强溶解能力的溶剂往往更受欢迎，因为用它可配制高浓度制剂，从而降低制剂成本，减少运输和贮藏费用。但在消费性产品中，却宁愿使用低溶解力的溶剂，如高纯度链烷烃溶剂，因为低溶解力溶剂的药害非常轻微，而这是庭院喷雾剂的关键参数。对于施用量极低的新的高活性组分来说，也不要求溶剂有强的溶解力。

（2）挥发性及其闪点　挥发性适中，一般制剂要求闪点不低于 28℃（一级易燃液体），特殊制剂和应用技术另有要求，以确保生产、贮运和使用的安全。

（3）黏度、密度和挥发性　这些性质对农药在田间的滞留有很大影响，相对密度大、挥发性小的溶剂在作物和昆虫上的滞留时间大于水或相对密度较轻的溶剂，不仅有助于活性组分在作用点上的停留，减少遇水冲刷的损失，而且还能影响农药残效，同时也能明显地减少活性组分的挥发。

（4）VOC 排放标准　欧盟还根据 VOC 毒害作用大小，提出了分级控制要求。其中高毒害 VOC 排放不得超过 $5mg/m^3$，中等毒害不超过 $20mg/m^3$，低毒害不超过 $100mg/m^3$。

（5）润湿和表面张力　制剂对植物和昆虫的有效润湿性与农药药效密切相关，这也是用溶剂作载体或助剂比单独用水具有更好药效的原因之一。润湿和展着取决于喷雾液的表面张力和被润湿基质的特性，对一定的基质或害物来说，制剂表面张力越低，覆盖表面积越大。同时，表面张力也会影响液滴大小及漂移。

（6）气味和颜色　气味和颜色是重要的质量和外观指标，对庭院用产品来说尤为重要，无色无味的高纯度链烷烃和脱芳脂肪烃适用于这些产品，溶剂油和其他未脱芳脂肪烃也得到一些应用。

（7）亲水性　一些活性组分遇水水解或分解，因此，溶剂中不含游离水或尽可能少含水是十分重要的。通常，烃类溶剂的含水量小于其他农药常用溶剂。

（8）对人、畜毒性低，无刺激性（标准）　对人、畜低毒或无毒，无致癌、致畸、致突变风险，对眼、鼻、口以及皮肤等低刺激性或无刺激性。

（9）对植物无药害，对环境安全（标准）　在常用溶剂中，芳烃和辛醇的药害最重，高纯度的链烷烃和脱芳脂肪烃的药害最轻，萘和溶剂油则位于其间。此外，挥发性和药害无关，而表面张力和润湿性则有某些影响。

有害溶剂的界定：①有明确的致癌致畸作用，对农药生产者和使用者的健康有潜在的危害；②属于低闪点溶剂，易燃易爆，生产贮运安全性差；③属于挥发性有机物质（VOC），在生产场所和农药喷洒后污染大气环境；④与水互溶，使用后易污染水源。

3.11.4　农药溶剂的分类

现今农药制剂中使用的溶剂和石油制品可分成两大类，即烃类和非烃类。烃类在农药中得到最广泛的使用，市场上有许多不同类型和等级的烃类产品供应。为了环境安全，国家要求乳油中的溶剂限量标准如表 3-33 所示。

表 3-33　乳油中溶剂限量标准

编号	名称	含量/%
1	苯	≤1.0
2	甲苯	≤1.0
3	二甲苯	≤10.0
4	甲醇	≤5.0
5	*N*,*N*-二甲基甲酰胺	≤1.0
6	乙苯	≤2.0
7	萘	≤1.0

（1）烃类溶剂　人们把烃类分成芳香烃、链烷烃、脂肪烃和石油制品四个大类。

① 芳香烃类。芳香烃类溶剂是农药工业的“载重马”，是各种类型溶剂中使用最多的溶剂，是大多数农药乳油的基础，也有应用于道路、庭院用的制剂中。芳烃类溶剂也会在溶剂及超低容量喷雾中得到使用，其用量之低足可避免芳烃类物质产生明显的药害。

芳烃类溶剂性能优良、成本低且具有特殊的芳香气味，各种化学成分和闪点的产品均有出售，通常为芳烃异构体的混合物，但也有单一成分的工业品。市售芳烃类溶剂一般都含有85%以上（质量）的芳烃，其余成分通常是烷烃或某些烯烃。大多数工业品的颜色是水白色，但某些重质芳烃类的颜色呈淡黄到锈棕色。

轻质芳烃类，如二甲苯（C_8）和 C_9 烷基苯系列溶剂，由具不同长度侧链烷基的烷基苯混合物组成。例如：邻二甲苯、3-乙基苯和 1,2,4-三甲苯等。

重质芳烃类由烷基苯和二氢化茚、烷基萘等重质芳烃如 1,2,3,4-四甲基苯、1-甲基萘等组成（4 类危险品，易燃固体，可能禁用）。

农药中常用的芳烃溶剂的闪点范围为 28～100℃ 以上，这些溶剂的溶解能力也各不相同，与其组分有关。通常，随着碳数的增加，溶解能力下降而闪点升高。例如，C_9 芳烃溶剂的溶解能力一般比 C_{10} 芳烃溶剂大，而闪点通常低于后者。但是，溶剂的结构或组成的变化会改变上述趋向，如：高浓度 C_{11} 和 C_{12} 烷基萘溶剂可比 C_{10} 烷基苯溶剂表现出对某种活性组分更好的溶解力。另外，上述趋向也会随活性组分结构的变化而变化。

② 链烷烃类。这类溶剂指的是主要由一种化学结构组成的高纯度链烷烃溶剂，芳烃含量不超过 1%～2%，通常小于 1%（质量）。该类溶剂的溶解力低，表面张力低，反应活性低，几乎无气味，通常呈水白色且不变色，因而这类溶剂广泛应用于庭园用产品中。

链烷烃有两种，即直链烷烃和环烷烃。虽然各类烷烃有许多共同点，但某些性质亦随结构的变化而改变。对某一确定碳数目的链烷烃，其异构烷烃表现出最低的表面张力，直链烷烃的黏度最小，而环烷烃则溶解力最大。

与芳烃类溶剂类似，链烷烃类溶剂也有一系列的工业产品，包括高纯度的异构烷烃和直链烷烃溶剂。在美国，工业烷烃溶剂产品很少，且基本上都是环烷烃溶剂，例如环己烷。许多溶剂产品约含 40%～50%（质量）的环烷烃，因而常被认为是脂肪烃溶剂。

③ 脂肪烃类。脂肪烃类溶剂指的是各种各样的链烷烃和芳烃的混合烃溶剂，其中芳烃含量一般小于 40%（质量分数），例如：煤油和溶剂油就是典型的脂肪烃溶剂。脂肪烃类溶剂产品极不规范，产品之间的特性差异很大，确定它们关键性质的主要因素是其中的芳烃含量。芳烃含量越大，则其溶解力、气味越大。

一些脂肪烃溶剂经过特殊的加工可除去几乎所有的芳烃物，在工业上称其为脱芳脂肪烃，其中，芳烃含量通常不超过 1%。脱芳脂肪烃的性质与高纯度的链烷烃溶剂极为相似。

脂肪烃类溶剂广泛地用于各类农药制剂中，但主要用于对溶剂的溶解力要求低于芳烃溶剂的制剂和应用场合中。这些制剂通常至少具有一些烃的气味，使用脱芳脂肪烃的情况除外，用于道路除草剂的煤油即是一例。

④ 石油制品。石油或矿物油用于农药已多年，主要用于喷雾油。这些油一般都经过高度精炼，在常规用量时无药害。

喷雾油广泛地用作助剂，它们也用于柑橘和其他果树的害虫防治。

石油制品也用作悬浮剂和超低容量喷雾剂的载体，其低挥发性保证了它们在使用后不会太快地挥发，从而使活性组分在田间得以保持，但同时也不会停留得太久，这与单独使用水时迅速挥发形成鲜明的对比。除了挥发性适中之外，石油制品（以及某些溶剂）相对于水而言，其较高的黏度和较低的表面张力还能增加制剂的悬浮稳定性和有助于更好地控制液滴大小。

（2）非烃类溶剂

① 酮类。如吡咯烷酮、苯乙酮、甲基异丁基酮等（异佛尔酮、环己酮、丙酮等已建议停用）。尽管酮类具有良好的溶解能力，但在农药制剂中的使用并不广泛。因为与烃类溶剂相比，它们常常更易与活性组分反应且一般价格较昂贵，所以只是有选择地使用，通常作为助溶剂。

② 醚类。如甲基乙二醇醚、乙基乙二醇醚、丁基乙二醇醚、石油醚等。其中有一些表现出非常独特的混合特点，但大多数是水溶性太大以至于不能有效地用于乳油的配制。

③ 醇类。一元醇如甲醇、乙醇、丙醇、异丙醇和丁醇、异丁醇等（甲醇、异丙酮等限用）。多元醇如丙三醇和乙二醇等还有脂肪醇。虽然从道理上讲醇是很好的溶剂，但像其他一些含氧溶剂一样，醇类通常大多易溶于水，也易与农药活性组分发生反应，因此也就只在很少几种农药制剂中使用。

④ 其他溶剂。如含氮溶剂等，但就目前的情况而言，这些溶剂还没普遍使用。

（3）新型绿色溶剂

① 松节油。无色或淡黄色液体，有松香气味。沸点 153～175℃，闪点 35℃，相对密度 0.861～0.876，燃点 253℃。对碱稳定，对酸不稳定。主要成分为 α-蒎烯、β-蒎烯和莰烯

等。不溶于水，溶剂能力介于溶剂油和苯之间，与乙醇、氯仿、乙醚、苯、石油醚等溶剂互溶。

② 松油。淡黄色或深褐色液体，有松根油的特殊气味。沸点 195～225℃，闪点 72.8～86.7℃，相对密度 0.925～0.945，燃点 81.1～95.6℃。它是由松树的残枝、废材、枝、叶等用溶剂萃取或水蒸气蒸馏而制得的，主要成分为单萜烯烃、莰醇、葑醇、萜品醇、酮和酚等的混合物。松油的乳化性强，润湿性、浸透性和流平性好，用于洗涤、涂料、油漆和油类的溶剂。长期暴露在空气和光照下会产生树脂状物质、颜色变深。

③ 松脂油植物油溶剂。由松脂提炼改性而成，主要成分为萜烯类（蒎烯）、树脂酸（海松酸、枞酸）和植物油单烷基酯（月桂酸甲酯、亚油酸甲酯、棕榈酸甲酯等）。淡黄色至棕色透明液体，相对密度 0.83～0.90，闪点 35～100℃，用于乳油、增效剂等溶剂。

④ 植物油。玉米油、菜籽油、大豆油等均可以作为溶剂或载体用于超低量油剂、油悬浮剂以及增效助剂等的加工与生产。植物油的主要组分为脂肪酸甘三酯，由 14～18 碳的饱和或不饱和脂肪酸甘油酯组成，相对密度 0.90 左右。优点是安全性高，缺点是组成复杂、溶解性能和稳定性差、冷凝点低，主要用于乳油、增效剂等溶剂。

⑤ 改性植物油。甲酯化或甲基化植物油、脂肪酸甲酯。植物油以化学或生物酶方法通过酯交换形成甲酯，再脱甘油生产脂肪酸甲酯。相对密度 0.85～0.90。优点为安全、高效，溶解性能增强，对大部分农药均有一定的增效作用，缺点是成分复杂，受植物油种类影响，稳定性差，冷凝点高。可以作乳油、油悬浮剂以及增效剂、保湿剂、抗漂移剂等。如上海是大有限责任公司开发的农药增效剂系列产品，油悬浮剂等均以甲基化植物油为溶剂或载体。

另外，环氧大豆油既可以作溶剂，也是很好的稳定剂和乳化剂。

3.11.5 农药溶剂的应用

（1）乳油　乳油是指将原药按一定比例溶解在有机溶剂中，再加入一定量的农药专用乳化剂与其他助剂，配制成的一种均相透明的油状液体，与水混合后能形成稳定的乳状液。

按乳油入水后形成的乳状液分类：水包油型（O/W）和油包水型（W/O）。按乳油入水后的物理状态分类：①可溶性乳油，微粒直径在 0.1μm 以下；②乳胶状乳油，微粒直径在 0.1μm 以下；③乳浊状乳油，油珠直径在 0.1～1μm 之间。

溶剂的作用是溶解和稀释有效成分，便于加入适宜的乳化剂制成一定规格的乳油。无论采用哪一种溶剂，都必须使原药、乳化剂和溶剂三者之间相互配伍。用作农药乳油的主要溶剂有二甲苯、混二甲苯、重质苯、C_9 芳香烃（主要是三甲苯、甲乙苯和丙苯，馏程在 150～170℃）。助溶剂的作用是辅助有效成分在溶剂中溶解，主要品种有甲醇、乙醇、正丁醇、丙酮、二甲基亚砜、吡咯烷酮、*N*-甲基吡咯烷酮等，DMF、环己酮、甲苯、苯、粗苯、一氯苯等禁用。

（2）油悬浮剂　溶剂有时也可作为载体使用，尤其是在油悬浮剂中应用较多，油悬浮剂是指有效成分稳定的悬浮的液体制剂，以有机溶剂稀释调配后使用。

油悬浮剂常用的分散载体有植物油（如大豆油、玉米油、棉籽油、松节油、菜籽油等）、矿物油、甲基萘、高级脂肪烃油等及其混合溶剂。文献报道邻苯二甲酸甲酯、乙酯、二月桂醇酯、乙酸乙酯、苯甲酸甲酯或乙酯等适合作多菌灵、苯菌灵油悬浮剂的溶剂。

（3）热雾剂　热雾剂是指将液体（或固体）农药溶解在具有适当闪点和黏度的溶剂中，再添加其他成分调制成一定规格的制剂。在使用时，借助于烟雾机，将此制剂定量地压送到烟花管内，与高温高速的热气流混合喷入大气中，形成微米级的雾或烟。

选择一种符合热雾剂各项性能（如溶解性、挥发性、闪点、黏度等）要求、经济的“理想溶剂”是很困难的。在实践中常用混合溶剂，即一种主溶剂同一种助溶剂组合。一般用矿物油作主溶剂，芳香烃、醇、酮等为助溶剂。

(4) 超低容量喷雾剂　超低容量喷雾剂是指喷到靶标作物上的药液，以极细的雾滴和极低的用量喷出，是供超低容量喷雾施用的一种专用剂型。

它的配方组成，除原药外，主要是溶剂。要求这种溶剂有溶解原药的能力，挥发率≤30%，闪点不低于 70℃。

除少数超高效农药（如拟除虫菊酯、阿维菌素等）以外，超低容量制剂大多为高浓度液体制剂，一般为 20%～50%，日本杀螟硫磷超低容量制剂浓度达 96%。尤其是对固体农药品种，必须选择对农药溶解性能强的溶剂，才能做到该溶剂在低温条件下不分层或析出结晶。国外多采用乙二醇甲醚或乙二醇乙醚、异佛尔酮、环己酮等，但它们价格贵，来源困难，难以推广。因此，人们常采用混合溶剂，即使用价格低、有一定溶解性的高沸点的烷烃、芳烃、植物油等为主溶剂，采用高沸点的溶解性强的吡咯烷酮、二甲基甲酰胺等为助溶剂。北京农业大学于 1974～1975 年试验筛选一缩和二缩乙二醇混合液、仲辛醇、C_9 芳香烃、二线油（馏程 180～280℃柴油芳烃）等可作为超低容量制剂的溶剂。

(5) 气雾剂　气雾剂系指含药、乳液或混悬液与适宜的抛射剂共同装封于具有特制阀门系统的耐压容器中，使用时借助抛射剂的压力将内容物呈雾状物喷出，用于害虫吸入或直接喷至腔道黏膜、皮肤及空间消毒的制剂。

有效成分和推进剂是气雾剂的主体成分。为了提高有效成分的溶解度，常添加环己酮等溶剂。推进剂既是气雾剂的推进动力，又是有效成分的溶剂和稀释剂。要求其有较低的沸点和较高的蒸气压，易挥发，有较快的挥发速度，以便形成细微的雾滴，同时还要求毒性低，不易燃，成本低。常用的推进剂有异丁烷、脱臭煤油、氟利昂等。由于氟利昂对大气臭氧层的破坏作用，已被淘汰。

(6) 静电喷雾油剂　静电油剂是与农药静电喷雾技术相配套使用的一种特制的农药剂型，是具有挥发性低、黏度低、农药含量高、对作物安全等优点的油状药液。应用阿维菌素油剂、高效氟氯氰菊酯油剂、氟虫脲油剂防治大棚黄瓜美洲斑潜蝇，应用氧化乐果油剂、高效氟氯氰菊酯油剂防治小麦蚜虫。

(7) 可溶液剂　可溶液剂是均一、透明的液体制剂，用水稀释后，形成真溶液，药剂以分子或离子状态分散在介质中。

可溶液剂中的有机溶剂一般以甲苯、二甲苯等芳香烃类溶剂为主体，以酮类、醇类、DMF（二甲基甲酰胺等）为助溶剂。

(8) 母液（母药）　母液（母药）中有效成分含量较高，含有少量芳香烃类溶剂。

(9) 膏剂（含糊剂）　膏剂（含糊剂）中有效成分含量较高，一般加入植物油或矿物油（如液体石蜡油、机油等）为溶剂。

(10) 涂抹剂（含涂布剂）　涂抹剂（含涂布剂）中的溶剂一般为芳香烃类溶剂，有时还需加入醇、酮类助溶剂。

(11) 注杆液剂　注杆液剂中的溶剂一般以二甲苯、甲苯为主。

(12) 水面扩散剂　水面扩散剂中的溶剂一般以二甲苯、甲苯为主，有时还需加入 DMF、酮类助溶剂。

综上所述，现在农药溶剂中以芳香烃溶剂、脂肪烃溶剂为主，醇类和酮类溶剂为辅。在各类农药溶剂中以芳烃类溶剂为首，而芳烃类溶剂中当推二甲苯型溶剂最为重要，应用最广，耗量也最大。

3.12 最近10年国内外新报道的各类助剂

表3-34为最近10年国内外新报道的非离子助剂。

表3-34 最近10年国内外新报道非离子助剂

类型	牌号	状态	物化常数	作用、应用对象及特点	生产企业
非离子表面活性剂	SR-08	膏状	白色，pH5～7，流动点12℃，含量＞99%，分解温度＞200℃	SC/SE/EW/ME/EC，润湿渗透乳化分散	上海是大高分子材料有限公司
非离子表面活性剂	SR-M1	膏状	白色，pH5～7，流动点16℃，含量＞99%，分解温度＞200℃	SC/SE/EW/ME/EC，润湿渗透乳化分散	上海是大高分子材料有限公司
非离子表面活性剂	SR-M2	液体	无色透明，pH5～7，流动点0℃，含量＞99%，分解温度＞200℃	SC/SE/EW/ME/EC，润湿渗透乳化分散	上海是大高分子材料有限公司
非离子表面活性剂	SD-1815	液体	琥珀色，pH7～10，流动点32℃，含量＞99%，分解温度＞220℃	草甘膦专用助剂，润湿渗透增效	上海是大高分子材料有限公司
非离子表面活性剂	SD-1985	液体	琥珀色，pH6～9，流动点0℃，含量＞99%，分解温度＞220℃	油悬助剂，乳化润湿	上海是大高分子材料有限公司
非离子表面活性剂	OD-2	液体	琥珀色，pH6～9，流动点0℃，含量＞99%，分解温度＞220℃	油悬助剂，乳化润湿	上海是大高分子材料有限公司
非离子表面活性剂	OD-3	液体	无色，pH6～9，流动点0℃，含量＞99%，分解温度＞220℃	油悬助剂，大豆油乳化润湿	上海是大高分子材料有限公司
非离子表面活性剂	OD-4	液体	无色，pH6～9，流动点0℃，含量＞99%，分解温度＞220℃	油悬助剂，矿物油乳化剂，乳化润湿	上海是大高分子材料有限公司
非离子表面活性剂	Antarox AL/304	液体	pH6，分解温度＞200℃，流动点16℃，含量＞99%	润湿剂，SC/SE，润湿好，泡沫低	Solvay
非离子表面活性剂	Rhodasurf 860/P	液体	pH7，分解温度＞200℃，流动点3℃，含量＞99%	润湿渗透剂，SC/SE/EW/ME/EC，润湿渗透增效	Solvay
聚醚类非离子表面活性剂	Antarox B/848	液体	pH6，分解温度＞180℃，流动点15℃，含量＞99%	分散剂，乳化剂，SC/SE/EC/EW/ME，乳化好，泡沫低，用量少	Solvay
特殊改性非离子表面活性剂	Soprophor TSP/724	液体	pH6，分解温度＞250℃，流动点35℃，含量＞99%	分散剂，乳化剂，SC/SE/EC/EW/ME，乳化分散性能好，泡沫低，用量少	Solvay
非离子表面活性剂	Alkamuls OR36	液体	pH6，相对密度1.04，HLB＝13.1，流动点12℃，含量＞99%	乳化剂，EC/ME/EW，非壬基酚，高闪点，用量少	Solvay

续表

类型	牌号	状态	物化常数	作用、应用对象及特点	生产企业
非离子表面活性剂	Antarox 245S	液体	pH6，相对密度 1.00，含量>99%	乳化剂，增效剂，EC/ME/EW，非壬基酚，高闪点，用量少	Solvay
非离子表面活性剂	Soprophor 796/P	液体	pH6，相对密度 1.09，HLB = 13.7，流动点5℃，含量>99%	乳化剂，分散剂，EC/ME/EW/SC/SE，非壬基酚，高闪点，用量少	Solvay
嵌段共聚物	Ethylan NS 500LQ	液体	pH6，HLB = 14.1，流动点−8℃	润湿剂，EC/SC/SE/FS/EW，抗硬水	阿克苏
聚醚	GY-WS10	液体	pH6～9	润湿剂，SC/FS	北京广源益农化学有限责任公司
改性聚醚	GY-DS1301	液体	pH2～5	分散剂，SC/EC	北京广源益农化学有限责任公司
改性聚醚	GY-DS1287	液体	pH3～7	分散剂，SC/FS	北京广源益农化学有限责任公司
聚醚	GY-ODE286	液体	pH2～7，水分≤1.0	乳化剂，OD	北京广源益农化学有限责任公司

表 3-35 为最近 10 年国内外新报道的聚羧酸盐助剂。

表 3-35　最近 10 年国内外新报道的聚羧酸盐助剂

类型	牌号	状态	物化常数	作用、应用对象及特点	生产企业
梳型聚羧酸盐	SD-811	液体	含量>30%，淡黄色，pH7～10，羧酸盐分散剂，分解温度>220℃	分散剂，广谱性水悬浮剂助剂	上海是大高分子材料有限公司
梳型聚羧酸盐	SD-813	液体	含量>30%，淡黄色，pH7～10，羧酸盐分散剂，分解温度>220℃	分散剂，SC，抑制粒径长大	上海是大高分子材料有限公司
梳型聚羧酸盐	SD-815	液体	含量>30%，淡黄色，pH7～10，羧酸盐分散剂，分解温度>220℃	分散剂，广谱性水悬浮剂助剂	上海是大高分子材料有限公司
梳型聚羧酸盐	SD-816	固体	含量>92%，白色，pH7～10，羧酸盐分散剂，分解温度>220℃	分散剂，WG/WP/SC/DF，悬浮率高	上海是大高分子材料有限公司
梳型聚羧酸盐	SD-818	固体	含量>92%，白色，pH6～8，羧酸盐分散剂，分解温度>220℃	分散剂，WG/WP/SC/DF，低泡，悬浮率高，广谱	上海是大高分子材料有限公司
梳型聚羧酸盐	SD-819	固体	含量>92%，白色，pH7～10，羧酸盐分散剂，分解温度>220℃	分散剂，WG/WP/SC/DF，悬浮率高	上海是大高分子材料有限公司

续表

类型	牌号	状态	物化常数	作用、应用对象及特点	生产企业
梳型聚羧酸盐	SD-820	固体	含量>92%，白色，pH7～10，羧酸盐分散剂，分解温度>220℃	分散剂，WG/WP/SC/DF，悬浮率高	上海是大高分子材料有限公司
梳型聚羧酸盐	SD-830	固体	含量>92%，白色，pH7～10，羧酸盐分散剂，分解温度>220℃	分散剂，WG/WP/SC/DF，耐硬水，降黏度，悬浮率高	上海是大高分子材料有限公司
梳型聚羧酸盐	SD-836	固体	含量>92%，白色，pH7～10，羧酸盐分散剂，分解温度>220℃	分散剂，WG/WP/SC/DF，悬浮率高	上海是大高分子材料有限公司
梳型聚羧酸盐	SD-840	液体	含量>30%，红棕色，pH7～10，羧酸盐分散剂，分解温度>220℃	分散剂，WP/SC/DF，降黏度，悬浮率高	上海是大高分子材料有限公司
梳型聚羧酸盐	SD-841	固体	含量>92%，白色，pH7～10，羧酸盐分散剂，分解温度>220℃	分散剂，WG/WP/SC/DF，悬浮率高	上海是大高分子材料有限公司
梳型聚羧酸盐	SD-210	固体	含量>92%，白色，pH7～10，羧酸盐分散剂，分解温度>220℃	分散剂，WG/WP/SC/DF，悬浮率高	上海是大高分子材料有限公司
梳型聚羧酸盐	SD-308	液体	含量>30%，红棕色，pH7～10，羧酸盐分散剂，分解温度>220℃	分散剂，吡蚜酮SC优势助剂	上海是大高分子材料有限公司
梳型聚羧酸盐	SD-336	固体	含量>92%，白色，pH7～10，羧酸盐分散剂，分解温度>220℃	分散剂，WG/WP/SC/DF，悬浮率高	上海是大高分子材料有限公司
梳型聚羧酸盐	SD-518X	液体	含量>25%，白色，pH7～10，羧酸盐分散剂，分解温度>220℃	分散剂，SC/DF，悬浮率高	上海是大高分子材料有限公司
聚羧酸盐	Geropon K30D	液体	pH8，分解温度>250℃，流动点<0℃，含量>25%	润湿分散剂，SC/SE，高分散性，低黏度，防膏化，抗结晶	Solvay
聚羧酸盐	Geropon T/36	固体	白色粉末，pH11，分解温度>280℃，含量>90%	分散剂，WG/WP/DF，崩解快，悬浮率高，耐硬水	Solvay
聚羧酸盐	Geropon Ultrasperse	固体	白色粉末，pH8，分解温度>240℃，含量>90%	分散剂，WG/WP/DF，崩解快，悬浮率高，耐硬水	Solvay
梳状高分子聚合物	Geropon DA1349	液体	相对密度1.07，分解温度>220℃，流动点<−10℃，含量>30%	润湿分散剂，SC/SE，超高分散性，低黏度，防膏化，抗结晶	Solvay
梳状高分子聚合物	Geropon DA1349	液体	相对密度1.07，分解温度>220℃，流动点<−10℃，含量>30%	润湿分散剂，SC/SE，超高分散性，低黏度，防膏化，抗结晶	Solvay
聚羧酸盐	GY-D05	液体	pH7～10，含量≥28%	分散剂，SC	北京广源益农化学有限责任公司

续表

类型	牌号	状态	物化常数	作用、应用对象及特点	生产企业
聚羧酸盐	GY-D07	液体	pH7～10，含量≥28%	分散剂，SC/FS	北京广源益农化学有限责任公司
聚羧酸盐	GY-D09	液体	pH7～10，含量≥28%	分散剂，SC	北京广源益农化学有限责任公司
聚羧酸盐	GY-D180	固体	pH6.0～9.0，熔点>200℃，含量≥90%	分散剂，WG/SC/DF	北京广源益农化学有限责任公司
聚羧酸盐	GY-D900	固体	pH7～10，熔点>200℃，含量≥90%	分散剂，WG/SC	北京广源益农化学有限责任公司
聚羧酸盐	GY-D06	固体	pH7～10，熔点>200℃，含量≥90%	分散剂，WG/SC	北京广源益农化学有限责任公司
聚羧酸盐	GY-D800	固体	pH7～10，熔点>200℃，含量≥90%	分散剂，WG/SC/DF	北京广源益农化学有限责任公司

表 3-36 为最近 10 年国内外新报道的磺酸盐助剂。

表 3-36　最近 10 年国内外新报道的磺酸盐助剂

类型	牌号	状态	物化常数	作用、应用对象及特点	生产企业
磺酸盐类	SR-02Y	液体	含量>50%，膏状，淡黄色，流动点>40℃，分解温度>200℃	润湿剂，SC/SE，低泡，润湿渗透	上海是大高分子材料有限公司
磺酸盐类	SR-18	固体	含量>80%，低泡润湿剂，黄色粉末，pH7～10，分解温度>280℃	DF/WG/WP，润湿，低泡	上海是大高分子材料有限公司
磺酸盐类	SR-T2	固体	白色，含量>92%，低泡润湿剂，pH7～10，分解温度>280℃	DF/WG/WP，润湿，低泡	上海是大高分子材料有限公司
磺酸盐类	SR-01	固体	白色，含量>92%，低泡润湿剂，pH7～10，分解温度>280℃	DF/WG/WP，润湿	上海是大高分子材料有限公司
磺酸盐类	SR-02	固体	类白色，含量>92%，低泡润湿剂，pH7～10，分解温度>280℃	DF/WG/WP，润湿	上海是大高分子材料有限公司
磺酸盐类	SR-03	固体	白色，含量>92%，低泡润湿剂，pH7～10，分解温度>280℃	DF/WG/WP，润湿	上海是大高分子材料有限公司
磺酸盐类	SR-04	固体	淡黄色，含量>92%，低泡润湿剂，pH7～10，分解温度>280℃	DF/WG/WP，润湿	上海是大高分子材料有限公司
磺酸盐类	SR-05	固体	低泡润湿剂，含量>92%，pH7～10，分解温度>280℃	WG，润湿	上海是大高分子材料有限公司

续表

类型	牌号	状态	物化常数	作用、应用对象及特点	生产企业
磺酸盐类	SR-06	固体	类白色，含量>92%，润湿剂，pH7～10，分解温度>280℃	WG，润湿	上海是大高分子材料有限公司
磺酸盐类	SR-09	固体	含量>80%，低泡润湿剂，黄色粉末，pH 7～10，分解温度>280℃	DF/WG/WP，润湿，低泡	上海是大高分子材料有限公司
磺酸盐类	SR-10	固体	白色，含量>92%，润湿剂，pH7～10，分解温度>280℃	DF/WG/WP，润湿	上海是大高分子材料有限公司
磺酸盐类	SD-601	固体	淡黄色，含量>92%，分散剂，pH7～10，分解温度>280℃	DF/WG/WP，润湿	上海是大高分子材料有限公司
磺酸盐类	SD-610	固体	淡黄色，含量>92%，分散剂，pH7～10，分解温度>280℃	DF/WG/WP，润湿	上海是大高分子材料有限公司
磺酸盐类	SD-720	固体	淡黄色，含量>92%，分散剂，pH7～10，分解温度>280℃	DF/WG/WP，润湿	上海是大高分子材料有限公司
磺酸盐类	WET-88	固体	淡黄色，含量>92%，低泡润湿剂，pH7～10，分解温度>280℃	DF/WG/WP，润湿	上海是大高分子材料有限公司
磺酸盐类	SR-CA	固体	棕色，含量>92%，润湿剂，pH6～8，分解温度>280℃	DF/WG/WP，润湿	上海是大高分子材料有限公司
磺酸盐类	SR-NA	固体	棕色，含量>92%，润湿剂，pH3～7，分解温度>280℃	DF/WG/WP，润湿	上海是大高分子材料有限公司
磺酸盐类	SD-208	液体	琥珀色，含量>92%，分散剂，pH3～7，分解温度>230℃	SC/SE/EW/ME	上海是大高分子材料有限公司
磺酸盐类	SR-58	固体	棕色，含量>92%，润湿剂，pH3～7，分解温度>280℃	DF/WG/WP/DF，润湿	上海是大高分子材料有限公司
磺酸盐类	NNO	固体	淡黄色，含量>92%，低泡润湿剂，pH7～10，分解温度>280℃	DF/WG/WP/DF，润湿	上海是大高分子材料有限公司
烷基萘磺酸盐	Supragil WP	固体	黄色粉末，pH8，分解温度>280℃，含量>80%	分散剂，WG/WP/DF，润湿好，泡沫低	Solvay
聚烷基萘磺酸盐	Supragil MNS90	固体	黄色粉末，pH9，分解温度>300℃，含量>90%	分散剂，WG/WP/DF/SC/SE，崩解快，悬浮率高，耐硬水	Solvay
萘磺酸盐	GY-D10	固体	pH7～9，含量≥90%	分散剂，WG/SC/DF	北京广源益农化学有限责任公司
木质素磺酸盐	GY-DM02	固体	pH9～11，含量≥90%	分散剂，WG/SC/DF	北京广源益农化学有限责任公司

续表

类型	牌号	状态	物化常数	作用、应用对象及特点	生产企业
磺酸盐类	GY-EM05	液体	pH4～8，水分≤0.8	分散剂，OD	北京广源益农化学有限责任公司
萘磺酸盐甲醛缩合物	MorwetD425	固体	pH7.5～10，黄色粉末	分散剂，SC/WG，在软硬水及中高 pH 环境中悬浮稳定性好	阿克苏
木质素磺酸钙	Greensperse CA	固体	棕色粉末，pH7.0，含量>93%	分散剂，WP，分散性好，性价比高	Borregaard
木质素磺酸钙	Borresperse CA	固体	棕色粉末，pH4.4，含量>93%	分散剂，WP/DF/SC，分散性好，性价比高	Borregaard
木质素磺酸钠	Greensperse NA	固体	棕色粉末，pH5.0，含量>93%	分散剂，WG/WP/DF/SC，分散性好，性价比高	Borregaard
木质素磺酸钠	Borresperse NA	固体	棕色粉末，pH8.2，含量>93%	分散剂，WG/WP/DF/SC，分散性好，性价比高	Borregaard
木质素磺酸钠	Ultrazine NA	固体	棕色粉末，pH8.6，含量>93%	分散剂，WG/WP/DF/SC/EW/SE，分散性很好，耐高温，控制 SC 粒径增长，降低 SC 黏度	Borregaard
木质素磺酸钠	Ufoxane 3A	固体	棕色粉末，pH9.1，含量>93%	分散剂，WG/WP/DF/SC/EW/SE，分散性很好，耐高温，对低熔点原药效果好	Borregaard
木质素磺酸钠	Greensperse S 9	固体	棕色粉末，pH10.5，含量>93%	分散剂，WG/WP/DF/SC/EW/SE，分散性很好，控制 SC 粒径增长，降低 SC 黏度，耐高电解质，崩解快	Borregaard
木质素磺酸钠	Vanisperse CB	固体	深褐色粉末，pH8.4，含量>90%	分散剂，WG/WP/DF/SC/EW/SE，分散性很好，耐高温，控制 SC 粒径增长，降低 SC 黏度	Borregaard
萘磺酸盐	ZSH-668	淡黄色粉体	活性物含量≥90%，pH8～11（1%水溶液）	分散剂，WP/SC/WG/DF，崩解性、稳定性、分散性和悬浮率、拖尾性能好	深圳中圣合生物技术有限公司

表 3-37 为最近 10 年国内外新报道的其他类型助剂。

表 3-37　最近 10 年国内外新报道的其他类型助剂

类型	名称/牌号	状态	物化常数	作用、应用对象与特点	生产公司
飞防增效助剂	SD-S80	液体	无色，相对密度 0.75～0.85，pH5～8，分解温度>220℃	飞防增效助剂	上海是大高分子材料有限公司

续表

类型	名称/牌号	状态	物化常数	作用、应用对象与特点	生产公司
飞防增效助剂	SD-90	液体	黄色，相对密度 0.85～0.95，pH6～9，分解温度>220℃	飞防增效助剂	上海是大高分子材料有限公司
有机硅农药增效剂	SD-S700	液体	无色，有效含量>98%，分解温度 220℃	有机硅农药增效剂	上海是大高分子材料有限公司
有机硅农药增效剂	SD-S770	液体	无色，有效含量>98%，分解温度 220℃	有机硅农药增效剂	上海是大高分子材料有限公司
磷酸酯类分散剂	SD-206	液体	琥珀色，含量>98%，分散剂，pH3～7，分解温度>230℃	SC/SE/EW/ME	上海是大高分子材料有限公司
硫酸盐类分散剂	SD-209	液体	无色，含量>98%，分散剂，pH3～7，分解温度>230℃	吡蚜酮优势助剂	上海是大高分子材料有限公司
磷酸盐类分散剂	SD-216	液体	淡黄色，含量>98%，分散剂，pH6～9，分解温度>230℃	SC/SE/EW/ME	上海是大高分子材料有限公司
羧酸盐类分散剂	DF-1212	液体	含量>30%，红棕色，pH7～10，羧酸盐分散剂，分解温度>220℃	分散剂	上海是大高分子材料有限公司
阴离子表面活性剂	Soprophor FD	液体	黄棕色液体，pH3～7，分解温度>230℃，含量>99%	分散剂，SC/SE/EW/ME，悬浮率高，适应性广	Solvay
阴离子表面活性剂	Aerosol OT-A ND	液体	相对密度 1.05，沸点>190℃，含量 70%	乳化剂，增效剂，EC/ME/EW，渗透增效	Solvay
阴离子表面活性剂	Geronol N70K	液体	pH7.5，相对密度 1.03，流动点<0℃，沸点>100℃	草铵膦水剂增效剂，药效好	Solvay
表面活性剂混合物	Geronol CF120G	膏状	pH9，相对密度 1.05，熔点 35℃，沸点>100℃	草甘膦水溶粒剂专用增效剂，成型好，药效好	Solvay
表面活性剂混合物	Geronol CF130G	膏状	pH9，相对密度 1.05，融点 35℃，沸点>100℃	草甘膦水溶粒剂专用增效剂，绿色环保，成型好，药效好	Solvay
表面活性剂混合物	Geronol VO/01	液体	pH7，相对密度 0.99，流动点<0℃，含量>99%	植物油专用乳化分散剂，OD，乳化分散性能好	Solvay
表面活性剂混合物	Geronol VO/02N	液体	pH7，相对密度 1.06，流动点<0℃，含量>99%	甲酯油专用乳化分散剂，OD，乳化分散性能好	Solvay
表面活性剂混合物	Geronol FF/4-EC	液体	pH6，相对密度 1.01，HLB=9.24，流动点<0℃，含量>70%	乳化剂，EC/ME/EW，非壬基酚，高闪点，用量少	Solvay
表面活性剂混合物	Geronol FF/6-EC	液体	pH6，相对密度 1.06，HLB=12.6，流动点 15℃，含量>83%	乳化剂，EC/ME/EW，非壬基酚，高闪点，用量少	Solvay

续表

类型	名称/牌号	状态	物化常数	作用、应用对象与特点	生产公司
表面活性剂混合物	Geronol FKC1800	液体	pH7，相对密度 1.16，流动点＜－10℃，沸点＞100℃	草甘膦异丙胺盐水剂专用增效剂，绿色环保，药效好	Solvay
表面活性剂混合物	Geronol CF/AS 30HL	液体	pH7，相对密度 1.04，流动点＜0℃，沸点＞100℃	草甘膦异丙胺盐水剂专用增效剂，绿色环保，药效好	Solvay
表面活性剂混合物	Geronol CFNV37	液体	pH7，相对密度 0.98，流动点＜0℃，沸点＞100℃	草甘膦铵盐水剂专用增效剂，药效好	Solvay
表面活性剂混合物	Geronol CF/K10	液体	pH8，相对密度 0.97，流动点＜0℃，沸点＞100℃	草甘膦高含量钾盐水剂专用增效剂，低温流动性好，药效好	Solvay
表面活性剂混合物	Geronol N80S	液体	pH7，相对密度 1.06，流动点＜0℃，沸点＞100℃	草铵膦水剂增效剂，药效好	Solvay
牛油胺基表面活性剂混合物	Rhodameen CF/15HC	液体	pH10，相对密度 1.05，流动点＜0℃，沸点＞100℃	草甘膦异丙胺盐水剂专用增效剂，浊点高，药效好	Solvay
松脂基植物油溶剂	ND-OD2	液体	淡黄色至淡棕色透明油状液体，密度（20℃）(0.88±0.05)g/mL，水分≤0.5%，pH4～7	油悬浮剂载体，分散性好，凝固温度低，抗冻性能好，对作物安全	福建诺德公司
松脂基植物油溶剂	ND-60	液体	淡黄色至淡棕色透明油状液体，密度（20℃）(0.88±0.05)g/mL，水分≤0.5%，pH4～7	油悬浮剂载体，分散性好，凝固温度低，抗冻性能好，对作物安全	福建诺德公司
松脂基植物油溶剂	ND-45	液体	淡黄色至淡棕色透明油状液体，密度（20℃）(0.88±0.05)g/mL，水分≤0.5%，pH4～7	油悬浮剂载体，分散性好，凝固温度低，抗冻性能好，对作物安全	福建诺德公司
丙烯酸酯类共聚物	666TDS	液体	乳状微黄色白色乳液，pH7～9，固体含量 50%±1%；布氏黏度 2500～8000cP（$1cP=10^{-3}Pa \cdot s$）	成膜剂，优良的耐候性、光泽度，具有粒子细小，有良好的耐擦洗性能，抗碱性能和抗回黏的特性，对环境友好	广州友柔精细化工有限公司
高效悬浮剂	SA	粉末	pH6～9，悬浮率标准样品的 100%＋3%；扩散性为标准样品的 100%＋3%	悬浮剂，WP/WG，分散性能好，悬浮率高	深圳中圣合生物技术有限公司
改性聚醚	GY-DS1301	液体	pH2～5	分散剂，SC/EC	北京广源益农化学有限责任公司
改性聚醚	GY-DS1287	液体	pH3～7	分散剂，SC/FS	北京广源益农化学有限责任公司

续表

类型	名称/牌号	状态	物化常数	作用、应用对象与特点	生产公司
聚醚	GY-WS10	液体	pH6～9	润湿剂，SC/FS	北京广源益农化学有限责任公司
聚醚	GY-ODE286	液体	pH2～7，水分≤1.0	乳化剂，OD	北京广源益农化学有限责任公司
其他高聚物	GY-DS1610	液体	pH6～9	分散剂，SC	北京广源益农化学有限责任公司

表3-38为最近10年国内外新报道的桶混助剂。

表3-38　最近10年国内外新报道的桶混助剂

类型	名称/牌号	状态	物化常数	作用、应用对象与特点	公司名称
桶混助剂	SD-50	液体	无色，相对密度0.75～0.85，pH5～8，分解温度>220℃	桶混增效助剂	上海是大高分子材料有限公司
桶混助剂	SD-60	液体	黄色，相对密度0.85～0.95，pH6～9，分解温度>220℃	桶混增效助剂	上海是大高分子材料有限公司
油类	AgRho VersaTwin	液体	pH5，相对密度0.92，流动点<0℃，含量>99%	桶混增效助剂，飞防专用助剂，抗漂移、抗蒸发、增效	Solvay
酯化植物油	GY-Tmax	液体	pH6～9.5，相对密度0.85～0.95	飞防助剂	北京广源益农化学有限责任公司
矿物油	GY-Spry	液体	pH5～8，相对密度0.75～0.85	飞防助剂	北京广源益农化学有限责任公司
有机硅	GY-S903	液体	pH6.5～7.5，相对密度0.9～1.1	飞防助剂	北京广源益农化学有限责任公司

表3-39为最近10年国内外新报道的绿色溶剂。

表3-39　最近10年国内外新报道绿色溶剂

类型	名称/牌号	状态	物化常数	作用、应用对象与特点	生产企业
脂肪酸甲酯酰胺	Rhodiasolv Polarclean	液体	相对密度1.04，流动点<-60℃，沸点280℃，含量>99%	绿色溶剂，EC/EW/ME/SL，强极性溶剂，专利产品	Solvay
N,*N*-二甲基癸酰胺	Rhodiasolv ADMA10	液体	相对密度0.88，流动点<-15℃，沸点>200℃，含量>99%	绿色溶剂，EC/EW/ME/SL，中等极性溶剂	Solvay

续表

类型	名称/牌号	状态	物化常数	作用、应用对象与特点	生产企业
N,*N*-二甲基辛癸酰胺	Rhodiasolv ADMA810	液体	相对密度 0.88，流动点＜－15℃，沸点＞200℃，含量＞99%	绿色溶剂，EC/EW/ME/SL，中等极性溶剂	Solvay
油酸甲酯	0290	液体	浅黄色至无色油状	绿色溶剂，OD、EC、EW	苏州丰倍生物科技有限公司
甲基化植物油	FB-71	液体	黄色油状，密度 0.86～0.9g/mL （20℃），水分≤0.1%	绿色溶剂，OD、EC、EW	苏州丰倍生物科技有限公司
乙基化植物油	FB-72	液体	浅黄色油状，密度 0.86～0.93g/mL（20℃），水分≤0.1%	绿色溶剂，OD、EC、EW	苏州丰倍生物科技有限公司
绿色环保溶剂	SDRJ-01	液体	淡黄色，相对密度 0.88，沸点＞200℃，含量＞99%	EC/EW/ME/SL，绿色环保，中等极性	上海是大高分子材料有限公司

参考文献

[1] 王早骧．农药助剂．北京：化学工业出版社，1997：3-8.
[2] 沈钟，等．胶体与表面化学．第 4 版．北京：化学工业出版社，2015：124-128.
[3] 倪晓婷，何险峰，任天瑞．计算机与应用化学，2014，31（5）：547-550.
[4] 胡琼．多环芳烃的浊点萃取．上海：上海交通大学，2016.
[5] 王红亚．一种浊点的测试方法．中国专利，201410371250. 6. 2014-7-31.
[6] 范奉艳．计算机辅助表面活性剂设计——3D-QSAR 与信息管理系统研究．上海：上海师范大学，2013.
[7] 倪晓婷．表面活性剂信息管理系统．上海：上海师范大学，2014.
[8] 柳荣祥，朱全芬，夏春华．日用化学工业，1996，5：32-35.
[9] 王军．特种表面活性剂．北京：中国纺织出版社，2007：273-277.
[10] 左晶，王学川．化学工业与工程技术，2005，26（2）：23-26.
[11] 向智男，宁正祥．粮油食品科技，2005，13（1）：50-52.
[12] 王素雅，赵利，任顺成．食品工业科技，2002，23（3）：75-76.
[13] 李祖义，刘俊杰．有机化学，1998，18（5）：432-435.
[14] 汪多仁．日用化学品科学，1997，97（6）：6-8.
[15] Sangnark A，Noomhorm A. LWT-Food Science and Technology，2004，37（7）：697-704.
[16] Selomulyo V O，Zhou W. Journal of Cereal Science，2007，45（1）：1-17.
[17] Sadtler V M，Guely M，Marchal P，et al. Journal of colloid and interface science，2004，270（2）：270-275.
[18] Ohm J B，Chung O K. Cereal chemistry，2002，79（2）：274-278.
[19] 张天胜，等．生物表面活性剂及其应用．北京：化学工业出版社，2005：105-111.
[20] 司马依江・马木提．萘磺酸盐类助剂的合成与性能研究．上海：上海师范大学，2015.
[21] 王志东．世界农药，2007，29：43-46.
[22] Plank J，Pöllmann K，Zouaoui N，et al. Cement and Concrete Research，2008，38（10）：1210-1216.
[23] Hirata T. Japanese Patent JP 84，2022（S59-018338），1981.
[24] 秦跃军．羧酸盐类共聚物分散剂的合成及其在吡蚜酮水悬浮剂中的应用．上海：上海师范大学，2012.
[25] 杜亮亮．梳型高分子分散剂的合成与在农药悬浮剂中的应用．上海：上海师范大学，2014.
[26] 邢雯，周一夫，田晓斌，任天瑞．过程工程学报，2014，14：345-349.
[27] 马衍峰．聚羧酸系分散剂的合成及其对戊唑醇水悬浮剂分散稳定性研究．上海：上海师范大学，2014.
[28] 邢雯．新型梳型羧酸盐类分散剂的合成及其在吡虫啉水悬浮剂中的应用．上海：上海师范大学，2014.
[29] 卢翼君．聚羧酸盐高分子分散剂的合成与应用．上海：上海师范大学，2014.
[30] 桂奇峰．聚羧酸盐分散剂对农药水悬浮剂稳定性的影响．上海：上海师范大学，2017.
[31] 郭振豪．聚羧酸盐和聚萘磺酸盐分散剂在农药制剂中的性能研究．上海：上海师范大学，2017.

[32] 赵小平，郑卫东，王申生，等．精细与专用化学品，2014，3：11-21.
[33] 莫祥银，景颖杰，许仲梓，等．混凝土，2009，3：60-63.
[34] Burguière C，Pascual S，Bui C，et al. Macromolecules，2001，34（13）：4439-4450.
[35] Bendejacq D，Ponsinet V，Joanicot M，et al. Macromolecules，2002，35（17）：6645-6649.
[36] Ma Q，Wooley K L. Journal of Polymer Science Part A：Polymer Chemistry，2000，38（S1）：4805-4820.
[37] Colombani O，Ruppel M，Schubert F，et al. Macromolecules，2007，40（12）：4338-4350.
[38] Lejeune E，Drechsler M，Jestin J，et al. Macromolecules，2010，43（6）：2667-2671.
[39] Theodoly O，Jacquin M，Muller P，et al. Langmuir，2008，25（2）：781-793.
[40] 王栋民，熊卫峰，左彦峰，等．混凝土，2008，5：64-67.
[41] 张光华，屈倩倩，朱军峰，卫颖菲，王鹏，付小龙．高分子材料科学与工程，2014，4：143-147.
[42] Rosen MJ，Kunjappu J. Surfactants and interfacial pHenomena. John Wiley & Sons，Inc.，2012.
[43] 章莉娟，郑忠．胶体与界面化学．广州：华南理工大学出版社，2006.
[44] 肖进新，赵振国．表面活性剂应用原理．北京：化学工业出版社，2015.
[45] 郝汉，冯建国，马超，范腾飞，吴学民．化工学报，2013，64：3838-3850.
[46] Albadarin A B，Mangwandi C，Ala'a H，et al. Chemical Engineering Journal，2012，179：193-202.
[47] Zuim D R，Carpiné D，Distler G A R，et al. Journal of food engineering，2011，104（2）：284-292.
[48] Yue Q Y，Li Q，Gao B Y，et al. Applied Clay Science，2007，35（3-4）：268-275.
[49] 马超，徐妍，郭鑫宇，罗湘仁，吴学民．高等学校化学学报，2013，6：1441-1449.
[50] 彭家惠，瞿金东，张建新，陈明凤，吴彻平．四川大学学报：工程科学版，2008，40：91-95.
[51] Erbil HY. Surface Chemistry of Solid and Liquid Interfaces. Oxford：Blackwell Publishers，2006.
[52] Atkins PW. PHysical Chemistry. 6th ed. Oxford：Oxford University Press，1998.
[53] 卢寿慈，翁达．界面分选原理及应用．北京：冶金工业出版社，1992.
[54] 郑忠，胡纪华．表面活性剂的物理化学原理．广州：华南理工大学出版社，1995.
[55] 邱冠周，胡岳华，王淀佐．颗粒间相互作用与细粒浮选．长沙：中南工业大学出版社，1993.
[56] 杨强，王立，向卫东，王驰亮，周峻峰．化学进展，2006，18：290-297.
[57] Yoshioka K，Sakai E，Daimon M，et al. Journal of the American Ceramic Society，1997，80（10）：2667-2671.
[58] 胡建华，汪长春，杨武利，府寿宽，陈博学，成克锦．复旦学报（自然科学版），2000，39：463-466.
[59] Churaev N V，Derjaguin B V. Journal of colloid and interface science，1985，103（2）：542-553.
[60] 任俊，沈健，卢寿慈．颗粒分散科学与技术．北京：化学工业出版社，2005.
[61] Jordan P C. Molecular Physics，1973，25（4）：961-973.
[62] Zhang Q，Thompson M S，Carmichael-Baranauskas A Y，et al. Langmuir，2007，23（13）：6927-6936.
[63] 唐玉菲，吴茂英，罗勇新．化工科技，2009，18：75-77.
[64] 张腾．农药制剂填料的性能及其应用分析．上海：上海师范大学，2015.
[65] 孔德玉．非金属矿，1998，5：19-30.
[66] 金山．橡胶科技市场，2004，11：9.
[67] 王泽民．非金属矿，1999，5：23-26.
[68] 李剑．黑龙江交通科技，2016，8：19-20.
[69] 杜鑫，郑水林．中国非金属矿工业导刊，2016，1：1-2.
[70] 陈专，蔡广超，马驰．大众科技，2013，7：90-93.
[71] 许圭南，李瑞忠．农药，1984，2：57-59.
[72] 徐灿校．矿产保护与利用，1993，1：36-38.
[73] 孙永明，漆尧平．安全与环境工程，2006，1：103-107.
[74] 彭鹤松，曾伟，宋建强，等．工程塑料应用，2016，44：115-119.

第 4 章 可湿性粉剂

4.1 概述

在农药所有剂型中，可湿性粉剂（wettable powders，WP）最早即被称为农药的三大剂型之一，在农药工业的发展过程中一直起着“顶梁柱”的作用。20 世纪 70 年代以后，由于颗粒剂的迅速发展，农药三大剂型变为四大基本剂型，即乳油、可湿性粉剂、粉剂和颗粒剂。可湿性粉剂被认为是比较容易制成高浓度产品的剂型，如 80%莠去津 WP、90%甲萘威 WP 等。

优良的农药可湿性粉剂，其配制成的悬浮液体系应该是分散效果好。固体微粒能较长时间稳定地悬浮在固-液体系中，既不上浮，也不沉降，喷雾时不堵塞喷头，喷出的药液中有效成分含量上下均匀。反之，因悬浮性能差，就得不到均匀的喷雾和散布，影响防治效果，甚至发生药害。因此，提高悬浮液的稳定性是很重要的，这也是对可湿性粉剂要求不同于粉剂之处[1]。

要提高可湿性粉剂悬浮液的稳定性，首先要做到制剂的粒子能在水中分散悬浮，而分散悬浮的基本条件：一是粒子必须微细（即微粉），其沉降速度要小，否则，将因重力作用很快发生沉降；二是粒子必须易被水润湿，否则就会浮在水面上；三是使微粉粒子尽可能减少凝集。只有这样制剂的粒子才能较长时间地分散悬浮在水中，成为比较稳定的固液分散体系[1]。

近年来，由于可湿性粉剂加工技术和设备日臻完善和现代化，超微粉碎机和气流粉碎机的广泛应用，双螺旋混合机、犁刀式混合机、无重力混合机等高效混合设备的应用，标准化商品填料和众多优质助剂的出现，性能测试手段的标准化、仪器化，加上计算机的应用，使开发可湿性粉剂不但又快又好，而且产品质量大大提高。如反映可湿性粉剂产品质量的两个重要指标——润湿性和悬浮率，均能达到国际高标准。

可湿性粉剂是含有原药、载体和填料、表面活性剂（润湿剂、分散剂等）、辅助剂（稳定剂、警戒色等）并粉碎成微米级的农药制剂。此种制剂在用水稀释成田间使用浓度时，能形成一种稳定的、可供喷雾的悬浮液[2]。农药可湿性粉剂在使用前必须加水进行稀释，以形成固（药粒）-液（水）分散悬浮体系。这种悬浮分散体系的状态如何，即是否稳定，将直接影响到药液的使用效果。

一般来说，可湿性粉剂是一种农药有效成分含量较高的干制剂。在形态上，它类似于粉剂；在使用上，它类似于乳油。可湿性粉剂是指可以湿法使用（即加水喷雾使用）的一种粉状制剂。由于它是用水稀释的，必须具有与水容易亲和的性质（被水润湿），故名“可湿性”。

可湿性粉剂尽管和粉剂的生产工艺类似，且产品均是干制剂，但配方、产品技术指标、使用方法均不同。如可湿性粉剂需添加各种表面活性剂（润湿剂、分散剂等），农药的有效成分含量高，重点控制产品悬浮率，使用时采取加水稀释喷雾的方法；而粉剂常添加稳定剂，农药的有效成分含量低，重点控制产品细度、叶粉性，使用时采取拌毒土或直接喷粉的方法。

可湿性粉剂和乳油、悬浮剂尽管在使用方法上相同，但其产品形态、生产工艺和配方均不相同。如可湿性粉剂是粉状干制剂，采用干法粉碎、混合，需添加无机矿物载体和各种助剂；乳油则是液态制剂，采用液相混合，需添加有机溶剂和乳化剂等；悬浮剂则是一种悬浮可流动的液态制剂，采用湿法粉碎、混合，需添加水（水型悬浮剂）和各种助剂。

可溶粉剂和可湿性粉剂在形态上和使用上类似。而且可溶粉剂也需添加润湿剂、展着剂以使其在作物和防治对象表面上润湿、展着和沉积，但它们的加工工艺和对原药、载体的要求却不同，产品的细度也不一样。可溶粉剂一般要求原药和填料都是水溶性的，细度比可湿性粉剂粗。

4.2 可湿性粉剂的助剂及性能

农药可湿性粉剂属于由微细颗粒组成、对水喷雾使用、靶体表面处理型剂型，农药有效成分被均匀分散在可湿性粉剂剂型加工形成的原始分散体系（制剂）中。为满足其生产、使用过程中输送、包装、计量等的需要，制剂必须具有一定的流动性；为满足使用过程中对水稀释形成药液的药剂均匀度和悬浮稳定性，制剂必须能够在水中自发分散和自然润湿；为满足其药液喷施后药剂在靶体上的有效沉积和均匀分布，制剂对水形成的药液必须具有一定的对靶润湿能力，药剂微粒在药液中必须具有一定的均匀分散和悬浮稳定性。由于可湿性粉剂中的农药有效成分大多是疏水性有机物，其被粉碎的微细颗粒间因存在复杂的相互作用力而容易聚集，却不易被水润湿和均匀分散与悬浮。所以，为保证可湿性粉剂上述所必须具有的各种性能，农药可湿性粉剂剂型加工中必须使用分散剂、润湿剂、载体等多种助剂成分。

4.2.1 润湿剂

可湿性粉剂可选择的润湿剂包括天然产物润湿剂和人工合成润湿剂。茶枯、皂角、蚕沙等属于天然产物润湿剂；表面活性剂作润湿剂的属于人工合成润湿剂。天然产物润湿剂来源方便，但效能不如合成润湿剂。因为天然产物润湿剂中真正起作用的有效成分含量并不高，大部分是不起作用的杂质。而合成润湿剂中有效成分含量高，故润湿性能好，它的出现，就逐渐代替了天然产物润湿剂。

按照合成润湿剂的化学结构，表面活性剂作为润湿剂又可分为阴离子型和非离子型两类。在表面活性剂中，阳离子型及两性表面活性剂因成本高、来源不丰富等原因，一般不作为润湿剂用。

可湿性粉剂加工时需进行多次粉碎、混合，用固体润湿剂有较好的分布，加工时可和载体、原药等一齐混合粉碎，不需要单独增添什么设备。如为液体，润湿剂吸附或吸收在载体内部，不易完全释放出来，加工时须采用喷雾设备。因此，木质素磺酸钠、拉开粉、烷基苯磺酸钠等固体物常被选作可湿性粉剂的润湿剂。但是，如有效成分的浓度不高，载体的吸附容量有余或缺乏理想的固体润湿剂时，也可以使用液体润湿剂。

到目前为止，润湿剂的选择还是采用直接配方重复试验的所谓尝试法。即将已筛选好的填料、原药配成一定规格的母粉，然后加入不同品种、牌号、用量的助剂，按一定的加工程序制成样品，测定样品稀释液的润湿性（表面张力、润湿角等）及样品（固体）对水的润湿性（以润湿时间表示）。根据润湿性大小选出较好的润湿剂。

4.2.2　分散剂

所谓分散剂，是指能阻止固-液分散体系中固体粒子的相互凝集，使固体微粒在液相中较长时间保持均匀分散的一类物质。分散剂通常分为五类，即工业副产物、阴离子型表面活性剂、非离子型表面活性剂、水溶性高分子物质和无机分散剂[3]。

可湿性粉剂常用的分散剂有以下几种：亚硫酸纸浆废液及其干固物；以木质素及其衍生物为原料的一系列磺酸盐；以萘和烷基萘的甲醛缩合物为基础的一系列磺酸盐；一部分分子量较大的硫酸盐（SOPA）；环氧乙烷与环氧丙烷的共聚物及另外两类，即水溶性高分子物质和无机分散剂等。除了后面两类外都是表面活性剂。因此，分散剂不一定都是表面活性剂，但大多数分散剂都是表面活性剂。特别是在实际应用中，真正能单独起分散作用、性能好的分散剂几乎都是表面活性剂。其中最重要的是木质素磺酸盐及其衍生物、萘或烷基萘甲醛缩合物磺酸盐及其衍生物。它们的开发和应用不但基本满足了可湿性粉剂对分散剂的要求，也进一步推动了可湿性粉剂向高质量高浓度的方向发展。尤其是以木质素磺酸盐为主的一系列衍生物更是个中翘楚。国外农药可湿性粉剂配方中的分散剂，大多均采用这一类。

在可湿性粉剂配方筛选中，当润湿剂基本选定后，下一步就是按筛选润湿剂的方法进一步选择分散剂。因为分散的前提是润湿，在润湿性很差的前提下来选分散剂很难收到好的效果。当以某一分散剂拟定配方后，需按初步拟定的配方加工成可湿性粉剂，再根据测得加工品的润湿性和悬浮率好坏选出分散剂，最后确定优惠配方。选择分散剂，首先要了解分散的机理、影响分散的因素和分散剂用量对产品性能的影响；其次，要对分散剂的种类、性能、来源、价格等有所了解，才能从中选出适于工业化生产的分散剂。分散剂的选择比润湿剂要容易得多，这是因为前人在分散剂的认识和选择上有了丰富的实践经验，总结出了两大类效果肯定、通用性强的分散剂供选择。即以木质素为原料的一系列磺酸盐和以萘为原料合成的一系列缩合磺酸盐。在可湿性粉剂配方筛选中，一般情况下，均从这两大类物质中加以选择。

分散剂的选择和润湿剂一样，也是采用直接配方重复试验的所谓尝试法。不过，分散性好坏是以产品稀释液悬浮率高低来衡量的，悬浮率高，说明分散性好。

4.2.3　载体

载体是农药可湿性粉剂必不可少的原料。“载体”这个词，通常用于表示吸附、稀释农药用的惰性成分。使用载体的目的主要是将农药原药、助剂均匀地被吸附、分布到载体的粒子表面，使农药稀释成为均匀的混合物。尽管载体本身不具有生物活性，但载体的性质将直接影响到农药可湿性粉剂粉碎过程的台时产量、产品性能和使用效果。因此，载体的选择特别重要。对高浓度可湿性粉剂来说，载体性能的影响更加突出。下面介绍农药可湿性粉剂对载体主要性能的要求。

（1）载体的吸附容量　农药可湿性粉剂对载体性能最重要的要求是吸附容量，载体的吸附容量亦称饱和吸附容量，是指单位质量的载体吸附液体农药原药和助剂达到饱和点之前，仍能保持产品的分散性和流动性的吸附量，常以 mg/g 表示。选择载体的吸附容量需视农药和助剂的理化性能、可湿性粉剂中有效成分的含量而定。一般来说，如用固体的原药、助剂加工成可湿性粉剂，可以用吸附容量中等的载体；而用低熔点或液体的原药、助剂，则需选用吸附容量大的载体；对高浓度可湿性粉剂必须选择吸附容量大的载体。

由于载体对液体的吸附作用是先吸附（即由于物理或化学的引力使液体吸附于外部或内部表面），后吸收（将液体吸收到惰性物内部毛细孔中），而且吸收作用占主导地位。因此，载体的吸附容量和载体本身的结构有关，尤其是同载体的微孔容积、微孔大小分布有关。对矿物性载体来说，硅藻土、膨润土、凹凸棒土的吸附容量较大，陶土、高岭土次之，而滑石较小。对合成载体来说，白炭黑的吸附容量大。因此，可湿性粉剂的载体常选用硅藻土、膨润土、凹凸棒土、白炭黑、陶土、高岭土等。

（2）载体的流动性　可湿性粉剂的流动性在很大程度上依赖于载体的流动性。由于使用流动性好的载体作为原料有利于加工操作，如减少粉碎机的堵塞、提高混合效果、便于最终产品的包装等，故在选择载体时应注意其流动性。

载体的流动性不仅同载体的粒径大小和粒谱有关，更重要的是同粒子的形状有关。如滑石具有纤维状和片状结晶，流动性最好；凹凸棒土有针状结晶，叶蜡石呈厚片状，故流动性次之；而硅藻土呈不规则的形状，故流动性最差；常用的高岭土呈六角形薄片状结晶，因此流动性也很差。它们的流动性顺序为：滑石粉＞凹凸棒土＞叶蜡石＞高岭土＞硅藻土。

（3）载体的松密度　载体的松密度对可湿性粉剂的松密度有一定影响。一般来说，载体的松密度愈小，吸油率愈大，可加工高浓度可湿性粉剂。载体的松密度小，也有利于可湿性粉剂悬浮率的提高。但载体的松密度过小，将会增加整个加工过程中粉尘的飞散。一般还希望载体的松密度与原药的松密度接近，以防粉碎时分离和混合不均匀的现象发生。

硅藻土和白炭黑的松密度较小，为 $0.1\sim0.18\text{mg/cm}^3$，凹凸棒土为 $0.29\sim0.5\text{mg/cm}^3$，高岭土为 $0.26\sim0.79\text{mg/cm}^3$，膨润土为 $0.41\sim0.79\text{mg/cm}^3$，滑石为 $0.41\sim0.83\text{mg/cm}^3$。

（4）载体的细度　载体的细度对可湿性粉剂产品的细度影响较大。对液体原药和助剂若采用直接混合加工工艺，其细度对制剂性能的影响更大，要求载体的细度应符合制剂细度标准。并要求载体粒谱窄，以保证混合后制剂中有效成分均匀。对通常加工工艺的粉状商品载体，一般要求 85％～96％通过 325 目筛，以利于预混、粉碎和磨细操作。

（5）载体的硬度　载体的硬度是指载体抵抗某种外来机械作用力（如刻划、压入、研磨等）的能力。常用莫氏硬度表示，按其软硬程度排成 10 级。

对可湿性粉剂要求载体的硬度不宜过大。因为过高的硬度将会增加粉碎、研磨机械的磨损，影响台时产量。可湿性粉剂在加工过程中，粉碎、磨细设备所要求物料的莫氏硬度应在 5 以下，而常用的矿物性载体，如硅藻土、膨润土、凹凸棒土、陶土、高岭土等的莫氏硬度都小于此值（一般在 2～3），故这些载体都可用于加工可湿性粉剂。

载体的含砂量间接影响载体硬度的大小。由于砂的硬度较大，含砂量高的载体将加快设备磨损，影响台时产量并增加能耗。影响产品的细度和悬浮率。为此，应对载体的含砂量严格控制。必要时，可设置除砂装置。

（6）载体的活性　载体的活性是指载体表面的活性。一般来说，载体的活性越小，用它制成的有机磷可湿性粉剂在贮藏期间有效成分的分解率也越小。从常用的矿物载体来看，吸附性能高的载体，活性较大。如活性白土、膨润土、高岭土、硅藻土等。而滑石、凹凸棒土、碳酸钙等的活性较小。但这类天然载体由于来源及其他条件不同，所表现出来的活性差异亦很大，因此，国外常根据不同的农药和载体，添加一定量的去活化剂，以防止农药有效成分在贮藏期间分解。但对高浓度可湿性粉剂来说，载体活性对有效成分的影响较小。因此，高浓度可湿性粉剂对载体活性的考虑可以适当放宽。

粉粒体农药制剂的载体按其形成类型，一般可分为四大类，即：矿物性惰性物质、植物性惰性物质、人工合成的惰性物质和工业废弃物。按其粒度大小，可分成块状、颗粒和粉状物。长期以来，我国可湿性粉剂的载体是就地取材，并且混同于农药粉剂的填料，其实两者在选择上应有所区别。可湿性粉剂因其产品有效成分含量高、价值高，重点应选择吸附能力强的载体；而粉剂，因其产品有效成分含量低、价值低，重点应选择活性小和廉价的载体。

我国可湿性粉剂的载体最初仍要使用黏土类矿物，如膨润土、高岭土、活性白土等。近年来又开始使用凹凸棒土、硅藻土、轻质碳酸钙和人工合成载体白炭黑等，有时还将载体复配使用，以取得理想的产品质量和经济效果。

4.2.4　其他助剂

可湿性粉剂的助剂除润湿剂、分散剂两个主要助剂外，尚有其他助剂如渗透剂、展着剂、稳定剂、抑泡剂、防结块剂、警戒色、增效剂、药害减轻剂等。其中比较重要的是稳定剂、抑泡剂、防结块剂。

促进农药渗透到施药对象内部的物质称为渗透剂。很多润湿剂除具有润湿性外，大多具有渗透性。所以，有时把润湿剂说成是润湿渗透剂。如润湿渗透剂 T、润湿渗透剂 JFC 等。因此，当加入润湿剂时，等于多多少少加了渗透剂。当然，由于润湿剂不同，其渗透性也不一样，除了以上两种润湿剂的渗透性较好外，据文献报道，司盘 80（失水山梨醇油酸酯）也具有较强的渗透性。除润湿剂具有渗透性外，煤油、柴油、许多有机溶剂都具有渗透性，如二甲基亚砜能增强除草剂的穿透能力。

广义的展着剂包括展着剂、黏着剂和固着剂：使喷雾液在目标物上达到润湿、覆盖、展开的表面活性剂称为展着剂；能增加农药对固体表面固着、润湿性能的药剂称为固着剂；能增加药剂对植物、菌体和昆虫黏着性能的助剂称为黏着剂。固着性和黏着性往往联系在一起。一般来说，使喷雾液在靶标物上附着、干燥后形成药膜，不易被雨水冲刷脱落的表面活性物质就具有黏着和固着的性质。因此，从广义上讲，展着剂是一类综合性能助剂，它具有黏着、固着、展开、润湿、渗透等性能。当然，主要是展开和固着性能[4]。

大多数润湿剂具有展着的性质。肥皂和洗衣粉是常见的展着剂；此外，常用的展着剂还有椰子油酸钾、油酸钠、油酸三乙醇胺、茶枯、亚硫酸纸浆废液、聚乙烯醇等。

稳定剂，顾名思义，它是能防止和减少农药在贮存过程中有效成分分解的物质。

引起农药有效成分分解的因素较多，如载体的表面活性、光、热、氧、杂质、金属离子、水分、体系内各组分之间基团的相互作用等。因此，有人把稳定剂分为减活化剂、抗氧化剂、防光分解剂等。稳定和不稳定的机理比较复杂，引起不稳定的因素较多，详细划分比较困难。

一般来说，可湿性粉剂的浓度比粉剂高，比粉剂的稳定性相对来说要好，所以过去在这方面不太强调。只是对特别易分解的农药，如二硫代氨基甲酸酯的可湿性粉剂需要加稳定剂。但近年来由于可湿性粉剂的品种不断增加（如有机磷农药加工成可湿性粉剂的也不少），农药品种结构本身也在变化，对可湿性粉剂的质量要求不断提高。因此，对其稳定性已引起足够的重视。合成拟除虫菊酯出现后，要将它加工成可湿性粉剂就必须加入各种稳定剂。稳定剂的专用性较强，筛选稳定剂主要是通过试验。

抑泡剂是为防止农药加水稀释时产生大量泡沫而加入的物质。如聚硅氧烷类 C_8～C_{10} 脂肪醇、环氧乙烷和环氧丙烷嵌段共聚物等都是抑泡剂。抑泡剂属于消泡剂的一种。

农药可湿性粉剂中有效成分含量高，在贮存过程中容易发生结块和团聚，必须加入防结块剂白炭黑。因此，使用白炭黑为载体，可以起防结块的作用。实际生产中，主要是通过选择载体和控制有效成分的含量来解决结块问题。

警戒色属于安全性助剂，加入警戒色主要是为了安全，让人们一看便知是农药，并非一般粉状物，以免误食引起中毒等。因此，毒性高的农药更需要加警戒色。可湿性粉剂加入警戒色的例子比较多，如英国ICI公司生产的50%抗蚜威（pirimicarb）可湿性粉剂（辟蚜雾）就加了深蓝色的警戒色。

值得注意的是，警戒色并不是随便加的。加警戒色除为了安全以外，也要考虑有没有药害，它对农药稳定性的影响，即对农药有效成分必须是惰性的，没有分解作用。

除以上介绍的各种助剂外，可湿性粉剂的其他助剂还有增效剂、药害降低剂、粉体流动促进剂等，这里不再一一介绍。

4.3 可湿性粉剂质量控制指标及检测方法

（1）水分的控制　农药可湿性粉剂的水分测定按照《农药水分测定方法》（GB/T 1600—2001）中的共沸蒸馏法进行。

（2）酸/碱度或pH值　按照《农药pH值的测定方法》（GB/T 1601—1993）进行。

（3）润湿性　农药可湿性粉剂润湿性测定按照《农药可湿性粉剂润湿性测定方法》（GB/T 5451—2001）进行。

（4）悬浮率的测定　农药可湿性粉剂悬浮率的测定按照《农药悬浮率测定方法》（GB/T 14825—2006）进行。

（5）颗粒细度　农药可湿性粉剂的细度测定按照《农药粉剂、可湿性粉剂细度测定方法》（GB/T 16150—1995）中的湿筛法进行。

（6）持久起泡性

① 简易测定法。称取一定量的试样，加到盛有100mL水的量筒中（称取试样的量是根据使用时常用稀释浓度来计算的，如需稀释10000倍，则称取试样0.1g）。搅拌均匀后静置5min，测定悬浮于顶部泡沫的体积，以不超过10mL为好。

② 国际农药分析协作委员会（CIPAC）方法

a. 试剂。标准水：MT18。

b. 仪器。100mL具塞量筒：BS604，量筒1mL刻度与塞底之间的体积不大于40mL，也不小于35mL。称量瓶。

c. 测定步骤。称取规定量的试样，加到盛有95mL标准水的刻度量筒中，然后加水至100mL刻度线，盖上塞后将量筒翻转30次，于试验台上静置，无搅动保持规定时间，记录泡沫体积。

（7）热贮稳定性　按照《农药可湿性粉剂产品标准编写规范》（HG/T 2467.3—2003）中的4.9进行。

4.4 配方的筛选

可湿性粉剂最基本的配方组成为农药原药、载体、润湿剂和分散剂；另外根据需要还可以加入稳定剂、防结块剂、抑泡剂等。

4.4.1 配方组成的选择原则

欲将一个农药品种加工成可湿性粉剂时，如果没有现成的配方，就必须经过配方筛选，选出合理的配方后才能进行加工生产[5,6]。

配方筛选应考虑的原则是：产品必须达到有关标准（国标、行标或企标），所选的载体、助剂等应价廉、易得、资源丰富。最终的产品应价廉、物美，在市场上有竞争力。

配方筛选的主要程序如下：

（1）选择载体 按原药为液态或固体，配制的有效成分含量高低，再根据载体的性能拟出载体的种类和名称。若原药为液态并要求配制高含量时，则一定要选吸油率高的载体，即使载体价格较贵也必须这样做；反之，则选吸油率中低等及价格较便宜的载体。

（2）选择助剂载体 初步拟定后就根据本章叙述的各方面知识选择助剂。选择助剂的程序最好先选润湿剂，再选分散剂，或直接选复配助剂。无论选何种助剂，宜先选常用的。

配方优化根据拟定的不同载体、助剂，进行不同配方的小样加工试制，以测定样品的润湿性和悬浮率。在测定指标合格的前提下，根据原料易得、经济等综合平衡、比较，以确定合理的配方。

4.4.2 工艺过程的配方优化

小样加工设备系根据加工样品的数量而选定不同的加工设备。

（1）若原药数量较少，拟在实验室进行小样加工。最简单的设备是研钵（玻璃或瓷质），将配方各组分称样后倒入研钵中进行人工研磨。研磨到一定细度的样品用标准筛进行筛分，未通过标准筛的残留物又倒入研钵中进行研磨后再筛分。如此反复多次，直至全部通过规定的标准筛（一般为 200～325 目），即得到小样加工品，然后进行润湿性、悬浮率等有关指标的测定。为减轻劳动强度，也可使用每次可加工 20g 左右的实验室用的小型高速粉碎机。必须指出的是，这样制得的样品并不能代表生产上的产品，因此，所测定的指标也只是筛选配方时作为进行比较的指标。

（2）若提供的原药较多，拟定的配方可直接在小型气流粉碎机上进行加工（宜先混合均匀，预粉碎到一定细度）。当然，在上述（1）的情况下所选定的初步配方，为了进一步验证，也可在这种小型气流机上加工。因为通过这种小型气流粉碎机加工的样品更接近于生产性加工的产品，即更具有代表性，应用于生产，成功的把握更大。

经过上述方法筛选出的配方即可作为进一步扩大、试产或生产配方，为慎重起见，经扩大、试产的产品尚需通过有关指标测定，进一步验证配方的准确性和合理性。

4.5 生产工艺

4.5.1 混合工艺及设备

国外可湿性粉剂的混合设备与我国传统工艺有所不同。我国习惯采用滚筒混合机，而国外常采用立式搅拌混合机、卧式螺带型混合机、行星运动型混合机、湍流混合机等。且粉碎和混合设备大都采用小型设备，从而使整个生产过程趋于连续化操作。这些设备在制造上也保证了便于拆修、清洗，故使其适宜于小批量、多品种可湿性粉剂的生产[5]。

4.5.2 粉碎工艺及设备

一般来说，可湿性粉剂的磨细设备主要采用气流粉碎机，而粉剂采用高速锤碎机、自由粉碎机、雷蒙机等。

随着六六六、滴滴涕等农药的被取代，我国对农药可湿性粉剂产品的要求日益提高，高档的可湿性粉剂已占据主导地位。加之近年来我国开发和试制了一些新型的粉碎、混合、包装设备，如超微粉碎机、气流粉碎机、双螺旋锥型混合机、犁刀式混合机、无重力混合机、自动制袋充填的小包装机等，并逐渐开始采用自产填料和商品填料，这一切都为我国农药可湿性粉剂加工工艺的改造提供了必要的条件。例如我国气流粉碎机技术含量较高的昆山博瑞凯粉碎设备有限公司所生产的BKY-100系列粉碎机（见图4-1），比较适合实验室固体颗粒的粉碎。

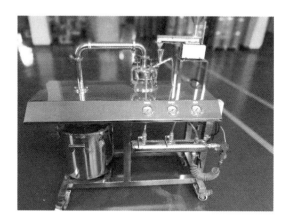

图4-1　BKY-100系列圆盘式实验室气流粉碎机

用先进的气流粉碎机、超细粉碎机、锥形混合机、无重力混合机等生产可湿性粉剂，其技术指标逐渐接近了国际水平。现将我国目前生产可湿性粉剂的工艺路线分述如下：

（1）采用超微粉碎机生产可湿性粉剂这一工艺近年来发展较快。从20世纪80年代初起，国内开始推广使用。目前采用超微粉碎机生产可湿性粉剂得到了广泛应用。产品细度可达99.5%通过325目筛。

（2）采用环型气流粉碎机主产可湿性粉剂。

（3）采用水平型（圆盘式）超音速气流粉碎机生产可湿性粉剂。

（4）不经粉碎直接混合加工可湿性粉剂。当农药原药和助剂为液体、填料为325目的商品填料时，可采用直接混配加工可湿性粉剂的生产工艺。

4.6　可湿性粉剂应用实例

可湿性粉剂经典配方案例见表4-1。

表4-1　可湿性粉剂经典配方案例

制剂名称	配方内容	性能指标	提供单位
75%百菌清WP	百菌清（96.5%）77.8%，SD-661 8%，SD-819 1%，硫酸铵补足100%	含量＞75%，悬浮率93%，持久起泡性＜25mL	上海是大高分子材料有限公司
50%吡蚜酮WP	吡蚜酮50%，SA高效悬浮剂5%，K12 1%，木钙4%，高岭土余量，补齐100%	产品按照标准54℃±2℃热贮14d实测：悬浮率99%，pH6.27，润湿时间20s	深圳市中圣合化工贸易有限公司
80%代森锰锌WP	代森锰锌（88%）92%，BorresperseCA 7%，K12 1%	悬浮率90% 热贮后，悬浮率90%	Borregaard

续表

制剂名称	配方内容	性能指标	提供单位
35%咪鲜胺锰盐+7%戊唑醇 WP	咪鲜胺锰盐（97%）36.1%，戊唑醇（97%）7.3%，406B 12%，白炭黑 8%，苏州中材高岭土补足 100%	要过气流粉碎机，打细。化学法检测悬浮率≥94%	上海是大高分子材料有限公司
90%甲萘威	90%甲萘威+5%SD-661+2%SD-02+高岭土到 100%	产品按照标准 54℃±2℃热贮 14d 实测：悬浮率 93.4%，pH=7.32，润湿时间 21s	上海是大高分子材料有限公司
70%甲托 WP	甲托 70%，SA 高效悬浮剂 4%，K12 1%，木钙 4%，白炭黑 3%，高岭土余量，补齐 100%	产品按照标准 54℃±2℃热贮 14d 实测：悬浮率 97.6%，pH7.04，润湿时间 13s	深圳市中圣合化工贸易有限公司
25%噻嗪酮 WP	噻嗪酮 25%，SA 高效悬浮剂 4%，K12 1%，木钙 4%，高岭土余量，补齐 100%	产品按照标准 54℃±2℃热贮 14d 实测：悬浮率 96.3%，pH6.19，润湿时间 22s	深圳市中圣合化工贸易有限公司
20%三唑锡 WP	三唑锡 20%，SA 高效悬浮剂 4%，K12 1%，硫酸钠 20%，木钙 4%，高岭土余量，补齐 100%	产品按照标准 54℃±2℃热贮 14d 实测：悬浮率 98%，pH8.47，润湿时间 12s	深圳市中圣合化工贸易有限公司
40%异丙威 WP	异丙威 40%，SA 高效悬浮剂 5%，K12 1%，木钙 4%，高岭土余量，补齐 100%	产品按照标准 54℃±2℃热贮 14d 实测：悬浮率 94%，pH6.67，润湿时间 10s	深圳市中圣合化工贸易有限公司
20%乙酸铜 WP	乙酸铜（95%）20%，NP-10 3%，白炭黑 6%，硫酸铵补足 100%	要过气流粉碎机。先将 NP-10 和白炭黑混合吸附	上海是大高分子材料有限公司

4.7 可溶粉(粒)剂

可溶粉（粒）剂是指在使用浓度下，有效成分能迅速分散而完全溶解于水中的一种新剂型，其外观呈流动性的粉粒体，称之为可溶粉剂（SP）或可溶粒剂（SG）。以下简称可溶粉剂。可溶粉剂有效成分含量一般在 50%以上，有的高达 90%。我国农药制剂工作者也从 20 世纪 60 年代就开始了可溶粉剂的研究，先后研究成功并投入生产的有 60%乐果可溶粉剂、80%敌百虫可溶粉剂和 75%乙酰甲胺磷可溶粉剂等。其中敌百虫和乙酰甲胺磷可溶粉剂曾有小批量产品打入国际市场。近年来这种剂型产量上升，品种迅速增加。我国 2007 年登记的可溶粉剂有杀虫双、杀虫单、单甲脒、野燕枯、巴丹、吡虫清、草甘膦、多菌灵、啶虫脒等近 200 个品种。

（1）配方的基本构成　可溶粉剂由原药、填料和助剂所组成。所选择的组分必须符合规格要求，否则得不到合格的产品。

① 原药。乙酰甲胺磷、啶虫脒、草甘膦等；也有一些农药在水中难溶或溶解度很小，但当其转变成盐后，其在水中的溶解度就会增大，例如杀虫双。

② 填料。切夫隆公司生产的 75%乙酰甲胺磷可溶粉剂的填料为白炭黑。加工高浓度的敌百虫和乙酰甲胺磷可溶粉剂，对填料的要求不像低浓度粉剂那样苛刻，易于选择。国内使用的产品可选择廉价的陶土。轻质碳酸钙原料易得，价格也比较便宜，它单独使用或配合白炭黑使用，加工的产品色白，用户乐于接受。白炭黑虽然价贵，但它具有很大的比表面积和强的吸附性能，加工的产品流动性又好，色白，可供出口需要。不论选择何种填料，它们的

水分含量都要求在2%以下。

③ 助剂。为了充分发挥有效成分的药性，保证制剂的质量和方便使用，在生产可溶粉剂时，要加适量的助剂。可溶粉剂的助剂大多是阴离子型、非离子型表面活性剂或是两者的混合物，主要起助溶、分散、稳定和增加药剂对生物靶标的润湿和黏着力。可溶粉剂的助剂主要有以下几种：

a. 黏着剂。为防止流失和增加药效，常用的品种有非离子型表面活化剂（如烷基芳基聚氧乙烯基醚、脂肪醇聚氧乙烯基醚等）、阴离子型表面活性剂（如烷基萘磺酸盐、木质素磺酸盐等）以及它们的复配物等。

b. 抗结块剂和分散剂。常用的品种有烷基磺酸盐、烷基酚或脂肪醇环氧乙烷加成物磺酸盐、烷基酚或脂肪醇环氧乙烷加成物的磷酸酯等。

c. 稳定剂。为防止在贮藏期有效成分的分解，有机磷可溶粉剂常用的稳定剂品种有有机酸、脂肪醇、抗氧剂、妥尔油、磷酸二苯酯、烷基磺酸盐、磷酸酯、表面活性剂、PAP和无机盐（如硫酸钠）。

d. 助溶剂。为加速有效成分的溶解，可添加助溶剂，和硫酸铵都能起到助溶作用。目前农药剂型正向着水性、粒状和环境相容的方向发展，而高浓度可溶粉剂符合这一发展趋势，因而很有发展前途。

（2）可溶粉剂的制造方法　制造可溶粉剂有喷雾冷凝成型法、粉碎法和喷雾干燥法。喷雾冷凝成型法也称喷雾结晶法，凡是热熔后呈液体的农药如敌百虫、乙酰甲胺磷等均可用此法制造。其原理是由于原药热熔后冷却至凝固点以下往往产生过冷现象，此时不结晶，当将填料、助剂和热熔的药剂混合均匀的同时降低温度就能形成微小的结晶。

雾滴与空气热交换时间的估算按传热方程式 $Q=aFAtmr$ 计算。采用喷雾冷凝成型工艺加工高浓度敌百虫可溶粉剂，改善了劳动条件，避免了包装工人的中毒，可与敌百虫合成工艺连续化，组成合成、加工、包装连续生产线，与国外采用气流粉碎机加工同一产品的工艺相比，具有设备简单、操作方便、生产能力大、能耗少以及成本低等优点，更适合我国目前敌百虫原药的生产状况。这种工艺加工的产品粒度比气流粉碎工艺所加工的产品粗，但在使用稀释的浓度下，原药仍能全部溶于水中。熔融乙酰甲胺磷或块状原药，采用这种工艺加工成可溶粉剂，亦具有能耗少、成本低（相对乳油而言）、减少污染、便于贮运等优点。这两种可溶粉剂我国已推广应用并有产品出口。

参考文献

[1] 沈钟，等．胶体与表面化学．第4版．北京：化学工业出版社，2015.

[2] 王早骧．农药助剂．北京：化学工业出版社，1997.

[3] 凌世海．农药剂型加工丛书：固体制剂．第3版．北京：化学工业出版社，2003.

[4] 邵维忠．农药剂型加工丛书：农药助剂．第3版．北京：化学工业出版社，2003.

[5] 刘广文．现代农药剂型加工技术．北京：化学工业出版社，2013.

[6] 赵磊．75%杀螺胺可湿性粉剂的制备及其稳定性研究．上海：上海师范大学，2018.

第 5 章
颗粒剂

5.1 概述

颗粒剂（granule，GR）是由农药原药、溶剂（或水）、助剂和载体（一定细度的矿土）组成的粒状制剂。颗粒剂是直径为大粒状农药制剂和 $1589\sim297\mu m$（$10\sim50$ 目）的颗粒状农药制剂及 $297\sim74\mu m$（$50\sim200$ 目）的微粒状农药制剂的总称。农药颗粒化研究，包括颗粒剂的配制、生产以及质量控制等方面，是农药制剂学的组成部分之一。

5.1.1 颗粒剂的发展简史

1953 年，Farrar 就预测，颗粒杀虫剂在消灭土壤害虫方面扮演重要角色。20 世纪 50 年代后期，由于农药粉剂撒布时微粉飘移对环境和作物的污染问题，对防止药剂飘移的要求越来越高。因此，出现了介于颗粒剂和粉剂之间的剂型，称为微粒剂。

早在 1955 年，美国就开发了农药微粒剂技术。1970 年，日本微粒剂新剂型开始应用，并于 1971 年开始有商品出售。日本农林部发表新剂型——微粒剂 F（$55\sim250$ 目）的标准，至 1973 年 9 月就有 23 类 123 种杀虫剂、杀菌剂、杀虫和杀菌混合剂的微粒剂 F 登记并获专利，1974 年市场上开始有商品出售。

目前，颗粒剂已成为世界各国普遍应用的剂型之一。近年来，我国颗粒剂发展十分迅速，已成为国内最重要、吨位最大的农药剂型之一，许多科研部门都做了大量且深入的研发及推广工作。

5.1.2 剂型特点

（1）颗粒剂的优点 颗粒剂作为一种常用的农药剂型具有许多优点，概括起来有以下几个方面：施药时具有方向性，使撒布药剂能充分到达靶标生物而对天敌等有益生物安全；药粒不附着于植物的茎叶上，避免直接接触产生药害；施药时无粉尘飞扬，不污染环境；施药过程中可减少操作人员身体附着或吸入药量，避免中毒事故；使高毒农药低毒化，避免人畜中毒；可控制粒剂中有效成分的释放速度，延长持效期；使用方便，效率高。总之，颗粒剂是一种使用安全、方便、持效期长的优良剂型。

（2）颗粒剂的分类 颗粒剂的种类很多，分类方法不一致。有的按照防治对象分为杀虫剂粒剂、除草剂粒剂、杀菌剂粒剂等。有的按照加工方法分为包衣法粒剂、挤出成型法粒剂、吸附法粒剂等。还有的按粒子大小分类等。根据多年生产应用及沿用习惯，认为按粒子大小进行颗粒剂的分类较为实际。其分类如下：①大粒剂，粒度范围为直径 5～9mm（2～5目）；②粒剂，粒度范围为 1.589～0.297mm（10～50 目）；③微粒剂，粒度范围为 75～25μm（50～200 目）。

颗粒剂是目前许多国家正在发展和应用的一种剂型，它在农药领域里已经占据了相当重要的地位，成为农药工业生产中品种较多、吨位较大、应用广泛的剂型。

5.2 粒剂的配制

5.2.1 粒剂配制的类型

（1）以粒剂形状分类主要有：① 解体型；② 不解体型。

（2）以造粒工艺分类

① 包衣法。以砂或矿渣为载体，将农药有效成分黏结于载体表面。

② 挤出成型造粒法。将农药原药与黏土、水一起捏合，再挤出造粒。

③ 吸附（浸渍）造粒法。将液体原药吸附于多孔颗粒载体上。

④ 流化床造粒法。将粉体保持流动状态，再用含黏结剂的溶液喷雾使之凝聚成粒。

⑤ 转动造粒法。向转动的圆盘中，边加入干粉，边喷洒液体，凝集造粒。

⑥ 破碎造粒法。将块状载体破碎造粒。

⑦ 熔融造粒法。把熔融态物料分散成液滴，冷凝使之凝固成粒。

⑧ 压缩造粒法。在一定形状的模孔中或在两片轧辊中，将粉体压缩成型并成粒。

⑨ 组合型造粒法。将两种或两种以上的造粒法组合成一条工艺流程进行造粒。如先用挤出造粒法，造出素颗粒，然后再吸附农药原油制成粒剂。

（3）以农药原药类别分类　可分为：①杀虫粒剂；②除草粒剂；③杀菌粒剂；④复合粒剂（杀虫剂-杀虫剂、除草剂-除草剂、杀虫剂-杀菌剂、除草剂-杀菌剂、化肥-杀虫剂、化肥-除草剂复配等）。

（4）造粒类型选择的依据　一种农药原药制成何种类型的粒剂，主要依据以下几个因素：

① 使用目的。为杀除有害生物，产品是施于土壤表面还是混入土壤内；用于旱田还是水田。对水田用除草剂宜采用解体型粒剂，而施于土壤内则用不解体型粒剂更为有利。

② 有关的有害生物。通常不同类型同一品种的颗粒剂，均可用来防治同一种害虫。但某一种类型的粒剂可能优于另一种类型的粒剂。例如包衣法、吸附法和挤出成型法的粒剂均可混入土壤防治土壤害虫，但它们在土壤中有效成分的释放速度有很大差异，包衣法的释放速度最慢，持效期也最长。

③ 原药的性状。如液体原油多制成吸附法粒剂，粉状原药适合做成包衣法粒剂。

④ 产品的要求。粒剂产品中有效成分的含量直接影响粒剂加工的类型。如挤出成型法适于生产较高含量的产品，而包衣法能生产的产品含量则较低。

（5）粒剂有效含量选择的因素　当粒剂产品的有效含量低于 5%时，对使用大量载体的经济性必须加以考虑。而当产品有效含量高于 20%时，在施药过程中农药有效成分可能难以均匀分布，因而选择适宜的有效成分含量是至关重要的。

粒剂有效成分含量的选择主要取决于下列因素：①被防治生物的性质；②单位面积所需

有效成分的量；③能准确施用粒剂产品的药械能力；④产品价格。

5.2.2　粒剂制备的主原料

5.2.2.1　农药原药

国内外现已开发或生产的杀虫剂的近一半品种和部分除草剂、杀菌剂、杀线虫剂品种，均适于制成粒剂使用。

5.2.2.2　载体

颗粒剂用的载体，因原药性状和选用的造粒方法的不同而异。

（1）载体的种类

① 植物类。如大豆、烟草、橡实、玉米棒芯、稻壳。

② 矿物类。如硫黄。

③ 氧化物类。如硅藻土、生石灰、镁石灰。

④ 磷酸盐类。如磷灰石。

⑤ 碳酸盐类。如方解石、白云石。

⑥ 硫酸盐类。如石膏。

⑦ 硅酸盐类。如云母、滑石、叶蜡石、黏土。

⑧ 高岭石系。如高岭石（kaolinite）、珍珠陶土（nacrite）、地开石（dickite）、富硅高岭石（anauxite）。

⑨ 蒙脱石系。如皂石（sapanite）、硅铁石（nontronite）、贝得石（beidellite）、蒙脱石（montmorillonite）。

⑩ 凹凸棒土。如凹凸棒（attapulgita）、海泡石（sepiolite）及其他浮石（pumice）。

（2）常用载体的简要特性

① 黏土、高岭石、云母。常用作颗粒剂载体的品种，狭义地讲为叶蜡石、蜡石系；广义地讲为高岭石、云母系。其含铁量少，二氧化硅含量高，水分含量低，pH 值为中性或微酸性，对农药的稳定性好。这类载体在我国各地均能找到，矿藏丰富。

② 滑石。滑石为软质黏土矿物，二氧化硅含量高，对农药的稳定性好。在我国辽宁、山东、山西、湖南、浙江等省储量丰富，其中辽宁海城的滑石最为出名。

③ 膨润土。膨润土是组分复杂微细的蒙脱石系黏土矿物，水膨胀度 4～8 倍，有黏性、可塑性。用挤出成型法造粒，堆积密度 0.5～0.55g/mL，造粒产品在水中的崩解分散性好，有较高的平衡水分（8%～9%），呈碱性（pH 9～10），使用时应考虑对原药的稳定性问题。膨润土在我国储量较丰富，辽宁建平、黑山是主要产地之一。

④ 酸性白土。与膨润土类似的蒙脱石系黏土矿物，呈酸性，膨润性较小，表面活性强，具有较强的吸附、接触氧化的能力。

⑤ 硅砂、硅石。杂质非常少，没有吸油性，pH 值接近中性，含水分少，对农药的稳定性好，可用作包衣法粒剂的载体。砂储藏量在我国非常丰富。

⑥ 凹凸棒土。凹凸棒土是一种层链式结构的黏土矿，轻质，外表坚韧无光泽，纤维状。含有大量镁离子（Mg^{2+}）取代铝离子（Al^{3+}），在电子显微镜下有醒目的棒状结构。这种载体有较高的吸油性，对农药原药的稳定性好。我国江苏盱眙和安徽嘉山（明光）为主要产地。

⑦ 浮石。浮石是火山玻璃质矿物。可将天然产的原石经水洗得到各种粒度的颗粒。其吸油性很强，pH 值接近中性，适于作吸附法粒剂的载体。

5.2.2.3 辅助原料

辅助剂与杀虫剂、杀菌剂或除草剂配合使用，在发挥药剂的性能上有极为重要的作用。恰当地使用辅助剂，可以提高各类农药的药效，节省用量，减少对防治植物产生药害的概率，还可使药效的时间延长，并扩大药剂的应用范围。颗粒剂用的辅助剂，根据造粒的目的、造粒方法、原药和载体种类的不同而有差别。下面主要介绍一下其中的黏结剂。

黏结剂（黏合剂、胶黏剂） 凡有良好的黏结性能，能将两种相同或不同的固体材料连接在一起的物质都可称为黏结剂。

用包衣造粒法、挤出造粒法、流化床造粒法、转动造粒法及压缩造粒法等制造粒剂时，都需加入黏结剂，才能完成造粒操作。因而黏结剂对粒剂的制造是至关重要的。

在制造粒剂时，把黏结剂涂在载体表面，由于它很容易流动，把载体表面凹凸不平的部分填充得较为平坦，从而使它们牢固地结合起来。因而，黏结剂必须具备下列三个基本条件：第一，容易流动的物质；第二，能充分浸润被黏结物的表面，从而有利于填没凹凸不平的部分；第三，通过化学或物理作用发生固化，使被黏结物牢固地结合起来。在黏结剂的使用中，某些黏结剂的外观状态是粉末状、颗粒状或薄膜状等的固态物质，在使用时，需加水或用溶剂溶解成溶液（如聚乙烯醇），或需加热熔融成流动性液体（如石蜡），经过流动态才能达到黏结的目的。根据黏结剂的特性，结合造粒研究、生产的实践，将黏结剂分为亲水性黏结剂（具有水溶性和水膨胀性物质）和疏水性黏结剂（用有机溶剂可溶解，热熔性物质）两大类[1]。

（1）亲水性黏结剂

① 天然黏结剂。天然黏结剂是人类应用最早的黏结剂，迄今已有几千年的历史。由于它价格便宜，大多为低毒或无毒物质，因而至今仍在使用。

天然黏结剂按来源可分为动物胶、植物胶和矿物胶等。按化学结构可分为葡萄糖衍生物、氨基酸衍生物等[1]。

a. 淀粉。分子式 $(C_5H_{10}O_5)_n$。精制的淀粉为纯白色颗粒，经显微镜观察，可发现随植物来源不同而有不同的形态和大小。淀粉是不溶于水的，在水中随温度上升而膨胀，然后即破裂而糊化。含有淀粉的液体，在加热初期仅浑浊，只有达到糊化温度，才会变成非常黏稠的半透明液体。各种淀粉的组成和糊化温度是不完全相同的。淀粉糊在热的时候黏度较低，冷却时硬度和凝胶强度都增大。淀粉糊的黏度，除上述外界条件外，浓度的影响最大，但与品种也有很大的关系，在一定浓度下，各种淀粉有明显的黏度差异[2]。

b. 糊精。糊精是淀粉的不完全水解物，分子式为 $(C_5H_{10}O_5)_n \cdot H_2O$，是黄色或白色的无定形粉末，能溶于冷水而形成黏稠的具有高黏结力的液体。糊精实际上是淀粉向葡萄糖转化的中间体。

c. 阿拉伯树胶。阿拉伯树胶是由阿拉伯、非洲和澳大利亚等地生长的胶树所得树胶的总称，呈白色至深红色硬脆固体，相对密度 1.3～1.4，溶解于甘油及水，不溶于有机溶剂。阿拉伯胶的水溶性很好，配制黏结剂十分简便，既不需加热也不需促进剂。

d. 大豆蛋白。在植物种子中都含有一定比例的蛋白质，大豆脱脂后占 45%～55%。而其中氢氧化钠可溶的蛋白质为 82%～90%。将大豆蛋白与水一起配制溶液，即可应用。

e. 酪朊。酪朊又称酪素，是动物乳汁中的含磷蛋白，以胶性悬浮的酪朊钙形式存在，在牛乳中约占 3%。其无臭无味，白色至黄色的透明固体或粉末，相对密度 1.25～1.31。

使用时可将细度在 40 目以下的酪朊粉末以适量的水直接溶解配制。通常完全溶解需 10～20min。水量必须适当，当水为酪朊的 1.8 倍时达到最佳的效果。

胶液制成后，黏度随时间的增加而增高，最后形成凝胶，因此有一定的使用期限。期限长短与水量、温度、空气湿度有关。

f. 明胶、骨胶。骨胶是骨胶原衍生的蛋白质的总称，属于硬蛋白，加水分解转变为明胶。明胶除纯度高、品质好以外，与骨胶没有明显的区别。干燥的骨胶应先在冷水中浸渍24h，待充分膨胀后，再间接加热50℃以下进行溶解，水量约为胶的1.5倍。粉末胶可直接加温水溶解。

② 合成黏结剂。化学组成可分为硅酸盐、磷酸盐、硫酸盐等。适于在粒剂中应用的有以下两种：

a. 硅酸钠（水玻璃）。硅酸钠系由硅石与烧碱（或纯碱）加热熔融制得的无色、无臭、呈碱性的黏稠溶液，它可以任何比例与水溶解，黏结效果好。溶液为碱性，在使用时应注意其对农药稳定性的影响。

b. 天然石膏。天然石膏又称生石膏，系白色或灰色晶体，加热至110～150℃能变为熟石膏（烧石膏），熟石膏粉末加水再还原成生石膏时就会固化，因而可用它作为黏结剂，其固化速度快，使用在熟石膏中的水量必须恰当，过多的水分会延迟凝结时间，因而影响黏结强度。

（2）疏水性黏结剂

① 松香。松香可直接用有机溶剂溶解制成黏结剂，或通过碱化后制成水溶性黏结剂。

② 虫胶。虫胶又称紫草茸，由虫胶树上的紫胶虫吸食和消化树汁后的分泌液，在树枝上凝结干燥而成。原系紫红色，因此也叫紫胶，经精制后成黄色或棕色的虫胶片。主要成分为光桐酸酯，溶于乙醇和碱性溶液，微溶于酯类和烃类。虫胶作为黏结剂时，通常以乙醇、杂酚油等混合溶解，并加热得黏稠的液体。

③ 石蜡。固体石蜡烃的混合物，由天然石油、人造石油或页岩油的含蜡馏分经冷榨或溶剂脱蜡等过程制得。几乎无臭无味，有晶体结构，分白蜡和黄蜡两类，按熔点高低分为48、50、52、54、55、50、58等品级，含油量在1.5%以下。采用石蜡作颗粒剂的黏结剂为我国首创。我国石油储藏量丰富，油中含蜡量较高，因而石蜡产量较多，宜于作粒剂黏结剂。石蜡为热熔性物质，熔化后流动性良好，凝固速度适宜，宜于作黏结剂使用。用石蜡作黏结剂制得的粒剂，较用聚乙烯醇等亲水性黏结剂制得的同品种颗粒剂的持效期长，可作为缓释性粒剂。

④ 沥青。作为黏结剂的主要是石油沥青，系棕色至黑色的有光泽的树脂状物质。在温度足够低时呈脆性，断面平整呈介壳纹。可分为纯地沥青及吹制地沥青两大类。吹制地沥青比纯地沥青的黏度高，后者易形成乳胶，而从黏结膜的性能来看，各项性能都是前者较好。将沥青在高温下加热，熔融时进行黏结，冷却后即凝固。沥青价廉易得，黏结性能好。但其为一种复杂的化合物混合体，其中含有致癌的可疑成分，在生产过程中因受热释放出来，会污染操作环境，影响操作人员的身体健康。

⑤ 乙烯-乙酸乙烯共聚树脂（EVA）。EVA是乙烯和乙酸乙烯经共聚反应而得到的产物。它有良好的胶着性、热熔流动性，是无味、无臭、无毒的低熔点聚合物。在合成的热熔黏合剂中，EVA占80%左右。

⑥ 低熔点农药。利用低熔点农药遇热熔融，冷却后凝固的特性作黏结剂。可单独用低熔点农药，也可混合部分其他热熔性黏结剂。

如用这种黏结剂制粒剂，兼具有农药的作用，可成为混合制剂。在国内已形成商品的有对硫磷、滴滴涕粒剂和克百威（呋喃丹）-敌百虫粒剂等。

此外，一些载体如膨润土有自体黏结性和可塑性，在以它为主作载体时，加水混炼就能成型，一般不需再加黏结剂。

5.2.2.4 稳定剂

农药稳定剂及防分解剂，是具有延缓和阻止农药及其制剂性能自发劣化的辅助剂。农药稳定性问题十分复杂，筛选出的稳定剂品种很多，大多具有一定的针对性。据统计，表面活性剂、酯类、醇类、有机酸类、有机碱类、糠醛及其废渣等都对农药有效成分（主要为有机磷酸酯类）有一定的抑制分解作用。

5.2.2.5 着色剂(警戒色)

为便于与一般物质区别起警戒作用，同时起到产品分类作用，在粒剂配方中加着色剂。对不同类别的颗粒剂，国内目前大多遵循约定俗成的惯例：杀虫剂—红色，除草剂—绿色，杀菌剂—黑色等，但尚未规范化。红色，可用大红粉、铁红、酸性大红等。绿色，可用铅铬绿、酞菁绿、碱性绿（孔雀绿）等。黑色，可用炭黑、油溶黑等。此外，如某些颗粒剂用紫色，可用碱性紫 5BN（甲基紫）等。

5.3 粒剂的加工工艺

颗粒剂的造粒操作，根据所采用的原药、载体等原料的不同，为达到不同的造粒目的确定相应的造粒工艺[3]。这些造粒工艺操作的基本原理可分为两类：①自足式造粒，利用转动、流化床和搅拌混合等操作，使装置内物料进行自由的凝聚、披覆、造粒，造粒时需保持一定的时间；②强制式造粒，利用挤出、压缩、喷射等操作，由孔板、模头、喷嘴等机械使物料强制流动、压缩、细分化和分散冷却固化等，机械因素是主要影响因素。在生产实践中，造粒工艺通常由造粒操作、前处理操作和后处理操作等部分组成。造粒工艺的前处理，包括输送、筛分计量（固体、液体）、混合、捏合、溶解、熔融等操作过程。造粒工艺的后处理，包括干燥、破碎、筛分、除尘、除毒、包装等操作过程。可见造粒工艺是由较复杂的综合工艺操作所构成的。各造粒工艺的构成及其特征，详见下述各造粒方法：

5.3.1 包衣造粒

包衣造粒法简称包衣法，又名包覆法，是以颗粒载体为核心，外边包覆黏结剂，再将有毒物质黏附于颗粒的表面，使黏结剂层与毒物层相互浸润、胶结而得到松散的粒状产品的操作过程。包衣法的应用范围十分广泛，它能适用于不同形态的农药原药，包括固体原药和液体原药（原油、溶液、悬浊液）等。

包衣法原料易得，工艺过程较简单，适于大规模生产，产品成本低廉。所以在国内外发展十分迅速，为颗粒剂造粒的主要方法之一。目前在国内，用包衣法制造的颗粒剂，在产品品种和产量上均居粒剂产品的首位。

包衣法造粒对粒度的要求很严格，所以必须认真筛选载体。本法还要求包覆层尽量牢固不脱落，因而在黏结剂的选择和包衣工艺条件的选择上都十分严格。

由于包衣过程的影响因素较多，所以必须进行必要的试验，以找到适宜的操作条件和选择合理的包衣工艺过程。

5.3.1.1 包衣造粒法的分类

包衣造粒法的分类方法主要有按原药性状、黏结剂种类、载体种类和包衣装置分类四种。

按原药性状分类主要指包衣操作时的原药状态。为适应包衣加工工艺的需要，可将原药进行前处理，前处理的方式因原药状态是粉末状或液态而有所不同。前处理方式按其操作可分为：①用液态黏结剂直接包覆粉末状原药；②用水或有机溶剂将固体黏结剂溶解成溶液；

③将黏结剂熔融后，黏附于载体上，再包覆粉末状原药；④液态原药和黏结剂液浸润载体表面后再包覆粉末状物（吸附剂）；⑤使液态原药浸润载体表面，将黏结剂熔融包涂于载体上，再包覆粉末状物（吸附剂）；⑥与上述操作不同的情况。

5.3.1.2　包衣造粒工艺及影响因素

（1）包衣法造粒工艺　包衣造粒工艺主要分为载体处理、黏结剂处理、包衣、干燥、包装等几个部分。

① 载体处理

a. 粒度。对硅砂通过筛分来达到所需要的粒度范围，天然砂最好在砂场经初步筛分，使粒度接近使用范围，以减少硅砂筛分与运输的工作量。对其他载体应先经破碎造粒，再经筛分达到所需要的粒度范围。

b. 水分。为保证包衣效果和载体对农药的稳定性，必须保持载体所含的水分在较低的范围，硅砂的水分一般为 0.5%以下；其他载体可根据情况，控制水分在 1.0%、1.5%。

c. 预热。当采用疏水性黏结剂时，为保证热熔性黏结剂的流动性，完成正常包衣操作，必须对载体进行预热处理，其预热温度根据原药和黏结剂品种的不同而适当改变，其值应通过试验确定。

当采用亲水性黏结剂时，无载体预热工序。

② 黏结剂处理

a. 液状黏结剂。可直接使用，或加水稀释后使用。

b. 亲水性固体黏结剂。可用水溶解成水溶液后使用。某些品种在溶解时需适当加热，并加以搅拌，以促进溶解和保持溶液的稳定性，避免凝结和沉淀。

c. 疏水性黏结剂。多具有热熔性，可加热使其成熔融状态使用，或加溶剂或乳化剂使其溶解成溶液或乳状液使用。

③ 包衣过程

a. 采用亲水性黏结剂包衣。用经筛分处理的常温载体加入黏结剂液，黏结剂液包覆于载体表面，外面再包上粉末状药剂。在这个操作过程中，必须保证黏结剂液层与粉末药剂层包覆均匀，两层互相胶结，包覆牢固。要注意载体、黏结剂与粉末药剂的配比关系，使包衣过程良好，无粉末脱落，又不过于发黏，确保操作过程正常。

b. 采用疏水性黏结剂包衣。经筛分处理的载体通过预热达到一定的温度，将黏结剂熔融后包涂于载体表面，外面再包上粉末状药剂，随着物料温度的逐步下降，熔融态黏结剂逐渐凝固而将药剂黏结牢固。在操作过程中应注意载体的预热温度，严格掌握包衣过程的温度变化，保证包衣操作稳定，产品质量良好。上述两类包衣过程均是用粉末状药剂包衣，如包衣用农药为液状时，可将液态原药经粉状载体吸附制成粉末状毒物再包衣；或先将液态药剂包覆于载体上，最后包覆粉末吸附剂。

（2）包衣造粒的影响因素

① 原药性状的影响。包衣造粒中的原药形态主要包括固体原药和液体原药。液体物料的流动性好，包裹均匀，所需操作周期较短；粉末物料的流动性差，难以包裹均匀，所需操作时间长。

② 黏结剂的影响

a. 黏结剂的种类。包衣造粒选用的黏结剂包括亲水和疏水两类。亲水性黏结剂包衣后颗粒需要再进行干燥，疏水性黏结剂包衣前需要对载体进行预热。

b. 黏结剂用量。黏结剂用量是否适宜会直接影响包衣法造粒的工艺操作和产品质量。黏结剂用量过少会包衣不牢，造成包覆物脱落；用量过多颗粒发黏，影响工艺操作，其适宜用量应通过试验加以选择。

③ 工艺操作条件的影响

a. 包衣过程的温度。包衣过程的温度是影响包衣操作的主要因素，特别是在采用疏水性黏结剂时，其影响更为明显。当载体温度过高时，造成某些热敏性农药的分解和黏结剂的挥发，包衣后黏结剂未及时凝固，包衣后物料发黏，难于出料。当载体预热温度过低时，熔融态黏结剂的流动性不良，包衣效果不佳，部分固体粉末没包上，黏结剂即接近凝固，影响产品质量。而当温度适宜时，熔融态黏结剂的流动性良好，能均匀包覆在载体表面，得到质量良好的粒剂。

b. 包衣时间。在包衣过程中，包衣时间是影响工艺操作、保证产品质量稳定及缩短操作时间的重要因素[3]。

c. 包衣装置筒体填充度。当采用滚筒混合机或鼓形混合机进行包衣时，筒体内加入物料的多少会影响到物体的流动搅拌，影响粒剂产品的包衣效果。当筒体充填度为 1/3 以下时，操作正常，成品合格率高；而当筒体充填度达到 1/2 时，成品合格率下降，但尚可进行操作。

5.3.2 吸附造粒

5.3.2.1 吸附造粒的分类

按载体的制造方法分为破碎造粒法和挤出造粒法。破碎造粒法是以天然沸石、工业废渣或其他具有吸附能力的材料，经破碎、筛分等制取颗粒载体，然后进行吸附造粒。这种载体性状多为不规则的。挤出造粒法是以陶土、黏土等为主的粉体物料作填料，经加水捏合、挤出造粒、干燥整粒、筛分等制取颗粒载体，然后进行吸附造粒。

5.3.2.2 吸附造粒工艺及影响因素

（1）吸附造粒工艺　一般由两部分组成，即载体制备过程和吸附造粒过程。

① 载体制备。破碎造粒工艺，可选用天然矿石、工业废渣等作载体。经过破碎、筛分就可得到所需要的粒度范围的颗粒。若选用天然矿石，如紫砂岩、沸石等较大的块料，一次破碎得不到要求粒度范围的颗粒，要经粗碎、中碎、细碎几次破碎。破碎一次，过筛一次；也可几次破碎后一次过筛，对总的成粒率影响不大。中碎设备以对辊破碎机的成粒率最高。但不管哪种载体物料和采用哪种破碎设备，载体的总成粒率不会超过 70%，因此载体的利用率不高。工业化生产时必须对未被利用的载体加以利用，小于 50 目的可作微粒剂或粗粉剂的载体。挤出成型造粒工艺，颗粒载体的成粒过程与前面介绍的挤出成型造粒法工艺相同，只是造粒时不加原药，以提供颗粒载体（素颗粒）为目的，最后吸附原药。

② 吸附造粒。颗粒载体、原药等分别计量后放入吸附混合机中进行吸附混合，可选用双螺旋锥形混合机，或转鼓形混合机分批间断地混合。原药含量低的产品，可采用喷嘴雾化，以提高产品的均匀度。对原药含量高的产品，可直接加入，不必雾化也能保证产品的均匀度。若原药为油状，吸附工艺最为合理。只要把原药喷洒在颗粒载体上，进行吸附混合就可得到产品，无需干燥。原药为水溶液时，选用吸附工艺同样简单、经济。但选用的载体一定要是不解体的。解体的载体遇到水溶性原药时，强度会大大降低，不是破损就是黏结成团，影响产品的质量。用水剂生产的颗粒产品，吸附混合后要干燥，使颗粒产品的水分控制在要求的范围内。原药为固体时，应将原药熔融后再进行吸附混合，吸附混合后产品不必进行干燥。若原药是溶剂溶解的，应在吸附混合后进行溶剂回收处理[4]。

（2）吸附造粒对原料的要求及影响因素

① 对载体的要求。载体具有一定的强度，颗粒载体强度的好坏直接关系到产品的质量。

颗粒载体的强度不好，在加工过程中，特别是在吸附混合时，又会受到机械的破损。由于颗粒强度与颗粒含水量成反比，吸附混合时一边向载体喷洒液体原油，一边使载体上下翻动，这样就使载体强度受到液体原油的影响，同时又受机械冲击而遭破坏，载体强度不好就难以保证产品质量。此外，产品在贮存、运输过程中也会受到撞击、振动、挤压等而遭到破损。因此，同样要求产品具有一定的载体强度，可通过不同的配方，选择不同的黏结剂和填料加以调节；也可选用不同的造粒机。载体应具有一定的吸附性能（吸油率），颗粒吸油能力的大小同颗粒的孔隙率有关，孔隙率的高低，直接关系到产品的成本和能源消耗。

② 对原药的要求。液态原药、油剂或水剂采用吸附造粒法最适宜。固态原药可熔融成液态或溶于某种溶剂中，也可采用吸附造粒法进一步增大后，由应力产生的塑性变形使孔隙率进一步降低，相邻微粒界面上产生原子扩散或化学键结合，在黏结剂的作用下微粒间形成牢固的结合，至此完成了压缩造粒的过程。当制成的颗粒脱模后，可能会因压力解除而产生微量的弹性膨胀，膨胀的大小依原料粉体的特性而有所差异，严重的可能导致制品颗粒的破裂。

5.3.3　挤压造粒

5.3.3.1　挤压造粒的机理

挤压造粒是将混合好的原料粉体放在一定形状的封闭压模中，通过外部施加压力使粉体团聚成型。

5.3.3.2　影响挤压造粒的因素

影响挤压造粒的因素很多，主要有原粉的粒度和粒度分布、挤压造粒助剂、湿度、作业温度等。其中粒度和粒度分布以及造粒助剂对挤压造粒的影响最为显著。

（1）粒度和粒度分布　原料粉末的粒度分布决定着粉末微粒的理论填充状态和孔隙率，压缩制粒需要原粉微粒间有较大的结合界面，因此，原粉粒度越细，制品强度就越高，原料粒度的上限决定产品粒度的大小。原粉的压缩度限制了原粉不能太细，因为原粉太细则夹带空气较多，势必要减小压缩过程的速度，导致产量降低。在实际生产中，可以把要造粒的原粉在储料罐里减压脱气，经过这样的预处理后可以降低原料粉体的压缩度。如上所述，挤压造粒是原粉中微粒间界面的结合，因此，原粉颗粒的表面特性对压缩制粒有着重要影响。用粉碎法制备的粉体表面存在着大量的不饱和键及晶格缺陷，这种新生表面的化学活性特别强，容易与相邻颗粒形成界面上的化学键结合和原子扩散。但是，如果原粉放置较长时间，这些颗粒表面被蒸气、水分和更微细的颗粒吸附，原粉的表面活性就会逐渐“钝化”，因此，应尽可能用刚刚粉碎后的原料粉体进行压缩制粒。

（2）助剂　有些粉料在挤压造粒过程中，除加一些必要的分散剂、崩解剂外，常加润滑剂来帮助压应力均匀传递并减少不必要的摩擦。根据填加方式的不同，可以分为内润滑剂和外润滑剂两类。内润滑剂是与粉体原料混合在一起的，它可以提高给料时粉体的流动性和压缩过程中原始微粒的相对滑移，也有助于制品颗粒的脱模。外润滑剂涂抹在模具的内表面，可以起到减小模具磨损的作用，即使微量添加也有显著的效果。若没有添加外润滑剂，颗粒与模具表面的摩擦力阻碍了压应力在这一区域的均匀传递。黏结剂与润滑剂对颗粒制品强度的影响最大。

黏结剂强化了原始微颗粒间的结合力。润滑剂降低了原始微颗粒间的摩擦，促进颗粒群密实填充，从而在整体上提高了颗粒的强度。黏结剂的作用形式可以分为 3 类：第一类是以石蜡、淀粉、水泥、黏土等黏结剂为基体，将原始微颗粒均匀地混合在其中制成复合颗粒；第二类是以黏结剂将原始微颗粒黏结在一起，水分蒸发或黏结剂固化后在微颗粒界面上形成一层吸附牢固的固化膜，制成以原料粉体为基体的颗粒，这类黏结剂主要有水、水玻璃、树脂、膨润土、胶水等；第三类是选择合适的黏结剂，使其在原始颗粒表面上发生化学反应而固化，从而提高微颗粒间界面的强度。黏结剂的选择主要靠经验，不同行业各自有不同的特点和习惯，选择黏结剂一般考虑如下问题：黏结剂与原料粉体的适应性及制品颗粒的潮解问题；黏结剂是否能润湿原始微颗粒的表面；黏结剂本身的强度和制品颗粒的强度要求是否匹配；黏结剂的成本。在选择了几种可行的黏结剂后，须通过试验来确定最好的种类、添加量和添加方式。

5.3.3.3 挤压造粒设备简介

（1）活塞压机或模压机 用来生产均匀的及有时是复杂的压块，特别用在粉末冶金和塑料成型中，此设备包括机械或水力操作的压机。在压机的压板上附有分成两部分的模子，即顶部（阳模）和底部（阴模）。装入的物料在压力和热的作用下发生流动并压制成模子空腔的形状。金属粉末的压块进行烧结以增强金属特性，而塑料压块从模压机卸下后实质上已成为最终制品。

（2）压片机 用于对团聚制品的质量、厚度、硬度、密度和外观有严格规定的场合。压片机生产简单形状的制品，其生产效率比模压机高。单冲头压片机有一个工位，它包括一个上冲头、一个下冲头和一个模子。旋转压片机具有一个旋转的模子台，它由冲头和模子组成多个工位。新式旋转压片机是单面的，即有一个装填工位和一个压缩工位。当旋转头转一圈时每一工位生产一粒片剂。所有的高速旋转压片机都是双面的，有两个加料工位和压缩工位。当旋转头转一圈时，每一工位生产两粒片剂。

（3）对辊挤压造粒机 此造粒机将进入两轧辊间隙中的物料压实，两轧辊以相同速度相向旋转。团块的大小和形状由轧辊表面的几何形状决定。轧辊表面的窝坑（即凹穴）形成蛋形、枕形、橄榄形或类似球形的压块以便脱模。它们的质量从几克到2kg或更重。它们可在通常的破碎设备中制成所需颗粒。对辊挤压造粒机可以较低的费用加工大量物料，但是与模压机和压片机相比，制品不够均匀。在压块操作中最难的问题是将适量的物料加入轧辊上每一个快速旋转的凹坑中，各种形式的加料器在很大程度上克服了此困难。由于机械设计的原因，允许的轧辊宽度与所需的压力成反比关系。当轧辊速度一定时，辊机的生产能力随着压力的增加而减少（因为允许的轧辊宽度减小）。

5.3.4 挤出造粒

挤出造粒是将配方原粉用适当黏合剂制备软材后，投入多孔模具（通常是具有筛孔的孔板或筛网），用强制挤压的方式使其从多孔模具的另一边排出，再经过适当的切粒或整形的制粒方法。这是较为普遍和容易的制粒方法，它要求原料粉体能与黏合剂混合成较好的塑性体，适合于黏性物料的加工。所制得的颗粒的粒度由筛网的孔径大小调节，粒子形状为圆柱状，粒度分布窄，但长度和端面形状不能精确控制。挤压压力不大，致密度比压缩造粒低，可制成松软颗粒。挤出造粒的缺点是：黏结剂、润滑剂用量大，水分高，模具磨损严重，造粒过程经过混合、制软材等，程序多、劳动强度大。挤出造粒因其生产能力很大，目前被广泛应用。

（1）影响挤出造粒的因素 一般说来，挤出造粒的工艺过程依次为混合、制软材、压缩、挤出和切粒、干燥等工序。制软材（捏合）是关键步骤，在这一工序中，将水和黏合剂加入粉料内，用捏合机充分捏合。黏合剂的选择与压缩制粒过程相同，黏合剂用量多时软材被挤压成条状，并会重新黏合在一起，黏合剂用量少时不能制成完整的颗粒而成粉状，因此，在制软材的过程中选择适宜的黏合剂及适宜的用量是非常重要的。但是，软材质量往往靠熟练技术人员或熟练工人的经验来控制，可靠性越好，泥料的流动性越好，产品强度也越高。与挤压造粒相同，原料粉体适度偏细将使捏合后泥团的塑性提高，有利于挤出过程的进行，同时，细颗粒使粒间界面增大，也能提高产品的强度。

(2) 挤出造粒设备　挤出造粒法是目前粉体湿法造粒的主要方法，挤出造粒设备根据工作原理和结构可分为真空压杆造粒机、单（双）螺旋挤出造粒机、柱塞挤出机、滚筒挤出机、对辊齿轮造粒机、摇摆挤出机等几种形式。刮板挤出造粒机把物料加到圆筒形孔板（或筛网）和其中运动的刮板之间；由于刮板的挤出压力，固体制剂物料通过孔板，间断或连续地挤出造粒。压模挤出造粒机把物料加到圆筒形孔板和在其中的回转滚轮之间，由于滚动轮的回转产生的挤出压力，使物料从压模的孔中连续地挤出造粒。

5.3.5　团聚造粒

团聚造粒是在造粒过程中粉料微粒在液桥和毛细管力的作用下团聚在一起形成微核，团聚的微核在容器低速转动所产生的摩擦和滚动冲击作用下不断地在粉料层中回转、长大，最后成为一定大小的球形颗粒。团聚造粒法的优点是处理量大，设备投资少，运转率高。缺点是颗粒密度不高，难以制备粒径较小的颗粒。在希望颗粒形状为球形、颗粒致密度不高的情况下，大多采用滚动制粒。该方法多用于立窑水泥成球、粒状混合肥料及食品的生产中，也可用于颗粒多层包覆工艺制备功能性颗粒。

5.3.5.1　团聚造粒机理

如上所述，在团聚造粒中粉料在液桥的作用下团聚在一起形成微核，进而生长颗粒，因此，液桥的作用在团聚造粒中是很重要的。团聚造粒首先是黏结剂中的液体将粉料表面润湿，使粉粒间产生黏着力，然后在液体架桥和外加机械力作用下形成颗粒，再经干燥后以固体桥的形式固结。

在造粒过程中，当液体的加入量很少时，颗粒内的空气成为连续相，液体成为分散相，粉粒间的作用来自架桥液体的气-液界面张力，此时液体在颗粒内呈悬摆状；适当增加液体量时，孔隙变小，空气成为分散相，液体成为连续相，颗粒内液体呈索带状，粉粒的作用力取决于架桥液体的界面张力与毛细管力；当液体量增加到刚好充满全部颗粒内部孔隙而颗粒表面没有润湿液体时，毛细管负压和界面张力产生强大的粉粒间的结合力，此时液体呈毛细管状；当液体充满颗粒内部和表面时，粉粒间的结合力消失，靠液体的表面张力保持形态，此时为泥浆状。

一般来说，在颗粒内的液体以悬摆状存在时颗粒松散，以毛细管状存在时颗粒发黏，以索带状存在时得到较好的颗粒。以上通过液体架桥形成的湿颗粒经干燥可以向固体架桥过渡，形成具有一定机械强度的固体颗粒。

这种过渡主要有 3 种形式：将亲水性粉料进行制粒时，粉粒之间架桥的液体将接触的表面部分溶解，在干燥过程中部分溶解的物料析出而形成固体架桥；将水不溶性粉料进行制粒时，加入的黏合剂溶液作架桥，靠黏性使粉末聚结成粒，干燥时黏合剂中的溶剂蒸发，残留的黏合剂固结成为固体架桥；为使含量小的粉料混合均匀，将配方中的某些粉料溶解于适宜的液体架桥剂中制粒，在干燥过程中溶质析出结晶而形成固体架桥。在团聚造粒中，粉料在液桥和毛细管力的作用下团聚形成许多微核是滚动制粒的基本条件，微核的聚并和包层是颗粒进一步增大的主要机制，微核的增大究竟是聚并还是包层以及其表现程度取决于其操作方式（间歇或连续）、原料粒度分布、液体表面张力和黏度等因素。在间歇操作中，结合力较弱的小颗粒在滚动中常常发生破裂现象，大颗粒的形成多是通过这些破裂物进一步包层来完成的。

5.3.5.2 影响团聚造粒的因素

（1）原料粉体的影响　原料粉体的比表面积越大，孔隙率越小，作为介质的液体表面张力越大，一次颗粒越小，所得团聚颗粒的强度越高。因此，为了获得较高强度的颗粒，对原料粉体有两点要求：第一，一次颗粒尽可能小，粉粒比表面积越大越好；第二，要获得较小的孔隙率，所用粉料的一次颗粒最好为无规则形状，这有利于团聚体的密实填充，具有一定粒度分布的原料也能达到降低孔隙率的目的。由机械粉碎方式得到的粉体恰恰能满足这一要求。

（2）黏结剂的影响　黏结剂是为了提高成粒率和颗粒强度而加入配方中的，如果是粉体黏结剂，可事先加入混合机中；如果是液体黏结剂，可在造粒时直接加入。黏结剂可起三种作用：其一，是填补物料粒子间孔隙的接缝材料；其二，把粉料粒子的表面包覆成膜，由于黏着性而强化了粒子间接触点的附着力；其三，在黏结剂彼此间或黏结剂与其他粉体间成为固体桥和由于化学反应而形成第三物质。黏结剂的加入量，在上述第一种情况，一般是颗粒孔隙率的25%、35%；第二种情况时，是由构成颗粒粒子的比表面和黏结剂的稀释浓度来决定的。从经济方面考虑，一般控制幅度应尽量小。常用的黏结剂及其选用与挤出造粒类似。其中水是常用的廉价黏结剂。黏结剂通过充填一次颗粒间的孔隙，形成表面张力较强的液膜而发挥作用。有些黏结剂还可以与一次颗粒表面反应形成牢固的化学结合。黏结剂的选用除了要选择适宜的品种外，还应注意量的问题，过少不起作用，过多则可能影响应用性能。对于某些适宜的产品，有时为了促进微粒的形成，在原料粉体中加入一些膨润土细粉，利用其遇水后膨胀和表面润湿好的特点改善造粒强度。

（3）物料粒子构成的凝集状态　构成颗粒的粉体物料粒子表面多是凹凸不规则的，颗粒内部多属粗糙的充填结构。孔隙间由于充满水分而使自由水分增多，由于粒子表面水膜引起的毛细管作用而使效果变小。因此，形成平均水分高、堆积密度小、强度小的颗粒。在粉体物料造粒前，选择粉体的形态，改善粉体的集合状态，为造粒提供适宜的条件。为此，作为方法之一，可将粉体物料预先适当加湿，用混合机给物料以适当的机械压缩力和摩擦作用，使粒子凹凸不平的表面形成近似球形，减少无用孔隙。粒子表面几乎包覆均一的水膜，使粒子间的接触面积增大。由于介于粒子间的水分毛细管作用促进了粒子间相互紧密收缩，因此，采用这种预处理物料的圆盘造粒时，核生成得快，颗粒成长速度和强度都得到提高。

（4）原料中水分的影响　原料中的水分是形成原始颗粒间液桥的关键因素。团聚成型前粉料的预润湿有助于微核的形成，并能提高制粒质量。但不同粉料、不同的造粒方法加水量也不同，一般应由实验确定。

5.3.5.3 团聚造粒的方法及设备

团聚造粒的设备可以分为两类：转动制粒机和搅拌混合制粒机。

（1）转动制粒机　在原料粉末中加入一定量的黏合剂，在转动、摇动、搅拌等作用下使粉末结聚成球形粒子的方法叫转动制粒。这类制粒设备有圆筒旋转制粒机、倾斜锅。在转动制粒过程中，首先在少量粉末中喷入少量液体使其润湿，在滚动和搓动作用下使粉末聚集在一起形成大量的微核，这一阶段称为微核形成阶段；微核在滚动时进一步压实，并在转动过程中向微核表面均匀喷入液体和撒入粉料使其继续长大，如此多次反复就得到一定大小的丸状颗粒，此过程称为微核长大阶段；最后，停止加入液体和粉料，在继续转动、滚动过程中多余的液体被挤出吸收到未被充分润湿的包层中，使颗粒被压实，形成具有一定机械强度的微丸。

（2）搅拌混合制粒机　将粉料和黏合剂放入一个容器内，利用高速旋转的搅拌器的搅拌作用迅速完成混合并制成颗粒的方法叫搅拌混合制粒。从广义上说，搅拌混合制粒也属于滚动制粒的范畴，它是在搅拌桨的作用下使物料混合、翻动、分散甩向器壁后向上运动，并在切割刀的作用下将大块颗粒绞碎、切割，并和搅拌桨的作用相呼应，使颗粒得到强大的挤压、滚动而形成致密而均匀的颗粒。

5.3.6　流化造粒

流化造粒是利用流化床床层底部气流的吹动使粉料保持悬浮的流化状态，再把水或其他黏合剂雾化后喷入床层中，粉料经过沸腾翻滚逐渐聚结形成较大颗粒的方法。由于在一台设备内可完成混合、制粒、干燥过程，又叫一步造粒。这是一种较新的造粒技术，目前在食品、医药、化工、种子处理等行业中得到了较好的应用。

5.3.6.1　流化造粒机理与影响因素

流化造粒与滚动造粒机理相似，物料粉末靠黏合剂的架桥作用相互聚结成粒。黏合剂返回床内的细碎颗粒也常作为种核的来源，这对于提高处理能力和产品质量是一项重要措施。干燥后，粉末间的液体架桥变成固体架桥，形成多孔性、表面积较大的柔性颗粒。流化床造粒的影响因素较多，除了黏合剂的种类、原料粒度的影响外，操作条件的影响也较大。空气的空塔速度影响物料的流态化状态、粉粒的分散性、干燥的快慢；空气温度影响物料表面的润湿与干燥；黏合剂的喷雾量影响粒径的大小，喷雾量增加则粒径变大；调节气流速度和黏合剂喷入状态可控制产品颗粒的大小并对产品进行分级处理。

5.3.6.2　流化造粒设备

流化造粒装置主要由容器、气体分布装置（如筛板等）、喷嘴、气固分离装置（如袋滤器）、空气进口和出口、物料排出口组成。操作时，把物料粉末与各种辅料装入容器中，从床层下部通过筛板吹入适宜温度的气流，使物料在流化状态下混合均匀，然后开始均匀喷入黏合剂液体，粉末开始聚结成粒，经过反复的喷雾和干燥，当颗粒的大小符合要求时停止喷雾，形成的颗粒继续在床层内送热风干燥，出料送至下一步工序。

(1) 连续流化床造粒机　连续流化床造粒机有矩形喷雾流化床造粒机、搅拌圆形流化床造粒机、单喷嘴流化床连续造粒机、双喷嘴流化床连续造粒机、涡轮流化床造粒机。连续流化床造粒机虽有各种形式，但都有一个共同性的问题，就是由于变化因素多，在操作上较间歇流化床造粒机更复杂，不易使各个因素取得合理的动态平衡，易受干扰，操作波动大，致使成品质量难以保证。故有人认为，目前连续流化床造粒的一个迫切需要解决的问题是要能够求得最佳操作条件和控制状态的辅助控制装置。

(2) 导向筒流化床造粒　导向筒流化床（喷动床）造粒中颗粒的成长方式主要有两种：当液体物料喷涂到颗粒表面，速结晶或物料中的溶剂迅速蒸发干燥，物料固化在颗粒表面，从而使颗粒以“层式”方式成长；当热空气和物料本身的显热不足以使涂层物料形成“固桥”，进而形成大颗粒，以“团聚”方式成长。

5.3.7　球晶造粒

球晶造粒是纯原料结晶聚结在一起形成球形颗粒，其流动性、充填性、压缩成型性好，因此可少用或不用辅料进行直接压片制成片剂。球晶造粒法是根据液相中悬浮的粒子在液体架桥剂的作用下相互聚结的性能发展起来的，原则上需要 3 种基本溶剂，即使原料溶解的良溶剂、使原料析出结晶的不良溶剂和使原料结晶聚结的液体架桥剂，液体架桥剂在溶剂系统中以游离状态存在，即不混溶于不良溶剂中，并优先润湿析出的结晶，使之结聚成粒。下面简单介绍球晶造粒法的制备方法和机理[5]。

5.3.7.1 球晶造粒方法

常用的方法是将液体架桥剂与原料同时加入到良溶剂中溶解，然后在搅拌下再注入到不良溶剂中，良溶剂立即扩散于不良溶剂中而使原料析出微细结晶，同时，在液体架桥剂的作用下使析出的微晶润湿、聚结成粒，并在搅拌的剪切作用下使颗粒变成球状。液体架桥剂的加入方法也可根据需要，或预先加至不良溶剂中，或析出结晶后加入。

5.3.7.2 球晶造粒机理

球晶造粒过程大体有两种方式：一种是湿式球形造粒法，当把原料溶液加至不良溶剂中时，先析出结晶，然后被架桥剂润湿、聚结成粒；另一种是乳化溶剂扩散法，当把原料溶液加入到不良溶剂中时，先形成亚稳态的乳滴，然后逐渐固化成球形颗粒。在乳化溶剂扩散法中先形成乳滴，是因为原料与良溶剂及液体架桥剂的亲和力较强，良溶剂来不及扩散到不良溶剂中的结果，而后乳滴中的良溶剂不断扩散到不良溶剂中，乳滴中的原料不断析出，被残留的液体架桥剂架桥而形成球形颗粒。乳化溶剂扩散法广泛应用于功能性颗粒的粒子设计上。球晶造粒法是在一个过程中同时进行结晶、聚结、球形化过程，结晶与球形颗粒的粉体性质可通过改变溶剂、搅拌速度及温度等条件来控制；制备的球形颗粒具有很好的流动性，接近于自由流动的粉体性质；利用原料与高分子的共沉淀法可以制备功能性球形颗粒，方便，重现性好。随着球晶制粒技术的发展，如能在合成的重结晶过程中直接利用该技术制粒，不仅省工、省料、节能，而且可以大大改善颗粒的各种粉体性质。另外，在功能性颗粒的研制中也有广阔的发展前景。

5.4 颗粒剂的质量控制指标及检测方法

为保证粒剂的质量，必须严格控制原料的质量，按照规定的配方和工艺操作条件进行生产。同时必须保持产品的物理化学性能不发生变化。

5.4.1 质量控制指标

为使粒剂产品稳定、质量合格，需控制以下主要控制指标：粒度、水分、脱落率（强度）、热贮稳定性等。

粒剂产品目前尚无国家标准，下面列出3%克百威颗粒剂化工行业标准（HG/T 3622—1999)，见表5-1。

表5 1　3%克百威颗粒剂化工行业标准

名称	有效成分含量/%	水分/%	粒度	脱落率/%	外观	热贮稳定性（54℃±2℃，14d)	pH值范围
3%克百威（呋喃丹）颗粒剂	≥3.0	≤1.5	420～1650μm ≥90%	≤3.0	紫蓝色或红褐色松散颗粒	有效成分含量≥2.8%	5.0～7.0

5.4.2 检测方法

（1）有效成分含量　在考虑原药稳定性的前提下，确定其有效成分的下限值。根据中国农业生产资料总公司的规定，粒剂的有效成分必须大于标准规定的下限值。

对于易产生药害的品种（如除草剂、植物生长调节剂等），应同时规定其有效成分的上限值，以保证使用安全。

有效成分含量的测定随农药品种而异，粒剂有效成分测定可参照原药的测定方法。

（2）水分　采用《农药水分测定方法》（GB/T 1600—2001）中的共沸蒸馏法进行。

（3）粒度　测定颗粒剂粒度一般采用筛分法。

将试样 20g 放入标准筛中，用振荡器振荡 10min，然后取下筛网上存留的试样称重，算出试样存留量的百分率。

筛分法所用的筛，各国均有本国的标准，我国基本以泰勒公司规格作为现行标准，表 5-2 比较了各国标准筛特性。

表 5-2　各国的标准筛比较

日本工业规格				美国工业规格				泰勒公司规格			
JIS Z8801				ASTM E11-58T				W・S・Tyler Standard			
α	d	m	a	α	d	m	a	α	d	m	a
/μm	/mm	/目	/%	/μm	/mm	/目	/%	/μm	/mm	/目	/%
5660	1.600	3.5	60.8	5660	1.68	3.5	59.4	5613	1.651	3.5	59.7
4760	1.290	4.2	61.8	4760	1.54	4	67.0	4699	1.651	4	54.8
4000	1.080	5	62.0	4000	1.37	5	55.5	3962	1.118	5	60.8
3360	0.870	6	63.1	3360	1.23	6	53.6	3327	0.914	6	61.5
2830	0.800	7	60.8	2830	1.10	7	51.8	2794	0.833	7	59.4
2380	0.800	8	56.0	2380	1.00	8	49.5	2362	0.813	8	55.4
2000	0.760	9.2	52.5	2000	0.900	10	47.5	1981	0.838	9	49.4
1680	0.740	10.5	48.2	1680	0.810	12	45.5	1651	0.889	10	42.2
1410	0.710	12	44.2	1410	0.725	14	43.8	1397	0.711	12	44.0
1190	0.620	14	43.2	1190	0.650	16	41.8	1168	0.635	14	42.0
1000	0.590	16	39.6	1000	0.580	18	40.1	991	0.597	16	38.9
840	0.430	20	43.8	840	0.510	20	38.6	833	0.437	20	43.0
710	0.350	24	44.94	710	0.450	25	37.4	701	0.358	24	43.8
590	0.320	28	42.0	590	0.390	30	36.2	589	0.318	28	42.2
500	0.290	32	40.1	500	0.340	35	35.4	495	0.300	32	38.8
42	0.290	36	35.0	420	0.290	40	35.0	417	0.310	35	32.9
350	0.260	42	32.9	350	0.247	45	34.4	351	0.254	42	33.7
297	0.232	48	31.5	297	0.215	50	33.6	295	0.234	48	31.1
250	0.174	60	34.8	250	0.180	60	33.8	246	0.178	60	33.7
210	0.153	70	33.5	210	0.152	70	33.7	208	0.183	65	28.3
177	0.141	80	31.0	177	0.131	80	33.0	175	0.142	80	30.5
149	0.105	100	34.4	149	0.110	100	33.1	147	0.107	100	33.5
125	0.087	120	34.8	125	0.091	120	33.5	124	0.097	115	31.5
105	0.070	145	36.0	105	0.076	140	33.7	104	0.066	150	37.4
88	0.061	170	34.9	88	0.064	170	33.5	89	0.061	170	35.2
74	0.053	200	34.0	74	0.053	200	33.8	74	0.053	200	33.9
63	0.039	250	38.1	63	0.044	230	34.2	61	0.041	250	35.8
53	0.038	280	33.9	53	0.037	270	34.6	53	0.041	270	31.8
33	0.028	350	37.3	44	0.030	325	35.4	43	0.036	325	29.6
37	0.026	400	34.5	37	0.025	400	35.6	38	0.025	400	36.4

注：α 表示筛孔尺寸；d 表示线径；a 表示孔隙率。

（4）脱落率　对于包衣造粒法的包覆牢固度用脱落率来表示。其测定方法为滚动法。滚动法脱落率测定器见图 5-1，本法参照苏联 OCT—40086 强度测定法制定。

① 测定装置。滚筒，钢制，直径 90mm，长度 140mm，内部车光。转速 50r/min±2r/min，每个滚筒内装 3 个瓷球，球直径 22mm，三球总质量为 105g。

测定装置由轴、电动机和滚筒组成（见图 5-1）。由电动机带动轴旋转，再经过滚筒的摩擦带动其余的轴，轴按同一方向旋转，在轴上放置两个滚筒（也可放一个），往滚筒中加入瓷球。

② 测定方法。先用机械振动筛除去粒剂的细粉末（对颗粒剂用 50 目筛，微粒剂用 100 目筛），振动筛每分钟振动 120 下，过筛 10min，然后称取筛分后粒剂 100g 放入滚筒内，盖紧盖子，放在测定装置轴上，开动电动机转动 15min，停止转动，取下滚筒后打开盖子用镊子取出瓷球，注意不要带出试样。再将滚筒中的试样倒入原用的筛子中，振动 10min，再将各筛分分别称重。脱落率（%）按下式计算：

$$脱落率=\frac{a-b}{a}\times 100\% \qquad (5\text{-}1)$$

式中 a——测定前试样质量，g；

b——测定后筛上部分质量，g。

（5）强度（硬度） 挤出成型法和转动造粒法测定颗粒强度（硬度）。

球磨罐的滚动速度为 75r/min。所用瓷球直径 30mm±2mm，质量 35g±3g，用瓷球 3 个，全质量 105g。

将用标准筛筛分的试样 100g 装入瓷制罐内，以 75r/min 的速度回转 15min，然后取出试样，用与前相同的标准筛筛分，计算通过筛网的质量（m），并用下式算出强度（硬度）：

$$强度(\%)=1-\frac{m}{试样量}\times 100\%$$

（6）热贮稳定性 将样品封入磨口广口瓶中，一般在 50℃±1℃恒温箱内贮存 4 周后，分析其有效物含量，其分解率小于 5%为合格。也有要求在 54℃±2℃恒温下贮存 14d 后观其变化。

（7）热压稳定性 为了解粒剂产品在堆包存放中物性的变化情况，需进行模拟的热压贮存试验，热压器见图 5-2。取 10g 粒剂样品放入特制的热压器中，其负荷重量为 60g/cm^2。然后放入 50℃±1℃恒温箱中贮存 24h，观察粒剂形态变化。如经热压贮存后，样品无结块、黏结等现象，则为良好。

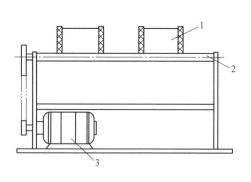

图 5-1 滚动法脱落率测定器

1—滚筒；2—轴；3—电动机

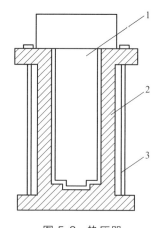

图 5-2 热压器

1—荷重；2—器体；3—拉杆

参考文献

[1] 王早骧．农药助剂．北京：化学工业出版社，1997.

[2] 沈钟，等．胶体与表面化学．第 4 版．北京：化学工业出版社，2015.

[3] 凌世海．农药剂型加工丛书：固体制剂．第 3 版．北京：化学工业出版社，2003.

[4] 邵维忠．农药剂型加工丛书：农药助剂．第 3 版．北京：化学工业出版社，2003.

[5] 刘广文．现代农药剂型加工技术．北京：化学工业出版社，2013.

第 6 章 水分散粒剂

6.1 概论

水分散粒剂（water dispersible granule，WG）诞生于 20 世纪 80 年代，是在水悬浮剂和可湿性粉剂的基础上发展起来的，是一种集悬浮剂、颗粒剂、可湿性粉剂的优点于一身的固体制剂。全球农作物联合会于 1996 年制定了主要农药剂型类型和代码，2017 年，农业部统一确定 WG 为水分散粒剂的代码。1969 年，瑞士汽巴-嘉基公司首先研制成 90%莠去津 WG，由于当时加工 WG 的有效农药成分还没有普及，加工水平受到限制，因此最初的水分散粒剂含量很低，每次提高 WG 的含量，相应的成本也会大幅度提升。20 世纪 90 年代以后，人们的环保意识逐渐增强，对于农药制剂的质量要求也愈加严格，农药制剂毒性评价和环境评价的费用也水涨船高，在这种形势下，人们逐渐开始关注水分散粒剂这种新型环保剂型，水分散粒剂的发展速度愈加迅猛。

近年来，WG 在国外获得了迅猛的发展，被认为是 21 世纪最具发展前景的绿色剂型之一，是我国在“十一五”与“十二五”期间重点支持的农药制剂课题。在英国和其他一些欧洲发达国家，所有登记的农药剂型产品里约 10%是 WG，而美国几乎是 20%，且近些年呈上升趋势。相比之下，我国的水分散粒剂的研究进度则落后于其他国家。1998 年之前，我国在 WG 剂型生产方面的研究几乎为零，而且目前我国农药市场中，销售的主要剂型仍然是可湿性粉剂和乳油等，两者在农药制剂总登记品种中所占比例高达 66%左右，不仅在加工原料方面造成了资源的过度消耗，对于环境的破坏程度也不可小觑。因此，在当下环境保护意识越来越强的形势下，绿色剂型 WG 成为可湿性粉剂和乳油的替代剂型之一已是大势所趋[1]。

水分散粒剂作为 21 世纪农药剂型的重要发展方向，具有以下优点：①不使用有机溶剂，无粉尘飞扬，对作业者安全，使剧毒品种低毒化；②有效成分含量高、在水中不稳定的农药，制成此剂型比水悬浮剂要好；③硬度和相对密度较大，不粘连不结块，流动性好，可用纸袋包装，节省成本，便于包装、贮存和运输；④崩解速度快，对水温和水质的适应性强。水分散粒剂主要适用于高含量、高附加值的农药品种，在各类农药中，除草剂水分散粒剂品种居多，尤其是磺酰脲类除草剂品种最多。但是水分散粒剂也具有一些缺点：相对药效有所降低，由于发展历史较短，适用的增效剂较少。

相较于传统农药剂型，水分散粒剂凸显了以下优势：乳油经皮毒性得到解决，确保作业者安全；提高了有效成分含量，大多数 WG 品种含量达到 80%～90%，方便计量、贮存和运输；降低了粉尘飞扬程度，减轻了对环境的危害；易崩解，悬浮率提高，如果配好的药液当天未用完，次日重新搅拌悬浮即可使用。

6.2 水分散粒剂的理论基础

6.2.1 界面作用基本理论

水分散粒剂的聚集分为固、液、气三相，两相之间的接触面为界面，一相为气体就称为物体的表面。在水分散粒剂的加工过程中，原药多为固相，都是以微粒状态存在的，表面活性剂吸附于农药微粒表面，在介质中形成不同的分散体系，分散相和分散介质之间有界面存在，主要包括固-固、固-液和固-气三种界面。研究物质界面之间相互作用的目的是为了使颗粒入水后迅速形成均一稳定的分散体系。在物质界面上发生的一切物理化学现象统称为界面现象，如吸附、润湿、铺展等。

6.2.1.1 界面张力和界面能

由于物质分子与分子间存在相互吸引力的作用，位于表面层的分子和它的内部分子所处的情况是不同的。处于内部的分子，从各个方向所受到相邻分子的引力是均衡的，即作用于该分子上的吸引力的合力等于零。而处于界面层的分子，因为气相分子对它的引力较小，液相分子对它的引力较大，其合力是指向液体内部并与液面相垂直的，这种合力企图把表面层的分子拉入液体内部，这是产生界面张力的原因，因而液体表面有自动缩小的倾向。农药分散相的颗粒与分散介质的表面张力越接近，分散体系越稳定。

如果想使表面增大，就必须克服引力将分子从液体内部拉到表面，这一过程需要做一定量的功，这种功成为表面层分子多余的能量储藏在表面上。这种液体表面层的分子比内部分子所多余的能量叫界面能，单位是 J/m^2。

$$E=\sigma A \tag{6-1}$$

式中　E——界面能；

σ——界面张力；

A——界面积。

物体的界面能有自动降低的趋势。界面能愈大，降低的趋势也愈大。液体界面能的减小可以通过一种自动过程来实现，即自动减小 A 或自动减小 σ，或者 A 和 σ 两者同时减小。

在恒温条件下，液体的 σ 是一个常数，因此，界面能的减小只能通过减小 A 的办法进行。在溶液界面积不变的情况下，界面能的减小只能用减小 σ 的办法进行，即液体界面从周围介质中自动吸引其他物质分子、原子或离子填入表面层来降低它的 σ，即吸附作用。

固体的表面能是指产生单位表面所需的等温可逆功，固体的分子几乎不可移动，所以拉伸或压缩其表面，仅仅改变表面原子的间距，而不能改变表面原子的数目。

6.2.1.2 界面吸附

吸附是指物质附着于固体或液体表面上，或物质在相界面上的浓度不同于本体浓度的一种平衡状态，是在固体或液体表面进行物质浓缩的现象。主要有以下几种：

（1）物理吸附　由分子间引力引起，吸附过程没有电子的转移，吸附层可看作由蒸气冷凝形成的液膜，或者说吸附分子和固体表面晶格是两个分立的系统，物理吸附没有选择性，吸附速度较快，可以是多分子层的吸附，易于吸热而脱附。

（2）化学吸附　吸附中有电子的转移，形成类似化学键的力，把吸附分子和吸附晶格作为一个统一系统。化学吸附有选择性，吸附速度较慢，只形成单分子吸附层，不可逆，不易脱附。

（3）固体界面吸附　固体的表面不能自动缩小，它只能依赖于吸附其他物质以降低界面能。具有吸附作用的物质叫吸附剂，被吸附的物质叫吸附质。

（4）固体-气体界面吸附　气体在固体界面上的吸附作用是可逆的。气体分子可被吸附到吸附剂的界面上，但由于分子的热运动，气体又可能挣脱界面进入气相，这种过程叫解吸。当吸附与解吸达到平衡时，单位质量吸附剂所能吸附气体的量叫做吸附量。吸附是放热过程，解吸是吸热过程。

（5）固体-液体界面吸附　固体-液体界面上的吸附可能是溶质吸附，也可能是溶剂吸附，通常两者兼有，只是程度不同。

在固体-液体界面上的吸附中，吸附的溶质可以是电解质，也可以是非电解质。分子吸附指物质的单个分子被吸附在固-液界面上。被吸附物质是非电解质或弱电解质的分子形物质。

6.2.2　水分散粒剂中水的存在形态与作用

在粒化过程中，往往都要加进一定量的黏结剂，最常采用的黏结剂是水。显然，水分是粒化过程的先决条件。所以研究水分在粒化过程中的形态与作用是具有一定意义的。依粉料被水润湿而粒化的过程，水分主要以下面四种形态出现并起作用：

6.2.2.1　吸附水

农药在造粒前要进行超微细粉碎，粒度一般可达微米级。粉体不仅比表面积较大，其颗粒表面具有过剩的能量。颗粒表面带有一定的电荷，在颗粒表面的空间形成电场，在电场范围内的极化水分子和水化阳离子被吸附于颗粒表面。水分子由于具有偶极性而中和了上述电荷，颗粒表面的过剩表面能将因放出润湿热而减小，结果在颗粒表面形成一吸附水层。吸附水层的形成，不一定是颗粒浸入水中，或在颗粒层中加入液态水，即使干燥颗粒还会吸收大气中的气态水分子。这种为粉状颗粒表面强大电分子力所吸引的分子水就称为吸附水。

吸附水层的厚度并不恒定，它与物料成分、亲水能力、颗粒的大小与形状、吸附离子的成分及外界条件（物料中水蒸气的相对压力及温度）等有关。当粉料孔隙中相对湿度为100%时的吸附水含量，称为最大吸附水含量（或最大吸湿性）。

电分子力的作用半径虽然极小，但其作用非常大。在受到范德华力作用之处，其作用半径至少为数个水分子直径。虽然其作用力与距离的6次方成反比而递减，但被吸附的水偶极分子仍呈定向排列，保持着静电引力。故吸附水的主要性质和自由水的性质完全不同，具有非常大的黏滞度、弹性和抗剪强度，它不能在粉粒间自由移动，因而当物料呈颗粒状时（粒度为0.1～1.0mm），若仅有吸附水，则仍是分散状态。所以，一般认为，物料中仅存在吸附水时，粒化过程尚未开始。

6.2.2.2　薄膜水

粉粒进一步被润湿时，在吸附水周围形成薄膜水，这是由于颗粒表面吸附水后还有剩余的未被平衡掉的范德华分子力（主要是表面引力，其次是吸附水内层的分子引力），因为水的偶极分子围绕水层呈定向排列，以及多少受到些扩散层离子的水化作用，所以薄膜水和颗粒表面的结合力要比吸附水弱得多，其分子的活动自由度较大。据研究，薄膜水分子仅由超过重力6万倍的力吸附着。薄膜水的主要特征是在分子力的作用下，具有在颗粒间迁移的能力，而与重力无关。如图 6-1 所示，有两个相邻的等径颗粒 A 和 B，若颗粒 A 的水膜较厚，位于 F 处的薄膜水距颗粒 B 的中心较距颗粒 A 的中心近，因此，薄膜水开始向颗粒 B 移动，即颗粒 A 周围较厚的水膜开始向颗粒 B 移动，直至两者的水膜厚度相等为止。

当两颗粒间的距离小于两颗粒的电分子引力半径 ab、cd 之和时，两颗粒间引力相互影响范围（$ebfd$）内的薄膜水，就同时受到两个颗粒的电分子引力作用，从而具有较大的黏性。颗粒间距离越小，薄膜水的黏性就越大，颗粒就越不易发生相对移动；因此，薄膜水的厚度不仅影响粉料的物理力学性质（如成粒性、压缩性、可塑性等），还决定了颗粒的机械强度。

吸附水和薄膜水合起来即组成分子结合水，在粉体力学上可视作为颗粒的外壳，在外力的作用下，它和颗粒一起变形，并且分子水膜使颗粒彼此黏结，这种情况就是粉状物料粒化后会具有强度的原因之一。

一般来讲，质地疏松、亲水性好、粒度小的物料，其最大分子结合水较大。当达到最大的分子结合水以后，物料就能在外力的作用下，表现出塑性，这时的粒化过程会较顺利。

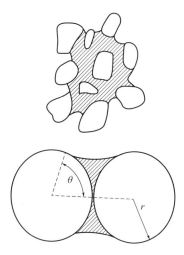

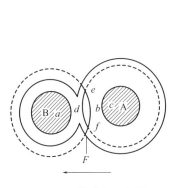

图 6-1　薄膜水示意图

图 6-2　毛细管水示意图

6.2.2.3　毛细管水

当粉料继续被润湿到超过最大分子结合水时，就形成了毛细管水。它是颗粒的电分子引力作用范围以外的水分。粒子间的毛细管力将颗粒拉紧靠拢，这是在毛细管内呈负压之故。毛细管水示意图如图 6-2 所示。

在两个半径为 r 的颗粒间存在液柱的场合下，两粒间的毛细管吸引力为：

$$F=\frac{2\pi r\sigma}{1+\tan(\theta/2)} \tag{6-2}$$

由式（6-2）可以看出，液体的表面张力 σ 愈大，则毛细管的吸引力也愈大，而单位断面积内的结合力则随着粒径的缩小而增加。

在均一粒径的粒子群内存在毛细管液柱的场合下，所构成的聚集体的抗张力为：

$$\tau=\frac{9}{8}(2.5\sigma)\frac{1-\varepsilon}{\varepsilon}\times\frac{1}{d_{\mathrm{p}}} \tag{6-3}$$

由此可见，粒化凝集体的抗张力与所用结合剂液体的表面张力 σ 成正比，与粒度 d_{p} 成反比，而与凝集体的空隙率 ε 有关。这些结果与两个球粒间的毛细管吸引力关系有着相同的倾向。

毛细管水能在毛细管负压的作用下和在引起毛细管形状和尺寸改变的外力作用下发生较快的迁移，粒化速度就取决于毛细管水的迁移速度，显然，亲水物料的毛细管水的迁移速度比较大。在粒化过程中，以毛细管水作用为主。当物料润湿到毛细管水阶段时，粒化过程最强烈，因为毛细管力还将水滴周围的颗粒拉向水滴中心，大大促进了粒化过程。

6.2.2.4 重力水

当粉料完全被水浸透时，还可能存在重力水。它与上述的吸附力和附着力无关，它是在重力和压力差的作用下发生移动的自由水，具有总是向下运动的性能。由于重力水对颗粒具有浮力，不利于粒化过程。换言之，只有当水分不超过毛细管含水量的范围时，粒化过程才具有现实意义。

造粒时黏结剂中水的用量对颗粒的形状、大小、硬度等都有一定的影响。水的用量不仅影响造粒过程，而且直接影响水分散粒剂的崩解性。水量太少，则粉体不易成粒，即使成粒，颗粒的强度也不够，颗粒细小，近圆球状，虽崩解性好，但易碎；水量过多，挤压后易黏结，且颗粒强度大，崩解性相对较差。因此，应严格控制水量在适宜范围内。不同的造粒方法用水量也不同，如挤出造粒的用水量一般在10%～20%。

6.3 水分散粒剂的助剂及性能

6.3.1 分散剂

分散剂是一种在分子内同时具有亲油性和亲水性两种相反性质的界面活性剂，可促进难溶于水的固体颗粒等分散介质在水中均一分散，同时也能防止固体颗粒的沉降和凝聚。它的作用机理有以下两点：①吸附于固体颗粒的表面，使凝聚的固体颗粒表面易于润湿；②高分子型的分散剂在固体颗粒的表面形成吸附层，使固体颗粒表面的电荷增加，提高颗粒间的静电作用力。

因为水分散粒剂的颗粒在悬浮液中能在较长时间内保持悬浮状态，而不致聚沉到容器底部。如果悬浮液中有相当数量的农药有效成分颗粒在喷洒过程聚沉到容器的底部，喷出去的药液浓度就会降低，植物上展着的药量减少，不能达到预期的防治效果，所以水分散粒剂的悬浮率高低是药效能否充分发挥的重要因素。目前要求水分散粒剂的悬浮率要达到60%以上。把可湿性粉剂和水分散粒剂等固体剂型农药加到水中形成农药分散体系时要经过一个润湿、分裂、分散悬浮和稳定化的过程。首先，固体颗粒的表面被水润湿，然后分裂成细小颗粒并分散到水中。在这个过程中分散剂起到使固体表面容易被润湿的作用。由于分散剂吸附在细小固体颗粒表面使之带有相同电荷或形成水化层，从而使它们在碰撞过程中不易发生凝聚而保持稳定。分散剂的作用是：①在造粒过程中减少水的用量，充当部分黏结剂的作用；②在使用时表现出一定的润湿性和分散悬浮性能，有利于农药颗粒润湿、分裂和分散；③有利于农药悬浮体在水中保持分散稳定，阻止絮凝的产生，能减缓悬浮体系的破坏过程。

分散剂的结构特征是选择分散剂的重要参考依据，大部分是梳状结构，一般对农药颗粒表面具有较强吸附能力的分散剂，其分散能力也较强，如嵌段或接枝的高分子表面活性剂就具有这种特点。在选择分散剂时应该考虑农药分子与分散剂的相互作用力大小，对非极性固体农药常选用非离子分散剂或弱极性的离子型分散剂。对有强极性的固体农药选用阴离子分散剂，尤其是高分子阴离子分散剂往往效果较好。而化学结构相似的农药与分散剂配伍往往效果较好。另外，使用两种或多种适当分散剂复配发挥其协同效应往往比使用单一分散剂的效果好。这些经验规则可在实践中结合具体情况应用。由于分散剂一般只比原药稍便宜，在使用分散剂时应注意它的经济性。分散剂一般占干制剂的 1%～10%。为降低农药分散剂的使用成本，往往选用两种分散剂复配，选用一种廉价而性能较好的品种作分散剂主体，然后加入少量高价优质的分散剂进行调节。

分散剂是水分散粒剂配方中的重要组分之一，是影响水分散粒剂的重要指标——悬浮性和分散性的重要因素。分散剂的作用是吸附于农药粒子表面，在颗粒剂崩解后的粒子表面形成强有力的吸附层和保护屏障，在粒子周围形成电荷或空间位阻，有效地防止农药粒子在调剂和贮藏期间再度聚集，使其在水中较长时间保持均匀分散。由于水分散粒剂具有高含量、高悬浮性，因此，对所使用的分散剂比可湿性粉剂有更高的要求，要求其具有更强的分散性和更稳定的分散作用。分散剂用量增加，制剂悬浮率提高，但达到一定量时，悬浮率变化不明显，若添加量过大则直接影响造粒效果。因此，分散剂的品种和用量对水分散粒剂的制备有较大影响。

分散剂的分子量对水分散粒剂的崩解与崩解后分散而形成的悬浮体系的悬浮率都有明显的影响。Colli H. 等[2]在分散剂分子量和水分散粒剂颗粒空隙度及表面活性剂的包裹率之间构建了函数关系式。他们认为 WG 崩解的速度和完全性取决于很多因素，但其中最重要的两个因素是 WG 颗粒的空隙度和表面活性剂的包裹率，依据分散剂分子量与这两个因素的函数关系可在配方设计过程中优选配方组成。Josep H. 等在水分散粒剂的配方中各组分含量一定的情况下，改用分子量分别为 500、600、1000、1600、2300 的不同规格的 Lomar D 分散剂。结果表明：在分子量≥600 以上时，随着分散剂分子量的增大，悬浮率逐渐提高，沉淀量降低。如 Tersperse® 2700，属于羧酸盐类的丙烯酸接枝共聚物，是高分子聚合物类水分散粒剂的专用分散剂，其结构是由一条具有亲油性的骨架长链与亲水性的阴离子低分子接枝共聚成具有梳型结构的高分子化合物。正是这种独特的化学结构，使得它在水分散粒剂产品中，发挥其完全不同于常规分散剂的独特分散作用，在水中崩解后能够迅速形成亲油性的骨架长链对农药有效成分微粒的充分包覆及亲水性梳型结构形成的空间阻隔性能的稳定体系，从而保证分散体系的悬浮性能。还有萘磺酸盐甲醛缩合物 Tersperse® 2425，其分子量比传统的 NNO 更大，具有比 NNO 更好的分散性。

随着人们对环境要求越来越高，以及制剂有效含量的不断增加，常用的分散剂已不能满足水分散粒剂性能的要求，专用型分散剂、对环境安全性好的分散剂成为当今研究的主要方向。对分散剂也要求向绿色环保、易降解的方向发展[2]。如分散剂 Mon 44068，它能较大程度地降低对哺乳动物和水生生物的毒性，且有高的除草活性；还有研究较为成熟的烷基多糖苷类分散剂，这类分散剂是以淀粉或葡萄糖与天然脂肪醇为原料反应而得到的。烷基多糖苷作为分散剂，是用烷基链吸附在憎水固体表面，葡萄糖基伸入水中发生水化，形成大的空间斥力位垒，可以减少颗粒之间的吸附能力，且平均聚合度大，分散能力强。

水分散粒剂中常用的分散剂品种主要有：木质素磺酸盐、萘磺酸盐、聚羧酸盐、萘磺酸钠甲醛缩合物（NNO）、脂肪酰胺-*N*-甲基牛磺酸盐、烷基硫酸盐、烷基磺基琥珀酸盐等阴离子表面活性剂；脂肪醇聚醚、烷基酚聚醚等非离子表面活性剂。其中水溶性高分子物质作为水分散粒剂的分散剂可提高制剂的悬浮稳定性。从分散机理来讲，高分子分散剂在制备水分散粒剂时，因其吸附在原药表面，改变了原药微粒所带的电荷，带有相同电荷的原药微粉间存在着静电斥力以及增黏作用来共同达到阻止药粒凝聚，促使分散状态稳定，从而提高分散体系的稳定性的目的。

6.3.2 润湿剂

从广义上讲，润湿剂就是表面上的一种流体被另一种流体所取代。因此，具体地说，水分散粒剂的界面应该是固-气界面，发生润湿的过程就是液体（一般指水）取代了微粒表面的气体。由此可见，润湿是物质之间表面物理化学过程。在改善农药的用药质量上，润湿常常起重要作用。

润湿剂具有流平能力，能够降低体系的表面张力或界面张力，使水能展开在固体物料表面上或透入其表面，从而达到润湿的目的；可使制剂的分散度增大，稳定性增加，还有利于有效成分的释放、吸收和增强药效。润湿剂在水分散粒剂中的润湿作用是指水溶液以固-液界面代替水分散粒剂表面原来的固-气界面的过程。取代的推动力是润湿剂降低了表面张力的结果。因此，润湿剂的润湿能力除自身结构因素外，与固-液界面的界面张力有关。界面张力小，即界面张力降低愈多，固体表面愈易被润湿。在某种意义上，润湿剂降低界面张力的能力，可以从润湿速度快慢得到反映。

润湿剂是影响水分散粒剂性能的关键因素。许多作物叶茎表面常有一层疏水性很强的蜡质层，水很难润湿。而且大多数化学农药本身难溶于水，所以农药加工中有必要使用表面活性剂作润湿剂，从而减少被处理对象与药液间的界面张力，加强农药液滴的润湿渗透作用，以便更好地发挥药效。

随着制剂有效含量的不断增加，常用润湿剂如木质素磺酸钠、十二烷基硫酸钠等的润湿效果已不能满足水分散粒剂剂型加工的要求，高表面活性、绿色环保的新型润湿剂是研究的主要方向。

有机硅类表面活性剂降低溶液表面张力的能力远远高于常规表面活性剂，能极大地促进药剂扩散，甚至可使药剂通过气孔进入植物组织，在降低药剂用量、提高药剂耐雨水冲刷能力方面优于常规表面活性剂。有机硅化表面活性剂包括了一个结构类型的范围，它们不像许多常用表面活性剂基本上是线性结构的，而是T形结构，由全部是甲基化硅氧烷组成的骨架（疏水基），带着一个或一个以上的聚醚尾巴（亲水基）。这样的结构有助于增加基团在颗粒上的吸附面积，增强亲油亲水性，减少表面活性剂的使用量。因此，研究有机硅表面活性剂与农药制剂，特别是悬浮剂或水分散粒剂等以微小颗粒存在的制剂的关系具有重要意义。

有机氟类表面活性剂是迄今为止所有表面活性剂中表面活性最高的一种，一方面可以使表面张力降至很低的数值，另一方面用量很少。它独特的性能概括为“三高、两低”：即高表面活性、高化学稳定性、高耐热稳定性；它的氟烃基既憎水又憎油。另外，它与碳氢表面活性剂混配性能很好，混配品具有更高的降低表面张力的能力。α-磺基脂肪酸甲酯（MES）是由天然动植物油脂经酯交换、磺化后制得的阴离子表面活性剂。对皮肤温和，生物降解性好，属于绿色环保型表面活性剂。MES可作为农药分散剂、润湿剂，它的C_{14}～C_{16}有较好的润湿力，在较为广泛的范围内耐硬水。

6.3.3 黏结剂

某些农药粉末本身不具有黏性或黏性较小，水分散粒剂的造粒过程中需要加入黏性物质使其黏合起来，这时所加入的黏性物质就称为黏结剂。常用的黏结剂有明胶、聚乙烯醇（PVA）、聚乙烯吡咯烷酮（PVP）、聚乙二醇（PEG）、糊精、可溶性淀粉等。水溶性的黏结剂如聚乙二醇在配制分层型水分散粒剂中是必不可少的。它将水溶性农药或预配制的水分散性农药包覆住形成颗粒，适用于物理性质和化学性质不相同的农药复配。黏结剂不仅起黏结作用，同时对制剂的性能有明显的影响。

加工水分散粒剂常加入一些黏结剂可以提高成粒率。黏结剂的作用是增加颗粒的强度，降低颗粒的脆性。配方中黏结剂的黏合效率受诸多因素的影响，如黏结剂的浓度、黏性、力学性质，配方中药物和其他辅料的性质，黏结剂与基质、黏结剂之间的相互作用等。

（1）黏结剂的浓度　在湿法造粒过程中，黏结剂形成内在基质，因此，随着配方中黏结剂浓度的增加，颗粒的强度也增加。

不同种类及不同浓度的黏结剂与磷酸二钙盐颗粒压碎强度之间的关系实验说明，随着黏结剂浓度的增加，颗粒的压碎强度也增加。实验也表明，淀粉与明胶、阿拉伯胶、PVP、PEG-4000 相比，较低浓度就可以产生强度较大的颗粒。颗粒间的结合力（在颗粒的干燥过程中形成）在压缩过程中并未被破坏。颗粒强度的增加，是由黏结剂薄膜与颗粒、黏合基质间的结合力所致。

（2）黏结剂的力学性能　黏结剂的力学性能和成膜性决定了黏结剂黏合基质的强度和变形性，而黏合基质决定黏结剂的黏合效率。测量与润湿程度等效的不同湿度的黏结剂的膜张力（包括阿拉伯胶、明胶、甲基羟乙基纤维素、PVP 和淀粉）的结果表明，阿拉伯胶和 PVP 形成较弱的薄膜，而明胶薄膜的张力最强。此外，研究也表明，PVP 表现出低杨氏系数值，说明它是变形性最强的黏结剂。PVP 的这种高变形性使物料具有更好的压缩性，因此，PVP 是最好的润湿黏结剂。以上研究结果表明，黏结剂的黏合效率主要由成膜性和变形性决定。

（3）黏结剂的分散　颗粒中黏结剂的分散影响颗粒强度和抗碎能力。湿法造粒过程中阻碍黏结剂分散的因素会降低黏合效率。黏性很大的黏结剂溶液如淀粉浆，造粒后由于黏结剂的分散困难会使脆性增大。

造粒过程中黏结剂的分散方法也会影响黏合效率。实验结果表明，使用水化明胶作为黏结剂会影响粒剂的崩解程度。

湿法造粒时，可先将黏结剂溶于水中，再将其加入其他物料中混匀。也可先将黏结剂与其他物料混匀，再加入造粒用液体。在后一种方法中，黏结剂在远处进行溶解。混合处产生的黏性会影响黏结剂分散，导致黏结剂溶解不完全。因此，若用干法混合，配方所需的黏结剂浓度更高。

流化床造粒时，黏结剂溶液的黏性和浓度，决定制得颗粒的大小。另外，黏结剂颗粒的大小会直接影响所制颗粒的大小。因此，必须严格控制影响黏结剂溶液中颗粒大小的因素。黏合效率还与其他多种因素有关，如黏结剂性质、药物性质、造粒溶液类型、黏结剂与基质的作用、造粒方法等，因此，衡量某一特定系统中黏结剂的作用比较困难。此外，黏结剂的黏合效率要通过实验来评价。

黏结剂的作用是使水分散粒剂的颗粒在制造成产品后，不仅使水分散粒剂的颗粒具有一定强度，在包装、运输、贮存等过程中不易松散成粉，而且确保崩解时间较短。黏结剂加入量少，颗粒的强度不够，易破碎，加入量越大，颗粒强度就越大，但颗粒的崩解性随之变差，这就需要找出一个平衡点，在满足制剂崩解性的同时，尽量使得颗粒保持较大的强度。

6.3.4　其他助剂

6.3.4.1　消泡剂

（1）泡沫现象　泡沫是气体在液（固）体中的分散体系，气体是分散相，液（固）体是连续相。泡沫是常见的具有代表性的一种胶体化学现象。近年来，随着对薄膜研究的深入，对泡沫及其稳定性有了更深刻的了解。起泡性是表面活性剂的性能指标之一，起泡不仅与表面活性剂溶液的浓度、温度、压力等物性有关，而且与分子结构有关。一般泡沫表示在液体或固体的连续层中含有气体的状态。泡沫存在于连续层内部时称为气泡，大多数气泡是指分散气泡。当气-液表面存在单个泡时称单泡沫，很多气泡的集合状态称为泡沫块。在考察泡沫的稳定性时，将泡沫的高度（泡沫粒）称为气泡力，把泡沫生成到消失的时间称为泡沫的寿命。

像水这类纯液体即使能生成气泡，也不能形成稳定的泡沫，只有在水中加有表面活性剂或蛋白质这些表面活性物质的水溶液才能生成泡沫。根据泡沫厚度（即吸附有表面活性剂的气液界面间的距离）可把泡沫进一步分为湿泡沫和干泡沫。湿泡沫一般是不稳定的泡沫，其厚度在5.0nm以下。湿泡沫一般是在十二烷基硫酸钠等阴离子表面活性剂溶液或阳离子表面活性剂溶液中生成的泡沫。干泡沫一般可在非离子表面活性剂溶液中添加无机盐、蛋白质及高分子稳定剂时见到，这类泡沫的收缩和吸附是不可逆的，会起皱并发出响声。

（2）泡沫产生的过程　含表面活性剂的溶液中送入气体则会产生气泡。气体送入液体中形成的小气泡内侧会吸附表面活性剂分子而使气泡稳定化，随着气泡上升接近液面，与溶液表面由表面活性剂定向吸附形成的吸附膜之间的液体会有序地排开，并在溶液表面吸附膜的外侧形成泡膜，然后充分排液，成为稳定的泡沫，此时气泡内侧的吸附膜向溶液表面吸附膜一定距离以下靠近，双方吸附膜之间发生新的相互作用，这种作用称为分离压。此分离压可用在平衡状态下泡的两层吸附膜之间的van der Waals吸引力、双电层重叠过程产生的相斥力、表面活性剂中溶剂化的极性部分之间产生的相斥力以及静水压等参数表示。由泡膜上每单位面积上产生的分离压是一种能量的积蓄。

形成泡膜的双分子膜之间含有大量的表面活性剂溶液，其浓度远高于液体相中表面活性剂的浓度。如液体相中表面活性剂的质量分数为0.5%时，其在液膜中的质量分数可高达30%。膜层中存在的表面活性剂对泡沫的稳定性有重要影响。如果膜层中含有高分子物质，则泡沫将更为稳定。

（3）泡沫稳定性的主要因素　了解泡沫的稳定性是为了有效地利用泡沫。

① 表面张力。泡沫的形成与液体的表面张力有关，表面张力减小容易产生气泡。例如，纯水表面张力大而不易产生气泡，但加入表面活性剂后表面张力降低泡沫也就易产生了。不论是稳定泡沫还是不稳定泡沫，形成泡沫时液体的表面积增大。表面张力与起泡性存在这样一个因果关系，并不是正比关系。这说明，除此之外，起泡性或泡沫的稳定性还与加入表面活性剂液体后液体的其他性质有关。

② 液体的黏度。由于重力作用，液膜中的液体会自动向下流动，在液膜排液过程中流下的液体分子较液体中分子有更大的自由能。液体向自由能减小的方向进行，气泡排液使气泡壁变薄而破裂。液体表面黏度大可以增加液膜的强度，抑制了泡沫由厚变薄的速度，形成的泡沫相对稳定，延缓了液膜的破裂时间，因此，黏度增加泡沫的稳定性也增大。除此之外，起泡性还与表面活性剂的种类、液体纯度、水的硬度、温度、pH值、气泡液膜的扩散性、表面电荷、机械振动等因素有关。因此，在操作中最好进行一些必要的试验以避免泡沫的产生。

③ 消泡作用。这里讨论的是农药液体的起泡性和泡沫的稳定性。所谓起泡性是指泡沫形成的难易程度和生成泡沫量的多少。当水分散粒剂加入水中被高速搅动时，空气很容易被带入液体内部，所形成的气泡被含有表面活性剂的液膜包围着。因气泡壁液相轻而向表面上浮。表面活性剂的亲水基团指向水，疏水基团指向空气，当气泡浮到液体表面时又将农药表面上的表面活性剂的定向分子吸附层吸附上去，形成了双层表面活性剂分子液膜包围着气膜。一般而言，阴离子表面活性剂大多数气泡都比较严重，其次是非离子表面活性剂和阳离子表面活性剂。

泡沫的稳定性是指泡沫存在"寿命"的长短。气泡液膜中含有的液体易处于热力学不稳定态，它的程度对气泡的稳定性起决定性作用。有些行业需要利用表面活性剂气泡的这一性质。但在喷洒农药时，除某些特殊工艺要求外，一般不希望有气泡现象的出现。即使产生气泡也最好在短时间内把气泡消除，使之不会对生产和农药的使用产生任何不良后果。

消泡作用与起泡作用相反，消泡剂是一种能以较快速度降低表面张力的物质，很易在已生成的泡沫的表面上铺展开，从而降低表面黏度和表面弹性。由于它能取代已吸附的起泡剂分子并带走附近表面的溶液，使液膜的强度大为降低，当消泡剂进入到泡膜双分子定向膜的中间会使定向膜的力学平衡受到破坏而破裂，从而达到消泡的目的。消泡剂有两种类型。一种是破泡剂，能使气泡破坏并消失。破泡剂的作用在于降低局部表面张力，使膜很快变薄，被周围高张力区所拉而形成破裂点。还可使液膜中液体排液增快而缩短泡沫寿命。另一种消泡剂是抑泡剂，在气泡未生成时加入它可以抑制泡沫的产生。它们可以在原表面上覆盖一层表面张力恒定、扩散快、不内聚、不起泡而仅有适度表面活性组分以减低表面弹性。常用的抑泡剂有嵌段共聚的环氧乙烷环氧丙烷非离子型高分子表面活性剂，长链脂肪酸钙盐等抑泡剂常与消泡剂混合使用。

(4) 常用的消泡方法　常用的消泡方法包括物理机械方法和化学方法。通过机械电的作用或化学试剂都可以破坏泡沫的稳定性，达到消泡的目的。能破坏泡沫稳定性的物质称为消泡剂，一般消泡剂的表面张力都比较低，而且易于吸附。消泡剂的铺展速度越快消泡作用就越好。在农药加工中主要采用化学消泡，也就是加入消泡剂的方法。

除了用表面活性剂消泡外，还可以使用其他方法。如在泡沫液中加入表面张力低的挥发性物质，如醚、醇、萘的蒸气与泡沫接触，则会使泡沫表面的表面张力局部地降低而发生破泡。在泡沫液中添加吸附剂或沉淀生成剂等物质可将起泡性物质排出体系之外而达到消泡的目的，如向体系内加入带有相反电荷的离子型表面活性剂以及加入膨润土、活性炭等吸附剂都可起到这种效果。在发泡体系中添加适量而不致引起问题的添加剂可引起体系的 pH 值、HLB 值改变而导致脱水、排水而破泡。而添加与起泡剂起反应的物质使起泡剂不溶或形成表面活性低的物质也可以达到消泡的目的。

在一般情况下，消泡剂在溶液表面铺展得越快，则使液膜变得越薄，消泡作用也就越强。例如丙醇（$C_2H_5CH_2OH$）在十二烷基硫酸钠水溶液表面的铺展速度比正丁醇（n-C_4H_9OH）大（前者为 4.6cm/s，后者为 3.6cm/s），前者对十二烷基硫酸钠水溶液生成的泡沫的消泡能力也比后者强，易于吸附于溶液表面，使溶液表面局部张力降低（即表面压增高）。于是铺展即自此局部发生，同时会带走表面下一层邻近液体，致使液膜变薄，从而使泡沫破裂。

一种有效的消泡剂不但应该迅速使泡沫破裂，而且能在相当长的时间内防止泡沫生成。常常发现有些消泡剂在加入溶液一定时间之后就丧失了效力。发生此种情况的原因，可能与溶液中起泡剂（表面活性剂）的临界胶束浓度是否超过有关。在超过临界胶束浓度的溶液中，消泡剂（一般为有机液体）有可能被加溶，以致失去在表面铺展的作用，消泡效力大减。开始加入消泡剂时，其在表面铺展速度大于加溶速度，表现出较好的消泡效果；经过一段时间之后，随着消泡剂被逐步加溶，消泡效果相应减弱。

根据表面张力变化与表面吸附之间关系的规律可以推断，在加消泡剂磷酸三丁酯的情形中，溶液表面张力的急剧降低，表明自溶液内部吸附至表面的吸附速度快；在加稳泡剂月桂醇（或正癸醇）的情形中，则吸附速度慢（均与未加消泡剂或稳泡剂之情形比较）。吸附速度快，则表面分子迁移过程（自表面张力低处迁移至高处）不易再进行。因而泡沫液膜加厚、复原变缓，降低了泡沫的稳定性，发生了消泡现象。加稳泡剂的情形则与此相反，增加了泡沫的稳定性。

(5) 常用消泡剂　消泡剂的种类繁多，但在选择时应考虑：①根据需要选择暂时性消泡剂和永久性消泡剂。如果为了消除加工过程中产生的泡沫，可以选择醇类/醚类消泡剂，它们属于暂时性消泡剂。如果加入农药中为防止使用过程中产生泡沫，再选择其他消泡剂。②因为消泡剂有降低表面张力的倾向，如果喷雾造粒前加入消泡剂应进行必要的试验，加入消泡剂有时会影响农药的成粒率。③消泡剂的本身不能产生泡沫，必须要有微量高效、无毒或低毒、无味、无其他副作用等特点。

常用的消泡剂有九类：矿油系、油脂系、脂肪酸系、脂肪酸酯系、醇系、酰胺系、磷酸酯系、金属皂系、聚硅氧烷系。其中有机硅型非离子高分子表面活性剂是目前用途最广泛的消泡剂。这类消泡剂都显示优良的消泡性能，效率高，持续力长，兼有破泡、抑泡、脱泡功能。这类消泡剂由于具有表面张力很低、在水中和有机溶剂中的溶解性能都很低的特点，使它在水溶液和非水溶体系中都有很好的效果。通常配成 O/W 型乳状液使用。

常用的消泡剂品种主要有以下几类：

① 醇类：甲醇、乙醇、丁醇、戊醇、癸醇、异辛醇、正辛醇、异丙醇、异戊醇、二乙基己醇、二异丁基甲醇。

② 磷酸酯类：磷酸三丁酯、磷酸三辛酯、磷酸戊辛醇、烷基醚磷酸酯（消泡剂 GP）。

③ 脂肪酸及脂肪酸酯类：失水山梨醇单月桂酸酯、脂肪醇聚氧乙烯酯。

④ 有机硅类：302 乳化硅油、304 乳化硅油、有机硅消泡剂（硅油在水中的乳液）。

6.3.4.2 崩解剂

崩解剂是为加快颗粒在水中的崩解速度而添加的物质，具有良好的吸水性，吸水后迅速膨胀并崩解在水中，而且它可完全分散成原来的粒度大小。它所起的作用是机械性的，并非化学性的。它的分子吸收水后膨胀成较大的粒度，或膨胀成弯曲形状并伸直，直至 WG 颗粒被分散成较小的碎片。由于崩解的机制是机械性的，所以在长期贮存或不合理贮存过程中是不容易失效的，而不像现在有时使用的润湿剂在贮存中是有可能降低效率的。常用的崩解剂有多种无机电解质，如氯化钙、硫酸铵、氯化钠等，还有羧甲基纤维素钠、可溶性淀粉、膨润土、聚丙烯酸钠等。

6.3.5 填料

常用的水分散粒剂的填料有以下几种：藻土（diatomite）是一种生物成因的硅质沉积岩；高岭石（kaolinite）；滑石粉（talcum powder），滑石属单斜晶系，通常成致密的块状、叶片状、放射状、纤维状集合体；蒙脱石（montmorillonite），有较高的离子交换容量，具有较高的吸水膨胀能力，在水中能吸附大量水分子而膨裂成极细的粒子形成稳定的悬浮液；白炭黑（silica）为白色疏松粉末，粒子极细，比表面积大，吸附容量和分散能力很大；玉米淀粉（cornstarch）通常为白色微带淡黄色的粉末，根据葡萄糖的缩水方式不同，淀粉可以分为直链淀粉和支链淀粉，淀粉的生物合成过程不同，其支链淀粉和直链淀粉的含量不同；海泡石（sepiolite），由于海泡石比表面积大、吸附性能强，用它制成的颗粒剂有缓释功能。

6.4 配方的筛选

6.4.1 配方组成

水分散粒剂通常由以下几部分组成：有效成分 50%～90%；润湿剂 1%～5%；分散剂和黏结剂 5%～20%；崩解剂 0～15%；其他添加剂 0～2%；其余为填料[3]。

6.4.2 配方筛选

6.4.2.1 水分散粒剂配方构成

WG 剂型中的有效成分含量一般较高，通常在 50%～90%。分散剂是水分散粒剂中最重要的助剂，既要帮助 WG 进入水中分散，又要防止它们重新聚集，保证悬浮状态。分散剂对颗粒的崩解有时也有帮助。常用的分散剂有木质素磺酸盐、萘磺酸钠甲醛缩合物、烷基酚乙氧基化合物、多芳基酚乙氧基化磷酸酯、EO-PO 嵌段共聚物和聚羧酸盐等。目前最主要使用的分散剂是木质素磺酸盐和萘磺酸钠甲醛缩合物。木质素磺酸盐在水中溶解最快，有利于颗粒的崩解，它与液体化肥的混用性能也好，但它的分散持久性能较差。萘磺酸钠甲醛缩合物的分散性能较强，但产品在贮存中受潮时，分散性能会降低。故而在配方中可同时使用两种分散剂，使其起到协同增效的作用。

润湿剂的主要作用是增加颗粒被水润湿和渗透的速度。常用的润湿剂有十二烷基硫酸钠、脂肪醇乙氧基化物、烷基酚乙氧基化物、萘磺酸盐和十八烷基丁二酸钠等。

崩解剂的主要作用是加快颗粒在水中的崩解速度。颗粒吸水后膨胀变大，或膨胀成弯曲形状并伸直，直至 WG 颗粒被分散成较小的碎片。各种无机电解质都有此效果，例如硫胺、食盐、钙和铝的氯化物等。

填料是用来稀释农药的惰性物质，如黏土、高岭土、膨润土、碳酸盐类、白炭黑和滑石粉等都可选用，还可用水溶性和非水溶性的其他填料。对于难以成型的农药，还需要加黏结剂，较好的有乙酸乙烯的聚合物、聚乙烯醇、乙烯-乙酸乙烯共聚物、可溶性淀粉等。有时水也可起到黏结剂的作用，在挤压造粒中常用。

6.4.2.2 水分散粒剂配方筛选流程

上海师范大学任天瑞课题组郭振豪[4]对水分散粒剂配方筛选的流程做了系统研究，总结出了水分散粒剂配方筛选的流程。

(1) 原药的物理化学参数列表　原药化学结构、分子量、用途（除草剂、杀虫剂、杀菌剂等）、每亩用量、溶解性（水中及其他溶剂）、原药 lg*P*、水分（卡尔·费休水分测定仪测量）、粒径、Zeta 电位、水中溶解度大于 1/100 的需测量原药溶液表面张力（表面张力仪测试：配制原药稀释 500 倍、1000 倍下的水溶液，超声 10min 振荡均匀后，取出在离心机 3000r/min 下离心 5min，取出后在 25℃下测量表面张力）。

(2) 分散剂的初步筛选

① 分散剂的表面张力及临界胶束浓度（CMC）。首先查询已有测得分散剂的表面张力和临界胶束浓度（CMC），如果查不到，则重新测定。

② 分散剂配方粗配。用分析天平将原药、分散剂、润湿剂、填料等按一定比例称量至混合罐中，用豆浆机混合均匀后取 1g（精确至 0.1g），倒入盛有 250mL 标准硬水的具塞量筒中，观察样品的分散、雾化、拉丝、过筛、悬浮率等指标。然后选取各项物理指标较好的配方开始造粒。

(3) WDG 制备操作步骤　首先将原药、分散剂、润湿剂、填料等按一定比例称量后置于混合罐中预混后待用，然后将空压机打开，3min 后打开空压机阀门，将气流粉碎机出口的布袋用橡皮筋扎紧，设置进气流口压力为 0.3mPa，粉碎口气流压力为 0.7mPa，将预混好的粉末缓慢地加入进料口，操作完毕后，关闭空压机、清洗气流粉碎机。将粉碎后的混合物在混合罐中少量多次加水，搅拌，倒入挤压造粒机挤压造粒，成粒饱满光滑即可，最后将成粒在干燥器中烘干 10～15min 或者在烘箱中烘干 2h 后取出装袋即可[5]。

6.4.3 加工工艺

6.4.3.1 水分散粒剂类型

（1）水溶性和水不溶性农药复配的水分散粒剂 将不溶于水的有效成分先制成悬浮剂，然后加入水溶性有效成分，制成黏稠物，再经过摇摆造粒或挤出造粒制成 WG。如代森锰锌先预制成 40%悬浮剂，然后将水溶性杀菌剂乙膦铝加入制成黏稠物，再进行挤出或摇摆造粒，制得二者复配的水分散粒剂产品。

（2）微囊型水分散粒剂 把一种或多种不溶于水的农药封入微囊中，再将多个微囊集结在一起而形成的水分散粒剂。其特点是：①降低有效成分分解率；②缓释，降低药害，延长残效期；③可使不能混用或不能制成混剂的农药混用或制成混剂。

（3）分层型水分散粒剂 利用水溶性聚乙二醇等作为结合剂，将水溶性农药或预配制的水分散性农药包覆于本身具有水溶性或水分散性的颗粒基质上。这种水分散粒剂生产方法简单，主要适用于物理性质和化学性质不相同的农药混合制剂。

（4）用热活化黏结剂配制的水分散粒剂 由热活化黏结剂的固体桥，把快速水分散性或水溶性农药颗粒组合物与一种或多种添加剂连在一起的固体农药颗粒组成的团粒，其粒度在 150～4000μm，并具有至少 10%的孔隙。而农药颗粒混合物粒度在 1～50μm，以防止过早出现沉淀，甚至造成喷嘴或液孔堵塞。

6.4.3.2 水分散颗粒剂造粒方法

（1）喷雾造粒 喷雾造粒工艺分为两个工序，如图 6-3 所示。

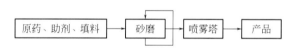

图 6-3 喷雾造粒工艺流程图

① 将原药与分散剂、润湿剂、崩解剂、稀释剂等一起在水中研磨得到需要的粒径，再加入其他一些助剂，调整其浓度和黏度，得到喷雾用的浆料。

② 将浆料定量送进干燥塔内进行喷雾干燥，得其产品。

质量控制：喷雾干燥的关键是控制喷雾干燥的温度和粒径大小。一般喷雾干燥的温度控制在 100～160℃。温度太低，颗粒来不及干燥，造成粘壁或“拉稀”现象；温度太高，对原药的稳定性不利，而且浪费能源。粒径大小取决于喷嘴和气流速度。喷嘴形式有加压喷嘴、双流体喷嘴和转盘喷嘴，多数采用加压喷嘴。在国际市场销售的水分散颗粒剂，多数都用此法生产。

（2）转盘造粒 转盘造粒，也分两个工序。首先将原药、助剂、辅助剂等制造超细可湿性粉剂（载体多为各种土类和白炭黑等），然后向倾斜的旋转盘中，边加可湿性粉剂，边喷带有黏结剂的水溶液进行造粒（也有的黏结剂事先加入可湿性粉剂中）。造粒过程分为核生成、核成长和核完成阶段，最后经干燥、筛分可得水分散粒剂产品。

（3）挤出造粒 挤出造粒是将物料粉末置于适宜的容器内混合均匀，用适当的黏结剂，经捏合制成软材后，用强制挤出的方式使其通过具有一定大小孔径的孔板或筛网而制成均匀颗粒的方法。所得颗粒为圆柱形或近似球形，是水分散粒剂生产中经常采用的技术。

（4）高强度混合造粒 美国苏吉公司认为喷雾干燥、转盘造粒等方法还有不足之处，如有粉尘、生产能力低、操作不易自动控制，因此提出了制造 WG 的最新方法——高强度混合造粒法。它的基本设备是一个垂直安装的橡胶管，橡胶管中间装有垂直同心的高速搅拌器，搅拌轴上有一定数量的可调搅拌叶片，就像透平机一样，胶管内还装有一套能上下移动的设备，对橡胶管做类似按摩的动作。根据配方要求，将配好、研细的 WG 的粉料加入管子，粉料经搅拌器的作用在管内流动，水喷在流动的粉料上，由搅拌器叶子产生的高速剪切力造成粉粒极大的湍流，滚在一起形成小球粒，有一些粉料被甩到管壁并附着在那里，但管壁的柔性蠕动装置可使刚粘上的物料立即掉下，搅拌叶片将壁上掉下来的薄片打成碎粒，加入的粉料和水碰上碎粒时，碎粒起晶核的作用，团聚成较大的颗粒，干燥后得水分散粒剂。团粒的大小可用成粒机主轴的转速、装在该主轴上的叶片的迎击角以及所加液体的数量等因素加以控制。

6.5　水分散粒剂的加工工艺

图 6-4 为水分散粒剂的加工工艺流程，先将原药与助剂、填料预混，然后通过气流粉碎机粉碎，经过造粒后烘干、筛分，得到产品。

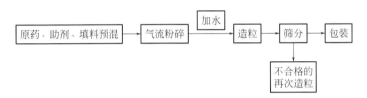

图 6-4　水分散粒剂的工艺与设备流程图

6.5.1　(混料)软材制备水分的控制

使用的捏合机可为间歇式也可为连续式。要求加水量和粉体物料按比例供给，同时加液量要稳定。农药水分散粒剂生产中，加液量的多少虽然要求不十分严格，但必须给予控制，一般是采用自动控制加液装置。粉体物料是连续定量供给的，采用螺旋加料器或圆盘式加料器，均属容积式计算。由于粉体物料的堆积密度的影响，有时计量不稳定，而采用连续重量计量系统，进行瞬时检测较准确。

液体由加液泵供给，再由计量机给予信号，随时调节阀门进行自动控制，按比例加液。将各种物料经处理，达到适宜造粒的状态。通常是把原药、助剂、填料、黏结剂等，经混合、加水捏合，使物料达到可塑性供造粒用。

黏结剂是以改变粉体物料成型的性质为目的。根据不同的物料性质，选择不同的黏结剂。一般颗粒剂加工以水为黏结剂的较多，在成粒性不佳时也可加入一些其他的黏结剂。

软材的制备是湿法造粒的关键程序，关系到所制颗粒的质量。将原药及助剂置于混合机中混合均匀，在混合粉末中加入适量的润湿剂和黏合剂，再混合、捏合均匀的操作称制软材，软材制成缆索态为最佳。制软材首先应根据配方中各物料的性质选用合适的黏结剂。黏结剂的用量和种类的选择视具体情况而定，以能制成适宜软材的最少量为原则。配方中各组分本身粉末细、质地轻、在水中的溶解度小以及黏性较差时，黏结剂的用量要多些；反之，用量应少些。若粉料中含有较多矿物填料、纤维性及疏水性成分，可直接选用润湿剂。软材质量与捏合强度、混合时间、黏结剂温度与用量等有关。软材混合强度越大，则黏性越大。混合时间越长，黏性越大，制成的颗粒亦越硬。操作温度高时，黏结剂用量可酌情减少，反之可适量增加；对热不稳定的活性成分，黏结剂温度应不高于 40℃。黏结剂的温度不宜过高，以免影响产品的崩解性能。

6.5.2 造粒工艺

造粒方法有以下两种：

① 干法：将农药、助剂、辅助剂等一起用气流粉碎机粉碎或超细粉碎，制成可湿性粉剂，然后进行造粒。其方法有转盘造粒、高速混合造粒、流化床造粒、离心造粒、挤压造粒、挤出滚圆造粒等。

② 湿法：将农药、助剂、辅助剂等，以水为介质，在砂磨机中磨细，制成悬浮剂，然后进行造粒。其方法有喷雾干燥造粒、流化床干燥造粒、冷冻干燥造粒等。

由于造粒方法不同，其制造条件和产品的特征也不同，为了一目了然，列于表 6-1。

表 6-1 水分散粒剂代表性造粒方法及其特征

造粒方法	制造条件			产品的物理性能			制造费用
	粉碎方式	干燥水分/%	干燥温度/℃	形状	粒度/mm	水中崩解性	
喷雾干燥	湿式	40～50	>100	球形	0.1～0.5	快	高
流动床干燥	湿式	40～50	50～80	大致球形	0.1～1.0	快	高
冷冻干燥	湿式	40～50	<0	不定形	0.5～3.0	中	中—高
转盘	干式	10～15	50～80	大致球形	0.2～3.0	中	低
挤压	干式	10～15	50～80	圆柱	0.6～1.0	慢	低
高速混合	干式	10～15	50～80	不定形	0.1～2.0	中	中—高
流动床	干式	20～30	50～80	大致球形	0.1～1.0	中	中—高
压缩	干式	0	—	不定形	0.5～3.0	慢	低

生产中，常用的方法有喷雾造粒法、转盘造粒法和挤压造粒法等。

6.5.3 干燥工艺

水分散粒剂的干燥方法有很多种，按照干燥过程中颗粒的运动状态可分为动态（例如沸腾床干燥）和静态（例如箱式干燥）两种；挤出造粒的颗粒，含液量偏高时，动态干燥容易结团，适宜采用静态干燥；含液量偏低、制出的颗粒较硬时，可采用动态干燥。无论采取哪种方式干燥，干燥过程中温度控制和受热均匀是关键，除低熔点农药外，挤出法生产水分散粒剂的干燥温度以 50～90℃为宜。

6.5.4 水分散粒剂配方中常出现的问题及解决方法

（1）制剂不崩解　发生制剂不崩解的情况，主要是由分散剂选择不当引起的。考虑从分散剂种类的选择上入手，如木质素类、萘磺酸盐类、聚羧酸盐类等，这些分散剂的分散力较强，适应性广，是农药配制中常用的几种分散剂。考虑到制剂成本，一般从国产助剂开始选择。在筛选过程中，特别是在新型同类系列助剂中，为准确判断结构性能关系，一般采用低助剂用量设计配方，以避免采用高含量配方而掩盖了各个助剂结构-性能间的微小差异。如：在配制苯磺隆 WG 时，当用木质素类分散剂时，制剂出现了不崩解的情况。经观察发现，颗粒在水中下降过程中有一层非常薄的膜裹覆周围，致使颗粒难以坍塌。当把分散剂换成萘磺酸盐系列时，此问题就迎刃而解了。

（2）制剂崩解后，分散不好，颗粒粗，悬浮差

① 过气流时没有完全粉碎（流速过快或压力太小）导致制剂的粒径较粗。粉碎后的粒

径也不是越小越好。当粒径过小时，单位面积所需的润湿剂就越多。如果此时润湿剂的量不足以完全润湿颗粒，便会出现上述情况。粒径也不能过大，过大后由于重力作用，制剂很难有一个良好的悬浮率。有实验表明，当把粒径控制在 300 目左右的时候，制剂有良好的悬浮率；而当粒径目数变大或变小时，制剂的悬浮率均不理想。

② 因原药的品种和质量存在差异，分散剂的用量不够也是导致悬浮率差的原因之一。所以，应适当调整分散剂的用量，使其有较高的悬浮率。在农药的加工过程中，对不同厂家的原药或同一厂家不同批次的农药，都需进行配方小试的研究工作，从而调整配方，以便在批量生产时制得合格的产品。

③ 分散、悬浮率差还有可能是分散剂和润湿剂配伍不好引起的，这时需要考虑更换其他种类的分散剂或润湿剂。在做精喹禾灵水分散粒剂时，当加入常用的分散剂、润湿剂时，制剂的分散、悬浮率都不好；经过多次试验发现，当换成其他种类的润湿剂后，原药与助剂及助剂之间达到良好的协同性，产品的技术指标均达到了企业标准。

（3）制剂崩解后分散良好，但悬浮率不理想

① 分散剂的用量不够，需适当增加分散剂的用量。通过试验，当润湿剂的用量不变时，悬浮率随分散剂用量的增加而不断提高，直至一个稳定的区域值。同时，适当的润湿剂用量比少量使用润湿剂更能减少分散剂用量，并能使悬浮率保持在一个较高的范围。

② 润湿剂的用量不够，如润湿剂的用量较少，经粉碎过的农药颗粒不能完全润湿，从而导致悬浮率较低，此时增加润湿剂的用量，便可以改善制剂的悬浮率。通过试验，在分散剂用量不变的情况下，润湿剂用量对悬浮率有影响。润湿剂在达到一定量后，悬浮率就不再提高，如果大剂量加入润湿剂甚至会产生反作用。

（4）制剂在潮湿状态下崩解、分散、悬浮均很好，但烘干后呈渣状，悬浮差　在配制各种类型的 WG 过程中，在除草剂类农药尤其是在磺酰脲类化合物中易出现上述状况。这些种类的农药在水中有一定的溶解度，当制剂在对水挤压造粒的过程中，有少量有效成分溶解在水中。当对产品进行烘干后，溶解在水中的有效成分此时会析出，附着在制剂表面，从而导致制剂不崩解或呈渣状，悬浮性变差。这时需要加入稳定剂，使其溶解度极小或不溶解，就能解决上述情况。

（5）水溶性原药制成 WG 过程中的问题　对于水溶性的原药，在经过气流粉碎后，颗粒变得很细，对水的亲和力更好，反而影响到制剂的崩解；而且在造粒的过程中，不易自然断裂，给生产过程带来了一定的麻烦，按照常规的工艺路线很难生产出合格的产品。考虑到原药可溶于水，先把原药的含量扣除，其他的组分混合均匀后过气流，然后再把原药加入进去挤压造粒，此时造粒过程非常流畅，且制剂在水中的崩解速度明显提高。以后再遇到此类问题，可以考虑此种工艺路线，不但能降低生产成本，而且还能有效改善制剂的技术指标。填料的选择对制剂性能如崩解、悬浮也有一定的影响，常用的填料为高岭土、轻钙等，有时可适当加入崩解剂以改善制剂的崩解速度。总之，在配制 WG 过程中，常常会遇到各种各样的问题。需要充分了解农药及助剂的理化性质，才能在遇到问题时更好地加以解决[6]。

6.6　挤出造粒工艺

挤出造粒是湿法造粒生产中常用的一种造粒技术，在水分散颗粒剂造粒中应用更加广泛。由于设备规模较小和动力费用较低，性能适中，目前，挤出造粒法生产水分散粒剂被认为是最经济的。

挤出造粒是将物料粉末置于适宜的容器内混合均匀，用适当的黏结剂，经捏合制成软材

后，用强制挤出的方式使其通过具有一定大小孔径的孔板或筛网而制成均匀颗粒的方法。所得颗粒为圆柱形或近似球形，是水分散颗粒剂生产经常采用的技术。

挤出造粒中制软材是关键步骤。黏结剂用量过多时，软材容易被挤出呈条状并重新黏合在一起，而且会影响颗粒的崩解时间和悬浮率；黏结剂用量过少则不能制成完整的颗粒而成粉状。因此，在制软材的过程中应选择适宜的黏结剂种类及用量。

挤出造粒具有以下特点：

① 颗粒粒度由筛网（孔板孔径）的大小调节，制得颗粒的形状为圆柱形，并且分布较窄。

② 制得颗粒较松软，松软程度可通过加水量、黏结剂及加入量进行调节。

③ 造粒过程包括混合、捏合制软材、造粒、干燥、筛分等工序，程序多、劳动强度大，不适合大批量、连续生产。黏结剂、润滑剂用量大，水分高，模具磨损严重。

挤出造粒的原理如下：

挤出式造粒机挤出软材时，软材被加压，内部的空气部分被压缩，水分从表面渗出。由于水分的润滑作用，软材很容易通过孔板。通过孔板的细孔以后，成型物恢复到常压（由于内部空气膨胀，表面的水分又被吸回到内部）。表面一旦没有水分，湿颗粒相互之间也难以附着，造粒操作才能顺利地进行。为此，软材必须保持适当的液体量，也必须使固体、液体和空气搅拌均匀。软材的质量由于所用配方中助剂的性质不同很难制定出统一的规格，软材的干湿程度，生产中多凭熟练技术人员或熟练工人的经验控制掌握，以“握之成团，轻压即散”为准，由于这种造粒方法简单，目前仍被广泛使用。但其可靠性与重现性较差，实践中还是以造粒效果来酌定。

6.6.1 螺旋挤出造粒

螺旋挤出造粒是向螺旋圆筒内供给润湿粉体，经过加压、压缩而强制前行，再由螺旋的端部或侧面的孔板将物料连续挤出成型的造粒。

螺旋挤出造粒机有前挤出和侧挤出两种类型。两种挤出造粒机的螺旋轴及叶片类型有一定的区别，前挤出的螺旋角较小，而侧挤出的螺旋角较大。一般前挤出的颗粒直径较大，而硬度也较高。侧挤出可制得较小直径的颗粒，但硬度较前挤出差一些。值得注意的是，前挤出时物料易升温，如果粉料中有热敏性物料或受热易黏稠的物料应特别注意。

通常造粒机中装有一块挤出刀片，起刮除孔板黏附物的作用。两种基本类型的螺旋式挤出造粒机安装的刀片形状各有差异，前挤出型采用螺旋柱延伸或螺旋桨状刀片；而侧挤出型则采用锥形圆柱体或齿合式刀片。物料通过与转轴垂直的四周筛网孔挤出，因此，物料的流出方向与转轴呈直角。由于其孔板较薄，制得的颗粒密度较低，但生产效率较高。造粒小孔的形状大小根据生产要求而定，如果需制备硬度较高的颗粒，应增加隔板和孔板的厚度以承受较高的挤出力，同时需提高电机的功率。

螺旋式挤出造粒机是利用螺旋杆的转动推力，将软材压缩后输送至一定孔径的造粒孔板前部，强迫挤出通过小孔而造粒。该机械分成三个功能区，即加料区、压缩区和挤出区。

在加料区，由加料斗等部件组成，主要功能是将软材引入螺旋槽中。在加料区安装混合制软材部件后，直接加入同体物料和黏结剂，即能得到混合均匀的软材。软材进入螺旋槽中后，由螺旋轴把软材送至压缩区。旋转轴分单旋轴和双旋轴，单旋轴型机械制得的颗粒有较高的密度。双旋轴型机械能较好地避免加料口物料的架桥现象，保证造粒的连续化且容量较大。

在压缩区，团块间的空气被压缩后逸出。为了使空气顺利逸出，避免空气存在于颗粒中造成颗粒硬度不均匀，故在压缩区常装有排气孔。

在挤出区，螺旋轴是根据所需压力的大小而设计的，其主要功能是输送物料。通常在螺旋轴顶部和成型孔板间留有一定的空间，有利于物料的压缩。根据物料的流变学特征（如黏性、弹性、可塑性、变形性和流动性）和空间大小，可压缩至较高密度。物料黏性、变形性、可塑性越好，物料压缩后的密度越大；反之则较低。在其他条件相同的情况下，物料密度随着螺旋轴顶部与成型孔板间的空间增大而增加，因此，压力低的机械具有较小的压缩空间，而压力较高的机械则有较大的压缩空间。高压力型挤出造粒设备由于其磨损大、挤出物形态差、耗电、操作成本高等原因在实践生产中应用较少；相反，低压力型挤出造粒设备的应用则较为普遍。

6.6.2　旋转挤出造粒

旋转式挤出造粒机主要有一不锈钢圆筒，圆筒两端均布置有一种小孔板。此筒的一端装在固定的底盘上，将所需孔径的孔板装于底盘下面，底盘中心有一个可以随电动机转动的主轴，轴心上固定有十字星四翼（或六翼）刮板和挡板，将软材置于圆筒之间，并被压出孔板而成为颗粒，落于颗粒接受盘由出料口收集。但由于翼型刮板与圆筒间没有弹性，其松紧度难于调节到恰当程度。软材中黏结剂用量稍多时，所成颗粒过于坚硬或压成条状；用量过少则成粉末，本机仅适用于含黏性物料较少的软材。当配方中含有较多水溶性成分时，造粒时软材易升温，黏度增加，严重时可能导致挤出的颗粒又黏结在一起。这时应选用带冷却夹套的设备以控制物料的温度。

采用旋转造粒的工艺一般有物料混合、加水、捏合、造粒、干燥、筛分、包装等几道工序。每步之间基本为间歇操作，如果设计合理也可以实现半连续化生产。

经旋转造粒后的颗粒要进行干燥，视其颗粒的硬度选择干燥方法。可选用箱式干燥，也可以选用流化床干燥器。干燥温度不能太高，一般不超过 100℃，最终产品含水量控制在 5%以下。

旋转造粒机设备简单、操作方便，造粒机还在一定程度上有捏合物料的作用，对产品的压力较小，可以保证产品有较高的悬浮率。颗粒硬度适中，通过调整孔径可以造出不同粒径的颗粒。但对物料的含水量比较敏感，含水量不能超出某一极限值，否则颗粒黏结。另外，应控制加入水溶性助剂的量，以防造粒时颗粒软化。如发生这一现象可以增加一些矿物填料，以提高颗粒的硬度。

6.6.3　摇摆造粒

摇摆式挤出造粒机加料斗的底部装有一个钝六角形棱柱状的滚轴，滚轴一端连接于一半月形齿轮固定在转轴上，另一端则用一圆形帽盖将其支住。借机械动力做摇摆式往复运动，使加料斗内的软材压过装于滚轴下的筛网而形成颗粒，颗粒落于盘内。凡与筛网接触部分均用不锈钢制成，筛网具有弹性，应控制其与滚轴接触的松紧程度。加料斗中的软材用量与筛网装置的松紧程度与所制成湿颗粒的松紧、粗细均有关。如加料斗中软材的存量多而筛网装得比较松，滚轴往复运动时可增加软材的黏性，制得的湿颗粒粗而紧；反之，则细而松。若调节黏结剂浓度、用量或增加通过筛网的次数，一般过筛次数越多，所制得湿颗粒越紧而且坚硬。摇摆式造粒机由于产量高，造粒时黏结剂或润湿剂用量稍多并不严重影响操作及颗粒质量。此种机械装拆和清洗比较方便，在大生产中应用较多。除各种材质的编织网外，近年来也在用冲孔板进行造粒，钢板厚度一般在 0.3～1.2mm。孔径根据需要决定其大小，一般所制颗粒的粒度为孔径的 0.6～0.8 倍，但产量比编织网要小一些。

6.7 流化床造粒工艺

6.7.1 流化床造粒简述

一般来说，在以粒子长大为基础的造粒机中，存在着3种颗粒长大的机理，即团块机理、层化机理和累积机理。流化床造粒机则是唯一完全由累积机理使粒子长大的。所谓累积机理就是大量微小溶液滴在原始粒子（晶种）表面，进行连续蒸发和固化而使粒子长大。累积机理是一个连续长大和干燥过程，而不是逐渐的分层成长的形式。这就是说，在造粒机的造粒区域的全部停留时间内，每一个晶核反复地受到微细尿素液滴的撞击，所以粒子的长大是逐渐的、均匀的，与少量水分蒸发同时进行。所以累积机理提供了均匀紧密的结构，提高了尿素粒子的强度[7,8]。

6.7.2 流化床造粒法的分类

流化床造粒按生产方式大体上可分为间歇式和连续式两种类型。

(1) 以凝集为主的间歇式流化床造粒　间歇式流化床造粒，是把定量的粉体物料事先投入装置中，然后通过空气流使装置内粉体流动，再定量地连续喷入黏结剂，使粉体在流化状态下凝集成粒。用这种装置可处理物料粒度为20～200μm，无粉尘飞散，造粒制品粒度分布是100～1000μm，收率约为60%～90%。一般处理能力为每批5～300kg，不适宜大量生产。

(2) 连续式流化床造粒　连续式流化床造粒装置，物料由加料器连续送入，使物料在流化床内充分循环运动。这时再由供液装置供给液体，并使之雾化，产生适量的晶核，此时颗粒像滚雪球一样地成长。达到要求的粒径后，由风选进行分级处理，并连续排出，其装置可分立式和卧式两种类型。

(3) 以包覆为主的流化床造粒　流化床包覆造粒，是针对结晶、颗粒、片剂等状态的原料，在流化床状态下包覆成颗粒制品的操作。操作是在短时间内进行的，装置构造有多种类型。物料在包覆过程中，易引起粒子凝集附着。为得到均一的包膜，需要保持稳定的粒子运动状态。

一般物料粒度为150～200μm，包覆时间与物料粒子的比表面积成正比。如500μm的圆柱状颗粒是2h，1000μm的球状颗粒是2h，1000μm的球状颗粒是1h。

6.7.3 影响造粒制品的因素

流化床造粒的原理很复杂，由于粉体的物性及喷雾液的组成能够改变造粒物的特征。造粒物和黏结剂的操作条件对造粒物的物性也有很大的影响。此外，空气温度、喷嘴口径的大小、喷雾液滴的速度、喷雾压力、喷雾空气量等，都是影响造粒的因素。这些操作因素和制品物性的关系比较复杂，多数是通过试验加以验证的。

6.7.4 流化床造粒常出现的问题及解决方法

流化床造粒一般采用床层中加入原粉的方法，这里就一般性问题进行解释。

(1) 成粒率低　成粒率是造粒过程中最重要的指标，成粒率低主要是物料（或液料中）黏结剂少，不能形成均匀的颗粒母体，喷头的位置距床层的距离过大造成的。另外，操作温度也是影响成粒率的主要原因。

（2）颗粒不均匀　颗粒不均匀主要是雾化效果不佳造成的，应调节雾化器的雾化质量和对床层的覆盖面积，力争使床层物料均匀接受雾滴而形成均匀的母晶种。

6.8　水分散粒剂质量控制指标及检测方法

（1）水分的控制　按 GB/T 1600—2001 中的共沸法。

（2）酸/碱度或 pH 值　按《农药酸（碱）度测定方法　指示剂法》（GB/T 28135—2011）；《农药 pH 的测定方法》（GB/T 1601—1993）。

（3）润湿性　按 MT53.3 方法：采用烧杯试验法：称取 5g 样品快速倒入盛 25℃ 100mL 标准硬水的 250mL 烧杯中，立刻计时，记录下样品全部润湿的时间。

（4）崩解度的测定　在 25℃条件下，将 0.5g 样品加入到盛有 90mL 蒸馏水的 100mL 具塞量筒中，塞住筒口。夹住量筒中部，以此为轴心以 8r/min 的速度沿着轴心转动，直至样品颗粒在水中崩解完全，记录崩解的时间。一般以小于 3min 为合格。

（5）悬浮率的测定　按 GB/T 14825—2006 进行测定（国标）；按 MT 168 水分散粒剂的悬浮率方法（CIPAC 方法）。

悬浮剂（SC）≥80%，WP、CS、WG 悬浮剂≥60%。

准确称取 0.2g 试样（精确至 0.0002g），加入到盛有 50mL 标准硬水的 200mL 烧杯中，以约 120 次/min 的速率用手摇荡做圆周运动，进行 2min，30℃±1℃水浴中静置 4min，然后用同一温度的标准硬水全部洗入 250mL 具塞量筒中，并稀释至刻度，盖上盖子，以量筒底部为轴心，将量筒上下颠倒 30 次（整个过程在 1min 之内完成）。然后在不摇动或搅起沉降物的前提下用吸管在 10～15s 内将上面的 9/10（即 225mL）悬浮液移出，将量筒底部 25mL 悬浮液转移至培养皿，干燥至恒重，用 100mL 甲醇分多次冲洗后定容，测定残余物有效成分含量。

$$悬浮率(\%)=1.11\times(m_1-m_2)/m_1\times100 \tag{6-4}$$

式中　m_1——配制悬浮液所取样品中有效成分质量，g；

m_2——留在量筒底部 25mL 悬浮液中有效成分质量，g。

（6）颗粒细度　湿法筛分（通常要求湿筛试验 65μm≥98%）　按《农药粉剂、可湿性粉剂细度测定方法》（GB/T 16150—1995）：湿筛法（国标）；按 MT 166 水分散粒剂（WG）分散后的湿筛试验（CIPAC 方法）。

干法筛分（通常要求湿筛试验 65μm≥95%）　按《农药粉剂、可湿性粉剂细度测定方法》（GB/T 16150—1995）：干筛法（国标）；按 MT 160 水分散粒剂（WG）的干法筛分（CIPAC 方法）。

（7）持久起泡性　规定量的试样与标准硬水混合，静置后计算出泡沫体积。

（8）热贮稳定性　按《农药热贮稳定性测定方法》（GB/T 19136—2003）（国标）；按 MT 46.3 加速贮存试验（CIPAC 方法）。

在 54℃±2℃贮存 14d 后，除继续满足制剂的有效成分含量、相关杂质量、颗粒性和分散性等相关项目外，还需要规定有效成分含量不得低于贮存前测定值的 95%。

6.9　水分散粒剂的典型配方

水分散粒剂的典型配方见表 6-2。

表 6-2　水分散粒剂的典型配方

制剂名称	配方内容①	性能指标	提供单位
90%阿特拉津 WG	阿特拉津（96.77%）93%，SD-819 5%，SR-05 2%	要过气流粉碎机，重量法测悬浮率，热贮前：含量>90%，悬浮率 95%，泡沫 30mL，崩解< 30s；热贮后：含量>90%，悬浮率 92%，泡沫 30mL，崩解<30s	上海是大高分子材料有限公司
75%百菌清 WG	百菌清（98.2%）76.4%，SD-819 4%，SR-05 2%，SD-T32 17.6%	要过气流粉碎机。含量>75%，悬浮率>95%，崩解<30s，持久起泡性<25mL	上海是大高分子材料有限公司
83%百菌清 WG	百菌清（98.2%）83%，SD-819 4%，SR-05 2%，SD-T32 补足	要过气流粉碎机。含量>83%，悬浮率>95%，崩解<30s，持久起泡性<25mL	上海是大高分子材料有限公司
75%苯磺隆 WG	苯磺隆（95%）79%，SD-820-A 3%，SD-661 6%，SR-05 2%，碳酸钠 2%，轻钙补足	含量>75%，悬浮率>95%，崩解< 30s，持久起泡性<25mL	上海是大高分子材料有限公司
75%苯磺隆 WG	苯磺隆（95%）78.95%，SD-819 3%，SD-661 6%，SR-05 2%，轻钙 10.05%	要过气流粉碎机。含量>75%，悬浮率>95%，崩解<30s，持久起泡性<25mL	上海是大高分子材料有限公司
10%苯醚甲环唑 WG	苯醚甲环唑（96.8%）10.5%，SD-819 5%，NNO 5%，SR01 2%，玉米淀粉 20%，硫酸铵补足	要过气流粉碎机，悬浮率 85.3%，崩解<30s，持久起泡性<25mL	上海是大高分子材料有限公司
10%苯醚甲环唑 WG	苯醚甲环唑（95.5%）10.5%，SD-819 3%，SD-661 6%，NNO 3%，玉米淀粉 20%，硫酸铵 25%，硫酸钠 25%，高岭土 7.5%	要过气流粉碎机。悬浮率 90.7%，崩解 13 次，持久起泡性<25mL	上海是大高分子材料有限公司
10%苯醚甲环唑 WG	苯醚甲环唑（96%）10.5%，Geropon T/36 7%，Geropon L-WET/P 3%，白炭黑 5%，碳酸钠补足	崩解<90s，悬浮率 98%，湿筛残余<0.1%，泡沫<30mL 热贮后，悬浮率 96%	Solvay
10%苯醚甲环唑 WG（球状）	苯醚甲环唑（96%）10.9%，GY-D06 4.0%，GY-WS01 2%，填料 83.1%	热贮前，悬浮率 82%；热贮后，悬浮率 80%	北京广源益农化学有限责任公司
70%吡虫啉 WG	吡虫啉（95%）74.0%，GY-D10 5.0%，GY-WS01 2%，填料 19.0%	热贮前，悬浮率 91%，崩解 3 次	北京广源益农化学有限责任公司
70%吡虫啉 WG	吡虫啉（97%）70%，SD-720 11%，Wet88 3%，硫酸铵 5%，高岭土补足	要过气流粉碎机。重量法悬浮率>93%，崩解<20s，持久起泡性 20mL	上海是大高分子材料有限公司
70%吡虫啉 WG	吡虫啉（折百）72%，SD-816 5%，SR-03 2%，NNO 3%，葡萄糖 18%	要过气流粉碎机。重量法悬浮率>95%，崩解<30s，持久起泡性<25mL	上海是大高分子材料有限公司
70%丙森锌 WG	丙森锌（90%）78%，Geropon T/36 2%，Greensperse NA 8%，k12 1%，玉米淀粉 5%，填料补足	崩解<20s，悬浮率>95%，湿筛残余<0.1% 热贮后，悬浮率>90%	Borregaard

续表

制剂名称	配方内容[①]	性能指标	提供单位
50%吡蚜酮 WG	吡蚜酮(97.5%)51.5%,SD-819 2%,SD-661 8%,SR-05 2%,NNO 3%,硫酸铵17%,功能性填料 TSD 10%,高岭土 6.5%	热贮前:悬浮率 97.4%,崩解<60s,持久起泡性<25mL	上海是大高分子材料有限公司
19.4%吡蚜酮+58.1%异丙威 WG	吡蚜酮(97%)20%,异丙威(97.2%)59.8%,SD-819 2%,SD-661 8%,SR-02 2%,玉米淀粉补足	要过气流粉碎机,悬浮率>95%,崩解<30s,持久起泡性 70mL	上海是大高分子材料有限公司
50%吡蚜酮 WG	吡蚜酮(97.5%)51.3%,SD-819 2%,SD-661 8%,SR-05 2%,硫酸铵 20%,功能性填料 TSD 10%,高岭土补足	粒径越小,崩解时间越短。此样品粒径 1mm,热贮前:悬浮率 97.4%,崩解<60s,持久起泡性<25mL	上海是大高分子材料有限公司
15%吡唑嘧菌酯+30%啶酰菌胺 WG	吡唑嘧菌酯(95%)26.3%,啶酰菌胺 31%,SD-819 3%,SD-661 10%,SR01 2%,硫酸铵27.7%	要过气流粉碎机,悬浮率=93.8%,崩解<28s,持久起泡性<30mL	上海是大高分子材料有限公司
25%吡唑嘧菌酯 WG	吡唑嘧菌酯(95%)26.3%,SD-819 3%,SD-661 10%,K12 2%,硫酸铵补足	要过气流粉碎机,悬浮率=96.3%,崩解<48s,持久起泡性<30mL	上海是大高分子材料有限公司
5%吡唑嘧菌酯+45%丙森锌 WG	吡唑嘧菌酯(95%)5%,丙森锌(84.45%)52.7%,NNO 3%,SD-661 10%,SR01 2%,硫酸铵 27.3%	要过气流粉碎机,悬浮率=94.8%,崩解<24s,持久起泡性<25mL	上海是大高分子材料有限公司
5%吡唑嘧菌酯+55%代森锌 WG	吡唑嘧菌酯(95%)5.3%,代森锌(90.02%)61.1%,SD-819 3%,SD-661 6%,SR-05 2%,硫酸铵 22.6%	要过气流粉碎机,悬浮率=92.6%,崩解<24s,持久起泡性<25mL	上海是大高分子材料有限公司
8%吡唑嘧菌酯+24%二氰蒽醌 WG	吡唑嘧菌酯(95%)8.5%,二氰蒽醌(93.1%)25.8%,SD-819 3%,SD-661 6%,SR-05 2%,硫酸铵补足	要过气流粉碎机,悬浮率>95%,崩解<30s,持久起泡性<25mL	上海是大高分子材料有限公司
64%代森锰锌+8%甲霜灵 WG	代森锰锌(80%)64%,甲霜灵(95%)8.4%,K12 2.5%,Ufoxane3A 8%,硫酸铵补足	崩解<30s,悬浮率 90% 热贮后,悬浮率 90%	Borregaard
80%敌草隆 WG	敌草隆(96%)83.3%,SD-661 6%,SR01 2%,木质素3%,三聚磷酸钠 5.7%	要过气流粉碎机。含量>60%,悬浮率>95%,崩解<30s,持久起泡性<25mL	上海是大高分子材料有限公司
80%敌草隆 WG	敌草隆(97%)82.5%,SD-816 6%,SR-05 3%,轻钙8.5%	要过气流粉碎机。重量法悬浮率>93%,崩解<40s,持久起泡性 25mL	上海是大高分子材料有限公司
80%敌草隆 WG	敌草隆(97%)82.5%,SD-816 6%,SR-09 3%,轻钙8.5%	要过气流粉碎机。重量法悬浮率>93%,崩解<40s,持久起泡性 20mL	上海是大高分子材料有限公司

续表

制剂名称	配方内容[①]	性能指标	提供单位
90%敌草隆 WG	敌草隆（97%）92.78%，SD-661 5%，SR01 1.5%，高岭土补足	要过气流粉碎机。重量法悬浮率>93.5%，崩解<40s，持久起泡性<10mL	上海是大高分子材料有限公司
90%敌草隆 WG	敌草隆（97%）93%，SD-820-A 5%，SR-05 1%，柠檬酸 1%	要过气流粉碎机。重量法悬浮率 88%，崩解<30s，持久起泡性 25mL	上海是大高分子材料有限公司
90%敌草隆 WG	敌草隆（97%）93%，SD-816 5%，SR-09 2%	要过气流粉碎机。重量法悬浮率>93%，崩解<30s，持久起泡性 20mL	上海是大高分子材料有限公司
60%环嗪酮·敌草隆 WG	环嗪酮（98%）13.5%，敌草隆（97%）48.5%，SD-816 2%，SD-661 8%，SR-05 2%，玉米淀粉 26%	要过气流粉碎机，悬浮率=90%，崩解 15 次，持久起泡性<30mL	上海是大高分子材料有限公司
60%甲磺隆 WG	甲磺隆（93.5%）64.2%，SD-819 3%，SD-661 6%，SR-02 2%，硫酸铵 10%，三聚磷酸钠 14.8%	要过气流粉碎机，含量>60%，悬浮率>95%，崩解<30s，持久起泡性<25mL	上海是大高分子材料有限公司
60%甲磺隆 WG	甲磺隆（93.5%）65.3%，SD-819 3%，SD-661 6%，SR-02 2%，玉米淀粉 10%，三聚磷酸钠补足	要过气流粉碎机，含量>60%，悬浮率 95%，崩解<30s，持久起泡性 35mL	上海是大高分子材料有限公司
5.7%甲维盐 WG	甲维盐（72.5%）7.86%，SD-819 3%，杰世助剂 LXC 1%，杰世助剂 PICO-JK 4%，元明粉 30%，粉状葡萄糖 10%，玉米淀粉补足	无雾化，无拉丝，15 次崩解。经典配方，崩解 4～5 次	上海是大高分子材料有限公司
5.7%甲维盐 WG	甲维盐（72.5%）7.86%，382 5%，3800 1%，801 4%，1903 2%，六偏磷酸钠 1.5%，乳糖 12%，硫酸铵 20%，玉米淀粉补足	无雾化，无拉丝，15 次崩解。经典配方，崩解 4～5 次	上海是大高分子材料有限公司
5.7%甲维盐 WG	甲维盐（72.5%）7.86%，SD-661 8%，SD-819 1%，硫酸铵 45%，高岭土补足	无雾化，无拉丝，15 次崩解，悬浮率 96.3%，崩解<30s，持久起泡性<25mL	上海是大高分子材料有限公司
5.7%甲维盐 WG	甲维盐（70%）8.6%，GY-D800 3.5%，GY-W04 2%，填料 85.9%	热贮前，悬浮率 88%；热贮后，悬浮率 87%	北京广源益农化学有限责任公司
60%喹草酸 WG	喹草酸（93.5%）61.1%，SD-819 2%，SD-661 8%，SR-05 2%，EDTA-2Na 5%～10%，轻钙补足	要过气流粉碎机，含量>60%，悬浮率>95%，崩解<30s，持久起泡性<25mL	上海是大高分子材料有限公司
80%硫双威 WG	硫双威（98%）82%，SD-819 6%，SD-661 2%，SR-05 3%，玉米淀粉 7%	要过气流粉碎机。悬浮率=92%，崩解 20 次，持久起泡性<30mL	上海是大高分子材料有限公司

续表

制剂名称	配方内容[①]	性能指标	提供单位
75%醚苯磺隆 WG	醚苯磺隆（94%）80%，SD-816 5%，SD-661 3%，SR-02 2%，EDTA-2Na 3%，玉米淀粉补足	过气流粉碎机。悬浮率＞93%，崩解＜40s，持久起泡性 30mL	上海是大高分子材料有限公司
50%嘧菌酯 WG	嘧菌酯（96%）50.9%，SD-819 5%，SR-02 2%，SR01 2%，玉米淀粉 15%，硫酸铵 10.1%，硅藻土 15%	入水现象：缓慢下沉掉粒并伴随雾化崩解。过筛：过 400 目筛网无残留。悬浮率 95%，崩解＜30s，持久起泡性＜25mL	上海是大高分子材料有限公司
50%嘧菌酯 WG	嘧菌酯（98%）51%，SD-819 5%，SR-02 2%，SR01 2%，淀粉 10%，硅藻土 15%，硫酸铵 15%	要过气流粉碎机。悬浮率 93%（标准硬水）。入水现象：缓慢掉粒，伴随雾化拉丝。崩解次数：10 次	上海是大高分子材料有限公司
75%嗪草酮 WG	嗪草酮（98%）77%，SD-819 5%，SD-661 3%，SR-02 2%，EDTA-2Na 2%，高岭土 11%	要过气流粉碎机。悬浮率＝91%，崩解 14 次，持久起泡性＜30mL	上海是大高分子材料有限公司
25%噻虫嗪 WG	噻虫嗪（96%）26.5%，GY-D10 5.0%，GY-WS01 3%，填料 65.5%	热贮前，悬浮率 92%；热贮后，悬浮率 92%，泡沫 25mL	北京广源益农化学有限责任公司
75%噻虫嗪 WG	噻虫嗪 TC（96%）78.2%，SD-819 4%，K12 2%，玉米淀粉补足	要过气流粉碎机。含量＞75%，悬浮率＞95%，崩解＜30s，持久起泡性＜25mL	上海是大高分子材料有限公司
50%噻呋酰胺 WG	噻呋酰胺（95.5%）52.4%，SD-819 2%，SD-661 8%，SR-05 2%，EDTA-2Na 3%，硫酸铵 5%，玉米淀粉 25.6%，硬脂酸钠 2%	要过气流粉碎机，悬浮率＝93%，崩解 20 次，持久起泡性＜20mL	上海是大高分子材料有限公司
80%戊唑醇 WG	戊唑醇（97%）82.48%，SD-819 1%，SD-661 6%，SR-05 3%，重钙补足	要过气流粉碎机。悬浮率＞92%，崩解＜30s，持久起泡性＜25mL	上海是大高分子材料有限公司
80%戊唑醇 WG	戊唑醇（97%）82.3%，SD-819 2%，SD-661 8%，SR-05 2%，玉米淀粉补足	要过气流粉碎机。工业化调整 3102，悬浮率＞92%，崩解＜30s，持久起泡性＜25mL	上海是大高分子材料有限公司
85% 戊唑醇 WG	戊唑醇（98%）87%，Geropon T/36 3%，Ultrazine NA 6%，Geropon L/WETp 1%，玉米淀粉补足	崩解＜20s，悬浮率＞95%，湿筛残余＜0.1% 热贮后，悬浮率＞95%	Borregaard
25%西草净＋40%扑草净 WG	西草净（折百）25%，扑草净（折百）40%，SD-816 5%，SR-01 2%，淀粉补足	要过气流粉碎机，悬浮率＞90%，崩解＜30s，持久起泡性＜25mL	上海是大高分子材料有限公司
90%西玛津 WG	西玛津 93%，SD-819 5%，SR-02 2%	要过气流粉碎机，自来水。悬浮率：热贮前 94.3%，热贮后 92%	上海是大高分子材料有限公司

续表

制剂名称	配方内容[①]	性能指标	提供单位
90%西玛津 WG	西玛津 93%，SD-819 5%，SR-05 2%	要过气流粉碎机，自来水。悬浮率：热贮前 95.9%，热贮后 93%	上海是大高分子材料有限公司
80%烯酰吗啉 WG	烯酰吗啉（96%）83.8%，GY-DM02 6.0%，GY-WS01 2.0%，填料 8.2%	热贮前，悬浮率 84%；热贮后，悬浮率=84%	北京广源益农化学有限责任公司
80%烯酰吗啉 WG	烯酰吗啉（折百）80%，SD-818 6%，SD-045 3%，淀粉补足	要过气流粉碎机。悬浮率>90%，崩解<30s，持久起泡性<25mL	上海是大高分子材料有限公司
75%异噁唑草酮 WG	异噁唑草酮（96.5%）78%，Supragil MNS/90 8%，Supragil WP 2%，葡萄糖酸钠 5%，硫酸铵补足	崩解<30s，悬浮率 98%，湿筛残余<0.1%，泡沫 22mL 热贮后，悬浮率 95%	Solvay
80%莠灭净 WG	莠灭净（97%）83.5%，SD-819 5%，SR-05 1%，SR01 1%，NNO 3%，高岭土补足	要过气流粉碎机。悬浮率：标准硬水 96%（热贮前），93.8%（热贮后）；三倍硬水 91%（热贮前），89.3%（热贮后）。入水现象：漂浮雾化分散。崩解时间：30s	上海是大高分子材料有限公司
45%莠灭净+20%特丁净 WG	莠灭净（折百）45%，特丁净（折百）20%，SD-816 6%，SR-01 3%，NNO 6%，淀粉补足	要过气流粉碎机，悬浮率>90%，崩解<30s，持久起泡性<25mL	上海是大高分子材料有限公司
72%莠去津+8%甲磺 WG	莠去津（97%）74.2%，甲基磺草酮（96%）8.3%，SD-819 5%，SR-05 1%，NNO 2%，碳酸钠 5.5%，轻钙补足	要过气流粉碎机。悬浮率 98%（标准硬水）。入水现象：漂浮雾化分散。崩解次数：10 次	上海是大高分子材料有限公司
90%莠去津 WG	莠去津（98%）93.5%，SD-819 4.5%，SR-045 2%	要过气流粉碎机。悬浮率>90%，崩解<30s，持久起泡性<30mL	上海是大高分子材料有限公司
90%莠去津 WG	莠去津（98%）93.5%，SD-819 4.5%，SR-02 2%	要过气流粉碎机。悬浮率>90%，崩解<30s，持久起泡性<40mL	上海是大高分子材料有限公司
90%莠去津 WG	莠去津（96.77%）93%，SD-819 5%，SR-02 2%	要过气流粉碎机，自来水。悬浮率：热贮前 91%，热贮后 93%	上海是大高分子材料有限公司
90%莠去津 WG	莠去津（96.77%）93%，SD-819 5%，SR-05 2%	要过气流粉碎机，自来水。悬浮率：热贮前 89.1%，热贮后 93%	上海是大高分子材料有限公司
90%莠去津 WG	莠去津（98%）92%，Geropon Ultrasperse 4%，Geropon L-WET/F 2%，填料补足	崩解<30s，悬浮率 95%以上，湿筛残余<0.1% 热贮后，悬浮率 95%以上	Solvay
90%莠去津 WG	莠去津（97%）93.5%，GY-D180 4.5%，GY-WS01 2%	热贮前，悬浮率 97%	北京广源益农化学有限责任公司

① 括号中数字为有效成分含量。

参考文献

[1] 王小芳．乡村科技，2016，3.
[2] 谢毅，吴学民．第七届中国农药发展年会农药质量与安全文集．2005：242-245.
[3] 凌世海．固体制剂．第3版．北京：化学工业出版社，2003：266-281.
[4] 郭振豪．聚羧酸盐和聚萘磺酸盐分散剂在农药制剂中的性能研究．上海：上海师范大学，2017.
[5] 李新忠．戊唑醇水分散粒剂及水悬浮剂的制备及性能研究．上海：上海师范大学，2017.
[6] 刘广文．农药水分散颗粒剂．北京：化学工业出版社，2009.
[7] 吴晓嘉．安徽化工，2011，36（4）：60-61.
[8] 姚光前．大氮肥，1996（5）：348-349.

第 7 章
干悬浮剂

7.1　概述

干悬浮剂（dry flowable，DF），在广义上一般指基于湿法研磨制备的浆液经造粒干燥所得的固态颗粒；狭义上一般认为是基于湿法研磨制备的浆液经喷雾造粒干燥所得的固态颗粒。现在市场上常见的 DF 严格意义上来讲是狭义上的干悬浮剂，近几年来，随着干悬浮技术的不断革新，涌现出一大批干悬浮剂产品，它不仅继承了水悬浮剂所具有的优点，而且进一步优化提升，解决了一些固态产品悬浮率偏低、液态产品贮存运输及稳定的问题，越来越受到大家的关注与重视。其实在一些用药水平较高的国家，DF 是一种市场占有率很高的产品，例如成标、翠贝等，都是一些经典的干悬浮剂产品[1]。

7.1.1　干悬浮剂与悬浮剂的异同

干悬浮剂是基于水悬浮剂设想开发出来的新型固体制剂，干悬浮剂的浆液制备与水悬浮剂的制备工艺大同小异，配方设计有一定的差异性。根据 GB/T 19378—2003 将悬浮剂描述为“非水溶性的固体有效成分与相关助剂，在水中形成高分散度的黏稠悬浮液制剂，用水稀释后使用”，英文代码 SC（aqueous suspension concentrate）。

干悬浮剂的前期加工方法与水悬浮剂的加工方法大致相同，都是通过湿法研磨加工成液态浆料，再经过造粒、干燥等过程得到固体产品。然而就配方组成来说，它们之间又有一定的区别：悬浮剂中的农药要以悬浮的状态长期存在，因此，在水悬浮剂的配方中会有防冻剂、消泡剂和助悬浮剂等[2]。干悬浮剂一般不一定需要这些助剂，但是在制备干悬浮剂的过程中农药需要经过相对高温干燥，农药是热敏性产品，为了防止农药在受热后产生凝聚，必须加入具有一定耐热性能的分散剂，而且加入的分散剂用量比悬浮剂多。悬浮剂制备（生产）工艺流程和干悬浮剂制备（生产）工艺流程分别见图 7-1 和图 7-2。

7.1.2　干悬浮剂与水分散粒剂的区别

加水后能迅速崩解并形成悬浮液的粒状制剂，叫做水分散粒剂（water dispersible granule，WG）。干悬浮剂与水分散粒剂的最终产品都是颗粒状固体，但是还有一定的区别。首先是粉碎的方法不同，干悬浮剂一般采用湿法粉碎，颗粒粒径一般为 1～3μm，通过喷雾、

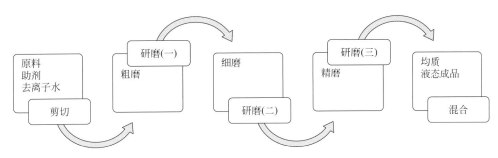

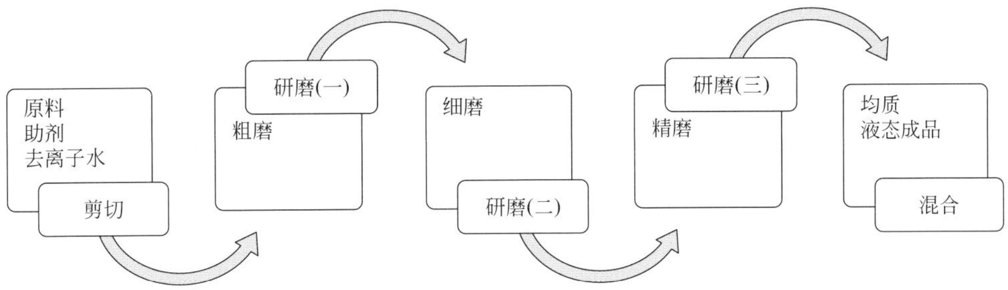

图 7-1　悬浮剂制备（生产）工艺流程

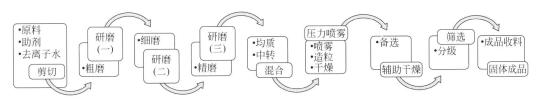

图 7-2　干悬浮剂制备（生产）工艺流程

挤压、沸腾等手段形成固态颗粒；水分散粒剂采用干法粉碎，颗粒的粒径为 8～20μm。其次，造粒方式和成型机理也不相同，干悬浮剂是悬浮液通过喷雾干燥制成颗粒状产品，成粒的机理是浓缩固结成粒，整个成粒的过程不受机械力的作用，因此颗粒比较疏松；然而水分散粒剂的物料是在可湿粉的状态下经过挤出法、流化床法制备而成的，颗粒是受机械力成粒，因此颗粒比较坚硬。这也导致了两种剂型产品的粒度不同，干悬浮剂产品颗粒的粒度一般为 60～120 目之间，而水分散粒剂产品的粒度要以毫米（mm）计算[3]。

7.1.3　干悬浮剂的特点

（1）相较于挤压制粒、沸腾造粒所得的柱状或类球状的颗粒产品，具有较高的悬浮率及再悬浮率，前者是经机械或气流粉碎所得的产品，其实在粒径（以 D_{90} 计）一般会在 10μm 以上，但是干悬浮剂是经湿法研磨所得，其实在粒径（以 D_{90} 计）可控制在 3μm 以下，所以从产品细度方面来分析，产品的悬浮率会相差很高，特别是相较粉碎难度较大的产品，经湿法研磨所制备的产品会有质的飞跃。

（2）干悬浮剂是实在粒径更细的固态颗粒，更利于药效的发挥；田间施药更便捷，可避免固体制剂先稀释后施用的弊端，防沉降，药液 24h 后无需二次搅拌。

（3）减少贮存及运输成本，更利于产品的长期贮存，贮存稳定性优于悬浮剂。

（4）智能化作业程度高，由湿法研磨途径进入压力喷雾，可实现自动化程度高，可有效降低用工成本，降低用工风险。由固体可湿粉经挤压或沸腾制粒所得的颗粒，在生产过程中，由于其工艺特点，是无法如液体一样实现物料转运的。

7.2　干悬浮剂的配方设计

干悬浮剂配方的开发应着眼于全部生产过程，生产过程中悬浮液要经过喷雾干燥造粒，一般喷雾干燥的热风进口温度不低于 130℃，出口温度不低于 60℃，物料在干燥过程中要经过高温的考验，因此，悬浮剂的配方要有一定的耐热性。干悬浮剂的配方中除了原药外，分散剂的量一般为5%～20%，润湿剂的量一般为1%～3%，崩解剂的量一般为1%～5%。还要添加适量的黏结剂和载体[4]。

7.2.1 载体

在干悬浮剂的配方中载体无功能性作用，只是作为填充剂用来调节活性成分的含量。但是使用不同载体制备的干悬浮剂的微粒硬度会有差别。研究发现，在制备干悬浮剂中，用轻质碳酸钙、重质碳酸钙、煅烧高岭土等单个或组合可以得到较高的硬度[1,2]。

7.2.2 黏结剂

在制备干悬浮剂过程中加入黏结剂，其作用是可以使干悬浮剂的颗粒具有一定的强度，在包装运输过程中不易松散成粉。但并不是黏结剂的用量越多越好，因为当黏结剂的加入量过大时颗粒的强度虽然增大了，但颗粒的崩解性随之变差。这就要求我们在制备干悬浮剂时需要找出一个平衡点，在满足制剂崩解性要求的同时，尽量使颗粒有较高的机械强度。在实际生产中为了不影响其在水中的崩解性能，宜使用低分子量的水溶性高分子材料作为黏结剂，例如羟甲基纤维素、聚乙烯吡咯烷酮、萘磺酸盐缩聚物、聚丙烯酸盐等[3]。

7.2.3 分散剂

分散剂在干悬浮剂中的作用有：① 提高湿粉碎效率；② 提高悬浮液的含固率；③ 干燥过程中保护活性成分不凝聚，从而保证产品质量。在制备干悬浮剂的过程中分散剂的选择空间较大，目前分散剂的品种也很多，例如吸附力强的大分子木质素、萘磺酸盐分散剂等，一般建议加入一定量的木质素类分散剂，因为木质素的结构对砂磨机的研磨效率有一定的促进作用。而且木质素磺酸盐在水中生成大量的负电荷，包围在农药颗粒的表面，干燥过程中对农药颗粒具有保护作用，同时相对成本较合理，但是还是要根据具体产品具体分析[4]。

7.2.4 润湿剂

在干悬浮剂配方中，润湿剂起到两个方面的作用：① 控制体系的表面张力，使固体原药颗粒表面容易被水润湿后迅速崩解；② 由于润湿剂降低了药液的表面张力，被喷洒在作物表面时易于润湿展布，可以增加药剂的附着量。目前开发干悬浮剂使用的润湿剂主要是制备水分散粒剂的润湿剂，除此之外，在干悬浮剂的配方研究中，重点可以考虑一些高表面活性、绿色环保的新型润湿剂，例如有机硅、有机氟表面活性剂等。

7.3 湿粉碎技术

7.3.1 农药参数

在之前的很多论著中，提到较多的是熔点低于100℃的原药产品，它们是无法制备成DF产品的。但是随着研究的深入，相继开发出吡唑醚菌酯DF、戊唑醇DF等低熔点的优质产品，为DF产品的深入研究开拓了思路。

7.3.2 干悬浮剂砂磨

从严格意义上来说，国内外悬浮剂加工工艺有很大区别，很多厂家的加工配制不尽相同，但无论是悬浮剂还是干悬浮剂的前道浆料加工，都存在一些工艺共同点。当然在砂磨机的选择上存在一定的差异，对于温度控制不是很严格的产品可以采用盘式砂磨机与棒销式砂磨机的组合，假若从通用性角度来讲，个人更加倾向于二级、三级、多级的盘式砂磨机组合，也可以单级自循环式设计。

7.3.3　研磨介质参数

目前常见的研磨介质有玻璃珠、铝珠、硅酸锆珠、复合锆珠、氧化锆珠等，随着各大砂磨机厂家的研究深入，桶体也经历了 S304 不锈钢、合金钢（9 铬 18 钼或 SKD11）、高镍基合钢等，越来越适应高强度的研磨介质。简单介绍一些研磨介质，如表 7-1 所示。

表 7-1　研磨介质的主要参数

研磨介质类别	主要参数对比
玻璃珠	密度 2.5g/cm^3；堆积密度 1.5g/cm^3
铝珠	密度 3.0g/cm^3；堆积密度 1.7g/cm^3
硅酸锆珠	密度 4.0g/cm^3；堆积密度 2.5g/cm^3
复合锆珠	密度 5.4g/cm^3；堆积密度 3.3g/cm^3
铈稳定锆珠（JZ90-G）	密度 6.1g/cm^3；堆积密度 3.75g/cm^3
铈稳定锆珠（JZ90-B）	密度 6.2g/cm^3；堆积密度 3.8g/cm^3
纯锆珠（JZ-95）	密度 6.06g/cm^3；堆积密度 3.75g/cm^3

从表 7-1 可以看出，如果从密度及堆积密度的角度来考虑，JZ90-B 可能更适宜于充当研磨介质，但从维氏硬度、自磨耗、研磨色泽方面考虑，目前选择纯锆珠比较多，选择合适的研磨介质可以有效地提升研磨效率。

7.3.4　过程参数对磨效的影响

研磨过程的控制主要体现在配方设计、研磨介质选择、珠子大小选择、系统研磨温度控制、研磨腔体介质填充比例等选择会影响产品的磨效，理论上来讲，介质相对密度越大，尺寸越小，单位体积内介质的数目越多，介质之间的接触点就越多，研磨效率就越高；相对密度越大，研磨介质获得的动能也越大，研磨效率就越高，尤其是对高含固量和高黏度产品的研磨，更加突显出大相对密度研磨介质的优势。在生产过程中，填充量和流量配合就显得很关键，介质大小决定了研磨珠和物料的接触点多少。粒径小的珠子在相同容积下接触点越多，理论上研磨效率也越高，珠子直径大小与物料粒径作用关系如图 7-3 所示。

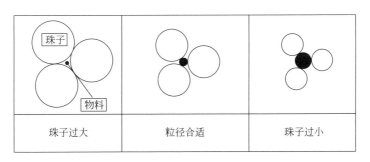

图 7-3　珠子直径大小与物料粒径作用关系示意图

上文提到了配方设计、研磨介质，这里不再重复描述，下面从珠子大小、研磨温度、填充比例等方面阐述一下。

（1）珠子大小　根据实际的工艺条件，是剪切（或分散）、单级研磨、双级研磨、三级研磨、多级研磨之间组合，我们需根据不同工位之间的实际研磨粒径来选择合适的珠子尺寸，例如剪切出来的物料原始粒径 D_{90} 是 50～100μm，建议选择 1.8mm 左右的珠子；粗磨（或一级研磨）的物料在 10μm，一般建议选择 1.0mm 左右的珠子；细磨（或二级研磨或三级研磨）的物料在 10μm 以下时，建议选择 0.6mm 左右的珠子。当然，随着工艺条件的不同会有出入，选择珠子大小的过程要根据实际情况进行及时调整，以达到最优配置。

（2）研磨温度　在研磨过程中，不同工位一定会产生或多或少的温升现象，如何在第一时间控制好研磨温度就显得格外重要，一般会建议系统控温，在每一道工序进行及时控温，避免温度的累积，比如在分散、剪切、粗磨、细磨、精磨的每一个环节控制好温度，采用更加合理的冷却方式，因地制宜地结合工厂实际情况进行控制，在南方企业里及时更换冷却介质，以防止冷却结垢，影响换热效率；在北方企业，注意防冻处理，可以添加适量的防冻剂，既可以防冻，又可以防止冷冻介质结垢，一举两得。

（3）填充比例　根据不同的砂磨机、研磨介质、研磨温度等来选择不同的填充比例，一般会建议填充比例控制在 60%～80%之间，填加方式是由 60%、65%、70%、75%、80%方式缓慢递增加入，根据研磨粒径、研磨介质、研磨温度等，同时观察砂磨的电流值变化来调整填充比例，如遇异常及时停机调整比例，少量多次加入研磨介质。

7.4　干悬浮剂生产设备

7.4.1　压力式喷雾干燥器

浆料由高位槽经过滤器被吸入隔膜泵增压，稳压后送到塔顶经雾化器雾化喷入塔内进行干燥，冷空气经空气过滤器过滤，经风机送至蒸汽加热器加热后由塔顶导入塔内，与雾化的物料液滴同向并流进行质热交换，完成瞬时蒸发达到干燥，从而得到空心（或类球形）的颗粒。较细干粉经旋风分离器分离，由返吹装置吹送至塔顶重新造粒。极小量微粉由布袋除尘器除尘回收，尾气经湿式除尘器净化后从排风管口排出。

7.4.2　喷雾造粒条件控制

（1）浆料喷雾系统

① 过滤装置。选择合适的过滤精度，过细则让浆料无法正常通过，易造成泵送不良，不进料，空转造成设备损坏，建议滤网目数控制在 100 目左右。

② 喷枪组合。由喷嘴及雾化器组成。

③ 喷嘴。在选择时应注意以下几点：a. 喷嘴流量与泵压力成正比，泵压力越大，流量越大；泵压力越小，流量越小；b. 当泵压力大雾化就细，干料粒子细，泵压力小雾化角度小，干料颗粒大；当旋流片厚度大，孔板径大，流量就大，反之则小；喷嘴的雾化角控制在 55°～65°之间，它与旋流片厚度、孔板孔径有关。

④ 雾化器。浆料由高压泵送至喷头，经喷嘴使浆料雾化。本雾化器采用低压喷嘴，它由喷嘴头、孔板、旋流片、盲板、固定螺销、密封圈、接头组成。喷料时必须随时检查喷雾的均匀性，雾化不良会影响干粉颗粒均匀，导致飞溅造成粘壁。

⑤ 压力输送装置。目前常见的是高压隔膜泵、高压均质机等，高压隔膜泵对浆料当中的气泡要求相当高，高压均质机略优，这就对浆料消泡提出了新的要求，在此工序过程控制泵送压力在1～5kPa之间不等，根据不同的黏度、含固量以及成粒状况来确认。

（2）热风系统　热风是用于加热干燥空气使其达到所需的进口温度并以恒定风速送至干燥塔内。在干燥塔顶部导入热风，经雾化器喷成雾状的液滴与热空气接触后水分迅速蒸发，在极短时间内便成为干燥颗粒由塔底排出。

（3）干燥塔　由风进口、热风分配器、上锥体、直筒身、扩大体（或无）、环隙槽、下锥体、排风口等组成。

（4）引风系统　由旋风分离器、布袋除尘器、湿法除尘器等组成。

引风系统将干燥塔内的气体抽出，输送到大气中，并将尾气中的细粉进行有效分离，使尾气净化排空。同时要确保最大限度地回收成品。

① 旋风分离器。它由进风口、筒体、锥体、排气管、料仓等组成，用于尾气中细粉的一次回收。旋风分离器是利用旋转的含尘气体所产生的离心力，将粉尘从气流中分离出来的一种干式气固分离装置。

其工作原理是利用含有粉尘的空气从进气口进入旋风分离器而形成回转运动，使气体中的悬浮颗粒在离心力的作用下被抛向器壁，然后在重力的作用下沿壁向下落入锥底灰斗，由引射器抽吸吹送塔底排出。净化后的气体则由中央排气管引出，从而达到除尘的目的。

② 布袋除尘器。布袋除尘器以花板为间隔被分成上箱体和下箱体两部分。上箱体为排气室，经滤袋过滤后的清洁气体由此排出，在花板的上方有一排用于反吹的管子，与箱体外部的电磁阀和气包相通。下箱体为过滤室，里面装有很多的滤袋，被过滤的粉尘经下部锥体进入料筒。

③ 湿法除尘器。该系统用于吸取旋风分离器捕集的细粉，送至干燥塔顶部与湿喷雾进行混合。气流由下往上通过筛板上的水层。当气流速度控制在一定的范围内时（与水层高度有关），可以在筛板上形成泡沫层，在泡沫层中的气泡不断地破裂、合并，又重新生成。气流在通过这层泡沫层后，粉尘被捕集，气体得到净化。水通过筛板漏泄至除尘器下部的水槽中，在筛板上部不断地补充水，当补充的水量与漏泄的水量相等时，泡沫层保持稳定的高度。带有水沫的空气到达汽水分离器处，在导流叶片的作用下，形成回转运动，使气体中的水沫在离心力的作用下被抛向器壁，与器壁碰撞失去速度，在重力作用下，沿壁下落[5]。

（5）细粉返吹系统　该系统用于吸取旋风分离器捕集的细粉，送至干燥塔顶部与湿喷雾进行混合。

7.4.3 喷雾造粒常见问题及解决方法

喷雾造粒常见问题及解决方法如表7-2所示。

表7-2　喷雾造粒常见问题及解决方法

序号	常见问题描述	解决方案
1	浆料黏度过大	① 调整配方体系 ② 严控温度，适当加热 ③ 给高压泵增加自吸力，增强流动效果
2	喷枪易堵塞	① 增加适宜的过滤装置 ② 严格控制好浆料粒径 ③ 采用“一用一备”的作业工艺

续表

序号	常见问题描述	解决方案
3	物料粘壁	① 采用合适的配方体系，控制好浆料的黏度 ② 避免塔体内干燥热风存在紊流现象，选择合适的布风装置 ③ 条件允许的情况下，可适当加大塔体直径，避免或减轻粘壁现象 ④ 定期更换喷嘴 ⑤ 提高进风温度 ⑥ 减少停车次数，及时清洗塔壁及调整喷嘴
4	产品一次成品率低	① 这是由所选择的塔型结构所决定的，一般来说，下出料口扩大式的喷塔会略低，一般通过返粉来提高收率 ② 适当地提高浆料含固量
5	产品含水量偏高、结块	① 提高雾化压力 ② 调整喷嘴 ③ 提高塔底温度 ④ 降低浆料含固量 ⑤ 定期更换喷嘴 ⑥ 减少进料量

7.5 干悬浮剂质量控制指标及检测方法

为保证干悬浮剂的产品质量，除规定的有效含量外，还应保证规定的物理性能，其规定的质量指标及检测方法如下：

(1) 外观及粒度　外观要求为粉状或粉粒状疏松颗粒。干悬浮剂粒度不做统一规定，而它分散于100倍水稀释液中的微滴粒度大小是产品质量的主要标志，它对稀释液分散稳定性和生物效果有直接影响。一般要求其乳浊液微滴粒径1～5μm的大于70%，8μm粒径的小于10%（用光学显微镜直接观测）。

(2) 悬浮率　按照《农药悬浮率测定方法》(GB/T 14825—2006) 进行。

(3) 分散性　要求能以任何比例与水混合并稀释成稳定的悬浮液。在20℃时能自发分散或稍加搅拌即分散。测定方法可参阅乳油乳液稳定性的方法进行。

(4) 热贮藏试验　将样品封入磨口广口瓶中，在50℃±1℃恒温箱内贮藏4周后，分析有效成分含量，其分解率应小于5%。

(5) 水分　按照《农药水分测定方法》(GB/T 1600—2001) 中的共沸蒸馏法进行。

(6) pH值　pH值是影响制剂化学物理性能稳定性和使用安全性的因素之一。一般要求10倍稀释液的pH值为4～8。按照《农药pH值的测定方法》(GB/T 1601—1993) 进行。

(7) 抗磨损强度及粉尘度　为确保在搬运过程中不因挤压或者碰撞而导致颗粒破碎，干悬浮剂颗粒要有一定的硬度。但是由于与水分散粒剂的生产工艺不同，颗粒的硬度也不及水分散粒剂，因此，颗粒的硬度是配方研究中必须考虑的，建议设置必要的数据监测来确保DF颗粒的强度，避免转运及分装过程中造成不必要的颗粒破碎，影响粉尘度指标，但因加工工艺不同，应突出此剂型的高分散、高悬浮率等，而不是一味追求如挤压法所得的颗粒强度，这样做将失去开发此剂型的真实初衷。在条件允许的情况，可适当加强颗粒强度。

目前采用的是2016年10月13日实施的GB/T 33031—2016标准，首先将样品过125μm标准筛，将已知质量的样品筛选后放入玻璃瓶中，放置在转动装置上转动一定时间后，将瓶中样品再次经过125μm标准筛称量留在筛上的样品质量，方法详见《农药水分散粒剂耐磨性测定方法》(GB/T 33031—2016)。

7.6 干悬浮剂经典配方案例

干悬浮剂的典型配方案例如表7-3所示。

表7-3　干悬浮剂的典型配方

制剂名称	配方内容	性能指标	提供单位
64%苯噻酰草胺+4%吡嘧磺隆 DF	苯噻酰草胺(95%)66%，吡嘧磺隆(95%)4.5%，Borres- perse NA 10%，Ufoxane 3A 10%，润湿剂B 5%，分散剂NT补足	崩解<20s，悬浮率>95%，湿筛残余<0.1% 热贮后，悬浮率>95%	Borregaard
70%吡虫啉 DF	吡虫啉(96%)72%，Geropon Ultrasperse 3%，Geropon L-WET/P 12%，Supragil MNS/90 3%，葡萄糖酸钠5%，填料补足	崩解<20s，悬浮率>95%，湿筛残余<0.1% 热贮后，悬浮率>90%	Solvay
60%吡唑·代森联 DF	吡唑醚菌酯(95%)5.5%，代森联(91.8%)60%，GeroponT/36 2%，TanmolNH 8%，Ufoxane 3A 15%，Suprawil WP 3%，柠檬酸2%，白炭黑2%，填料补足	崩解<20s，悬浮率>95%，湿筛残余<0.1% 热贮后，悬浮率>95%	Borregaard
60%吡唑·代森联 DF	吡唑醚菌酯(95%)5.5%，代森联(91.8%)60%，Geropon Ultrasperse 2%，Rhodapon LS-94/WP 8%，木钠 Reax 910 15%，EDTA-Na_2 2%，白炭黑2%，填料补足	崩解<20s，悬浮率>95%，湿筛残余<0.1% 热贮后，悬浮率>95%	Solvay
70%甲基硫菌灵 DF	甲基硫菌灵(97%)72.6%，GY-D180 4.0%，GY-WS01 3%，填料20.4%	热贮前，悬浮率85%，入水分散性：雾状分散 热贮后，悬浮率85%，入水分散性：雾状分散 泡沫25mL	北京广源益农化学有限责任公司
5.7%甲维盐 DF	甲维盐(70%)8.5%，GY-DM02 20.0%，GY-WS01 2%，填料69.5%	热贮前，悬浮率94%，入水分散性：雾状分散 热贮后，悬浮率93%，入水分散性：雾状分散 泡沫10mL	北京广源益农化学有限责任公司
50%噻呋酰胺 DF	噻呋酰胺(96%)52.6%，GY-D180 5.0%，GY-WS01 2%，填料补足	热贮前，悬浮率90%，入水分散性：雾状分散 热贮后，悬浮率90%，入水分散性：雾状分散	北京广源益农化学有限责任公司

参考文献

[1] 王早骧．农药助剂．北京：化学工业出版社，1997.

[2] 沈钟，等．胶体与表面化学．第4版．北京：化学工业出版社，2015.

[3] 凌世海．农药剂型加工丛书：固体制剂．第3版．北京：化学工业出版社，2003.

[4] 邵维忠．农药剂型加工丛书：农药助剂．第3版．北京：化学工业出版社，2003.

[5] 刘广文．现代农药剂型加工技术．北京：化学工业出版社，2013.

第 8 章 乳油

8.1 乳油概述

一直以来，乳油因其加工工艺简单、产品稳定性好、使用方便、生物活性高、易于发挥药效等优点，成为农药制剂的主要剂型之一。即使在环保型制剂产品高度发展的欧美国家，乳油仍占有 25%的市场份额。在我国，乳油是近三十年来最基本和最重要的农药剂型，长期以来占据农药市场的首位。近年来，随着人类环境保护意识的增强，农药乳油制剂中使用大量的有机溶剂所带来的安全和环保问题逐渐引起人们的重视和关注，随着国家对乳油溶剂限令政策、环保政策的出台，十九大明确提出“人与自然和谐共生的现代化美丽中国”四大举措等环保的明确指导方针。十九大环保指导方针的导向使得农药乳油产品务必进行彻底的技术改革，使用环保、高闪点、不易挥发、无异味的溶剂来适应国家政策和环保的需求，同时对那些味道比较大的原药乳油产品要进行剂型等技术方面的改造。因此，农药制剂工作者在技术层面上要与时俱进，紧跟国家政策导向，不断对乳油进行改造，使其扬长避短，向环境友好型发展[1]。

8.1.1 基本概念

8.1.1.1 概念及特点

农药乳油（emulsifiable concentrate，EC）是由农药原药、有机溶剂、乳化剂等混溶调制成的透明、均相油状液体制剂，入水后能以极微小的油珠分散在水中，形成均一稳定的乳状液。乳油是最简单、最基本、生物活性最高的农药剂型。

乳油具有众多优点：

① 与其他剂型相比，配方组成中所含的组分少，一般包括有效成分、乳化剂和溶剂；

② 对原药的适用性广，液体农药和在有机溶剂中有较大溶解度的固体农药均可加工成乳油；

③ 有效成分含量高，可以高达 90%以上；

④ 加工工艺简单，设备投资少，能耗低，生产效率高，基本无“三废”，易于清洁生产；贮存相对稳定性好；

⑤ 乳油流动性好，易于计量分装，使用方便；

⑥ 生物活性高，将乳油按照一定倍数用水稀释后喷施到防治靶标上，分布均匀，润湿性、渗透性、展着性好，防治效果好。

乳油的缺点主要表现为与环境相容性较差。乳油的制备过程要使用有机溶剂，很多有机溶剂本身就存在易燃、易爆、易污染环境，通过挥发、接触等造成人体吸入或者经皮吸收从而危害人体健康等问题，因此，乳油在生产和使用过程中存在着毒性、易燃、易爆及危害健康等隐患，在生产、存放、运输及安全防范上也受到诸多限制[2~5]。

8.1.1.2 乳油在现代农药剂型中的地位和发展

农药乳油伴随着农药新品种的发展和使用技术的进步而逐步发展。与其他农药剂型相比，乳油具有有效成分含量可控范围高、稳定性好、使用方便、防治效果好、加工工艺简单、设备要求不高、生产技术易于掌控等特点。

乳油作为我国的传统农药剂型，在整个农药中的比例约占50%左右，当前，我国乳油制剂的年生产和使用量约100万吨，所用的溶剂主要是二甲苯、甲苯、苯、甲醇等芳烃类溶剂，每年消耗该溶剂约30万吨。此外，甲醇、*N*,*N*-二甲基甲酰胺等极性溶剂也有一定的用量，尤其是甲醇，每年消耗8万～10万吨。为减少或避免农药乳油中的有机溶剂对人体健康、安全和环境的危害，我国近年来出台了多项相关产业政策，对削减乳油提出了分阶段实施的意见。

(1) 国家发改委2006年第4号公告，“自2006年7月1日起，不再受理申请乳油农药企业的核准”。

(2) 2008年12月25日，农业部为提高矿物油农药产品质量，保障农产品质量安全和环境生态安全，发布了第1133号公告，并于2009年3月1日起施行。公告规定：应选择精炼矿物油生产矿物油农药产品，不得使用普通石化产品生产矿物油农药产品。其理化指标应符合：相对正构烷烃碳数差应当不大于8，相对正构烷烃碳数应当在21～24之间，非磺化物含量应当不小于92%。

(3) 2009年2月，工业和信息化部（工原〔2009〕第29号公告），自2009年8月1日起，不再颁发新申报的农药乳油产品批准证书。尽管已取得登记证和生产批准证书的乳油产品仍可生产，而业内普遍认为，苯、甲苯、二甲苯等芳烃类溶剂作为乳油农药的常用有机溶剂遭全面禁止已经“箭在弦上”，禁用只是时间问题。

(4) 在适当的时候除一些只适合制备乳油的农药产品外，停止以苯、甲苯、二甲苯等芳烃类为溶剂的乳油产品生产。

(5) 2009年10月，中国石油和化学工业协会《石油和化工产业结构调整指导意见》和《石油和化工产业振兴支撑技术指导意见》中明确指出农药制剂非芳烃溶剂化是行业重点发展方向。

(6) 2010年4月，苏州行业环保制剂会议上，工信部明确制剂导向“乳油产品需要使用植物油及直链烷烃类环保溶剂”。

(7) 2013年10月17日，工业和信息化部发布2013年第52号公告，批准了农药乳油中有机溶剂限量的标准（HG/T 4576—2013），2014年3月1日正式实施。该标准推荐使用以溶剂油、松脂油、油酸甲酯、大豆油、矿物油等为主的环保、高闪点、低毒的有机溶剂。2017年环保监管力度加大，十九大政策的环保导向，使得全国各地的很多企业的乳油产品进入了限产、停产的状态，转换使用环保溶剂，乳油转换其他环保剂型等势在必行。

农药乳油中有害溶剂的限量应符合表8-1的要求。

表 8-1 农药乳油中有害溶剂限量的要求

项目	限量值/%
苯质量分数	1.0
甲苯质量分数	1.0
二甲苯质量分数①	10.0
乙苯质量分数	2.0
甲醇质量分数	5.0
N,*N*-二甲基甲酰胺质量分数	2.0
萘质量分数	1.0

① 为邻、对、间三种异构体之和。

(8) 松基油溶剂　松脂基植物油溶剂是一种安全、环保、可再生的纯植物性溶剂，是由马尾松、湿地松等松科植物采集得到的松脂为原料，经加工改性后的产物为主要成分，与其他植物油的加工、改性产物调配而成的油状液体。全国有 2000 多万公顷的松林，松脂年可采量 165 万吨，为松基油溶剂产业化提供了充足稳定的原料。

松基油溶剂是福建诺德公司创新型的专利产品。松基油溶剂于 2010 年开始产业化。

其符合国家产业政策法规要求，对多数农药溶剂具有较好的溶解性能，用松基油溶剂配制加工农药乳油产品可提升农药乳油制剂产品的环保、安全和使用性能，符合农业部药检所乳油产品登记溶剂要求。

松基油溶剂的主要性能如下：

① 凝点低。目前产品的冷凝点低于−5℃，低温性能优于传统植物油产品。目前通过进一步改进，已研制出冷凝点低于−10℃的产品。

② 闪点高和挥发性低。松基油溶剂的闪点大于 55℃，而二甲苯是 25℃；而且松基油溶剂的挥发性明显低于芳烃类溶剂，因此生产贮运安全性高。

松基油溶剂配制加工农药乳油制剂产品时，完全可以使用传统农乳（比如：500#/600#/700#/JFC 等）体系，而且使用的乳化剂与芳烃类溶剂基本相同，在品种及用量上也基本相当。

松基油溶剂配制的乳油产品的润湿性和渗透性一般均优于芳烃类乳油产品，从而有利于药液展布、吸收和药效发挥，提高生物利用率。因此，对于选择性除草剂、杀螨剂、杀菌剂等使用松基油溶剂作为制剂的产品药效常优于使用芳烃溶剂类的。松基油在乳油配方中的应用配方如表 8-2 所示。

表 8-2 松基油在乳油配方中的举例

产品名称	20%氰戊菊酯乳油/%	15%氰氟草酯乳油/%
氰戊菊酯原药	20	15
农乳 500#	4.5	5
农乳 1601#	5	5
异丙醇	1	1
稳定剂	1	—
甲基吡咯烷酮	—	2
JFC	—	2
松基油溶剂 ND-45	余量	余量

(9) 松基油 ND-45 的产品特点

① 不需特别的乳化剂，与常用的乳化剂配伍性好，用量相当，易调配。

② 溶解性能好，对多数农药具有较好的溶解能力，与其他溶剂的互溶性也较好。

③ 凝固温度低，抗冻性能好，在极端温度下凝固后在 0℃可以恢复正常。

④ 对作物安全，无药害风险。

⑤ 低挥发、强渗透、高展着，能有效提高制剂的药效。

8.1.1.3 农药乳油的改进方法

1987 年，美国环保署开始对农药中的惰性成分（包括溶剂、助剂等）进行管理，之后其他国家和地区也先后出台了一些相关管理规定。然而，迄今为止，我国尚未就农药乳油中有机溶剂的使用制定相关国家或行业规范或标准。

农药乳油含有相当量的有机溶剂，它存在着环境污染、易产生药害和贮运不安全等问题，这些问题已引起人们的关注。因此，乳油的总体发展方向比较明确，即扬长避短，既要保持乳油的诸多优点，又要在一定程度上克服苯类、甲醇等有机溶剂所带来的缺点。近年来，农药制剂工作者对乳油进行了卓有成效的改进，改进的方法主要有：

① 以水代替有机溶剂，通常可降低有效成分对使用者的毒性。在某些情况下，可降低药害，还能节省大量的有机溶剂。如水乳剂和悬乳剂、微乳剂是替代乳油的比较安全的剂型。

② 选用更安全的有机溶剂，如低芳烃溶剂油、脂肪族溶剂油等，尤其是正构烷烃类及高纯正构烷烃等特种溶剂油（正己烷、正庚烷），它们通常是经加氢精制等技术处理后制得的环保型产品，其黏度低，芳烃含量及硫、氮含量低，适合乳油用有机溶剂的发展方向。

③ 选用更环保的绿色溶剂，绿色溶剂包括矿物油溶剂、植物源溶剂、人工合成溶剂等来替代传统助剂中的苯和二甲苯。矿物油溶剂主要是从石油中提取的一些芳烃类和烷烃类的物质，如高闪点和分子量大的 C_9 和 C_{10} 烷基苯类溶剂；植物源溶剂主要是从植物中提取的天然产物及其改性物，如可再生的长链脂肪酸和脂肪酸甘油酯、松脂基植物油、油酸甲酯、环氧化植物油、植物精油、生物柴油、桉叶油等；人工合成溶剂如吡咯烷酮、丁内酯、二甲酯、乙酸仲丁酯类化合物以及烷基酰胺类化合物。已有 50%丙环唑·左旋松油醇乳油的研制，生物柴油、油酸甲酯等作为精喹禾灵乳油中二甲苯替代溶剂的应用初探。其他类型新的环保溶剂如 EGDA（乙二醇二乙酸酯）是珠海飞扬 2009 年推出的新一代高沸点环保型强溶剂。1,2-丙二醇二乙酸酯简称 PGDA（propylene glycol diacetate），为无色透明低味的环保型溶剂，在油性体系中具有强溶解力。

④ 溶状乳油（GL），也就是将乳油改变成一种像动物胶一样黏度的产品，它具有独特的流动性，能被定量地包装于水溶性的聚乙烯醇小袋中，可减少使用者接触农药的危险，同时避免了乳油包装容器的处理问题。

⑤ 高浓度乳油是重要的发展方向，主要是可显著降低有机溶剂用量，减少库存量，降低生产和贮运成本；同时减少包装物处理问题，缓解环境压力。代表品种有 70%炔螨特 EC、990g/L 乙草胺 EC 等。

⑥ 制备无溶剂乳油，即仅由液体农药和乳化剂组成，由于不含有机溶剂，危险性较小。代表品种有 96%异丙甲草胺 EC、990g/L 乙草胺 EC 等。

⑦ 制备固体乳油，将高浓度乳油吸附在适宜的载体上，入水后形成乳状液的粉状或粒状固体乳油，主要包括可乳化粉剂（emulsifiable powder，EP）和可乳化粒剂（emulsifiable granual，EG）。已有 10%喹草烯可乳化粉剂配方研究报道和甲氨基阿维菌素苯甲酸盐可乳化粒剂专利报道。

8.1.1.4 乳油发展倾向环境友好型

“与其他农药剂型相比，乳油具有有效成分含量高、稳定性好、使用方便、防治效果好、加工工艺简单、设备要求不高等特点，这也是乳油在发达国家都难以禁止的主要原因。但由于与环境相容性差，对乳油进行改造和限制使用也是必然的趋势。”据农业部农药检定所副所长顾宝根介绍，目前我国登记的农药中，有 9201 种乳油登记在案，按照 2000 家农药企业计算，每个企业乳油剂型有四五种，乳油的比例很大。溶剂绿色化趋势愈发明显，乳油问题的关键是溶剂，目前我国乳油所使用的溶剂主要是易挥发的轻芳烃溶剂，其缺点是毒性较高、易燃、半衰期长、对环境影响大等。此外，在其他一些剂型中还较多使用毒性较高或具有致癌性的溶剂，如甲醇、*N*,*N*-二甲基甲酰胺（DMF）等。

据统计，截止到 2016 年 12 月，在我国有效登记的农药成分将近 600 个，杀虫剂、杀菌剂、除草剂各占 30%左右，植物调节剂及其他约占 10%。有效的农药登记证 34878 个，原药 4140 个（11.87%），制剂 31203 个（88.13%），其中杀虫剂 14220 个，除草剂 9151 个，杀菌剂 8909 个，单剂 21009 个，混剂 9728 个。登记的各种农药剂型达 133 种。

乳油登记数量占制剂总量的 31%，约 9600 个登记证件中，可湿性粉剂占制剂总量的 21.7%，悬浮剂、水剂、水分散粒剂、水乳剂、微乳剂、可溶粉剂、颗粒剂、可分散油悬浮剂占制剂总数的 34.3%。

“我国乳油制剂中大量使用的甲苯、二甲苯、DMF 等已被美国、欧盟等禁止作为农药溶剂使用，因为它们严重影响着农产品安全和人们的健康。”世界各国对农药助剂和溶剂的安全性愈加重视，先后颁布各种规范和标准，以规范农药溶剂的使用与对环境的影响。他认为，环境友好型和绿色溶剂成为目前农药加工中溶剂的新方向。

苯类溶剂以及甲醇、DMF、DMSO 等有毒溶剂因其对人畜的毒性和环境降解等问题被逐步替代并限制使用；天然源、可再生、易于生物降解、低挥发（VOC、大气清洁法）与 HSE 法律法规相符合等新的概念被引入到农药溶剂之中。绿色、环保型溶剂以及农药剂型成为农药加工和应用中关注的热点。

为此，安全的绿色溶剂及其配套的助溶剂、乳化剂将是未来农药产品研发和应用关注的重点。溶剂的毒性以及环境安全性必将纳入助剂管理之中。一些新的剂型、助剂和溶剂会不断被开发应用，苯类溶剂的限制使用必将为农药剂型加工和制剂企业带来新的发展机遇。

8.1.2 乳油的质量评价体系

8.1.2.1 性能要求

（1）有效成分含量的测定　根据原药理化性质、生物活性、安全性及其与溶剂、乳化剂的溶解情况，加工成乳油的稳定情况来确定制剂的有效含量。原则上有效成分含量越高越好，有利于减少包装和运输量，也有利于成本的降低。具体分析方法参照原药及其他制剂的分析方法，结合本制剂具体情况研究制订。

（2）乳化分散性的评价　乳化分散性是指乳油放入水中自动乳化分散的情况。一般要求乳油倒入水中能自动形成云雾状分散物，徐徐向水中扩散，轻微搅动后能以细微的油珠均匀地分散在水中，形成均一、稳定的、带有蓝色荧光的乳状液，以满足喷洒要求。

乳化分散性是乳油的重要性能之一，乳油用水稀释后，如果分散性不好，药液易出现分布不均匀或产生分层或沉淀，使有效药液成分大部分沉积在施药器械底部或者漂浮在稀释液表面，从而浓度不均一，在喷洒药液时，不但直接影响药剂的防治效果，而且容易产生药害和引起中毒事故的发生，因此，在配制乳油时，要严格控制乳化分散性。乳油的乳化分散性主要取决于乳油的配方，其中最重要的是乳化剂品种的选择和搭配，其次是溶剂的种类和农药的品种。评价乳油的乳化分散性时，采用 100mL 量筒，按规定的条件进行。评价标准如下：

① 分散性。盛 99.5mL 蒸馏水于 100mL 量筒中，并移入 0.5mL 乳油，观察其分散状态。

A 优：能自动分散成带蓝色荧光的乳白色云雾状，并自动向上翻转，基本无可视粒子，壁上有一层蓝色乳膜。

B 良：大部分乳油自动分散成乳白色云雾状，有少量可视粒子或少量浮油，颠倒晃动 3～5 下，乳状液用肉眼看是均一稳定的。

C 可以接受：乳油进入水中后，不分散、漂浮分散或者束状下沉等少量分散的，经颠倒 8～10 下左右，能分散成乳白色云雾状。

D 差：不分散，呈油珠漂浮或颗粒状下沉，也没有蓝色荧光。

② 乳化性。将乳油滴入量筒后盖上塞子，翻转量筒 15 次，观察初乳态。

A 优：乳液呈蓝色透明或半透明状，有较强的乳光。

B 良：乳液呈浓乳白色或稍带蓝色，底部有乳光，乳液附壁有乳膜。

C 可以接受：乳液呈乳化状态，无光泽。

D 差：乳液呈灰白色，有可视粒子或者浮油。

（可以在优、良、可上加"＋"或"－"表示差异，这些有时候根据经验可以进行总结）

（3）乳液稳定性的评价 乳液稳定性是指乳油用水稀释后形成的乳状液的经时稳定情况。按乳油乳液稳定性测试方法进行，即按 GB/T 1603—2001 中的方法进行测定，在 250mL 烧杯中，加入 100mL 25～30℃标准硬水，用移液管吸取 0.5mL 乳油样品（稀释 200 倍），在不断搅拌的情况下缓缓加入标准硬水中，加完乳油后，继续用 2～3r/s 的速率搅拌 30s，立即将乳状液移至清洁、干燥的 100mL 量筒中，并将量筒置于恒温水浴中，在 30℃±2℃范围内，静置 1h，观察乳状液的分离情况，如在量筒中无浮油（膏）、沉淀析出，视为乳液稳定性合格[6]。

乳状液的稳定性是一个非常复杂的研究课题。许多研究结果证明，乳状液的稳定性与多种影响因子有关，如分散相的组分、极性、油珠大小及其相互间的作用等；连续相的黏度、pH 值、电介质浓度等；乳化剂的化学结构、组分、浓度和性能等；以及环境条件如温度、光照、气流等。其中最重要的是乳化剂的品种、组成和用量。研究表明，通过选用适合的复配型乳化剂，或者调整乳化剂的单体比例或者用量，可以有效地改善乳状液的经时稳定性。

（4）挥发性的测定 若溶剂容易挥发，在配制和贮存过程中易破坏体系平衡，稳定性差。其测试方法为：取带环的直径 11cm 的定性滤纸一张，用天平称重后，用滴管加约 1mL 农药乳油，均匀滴在滤纸上，使其全部湿透，加药液量应以悬挂时滤纸下端看不出多余的药液、更不能有药液滴下为宜。加药后立即称重，计算出加药量。然后将滤纸悬挂在 30℃室内，20min 后，在天平上再次称重，按式（8-1）计算农药乳油的挥发率，平行测定三次，取其平均值。其挥发率不超过 30% 为合格。

$$挥发性 = \frac{W_2 - W_0}{W_2 - W_1} \times 100\% \qquad (8-1)$$

式中 W_0——农药乳油挥发后的滤纸质量，g；

$\quad\quad$ W_1——滤纸质量，g；

$\quad\quad$ W_2——滴上农药乳油后立即称出的滤纸质量，g。

（5）闪点 闪点是乳油的重要指标之一，闪点高，不易闪燃或者不易点燃，乳油生产、贮藏、运输和使用安全。评价乳油闪点的方法提要是：将乳油置于测试容器中，加热乳油，缓慢地以规定的速率升温至接近闪点，以一个点火源每隔一定时间或温度间隔伸入杯中尝试点火，第一次检测到闪焰时的温度为闪点。

（6）pH 值　pH 值是农药乳油的一项重要的理化性质参数，随农药的有效成分、生产工艺和辅料等的不同而不同，pH 值对于乳油的稳定性，特别是有效成分的化学稳定性影响很大。测定农药的 pH 值可为农药的包装和使用等提供参考依据，保障农药乳油产品的质量和使用时安全有效。因此，对商品乳油的 pH 值应有明确规定，具体数值应视不同产品而定。

（7）贮存稳定性　贮存稳定性是乳油的一项重要的性能指标，它直接关系到产品的性能和应用效果。它是指制剂在有效期内，理化性能变化大小的指标。变化越小，说明贮存稳定性越好；反之，则差。贮存稳定性的测定，通常采用加速试验法。

① 热贮稳定性。作为农药商品，保质期要求至少 2 年。54℃±2℃贮存 14d，有效成分分解率低于 5%视为合格。同时，还要求乳油的外观、乳液稳定性、乳化分散性、pH 值等物理性质在贮存前后基本不变或变化不大，满足各项指标要求。

② 低温稳定性。为保证乳油不受低温的影响，需进行低温稳定性试验。可将适量样品装入安瓿中，密封后于 0℃、−5℃或−9℃冰箱中贮存 1 周或 2 周后观察，不分层、无结晶为合格。

8.1.2.2　质量控制指标

为保证农药乳油的产品性能，我国化工行业标准《农药乳油产品标准编写规范》（HG/T 2467.2—2003）中规定，农药乳油产品应控制的项目指标有有效成分含量、相关杂质限量、酸碱度或 pH 值范围、水分、乳液稳定性、低温稳定性和热贮稳定性。

8.1.2.3　理化性质测试

为完善农药登记管理基础标准，为农药风险评估和农药安全性管理提供技术支撑，我国农业行业标准《农药理化性质测定试验导则》系列标准（NY/T 1860—2016）中规定，农药乳油产品应测定的项目指标有 pH 值、外观（包括颜色、状态、气味）、爆炸性、闪点、密度、黏度、对包装材料的腐蚀性等。

8.1.2.4　2 年常温贮存试验

为完善农药登记管理基础标准，保证农药产品在保质期内的质量等，我国农业行业标准《农药常温贮存稳定性试验通则》系列标准（NY/T 1427—2016）中规定，农药乳油产品应测定的项目指标有产品包装、有效成分含量、pH 值、水分、外观（包括颜色、状态、气味）、乳液稳定性[7]。

8.1.3　乳油存在的问题及发展前景

8.1.3.1　存在问题

目前，乳油作为一个传统剂型，仍然是现代农药工业中十分重要的剂型之一。但乳油的易燃易爆问题和使用时芳烃溶剂对皮肤的接触毒性问题、溶剂挥发、药液气味等，尤其是芳烃溶剂对环境污染的问题，已引起我国农药制剂工作者的高度重视和国内外同行的极大关注。据调研，乳油的配方研究、生产、使用中主要存在以下问题[8]：

（1）配方研制粗放，配方中的原药、助剂等问题　目前，尽管众多的农药生产企业和科研院所进行乳油的配方研究和生产，但其配方的研究多为宏观的、经验式的随机筛选，配比较粗放，成功率低，缺乏必要的理论指导和乳化剂的科学选择，微观的辅助研究手段应用较少。很多农药企业依然在使用助剂公司的很多专用乳产品助剂，但助剂企业有时候为了追求效率等原因，容易只追求配方的乳化分散，甚至连乳化分散都无法保证；对原药的一些理化性质和发挥药效等问题都了解得不够清楚。因此，很多企业的乳油产品在使用和贮存中易出现乳液稳定性差、乳化分散性不好、水分含量超标等，甚至出现析晶和固化现象，最终导致田间防效不佳，难以得到使用者的认可，甚至出现药效不好的问题。乳油的质量指标，除标明的有效成分含量外，最重要的指标就是贮存稳定性，尤其是长期物理稳定性，它直接关系到产品的性能、货架寿命和应用效果等。

（2）有效成分含量不符合标准规定　在组成乳油的不同影响因子中，农药原药是乳油中有效成分的主体，它对最终配成的乳油有很大的影响，尤其是对最终药效的发挥起着重要的作用，是农药产品标准中最重要的技术指标，有效成分含量达不到标准要求，将会导致施药后效果不好。在市售乳油产品中，部分农药有效成分含量不符合标准规定，主要表现为以下2个方面：

① 有效成分含量低甚至检测不到，其原因是：对原材料的验收把关不严，使用含量达不到标准要求的原材料；生产时原药加入量不足；出厂检验不严格，没有把好质量关；贮存运输条件不符合有关规定，有效成分在贮运时受温度、水分、pH值等因子影响而分解，根本原因是对配方中的原药理化指标没有研究清楚而使配方体系达不到原药稳定的质量稳定体系。

② 产品有效成分含量符合标准规定，但产品中加入了标准规定外的其他农药有效成分，厂家为了追求药效或者突出卖点等，加入了其他隐形成分，其中多数为高效、低毒农药，极少数为高效、高毒农药。

（3）原药质量问题　农药原药的质量非常重要，不同厂家由于技术水平不同、工艺路线不同以及原料量的差异等影响，往往会导致原药量的不同，只有选用高含量的优质原药，才能配出优质的乳油；与此同时，还要对原药中重要的相关杂质加以限制并提供分析方法。相关杂质（relevant impurity）指与农药有效成分相比，农药产品在生产或贮存过程中所含有的对人类和环境具有明显的毒害，或对适用作物产生药害，或引起农产品污染，或影响农药产品质量稳定性，或引起其他不良影响的杂质。原药中重要的相关杂质往往导致其产品毒性增高，理化性质改变，从而影响乳油的质量。如采用相关杂质控制不好的烯草酮原药进行乳油的调制，易出现有效成分分解的问题；如采用相关杂质控制不好的有机磷原药或拟除虫菊酯类原药进行乳油的调制，易出现浑浊、分层、沉淀等现象。采用不同厂家的精喹禾灵有时候同样的乳油配方，则药效不尽相同，甚至差距很大。

（4）乳化剂使用不规范　目前在我国加工的乳油中，使用着大量环境相容性差的传统乳化剂（如烷基酚聚氧乙烯醚），对人畜健康、环境和地下水存在着威胁，而且也成为限制我国农药制剂出口的瓶颈。但因为壬基酚聚氧乙烯醚类的表面活性剂在润湿和乳化、增溶方面效果独特，所以还有些企业和技术人员仍然在使用。农业部2015年7月已经征求意见要求禁用，现在已经出台规定禁止使用[9]。

2003年6月18日，欧盟颁布2003/53/EC指令，对烷基酚聚氧乙烯醚（APEO）的使用、流通和排放作出了相应的限制和规定，并已于2005年1月17日开始执行。APEO广泛应用于纺织印染加工中，作为润湿、渗透、乳化、洗涤作用助剂的主要原料，在农药乳油中，主要作为乳化剂、分散剂、增效剂来使用，我国已经出台规定禁止使用，见表8-3。

表8-3　我国农药助剂禁用名单

序号	中文名称	英文名称	CAS登录号
1	1,4-苯二酚、对苯二酚	1,4-benzenediolhydroquinone	123-31-9
2	邻苯二甲酸二(-2-乙基己)酯	di-ethylhexylphthalate	117-81-7
3	己二酸二-(2-乙基己)酯	di-(2-ethylhexyl)adipate	103-23-1

续表

序号	中文名称	英文名称	CAS登录号
4	乙二醇甲醚	ethylene glycolmonomethyl ether	109-86-4
	乙二醇乙醚	2-ethoxyethanol	110-80-5
5	罗丹明 B	rhodamine B	81-88-9
6	孔雀绿	malachite green	568-64-22437-29-8
7	苯酚	phenol	108-95-2
8	壬基酚（支链与直链）	nonyl phenol	25154-52-3
9	壬基酚聚氧乙烯醚	polyoxyethylene nonyl phenol ether	9016-45-9

APEO的用途：烷基酚聚氧乙烯醚（APEO）中，壬基酚聚氧乙烯醚（NPEO）最多，占80%以上；其次是辛基酚聚氧乙烯醚（OPEO），占15%以上；十二烷基聚氧乙烯醚（DPEO）和二壬基酚聚氧乙烯醚（DNPEO）各占1%左右。APEO具有良好的润湿、渗透、乳化、分散、增溶和洗涤作用，很多企业尤其是很多传统乳油企业过去都在大量使用。寻求壬基酚聚氧乙烯醚助剂的替代助剂，也是乳油工作者和助剂专家们的一个任务。

（5）溶剂毒性问题　农药乳油制剂生产中需要大量的有机溶剂，含量一般在30%～60%之间，其品种主要有苯、甲苯、二甲苯、甲醇、N,N-二甲基甲酰胺等，我国每年消耗的芳烃类有机溶剂达到$40\times10^4\sim50\times10^4$ t。医学研究证明，芳烃类溶剂易引起较严重的职业中毒，致使血象异常。生态学研究证明，有机溶剂能伴随农药一起进入大气圈和水圈等生态循环系统，能够导致生物慢性中毒，并杀死土壤中的微生物、昆虫等，对环境的污染较大。另外，芳烃类溶剂易挥发、易燃、易爆，使得该类溶剂配制的乳油存在贮运不安全的问题。

尽管国外已采用闪点较高的重芳烃溶剂油（$C_{10}\sim C_{14}$）替代苯类溶剂，安全性有所提高，对人的毒性也有所降低，但因该类溶剂难以降解，其环保性能还是不高，尤其是该类溶剂对大多数农药的溶解度不大，达不到通用溶剂的要求。此外，随着石油化工产品的不断涨价，一些企业为降低成本，往往选用成本低、毒性大的有机溶剂，或选用价格便宜的回收溶剂、混合溶剂和过期溶剂进行乳油产品的制备，加重了乳油的不安全性，也严重影响了农产品的质量安全。

利用绿色溶剂替代危险性较大的芳烃类溶剂和极性溶剂，研制环保型乳油是乳油生存和进一步发展的方向。但绿色溶剂替代芳烃溶剂也存在一些值得我们关注的问题。

① 二价酸酯（DBE）类和吡咯烷酮溶剂，虽然安全、环保、溶解性能好，但价格较高。

② 植物油类溶剂，如大豆油、玉米油、菜籽油、棉籽油、棕榈油、松脂基植物油、植物精油等，虽然配制的少数农药乳油产品很好，但毕竟与绝大多数农药有效成分的相容性较差，且与现有乳化剂的匹配也有一定的难度，其通用性就会大打折扣。而且使用食用油还存在与民争食的问题。

（6）其他技术指标问题　除有效成分不符合标准规定外，乳油产品还存在着外观、水分、乳液稳定性等技术指标不符合标准要求。乳油外观指标达不到要求，主要表现为分层、析晶、浑浊、固化等现象，产生的原因较复杂，首先应考虑原药、溶剂、乳化剂的品种和质量问题。pH值和酸碱度主要是保证产品中有效成分的稳定，减少分解，不合格的主要原因：一是企业对原材料验收把关不严；二是企业在研制农药配方时，酸碱度没有调好；三是企业未严格按照相关标准要求检测农药的pH值；四是农药产品的包装材料和产品的贮存条件不符合规定要求。水分含量的超标不利于农药产品的贮存，会导致农药产品质量不稳定，从而达不到预期的药效。不合格的主要原因：一是原材料验收把关不严，乳化剂和溶剂水分含量高；二是农药产品的包装材料和产品的贮存条件不符合规定要求。乳液稳定性用于衡量乳油产品加水稀释后形成的乳状液，农药液珠在水中分散状态的均匀性和稳定性，使乳状液中的有效成分、浓度保持均匀一致，充分发挥药效，避免药害发生。不合格的主要原因：一是企业对原材料验收把关不严，或为了降低成本，选择劣质乳化剂；二是乳化剂配比不合适；三是一味地追求农药有效成分而忽视其他指标的质量问题。

（7）生产中的问题　乳油制剂的优点是，加工工艺比较简单，对设备要求不高，整个加工过程基本无“三废”。但一些企业往往因为检测设备不健全，加工工艺不完善，技术水平不高而造成产品质量出问题。生产中的问题主要有：①采购的原材料不进行检测，易出现有效成分含量不合格、杂质含量超标、乳化剂和溶剂中水分含量超标等现象；②杀虫剂、杀菌剂和除草剂及其他原料没有按规定分类贮存，不在专用的设备中生产和分装；③容器贴标不完整或无标签；④生产前不进行小样品试验即投产；⑤生产设备不清洗或清洗不彻底，或者没有按照清洗流程进行操作，无清洗书面记录；⑥生产工艺流程中的半成品过滤装置和半成品沉淀装置缺失；无科学合理、先进适用的操作规程。如一些有机磷乳油（如敌敌畏、马拉硫磷）、炔螨特乳油在贮运过程中易出现颜色加深、凝胶固化的现象，其原因之一是乳油中混入铁、铝等金属杂质，与乳化剂、溶剂、原药等在光、热的共同作用下发生理化性质变化，使乳油产品丧失乳化分散功能。

（8）包装中的问题　近年来，随着人们对法律、环境、安全和商贸意识的提高，使得农药生产商和销售商对农药包装的重视程度明显提高。当前农药包装已被认为是接近于农药开发和销售的另一个重要环节。农药制剂和包装被视为同等重要，都是相对独立的实体。包装中的问题主要有：①灌装机不进行清洗，包装物、标签和产品不一致，灌错料、混料等时有发生；②选择透气的包装容器不进行贮存性和相容性试验，由于一些溶剂、水蒸气和空气对聚酯材料的包装容器有一定的渗透作用，一些企业使用强度不够的聚酯瓶，瓶体易发生变形，易造成药液的泄漏，易发生光解的农药不进行避光保存或棕色瓶包装；③封口时温度不够或放置位置不正确，易出现封口不严，导致漏液现象发生；④标签和箱贴不贴在指定的位置，歪斜、错贴、漏贴和脱落现象等时有发生；⑤装箱时检查不仔细，漏药、松盖、瓶身不干净、标签不整或错误、无喷码或者喷码不清晰等现象没有及时剔除。

（9）质检中的问题　产品的质量控制是生产中一个很重要的环节。但实际上，许多生产厂只做农药有效成分的指标检验，忽视了乳液稳定性、pH 值、水分等其他重要的指标，这些指标不合格往往引起分层、析晶、浑浊、结块等，最终导致药效不好，甚至无效的现象出现；同时，一些产品尽管按标准要求进行加速贮存实验，但实际贮运过程中随着外界环境的变化，产品质量极易发生变化，而且加速贮存实验也不能完全反映产品在保质期内的质量变化。因此，应结合生产、贮运、使用的实际情况对产品进行质量控制。

（10）使用中的问题　农药制剂是农药的最终产品，农药乳油要经过研制、加工、贮存、运输和销售等多个环节才能到达使用者手中，短则几个月，长达 1～2 年。随着时间的延长，外部环境的变化，乳油的理化性能指标会发生一定的变化，主要表现为分层、晶体析出、无法分散、有效成分分解等，最终影响使用，甚至无法使用[10]。

8.1.3.2　乳油的发展前景

乳油是当前农药剂型中最基本也是最重要的一种剂型，其最大的问题是要消耗大量的有机溶剂，这既是对化工原料的浪费，又加重了环境污染。利用环保型溶剂替代芳烃类溶剂和极性溶剂，配套使用易降解的乳化剂，从技术层面对乳油进行持续不断的改进，研究、生产、推广和使用环境友好型乳油是乳油生存和进一步发展的方向。但在具体发展过程中，既要保持乳油的诸多优点，又要主动调整发展方向，克服其不足之处，在最大限度地发挥乳油作用的同时，我们也要正确面对乳油技术改进过程中出现的一些新问题。围绕农药剂型面临的这些新问题，农药助剂正向着高效能、低用量、毒性低、易降解、对环境安全的方向发展。水性化剂型所需要的高效能、低用量、分子量大的表面活性剂将迅速发展[10]。

由于农药乳油中有机溶剂对环境的污染和石油价格依然在高价位运行以及石油资源的逐渐枯竭，国家发改委加大对农药剂型产品的结构调整，压缩限制乳油产品的产量，大力发展水乳剂、微乳剂、悬浮剂等水性化剂型。为了使这些剂型具有良好的乳液稳定性和分散性，保证产品的质量，一些高效能、低用量、分子量大的表面活性剂，如分子量在10000～50000的木质素磺酸盐、平均分子量超过2000的萘磺酸盐、聚酯/聚醚嵌段共聚物、具有网状立体结构的聚合表面活性剂等将会迅速发展[11]。

8.2 乳油的理论基础

农药乳油是由农药原药、乳化剂、溶剂等不同成分组成的一种液体剂型，前人通过大量的基础研究和实践探索总结出不少理论和经验，为配制优良的乳油提供了重要的依据。

8.2.1 HLB值在乳油制剂中的应用

(1) HLB值在乳化剂中的作用　HLB最初是因为在乙氧基非离子表面活性剂中使用而得到发展。应用范围为HLB值0～20，每种乳化剂在这个范围内又可应用在许多方面，低HLB值表明是向油相转移，高HLB值是向水相转移。

HLB值较低的表面活性剂倾向于形成油包水乳状液，大多数表面活性剂都停留在油相，并且要求油相为连续相；高HLB值的表面活性剂倾向于形成水包油乳状液，大多数表面活性剂都停留在水相，并且要求水相为连续相。

HLB值在乳化剂中具有指导作用，在实验室中有两种简单的方法来估计乳化剂的HLB值：第一种方法是基于乳化剂在水中的溶解性来直观估计；第二种通常指的是“混合物法”，该法要求使用一些已知HLB值的乳化剂。

(2) 乳化剂的选择和亲水亲油型 (H/L) 乳化剂制备O/W乳状液时选择乳化剂的方法　目前有HLB法、状态图法、转相温度法、增溶法等。其中HLB法应用较多，尤其是在制备医药和农药用O/W乳状液时较有效。

HLB法选择乳化剂的基本点，就是要了解被乳化对象——农药或农药溶剂（或其他组分）体系所要求的HLB值。然后考虑结构与使用条件等因素。HLB理论在农药助剂应用中最成功的例子是亲水亲油型 (H/L) 乳化剂的研制和应用，这种乳化剂的组成性能特征是其中一个有较强的亲油性，HLB值9.3～12.0；另外一个有较强的亲水性，HLB值11.6～14.4。亲水亲油型乳化剂研制就是用HLB理论选择农药乳化剂。用两组或两组以上亲水亲油性可调整的复配乳化剂来满足不同农药种类、规格、含量、溶剂系统、使用条件等的变化所引起的乳化系统亲水亲油性的差异，用最快的速率和最简便的方法迅速找到最佳的可适用的乳化剂品种、规格和用量。

8.2.2 溶解作用

乳油的基本特征是原药在溶液中呈分子状态存在，亦即原药必须溶解在有机溶剂中。从理论上讲，溶解就是溶质分子间的引力在小于溶质和溶剂间分子引力的情况下，溶质均匀地分散在溶剂中的过程。溶解作用的影响因素很多，一般认为有以下几个方面：

① 相同分子或原子间的引力与不同分子或原子间的引力的相互关系；

② 分子的极性引起的分子缔合程度；

③ 分子复合物的生成；

④ 溶剂化作用；

⑤ 溶剂、溶质的分子量；

⑥ 活性基团。

一般而言，溶解的规律是“相似相溶原理”，亦即化学组成相类似的物质容易相互溶解，极性与极性物质容易溶解，非极性与非极性物质容易溶解。由于各物质的极性程度不同，则在另一种物质中溶解的多少也不同。物质极性大小常用介电常数与偶极矩表示[12]。

8.2.3　乳化作用

乳化作用是指两种互不相溶的液体，如大多数农药原油或农药原药的有机溶液与水经过搅拌，其中原油或原药的有机溶液以极小的液滴分散在水中的现象。乳化作用的产物是乳状液，一般有水包油型（O/W）和油包水型（W/O）两种类型。以油为分散相、水为连续相，农药有效成分在油相的乳状液，称为水包油型乳状液；另一种是油包水型乳状液，此时水是分散相，油是连续相。

8.2.4　增溶作用

增溶作用，又称加溶作用、可溶化作用，其定义是指某些物质在表面活性剂作用下，在溶剂中的溶解度显著增加的现象。提高有机物质在表面活性剂水溶液中的溶解度是乳油技术领域中的应用课题。从理论上讲，表面活性剂都有增溶作用，但在现有的加工条件下，只有部分表面活性剂对部分农药及其配方中的组分表现出增溶作用，且增溶效果也不同；从技术观点看，重要的是理解表面活性剂的结构性质为什么会产生最大的增溶效应。一些助表面活性剂有时候在配方的增溶作用中会更明显，如乙醇、异丙醇、正丁醇等。

（1）增溶作用的特点

①只有在表面活性剂浓度高于临界胶束浓度时增溶作用才明显表现出来。

②在增溶作用中，表面活性剂的用量相当少，溶剂性质也无明显变化。

③增溶作用不同于乳化作用，增溶后不存在两相，溶液是透明的，没有两相的界面存在，是热力学上的稳定体系。而乳化作用则是两种不相混溶的液体，一种分散在另一种液体中的液-液分散体系，有巨大的相界面及界面自由能，属热力学上不稳定的多分散体系。

④增溶作用不同于一般的溶解，通常的溶解过程会使溶液的如冰点下降，渗透压等有很大变化，但碳氢化合物被增溶后，对这些性质影响很小，这说明在增溶过程中溶质没有分离成分子或离子，而以整个分子团分散在表面活性剂溶液中，因为只有这样质点的数目才不会增多。

⑤增溶作用是个自发过程，被增溶物的化学势增溶后降低，使体系更趋稳定。

⑥增溶作用处于平衡态，可以用不同方式达到。在表面活性剂溶液内增溶某有机物的饱和溶液，可以由过饱和溶液或由逐渐溶解而达到饱和。

（2）增溶作用的方式

① 增溶于胶团的内核。饱和脂肪烃、环烷烃以及苯等不易极化的非极性有机化合物，一般被增溶于胶团中类似于液态烃的内核中。

② 增溶于表面活性剂分子间的“栅栏”处。长链的醇、胺等极性有机两亲分子，一般增溶于胶团的分子“栅栏”处。以非极性的碳氢链插入胶团内核，而极性基处于表面活性剂

极性头之间，通过氢键或偶极子相互作用联系起来。若极性有机物的非极性碳氢链较长时，极性分子伸入胶团内核的程度增加，甚至极性基也将被拉入内核。

③ 吸着于胶团的外壳。一些高分子物质、甘油、蔗糖、某些燃料以及既不溶于水也不溶于油的小分子极性有机化合物（如邻苯二甲酸二甲酯等）吸着于胶团的外壳或靠近胶团“栅栏”的“表面”区域。

④ 增溶于聚氧乙烯链间。以聚氧乙烯醚作为亲水基的非离子表面活性剂胶团的增溶方式，除了第一种增溶于内核外，还可增溶于聚氧乙烯外壳中，如苯胺和苯酚等的增溶就属于此类型。

（3）影响增溶作用的因素

① 表面活性剂的结构与性质。表面活性剂的链长对增溶量有明显的影响。表面活性剂碳链的不饱和性和构型对增溶作用也有一定的影响。表面活性剂的疏水碳氢链中存在不饱和的双键时，增溶能力下降。

② 被增溶物的分子结构。同系列的脂肪烃和烷基芳烃的增溶量因链长增加而减小，在碳链碳原子数相同的条件下，环化物及不饱和化合物的增溶量较饱和化合物大。碳氢链中带支链与其他链化合物的增溶量相当。多环化合物的增溶量随分子量的增大而减小。

③ 有机添加物。表面活性的胶团在增溶了非极性的烃类有机化合物之后，会使胶团胀大，有利于极性有机化合物插入胶团的“栅栏”中，使极性有机物的增溶量增加。

④ 电解质。离子型表面活性剂溶液中加入电解质会抑制离子型表面活性剂的电离，降低其水溶性，使临界胶束浓度明显下降，易形成胶团。

⑤ 温度对增溶作用的影响与表面活性剂的类型和被增溶物的性质有关。对于离子型表面活性剂，随温度升高，极性和非极性有机物的增溶量均会增加，其原因可能是由于热运动使胶团中可用于增溶的空间增加而引起的。对于聚氧乙烯醚类的非离子表面活性剂，温度对增溶作用的影响主要取决于被增溶物的性质。

8.3 乳油的开发方法

8.3.1 乳油配方初始筛选方法

乳油是由农药原药、溶剂和乳化剂组成的，在一些乳油配方中还需要加入适宜的助溶剂、稳定剂、增效剂、安全剂等不同的影响因子[13]。

（1）农药有效成分　农药原药是乳油中有效成分的主体，它对最终配成的乳油的稳定性有很大的影响。因此，在配制前一方面要全面了解原药本身的各种理化性质、生物活性及毒性等，看其是否适合加工成乳油；另一方面，考虑该农药加工成乳油后，与其他剂型相比，在性价比和应用方面是否有优越性。农药原药的物理性质主要是指原药的外观、酸碱度、爆炸性、密度、溶解度、化学结构、挥发性、熔点、沸点、有效成分含量和相关杂质等。农药原药的化学性质主要是指有效成分的化学稳定性，包括在酸、碱条件下的水解、光解、热稳定性和对金属、金属离子的化学稳定性，与溶剂、乳化剂和其他助剂之间的相互作用等。生物活性包括有效成分的作用方式、活性谱、活性程度、选择性和活性机制等。毒性主要指急性经口、经皮和吸入毒性。乳油特别适合于农药的复配，是当前复配农药的主要剂型。在配制混合乳油时，还需了解两种（或多种）有效成分的相互作用，包括毒性和毒力以及彼此是否会产生拮抗效果，如很多复配的除草剂乳油，尤其关键的是二者彼此是否有共同的适合的溶剂。

（2）溶剂　溶剂（solvent）是指能溶解其他物质的液体。溶剂主要对原药起溶解和稀释作用，乳油中的溶剂应具备：对原药有足够大的溶解度；对有效成分不起分解作用或分解很少；对人、畜毒性低，对作物不易产生药害；资源丰富，价格便宜；闪点高，挥发性小；对环境和贮运安全等。

目前，常用的溶剂主要有芳烃溶剂和非芳烃溶剂两大类。芳烃溶剂结构中含有苯环，因溶解性优异且供给充足、价格低廉等被广泛用于农药加工，是农药乳油加工的首选溶剂。

① 芳烃溶剂。芳烃溶剂主要有苯、甲苯、二甲苯、三甲苯、萘、烷基萘，各种高沸点芳烃如重芳烃、柴油芳烃等。使用最多的为二甲苯、甲苯和混合二甲苯，由于毒性和环境问题，该类溶剂将被限量使用或逐步禁用。

甲苯（toluene）是十分重要的石油化工有机合成原料。其外观为无色透明液体，易燃，具有折射性，有类似苯的气味。熔点－95℃，沸点 110.63℃，闪点 4.4℃，在 20℃时蒸气压为 2.99kPa，相对密度 0.8669（20℃）。极微溶于水，能与乙醇、氯仿、乙醚、丙酮、二硫化碳及冰醋酸混溶。该类溶剂的溶解度好，挥发性高，闪点低。甲苯属于易致毒的溶剂，使用需要在当地公安部门、安监部门登记备案。

二甲苯（xylene）是目前使用最多、用量最大的溶剂，对多数农药具有较好的溶解度，工业用二甲苯多为由邻位、间位和对位三种异构体组成的混合物。外观为无色透明、具有芳香气味的液体，熔点－25.18℃（邻），沸点 144.42℃（邻），闪点 27～29℃（闭口法），相对密度 0.8969（20℃），不溶于水，可与乙醇、乙醚、丙酮和苯混溶。该类溶剂的溶解度好，挥发性高。

溶剂油是经截取馏分和精制的烃类混合物的石油产品，极易燃烧和爆炸[14]。按化学结构它可被分为链烷烃、环烷烃和芳香烃三种，按沸点可分为低沸点（60℃、90℃）、中沸点（80～120℃）和高沸点（140～200℃），其中 100 号和 150 号溶剂油属于芳烃产品。如国产 100 号溶剂油其主要组分是三甲苯，芳烃含量不小于 98%，馏程 175～195℃，闪点不低于 50℃，密度（20℃）0.8～0.9g/cm^3。

三甲苯（trimethylbenzene，mesitylene）为无色液体，有特殊气味。沸点 164.7℃，闪点 43℃，相对密度 0.865。主要杂质有间位、对位乙基甲苯，乙基苯等。不溶于水，溶于乙醇、乙醚等。毒性与二甲苯大致相同。150 号芳烃溶剂油的主要组分为三甲苯、丙苯等。作为苯类溶剂替代品，三甲苯已在农药乳油等产品加工中应用，但其环境安全性值得进一步评价。

溶剂石脑油（solvent naphtha）为无色或者浅黄色液体，沸点 120～200℃，闪点 35～38℃，相对密度 0.85～0.95，燃点 480～510℃。主要为煤焦油轻油馏分所得的芳香族烃类混合物，由甲苯、二甲苯异构体、乙苯、异丙基苯等组成。

② 非芳烃溶剂。利用非芳烃溶剂替代危险性较大的芳烃类溶剂和极性溶剂，研制环保型乳油是乳油生存和进一步发展的方向。但非芳烃溶剂替代芳烃溶剂也存在一些值得我们关注的问题：a. 二价酸酯（DBE）类和吡咯烷酮类溶剂，安全、环保、溶解性能好，但价格较高；b. 植物油类溶剂，如大豆油、玉米油、菜籽油、棉籽油、棕榈油、松脂基植物油、植物精油、油酸甲酯等，虽然配制的少数农药乳油产品很好，但毕竟与绝大多数农药有效成分的相容性较差，且与现有乳化剂的匹配也有一定的难度，其通用性就会大打折扣，而且使用食用油还存在与民争食的问题。

松节油（turpentine oil）为无色或淡黄色液体，有松香气味。沸点 153～175℃，闪点 35℃，相对密度 0.861～0.876，燃点 253℃。对碱稳定、对酸不稳定，主要成分为 α-蒎烯、β-蒎烯和莰烯等。不溶于水，溶解能力介于溶剂油和苯之间，与乙醇、氯仿、乙醚、苯、石油醚等溶剂互溶。

松油（pine oil）为淡黄色或深褐色液体，有松根油的特殊气味。沸点 195～225℃，闪点 72.8～86.7℃，相对密度 0.925～0.945，燃点 81.1～95.6℃。松油是松树的残枝、废材、枝、叶等用溶剂萃取或水蒸气蒸馏而制得的，主要成分为单萜烯烃、莰醇、葑醇、萜品醇、酮和酚等的混合物。松油的乳化性强，润湿性、浸透性和流平性好，用于洗涤剂、涂料、油漆和油类的溶剂。长期暴露在空气和光照下会产生树脂状物质，颜色变深[15]。

福建诺德生物科技有限公司的松脂基植物油外观为淡黄色至棕色透明液体，相对密度 0.83～0.90，闪点 35～100℃。它是由松脂提炼改性而成的，主要成分为萜烯类（蒎烯）、树脂酸（海松酸、枞酸）和植物油单烷基酯（月桂酸甲酯、亚油酸甲酯、棕榈酸甲酯等）。据深圳诺普信农化股份有限公司工程师李谱超介绍，该公司提出的松脂基溶剂，以松脂为原料，经过酯化制备，大多数原药的溶解性与二甲苯相当，可以作为一种性能优良的溶剂取代传统的芳烃类溶剂应用于农药乳油制剂产品中。目前该溶剂已试用于除草剂、杀螨剂、杀虫剂等乳油产品中，取得了突破性进展。

植物油的主要组分为脂肪酸三甘酯，由 C_{14}～C_{18} 的饱和或不饱和脂肪酸甘油酯组成，相对密度 0.90 左右。其优点是安全性高，缺点是组成复杂、溶解性和稳定性差、冷凝点低。主要有玉米油、菜籽油、大豆油等。

改性植物油是植物油以化学或生物酶方法通过酯交换形成甲酯，再脱甘油生产脂肪甲酸而成。相对密度 0.85～0.90。优点是安全、高效，溶解性能增强，对大部分农药均有一定的增效作用，缺点是成分复杂，受植物油种类的影响，稳定性差，冷凝点高。主要有甲酯化或甲基化植物油、脂肪酸甲酯。

植物精油是一类植物源次生代谢物质，分子量较小，可随水蒸气蒸出，具有一定挥发性的油状液体。在植物学上叫精油（essential oil）或香精油（aromatic oil），化学和医学上称为挥发油（volatile oil）。植物精油具有较高的折射率，大多数具有光学活性，几乎不溶于水，可溶于乙醇等多种有机溶剂。化学成分复杂多样，主要成分为醛、醇、酮、酚、烯、单萜、双萜和倍半萜等。植物精油具有良好的生物活性、优良的溶解性和高安全性。

甲醇（methanol，CH_4O）系结构最为简单的饱和一元醇，CAS 登录号有 67-56-1、170082-17-4，分子量 32.04，沸点 64.7℃。甲醇又称“木醇”或“木精”，是无色、有酒精气味、易挥发的液体。人口服中毒的最低剂量约为 100mg/kg 体重，经口摄入 0.3～1g/kg 可致死。用于制造甲醛和农药等，并用作有机物的萃取剂和酒精的变性剂等。通常由一氧化碳与氢气反应制得。甲醇用途广泛，是基础的有机化工原料和优质燃料。主要应用于精细化工、塑料等领域，用来制造甲醛、甲酸、氯甲烷、甲胺、硫二甲酯等多种有机产品，也是农药、医药工业的重要原料之一。甲醇在深加工后可作为一种新型清洁燃料，也加入汽油掺烧。甲醇和氨反应可以制造一甲胺。在农药中主要作溶剂使用，在溶剂限用标准出台之前，是很多厂家生产乳油的主要溶剂，该溶剂价格便宜，易于采购。过去这些年里，在农药制剂企业的乳油产品中，用量极大。现在农药乳油中的限量是≤1%。

N,*N*-二甲基甲酰胺（DMF）是一种透明液体，能和水及大部分有机溶剂互溶。它是化学反应的常用溶剂。纯二甲基甲酰胺是没有气味的，但工业级或变质的二甲基甲酰胺则有鱼腥味，因其含有二甲胺等杂质。其名称来源于它是甲酰胺（甲酸的酰胺）的二甲基取代物，而两个甲基都位于 N（氮）原子上。二甲基甲酰胺是高沸点的极性（亲水性）非质子性溶剂，能促进 SN2 反应的进行。二甲基甲酰胺是利用甲酸和二甲胺制造的。二甲基甲酰胺在强碱（如氢氧化钠）或强酸（如盐酸或硫酸）的存在下是不稳定的（尤其是在高温下），并水解为甲酸与二甲胺。DMF 具有“万能溶剂”称号，在国家出台农药溶剂限用标准之前，很多乳油农药厂家也用 DMF 作为辅助溶剂，如溶解吡虫啉、噻虫嗪、氟磺胺草醚等，用量也非常大，现在国家已经在乳油中限用，要求含量≤2%。

液体石蜡（liquid paraffine）是从石油中间馏分的轻油中萃取出的 $C_{10} \sim C_{17}$ 的正构烷烃，其产品主要有三种，即 $C_{10} \sim C_{13}$ 正构烷烃（轻蜡 I）；$C_{11} \sim C_{14}$ 正构烷烃（轻蜡 II）和 $C_{14} \sim C_{17}$ 重液蜡。液体石蜡馏程 $350 \sim 420℃$，挥发度适中，不溶于水、甘油，溶于苯、乙醚、氯仿、二硫化碳等。

碳酸二甲酯（dimethyl carbonate），外观为无色液体，有芳香气味。熔点 $0.5℃$，沸点 $90℃$。不溶于水，可混溶于多数有机溶剂、酸、碱中。吸入、经口或经皮肤吸收对身体有害，对皮肤有刺激性。其蒸气或雾对眼睛、黏膜和上呼吸道有刺激性。LD_{50} 为 $13000mg/kg$（大鼠经口）；$6000mg/kg$（小鼠经口）。

二价酸酯（DBE），俗称尼龙酸二甲酯，是丁二酸二甲酯、戊二酸二甲酯、己二酸二甲酯的混合物。外观为无色或微黄色透明液体，略带甜味。相对密度 $1.082 \sim 1.092$，沸程为 $195 \sim 228℃$，黏度 $2.3 \sim 2.6Pa \cdot s$，闪点 $100℃$。水中溶解度为 5.3%（质量分数）。吸入会刺激上呼吸道，伴有咳嗽和不适；对皮肤有刺激性。大鼠急性经口 LD_{50} 为 $8191mg/kg$。DBE 毒性低，易生物降解，是芳烃类溶剂的理想替代品。

基础油（链烷烃），天然气制油衍生物，由 $C_{23} \sim C_{39}$ 的链烷烃组成的新型环保溶剂。

吡咯烷酮，外观为黄色黏稠液体，活性物含量 90%。沸点 $>300℃$，密度（20℃）$1.00 \sim 1.05g/cm^3$，$LD_{50} > 5000mg/kg$，生物降解值（28d）$>90\%$。

未来乳油中溶剂要求必须按照国家规定，使用环保溶剂是必然的要求和发展趋势，除了以上一些环保溶剂外，笔者建议考虑使用以下环保溶剂。

① 油酸甲酯。由甲醇与油酸经酯化而得。将油酸和甲醇混合，加入催化剂浓 H_2SO_4 或对甲苯磺酸，加热回流 10h。冷却，用甲醇钠中和至 pH 值为 $8 \sim 9$，用水洗至中性，经无水氯化钙干燥后进行减压蒸馏，即得油酸甲酯。

英文名称 methyl oleate；CAS 号 112-62-9；分子式 $C_{19}H_{36}O_2$；分子量 296.4879。

a. 性状：无色或微黄色油状液体。

b. 密度（g/mL，20/4℃）：0.8739。

c. 沸点（℃）：218.520。

d. 熔点（℃）：-19.9。

e. 相对密度（20℃，4℃）：0.8739。

f. 闪点（℃）：>110。

随着环保剂和可分散油悬剂剂型的大力推广和研发生产，油酸甲酯这几年在农药上的用量越来越大，苏州丰倍生物科技有限公司（以下简称苏州丰倍）是一家利用新型绿色原料、新工艺、新技术服务现代农业的高新技术企业。多年来致力于油酸甲酯在农药剂型上的推广和使用，为油酸甲酯在农药行业的应用及发展，在农化领域中做出了很大的贡献。油酸甲酯在农药乳油中，常用来作为农药乳油的增效溶剂、普通溶剂等，可以起到增效作用，使乳油耐雨水冲刷，增加渗透性等。苏州丰倍公司的油酸甲酯 0290，常温下为浅黄色至无色油状液体，色泽纯正，无异味等，是国内优级油酸甲酯的代表，在农药制剂中作为绿色溶剂和分散介质使用。0290 有良好的配伍协同性、易乳化性，可与更多的助剂搭配，研磨出的制剂稳定，流动性好，水中乳化分散性好，贮存期长。其广泛应用于除草、杀虫杀菌 OD、EC、EW 等剂型中，如 30% 苯醚丙环唑 EC、4.5% 高效氯氰菊酯 EC。国内的很多精喹禾草灵乳油、高效氟吡甲禾灵乳油、烯草酮乳油中都有应用。

② EGDA 高沸点环保强溶剂。EGDA 即乙二醇二乙酸酯，又称二乙酸乙二醇酯。它是一种有机原料，其分子式为 $C_6H_{10}O_4$，分子量 146.1412，是新一代高沸点环保型强溶剂。与高沸点环保型强溶剂 DBE 相比，具有馏程宽、成分稳定、溶解力更强、气味更醇香的

优点。

产品优异特点：a. 极强的溶解力，良好的相溶性；b. 气味好；c. 冬天较低温度也可照常使用；d. 沸程范围相对稳定；e. 无毒低味、使用安全。

外观与性状：无色透明液体，酯含量≥99.0%，酸值≤0.3mgKOH/g，沸程 185～250℃，相对密度 1.09（20℃），水含量≤0.10%，色度（APHA）＜20，闪点（开杯）≥108℃，水溶性 16.4%（质量分数）。

应用领域：作为溶剂，可用于制造油漆稀料、黏合剂、洗网水、清洗剂和脱漆剂等。可全部或部分替代环己酮、异佛尔酮（783）、乙二醇乙醚乙酸酯（CAC）、丙二醇甲醚乙酸酯（PMA）、乙二醇单丁醚（BCS）、硝化棉溶纤剂、二价酸酯（DBE）等高沸点溶剂，具有改善流平、调节漆膜干燥速度的作用。应用于烤漆、硝基喷漆、硝基漆、印刷油墨、卷材卷钢涂料、纤维素酯、荧光涂料、油性色浆，广泛用于铸造树脂砂的固化剂、铸模的黏结剂、彩色照相术的增色剂和油漆去除剂。在农药乳油上应该是一款前途比较好的环保溶剂，现在也有企业在把该产品在农药行业进行推广。

（3）助溶剂　助溶剂是指能提高农药原药在主溶剂中溶解度的助剂。大多数助溶剂本身就是有机溶剂，在配制高浓度乳油和超低容量油剂时，必须选用一定的助溶剂。较常用的助溶剂有醇类（如甲醇、异戊醇等）、酚类（如苯酚、混合酚等）。乙酸乙酯、二甲基亚砜等也是很好的助溶剂。

助溶剂的选择应根据不同的原药和主溶剂来确定，要求要与原药和主溶剂有很好的相溶性，且能增加原药在主溶剂中的溶解度，如果主溶剂对原药的溶解度能够满足配制浓度的要求，就不必再使用助溶剂。助溶剂大都是重要的有机溶剂和化工原料，且价格比普通有机溶剂高。因此，一个较好的助溶剂，其添加用量一般应在 5%以下。

（4）乳化剂（emulsifier）　是指能促使乳状液稳定的物质。乳化剂具有能使原来不相溶的两相液体（如水和油），使其中一相液体以极小的油珠稳定分散在另一相液体中，形成不透明或半透明的乳状液的特性。

乳化剂是配制农药乳油的关键影响因子。在农药乳油中，乳化剂应具备下列条件：首先是能赋予乳油必要的表面活性，使乳油在水中能自动乳化分散，稍加搅拌后能形成相对稳定的乳状液，喷洒到作物或有害生物体表面上能很好地润湿、展着，加速药剂对作物的渗透性，对作物不产生药害。其次是对农药原药应具备良好的化学稳定性，不应因贮存日久而分解失效；对油、水的溶解性能要适中；耐酸，耐碱，不易水解，抗硬水性能好；对温度、水质的适应性广泛。此外，不应增加原药对哺乳类动物的毒性或降低对有害生物的毒力。

农药乳油中的乳化剂至少应有乳化、润湿和增溶三种作用。乳化作用主要是使原药和溶剂能以极微细的液滴均匀地分散在水中，形成相对稳定的乳状液，即赋予乳油良好的乳化性能。润湿作用主要是使药液喷洒到靶标上能完全润湿、展着，不会流失，以充分发挥药剂的防治效果。增溶作用主要是改善和提高原药在溶剂中的溶解度，增加乳油的水合度，使配成的乳油更加稳定，制成的药液均匀一致。由此可见，在配制农药乳油时，乳化剂的选择是非常重要的。

目前，配制农药乳油所使用的乳化剂主要是复配型的，即由一种阴离子型乳化剂和一种或几种非离子型乳化剂复配而成的混合物。复配型乳化剂可以产生比原来各自性能更优良的协同效应，从而降低乳化剂的用量，更容易控制和调节乳化剂的 HLB 值，使之对农药的适应性更宽，配成的乳状液更稳定。

在复配型乳化剂中，最常用的阴离子型乳化剂是十二烷基苯磺酸钙，也就是大家常说的农乳 500 号，而常用的非离子型乳化剂品种型号繁多，因此，对乳化剂的选择，实际上主要是非离子型乳化剂的选择。非离子单体选定后，再与阴离子型钙盐搭配，最终选出性能最好的混配型乳化剂。当然并不是所有的乳油都会用阴离子助剂——500 号，笔者曾做过几个乳油配方，加入农乳 500 号，乳化分散更不易调整，同时，助剂用量也非常大；只用非离子助剂组合反而比较容易调好[5]。

农药乳油中常用的乳化剂有农乳 500 号、600 号系列、1600 号系列、BY 系列、吐温系列、AEO 系列、脂肪酸酯聚醚系列、NP 系列、其他聚醚系列等。

（5）其他助剂　乳油产品中其他助剂主要有助溶剂、渗透剂、黏着剂、稳定剂、增效剂、着色剂（警戒色）等，根据农药的品种和施药要求选用。

助溶剂的作用是提高和改善原药在主要溶剂中的溶解度，使配成的乳油在低温条件下更加稳定，不会出现分层或析晶现象。常用的助溶剂主要是含氧溶剂，如环己酮、异佛尔酮、吡咯烷酮、甲醇、乙醇、丙醇、丁醇、乙二醇、DMF、乙腈、二甲基亚砜、甲醚等。

渗透剂（penetrating ageng）是指使或加速液体渗透入固体小孔或缝隙的物质。常用的渗透剂主要有氮酮、噻酮、脂肪醇聚氧乙烯醚、聚亚氧烷基改性聚甲基硅氧烷、二甲聚硅氧烷共聚多醇、2-(3-羟丙基）七甲基三硅烷乙酸酯、磺化琥珀酸二异辛酯钠盐、蓖麻油磺酸钠等。黏着剂（adhesing agent）是能增强农药对植物病原菌、昆虫等生物体表面黏着能力的助剂，使药剂的附着性提高，耐雨水冲刷，增加持效期。如矿物油、硅油、玉米油等。

稳定剂（stabilizer）是指能防止及延缓农药在贮运过程中有效成分分解或物理性能劣化的助剂。农药稳定剂包括物理稳定剂和化学稳定剂两大部分，物理稳定剂如防结晶、抗絮凝、沉降、抗硬水和抗结块等；化学稳定剂包括防分解剂、减化剂、抗氧化剂、防紫外线辅照剂和耐酸碱剂等。稳定剂的主要作用是保持和增强产品的化学性能，特别是防止和减缓有效成分的分解，一般来说，乳油中的有效成分是比较稳定的，即使某些品种不稳定，也可通过提高原药纯度，减少副产物和杂质含量使其稳定，如烯草酮；但也有一些品种即使加工成乳油也容易分解失效，如马拉硫磷、三唑磷、阿维菌素、2,4-滴丁酯（甲氨基阿维菌素不易分解，很容易做到不分解）等，在常温贮存 1 年会完全失效。对于这类品种在加工时需选用适当的稳定剂，防止或减缓有效成分的分解。常用的稳定剂有：①表面活性剂及以此为基础的稳定剂，如有机磷酸酯类稳定剂、亚磷酸酯类、芳烷基酚、芳烷基酚 EO 加成物磷酸酯及其盐类，*N*-大豆油基三亚甲基二胺等；②溶剂稳定剂，如芳香烃溶剂，一元醇、二元醇及聚醇，醚、醇醚以及酯类等；③有机环氧化物稳定剂，如环氧化植物油和衍生物、环氧化脂肪酸酯及其衍生物等；④其他稳定剂，如丁氧基丙三醇醚等。稳定剂的选择性较强，通用性较差，只有通过实验，才能获得合适的稳定剂。

8.3.2　乳油的基本要求

根据农药使用和贮运等要求，农药乳油应满足以下基本要求：

① 乳油外观应是均相、透明的油状液体，在常温条件下贮存 2 年以上不分层、不变质，仍保持原有的理化性质和药效。

② 乳油的乳化分散性好，用水稀释应能自发乳化分散，稍加搅动就能形成良好的乳状液，且油珠细微，有良好的经时稳定性，足以保证在使用期间药液均匀，上无浮油，下无沉淀。

③ 乳油对水质和水温应具有较广泛的适应性，一般要求在水温 15～30℃、水质 100～1000mg/L 的条件下，乳油的乳化分散性和乳液稳定性不应发生质的变化。

④ 乳油对水稀释后形成的药液喷施在防治靶标上应具有良好的润湿性和展着力，且药液易渗透至作物表皮内部，或渗透至病菌、害虫体内，能迅速发挥药剂的防治效果。

8.3.3 乳油的设计思想

（1）原药的选择　一种农药原药适合加工成何种剂型，才能最大限度地发挥生物活性，值得我们认真考虑。不同的原药由于其化学结构及理化性质不同，加工成乳油的质量亦有所不同。从产品的工业化角度考虑和对环境的影响而言，乳油中的有效成分含量应该是越高越好。因为含量高，可降低溶剂的用量，节省包装材料，减少运输量和减轻对生态环境的影响，从而可以降低乳油的生产成本。但活性特别高的一些调节剂的乳油为了使用方便和易于稀释等，则需要配制含量较低的乳油，如 0.01%芸薹素内酯乳油。

乳油中有效成分含量的高低，主要取决于农药原药在溶剂中的溶解度和施药要求。一般要求是以乳油在变化的温度范围内，仍能保持均相透明的溶液为准，从中选出一个经济合理的含量。如果含量过高，在常温下可能是合格的，但在低温（如冬季）条件下，可能就会出现结晶、沉淀和分层，致使已配制好的乳油不合格；如果含量过低，则必然会造成溶剂、乳化剂和包装材料的浪费。因此，选择一种经济合理的含量十分重要。

农药乳油中，有效成分含量有两种表示方法：一种是用质量/质量分数表示，即每单位质量的乳油中，含有多少质量的有效成分，通常记作 g/kg 或%（质量分数）；另一种是用质量/体积表示，即每单位体积的乳油中，含有多少质量的有效成分，通常记作 g/L。国内生产的农药乳油，习惯上采用质量分数表示，而国外一般采用质量/体积表示。从实践中看，两种表示方法各有其优缺点，前者在生产计量上便于操作，后者在使用时量度方便。

（2）溶剂的选择　溶剂是影响乳油产品稳定的重要因子，用于制备乳油的溶剂应符合如下条件：①原药在溶剂中的溶解度好，要以最小的溶剂量溶解最大量的原药，并能获得稳定流动的溶液；②溶剂不易挥发，毒性低，溶剂易挥发会导致体系的平衡受到破坏，稳定性差；③原药在溶剂中稳定，不易分解，并且不与其他组分反应；④与制剂其他组分的相容性好，容易匹配；⑤来源丰富，价格便宜；⑥对环境和贮运安全[9]。

溶解度（solubility）指在特定温度和压力下，物质以分子或离子形式均匀分散在溶剂中形成平衡均相混合体系时，该均相体系所能够包含的该物质的最大量，单位为 g/L。溶解度的测定方法如下：

① 预试验。在测定前，首先对试样的溶解度进行初步估测。取约 1g 试样（固体粉碎至 100～200 目）加入 10mL 具塞量筒中，按表 8-4 所示的体积逐步加入试剂。

表 8-4　溶解度的初步估测

项目	第一步	第二步	第三步	第四步	第五步	第六步
量筒中试剂的总体积/mL	0.5	1	2	10	100	>100
估计的溶解度/(g/L)	200	100	50	10	1	<1

每加入一定体积的试剂后，超声振荡 10min，然后目测是否有不溶颗粒。如果试剂加至 10mL 后，仍有不溶物，则把量筒中的内容物完全转移至 1 个 100mL 具塞量筒中，加试剂至 100mL 振荡。静置 24h 或超声振荡 15min 后观察。如仍有不溶物，应进一步稀释，直至完全溶解。

② 样品溶液的配制。根据预试验的结果，配制样品饱和溶液。称取一定量的试样于锥形瓶中，加入 50mL 溶剂。将锥形瓶置于 30℃±1℃的水浴中，用磁力搅拌器和搅拌棒搅拌 30min，然后将锥形瓶置于 20℃±1℃水浴中搅拌 30min 后停止搅拌，离心。用色谱法测定上层清液的质量浓度即为溶解度。试样的溶解度 s 按式（8-2）计算：

$$s=\frac{A_1 m_2 w}{A_2 m_1} \tag{8-2}$$

式中　s——试样溶解度，g/L；

A_1——试样溶液中有效成分峰面积平均值；

A_2——标样溶液中有效成分峰面积平均值；

m_1——试样的质量，g；

m_2——标样的质量，g；

w——标样中有效成分的质量分数。

选出对原药溶解度最好的一种或几种溶剂或混合溶剂后，再进行溶剂对原药的稳定性影响试验。最常用的方法是将原药溶解于溶剂中，制成农药溶液，再进行加速贮存试验。

将农药原药按一定的比例溶解于溶剂中，再将制备的农药溶液密封在安瓿中，置于54℃±2℃恒温箱中贮存，2 周后取出测定有效成分含量。根据测定结果，计算有效成分分解率。根据分解率的大小，判断溶剂对原药的影响。分解率越小，溶剂对原药的影响越小。

(3) 乳化剂的选择在农药乳油中，乳化剂的选择是一个非常重要又非常复杂的课题。乳化剂的选择原则受多种因素的影响，可参考 Rosen Myers 提出的选择用作农药乳化剂的表面活性剂原则。

① 在所应用的体系中具有较高的表面活性，产生较低的界面张力，这就意味着该表面活性剂必须有迁移至界面的倾向，而不留存于界面两边的液相中。因而，要求表面活性剂的亲水和亲油部分有恰当的平衡，这样将使两体相的结构产生某些程度的变形。在任何一体相中有过大的溶解度都是不利的。

② 在界面上必须通过自身的吸附或其他被吸附的分子形成相当结实的吸附膜。从分子结构的要求而言，界面上的分子之间应有较大的相互作用力，这就意味着在 O/W 型乳状液中，界面膜上的亲油基应有较强的相互作用。

③ 表面活性剂必须以一定的速率迁移至界面，使乳化过程中体系的界面张力及时降至较低值。某一特定的乳化剂或乳化剂体系向界面迁移的速率是可改变的，与乳化剂乳化前添加油相有关。

乳化剂在乳油中有乳化、分散、增溶和润湿等作用，其中最重要的是乳化作用。因此，以乳油放入水中能否自动乳化分散，形成相对稳定的乳状液，应当是选择乳化剂的首要条件，其次是乳化剂对农药原药化学稳定性的影响。

乳化剂对农药有效成分的影响，包括两个方面：一是乳化剂的品种、结构和理化性能；二是乳化剂的质量。乳化剂的质量对农药有效成分的影响，主要取决于乳化剂中的水分含量和 pH 值。通常情况下，乳化剂的含水量应控制在 0.5%以下，pH 值以 5～7 为宜。选定溶剂后，再用选出的乳化剂进行原药的稳定性影响试验。最常用的方法是将原药溶解于选定溶剂中，再加入乳化剂，制成乳油，进行加速贮存试验。根据分解率的大小，判断乳化剂对原药的影响。分解率越小，乳化剂对原药的影响越小。

8.3.4　实验室配制

(1) 配方设计　结合农药原药和助剂的选择原则，并在充分掌握原药、乳化剂和溶剂等的性能、来源、产地和价格的基础上，进行配方设计。乳油基本的配方组成为：农药有效成分 0.01%～95%，乳化剂 3%～10%，助溶剂 0～10%，溶剂补加至 100%。

(2) 实验室配制　在完成配方设计的基础上，进行实验室配制，首先，依据确定的农药有效成分，确定工艺路线；其次，选择合适的加工设备；最后，调配及检测。

① 配制技术　农药乳油的配制技术十分容易，无需特殊的设备和专门的机械，只要求简单地混合和搅拌即可，必要时可加热。

② 操作过程

a. 按设计配方，将原药溶解于有机溶剂中，再加入乳化剂等其他助剂，在搅拌下混合溶解，制成均相透明的液体。

b. 检测。将制备的乳油进行各项质量控制指标测试，进行配方筛选。对较优配方进行不低于 6 次的平行实验，各项技术指标均达到配方设计要求者，确定为较佳配方。

8.4　未来乳油的发展方向及改进

8.4.1　乳油的技术层面改进

农药剂型正朝着水性化、粒状化、多功能、缓释、省力、减量化和精细化的方向发展，一些高效、安全、经济和环境相容的新剂型，如微乳剂、水乳剂、悬乳剂、可分散油悬剂、水分散粒剂、干悬浮剂、缓释剂等新剂型正在兴起，并将是 21 世纪农药剂型发展的主流。围绕农药剂型发展这一趋势，乳油作为传统的老剂型将面临环保和国际化市场的挑战。

8.4.1.1　发展高浓度乳油

高浓度乳油是乳油重要的发展方向之一，主要是可显著降低有机溶剂用量，或者不用溶剂，可以减少用量、降低生产和贮运成本；同时减少包装物处理问题，缓解环境压力，很多液体原药生产乳油在技术上是完全可行的，且容易实现。

高浓度乳油一般是指农药原药含量在 70%以上的制剂，一般可以生产高浓度乳油的原药都是油状液体，比如乙草胺、异丙甲草胺、马拉硫磷、辛硫磷等代表品种有 70%炔满特 EC、90%乙草胺乳油、990g/L 乙草胺乳油、960g/L 精异丙甲草胺乳油、70%马拉硫磷乳油、高含量乳化矿物油等。对于许多原药为液体的低浓度的乳油，一般均可配制较高浓度的乳油，如受到溶解度的限制，可通过添加助溶剂、辅以高性能的乳化剂来实现，如 40%辛硫磷乳油，可以通过添加助溶剂制成 80%含量的乳油制剂。

配制高浓度乳油最好满足以下条件。

① 提高原药的纯度。高纯度的原药是制备高浓度乳油的前提。

② 合理选择溶剂。适宜的溶剂是制备高浓度乳油的关键；对于液体农药，可采用芳烃类的溶剂；对于固体农药，可选择助溶剂和芳烃类溶剂混用。

③ 使用高性能的乳化剂。高性能的乳化剂是制备高浓度乳油的重要保证，高性能乳油具有用量少、乳化分散效果好的优点，如果助剂用量很大，比如助剂用量超过 12%，则会占用了原药和溶剂的含量及用量。助剂优化到用量 10%以内为佳。

8.4.1.2　以水代替有机溶剂

以水代替有机溶剂，通常可降低有效成分对使用者的毒性；在某些情况下，可降低药害；还能节省大量的有机溶剂。如水乳剂和微乳剂是替代乳油的比较安全的剂型。

（1）水乳剂　农药水乳剂（emulsionin water，EW）是不溶于水的原药液体或原药溶于不多于水的有机溶剂所得的液体分散在水中形成的一种农药制剂。由于水乳剂属于热力学不稳定体系，需通过向体系提供机械能（如高剪切和均质等），并在表面活性剂尤其是乳化剂的作用下才能形成均匀的乳状液，使用时与乳油相似，对水喷雾使用。

水乳剂与乳油相比其优点是不用或少用有机溶剂，提高制剂的安全性，节约芳烃类溶剂资源，降低对人及环境的污染，对植物的毒性与药害也比乳油安全，药效与同剂量乳油相当。

但同时也应看到水乳剂的不足之处，主要是：①水乳剂作为热力学不稳定体系，必须借助特定的外力作用才能形成均匀的乳状液，因此，水乳剂在存放过程中易发生分层或沉降、絮凝、聚结、稠化、晶体长大等物理不稳定现象，严重时影响使用，与乳油相比，其稳定性远不如乳油；②水乳剂以水为基质，不适于制备某些不太稳定的农药原药（如有机磷农药等）；③水乳剂的流动性和乳液稳定性不如乳油；④水乳剂的开发周期较长，制备工艺也远较乳油复杂，生产中的质量问题有时候短时间内检测不到；⑤对于复配制剂而言，水乳剂的适应性远不如乳油。

（2）微乳剂　微乳剂（micro-emulsion，ME）作为目前迅速研发和备受欢迎的农药新剂型，是由水相、油相、表面活性剂、助溶剂按适当比例混合，自发形成的各向同性、透明或半透明、热力学及动力学上稳定的分散体系。使用时与乳油相似，对水喷雾使用。

微乳剂除具有水乳剂的系列优点外，还具有水乳剂所不及的若干长处：热力学及动力学上稳定的分散体系，经长期贮存，理化性能保持不变；制备时无需强剪切力的均化装置，使用乳油的设备即可满足要求；微乳剂的流动性、稀释性都很好，黏着性、渗透性和生物活性一般要高于乳油和水乳剂，微乳剂是部分取代乳油的环保型新剂型之一。微乳剂替代乳油的关键也是必须符合国家溶剂要求，使用环保溶剂；存在的缺点就是用了大量的乳化剂，通常是乳油用量的4～5倍，有时候综合成本不比乳油低，同时，有的表面活性剂对环境也是有影响的。

8.4.1.3　改变溶剂的种类

① 选用更安全的有机溶剂如低芳烃溶剂油、脂肪族溶剂油等，尤其是正构烷烃类及高纯正构烷烃等特种溶剂油（正己烷、正庚烷），它们通常是经加氢精制等技术处理后制得的环保型产品，其黏度低，芳烃含量及硫、氮含量低，适合乳油用有机溶剂的发展方向，值得大家关注。

② 选用更环保的有机溶剂如植物油、油酸甲酯、松脂基植物油、矿物油等，已有50%丙环唑·左旋松油醇乳油的研制，生物柴油作为精喹禾灵乳油中甲苯替代溶剂的应用初探；油酸甲酯在精喹禾灵乳油中既可以代替部分溶剂，同时还可以增效，并对控制精喹禾灵分解有一定的控制效果；同样，油酸甲酯在高效氟吡甲禾灵和烯草酮乳油中大量应用，据苏州丰倍生物科技有限公司反映，该公司的油酸甲酯被很多除草剂制剂厂家用来当增效溶剂使用。2017年，国内环保监管加大，很多企业的乳油车间不能开工生产，主要是有机溶剂VOC不达标所致，现在很多乳油厂家转向以油酸甲酯为溶剂，值得关注。

8.4.1.4　溶胶状乳油

溶胶状乳油（GL），也叫胶体乳油，也就是将乳油改变成一种像动物胶一样黏度的产品，它具有独特的流动性，能被定量地包装于水溶性的聚乙烯醇小袋中，可减少使用者接触农药的危险，同时避免了乳油包装容器的处理问题。该剂型国内现在产品较少，还在研究阶段，比如很多厂家的阿维菌素增稠乳油，该剂型要更黏稠，类似于鞋油。

8.4.1.5　制备无溶剂乳油

无溶剂乳油仅由液体农药和乳化剂组成，由于不含有机溶剂，危险性较小。代表品种有96%异丙甲草胺EC、90%乙草胺EC等。制备无溶剂乳油的前提是原药在常温下为流动性好的油状液体。该类乳油的关键点就是原药必须是高含量的原油，同时对乳化剂的技术要求特别高，要与原药相容性好，不能使制剂为浑浊或者半透明状态，还要求乳化分散效果要好，用量不能太高。

8.4.1.6 制备固体乳油

将高浓度乳油吸附在适宜的载体上，入水后形成乳状液的粉状或粒状固体乳油，主要包括可乳化粒剂和可乳化粉剂、可乳化固体块等，已有10%喹草烯可乳化粉剂配方研究报道和甲氨基阿维菌素苯甲酸盐可乳化粒剂专利报道。固体乳油的特点是使液体农药固体化，不用或少用有机溶剂，载体不易燃易爆，无毒性，对环境无污染，易于包装，更容易计量使用，在包装、贮运和使用方面更安全。

（1）可乳化粒剂　可乳化粒剂（emulsifiable granual，EG）是一种水可乳化的颗粒剂，它是将有效成分溶于或稀释在一种有机溶剂中，再吸附在适宜的载体上。使用时，用水稀释，该产品将崩解或溶解，形成一种常见的水包油型乳状液，它是21世纪初开始研究的新剂型，因其具有乳油和水分散粒剂的优点，也是极具潜力的替代乳油的新剂型之一。

（2）可乳化粉剂　可乳化粉剂（emulsifiable powder，EP）是由符合联合国粮农组织（FAO）规格的原药与必要的助剂组成的均匀混合物，外观是干燥、自由流动的粉状物，无可见的杂质和硬团块。在水中稀释后形成乳状液。它和可乳化粒剂一样，是21世纪初开始研究的新剂型，因其具有乳油和可溶粉剂的优点，也是极具潜力的替代乳油的新剂型之一。

8.4.1.7 制备含水乳油

（1）含水乳油　对很多剂型技术人员和专家，含水乳油的生产其实不是什么陌生的技术，其实最早微乳剂就是从含水乳油的基础上发展起来的。理论上，含水乳油的乳化油状原药液滴油珠粒子的细度比乳油的更细，而微乳的最细，在水中稀释后任何稀释倍数都是透明的。108g/L高效氟吡甲禾灵乳油（高盖），陶氏益农的进口高盖禾本科除草剂陶斯杰，就是一种含水乳油。含水乳油在日本是一个常用的乳油剂型。在水中不分解，在适量乳化剂增溶的作用下，加入5%～15%的水，对于乳油来说，既可以降低有机溶剂的用量、降低成本，又可以提高乳油制剂的闪点，使其更安全，同时还可以使乳油减少挥发等。因为含水乳油的乳化油珠的粒径和20倍出口乳油的乳化油珠的粒径相当甚至更细，在铺展和药效等方面，更好于常规乳油。现在市场上的25%戊唑醇EW，多数是透明的，其中含有3%～5%的水，实则就是含水乳油的一种。25%戊唑醇EW和25%戊唑醇乳油，都是透明均相液体，用肉眼观察，根本看不出乳油和水乳的差异。我国对乳油的质量标准要求水分≤0.3%。

乳油、水乳剂（EW）、微乳剂（ME）这三个剂型都是油相原药通过溶剂和助剂乳化，制剂外观和稀释后的外观都是不同的，从油珠在水中的乳化粒径来区分：一般乳油稀释后油珠的粒径在3～5μm；EW因为是油珠以浓乳状在水中的状态，其油珠粒径一般在0.2～2μm；ME油珠乳化增溶后在水中以极细微的粒子甚至分子状态存在，油珠粒径在0.01～0.1μm。含水乳油稀释后油珠的粒径要介于乳油和水乳之间，其粒径在0.5～2μm，和一些稳定性合格的出口乳油稀释20倍乳液稳定性合格的粒径相似或者相等。

生产含水乳油的条件：原药在含有水分的情况下不会分解；乳化剂足够多，能够使5%～15%的水充分增溶，使得整个剂型依然是均相透明的，在一定温度范围内保持均相透明。调配含水乳油和调配乳油类似，只是在加入水后要选取合适的助剂使其均相透明且能保持一定温度范围的透明状态。

含水乳油的优点：减少了有机溶剂的用量，减轻了异味，提高了闪点，更安全也更环保；乳化粒径介于乳油和水乳之间，药效更优秀；有的含水乳油会更稠一些，制剂外观更有卖点；生产工艺同乳油一样简便可行，具备了乳油的其他优点等。

（2）微乳剂　该剂型由液态农药、表面活性剂、水、稳定剂等组成，属于热力学经时稳定的分散体系。其特点是以水为介质，不含或少含有机溶剂，因而不燃不爆，生产操作、贮运安全，环境污染少，节省大量有机溶剂；农药分散度极高，达微细化程度，农药粒子一般为 0.1～0.01μm，外观为透明或微透明液体；在水中分散性好，对靶标渗透性强、附着力好。微乳剂也属于液态农药非溶剂化剂型，是有发展前途的新剂型。该剂型其实就是含水乳油的升级剂型。但其所用的有机溶剂更倾向于亲水与亲油之间的溶剂，如环己酮。我国最近几年微乳剂登记产品很多，以杀虫剂居多，其次是除草剂，如 8％和 20％氰戊菊酯微乳剂、5％和 10％氯氰菊酯微乳剂、4.5％高效氯氰菊酯微乳剂、10％氰氟草酯微乳剂、10％高效氟吡甲禾灵微乳剂、0.5％～2％甲维盐微乳剂，复配的有甲维盐＋高氯的、阿维菌素＋高氯的等。鉴于乳油对于溶剂限用政策，微乳剂也必须服从国家政策，很多亲水性溶剂不得使用，如甲醇、DMF，这样也给乳油产品微乳剂的技术带来更高的要求。要求选择环保溶剂，同时选择符合国家环保政策的乳化剂。

8.4.1.8　增效乳油

同一个乳油，如果只是把它做到乳化分散或者乳液稳定性合格的最基本要求，有经验的技术员会用不同的乳化剂单体调配合格。按照《到 2020 年农药使用量零增长行动方案》，要求我们减少农药用量，而药效依然有保证或者还能提高。减量提效是很多省份对农药使用提出的新要求。其中配方增效减量就是一个很有效的行动之一，增效乳油就是符合这个政策需求的产品研发方向。同样含量的制剂，通过增加增效手段等达到增效减量的目的。譬如，过去登记的高渗 2.5％高效氯氰菊酯乳油，其中就要求必须加入高渗剂——氮酮；高渗氧化乐果乳油也是要求加入氮酮，对于一些内吸原药，增加渗透性的增效剂或者展着剂都会达到药效加倍的效果。这要求农药乳油企业、技术人员等共同努力，摸索优化配方，找到更好的增效物质，并做大量的田试，总结增效数据，增效乳油的增效方式有添加植物油或者油酸甲酯，如精喹禾灵、高效氟吡甲禾灵、烯草酮乳油、大豆油、一级油酸甲酯等，都有着非常突出的效果，一般要求加入量为 10％～25％，这些油类与溶剂成本相比并不高，而带来的除草效果增加非常明显。对于用于经济作物的杀虫剂、杀菌剂现在很多厂家开发了以矿物油为增效物质的矿物油乳油，这类乳油不只是通过矿物油对活性物起增效作用，而且矿物油本身还有杀螨等功效，以及耐雨水冲刷、防止光照、抗蒸腾等效果。矿物油乳油和矿物油的增效应用，预计是未来乳油和植保方面的一个重点关注的方向。

油类助剂可以加快作物对叶喷农药的吸收效率，它们可以与农药、水等形成均一稳定的乳状液，有助于靶标作物对农药的吸收。商用石油润滑油助剂和乳化剂，已经应用于普施特对 3 种杂草的防除，靶标作物表面的蜡质可以溶解到石油润滑油溶液中，其溶解性随着作物种类和生长环境的不同而不同。

植物油类助剂在加强除草剂的生物活性和降低液滴飘移方面要比石油润滑油和非离子表面活性剂好得多。如烯禾啶与甲基化油类助剂 Scoil 混合对 3 种杂草的控制要比石油润滑油助剂 CleanCrop 的效果好。植物油类助剂可以促进吸收传导和增强除草剂对杂草的防效。实验表明，植物脂肪酸要强于甘油酯。Chester L. Foy 等指出，几种助剂增加了除草剂烟嘧磺隆对狗尾草的防效，其效果依次为：甲基化葵花油＞石油润滑油＞非离子型表面活性剂 WK＞非离子型表面活性剂 X-77。油酸甲酯对精喹禾灵、高效氟吡甲禾草灵、烯草酮乳油、阿维菌素乳油的增效作用，已经被很多乳油厂家证实。

渗透剂如氮酮对多种农药有增效作用。如：对除草剂拿捕净、氟磺胺草醚、丁草胺、乙草胺等，氮酮均有明显的增效作用；杀虫剂方面，氮酮对乐果、吡虫啉、菊酯类乳油的增效已经被大量验证和应用。另外，快 T 对一些杀虫剂如毒死蜱、丙溴磷等乳油有增效作用；

JFC对甲维盐、甲维盐复配的乳油增效作用突出等。很多试验数据证明，选用合适的增效剂、助剂能明显提高药效[11]。

对农药活性物的增效作用，代表化合物有二丙醚、增效醚、甲基增效磷、增效磷等。比如，增效醚对氯氰菊酯、氟氯氰菊酯、溴氰菊酯、氰戊菊酯、杀螟硫磷、敌敌畏等有增效作用；增效磷与有机磷、菊酯类等农药混用后对多种害虫均明显增效，且对已产生抗性的有关害虫的防治增效活性也很明显。

总之，在国家对农药零增长的要求、环保政策的形式下，增效乳油也是焕发乳油活力的一个很可行的研发方向。

8.4.2 乳油物理稳定性的评估

8.4.2.1 颗粒大小分布的测量

通常用于检测乳状液稳定性的颗粒大小分布的方法有两种：一种是目测法，借助显微镜观察统计，计算出乳状液粒径的算术平均值，具有相对的准确性；另一种较精确的方法是采用先进的仪器测定（激光粒度分析法、分光光度法），这种方法更准确、可靠，然而，大多数的乳状液是一种浓缩体系，不透明，特别是乳状液的粒径可达到纳米级，使用激光粒度分析法、分光光度法都需对乳状液进行稀释，这样就会严重地降低评价的准确性。因此，可采用Turbiscan分析仪对样品稳定性进行测试，将待测样品装在一个圆柱形的玻璃测试室中，仪器采用脉冲近红外光源（$\lambda=880$nm），当电磁波发射到装在玻璃测试室的透明度较差的检测样品上时，Turbiscan分析仪可获得由两部分组成的发射光斑，两个同步光学探测器分别探测透过样品的透射光和被样品反射的反射光，其含义是相对标准样品光摄量为10%的硅油的光量百分比。被测的样品浓度不变，那么透射光和反射光的变化值即$\Delta T(t)$和$\Delta BS(t)$直接反映了样品中颗粒随时间的变化规律。$\Delta BS(t)$绝对值越小，乳状液越稳定。

8.4.2.2 晶体生长率的测定

为了测定晶体生长率，颗粒大小分布可作为时间参数而被测定，这可由Coulter计数器实现，它能测出大于0.6μm的颗粒。另一种更敏感的测定方法是使用光学盘型离心机，它可以获得小至0.1μm的颗粒的大小分布。从以时间作为参数的平均颗粒大小分布图中可获得晶体的生长率，在通常情况下由首次确定的动力学数值决定，任何晶体特性的改变都会被光学显微镜监测，可在存贮期间进行动态监测。温度循环也可作为晶体生长研究的加速试验来进行。这个比例通常随温度的改变而升高，特别是当温度循环在宽间隔中进行时。还可通过光学显微镜进行测定。

8.4.2.3 晶型是否发生变化的测定

不同企业生产的农药原药，由于生产工艺不同，可能存在不同的晶型（如丁醚脲、丙环唑、精喹禾灵、烟嘧磺隆等）。农药晶型的稳定性决定着农药制剂的稳定性和生物活性，是一项重要的指标。多晶型是农药晶格内部分子依不同方式排列或堆积产生的同质多晶现象，由于分子间力的差异可引起物质各种理化性质的变化。首先，晶格能的差异使同质多晶农药具有不同的熔点、溶解度、稳定性和有效性。一般来说，晶粒越大，加热熔解所需要的能量越大，越稳定。熔点高的晶型，化学稳定性好，但溶解度却较低。其次，表面自由能的差异造成结晶颗粒之间的结合力不同，影响农药的流动性，影响制剂的物理稳定性。为了测定农药乳油中农药晶型是否发生变化，可通过差示扫描量热法（DSC）、热重分析法（TG）、红外光谱法（IR）、X射线衍射法（X-ray）等进行定性测定。

8.5　乳油开发实例

以除草剂精喹禾灵和毒死蜱乳油配方开发为例，介绍如下：

8.5.1　精喹禾灵简介

（1）理化性质及除草特点

① 性状：纯品为白色粉末状结晶。

② 熔点：90.5～91.6℃。

③ 沸点：220℃/26.7Pa。

④ 蒸气压：9.33×10^{-5}Pa（20℃）。

⑤ 溶解度：20℃时在丙酮、二甲苯、乙醇、正己烷中可溶解，在水中的溶解度为 0.3mg/L。

（2）主要用途　精喹禾灵是苯氧脂肪酸类除草剂，选择性内吸传导型茎叶处理剂。药剂在禾本科杂草与双子叶作物间有高度选择性，茎叶可在几小时内完成对药剂的吸收，一年生杂草在 24h 内可传遍全株。适用于棉花、大豆、油菜、花生、亚麻、苹果、葡萄、甜菜及多种宽叶蔬菜作物田地的单子叶杂草防除。提高剂量时，对狗牙根、白茅、芦苇等多年生杂草也有作用。

8.5.2　乳油配方研究

在开发一个乳油配方的时候，首先要了解原药的理化性质和其用途，根据理化性质选择合适的溶剂、乳化剂种类等，然后再进行调试。有的厂家是技术人员自己用单体调试，有的是委托助剂公司进行调试配方，然后自己再进行验证。对于常用的乳油，很多有经验的技术人员、企业喜欢用单体调配，用单体的好处是成本低，发现问题好调整，单体质量不同的厂家有时候也存在质量的差异，后面我们会给大家另行推荐。特殊的增效配方，如精喹禾草灵、高效氟吡甲禾灵，一般企业都选择增效乳化剂，自己不去单独调配，有的企业是自己用单体加增效剂调配的。

通过选择大体的单体类型，再通过各种比例筛选，选择出乳化分散比较好、制剂稳定的乳化剂配伍比例。一般选择几个比例，再根据产品标准进行验证逐渐筛选，选择出最佳配方。

（1）配方初步设计　以 5.5%精喹禾灵乳油为例，根据精喹禾灵不溶于水、易溶于芳烃类溶剂的理化性质，可选用溶剂油作溶剂，通过溶剂对原药的稳定性影响试验发现，精喹禾灵在溶剂油中是稳定的。由于其结构和特点，油脂类的溶剂会对其增效，如油酸甲酯和大豆油等，现阶段也已经有很多企业如此应用。在筛选乳油时首先考虑合理的溶剂，能够在保证溶解的同时还要有足够的空间添加乳化剂、增效剂、稳定剂等成分，所以根据精喹禾灵的特点，筛选配方如下：选用淄博景和的专用增效乳化剂 JHEC-25 作为乳化剂，淄博景和公司的一级油酸甲酯或者苏州丰倍生物科技有限公司的油酸甲酯既可以增效，又可以起到对配方的稳定作用；精喹禾灵乳油由于温度或者稳定剂问题，制剂会由浅黄色变得发黑等，其配方如表 8-5 所示。

表 8-5　5.5%精喹禾灵乳油配方

项目	含量/%	项目	含量/%
精喹禾灵	5.5	专用助剂 EC-25	25
油酸甲酯	20	溶剂油 S-100A	补足

油酸甲酯使用的是苏州丰倍生物科技有限公司的产品。

以48%毒死蜱乳油为例，选用溶剂油S-100A作为溶剂能获得性能优异的乳油产品，其配方如表8-6所示。

表8-6 48%毒死蜱乳油配方

项目	含量/%	项目	含量/%
毒死蜱	40	500#	5.0
601	3.0	BY110	2.0
		溶剂油S-100A	补足

其中，500#、601、BY110乳化剂单体使用沧州鸿源化工有限公司的产品，该公司是北方生产表面活性剂单体的专业厂家。

(2) 质量控制项目指标 如表8-7所示，48%毒死蜱乳油具有较好的产品性能。

表8-7 48%毒死蜱乳油质量控制指标

项目	指标	项目	指标
毒死蜱（质量分数）/%	48±2.4	乳液稳定性	合格
治螟磷/%	≤0.3	低温稳定性	合格
pH值	3.5~5.5	热贮稳定性	合格
水分/%	≤0.5		

(3) 乳油基本理化性质 表8-8为48%毒死蜱乳油的基本理化性质测试结果，结果表明，用表8-6中的配方所制备的48%毒死蜱乳油均符合农药登记管理要求，并为农药产品风险评估和农药安全性管理提供技术支撑。

表8-8 48%毒死蜱乳油的理化性质

项目	测试结果	项目	测试结果
pH值	4.5	对包装材料腐蚀性	基本无腐蚀
外观	淡黄色、具芳香味、均相透明液体	密度/(g/mL)	1.18
爆炸性	无	黏度/mPa·s	65
闪点/℃	56	表面张力/(mN/m)	39.5

(4) 乳油2年常温贮存试验 表8-9为48%毒死蜱乳油2年常温贮存试验测试结果，均符合农药登记管理要求，并为农药产品风险评估和农药安全性管理提供技术支撑。

表8-9 48%毒死蜱乳油2年保质期质量标准

项目	质量标准	项目	质量标准
产品包装	包装完好，无渗漏、变形	水分/%	≤0.2
产品外观	淡黄色或浅棕色、具芳香味、均相透明液体	pH值	4.7
毒死蜱质量分数/%	48+2.4	乳液稳定性和再乳化	合格
治螟磷/%	≤0.01		

8.6　乳油常用调试方法和技巧及常用的乳油单体

8.6.1　乳油调试基本理论和方法指导

乳油的调试现阶段主要是以阴非离子搭配的乳化剂为主，有的乳油产品无须用阴离子，只需要非离子搭配调试即可。

① HLB 值方法，就是乳化剂搭配的 HLB 值与原药溶剂混合物的 HLB 值相当或者接近。一般理论是按照选定的配方制成的。乳油乳化分散性能不合格的原因，主要是乳化剂的搭配不当，也就是说，被乳化物要求的 HLB 值与乳化剂的 HLB 值不相适应，或者是乳化剂的用量偏低。判断的方法是利用乳油在不同硬度的水中或者在同一硬度不同温度的水中乳化的好坏来决定的。具体做法如下：

在相同的条件下，观察乳油在三种不同硬度水（100mg/L、500mg/L、1000mg/L）中乳化的情况：如果在 100mg/L 的硬水中相对乳化好一些，500mg/L 次之，1000mg/L 最差，则说明乳油中乳化剂的亲水性不够，即乳化剂的 HLB 值偏低，应当增加乳化剂的亲水性；如果在 1000mg/L 的硬水中相对好一些，500mg/L 次之，100mg/L 最差，则说明乳油中乳化剂的亲水性过强，即乳化剂的 HLB 值偏高，应当提高乳化剂的亲油性；如果在 100mg/L 和 1000mg/L 的硬水中乳化都很差，只有在 500mg/L 相对好一些，则说明乳油中乳化剂的 HLB 值与所需乳化剂的 HLB 值是相适应的，乳化不好的原因是乳化剂的用量偏低或者乳化剂的质量不好（活性成分偏低，中性油或聚乙二醇偏高）。

② 找到了乳化不良的原因以后，再通过乳化试验的方法确定调节剂的添加量（常用亲油性强的或者亲水性强的非离子单体作调节剂），具体操作如下：

在规定的条件下，选用与被调乳油中同类型的非离子单体（根据需要选用亲水性强的或者亲油性强的）制备乳油 A，其中除了乳化剂以外，其他组分与被调乳油完全相同。然后将乳油 A 与被调乳油按不同的体积比互相搭配，通过乳化试验，找出乳化性能最好的搭配。根据调节剂的用量比例和被调乳油的总量，计算出需要添加的助剂单体总量，投入被调乳油中，就可以得到合格的乳油。

③ 乳油中乳化剂的 HLB 值与被乳化物要求的 HLB 值是否相适应，也可以用乳油在同一硬度、不同温度的水中的乳化情况来判断。具体做法是：

在规定条件下，将乳油加入 10℃、30℃ 和 50℃ 的标准硬水中观察乳化情况：如果在 10℃ 水中相对乳化好一些，30℃ 次之，50℃ 最差，说明乳油中乳化剂的亲水性不够，应当提高乳化剂的亲水性；如果在 50℃ 水中相对好一些，30℃ 次之，10℃ 最差，说明乳油中乳化剂的亲油性不够，应当提高乳化剂的亲油性；如果在 10℃ 和 50℃ 的水中都很差，只是在 30℃ 水中相对好一些，说明乳油中乳化剂的 HLB 值与被乳化物要求的 HLB 值是相适合的，乳化不良的原因是乳化剂的用量偏低或乳化剂的质量较差。

该理论可以作为技术人员调试乳油的基本指导理论，而对于如何快速调试配方或者如何将不合格的乳油快速调试合格，则应该以该理论为指导，再根据自己的工作经验迅速调整，主要是阴离子型表面活性剂（如 500#）的用量和非离子型表面活性剂的用量，或者选择哪一种非离子型表面活性剂更好，这需要我们做一些总结。我的建议是根据经验，先用阴离子型表面活性剂（500#）搭配 1～2 个非离子型表面活性剂，总用量大致确定，根据经验，在这基础上，根据不同硬度或者温度的水的入水状态再进行调整。在标准硬水中如果乳化分散好，那就基本能合格，可以进行乳液稳定性测定。如果低硬度水乳化分散不好，一般是缺乏阴离子型表面活性剂（500#），尤其是搅拌后蓝光差或者无蓝光的情况下，都是缺乏500#，应该提高500#用量或者降低非离子型表面活性剂用量；反之，如果高硬度水乳化分散不好，而搅拌后稀释液蓝光好，但需要搅拌一定时间，则要增加非离子型表面活性剂用量。不同温度水的调整：低温的水如果无蓝光、乳化不好，则需要增加阴离子型表面活性剂（500#）用量；高温的水如果乳化分散差时就要考虑增加非离子型表面活性剂用量，如果搅拌后蓝色荧光较差，则少量补充500号。无论是从HLB理论还是从经验来看，低温的水和低硬度的水用500#，而高温的水和高硬度的水用非离子型表面活性剂，可作为乳油配方开发的规律。

8.6.2 高浓度乳油配方调试建议

（1）高浓度乳油　因为含量高，溶剂少，乳化剂调整空间很少或者加入量很少，这就需要我们选择乳化剂搭配时多进行不同单体配伍、不同比例尝试，这样才能筛选出合理的单体搭配和用量比例。一般选用无水的70％500#，和非离子601、602、1601、1602、BY系列、吐温系列等搭配。在选用助剂的时候一般是用70％500#＋HLB值6～9的非离子＋HLB值13～18的非离子三元组合，开始搭配比例建议2∶1∶2进行组合调试；也有的使用70％500号＋HLB值13～18的非离子搭配，比例建议2.5∶1.5，调试方法采用上述方法即可。因为高浓乳油稀释液比较浓，不易观察乳化蓝光透明度及分散是否有可见小粒子，建议调试的时候，可以稀释倍数进行放大观察[13]。

高浓乳油成熟配方举例：

900g/L乙草胺乳油：80.5％乙草胺＋2.5％500#＋2.6％604＋150#溶剂油余量（500号、604由沧州鸿源农化有限公司提供）。

720g/L异丙甲草胺乳油：69％异丙甲草胺＋2.9％500#＋2.1％HY680＋150#溶剂油余量（500#、HY680由沧州鸿源农化有限公司提供）。

（2）出口乳油　因为要求乳液稳定性是上无浮油浮膏，下无沉淀沉油；同时受原药不同的影响也带来调整的困难，有时候很难一个配方的助剂比例通用不同的厂家原药，所以出口乳油的很多产品调整配方非常有难度。有很多技术实力薄弱的厂家之所以不接外贸单的乳油产品，就是因为出口乳油其实非常难生产，而且不合格后不易调整。

生产出口乳油，在选择乳化剂的时候，首先要选择质量稳定的单体，如70％500#。同样溶剂油为溶剂的，有的厂家不同批次之间黏稠度不同、色泽不同，这些在调整普通乳油的时候差异可能不大，但对于调整出口乳油，会造成乳液稳定性不合格等问题；如非离子单体，有的厂家质量差，有的是调货的，有的不同批次之间浊点差异太大，甚至含量等也有差异。所以生产出口乳油，必须选用使用习惯而且质量稳定的厂家的乳化剂单体。出口乳油的单体选择上要精心一些，同时要选择一些活性高的非离子单体，单体选择尽量不要超过三个，以免配方太复杂，生产时出了问题也不好调整。出口乳油因原药不同，选择的助剂单体及种类也很多，国外助剂公司的、国内助剂单体或者复配的等，凡此种种，企业技术人员都应多多验证不同含量的原药、不同厂家的原药，找出助剂的量和原药含量、厂家的不同带来的影响，把影响因素控制到最低，然后才进行中试、放大生产等。国内乳油单体和复合助剂做得比较好的，北方有沧州鸿源农化有限公司，南方有太化等公司，出口乳油助剂新兴代表公司淄博景和生物科技有限公司等。

出口乳油常用的乳化剂单体有70％500#（沧州鸿源农化有限公司）、600#系列（无锡颐景丰科技有限公司）、1600系列、BY系列（沧州鸿源农化有限公司、无锡颐景丰科技有限公司）、AEO系列、聚醚类的助剂单体及其他专乳等。

调试建议：一般建议比普通乳油用量提高2%～4%，以提高配方的适应性。先进行乳化分散性的初级评价，要求乳油滴入250～500mL的烧杯中，水面上立刻有可见透明状，然后用玻棒轻轻搅拌或者点击1～2下，能很容易形成带有蓝色荧光的云雾状分散物，2～10s即可形成透明的无可见粒子、均一、稳定、带有蓝色荧光的稀释液，形成的时间越快，透明度越好，则乳化分散越好。

乳液稳定性不合格的情况及解决方法：

① 出现沉淀，如果蓝光够好，则增加非离子表面活性剂用量或者调整非离子表面活性剂单体；如果蓝光不好也有沉淀，则500#和非离子表面活性剂都要再增加用量。

② 量筒底部出现的是沉油，则增加500#和非离子表面活性剂用量，要调整的在烧杯中滴入后雾状分散面积越大越好，如果雾状很快下沉，则不能合格。

③ 量筒的稀释液表面有浮油或者浮膏，一般增加阴离子表面活性剂500#用量即可，调整时要滴入烧杯中轻微搅拌1～2下，稀释液透明度要优于原先的样品才行。

当然这些仅是一些建议，具体的可以根据实际的不同配方，掌握一些适合的调整理论和方法。

乳状液的稳定性是一个非常复杂的问题，乳状液的稳定性与多种影响因子有关，最重要的是乳化剂的品种、组成和用量比例。研究表明，通过选用适合的复配型乳化剂，或者调整乳化剂单体的比例用量，可以有效地改善乳状液的经时稳定性。

出口乳油配方举例：

20%甲氰菊酯乳油：20%甲氰菊酯+4%500# +1%700# +3%吐温80+150#溶剂油余量（500#、700#、吐温80由沧州鸿源农化有限公司提供）。

10%氰氟草酯乳油：10%氰氟草酯+25%油酸甲酯+25%乳化增效剂EC-25+150#溶剂油余量（油酸甲酯，苏州丰倍生物科技有限公司的特级油酸甲酯，型号0290）。

（3）乳油常用的乳化剂

① 农乳500#（钙盐），是常用的阴离子助剂，其产品含量有50%、60%、70%三种，溶剂有150#、异辛醇、正丁醇等，是乳油主要使用的助剂。生产厂家有沧州鸿源农化有限公司、南京太化有限公司等。

② 农乳600号，学名苯乙烯基苯酚聚氧乙烯醚，是一种非离子型表面活性剂。性能与乳化剂BP相同。用作有机磷农药乳化剂的主要成分。可由苯酚与苯乙烯作用生成苯乙烯基苯酚后，再与环氧乙烷聚合而得。

根据浊点及环氧乙烷数的不同，又分601、602、603、604及定制产品，生产厂家有沧州鸿源农化有限公司、南京太化、无锡颐景丰科技有限公司等。

③ 磷酸酯类：600#磷酸酯系列、1600系列磷酸酯、NP系列磷酸酯、醇（醚）、酚醚磷酸酯（钾盐）等。这些助剂其实也可以用到乳油产品中。

④ 脂肪胺聚氧乙烯醚、非离子、AC-1201、AC-1202、AC-1203、AC-1205、AC-1210、AC-1215，在农药中用于配制杀虫剂、除莠剂、乳化剂、脂肪和油脂的乳化剂。

⑤ EL系列、蓖麻油/氢化蓖麻油与环氧乙烷缩合物、非离子表面活性剂、EL-10、EL-12、EL-20、EL-30、EL-40、EL-60、EL-80、HEL-20、HEL-40，该类助剂与阴离子型表面活性剂500#搭配可以调制很多乳油，同时，该助剂还有增效作用。

⑥ 其他类型乳油中所用单体：AEO系列、1600系列、农乳700#、农乳400#、司盘系

列、吐温系列等。

8.7 乳油生产的工程化技术

8.7.1 乳油加工工艺

乳油的加工工艺比较简单，设备要求不高。乳油的加工是一个物理过程，按设计配方，将原药溶解于有机溶剂中，再加入乳化剂等其他助剂，在搅拌下混合溶解，制成均相透明的液体，乳油的生产工艺流程见图 8-1。

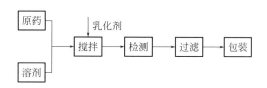

图 8-1 乳油的生产工艺流程

8.7.2 乳油加工的主要设备

乳油加工主要设备连接流程图如图 8-2 所示。

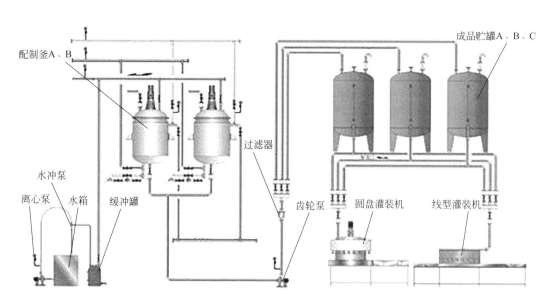

图 8-2 乳油加工主要设备连接流程图

（1）调制釜　调制釜是一种带夹套的搪瓷反应釜或不锈钢反应釜，釜上配有搅拌器、电机、变速器和冷凝器。调制釜的搅拌器须足够大，液面距离上沿不可过近，以防飞溅，同时要有玻璃窗，确保能观察搅拌器内部。搅拌形式一般要求不高，多采用锚式或桨式，搅拌速率一般为 60r/min、80r/min。调制釜是乳油加工的主要设备。

（2）计量槽　计量槽多采用碳钢制作，可根据需要而设置。

（3）过滤器　配好的乳油中往往含有极少量的来自原药或乳化剂的不溶性杂质，难以被肉眼发现，但长时间贮存会出现明显的絮状物，影响乳油的质量，需沉降或过滤处理。过滤器可采用碳钢制管道式压滤器或陶瓷压滤器。

（4）乳油贮槽　在乳油加工中，常配备 2 个贮槽，交替使用，其材质多为不锈钢或普通碳钢。

（5）真空泵　常用的真空泵是水冲泵或水环泵，最好不用机械泵，乳油中通常含有易挥发的物质，易带入汽缸中，使之被污染，从而降低真空度。泵和管道连接处应避免泄漏，若发生需尽快处理，以防发生火灾。该类接口应经常检查。

（6）通风设备　由于有机溶剂的挥发性及易燃易爆性，要有一套良好的通风设备，且通风管道需经二级处理，不能直接排放入大气中。

（7）齿轮泵　这是很多厂家生产乳油的吸料设备。齿轮泵除具有自吸能力、流量与排出压力无关等特点外，泵壳上无吸入阀和排出阀，具有结构简单、流量均匀、工作可靠等特性，但效率低、噪声和振动大、易磨损，用来输送无腐蚀性、无固体颗粒并且具有润滑能力的各种油类，温度一般不超过 70℃，例如润滑油、食用植物油等。一般流量范围为 0.045～30m^3/h，压力范围为 0.7～20MPa，工作转速为 1200～4000r/min。

图 8-3 是常用的齿轮泵的结构图。

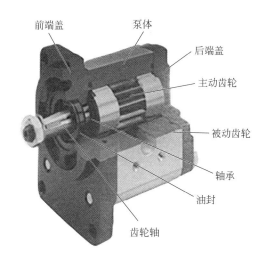

图 8-3　齿轮泵结构图

① 结构特点

a. 结构简单，价格低；

b. 工作要求低，应用广泛；

c. 端盖和齿轮的各个齿间槽组成了许多固定的密封工作腔，只能用作定量泵。

就核心组成部件齿轮而言，主要有公法线齿轮泵和圆弧齿轮泵。公法线齿轮泵输送含杂质的介质比圆弧齿轮泵要耐用，而圆弧齿轮泵结构特殊，输送干净的介质噪声低，寿命长，各有各的优点。

② 工作特点

a. 优点：结构简单紧凑、体积小、质量轻、工艺性好、价格便宜、自吸力强、对油液污染不敏感、转速范围大、能耐冲击性负载、维护方便、工作可靠。

b. 缺点：径向力不平衡、流动脉动大、噪声大、效率低，零件的互换性差，磨损后不易修复，不能作变量泵用。

8.7.3 乳油的安全化生产

8.7.3.1 原材料

（1）原材料规格　在农药制剂的安全化生产中，首先要清楚地了解生产原材料的性能，即生产产品所用的原药和助剂的来源、价格、性能等，主要包括理化性质和毒性；并按规定要求的技术指标和检验方法对其进行分析测试，特别是原药的含量及物料中的含水量，需严格控制在允许范围内。投料前，按设计配方，用即将生产的原材料进行小试配方验证，合格后再进行生产，以确保乳油的质量。

（2）投料量计算　各种原材料的投料量，应根据设备的装料系数和设计的配方的质量分数来计算，装料系数一般不超过90%，最小以不影响搅拌效果为佳，在计算原药的投料量时，制剂中有效成分含量的计算，一般要比配方设计中规定的含量高0.3%～0.5%，以保证配制的乳油含量不会产生偏低的现象或者因为投料误差乳化不合格需要调整，这样可以有调整空间。

8.7.3.2 生产装置

一套“生产装置”是指在任意时间可用于生产加工某产品的所有设备的总和，它也可以进行多个产品的依次生产。一个生产基地可能拥有多套生产装置。生产装置之间的隔离是安全化生产的关键因素。“隔离”是指装置之间无共用设备（如通风管道），以防产品意外地从一个生产装置被送到另一个生产装置，可通过如下措施达到隔离的目的：分开建筑；在同一建筑内的不同生产流水线之间建隔离墙；将关键产品转移到其他装置。在进行风险评估时，生产装置的设计、构型应包括在内。

（1）污染风险的评估　污染预防的前提是进行污染风险评估，污染风险评估包括生产装置和所生产的产品，主要包括产品的混合、生产装置的构型、隔离和生产操作；不同产品是否能在同一生产装置生产；清洁水平和清洁能力的要求；尤其是不同产品彼此都非常敏感的农药品种，就更需要彻底的隔离。

（2）生产装置的设计、构型要易于清洁和拆卸，并进行充分隔离　生产装置之间的隔离是污染预防的关键因素。杀虫剂/杀菌剂的生产车间，只能放杀虫剂/杀菌剂的产品和它们的原材料；杀虫剂/杀菌剂必须在专用的设备中生产；除草剂及其原材料，只能贮藏在除草剂生产车间。

（3）建立完整和精确的品种更换、清洗方法及产品质量合格的生产记录，并妥善保管。

（4）形成有效的清洁程序，具有较好的清洁水平，在重复使用洗涤剂之前要做化验分析，确认其活性物质和它的含量。被洗涤的产品必须和它所洗涤的产品一致，不能用错。清洗文件一般包括分析测试或有效的清洗程序。

（5）生产装置的清洁水平　如果要使生产装置清洗彻底，那么必将是一个费时而昂贵的工作。因此，可选择合适的生产顺序，建立一种经济、行之有效的清洁程序。如在同一个生产装置上集中生产可使用在同一作物上的高活性产品，调整产品的生产顺序等。清洁程序必须形成书面记录，包括使用的清洁用品、冲洗的次数和条件、每个生产设备部件的拆分和人工清洗等，清洗时尤其要注意清洁死角的残留，包括固体/液体过滤器、搅拌桨、泵、软管等。对于乳油的生产设备，用清洁剂最多清洗3次，结果要达到小于100mg/kg的清洁水平。

8.7.3.3 操作规程

车间的操作必须建立规范的操作规程，并明确生产过程中的注意事项。首先对工作场所进行有效的清洁，这是安全生产的基础；其次，确认生产现场的物质，了解原药及助剂的理化性质、毒性等，对其进行分类管理与使用；核查原料的名称、批号、数量等；对于易污染的物质应分区贮存。最后，建立使用公用设备（软管、泵、工具、清洗设备等）的书面程序；临时贮罐应贴上适当的标签，内容包括产品名称、产品鉴定、清洁状况（是否干净）；注意设备的日常维护和保养等。

（1）设备检查　投料前首先检查所有设备包括传动系统、真空系统、各单元设备、阀门和管道是否正常，以保证整个装置能够正常运转；此外，还需检查原材料所经过的各单元设备和管道是否干燥、清洁，以保证乳油的产品质量，尤其是乳油中的含水量。

（2）投料与调制　按设计的投料量准确计量，准确投料。投料顺序为先投入大部分溶剂，然后在搅拌下，依次投入原药、乳化剂、其他助剂和剩余溶剂，如原药为固体，应缓慢加入，以防静电而产生火灾；溶剂和原药应通过不同的管道加入；如原药为固体，一般加料后继续搅拌1h，即可取样分析；如需加快原药的溶解，可适当加热。加热时，先在调制釜的夹套内加入适量水，然后通入少量蒸汽，控制釜内温度，以不超过溶剂的沸点为宜。待原药全部溶解后，停止加热，打开夹套冷却水，待釜内温度降至室温时，取样分析。

（3）过滤　原药和乳化剂中往往含有微量不溶性杂质，悬浮在乳油制剂中，不易被发现，但在贮存中往往会出现明显的絮状物，严重影响乳油的外观。一些企业采用沉降的方式，但效果不明显，因此，过滤是乳油生产中一道必不可缺的工序，过滤时可加入一定量的助滤剂，如60～80目的硅藻土或活性炭，每吨乳油加入2～3kg为宜。

8.7.3.4 乳油的包装

农药乳油中含有大量的有机溶剂，因此，在产品的包装、贮存和运输等方面都必须严格按照《农药包装通则》（GB 3796—2006）、《农药乳油包装》（GB 4838—2000）和《危险货物包装标志》（GB 190—2009）等规定进行，保证乳油产品在正常的贮运条件下，安全可靠，不受任何损伤，在保质期内正常贮存和运输。

（1）包装车间　杀虫剂的包装线和除草剂的包装线中间要建隔离墙，辅助设备也必须严格分开，不能共用。杀虫剂/杀菌剂的包装车间，只能放杀虫剂/杀菌剂的包装材料；杀虫剂/杀菌剂必须在专用的设备中包装。除草剂及其包装材料，只能贮藏在除草剂包装车间，所有的包装原材料必须存放在合适的地方，必须有清楚和正确的记录，原材料在使用前要认真核对记录，包括分析记录和贴在包装上的标签，所有的容器都必须贴有清楚的标签，不管是满桶还是半桶，而且还包括用过的空桶及垃圾桶。

（2）包装分类　农药乳油包装分为两类：一类为大桶包装，应使用钢桶或塑料桶，容量为250L（kg）、200L（kg）、100L（kg）、50L（kg）；另一类包装为瓶（袋）装，应使用玻璃瓶、高密度聚乙烯氟化瓶和等效的其他材质的瓶（袋）等，每瓶净含量为1000mL（g）、500mL（g）、250mL（g）、100mL（g）等。

（3）包装技术要求

① 包装环境和包装准备

a. 农药乳油包装环境应保持清洁、干燥、通风良好、采光充分，有排毒、防火设施，包装过程不得污染周围环境。

b. 包装桶和包装瓶必须清洁、干燥，不与内容物发生任何物理化学反应，且能保护产品不受外部环境条件的不利影响。

c. 见光易分解的农药乳油，应采用不透光的包装瓶，如高密度聚乙烯氟化瓶、棕色玻璃瓶。

d. 遇水易分解的农药乳油，不应用一般塑料瓶和聚酯瓶包装。

e. 农药乳油包装时要防止不同品种的混淆，以免造成交叉污染。

② 包装材料

a. 玻璃瓶：瓶体光洁，色泽纯正，瓶口圆直，厚薄均匀，无裂缝，少气泡；受急冷温差35℃无爆裂，化学稳定性好。

b. 高密度聚乙烯氟化瓶：应与内容物不发生任何物理化学反应；应能有效地防止空气中的潮气（水分）渗透到瓶内；应有足够的机械强度；氟化性能好。

c. 安瓿：应符合 GB/T 2637—2016 的规定。

d. 钢桶和塑料桶：钢桶应符合 GB/T 325 的规定，并应符合 GB 3796—2018 中要求；塑料桶应符合 GB 3796—2018 中要求。

e. 瓦楞纸箱：应符合 GB/T 6543—2008 的规定。

f. 钙塑瓦楞箱：应符合 GB/T 6980—1995 的规定。

g. 防震材料：常用的防震材料有草套、瓦楞纸套、垫、隔板、气泡塑料薄膜和发泡聚苯乙烯成型膜等。

③ 内包装。农药乳油内包装，应采用玻璃瓶和高密度聚乙烯氟化瓶或等效的瓶子。玻璃瓶或氟化瓶应具有适宜的内塞和螺旋外盖或带衬隼的外盖。包装好的瓶子倒置，不应有渗漏。

(4) 乳油的机械包装　农药乳油产品的包装最好采用自动包装生产线，包括灌（包）装、封口、加盖、贴签、喷码等，农药乳油采用机械化包装可以提高生产效率，省工省时，也较安全。

乳油这个农药剂型一直是国内外产量最大的剂型，但随着国际国内环保形势的要求，乳油必须从技术层面、溶剂层面、生产加工等方面向着环保、绿色、循环、安全发展。

8.8 乳油典型配方举例

乳油典型配方见表 8-10。

表 8-10　乳油典型配方

制剂名称	配方内容	性能指标	提供单位
2%阿维+18%螺螨酯 EC	阿维油膏 2%，螺螨酯 18%，DMF 5%，农乳 HY-204B 9%，HY-207 3%，二甲苯补齐 100%	乳液稳定性合格，其他指标合格	沧州鸿源农化有限公司
1.8%阿维菌素 EC	阿维油膏 1.8%，DMF 5%，油酸甲酯 10%，农乳 HY-204B 12%，二甲苯补齐 100%	乳液稳定性合格，其他指标合格	沧州鸿源农化有限公司
25%苯醚甲环唑 EC	25%苯醚甲环唑，15% 3211-150，150# 补足	配方外观清澈透明，无析出物，乳化性能好。O/W 粒子小，单叶片上药液含量多	南京太化化工有限公司
30%吡唑醚菌酯 EC	吡唑醚菌酯（97.6%）31%，Soprophor TSP/724 9%，Rhodacal 60/BE-C 6%，γ-丁内酯 30%，S150 24%	pH（5%水溶液）5.7，相对密度（20℃）1.09，稀释稳定性：稳定（342mg/L，20 倍，30℃，2h）&（342mg/L，200 倍，30℃，1h）	Solvay
25%丙环唑 EC	25%丙环唑，15% 0226-150，150# 补足	配方外观清澈透明，无析出物，乳化性能好。O/W 粒子小，单叶片上药液含量多	南京太化化工有限公司

续表

制剂名称	配方内容	性能指标	提供单位
40%丙溴磷 EC	丙溴磷 40%，环氧大豆油 5%，农乳 HY-536H 7.5%，HY-536L 2.5%，二甲苯补齐 100%	乳液稳定性合格，其他指标合格	沧州鸿源农化有限公司
20%丁硫克百威 EC	丁硫克百威 20%，环氧大豆油 3%，农乳 HY-536H 4%，HY-536L 6%，二甲苯补齐 100%，用少量三乙胺调整成品 pH＝7.0～7.5	乳液稳定性合格，其他指标合格	沧州鸿源农化有限公司
40%毒死蜱 EC	毒死蜱原药 40%，S200 9%，农乳 500# 5.5%，JFC 3%，BY-125 4%，松基油溶剂 ND-60 补齐 100%	乳液稳定性合格，其他指标合格	福建诺德生物科技有限责任公司
480g/L 氟乐灵 EC	氟乐灵 480g/L，农乳 HY-8203K 10%，150# 溶剂油补足	乳液稳定性合格，其他指标合格	沧州鸿源农化有限公司
540g/L 高盖 EC	高效氟吡甲禾灵 540g/L，农乳 HY-101A 60g/L，HY-656HT 60g/L，二甲苯补足	乳液稳定性合格，其他指标合格	沧州鸿源农化有限公司
11.2%高效氟吡甲禾灵 EC	高效氟吡甲禾灵原药 11.2%，农乳 500# 5%，农乳 1601# 4%，JFC 2%，松基油溶剂 ND-45 补齐 100%	乳液稳定性合格，其他指标合格	福建诺德生物科技有限责任公司
110g/L 高效氯氟氰菊酯 EC	高效氯氟氰菊酯（97.5%）113g/L，Geronol FF/4-EC 28g/L，Geronol FF/6-EC 32g/L，S150# 补足	pH（5%水溶液）5.5，相对密度（20℃）0.93，稀释稳定性：稳定（342mg/L & 500mg/L，20 倍，30℃，2h）	Solvay
10%高效氯氰菊酯 EC	高效氯氰菊酯原药 10%，甲基吡咯烷酮 2%，农乳 700# 1%，农乳 500# 5.5%，农乳 1601# 4.5%，松基油溶剂 ND-45 补齐 100%	乳液稳定性合格，其他指标合格	福建诺德生物科技有限责任公司
275g/L 功夫·吡丙醚·甲氰 EC	功夫菊酯 25g/L，吡丙醚 100g/L，甲氰菊酯 150g/L，农乳 HY-656HT 60g/L，HY-101A 60g/L，150# 溶剂油补足	乳液稳定性合格，其他指标合格	沧州鸿源农化有限公司
5.7%甲维盐 EC	5.7%甲维盐，2%BHT（2,6-二叔丁基对甲基苯酚），15%NMP，15%DMSO，20% 0219-5L，150# 补足	配方外观清澈透明，无析出物，乳化性能好。O/W 粒子小，单叶片上药液含量多	南京太化化工有限公司
28.8%氯氟吡氧乙酸异辛酯 EC	28.8%氯氟吡氧乙酸异辛酯，30% 8228-150，150# 补足	配方外观清澈透明，无析出物，乳化性能好。具有良好的药效，黏着性好，耐雨水冲刷	南京太化化工有限公司

续表

制剂名称	配方内容	性能指标	提供单位
250g/L 扑草净+162g/L 精异丙甲草胺 EC	扑草净（96%）25.3%，精异丙甲草胺（97%）16.3%，Soprophor TSP/724 4%，Rhodacal 70/C 4%，Rhodiasolv ADMA10 30%，二甲基亚砜 10%，环己酮 10.4%	pH（5%水溶液）7.4，相对密度（20℃）1.004，稀释稳定性：稳定（342mg/L，200 倍，30℃，2h）	Solvay
15%氰氟草酯 EC	15%氰氟草酯，20%油酸甲酯，10% NMP（N-甲基吡咯烷酮），30% 8221-15C，150# 补足	配方外观清澈透明，无析出物，乳化性能好。具有良好的药效，黏着性好，耐雨水冲刷	南京太化化工有限公司
10%氰氟草酯 EC	氰氟草酯（97.6%）10.3%，Antarox 245S 25%，Rhodacal 60/BE-C 10%，油酸 2.5%，S150 补足	pH（5%水溶液）6.2，相对密度（20℃）0.97，稀释稳定性：稳定（342mg/L，20 倍 & 200 倍，30℃，2h）	Solvay
15%氰氟草酯 EC	氰氟草酯原药 15%，异丙醇 1%，甲基吡咯烷酮 2%，农乳 500# 5%，农乳 1601# 5%，JFC 2%，松基油溶剂 ND-45 补足	乳液稳定性合格，其他指标合格	福建诺德生物科技有限责任公司
20%氰戊菊酯 EC	氰戊菊酯原药 20%，农乳 500# 4.5%，农乳 1601# 5%，异丙醇 1%，稳定剂 1%，松基油溶剂 ND-45 补足	乳液稳定性合格，其他指标合格	福建诺德生物科技有限责任公司
8%炔草酯+2%解毒喹 EC	8%炔草酯，2%解毒喹，10% NMP，20%油酸甲酯，30% 8200-8L，150# 补足	配方外观清澈透明，无析出物，乳化性能好。具有良好的药效，黏着性好，耐雨水冲刷	南京太化化工有限公司
5.4%虱螨脲 EC	5.4%虱螨脲，10% NMP，15% 0200-L150，150# 补足	配方外观清澈透明，无析出物，乳化性能好。O/W 粒子小，单叶片上药液含量多	南京太化化工有限公司
91g/L 甜菜宁+71g/L 甜菜安+112g/L 乙呋草黄 EC	甜菜宁（97%）94g/L，甜菜安（97%）74g/L，乙呋草黄（97.5%）115g/L，Soprophor BSU-C 67g/L，Geronol EW/36 133g/L，Rhodiasolv Polarclean 50g/L，Rhodiasolv ADMA810 300g/L，柠檬酸 3g/L，油酸甲酯补足	pH（5%水溶液）3.5，相对密度（20℃）1.00，稀释稳定性：稳定（342mg/L，20 倍，30℃，24h）&（342mg/L，200 倍，30℃，1h）	Solvay
125g/L 戊唑醇+125g/L 丙硫菌唑 EC	戊唑醇（97%）13%，丙硫菌唑（96%）13%，Soprophor 796/P 13.5%，Rhodacal 60/BE-C 1.5%，Rhodiasolv ADMA10 补足	pH（5%水溶液）7.2，相对密度（20℃）0.99，稀释稳定性：稳定（342mg/L，20 倍，30℃，2h）	Solvay
240g/L 烯草酮 EC	烯草酮 240g/L，农乳 HY-215D 120g/L，150# 溶剂油补足	乳液稳定性合格，其他指标合格	沧州鸿源农化有限公司
900g/L 乙草胺 EC	乙草胺 900g/L，农乳 HY-5617 90～100g/L，甲醇补足	乳液稳定性合格，其他指标合格	沧州鸿源农化有限公司
5%唑螨酯 EC	唑螨酯 5%，农乳 HY-536H 5%，二甲苯补足	乳液稳定性合格，其他指标合格	沧州鸿源农化有限公司

参考文献

[1] 韩熹莱．农药概论．北京：北京农业大学出版社，1995.
[2] 刘步林．农药剂型加工技术．北京：化学工业出版社，1998.
[3] 郭武棣．液体制剂．北京：化学工业出版社，2004.
[4] 周本新，凌世海，尚鹤言．农药新剂型．北京：化学工业出版社，1994.
[5] 邵维忠．农药助剂．北京：化学工业出版社，2003.
[6] 吴学民，徐妍．农药制剂加工实验．北京：化学工业出版社，2009.
[7] 徐妍，吴国林，沈炜，等．世界农药，2008 (01)：40-44.
[8] 张文吉．农药加工及使用技术．北京：中国农业大学出版社，1998.
[9] 徐妍，胡奕俊，张政，等．农药，2009 (2)：864-867.
[10] 冷阳，仲苏林，吴建兰．农药科学与管理，2005 (04)：29-33，20.
[11] 徐燕莉．表面活性剂的功能．北京：化学工业出版社，2000.
[12] 凌世海．安徽化工，2010 (14)：17-20.
[13] 裴琛，沈德隆，杜廷．浙江化工，2010 (03)：12-14，11.
[14] 王以燕，陈庆宇，宋稳成．世界农药，2009 (06)：13-15，44.
[15] 王磊，程东美，童松，等．植物保护，2009 (06)：12-16.

第9章 可溶液剂

9.1 概述

9.1.1 可溶液剂的概念

可溶液剂指以分子或离子状态分散在水中或有机溶剂中的真溶液制剂，其对水稀释液也是透明的真溶液，统称为可溶液剂。主要包括水剂和可溶液剂两种剂型，属于均相分散体系。

水剂（aqueous solution，AS）是有效成分或其盐的水溶液制剂，由以分子或离子状态分散在水中的有效成分和助剂组成。

可溶液剂（soluble concentrate，SL）也称为可溶性液剂、水溶性液剂，指对水稀释后有效成分形成真溶液的均相液体制剂，由有效成分、极性有机溶剂和适当的助剂组成。其有效成分具有一定的水溶性或较强的极性，其对水稀释液在一定浓度范围内形成真溶液，若稀释浓度超出其溶解度范围，则很容易析出结晶。

两者既有相似之处，也有明显的差异。其共同特点都是真溶液，有效成分以分子或离子状态分散在介质中。两者的不同之处为水剂的介质是水，而可溶液剂的介质是极性有机溶剂。

9.1.2 可溶液剂的特点

可溶液剂以分子或离子状态存在，药剂分散度高，药效好，一直以来均受到各个国家的重视。特别是水剂剂型，虽然是传统的四大剂型之一，但由于它属于绿色环保剂型，将会不断发展壮大，占有重要的地位。

可溶液剂由于使用极性有机溶剂，对环境影响大，最近几年一直饱受争议。但不可否认，由于药效较高，某些品种的可溶液剂还是有存在的必要。如20%吡虫啉可溶液剂在我国属于万吨级大吨位的品种。

9.1.3 可溶液剂的发展概况

1939年，瑞士化学家保罗·米勒发现DDT具有杀虫性，宣告了合成有机农药的问世。

在此之前，广泛应用的均是无机农药或者植物源农药，而且这些农药大多数均以水剂形式存在，所以说水剂是最古老的农药剂型之一。

新中国成立前，我国农药发展非常缓慢，仅有无机农药 15 种，植物性农药 8 种，有机合成农药 1 种，多数是粉剂、乳油，其他剂型产量很低。以水剂应用的仅有硫酸铜水剂（固体硫酸铜）、40%硫酸毒藜碱液（亦称为木贼碱、硫酸烟碱）水剂等。当时由于技术落后，对助剂的作用认识不足，对制剂的润湿性、展着性、渗透性没有深入研究，所以应用效果很差。新中国成立后，随着科学技术的发展，农药工业也获得了长足进步。

由于受有效成分水溶性的限制，只有少数有效成分可以配制成水剂。但由于大吨位的农药品种草甘膦、百草枯、2 甲 4 氯、2,4-滴、井冈霉素、杀虫双和乙烯利等的广泛应用，水剂虽然品种少，但所占的份额却不少，在我国水剂所占的市场份额约为 15%～20%。在国外，1992～1993 年间英国可溶液剂占整个农药市场的 17%，美国占 16%，法国占 13%。

9.2　可溶液剂的理论基础

9.2.1　溶解机理

可溶性液体制剂属于真溶液体系，其特征就是溶质在溶液中完全溶解。其机理是溶剂和溶质分子或离子间的作用力，而使溶质分子逐渐离开其表面，并通过扩散作用均匀地分散到溶剂中成为均匀溶液。

9.2.1.1　溶解和溶解过程

溶解是一种物质（溶质）均匀地分散在另一种物质（溶剂）中的过程。例如，碱、糖或食盐溶解于水成为均匀水溶液的过程。溶解过程往往伴随有吸热或放热的现象。烧碱溶解于水时放热，食盐溶解于水时吸热。

溶解于溶剂中的物质称为溶质，溶质在溶液中以分子、离子或原子的状态存在。溶剂又称为溶媒，具有分散其他物质的能力。物质溶解于溶剂中即成为该物质的溶液。水是最常用的溶剂，此外，乙醇、丙酮、氯仿、乙醚、二甲苯、甲苯等有机溶剂均是常用的非水溶剂。溶液又称为溶体，是由两种或两种以上不同物质所组成的均匀体系。溶液有固态溶液，如 Fe-Ni-Cr 合金；液态溶液，如糖水、碘酒等；气态溶液，常称为气体混合物，如空气、N_2-H_2 混合气等。根据溶液中溶质的含量小于、等于或大于在该温度和压力下溶解该溶质的最大量，可分为不饱和溶液、饱和溶液和过饱和溶液。

溶解过程是克服溶质分子和溶剂分子的内聚力，形成二者的均匀体系的过程。发生溶解过程的必要条件，是被溶解的溶质的分子间力小于溶剂分子和溶质分子间的吸引力。大量溶解实例表明，存在着“极性相似”的规律，即溶质和溶剂的化学组成、分子结构或分子极性等相似者比较容易相互溶解。例如，同属于碳氢化合物的汽油、煤油和柴油，极性都很小，可以无限互溶。极性很大的水与乙醇也可以无限地互溶。非极性的高聚合物可溶解于非极性的汽油和煤油等溶剂中，但不溶解于极性很大的水和乙醇中；反之，极性高的聚合物，如聚酰胺可溶解于水、乙醇和苯酚等强极性的溶剂中。

9.2.1.2　溶解度和溶解速率

溶解度是指在一定的温度下，某溶质在 100g 溶剂（通常是水）中达到饱和状态时所溶解的量（g 或 mL）。

溶解性指的是某种物质溶解在另一种物质里的能力，是物质的一种物理性质。物质溶解能力的大小既取决于物质本身的性质，也与外界条件（如溶剂的性质、温度，对气体来说还受压强的影响）有关。物质在水里的溶解能力根据溶解度范围近似地表示为易溶、可溶、微溶、难溶（或不溶）。通常把在室温下，溶解度在 10g/100g 水以上的物质称为易溶物质；溶解度在 1～10g/100g 水的物质称为可溶物质；溶解度在 0.01～1g/100g 水的物质称为微溶物质；溶解度小于 0.01g/100g 水的物质称为难溶物质。

9.2.1.3 影响溶解过程的主要因素

（1）溶质与溶剂的化学结构、分子链和极性的相似性　二者越相似，溶解倾向越大。极性大的农药有效成分，容易溶解于极性大的溶剂中，如吡虫啉、啶虫脒易溶解于 *N*-甲基吡咯烷酮、*N*,*N*-二甲基甲酰胺中；而非极性的有机磷杀虫剂，大多数容易溶解于非极性的芳烃溶剂中，如甲苯、二甲苯等。

（2）溶质、溶剂分子间力　在溶质-溶剂体系中，同一种类分子之间的作用力越大，溶解过程越易于进行。不同种类分子之间的作用力越小，溶解过程越难以进行。

（3）溶剂分子间的缔合程度　分子缔合是同种分子间的相互结合，形成比较复杂分子的作用；是不引起化学性质改变的同种分子间可逆的结合过程。

溶剂分子之间的缔合，例如水分子间的缔合是由氢键引起的。在常温下，水中除了简单的 H_2O 分子以外，还有 $(H_2O)_2$、$(H_2O)_3$、$(H_2O)_x$ 等缔合分子存在。其他极性分子间偶极的相互作用也可能引起分子的缔合。缔合过程是一个放热过程。降低温度，有利于缔合；提高温度，分子间的缔合作用减弱甚至完全消失。例如加热有利于缔合水分子的解离；冷却有利于水分子的缔合，温度降到 0℃时，全部水分子缔合成上千个巨大的分子——冰。

溶剂分子间的缔合作用越大，通常对其他物质表面的润湿性越差，溶解和分散溶质的能力越小。

（4）溶剂化作用　在物理溶解的同时，常常伴随着化学过程。由溶质的质点、分子或离子与溶剂分子形成松散的化合物统称为溶剂合物，这种作用即为溶剂化作用。

溶剂的极性越大，溶剂化作用越强，极性化合物在该溶剂中的溶解越容易发生，越容易生成溶剂合物，所生成的溶剂合物越稳定。溶剂合物的组成是不固定的。一般溶剂化过程是放热的过程，若溶剂化过程所放出的热量大于溶质分散时所吸收的热量，则整个溶解过程是放热过程。

（5）温度和附加机械作用　溶解过程中所存在的物理过程，即溶质的分子或离子扩散到溶剂分子群中的过程。由于扩散过程是吸热过程，因此，当温度升高以及附加机械搅动时，有利于物理溶解。无机盐及碱在水中的溶解度受温度的影响比较复杂，有三种不同的规律：绝大多数无机盐及碱的溶解度随温度的升高而增大，某些无机盐及碱的溶解度与温度的关系不大，如氯化钠的溶解度；还有一些物质的溶解度随温度的升高反而降低，属于反常溶解度物质，如氢氧化钙的溶解度随温度的升高而减小。

9.2.1.4 与物质极性有关的物理概念

物质的极性大小可用介电常数与偶极矩来表征。

（1）介电常数　介电常数又叫介质常数、介电系数或电容率，是表示物质绝缘能力特性的一个系数，以字母表示，单位为 F/m。它指在同一电容器中用同一物质为电介质和真空时的电容的比值（$\varepsilon = C/C_0$），表示电介质在电场中贮存静电能的相对能力。介电常数愈小，绝缘性愈好，介电常数随分子偶极矩和可极化性的增大而增大。在化学中，介电常数是溶剂的一个重要性质，它表征溶剂对溶质分子溶剂化以及隔开离子的能力。介电常数越大的溶剂，隔开离子的能力越强，同时也具有较强的溶剂化能力。介电常数可用于表示分子的极性大小，介电常数越大，极性越强，反之极性越小。

（2）偶极矩　在物理学中，把大小相等符号相反彼此相距为 l 的两个电荷 $\pm q$ 组成的体系称之为偶极子，其电量与距离之积（$g=ql$）就是偶极距。对分子中的正负电荷来说，可以假设它们分别集中于一点，叫做正电荷中心和负电荷中心，或者说叫分子的极（正极和负极），极性分子的偶极距等于正负电荷中心间的距离乘以正电荷中心（或负电荷中心）的电量。偶极矩是一个矢量，既有数量又有方向，其方向是从正极到负极。偶极矩可用于表示一个分子中极性的大小。如果一个分子中的正电荷与负电荷排列不对称，就会引起电性不对称，因而分子的一部分具有较明显的阳性，另一部分则具有较明显的阴性。这些分子能互相吸引而成较大的分子。例如缔合分子的形成，大部分是氢键的作用，少部分为偶极矩的作用。$g=0$ 的分子为非极性分子。

偶极矩的大小表示分子极化程度的大小，偶极矩越小，分子极性越弱；偶极矩越大，分子极性越强。根据极性相似的物质相互容易溶解的原则，在筛选溶剂时偶极矩是一个非常重要的参考因素。

9.2.1.5 分子间作用力

（1）范德华力　在化学中通常指分子之间的作用力。范德华力是一种电性引力，它比化学键弱得多。其中分子的大小和范德华力的大小成正比。通常其能量小于 5kJ/mol。

范德华力的大小会影响物质尤其是分子晶体的熔点和沸点，通常分子的分子量越大，范德华力越大。范德华力一般包含三种力。

① 定向力。定向力发生在极性分子与极性分子之间。由于极性分子的电性分布不均匀，一端带正电，一端带负电，形成偶极。因此，当两个极性分子相互接近时，由于它们偶极的同极相斥，异极相吸，两个分子必将发生相对转动。这种偶极子的互相转动，导致偶极子产生相反的极相对，叫做“定向”。这时由于相反的极相距较近，同极相距较远，结果引力大于斥力，两个分子靠近，当接近到一定距离之后，斥力与引力达到相对平衡。这种由于极性分子的定向而产生的分子间的作用力，叫做定向力。

② 诱导力。在极性分子和非极性分子之间以及极性分子之间都存在着诱导力。

在极性分子和非极性分子之间，由于极性分子偶极所产生的电场对非极性分子发生作用，使非极性分子电子云变形（即电子云被吸引到极性分子偶极带正电的一极），结果使非极性分子的电子云与原子核发生相对位移，本来非极性分子中的正、负电荷重心是重合的，相对位移后就不再重合，使非极性分子产生了偶极。这种电荷重心的相对位移叫做“变形”，因变形而产生的偶极，叫做诱导偶极，以区分于极性分子中原有的固有偶极。诱导偶极和固有偶极相互吸引，这种由于诱导偶极而产生的作用力叫诱导力。

③ 色散力。非极性分子之间存在相互作用，一般来说，非极性分子之间不会产生引力，但实际上并非如此。当非极性分子相互靠近时，每个分子不断运动以及原子核的不断振动，导致发生电子云和原子核之间的瞬间相对位移，即正、负电荷中心发生瞬间的不重合，从而产生瞬时偶极，虽然瞬时偶极存在的时间极短，但是非极性分子不断重复上述过程，使得分子间始终存在引力，这种引力通过量子力学理论计算，其公式与光色散公式相似，因此称为色散力。

（2）氢键　与电负性高的原子 X 共价结合的氢原子（X—H）带有部分正电荷，能再与另一个电负性高的原子（如 Y）结合，形成一个聚集体，这种化学结合作用叫做氢键。X、Y 原子的电负性越大、半径越小，则形成的氢键越强，例如，F—H—F 是最强的氢键。氢键表面上有饱和性和方向性：一个 H 原子只能与两个其他原子结合，X—H—Y 要尽可能成直线。但氢键 H—Y 之间的作用主要是离子性的，呈现的方向性和饱和性主要是由 X 和 Y 之间的库仑斥力决定的。氢键可以在分子内形成，称为内氢键；也可以在两个分子之间形成。分子间的氢键可使很多分子结合起来，形成链状、环状、层状或立体的网络结构。氢键介于化学键和范德华力之间，是一种比分子间作用力稍强的作用力。

氢键的键能比较小，通常只有 $17\sim25\mathrm{kJ/mol}$。但氢键的形成对物质的性质有显著影响，例如在极性溶剂中，如果溶质分子与溶剂分子之间可以形成氢键，则溶质的溶解度增大，如 HF 和 NH_3 易于溶解在水中。

9.2.1.6 极性相似原则

物质按极性大小可分为极性或非极性物质，如四氯化碳为非极性分子，没有电性的不对称，偶极矩为 0，称为非极性物质；甲醇为极性分子，羟基显电负性，而甲基显电正性，分子中电性分布不对称，偶极矩不为 0，称为极性物质。偶极矩数值越大，极性越强。

极性相似的物质相互间容易溶解，非极性溶质溶解于非极性或弱极性溶剂中，极性溶质溶于极性溶剂中，即"同类溶解同类"，这就是著名的"极性相似原则"。如水、甲醇、乙醇彼此之间可以任何比例互溶，二甲苯、乙醚之间也极易互溶，但水与二甲苯之间则完全不互溶。易溶于水的物质，如各种金属盐、农药中的杀虫单、草甘膦的各种盐、百草枯等，一般不溶解于非极性的二甲苯等芳烃溶剂中；反之，非极性的物质如各种植物油、矿物油类，农药中的有机磷杀虫剂、拟除虫菊酯类等也难溶于水。但也有例外情况，如所谓的"万能"极性溶剂（如 N-甲基吡咯烷酮、N,N-二甲基甲酰胺和二甲亚砜等），既可以与水互溶，也可以溶解于非极性溶剂中。

当作用于溶剂分子或溶质分子间的作用力相等时，最容易实现自由混溶，即当溶剂和溶质的溶解度参数相同时，溶质可以在溶剂中溶解。

9.2.1.7 溶剂的分类

（1）溶剂按介电常数大小分类　可分为 3 类：非极性溶剂 $\varepsilon=0\sim5$；中极性溶剂 $\varepsilon=5\sim30$；极性溶剂 $\varepsilon=30\sim80$。

① 极性溶剂。常用的极性溶剂有水、甲酸、丙三醇、二甲基亚砜、N-甲基吡咯烷酮和 N,N-二甲基甲酰胺等。水是最常用的强极性溶剂，目前在环境压力越来越大的状况下，水剂作为一种绿色农药制剂，越来越受到重视，能够配制水剂的有效成分，应尽量采用水剂剂型。

水是极性很强、介电常数很大的溶剂，这是由水分子的结构决定的。水分子由两个氢原子和一个氧原子组成，其中两个氢与氧形成两个 O—H 键，两个键互成 104.5°的夹角。氧的电负性相当高，共用电子强烈偏向氧的一边，使其带有负电荷，而氢原子显示出较强的正电性，使其带正电荷，形成了偶极分子。由于水的强极性，大大减弱了电解质中带有相反电荷离子间的吸引力。水的偶极分子对溶质的引力，远大于溶质分子本身离子间的结合力，使其溶质分子溶于水溶剂中，这就是水能够溶解各种盐及电解质的基本原理。除草剂 2 甲 4 氯和 2,4-滴都是苯氧乙酸类，在水中的溶解度均较低，但是成盐以后，如 2 甲 4 氯钠盐和 2,4-滴钠盐，大大提高了在水中的溶解度，可以加工成不同规格的水剂。草甘膦是一种有机磷氨基酸，在水中的溶解度不高（10.5g/L），但制备成铵盐（144±19g/L）、异丙铵盐（1050g/L）、钠盐（335±31.5g/L）后，可以加工成不同规格的水剂，成为国际上最大吨位的农药品种。

水对其他极性溶质，如有机酸、糖类、低级酯类、醛类、酮类、胺类、酰胺类等的溶解，主要通过偶极作用，特别是氢键作用，使之溶解。水之所以能溶解上述物质，是通过溶质分子（非极性基团较小）的极性基团与水分子形成氢键缔合，即水合作用，形成水合离子而溶于水中。

但是，溶质分子中非极性部分对氢键形成具有阻碍作用，使水分子不易接近其极性基团，非极性基团部分越大，阻碍作用也越大，例如，含三个碳原子以下的烷醇和叔丁醇在

25℃下可以与水混溶，而正丁醇在水中的溶解度仅8%左右，含6个碳原子以上的伯醇的溶解度在1%以下，高级烷醇几乎完全不溶于水。

② 非极性溶剂。常见的非极性溶剂有苯、甲苯、二甲苯、三氯甲烷、乙醚、植物油、石蜡油等。非极性溶剂的介电常数很低，不能减弱电解质离子的引力，也不能与其他极性分子形成氢键。根据极性相似原则，一般非极性溶剂能溶解非极性溶质，其溶解的原理是通过非极性溶质和溶剂间的范德华力作用。溶剂分子内部产生的瞬时偶极克服了非极性溶质分子间的内聚力而溶解。溶剂与溶质分子之间的吸引力是很小的，远不如极性溶剂与离子型溶质之间的离子吸引力，也不如极性物质之间形成的氢键及其极性溶质本身的内聚力。所以非极性物质一般不能溶解在极性溶剂中（“万能溶剂”除外），如果为了提高非极性物质在极性溶剂中的溶解度，则需借助助溶剂的助溶作用或者增溶剂的增溶作用。

③ 中极性溶剂。有些溶剂如乙醇、丙二醇、聚乙二醇、丙酮、酯和卤代烃等具有一定的极性，其极性介于典型的极性溶剂和典型的非极性溶剂之间，这类溶剂称为中极性溶剂，也称为半极性溶剂。这类溶剂由于对非极性溶质分子具有诱导作用，而使非极性溶质分子产生某种程度的极性。半极性溶剂本身具有一定程度的不重合正负电中心，但非极性溶质与它靠近时，在弱极性分子电场的诱导下，非极性溶质分子中原来重合的正负电中心被极化，这样溶剂分子和溶质分子保持着异极相邻状态，在它们之间由此产生了吸引作用，减弱了非极性溶质的内聚力使其溶解。关于诱导作用大小除了与距离有关外，还与极性溶剂的偶极矩和非极性溶质的极化率有关：极性溶剂的偶极矩愈大，被诱导而“两极分化”愈明显，产生的诱导作用愈强。如苯因为极化率大而能在醇中溶解。半极性溶剂可以作为中间溶剂，使极性溶剂与非极性溶剂混溶或增加非极性物质在极性溶剂中的溶解度，如丙酮能增加乙醚在水中的溶解度。溶剂的这些特点，对配制农药可溶液剂起着非常重要的作用。

（2）溶剂按氢键强弱分类　可分为质子溶剂与非质子溶剂。

质子溶剂也称为氢键给予型溶剂，主要指醇类，常用的有甲醇、乙醇、异丙醇及乙酸等。

非质子溶剂也称为氢键接受型溶剂，主要指酮类和酯类。酮类比酯类便宜，但后者气味芳香。常用的有丙酮、丁酮、环己酮、甲苯异丁酮、异佛尔酮、乙酸乙酯、乙酸丁酯、乙酸异丙酯。

（3）复合溶剂　复合溶剂是指两种或两种以上的溶剂混合形成的溶液，由于极性不同，混合后可提高溶解度。因此，混合溶剂能适应各种不同极性的溶质、弱电介质和非极性溶质的溶解。水与很多极性溶剂和半极性溶剂相溶，有的在水中可无限互溶。溶剂的这些性质，对于配制可溶液剂具有重要的参考价值。例如在配制杀虫单与氟虫腈可溶液剂时，首先应考虑如何选择溶剂。杀虫单的分子中有两个亲水基，所以在水中的溶解度非常大，另外还溶于工业乙醇，而在其他溶剂中的溶解度很小，因此选水作溶剂是合适的。而氟虫腈25℃时在水中的溶解度仅为0.2g/L，但在丙酮、环己酮中有较大的溶解度。

9.2.2 增溶作用

增溶作用，又称作加溶作用、可溶化作用，指某些物质在表面活性剂的作用下，在溶剂中的溶解度显著增加的现象。具有增溶作用的表面活性剂称为增溶剂，可溶化的液体或固体的某些物质称为增溶物（被溶物）。在农药制剂加工中，增溶剂是表面活性剂及其复合物，增溶物是农药的有效成分及其他助剂组分。用于农药制剂中的表面活性剂是否具有增溶作用，受到各种因素的影响，主要取决于化学结构和浓度，以及增溶物的性质及环境条件。从理论上讲，表面活性剂均具有增溶作用。但在目前的条件下，只有一部分表面活性剂对某些农药及其配方中的其他组分表现出增溶作用，并且增溶效果也不一样。

增溶作用有一个基本条件，即增溶剂的浓度必须高于临界胶束浓度（CMC）。其理由是表面活性剂的增溶作用是建立在它的胶束（胶团）结构形成的基础之上的。表面活性剂CMC都很低，$0.001 \sim 0.002 \text{mol/L}$ 是形成胶束的起点，其浓度高于CMC才可能形成各种形状的胶束，如球形、扁球形、棒状形、层状形。

胶束形状取决于表面活性剂的几何形式，特别是亲水基和疏水基在溶液中各自横截面积的相对大小。一般规律为：

① 亲水基小的分子，有两个疏水基的表面活性剂易形成层状胶束或反胶束（在非水溶液中，疏水基构成外层，带有少量水的亲水基聚集在一起形成的内核叫做反胶束）；

② 具有单链疏水基和较大亲水基的分子或离子的表面活性剂，易形成球形胶束；

③ 具有单链疏水基和较小亲水基的分子或离子的表面活性剂，易形成棒状胶束；

④ 在离子型表面活性剂水溶液中添加电解质，将促使形成棒状胶束。

对于农药可溶液剂，依靠这些胶束，才能把还没有完全溶解的溶质或其他不易溶解的助剂再溶进胶束中，使制剂变得清澈透明。

（1）增溶机理　表面活性剂是两亲分子，它是由亲油基的非极性基团、亲水基的极性基团两部分构成的，有些分子如甲酸、乙酸、丙酸、丁酸，虽然也是两亲分子，但由于碳链很短，只能降低表面张力，没有表面活性。只有分子中疏水基（"链尾"）足够大的两亲分子才能显示出表面活性剂的特性来。当溶液（指水溶液）中表面活性剂浓度达到胶束浓度后，分子在胶束中定向排列，分子中的亲水基伸入水中并与水缔合（溶剂化或水合）形成外层（极性区），疏水基有序聚集在一起指向内部形成内核（非极性微区）。离子型表面活性剂胶束的外层包括两部分：一部分是由表面活性离子的带电基团、电性结合的反离子及水化水组成的固定层；另一部分是由反离子在溶剂中扩散分布形成的扩散层。实际上，在胶束内核与极性基构成的外层之间，还存在一个由处于水环境中的亚甲基基团构成的栅栏层。

由于表面活性剂的胶束具有上述特殊结构，为增溶物提供了从非极性到极性全过渡的良好"溶解"环境，使其不同的增溶物栖身于胶束中的不同位置。当然，增溶的能力是有限度的。当增溶物超过胶束内部允许限量时，则会发生浑浊现象。通过X射线衍射谱等方面的研究，增溶方式有如下四种：

① 增溶于胶束的内核，主要适用于非极性有机物的增溶。

② 增溶于胶束的定向表面活性剂分子之间形成的栅栏层。主要适用于长链醇、胺、脂肪酸等极性的难溶的有机物。被增溶物的疏水基朝向内核，亲水基朝向外层，整个分子夹在表面活性剂分子之中。

③ 增溶（吸附）于胶束表面，即胶束与溶剂交界处。这类增溶物既不溶于水，也不溶于非极性溶剂，如二甲酸二甲酯、染料氯化频哪醇、碱性蕊香红6G等，由于它们还有点弱极性，故被增溶（吸附）在交界处。

④ 增溶于亲水基之间。多数非离子表面活性剂具有这种增溶形式。因为它的亲水基是聚氧乙烯链。随着聚乙烯个数的增多，链变得更长。因此，它的增溶量比起离子表面活性剂大得多，并且随着温度的上升，增溶量亦增加。

在以上四种增溶方式中，以第四种增溶作用最显著，实际应用也最多。

增溶方式主要取决于增溶物和增溶剂的化学结构，同时也受其他因素影响。实际上，上述四种增溶理论没有截然的区分，某一种增溶物的增溶方式不一定是唯一的。所谓增溶物取决于某种增溶方式，是表明它在胶束中存在的优选位置，并不否定存在其他位置，也就是说，增溶物的增溶方式，以某种方式为主外，还存在其他方式，即复合方式。例如，苯可以首先增溶于非离子表面活性剂胶束的极性外层，然后又进入胶束的栅栏层及内核。

（2）影响增溶作用的因素　前面已提及，不是所有的表面活性剂都具有增溶作用。表面活性剂的增溶作用取决于 HLB 值。研究结果证明，HLB 值在 15～18 范围内的表面活性剂具有增溶作用。这项理论是选择增效剂和研究增溶作用与其化学结构关系的基础[1,2]。

增溶作用的强弱除了与增溶剂和增溶物的化学结构有直接关系外，同时和整个溶液的组成及环境条件有关，具体影响因素如下：

① 表面活性剂的结构。具有同样疏水基的不同类型表面活性剂的增溶能力，一般规律是非离子型＞阳离子型＞阴离子型。在同系列表面活性剂中，碳氢链（疏水链或烷基链）长度增加，导致临界胶束浓度降低和聚集数变大，使非极性增溶物的增溶量变大；而且相同的疏水链，直链比支链的增溶能力大。在非离子表面活性剂中，聚乙烯链（亲水链）随着长度的增加，非极性增溶物的增溶量降低。

② 增溶物的结构。增溶物的结构、形状、大小、极性及碳链分支状况等都对增溶效果有显著影响。在确定的表面活性剂溶液中，最大的增溶量与增溶物的摩尔体积（分子大小）成反比；多极性物比非极性物易于增溶；具有不饱和结构的或带有苯环结构的比饱和的烷基结构的增溶物易增溶，但萘环却相反；支链的比直链的增溶物虽然易于增溶，但二者的差异不显著。

（3）无机电解质和有机添加物

① 在离子型表面活性剂溶液中，若表面活性剂浓度接近临界胶束浓度时，加入无机电解质会增加胶束聚集数（缔合成一个胶束的表面活性剂分子或离子平均数）和胶束体积，从而使烃类增溶物的增溶量明显增加。

② 在非离子表面活性剂溶液中加入无机电解质，同样会使胶束的分子聚集数增大，使增溶物的增溶量增大，而且随电解质的浓度增加而增加。

③ 在表面活性剂溶液中添加少量的非极性有机物，有助于极性增溶物的增溶；反之，添加极性有机物，有助于非极性增溶物的增溶。

（4）温度直接影响增溶能力　对于表面活性剂来说，温度的变化，将导致临界胶束浓度、胶束的形状、大小，甚至带电量的变化。此外，温度的变化使溶剂和溶质（增溶物）分子间相互作用改变，导致体系中表面活性剂和增溶物的溶解性质也将发生显著的变化。一般温度升高，在离子型表面活性剂溶液中，可提高极性和非极性增溶物的增溶量；在非离子型表面活性剂溶液中，可提高非极性增溶物的增溶量，对于极性增溶物，不仅可以提高增溶作用，而且在某一温度时增溶量可达到最大值。

（5）加料顺序　配制制剂的加料顺序对增溶作用也有不可小觑的影响。一般先将增溶剂和增溶物混合、溶解，然后再加入溶剂稀释，会达到更佳的增溶效果。例如，若将增溶物维生素 A 加到增溶剂的水溶液中不易达到平衡，其增溶量较少；但在相同条件下，将水加到事先溶解的增溶剂与增溶物混合液中去，其增溶量明显提高。

有些表面活性剂的增溶作用十分明显。例如，甲酚在水中的溶解度仅为 2%，当以肥皂作为增溶剂时，使甲酚的溶解度增加到 50%；氯霉素在水中的溶解度极小（25℃时仅为 0.25%），当溶液中加入 20%吐温 80 后，溶解度可增大至 5%。增溶性愈好，制剂的理化性能（特别是稀释性能）愈好，而且助剂用量愈低，所以表面活性剂的增溶作用，广泛应用于可溶液剂、乳油、微乳剂、油悬剂、水悬剂等多种剂型中。在研究增溶作用时，要区分以下几个概念：

① 表面活性剂的增溶作用与溶质的溶解不同。溶解是溶质在溶液中以分子、离子或原

子状态存在，属于真溶液，其粒径小于 1nm；增溶作用所形成的胶束属于胶体溶液，粒径一般为 10～100nm。溶质溶解后，溶剂的某些物理性质，如沸点、冰点、渗透压等将发生较大变化；而具有增溶作用的溶剂中，这些性质很少受到影响，但在小于可见光波长的光照射下，会发生光散射作用，出现一个浑浊发亮的光柱，即为丁达尔（Tyndall）现象[1]。

② 增溶作用和乳化作用相似，但也有明显的不同。乳化作用形成的乳状液，从热力学观点来看是一个不稳定的分散体系，最终结果终究会出现聚结、凝聚、分层或破乳。但增溶作用不同，产生的胶体溶液是一个更加稳定的分散体系。增溶作用是一个可逆的平衡过程，无论用什么方法达到平衡后的增溶结果理论上是一样的，对于微乳剂来说，因为液体外观均透明，所以有可能微乳化作用和增溶作用同时存在。同理，可溶液剂也应该同时存在溶解形成的真溶液和部分靠增溶作用形成的胶束溶液的混合透明体系。

③ 助溶剂的助溶作用。难溶性化合物与加入的第三种物质在溶剂中形成可溶性分子间的络合物、缔合物或复盐等，以增加化合物在溶剂中的溶解度。这第三种物质称为助溶剂，亦称为共溶剂，助溶剂可溶于水，多数为低分子化合物，形成的络合物多数为大分子。

在农药制剂加工中，大多数制剂只需要一种溶剂。但也有一些制剂，只用一种溶剂（主溶剂）往往不能达到要求的有效成分浓度；有的制剂采用一种溶剂，虽然溶解度可以满足需要，但经冷贮后析出结晶，热贮后出现分层；个别农药制剂，由于有效成分原药质量较差，其中的杂质会影响制剂的稳定，例如出现絮状物质，这时需要考虑加入第二种溶剂。由于第二种溶剂的加入（一般添加量不大）增大了原药（溶质）的溶解度，提高了制剂的质量，特别是低温稳定性，这种作用为助溶作用。

在配制 40%乐果乳油中，采用苯/甲苯为溶剂，必须添加 3%左右的甲醇或 10%异丙醇作为助溶剂，才能配制稳定的制剂。意大利 Montecatini 公司配制 40%乐果乳油选择乙氧基乙醇乙酸酯和苯酚类作为助溶剂。在配制 20%吡虫啉可溶液剂时，也需要添加助溶剂以增加其溶解度。配制 36%敌稗乳油，如果没有筛选到理想的助溶剂，敌稗原药不能完全溶解于溶剂中。

助溶剂除了在制剂研制中得到应用外，还应用于表面活性剂的配制上，在改进配制乳化剂的研究中，为了减少和消除非/阴离子复配乳化剂及所制备的制剂在贮存时出现的分层、沉淀及生成絮状物等现象，往往需要添加适当的助溶剂。例如添加 3%、5% *N*,*N*-二甲基甲酰胺可基本消除农乳 656、657、1656 和 1657 型乳化剂中的沉淀和絮状物，添加一缩乙二醇和 *N*-甲基吡咯烷酮也具有一定的效果，另外，也可以添加乙二醇和丙二醇作为非/阴离子复配乳化剂的助溶剂。美国 Witco 化学公司推荐用 5%、10%乙腈为助溶剂可制备流动性好和透明的非/阴离子复配乳化剂。

9.2.3 助溶剂的助溶作用

助溶剂与混合溶剂不同，因为助溶剂有其特殊的助溶机理。助溶剂的助溶机理随着溶质和助溶剂的性质不同而异，而且助溶机理比较复杂。不少研究证明，很多有机物的助溶机理大多数是溶质与助溶剂形成了络合物、复合物、缔合物及复分解反应形成的可溶性盐，而且这些物质不是稳定的结合，而是可逆的，所以不影响溶质原有的特性。例如，碘在水中的溶解度极微，可是在助溶剂碘化钾的作用下，二者形成络合物而大大提高了碘在水中的溶解度[3]。

常用的助溶剂很多，一般可分为三类。

① 某些有机酸及其盐，如苯甲酸及其钠盐、水杨酸及其钠盐、对氨基苯甲酸及其钠盐、枸橼酸钠、对烃基苯甲酸钠、氯化钠等。

② 酰胺或胺类化合物，如尿素、烟酰胺、异烟酰胺、乙酰胺、乙二胺、脂肪胺等。

③ 其他化合物，包括无机盐、多聚物、酯类、多元醇等。

关于助溶剂的选择尚无明确的规律可循，一般只能根据有效成分的性质选用与其能形成水溶性的分子间络合物、复盐或缔合物的物质。

9.2.4　表面活性剂的增效作用

表面活性剂具有不对称的分子结构，整个分子可分为两部分：一部分为长链的疏水基，是亲油的非极性基团，俗称“链尾”；另一部分为亲水基，为亲水的极性基团，俗称“极性头”。因此，表面活性剂具有两亲结构，它在制剂加工中具有以下作用：

① 降低药液的表面张力，扩大雾滴的有效接触面积，缩小溶液与叶片表面之间的空气间隙，使药液在叶片表面润湿、展着，防止液滴迅速干枯，延长吸收时间。溶解或破坏角质层蜡质，影响角质层内的溶解度，使药液迅速渗入角质层。在农药渗入角质层时，作为潜溶剂或稳定剂而起作用。

② 促进药液通过气孔吸收及在细胞间隙的移动，增强药液对细胞膜的渗透性。

以下主要以草甘膦为对象，论述表面活性剂对可溶液剂的增效作用。

（1）助剂类型、理化性能对草甘膦活性的影响　许多研究结果表明，不是任何降低表面张力和接触角的助剂都对草甘膦活性起作用，渗透作用也不仅仅是由表面张力所产生的。草甘膦的生物活性取决于助剂的类型和化学结构。通常，阳离子型助剂比其他离子型助剂更有效地增加草甘膦的活性，但不同阳离子型助剂之间对草甘膦的活性没有太大的差异。在非离子型助剂中，环氧乙烷聚合度对草甘膦的活性作用影响很大。阴离子型和两性离子助剂比非离子型的效果差。

在草甘膦水剂中添加阳离子型 TA20EO（牛脂胺，即 Mon0818）和非离子型聚氧乙烯壬基酚 688 进行比较研究。结果表明，这两种助剂对草甘膦均有增效作用，但前者对草甘膦的增效更为显著。放射性测定了草甘膦水剂添加助剂后的变化，添加 TA20EO 的药液喷洒后，植物体内放射性可成倍地增加，而添加 Renex688 的药液则很少被吸收。Rulter 和 Verbeek 发现非离子型表面活性剂 Renex688 对草甘膦的叶面渗透有抑制作用，仅使药液附着于叶面表皮上，使之不能有效地渗透到植物体内。而 TA20EO 助剂则可促进药液扩散渗入到叶表皮内组织，提高细胞壁和质膜对草甘膦的吸收，因此除草活性更高。

非离子型表面活性剂对草甘膦在植物表皮溶解后的渗透和输导产生影响。草甘膦在叶表皮的输导随着壬基酚（nonyl phenol）系列表面活性剂的 EO 链的长度不同而变化。当 EO 聚合度为 17 时试验得到最佳吸收值，EO 聚合度为 10 时，表面活性剂的疏水部分极大地影响草甘膦通过叶表皮的输导。乙氧基脂族醇对草甘膦穿透表皮没有促进作用。

（2）润湿和渗透作用　由于植物叶表面具有一层疏水性蜡质层，因此不易被亲水性草甘膦制剂所润湿，在制剂中添加合适的助剂，可以降低药液的表面张力和接触角，有利于有效成分的吸收和渗透，增加草甘膦的除草活性。

有机硅表面活性剂是一种非常优良的润湿剂，新西兰指定作为草甘膦的必需助剂。它可诱导草甘膦迅速通过气孔被植物吸收，避免雨水淋洗，显著提高除草效果。

研究发现，烷氧基化季铵盐以及脂肪叔胺烷氧基化物是优良的草甘膦吸收促进剂，它们通过形成草甘膦-表面活性剂络合物增强对靶标的渗透性。

（3）黏着作用　添加合适的助剂可以提高药液在叶面上的展着性和黏着性，增加药液在叶面上的覆盖率和附着量，减少药液液滴的滚落，增加制剂的抗雨水冲刷能力，防止液滴迅速干枯，延长吸收时间，更有利于草甘膦的吸收和渗入植物体内，充分发挥除草活性，节约用药量，降低防治成本。以添加了增黏剂聚丙烯酰胺的13.5％草铵膦水剂（与草甘膦同属膦酸酯类的除草剂），与对照药剂（拜耳公司生产的水剂）相比，其制剂的理化性能评价如下：

对照药剂和配制试样液滴的接触角均非常小，对照试样液滴在测定10s后接触角由15°降到5.9°，而配制试样液滴的接触角从17.5°降至7.1°仅需3s，相比之下，配制试样的接触角比对照试样要更小一些。对照试样药液的表面张力小于配制试样，但扩展半径配制试样要略强于对照试样。总体评价，两种水剂的理化性能相当。

（4）增溶作用　表面活性剂的增溶作用主要与胶束的特性相关。被增溶物在胶束中的位置和状态取决于被增溶物和表面活性剂的类型。增溶作用的有关机理见上述章节，这里不再详述。

草甘膦的溶解性能对其在植物体上的扩散传导有很大影响。助剂可以提高草甘膦在水中的溶解度，促进药液在植物体内的传导。特别是当助剂用量达到临界胶束浓度（CMC）之上时，可以与有效成分形成胶束，促使草甘膦大量渗入植物体内，从而充分发挥草甘膦的除草活性。

不同类型的助剂对草甘膦的增溶作用差异很大。例如，将喷洒过含有不同助剂的草甘膦水剂的果皮离心，测量果皮中水的吸收值，不同类型的助剂间差异显著。在80％相对湿度下，添加阳离子型助剂比非离子型聚氧乙烯脂肪醇对水的吸收值高于50％。

（5）抗飘移作用　药剂飘移是除草剂应用中的一大问题，它一方面会降低有效成分在靶标上的沉积，另一方面会导致周围敏感作物药害和环境污染。可飘移部分一般是粒径小于15μm的雾滴。随着喷洒液滴直径增加，飘移减少。飘移控制剂能减少直径小于15μm雾滴的比例，增加体积中径（VMD）。抗飘移剂本质上都是聚合物，一种是聚乙烯类，另一种是聚丙烯酰胺类，包括阴离子型和非离子型。后者与铵盐的混合物在实际中应用较多，如1-1M9752、HM2004、HM2006等。

聚合型抗飘移剂在喷洒液泵内循环过程中很容易降解失效，因此，抗飘移剂的降解性能直接影响其应用效果。最常用的聚丙烯酰胺替代品是多聚糖如瓜耳（树）胶和黄原胶。最新研究发现，三硅氧烷表面活性剂（TSS）能显著影响喷洒雾滴大小，一旦喷洒液击中靶标，含有TSS的雾滴不反弹且迅速展开。另外，TSS与低飘移型喷嘴结合使用可进一步减少飘移，该技术具有很好的应用前景。

9.2.5　无机盐的增效作用

某些无机盐对有效成分不但有增溶作用，且具有增效作用。植物原生质膜在细胞内与细胞外具有不同的pH值，一些无机盐可改变其pH。铵盐使未缓冲水溶液pH值下降，而较低的pH值喷雾液能促进弱酸性除草剂向植物体内渗透，使其亲脂性增强，未解离的除草剂分子浓度增加，导致渗入角质层的有效成分数量增加。

对于咪唑乙烟酸来说，$(NH_4)_2SO_4$、NH_4NO_3、NH_4Cl等能有效地促进介质的酸化和咪唑乙烟酸的吸收。

在培养基中添加铵盐促进吸收效果明显，其中以$(NH_4)_2SO_4$的效果较好，培养基中添加5mmol/L $(NH_4)_2SO_4$后，培养基pH值从5.4降至5.07，吸收咪唑乙烟酸的速率约提高2倍，而加入KCl和$(NH_4)_2SO_4$基本上对咪唑乙烟酸的吸收没有影响。由于NH_4^+的积累，导致质膜腺苷三磷酸诱导质子穿过质膜，进而酸化细胞壁，促进咪唑乙烟酸通过离子导入而积累。因此，$(NH_4)_2SO_4$可促进细胞壁酸化，对提高咪唑乙烟酸吸收具有重要作用。所以，铵盐能显著提高草甘膦、草胺膦、苯达松、2,4-滴内酸等的药效。

烯禾啶单用或与苯达松混用时，$NaHCO_3$ 中的钠离子或者苯达松中的钠离子能与烯禾啶结合成复合物烯禾啶钠，而植物对烯禾啶钠的吸收较烯禾啶或烯禾啶铵缓慢，而且在紫外光下易分解，所以药效下降；然而加入 $(NH_4)_2SO_4$ 等铵盐后，形成烯禾啶铵，克服了钠对烯禾啶的拮抗作用，杂草对烯禾啶的吸收速率增强，提高了除草效果。

不同的金属离子，对草甘膦的活性有着不同的影响。如果草甘膦制剂中或它的水稀释剂中含有 Ca^{2+}、Mg^{2+}、Fe^{2+} 等离子，其草甘膦活性成分的阴离子易与水中的这些阳离子缔合，形成植物不易吸收的盐类，将会降低药效，而且随着水中的 Ca^{2+}、Mg^{2+} 浓度的增加，草甘膦的生物活性明显下降。当水质硬度达到 3.42×10^3mg/L 时，草甘膦对空心莲子草的活性下降 50.8%。其他阳离子对草甘膦的活性也有影响。Stahlman 与 Phillips 报道，0.01mol/L 的 Fe^{2+} 显著降低草甘膦（0.56kg/hm^2）对高粱的生物活性。Al^{3+} 的影响与 Fe^{2+} 相似，Mg^{2+} 的影响中等，而 Na^+ 与 K^+ 则无影响。因此，使用水质硬度较大的水来稀释药液时，会降低草甘膦的药效。克服水质硬度影响的方法有以下三种：

① 在制剂中加入络合剂如 EDTA，使其与制剂和喷洒液中的 Ca^{2+}、Mg^{2+} 等离子络合；加入柠檬酸及其衍生物，使其通过螯合作用与 Ca^{2+}、Mg^{2+} 和柠檬酸成盐。

② 加入硫酸铵，使硫酸根与 Mg^{2+} 等离子形成硫酸钙和硫酸镁，使它们不能与草甘膦缔合，以除去 Ca^{2+}、Mg^{2+} 对草甘膦活性的影响，以保证药效的正常发挥。

③ 草甘膦药液中，硫酸铵浓度达到 12.0g/L 就可以拮抗各种浓度硬水的影响，保证了草甘膦活性的充分发挥，鲜重抑制率与去离子水对照处理没有显著差异。

9.3 可溶液剂的组成及加工工艺

很多农药在适宜的极性溶剂中具有足够的溶解度，能顺利地加工成一定含量的、稳定的、均一的真溶液。但有些农药品种，在相应的溶剂中，即使是饱和溶液也不能达到要求的浓度。有些为了绿色制剂要求，尚需选择其他溶剂满足所需的溶解度要求。另外，有很多制剂品种为了满足生产上的需要，达到提高药效、扩大防治谱、减少用量、延缓抗性、降低成本、使用方便等目的，要求研制复配制剂，这给选择溶剂增加了难度，若选择一种溶剂，可能满足其中一种药剂的溶解浓度，而满足不了另一种药剂的溶解浓度，因此，要选择助溶剂。如果几种溶剂都满足不了要配制的浓度，那么选择增加溶解度的方法就显得尤为重要[4]。

9.3.1 可溶液剂的配方组成

9.3.1.1 有效成分

能够配制可溶液剂的有效成分必须是水溶性的，或是极性较大的，在水中具有一定的溶解度，或在使用浓度范围内有效成分溶于水中。

对于某些有效成分，可以通过改变其部分化学结构，达到提高在水中或极性溶剂中的溶解度，适合加工成可溶液剂的目的。但无论如何改变化学结构，必须坚持一个原则，即不能降低原来有效成分的生物活性。

（1）酸性有效成分成盐　草甘膦是有机磷氨基酸类除草剂，其草甘膦酸的水溶解度仅为 10.5g/L（20℃），若配制 41%草甘膦水剂，显然是无法实现的。因此，必须与碱金属、氨水或有机胺中和成盐。草甘膦成盐后，大大提高了其溶解度，草甘膦异丙铵盐为 1050g/L（pH=4.3）、钠盐为 335g/L±31.5g/L（pH=4.2）、铵盐为 144g/L±19g/L（pH=3.2），而钙盐仅30g/L。成盐的物质有氢氧化钠、氢氧化钾、碳酸钠（碳酸氢钠）、碳酸铵、氨水（氢氧化铵）等无机碱，以及乙二胺、乙醇胺、异丙胺等有机碱。草甘膦水剂形式有钠盐、铵盐和异丙铵盐，其除草活性顺序为：异丙铵盐＞铵盐＞钠盐。国内生产的草甘膦水剂有各种不同的规格，主要有10％草甘膦钠盐和41％草甘膦异丙铵盐。农业部958号公告停止批准有效成分质量分数低于30％的草甘膦水剂登记，淘汰了10％草甘膦钠盐水剂，只允许登记30％草甘膦（即41％草甘膦异丙铵盐）以上规格的水剂。为了提高吲哚丁酸的溶解度，可以与碱中和成钠盐，但钠盐的药效不及酸的药效。所以，在没有明确改变结构后的药效之前，不能随意改变有效成分的化学结构。有些有效成分虽然没有羧酸基，但具有一定的电负性，也能制备成盐，如把烯禾啶制备成铵盐，苯达松制备成钠盐，各自都能发挥药效。可是如果二者进行混配，则烯禾啶失去了药效，其原因就是NH_4^+与Na^+发生了离子交换，使烯禾啶转变为钠盐。由此表明，烯禾啶只能有选择性地制备成合适的盐类。

很多农药有效成分没有羧基，不能直接成盐，但有些农药由于结构上的特点，显示出酸性。如胺苯磺隆、苯磺隆等在水中和溶剂中的溶解度均很低，但由于化学结构中具有亚氨基，整个分子显示出弱酸性，因此它能够与无机碱或有机碱成盐，大大提高了其溶解度。这些特性对于配制可溶液剂，包括混剂是非常重要的。当然，在配制这类农药的液剂制剂时，控制制剂的pH值非常关键，一般磺酰脲类除草剂在弱碱性条件下稳定，在强碱或酸性条件下不稳定。

（2）碱性有效成分成盐　有些有效成分由于结构上的特点显示出弱碱性，能与酸性化合物成盐而提高溶解度。如杀菌剂多菌灵，其结构中含有咪唑氨基，显示出弱碱性，它能与无机酸或有机酸形成相应的盐，而提高在水中的溶解度。吡虫啉最多只能配制成20％可溶液剂，如果需要配制含量更高的制剂，则只有加入强酸，使之成盐才可以配制成30％甚至60％的制剂。

9.3.1.2　表面活性剂

鉴于可溶液剂的性质，应用的表面活性剂应该具备以下特性：

① 具有亲水性，与极性有效成分相容；

② 改善制剂的喷雾性能，提高制剂的理化性能；

③ 提高在叶片表面上的附着、沉积；

④ 促进植物对有效成分的吸收；

⑤ 成本低廉和对环境友好。

在可溶液态制剂中常用的表面活性剂有如下种类：

（1）脂肪胺　聚氧乙烯醚属于阳离子型表面活性剂，其脂肪胺种类和EO聚合度均可改变其HLB值，按脂肪胺种类的不同，可分为以下几种：

① C为椰子胺，主要是饱和C_8、C_{12}脂肪胺；

② O为油胺，主要是不饱和C_{18}脂肪胺；

③ S为硬脂胺，主要是C_{16}、C_{18}脂肪胺；

④ T为牛脂胺，主要是饱和、不饱和C_{16}、C_{18}脂肪胺，如$TA_{15}EO$是具有环氧乙烷（EO）平均聚合度为15的牛脂胺。

随着EO聚合度的增加，其在水中的溶解度增大，中等和较高EO聚合度在水中能溶解并形成透明溶液。TA20EO（Mon0818）一直是41％农达水剂中的主要助剂（由草甘膦异丙铵盐480g/L和15％Mon0818助剂配制而成），赋予制剂优良的理化性能和较高的除草活性。由于其原料成本较其他脂肪胺低，因而一直是草甘膦水剂的首选助剂，但由于对哺乳动物的刺激性大和对鱼类的毒性较高，逐渐将被市场淘汰。

高EO含量的表面活性剂对草甘膦的吸收效果好（Mon0818、吐温-80），而且随表面活性剂浓度的增加而提高。相同EO含量的表面活性剂的吸收率效果不一定一致。同一种表面活性剂在不同植物上对草甘膦的吸收产生不同的效果。另外，小麦叶片去蜡质层后对草甘膦的吸收的试验结果表明，去掉蜡质层，加与不加表面活性剂叶片的吸收率基本一致；不去掉蜡质层，加入表面活性剂0818叶片的吸收率显著提高（约3倍）。

（2）烷基多糖类　由天然或再生资源的原料如淀粉中的葡萄糖与脂肪醇反应得到非离子表面活性剂烷基多苷（APG），如APG10具有10个烷基链长和1.4的糖平均聚合度。它具有对人体刺激性小、生物降解快、性能优良、能与其他表面活性剂有协同效应等特点，成为新一代绿色表面活性剂。20世纪90年代，德国Henkel公司首先将其应用于农药制剂中。目前，将商品助剂Agrimal PG用于草甘膦新制剂已在美国等地也有报道，其活性与聚氧乙烯己糖醇酐、月桂酸酯两亲性阳离子脂肪胺表面活性剂近似，对靶生物的毒性极低，亦是代替烷基胺表面活性剂的优良助剂，从而提高了农药使用的可靠性，为南方多雨地区使用农药提供极大便利。它的另一特点是具超级展扩能力，使药剂在叶面上达到最大的覆盖率和附着率，提高有效成分的沉积量。

（3）有机硅助剂　有机硅助剂对草甘膦的增效作用最成功的例子是在新西兰用于防除金雀花。草甘膦对金雀花有一定的控制作用，但使用剂量要高达25L/hm^2、30L/hm^{2}才有抑制作用。在草甘膦中加入Silwet077（聚氧乙烯三硅氧烷）后，成功地将草甘膦的用量降至8L/hm^2，并取得非常优异的防除效果，有机硅表面活性剂比传统的表面活性剂使喷洒液的表面张力更迅速地降低，并诱导草甘膦迅速地被气孔吸收，SilwetL-77的浓度提高吸收率亦增加。

有机硅表面活性剂SilwetL-77使用浓度为0.5%时，在蚕豆叶上诱导草甘膦的吸收达85%以上，而且是瞬间吸收。这不仅减少了药剂的挥发和光解，而且避免了雨水的冲刷，给多雨地区和梅雨季节施药提供了极大的便利。SilwetL-77不仅促进对草甘膦的吸收，还能有效阻止草甘膦与Ca^{2+}结合，使草甘膦的药效得以充分发挥。此外，有机硅表面活性剂还能促进杂草对灭草松水剂的吸收，使其用药量节省50%，并能显著提高咪唑乙烟酸水剂以及烟嘧磺隆、氟嘧磺隆、喹禾灵、氯嘧磺隆等除草剂的活性。

有机硅表面活性剂在蚕豆叶上能提高诱导草甘膦的吸收率。但在小麦叶上作用不明显，说明植物的种类不同，对表面活性剂的反应亦不同。每种植物茎叶外表都是由角质层构成的，不同的表面活性剂，促进植物对草甘膦角质层的吸收程度也不同。

（4）环境友好型新助剂　*N*-酰基甘氨酸酯比常规草甘膦加工所选用的脂肪胺乙氧基化合物表面活性剂更加安全、有效和对环境友好，该助剂已长期用于香波和牙膏中，实践证明了它的安全性。草甘膦制剂中加入4%甘氨酸酯异丙铵盐后对绝大多数靶标具有最佳的防除效果，田间用280g(a.i.)/hm^{2}草甘膦，13d后对帕麦尔苋的防效高达91.7%，对黑雀麦的防效达91%，对宝盖草的防效达89.13%，对苘麻的防效达93.13%。

此外，*N*-酰基肌氨酸（甲替甲氨酸）及*N*-酰基肌氨酸钠盐表面活性剂作为草甘膦制剂加工中的新助剂，它们的性能也优于现有绝大多数表面活性剂。

9.3.1.3 溶剂

水剂的载体。首选溶剂为水，也是绿色农药制剂可溶液剂的溶剂，一般为极性的短链醇类，如甲醇、乙醇、异丙醇等，以及所谓的“万能”极性溶剂，如*N*-甲基吡咯烷酮、二甲亚砜、*N*,*N*-二甲基甲酰胺等。

9.3.2 可溶液剂的加工工艺

（1）可溶液剂的配制技术　可溶液剂的配制技术主要取决于有效成分的性质[5]。有效成分为水溶性的或极性较大，在水中具有一定的溶解度，可以直接配制成制剂，如18%杀虫双水剂、20%百草枯水剂、18.5%草胺膦水剂、20%吡虫啉可溶液剂、20%啶虫脒可溶液剂等。有些有效成分本身难溶于水且极性较小，在极性有机溶剂中的溶解度也不大，可以通过物理和化学的方法提高其在溶剂中的溶解度，配制合适的可溶液剂。所谓的物理方法就是利用表面活性剂的增溶作用以及助溶剂的助溶作用，提高有效成分在溶剂中的溶解度。所谓的化学方法就是对化学结构进行改造，酸性的或显酸性的有效成分加入碱中和成盐，如草甘膦本身的水溶性不大，在水中的溶解度仅有10g/L，而成盐后，可以配制33%草甘膦铵盐水剂、41%草甘膦异丙铵盐水剂（均含有30%草甘膦），2甲4氯成盐后可以配制成13%的2甲4氯钠盐水剂；碱性有效成分加入酸成盐后，可以配制成水剂，如烟碱加入硫酸酸化后可配制成10%硫酸烟碱水剂，吡虫啉加酸后可以配制成30%的水剂等。

（2）生产工艺及设备　可溶液剂的生产工艺与乳油类似，可以利用乳油的生产线生产。主要加工设备为调制釜、贮槽、真空泵、计量槽或计量表、一套灌装线等。

① 调制釜。加工制剂的主要设备。它是一种带夹套的搪玻璃或不锈钢混合釜，釜上装有低速搅拌器、电动机、变速器等，搅拌形式要求不高，一般桨式或锚式均可，搅拌速率一般为60～80r/min。调制釜体积根据需要配备，一般有$1m^3$、$2m^3$或$3m^3$等规格。过滤器为真空抽滤器，也可用碳钢制成的管道过滤器或陶瓷压滤器。

② 计量槽。用来计量原材料的，可采用碳钢制作。

9.4 可溶液剂的质量控制指标及检测方法

9.4.1 可溶液剂的质量控制指标

根据FAO《发展和使用FAO植保产品规格指南手册》湿制剂的规格指南中规定了可溶液剂的质量控制指标如下：

（1）有效成分

① 定性鉴别试验。

② 含量以g/kg或g/L（20℃±2℃）表示，≥规定指标。

（2）有关杂质

① 制造中形成的杂质≤规定指标。

② 水分（如需要）以g/kg表示，≤规定指标。

（3）物理性质

① 酸/碱度（以H_2SO_4/NaOH计）以g/kg表示，≤规定指标或用pH值范围表示。

② 溶液稳定性。

③ 持久起泡性以mL表示，≤规定指标（1min后）。

（4）贮存稳定性

① 0℃稳定性。

② 快速贮存稳定性。

由于品种不同，国家、公司不同，规定的指标也有出入，除上述规定外还有结度、表面张力和与水互溶性等指标。如草胺膦的制剂：20%（质量分数）水剂的黏度约为40mPa·s，

15%（质量分数）的黏度约为 90mPa·s；草甘膦等水剂的表面张力在 50mN/m 以下；可溶液剂与水的互溶性。

9.4.2 可溶液剂的检测方法

（1）有效成分　可溶液剂除有效成分外，还有其他溶剂和助剂存在，这些物质的存在，往往会干扰有效成分的分析，所以不能简单地套用原药分析方法，但可作重要的参考资料。目前，除少数品种用化学法分析外，绝大部分为仪器法，最多的是液相色谱和气相色谱。在分析制剂时，如没有沉淀物或絮状物等固体杂质，制剂可直接进入仪器，但为了准确和防止万一堵塞仪器，最好都要通过离心、过滤，将其固体杂质分出，然后再进入仪器。分析时首先用纯品鉴别有效成分的出峰时间，然后再分析样品，由于样品是由多组分组成的，估计会有多个峰出现。当通过变更分析条件，将有效成分与其他成分分开后，便可确定分析方法。需要时，也可通过此方法，确定杂质的分析方法。

（2）水分的测定　当水介质多少对可溶液剂没有物理化学等质量影响，产品可以不规定此项指标。如果有影响，则需明显规定水量的范围，水分测定方法按 GB/T 1600—2001。

（3）稳定性

① 0℃稳定性（在 0℃±2℃，7d 后），固体/液体的分离物＜0.3mL。

② 快速贮存稳定性（54℃±2℃，14d 后），如需要还要测定杂质、碱度或 pH 值范围等项目，应符合要求。

③ 溶液稳定性。制剂（在 54℃±2℃，14d 后）用 CIPAC 标准 D 水（MT18. 1. 4）在 30℃±2℃下稀释（不能高于推荐的最高使用浓度）静置 18h 后，过 45μm 筛，只能有痕量沉淀和可见固体颗粒（参见 CIPAC 标准 MT41）。

（4）与水互溶性

① 试剂和仪器。标准硬水：342mg/L。

量筒（100mL）、移液管、恒温水浴。

② 试验步骤。用移液管吸取 5mL 试样，置于 100mL 量筒中，用标准硬水稀释至刻度，搅拌均匀，将此稀释液置于 30℃±1℃水浴中，如稀释液均一，无析出物为合格。

（5）黏度　目前我国加工界多采用 NDJ-旋转黏度计测定液体的黏度，其测定仪器、原理、操作步骤如下：

① 测定仪器。NDJ-79 型旋转黏度计。

② 测定原理。仪器的驱动是靠一个微型的同步电机，它以 750r/min 的恒速旋转，几乎不受荷载和电源电压变化的影响。电动机的壳体采用悬挂式安装，它通过转轴带动转筒旋转，当转筒在被测液体中旋转受到黏滞阻力作用，产生反作用而使电动机壳体偏转，电动机壳体与两根一正一反安装的金属游丝相连，壳体的转动使游丝产生扭矩，当游丝的力矩与黏滞阻力矩达到平衡时，与电动机壳体相连接的指针便在刻度盘上指出某一数值，此数值与转筒所受黏滞阻力成正比，于是刻度读数乘上转筒因子就表示动力黏度的量值。

③ 测定步骤。根据液体的黏度，采用第Ⅰ单元测定器或第Ⅱ单元测定器或第Ⅲ单元测定器，它们的测量范围分别如下：

第Ⅰ单元测定器：测量范围约为 $2\times10^4\sim2\times10^8$mPa·s。需要的液体容积约 50mL。

第Ⅱ单元测定器：测量范围为 $10\sim10^2$mPa·s、$10^2\sim10^3$mPa·s、$10^3\sim10^4$mPa·s。

第Ⅲ单元测定器：用于测定低黏度液体。

这个单元有四个转筒，供测定各种低黏度液体时选择使用，四个转筒各自的因子分别为 0.1、0.2、0.4 和 0.5。测量范围为 1～10mPa·s、2～20mPa·s、4～40mPa·s、5～

50mPa·s。需要的液体容积为70mL。

根据可溶液剂的黏度拟选用第Ⅲ单元测定器的转筒乘以相应的因子。

测定时将液体小心地注入测试容器，直至液面达到锥形下部边缘，使液体温度达到指定的温度（为30℃）时，将转筒浸入液体直到完全浸没为止，将测试器放在仪器托架上并将转筒悬挂于仪器联轴器上。启动电动机、转筒从开始晃动直到对准中心为止，为加速对准中心可将测试器在托架上向前后左右微动，当指针稳定后即可读数。将转筒的因子乘以刻度的读数，便可得到用mPa·s表示的液体在某温度下的黏度值。

（6）其他

① 酸/碱度测定按GB/T 28135—2011。

② pH值按GB/T 1601—1993测定。

③ 持久起泡性。特定时间下，泡沫体积（用CIPAC标准MT47方法测定）。

9.5 可溶液剂实用配方举例

表9-1为典型的农药水剂配方。

表9-1 农药水剂典型配方

制剂名称	配方内容	性能指标	提供单位
200g/L草铵膦AS	草铵膦母液（50%）400g/L，Geronol N80S 300g/L，水补足	pH 5.5，相对密度（20℃）=1.08，0℃ 7d稳定，54℃ 14d合格，稀释稳定性（342mg/L，20倍，30℃，18h）稳定	Solvay
200g/L草铵膦AS	200g/L草铵膦（原粉），20% 4202-YS，2%乙醇，水补足	速效，死草率高	南京太化化工有限公司
10%～30%草铵膦AS	10%～30%草铵膦，15%～20% 4202-CL，水补足	通用性好，母液、原粉都可以用，性价比高	南京太化化工有限公司
20%草铵膦+10%草甘膦（铵盐/钾盐）AS	20%草铵膦，10%草甘膦（铵盐/钾盐），15%～20% 4202-CG，水补足	杀草谱广，返青少	南京太化化工有限公司
10%草铵膦+20%草甘膦（异丙铵盐）AS	10%草铵膦，20%草甘膦（异丙铵盐），15% 4202-G12，水补足	杀草谱广，返青少	南京太化化工有限公司
10%草铵膦+15%苯达松AS	10%草铵膦，15%苯达松，15%～20% 4202-Q，水补足	增加杀草谱、速效性	南京太化化工有限公司
16%草铵膦+4%敌草快AS	16%草铵膦，4%敌草快，15%～20% 4202-CD，水补足	增加杀草谱、速效性	南京太化化工有限公司
18%草铵膦+6%2甲4氯钠盐AS	18%草铵膦，6%2甲4氯钠盐，20% 4202-C2J，3%NaCl，水补足	高黏、速效、死草率高	南京太化化工有限公司
18%草铵膦AS	18%草铵膦，1%乙羧，10%环己酮，15%甲醇，20% 4202-GE，水补足	速效	南京太化化工有限公司
30%草甘膦铵盐AS	草甘膦酸（95%）31.6%，氨水（25%）22%左右，Geronol CFNV37 8%，纯水补足	pH 6.2，相对密度（20℃）1.19，0℃ 7d稳定，54℃ 14d合格，稀释稳定性（342mg/L，20倍，30℃，18h）稳定	Solvay

续表

制剂名称	配方内容	性能指标	提供单位
360g/L 草甘膦异丙铵盐 AS	草甘膦异丙铵盐（以酸计）360g/L，Geronol FKC1800 120g/L，水补足	pH 4.7，相对密度（20℃）1.16，0℃ 7d 稳定，54℃ 14d 合格，稀释稳定性（342mg/L，20倍，30℃，18h）稳定	Solvay
510g/L 草甘膦异丙铵盐 AS	草甘膦酸（98%）521g/L，异丙胺（99%）170g/L 左右，Geronol CF/AS30HL 160g/L，水补足	pH 4.7，相对密度（20℃）1.22，0℃ 7d 稳定，54℃ 14d 合格，稀释稳定性（342mg/L，20倍，30℃，18h）稳定	Solvay
540g/L 草甘膦钾盐 AS	草甘膦酸（97%）557g/L，KOH（48%）392g/L 左右，Geronol CF/K10 160g/L，丙二醇 50g/L，水补足	pH 5.1，相对密度（20℃）1.35，0℃ 7d 稳定，54℃ 14d 合格，稀释稳定性（342mg/L，20倍，30℃，18h）稳定	Solvay
草甘膦异丙铵盐 AS	草甘膦酸 95% 32.1g，异丙胺 12g，BREAK-THRU® G 8730 12g，水补足	澄清透明，热贮稳定，分解率≤5%。泡沫控制需适量添加 BREAK THRU AF 9903，本配方助剂同样适合草甘膦其他盐	赢创工业集团

参考文献

[1] 王早骧．农药助剂．北京：化学工业出版社，1997.
[2] 沈钟，等．胶体与表面化学．第4版．北京：化学工业出版社，2015.
[3] 邵维忠．农药剂型加工丛书：农药助剂．第3版．北京：化学工业出版社，2003.
[4] 郭武棣．农药剂型加工丛书：液体制剂．第3版．北京：化学工业出版社，2003.
[5] 刘广文．现代农药剂型加工技术．北京：化学工业出版社，2013.

第 10 章 水乳剂

10.1 概述

农药水乳剂（emulsionin water，EW），也称浓乳剂（concentrated emulsion，CE），是不溶于水的液体原药或不溶于水的固体原药溶于有机溶剂所得的液体分散在水中形成的一种农药制剂。由于水乳剂属于热力学不稳定体系，需通过向体系提供机械能（如高剪切和均质等），并在表面活性剂尤其是乳化剂的作用下才能形成均匀的乳状液。因此，乳化剂是形成水乳剂的关键，可以促使油水界面张力和表面自由能降低，形成较为稳定的乳状液分散体系。同时，乳化剂所形成界面膜的空间位阻作用及在分散相微粒表面形成的双电层的静电作用促使乳状液成为动力学稳定体系。

水乳剂有水包油型（O/W）和油包水型（W/O）两类。农药水乳剂有实用价值的是水包油型，即油为分散相，水为连续相，农药有效成分在油相。与乳油相比，由于不含或只含有少量有毒易燃的苯类等溶剂，无着火危险，无难闻的有毒气味，对眼睛的刺激性小，减少了对环境的污染，大大提高了对生产、贮运和使用者的安全性。以廉价水为基质，乳化剂用量为 2%～10%，与乳油的近似，虽然增加了一些共乳化剂、抗冻剂等助剂，有些配方在经济上已经可以与相应的乳油竞争。有不少试验证明，药效与同剂量的相应乳油相当，而对温血动物的毒性大大降低。水乳剂对植物比乳油安全，与其他农药或肥料的可混性好。

10.2 水乳剂的理论基础

农药的水乳剂（EW）也称浓乳剂（CE），是不溶于水的液体原药或不溶于水的固体原药溶于有机溶剂所得的液体分散于水中形成的一种农药制剂。外观为不透明的乳状液。油珠粒径通常为 0.7～20μm，比较理想的是 1.5～3.5μm。

10.2.1 水乳剂不稳定的表现形式

（1）分层或沉降　水乳剂剂型中，由于油相和水相的密度不同，在重力作用下液滴将上浮或下沉，在剂型中建立起平衡的液滴浓度梯度，这种过程称为分层或沉降。分层可使剂型的均匀性受到破坏，但并不是真正被破坏。

2）絮凝　絮凝是由于液滴之间的吸引力引起的，这种力往往较弱，搅动可使絮凝物分开；可存在一种絮凝的平衡，并建立起絮凝物大小和分布，因而絮凝也是一种可逆的过程。

（3）聚结　聚结是一种不可逆的过程，会导致液滴变大，液滴数量减少，改变液滴大小和分布，最终极限的情况是完全破乳。

（4）破乳　因为水乳剂剂型是热力学上不稳定的分散体系，破乳是聚结的极限的情况，最终达到热力学上稳定的平衡是油水分离，破乳是必然的结果。

（5）奥氏熟化　水乳剂剂型属于不稳定的体系，在很长时间内可以保持稳定，随着时间的推移，会表现出液滴大小和分布朝着较大的液滴方向移动。这种依靠消耗小液滴形成较大液滴的过程称为奥氏熟化。它是因液滴大小与溶解度不同而引起的（即 Kelvin 效应）。液滴直径越小，它们在介质中的溶解度越大。

10.2.2　水乳剂稳定性的控制

水乳剂的稳定性通常是指其物理稳定性，即在各种温度条件下（$-10\sim50{}^{\circ}\text{C}$），$2\sim3$ 年时间内不发生絮凝、聚结、奥氏熟化和破乳等现象。水乳剂稳定性是其质量好坏的重要指标，也是水乳剂制备的难点与重点，近年来对其进行了大量的研究。一般来说，控制水乳剂的稳定性主要是控制水包油型乳状液的寿命，或控制水乳剂液滴之间的聚结速率。水乳剂是一种热力学不稳定体系，体系的稳定与否，主要依赖于以下几种不同的因素：

（1）界面膜性质　水乳剂的稳定性与加入的表面活性剂的 HLB 值有关，选择和乳状液 HLB 值相适合的乳化剂是关键环节。在油/水体系中加入表面活性剂后，界面张力降低，利于得到更细的液滴，同时在界面上发生吸附，形成机械强度高或有韧性的界面膜，对分散液滴有保护作用，防止或阻碍由于布朗运动、热运动、波振动和机械搅拌引起的液滴相互碰撞之后诱发的聚结。界面膜的机械强度是决定水乳剂稳定性的重要因素。吸附在界面上的表面活性剂和溶剂的横向作用会加强界面膜的强度。亲油性和亲水性的表面活性剂混合能够加强界面膜的横向作用并加强界面膜的机械强度。

（2）静电势垒和空间势垒

① 大部分稳定的乳状液均带有电荷，以离子型表面活性剂作为乳化剂时，乳状液液滴带电更是必然的现象。表面活性剂的表面活性离子吸附于界面时，疏水一端插入油相，而亲水一端朝向水相，与无机反离子（如 Na^+、Br^- 等）形成扩散双电层，当乳状液液滴相互靠近时，液滴上的电荷就相互排斥，形成一种电子势垒屏障，从而减少液滴碰撞而发生聚结的概率，提高了乳液稳定性。当仅用阴离子型表面活性剂时，一般不能制得稳定的水乳剂（磷酸酯及其盐类除外），而阴离子型与非离子型表面活性剂复配使用，可制得稳定的水乳剂。

② 以非离子型表面活性剂作为乳化剂时，液滴粒子界面的电荷少，乳状液颗粒间的静电排斥能可忽略不计，而受范德华引力影响较大。这时乳液稳定性通常取决于选用的非离子型表面活性剂在界面上产生的空间位阻效应和形成的界面膜机械强度或韧性。空间位阻效应越大，则液滴碰撞而发生聚结的概率也越小，而形成的界面膜机械强度或韧性越高，使界面膜变薄和破裂所需的能垒越大，抗聚结性越强，越利于水乳剂稳定。

③ 以混合表面活性剂作为乳化剂时，通常为一种亲水性和一种亲油性的乳化剂混合而成。它们能形成机械强度和致密性高的界面膜，一般易制得稳定的水乳剂。目前，国内外多数水乳剂都是以混合表面活性剂作为乳化剂。

④ 以高分子聚合物作为乳化剂时，在界面上起着空间位阻效应。

（3）黏度的影响　乳状液分散介质的黏度对水乳剂的稳定性有影响。黏度影响液滴的扩散，分散介质的黏度越大，分散相液滴的运动速率越慢。高分子增稠剂可以提高乳状液的稳定性，事实上，高分子物质的作用还能形成比较坚固的界面膜，增加乳状液的稳定性。分散相的体积占乳状液总体积的 74%，其余 26%应为分散介质。因此，若水相体积大于总体积的 74%时，只能形成 O/W 型乳状液；若小于 26%时，则只能形成 W/O 型乳状液；若水相体积为 26%～74%时，则 O/W 和 W/O 两种类型的乳状液均可形成。橄榄油在 0.001mol/L KOH 水溶液中的乳状液就服从这个规律。然而，分散相也不一定是均匀的圆球，多数情况下是不均匀的，所以，相体积和乳状液类型的关系就不仅仅局限于上述范围了，乳状液内相体积可大大超过 74%，甚至有分散相体积达 99%及以上的情况。

和连续相相比，分散相的体积增加时，界面膜体积扩大，造成体系的稳定性下降。如果分散相的体积超过连续相的体积，那么该乳状液相对于其变形的乳状液变得越来越不稳定。此时，用于包围分散相的表面活性剂膜比要包围连续相所需的表面活性剂膜要大；故相对于较小的乳化剂膜而言是不稳定的。若使用的乳化剂可形成两种类型的乳状液，则将会发生相转变。

（4）乳状液中液滴大小的分布，对水乳剂的稳定性有较大影响　从 Stokes 公式可知，球形粒子沉降的速率与粒子直径的平方成正比，因此，水乳剂液滴的粒径越小，沉降速率越慢，越利于水乳剂稳定。乳状液中的液滴大小并不均匀，一般各种大小都有，而且有一定的分布。质点大小分布随时间的变化关系，经常被用来衡量乳状液的稳定性。一般是从小质点较多的分布，向大质点较多的分布变化，这是由于大液滴在单位面积内所具有的界面积比小液滴的小，所以在乳状液中大液滴的热力学稳定性比小液滴要好。有些情况下，质点随时间变得越来越大，但却变得更为均匀，其稳定性也越好。因此，制备水乳剂时，控制液滴的大小分布可以抑制其奥氏熟化现象，控制液滴的大小分布越窄，小液滴不断变成大液滴的进程就越慢，水乳剂表现得越稳定。

（5）温度的影响　温度对乳状液的聚结速率的影响非常大，温度的变化会引起界面张力的变化。对于多数液体而言，界面张力随温度的升高而呈线性减小。此外，温度还会引起界面膜和均匀相的黏度、乳化剂在两相中的稳定性及分散粒子的热运动的改变。

（6）乳状液的破乳　乳状液是一种热力学不稳定体系，最终平衡应该是油水分离、分层，破乳是其必然结果。破乳方法大致可分为物理机械方法和物理化学方法两类，其中物理机械方法主要有电沉降、超声、过滤等，而物理化学方法主要是改变乳状液的界面性质，使乳状液稳定性降低，从而易于发生破乳。常用的破乳方法是加入破乳剂，其多为环氧乙烷与环氧丙烷的嵌段共聚物或无规则共聚物的聚醚型表面活性剂，其分子量为数千至上百万。破乳剂吸附于界面上增加了静态和动态的界面活性，降低了动态的界面张力和膜张力。一般情况下，具有高界面吸附性能、低界面张力梯度、低界面膜膨胀模量的破乳剂具有良好的破乳性能[4]。

10.3　水乳剂的开发思路

水乳剂作为一种农药制剂应具有良好的热贮稳定性、冻熔稳定性和水稀释稳定性。因此配方比较复杂，通常含有有效成分、溶剂、乳化剂或分散剂、共乳化剂、水、抗冻剂、消泡剂、抗微生物剂、密度调节剂、pH 值调节剂、增稠剂、着色剂和气味调节剂。其中有的是必需的，有的可有可无。配方研究的任务就是筛选和优化各个组分及其含量，以获得性能优良而又廉价的水乳剂[5]。

（1）有效成分　农药剂型的种类很多。一种农药能否加工成水乳剂，加工成水乳剂之后，与其他剂型比较，在经济上和应用方面有无优越性，应认真考虑。水溶性高的农药对乳状液稳定性的影响很大，不能加工成水乳剂。一般来说，用于加工水乳剂的农药的水溶性要求在 1000mg/L 以下。因制剂中含有大量的水，对水解不敏感的农药容易加工成化学上稳定的水乳剂。有机磷、氨基甲酸酯等类农药容易水解，但通过乳化剂、共乳化剂及其他助剂的选择，如能解决水解问题，也可加工成水乳剂。熔点很低的液态原药可直接加工成水乳剂，熔点较高者溶于适当溶剂，也可加工成水乳剂。适合加工成乳油的农药，如能以水全部或部分代替溶剂而加工成水乳剂是受欢迎的。

（2）溶剂　乳油中常用的溶剂有甲苯、二甲苯等苯类溶剂，但它们易燃、挥发性强、污染环境，对人的健康有害。将乳油配成水乳剂，是不用或减少这类溶剂用量的好办法。有些液态农药在低温条件下会析出结晶，有的常温下就是固体，要将它们配成水乳剂，还需借助于溶剂。所用溶剂应当理化性质稳定、不溶于水、闪点高、挥发性小、无恶臭、低毒、不污染环境、廉价，容易得到。市场正在积极寻找甲苯、二甲苯等有害溶剂的代用品。但目前二甲苯等芳烃溶剂仍为主选溶剂。*N*-长链烷基吡咯烷酮的溶解能力强，有表面活性，低毒，可生物降解，对环境安全，是一类值得注意的优良溶剂[1]。

（3）乳化剂　农药水乳剂中，乳化剂的作用是降低表面和界面张力，将油相分散乳化成微小油珠，悬浮于水相中，形成乳状液。乳化剂在油珠表面有序排列成膜，极性一端向水，非极性一端向油，依靠空间阻隔和静电效应，使油珠不能合并和长大，从而使乳状液稳定化。该膜的结构、牢固和致密程度以及对温度的敏感性决定着水乳剂的物理和化学稳定性。因此，乳化剂的选择是水乳剂配方研究的关键[2]。

（4）分散剂　聚乙烯醇、阿拉伯树胶等分散剂与增稠剂配合也可配制低温和冻熔稳定性良好的水乳剂。10g 氰戊菊酯溶于 10g 1-苯基-1-二甲苯基乙烷，加到 30g 13.3%聚乙烯醇（聚合度 1000 以下，皂化度 86.5%～89.0%）水溶液中，加热到 70℃，于均化器中 7000r/min 搅拌 5min。冷到常温，加入 50g 含 0.4%黄原胶、0.8%硅酸铝镁的水溶液，搅匀，得 10%氰戊菊酯水乳剂，5℃贮存 90d 无结晶。

（5）共乳化剂　共乳化剂是小的极性分子，因有极性头，在水乳剂中，被吸附在油水界面上。它们不是乳化剂，但有助于油水间界面张力的降低，并能降低界面膜的弹性模量，改善乳化剂性能。丁醇、异丁醇、十二烷醇、十四烷醇、十八烷醇、十九烷醇、二十烷醇等链烷醇类均可作共乳化剂，用量为 0.2%～0.5%。

（6）抗冻剂　为提高低温稳定性，可向水乳剂中加入抗冻剂。常用的抗冻剂有乙二醇、丙二醇、甘油、尿素、硫酸铵、NaCl、$CaCl_2$ 等。

（7）消泡剂　有时为了消除加工过程中的泡沫，需要加入消泡剂。常用的是有机硅消泡剂。

（8）抗微生物剂　如果配方中含有容易被微生物降解的物质如糖类等，需加入抗微生物剂，以防变质。常用的抗微生物剂有 2-羟基联苯、山梨酸、苯甲酸、苯甲醛、对羟基苯甲醛。1,2-苯并噻唑啉-3-酮（BIT）抗微生物谱广，不含甲醛，在广泛的 pH 范围内有效，对温度的稳定性好，不和增稠剂反应，已被 EPA 和 FDA 批准用于水乳剂和水悬剂作抗微生物剂。

（9）pH 值调节剂　许多农药的化学稳定性与环境的 pH 值关系很大，多数在中性或弱酸性条件下稳定。容易水解的有机磷和氨基甲酸酯类农药在贮存过程中因水解而使 pH 值逐渐降低。抑制水解，保持 pH 值稳定，需用缓冲剂和 pH 值调节剂。除了一般的无机和有机酸碱作 pH 值调节剂外，用磷酸化表面活性剂调节 pH 值稳定效果好，不容易出现结晶。

（10）密度调节剂　水乳剂中，油相和水相的密度越接近，两相越不容易分层。某些情况下，利用密度调节剂可以增加水乳剂的稳定性。通常的无机盐、尿素等可作密度调节剂。

(11) 增稠剂　有的水乳剂配方需要增稠剂。前述杀灭菊酯配方中，以聚乙烯醇为分散剂时，需加黄原胶、硅酸铝镁等增稠剂以增加水乳剂的稳定性。常用的增稠剂有聚丙烯酸酯、天然多糖、无机增稠剂。一些研究表明，水乳剂的黏度与稳定性没有相关性。有的专利报道，不用增稠剂配出了稳定性相当好的水乳剂。产品黏度高不利于分装，水稀释性差。人们希望配制出黏度低、流动性好而又稳定的水乳剂[3]。

(12) 着色剂和气味调节剂　为了区别于其他物品，水乳剂中可加着色剂，如偶氮染料和酞菁染料。对于家庭卫生用药，可加香味油调节气味。

(13) 水质　配制水乳剂的水质比较重要，有的配方要求用去离子水，以提高制剂的稳定性。

10.4 最新水乳剂的研发理论

近年来，随着全球环保压力的不断增加，水乳剂的诸多优点使其成为绿色化学所倡导的农药水基性制剂中安全、环保、成本低的代表剂型之一。由于水乳剂处于热力学不稳定状态，需借助一定的外力作用以形成均匀的乳状液，并需保持经时稳定性，因此，水乳剂的配方研制和生产过程控制相对复杂，其剂型加工技术也成为当前农药剂型研究的重点与热点，概括起来大致有以下几个方面：

10.4.1 稳定性机理研究

目前，有关水乳剂的稳定性理论研究尚不成熟。研究认为，水乳剂的稳定性可通过电荷作用和界面膜强化两种方法得以改善。因此，在水乳剂配方研究基础上，比较宏观配方筛选和微观量化表征的乳化剂用量的关系，重点探讨乳化剂在农药颗粒表面的吸附行为，揭示农药水乳剂的形成。

10.4.1.1 界面膜研究

当两个液滴相互靠近时，可以将液滴间看成是平板液膜。可用单滴法测量液膜强度，测试液滴与同相液体融合时的生存时间。研究油膜强度时，首先用注射器在玻璃管的上端滴入水相液体，等到油水界面出现 W/O 型液滴时开始计时，测量液滴消失的时间；研究水膜强度时，首先用注射器在玻璃管的上端滴入油相液体，等到油水界面出现 O/W 型液滴时开始计时，测量液滴消失的时间。

10.4.1.2 乳液稳定性研究

(1) 电位法　乳状液制备过程中，通过电离、吸附或剪切过程中微粒之间的摩擦而带上电荷。表面活性剂，特别是离子型表面活性剂吸附在分散相颗粒表面使粒子带电荷，形成电位，并在原药粒子周围形成扩散双电层。根据 DLVO 理论，范德华力使得两个带有同种电荷的液珠相互吸引而靠近，当液珠接近到表面上的双电层发生相互重叠时，斥力作用使液珠分开。如果斥力作用大于颗粒的吸引作用，则液珠不易接触，因而不发生聚结，有利于乳状液的稳定。人们通过考察界面膜强度和电位对水包油乳状液稳定性的影响时发现，油-水界面膜强度和油珠表面的电位对水包油型乳状液的稳定性影响较大。界面膜强度和电位绝对值较大时，乳状液最稳定；当界面膜强度相差不大时，电位绝对值大的乳状液较稳定，此时双电层对乳状液的稳定性起主要作用；当电位相差不大时，界面膜强度大的乳状液较稳定，此时界面膜强度对乳状液的稳定性起主要作用。

(2) 泛函数法　将乳状液作平板模型近似处理，利用泛函数迭代法，对乳状液的稳定性进行研究。计算平行平板双电层在各电位下的相互作用能，并以数值法所得结果为参照，在不同电位下与 Debye-Hückel（DH）线性近似法所得的结果进行比较。研究发现，与低电位近似下的 DH 方法相比有如下优越性：计算简单，无任何限制，可在泛电位下计算双电层间的相互作用；用泛函数方法计算得到的相互作用能比 DH 方法得到的值小得多，说明 DH 方法过高地估计了乳状液间的相互作用，因此，对于实际体系，用泛函数方法处理更接近于真实值。

（3）Pickering 乳状液稳定性研究　Pickering 乳状液[6]是一种由固体颗粒代替传统有机表面活性剂稳定乳状液体系的新型乳状液。与传统乳状液相比，Pickering 乳状液具有强界面稳定性、减少泡沫出现、可再生、低毒、低成本等优势，在化妆品、食品、制药和废水处理等行业具有广阔的应用前景。

人们对 Pickering 乳状液的研究，主要考察形状规则、粒径均一的球形胶体颗粒，如二氧化硅、硫酸钡、碳酸钙、氧化铁、有机乳胶和二氧化钛等。研究的内容主要包括：固体颗粒的表面润湿性、浓度、初始位置和油-水相体积比、油-水相组成、水相盐浓度和 pH 值等因素对 Pickering 乳状液性质的影响；Pickering 乳状液的转相行为；油-水界面上吸附颗粒的排列、覆盖度以及界面颗粒膜的流变性对 Pickering 乳状液性质的影响；颗粒与表面活性剂或具有表面活性的聚合物复配对 Pickering 乳状液性质的影响。同时，人们还研究了各向异性的片状胶体颗粒稳定的乳液，主要考察带负电的片状黏土颗粒稳定的乳状液，如蒙脱土、高岭土、合成锂皂石、黏土等。此外，人们还研究了各向异性的片状纳米颗粒（层状双金属氢氧化物，简称 LDHs）在稳定 Pickering 乳状液中的作用，详细研究了无机盐、体相 pH 值以及颗粒的凝聚对乳液稳定性的影响，揭示了通过降低固体颗粒的表面电位促进颗粒在 O/W 界面的吸附从而提高乳液稳定性的客观规律。液滴极大的表面积和较小的表面张力，使其对水难溶性物质有较高的溶解和传递能力。

纳米乳状液的制备方法主要有高能乳化法和低能乳化法两种。前者通过搅拌、超声波作用或其他机械分散作用使两种流体充分混合，最终两相分散。分散得到的乳状液粒径与输入的能量有关，输入的能量越大，乳液粒径越小。后者是利用乳化过程中体系物理化学性质的变化，通过改变条件，使体系自发曲率发生改变，由此导致相转变的发生，从而得到纳米乳液，低能乳化法较高能乳化法具有低能耗和高效果两方面的优势。

（4）多重乳状液稳定性研究　多重乳状液是一种“在乳状液的分散相微滴中，有另一种分散相分布其中”的复合体系，被称为是乳状液中的乳状液。它可能是油（水）滴里含有一个或更多的水（油）滴，这种含有水滴的油滴称为水包油包水型（W/O/W）多重乳状液。含有油滴的水滴被悬浮在油相中所形成的乳状液则为油包水包油型（O/W/O）多重乳状液。虽然早在 1925 年，Seifriz 就发现了多重乳状液，但直到 1965 年，人们才开始有目的地制备和研究多重乳状液。多重乳状液有许多特点，如三相共存且互不作用、缓释功能、包裹作用等，广泛应用于化妆品、食品、医药等行业，引起各国研究者的极大兴趣。多重乳状液的稳定性可采用示踪法进行。将含有表面活性剂的油相与一定浓度的含 K^+ 水溶液（内相，溶液的酸碱性视体系不同而异）以 1∶1（体积比）混合，通过超声波制得 W/O 型乳状液，然后将该乳状液分散到不含 K^+ 的水溶液中（外相），形成 O/W/O 型多重乳状液。通过原子吸收光谱分析不同时间外相中 K^+ 的含量，计算多重乳状液的稳定性。

10.4.1.3　乳液结构研究

从乳状液结构上，水乳剂分为油包水型和水包油型，随着对水乳剂的理论研究的不断深入，对水乳剂微观结构研究的手段也越来越多，常用的几种表征水乳剂微观结构的方法有电导法、稀释法、染色法、滤纸润湿法、透射电镜法、光学显微镜法等。

（1）电导法　电导法的原理是利用连续相的导电性来粗略判断微乳剂的类型，即通过测量水乳剂的电导率，与水的电导率进行比较。乳状液中的油大多数导电性都很差，而水（一般水中常含有电解质）的导电性较好，故电导的粗略定性测量即可确定连续相（外相）：导电性好的为 O/W 型乳状液，连续相为水相；导电性差的为 W/O 型乳状液，连续相为油相。但有时当 W/O 乳状液内相（水相）所占比例很大，或油相中离子性乳化剂含量较多时，则 W/O 型乳状液也可能有相当好的导电性。还应注意，当用非离子型乳化剂时，即使是 O/W 型乳状液，导电性也可能较差。加入少量 NaCl 可提高此种乳状液的电导，但要注意有时 NaCl 的加入会引起乳状液的变性。此法简单、快速，易于检测。

（2）稀释法　乳状液能与其外相液体相混溶，所以能和乳状液混合的液体应与外相相同。例如，牛奶能被水稀释，而不能与植物油混合，故牛奶是 O/W 型乳状液。

（3）染色法　将少量油溶性染料加入乳状液中充分混合、搅拌。若乳状液整体带色，并且色泽较深，则为 W/O 型；若色泽较淡，而且观察出只是液珠带色，则为 O/W 型。用水溶性染料时则情形相反。同时使用油溶性和水溶性染料进行试验，可提高乳状液类型鉴别的可靠性。

（4）滤纸润湿法　对于某些重油与水构成的乳状液可以使用此法：在滤纸上滴一滴乳状液，若液体快速展开，并在中心留下一小滴油，则为 O/W 型乳状液；若液滴不展开，则为 W/O 型乳状液。但此法对于某些易在滤纸上铺展的油（如苯、环己烷、甲苯等）所形成的乳状液则不适用。

（5）透射电镜法　用透射电子显微镜进行水乳剂微观结构的表征，该法可以直接观察到水乳剂的微观结构，并且可以测出水乳剂粒径的大小，因此是目前水乳剂研究领域中比较通用的微观结构确定方法。可对物理稳定良好的水乳剂不经稀释直接进行透射电子显微镜检测，再将制备好的水乳剂用去离子水稀释同倍数进行透射电镜测定，观察并拍摄其界面骨架，通过界面骨架的致密有序程度考察该乳状液体系的稳定性。

（6）光学显微镜法　光学显微镜已经广泛地应用于研究各种类型的乳状液，特别是反射和荧光模式的样品。光学特性参数包括有机和无机颗粒的单折射性、重折光性、荧光性、组织形态、颜色和反射性。其缺点是视野的纵深性比较小，从而很难精确地确定液滴的粒度。

10.4.1.4　相行为分析法

相行为是体系的整体变化规律，通过分析相关因子与相行为的关系，建立水乳剂的稳定体系形成模型。拟三元相图是研究多组分分散体系相行为直观而有效的方法。通过相图可以直观地表现出水乳区的大小及各组分的比例，有效地减少实验次数，缩短实验时间，有针对性地研究水乳剂配方，对配方的优化具有指导作用。相图法在农药微乳剂配方筛选的研究中较为广泛和成熟，但在指导水乳剂的配方筛选中的研究还较少。

按质量比 0：10、1：9、…、10：0 称取油与表面活性剂的混合液于具塞刻度试管中，总质量固定为 1g，在 25℃恒温水浴中磁力搅拌，逐滴加水，记录体系发生相转变，即由透明变浑浊或者由浑浊变透明时加入的水量。借助偏光显微镜观察液晶相，必要时补充配制试样，以准确确定相区边界。以表面活性剂、油和水为三角相图的三个顶点，分别以 s、o 和 w 表示在相图上，标出各点的组成与相态，绘制拟三元相图。

10.4.2　水乳剂长期物理稳定性的评估

10.4.2.1　颗粒大小分布的测量

通常用于检测乳状液稳定性的颗粒大小分布的方法有两种：一种是目测法，借助显微镜观察统计，计算出水乳剂粒径的算术平均值，具有相对的准确性；另一种较精确的方法是采用先进的仪器测定（激光粒度分析法、分光光度法），这种方法更准确、可靠。然而，大多数的乳状液是一种浓缩体系，不透明，特别是乳状液的粒径可达到纳米级，使用激光粒度分析法、分光光度法都需对乳状液进行稀释，这样就会严重地降低评价的准确性。因此，可采用 Turbiscan 分析仪对样品的稳定性进行测试，将待测样品装在一个圆柱形的玻璃测试室中，仪器采用脉冲近红外光源——880nm，当一个电磁波发射到装在玻璃测试室中透明度较差的检测样品时，Turbiscan 分析仪可获得由两部分组成的发射光斑，两个同步光学探测器分别探测透过样品的透射光和被测样品反射的反射光。透射光和反射光以%表示，其含义是相对标准样品光通量为 10%的硅油的光通量的百分比。被测的样品浓度不变，那么透射光和反射光的变化值即 AT(t) 和 ABS(t)，直接反映了样品中颗粒随时间的变化规律。ABS(0) 绝对值越小，乳状液越稳定。

10.4.2.2 晶体增长的测定

为了测定晶体生长率，颗粒大小分布可作为时间参数而被测定。这可由 Coulter 计数器实现，它能测出大于 0 的颗粒。另一种更敏感的测定方法是使用光学盘型离心机，它可以获得小至 0 的颗粒的大小分布。从以时间作为参数的平均颗粒大小分布图中可获得晶体的生长率，在通常情况下由首次确定的动力学数值决定。任何晶体特性的改变都会受到光学显微镜的监测，监测温度循环也可作为晶体生长研究的加速试验来进行。这个比率可在存贮期间随时进行动态变化。通常随温度的改变而升高，特别是当温度循环在宽间隔中进行时。

晶型是否发生变化的测定：不同企业生产的农药原药，由于生产工艺不同，可能存在不同的晶型（如丙环唑、烟嘧磺隆等）。农药晶型的稳定性决定着农药制剂的稳定性，是一项重要的指标。多晶型是农药晶格内部分子依不同方向排列或堆积产生同质晶象，由于分子间力的差异可引起物质各种理化性质的变化。首先，晶格能的差异使同质多晶农药具有不同的熔点、溶解度、稳定性和有效性。一般来说，晶粒越大，加热熔解所需要的能量越大，越稳定。熔点高的晶型，可由化学稳定性量热法（热重分析法）、红外光谱法（IR）、X 射线衍射法等进行定性测定。

农药水乳剂作为环保型水基性的剂型之一，属于热力学不稳定体系，其在有害生物防治中存在长期物理稳定性问题。乳状液流变学作为流变研究的一个重要分支，其内容涉及水性介质、牛顿流体、非牛顿流体等。研究表明，农药水乳剂的长期物理稳定性问题在流变学上表现为非牛顿流体的性质，与其流变特性有关。农药水乳剂的流变性主要取决于农药颗粒与表面活性剂的性质，其中最重要的影响因子就是乳化剂。不同的农药颗粒与不同结构和用量的乳化剂的相互作用，使农药水乳剂产生不同的流变学特性。因此，在水乳剂配方筛选研究基础上，结合流体力学原理，探讨不同乳化剂制备的农药乳化体系的流变学行为，有助于改变农药水乳剂的流变学特性，同时，有助于对水乳剂的理化稳定性进行预测、保持和评估，进而改善农药水乳剂的长期物理稳定性和生物活性的发挥。

10.4.2.3 喷雾药液的物化性质

现阶段我国农药使用过程中，药液喷雾是最为常用的农药使用技术。由于我国对农药使用技术原理的研究不够深入，植保机械单一，农药使用技术落后，大部分地区仍主要采用大雾滴、大容量喷雾方法喷洒农药。这种施药方法使得农药的有效利用率低、药液流失严重，不仅浪费大量的农药，还严重污染了环境。因此，控制药液流失、提高农药有效利用率是常规喷雾技术中亟待解决的问题。

要使农药发挥较高的效率，最重要的是药液要能在靶标物质上铺展和滞留，这就要求喷施的药液具有较好的润湿性，而表面张力、接触角和最大稳定持留量是其效果评价的重要指标之一。

（1）表面张力的测定　溶液表面张力的测定采用铂金板法。配制不同浓度的药液，重复测量3次，取其平均值。试验温度为20℃±1℃，试验误差范围为±1.0mN/m。

（2）动态表面张力的测定　溶液动态表面张力的测定采用悬滴法。配制不同浓度的药液，重复测量3次，取其平均值。试验温度为20℃±1℃，监测时间范围为0～1000s，试验误差范围为±1.0mN/m。

（3）接触角的测定　配制不同浓度的药液，取2mL大小的液滴于一次性聚苯乙烯培养皿表面，每30s测一次接触角，测8～10min，重复3～4次。拍摄2min、4min、6min、8min、10min液滴形状，试验温度为20℃±1℃，试验误差范围为1。

10.4.3 水乳剂配方开发研究方法

在水乳剂的配方开发中，不得不提到乳状液的三种主要特性：①形成乳状液时，两相中的哪一相会成为连续相，哪一相会是分散相，采用什么条件控制其后果；②有什么因素可控制分散体系的稳定性；③有什么因素可以控制乳化体系的复杂流变学以及如何有效控制这些因素。以农药中具有代表性结构的菌剂咪鲜胺为例，对45%咪鲜胺水乳剂配方开发进行介绍。

10.4.3.1 宏观配方研究

（1）实验材料　乳化剂1#镁铝（北京化学试剂公司）；乙二醇、丙二醇（北京化学试剂公司）；水，去离子水。

（2）实验仪器　AgilentHPLC1060液相色谱仪（美国Agilent公司）；磁力搅拌器（郑州长城科工贸有限公司）；FA25型实验室高剪切分散乳化剂（上海弗鲁克流体机械制造有限公司）；pHS3C型精密pH计（上海雷磁仪器厂）；CX41-10C02显微镜（日本奥林巴斯公司）；Sartorius电子天平（德国赛多利斯，精度0.1mg）；Sigma1-14小型台式离心机（德国Sigma公司）；BT9300型激光粒度仪（丹东市百特仪器有限公司）；DLSB-10/30型低温冷却液循环泵（郑州长城科工贸有限公司）；DHG-9031A型电热恒温干燥箱（上海精宏实验设备有限公司）；BROOKFIELDR/splus流变仪（美国Brookfield公司）。

（3）实验方法

① 实验用样品水乳剂的制备。按设计配方，将称量好的咪鲜胺原药、溶剂、表面活性剂混合成透明溶液，然后将水相慢慢滴入到油相中，边滴加边搅拌，最终形成O/W型水乳剂，测得水乳剂的平均粒径约为1.5μm。

② 有效成分含量的测定。方法提要：试样用甲醇溶解，以甲醇、水为流动相，使用以ODSC为填料的不锈钢柱和紫外可变波长检测器，在230nm波长下，对试样中的咪鲜胺进行高效液相色谱分离和测定，外标法定量。

③ pH值测定。按CIPACMT75方法测定。方法提要：用pH计测定稀释溶液的pH值。

④ 倾倒性测定。按HG/T 2467.9—2003方法测定。方法提要：将置于容器中的水乳剂试样放置一定时间后，按照规定程序进行倾倒，测定滞留在容器内试样的量；将容器用水洗涤后，再测定容器内的试样量。

⑤ 乳液稳定性测定。按CIPACMT161方法测定。方法提要：试样用标准硬水稀释，1h后观察乳液稳定性。

⑥ 持久泡沫量测定。按CIPACMT47.2方法测定。方法提要：将规定量的试样与标准硬水混合，静置后记录泡沫体积。

⑦ 低温稳定性测定。按CIPACMT39.2方法测定。方法提要：将100mL样品加入量筒中，放入0℃±1℃冰箱中贮存7d，然后记录分离出物质的数量，使量筒恢复到室温，再记录分离出物质的数量，测定有效成分含量、倾倒性、乳液稳定性等指标，结果要符合标准。

⑧ 热贮稳定性测定。按 CIPAC1 方法测定。方法提要：将 100mL 样品加入量筒中，放入 54℃±2℃恒温箱中贮存 14d。恢复至室温后，观察悬浮剂的外观，分别测定有效成分含量、倾倒性、乳液稳定性等指标，结果要符合标准。

⑨ 细度的测定。方法提要：取一滴样品加入含有去离子水的试管中，摇匀。倒入激光粒度分布仪测量器中，超声搅拌 2s，测量，取其平均值。

⑩ 外观的测定。按 NY/T 1860.3—2016 中方法测定。

⑪ 闪点的测定。按 NY/T 1860.11—2016 中方法测定。参考 GB 20576—2006 方法，采用差示扫描量热（DSC）方法测定。

⑫ 爆炸性的测定。记录能量基线上试样发生相转变时，其释放的能量。

⑬ 对包装材料腐蚀性的测定。按 NY/T 1860.16—2016 中方法测定。方法提要：将被测试物与其商业包装材料相接触，在室温或加速条件下贮存一定时间，测定实验前后包装材料的性状差异以及重量差异。

⑭ 密度的测定。按 NY/T 1860.17—2016 中方法测定。方法提要：将试样放进已知体积的比重瓶中，加入测定介质，试样的体积可由比重瓶体积减去测定介质的体积求得，则试样的密度为试样质量与其体积之比。

⑮ 黏度的测定。按 NY/T 1860.21—2016 中方法测定。方法提要：采用 R/Splus 流变仪对样品的黏度进行测定，CC-DIN3 同轴转子，RE-204 程控恒温制冷水浴，测试温度为 25℃±0.1℃，Rhe03000 软件。将 20mL 水乳剂注入测定容器中，测定样品在剪切速率为 $400s^{-1}$下的黏度。

⑯ 溶解度的测定。按 NY/T 1860.22—2016 中方法测定。方法提要：在试验温度下，通过测定样品充分分散于试剂中浓度达到饱和时的值，即为样品在该试剂中的溶解度。

（4）实验结果

① 溶剂对水乳剂物理稳定性的影响。水乳剂主要以水为介质，相对乳液而言，是减少二甲苯、甲苯为代表的芳烃类溶剂用量的好方法。根据水乳剂选择溶剂的首要标准：原药在溶剂中的溶解度好，要以最少的溶剂量溶解最大量的原药，并能获得稳定流动的溶液。

② 溶剂种类的确定。配制水乳剂时，首先是测定有效成分在溶剂中的溶解度，溶解度较大的溶剂适合制备水乳剂。溶剂种类确定后，需确定溶剂的用量。溶剂量太少，有效成分溶解不完全，低温条件下易出现析晶现象；溶剂用量太多亦不好，会增加环境污染，违背水乳剂用水代替部分或大部分有机溶剂的初衷，还会导致油相含量增多，使乳化剂的量相应增多。因此，选用合适的溶剂用量很重要。

制备水乳剂的关键因子是表面活性剂的选择，尤其是乳化剂的选择。水乳剂对乳化剂的要求比传统乳油更高，制剂中大量油珠以微滴形式分散在水中，要达到一定的相对平衡状态，要求表面活性剂的亲水亲油平衡值（HLB 值）在一定的范围内。因此，选择具有合适 HLB 值的表面活性剂能够减少表面活性剂筛选的盲目性。

③ 乳化剂种类的确定。根据预试验，初步确定水乳剂体系所需乳化剂的 HLB 值后，在此值范围内进行不同种类（即不同结构）乳化剂的筛选，以便更好地稳定水乳剂体系。实验先选用 HLB 值大约在 11～15 之间的单体乳化剂 1# 剂，入水细丝状分散，乳液稳定性不合格；乳化剂 3# 配制的水乳剂，热贮稳定性虽然较好，但黏度较大，粘壁现象比较严重，入水分散性较差，乳液稳定性试验也出现沉淀；600# 配制的水乳剂，各项指标均合格，能配制出稳定的乳状液；OP-7-磷酸酯配制的水乳剂，入水分散性较差，乳液稳定性试验也出现沉淀。因此初步确定乳化剂 600# 作为 45％咪鲜胺水乳剂的乳化剂。

10.4.3.2 增稠剂对水乳剂物理稳定性的影响

由上文可知，乳化剂为 600# 时制备 45%咪鲜胺水乳剂的热贮稳定性有少量的水层析出，因此，考察增稠剂对 45%咪鲜胺水乳剂物理稳定性的影响。增稠剂硅酸镁铝可以增加乳液的稳定性，是由于乳液粒子的布朗运动速率与体系的黏度成反比，黏度小时乳液粒子的运动速率快，当它的动能大于界面膜的强度时，界面膜被撕裂，乳液粒子合并，乳状液破乳。提高乳液黏度可以降低乳液粒子的运动速率和动能，从而使乳状液稳定。

10.4.3.3 防冻剂对水乳剂物理稳定性的影响

水乳剂由于使用水作为介质，低温下容易结晶，因此有必要加入一定量的防冻剂，如乙二醇、丙二醇、丙三醇、尿素、NaCl 等。

综上所述，乳化剂不仅影响农药水乳剂的乳化性、分散性、稳定性等，同时也是影响农药乳化体系流变学行为的重要因素之一。选择合适的乳化剂种类和用量，有助于提高农药水乳剂的稳定性，尤其是物理稳定性。长期物理稳定性的评价一直是水乳剂制备的难点与重点，虽然热贮稳定性的测定是一种常规的评价方法，但有些时候不能完全反映制剂产品 2 年保质期的常温贮存变化，通过现代仪器分析手段，可在短期内提供一种快速、有效的评价方法。

10.5 水乳剂的质量控制指标及检测方法

（1）有效成分含量　根据原药理化性质、生物活性及其与溶剂、乳化剂、共乳化剂的溶解情况，加工成水乳剂的稳定情况来确定制剂的有效含量。原则上有效成分含量越高越好，这有利于减少包装和运输量，有利于成本的降低。具体分析方法参照原药及其他制剂的分析方法，结合本制剂的具体情况研究制订。

（2）热贮稳定性　作为农药商品，保质期要求至少两年。54℃±2℃贮存 14d，有效成分分解率低于或等于 5%是合理的，至少应低于 10%。作为水乳剂还应不析油分层，维持良好的乳状液状态。只分出乳状液和水，轻轻摇动仍能成均匀乳状液算合格。只有分出油层才算不合格。具体方法：取适量样品，密封于玻璃瓶中，于 54℃±2℃恒温箱中贮存 14d 后，取出，分析热贮前后有效成分含量，计算分解率；观察是否出现油层和沉淀，确定产品的热贮稳定性是否合格。也可于 50℃贮存 1 个月后进行观察，确定是否合格。

（3）低温稳定性　为保证水乳剂能安全过冬，需进行低温贮存稳定性试验。可将适量样品装入瓶中，密封后于 0℃、−5℃或−9℃冰箱中贮存 1 周或 2 周后观察，不分层无结晶为合格。选何温度根据各国的气候情况而定。

（4）冻融稳定性　这是模拟仓储条件设计的一种预测水乳剂在恶劣环境下长期贮存稳定性和贮存期限的方法。可制一冻融箱，24h 为一周期，于−5～50℃波动一次，每 24h 检查一次，发现样品分层，停止试验，如不分层继续试验，记录不分层的循环天数。循环数 5 以上可认为是稳定的。有人于−15℃贮存 16h，之后于 24℃贮存 8h 为一循环，三次循环后检查，样品无油或固体析出为合格。还有人于−10～5℃下贮存 24h，之后室温下升到常温。再于 55℃贮存 24h 为一循环，三次循环后无分离现象为稳定。冻融试验温度和循环时间尚未标准化，处于试验阶段。

（5）pH 值　pH 值对水乳剂的稳定性，特别是有效成分的化学稳定性影响很大。因此，对商品水乳剂的 pH 值应有明确规定，以保证产品质量。具体数值应视不同产品而定。可用 pH 计按农药有关标准方法测定。

（6）细度　弗里洛克斯（K. M. Friloux）等的试验表明，水乳剂油珠平均粒度小的样品稳定性好，认为有可能用细度预测样品的稳定性。在他们的试验中，油珠平均粒径为

0.7～20μm 的样品稳定性好。对水乳剂产品可不强调细度指标，只要其他指标能达到就行。在产品的研究开发过程中，了解细度变化十分有用。

可用 Lasentech Lab-Tec 100 细度分布仪测定细度。测定时样品不要稀释，这样得到的细度真实，可排除因稀释而引起的细度分布变化。

（7）黏度　有的配方必须加增稠剂，产品才能稳定。但黏度高不利于分装，稀释性能不好，容器中残留物多。为保证质量，应对产品黏度做适当规定。对于不用增稠剂、稳定性和流动性又很好的制剂，不用规定黏度指标。

可用 Brookfield 黏度计测定水乳剂的黏度。

（8）水稀释性　商品水乳剂的浓度较高，田间喷施时需对水稀释。不同地区的水质差别很大，因此，要求水乳剂必须能用各种水质的水稀释使用而不影响药效。可参照乳油的乳化性标准和检验方法制定水乳剂的水稀释性标准和检验方法。

由于制剂中含有大量的水，容易水解的农药较难或不能加工成水乳剂。贮存过程中，随着温度和时间的变化，油珠可能逐渐长大而破乳，有效成分也可能因水解而失效。一般来说，油珠细度高的乳状液稳定性好，为了提高细度有时需要特殊的乳化设备。水乳剂在选择配方和加工技术方面比乳油难，但水乳剂无着火危险，对人、畜和植物低毒，对环境安全，随着配方技术的发展，经济的竞争力日益增强，水乳剂将获得较快发展。

10.6　水乳剂典型配方

表 10-1 为典型的农药水乳剂配方。

表 10-1　农药水乳剂典型配方

制剂名称	配方内容	性能指标	提供单位
5%高效氯氟氰菊酯 EW	5%高效氯氟氰菊酯，10%溶剂油，6% 4246-A，0.15%有机酸，5%乙二醇，水补足	制剂倾倒性合格，稳定性优良	南京太化化工有限公司
6.9%精噁唑禾草灵＋2.3%解草酯 EW	6.9%精噁唑禾草灵，2.3%解草酯，25%溶剂油，5%油酸甲酯，11% 4232-HF，5%乙二醇，水补足	制剂倾倒性合格，稳定性优良	南京太化化工有限公司
45%咪鲜胺 EW	45%咪鲜胺，16%二甲苯，7% 4224-Q，3%乙二醇，水补足	制剂倾倒性合格，稳定性优良	南京太化化工有限公司
15%氰氟草酯 EW	15%氰氟草酯，20%溶剂油，5%油酸甲酯，11%4232-HF，5%乙二醇，水补足	制剂倾倒性合格，稳定性优良	南京太化化工有限公司
20%氰氟草酯 EW	氰氟草酯原药 20%，松基油溶剂 ND-45 28%，E-105 4%，E-109 2%，319B 3%，乙二醇 4%，去离子水补齐 100%	乳液稳定性合格，其他指标合格	福建诺德生物科技有限责任公司
250g/L 戊唑醇 EW	戊唑醇（97%）258g/L，Soprophor 796/P 100g/L，水 30g/L，Rhodiasolv ADMA10 补足至 1L	pH（5%水溶液）6.5，相对密度（20℃）0.97，稀释稳定性（342mg/L，20 倍，30℃，2h）稳定	Solvay
50%乙草胺 EW	50%乙草胺，6%～8% 4240-Y，5%乙二醇，水补足	制剂倾倒性合格，稳定性优良	南京太化化工有限公司

参考文献

[1] 王早骧．农药助剂．北京：化学工业出版社，1997.
[2] 沈钟，等．胶体与表面化学．第4版．北京：化学工业出版社，2015.
[3] 邵维忠．农药剂型加工丛书：农药助剂．第3版．北京：化学工业出版社，2003.
[4] 郭武棣．农药剂型加工丛书：液体制剂．第3版．北京：化学工业出版社，2003.
[5] 刘广文．现代农药剂型加工技术．北京：化学工业出版社，2013.
[6] 杨飞，王君，蓝强，等．化学进展，2009，2：1418-1426.

第 11 章 微乳剂

11.1 概述

11.1.1 微乳剂的发展简史

近年来，农药制剂中对使用有机溶剂的限制日益严格，某些国家二甲苯有被禁用的趋势，从而促使农药剂型要不断更新和发展，其中水性化就是农药剂型发展的主导方向之一。因此，以水部分或全部代替乳油中有机溶剂的微乳剂（micro-emulsion，ME）便应运而生，使其成为农药新剂型而得到开发应用。

从 20 世纪 70 年代开始，美国、日本、印度就有农药微乳剂的研究报道，首次提出了氯丹微乳剂，它是由氯丹、非离子表面活性剂（1∶1）和水组成的透明微乳状液。美国专利（1974 年）、日本专利（1978 年）分别对马拉硫磷、对硫磷、二嗪磷、乙拌磷等有机磷杀虫剂进行了微乳剂的配方研究，解决了有效成分的热贮稳定性问题。现在国外农药微乳剂的研究已涉及卫生用药、农用杀虫剂、杀菌剂、除草剂等各领域，且正在深化和扩展。我国自 20 世纪 80 年代后期开始了家庭卫生用的微乳剂研究和生产，先后推出了不同配方的家用水基杀虫喷雾剂。直到 20 世纪 90 年代农用微乳剂才真正进入研究和开发阶段。1993 年安徽省化工研究院首先研究成功 20%及 8%氰戊菊酯微乳剂后，化工部农药剂型中心又研究出 5%高效氯氰菊酯、菊酯类杀虫剂与灭多威复合微乳剂等，并对微乳剂的物理稳定性问题进行了研究，提出适合我国国情的微乳剂制造方法。1993 年，广东中山石岐农药厂报道了 10%氯氰菊酯微乳剂的研究情况。

目前，市场上微乳剂品种主要有 5%氯氰菊酯微乳剂、8%氰戊菊酯微乳剂、10%高效苯醚菊酯微乳剂等，广泛应用在蔬菜、棉花等作物上。

11.1.2 剂型特点

借助乳化剂的作用，将液态或固态农药均匀分散在水中形成透明或半透明的农药微乳剂。一般制成 O/W 微乳剂，因其液滴微细化及以水为分散介质的结果，使这种剂型具备以下特点：

① 闪点高，不燃不爆炸，生产、贮运和使用安全。

② 不用或少用有机溶剂，环境污染小，对生产者和使用者的毒害大为减轻，有利于生态环境质量的改善。

③ 乳状液的粒子超微细，比通常的乳油粒子小，对植物和昆虫细胞有良好的渗透性，吸收率高，因此，低剂量就能发生药效。

④ 水为基质，资源丰富价廉，产品成本低，包装容易。

⑤ 喷洒臭味较轻，对作物药害及导致果树落花落果现象明显减少。

11.1.3 微乳剂的不足之处

（1）有效成分质量分数较低　一般在水中稳定的、油溶性农药有效成分才能制备微乳剂，且微乳剂有效成分质量分数较低，不能加工成高浓度的制剂，一般商品化农药品种的微乳剂有效成分质量分数不超过20%，而某些剂型如水分散粒剂可以加工成高浓度制剂。

（2）透明温度范围较窄　微乳剂以非离子表面活性剂为主，所以微乳剂也存在非离子表面活性剂固有的浊点问题，透明温度范围较窄，在此范围之外则制剂浑浊，影响制剂外观及物理稳定性。

（3）表面活性剂用量较高　微乳剂使用的表面活性剂用量大，一般为乳油的1～2倍，虽然减少了有机溶剂的用量，但增加了表面活性剂的用量，制剂成本与乳油相比，难以大幅度降低。

（4）增加制剂运输包装成本　微乳剂作为质量分数较低的液体制剂，增加了运输、包装成本。

11.2 微乳剂的物理稳定性

农药微乳剂物理稳定性主要存在以下问题：

（1）透明温度范围较窄　一般农药微乳剂以非离子表面活性剂制备，在制剂中存在着表面活性剂对温度敏感的浊点问题，即透明温度上限；对有些不溶于常规有机溶剂的有效成分，则存在着低温稳定性问题（与透明温度下限有所区别，低温稳定的温度一般高于透明温度下限）。早期研制的微乳剂品种，透明温度范围偏低，如4.5%高效氯氰菊酯微乳剂的透明温度范围仅为0～40℃，50%乙草胺微乳剂的透明温度范围为－5～48℃，在炎热的夏天制剂外观将会出现浑浊，长时间将会导致分层，严重影响微乳剂的质量。一个质量优良的微乳剂制剂应该具有较宽的透明温度范围，才能保证其在2年的有效期内，在任何季节、任何地区均保持微乳剂外观透明。

（2）乳液不稳定　乳液不稳定，即微乳油珠在稀释的微乳液中很快破乳，析出结晶或油层、乳液变浑浊或出现悬浮物。在田间使用中，乳液不稳定的微乳剂，稀释液产生的悬浮物或析出的结晶将严重影响药液在靶标上的沉积和黏着，甚至析出的结晶可堵塞喷头，进而影响药效或产生药害。在一定的浓度范围内（一般要求大于表面活性剂的CMC），农药微乳剂可以以任何比例对水稀释，乳液稳定，外观保持清澈透明。据研究发现，大多数农药品种的微乳剂乳液非常稳定。但有效成分理化性能较特殊者，如三唑类杀菌剂，则乳液不稳定问题比较突出。

11.2.1 微乳剂浊点

在表面活性剂的增溶作用下，不溶于或微溶于水的农药有效成分以小于可见光波长的胶束形式分散在水中，故微乳剂表面上属于单向分散体系。大多数农药品种选用非离子表面活性剂或含非离子表面活性剂的混合型表面活性剂制备微乳剂，所以微乳剂也存在非离子表面活性剂固有的浊点问题。

浊点（cloud point），非离子表面活性剂的一个特性常数，其受表面活性剂分子结构和共存物质的影响。表面活性剂的水溶液，随着温度的升高会出现浑浊现象，表面活性剂由完全溶解转变为部分溶解，其转变时的温度即为浊点温度。浊点是非离子表面活性剂（NS）均匀胶束溶液发生相分离的温度，是其非常重要的物理参数。一般而言，亲水性较强的非离子表面活性剂浊点高；而亲油性较强的非离子表面活性剂浊点低。浊点越高，微乳剂越稳定。

11.2.2　微乳剂低温稳定性

微乳剂对温度比较敏感，故表面活性剂的种类和用量搭配不当会影响微乳剂制剂的低温稳定性。

有效成分规格不同，表面活性剂对低温稳定性的影响不同。在制备 2%阿维菌素微乳剂中，阿维菌素 B_1 原药规格不同，具有不同的性质。阿维菌素是微生物发酵提取的抗生素类杀虫杀螨剂，其原粉极性较弱，而油膏中大多数成分为培养微生物的培养基，极性较强，制备微乳剂两者需要的表面活性剂体系完全不同。用阿维菌素 B_1 原粉制备微乳剂，需添加有机溶剂，微乳剂体系偏向于亲油，单用混合表面活性剂 0203B，低温出现浑浊，与农乳 500# 混配，合适用量即可达到低温稳定；而用油膏制备的微乳剂体系偏向亲水，要求强亲水性表面活性剂 NP-18 与农乳 500# 混配才能达到低温稳定。

表面活性剂体系的亲水和亲油达到平衡，才能保证微乳剂制剂质量的优良。这需要制剂工作者反复调配，直至筛选出合适的表面活性剂配比。为了提高微乳剂的稳定性，而且期望在田间应用中获得优良的防治效果，适当多加一点表面活性剂也是可以接受的。

11.2.2.1　助表面活性剂对低温稳定性的影响

杀虫单微乳剂中，助表面活性剂为甲醇制备的微乳剂，在低温下稳定，若采用乙醇作为助表面活性剂，在低温下析出结晶；在 2.5%吡虫啉微乳剂中，助表面活性剂为乙醇，制备的微乳剂在低温下稳定，若采用甲醇，在低温下很快析出结晶；而在 5%烯唑醇微乳剂中，二者皆可用。由此可见，助表面活性剂的选择，应根据具体的有效成分而定，不能一概而论。一般来说，甲醇和乙醇性质相似，常规农药均可使用。在室温下，乙醇大部分溶于水相中，水相即相当于乙醇水溶液，而杀虫单仅溶于无水热乙醇和 95%热乙醇中，在低温下杀虫单易于从乙醇水相中析出结晶，但杀虫单能溶于甲醇，故在低温下可保持稳定。对于常规农药品种，低温稳定性对助表面活性剂一般没有特殊要求。

有机溶剂对氟铃脲和烯唑醇原药的溶解度较小，难溶于常规有机溶剂（芳烃苯类）中，烯唑醇原药在二甲苯中的溶解度较低，氟铃脲原药仅为 5.2g/kg（20℃），单用二甲苯不能制备一定质量分数的微乳剂；有机溶剂对三唑酮原药的溶解度较大，在环己酮或甲苯中均可完全溶解。用环己酮可以溶解上述原药，单用环己酮为有机溶剂的氟铃脲和烯唑醇微乳剂，乳液稳定性也合格。将环己酮与二甲苯混合使用，粒径稍微变大，但分布趋于变窄；单用环己酮为有机溶剂，不但粒径大，而且分布较宽。与宏观试验观察结果对照，可以发现粒径分布窄者，乳液稳定性好，表明粒径分布范围与乳液稳定性成正相关。采用混合溶剂可使乳液稳定在一般微乳体系中，包裹油珠液滴的界面膜非常稳定，理论上微乳液滴不会破裂，这也是大多数农药微乳剂乳液非常稳定的原因。但对于一些理化性能较特殊的有效成分，如难溶于常规有机溶剂的三唑类杀菌剂，可选用环己酮为有机溶剂。在稀释的微乳液中，表面活性剂浓度降低，界面膜变薄，由于环己酮微溶于水，而使该微乳体系存在着一定的油水互溶性，产生奥氏熟化，其结果是使微乳液的粒径分布趋于变宽，使颗粒聚结。而添加水溶性更低的有机溶剂，可以有效减缓奥氏熟化，这可能是混合有机溶剂使乳液稳定的机理。

11.2.2.2 表面活性剂对乳液稳定性的影响

在制备微乳剂中一般选用极性不同的两种表面活性剂进行混配。表面活性剂的种类和用量搭配不当影响微乳剂的乳液稳定性。不同有效成分选择不同种类的表面活性剂进行混配，方能达到乳液稳定性合格，极性较弱的烯唑醇和氟铃脲微乳剂选择亲油性较大的2201与强亲水性表面活性剂NP-20混配，而极性较大的三唑酮微乳剂选择亲油性较小的0201B与强亲水性表面活性剂NP-20混配。表面活性剂选择不当，会显著影响粒径分布，若烯唑醇微乳剂选择0201B与NP-20混配，三唑酮微乳剂选择0201B与NP-10混配（乳液稳定性合格，但浊点偏低，仅45℃），颗粒粒径分布较宽。表面活性剂用量不足也会导致乳液不稳定。3%氟铃脲微乳剂和5%烯唑醇微乳剂选用表面活性剂2201与NP-20混配，10%三唑酮微乳剂选用表面活性剂0201B与NP-20混配，都必须达到一定用量方能使乳液稳定。5%烯唑醇微乳剂表面活性剂用量不足对粒径分布影响大，对粒径大小影响不大；3%氟铃脲微乳剂表面活性剂用量不足对粒径大小及分布均有影响。表面活性剂用量不足，使油珠的界面膜变薄，易于使油珠聚集变大，粒径增大，分布不均匀，导致乳液不稳定。

一般认为，表面活性剂亲水性增大，油水界面张力降低，形成的油珠粒径变小，乳液趋于稳定。在以上乳液稳定的微乳体系中，亲油性表面活性剂2201或0201B用量较大，而亲水性表面活性剂NP-20用量少，表面活性剂体系呈亲油性。增加亲水性强的表面活性剂，乳液呈透明无色，但与文献报道不一致，乳液不稳定；增加亲油性强的表面活性剂，乳液呈透明浅蓝色，再多加入，则乳液呈不透明的乳白色，趋向成为乳状液。故需要平衡亲水和亲油两类表面活性剂，才能制备出乳液稳定的微乳剂。

11.2.2.3 微乳剂有效成分的不同质量分数对乳液稳定性的影响

氟铃脲和烯唑醇受有机溶剂溶解性的限制，难以制备较高质量分数的微乳剂。提高氟铃脲微乳剂中有效成分的质量分数，在低温下很快析出结晶；而烯唑醇和三唑酮微乳剂可适当提高其质量分数，制备在室温下稳定的微乳剂。但在同等条件下，有效成分的质量分数较高者，乳液不稳定；适当降低有效成分的质量分数，则乳液稳定。对于某些微乳剂品种，可以通过降低微乳剂有效成分的质量分数改善乳液稳定性。换言之，乳液稳定性是提高微乳剂有效成分质量分数的一个限制因素。在同等条件下，提高有效成分的质量分数，即相当于降低了表面活性剂的用量，使油珠的界面膜变薄，易于使油珠聚集变大，粒径分布趋于变宽，导致乳液不稳定。

11.2.2.4 微乳剂流体力学粒径大小及分布

一般来说，稳定的微乳液，其流体力学粒径及分布应该基本为单峰且分布较窄，但如果是不稳定的微乳液，则会出现双峰且分布变宽。粒径分布取决于主峰的权重及分布幅度标准差，主峰权重越高，分布幅度标准差越小，分布越窄；若主峰权重差异不大，则分布幅度标准差越小，分布越窄。

11.3 微乳剂的配方组成及加工工艺

11.3.1 微乳剂的配方组成

有效成分、乳化剂和水是微乳剂的三个基本组分。为了制得符合质量标准的微乳剂产品，根据需要有时还得加入适量溶剂、助溶剂、稳定剂和增效剂等。

（1）有效成分——农药原药　微乳剂配制技术要求高，难度较大，并非所有农药品种都能配成微乳剂。一般情况下，在选择有效成分时，对其可配性要进行预测考察。

（2）乳化剂的选择与要求　无论是混合膜理论，还是加溶作用理论，微乳的形成都依赖于表面活性剂的作用。因此，在微乳剂中，乳化剂是关键组分，是制备微乳剂的先决条件，选择不当，就不能制成稳定透明的微乳剂。关于微乳剂中乳化剂的选择，目前还没有成熟完整的理论模式来测算指导。配方工作者可以将混合膜理论和加溶作用理论作为配方选择的基础，并参考表面活性剂的 HLB 值法和临界胶束浓度（CMC）理论进行综合考虑和选择。但最终还是靠实践、知识和经验积累来确定最佳品种，特别是在我国还缺乏专用乳化剂的现状下，进行深入细致的试验选择尤为必要[1]。

乳化剂的用量多少与农药的品种、纯度及配成制剂的浓度都有关，在配方设计时应予以考虑。一般来说，为获得稳定的微乳剂，需要加入较多的乳化剂，其用量通常是油相的 2～5 倍量，如果原药特性适宜，且选择得当、配比合理，也可使用量降至油相的 1～1.5 倍。

配方设计者在选择微乳剂中的乳化剂时，还应考虑以下几点：①不会促进活性成分分解，最好还具有一定的稳定作用，因此必须进行不同乳化剂配方的热贮稳定性试验；②非离子表面活性剂在水中的浊点要高，以保证制剂在贮藏温度下均相稳定；③表面活性剂在油相和水相中的溶解性能；④尽量选择配制效果好、添加量少、来源丰富、质量稳定的乳化剂，最好是专用产品；⑤成本因素。

（3）溶剂　当配制微乳剂的农药成分在常温下为液体时，一般不用有机溶剂，若农药为固体或黏稠状时，需加入一种或多种溶剂，将其溶解成可流动的液体，既便于操作，又达到提高制剂贮存稳定性的目的[2]。

选择溶剂的依据如下：

① 溶解性能好。希望能以少量溶解度大的溶剂，获得稳定流动性好的溶液。

② 溶剂挥发性小，毒性低。若溶剂容易挥发，在配制和贮存过程中易破坏体系平衡，稳定性差。

③ 溶剂的添加不会导致体系的物理化学稳定性下降。不和体系中的其他组分发生反应。

④ 来源丰富，价格较便宜。

溶剂的种类视有效成分而异，需通过试验确定，一般较多使用酮类、酸类，有时也添加芳香烃溶剂等。

（4）稳定剂　前面已详细讨论过微乳剂的化学和物理稳定性问题，对于农药微乳剂而言，这是两个重要的指标，解决的办法如下：

① 添加 pH 缓冲溶液，使体系的 pH 值控制在原药所适宜的范围内，以抑制其分解率。

② 添加各种稳定剂，减缓分解。一般添加量为 0.5%～3.0%。常用的稳定剂有 3-氯-1,2-环氧丙烷、丁基缩水甘油醚、苯基缩水甘油醚、甲苯基缩水甘油醚、聚乙烯基乙二醇二缩水甘油醚或山梨酸钠等。

③ 选择具有稳定作用的表面活性剂，使物理和化学稳定性同时提高，或增加表面活性剂的用量，使药物完全被胶束保护，与水隔离而达到稳定效果。

④ 对于两种以上农药有效成分的混合微乳剂，必须弄清分解机理或分析造成分解的原因后，有针对性地采用稳定措施。

⑤ 通过助溶剂的选择，提高物理稳定性。

无论采取何种稳定方法，均需根据原药的物化特性，反复通过试验确定，综合考虑物理和化学稳定性。

（5）防冻剂　因微乳剂中含有大量水分，如果在低温地区生产和使用，需考虑防冻问题。一般加入5%～10%的防冻剂，如乙二醇、丙二醇、丙三醇、聚乙二醇、山梨醇等。这些醇类既有防冻作用，又有调节体系透明温度区域的作用。因此，如果一个配方设计合理，各组分配伍恰当，低温贮藏不析出结晶，或冰冻后能于室温恢复正常，也可不另加防冻剂。

选择何种防冻剂为宜，需通过试验，测定其对制剂物理化学稳定性的影响和防冻效果。在寒冷地区，要使透明温度区域 ΔT 的下限控制在较低温度，上限在使用季节的气温为宜。

(6) 水及水质要求　水是微乳剂的主要组分，水量多少决定微乳剂的种类和有效成分含量。一般来说，水包油型微乳剂中含水量较大，大约18%～70%；含水量低时，只能生成油包水型微乳剂。

水质是影响微乳剂微乳化程度及物理稳定性的要素。硬度是反映水质的一个具体指标，硬度高低表明水中所含钙、镁离子的多少，这些无机盐电解质的存在，将影响体系的亲水亲油性，破坏其平衡。水的硬度增高，则要求选择亲水性强的乳化剂，硬度低时，乳化剂的亲油性要大。因此，当微乳剂体系的乳化剂确定之后，配方中的水质也应相对稳定，水质改变，配方也需相应调整。

在上述微乳剂的组分中，有效成分、乳化剂和水是三个不可缺少的组分，其他助剂可根据具体品种的配制需要决定取舍。有时一种助剂兼有多种功能，如既是乳化剂又是稳定剂，既能抗冻又能助溶，还可提高物理稳定性等，这样可以使配方简单化，成本下降，又减少了互相的影响。除上述助剂外，在有些配方中，为了提高药效、降低成本、延缓抗性或避免药害等，还可添加增效剂、渗透剂等。它们的品种、用量根据药效和配方而定。无论增加何种组分，都需满足制剂的物理及化学稳定性要求，注意各助剂间的配伍和用量的选择。

11.3.2 微乳剂的加工工艺

(1) 配制方法　根据微乳剂的配方组成特点及类型要求，可选择相应的制备方法，使体系达到稳定。综合国内外文献，可归纳为以下几种方法：

① 将乳化剂和水混合后制成水相（此时要求乳化剂在水中有一定的溶解度，有时也将高级醇加入其中），然后将油溶性的农药在搅拌下加入水相，制成透明的O/W型微乳剂。

② 可乳化油法。将乳化剂溶于农药油相中，形成透明溶液（有时需加入部分溶剂），然后将油相滴入水中，搅拌成透明的O/W型微乳剂。或相反，将水滴入油相中，形成W/O型微乳剂。形成何种类型的微乳剂还需看乳化剂的亲水亲油性及水量的多少，亲水性强时形成O/W型，水量太少只能形成W/O型。

③ 转相法（反相法）。将农药与乳化剂、溶剂充分混合成均匀透明的油相，在搅拌下慢慢加入蒸馏水或去离子水，形成油包水型乳状液，再经搅拌加热，使之迅速转相成水包油型，冷至室温使之达到平衡，经过滤制得稳定的O/W型微乳剂[3]。

④ 二次乳化法。当体系中存在水溶性和油溶性两种不同性质的农药时，美国ICI公司采用两次乳化法调制成W/O型乳状液用于农药剂型。首先，将农药水溶液和低HLB值的乳化剂或A-B-A嵌段聚合物混合，使其在油相中乳化，经过强烈搅拌，得到粒子在1μm以下的W/O乳状液，再将它加到含有高HLB值乳化剂的水溶液中，平稳混合，制得W/O/W型乳状液。

对于已确定的配方，选择何种制备方法、搅拌方式、制备温度、平衡时间等，均需通过试验，视物理稳定性的结果来确定，特别是含有多种农药的复杂体系需比较不同方法的优劣后，确定最佳方法。

（2）生产工艺及设备　上述介绍的几种配制方法，在加工工艺上都属于分散、混合等物理过程，因此工艺比较简单。分散、混合效果除取决于配方中乳化剂的种类和用量外，工艺上所选取的调制设备、搅拌器类型、搅拌速度、时间、温度等也有一定关系。一般来说，当配方恰当时，生产乳油的搪瓷反应釜也适用于微乳剂，将所选组分按程序在釜中搅拌成透明制剂即可。但高速混合的均质混合机和中速搅拌混合釜效果更好，制剂稳定，生产周期短。为了保证微乳剂的外观及其物理稳定性，投料前需对所选用的原材料进行验证，操作时严格控制。如果物料中有不溶性杂质，可在包装前加一道过滤装置，有利于提高产品质量[4]。

特别指出的是，更换乳化剂时要做详细的试验工作，不能盲目进行。有些产品采用加温调制具有较好的效果，一般可使水温保持在 35～40℃左右。

制造农药微乳剂的主要设备是调制釜。母液调制可以采用一般的搪瓷反应釜及日用化工、食品工业用的不锈钢搅拌桶，产品调制釜除选择这两种设备外，最理想的还是高剪切混合乳化机（又称均质混合机）。

微乳剂产品是油在水中的分散体系，要保证其稳定性，需注意外界因素对体系平衡的影响，在包装上要求瓶盖密封，以免贮存期溶剂或水分的挥发，导致产品变稠、析出结晶等。由于微乳剂含水量大，不宜使用铁制品包装，以免氧化生锈，影响产品质量。

11.4　微乳剂的质量控制指标及检测方法

11.4.1　微乳剂质量控制指标检测方法

（1）外观　要求外观为透明或近似透明的均相液体，这一特征实际上是反映了体系中农药液滴的分散度或粒径，是保证制剂物理稳定性的先决条件。微乳剂的色泽视农药品种、制剂含量不同而异，不必统一规定。但对具体品种而言，应有一定的要求，以免在贮藏中因变质造成色泽变化。外观的测定方法主要是目测。微乳剂之所以透明是由于液滴分散微细，其粒径一般为 0.01～0.1μm，比可见光波长（400nm）小，因此，为确保产品的外观稳定性，最好用粒度仪如 Malvern 自动测粒度仪或动态光散射仪测定产品的粒度。

（2）有效成分含量　含量是对所有农药制剂的基本要求，是必须严格控制的指标，一般要求等于或大于标明含量。对于微乳剂而言，含量大小是根据该农药品种配制 ME 的可行性和适用性而确定的。一般情况下，ME 产品的含量都不太高，一般是 10％～30％，太高时配制困难，乳化剂用量大，体系黏度大，使用不便，且成本高。只有在有效成分有较大水溶性时，才可配成高浓度的微乳剂产品。如对草快和杀草丹的复合微乳剂，有效含量高达 65％。

（3）乳液稳定性　按农药乳油的国家标准规定的乳液稳定性的测试方法进行，用 342mg/L 标准硬水，将 ME 样品稀释后，于 30℃下静置 30min，保持透明状态，无油状物悬浮或固体物沉淀，并能与水以任何比例混合，视为乳液稳定。

（4）低温稳定性　ME 样品在低温时不产生不可逆的结块或浑浊视为合格，因此需进行冰冻-融化试验。

取样品约 30mL，装在透明无色玻璃磨口瓶中，密封后置于 0～10℃冰箱中冷藏，24h 后取出，在室温下放置，观察外观情况，若结块或浑浊现象渐渐消失，能恢复透明状态则为合格。反复试验多次，重复性好，即为可逆性变化。为满足这一指标，除注意乳化剂的品种选择外，必要时可加入防冻剂。

（5）pH 值　在微乳剂中，pH 值往往是影响化学稳定性的重要因素，必须通过试验寻找最适宜的 pH 值范围，生产中应严加控制。

测定方法按《农药 pH 值的测定方法》（GB/T 1601—1993）进行。

（6）热贮稳定性　微乳剂的热贮稳定性包含物理稳定和化学稳定两种含义。即将样品装入安瓿中，在 54℃±1℃的恒温箱里贮存 4 周，要求外观保持均相透明，若出现分层，于室温振摇后能恢复原状。分析有效成分含量，其分解率一般应小于 5%～10%，也可视具体品种而定。

（7）透明温度范围　由于非离子表面活性剂对温度的敏感性很大，因而微乳剂只能在一定温度范围内保持稳定透明。为使微乳剂产品有一定的适用性，在配方研究中，必须利用各种方法扩大这个温度范围，一般要求 0～40℃保持透明不变，好的可达到－5～60℃，这个范围与农药品种、配方组成有一定关系，不宜统一规定。

（8）经时稳定性　试验将样品装入具塞磨口瓶中，密封后于室温条件下保存 1 年或 2 年，经过春夏秋冬不同季节的气温变化和长时间贮存的考验，气温范围约为－5～40℃，观察外观的经时变化情况，记录不同时间的状态，有无结晶、浑浊、沉淀等现象。

11.4.2　微乳剂质量控制指标建议值

根据以上论述，对微乳剂的质量控制指标建议如下：

① 透明温度区域 0～56℃，达到－5～60℃更佳。

② 低温稳定性参考 GB/T 19137—2003，置于 0℃±1℃下贮存 7d 稳定。

③ 乳液稳定性参照 GB/T 1603—2001 进行，稀释倍数为 100 倍。

④ pH 值参照 GB/T 1601—1993 进行，主要根据有效成分性质确定 pH 值范围。

⑤ 热贮稳定性根据 GB/T 19136—2003，置于 54℃±2℃下贮存 1h，有效成分热贮分解率＜5%。

⑥ 水质和用水量一般以自来水制备，用水量在 30%以上。

⑦ 经时稳定性一般为 2 年，对于稳定的微乳剂品种可以延长到 3 年或 4 年。

11.5　微乳剂的典型配方

（1）5%甲维盐微乳剂

甲维盐	5%
环己酮	22%
SD-210	4%
SD-212	12%
自来水	补至 100%

（2）5%高效氯氰菊酯微乳剂

高效氯氰菊酯	5%
乙醇	4%
正丁醇	3%
SD-212	16%
自来水	补至 100%

（3）12.5%戊唑醇微乳剂

戊唑醇	12.5%

SDRJ	10%
环己酮	2%
SD-212	12%
601#	12%
自来水	补至 100%

参考文献

[1] 王早骧．农药助剂．北京：化学工业出版社，1997.
[2] 邵维忠．农药剂型加工丛书：农药助剂．第 3 版．北京：化学工业出版社，2003.
[3] 郭武棣．农药剂型加工丛书：液体制剂．第 3 版．北京：化学工业出版社，2003.
[4] 刘广文．现代农药剂型加工技术．北京：化学工业出版社，2013.

第12章 悬浮剂

12.1 概述

悬浮剂（aqueous suspension concentrate，SC），又称为水悬浮剂、浓悬浮剂、胶悬浮剂，它以水为分散介质，借助表面活性剂及其他助剂的作用，通过砂磨粉碎，将不溶或微溶于水的固体原药均匀地分散于水中，形成一种颗粒细小的高悬浮、能流动、均匀稳定的粗悬浮体系[1,2]。悬浮剂不仅具有粒径小、分散性好、流动性好、悬浮率高、生物活性高、使用剂量小、耐雨水冲刷、残留低、对人畜低毒等特点，而且具有与环境相容性好、使用安全、施药方便等优点。理想的悬浮剂产品，性能优异，分散性好，悬浮率高；在植物体表面的铺展和黏着力都比较强，耐雨水冲刷；在润湿条件下，又能够缓慢而有效地进行二次分布，药效比较显著，也比较持久。随着砂磨工艺技术和设备不断的改进和完善，以及先进测试仪器的使用、表面活性剂的开发和应用，悬浮剂已成为水基性制剂中发展最快、可加工的农药活性成分最多、加工工艺最为成熟、相对成本较低和市场前景非常好的一种环保剂型。悬浮剂是性能优良的制剂之一，给许多既不亲水又不亲油的农药制剂的生产和应用提供了新的发展契机。目前悬浮剂已成为国内外农药剂型中最基本和重要的剂型[3]。

12.1.1 悬浮剂的发展简史

悬浮剂的研制和开发是从20世纪40年代开始的，1944年，AJohe H. 用凝聚法制得10% DDT悬浮剂，用于杀灭幼蚊，效果较好。1947年，G. S. K. Ido用分散法制得40% DDT悬浮剂，对蝇、叶蝉的防效与同剂量乳油相近。1948年，英国帝国化学工业集团（ICI）首先使用砂磨机研制成功悬浮剂。1966年，美国施多福集团（DOVER）开始销售悬浮剂商品，随后英、德、日等国积极地研制悬浮剂并投入工业化生产。美国20世纪80年代初上市的悬浮剂品种就达29种。英国在1992年销售的悬浮剂占全部制剂销售量的23%。在美国，悬浮剂在1993年和1998年所占的比例分别为10%和13%[4,5]。

我国于1977年开始悬浮剂的研制，原沈阳化工研究院先后研制开发了多菌灵、莠去津、灭幼脲等悬浮剂，并投入工业化生产。与此同时，吉林市农药化工研究所研制了三氮苯类悬浮剂，上海、安徽等科研单位相继研制了多种农药悬浮剂并投入生产[6]。

2000年之后，悬浮剂在配方研究、加工工艺和制剂品种、数量上都获得了较大的发展。

尽管早在 20 世纪 40 年代悬浮剂就已经出现，但由于受到研磨机械、表面活性剂等技术发展的影响，在 21 世纪之前其推广规模仍难与乳油、可湿性粉剂等大宗剂型相比。悬浮剂的制剂研究和制造技术比较复杂，它涉及农药化学、农药制剂学、物理化学、化工机械等多个学科。悬浮剂在发达国家的开发研制较早，推广速率也较快，在技术开发方面始终处于领先地位。特别是近 10 年，随着大量国外助剂公司进入中国市场开展业务和我国一些助剂公司的迅速发展，许多性能优异的助剂品种应用到悬浮剂体系中，如润湿剂、分散剂等的生产和应用为悬浮剂的快速发展提供了有力的支持。我国悬浮剂已登记农药有效成分近 250 个，国外农化公司在我国登记的农药活性成分也有 70 多个，并呈现不断增长的发展趋势。近年来，特别值得关注的是，国外悬浮剂正朝着高浓度的方向发展，其主要优势是可以减少库存量，降低生产费用以及包装和贮运成本[7~9]。制备高浓度悬浮剂不但需要一套完整的加工技术，而且与其相配的生产设备以及高质量农药助剂的技术发展也是关键因素。

12.1.2　剂型特点

悬浮剂（SC）是水基性制剂中重要的、性能优异的农药制剂之一，其发展迅速，被国内外农药领域公认地称之为划时代的新剂型，为难溶于水和有机溶剂的固体农药的生产和应用提供了可能性，开创了新的发展空间，是代表农药制剂发展方向的一种重要剂型，具有众多优点。

① 悬浮剂可与水任意比例均匀混合分散，基本不受不同地域水质和水温影响。

② 悬浮剂可直接或经稀释后喷雾使用，易于取量，使用便利。

③ 悬浮剂以水为基质，无粉尘，可较快分散于水中，使用安全，环保，配方成本较低；适合于生物功效的有效利用。

④ 悬浮剂无闪点问题，生产、贮存、运输安全，对植物药害低，生物利用度高。

⑤ 悬浮剂以细小微粒悬浮于水中（国内一般可控制在 1～5μm），且在适当表面活性剂的作用下，可得到较高的药效。

12.2　悬浮剂的理论基础

悬浮剂是一种流动的固液分散悬浮体系，在农药剂型中它是介于液态和固态之间的一种新剂型。

12.2.1　悬浮体系的流变性能

12.2.1.1　悬浮体系的流变学

农药悬浮剂属于非均相粗分散体系。研究表明，农药悬浮剂的长期物理稳定性问题与其流变特性有关，在流变学上表现为非牛顿流体的性质。理想的农药悬浮剂具有剪切变稀的假塑性特性，并具有适宜的触变性[10,11]。

触变性是悬浮液流变学研究的重要内容之一，是指一些体系在搅拌或其他机械作用下，体系的黏度或剪切应力随时间变化的一种流变现象。它包括剪切触变性和温度触变性。多数悬浮液均存在触变性，可分为正触变性、负触变性和复合触变性。所谓正触变性是指在外切力的作用下体系的黏度随时间下降，静置后又恢复，即具有时间因素的剪切变稀现象。负触变性正好与正触变性相反，是一种具有时间因素的剪切变稠现象，即在外加剪切力下，体系的黏度上升，静置后又恢复的现象。复合触变性是指一个特定体系可先后呈现出正触变性和负触变性。

悬浮体系中主要的流动类型有牛顿流动、假塑性流动、塑性流动及胀流性流动。其中牛顿流动为剪切速率与施加的剪切应力成正比；假塑性流动为剪切速率不直接与剪切应力成正比，较高的剪切速率的效应可以看成是剪切变稀；塑性流动则必须超过起始流动前的应力，若黏度的微分变化是定值，曲线便是一条直线，此介质称为宾汉体；胀流性流动为剪切速率增加，黏度随之增加[12]。

悬浮体系的黏度随剪切速率曲线的变化：在低剪切速率时，表现出牛顿流体性质；中等剪切速率时，呈现幂律特征，为非牛顿流体；继续增大剪切速率时，呈现幂律特征，为非牛顿流体；再继续增大剪切速率通常会出现第二牛顿区，又呈现牛顿流体性质。对于固体颗粒悬浮液也可能在第二牛顿区出现黏度升高的增稠效应。这些变化规律是由于悬浮液中粒子间存在不同的作用力，在不同的运动条件下它们互相平衡，形成一定的微观结构。当运动情况改变后，暂时的平衡又被破坏。在新的运动情况下经过一段时间后达到新的平衡。

12.2.1.2 助剂对悬浮体系流变性能的影响

农药悬浮剂的流变性主要取决于农药颗粒与助剂的性质，其中最主要的影响因子就是分散剂。不同的农药颗粒与不同结构和用量的分散剂相互作用，使农药悬浮剂产生不同的流变学特性。而流变性会直接影响悬浮剂的物理稳定性。在悬浮剂的配方研究中通常会发现，不同类型的表面活性剂可以改变悬浮体系的流动类型。所有阴离子表面活性剂配方的流变图都呈假塑性流动到塑性流动的行为，并伴有相当的触变性；非离子表面活性剂则形成宾汉体或塑性体；增稠剂仅能增加黏度和触变程度，本身不伴有触变现象[13～15]。

根据流变性能的影响，在调试悬浮剂配方时，单用表面活性剂在原则上是可行的，但用量较大则不经济。单用增稠剂并不能制成高浓度的悬浮剂，当加入少量增稠剂时，就可以使黏度提高很多。在筛选配方组分时，将非离子或阴离子表面活性剂与不同增稠剂结合起来比较其流变效应，便可以为如何选择较优的助剂体系，提供一定的指导作用。但截止到目前，还未找到适合悬浮剂配方系统模式的流动模型，尚待对悬浮体系的流变性进行更加深入系统的研究。

12.2.2 黏度、粒径、Zeta 电势与悬浮率的关系

农药悬浮剂为一种介于胶体和粗分散体系的固液悬浮体系，而固液悬浮体系存在于多个领域内，如石油化工、涂料、颜料、纳米材料、磁性材料、农药等领域，固液悬浮体系中的超细粉体具有极大的比表面积和较高的比表面能，是热力学上的不稳定体系，当其分散在分散介质中容易发生团聚，影响其性能的发挥，因此，对于制备稳定性好的悬浮体系，是各个领域的技术关键。对于如何保证悬浮体系的稳定性以及悬浮体系的稳定机理的研究，一直是指导生产技术的重要理论基础，而这些研究成果和技术对于农药悬浮剂的开发也有积极的借鉴意义。

12.2.3 稳定性机理研究

近年来，农药制剂研究人员对悬浮剂稳定机理进行了大量的研究。目前可以用两种稳定机理形式来表述悬浮剂的物理稳定性问题：第一种基于在固液界面形成双电层，通过离子型表面活性剂或聚合电介质的吸附来完成；第二种基于非离子表面活性剂或高分子表面活性剂的吸附来实现。

12.2.3.1 静电稳定性

离子型表面活性剂可用于悬浮剂稳定性方面，最常用的是烷基苯磺酸盐、芳基酚硫酸酯钠、杂环类阳离子表面活性剂等。

在连续相中加入离子型表面活性剂时，会吸附于颗粒的表面，并且溶液中的反离子会发生伸缩，从而产生伸缩层。颗粒表面会紧密接触一部分反离子，余下的部分产生一个扩散层，延伸到颗粒表面较远的距离，表面活性剂离子和反离子的双层排布形成双电层。紧临表面活性剂离子第一层的反离子称作为 Stern 平面，而剩余的一面被称为扩散层。反离子第一层上形成的电位通常被称作 Stern 电位，它常与测得的 Zeta 电位相同。而吸附于颗粒表面的表面活性剂离子所形成的电位被称作表面电位。

DLVO 理论可以用来解释离子型表面活性剂对悬浮剂的稳定作用。在颗粒表面吸附的表面活性剂离子通常会产生较高的 Zeta 电势。当电解质的浓度一直处于较低值时，高能量壁垒就会产生，这时可防止任何颗粒的聚集。由此看来，离子型表面活性剂所产生的凝聚体系对整个体系的稳定性起着至关重要的作用，它能使电解质浓度保持最小值。然而，在农药悬浮剂加工的实际生产过程中，由于使用的水会含有一定浓度的电解质，特别是含有 Ca^{2+}、Mg^{2+} 时，便会导致双电层的压缩。如果遇到此类情况，能量的最大值会明显降低或者被全部削减掉，从而使得颗粒凝聚产生。

因此，在悬浮剂实际生产过程中，最好采用去离子水，这样便可避免应用离子型表面活性剂的限制。另外，使用聚合电解质，比如萘磺酸盐甲醛聚合物和木质素磺酸盐类的分散剂，这类分散剂的聚合电解质特性可使它们不易受缓冲电解质浓度的影响。而且这类分散剂即便在电解质存在的条件下，对于双电层的压缩情况，可以由空间稳定性进行补偿，这是由于这类分散剂是在静电位阻和空间稳定机理联合作用下发挥作用的。

12.2.3.2　空间稳定性

在悬浮剂的制备中，非离子型表面活性剂和高分子化合物类助剂也被广泛使用，但其中应用最多的非离子型表面活性剂是烷基和烷基乙氧基化合物。这类表面活性剂是双亲性质，既含有亲油基团，又含有亲水基团。一端亲油基团吸附于颗粒表面，另一端聚乙氧基置于溶液中。一般来说，烷基链作为亲油部分，其链长要大于 12，才会产生强烈吸附。在某些情况下，可以引入一个苯基或者聚丙烯氧化物链，尤其是聚丙烯氧化物链经常被选用，因为其有足够的长度，具有空间阻碍作用，从而可提供足够的斥力。在悬浮剂的制备中，对于非离子型表面活性剂的选择，亲水亲油平衡值（HLB 值）可以作为一个非常重要的经验指数参考，它是表面活性剂分子中亲水基团和亲油基团所具有的综合效应。一般来说，选择 HLB 值为 8～18 的表面活性剂，这主要取决于待开发悬浮剂中活性成分的特性。选择具有最佳 HLB 值的高分子量表面活性剂非常有效。对于非离子聚合物来说，应用最普遍的是以环氧乙烷和环氧丙烷为基础的嵌段共聚物。通常使用包含有一个中央环氧丙烷并且每边都带有两个环氧乙烷长链的聚合物链。这种接合聚合物对于农药颗粒具有强力的吸附性。聚乙烯支链的多样性可产生有效的空间阻碍作用[16,17]。

12.2.4　悬浮剂长期物理稳定性的评估

悬浮剂的固液分散体系是热力学和动力学不稳定体系，悬浮剂中的颗粒会通过聚集下沉，降低体系自由能，使体系趋于稳定。通常意义所说的悬浮剂不稳定，是指悬浮剂在贮存期间（一般为 2 年时间），出现了制剂黏度变大、流动困难、悬浮体系分层、沉积和结块，最后难以摇匀和使用的现象。在实践中，可以通过对悬浮剂颗粒大小及分布、凝聚作用、晶体增长和流变性能的测定来进行估计和预判悬浮剂的长期物理稳定性。

（1）悬浮剂颗粒大小及分布情况　悬浮剂颗粒大小的测定通常采用的方法有两种，第一种是目测法，第二种是较精准的方法。第一种方法是通过借助显微镜观察统计，根据统计数据计算出悬浮剂粒径的算术平均值，具有相对的准确性；第二种方法主要是通过采用先进的仪器设备进行测定，如采用激光粒度仪测试，这种方法非常精准，可以检测到通过小孔的成千上万的颗粒，它可以在适当测量时间中，对不同粒度范围的颗粒大小及分布情况进行测定。

悬浮体系的物理稳定性能直接受悬浮剂体系中悬浮颗粒的大小及分布情况的影响。悬浮剂体系中悬浮颗粒的粒度越小且分布越窄，悬浮剂的稳定性越优良。

（2）悬浮剂凝聚作用的测定　对于较稀的悬浮剂，可以采用一种简单的方法测定悬浮剂的凝聚作用，即在不同时间间隔下，对于颗粒数量直接进行显微计算，但这个方法操作起来相对较为烦琐。

某些悬浮剂在配方开发过程中，加入的表面活性剂诸如非离子型表面活性剂和带有PEO的亲水基团或带有聚乙烯醇的非离子型聚合物相对稳定，悬浮剂的凝聚常常在临界温度以上才会发生，这个温度被称为临界凝聚温度（即CFT点）。在这种情况下，可以通过简单的浊度计来确定。制备的悬浮剂样品，常常被置于一个具有一定比率的可加热样品装置的分光光度测定仪中，通过测定浊度系数作为温度的参数，就可以确定CFT点，这是由于临界凝聚温度就是浊度快速升高的温度。

临界凝聚温度也可在没有稀释的悬浮剂中应用，主要通过应用流变学测量方法测定，它是流变学参数中快速升高的点。

（3）悬浮剂晶体增长的测定　悬浮体系中晶体的大小直接关系着贮存稳定性的优劣。通过测定晶体大小的变化情况，可以判断悬浮体系的稳定情况。晶体大小的变化情况即晶体的生长率的测定，需要将颗粒大小分布作为时间的参数。通过以时间作为参数的平均颗粒大小分布情况，得出晶体的生长率。通过光学显微镜的使用，可以检测到任何晶体特性的改变，这一方法可以在悬浮剂的贮存期间，进行随时的动态监测。温度循环也可以作为晶体生长研究的加速试验来进行。悬浮剂晶体的生长率会随着温度的改变而升高，尤其是温度循环在宽间隔进行时，晶体生长率升高的情况更明显。

（4）悬浮体系流变性能的测定　使用流变仪可以测定剪切力随剪切速率的变化情况以及悬浮体系的表观黏度随时间的变化情况等。悬浮体系的长期物理稳定性的估计，诸如悬浮剂的沉淀作用、悬浮剂黏土层的形成、在稀溶液中的分散以及不同的流变学测定均可以同步进行。

（5）晶型是否发生变化的测定　不同企业生产的农药原药，生产工艺不同，有些农药存在不同的晶型（如吡虫啉、烟嘧磺隆等）。农药晶型的稳定性决定着农药制剂的稳定性和生物活性，是一项重要指标。多晶型是农药晶格内部分子依不同方式排列或堆积产生的同质多晶现象，分子间力的差异可引起物质各种理化性质的变化。首先，晶格能的差异使同质多晶农药具有不同的熔点、溶解度、稳定性和有效性。一般来说，晶粒越大，加热熔解所需要的能量越大，越稳定。熔点高的晶型，化学稳定性好，但溶解度却较低。表面自由能的差异造成结晶颗粒之间的结合力不同，影响农药的流动性，影响制剂的物理稳定性。为了测定农药悬浮剂中农药晶型是否发生变化，可通过差示扫描量热法（DSC）、热重分析法（TG）、红外光谱法（IR）、X射线（X-ray）衍射法等进行定性测定。

（6）流变学行为　农药悬浮剂属于非均相粗分散体系，热力学和动力学均表现不稳定，致使其在有害生物防治中存在长期物理稳定性问题。农药悬浮剂的长期物理稳定性问题在流变学上表现为非牛顿流体的性质，与其流变特征有关。农药悬浮剂的流变性主要取决于农药颗粒与助剂的性质，其中最重要的影响因子是分散剂。不同的农药颗粒与不同结构和用量的分散剂相互作用，使农药悬浮剂产生不同的流变性特点[18]。农药悬浮剂的流变性直接影响其物理稳定性，理想的农药悬浮剂应具有剪切变稀的假塑性，并具适宜的触变性。

在悬浮剂配方筛选研究基础上，结合流体力学原理，探讨不同分散剂制备的农药悬浮体系的流变学行为。主要包括不同分散剂品种和用量对悬浮体系表观黏度——剪切速率的影响；研究分散剂用量为吸附平衡浓度时，采用经典流变模型分别拟合实验制备的农药悬浮液的流动曲线，从中获得拟合相关性最高的流变模型，并考察表观黏度随时间的变化关系；同时考察增稠剂、贮存时间和方式对悬浮剂流变学行为的影响，以期更好地对悬浮剂理论稳定性进行预测、保持和评估，为悬浮剂加工过程及质量控制等提供理论，为固-液分散体系的质量提升提供技术支撑。

12.3　悬浮剂的配方组成

农药悬浮剂由有效成分、分散剂、润湿剂、增稠剂、稳定剂、抗冻剂、pH 调节剂、消泡剂、防腐剂及增效剂等组成。

12.3.1　有效成分

制备悬浮剂的有效活性成分即原药应具备以下特点：①在水中的溶解度小（通常要求低于 100mg/L 时），不溶解为最佳状态；②固体农药活性成分的熔点应大于 60℃；③农药活性成分在化学上是稳定的，即在水中不水解或者受光照不分解。对某些在水中稳定性不好的有效成分，通常使用缓冲剂、抗氧化剂等稳定剂来改善其化学稳定性。

无论是杀虫剂、杀螨剂、除草剂还是杀菌剂，也不论是单剂还是混剂，只要满足制备悬浮剂的条件，通常都可以加工成悬浮剂。

农药原药是悬浮剂中有效成分的主体，它对最终配成的悬浮剂的稳定性有很大影响。一种农药原药适合加工成何种剂型，一方面要考虑原药的化学结构、理化性质、生物活性及对环境的影响，另一方面还要考虑使用目的、防治靶标、使用方式、使用条件等综合因素，使之最大限度地发挥药效，真正做到安全、方便、合理、经济地使用农药。因此，在配制前，要全面了解原药本身的各种理化性质、生物活性及毒性等。

① 含孤对电子，易与水形成氢键和水簇团，表现为膏化。

② 疏水性强，表面积大，难以润湿。

③ 由于某种固体农药活性成分具有多种晶态，多种晶态间的溶解度不同也会引起晶体长大，同时常伴有晶型和特性的变化。

奥氏熟化：它是由粒子大小与溶解度不同而引起的（即 Kelvin）效应。也就是说，由于农药粒子与水之间存在一定的溶解度，且大颗粒的溶解度低于小颗粒，结果是小颗粒消失，而大颗粒长大。

12.3.2　分散剂

12.3.2.1　分散剂稳定作用机理

固体物质在液体介质中分散成具有一定相对稳定性的分散体系，需要借助于助剂（主要是表面活性剂）来降低分散体系的热力学不稳定性和聚结不稳定性[19]。分散剂加到固液悬浮体系或液液悬浮体系时，能降低分散体系中固体或液体粒子的聚集，起到分离悬浮微粒作用。分散剂是被吸附在农药原药表面上，使粒子间产生离子电荷、物理屏蔽、氢键、偶极作用，从而防止悬浮粒子间产生聚集和絮凝。

（1）离子电荷　分散剂多为离子化电解质，其阴离子部分优先吸附在颗粒表面，在固体颗粒-液体界面间形成一个负电层。在液相中，此负电位又吸引一带正电的离子云，从而形成双电层。这个双电层有效地使固体粒子相互排斥，在很大程度上支配了胶体体系的稳定性。

（2）物理屏蔽　物理屏蔽是通过分散剂分子本身的大小发挥作用。本身较大的分子，被吸附在农药粒子上，使农药粒子间产生物理障碍或缓冲层，形成空间位阻而阻止粒子的相互接触。

（3）氢键　阴离子型分散剂分子具有带正电和带负电的电端，它可以使邻近的水分子产生特殊的定向排列，从而形成氢键，在农药原药粒子附近建立一个附加缓冲层，使体系黏度上升，有助于分散体系的稳定。

（4）偶极作用　在电场作用下，非离子表面活性剂分子内部的正负电中心发生偏移，成为偶极分子。偶极分子的一端沿着颗粒面定向排列，另一端朝向液相，从而阻止颗粒间的接触，起到稳定作用。

农药悬浮剂中加入分散剂的作用可以归结为以下五点：

① 降低表面张力及接触角，提高其润湿性质和降低体系的界面能。同时可以提高液体向固体粒子孔隙中的渗透速率，以利于表面活性剂在固体界面的吸附，起到分散作用。

② 离子型表面活性剂在某些固体粒子上的吸附可增加粒子的表面电势，提高粒子间的静电排斥作用，利于分散体系的稳定。

③ 在固体粒子表面上亲水基团朝向液相的表面活性剂定向吸附层的形成有利于提高疏水基团的亲水力。

④ 长链表面活性剂和聚合物大分子在粒子表面吸附形成厚吸附层起到空间稳定作用。

⑤ 表面活性剂在固体表面结构缺陷上的吸附不仅可降低界面能，而且能在表面上形成机械壁障，有利于固体研磨分散。

12.3.2.2　分散剂的分类

分散剂主要分为五大类，即阴离子型表面活性剂、非离子型表面活性剂、水溶性高分子物质、工业副产物和无机分散剂，其中前两类分散剂最为常用。

（1）阴离子型表面活性剂　阴离子型表面活性剂主要包括以下四类分散剂：磺酸盐类、聚羧酸盐类、硫酸盐类、磷酸盐类。

① 磺酸盐类分散剂。磺酸盐类分散剂是较常用的阴离子型分散剂，主要有萘或烷基萘甲醛缩合物磺酸盐、脂肪醇环氧乙烷加成物磺酸盐、烷基酚聚氧乙烯基醚磺酸盐、木质素及其衍生物磺酸盐、聚合烷基芳基磺酸盐等。其中萘或烷基萘甲醛缩合物磺酸盐、木质素及其衍生物磺酸盐为最常用的两大类磺酸盐类分散剂[20～22]。

木质素磺酸盐类分散剂加入悬浮体系后溶解电离，其亲油基端趋向原药，亲水基端趋向水，在原药颗粒表面形成有一定排列方向的电子层。木质素磺酸盐呈阴性，使颗粒间相互排斥，有效防止颗粒的凝聚。有的颗粒并未完全粉碎，只是产生了裂缝或在外力作用下产生的塑性变形，一旦外力消失，又将重新凝聚。木质素类分散剂来源丰富且价格较低，既有双电层排斥力，也有“立体”效应的两种优点。木质素磺酸盐主要有钠盐、钙盐、铵盐，属于水溶性高分子物质，具有抗沉降、保护胶体的作用，是较适宜应用于农药悬浮剂的分散剂。另外，木质素磺酸盐还是金属离子的螯合剂，使悬浮剂增强了抗硬水的能力。

萘或烷基萘甲醛缩合物磺酸盐类分散剂的分散性能好，常温下为固体，起泡性小，有一定的润湿、增溶和乳化作用，在硬水以及酸碱性介质中稳定。它是以分散性为主、润湿性为辅的双重性助剂，是木质素及其衍生物磺酸盐以外的第二种被大量应用于农药悬浮剂的分散剂。

② 聚羧酸盐类分散剂。聚羧酸盐类分散剂是近年来发展迅速的一类分散剂，是由含羧

基的不饱和单体（丙烯酸、马来酸酐等）与其他不饱和单体通过自由基共聚而成的具有梳状结构的高分子表面活性剂。

③ 硫酸盐类分散剂。主要有烷基酚聚氧乙烯醚甲醛缩合物硫酸盐、脂肪醇聚氧乙烯醚硫酸盐。

④ 磷酸盐类分散剂。主要有脂肪酸乙烷加成物磷酸盐、脂肪醇聚氧乙烯醚磷酸盐、烷基酚聚氧乙烯基磷酸盐、烷基（芳基）酚聚氧乙烯醚磷酸盐等。

（2）非离子型表面活性剂　非离子型表面活性剂在悬浮体系中吸附于固液界面，其在水中不解离，不带电荷，在固体表面的静电作用可以忽略，主要通过空间位阻发挥分散作用。非离子表面活性剂如聚氧乙烯聚氧丙烯基醚嵌段共聚物、烷基酚聚氧乙烯基磷酸酯等，其中聚氧乙烯聚氧丙烯基醚嵌段共聚物为具有润湿和分散双重作用的助剂。非离子表面活性剂分子量小时，作为润湿剂使用；分子量大时，作为分散剂使用。这类化合物除了具有较好的分散性和可调节性外，还具有起泡性低的特性，可作泡沫降低剂使用。烷基酚聚氧乙烯基磷酸酯是近年来开发的新产品，除具有分散性外，还具有润湿性和乳化性。

（3）水溶性高分子物质　这类物质常作为胶体保护剂使用，又称胶体保护剂。水溶性高分子物质和表面活性剂的润湿分散剂一起复配使用效果更好。其用量要适宜，否则起到相反的效果。水溶性高分子物质主要为以下几类：羧甲基纤维素（CMC）、聚乙烯醇（PVA）、聚乙烯吡咯烷酮（PVP）、聚丙烯酸钠、乙烯吡咯烷酮/乙酸乙烯酯共聚物、聚乙二醇（PEG）以及淀粉、明胶、阿拉伯胶、卵磷脂等[23,24]。

（4）分散剂的选择应用　首先，熟悉不同分散剂的特点，比如具有对粒子吸附作用力强的基团的某些嵌段聚合物分散剂，分子链上有较多分支的亲油基和亲水基并带足够电荷的高分子分散剂，HLB 值为 9～18 具有乳化分散作用的分散剂等。其次，要根据农药原药的性质选择合适的分散剂，比如根据吸附作用原理，对于非极性原药，宜选择亲油性较强的分散剂；若农药固体粒子表面具有明显的极性，宜选用吸附型阴离子，尤其是高分子阴离子分散剂；根据化学结构相似原理，宜选择与原药有相似结构的亲油基的分散剂。最后，需要根据剂型实际情况选择分散剂，比如对于高含量悬浮剂，选择能够降低黏度的高分子分散剂。

此外，要搞清楚分散剂的分散机理，影响分散的因素，以及分散剂用量多少对制剂性能的影响；还要考虑分散剂的种类、性能、来源和价格，从中筛选出适合的分散剂。分散剂的选择需要注意两个前提：一是充分润湿；二是相应的细度和分布[25～27]。

12.3.3　润湿剂

12.3.3.1　润湿剂的作用机理

润湿是指固体表面被液体（水）覆盖的过程。润湿作用就是指在润湿剂的作用下，溶液以固液界面替换原来的固气界面的过程。润湿剂在悬浮剂制备和使用过程中均发挥重要作用。在悬浮剂的制备过程中，常常遇到粉末不容易被润湿，漂浮在液体表层或者沉落在液体下方的现象，这是由于固体粉末表面被一层气膜包围，或者表面的疏水性阻止了液体对固体的润湿，从而造成制剂的不稳定或给悬浮剂的制备带来困难。当合适的润湿剂加入后，由于分子能够定向吸附在固液界面，排除了固体表面吸附的气体，降低了固液界面的界面张力和接触角，使固体易被润湿而制得分散均匀或易于再分散的液体制剂。在悬浮剂的使用过程中，大多数植物茎叶表面、害虫体表常有一层疏水性很强的蜡质层，水很难润湿，并且大多数化学农药本身难溶于或不溶于水，需要润湿剂帮助药效的发挥。当合适的润湿剂加入后，可减少植物与药液间的界面张力，加强农药液滴的润湿铺展作用，使药粒能被水润湿，以便更好地发挥药效。以水作为基质的固液分散体系中，一般都需要加入合适的润湿剂[28]。

12.3.3.2 润湿剂的分类

润湿剂一般可分为阴离子型润湿剂、非离子型润湿剂。阳离子型和两性表面活性剂由于成本高等原因，通常不作为润湿剂使用。

（1）阴离子型润湿剂　主要有硫酸盐类、烷基酚聚氧乙烯醚甲醛缩合物硫酸盐类、磺酸盐类等。

硫酸盐类阴离子润湿剂的主要品种为月桂醇硫酸钠。这类润湿剂的特点是润湿性较好，适用的 pH 值范围宽。但是，此类润湿剂也有缺点，即起泡力强，在酸性介质中易分解。

烷基酚聚氧乙烯醚甲醛缩合物硫酸盐类的主要品种以 SOPA 为代表，它不但具有润湿性，又具有分散性，而且以分散性为主。

磺酸盐类润湿剂，由于磺酸基在硬水中高度稳定，并能使疏水性的有机物溶于水中，有较强的润湿能力，特别适于作润湿剂。它是常用润湿剂中最主要的一类。主要代表品种有以下几种：

① 十二烷基苯磺酸钠。它是典型的润湿剂。常温下是固体，具有来源丰富、价廉、性能好等特点。但是它起泡沫量大，为了降低泡沫，可将它和非离子表面活性剂复配，不但泡沫低、润湿效果更佳，对水质、水温的适应性也广。

② 烷基萘磺酸盐。典型产品有拉开粉 BX（二异丁基萘磺酸钠）。拉开粉有较好的润湿性，并且在低温下亦有较好的润湿效果。拉开粉易溶于水，在强酸、强碱介质及硬水中都稳定。它不但润湿渗透性能好，而且增溶、分散等综合性能也好。此外，它还具有起泡性差、泡沫不稳定的优点，且在常温下为固体，来源较方便，特别适合用作润湿剂。

③ 烷基丁二酸磺酸盐。代表品种为润湿剂 T，即二异辛基丁二酸磺酸钠，又名琥珀酸二异辛酯磺酸钠。

（2）非离子型润湿剂　非离子型润湿剂起泡性差，抗硬水性能好，并具有润湿、渗透、增溶、乳化、分散等综合性能，还可通过调节环氧乙烷的聚合度来调节产品的润湿性，以适应不同的要求和目的。主要有脂肪醇聚氧乙烯醚类和烷基酚聚氧乙烯醚类。

① 脂肪醇聚氧乙烯醚类。代表品种为润湿渗透剂 JFC，化学名称为月桂醇聚氧乙烯醚。它的润湿性能较好，临界胶束浓度小，与木质素磺酸钠、分散剂 NNO 等配合使用，可获得良好的效果。

② 烷基酚聚氧乙烯醚。代表品种有 OP、NP 系列等，这类润湿剂用量小、综合性能好，可满足多种需要润湿的体系的要求。在常温下是黏稠液体或半固态蜡状体。

12.3.3.3 润湿剂的选择应用

润湿剂能够降低固液表面张力，增加液体在固体表面的润湿性、扩展性和渗透性，使固体被润湿或加速被润湿。润湿性是农药制剂产品质量的重要指标，而润湿性的好坏取决于润湿剂的选择。在选择润湿剂时应从以下两方面入手：第一是该种润湿剂是否能够改善固体的性能，如通过单层吸附使带相反电荷的高能表面拒水、抗粘，通过多层吸附使高能表面更加亲水；第二是该种润湿剂能否改善液体性能，即在润湿剂与固体表面带同种电荷时，可以增大润湿性[29～31]。

总体说来，所选润湿剂的分子结构中既要有亲水性较强的基团，又要有与原药亲和力较强的亲油基团。润湿剂的加入量一般在 0.5%～2%之间。一般情况下，分子较小的，润湿和渗透性能好；若表面活性剂种类相同，分子大小相同，则亲油基中带支链的一般比直链的润湿、渗透性能好；亲水基团在分子中间比在分子末端的润湿性能强。另外，润湿剂的亲水基的种类在不同条件下润湿性能也有差别。润湿剂的 HLB 值为 7～9 时，润湿作用最好。

在悬浮剂配方开发中，润湿剂和分散剂之间获得协同效应是至关重要的。不同润湿剂具有特定的降低表面张力和润湿特性。

12.3.4　增稠剂

12.3.4.1　增稠剂的作用及作用机理

增稠剂是一种流变助剂，加入农药悬浮体系后可以调节体系黏度，使悬浮体系具有触变性，并兼有乳化、稳定使呈悬浮状态的作用。悬浮体系中适宜的黏度是保证悬浮剂质量和使用效果的重要因素。增稠剂能提高分散介质黏度，降低粒子沉降速度，从而提高制剂的稳定性。增稠剂的品种很多，其增稠机理各不相同，主要可以归纳为以下几个方面：

（1）水合增稠机理　纤维分子是由一个脱水葡萄糖组成的聚合链，通过分子内或者分子间形成氢键，也可以通过水合作用和分子链的缠绕实现黏度的提高。纤维素增稠剂溶液呈现假塑性流体特性，静态时纤维素分子的支链和部分缠绕处于理想无序状态，使体系呈现高黏性。随着外力的增加，剪切速率梯度的增大，分子平行于流动方向做有序的排列，易于互相滑动，表现为体系黏度下降。与低分子量相比，高分子量纤维的缠绕程度大，在贮存时表现出更大的增稠能力。当剪切速率增大时，缠绕状态受到破坏，剪切速率越大，分子量对黏度的影响越小。这种增稠机理与悬浮体系所用的物料和助剂无关，只需选择合适分子量的纤维和调整增稠浓度即可得到合适的黏度，因而得到广泛的应用[32]。

（2）静电排斥增稠机理　丙烯酸类增稠剂，包括水溶性聚丙烯酸盐和碱增稠的丙烯酸酯共聚物两种类型。这类高分子增稠剂高分子链上带有相当多数量的羧基，当加入氨水或碱时，不易电离的羧酸基转化为离子化的羧酸钠盐。沿着聚合物大分子链阴离子中心产生的静电排斥作用，使大分子链迅速扩张与伸展，提供了长的链段和触毛。同时分子链段间又可吸收大量水分子，大大减少了溶液中自由状态的水。由于大分子链的伸展与扩张及自由状态水的减少，分子间相互运动的阻力加大，从而使体系变稠。

（3）缔合增稠机理　缔合增稠是在亲水的聚合物链段中，引入疏水性单体聚合物链段，从而使这种分子呈现出一定的表面活性剂的性质。当它在水溶液中的浓度超过特定浓度时，形成胶束。同一个缔合型增稠剂分子可以连接几个不同的胶束，这种结构降低了水分子的迁移性，因而提高了水相黏度。另外，每个增稠剂分子的亲水端与水分子以氢键缔合，亲油端可以与分散粒子缔合形成网状结构，导致体系黏度增加。增稠剂与分散相粒子间的缔合可提高分子间势能，在高剪切速率下表现出较高的表观黏度。

12.3.4.2　增稠剂的分类

常用的增稠剂有天然和合成两种，又分为有机和无机两大类。有机增稠剂常用的多为水溶性高分子化合物和水溶性树脂，如阿拉伯胶、黄原胶、甲基纤维素、羧甲基纤维素钠、羟丙基纤维素、丙烯酸钠、聚乙烯醇、聚乙烯吡咯烷酮、聚丙烯酸钠等。无机增稠剂有分散性硅酸、气态二氧化硅、膨润土和硅酸镁铝等[33~37]。

12.3.4.3　增稠剂的选择应用

增稠剂的选用，一般通过悬浮剂的黏度来衡量，通常黏度在 $100\sim1000\text{mPa}\cdot\text{s}$ 之间为宜，且要求增稠剂和有效成分必须有良好的相容性，并长期稳定，制剂稀释时能自动分散，其黏度不随温度和聚合物溶液的老化而变化。

（1）黄原胶　黄原胶具有突出的高黏性和水溶性，增稠效果显著。它有独特的假塑性流变学特征，在温度不变的情况下，可随机械外力的改变而出现溶胶和凝胶的可逆变化，也是一种高效的乳化稳定剂。黄原胶在宽的温度（ $-18\sim120$ ℃）和 pH 2~12 范围内基本可保持其原有的黏度和性能，因而具有可靠的增稠效果和冻融稳定性，且有良好的兼容性。

（2）硅酸镁铝　硅酸镁铝具有胶体性能，分散在水中能水化膨胀成半透明-透明的触变性凝胶，且成胶不受温度限定，在冷水和热水中都能分散水化。硅酸镁铝耐酸碱，对电解质有较大的相容性，胶体稳定性良好，悬浮性良好，且兼容性良好。

12.3.5 稳定剂

稳定剂是指能防止或延缓农药及其制剂在贮存过程中，有效成分分解或物理性能劣化的助剂。稳定剂分为物理稳定剂和化学稳定剂。物理稳定剂是保持悬浮剂在长期贮存中悬浮性能的稳定，减少分层、结块等，如膨润土、白炭黑等。化学稳定剂是保持悬浮剂中有效成分在长期贮存中不分解或者少分解，用于保证在施用时药效不减，如环氧大豆油等。

12.3.6 抗冻剂

抗冻剂是指一种能在低温下防止悬浮剂中水分结冰的物质。一般以水为介质的悬浮剂若在低温地区生产和使用，要考虑加入抗冻剂，否则制剂会因冻结无法恢复原有的物性而影响防效。符合要求的抗冻剂必须具备：①防冻性能好；②挥发性低；③对有效成分的溶解度越低越好，最好不溶解。

抗冻剂多为吸水性和水合性强的物质，用于降低体系的冰点。最常见的抗冻剂为非离子多元醇类化合物，如乙二醇、丙三醇、聚乙二醇、山梨醇、尿素等。

12.3.7 pH 调节剂

pH 调节剂也称酸度调节剂，是用于调节体系中所需酸碱条件的一类助剂。

pH 调节剂有两种：一种是用酸调节，如醋酸、盐酸等；另一种是用碱调节，如氢氧化钠、氢氧化钾、氨水、铵盐及三乙醇胺等。

12.3.8 消泡剂

消泡剂是指能显著降低泡沫持久性的物质。农药悬浮剂的生产工艺多采用湿法多级砂磨超微粉碎。高速旋转的分散盘把大量空气带入并分散成极其微小的气泡，使悬浮液体积迅速膨胀。这些气泡使得制剂黏度变大，计量和包装困难，会显著降低生产效率。如果不能消泡，还可能使塑性流体变成胀流型流体。所以需要在制剂中加入一定量的消泡剂，并要求消泡剂同制剂的各组分有很好的相容性。

常见的消泡剂为有机聚硅氧烷类、C_8～C_{10}脂肪醇、C_{19}～C_{20}饱和脂肪族羧酸及其酯类、酯-醚型化合物等。

12.3.9 防腐剂

水基性制剂在贮存过程中容易滋长细菌导致霉变、腐败等，需加入少量的防腐剂，如苯甲酸钠等具有防腐性能的助剂。

12.3.10 增效剂

水基性制剂自身的附着能力和铺展能力较差，为提高制剂药效，需加入一些能起到增加药效作用的助剂。一般水基性制剂的药效不如乳油等油基制剂，一方面，分散介质水自身与靶标的亲和力不如有机溶剂或油类，另一方面，悬浮颗粒分布不如分子状态均匀。

针对这些问题，一方面配方中可加入增效成分（如润湿、渗透剂等），如迈图公司的有机硅增效剂喜威系列产品，这类增效剂具有较强的扩展性和附着能力，可以使药液更好地覆盖于靶标表面，渗透性较强，可以促进药液快速吸收，从而提高药效；另一方面，制剂使用时桶混加入飞防助剂（有机硅或植物油类），如北京广源益农化学有限责任公司的除草剂增效剂 GY-Tmax，它对烯草酮、烟嘧磺隆、硝磺草酮等茎叶处理除草剂均有较明显的增效作用，此外，还有杀虫增效剂 GY-Tmso、植物源增效剂 GY-2000 等。

12.3.11　悬浮剂配方开发中的常见问题及解决方案

悬浮剂配方开发中常见的问题主要有低熔点、水中溶解度高等特殊原药开发问题、高含量制剂开发问题、制剂膏化问题、悬浮率控制问题及加工过程中气泡的消除问题等。

12.3.11.1　低熔点原药悬浮剂开发

原药熔点如果低于 70℃，悬浮剂生产上将面临较大的困难。低熔点原药在悬浮剂生产加工过程中，常常会出现物料越磨越稠、难以流动的问题。这主要是由于在研磨过程中，物料温度升高，使原本熔点低的原药变软变稠，导致研磨失效，润湿分散剂无法很好地吸附在原药颗粒界面，原药颗粒间容易相互搭接，将分散介质水束缚其中，造成越磨流动性越差。对于这个问题，可以从以下几个方面考虑进行解决[38,39]：

① 尽可能选择高含量原药，减少低熔点杂质的含量。

② 注意不同厂家不同批次原药的性能的影响。确定配方后尽量不要更换原药生产厂家。即使同一厂家的原药，对每一批次都需要先进行小样验证试验，以避免不同杂质带入，导致熔点更低，研磨过程中物料变稠。

③ 在研磨过程中可通过加大物料流量、加大循环冷却水流量、降低循环冷却水温度等措施降低砂磨升温对体系的影响。

④ 选择乳化能力强的非离子嵌段共聚物乳化剂或者高分子弱阴离子性的梳状聚合物来作结晶抑制剂。从理论上讲，低临界胶束浓度的分散剂（萘磺酸盐和木质素临界胶束浓度较低）对抑制结晶长大有较好的效果，但是单纯的阴离子分散剂对体系的分散稳定性控制能力可能不够，这样就需要加入非离子大分子的乳化剂来稳定分散体系，但是一般的非离子乳化剂的 CMC 较高，会加剧结晶长大，这个时候嵌段共聚物和高分子梳状聚合物就是不错的选择。随着近年表面活性剂和悬浮剂加工技术的发展，很多低熔点原药如高效氯氟氰菊酯原药熔点 49.2℃、醚菊酯熔点 38℃、二甲戊灵熔点 54～58℃，也能够被加工成悬浮剂。高分子分散剂溶解过程相对较慢，可提前配成母液或高速搅拌使其完全溶解在水中再使用。针对低熔点原药在研磨过程中的变化，所用润湿分散剂只有在完全溶解的情况下，才能在研磨过程中以分子状态吸附于原药颗粒界面，起到分散稳定作用。

12.3.11.2　水中溶解度高的原药悬浮剂开发

悬浮剂开发中，通常要求原药在水中的溶解度不要超过 100mg/L。水中溶解度大的原药制备悬浮剂最主要的问题就在于容易发生奥氏熟化而出现晶体长大、析晶问题。对此，可选用润湿能力较强、分子量较大的非离子表面活性剂如嵌段聚醚作为润湿分散剂兼结晶抑制剂，有必要时也可加入结晶抑制剂。随着助剂技术的进步和质量的提高，许多在水中溶解度较大的原药品种如吡虫啉（510mg/L）、噻虫嗪（4.1g/L）和灭蝇胺（11g/L）等均开发为稳定的悬浮剂。

12.3.11.3　高含量悬浮剂开发

开发高含量悬浮剂是悬浮剂发展的一个重要方向。高含量制剂可以减少包装成本和仓储成本，降低生产费用和运输费用。但是悬浮剂含量越高，研发难度越大，遇到的难题主要有生产配制均匀浆料难、砂磨困难，贮存时易结晶长大、絮凝固化等[40]。

高含量悬浮剂难以砂磨，主要原因是高含量悬浮体系中原药含量高，润湿分散剂不能很好地在原药颗粒界面润湿、吸附、均匀分散开，故使体系有很高的黏度。选用合适种类及用量的润湿分散剂，才能使物料越磨越稀，最终得到均匀的稳定产品。

高含量悬浮剂的开发容易出现絮凝和固化等问题，这是由于在较高浓度下，粒子运动中碰撞的概率比中低浓度大得多；分子间距离要小得多，因此相互间的作用力更大，有利于粒子间聚集合并，并逐步沉淀结块而造成产品没有流动性。解决这种情况主要靠选择合适的高质量、高性能的与有效成分相匹配的润湿分散剂体系。

12.3.11.4 制剂膏化问题

（1）悬浮剂膏化、稠化原因　在悬浮剂配方的开发中，经常会遇到膏化、稠化问题，通常从润湿分散剂和增稠剂上分析原因，寻找解决办法。

润湿分散剂在颗粒界面脱附造成颗粒间搭接絮凝，将自由水束缚其中，产品流动性变差，严重则出现膏化、稠化；对于这种情况，最好更换润湿分散剂，一般采用高分子聚合物类润湿分散剂，其吸附位点多，吸附稳定性好，可使悬浮剂在贮存过程中保持较好的分散稳定性。

增稠剂的选择不当，用量不适，也会造成贮存过程的膏化、稠化，一些大分子增稠剂或无机矿物材料在产品中相互搭接形成结构，将自由水束缚其中，也会导致产品在贮存中出现膏化、稠化。

（2）易膏化的悬浮剂品种　水中溶解度大、低熔点、高沸点、杂质含量高的三唑类或脲类、易水合类、有机金属类原药易膏化；高含量制剂也容易膏化。不同原药类别所引起的膏化形态有所不同。

① 在水中溶解度大的原药，易形成结晶状膏化状态，常见的品种如噻虫嗪（水中溶解度 4.1g/L)、吡虫啉（水中溶解度 510mg/L)。这类原药防止膏化的办法主要是采用嵌段共聚物类润湿分散剂，也可加入结晶抑制剂。

② 三唑类或脲类原药，易形成块状膏化状态，常见的品种如三唑酮。这类原药防止膏化的办法主要是通过采用带阴离子基团的润湿分散剂，增加吸附层厚度和牢度，增强空间位阻，降低水簇团的形成。

③ 低熔点、高沸点、杂质含量高类原药，易出现黏弹性假塑性膏化，常见品种如二甲戊灵。这类原药防止膏化的办法主要是通过改进原药提纯工艺，降低低熔点、高沸点杂质的含量。添加少量高分子量嵌段型润湿分散剂或乳化剂也能减轻膏化现象。

④ 有机金属类原药或高含量制剂，易出现无法砂磨或块状膏化状态，常见品种如百菌清。高含量悬浮剂制备中主要由两方面引起膏化，一方面，由于疏水性强、表面积大，难以润湿而引发膏化；另一方面，由于吸附厚度、牢度不够，空间位阻太小，易很快膏化。这类原药防止膏化的办法主要是通过采用具螯合作用的润湿分散剂，增强吸附力，提高吸附层厚度和牢度，减小颗粒裸露面积，增加空间位阻。

⑤ 易水合类原药，易出现假塑性膏化状态，常见品种如吡蚜酮。

综上，悬浮剂的膏化问题主要可以选择具有一定润湿功能、能有效吸附原药粒子的高效润湿分散剂，如选择一些具有较强亲水基和较大亲油基的润湿分散剂，这样在砂磨过程中可以保证原药与液体较快、较完全地润湿，在原药表面产生水化膜，提高砂磨效率。

12.3.11.5 影响悬浮率的因素

（1）悬浮剂颗粒大小及粒度分布　悬浮剂沉降速率的大小，可反映悬浮率的高低。悬浮率与粒径有着直接的关系，即制剂粒度越细，悬浮率越高；反之，悬浮率越低。制剂的稳定性和高悬浮率不仅需要足够的细度，而且必须具有良好的粒度分布。当制剂粒度分布较窄时具有很高的悬浮率和较好的稳定性。

（2）黏度　黏度是悬浮剂稳定机制的三个重要因素之一。适宜的黏度将使制剂具有良好的稳定性和较高的悬浮率。黏度过低制剂稳定性会变差，黏度过高制剂流动性不好，从而导致分散性不好，甚至不能自行分散，悬浮率大大降低。

（3）配方组成　从制剂的配方而言，配方中助剂用量、有效成分含量及原药理化性质都对制剂的悬浮率有明显的影响。

① 助剂用量对制剂悬浮率的影响。悬浮剂中的助剂有多种，主要有润湿分散剂、增稠剂、防冻剂和消泡剂等，其中影响最大的是润湿分散剂。当原药粒子经多级粉碎，粒子逐渐变小，表面积迅速增大，表面自由能也迅速增大。这些微细粒子在范德华力的作用下，粒子之间互相碰撞、吸引产生凝聚，粒子变大，沉降速度加快，导致悬浮率降低。润湿分散剂的作用就是阻止粒子的凝集，最大程度保持悬浮率不下降。

对于悬浮剂中使用的其他助剂，如增稠剂、防冻剂、消泡剂等对悬浮率都有或多或少的影响，必须使用得当；反之，还会起副作用，降低悬浮率。

② 有效成分含量对制剂悬浮率的影响。一般情况下，在其他条件完全相同，只是有效成分含量不同时，有效成分含量越高的，悬浮率越低。不同的原药，最佳的有效成分含量是不同的。在选择有效成分含量时，前提是确保获得较高的悬浮率和制剂稳定性。

③ 原药理化性质对制剂的影响。农药悬浮剂对原药的理化性质虽没有统一的规定标准，但也有一些经验性的要求，如原药在水中的溶解度一般不大于 100mg/L，有的不大于 70mg/L，熔点最好不低于 100℃，并在水中有良好的化学稳定性。

（4）贮存条件对制剂悬浮率的影响　对农药悬浮剂来说，随着贮存时间的延长、温度差的变化，悬浮率或多或少会有变化。一个优良的农药悬浮剂制剂是能经受得住时间（如 2 年）和条件变化考验的，其悬浮率应无明显的降低。而一个差的农药悬浮剂则悬浮率降低十分明显，影响使用效果，甚至不能使用。

一个农药悬浮剂的好坏，必须经过贮存试验（加速试验和常温贮存）的严格检测。特别是配方中某个组分发生变化时（如规格、质量的变化等），需要把好质量关。

12.3.11.6　生产加工过程中气泡的处理

有些产品在悬浮剂开发的配方研究阶段，用有机硅类消泡剂，效果不错，可以有效地消除已产生的气泡。但是在实际生产中，产品泡沫还是很多，加入消泡剂后效果不明显，需要放置三四天才能包装，这个现象对于悬浮剂来说也是很常见的问题。

悬浮剂的消泡一般考虑以下几个方面：

（1）消泡剂的质量　不同消泡剂种类和有效消泡物质的含量都会对最终的消泡效果产生影响。因此，尽量选择适用于所开发配方体系的质量好的消泡剂。一般来说，价格较为便宜的往往有效成分很低，对难以消除类气泡的效果不佳，需在配方开发中不断更换其他品种尝试。

（2）消泡剂的用量　消泡剂的加入量需根据产生气泡的多少决定。

（3）制剂本身的黏度　如果制剂本身的黏度很大，如开发较高浓度的制剂品种，很细的泡沫很难从体系中消除。由于固含量较高，产生的气泡夹杂在体系中，很不容易消除。若产品黏度不合适，即便制剂放置几个月，部分气泡还是会出现难以上浮消泡。所以，调节悬浮剂特别是高含量悬浮剂合理的黏度范围非常重要。

（4）助剂选用的品种　有些润湿分散剂本身就有很好的起泡性，在砂磨的时候容易引起更多的气泡，对于这种现象需要注意助剂的选择，可通过增加消泡剂用量来解决。

此外，一些特殊的原药品种因为合成工艺和杂质的影响，也有很好的起泡性，需要通过调节消泡剂来避免。生产过程中可以通过加工工艺的优化来减少泡沫的产生，例如调整加料顺序等[41,42]。

12.4 悬浮剂开发实例

悬浮剂的质量是决定产品效果和价值的关键因素，要求我们必须根据不同的农药品种和靶标作物，通过筛选出与原药匹配的适宜的助剂体系，既要能最大限度地发挥有效成分的生物活性，又能最大限度地降低杂质对制剂稳定性的影响，提高有效成分的生物活性，减少用药量，降低成本，提高其与环境的相容性。

12.4.1 悬浮剂的典型配方

农药悬浮剂配方组分是由有效成分、分散剂、润湿剂、增稠剂、稳定剂、抗冻剂、pH调节剂、消泡剂、防腐剂及增效剂等组成的。依据有效成分及其含量的不同，并结合悬浮剂本身的物理稳定性情况和生物活性测定结果，确定各组分在配方中所占的百分比。

12.4.2 应用实例

以具有代表性的20%戊唑醇·烯肟菌胺悬浮剂为例，系统介绍悬浮剂的配方开发全过程。

12.4.2.1 实验材料

烯肟菌胺原药，含量96%；戊唑醇，96%原药，射阳黄海农药化工有限公司；萘磺酸钠甲醛缩合物（NNO）、Morwet EFW（烷基萘磺酸盐和阴离子润湿剂的混合物）、烷基萘磺酸缩聚物的钠盐（Morwet D-425）、木质素磺酸钠、木质素磺酸钙、阴离子和非离子表面活性剂复配物（农乳0201B）、苯乙基酚聚氧乙烯聚氧丙烯醚（农乳1601）、十二烷基苯磺酸钙（农乳500#）、烷基酚甲醛树脂聚氧乙烯醚（农乳700#）、壬基酚聚氧乙烯（7）醚（农乳NP-7）、蓖麻油聚氧乙烯醚（BY110）、农乳OX-656、黄原胶XG、聚乙烯醇1788、白炭黑、凹凸棒土、羧甲基纤维素钠、海藻酸钠、甘油、乙二醇、尿素。

12.4.2.2 实验仪器

WM1.5微米级实验室卧式砂磨机（重庆渝辉公司）；PHS-3E型精密pH计；SPS402F电子天平；Waters高效液相色谱仪；BT-2003激光粒度仪；202-AB电热恒温干燥箱；BCD-183KN冰箱。

12.4.2.3 实验方法及结果

（1）悬浮剂配方的确定

① 润湿分散剂流点的测定方法。按配方要求，先称取一定量的戊唑醇、烯肟菌胺原药，混合，经超微粉碎机粉碎。在50mL小烧杯中加入5.0g（精确至0.01g）粉碎好的烯肟菌胺和戊唑醇原药（平均粒径约为20μm），用滴管慢慢滴加配制好的5%的润湿分散剂水溶液。一边滴加，一边用玻璃棒仔细研磨，直至混合后的糊状物可以从玻璃棒上自由滴下为止，记录滴加水溶液的质量（精确至0.01g），重复5次。用滴加水溶液的质量除以所称取的原药的质量，即得到该润湿分散剂对烯肟菌胺和戊唑醇原药混合物的流点。

实验中，分别测定了TERSPERSE 4894、TERSPERSE 2500、Morwet EFW对戊唑醇原药的流点，结果见表12-1。

由表12-1的数据可见，选用分散剂D425、分散剂GY-D04、农乳0201B、农乳700#、农乳1601、农乳T-20、农乳500#较佳。

表 12-1　润湿分散剂的流点测定结果

润湿分散剂	流点/(mL/g)	润湿分散剂	流点/(mL/g)
分散剂 MF	1.1908	农乳 1601#	0.7022
分散剂 NNO	1.0181	农乳 700#	0.6191
分散剂 D425	0.8116	农乳 0201B	0.8762
分散剂 GY-D04	0.8536	木质素磺酸钙	1.1309
木质素磺酸钠	1.1028	农乳 T-20	0.7480
农乳 BY110	0.6763	农乳 500#	0.7568

② 润湿分散剂用量的确定。农药悬浮剂的悬浮液体系介于胶体分散体系和粗分散体系之间，属于一种热力学不稳定体系。为了增强悬浮剂的稳定性，通常须加入一定量的分散剂，其作用是在悬浮剂中的农药颗粒周围形成保护层，阻碍磨细的农药颗粒相互靠近，从而使农药固体小颗粒均匀地分散在悬浮液体系的各个部位，在贮存过程中不发生凝聚和结底现象，即使有少量分层，经轻轻摇动也可再分散成稳定的悬浮体系，即具有良好的再分散性。而且在冷、热贮条件下均能保持良好的分散稳定性和化学稳定性，即对温度有一定的适应性。此外，所加分散剂的量至少要达到足以完全覆盖农药在砂磨时暴露出来的表面积，这样才能使悬浮液体系稳定。根据原药的物化性质、作用靶标等情况，选择了不同的润湿分散剂进行实验，其实验结果见表 12-2。

表 12-2　20%戊唑醇·烯肟菌胺悬浮剂润湿分散体系筛选实验结果

项　目	1	2	3	4	5	6
有效成分/%	20	20	20	20	20	20
分散剂 NNO/%		2.0	1.5	1.5	1.5	2.0
农乳 1601/%	1.5	1.5	1.0	1.0	1.5	1.0
农乳 500#/%	1.0	1.5			0.5	0.5
农乳 OX-656/%			1.0	1.5		0.5
农乳 0201B/%	1.5	1.0	2.0	1.5	2.0	2.0
乙二醇/%	4.0	4.0	4.0	4.0	4.0	4.0
水/%	～100	～100	～100	～100	～100	～100
悬浮率/%	96	95	96	97	96	97
筛析/%	94	97	98	98	97	98
分散性	可	良⁻	良⁻	良⁻	良	良
热贮稳定性	可	可	可	可	良⁻	可⁺

表 12-2 的实验数据表明，选择配方 6，样品析水较少，流动性较好，稳定性较好。

③ 增稠剂加入量的确定。悬浮剂的黏度高低是影响产品贮存稳定性的一个重要因素，黏度太小，产品一般放置一段时间后易分层、结块，黏度太大，则产品不易流动，给加工带来困难，并影响产品的包装及使用。为了增加悬浮剂的稳定性，降低沉降速度，最有效的方法是减小微粒半径，但微粒的半径又不能太小，否则会增加其热力学不稳定性，另一种方法就是向悬浮剂中加入增稠剂，使产品有一个合适的黏度，从而改善产品的倾倒性，提高悬浮率和贮存稳定性。在配方 6 的基础上，筛选了几种增稠剂进行了稳定性实验，发现选用海藻酸钠较好，其实验结果见表 12-3。

表 12-3　20%戊唑醇·烯肟菌胺悬浮剂增稠剂筛选实验结果

项目	1	2	3	4	5	6	7	8
PEG 400/%	1			2				
黄原胶/%							0.1	0.3
海藻酸钠/%					0.1	0.3		
甲基纤维素/%		0.5						
聚乙烯醇/%			0.2					
黏度/mPa·s	100		150		200	360	600	1000
热贮稳定性	差	可	可	可	可	良$^{-}$	差	可
倾倒性	良$^{+}$	可$^{-}$	良	良	良	良	可$^{+}$	可$^{-}$

④ 抗冻剂加入量的确定。在制剂配方中，加入抗冻剂乙二醇。当乙二醇的加入量为 6% 时，制剂经－20℃冷冻 18h，室温放置 6h，循环四次，可恢复。因此，确定乙二醇的加入量为 6%。

⑤ 通过对前几步的交叉筛选和热贮稳定性试验，得到了较佳配方，其配方如表 12-4 所示。

表 12-4　20%戊唑醇·烯肟菌胺悬浮剂较佳配方

有效成分	20%	有效成分	20%
分散剂 NNO	1.5%	海藻酸钠	0.1%
农乳 0201B	2.0%	乙二醇	6.0%
农乳 1601	1.5%	去离子水	补足至 100%
农乳 500#	0.5%		

（2）悬浮剂样品的制备　根据以上实验设计的配方，将称量好的戊唑醇原药、分散剂、润湿剂、增稠剂、抗冻剂和去离子水加入砂磨缸中，用湿法研磨法砂磨 2h。

（3）各项技术指标的测定　检测上述配制样品的各项技术指标，其结果见表 12-5。

表 12-5　20%戊唑醇·烯肟菌胺悬浮剂各项技术指标测定结果

序号	pH 值	悬浮率/%	黏度/mPa·s	细度（通过 75μm 试验筛）/%	倾倒性	分散性	冷贮稳定性	热贮稳定性
1	6.0	92	160	99	良	良	合格	合格
2	6.0	93	170	99	良	良	合格	合格
3	6.0	92	180	99	良	良	合格	合格
4	6.0	94	190	99	良	良	合格	合格
5	6.0	92	170	99	良	良	合格	合格

由表 12-5 中的数据可见，配制的 20%戊唑醇·烯肟菌胺悬浮剂产品，符合悬浮剂所要求的各项技术指标。

12.5　喷雾药液物化性质研究

要使农药发挥较高的效率，最重要的是药液要能在靶标物质上铺展和滞留，这就要求喷施的药液具有较好的润湿性，而表面张力和接触角是其效果评价的重要指标之一。在常规喷雾条件下，药剂过大的表面张力，不易使植物被润湿，还会导致药剂大量流失；而当表面张力太低时，因药剂接触角过大，润湿铺展能力太强，也会造成药剂易从叶面边缘上滴落的现象，这两种情况都会降低农药的有效利用率。雾滴在与植物叶面接触瞬间的表面张力是动态表面张力，一般动态表面张力比静态表面张力要高，甚至与水的表面张力接近。在某些体系中，动态表面张力比静态表面张力更能说明问题，为了使农药在喷施后能在叶面迅速铺展，就需要动态表面张力来筛选助剂（如药液雾滴的粒径、运动速率、药液动态表面张力及其在叶面上的接触角大小等）。雾化过程中，雾滴的粒径和速率一旦确定即很难改变，因此，探讨表面活性剂对药液在植物表面上的接触角就显得尤为重要[43,44]。

即使同一原药制成同一剂型，如使用的助剂不同，制剂的理化性质不同，喷洒后其雾滴的物化性质及在植物叶片上的滞留量亦不同。可通过研究不同种类的分散剂所配制的悬浮剂药剂雾滴的物化性质如表面张力、动态表面张力和接触角，为农药悬浮剂加工和应用提供技术支撑。

以分散剂 2700 配制的 40％莠去津悬浮剂为例。

(1) 实验材料　40％莠去津悬浮剂（分散剂为 2700，用量为吸附平衡浓度）。

(2) 实验仪器　JK99B 型全自动张力仪；BP2 动态表面张力仪；DSA100 接触角测量仪。

(3) 实验方法

① 表面张力的测定。溶液表面张力的测定采用铂金板法。配制药液浓度分别为 0.005％、0.01％、0.05％、0.1％、0.25％的水溶液，重复测量 3 次，取其平均值。试验温度 20℃±1℃，试验误差范围为±1.0mN/m。

② 动态表面张力的测定。溶液动态表面张力的测定采用悬滴法。配制药液浓度分别为 0.005％、0.01％、0.05％、0.1％、0.25％的水溶液，重复测量 3 次，取其平均值。试验温度 20℃±1℃，监测时间范围为 0～1000s，试验误差范围为±1.0mN/m。

③ 接触角的测定。配制药液浓度分别为 0.005％、0.01％、0.05％、0.1％、0.25％的水溶液，取 2μL 大小的液滴于一次性聚苯乙烯培养皿上，每 30s 测一次接触角，测 8～10min，重复 3～4 次。拍摄 2min、4min、6min、8min、10min 的液滴形状，试验温度 20℃±1℃，试验误差范围为 1°。

(4) 实验结果

① 分散剂 2700 对 40％莠去津悬浮剂表面张力的影响。测定了分散剂 2700 在 40％莠去津悬浮剂中不同浓度的表面张力，如表 12-6 所示，由表中数据可见，在浓度 0.005％～0.01％之间，随着药液中分散剂浓度的增加，液体的表面张力有所升高；但在浓度 0.01％～0.25％之间，液体的表面张力逐渐降低，最低为 56.3mN/m。

② 分散剂 2700 对 40％莠去津悬浮剂动态表面张力的影响。测定分散剂 2700 在 40％莠去津悬浮剂中不同浓度的动态表面张力。数据显示，药液浓度分别为 0.005％、0.01％、0.05％、0.1％、0.25％的曲线达到界平衡区的时间分别为 42s、25s、78s、13s、65s。

③ 分散剂 2700 对 40％莠去津悬浮剂接触角的影响。测定不同浓度药液的接触角。数据显示，2700 浓度增大，接触角变小，润湿性增强，铺展速率变快。

表 12-6　分散剂 2700 对 40%莠去津悬浮剂表面张力的影响

浓度	表面张力/(mN/m)			平均值/(mN/m)
0.005%	69.99	69.83	69.66	69.83
0.01%	70.78	70.45	70.87	70.70
0.05%	64.29	64.54	64.87	64.57
0.1%	61.79	61.83	61.49	61.70
0.25%	56.33	56.12	56.83	56.43

总之，不同分散剂制备的同一原药的悬浮剂，不仅稳定机理和流变学行为不同，而且形成喷雾药液的物化性质亦不同；物理稳定性是悬浮剂制备的重点和难点，而药效才是制剂研究的真正核心，尤其是喷雾药液的物化性质对药效的发挥起着重要的作用。

吸附行为研究包括以下三个方面：

（1）表观吸附量　由于分散剂在农药颗粒表面吸附，二者之间会发生相互作用，导致吸收峰强度和位移发生变化。因此可用红外光谱来确定分散剂与农药颗粒表面结合的主要作用力，并用拉曼光谱作为红外光谱的有力佐证和补充。将制得的悬浮液用高速离心机离心，弃去上层清液，下层残余固体物经真空干燥后，用溴化钾压片，拉曼光谱测定。吸附分散剂后溶液中的分散剂浓度可利用紫外分光光度计（UV）来检测，通过计算吸附前后分散剂的浓度差，测量农药颗粒表面的表观吸附量。

$$\Gamma=\frac{m_0-c_tV}{m} \tag{12-1}$$

式中　Γ——表观吸附量，mg/g；

m_0——原分散剂质量，mg；

c_t——吸附平衡后溶液中分散剂的质量浓度，g/L；

V——溶液总体积，mL；

m——农药质量，g。

（2）吸附层厚度　吸附分散剂前后农药颗粒的特征光电子经过农药颗粒表面后强度的衰减程度有所不同，可利用 X 射线光电子谱（XPS）技术来分析样品表面的元素成分、原子内壳能级电子峰的强度及化学位移等信息，计算分散剂的吸附层厚度［将制得的悬浮液用高速离心机离心，弃去上层清液，下层残余固体物经真空干燥后，用 X 射线电子能谱（XPS）测定］。

$$I_d=I_0\exp(-d/\lambda) \tag{12-2}$$

式中　I_d——经过吸附层厚度为 d 的吸附层吸附后的光电子强度；

I_0——初始光电子强度；

d——吸附层厚度，nm；

λ——光电子的平均逸出深度，nm。

（3）表面形貌　吸附分散剂前后农药颗粒的形状会发生一定的变化，可用扫描电子显微镜（SEM）研究样品的表面形貌。将制得的悬浮液用高速离心机离心，弃去上层清液，下层残余固体物经真空干燥，用扫描电子显微镜对样品进行形貌测试。

12.6　悬浮剂生产的工程化技术

农药悬浮剂品种繁多，国内外悬浮剂的加工工艺不尽相同，各有千秋，但以水为分散介质的农药悬浮剂都有一个共同点，即主要均采用湿法粉碎。

12.6.1　悬浮剂加工工艺

纵观国内外悬浮剂的加工工艺和设备的优点，比较理想的工艺是多次混合、多级砂磨；比较理想的设备是均质混合器和卧式砂磨机；比较理想的研磨介质是锆珠（卧式砂磨机）。

12.6.1.1　悬浮剂的制备方法

（1）超微粉碎法

① 超微粉碎法介绍。超微粉碎法又称湿磨法，就是将原药、助剂、水混合后，经预分散再进入砂磨机砂磨分散，过滤后进行调配的方法。

② 超微粉碎法的特点。超微粉碎法是农药悬浮剂加工的基本方法。这种方法的主要加工设备有三种。

a. 预粉碎设备：球磨机、胶体磨、高剪切分散机。选择使用何种设备，要因物料性质而定，较硬的脆性物料用球磨机较好，粉状的细物料选用胶体磨为宜，而高剪切分散机适用范围比较宽，逐渐成为主要的预粉碎设备。

b. 超微粉碎设备：砂磨机。常用的砂磨机有两种，一种是立式的，一种是卧式的。如：LDM-30L 棒销式砂磨机。

c. 高速混合机（10000～15000r/min）和均质器（＞8000r/min），主要起均匀均化作用。如：LFS-75HP 高速分散机。

③ 超微粉碎的操作过程

首先，粗分散液的制备（以球磨机为例）。将原药、润湿分散剂等助剂按设计投料量装入球磨机中，开动球磨机粉碎，取样检测颗粒直径达到 74μm（200 目）时，停止粉碎。使用球磨机的优点是一机多能，即同时具有配料、混合、粉碎三种功能[45]。

其次，超微粉碎（即砂磨）。超微粉碎是在砂磨机中进行的。砂磨机是加工悬浮剂的关键设备。砂磨机对物料的粉碎是通过剪切力完成的，而剪切力的大小与砂磨机分散盘的线速度及砂磨介质的粒径有关。一般来说，线速度越大，剪切力越大，粉碎效率越高。砂磨介质通常使用玻璃珠或锆珠，直径以 1.0～2.0mm 为宜，装填量为砂磨机筒体积的 70%。砂磨时注意开通冷却水防止砂磨时物料温度上升。

最后，均质混合调配。砂磨虽然可以进行超微粉碎，但因设备本身的欠缺，导致被粉碎的物料粒径不均匀。均质器可使粒子均匀化，提高制剂稳定性。

（2）凝聚热熔法

① 凝聚热熔法介绍。凝聚热熔法是由凝聚法制备胶体演变而来的。它是将热熔状态的溶液，在高速搅拌的冷液体中，以晶体微粒形态分散形成的悬浮液。

② 凝聚热熔法的特点。采用热熔凝聚法制得的悬浮剂粒径小于 1μm 的粒子可占 50%左右，有的高达 90%。由于粒径小，所以药效得以充分发挥。该法由于受农药理化性质的限制而应用较少。

③ 凝聚热熔的操作过程。凝聚热熔法的实验室的制备方法有三种：

a. 把农药有效成分热熔物、助剂在高速搅拌并防止空气进入的条件下加入水中。

b. 在高速搅拌和防止空气进入的条件下，将农药有效成分热熔物、阴离子分散剂母体-酸和选用的其他助剂，加至含有适合当量碱（按分散剂母体-酸计算）的水相中，再将上述方法制出的分散液均化后形成悬浮剂。

c. 在高效搅拌和防止空气进入的条件下，将农药有效成分、润湿分散剂和其他助剂一起加热形成熔融混合物加到高于熔融物熔点的水相中，加完后慢慢降低整个正在高效搅拌的分散液的温度，直至形成稳定的悬浮液为止。

12.6.1.2 悬浮剂的加工工艺

国内外比较理想的悬浮剂加工工艺是多次混合、多级砂磨，砂磨包括一级砂磨、二级砂磨及精磨。悬浮剂的加工流程见图 12-1。

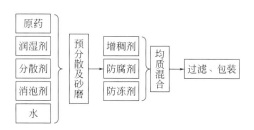

图 12-1 悬浮剂的加工流程

12.6.2 悬浮剂的研磨设备

农药悬浮剂的制作过程中所用的加工设备主要是指研磨设备，它是保证悬浮剂产品物理稳定性尤其是细度指标的关键所在。

12.6.2.1 研磨设备的分类

研磨设备主要分为砂磨机、球磨机、胶体磨和均质混合器。其中最常用的研磨设备是各种结构的砂磨机。

(1) 砂磨机 砂磨机是在球磨机的基础上改进而来的，砂磨机主要用来进行细粉碎和超微粉碎。砂磨机的粉碎过程可以认为是悬浮液与研磨介质之间各种力相互作用的结果。农药悬浮液、研磨介质可以看成是一个研磨体系。砂磨机分散盘高速旋转产生很大的离心力，离心力造成介质通过三种方式运动。第一种，研磨介质与悬浮体同方向流动。由于介质间可能产生速度差，对农药颗粒产生剪切力。第二种，研磨介质克服悬浮液的黏滞阻力，向砂磨机内壁冲击，产生冲击力。第三种，研磨介质本身产生自转。如果相邻两介质的相对自转方向或速度不同，会对颗粒产生摩擦作用。由于上述三种运动和三种粉碎力的存在，颗粒被粉碎时最少要受到两个力的同时作用[46]。

早期使用的砂磨机为立式开放式和密闭式两种，现在逐渐被能克服因介质偏析、研磨不匀、不易启动等缺点的卧式砂磨机所替代。卧式砂磨机较适合分散研磨黏度高而粒度要求细的产品。砂磨机的材质一般分为碳钢和不锈钢。卧式砂磨机研磨后的物料细而均匀，研磨介质为玻璃珠、氧化锆珠等，直径有 0.5～5mm 等规格。靠它产生的剪切力将料液中的物料磨细，较粗的物料应先在预分散机等其他设备中预磨至 200 目左右，再进入砂磨机砂磨。

砂磨机在规定容量的筒状容器内，有一旋转主轴，轴上装有若干个形状不同的分散盘。容器内预先装有占容积 50%～60%的研磨介质，由送料泵将粗分散液送入砂磨机内。由主动轴带动分散盘旋转，使研磨介质与物料克服黏性阻力，向容器内壁冲击。由于研磨介质与物料流动速度的不同，固体颗粒与研磨介质之间产生强剪切力、摩擦力、冲击力而使物料逐级粉碎。砂磨分散后的物料经过动态分离器分离研磨介质，从出料管流出，而研磨介质仍留在容器内。容器外有夹套，通过冷却水控制温度，一般控制在 30～40℃之间。

砂磨机的砂磨粉碎效率与分散盘形状、数量、组合方式及砂磨介质有关。研磨介质一般与浆料 1∶1 混合，靠它产生的剪切作用将浆料磨细。研磨介质的使用规格说法不一，其粒径的选择取决于物料所需的细度、物料的初始粒度及砂磨机类型等因素。

砂磨机的优点有生产效率高、产品分散性好、细度均匀、便于连续化生产、生产成本低、无粉尘污染，利于安全化生产。

（2）球磨机　球磨机的材质为碳钢，衬里为花岗岩石，它作为农药悬浮剂加工的第一道工序——配料、混合、预粉碎使用。

球磨的优点有一次装料多，且可多可少，有一定的伸缩量；操作简便，易于掌握、维修；间歇式操作，能充分发挥人的作用；一机多用，既可配料、混合，也可进行预粉碎；对固体物料的适应性强；终点粉碎细度可以根据粉碎要求，自由选定；湿式密封粉碎，基本无污染问题。但球磨也存在一定的缺点，如设备笨重、体积大、耗能大；间歇式操作，效率相对较低；球磨机的衬里为花岗岩石，粉碎介质为硬质海卵石，长时间研磨不可避免会有碎石和石末混入浆料中，需进行处理，以防其进入下道工序的砂磨机中。

（3）胶体磨　胶体磨主要起预粉碎作用，为砂磨机制备细粉料浆。我国生产胶体磨的厂家较多，其规格型号各异。共同点是体积小、生产能力大、产品粒度细。

（4）均质混合器　均质混合主要起到预分散和预粉碎作用，通常用于制备粗分散液。均质混合器是通过高速冲击、剪切、摩擦等作用来达到对介质破碎和匀化的设备。物料在高速流动时的剪切效应、高速喷射时的撞击作用、瞬间强大压力降时的空穴效应三重作用下，使物料达到超细粉碎，从而使互不相容的固液混悬液均质成固液分散体系。

12.6.2.2　研磨介质的介绍

（1）研磨介质的选择　研磨介质按材料的不同可分为玻璃珠、陶瓷珠（包括硅酸锆珠、二氧化锆珠、二氧化铝珠）、钢珠等。实际工作中，可以根据研磨珠的化学组成、物理性能及悬浮剂加工工艺和设备来选择合适的研磨介质。

① 化学组成。研磨珠的化学组成及制造工艺的差异决定了其晶体结构，致密的晶体结构保证研磨珠的高强度、高耐磨和低吸油等特性。各种成分的含量的不同决定了研磨珠的密度，密度高时研磨效率较高。研磨珠在研磨过程中的自然磨损对浆料的性能会有一定的影响。所以，选择研磨介质时除了考虑低磨损率外，其化学组成也是要考虑的因素。研磨农药时要注意避免含重金属如 Pb 等的研磨介质。研磨珠的化学组成决定的一些物理性能（硬度、密度、耐磨性）和其本身的磨损对浆料的污染情况是选择研磨介质要考虑的因素。

② 物理性能

a. 研磨珠的密度。研磨珠中各种氧化物的分子量和组成决定了研磨珠的密度。通常情况下，密度越大的研磨珠，冲量越大，研磨效率越高，对砂磨机的接触件（内缸、分散盘等）的磨损也相对比较大。低密度的研磨珠适合低黏度的浆料，高密度的研磨珠适合高黏度的浆料，可以根据浆料的黏度来选择合适密度的研磨珠。

b. 研磨珠的硬度。莫氏硬度（Mohs）为研磨珠的常用指标。硬度越大的研磨珠，理论上研磨珠的磨损率越低。因此，需要考虑研磨珠和砂磨机的匹配性。同时，从研磨珠对砂磨机的接触件（分散碟、棒销和内缸等）的磨损情况来看，硬度大的研磨珠对接触件的磨耗性虽大些，但可通过调节珠的填充量、浆料的黏度、流量等参数以达到最佳优化点。

c. 研磨珠的粒径。研磨珠的大小决定了研磨珠和物料的接触点的多少。粒径小的珠子在相同的容积下接触点越多，理论上研磨效率也越高。但在研磨初始颗粒比较大的物料时，例如对于 100μm 的浆料，直径为 1mm 的小珠子未必适用，原因是小珠子的冲量达不到充分研磨分散的能量，此时应采用粒径较大的珠子。

③ 首次使用研磨介质的注意事项

a. 依物料的黏度高低选择锆珠或玻璃珠。

b. 依原料颗粒大小和产品所要求的细度选择合适尺寸的珠子。

c. 检查研磨机的分离器或筛网孔径是否设定选择合适，间隙应为最小珠子直径的 1/3。

例如：使用1.2～1.4mm的珠子，间隙应为0.4mm。

d. 尽量避免在干态下开启研磨机，造成珠子和配件的不必要损耗。

e. 不同品牌的珠子不可混合使用。

④ 研磨介质粒径的确定。研磨设备的要求：a. 筛网分离，珠子的最小直径=筛网的缝隙乘以1.5；b. 环式分离，珠子的最小直径=环的缝隙乘以3。

工艺要求：a. 物料的初始直径：珠子的最小直径=物料初始直径乘以30～50；b. 物料的最终直径=珠子的直径；c. 珠子直径1.5mm是较佳的选择。

（2）研磨珠的破碎　研磨珠使用一段时间后体积变小，可能会被磨成各种形状如盘状、椭圆形，或者是变小的球形，珠子表面圆滑而不带棱角，这应是正常珠子的磨耗，只是磨损的程度不同。但若珠子当中出现带棱角、片状等异形珠时，这应该是产生了碎珠。

① 碎珠产生的原因及解决办法

a. 砂磨珠的质量可导致碎珠的产生。市场上现流行的玻璃珠、硅酸锆珠和氧化锆珠的生产工艺基本为电熔法和烧结法两种。研磨在热空气、冷空气或电解液中成型，如果某一关键技术参数没控制好，就会产生如气泡珠、雪人珠、尾巴珠、扁平（椭圆）珠等易碎珠。在选择砂磨珠时需要选择质量稳定的厂家的产品。

b. 砂磨机接触件磨损或安装不正确可导致碎珠的产生。砂磨机分散盘松动、装反或裂损，分散盘边缘有尖角等会导致砂磨珠破碎。如果动态筛圈、筛网破损或装反，阀门内部松动等，可能导致研磨介质通过了分离器而进入送料泵内，泵在被堵死或停机之前便会将珠子压碎。这些情况都可能造成研磨珠破碎，因此，需要定期对砂磨机进行维修检查，确保内部接触件使用状态良好。

c. 背压造成碎珠。当送料泵关掉时，砂磨机内的残余压力将珠子压入泵内。这样当送料泵再次启动时，它便会压碎这些珠子。可以通过加装单向阀尽量避免，单向阀不一定可靠且有时允许珠子在阀门关闭之前通过。另外，保持定期清洗进料泵。

d. 研磨珠积压造成碎珠。如果研磨珠堆积在砂磨机底部或工作泵过快的转速导致研磨珠都被集中到卧式砂磨机的出口处，易造成碎珠。在启动砂磨机时以开—关—开—关的点动方式先把积压的研磨珠弄松来避免。

e. 不同大小的研磨珠混合使用造成碎珠。大小研磨珠混用刚开始有提高研磨效率的迹象，但随着研磨时间的加长，造成了大珠磨小珠的情形，最后加快小珠的变形以致破碎。因此，尽量使用粒径均一的研磨珠。

f. 不同品牌或不同厂家的研磨珠混合使用造成碎珠。因不同品牌或不同厂家的研磨珠的硬度、密度等不一致，容易产生硬珠子吃软珠子的情形，故应杜绝此种形式。

g. 浆料的黏度过稀或过稠造成碎珠。相对一定密度的研磨珠而言，浆料黏度过大或者过小容易造成研磨珠的堆积和直接接触砂磨机的磨损件而加快研磨珠的磨损和破碎。因此，需要根据浆料的黏度选择合适密度的研磨珠。

h. 物料的流量过快造成碎珠。物料流量过快会造成研磨珠积压在物料出口处，进而加快此处的研磨珠与砂磨机配件的磨损。解决方法是先采用间歇开机的方法将积压研磨珠弄松，并重新分布均匀，再调节物料的流量。

i. 清洗不当造成碎珠。用低黏度液体清洗机器如用溶剂或水清洗砂磨机时，物料的推力不够大，而研磨珠有可能接触到砂磨机的接触部件如分散盘而产生破碎。因此，清洗砂磨机可依配方选择水、溶液或树脂清洗，清洗时应保持低速，应按研磨机“启动—关闭”键做间歇式清洗，尽量缩短清洗时间。使用树脂清洗砂磨机并在生产过程中维持足够的物料黏度，可使研磨珠、砂磨机获得更长的使用寿命。

② 添补研磨介质。如果发现研磨机的研磨效率降低，是添加研磨珠的可能信号。可依据加工工艺条件，掌握研磨珠的实际损耗率，进行定期的筛珠和添加。将过细的研磨珠用筛子筛出，筛网大小为研磨珠直径的 2/3（例如：使用 1.2～1.4mm 的研磨珠，则筛网应为 0.8mm），再添加差额研磨珠。由于研磨珠的自然损耗，其粒径会越来越小。为了保持统一的填充量和避免细研磨珠堵塞或进入分离装置，应依研磨介质的寿命和加工工艺的条件来筛珠和补充一定量的研磨介质。建议工作 100～200h 后进行筛珠并添加适量的新研磨珠。

（3）研磨介质的发展趋势

① 研磨珠的粒径越来越小。从全球第一台使用粒径较大研磨球的搅拌式球磨机诞生，研磨设备逐渐发展到使用粒径较小的研磨珠的立式砂磨机、卧式砂磨机以及各种带改良功能的超细研磨的新一代砂磨机，使用的研磨介质的粒径越来越小。

一方面是物料研磨最终细度微米化。由于研磨机内的物料是通过运动中的研磨介质的接触进行分散和研磨的，研磨介质粒径越小则接触点越多，最后达到的研磨效果越高，研磨细度越小。如某品牌硅酸锆珠粒径为 2mm 时每升约为 20000 颗，而粒径为 1mm 时每升达到 80000 颗，是前者的 4 倍。当使用较大粒径的锆珠对某一产品进行研磨时，达到一定粒径时，即使再增加砂磨时间或砂磨次数，物料的粒径始终不能再减小到要求的细度；而当改用粒径较小的研磨珠时，砂磨效果可得到明显的提高。

另一方面是砂磨机分离装置的改进使使用超细研磨珠成为可能，允许使用的最小研磨珠粒径已成为评价砂磨机质量档次的一个重要指标。分离装置设计和制作材料的每一次革命，都带来了使用研磨珠颗粒变小的一次飞跃。分离装置从静止传统的扁平 Nickel 网到带三角横梁的 Johnson 网以及到动态的环式分离器和套筒式 Cartridge 网，除使用寿命延长之外，能使用研磨介质的粒径越来越小，而同时又不明显影响物料的流量。套筒式 Cartridge 网的代表（如美国 Premier 的速宝磨）所用的最小珠子可达到 0.2mm；环式分离器的代表（如瑞士的 Dyno-mill 实验室型）可用珠子粒径也可达到 0.2mm。而瑞士 Buhler 公司开始研制的离心式分离装置，使分离原理从区分珠子粒径大小转为区分珠子密度大小，而将研磨珠的最小粒径推向新的极限。

② 研磨珠的密度越来越大。对常见的各种研磨珠的密度、硬度和强度进行比较，见表 12-7。

表 12-7　研磨珠物性比较

项目	玻璃珠	石珠	硅酸锆珠	氧化锆珠	铬钢珠
密度	$2.5kg/dm^3$	$2.9kg/dm^3$	$4.5kg/dm^3$	$6.1kg/dm^3$	$7.8kg/dm^3$
莫氏硬度	6	6.5	7.7	9	7
抗压强度	0.45kN	0.50kN	0.75kN	2.0kN	0.6kN

由表 12-7 的数据可以看出，通用的研磨珠如玻璃珠、石珠、硅酸锆珠、氧化锆珠和铬钢珠的密度依次递增，而它们的硬度和抗压强度除铬钢珠外也依次增大。从动力学公式 $P=mv$ 可知，珠子的冲量 P 与珠子的质量 m 成正比，密度越大的珠子运动能量就越大，研磨效率也相对越高。砂磨机技术的进步使高密度研磨珠的使用成为可能。

a. 高输入能量密度砂磨机的产生。现代砂磨机的发展趋势之一是研磨缸的体积变小，而配置的马达功率变大，所输入能量密度就急剧增大。以美国 Premier 砂磨机和瑞士 Buhler 砂磨机为例，可以看出现代砂磨机和传统砂磨机在输入能量密度上的变化。相关对照参数如表 12-8 所示。

表 12-8 砂磨机相关参数对照表

项目	传统砂磨机代表	现代砂磨机代表
品牌	美国 Premier	瑞士 Buhler
型号	HM-15	K60
研磨缸体积/L	15	4.8
马达功率/kW	15	20
能量密度/(kW/L)	1.0	4.2

现代砂磨机的能量密度为传统砂磨机的 4 倍甚至更多。这就使得有效带动高密度的研磨珠（如氧化锆珠）成为可能。同时因研磨区域的高能量分布，只有高抗压强度和耐磨的研磨介质（如氧化锆珠）才能适用。

b. 砂磨机接触件材质质量的提高。砂磨机的接触件（如内缸、分散碟、棒销和分离装置等）采用了坚硬耐磨的硬质合金（如碳化钨）及陶瓷（如碳化硅、氧化锆等）等高性能的材料，可抵挡因研磨珠（如氧化锆珠）本身高能量和高硬度的冲击和摩擦所带来的磨损。

③ 研磨珠的粒径偏差越来越小。对于砂磨机，均匀粒径的研磨珠具有良好的优越性，一方面是可使物料细度的分布狭窄，另一方面是大大减小碎珠的产生而减少砂磨机接触件的磨损，避免对产品的污染。市场上优质研磨珠的粒径偏差保持在 0.2mm。均匀的研磨珠因制作工艺较复杂，市场价格也相对较高。

（4）锆珠的种类　目前市场上所采用的锆珠主要有两种。一种是氧化锆珠，其氧化锆含量为 94.6%，又称 95 锆珠、TZP 锆珠、纯锆珠或高纯锆珠，氧化锆珠的密度为 6.1g/cm^3，磨耗极低，多用于电子行业、食品及药品级研磨。另一种是硅酸锆珠，氧化锆含量在 65%，又称 65 锆珠，硅酸锆珠的密度为 4.5g/cm^3，磨耗相对于氧化锆珠来说要大一些，价格比较实惠，多用于农药、油漆和涂料等的研磨。氧化锆珠比硅酸锆珠更亮一些，手感更光滑。

12.6.3 悬浮剂的安全化生产

（1）原药及助剂的选购使用　在农药悬浮剂的生产过程中，必须首先要清楚原料的性能，即原料及其助剂的来源、价格、性能等。

①原药的选购使用。通常来说，原药不能直接使用，需要被加工成一定的剂型才能使用。制剂加工时原药的来源及规格应尽可能固定。如果原药的含量或来源发生了改变，那么就意味着原药中所含杂质及其含量有可能变化，这种改变有可能影响制剂的物理化学性能，甚至会影响到制剂的生物效能。对于原药组成，尤其是杂质组成的控制，就要求所购原药的含量不能超出可能对使用和安全有不利影响的范围。对于原药中大于 0.1%的杂质，需要加以限制并提供杂质检测的分析方法。

② 助剂的选购使用。助剂可以帮助原药有效成分充分发挥其生物效能。在农药悬浮剂的开发生产中，常常使用的助剂包括润湿剂、分散剂、增稠剂、防冻剂等。对于这些助剂来源及其质量稳定性的控制，可以有效保证悬浮剂的质量和生产的批次稳定性，保证所开发的悬浮剂产品药效的充分发挥。

（2）悬浮剂的生产装置　悬浮剂的生产装置是指在任意时间可用于生产加工某种悬浮剂产品的所有设备的总和。这类生产装置也可以进行多个产品的依次生产。一个生产基地可能拥有多个生产装置。因此，安全化生产的关键因素就是生产装置之间的隔离。所谓隔离是指装置之间无共用设备，可以防止产品意外地从一个生产装置被送到另一个生产装置。通常来说，常采用的隔离方法如下：

① 不同生产装置分开设计，安置在不同建筑中；

② 如果不同生产装置必须安置在同一个建筑内，那么不同生产流水线之间需要建立隔离墙；

③ 将关键产品转移到其他装置。

在生产基地进行风险评估时，所有生产装置的设计、构型均应包括在内[6]。

（3）污染风险的评估　在悬浮剂的加工生产过程中所涉及的污染问题，通常情况是指生产不同产品之间的交叉污染，即在农药生产厂家的相同生产设备被用于生产不同的农药品种。用于生产除草剂、杀菌剂和杀虫剂等不同类别的原药时，必须进行有效的措施以预防这种污染的产生，特别是防止除草剂和其他原药的交叉污染[47,48]。除草剂的生产装置必须和其他原药品种的生产装置实现完全的物理有效隔离。对于上述污染预防的前提就是进行污染风险的评估，这一类评估包括生产装置和在装置内所生产的产品，主要包括产品的混合、生产装置的构型、隔离和生产操作；不同产品是否能在同一生产装置生产；清洁水平和清洁能力的要求；尤其是不同产品彼此都有非常敏感的农药品种，就需要更彻底的隔离。

（4）生产装置的清洁水平　对农药悬浮剂的生产装置进行彻底的清洗，是一个费时而且成本高昂的工作。因此，在悬浮剂的生产中，可以通过选择合适的生产顺序，建立一种花费少、效果显著的清洁程序。

（5）悬浮剂生产的操作规程　农药悬浮剂的加工生产过程中，首先需要建立规范的操作规程，明确生产过程中的注意事项，而且严格执行所制订的操作规程和注意事项。此外，在确认生产现场的物质时，需要明确了解原药及助剂的理化性质及毒性等，对其进行分类管理与使用。再有，需要注意核查原料的名称、批号、数量等，并对易污染的物质进行分区贮存。最后，建立使用公共设备的书面程序，在临时储罐应贴上适当的标签，内容包括产品名称、产品鉴定、清洁情况，也要特别注意设备的日常维护和保养等。

农药悬浮剂的生产管理中特别需要注意以下几点：

① 应根据农药的性质及生产工艺选择合适的设备；

② 固体物料应缓慢加入，以防静电而发生火灾；

③ 助剂和原药应通过不同的管道加入；

④ 生产设备须接地，以防静电潜在危险；

⑤ 通风设备要良好；

⑥ 泵和管道连接处要经常检查，防止泄漏；

⑦ 操作者要配备必要的防护措施；

⑧ 易产生火花的装置要远离该生产区域，严禁明火和吸烟，火灾报警器必须放在合适的位置和高度，最大程度避免危害的发生。

（6）悬浮剂的产品包装　产品包装是农药产品生产的最后一个环节。农药悬浮剂产品的包装需采用自动包装生产线，包括灌装、封口、加盖、贴签、喷码等操作。农药悬浮剂的外包装材料应坚固耐用，包装内装物不受破坏。

最终生产产品的稳定性源于农药悬浮剂开发过程中自身活性成分的化学稳定性、制剂固液分散体系的物理稳定性和包装材料对制剂的保护性能。因此，一方面要安全地进行农药制剂产品的生产，另一方面要跟踪产品在运输过程、贮运过程和环境变化时的质量情况，以保证制剂产品在到达用户手中使用时质量完好，药效不受影响[49]。

此外，还应关注农药制剂包装物的无污染、可降解、可回收利用等。对于农药制剂包装的发展是一个可持续发展和不断创新的过程。其可以帮助农药生产企业持续提高形象，并且可显示农药生产企业对推广高安全性、高质量产品的高度关注。

12.7 悬浮剂应用实例

农药悬浮剂作为环境相容性好的水基制剂，具有无粉尘污染、易混合、悬浮率高、生物活性高、生产成本低和对人畜安全等优点，是最重要的农药环保剂型品种之一。随着胶体化学和表面化学的发展，悬浮液物理稳定性的研究也取得了突破性的进展。

12.7.1 商品化的悬浮剂品种

任何农药活性成分在农业上能否获得成功应用，在于它是否加工为正确和适用的剂型。也就是说，必须要保证商品化后的剂型产品具有优异的物化性能和生物活性。近几年来，国外农化公司开发的一些非常有特点的农药新品种都直接加工成悬浮剂产品。

2004 年，国内外公司在我国登记的悬浮剂品种就已超过 200 个（其中国外农化公司登记的品种有 64 个）；2005 年，国内悬浮剂登记品种（包括卫生制剂在内）约占制剂品种的 5.8%；2008 年，国内登记悬浮剂品种达 395 个（包括国外登记的 76 个），约占制剂品种的 7.18%；2017 年，国内登记悬浮剂品种达到 1507 个。目前可以加工悬浮剂的农药活性成分多达 275 个[50,51]。悬浮剂加工含量范围宽广，其范围主要在 1%～60%之间。例如：10%四氯虫酰胺 SC（沈阳科创）、5%霸螨灵（唑螨酯）SC（日本农药）、200g/L 氯虫苯甲酰胺悬浮剂（美国杜邦）、250g/L 嘧菌酯悬浮剂（英国先正达）、240g/L 螺虫乙酯悬浮剂（德国拜耳）、687.5g/L 氟菌・霜霉悬浮剂（德国拜耳）、687.5g/L 氟菌・霜霉威 SC（拜耳）、35%氟环唑・嘧菌酯 SC（江苏辉丰）、37%联苯菊酯・噻虫胺 SC（江苏辉丰）、30%乙唑螨腈 SC（沈阳科创）、30%噻呋酰胺・醚菌酯 SC（陕西上格之路）、40%氯虫苯甲酰胺・噻虫胺 SC（东莞瑞德丰）、30%呋虫胺 SC（陕西美邦）、40%乙螨唑・螺螨酯 SC（陕西康禾立丰）、30%唑虫酰胺 SC（美国默赛）、25%阿维菌素・乙螨唑 SC（盐城利民）、42%苯菌酮 SC（巴斯夫）、40%哒螨灵・乙螨唑 SC（湖南大方）等。

12.7.2 悬浮剂产品的应用效果

12.7.2.1 10%四氯虫酰胺悬浮剂

四氯虫酰胺为中化国际科技创新中心沈阳中化农药化工研发有限公司（简称农研公司）于 2008 年发现的新型邻氨基苯甲酰胺类化合物，它是以氯虫苯甲酰胺为先导化合物，经过结构优化发现的。于 2008 年 7 月完成中国发明专利的申请，2009 年 7 月完成 PCT 专利的申请。四氯虫酰胺属于鱼尼丁受体激活剂类杀虫剂，其通过与害虫体内鱼尼丁受体结合，打开钙离子通道，使储存在细胞内的钙离子持续释放到肌质中，钙离子和肌质中的基质蛋白结合，引起肌肉持续收缩。昆虫体症状表现为抽搐、拒食，最终死亡。四氯虫酰胺为低毒、广谱杀虫剂，对鳞翅目害虫均具有很好的活性。主要用于防治稻纵卷叶螟、二化螟、小菜蛾、甜菜夜蛾、玉米螟、甘蔗螟、小卷蛾、食心虫等害虫。10%四氯虫酰胺悬浮剂部分田间药效试验结果见表 12-9 和表 12-10。

田间试验结果表明，在试验剂量下，对水稻的安全性良好。在稻纵卷叶螟低龄幼虫期施药表现速效性和持效性兼具，杀虫效果和控制卷苞效果良好，持效期在 15d 左右。

表 12-9　10%四氯虫酰胺 SC 防治稻纵卷叶螟试验结果（广西贵港，2013 年）

药剂	亩用量/mL 或 g	药前虫口基数/头	药后 3d			药后 5d			药后 15d		
			残虫数/头	虫口减退率/%	防效/%	残虫数/头	虫口减退率/%	防效/%	残虫数/头	虫口减退率/%	防效/%
10%四氯虫酰胺 SC	20	286.67	98.33	63.39	64.87Aa	88.33	69.83	73.63Aa	12.33	94.71	67.12Aab
10%四氯虫酰胺 SC	30	266.67	86.67	63.1	65.05Aa	52.33	75.28	76.86Aa	8.33	97.08	82.28Aab
10%四氯虫酰胺 SC	40	470.00	56.67	84.84	96.90Aa	38.33	82.64	85.24Aa	8.33	98.63	92.01Ab
20%氯虫苯甲酰胺 SC	10	361.67	101.67	62.51	62.47Aa	90	68.31	67.28Aa	6.67	96.63	79.19Ab
20%氟虫双酰胺 WG	15	488.33	108.33	73.04	77.16Aa	98.33	77.69	82.95A	6.67	98.59	91.12Ab
CK 清水		628.33	656.67	−9.06		696.67	−17.63		103.33	83.69	

注：凡同列标记相同字母的即为差异不显著，标记不同字母的即为差异显著。大写字母表示 $P=0.01$ 显著水平，小写字母表示 $P=0.05$ 显著水平。下文同。

表 12-10　10%四氯虫酰胺 SC 防治稻纵卷叶螟药效比较（浙江绍兴，2013 年）

药剂	亩用量/mL（或 g）	药前百丛虫量/条	药后 3d		药后 7d		药后 12d			
			百丛虫量/条	杀虫效果/%	百丛虫量/条	杀虫效果/%	百丛卷苞/个	百丛虫量/条	杀虫效果/%	控制卷苞效果/%
10%四氯虫酰胺 SC	15	28	18	65.1	4	94.6	11	3	96.5	93.5
10%四氯虫酰胺 SC	40	24	8	81.9	2	96.8	9	2	97.3	94.7
10%阿维·氟酰胺 SC	35	24	10	77.4	1	98.4	18	7	90.4	89.4
CK		25	46		46		169	76		

12.7.2.2　30%乙唑螨腈悬浮剂(宝卓)

乙唑螨腈是中化国际科技创新中心沈阳中化农药化工研发有限公司（简称农研公司）创制开发的全新一代杀螨剂，并于 2009 年申请化合物中国专利，2010 年申请 PCT 国际专利，2011 年申请合成方法中国专利，2013—2012 年 PCT 申请在美、日、欧等国家获授权，2013—2012 年申请 15 项混剂专利。在 2012—2016 年期间开展近 50 个正规小区试验、上百个示范试验，大量的试验示范充分展示了乙唑螨腈的优异防效，以及对作物、天敌、使用者的安全性。

柑橘全爪螨和柑橘锈壁虱是为害我国柑橘的主要害螨，全年均有不同程度的发生病害，柑橘红蜘蛛世代重叠严重，为害期长，对柑橘的生长影响很大。30%乙唑螨腈悬浮剂对成螨、若螨、螨卵均具优异的防效，速效性好、持效期长（长达 30d 以上）、安全性高（对蜜蜂无害）、无交互抗性、耐雨水冲刷，并且对作物安全。田间药效试验结果见表 12-11 和表 12-12。

表 12-11　30%乙唑螨腈 SC 防治柑橘全爪螨试验结果（广西桂林，2012 年）

药剂	处理浓度/(mg/L)	药前基数	防效/%				
			药后 3d	药后 10d	药后 15d	药后 20d	药后 30d
30%乙唑螨腈 SC	100	281	94.10a	98.15aq	100a	99.65a	99.30a
	50	335	85.13a	94.58ab	99.85a	99.53a	99.00a
24%螺螨酯 SC	48	561	61.25b	87.88b	90.80b	93.93b	98.43a
空白对照		428					

表 12-12　30%乙唑螨腈 SC 防治柑橘锈壁虱药效试验结果（重庆北碚，2015 年）

药剂	处理浓度/(mg/L)	药前基数	防效/%				
			药后 1d	药后 7d	药后 12d	药后 21d	药后 28d
30%乙唑螨腈 SC	100	959	99.11a	99.95a	100a	99.91a	100a
	50	996	92.03b	99.64a	100a	99.90a	99.99a
1.8%阿维菌素 EC	6	283	99.34a	99.65a	99.77a	99.52a	99.85a
空白对照		126					

上述试验结果表明，30%乙唑螨腈悬浮剂对全爪螨的速效性优于 24%螺螨酯悬浮剂，持效期能够达到 30d 左右；30%乙唑螨腈悬浮剂对柑橘锈壁虱的速效性与 1.8%阿维菌素相当，持效期 28d 左右。因此，用 50～100mg/L 浓度进行喷雾处理，能够有效防治柑橘全爪螨和柑橘锈壁虱。

12.7.2.3　40%戊唑醇悬浮剂

草莓炭疽病是草莓种植期间的主要病害之一，高温潮湿天气和育苗期易发生该病害，严重影响草莓植株的正常生长，目前对炭疽病的防治以农业防治和化学防治为主。40%戊唑醇悬浮剂喷洒后药液能很好地附着在草莓植株上且无药斑。田间应用情况见表 12-13。

表 12-13　40%戊唑醇 SC 防治草莓炭疽病药效试验结果

药剂		剂量/[g(a.i.)/hm²]	防效/%					差异显著性
			Ⅰ	Ⅱ	Ⅲ	Ⅳ	平均	
第 1 次用药/7d 后	40%戊唑醇 SC	60	63.5	91.7	87.9	100.0	84.8	bcAB
		75	92.3	91.7	100.0	100.0	95.7	abAB
		90	100.0	100.0	100.0	100.0	100.0	aA
	250g/L 嘧菌酯 SC	150	63.5	68.8	87.9	91.3	80.4	cB
	清水对照	病指	5.2	4.8	3.3	4.8	4.6	
第 2 次用药/7d 后	40%戊唑醇 SC	60	59.3	74.6	65.1	91.0	74.7	bAB
		75	95.1	88.1	93.7	84.4	89.2	aA
		90	95.1	88.1	93.7	96.7	94.0	aA
	250g/L 嘧菌酯 SC	150	72.8	55.9	65.1	63.9	63.9	bB
	清水对照	病指	8.1	5.9	6.3	12.2	8.3	

由表 12-13 可见，第 1 次施药后 7d，40%戊唑醇 SC 悬浮剂各剂量的防效分别为 84.8%、95.7%和 100%，比对照药剂 250g/L 嘧菌酯 SC 悬浮剂的防效（80.4%）高 4.4～

19.6 个百分点，差异极其显著。第 2 次施药后 7d，40%戊唑醇 SC 悬浮剂各剂量的防效分别为 74.7%、89.2%和 94.0%，比对照药剂 250g/L 嘧菌酯 SC 悬浮剂的防效（63.9%）高 10.8～30.1 个百分点，差异极显著。

12.8　悬浮剂的质量控制指标及检测方法

目前我国关于农药悬浮剂的性能测定尚未制定出标准测定方法，多数是参考相类似的方法。

（1）细度测定　湿筛试验按 GB/T 16150 中的“湿筛法”进行。

① 主要仪器。显微镜：附有目镜测微尺的生物显微镜。其放大倍数不低于 600 倍，目镜测微尺每小格代表 1.333μm。

② 测定方法。准确用注射器取 1mL 预测悬浮剂滴入烧杯中，加蒸馏水（或清水）稀释 250 倍，再取一滴均匀稀释液滴在载玻片上，加盖盖玻片后放在显微镜下观察，每旋转 120°角观察记录一次，共观察三个视野，记录每个视野中超过 3μm 的颗粒数（不包括 3μm 粒子），取其算术平均值（每个视野的颗粒数约 300 个），不超过 3 个（即颗粒总数的 1%）为合格。否则为不合格。

（2）有效成分质量分数的测定　称取一定量的样品，用溶剂萃取、分离（离心），取其清液进行分析，分析方法参照原药方法。

（3）悬浮率的测定　用分析天平称取 2.5g 样品（精确到 0.001g），用去离子水少量多次冲洗倒入 250mL 具塞量筒中，直到达到 250mL 为止，盖上塞子，上下颠倒 30 次（60s 内），静置于实验台上，30min 后用真空泵抽去上层 9/10 的液体，余下用去离子水冲洗倒入培养皿中，放置在烘箱烘至恒重为止。悬浮率按以下公式计算：

$$\text{悬浮率}(\%)=\frac{[1-(M_2-M_1)]N}{2.5}\times\frac{10}{9}\times100\%$$

式中　M_2——烘干前培养皿质量，g；

M_1——烘干后培养皿质量，g；

N——制备悬浮剂的质量分数，%。

（4）密度的测定　将韦氏天平安装好，将浮锤挂在小钩上，旋转调整螺丝，使两个指针对正。

然后向玻璃量筒中注入 20℃蒸馏水，并将浮锤沉入水中，玻璃量筒置于 20℃的恒温水浴中，将 1g 游码挂在小钩中，这时天平应该保持平衡，将玻璃量筒的水倒掉，玻璃量筒及浮锤先用乙醇后用乙醚洗涤数次后吹干，注入预先温至 20℃的预测悬浮剂，同样置于 20℃恒温水浴中，将 1g 游码挂在小钩中，然后调节其他游码，使梁上游码都放在刻度上。如果在同一刻度上需要放两个游码，则将小游码挂在大游码的脚钩上，待天平保持平衡，记录读数，即为该预测悬浮剂的密度。

（5）分散性的测定　于 250mL 量筒中，装入 249mL 自来水，用注射器取 1mL 预测悬浮剂，从距量筒水面 5cm 处滴入水中。观察其分散状况。按其分散状况的好坏分为优、良、劣三级。

优级：在水中呈云雾状自动分散，无可见颗粒下沉。

良级：在水中能自动分散，有颗粒下沉，下沉颗粒可慢慢分散或轻微摇动后分散。

劣级：在水中不能自动分散，呈颗粒状或絮状下沉，经强烈摇动后才能分散。

（6）离心稳定性的测定　取 5mL 带刻度的锥形玻璃管三支，每支准确加入 5mL 预测悬浮剂。然后将三只离心管按对称要求放入离心机（LXJ-64-01 型）中，以 3000r/min 离心 30min 后取出，观察记录析水和沉淀情况。按析水和沉淀体积多少分为优、良、劣三级。

按析水情况分级：

优级　析水体积＜1％或无析水

良级　析水体积＜5％

劣级　析水体积＞5％

按沉淀体积多少分级：

优级　沉淀体积＜1％或无析水

良级　沉淀体积＜5％

劣级　沉淀体积＞5％

（7）黏度的测定　黏度是影响农药悬浮剂稳定性的主要因素之一，因而是农药悬浮剂的主要技术指标。

测定黏度的仪器有多种，常用的有 N 氏黏度计、旋转式黏度计（上海产的 NDJ-1 或 NDJ-2 型和成都仪器厂产的 NXS-11 型）。根据农药悬浮剂的性质，选用旋转式黏度计测定简洁方便。

（8）pH 值的测定　农药悬浮剂是以水作分散介质的，大多数农药在中性介质中稳定，而在偏酸性或偏碱性介质中不稳定。测定农药悬浮剂的 pH 值，目的在于提供某农药所需酸碱性条件调整的依据。按其要求调整好悬浮剂所需要的 pH 值，从而保证该农药在 2 年贮存期内稳定不分解或少分解（分解量在允许范围内）。

pH 值测定基本有两种方法。

① 试纸法。即用 pH 值试纸直接测定。此法简单、直观，也可提供大概的酸碱度范围，但不够精确。

② 仪器法。测定方法：于 100mL 烧杯中，称取 0.5g 悬浮剂样品，用 50mL 蒸馏水稀释，混合均匀后用 pH 计测定之。具体操作见仪器使用说明书。

（9）热贮存稳定性的测试　将预测悬浮剂每支安瓿分装 10g，密封后放入恒温 54℃±2℃的烘箱中，静置热贮 30d 后取出，分别检测记录外观、流动性、分散性、粒径、有效成分含量、悬浮率等各项指标有无变化。若贮后或贮前相同或有轻微变化（其变化应在允许范围内），视热贮合格。其结果相当于常温贮存 2 年产品合格。

（10）冷贮存稳定性的测试　将预测悬浮剂每支安瓿分装 10g，密封后放于－25℃低温下冷贮 24h，取出后观察冻结情况。然后置室温条件下静置融化，并分别检测记录外观、流动性、分散性、粒径、有效成分含量、悬浮率等各项指标有无变化。若贮后或贮前相同或有轻微变化（其变化应在允许范围内），视冷贮合格。其结果相当于常温贮存 2 年产品合格。

（11）水温实验　于三个 250mL 量筒中，分别装入 15℃、25℃、35℃三种水温的水各 249mL，用注射器分别取 1mL 预测悬浮剂，依次从距量筒水面上 5cm 处滴入水中，观察其分散性。若能自动分散，上无漂浮，下无沉淀，即为合格，标志着该悬浮剂对水温的适应能力强；反之，则适应能力不强，则视为该悬浮剂不合格。而农药悬浮剂的优点之一，就是对水温的适应性强。

（12）对水质适应性的试验　取三个 250mL 量筒，分别装入 0、342mg/L、500mg/L 硬水各 249mL。用注射器分别取 1mL 预测悬浮剂依次从量筒水面上 5cm 处滴入水中，观察分散情况。若能自动分散，上无漂浮，下无沉淀，即为合格，标志着该悬浮剂对（硬）水的适应能力强；相反，适应能力差，该悬浮剂不合格。而农药悬浮剂对（硬）水的适应能力强是其主要优点之一。

12.9 悬浮剂实用配方举例

农药悬浮剂典型配方见表 12-14。

表 12-14　农药悬浮剂典型配方

制剂名称	配方内容	性能指标	提供单位
5%阿维菌素 SC	阿维菌素 5%，HY8304 7%，黄原胶 0.2%，硅酸镁铝 2%，苯甲酸 0.3%，消泡剂 0.5%，水补齐 100%	原药悬浮率≥90%，其他指标合格	沧州鸿源农化有限公司
5%阿维菌素＋30%螺螨酯 SC	阿维菌素 5%，螺螨酯 30%，5%7023A＋1%8070，水补足	悬浮率≥96%；D_{90}＝4～5μm；热贮后粒径增长＜15%，无结底析晶	无锡颐景丰科技有限公司
50%百菌清 SC	百菌清（97%）52%，去离子水 27.3%，BREAK-THRU® DA 655 2.5%，BREAK-THRU® DA 675 1.5%，BREAK-THRU® AF 9903 0.2%，丙二醇 4%，1% 黄原胶 10%，5% NaOH 溶液 2.5%	热贮稳定，悬浮率≥90%，其他性能指标合格	赢创工业集团
54%百菌清 SC	百菌清 54%，2% 7023A＋3% 1010＋1%8070，水补足	悬浮率≥96%；D_{90}＝4～5μm；热贮后粒径增长＜10%，无结底析晶，低含量原药同样适用	无锡颐景丰科技有限公司
54.5 百菌清 SC	百菌清 54.5%，SD-813 2%，SD-811 2.5%，乙二醇 4%，黄原胶（2%）3%，水补足	放置 1 晚泡下去，再加入黄原胶，没加黄原胶之前黏度 800mPa・s，热贮前 347mPa・s，悬浮率 98%	上海是大高分子材料有限公司
720g/L 百菌清 SC	百菌清（97%）74.2g，BREAK-THRU® DA 655 2.5g，BREAK-THRU® DA 675 1.5g，5%NaOH 2.5g，乙二醇 6g，BREAK-THRU® AF 9903 0.2g，1% 黄原胶 15g，水补齐至 133g	热贮稳定，悬浮率≥95%，其他性能指标合格	赢创工业集团
720g/L 百菌清 SC 增效	百菌清（97%）74.2g，BREAK-THRU® DA 655 2.5g，BREAK-THRU® DA 675 1.5g，UNION 3g，BREAK-THRU® AF 9903 0.2g，丙二醇 4g，1% 黄原胶 10g，5% NaOH 溶液 2.5g，去离子水补齐至 133g	热贮稳定，悬浮率≥90%，其他性能指标合格，能明显增强抗雨水冲刷性能，在喷药 2h 后下雨，药效与常规配方药效呈显著差异	赢创工业集团
20%苯醚甲环唑＋20%醚菌酯 SC	苯醚甲环唑 20%，醚菌酯 20%，5%7023B＋1%8070，水补足	悬浮率≥96%；D_{90}＝4～5μm；热贮后粒径增长＜10%，无结底析晶	无锡颐景丰科技有限公司
40%苯醚甲环唑 SC	苯醚甲环唑 40%，5% 7023B＋1%8070，水补足	悬浮率≥96%；D_{90}＝4～5μm；热贮后粒径增长＜10%，无结底析晶	无锡颐景丰科技有限公司

续表

制剂名称	配方内容	性能指标	提供单位
12.5%苯醚甲环唑+20%嘧菌酯 SC	苯醚甲环唑（97%）12.9%，嘧菌酯（97%）20.7%，Soprophor FD 3%，Supragil MNS/90 1.5%，Antarox B/848 0.5%，AgRho Pol 23W（2%）6%，乙二醇 4%，消泡剂 0.2%，白炭黑 0.5%，硅酸镁铝 0.5%，水补足	悬浮率>97%，黏度 680mPa·s，相对密度 1.13，$D_{90}<5\mu m$，热贮后，悬浮率>95%	Solvay
30%苯唑草酮 SC	苯唑草酮 30%，助剂 7276-2 6%，黄原胶 0.2%，硅酸镁铝 1%，苯甲酸 0.3%，消泡剂 0.5%，水余量	悬浮率≥90%，热贮稳定	南京太化化工有限公司
20%吡虫啉 SC 增效配方	吡虫啉（96%）20.8%，BREAK-THRU® DA 675 5%，BREAK-THRU® OE 446 3%，黄原胶 0.3%，BREAK-THRU® AF 9903 0.3%，去离子水 70.6%	热贮稳定，悬浮率≥95%，药效好，与对照药剂有 15% 以上增效	赢创工业集团
20%吡虫啉 SC 增效配方	吡虫啉（96%）20.8%，BREAK-THRU® VIBRANT 5%，BREAK-THRU® OE 446 3%，黄原胶 0.4%，BREAK-THRU® AF 9903 0.3%，丙二醇 3%，去离子水 67.5%	热贮稳定，悬浮率≥90%，药效好，与对照药剂有 15% 以上增效，喷雾雾滴润湿性明显提升	赢创工业集团
200g/L 吡虫啉 SC	吡虫啉（98%）20.4g，BREAK-THRU® DA 675 1.2g，BREAK-THRU® DA 646 1.2g，BREAK-THRU® AF 9903 0.2g，丙二醇 4g，1% 黄原胶 18g，去离子水补齐至 110g	热贮稳定，悬浮率≥90%，其他性能指标合格	赢创工业集团
350g/L 吡虫啉 SC	吡虫啉 95% 37g，丙二醇 4g，BREAK-THRU® DA 675 1.5g，BREAK-THRU® DA 646 1.5g，BREAK-THRU® AF 9903 0.2g，1%黄原胶 18g，去离子水 补齐至 117g	热贮稳定，悬浮率≥90%，其他性能指标合格	赢创工业集团
600g/L 吡虫啉 SC	吡虫啉（97%）50%，SD-813 2%，SD-518X 2%，SR-08 1%，乙二醇 4%，黄原胶 4%，消泡剂 1%，去离子水补足	注：磨完以后泡沫较多，静置后测黏度为 190mPa·s，悬浮率>95%，轻微析水，热贮后 180mPa·s	上海是大高分子材料有限公司
600g/L 吡虫啉 SC	吡虫啉 53%，2%7025+2%2027+1%1020P，水补足	悬浮率≥96%；$D_{90}=4\sim5\mu m$；热贮后粒径增长<10%，无结底析晶，不同单位原药适应性好	无锡颐景丰科技有限公司
600g/L 吡虫啉 SC	吡虫啉（98%）61.2g，BREAK-THRU® DA 646 2.5g，BREAK-THRU® DA 675 2.5g，BREAK-THRU® AF 9903 0.2g，丙二醇 4g，1%黄原胶溶液 15g，去离子水补齐至 125g	热贮稳定，悬浮率≥95%，其他性能指标合格，可用 BREAK-THRU® DA 647 代替 646，配方对原药的适用性会明显改善	赢创工业集团

align="right">续表</div>

制剂名称	配方内容	性能指标	提供单位
600g/L 吡虫啉 SC	吡虫啉（97%）620g/L，Antarox B/848 10g/L，Geropon DA1349 60g/L，AgRho Pol 23W（2%）50g/L，乙二醇 40g/L，消泡剂 2g/L，水补足	悬浮率>97%，黏度 720mPa·s，相对密度 1.24，$D_{90}<5\mu m$；热贮后悬浮率>95%	Solvay
40%丙硫菌唑 SC	丙硫菌唑（97%）41.7%，GY-DS1287 3%，GY-W07 2.0%，尿素 4.0%，其他辅料 0.9%，水 48.4%	热贮前，悬浮率 97%，黏度 200～300mPa·s；热贮后，悬浮率 97%，黏度 200～300mPa·s；泡沫 5mL	北京广源益农化学有限责任公司
48%丙硫菌唑 SC	丙硫菌唑 48%，3%2110＋4%3016＋1%4070＋1%3104，水补足	悬浮率≥96%；$D_{90}=4～5\mu m$；热贮后粒径增长<10%，无结底析晶，原药适用范围广	无锡颐景丰科技有限公司
48%丙硫菌唑 SC	48%丙硫菌唑，4%助剂 7276-2，2%助剂 7290-A，0.06%黄原胶，0.6%硅酸镁铝，0.3%苯甲酸，0.5%消泡剂，水余量	悬浮率≥90%，热贮稳定	南京太化化工有限公司
25%吡蚜酮 SC	吡蚜酮 25%，4%2046＋3%4075＋1%3104，水补足	悬浮率≥96%；$D_{90}=4～5\mu m$；热贮后粒径增长<10%，无结底析晶，不同含量干粉湿粉都可以	无锡颐景丰科技有限公司
10%吡唑醚菌酯＋15%苯醚甲环唑 SC	吡唑醚菌酯 10%，苯醚甲环唑 15% HY8306 10%，黄原胶 0.15%，硅酸镁铝 1%，苯甲酸 0.3%，消泡剂 0.3%，水补齐 100%	原药悬浮率≥90%，其他指标合格	沧州鸿源农化有限公司
20%吡唑醚菌酯＋15%戊唑醇 SC	吡唑醚菌酯 20%，戊唑醇 15%，4%7023A＋3%7025＋1%8070，水补足	悬浮率≥96%；$D_{90}=4～5\mu m$；热贮后粒径增长<10%，无结底析晶	无锡颐景丰科技有限公司
25%吡唑醚菌酯 SC	吡唑醚菌酯 25%，5%7023B＋1%8070，水补足	悬浮率≥96%；$D_{90}=4～5\mu m$；热贮后粒径增长<15%，无结底析晶，原药适应性广	无锡颐景丰科技有限公司
25%吡唑醚菌酯＋25%苯醚甲环唑 SC	25%吡唑醚菌酯，25%苯醚甲环唑，4%助剂 7290-A，2%助剂 7276-2，0.05%黄原胶，0.5%硅酸镁铝，0.3%苯甲酸，0.5%消泡剂，水余量	含量高，杀菌	南京太化化工有限公司
25%吡唑醚菌酯 SC	吡唑醚菌酯（96%）26.5%，GY-DS1610 3%，GY-DS1301 2.0%，乙二醇 5.0%，其他辅料 1.2%，水 62.3%	热贮前，悬浮率 98%，黏度 200～300mPa·s；热贮后，悬浮率 98%，黏度 200～300mPa·s；泡沫 5mL	北京广源益农化学有限责任公司
25%吡唑醚菌酯 SC	吡唑醚菌酯 25% HY8366 15%，黄原胶 0.15%，硅酸镁铝 1%，苯甲酸 0.3%，消泡剂 0.3%，水补齐 100%	原药悬浮率≥90%，其他指标合格	沧州鸿源农化有限公司
25%吡唑醚菌酯 SC	原药（98.7%）25.5%，SD-208 5%，乙二醇 4%，黄原胶（2%）8%，消泡剂 1%，水补足	热贮前，黏度 260mPa·s，悬浮率>95%；热贮后，黏度 175mPa·s，悬浮率>95%。黄原胶（2%）添加量可根据情况添加。重量法测悬浮率	上海是大高分子材料有限公司

续表

制剂名称	配方内容	性能指标	提供单位
25%吡唑醚菌酯 SC	吡唑醚菌酯（95%）26.3%，SD-816 2%，0.8μm 轻钙 2%，乙二醇 4%，9270 黄原胶（2%）8%，水补足	热贮前，黏度 260mPa·s，悬浮率 99%；热贮后，悬浮率 95%，黏度 175mPa·s。黄原胶（2%）添加量为 10%时，黏度为 500mPa·s。悬浮率 98% 悬浮率测定方法：重量法	上海是大高分子材料有限公司
25%吡唑醚菌酯 SC	吡唑醚菌酯（95%）26.3%，SD-816 2%，SR-08 2%，轻钙 2%，乙二醇 4%，黄原胶（2%）8%，水补足	热贮前，黏度 260mPa·s，悬浮率 99%；热贮后，悬浮率 95%，黏度 175mPa·s。黄原胶（2%）添加量为 10%时，黏度为 500mPa·s，悬浮率 98% 悬浮率测定方法：重量法	上海是大高分子材料有限公司
50%除草灵 SC	除草灵（97%）52%，去离子水 27.3%，BREAK-THRU® DA 675 2.5%，BREAK-THRU® DA 646 1.5%，BREAK-THRU® AF 9903 0.2%，丙二醇 4%，1% 黄原胶 10%，5% NaOH 溶液 2.5%	热贮稳定，悬浮率≥90%，其他性能指标合格	赢创工业集团
20%哒螨灵 SC	哒螨灵（97%）20.6%，去离子水 53.7%，BREAK-THRU® DA 646 1.5%，BREAK-THRU® DA 655 1.5%，5%NaOH 溶液 1.5%，BREAK-THRU® AF 9903 0.2%，丙二醇 4%，1% 黄原胶 17%	热贮稳定，悬浮率≥90%，其他性能指标合格	赢创工业集团
50%丁醚脲 SC	丁醚脲（97%）51.6%，去离子水 27.7%，BREAK-THRU® DA 646 0.5%，BREAK-THRU® DA 655 2%，5% NaOH 溶液 2%，BREAK-THRU® AF 9903 0.2%，丙二醇 4%，1% 黄原胶 12%	热贮稳定，悬浮率≥95%，其他性能指标合格	赢创工业集团
10%丁香+30%戊唑醇 SC	丁香（97%）10.4%，戊唑醇（97%）31%，SD-208 4%，乙二醇 4%，黄原胶 7%，消泡剂 1%，去离子水补足	热贮前，黏度 625mPa·s，悬浮率 96%；热贮后，黏度 580mPa·s，悬浮率 94%	上海是大高分子材料有限公司
30%啶酰菌胺 SC	啶酰菌胺 30%，5%7023A+1% 8070，水补足	悬浮率≥96%；D_{90}＝4～5μm；热贮后粒径增长＜5%，无结底析晶	无锡颐景丰科技有限公司
43%敌稗 SC	敌稗（97%）45%，Vanisperse CB 3%，黄原胶（2%）10%，乙二醇 4%，消泡剂 0.2%，水补足	悬浮率＞95%，黏度 480mPa·s，相对密度 1.1，D_{90}＝7.4μm；热贮后，悬浮率＞95%，D_{90}＝7.6μm	Borregaard
800g/L 敌草隆 SC（63%）	中山敌草隆（97%）64%，SD-815 3%，SD-661 0.36%，SR-201 0.3%，乙二醇 3%，黄原胶 0.1%，水补足	放置一晚泡下去，常温放置集底现象，热贮前，黏度 399.9mPa·s，悬浮率 93%；热贮后，悬浮率 90%	上海是大高分子材料有限公司
36%多菌灵+6%戊唑醇 SC	多菌灵 36%，戊唑醇 6%，2% 7023A＋3% 1010＋1% 8070，水补足	悬浮率≥96%；D_{90}＝4～5μm；热贮后粒径增长＜10%，无结底析晶	无锡颐景丰科技有限公司

续表

制剂名称	配方内容	性能指标	提供单位
40%多菌灵 SC	多菌灵 40%，2% 2005 + 1.5% 3016，水补足	悬浮率≥96%；D_{90} = 4～5μm；热贮后粒径增长<10%，无结底析晶	无锡颐景丰科技有限公司
50g/L 多菌灵 SC	多菌灵（95%）52.6g，BREAK-THRU® DA 646 1g，BREAK-THRU® DA 655 2g，BREAK-THRU® AF 9903 0.2g，丙二醇 4g，1% 黄原胶 13g，5% NaOH 溶液 1g，去离子水补齐至 115g	热贮稳定，悬浮率≥90%，其他性能指标合格	赢创工业集团
25%多效唑 SC	多效唑（95%）26.4%，SD-818 1.5%，SD-206 5%，乙二醇 4%，9270 黄原胶（2%）5%，消泡剂 0.2%，水补足	热贮前，悬浮率 99%，黏度 400mPa·s；热贮后，悬浮率 95%，黏度 390mPa·s；砂磨转速 800r/min 泡沫不明显，1200r/min 泡沫很大	上海是大高分子材料有限公司
20%呋虫胺 SC	呋虫胺（97%）21%，SD-816 2%，SD-206 3%，ST-21 18%，白炭黑 1%，2% 黄原胶水溶液 2.5%，乙二醇 4%，有机硅消泡剂 0.2%，水补足	悬浮率：96%（热贮前），93.8%（热贮后）；黏度：360mPa·s（热贮前），240mPa·s（热贮后）。入水现象：能够较好地分散	上海是大高分子材料有限公司
10%氟虫氰 SC	氟虫腈 10%，硅酸镁铝 1%，黄原胶 0.2%，润湿分散剂 HY-8301 4%，防冻剂（乙二醇）5%，消泡剂适量，防腐剂（卡松）0.1%～0.2%，去离子水补足	原药悬浮剂≥90%，其他指标合格	沧州鸿源农化有限公司
5%氟虫腈 SC	氟虫腈（95%）5.3%，去离子水 64.5%，BREAK-THRU® DA 646 1%，BREAK-THRU® AF 9903 0.2%，丙二醇 4%，1% 黄原胶 25%	热贮稳定，悬浮率≥90%，其他性能指标合格	赢创工业集团
50g/L 氟虫腈 SC	氟虫腈（95%）5.3g，BREAK-THRU® DA 646 1g，BREAK-THRU® AF 9903 0.4g，丙二醇 4g，1%黄原胶 25g，去离子水补齐至 102g	热贮稳定，悬浮率≥90%，其他性能指标合格	赢创工业集团
54%福美双 SC	福美双 54%，5% 7023B + 1% 8070，水补足	悬浮率≥96%；D_{90} = 4～5μm；热贮后粒径增长<5%，无结底析晶	无锡颐景丰科技有限公司
30%氟环唑 SC	原药（97%）31%，SD-208 3%，SR-08 2%，乙二醇 4%，黄原胶（2%）4%，消泡剂 1%，水补足	热贮前，黏度 278mPa·s（泡沫较多），悬浮率>95%；热贮后，黏度 210mPa·s，悬浮率>95%。注：黄原胶（2%）添加量可根据需求变化。重量法测悬浮率	上海是大高分子材料有限公司
41%氟噻草胺 SC	41%氟噻草胺，6%助剂 7276-2，0.1% 黄原胶，1% 硅酸镁铝，0.3%苯甲酸，0.5%消泡剂，水余量	新农药、新助剂配方	南京太化化工有限公司
40%莠去津 SC	莠去津 SC 40%，HY8303 3%，消泡剂 0.5%，黄原胶 0.13%，硅酸镁铝 0.5%，苯甲酸 0.2%，水补足	原药悬浮率≥90%，其他指标合格	沧州鸿源农化有限公司

续表

制剂名称	配方内容	性能指标	提供单位
5%甲磺+45%莠去津 SC	甲基磺草酮 5%，莠去津 45%，润湿分散剂 HY-8301 5%，防冻剂（乙二醇）5%，消泡剂适量，防腐剂（卡松）0.1%～0.2%，去离子水补齐 100%	原药悬浮率≥90%，其他指标合格	沧州鸿源农化有限公司
30%甲托+13%戊唑醇 SC	甲托 30%，戊唑醇 13%，5% 7023B+1%8070，水补足	悬浮率≥96%；D_{90}=4～5μm；热贮后粒径增长<10%，无结底析晶	无锡颐景丰科技有限公司
50%甲托 SC	甲托（97%）51.6%，去离子水 27.7%，BREAK-THRU® DA 646 2%，5% NaOH 溶液 2.5%，BREAK-THRU® AF 9903 0.2%，丙二醇 4%，1% 黄原胶 12%	热贮稳定，悬浮率≥90%，其他性能指标合格，额外加入 BREAK-THRU® DA 675 1% 可增加配方的通用性	赢创工业集团
54%甲托 SC	甲托 54%，5% 7023B + 1% 8070，水补足	悬浮率≥96%；D_{90}=4～5μm；热贮后粒径增长<5%，无结底析晶	无锡颐景丰科技有限公司
3%甲维盐+10%吡蚜酮 SC	甲维盐 3%，吡蚜酮 10%，4% 7023A + 1% 8500 + 3% 4075，水补足	悬浮率≥96%；D_{90}=4～5μm；热贮后粒径增长<10%，无结底析晶	无锡颐景丰科技有限公司
4%甲维盐+20%茚虫威 SC	4%甲维盐，20%茚虫威，10%助剂 7290-A，0.2%黄原胶，1.2%硅酸镁铝，0.3%苯甲酸，0.5%消泡剂，3%BHT，水余量	高效，高含量，环保	南京太化化工有限公司
5%甲维盐+15%茚虫威 SC	甲维盐 5%，茚虫威 15% HY8304 8%，黄原胶 0.15%，硅酸镁铝 1%，苯甲酸 0.3%，BHT 3%，消泡剂 0.3%，水补齐 100%	原药悬浮率≥90%，其他指标合格	沧州鸿源农化有限公司
5%甲维盐+15%茚虫威 SC	甲维盐（74%）6.8%，茚虫威（95%）16%，Soprophor SC 3%，Geropon DA1349 2%，Geropon CYA/X 3%，AgRho Pol 23W（2%）7.5%，尿素 4%，磷酸二氢钠 1%，BHT 1%，硅酸镁铝 1%，消泡剂 0.2%，水补足	悬浮率>95%，黏度 520mPa·s，相对密度 1.09，D_{90}<5μm。热贮后，悬浮率>95%	Solvay
5%甲维盐 SC	甲维盐（70%）7.8%，GY-DS1287 5.0%，GY-WS10 1.0%，乙二醇 4.0%，其他辅料 1.3%，水 80.9%	热贮前，悬浮率 97%，黏度 150～500mPa·s；热贮后，悬浮率 97%，黏度 150～500mPa·s；泡沫 5mL	北京广源益农化学有限责任公司
5%甲维盐 SC	甲维盐 5%，HY8304 8%，黄原胶 0.15%，硅酸镁铝 1%，苯甲酸 0.3%，BHT 3%，消泡剂 0.3%，水补齐 100%	原药悬浮率≥90%，其他指标合格	沧州鸿源农化有限公司
5.7%甲维盐 SC	甲维盐 5.7%，4% 7023A + 3% 8500，水补足	悬浮率≥96%；D_{90}=4～5μm；热贮后粒径增长<10%，无结底析晶，原药适应性广	无锡颐景丰科技有限公司

续表

制剂名称	配方内容	性能指标	提供单位
30%己唑醇 SC	己唑醇（95%）31.6%，去离子水 44.7%，BREAK-THRU® DA 646 0.5%，BREAK-THRU® DA 655 2%，BREAK-THRU® AF 9903 0.2%，丙二醇 4%，1% 黄原胶 15%，5%NaOH 溶液 2%	热贮稳定，悬浮率≥90%，其他性能指标合格	赢创工业集团
5%己唑醇 SC	己唑醇（95%）5.3%，去离子水 63.5%，BREAK-THRU® DA 646 2%，BREAK-THRU® AF 9903 0.2%，丙二醇 4%，1% 黄原胶 25%	热贮稳定，悬浮率≥90%，其他性能指标合格	赢创工业集团
50%克菌丹 SC	克菌丹 50%，5% 7023B＋1% 8070，水补足	悬浮率≥96%；D_{90}＝4～5μm；热贮后粒径增长＜5%，无结底析晶	无锡颐景丰科技有限公司
40% 喹啉铜 SC	喹啉铜 40%，6% 7035＋1% 4070，水补足	悬浮率≥96%；D_{90}＝4～5μm；热贮后粒径增长＜10%，无结底析晶	无锡颐景丰科技有限公司
30%联苯肼酯＋10%螺螨酯 SC	联苯肼酯 30%，螺螨酯 10%，5%7023A＋1%8070，水补足	悬浮率≥96%；D_{90}＝4～5μm；热贮后粒径增长＜10%，无结底析晶	无锡颐景丰科技有限公司
43%联苯肼酯 SC	43%联苯肼酯，6%助剂 7276-2，0.1%黄原胶，0.8%硅酸镁铝，0.3%苯甲酸，0.5%消泡剂，水余量	高效、环保	南京太化化工有限公司
40%螺螨酯 SC	螺螨酯 40%，5% 7023A＋1% 8070，水补足	悬浮率≥96%；D_{90}＝4～5μm；热贮后粒径增长＜10%，无结底析晶	无锡颐景丰科技有限公司
250g/L 嘧菌酯 SC	嘧菌酯（98.01%）24g，SD-811（干粉）2g，乙二醇 4g，硅酸镁铝 1g，黄原胶 2%，水溶液 5g，水 64g	热贮前：黏度 460mPa·s，悬浮率 96.78%	上海是大高分子材料有限公司
25%嘧菌酯 SC	嘧菌酯（96%）26.5%，GY-D07 3.0%，GY-DS1287 1.0%，尿素 3.0%，其他辅料 1.2%，水 65.3%	热贮前，悬浮率 97%，黏度 300～400mPa·s；热贮后，悬浮率 97%，黏度 300～400mPa·s；泡沫 5mL	北京广源益农化学有限责任公司
25%嘧菌酯 SC	嘧菌酯（95%）28.4%，BREAK-THRU® DA 675 5%，Break Thru S 233 1%，黄原胶 0.5%，BREAK-THRU® AF 9903 0.2%，去离子水 64.9%	热贮稳定，悬浮率≥90%，其他性能指标合格，再加入 3% BREAK-THRU® OE 446 能明显减少在叶面的嘧菌酯固体颗粒	赢创工业集团
15%嘧菌酯＋25%戊唑醇 SC	嘧菌酯 15.3%，戊唑醇 25.7%，SD-208 5%，乙二醇 4%，黄原胶 4%，消泡剂 0.5%，去离子水补足	热贮前，黏度 650mPa·s，悬浮率 96%；热贮后，黏度 425mPa·s，悬浮率 94%	上海是大高分子材料有限公司
6%嘧菌环胺＋20%啶酰菌胺 SC	嘧菌环胺 6%，啶酰菌胺 20%，5%7023A＋1%8070，水补足	悬浮率≥96%；D_{90}＝4～5μm；热贮后粒径增长＜5%，无结底析晶	无锡颐景丰科技有限公司

续表

制剂名称	配方内容	性能指标	提供单位
45%扑草净 SC	扑草净（96.7%）46.6%，Soprophor FD 4%，AgRho Pol 23W（2%）6%，乙二醇 5%，消泡剂 0.3%，水补足	悬浮率>95%，黏度 820mPa·s，相对密度 1.08，D_{90}<4μm。热贮后，悬浮率>90%	Solvay
500g/L 扑草净 SC	扑草净（96%）48.5%，SD-815 4%，SD-661 1%，异丙醇 3%，乙二醇 4%，白炭黑 0.3%，硅酸镁铝 0.2%，黄原胶 0.03%，水补足	消泡剂：全程添加，泡沫较大。热贮前，黏度 196mPa·s，悬浮率 99%；热贮后，黏度 428mPa·s，悬浮率 98%	上海是大高分子材料有限公司
6.67%氰霜唑+13.33%霜脲氰 SC	氰霜唑 7.1%，霜脲氰 14%，SD-818 1%，SD-206 6%，国药甘油 10%，GSML 30%，HYJ（2%）6%，水补足	热贮前，黏度 400mPa·s；热贮后，黏度 400mPa·s	上海是大高分子材料有限公司
20%氰霜唑 SC	氰霜唑 20%，4% 7023B＋1% 8070，水补足	悬浮率≥96%；D_{90}＝4～5μm；热贮后粒径增长<10%，无结底析晶	无锡颐景丰科技有限公司
30%噻虫嗪 SC	噻虫嗪（97.4%）31%，Soprophor FD 3%，Geropon K30D 2%，Antarox AL304 1%，AgRho Pol 23W（2%）10%，乙二醇 4%，消泡剂 0.2%，磷酸二氢钠 0.5%，硅酸镁铝 0.4%，水补足	悬浮率>96%，黏度 650mPa·s，相对密度 1.15，D_{90}<5μm。热贮后，悬浮率>95%	Solvay
33%噻虫胺 SC	噻虫胺（97%）34.1%，Soprophor SC 2%，Geropon DA1349 3%，Antarox B/848 1%，AgRho Pol 23W（2%）8%，乙二醇 4%，消泡剂 0.2%，白炭黑 0.5%，水补足	悬浮率>96%，黏度 720mPa·s，相对密度 1.15，D_{90}<5μm。热贮后，悬浮率>94%	Solvay
48%噻虫胺 SC	噻虫胺（97%）50%，Ultrazine NA 3%，Atolx 4913 1.8%，ethylan NS 500 lq 1.2%，黄原胶（2%）8%，乙二醇 4%，消泡剂 0.2%，水补足	悬浮率>96%，黏度 520mPa·s，相对密度 1.25，D_{90}＝4.6μm。热贮后，悬浮率>98%，D_{90}＝5.2μm	Borregaard
35%噻虫胺 SC	噻虫胺（95%）37.3%，GY-D07 3%，GY-DS1287 2.0%，GY-DM02 0.5%，尿素 3.0%，其他辅料 1.5%，水 52.7%	热贮前，悬浮率 90%，黏度 200～400mPa·s；热贮后，悬浮率 90%，黏度 200～400mPa·s；泡沫 5mL	北京广源益农化学有限责任公司
40%噻虫啉 SC	噻虫啉 40%，丙二醇 4%，BREAK-THRU® AF 9903 0.2%，BREAK-THRU® DA 675 2.7%，BREAK-THRU® DA 646 1%，1% 黄原胶溶液 10%，醋酸 0.2%，去离子水 41.9%	热贮稳定，悬浮率≥90%，其他性能指标合格，pH<6，不然热贮会结块	赢创工业集团
25%噻呋酰胺+5%戊唑醇 SC-1	噻呋酰胺（95%）26.4%，戊唑醇（97%）5.2%，SD-816 2%，乙二醇 4%，0.8μm 轻钙 3%，9270 黄原胶（2%）6%，水补足，pH 7	热贮前，黏度 260mPa·s，悬浮率 99%；热贮后，悬浮率 95%，黏度 175mPa·s。黄原胶（2%）添加量为 10%时，黏度为 500mPa·s，悬浮率 98% 悬浮率测定方法：重量法	上海是大高分子材料有限公司

续表

制剂名称	配方内容	性能指标	提供单位
25%噻呋酰胺+5%戊唑醇 SC-2	X%噻呋酰胺 25%/X%，Y%戊唑醇 5%/Y%，SD-816 2%，乙二醇 4%，氢钙 3%，黄原胶（2%）8%，水补足	放置一晚泡下去，热贮前，黏度 520mPa・s，悬浮率 97%；热贮后，黏度 680mPa・s，悬浮率 97%	上海是大高分子材料有限公司
50%噻嗪酮 SC	原药（98%）51.02g，SD-815 4g，乙二醇 4g，黄原胶 2g，水 38.98g	热贮前：黏度 480mPa・s，悬浮率 96.2%。初次碾磨实验，未发现泡沫严重。加黄原胶之前黏度 100mPa・s，加黄原胶 3%时黏度 1180mPa・s，加黄原胶 2%时黏度 480mPa・s	上海是大高分子材料有限公司
20%三唑锡 SC	原药（93%）20.6%，SD-208 3%，SR-08 2%，硅酸镁铝 1%，黄原胶 5.5%，乙二醇 4%，消泡剂 0.5%，水补足	悬浮率 96%（热贮前），93.8%（热贮后）；黏度 360mPa・s（热贮前）。240mPa・s（热贮后）；入水现象：能够较好地分散	上海是大高分子材料有限公司
20%杀铃脲 SC	原药（93%）20.5%，SR-11 2%，SD-518X 4%，黄原胶 4%，乙二醇 4%，消泡剂 0.5%，水补足	悬浮率 96%（热贮前），93.8%（热贮后）；黏度 360mPa・s（热贮前），240mPa・s（热贮后）。入水现象：能够较好地分散	上海是大高分子材料有限公司
40%杀铃脲 SC	原药（93%）40.9%，SD-206 4%，SD-518X 2%，白炭黑 1%，乙二醇 4%，消泡剂 0.5%，水补足	热贮前，黏度 450mPa・s，悬浮率 95%；热贮后，黏度 300mPa・s，悬浮率 96%	上海是大高分子材料有限公司
25%戊唑醇 SC	原药（93%）26.9g，SD-206 3g，SD-816 1g，乙二醇 4g，硅酸镁铝 1g，黄原胶（2%）10g，水 54.1g	雾化不好。热贮前，黏度 640mPa・s，悬浮率 95%；热贮后，悬浮率 96%。复查：热贮前，黏度 600mPa・s	上海是大高分子材料有限公司
30%戊唑醇+15%嘧菌酯 SC	戊唑醇 30%，嘧菌酯 15%，5% 7023A+1%8070，水补足	悬浮率≥96%；D_{90}=4～5μm；热贮后粒径增长<10%，无结底析晶	无锡颐景丰科技有限公司
43%戊唑醇 SC	戊唑醇 43%，4% 7023A+1% 8070，水补足	悬浮率≥96%；D_{90}=4～5μm；热贮后粒径增长<10%，无结底析晶	无锡颐景丰科技有限公司
430g/L 戊唑醇 SC	原药（97%）39.2g，SD-811（干粉）2g，SR-206 1g，乙二醇 4g，硅酸镁铝 1g，黄原胶 2%水溶液 5g，水 47.8g	热贮前，黏度 400mPa・s，悬浮率 96%；热贮 7d 后，黏度 350mPa・s，悬浮率 95%	上海是大高分子材料有限公司
430g/L 戊唑醇 SC	原药（97.71%）38.9g，SD-206 20g，SR-02 10g，乙二醇 40g，硅酸镁铝 10g，黄原胶 1g，水补足	放置一晚泡下去，热贮前，黏度>1000mPa・s，悬浮率 92.6%；热贮后，悬浮率：	上海是大高分子材料有限公司
480g/L 戊唑醇 SC	戊唑醇（97%）44.3g，BREAK-THRU® DA 646 0.5g，BREAK-THRU® DA 655 2g，5% NaOH 溶液 2g，BREAK-THRU® AF 9903 0.2g，丙二醇 4g，1% 黄原胶 15g，去离子水 补齐至 112g	热贮稳定，悬浮率≥90%，其他性能指标合格	赢创工业集团

续表

制剂名称	配方内容	性能指标	提供单位
50%烯酰吗啉 SC	烯酰吗啉（97%）52.1%，GY-DS1287 3.0%，GY-W07 1.0%，尿素 4.0%，其他辅料 0.9%，水 39%	热贮前，悬浮率 95%，黏度 300～400mPa·s；热贮后，悬浮率 95%，黏度 300～400mPa·s。泡沫 5mL	北京广源益农化学有限责任公司
16%异丙草胺＋24%莠去津 SC	莠去津 24%，异丙草胺 16%，HY8303 3%，消泡剂 0.5%，黄原胶 0.15%，硅酸镁铝 0.5%，苯甲酸 0.2%，水补齐 100%	原药悬浮率≥90%，其他指标合格	沧州鸿源农化有限公司
15%乙草胺＋15%莠去津 SC	莠去津 15%，乙草胺 15%，HY8303 3%，消泡剂 0.5%，黄原胶 0.15%，硅酸镁铝 0.5%，苯甲酸 0.2%，水补齐 100%	原药悬浮率≥90%，其他指标合格	沧州鸿源农化有限公司
39%乙草胺＋8% 2,4-D 异辛酯＋22%莠去津 SC	莠去津 22%，乙草胺 39%，2,4-D 异辛酯 8%，HY8303 2.3%，消泡剂 0.3%，水补齐 100%	原药悬浮率≥90%，其他指标合格	沧州鸿源农化有限公司
45%异菌脲 SC	异菌脲 45%，4% 7023A＋2% 2070＋1%8070，水补足	悬浮率≥96%；D_{90}＝4～5μm；热贮后粒径增长＜11%，无结底析晶	无锡颐景丰科技有限公司
10%乙螨唑＋35%丁醚脲 SC	乙螨唑 10%，丁醚脲 35%，4% 7023B＋1%8070，水补足	悬浮率≥96%；D_{90}＝4～5μm；热贮后粒径增长＜10%，无结底析晶	无锡颐景丰科技有限公司
15%乙螨唑 SC	乙螨唑 15%，4% 7023B＋1% 8070，水补足	悬浮率≥96%；D_{90}＝4～5μm；热贮后粒径增长＜10%，无结底析晶	无锡颐景丰科技有限公司
500g/L 莠灭净 SC	莠灭净（97%）44.6%，SD-819 1%，SD-661 1%，乙二醇 4%，硅酸镁铝 0.2%，黄原胶 0.06%，水补足	黏度 472mPa·s，悬浮率 96.7%，热贮通过	上海是大高分子材料有限公司
50%莠去津 SC	滨农莠去津（66%）50%，SD-815 4%，乙二醇 4%，水 38%，2%黄原胶 4%	黄原胶在结束前 5min 加入，悬浮率：贮前 97.02%，贮后 97.44%；黏度：贮前 580.45mPa·s，贮后：607.41mPa·s	上海是大高分子材料有限公司

注：凡同列标记相同字母的即为差异不显著，标记不同字母的即为差异显著。大写字母表示 P＝0.01 显著水平，小写字母表示 P＝0.05 显著水平。

参考文献

[1] 华乃震．农药，2008，47（2）：79-81.

[2] 华乃震．现代农药，2007，6（1）：1-7.

[3] 张国生．世界农药，2010，32（4）：40-47.

[4] 路福绥．农药论坛．中国农药，2006（6）：9-11.

[5] 胡冬松，沈德隆，裴琛．浙江化工，2009，40（3）：12-16.

[6] 徐妍．中国农药，2013，9（6）：19-24.

[7] 刘广文，等．现代农药剂型加工技术．北京：化学工业出版社，2012.

[8] 潘立刚，陶岭梅，张兴．植物保护，2005，31（2）：17-20.

[9] 屠豫钦，王以燕．农药，2005，44（3）：97-102.

[10] 徐妍，马超，刘世禄，等．现代农药，2010，9（2）：18-23.

[11] 郭武棣．液体制剂．北京：化学工业出版社，2003.
[12] 刘红梅．广东化工，2009，36 (4)：80-82.
[13] 李伟雄．广东农业科学，2007，6：63-65.
[14] 徐妍，孙宝利，战瑞，等．现代农药，2008，7 (3)：10-13.
[15] 华乃震．农药，2008，47 (3)：157-160.
[16] 华乃震．农药，2008，47 (4)：235-239.
[17] 张国生．世界农药，2009，31 (2)：37-45.
[18] 凌世海．农药，1999，38 (10)：19-24.
[19] Parmar K P S，Méheust Y，Børge S，et al. Langmuir，2008，24：1812-1822.
[20] 卜小莉，黄啟良，王国平，等．农药，2006，45 (4)：231-235.
[21] 卜小莉．吡虫啉触变性悬浮体系构建及其性能研究．长沙：湖南农业大学，2006.
[22] 何林，慕立义．农药科学与管理，2001，22：10-12.
[23] 高德霖．中国化工学会农药专业委员会第八届年会论文集，1992：406-410.
[24] 沈娟，黄啟良，夏建波，等．农药学学报，2008，10 (3)：354-360.
[25] 张国生，侯广新，路军，等．农药，2004，43 (5)：221-223.
[26] 项汉．吡蚜酮水悬浮剂和莠去津水悬浮剂的制备及稳定性研究．上海：上海师范大学，2018.
[27] 张国生．农药，2003，42 (1)：12-13.
[28] 张国生，侯广新，郑瑞琴．浙江化工，2004，35 (8)：4-5.
[29] 朱炳煜．四种有机改性膨润土在农药悬浮剂中的应用初探．泰安：山东农业大学，2009.
[30] 徐妍，马超，胡奕俊，等．农药，2011，50 (2)：109-112.
[31] 孔宪滨，徐妍．农药，2004，43 (12)：539-541.
[32] Bernard P B，Anals R. PHysical Chemistry Chemical PHysics，2010，12：9169-9171.
[33] Manual on development and use of FAO and WHO specifications for pesticides. Rome：FAO/WHO Joint Meeting on Pesticide Specifications，2010：126-129.
[34] 华乃震，华纯．世界农药，2013，35 (1)：29-33.
[35] 冯建国，张小军，于迟，等．中国农业大学学报，2013，18 (2)：220-226.
[36] 张一宾．农药，2009，48 (1)：1-6.
[37] 戴权．安徽化工，2006，121 (3)：45-46.
[38] 屠予钦．农药学学报，1999，1 (1)：1-6.
[39] 今井正芳．农药新剂型．农药译丛，1991，13 (5)：34-44.
[40] 李丽芳，王开运．农药，2000，39 (5)：12-16.
[41] 徐年凤，闻柳．世界农药，2000，22 (3)：42-43.
[42] 张树鹏．嘧菌酯水悬浮剂的制备及其稳定性研究．上海：上海师范大学，2017.
[43] 徐妍，张政，吴学民．农药，2007 (6)：374-378.
[44] Leslie Y Y，Omar K，E. Susana P，et al. Science，2002，57：1069-1072.
[45] 傅献彩，沈文霞，姚天扬，等．物理化学．北京：高等教育出版社，2005.
[46] 冯聪，宋玉泉，刘少武，等．农药，2017，56 (10)：712.
[47] 德鲁·迈尔斯．表面、界面和胶体——原理及应用．北京：化学工业出版社，2005.
[48] 江体乾．化工流变学．上海：华东理工大学出版社，2004.
[49] 陈福良．农药新剂型加工与应用．北京：化学工业出版社，2015.
[50] 赵欣昕，侯宇凯．农药规格质量标准汇编．北京：化学工业出版社，2002.
[51] 宋玉泉，冯聪，刘少武，等．农药，2017，56 (9)：628-631.

第13章 悬乳剂

13.1 概述

13.1.1 悬乳剂基本概念及其特点

悬浮乳剂（suspension emulsions 或 suspoemulsions，SE）简称悬乳剂，是由不溶于水的固体原药和油相原药的有效成分在借助分散剂、乳化剂等助剂的作用下以固体微粒和微细油珠形式均匀稳定地悬浮分散、乳化于水中所形成的高悬浮分散体系，即由不溶于水的油相物和不溶于水也不溶于油的固相物组成主要成分，乳化和悬浮于水中的一种剂型。在一些文献中，悬乳剂亦被称作悬浮乳剂、水悬浮乳剂等。悬乳剂在外观上与悬浮剂（aqueous suspension concentrate，SC）和水乳剂（oilin water emulsion，EW）相似。悬乳剂是一个三相混合物：有机相（非连续相）乳化分散于水相（连续相），即油/水型乳剂以及完全分散在水中的固相。它兼顾了悬浮剂和水乳剂的优点，如避免了农药乳油和可湿性粉剂中有机溶剂和粉尘对环境和操作者的污染和毒害，悬乳剂将多个固体和液体农药活性成分组合在同一剂型中，生物效能可以互补，扩大防治谱；免除桶混不相溶性，提高效率；以水为介质，对操作者和使用者安全，对环保有利并节省成本；降低对皮肤和眼睛的刺激性以及毒性；使用溶剂少，生产中避免易燃、易爆和中毒问题；使用方便，包装、贮存和运输费用降低，扩大防治对象，减少喷雾次数等。但它同时也存在一些缺点，如开发高质量稳定剂型的难度较大、存在很多技术问题等，对加工生产技术要求非常高，有时要用高剪切和均质等专用设备，还存在包装冲洗和处理问题[1,2]。

13.1.2 悬乳剂组成、配方及要点

农药悬乳剂的配方组成主要由三相主成分组成。

乳相体系——液体有效成分或低熔点有效成分的液体状乳化液。

水相——连续相。

悬浮相——固体有效成分形成的分散的悬浮固体颗粒。

其他成分：乳化剂、分散剂、其他辅助剂。

悬乳剂中固体有效成分形成分散悬浮颗粒，组成悬浮相；液体有效成分或低熔点有效成

分的溶液乳化成油珠，组成乳液相；水为连续相。连续相中通常不含农药，但根据实际防治需要，也可以溶解一些水溶性的农药有效成分，如草甘膦、杀虫单、霜霉威等，我国已登记的产品有 36%乙·莠·草甘膦悬乳剂（含草甘膦 12%）。悬乳剂整个制剂是一种非均相液体制剂，可称之为三相高分散混合物或多组分悬浮体系，兼具悬浮剂和水乳剂的特点：具有较高的闪点、低易燃性及低漂移性优点；用水作主要溶剂，不易燃、减轻了溶剂或者原药的气味，提高了生产及贮运的安全性，降低了对生产者及使用者的皮肤接触毒性，避免了因大量使用有机溶剂而对生态环境造成危害。除上述之外，因悬乳剂是复配制剂，故还具有扩大防治谱、增效、减少用药次数、降低用药成本等优点。在生产实践上，悬乳剂可为非水溶性的高熔点固体农药原药与液态农药原药及低熔点固体农药原药间的复配开发提供了可能以至成为新的途径。在田间使用中，悬乳剂可以降低桶混不相溶的风险：因防治需要，田间实际使用时常有将悬浮剂、水乳剂进行桶混的情况，此时很有可能发生絮凝、破乳等现象，导致防治效果下降甚至产生药害，配制成悬乳剂则可防止这一风险的发生。所以该剂型具有很多优点，是一个水基环保剂型[3]。

13.2　悬乳剂的配方组成与加工条件

13.2.1　悬乳剂配方的基本组成

悬乳剂为水性化绿色制剂，需用水稀释后喷雾使用。为了保证制剂体系的稳定性与提高田间使用时有效成分的生物利用率，制剂中除了有效成分与水之外，还需添加分散剂、润湿剂、乳化剂等助剂。典型的配方组成如表 13-1 所示。

表 13-1　典型的悬乳剂配方组成

组分	含量/%	组分	含量/%
固体有效含量	20～50	防冻剂	0～5
液体有效含量	—	消泡剂	0～1
分散剂	1～5	增稠剂	0～3
润湿剂	1～3	去离子水	补足
乳化剂	3～8		

根据需要，还可以添加其他助剂，如溶剂、助表面活性剂、pH 调节剂、防腐剂等。

13.2.2　悬浮剂的加工条件

悬乳剂由三相构成：

① 固体状的分散悬浮颗粒组成悬浮相；

② 液体状乳化油滴组成乳液相；

③ 水作为连续相。

油相可以由不同形式的乳液相组成，既可以有不含农药活性成分（如只含矿物油或植物油类等用以增效的油相组分）的乳液，也可以有含农药活性成分的乳油或者水包油（微乳液和水乳液）的乳液；固相一般由 1～2 种不溶于水的原药成分以微粒悬浮于水中；如果有一种农药活性成分是水溶性的（如草甘膦水剂和原来有些厂家的百草枯），加入到水相中也可构成另一种混合型的悬乳剂[4,5]。

此悬乳剂中至少包含两种农药原药：一种为固态；另一种为液态或低熔点原药溶于非极性有机溶剂后形成的溶液，根据产品复配开发的目的，制剂中所含的这两种农药原药在数量上可以各是1个或1个以上，多数情况下均各为1个。当然，因防治需要，有时产品中也可以包含第三种农药，即水溶性农药原药，如草甘膦钾盐等。对于前两种农药，通常要求具备以下条件：

① 不溶于水，或在水中的溶解度较低。有效成分在水中的溶解度大小对悬乳剂体系物理稳定性的影响还未见文献报道，但可以预见的是，有效成分在水中的溶解度过大势必会对物理稳定性产生影响。因析出与溶解之间是一个动态平衡，悬乳剂配制过程中因砂磨、高速剪切等，体系的温度会相对较高，灌装后温度又会下降，产品贮存及运输期间温度会不断地发生较大的波动，这种温度的变化会打破原有的析出（析出油珠或晶体）与溶解动态平衡。当温度上升时，通常有效成分在水中的溶解度会上升，部分油珠或固体颗粒会变小或消失，原先吸附于这些油珠或固体颗粒上的乳化剂、分散剂、润湿剂等就会部分或全部游离于分散相水中；当温度下降时，通常有效成分在水中的溶解度亦会下降，就会析出油珠或固体颗粒，游离于水中的乳化剂、分散剂、润湿剂等就会捕获这些析出物并重新吸附于这些油珠或固体颗粒上。当有效成分在水中的溶解度较小时这种动态平衡变化程度亦会较小，反之则较大。而这种动态平衡变化过大时会致使游离的乳化剂、分散润湿剂无法及时乳化析出的油珠、悬浮析出的固体颗粒，宏观上表现析油、沉淀，制剂的物理稳定性就会遭到破坏。而当有效成分在水中发生化学分解时，这种现象会更明显[6]。

至于农药在水中的溶解度要低于多少才不会对悬乳剂的物理稳定性产生不可逆的影响，目前并无试验提出这一确切的数据。但可参考水乳剂和悬浮剂对农药原药水溶性的要求，通常要求有效成分的水溶性在1000mg/L以下，水中溶解度过高，配制的难度会较高，且不易配制出稳定的悬乳剂。

② 固体有效成分不溶于液体有效成分或低熔点原药的有机溶液，否则无法配制出悬乳剂。

③ 有效成分在水中的化学稳定性要好，不易水解。

④ 对于低熔点固体有效成分，需用有机溶剂溶解，所用有机溶剂要难溶于水。

悬乳剂的制剂含量不宜过高。尤其是固含量不宜过高，综合含量建议不能超过80%。

13.2.3 悬乳剂中活性成分和溶剂的要求

① 固体和液体农药活性成分必须在水中不溶或有低的溶解度（农药活性成分在水中的溶解度一般在0～40℃条件下，最好低于500mg/L；如果在水中的溶解度太大，则难度增加，不易制得稳定的悬乳剂）。

② 固体农药活性成分必须不溶于液体农药活性成分（或低熔点农药活性成分在溶剂的混合物）中，否则不能制得悬乳剂。

③ 最好使用液体农药活性成分，而少用低熔点农药活性成分在溶剂的混合物。

④ 农药活性成分在化学上是稳定的（如在水中不分解或者光照时不分解等），彼此的化学性质不能产生拮抗，比如各成分的pH值是否彼此符合等。

13.3 悬乳剂的助剂

为了使固、液两种有效成分均匀悬浮于分散相水中，并能在田间喷雾使用时能较好地润湿、附着在靶标表面，充分发挥药效，悬乳剂中必须添加分散剂、润湿剂、乳化剂等助剂。

13.3.1　分散剂

分散剂（dispersant）又称扩散剂，在悬乳剂中应用，可吸附于水-固界面，亦可吸附于水-油界面，主要目的是通过吸附在农药固体颗粒表面，产生静电斥力作用、空间位阻作用、溶剂化链作用来阻碍颗粒间的聚集、凝集、絮凝，使固体颗粒能均匀稳定地分散于水中，同时亦可防止油珠与固体颗粒间发生异相絮凝（亦称作杂凝聚，heterocoagulation）及油珠间的凝聚，从而形成相对稳定的分散悬浮状态。

悬乳剂中的分散剂用量取决于农药种类、分散颗粒大小、制剂 pH 值、加工工艺等。用量过多或过少都会产生不良效果，应尽量通过试验确定加入量。通常，体系中加入分散剂后，黏度会有所下降，而当黏度下降至最低值后又会缓慢上升，一般以最低黏度点时的分散剂用量为宜。分散剂品种很多，可用于悬乳剂的分散剂有阴离子表面活性剂、非离子表面活性剂等，无机分散剂在悬乳剂的剂型中很少使用或者不建议使用。这些分散剂的主要用途还是对固体原药的研磨分散，在悬乳剂体系中为其助悬、分散等。

阴离子表面活性剂分散剂常用的有羧酸盐类、磺酸盐类阴离子表面活性剂，有些硫酸酯盐类阴离子表面活性剂与磷酸酯盐类表面活性剂也可用作悬乳剂中的分散剂使用。羧酸盐类阴离子表面活性剂，分子中含有亲水基团羧基（—COO—），如脂肪醇聚氧乙烯醚羧酸盐(AEO)、分散剂 T、AA/MAA 共聚物羧酸盐（DC-8 分散剂）、AA/MA 共聚物钠盐（AM-C 分散剂）等。目前市场上销售的可用于悬乳剂的主要是聚羧酸盐类分散剂，该类分散剂采用不同的不饱和单体接枝共聚而成，属高分子分散剂，分子骨架由主链与众多侧链组成，可借助主链上的亲油基团，如甲基、异丁基、酯基、苯基等吸附于农药固体颗粒表面上，形成齿形吸附，而侧链上的亲水基团，如羧基、聚氧乙烯基、磺酸基等可使侧链伸展于水中，从而在固体颗粒表面形成立体的吸附结构，产生空间位阻效应；主链中的亲油基吸附在农药固体颗粒表面，而结构中的醚键亲水基则朝水定向排列并与水分子形成氢键，从而形成亲水性立体保护膜，即溶剂化链作用；因是阴离子表面活性剂，还可使农药颗粒表面带上负电荷，产生静电排斥作用。聚羧酸盐类通过以上三种作用可使农药颗粒均匀稳定地悬浮于水中。市场上销售的聚羧酸盐类分散剂国外产品有 T36（Rhodia）、Sokalan@CP 系列（马来酸-丙烯酸共聚物钠盐，BASF）、Sokalan@PA 系列（丙烯酸均聚物钠盐，BASF）、TERSPERSE@2500（Huntsman）、TERSPERSE @ 2700（Huntsman）、TERSPERSE @ 2735（Huntsman）、YUS-WG5、TANEMULPD（芳基聚氧乙烯醚琥珀酸酯，Tanatex）等，国产聚羧酸盐类分散剂如 SD 系列（上海是大高分子材料有限公司）等。磺酸盐类阴离子表面活性剂，分子中具有—SO_3Na 基团，是目前产量最大应用最广的一类阴离子表面活性剂，主要品种种类有烷基苯磺酸盐、烷基磺酸盐、烯基磺酸盐、高级脂肪酸酯磺酸盐、琥珀酸酯磺酸盐、脂肪酰胺烷基磺酸盐、脂肪酰氧乙基磺酸盐、石油磺酸盐、烷基萘磺酸盐、木质素磺酸盐等。能在悬浮剂中用作分散剂的磺酸盐亦可考虑作为悬乳剂的分散剂，常见的具体品种有扩散剂 NINO（亚甲基二萘磺酸钠）、扩散剂 MF（甲基萘磺酸钠甲醛缩合物）、分散剂 PD（萘磺酸甲醛缩聚物钠盐）、扩散剂 CNF（苄基萘磺酸甲醛缩合物）、Tamol@NN（萘磺酸缩合物钠盐，BASF）、Tamol@8906（萘磺酸缩合物钠盐，BASF）、Tamol@9104（萘磺酸缩合物钠盐，BASF）、Tamol@DN（苯酚磺酸缩合物钠盐，BASF）、Tamol@vs（乙烯基磺酸钠盐，BASF）、Morwet-D 系列（缩聚萘磺酸盐，AKZU）、REAX425A 等。常用的木质素磺酸盐类分散剂的主体分子为球形结构，分子中的疏水单元主要由苯丙烷及其衍生物组成，亲水基团主要是磺酸基和酚、醇羟基，由于疏水基团和亲水基团呈立体间隔分布，整个分子中并没有明显的疏水、亲水基团分布集中区，主要以氢键作用、离子对吸附等形式在固体颗粒表面吸附，吸附能力相对于萘磺酸盐类要弱一些。木质素磺酸盐分散剂的分散能力随磺酸基含量（磺化度）和分子量的增加而提高，其中磺酸基对木质素磺酸盐分散性能的贡献更大。硫酸酯盐类、磷酸酯盐类分散剂如 Tanatex 公司生产的 TANEMULSPS29（芳基酚聚氧乙烯醚硫酸盐）、TANEMULPPSA16（芳基聚氧乙烯醚磷酸酯铵盐）、TANEMULPPSK16（芳基聚氧乙烯醚磷酸酯钾盐）、TANEMULPPS16（芳基聚氧乙烯醚磷酸酯）等。

对于高分子表面活性剂，其降低表面张力和界面张力的能力小，渗透力也较弱，但乳化稳定性很好。高分子表面活性剂在较高浓度时因分子内或分子间的缠绕复杂，在农药颗粒表面上的吸附量会进一步减少，导致表面张力降低能力更小；但当恢复到低浓度时，缠绕松开，表面上定向吸附量增加，其表面张力降低能力可增大些。高分子表面活性剂多数情况下不形成胶束，起泡性较差，而一旦起泡就会形成稳定的泡沫，因此，在悬乳剂中选择高分子表面活性剂时要特别注意这一点。高分子表面活性剂因分子量高，一部分吸附在分散颗粒表面，另一部分则溶解分散一点。在分子量较低时能够阻止粒子间聚集后发生的凝集，发挥分散剂的功能，具有胶体保护作用；当分子量较高时则吸附在许多分散颗粒表面上，在颗粒间产生架桥，形成絮凝物；当使用浓度低时，高分子表面活性剂的分子吸附在两个粒子的表面上起架桥作用，将两个粒子连接在一起，发生凝聚作用；使用浓度高时，高分子表面活性剂分子包围住粒子，防止粒子间凝聚，起分散作用。因此，在选择高分子非离子表面活性剂作为分散剂时要特别注意其这一特性。一般情况下，分子量在数万以下的高分子非离子表面活性剂适合作为分散剂使用（使用浓度不能过低），而百万分子量以上的则适合作为絮凝剂使用。

可用于悬乳剂中作为分散剂用的非离子表面活性剂主要有聚氧乙烯（EO）聚氧丙烯（PO）嵌段共聚物、聚氧乙烯醚磷酸酯类、多元醇甘油酯类等。其中，嵌段聚醚类属于高分子非离子表面活性剂。

市场上常见的可用于悬乳剂中作为分散剂使用的非离子表面活性剂的具体品种如 Pluronic PE10100（PO-EO 整嵌型丙二醇聚醚，BASF）、PIUroniCPE6800（PO-EO 整嵌型丙二醇聚醚，BASF）、RPE2520（EO-PO 整嵌型丙二醇聚醚，BASF）、TERSPERSE@ 4896（烷基酚聚氧乙烯磷酸酯，Huntsman）、AEO-15（脂肪醇聚氧乙烯醚）、分散剂 WA（脂肪醇聚氧乙烯醚甲基硅烷）等。这其中多数非离子表面活性剂往往还同时具有乳化与润湿的作用。

13.3.2 润湿剂

悬乳剂中添加润湿剂（wetting agent）的主要功能是降低农药固体颗粒与水之间的界面张力及整个体系的表面张力，使得农药固体颗粒表面的气体能迅速被水所取代，在喷雾使用时，靶标表面的空气能较快地被药液所取代而铺展开来。

润湿与分散是两种不同的作用，但有时往往是由同一种表面活性剂所完成的，有润湿作用的表面活性剂往往也具有分散作用，故有时也统称为润湿分散剂。润湿剂有时也可以用作分散剂、乳化剂等，如脂肪醇聚氧乙烯醚羧酸盐（AEC），既具有优良的润湿与渗透作用，亦具有分散作用与乳化作用，由于起泡性较好，还可作发泡剂。阳离子类表面活性剂极少用作润湿剂使用，这是因为固体表面通常带有负电荷，易于与带相反电荷的阳离子表面活性剂相吸附，形成亲水基朝向固体、亲油基朝向水的单分子膜，反而不易被水润湿。悬乳剂配制中，要选择合适的润湿剂、确定润湿剂合适的浓度，首先要了解影响润湿剂性能的因素有哪些，通常影响润湿剂性能的因素有表面活性剂的分子结构（尤其是疏水基及亲水基的）。

① 对于亲水基在疏水链末端的直链烷基表面活性剂，直链碳原子数在 8～12 时表现出最佳的润湿性能。对于具相同亲水基的表面活性剂，随着碳链的增加，HLB 值会下降，当 HLB 值在 7～15 范围时润湿性能最好。具有支链烷基的表面活性剂其润湿性要比直链烷基的好，如带支链的烷基苯磺酸钠的润湿性比直链烷基苯磺酸钠好。通常情况下，亲水基在分子中间者的润湿性能要优于在末端的[7]。

② 浓度对润湿性能有着显著的影响。在低于临界胶束浓度（CMC）时，润湿时间的对数与浓度的对数呈线性关系，随着浓度的提高润湿性能变好；但当浓度高于 CMC 时两者之间不再呈线性关系。因此，润湿剂的添加量一般略高于 CMC 即可。对于悬乳剂等采用水稀释喷雾使用的农药制剂，制剂中润湿剂的添加量应结合田间推荐稀释倍数与 CMC 来推算。

③ 温度对润湿性能的影响。一般来说，随着温度的升高，表面活性剂的润湿性能会变好；但温度升高时短链表面活性剂的润湿性能不如长链表面活性剂的好，原因在于温度升高时长链表面活性剂的溶解度增加，表面活性得以较好地发挥；而当温度低时，短链表面活性剂的润湿性能要优于长链表面活性剂；另外，对于聚氧乙烯醚类非离子表面活性剂，当温度接近浊点时润湿性能最佳。润湿性能的影响帮助我们选择合适的润湿剂来配制悬乳剂，以适应区域差异化及不同季节的气候差异。常见的润湿剂主要为阴离子表面活性剂、非离子表面活性剂及特种表面活性剂。阴离子型润湿剂主要有烷基硫酸盐、烷基苯磺酸盐、烯烃磺酸盐、脂肪醇聚氧乙烯醚硫酸盐、琥珀酸单酯磺酸盐、十二烷基磺酸盐类、烷基酚聚氧乙烯醚硫酸盐、油酸丁基酯硫酸化物等。

有助于润湿并提高悬浮剂稳定性的表面活性剂有：聚氧乙烯烷基酚醚和聚氧乙烯脱水山梨糖醇酯、三苄基苯酚聚氧乙烯醚、聚氧丙烯基环氧乙烷加成物等非离子表面活性剂，烷基萘磺酸钠、烷基酚硫酸酯钠、烷基苯磺酸钠、琥珀酸二烷基酯磺酸钠和具环氧乙烷链的磷酸酯类、硫酸酯类等阴离子表面活性剂，木质素磺酸盐、聚乙烯醇、烷基萘磺酸盐的甲醛缩合物、三苯乙烯基乙氧基磷酸盐等水溶性高分子。这些都是我们在配制悬乳剂的时候所能用得到或者参考的助剂。

13.3.3　乳化剂

悬乳剂中除了农药固体颗粒外，还存在农药油珠，要使油珠能均匀稳定地乳化分散于水中，就必须通过添加乳化剂（emulsifier）来显著降低油水之间的界面张力，大幅降低油珠间通过相互聚集缩小界面积来自动降低界面能的倾向，并在油珠的表面上形成薄膜或双电层等，来阻止这些微小油珠相互凝聚，增大乳状液的稳定性。乳化剂的亲水亲油平衡值（HLB 值）对悬乳剂中乳状液的形成是非常重要的。要配制出稳定的悬乳剂制剂，需选择 HLB 值在 8～18 的表面活性剂（或混合物）作为乳化剂。通常情况下，两种或两种以上的乳化剂混合使用较单一乳化剂所得乳状液稳定。作为悬乳剂的乳化剂使用的表面活性剂品种繁多，主要属于阴离子和非离子表面活性剂两大类。阴离子乳化剂如农乳 500 号（十二烷基苯磺酸钙）、SDBS（十二烷基苯磺酸钠）、壬基酚聚氧乙烯醚硫酸三乙醇铵盐、壬基酚聚氧乙烯醚（7）磷酸酯、壬基酚聚氧乙烯醚（10）磷酸酯钠盐等；非离子乳化剂如吐温系列、司盘系列、EL 系列、农乳 600 号、农乳 700 号、宁乳 700 号、宁乳 33 号、宁乳 34 号、农乳 400 号等[8～11]。

13.3.4　增稠剂

悬乳剂可以看作是悬浮液与乳状液的混合物，两者的连续相均为水，水相的黏度越大，则分散相颗粒的运动速率越慢，越有利于悬浮液与乳状液的稳定。要提高水相的黏度，添加增稠剂（thickener）是一种十分有效的途径。当然，实际配制中，制剂黏度并非是越大越好，要考虑倾倒性能、制剂在水中的分散乳化性能以及便于生产。另外，在悬乳剂中，增稠剂亦非属于必须添加的助剂。

通常，在分散相密度与水相密度相差过大时，可以考虑通过添加增稠剂以有效地延缓分散相颗粒的沉降或乳析，阻止分层；若制剂在贮存过程中易发生破乳或沉淀，可以考虑通过添加合适的增稠剂来阻止分散相颗粒的絮凝与聚结。这里需要说明的是，悬浮液中发生的沉淀现象与乳状液中发生的破乳现象均是由两个过程构成的：第一步是絮凝，此过程中分散相颗粒聚集成团，但各颗粒仍然存在，这一过程通常是可逆的，通过施加一定的外力，如摇晃，团聚的颗粒仍可以分散开来；第二步是聚结，在此过程中，聚结成团的颗粒合成一个大颗粒，此过程是不可逆的，这会导致分散相颗粒减少，并会最终导致悬浮液与乳状液的破坏。增稠剂添加于连续相水中后，通过溶胀以及片晶的电荷作用，或通过带有羟基的大分子链与水产生强烈的水合作用，或通过分子链上的离子作用使分子链舒展并形成网状结构，或通过胶束的缔合形成网状结构，从而达到增稠的目的，阻止分散相颗粒的絮凝与聚结，使制剂获得较好的物理体系稳定性，达到 2 年的货架寿命。常用的增稠剂种类有无机高分子及其改性物、天然胶及其改性物、纤维素类、聚丙烯酸类、聚氨酯类等。具体品种如硅酸铝镁、改性膨润土、黄原胶、海藻酸及其（铵、钙、钾）盐、羧甲基纤维素、羟丙基纤维素、聚丙烯酸钠、聚丙烯酰胺、聚乙烯吡咯烷酮等。

13.3.5 防冻剂

悬乳剂是以水作连续相的，存在低温结冰或者结冻现象，这不仅会完全破坏制剂的稳定体系，而且也会因体积膨胀受到限制而破坏包装，造成无可挽回的损失。因此，在悬乳剂生产、贮运及流通环节中若有气温低于 0℃ 的情况，则制剂中需要考虑添加适量的防冻剂(antifreeze)。目前，可用于悬乳剂的防冻剂主要有无机盐类、有机化合物类。常用的品种有氯化钠、尿素、乙醇、乙二醇、丙二醇、丙三醇等。悬乳剂中因为有油相组分，一般防冻剂加入量低于悬浮剂，有很多配方不用加，只有在特别低温地区或者长期存放的，必须要考虑防冻剂的加入。

13.3.6 消泡剂

悬乳剂在生产过程中有搅拌、砂磨、高速剪切等操作，易使液体中混入空气，产生大量气泡或泡沫，这会对各种工序带来不同程度的危害，严重时会使操作无法进行。在实验室小试时若发现配制中易产生气泡及制剂性能测试中持久起泡性测试值超过 25mL，除了更换分散剂或润湿剂或乳化剂外，还可以通过加入消泡剂以消除这一弊害。在农药制剂中，消泡剂（defoamer）主要起破泡与抑泡作用。消泡剂可以与物料预先混合，此时消泡剂主要起抑泡作用，防止在搅拌、剪切、砂磨、泵送、灌装等工序中产生气泡，使操作能顺利进行；也可以在某道工序后加入，如砂磨后加入，此时消泡剂起破泡作用，使已产生的泡沫快速消失，从而使得下一步操作能顺利进行，而在下一步操作中消泡剂则起到了抑泡作用；也可以在产品配制完成、灌装前进行，此时消泡剂起破泡作用。悬乳剂中消泡剂的添加时间可以根据实际情况决定。消泡剂的种类较多，在农药悬乳剂中可以应用的主要是第二代消泡剂聚醚类与第三代消泡剂有机硅类、聚醚改性聚硅氧烷类。聚醚类消泡剂最大的优点在于其抑泡能力强，但消泡能力较差、破泡速率低，产品如甘油EO/PO嵌段共聚醚、消泡剂GP（聚氧丙烯甘油醚）、消泡剂GPE（聚氧丙烯聚氧乙烯甘油醚）等。有机硅类消泡剂有较强的消泡性能、快速的破泡能力，但是抑泡性能较差，产品如ZT-XP40（杭州左土新材料有限公司）、乳化硅油、RS-30消泡剂、L-101有机硅消泡剂、JY-801型消泡剂、WACKERsilfoamSRECN有机硅消泡液等。聚醚改性聚硅氧烷消泡剂同时兼有聚醚类消泡剂和有机硅类消泡剂的优点，在水中很容易乳化，亦称作自乳化型消泡剂，产品如聚醚改性硅油、聚醚改性有机硅消泡剂、消泡剂DSL-10、消泡剂DSL-130等。需要注意的是，消泡剂加得多并不一定代表抑泡、破泡能力会得以提高。如聚醚消泡剂的抑泡性能有一最佳用量，达到这一量后随着消泡剂用量的增加抑泡性能反而下降；聚醚消泡剂的破泡性能也会随着消泡剂用量的增加而提高，但达到一定用量后，随着消泡剂用量的增加，破泡性能不会再有显著提高。悬乳剂中消泡剂的添加量通常在0.05%～0.5%之间，添加量过高不仅抑泡、破泡能力没有提高，反而会破坏体系的物理稳定性。可以根据情况添加一种或两种不同类型的消泡剂。消泡剂的筛选方法：

（1）泡沫定位法　在具有磨口塞的250mL量筒内，加入200mL 30℃标准硬水或去离子水（加工过程中气泡多则采用去离子水，持久起泡性不过关则采用标准硬水），吸取1mL配制好的制剂，用手指揿紧磨口塞来回上下颠倒30次，停止后立即记录泡沫高度，间隔30s、60s再记录泡沫高度；第2次来回颠倒30次，停止后立即加入1mL 0.1%消泡剂去离子水溶液，记录30s、60s时的泡沫高度，比较各消泡剂的破泡能力，泡沫消失速率快说明破泡速率快，60s时泡沫越少破泡能力越强；第3次来回颠倒30次，记录0s、30s、60s时的泡沫高度，比较各消泡剂的抑泡能力，60s时泡沫最少的抑泡能力最强。以此比较各种消泡剂破泡与抑泡能力。

（2）鼓泡法　称取配制好的制剂2.5g，用30℃标准硬水或去离子水稀释至500mL，用玻棒搅拌均匀，搅动要轻缓，避免产生气泡。将乳状液转移到罗氏发泡仪的夹套量筒中，转移过程中要避免产生气泡，接通30℃恒温水槽，使乳状液温度保持在30℃。在夹套量筒底部调节阀后再接一个N_2控制阀和转子流量计，先打开N_2控制阀，然后打开液体容量调节阀，调节N_2流速约为3L/min，对乳状液进行鼓泡。鼓泡后关闭调节阀，并加入消泡剂去离子水溶液，同时开始计时，记录泡沫全部消除的时间，时间越短说明消泡剂的破泡性越好；或比较相同时间内的泡沫量，泡沫量越少说明破泡性越好。紧接着再次打开调节阀，继续通氮气鼓泡1min，记录停止鼓泡后0s、30s、60s时的泡沫高度，泡沫越少说明消泡剂的抑泡性越好。不同的产品因为极性问题和用的助剂不同，而造成起泡不同，选择消泡剂的时候要进行比较，尽量使加入量控制在0.01%～0.04%，不要用量过多，因为消泡剂很多都是低HLB值的，有时候对配方助剂体系也会带来影响，所以要控制用量。

13.3.7 溶剂

对于作为乳液相的有效成分，若该原药本身为液态但在低温条件下易析出结晶，或在常温下为固体，则需用非极性有机溶剂溶解，但悬浮相有效成分要难溶于该溶剂，或者若无合适的溶剂则不适宜开发成悬乳剂。常用的有机溶剂主要为烃类溶剂，如二甲苯、溶剂油100号、溶剂油150号、溶剂油180号、溶剂油200号、EGDA、喹酰胺、松节油等；其他如甲基环己酮等酮类溶剂，油酸甲酯、油酸乙酯、农溶复合酯（动植物油脂经酯化、精馏复合而成）等酯类溶剂。另外，根据需要还可以添加防腐剂、pH调节剂、化学稳定剂等。

13.4 配方研发与加工工艺

13.4.1 悬乳剂配方研发

目前最常用的是制备由两种不同农药活性成分（即一种水不溶的农药液体活性成分和另一种水不溶的农药固体活性成分）组合的悬乳剂。

由三相构成：

① 固体状的分散悬浮颗粒组成悬浮相；

② 液体状乳化油滴组成乳液相；

③ 水作为连续相。

一般实验室和大生产是两种生产方式：

① 先把固体成分磨成悬浮剂母液备用，然后把油相组分和选定的乳化剂混合均匀，再把悬浮剂母液、水、其他辅料等按照比例加入油相中，混合或者剪切均匀即可；

② 针对固含量和总含量比较高的悬乳剂的配方则采用同做悬浮剂的方式一样，进行直接砂磨生产。

不能简单地把悬乳剂认为是悬浮剂（SC）和水乳剂（EW）相组合的剂型，从剂型概念上可以这样理解，但是简单地把 SC 剂型和 EW 剂型混合时，通常不能制得稳定的悬乳剂，因为表面活性剂（乳化剂和分散剂）在分散体系中不可能达到正确的平衡，这可能导致表面活性剂择优先吸附在油滴表面或者分散在颗粒表面，会造成杂絮凝问题，从而导致悬乳剂的不稳定。筛选悬乳剂配方助剂要从整个体系出发，一定不要局限于对油相的乳化分散问题上[12,13]。

固体原药成分作悬浮剂母液：依据配制悬浮剂的方法筛选配方就行，质量要求同悬浮剂，首先如果一套助剂体系作悬浮剂母液都不合格，则该配方的悬浮剂母液也不要用于作悬乳剂母液，助剂筛选和方法可以参照悬浮剂。值得注意的是，作悬乳剂的母液用的助剂建议以聚羧酸盐类的分散剂和磷酸酯助剂为主，尽量不要使用乳化性质很好的助剂，一般与悬浮剂类同，润湿剂＋分散剂的形式选择复合助剂，如采用上海是大的聚羧酸盐 SD101、SD100，配伍磷酸酯类就比较好。特殊高含量或者低熔点的悬浮剂母液尽量采用抑制结晶或者包覆力更好的高分子聚醚类助剂。

13.4.2 加工设备和工艺

农药悬乳剂加工的设备和工艺非常重要，常常影响到产品的质量。

（1）悬乳剂加工工艺　研究的主要内容有：

① 根据选好的农药有效成分的性质确定一种加工方法，即确定工艺路线；

② 选定合适的加工设备；

③ 确定各组分的加料顺序。

④ 鉴于现在很多厂家悬乳剂车间设备已经固定好，也要结合实际情况，根据产品特性，合理制定胶料顺序或者工艺控制等优化配方生产的方案。

农药悬乳剂加工方法主要有两种：一种是超微粉碎法（亦称湿磨法），另一种是凝聚法（亦称热熔-分散法）。而农药水悬乳剂的加工基本都采用超微粉碎法。现阶段，多数还是以超微粉碎与混合剪切相结合的方式生产悬乳剂。

（2）悬乳剂常用的加工设备　常用的主要加工设备有三种：

- 预粉碎设备：球磨机或胶体磨。
- 超微粉碎设备：砂磨机，以立式开放式砂磨机最常用。
- 高速混合机（1000～15000r/min）和均质器（＞8000r/min），主要起均化作用。

① 砂磨机。砂磨机是农药悬浮剂加工的关键设备，也是悬乳剂必需的设备。多级串联连续化生产工艺流程中，每台的研磨介质粒径不相同。通常采用四台砂磨机串联，使用细砂和粗砂两种玻璃砂。第一台砂磨机全部装粗砂，第二台砂磨机 2/3 装粗砂，1/3 装细砂，第三台砂磨机与第二台砂磨机相反，第四台砂磨机全部装细砂。因为砂磨的初级阶段（第一台砂磨机）粉碎效率高，而均匀度差。砂磨的中级阶段（第三、二台砂磨机）粉碎，细度达到要求，只是均匀度还不够。终级阶段（第四台砂磨机）粉碎，使悬浮剂中的粒子更加均匀化。这将大大有助于提高悬浮剂的悬浮率和贮存稳定性。农药企业常用的有立式敞口的砂磨机，还有卧式封闭砂磨机，现阶段随着企业对产品质量、安全、环保等要求的提高，立式砂磨机用得已经很少了[14～16]。

② 胶体磨。我国生产胶体磨的厂家较多，其规格型号各异，选择的余地很大。胶体磨体积小、生产能力大、预粉碎能力强。胶体磨主要起预粉碎作用，为砂磨机制备预粉料浆。

③ 球磨机。我国生产球磨机的厂家也很多，一般为碳钢或不锈钢，衬里为花岗岩石。球磨机作为农药悬浮剂加工的第一道工序——配料、混合、预粉碎使用。

④ 均质混合器。均质混合器是通过高速冲击、剪切、摩擦等作用来达到对介质破碎和均化的设备。在农药悬浮剂加工中，对该设备的使用可能会逐渐增多。

（3）连续法生产流程简述　在我国，农药悬浮剂的生产工艺经过 20 多年的研究，已经形成了一套基本模式，即：配料—预粉料—砂磨粉碎—调配混合—包装。这一工艺的主要特点是：

① 采用 2～4 机（砂磨机）串联、空气压缩管道送料连续化生产工艺流程；

② 比间歇式操作缩短了 1/3 的操作时间；

③ 采用湿法工艺，污染小或没有污染；

④ 减少了操作工序，减轻了工人的劳动强度，大大地改善了操作条件。

农药悬浮剂生产工艺基本模式有很多优点，采用连续式超微粉碎，生产效率高、粒子均匀度好、产品质量好。悬乳剂所用的悬浮剂母液或者一起砂磨的悬乳剂也都和悬浮剂生产工艺相同，但是该工艺并不是对所有的悬乳剂配方都适用，因此，应该从实际出发，根据原药的性质特点具体选用其制剂的加工工艺流程。

13.5 悬乳剂生产的工程化技术

（1）一步法　同悬浮剂的生产方式类似，把油相和固相一起砂磨，一般加工工艺是：油相原药、溶剂、乳化剂先进行混合均匀，然后加入水、分散剂、固相原药和其他物料，进行均匀混合，再进行砂磨。其工艺设备装置流程如图 13-1 所示。

农药悬乳剂的制备过程中所用的加工设备主要是指研磨设备、混料均质设备等，其中砂磨机是保证悬乳剂产品物理稳定性尤其是细度指标的关键所在[17]。

该工艺设备图说明随着国家安全生产的严格执行，企业在设计车间装备及设备安装时，尽量结合产品及产量，科学地设计、安装，选择设备工艺比较专业的设备厂家来设计工艺设备图、安装设备，一步到位，以免安装完之后，经过安评或者环评后再进行设备改造比较麻烦，申请、验收等比较烦琐，也耽误企业生产。比如江阴市昌盛药化机械有限公司，在农药各个剂型生产设备和工艺的设计等方面都比较专业，国内外都有很多生产企业在合作。

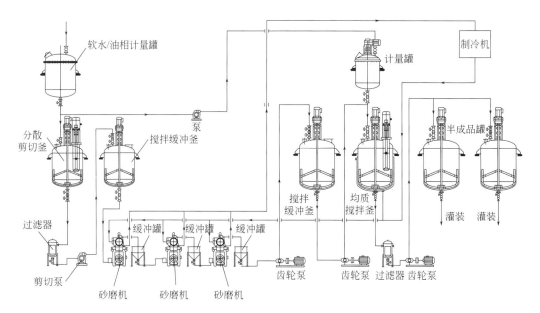

图 13-1　一步法制备悬乳剂工艺流程图

图 13-1 是为了满足悬乳剂生产一步完成的工艺设备图，该图经笔者与江阴昌盛的朱佳琦共同设计完成。计量罐一般是油相原药和水各一个，图纸上面为了简洁设计了一个，当然根据产品油相原药和水哪个用量比较多，建议优先考虑计量罐，一个也是可以的！悬乳剂有的产品用有机溶剂，但用量一般较少，不用单独设计计量罐。

为了更好地连续化生产，可以把第一批物料分散剪切后输送到缓冲搅拌釜内，起缓冲作用。

砂磨机备注的是重庆渝辉机械有限公司，其公司的 WSDN100 大流量卧式砂磨机，设备具有高效率、超细磨、大流量、粒度分布更均匀等特点，适用于大批量生产。该公司也是国内生产砂磨机历史悠久的知名企业。

东莞市康博机械有限公司的棒销式和圆盘式砂磨机组合使用，具有高效、节约空间、磨效高等优点，也被一些企业应用到悬乳剂和悬浮剂生产中。

均质剪切釜是用来把一批物料整体再进行剪切混合，均质器可使粒子均匀化，使粒子细度更加均一，提高制剂稳定性；计量罐用于部分产品，为了提高生产效率，前面生产的高含量的母液，后面通过计量罐补充水或者溶剂进行调制即可。

最后是半成品储罐，建议设计两个，必须带有搅拌装置，因为悬浮剂或者悬乳剂久置后有的产品会有析水现象或者整体不够均相，所以需要灌装的时候进行搅拌，这样利于连续自动化生产。

（2）二步法　指的是先砂磨悬浮剂母液，再把油相如同生产乳油的方式一样把油相原药、溶剂、乳化剂进行混合搅拌，然后加入悬浮剂母液、水等其他辅料，进行混合均匀或者使用均质混合机。悬乳剂母液的砂磨加工，详细内容可以参考悬浮剂章节。其工艺流程如图 13-2 所示。

最后，均质混合调配。砂磨虽然可以进行超微粉碎，但因设备本身的欠缺，导致被粉碎的物料粒径不均匀。均质器可使粒子均匀化，提高制剂的稳定性。

该图中采用的砂磨机是国内知名砂磨机生产企业东莞琅菱机械有限公司生产的。该公司立足高端砂磨机研发，是国内砂磨机品牌的佼佼者。

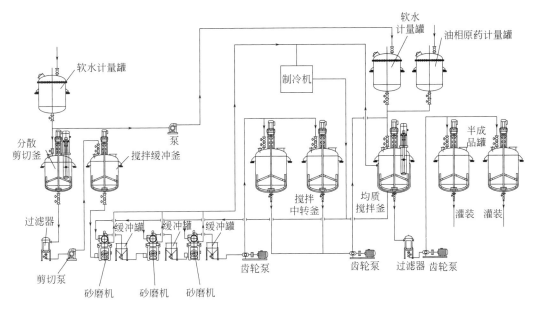

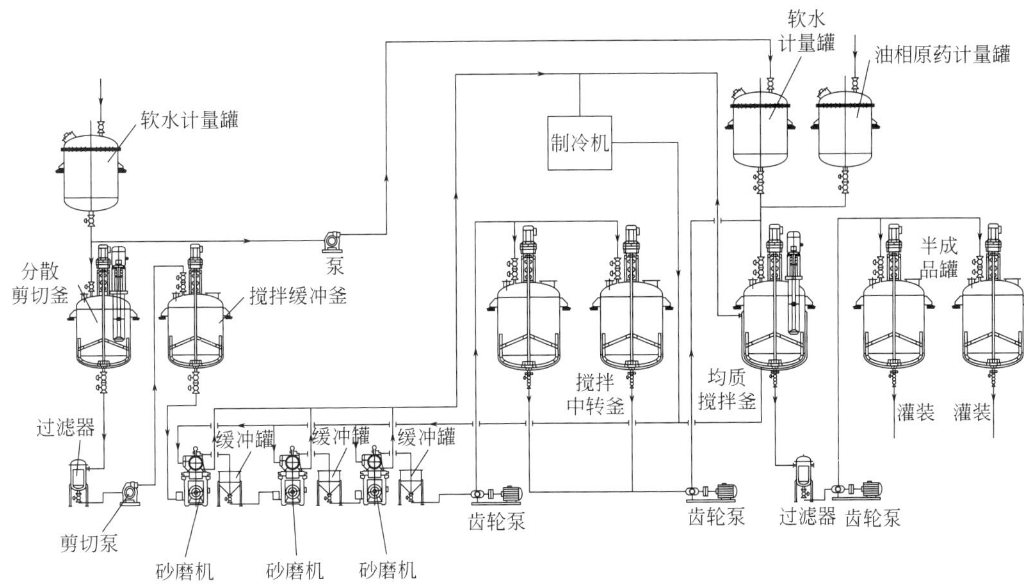

图 13-2　二步法制备悬乳剂工艺流程图

13.6　悬乳剂质量控制指标及检测方法

(1) 外观　能流动的稳定悬浮乳液，不应有结块。

(2) 析水量　样品上部分析出的液体的量，越少越好，不允许有油状原药析出。

(3) 稠化和沉降　稠化是指将样品容器稍稍倾斜而在器壁上见到结皮的情况，表示样品的倾倒性。

(4) 乳化分散性　主要是指样品在水（标准硬水）中的乳化分散情况，要求在水中能自动分散或稍加搅拌即可分散。

(5) 悬浮率　要求应达到悬浮剂的指标，一般要求固体有效成分悬浮率＞90%。

(6) pH 值　一般要求制剂 pH 值在 5～9 之间。

(7) 细度　一般要求平均粒径小于 3μm，不能有 10μm 以上的。

(8) 黏度　一般要求在 0.1～1Pa・s。

(9) 低温稳定性　将样品置于 0℃±1℃条件下 1h，期间用玻璃棒搅拌，要求不能有冻结或者冻结后能在室温下恢复原状。

(10) 热贮稳定性　一般要求制剂贮存稳定期为 2 年，在 54℃±2℃条件下贮存 2 周测定贮存稳定性，要求分解率不高于 5%，悬浮率不低于 85%。

13.7　悬乳剂配方问题总结及建议

13.7.1　悬乳剂的配方问题

悬乳剂是由悬浮液（固体/液体）和乳状液（液体/液体）混合而成的以水为连续相的分散体系（即悬浮剂和水乳剂共存的体系），具有悬浮剂和水乳剂的双重特性，但不是简单地将悬浮剂和水乳剂混合就能得到的悬浮乳剂。该剂型具有以下不稳定性：

动力学不稳定性——由于重力作用，有自动沉降的趋势；

热力学不稳定性——由于其表面较大，具有很大的表面能，有自动聚结的趋势。

13.7.2 农药悬乳剂的稳定性

原药（如结构、物理形态、熔点、水中溶解度、挥发度、水解稳定性、化学稳定性、光稳定性和热稳定性）及其制剂含量；表面活性剂（润湿剂、分散剂）和各种添加剂（抗冻剂、增稠剂、防腐剂、消泡剂和助剂）等因素，它们之间的相互作用对悬乳剂的稳定性都会有影响；粒径、黏度、制剂含量等。综合来说，现阶段悬乳剂的配方难点主要集中在分层、悬浮率低、絮凝、结底、难以做到高含量等[18,19]。悬乳剂不稳定现象及其形成原因、解决办法如表 13-2 所示。

表 13-2 悬乳剂不稳定现象及原因

现象	原因	解决方法
絮凝	助剂不合理，配方不可行，或者一些盐类助剂的破坏；阴离子助剂使用过多	减少阴离子性质的助剂用量，增加非离子，尝试反絮凝剂的加入；可以查絮凝机理及解决方法
沉降、分层	低含量的悬乳剂固相和液相直接砂磨，原药微粒间的相互作用；原药微粒粒径太大；物料的黏度小	调整润湿剂和分散剂的比例；选择合适的乳化剂；增加物料黏度；增加适量的无机填料
悬浮率低	助剂不当，配方不行；原药微粒粒径太大	换配方、换助剂，尤其是适当增加非离子用量、减小粒径
分散性差	分散剂用量低或分散剂选择不当；乳化剂中非离子选择不当；物料黏度太大	选择合适的分散剂；提高分散剂用量；选择合适的非离子表面活性剂和增加非离子表面活性剂用量；降低物料黏度

悬乳剂质量控制的几个指标：

① 产品标准中的一些基本指标，如含量、悬浮率、pH 值等。

② 外观检查和倾倒性试验（确保产品能从容器中倾倒出来）。

③ 入水乳化分散性、悬浮率、湿筛和低泡性试验（保证稀释悬乳液的喷洒性能）。

④ 某些其他性能也可以在标准中列出，例如，每毫升质量和闪点（如果有关），但是这些参数通常不作为标准中的必要组成部分。

另外，还有一些其他的物理性能，特别是粒径分布和黏度。

① 粒度和粒径分布。目前一般认为最佳粒度范围为 0.3～5μm。粒径是湿筛分析和悬浮率试验的重要参考数据，同时，粒径大小也会给药效带来很大的影响，

同时，通过粒径的变化等可以预判其悬浮率和膏化的问题；粒径分布的范围我们希望越窄越好，D_{90}在 2～4μm 比较好。

② 黏度。黏度是一项重要的物理性能，但是不能对其进行简单的描述，这是由于大多数悬乳剂不符合牛顿流动特性。而包含在标准中的倾倒性也是黏度的一个体现指标，我们总希望黏度小而且不分层，其实一定的黏度可以降低微粒的沉降速度，增加微粒的亲水性，理想的黏度调节剂应该具有触变性。所以在悬浮剂配方研发中要充分考虑合理的黏度。

研发中如何判定一个悬乳剂配方是否合格呢？

除了国标、企标外，悬浮率≥90%～98%、热贮后悬浮率 90%～98%，常温热贮后入水状态乳化分散要好，入水粒子细度等比较均一，无肉眼可见的粒子，常温一年析水≤10%～15%，热贮 2 周析水≤10%，热贮后不变稠、不膏化、不结底，轻微晃动很容易比较均相，或者分层后为轻微疏松堆聚而不结块，轻微摇动外观均相，都还是可以接受的。不同原药的特性不同，有些是比较难做成很稳定的悬乳剂的，只要满足实际应用，可以适当地降低

要求。

当然，在制得悬乳剂产品后，应该同 SC 剂型产品一样，必须通过正常试验检测程序，尤其是注意观测有无分出油滴（乳析）、析水和沉淀，也需要分析农药活性成分含量及测定各种物理性能上的指标，还可以使用光学显微镜观测粒径，或用激光粒度分布仪来测定粒径和粒径分布来预示剂型稳定性。除此之外，仍要求进行整个使用温度范围内的长期贮存稳定性试验，以保证包装出售产品在通常条件下没有聚结、油水分离和沉淀等问题[20]。

13.7.3 悬乳剂的配方举例

除草剂悬乳剂现在吨位最大、使用量最大的莫过于均三氮苯类除草剂与酰胺类除草剂的悬乳剂品种，该类悬乳剂已有 40%、48%、62%乙草胺·莠去津 SE，40%、48%丁草胺·莠去津 SE、42%烟嘧·莠去津·乙草胺 SE，42%～45%甲草·乙·莠 SE，40%～52%异丙草胺·莠去津 SE，48%甲磺·乙·莠 SE 等。这些都是玉米田苗前封地产品的主流和上量的大吨位产品。当然，其他的一些除草剂也有悬浮剂剂型，如 2,4-滴＋双氟磺草胺麦田除草剂。最近几年也有很多杀菌剂悬乳剂在登记和生产，如多菌灵＋丙环唑、苯醚甲环唑＋丙环唑等。

悬乳剂配方举例如下：

（1）50%乙草胺·莠去津（25∶25）SE　悬浮剂母液开发实例：通过对 50%悬浮剂母液悬浮剂配方开发研究，系统介绍悬浮剂的配方开发全过程。

① 实验材料。莠去津原药，97%；HY7801（润湿分散剂复合助剂），沧州鸿源农化有限公司；黄原胶，淄博中轩生化有限公司；硅酸镁铝 SF04，苏州国建慧投矿物材料有限公司（原苏州中材）或者杭州左土新材料有限公司的硅酸镁铝 HW-88；乙二醇，淮安市赛利化工有限公司。

② 实验仪器。1000mL 立式砂磨机（江阴市昌盛药化机械有限公司）。

实验室放大试验可以采用重庆渝辉机械有限公司的 WM1.5 微米级实验室卧式砂磨机、东莞市琅菱机械有限公司的实验室纳米级卧式砂磨机 NT-1L；东莞市康博机械有限公司实验型纳米砂磨机 CNB-T0.3L，这三家的实验室卧式砂磨机质量稳定，砂磨质量可以达到大生产砂磨产品的效果，已经取得了农药行业很多企业的认可。

③ 实验方法及结果。50%莠去津 SC 配方及其性能指标如表 13-3 和表 13-4 所示。

表 13-3　50%莠去津 SC 配方

序号	名称	配比/%	备注
1	莠去津	50	折百加入
2	HY7801	5	沧州鸿源化工有限公司
3	1%黄原胶水溶液	5	
4	乙二醇	3	
5	硅酸镁铝 SF-04	0.5	苏州国建慧投矿物材料有限公司（原苏州中材）
6	水	余量	

表 13-4　50%莠去津 SC 性能检测结果

项目	指标	检验结果
密度/(g/mL)	1.00～1.1	1.05
粒度/μm	$D_{50}=1.80$，$D_{90}=3.5$	合格

续表

项目	指标	检验结果
分散性	云雾状分散	优秀
析水比例/%	3	合格
悬浮率/%	≥90	≥96

油相组分一般从能作该油相成分的乳油的乳化剂单体中筛选，如常用的一些乳化剂单体，500#、600#、BY110、吐温系列等，笔者的经验是悬乳剂中不推荐使用1600#系列和700#等，同时也可以尝试一些具有乳化分散效果的磷酸酯类的助剂，因为这类助剂与悬浮剂的相容性和效果相辅性非常好。通过试验我们选定50%乙草胺·莠去津SE的乳化剂以500#和604为主，具体配比：25%乙草胺+2%农乳500# A+2%农乳604#，然后把50%莠去津悬浮剂母液加入50份，再用水补齐，混合均匀就行。(500#，沧州鸿源农化有限公司提供的单体表面活性剂)，该配方经测定各项指标符合国标要求。50%乙草胺·莠去津SE配方如表13-5所示。

表13-5 50%乙草胺·莠去津SE配方

名称	配比/%	备注
莠去津	25	用50%莠去津悬浮剂母液
乙草胺	25	原药
农乳500# A	2	沧州鸿源农化有限公司乳化剂
农乳604	0.12	沧州鸿源农化有限公司乳化剂
消泡剂ZT-XP40	0.3	杭州左土新材料有限公司
水	补余	载体（连续相）

40%莠去津SC母液配方如表13-6所示。40%异丙草胺·莠去津SE其配方见表13-7。

表13-6 40%莠去津SC母液

名称	配比/%	备注
莠去津	40	原药
HY8303Z专用助剂	4	分散并润湿，沧州鸿源
黄原胶	0.13	增稠剂
硅酸镁铝SF-04	0.8	苏州国建
卡松类防腐剂	0.15	防腐剂
消泡剂ZT-XP40	0.3	消泡剂，杭州左土新材料有限公司
水	补余	载体（连续相）

表13-7 40%异丙草胺·莠去津SE

名称	配比/%	备注
莠去津	24	用40%莠去津悬浮剂母液
异丙草胺	16	原药
专乳HY8318	2	乳化剂，沧州鸿源农化有限公司

名称	配比/%	备注
消泡剂 ZT-XP40	0.2	杭州左土新材料有限公司
水	补余	载体（连续相）

13.8 悬乳剂典型配方

农药悬乳剂典型配方见表 13-8。

表 13-8　农药悬乳剂典型配方

制剂名称	配方内容	性能指标	提供单位
23%百菌清 SE（含玉米油）	百菌清（97%）24%、玉米油 24%、Ultrazine NA 4%、黄原胶（2%）10%、乙二醇 4%、消泡剂 0.2%、水补足	悬浮率>95%，黏度 480mPa·s，相对密度 1.1，$D_{90}<5\mu m$ 热贮后，悬浮率>95%	Borregaard
12%丙环唑＋6%嘧菌酯 SE	丙环唑（98%）12.2%、嘧菌酯（98%）6.1%、BREAK-THRU® DA 647 6%、BREAK-THRU® AF 5503 0.2%、1%黄原胶 25%、溶剂油 200# 31.3%、去离子水 19.2%	热贮稳定，把丙环唑溶入溶剂油 200# 后，加入到砂磨后的嘧菌酯水溶液中，搅拌均匀即可，无需额外的乳化剂和均质加工	赢创工业集团
41% 2,4-D＋0.6%双氟磺草胺 SE	2,4-D 异辛酯（96%）42.8%、双氟磺草胺（95%）0.66%、Soprophor FD 3%、Soprophor TSP724 2.2%、Rhodasurf 860P 0.06%、AgRho Pol 23W（2%）6%、乙二醇 4.5%、消泡剂 0.1%、水补足	悬浮率>96%，黏度 880mPa·s，相对密度 1.085，$D_{90}<5\mu m$；热贮后，悬浮率>95%	Solvay
3%甲草胺＋20%乙草胺＋21%莠去津 SE	HY8318 4%、甲草胺 3%、莠去津 21%、1%黄原胶水溶液 3%、水补齐 100%	原药悬浮剂≥90%，其他指标合格	沧州鸿源农化有限公司
20%特丁津＋10%甲基磺草酮＋25%异丙草胺 SE	20%特丁津、10%甲基磺草酮、25%异丙草胺（37.5%特丁津、15%甲基磺草酮 SC）、4%助剂 7257-2、1%助剂 7256-X、水余量	高效、安全	南京太化化工有限公司
37.5%特丁津＋15%甲基磺草酮 SE	37.5%特丁津、15%甲基磺草酮、4%助剂 7276-2、0.05%黄原胶、0.2%苯甲酸、0.5%消泡剂、水余量	含量高、高效	南京太化化工有限公司
16%异丙草胺＋24%莠去津 SE	异丙草胺 16%、莠去津 24%、1%黄原胶水溶液 4%、HY8318 4%、水补齐 100%	原药悬浮剂≥90%，其他指标合格	沧州鸿源农化有限公司
15%乙草胺＋15%莠去津 SE	乙草胺 15%、莠去津 15%、1%黄原胶水溶液 12%、HY8318 4%、水补齐 100%	原药悬浮剂≥90%，其他指标合格	沧州鸿源农化有限公司
39%乙草胺＋8% 2,4-D 异辛酯＋22%莠去津 SE	乙草胺 39%、2,4-D 异辛酯 8%、莠去津 22%、8319 6%～6.5%、水补齐 100%	原药悬浮剂≥90%，其他指标合格	沧州鸿源农化有限公司

参考文献

[1] 郭武棣．液体制剂．北京：化学工业出版社，2004.
[2] 孙家隆．现代农药合成技术．北京：化学工业出版社，2011.
[3] 王阳阳，刘迎，王昕，等．农药，2011，50（9）：643-646.
[4] 仲苏林，曹新梅，曹雄飞，等．世界农药，2009，31（6）：36-38，44.
[5] 杨代斌，黄啟良，袁会珠，等．农药学学报，2002，4（4）：75-78.
[6] 李贵，沈小德．农药科学与管理，2006，25（12）：26-28.
[7] Patrick J，Mulqueen. Pestic Sic，1990，29：451-465.
[8] 中国农业部农药检定所．农药管理信息汇编．北京：中国农业出版社，2004：31.
[9] 华乃震．精细与专用化学品．北京：精细与专用化学品编辑部，2002：186-191.
[10] 凌世海．我国农药加工工业现状和发展建议．第十届全国农药信息交流会论文集．沈阳：化工部农药信息总站，1999：96-105.
[11] 华乃震，林雨佳．江苏化工，2000，4：20-21.
[12] Knowles D A. Chemistry and Technology of Formulations. Netherland：KluwerAcademic Publishers，1998.
[13] Beestman G B. Emerging Technology：The Bases for New Generations of Pesticide Formulations//Pesticide Formulation and Adjuvant Technology. Boca Raton：CRC Press，1996：43-68.
[14] 刘步林．农药剂型加工技术．第 2 版．北京：化学工业出版社，1998：343-350.
[15] 王阳阳，刘迎，王昕，等．农药，2011，50（9）：643-647.
[16] 黄雪萍，蒋殿君，李树权．广东化工，2012，39（6）：292-293.
[17] 王亚廷，孙绪兵，王凤芝，等．农药，2008，47（1）：21-24.
[18] 李刚，刘跃群，杜有辰．农药研究与应用，2007，11（6）：25-27.
[19] 李岩，于荣，姜宜飞．农药科学与管理，2010，35（1）：41-44.
[20] 王昕，魏方林，王阳阳，等．农药，2011，50（7）：504-507.

第 14 章 可分散油悬浮剂

14.1 概述

14.1.1 可分散油悬浮剂的发展简史

可分散油悬浮剂是以非水体系（油基）为分散介质的高分散稳定悬浮体系。可分散油悬浮剂是指用经过试验可作为增效助剂且不污染作物的油类作为稀释载体的一种剂型，油类包括植物油（及其衍生物）、松基植物油、矿物油、其他环保类油性溶剂等。作为稀释载体，要求油类本身具有良好的黏着性和展着性，容易黏附于蜡质或光滑的叶面，所以可分散油悬浮剂在使用时具有黏着性和展着性良好、抗雨水冲刷能力强、药效持久等优点[1]。目前我国可分散油悬浮剂的登记和生产已经从除草剂发展到了多元化登记和研发、生产的方向[2~5]。

可分散油悬浮剂是一种或者几种在油类溶剂中不溶的固体农药活性成分分散在非水介质（即油类）中，依靠表面活性剂和黏度调节剂形成高分散稳定的悬浮液体制剂。其稳定是指一定时间内稳定的非水介质的油相悬浮体系，该剂型中至少有一种成分不溶于非水介质。

可分散油悬浮剂根据使用方式不同分为在水中分散使用和在油基介质中使用。我们称有效成分稳定悬浮于与水不相溶液体的液状制剂，按一定倍数以水稀释调配后使用的可分散油悬浮剂为水分散性油悬剂（oil-based suspension concentrates，oil dispersion，OD），而有效成分稳定悬浮的液状制剂，以有机溶剂或油稀释调配后使用的油悬浮剂为油悬剂（oil miscible flowable concentrate，oil flowable concentrate，oil miscible suspension，OF）。可分散油悬浮剂（OD）是由油悬剂发展而来的，但是可分散油悬浮剂是在水中分散后使用，而油悬剂（OF）只能通过油剂溶剂稀释后使用。

目前实验研究开发和实际使用中大多数为 OD，所以本章中可分散油悬浮剂主要介绍水分散性油悬剂（OD），以下简称为可分散油悬浮剂。当然，未来的 OF 也会随着农药使用技术、剂型技术的发展得到很大的提高与应用[6~9]。

可分散油悬浮剂得以发展的原因有以下几点：

① 某些农药活性成分制成水悬浮剂（SC）时，具有较高的不稳定性，如果选择把这类原药加工成可分散油悬浮剂时，即可解决制剂的稳定性问题，如烟嘧磺隆、氟唑磺隆等。

② 某些油类对亲油性强的农药（如烟嘧磺隆除草剂）可起到增效作用。烟嘧磺隆可以加工成10%～80%含量的可湿性粉剂（WP），但使用时药效发挥不佳，一般需加乳化甲酯化植物油等油类增效助剂，以提高药效。该原药的活性成分对水非常敏感，在水中不稳定，但在油基质中稳定，所以烟嘧磺隆现在直接加工成4%～10%烟嘧磺隆可分散油悬浮剂，则更有助于充分发挥原药的活性从而提高药效，并且在油基中产品的化学稳定性更好。

③ 有些不溶于油类的固体农药活性成分，如内吸性杀菌剂多菌灵、苯菌灵、甲基硫菌灵等；除草剂中的莠去津、氟唑磺隆等很难通过作物表皮渗透进入作物内部组织，因而难以发挥它们固有的内吸作用。制成的可分散油悬浮剂，可提高农药活性成分的渗透性和内吸性，有利于药效的发挥。

④ 在缺水的干旱地区或飞机喷洒施药情况下，希望少用甚至不用水，或者用超低容量（ULV）喷雾（OF更多作为ULV使用）。也可直接用可分散油悬浮剂喷雾更为经济方便，这时油载体可加也可不加或者少加助剂，但是必须保证原药充分均相混合于油基中，尽量加入一些可以使油基能更好地润湿铺展于叶面的润湿类表面活性剂，一些低含量可分散油悬浮剂的制剂安全性能和黏度达到ULV的使用标准时也可直接用于喷雾技术。

⑤ 当两种有效成分，一种是在水和油相均不溶解的固体原粉，另一种是液体原油，需要将它们制成复配制剂时，比如制成水悬浮乳剂时，其中一种或两种有效成分易水解而分解损失严重，则很难选择出适宜的、廉价的稳定剂，而制成油悬剂则可解决这一难题；如烟嘧磺隆+2,4-滴丁酯+莠去津、砜嘧磺隆+高效氟吡甲禾灵等复配型除草剂；今后随着混合制剂发展的需要，这类油悬剂将会得到发展。

⑥ 可分散油悬浮剂使用了植物油等油脂类的溶剂为介质，植物油属再生资源，同时，相对苯类有机溶剂其使用更安全和环保，因此，油悬剂是高效经济的绿色农药剂型。

基于以上种种原因，我国自2008年至今，可分散油悬浮剂从登记到生产都有了快速发展。

14.1.2 剂型特点

可分散油悬浮剂一般用水稀释后供喷雾用，低含量的油悬剂制剂也可不经稀释，作为超低容量（ULV）喷雾用。制剂的配方中除了有效成分外，还必须有适宜的溶剂、助溶剂、乳化剂、润湿剂、分散剂、悬浮稳定剂、消泡剂、黏度调节剂等。助剂中除了溶剂比较特殊外，其他可参照乳油、水悬浮剂选择。可分散油悬浮剂常用的溶剂有植物油（如大豆油、菜籽油、棉籽油、蓖麻仁油、棕榈油、玉米油、向日葵油等）及其衍生物（甲酯化植物油、环氧化植物油）、矿物油（石蜡系油的Essobayol、Kawasol、甲基萘高级脂肪烃油等）及其混合溶剂。另外，有机溶剂中的邻苯二甲酸与醇、脂肪醇、脂环醇的液体酯类，如邻苯二甲酸二甲酯、邻苯二甲酸二丁酯、邻苯二甲酸二异丁酯、邻苯二甲酸二异辛酯、邻苯二甲酸二月桂醇酯、邻苯二甲酸二环己酯和邻苯二甲酸二环辛酯、苄基乙酸酯、乙酸乙酯、壬酸乙酯、苯甲酸甲酯或苯甲酸乙酯等适合作某些农药（如多菌灵、苯菌灵等内吸性杀菌剂）的油悬剂溶剂。可分散油悬浮剂的加工工艺和产品质量检测也可参照水悬浮剂和乳油进行[10,11]。

可分散油悬浮剂的特点如下：

① 因为使用时OD对水稀释使油基乳化为粒度合适的乳化液，加上油悬剂中油基成分含量较高，所以以油为介质的OD需要更多的表面活性剂，尤其是乳化剂和合理的分散剂。

② 制作OD的要点是立体空间的胶体结构的形成，同时，油悬剂中的很多问题和现象理论我们研究得还不够成熟，制作油基悬浮体系比制作水基悬浮体系更难。

③ 实践经验证明，有机膨润土是一个有效的结构稳定剂，如果原药性质允许，添加少

量水将更加提高结构稳定剂的作用；这种情况只是个别配方中可以，多数油悬剂中加入水或者极性溶剂，容易带来膏化，或者久置、热贮后乳化分散变差、底部黏结结底等负面效应。

④ 油基的来源，油基可以是矿物油、植物油（例如大豆油，菜籽油）或植物油酯化物（菜籽油甲基酯、棕榈甲酯油）、松基植物油等。

⑤ 外观一般为可以倾倒流动的油相液体，允许有少量分层，轻微摇动或搅动应是均匀的、用水稀释后可以较好地乳化分散；其粒径一般建议控制在 1～10μm，现阶段各个厂家的控制质量不一，属于不稳定的体系，无论是借助加工工艺还是借助助剂分散作用都只是阶段性的稳定。

⑥ 因油脂不同和油脂本身的原因及原药等因素，放置久了，容易轻微变色；该剂型还易变稠结底；易乳化分散产生变化；理论上很多原药都稳定，但事实上因为很多原因造成很多原药的稳定性不好，有分解现象产生；受所用助剂对其质量影响比较大，甚至影响一些原药的稳定性；反过来也有一些不同工艺、厂家的原药有时候也会对油悬剂剂型产生影响。

⑦ 可分散油悬浮剂综合来说还是一个新的剂型，很多理论还不够透彻，存在的问题还不能完全找到解决的对应理论，其在增稠剂和分散剂的选择上还需要加大研发与验证，找到适合可分散油悬浮剂的乳化剂和分散剂，并找到它们对剂型稳定性带来的问题等。

14.2　可分散油悬浮剂的配方组成及加工工艺

14.2.1　可分散油悬浮剂的配方组成

可分散油悬浮剂一般用水稀释后供喷雾用，也可不经稀释，作超低容量（ULV）喷雾用。制剂的配方中除了有效成分外，还必须有适宜的溶剂（介质）、助溶剂、表面活性剂（乳化剂、润湿剂、分散剂等）、稳定剂、消泡剂、黏度调节剂等。可分散油悬浮剂的典型配方组成见表 14-1。

表 14-1　可分散油悬浮剂的配方组成

组成	质量分数/%	组成	质量分数/%
原药	4～50	消泡剂	0～5
表面活性剂	10～20	稳定剂	0～5
黏度调节剂	0～10	油基	补足到 100

（1）成分及其含量　根据可分散油悬浮剂的性能和应用要求，不是所有的农药都能或都要制成油悬剂。制成可分散油悬浮剂可明显增效或提高制剂活性成分的稳定性，才加工成可分散油悬浮剂。有效成分以内吸性杀菌剂和除草剂或两种有效成分的混配为主。可分散油悬浮剂中的有效成分一般在 4%～50%，一般情况下为了使油悬剂更好地发挥原药活性，原则上油悬剂原药的含量并不是越高越好，最好含量比例以 4%～30%为佳。因为这样会有更多的油基和表面活性剂发挥原药的活性，充分利用了原药。当然也有很多企业登记的油悬剂的证件含量也是很高的，如烟嘧磺隆＋硝磺草酮＋莠去津的一些复配可分散油悬浮剂含量有的达到 35%；烟嘧磺隆＋莠去津的也有登记总固含量是 42%（4%＋38%）的高含量油悬剂。

（2）表面活性剂

① 乳化剂。为了使可分散油悬浮剂中的液体原油在水稀释后迅速乳化分散，乳状液经

时稳定性更好，必须选用合适的乳化剂、分散剂。常用的乳化剂、分散剂有阴离子型和非离子型表面活性剂，而尤以非/阴离子复配应用最为普遍。可从农药乳油、水悬浮乳剂所用的乳化剂中来选择种类。乳化剂用量一般在6%～20%，但油悬剂中的助剂尽量不要含水，复配后的含水量要求不超过5%。

② 润湿剂。为了使可分散油悬浮剂中的固体原药有很好的润湿性能，在配方中需要选用合适的润湿剂。常用的润湿剂有阴离子型（如二异丁基萘磺酸钠等）和非离子型（如脂肪醇聚氧乙烯醚、异构醇聚醚、脂肪酸聚氧乙烯酯、吐温系列、蓖麻油聚氧乙烯醚、琥珀酸二异辛酯磺酸钠等）润湿剂，可从农药乳油、可湿性粉剂、悬浮剂中所用的润湿剂中来选择，润湿剂用量一般是0.2%～5.0%。

③分散剂。油悬剂中的分散剂主要体现两个分散功能：

- 可分散油悬浮剂制剂本身在水中的分散均匀功能；
- 可分散油悬浮剂的贮存稳定性。

为了使可分散油悬浮剂中已分散的粒子保持其单独状态，消除聚集和凝聚，就要使原药成分更好地分散到油基介质中。常用的分散剂有阴离子型分散剂，如聚羧酸盐、烷基萘磺酸盐（如拉开粉）、琥珀酸类钠盐萘磺酸缩合物；非离子型分散剂，如烷基酚聚氧乙烯醚、脂肪醇聚氧乙烯醚、脂肪胺聚氧乙烯醚、600#、吐温系列、司盘系列等，可以从农药乳油、可湿性粉剂和悬浮剂所用的分散剂中选择，也可以参考其他行业的一些油性分散剂，如油性油漆、油性颜料中所能够应用的分散剂。分散剂的用量一般是2%～10%。尤其要注意的是：在悬浮剂中习惯用那些高分子亲水性的分散剂；而在可分散油悬浮剂中则建议使用亲油性的即低HLB值的高分子表面活性剂，以达到分散效果，当然也有一些高分子分散剂既适合悬浮剂也适合于油悬剂中使用。一些阴离子型的亲水性分散剂在油悬剂中有的同样有很好的分散效果。

目前这类助剂（乳化、润湿、分散）商品一般都以混合物的形式出现，通常使用添加量为10%～20%。

（3）稳定剂　一般来说，处于可分散油悬浮剂中的有效成分，在贮存期比在水悬剂中稳定。如发现有分解现象，则应针对农药品种进行稳定剂筛选试验。常用的稳定剂有有机酸、有机碱、酯类、抗氧剂、环氧氯丙烷、妥尔油、表面活性剂、高分子类物质等。稳定剂用量一般是0.5%～5%。

（4）消泡剂　可分散油悬浮剂加工时，有的配方也会产生大量的气泡，相对来说，油悬剂配方起泡的产品不多。为了防止产生气泡，需要加入消泡剂，尤其是以环氧大豆油、大豆油为介质的油悬剂产品，就比较容易有泡沫。常用的消泡剂有长链醇、聚合甘油、脂肪酸和有机硅类等，特别是有机聚硅氧烷消泡剂的效果好，用量少，应用最为广泛。消泡剂的用量一般是0～2%。

（5）结构稳定剂　也称为黏度调节剂、增稠剂，最重要的一点就是尽可能地减缓已分散粒子的沉降速率，根据Stockes公式，介质黏度的增加可以降低粒子的沉降速率。能增加液体黏度的物质称之为增稠剂，它的重要作用是保持有效成分呈稳定的悬浮状态，防止贮存期间产生沉淀、结块。可分散油悬浮剂中所用的增稠剂和悬浮剂中所用的增稠剂类似但又有所不同，主要有分散性硅胶、有机膨润土、功能性二氧化硅（如高吸油值白炭黑HTD-260B和HTD-A2、气相法白炭黑HKD® N20）、黏土矿物（如有机膨润土、凹凸棒土）以及某些起到流变作用的填料等。结构稳定剂的用量一般是0～5%。

（6）油基　制备可分散油悬浮剂的固体原药在亲脂性溶剂中的溶解性能都不太好，即固体原药在油相介质中不被溶解或溶解度小于100mg，为了使其高度分散，除要求溶剂闪点高，毒性和挥发性低外，还要求分散介质有足够的黏度。许多常用农药溶剂，包括 ULV 常用溶剂都不能满足要求。目前可查阅的公开文献资料不多，只能根据农药品种和制剂性能来筛选适用的溶剂（介质）。我们选择油基就应该根据自己配方中的原药理化性质和在一些油基中的溶解度或者热溶解度来进行筛选，对原药溶解度和热溶解度越低越好。

可分散油悬浮剂常用的介质有植物油（如大豆油、玉米油、菜籽油、棉籽油、蓖麻仁油、松节油、棕榈油、椰子油、向日葵油等）或植物油酯化物（菜籽油甲基酯、大豆油甲基酯、棕榈甲酯油等）、矿物油（石蜡系油的 Essobayol、Kawasol、甲基萘高级脂肪烃油等）及其混合溶剂。油酸甲酯越来越引起人们的兴趣，因其黏度较低，且生产成本低、渗透性与速效性比较好，更具有增效作用，深受油悬剂制剂企业所青睐，油酸甲酯是目前国内油悬剂使用的最大量的油脂类产品，国内生产油酸甲酯的企业也比较多，苏州丰倍生物科技有限公司是一家以天然植物油为依托，利用国内最新连续化生产工艺，结合 DCS 远程控制系统服务于现代农化企业的高新技术企业，在农化领域油酸甲酯的研发和生产，有着最先进的经验和技术。其油酸甲酯深受国内油悬剂制剂企业的青睐和信任。同时，该公司对油酸甲酯产品进行了细化生产，产品细化和衍生产品都比较多，是国内生产量最大、设备规模最大的公司。

文献报道，邻苯二甲酸与醇、脂肪醇、脂环醇的液体酯类，如邻苯二甲酸二甲酯、邻苯二甲酸二丁酯、邻苯二甲酸二异丁酯、邻苯二甲酸二月桂醇酯、邻苯二甲酸二环己酯和邻苯二甲酸二环辛酯、苄基乙酸酯、乙酸乙酯、壬酸乙酯、苯甲酸甲酯或苯甲酸乙酯等适合作为某些农药（如多菌灵、苯菌灵等内吸杀菌剂）的可分散油悬浮剂介质。在油悬剂中的油基的选择一定不要只局限于油脂类溶剂，一定要把眼界和思路放得更宽，如有些油性颜料、油性墨水，其生产方式和油悬剂是一样的，里面用的一些高沸点的烷烃溶剂等环保溶剂，都值得关注、尝试[12～18]。

14.2.2　润湿分散剂在油悬剂中的应用理论

要想做好一个油相分散体，需要借助于润湿分散剂，润湿、乳化、粉碎、分散这几个过程是紧密相连不可分离的。润湿是粉体原药表面置换过程；粉碎是机械加工的研磨过程；分散是机械粉碎制成悬浮体的稳定过程。这三者有可能是同时进行的。

润湿剂和分散剂都是界面活性剂，润湿剂能降低液-固之间的界面张力，增强油悬剂中粉体物料的亲油性，提高机械研磨效率，分散剂吸附在固体物料的表面上构成电荷作用或空间位阻效应，使分散体处于稳定状态，同时可以提高磨效等。

润湿和分散这两个词尽管就词义而言是不完全相同的，但其作用达到的结果却是极其相似的，往往很难区分，对很多助剂一定要区分是润湿剂还是分散剂，其实没有什么意义！尤其是高分子分散剂，同时兼具润湿和分散作用，因此，人们常称其为润湿分散剂。在油悬剂中一些低 HLB 值的高分子助剂既有润湿效果，同时分散作用也非常强大。

（1）影响润湿效率的因素　除界面张力和接触角外，影响润湿效率的因素还有粉体集合体中空隙的孔径和深浅、整体物料的黏度等。

要提高润湿效率，采用润湿分散剂降低界面张力、减小接触角是一个非常有效的方法。

（2）比表面积与稳定性的关系　固相颗粒被机械粉碎成小粒子时，比表面积增加了。假设把一个边长 5μm 的大颗粒粉碎成边长为 0.5μm 的小粒子。粒子的个数、总面积、边、角的变化如表 14-2 所示。

表 14-2　边长由 5μm 变成 0.5μm 时总面积、边、角等的变化情况

边长	粒子个数	总边长	总面积	总角数
$5\mu m$	1	$5\times12=60$（μm）	$5\times5\times6=150$（μm）2	8 个
$0.5\mu m$	$10\times10\times10=1000$	$0.5\times12\times1000=6000$（$\mu m$）	$0.5\times0.5\times6\times1000=1500$（$\mu m$）2	$8\times1000=8000$（个）

由表 14-2 可知，由一个边长 5μm 的大粒子变成边长 0.5μm 的小粒子时，角增加了 1000 倍，边长增加了 100 倍，面积增加了 10 倍。

原药粒子表面原子的价力饱和程度是有差异的。在棱、角、边及凹凸部位剩余价力较多，吸附力较强，具有很强的凝聚力。

另外，从热力学角度而言，粒子变得越小，比表面积（S）变得越大，比表面自由能就越大，假设分散体内部的自由能没有变化，比表面积增大，表面自由能肯定增大，所以稳定性就变差了。

机械粉碎后微粒新增加面积、边、角都是疏液的，若得不到润湿及很好的能障保护，这些新粉碎的细小微粒更容易产生絮凝或者聚结。

（3）沉淀问题　分散体中的固体粒子是处于不停的运动状态，运动的速度是受粒径、形状、相对密度、絮凝度等诸多因素影响的。

由于油悬剂中所用的油脂相对密度一般都要小于1，比水的相对密度都要小，所以理论上油悬剂中的固相粒子比在悬浮剂中更容易沉降；密度高，粒径比较大，运动速度缓慢；密度低，粒径小，运动速度快。在分散体系中沉降和布朗运动并不是等量运动。沉降会产生浓度差，布朗扩散运动会使其均一化。若沉降速度过大，就会出现沉降体积，要减少沉降速度，只有减小粒径，粒径变小又会出现热力学的不稳定现象。为克服这些弊病，只有借助于润湿分散剂的帮助。

（4）润湿分散剂类别　按分子量不同可分成低分子量的传统型的表面活性剂和高分子量的新型的具有表面活性的聚合物。

① 低分子量的润湿分散剂。低分子量润湿分散剂是指分子量在数百之内（800～1000）的低分子量化合物。

低分子量润湿分散剂对无机性质的固相粒子有很强的亲和力。因无机粒子通常是金属氧化物或含有金属阳离子及氧阴离子的化合物，表面具有酸性、碱性或两性兼具的活性中心，它们与阴离子、阳离子表面活性剂具有很强的化学吸附作用，能够形成表面盐，牢固地锚定在无机固体粒子的表面上。

② 高分子量润湿分散剂。传统型的低分子量的润湿分散剂有确定的分子结构和分子量。但高分子量润湿分散剂却与其不同，分子结构和分子量都不固定。它是不同分子结构和不同分子量的分子集合。分子量大的在 5000～30000 之间，有的可能比这还高些。多数是嵌段共聚的聚氨酯和长链线性的聚丙烯酸酯化合物。它具有与粒子表面亲和的锚定基和构成空间位阻的伸展链。锚定基必须能够牢固地吸附在粒子表面上，伸展链又必须能与油脂溶液相容。很显然，均聚物满足不了这两个常常是相互矛盾的要求，所以对于油悬剂中的分散剂，尽量寻找某种形式的官能化聚合物或共聚物。

高分子量润湿分散剂的伸展链多数是聚酯构成的，它能在多种溶剂中有效。较高分子量的聚酯在芳烃类溶剂中可溶；而较低分子量的聚酯在酮、酯类溶剂及二甲苯/丁醇混合之类的溶剂中有很好的溶解性。所以聚酯化合物会在诸多溶剂中提供良好的空间位阻效应。

高分子量润湿分散剂是指分子量在数千乃至几万的具有表面活性的高分子化合物。

a. 按其应用领域，又被划分为水性润湿分散剂和油性润湿分散剂。还有既可在水性领

域也可在油性领域中应用的水油两性润湿分散剂。

这类润湿分散剂属于传统型的表面活性剂，分子具有两亲结构，其活性是由非对称的分子结构决定的。

b. 按应用效果，可将这类分散剂划分成解絮凝型和控制絮凝型两大类。

解絮凝型润湿分散剂多数只有一个极性吸附基，能够牢固地吸附在固相粒子表面上，另一端伸展分散在油脂中起稳定作用。这类分散剂可降低黏度，改善流动性。

控制絮凝型润湿分散剂，是通过分散剂的絮桥作用，把数个分散的固相粒子连接在一起。一般是通过以下几种方式连接的：

i. 以游离的分散剂为桥，通过极性分散剂与吸附在固相粒子上的分散剂的极性基相连构成单元絮凝体。

ii. 分散剂形成双重层，第二层分散剂通过极性基相连构成单元絮凝体。

通过吸附在固相粒子上的分散剂的极性基直接连接在一起构成絮凝体。

（5）使用润湿分散剂也可以缩短研磨时间，提高分散效率　为了获得更好的油悬剂的制剂稳定分散性能，最好要让润湿分散剂先吸附在固相粒子的表面上，为此要注意以下几点：

① 生产过程中的加料顺序，最好是先油脂而后润湿分散剂（如果有油相活性成分则与油脂一起加入），再加固相物料，最后加有机土等增稠剂。

② 固相粒子表面特性，其化学性质的酸、碱性。

③ 增稠剂的活性基是什么，是酸性的还是碱性的。

④ 根据这些特点择优选择润湿分散剂。

14.2.3　可分散油悬浮剂的加工工艺

（1）OD 实验室的制备工艺　见图 14-1。

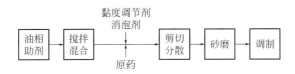

图 14-1　可分散油悬浮剂实验室制备工艺

① 在油相中加入助剂（表面活性剂），混合、分散均匀；

② 黏度调节剂（如有机膨润土）、消泡剂的加入，搅拌混合；

③ 在高速剪切搅拌下加入原药；

④ 在玻璃珠或锆珠介质下进行研磨，研磨直到粒径只有 2～4μm 为止；

⑤加入其他组分，如稳定剂、pH 调节剂等。

在实际的实验过程中，加料顺序可以改变，需要通过实验不断摸索，以达到最佳优化效果。其实很多油悬剂中无需加入消泡剂，只有个别产品或者使用油基为环氧大豆油、大豆油的时候会有泡沫产生，如果少量的环氧大豆油或者大豆油建议在后期二遍砂磨或者最后混合过程中加入。黏度调节剂（如有机膨润土等）也有的是在初期的分散步骤中最后加入，还有的是把有机膨润土和气相法白炭黑都放到砂磨后的半成品中，进行剪切就行，避开砂磨环节。

实验室制备可分散油悬浮剂时，实验设备较为重要，尤其是均质乳化机和砂磨机的选择是制备好样品的重点，其中最关键的是砂磨机及使用的氧化锆珠的含量和粒径。普通立式的和简单磨盘式的砂磨机对一些高含量的配方或者个别配方不适用，研磨到一定细度就很难磨得下去了，想要达到 1～5μm 比较难。

（2）可分散油悬浮剂生产工艺流程　一般分为下列几个工序：①配料；②混合、分散剪切；③砂磨机研磨；④均质混合器分散混合或者通用型的简单混合也可以；⑤调制；⑥产品检测；⑦产品包装。

（3）油悬剂的设备工艺　见图 14-2。

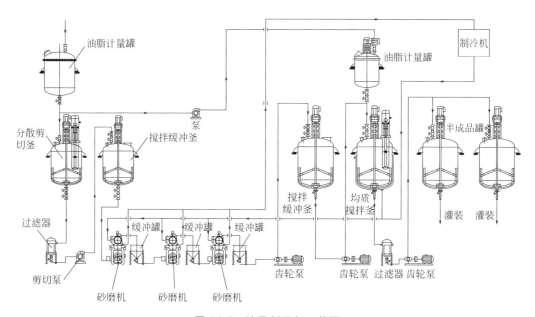

图 14-2　油悬剂设备工艺图

14.3　可分散油悬浮剂存在的问题

14.3.1　不稳定性

可分散油悬浮剂是固-液胶状体系，和悬浮剂（SC）、悬乳剂（SE）同样具有不稳定性。理论上，可分散油悬浮剂物理不稳定性至少涉及 5 个方面：①粒子间因存在相互作用而引起的絮凝和聚集现象；②奥氏熟化（Ostwald ripening），即粒子在制剂中因为溶解原因出现的晶体长大现象；③因重力作用导致的分层和粒子沉积现象；④分散介质的油基对固体原药的微量溶解现象或者是在乳化剂增溶作用的条件下，从而产生固体颗粒表面的重结晶现象；⑤因为油基对固体原药成分的溶解或者热溶解、助剂选择不当等，造成的变稠膏化，但不结底，却严重影响乳化分散的现象。

大多数不稳定性，是由于粒子在布朗运动期间碰撞而引起分散相中粒子的絮凝和凝聚，至聚集；另一因素是活性成分彼此之间或者与助剂、油脂介质之间相溶，或者高温下溶解再结晶等因素。为改善这种不稳定性，可通过提供给分散相粒子足够的保护层来防止粒子间的强烈吸引，或者让溶解的部分能够彻底溶解和乳化，不再重结晶。方法是既可用提供静电斥力的离子型分散剂，也可用提供空间位阻效应的非离子型分散剂，或用性能更优的乳化剂、分散剂。化学上的不稳定来自不稳定介质（如原药中带来的杂质），加入各种助剂以及添加剂等的因素，或者当选择分散剂不合适时，引起的吸附层交联、凝胶、电荷被中和或者因粒子周围分散剂的桥连和搭接，从而破坏或变更稳定粒子的保护层，因而产生沉淀和严重结块现象。

14.3.2 絮凝和聚集

悬浮体系中存在粒子布朗运动，并且在色散力和范德华力的作用下，可分散油悬浮剂更容易形成链状或链团的网络状聚集体，从而更易发生（絮团状）聚凝或聚集。

当产品在贮存过程中颗粒间聚集体合并变大而聚集时，将会导致制剂产品的沉淀和结块而影响使用甚至无法使用，聚集是一个随着时间推移，制剂产品从固相粒子之间吸附变稠、聚集、黏结、成块的过程。

14.3.3 奥氏熟化

奥氏熟化即粒子在制剂中出现的晶体长大现象。可分散油悬浮剂体系属于热力学上的不稳定体系，不可以在很长时间内保持稳定，随时间推移，会表现出粒子大小和分布朝较大粒子方向移动即粒子结晶长大的现象。这种依靠消耗小粒子形成大粒子的过程称为奥氏熟化，它是由粒子大小与溶解度不同而引起的效应。另一种奥氏熟化的发生，是由于某些固体农药活性成分具有多种晶态，多种晶态间在油基中的溶解度不同也会引起晶体长大。控制较窄的粒径分布很重要，这可以减少奥氏熟化现象的发生，确保产品能保持长期贮存的稳定。对于一些在油脂中有少量溶解或者有一定溶解程度的产品，尤其易引起膏化。

14.3.4 分层和粒子沉积

大多数不稳定性，是由于粒子的布朗运动期间碰撞而引起分散相中粒子的絮凝和凝聚，至聚集，导致体系分层和粒子沉积现象；一般油脂的相对密度都比较小，普遍小于 1，相比悬浮剂来说，固相粒子更容易沉积而造成油悬剂的分层现象；在生产可分散油悬浮剂时，需要添加能够形成立体空间胶体结构的黏度调节剂，可以大大减缓农药粒子的沉降，减缓分层。粒径的增长速率，需要用能阻止粒径长大的表面活性剂，并加入起阻隔作用的高分子分散剂，从而控制农药粒子因沉积而不断相互吸引而造成聚结和结底等问题。

粒子的沉降可用斯托克斯定律来描述。

(1) 沉降速率与粒子大小的关系　粒子的斯托克斯半径（r）由研磨控制，絮凝会使得粒子的半径增大，沉降速率增大。

沉降速率与粒子大小的典型相关性见表 14-3。

表 14-3　沉降速率与粒子大小的典型相关性

粒子半径（r）/μm	沉降速率（v_s）	粒子半径（r）/μm	沉降速率（v_s）
100	130cm/min	0.1	0.19cm/d
10	1.3cm/min	0.01	0.70cm/年
1	0.013cm/min		

(2) 沉降速率与固体粒子的密度关系　粒子和流体（分散介质）的密度差增大，沉降速率增大。一些物质的典型密度见表 14-4。

表 14-4　一些物质的典型密度

名称	密度/(g/cm^3)	名称	密度/(g/cm^3)
阿特拉津	1.2	百菌清	1.8
戊唑醇	1.3	代森锰锌	2.0
克菌丹	1.7		

(3) 沉降速率和黏度的关系　连续相的黏度（η）增大，沉降速率减小。

可以加入以下物质来调整黏度：有机膨润土、功能性二氧化硅、纤维素等，但是黏度过高会对生产加工、灌装操作及产品的实际使用带来不便，尤其是也会出现在水中不易分散、造成浮膏等问题，影响喷雾使用。黏度调节的关键在于既要使悬浮体系稳定，又要保持良好的倾倒性，因为黏度增大固然有利于悬浮体系的稳定，但会对灌装、倾倒使用、在水中的稀释扩散等带来不便。一个优秀的可分散油悬浮剂应该做到黏度合适且贮放稳定，同时有一定的流变性能。最好的状态是流动性好，但不易分层、聚结结底，通过合理的乳化剂与分散剂的搭配也会对沉降速率起到控制作用[19]。

(4) 难以砂磨及泡沫难以消除　在生产可分散油悬浮剂时，某些原药砂磨时体系会明显地表现出高黏度，砂磨时间越长，则物料变得越黏稠，这时甚至会出现无法研磨的情况，更无法得到所需粒径。解决此类问题的办法是：选用合适和特定的润湿乳化剂和分散剂，改进加工工艺及加料顺序，改变砂磨介质等，可避免此情况的出现，也可使物料越磨越稀。可分散油悬浮剂要达到一定的粒径（平均 2～4μm）需要一定的砂磨次数，砂磨中产生的泡沫多，长链醇、聚合甘油、脂肪酸和有机硅类等消泡剂在生产可分散油悬浮剂过程中，一般都能起到消泡作用，但出现泡沫多而且难消除时，可通过改变添加消泡剂的方式来解决，例如分批加入、再集中处理等，也可以调整助剂或使用油脂。

14.4　助剂性能及用途

14.4.1　油基

可分散油悬浮剂是以油基为介质的高分散、稳定的悬浮体系。可分散油悬浮剂是指一类用经过试验可以作为助剂且不污染作物的油类作为载体的一种剂型，油基包括植物油、合成油或矿物油。作为稀释剂，要求油类本身具有良好的黏着性和展着性，容易黏附于蜡质或光滑的叶面，所以可分散油悬浮剂具有黏着性和展着性好、抗雨冲刷能力强等优点[20]。

制备可分散油悬浮剂的固体原药在亲脂性溶剂中的溶解性能都不太好，为了使其高度分散，除要求溶剂闪点高，毒性和挥发性低外，还要求分散介质有足够的黏度，符合常规ULV 溶剂的性能要求，许多常用农药溶剂，包括 ULV 常用溶剂都不能满足要求。目前积累的资料和经验不多，只能根据农药品种和制剂性能来筛选适用的油基作为介质。

加工制备可分散油悬浮剂，筛选一种好的油基是非常必要的，一般使用的有植物油、矿物油，还有黏度较低的甲酯化植物油，即油酸甲酯。但是目前国内油酸甲酯的质量参差不齐，含量和质量控制不够严格，带来很多油悬剂的质量问题，但又因为其比较廉价、药效突出、货源比较充足，市场还是用量最大的油悬剂的油基来源。更优质的配方或者易出问题的很多厂家也在用精炼植物油或者复合油基，如食用大豆油、环氧大豆油、精炼矿物油等与油酸甲酯搭配或者单独使用[21]。

可分散油悬浮剂常用的油基有植物油（如大豆油、玉米油、菜籽油、棉籽油、蓖麻仁油、椰子油、棕榈油、松节油、浓缩蔬菜油、向日葵油等）或植物油酯化物（菜籽油甲基酯、大豆油甲基酯、棕榈油酸甲酯等）、矿物油（石蜡系油的 Essobay、Kawasol、甲基萘高级脂肪烃油、白油等）、松浆油脂肪酸酯（TOFA 脂肪酸酯）、松浆丁基酯（脂肪酸酯）、椰子油庚基酯（脂肪酸酯）、石油烃类、三酰甘油类及其混合溶剂[22]。酯化油越来越引起人们的兴趣，因为它的黏度较低，更具有增效作用。

油酸甲酯以其药效明显、成本低廉、无毒环保、货源充足等特点，深受各农药研究机构及厂家的青睐。产品特点：

① 环保无公害，生物降解完全，无毒害残留；

② 安全性好，与农作物相容，作物不易产生药害，闪点高，使用安全，便于贮存；

③ 渗透性强，能使药物杀死组织内的菌类或渗入昆虫体壁内杀灭害虫和病原菌；

④ 展着性强，可增加对植物的覆盖面，不易被雨水冲刷，在雨后仍能保持良好的药效；

⑤ 抗光分解，有效降低阳光照射而引起农药有效成分降解现象，延长药物有效期，从而起到增效作用；

⑥ 黏滞性强，提高抗飘移性，可克服因水合矿物质而减弱农药有效成分现象，提高持效期；

⑦ 适用范围广，可用于可分散油悬浮剂中，也可用于乳油中。

缺点：

① 质量不稳定，合成原料比较乱，造成油酸甲酯的酸价、碘值等的不稳定；

② 易酸败、氧化，从而造成久置变色，引起制剂有时候的变色；

③ 碳链范围较宽，带来一些药害的影响，对一些有药害的原药成分，容易加重其药害；

④ 真正 C_{16}～C_{18} 含量高于 80%以上的油酸甲酯一般凝固点都比较高，在－2～－3℃左右就会出现凝固，影响了油酸甲酯的冬季贮存和冬季油悬剂产品的生产。

苏州丰倍生物科技有限公司是一家以天然植物油为依托，利用国内最新连续化生产工艺，结合 DCS 远程控制系统，服务于现代农化企业的高新技术企业，在农化领域油酸甲酯的研发和生产方面，有着最先进的经验和技术。同时，该公司对油酸甲酯产品进行了细化生产，产品细化和衍生产品都比较多。其油酸甲酯产品在农药企业油悬剂产品中的用途非常广泛。

福建诺德生物科技有限责任公司的松基植物油的代表 ND-OD2 是一种含树脂酸的胶体溶液，专门用来作为油悬剂载体，与农药有效成分固体颗粒有很好的结合力，可克服奥氏熟化，形成稳定的悬浮体系。

① 分散性好，常贮稳定性高，解决了当前油悬剂普遍发生的析油结底现象。

② 凝固温度低，抗冻性能好，在极端温度下凝固后在 0℃可以恢复正常。

③ 助剂体系简单易调，与常用表面活性剂的配伍性好，用量相当，可加工成高含量（>25%）的可分散油悬浮剂产品。

④ 相比油酸甲酯，其对作物安全，无药害风险。

14.4.2　结构稳定剂

结构稳定剂也称为黏度调节剂、增稠剂，最重要的一点就是尽可能地减缓已分散粒子的沉降速率，重要作用是保持有效成分呈稳定的悬浮状态，防止贮存期间产生沉淀、结块。可分散油悬浮剂中所用的增稠剂和悬浮剂中所用的增稠剂相同，主要有分散性硅胶、功能性二氧化硅（如高吸油值白炭黑、气相法白炭黑）、黏土矿物硅酸盐类（如有机膨润土、凹凸棒土）等。结构稳定剂的用量一般是 0～5%。

目前在可分散油悬浮剂中较常使用的黏度调节剂为有机膨润土、功能性二氧化硅（高吸油值白炭黑、气相法白炭黑）、硅酸镁铝、其他起流变性作用的固体填料等。

14.4.2.1　有机膨润土

有机膨润土是一种无机矿物/有机铵复合物，以膨润土为原料，利用膨润土中蒙脱石的层片状结构及其能在水或有机溶剂中溶胀分散成胶体级黏粒的特性，通过离子交换技术插入有机覆盖剂而制成的。有机膨润土在各类有机溶剂、油类、液体树脂中能形成凝胶，具有良好的增稠性、触变性、悬浮稳定性、高温稳定性、润滑性、成膜性、耐水性及化学稳定性，在油漆、油墨、涂料、石油、农药可分散油悬浮剂中有广泛的应用[23]。

有机膨润土制备原料为蒙脱石矿物，蒙脱石是一种性能独特的铝硅酸盐矿物，由两层SiO四面体片中间夹一层AlO(OH)八面体片组成层片状矿物。蒙脱石结构单元层中的Si^{4+}可被Al^{3+}置换，八面体层内的Al^{3+}常被Mg^{2+}、Fe^{3+}、Zn^{2+}等多价离子置换，从而使晶格中电荷不平衡，产生剩余负电荷，使其具有吸附阳离子和交换性阴离子的能力，有较高的水化能，在c轴（层片叠置方向）的晶层间的氧层与氧层的作用力较小，可形成良好的离解面，层间易于浸入水分子或其他极性分子，引起c轴方向的膨胀。这是其他非膨胀性黏土不具备的性能。由于这种性能，使蒙脱石层间充满层间水及可交换性阳离子，它们是引起蒙脱石膨胀的动力。但是，不同成矿条件、不同产地的膨润土，其蒙脱石层间可交换性阳离子的种类与交换容量（CEC）有很大差别。其中，层间高价阳离子（Ca^{2+}、Mg^{2+}等）蒙脱石双电层水化膜薄，碰撞倍数低；低价阳离子（Na^{+}、K^{+}等）水化膜厚，碰撞倍数高。因此，Na^{+}蒙脱石再将其与有机覆盖剂反应。有机覆盖剂通常是一类碳链长度大于12的阳离子表面活性剂，与蒙脱石晶层间的Na^{+}实现离子交换反应，使亲水性蒙脱石变为疏水性蒙脱石。

通常的有机膨润土是以天然优质钙基膨润土为原料，经提纯、改性、长链有机阳离子覆盖等过程精制而成的。

有机膨润土在我国已生产、应用达30多年，它是一种重要的精细化工原料。由于其具有疏水亲油的特性，在有机溶剂中形成触变凝胶，具有防沉、增稠、防流挂、触变等特性。因而该产品被广泛用于油漆、油墨、高温润滑脂、密封胶、石油钻井、精密铸造、快干腻子、黏合剂、塑料、沥青、石油添加剂等化工行业，作为防沉淀剂、稠化剂、增黏剂及悬浮剂等。近年来在农药可分散油悬浮剂中的应用越来越广泛。

（1）凝胶机理　有机膨润土的凝胶性能主要是指有机膨润土在有机溶剂中的分散性、凝胶性强度、触变性和热稳定性。与水基凝胶相类似，当有机膨润土被大量有机溶剂润湿后，低分子量极性分散剂渗入层间，沿着硅氧四面体层面嵌入层间的有机阳离子空间，同时把有机阳离子长链抬高，层间距增大，形成内膨胀，单位晶胞体积增大。在溶剂的溶剂化作用下，层状集合体分离成更小的薄片，这就是分散过程。分散的有机膨润土（蒙脱石）薄片，端面呈一定量的正电荷；层面的部分有机阳离子在少量水分子和极性分散剂的帮助下，有小部分转入溶剂中，而使层面呈一定量的负电荷。溶剂化的有机膨润土（有机蒙脱石）单位晶胞的层面和端面由于电性不同，因而形成了无数个单位晶胞的端面与层面的缔结（由于断键的恢复端面与端面也会发生缔结），最后形成具有一定黏度的假塑性流体——即所说的有机膨润土凝胶。有机膨润土的凝胶性能除与生产时所用膨润土、表面活性剂的结构有关外，在使用时主要和溶剂体系有关。

（2）使用方法　有机膨润土在农药可分散油悬浮剂中一般以干粉直接加入使用。

（3）注意事项　要有足够的剪切分散作用和时间，才能使有机膨润土在溶剂中充分分散。实验证明，有机膨润土的效果要发挥，需要经过砂磨，磨得越细越好，所以前面步骤高剪切分散尽量均匀，后面要充分研磨使有机土更好地发挥效果。

（4）生产及供应企业　苏州中材矿物材料公司的SK系列有机土是现在国内企业用得比较多的，杭州左土新材料有限公司ZT系列有机土质量稳定，也受很多企业使用认可。

14.4.2.2　功能性二氧化硅

功能性二氧化硅，又称为硅粉、轻粉。主要有气相法和沉淀法两种生产工艺，是用四氯化硅在高温下与氢气和氧气气相水解制得的。比表面积在100～400m^2/g；按其亲水性的特点，一般分为亲水性二氧化硅和疏水性二氧化硅，疏水性二氧化硅是以亲水性二氧化硅为基础，在其粒子表面做化学处理，将甲基、二甲基、硅油等植在二氧化硅的表面，使其具有疏水性。对亲水型二氧化硅推荐用在非极性到半极性体系中，疏水型二氧化硅特别适用于极性体系的触变。一般来讲，疏水型二氧化硅在同样的添加浓度下，比亲水型二氧化硅黏度增加少，因为它们的表面处理过。因此，疏水型产品可以得到稳定的配方制剂，剪切黏度小，加工过程好操作。

二氧化硅具有优越的稳定性、补强性、增稠性及流变控制性能，被广泛应用于橡胶、涂料、油墨、UP 树脂、农药、医药和化妆品等产品中。疏水性二氧化硅可作为弹性体的高活性填料，对湿气敏感的系统用作触变剂；是防锈涂料的有效助剂；流动性助剂；改善胶印油墨的印刷特性和水墨平衡，近年来在农药可分散油悬浮剂中也有较多应用。

（1）二氧化硅在 OD 中的作用机理　气相法二氧化硅经由四氯硅烷焰解反应制备，相比传统沉淀法生产的二氧化硅多孔结构，气相法二氧化硅由原生离子形成三维链状结构的聚集体，聚集体之间以硅氧烷醇键之间的氢键力结合成网状结构，因静置后稠度增加而流动性减小；当网状结构在外部剪切力作用下被打散，重新分散为聚集体，稠度会变稀而流动性增加；这个特性就是气相法二氧化硅的增稠触变特性，这个特性被广泛应用于制剂加工行业来改善体系的流变情况；此外，用不同的有机官能团，对气相法二氧化硅的表面硅羟基进行改性修饰，会得到不同疏水程度的气相法二氧化硅；气相法二氧化硅在液体中形成可逆的三维网状结构，二氧化硅表面的羟基相互作用，建立起一个松散的弹性网状结构，增加了黏度和静置下的屈服点。所谓屈服点，即一个特定的值，外在的力量刚好大于三维结构的连接力，物料开始流动，因为黏弹体结构开始打破，黏度下降。剪切应力越高，黏度越小。这个过程被称为剪切变稀效应。物料静置后会恢复到它原先的黏度水平，保持悬浮颗粒在体系中的平衡。

因此，在机械应力下（如搅拌或摇动），结构被打破，体系变更流动性，黏度下降。因此，二氧化硅有很好的调节黏度、提高体系稳定性的作用，同时使制剂产品有很好的流变黏度，即经时贮放黏度大且稳定悬浮，对固体原药粒子有很好的抗沉降效果，而在外部机械应力作用下油悬剂制剂黏度降低且易于自动分散乳化。

（2）使用方法　二氧化硅作为油基液体的稳定剂使用时，需要选择合适的分散条件和混合步骤。首先要选择分散过程中的剪切强度。一方面，太高的剪切强度会破坏氧化硅建立空间网状立体体系的特性；另一方面，太低的剪切强度会导致二氧化硅颗粒在液体中不能很好地分散与充分润湿，因而得不到合理的黏度范围。其次，选择良好的分散设备。可以选择的混合分散设备有转子搅拌混合器、研磨机、高速均质机等。一般二氧化硅在加工过程中最后一步加入和分散，操作相对简单方便。

（3）注意事项　二氧化硅在农药油悬剂配方中的效用最大化取决于这些影响参数，如原药的含量和理化性质；表面活性剂的性质；固体原药的颗粒大小；油基和固体原药的密度差；混合分散过程的温度；混合时的剪切强度（时间和剪切速率）以及油基的极性。

现阶段国内使用比较多的是高吸油值白炭黑和气相法白炭黑，高吸油值白炭黑代表产品有福建衡泰达化工科技有限公司的产品 HTD-260BS；气相法白炭黑有上海外电国际贸易有限公司代理的德国瓦克（Wacker）HDK 系列气相法二氧化硅等。高吸油值白炭黑或者气相法白炭黑使用时一般与有机土搭配，用量建议比有机土用量稍高，控制在 0.4%～2%。

上海外电国际集团作为德国瓦克在农化领域的一级代理商，始终致力于其产品在农化行业的应用推广，根据实际应用来看，亲水型气相法二氧化硅，特别是半疏水型的产品可以显著改善可分散油悬浮剂目前存在的析油率高、沉淀结底的问题，而且不影响产品的二次分散。

以亲水 HKD® N20 为例，在烟·硝·莠 OD 配方中添加 0.2%气相法白炭黑，就可以显著改善析油和结底，见图 14-3，其热贮和冷贮情况见表 14-5。

A　　B　　C　　D

图 14-3　白炭黑对烟·硝·莠 OD 热贮和冷贮稳定性的影响图

表 14-5　白炭黑对烟·硝·莠 OD 热贮和冷贮稳定性的影响

序号	差异配方	贮存温度/℃	贮存时间	贮存后性状
A	烟·硝·莠 OD+0.2% HDK® N20	54	14d	3～4 次摇晃可以再分散
B	烟·硝·莠 OD	54	14d	7～8 次摇晃可以再分散
C	烟·硝·莠 OD+0.2% HDK® N20	0	7d	3～4 次摇晃可以再分散
D	烟·硝·莠 OD	0	7d	7～8 次摇晃可以再分散

14.5　可分散油悬浮剂产品介绍及配方举例

14.5.1　当前国内产量较大的油悬剂产品介绍

现阶段国内登记生产的可分散油悬剂产品已经很多，以除草剂为主，也有部分杀虫剂、杀菌剂[24]。

(1) 烟嘧磺隆 4%～10%可分散油悬浮剂　烟嘧磺隆是玉米田苗后除草剂的最好农药之一，是当前国内玉米田苗后除草剂的主要产品，该产品现阶段配伍安全剂双苯噁唑酸或者环丙磺酰胺，使其在使用上更加方便，玉米田 4～16 叶期均可以使用。烟嘧磺隆是内吸性除草剂，可为杂草茎叶和根部吸收，随后在植物体内传导，可用于防除玉米田一年生和多年生禾本科杂草、莎草和某些阔叶杂草，对狭叶杂草的活性超过阔叶杂草。

烟嘧磺隆油悬剂各个厂家生产的质量差异比较大，同样证件的产品产生的药效也是不尽相同的。主要原因是油酸甲酯、助剂、原药来源、加工质量四个不同方面造成的质量差异和药效差异。

(2) 10%～20%硝磺草酮可分散油悬浮剂　硝磺草酮是一种能够抑制羟基苯基丙酮酸酯双氧化酶（HPPD）的芽前和苗后广谱选择性除草剂，可有效防治主要的阔叶草和一些禾本科杂草。硝磺草酮容易在植物木质部和韧皮部传导，具有触杀作用和特效性，对玉米田一年生阔叶杂草和部分禾本科杂草如苘麻、苋菜、藜、蓼、稗草、马唐等有较好的防治效果，而对铁苋菜和一些禾本科杂草的防治效果较差。

硝磺草酮油悬剂单剂配方相对要好做一些，一般该产品不单独使用，与莠去津或者烟嘧磺隆＋莠去津的产品组合使用，可以增效并扩大杀草谱。对玉米一般有白化性轻微药害，一般在半月之内可以恢复生长，不影响产量。

（3）烟嘧磺隆＋莠去津复配型油悬剂　烟嘧磺隆、莠去津是当前玉米田除草剂企业产量最多的品种，也是国内登记最多的油悬剂产品，登记的含量比例很多，二者复配可以增效并减轻烟嘧磺隆对玉米的药害，可以有效防除杂草并有一定的封地效果。

（4）烟嘧磺隆＋莠去津＋酰胺类产品　双效多功能型除草剂，此类产品最适用于生长期长的春玉米区。受产品登记的影响，产品大部分都是以“封闭＋苗后除草 1＋1”的形式出现，或者烟嘧磺隆＋酰胺类＋莠去津复配的油悬剂。此类产品具有杀草范围广、使用时间长、对未出土及出土的杂草封杀效果好等特点。缺点是易出现药害，抑制玉米生长，要控制用药量，尽量定向喷雾。

（5）“烟嘧磺隆＋莠去津＋硝磺草酮”“烟嘧磺隆＋莠去津＋氯氟吡氧乙酸、溴苯腈等”此类配方产品是杀草谱广泛型除草剂，多以多种除草剂的复配剂形式出现，对多种杂草具有内吸和触杀双重效果，且除草彻底、速度快、不反弹、安全性高，也深得农民的认可。缺点是国内除草剂企业该类三元配方质量参差不齐，制剂质量较差，有的也易出现药害。

（6）2.5％～10％五氟磺草胺可分散油悬浮剂　2.5％五氟磺草胺（稻杰）可分散油悬浮剂是美国陶氏益农公司生产的水田一次性除草剂，对水稻田多数主要杂草包括稗草、一年生莎草和许多阔叶杂草等有显著防效，其中对稗草的防治效果尤为突出，且剂型先进、吸收迅速、耐雨水冲刷。

该药持效期长达 30～60d，一次用药能基本控制全季杂草危害。同时，其亦可防除稻田中抗苄嘧磺隆杂草，且对许多阔叶及莎草科杂草与稗草等具有残留活性，为目前稻田用除草剂中杀草谱最广的品种。

（7）6％五氟磺草胺·氰氟草酯可分散油悬浮剂　6％五氟磺草胺·氰氟草酯可分散油悬浮剂是陶氏益农公司开发的直播田新型除草剂。试验研究了其对直播水稻田杂草的防除效果、对水稻的安全性及对后茬作物的影响，进行田间小区试验。结果表明，6％五氟磺草胺·氰氟草酯可分散油悬浮剂对水稻田禾本科杂草、部分阔叶杂草及莎草防效优良，对直播水稻安全，增产效果明显；6％五氟磺草胺·氰氟草酯可分散油悬浮剂对水稻田后茬作物小麦、油菜、萝卜的安全性好，在水稻直播区有很好的推广应用前景。

（8）甲基二磺隆的油悬剂　甲基二磺隆是德国拜耳公司的小麦田茎叶处理除草剂，能防除早熟禾、硬草、看麦娘、茵草等一年生禾本科杂草和牛繁缕等部分阔叶杂草。甲基二磺隆对小麦田几乎所有的常见禾本科杂草都有效，特别是能防除已对精唑禾草灵产生抗性的茵草、日本看麦娘等恶性杂草，目前登记的相关制剂有“世玛”3％甲基二磺隆可分散油悬浮剂以及安全剂吡唑解草酯 OD、1.2％甲基二磺隆与甲基碘磺隆的混配制剂（1∶0.2）的可分散油悬浮剂（阔世玛）。

（9）生物农药　生物农药也有典型的油悬剂产品。

① 康欣 R737（茶叶专用型）油悬剂。8000IU/μL 苏云金杆菌可分散油悬浮剂是我国生物农药工程研究中心研制、湖北康欣农用药业有限公司独家登记，并获得国家专利，专利号：CN03118728.5。

苏云金杆菌可分散油悬浮剂相对其他农药剂型具有黏附性强、耐雨水冲刷、持效时间长等特点。8000IU/μL 苏云金杆菌可分散油悬浮剂（茶叶专用型）是根据茶园虫害发生种类和特点而开发的新配方，具有一次施药防治多种虫害的特点。本产品无农残，对茶小绿叶蝉、茶尺蠖、茶毛虫、黑刺粉虱、蚜虫、红蜘蛛、螨等茶园害虫有特效，也对天牛等金银花害虫及烟草害虫有一定的防治效果。

② 球孢白僵菌 HFW-05 油悬剂。对四种捕食性天敌和一种寄生性天敌各虫态的毒力结果表明，该油悬剂在常规用药浓度 10^7 孢子/mL 时，对四种捕食性天敌卵的孵化基本无毒力，对各龄期幼虫的校正死亡率也均在 17%以下，基本不会对种群数量造成较大影响，因此，白僵菌油悬剂在常规用药剂量下和捕食性天敌是可以搭配使用的。相比之下，白僵菌油悬剂对寄生性天敌丽蚜小蜂的毒力却比较大。当油悬剂浓度达到 5×10^6 孢子/mL 时，对丽蚜小蜂蛹羽化和成蜂存活的影响却非常大，蜂蛹羽化率降至零，成蜂校正死亡率累计达到 53.6%，因此，白僵菌油悬剂在使用时需与寄生蜂的释放错开。

待开发的生物农药油悬剂还有绿僵菌油悬剂、10%多杀菌素油悬剂等。

（10）一些杀虫剂油悬剂　25%吡蚜酮 OD、40%吡虫啉 OD、吡蚜酮+呋虫胺复配的油悬剂等。

（11）一些杀菌剂油悬剂　15%氟吗啉·唑菌酯油悬剂、代森锰锌 OD、丙森锌 OD、代森联 OD、25.5%异菌脲 OD。

14.5.2 油悬剂产品配方举例

（1）4%～10%烟嘧磺隆 OD　4%烟嘧磺隆 OD 的配方如表 14-6 所示，这类油悬剂含量低的容易分层而影响外观；含量高的就容易膏化、变稠等影响入水的乳化分散，从而影响药效。同时，不同厂家的原药因杂质的不同也会带来制剂黏稠度的差异，有的差异还非常大，建议此类配方以有机土和气相法白炭黑搭配使用作为黏度调节剂，可以更好地解决很多因素带来的制剂黏稠度差异问题，而且析油很少，也不容易变稠聚结。烟嘧磺隆 OD 单剂还存在热贮易分解问题，经多数厂家验证，适当加 0.3%尿素可以降低分解率，但也不能彻底解决，以油酸甲酯为介质的要比大豆油、矿物油的分解率稍高[25]。

表 14-6　4%烟嘧磺隆 OD 配方

成分	含量
烟嘧磺隆	4%
HY8350（沧州鸿源农化有限公司）	15%
气相法白炭黑 H15（上海外电）	1%
有机膨润土 ZT-Y（杭州左土新材料有限公司）	1.5%
油酸甲酯（苏州丰倍生物科技有限公司）	补齐

（2）烟嘧磺隆+莠去津复配的 OD　烟嘧磺隆+莠去津复配的比例和油悬剂产品，截止到 2017 年登记的就有 120 多个。只要有玉米田除草剂的产品的厂家差不多都有一个该类产品，含量配伍比例众多，烟嘧磺隆 2%～4.5%+莠去津 18%～38%，国内登记最高含量的是 4%烟嘧磺隆+38%莠去津。例如，28%烟嘧·莠去津 OD 配方见表 14-7。

表 14-7　28%烟嘧·莠去津 OD 配方

成分	含量
烟嘧磺隆	4%
莠去津	24%
环丙磺酰胺	1%

续表

成分	含量
有机土	0.6%
高吸油值白炭黑 HTD-A2（福建恒泰达）	0.6%
HY8350（沧州鸿源农化有限公司）	15%
油酸甲酯（苏州丰倍生物科技有限公司）	补齐

低含量的烟嘧磺隆＋莠去津还是比较好做的，但是高含量的就比较难以做好，如 4＋25、4＋30、4＋38 等，不同含量的复配，有时候用同一个助剂不能做出合格的配方，这需要剂型技术人员根据情况进行调整。

（3）硝磺草酮＋莠去津，烟嘧磺隆＋硝磺草酮＋莠去津类　该类产品因为硝磺草酮的加入，使体系的化学稳定性变差，带来了很多问题（因为莠去津在弱碱性体系稳定，而甲磺则需要酸性环境，烟嘧磺隆也需要微碱环境下稳定），所以此类配方容易出现二者同时分解或者其中之一易分解，同时黏稠度也比较稠，容易膏化、热贮变色、出现结晶等；建议此类配方加入 pH 值调节剂，同时使用有机土与高吸油值白炭黑或者气相法白炭黑搭配作为黏度调节剂，因该类配方三元复配后热贮带来的问题，使得乳化分散也容易带来变化，所以该类配方的助剂选择还需要多用心筛选。建议助剂搭配后的 HLB 值在 8 左右，这类配方现在配伍比例也很多，有的固含量也很高，比较难做。较高含量的组合有 3%烟嘧磺隆＋8%硝磺草酮＋24%莠去津、4%烟嘧磺隆＋6%硝磺草酮＋26%莠去津。其中，28%烟硝莠 OD 配方见表 14-8。

表 14-8　28%烟硝莠 OD 配方

成分	含量
烟嘧磺隆	3%
硝磺草酮	5%
莠去津	20%
环丙磺酰胺	0.75%
有机土 SK-04（苏中中材）	0.4%
高吸油值白炭黑 HTD-A2	0.6%
专乳 28	14%
油酸甲酯（苏州丰倍生物科技有限公司）	补齐

（4）氰氟草酯单剂类的油悬剂　氰氟草酯单剂油悬剂 10%～30%的都有，现在在技术领域，业界争议声讨论也比较多，很多人认为是介于一种乳油与油悬剂之间的剂型，有的人认为不是油悬剂，是假油悬真乳油。各个企业生产加工也不同，含量 10%～30%的都有。其中，30%氰氟草酯 OD 配方如表 14-9 所示。

表 14-9　30%氰氟草酯 OD 配方

成分	含量
氰氟草酯	30%
有机土 ZT-Y（杭州左土新材料有限公司）	1%
硅酸镁铝 HW-88（杭州左土新材料有限公司）	0.5%
专乳 160	13%
油酸甲酯（苏州丰倍生物科技有限公司）	补齐

氰氟草酯油悬剂生产或者试验加工，建议不要剪切分散，普通分散混合然后砂磨即可，两遍砂磨，流速控制500kg/h；砂磨温度尤其关键，不得高于30℃。同时，该产品不建议使用棒销式砂磨机，因为此类结构的砂磨机腔体内瞬间聚热能力很强，容易使氰氟草酯溶解于油脂中。

（5）氰氟草酯与五氟磺草胺复配的油悬剂　这类产品在水稻田除草剂里登记较多，是非常好的水稻苗后除草剂，水稻田除草剂厂家很多办理了类似证件。例如，10%氰氟草酯·2.5%五氟磺草胺OD配方见表14-10。

表14-10　10%氰氟草酯·2.5%五氟磺草胺OD配方

成分	含量
氰氟草酯	10%
五氟磺草胺	2.5%
有机土ZT-Y	3%
高吸油值白炭黑HTD-260BS	2%
专乳160	16%
ND-OD2（福建诺德松基植物油）	补齐

对此类油悬剂，同氰氟草酯单剂油悬剂一样要注意生产工艺的细节问题，不宜剪切分散，尽量也不要使用棒销式砂磨机。

（6）五氟磺草胺单剂油悬剂　这类油悬剂单剂产品现在登记也比较多，含量一般为2.5%～10%，因为固含量比较低，配方制剂容易产生析油较多、分层严重的现象，乳化分散倒是没有多少难度，建议黏度调节剂以有机土与高吸油值白炭黑组合使用。例如，10%五氟磺草胺OD配方如表14-11所示。

表14-11　10%五氟磺草胺OD配方

成分	含量
五氟磺草胺	10%
有机土	2%
高吸油值800目白炭黑	2%
JHOD-120H	12%
ND-OD2（福建诺德松基植物油）	补齐

福建诺德松基植物油ND-OD2，经笔者验证，非常适合于氰氟草酯和五氟磺草胺单剂及复配的油悬剂里，析油现象比油酸甲酯能更好解决。

（7）灭生性除草剂类的油悬剂　随着百草枯水剂退出市场，灭生性除草剂油悬剂也被很多厂家开发生产，如草甘膦＋乙氧氟草醚、草甘膦＋乙羧氟草醚、草铵膦＋乙氧氟草醚、草铵膦＋乙羧氟草醚等，该类油悬剂复配后除草谱更广、除草更彻底，因为油脂的加入和更多助剂的加入，使得该类除草剂具有耐雨水冲刷、药效更持久、杂草不易返青等优势。2016～2017年登记此类产品油悬剂比较多，但此类产品里面技术难度存在很多，尤其是乙氧氟草醚、乙羧氟草醚易于热贮溶解而带来膏化、结晶、乳化分散变差等问题。例如，30%草甘膦·3%乙氧氟草醚OD配方表14-12所示。

表 14-12　30%草甘膦 · 3%乙氧氟草醚 OD 配方

成分	含量
草甘膦	30%
乙氧氟草醚	3%
有机土 SK-04（苏州国建）	1%
2000 目高吸油值白炭黑 HTD-A2	1.5%
专乳 160C	15%
油酸甲酯（苏州丰倍生物科技有限公司）	补齐

因为乙氧氟草醚易于在有机溶剂中溶解，所以该配方里和助剂里不要含溶剂油或者二甲苯，否则易在砂磨过程或者热贮时造成乙氧氟草醚在油脂和溶剂里溶解度增加，恢复常温或者低温的时候容易出现结晶或者膏化现象。条件允许的话，使用大豆油或者矿物油作该类除草剂油悬剂是较好的选择，选择对乙氧氟草醚和乙羧氟草醚溶解度最低的油脂是最好的。

（8）杀虫剂类的油悬剂　现在研发和登记也已经很多，如吡蚜酮、阿维菌素、吡虫啉、唑虫酰胺等。例如 3%啶虫脒 · 12%唑虫酰胺 OD，其配方如表 14-13 所示。

表 14-13　3%啶虫脒 · 12%唑虫酰胺 OD 配方

成分	含量
啶虫脒	3%
唑虫酰胺	12%
助剂 HY-8321（沧州鸿源农化有限公司）	16%
有机土 SK-04（苏州国建）	1.5%
硅酸镁铝 SF-04（苏州国建）	1%
油酸甲酯	补齐

苏州国建集团公司即原来的苏州中材，其农药级硅酸镁铝 SF-04，深受各个农药生产企业认可，“农药级 SF-04”产品特点：①优越的稳定性能；②优良的悬浮性能和优异的触变性能；③优良的流变性能调节剂、增稠剂、悬浮液及乳液稳定剂；④悬浮体系的触变调节剂。该产品适用于悬浮剂、悬乳剂、可分散油悬剂。

14.6　可分散油悬浮剂体系不稳定性的原因与体现及解决建议

可分散油悬浮剂体系中因为成分复杂加上受介质油脂的影响，体系非常不稳定，虽然近几年 OD 产品在我国产量很大，但很多质量不稳定的问题依然存在，有的产品还很严重，OD 剂型的很多理论还不够成熟，也没有很好的解决方案，下文仅是经验性总结。

14.6.1　可分散油悬浮剂的剂型不稳定的原因与体现

OD 的稳定性问题是影响其产品质量和货架寿命的重要因素，也是制约 OD 开发和生产的主要难题。可分散油悬浮剂剂型存在着很多不稳定的现象，包括物理现象和化学原药造成的现象等，其原因比较复杂，综合分析主要有以下几点：

（1）OD使用的油基相对密度比较小　如油酸甲酯的相对密度一般在0.85～0.9，而很多原药粒子的相对密度较大，易因为相对密度原因造成粒子下沉，这时候就容易体现在分层和聚结等方面；当然我们在配方中使用了黏度调节剂和分散剂等来控制固体粒子在介质油脂中的下沉，很多配方中原药和油脂的相对密度差依然很容易造成固相粒子的下沉而出现分层、聚结等不稳定现象。

（2）OD体系本身的原因，容易有奥氏熟化、絮凝等问题　OD属于动力学不稳定的粗分散体系，因为油脂的原因具有很大的表面能，体系中固体粒子和油脂均有自动聚结和自动亲和、溶解等趋势，因此，油悬剂在贮存期间常常会出现分层结块、固体粒子聚结凝固和油滴间的杂絮凝以及相间转移等现象，温度升高时或者热贮时不稳定现象表现得更加明显。在制备油悬剂时，不仅需要考虑剂型可能存在的奥氏熟化、颗粒聚结、结块等问题，而且应注意固相粒子和油脂产生的杂絮凝和乳状液聚结增加等问题。杂絮凝是当两个分散相不稳定时，其中一个分散相的固体粒子和另一个乳状液相油滴接触产生的聚凝，此过程中由于固体粒子的吸附加剧加快了固相粒子聚结的速度，甚至固相粒子和一些助剂黏附到一起、固相粒子和黏度调节剂黏附到一起形成的聚结、黏附结底等现象，最终导致油悬剂的不稳定。

（3）OD中的乳化剂、分散剂搭配不合理，或者助剂体系问题带来的不稳定　乳化剂和分散剂在分散体系中不可能很好地平衡，导致表面活性剂择优吸附在固相粒子表面或者溶于油脂中单纯地乳化了油脂，造成分散颗粒与油脂容易分离，导致了分层、析油现象的加剧，产生絮凝，最终导致油悬剂的不稳定。

（4）选择的黏度调节剂不合理或者使用不当带来的不稳定的现象　OD配方体系中现阶段多数以有机土、硅酸镁铝、气相法白炭黑、高吸油值白炭黑等为主要的黏度调节剂，不同的配方应该要选择适宜的黏度调节剂，或者它们之间进行合理的搭配，如：对于很多配方，有些企业就喜欢单独用有机土。有机土用量过多容易黏稠度过高、依然产生底部结底等现象，这种原因是有机土太多和原药之间触变凝聚造成的，而用量过少则容易析油、分层严重；有的配方中不宜使用硅酸镁铝，因为硅酸镁铝在一些配方里容易造成乳化分散不好的现象，造成OD经水稀释后的稀释液产生浮膏现象，不同的黏度调节剂用量和搭配会带来很大的不稳定，主要现象有分层、结底、影响乳化分散等。

（5）OD配方中不合理的辅助溶剂带来的不稳定现象　如二甲苯、溶剂油甚至甲醇等，都会使油悬剂中的农药活性成分溶解度增大而引起奥氏熟化，最终导致聚结成团现象；笔者经多个试验证明，同样的配方，加入二甲苯的油悬剂配方，析油现象较不加二甲苯的要严重，同时结底也稍微加重一些。

所以油悬剂配方中使用辅助溶剂要根据配方慎重使用和加入辅助溶剂。

（6）加工质量差带来的不稳定现象　如加工粗糙、粒子细度粗大、粒径不合格，很容易导致产品中活性成分聚结变稠、摇晃不开等现象，甚至带来喷雾使用时堵喷雾器头的现象。

（7）可分散油悬浮剂化学原因导致的不稳定的现象　因油脂不同和油脂本身的原因和原药等因素，放置久了，容易轻微变色甚至变色严重；配方体系活性成分易分解带来的结晶现象，如硝磺草酮＋莠去津组合，易因为二者分解出现结晶现象；砜嘧磺隆＋精喹禾灵＋嗪草酮，因为嗪草酮分解容易使制剂有结晶现象出现。

可分散油悬浮剂是一个新兴剂型，虽然发展了多年，但是很多理论和解决问题的具体办法和方案还不是很多，不稳定的现象主要是析油、分层严重、结底、膏化、结晶、分解、乳化分散变差等。

14.6.2 可分散油悬浮剂不稳定的解决方案

可分散油悬浮剂不稳定的解决办法，我们应该根据上述的原因进行分析，有针对性地去解决。油悬剂的不稳定主要体现在析油、分层严重、结底、膏化、结晶、分解等。

(1) 析油—分层—结底、聚结结底等现象的解决方法 现在对此问题很多人都简单粗暴地回答：增加黏度调节剂用量，换分散剂！这是最常规而不负责的回答，如何选择黏度调节剂的用量？黏度调节剂如何配伍使用更有效？如果有的油悬剂产品通过黏度调节剂各方面的搭配都无效，如何选择分散剂？油悬剂中助剂-乳化剂和分散剂对析油分层的影响有多大？现阶段有无好的助剂可以帮助解决析油—分层—结底问题？这一系列的问题才是剂型工作人员应该多考虑和要解决的。笔者通过多年的油悬剂工作经验总结：油悬剂不用有机土常规配方很容易析油、分层严重而且结底严重；单独用有机土，有很多配方虽然析油程度有一定的改善，但依然会有析油，靠分散剂能否解决？答案：从理论上可以解决，我们要打破常规，使用一些超分散剂和润湿剂等，如有些高分子聚合物型超级分散剂，不但具有良好的润湿性，还具有极好的防沉、防絮凝效果、降黏效果；高极性、适用于悬浮剂和油悬剂中、亲油性的超级分散剂非常适合用于油悬剂。如很多油性颜料的油墨，根本就不加黏度调节剂或者触变剂，直接是矿物油、有机溶剂、润湿剂、分散剂，经砂磨至粒子细度 1～3μm，所以说通过一些超分散剂、特殊分散剂等加上高质量的研磨使粒子细度极细微如 1～3μm 是可以控制析油在 10%～5%以内的，而且可以控制分层结底等问题。上海是大高分子材料有限公司的分散剂 OD-1，为高分子聚合物，pH 偏酸性，经试验验证可有效防止油悬剂的分层、结底和膏化现象。

当然，通过有机土和气相法白炭黑的配伍使用也对很多油悬剂配方的析油—分层—结底现象有不错的防除效果，有机土和其他黏度调节剂的配伍使用如硅酸镁铝、高吸油值白炭黑在很多配方中也是有效果的。

(2) 聚结结底现象的解决方法 油悬剂的结底现象：有的是因析油分层严重而结底；有的是太黏稠没有多少析油分层现象，但底部一样聚结结底，这是当前油悬剂比较难以解决的问题。很多厂家无论是低含量活性物的油悬剂还是固含量高的油悬剂产品，均有结底现象，很多厂家也在探讨解决办法，在通过调整黏度调节剂无效的情况下，我们必须寻求超分散剂在油悬剂中的应用。推荐一些高分子嵌段聚醚、聚氧丙烯聚氧乙烯共聚物（PEG-PPG-PEG）、烷基胺盐聚合物、超支化的聚合物、丙烯酸酯嵌段聚合物等。

14.7 可分散油悬浮剂乳化剂和分散剂的筛选

可分散油悬浮剂入水乳化分散合格是保证该剂型使用的最基本要求，因为 OD 最终要通过水稀释后使用，其他指标再好，乳化分散不合格也是不行的。尤其是现在经销商和农户对 OD 的初入水状态要求越来越高，要求入水能乳化分散，乳状液最起码能迅速发白，而且乳状液表面不能有漂浮的油花、油状的膏状物等。因为入水状态不好出现浮油浮膏而造成经销商退货等问题屡见不鲜。所以油悬剂的乳化分散合格或者优秀是油悬剂制剂最基本的要求。做好 OD 的乳化分散，需要我们在配方研发中选择好乳化剂、分散剂的配伍和使用是关键。OD 的乳化分散不只是我们简单地调试乳油类的乳化分散那样，其乳化分散还和配方中的不同原药、不同的黏度调节剂、不同的油脂体系都有着密切的关系。

油悬剂乳化剂和分散剂的选择与建议：当前乳化剂、分散剂很多单体还是与乳油类用的单体相同或者筛选思路相同，但是因为油脂的原因，油悬剂的乳化分散需要更多的乳化剂和分散剂，我们除了选用常用于乳油的一些单体，如500#、600#、吐温、蓖麻油聚氧乙烯醚、乳化剂A（OEO）系列A-103、105、110、115，因为油悬剂中油脂的原因，一些对油脂如油酸甲酯、大豆油、矿物油乳化效果比较好的助剂也可以用作油悬剂的乳化剂，如司盘系列、AEO系列的助剂、聚乙二醇月桂酸酯系列的助剂等。

分散剂，在油悬剂中有很多乳化剂同时也有分散效果，尤其是HLB值比较低的助剂，HLB值在3～7的也均有分散效果，，但是此类表活一定要和亲水性的乳化剂合理搭配使用。否则也影响乳化效果。对于其他分散剂的选择使用可以参考本文上面的论述。

14.8 可分散油悬浮剂乳化剂分散的调整方法和判定

14.8.1 乳化分散的调整方法

油悬剂的乳状液的稳定性是一个非常复杂的研究课题，它不同于乳油，也很难达到乳油的乳化分散状态。研究结果表明，通过选用适合的复配型乳化剂，或者调整乳化剂单体比例或者用量，可以有效地改善乳状液的经时稳定性。配方乳化分散问题的调整建议如下：

① 乳化分散均不合格，则调整乳化分散剂的用量，或者更换其他单体助剂进行尝试调整。

② 入水搅拌后蓝光好而有些类似丝状物或者片状物的不分散，则认为乳化好而分散不好，则建议加分散好一些的低HLB值的表活，如BY110或者Span-60、Span-80等。

③ 乳化分散后稀释液表面有浮膏、浮油，需要增加亲水性的单体表活进行调整，使其稀释液蓝光更好一些会解决该问题；如果稀释液表面有油花出现，则需要亲油和亲水的搭配调整。

④ 比较容易分散而乳化乳白或者浅白则是乳化性差，建议增加亲水性乳化性好的表面活性剂、如BY系列、吐温系列、601系列等。如30度硬水或者常温自来水好而冷水乳化分散不好，则建议补充乳化剂或者具有阴离子性质的表活，如500#、磷酸酯类等。

乳化分散剂的使用范围有较多选择，研发人员可根据经验及性价比、实用性自己进行筛选。

14.8.2 油悬剂中的乳化分散问题的判定

油悬剂入水乳化分散的判定的总结，可以结合乳油的观察方法，但其中又有些区别。

乳化分散性的评价：乳化分散性是指油悬剂放入水中自动乳化分散的情况。一般要求油悬剂倒入水中能自动或者稍加搅拌形成云雾状分散物，徐徐向水中扩散，轻微搅动后能以细微的油珠均匀地分散在水中，形成均一、稳定的、带有蓝色荧光的乳状液，以满足喷洒要求。

但是乳液稳定性好，乳化分散好，都不能代表一个合格的油悬剂配方，有很多油悬剂配方，制出的产品入水乳化分散很好，乳液稳定性也很好，但是却有分层严重、结底严重等问题出现，所以油悬剂配方的研究不能靠乳油的经验来开展。我们追求乳化分散优秀或者合格的同时也要考虑配方的整体要求和体系的稳定性。可分散油悬浮剂乳化分散性评价等级如表

14-14 所示。

表 14-14　可分散油悬浮剂乳化分散性评价表

分散状态	乳化状态	评价记号
能迅速自动均匀分散	稍加搅动呈荧光色或淡蓝光透明乳状液	一级
能自动均匀分散	稍加搅动呈蓝色半透明乳状液	二级
呈白色云雾状或丝状分散	搅动后呈蓝色不透明乳状液，持续搅拌或者稀释液放置后可以自动乳化分散	三级
呈白色微粒状下沉或者油状物漂浮	搅动后呈白色不透明乳状液或者不乳化，烧杯壁有油珠或者油层	四级
呈油珠状下沉或者漂浮	搅动时不乳化	五级

14.9　可分散油悬浮剂质量控制指标和检测方法

迄今，联合国粮农组织（FAO）和世界卫生组织（WTO）颁布的农药制剂标准中尚无农药可分散油悬浮剂产品的技术标准。根据我们对 40%四螨嗪-久效磷可分散油悬浮剂产品测得的理化性能和应用要求，推荐该产品的企业标准拟定项目如下，也可供其他的可分散油悬浮剂拟定标准时参考。

（1）外观　深红色悬浮液，经存放有少许分层，但摇动后仍能恢复原状，不允许结块。

（2）有效成分含量　四螨嗪和久效磷总有效成分含量应大于或等于 40%，有效含量测定采用高效液相色谱法。

（3）悬浮率（以四螨嗪计）　应大于或等于 90%，测定方法参照《农药悬浮率测定方法》（GB/T 14825—2006）进行。

（4）水分　应小于等于 0.5%，按照《农药水分测定方法》（GB/T 1600—2001）进行。

（5）pH 值范值　40%四螨嗪-久效磷可分散油悬浮剂的 pH 值范围应在 4～6。按照《农药 pH 值的测定方法》（GB/T 1601—1993）进行。

（6）细度　通过 0.043mm 筛孔的粒子应大于或等于 98%，按照《农药粉剂、可湿性粉剂细度测定方法》（GB/T 16150—1995）进行。

（7）低温稳定性　合格。即将 50mL 试样置于 100mL 烧杯中用适当方法冷却至 0℃±1℃，保持 1h，在此期间经常用玻璃棒搅拌，无固体和油状物析出为合格。

（8）热贮稳定性　合格。用注射器将约 30mL 试样注入洁净的安瓿中，置此安瓿于盐浴中冷却，用高火焰封口（避免溶剂挥发）。至少封 3 瓶，分别称重，将封好的安瓿置于金属容器内，再将金属容器放在 54℃±2℃恒温箱（或恒温水浴）中，放置 14d，取出，将安瓿瓶外面擦净分别称重，质量未发生变化的试样，于 24h 内，对规定的项目进行检验，四螨嗪和久效磷含量不低于标示量的 90%，悬浮率不低于 85%为合格。

14.10　可分散油悬浮剂典型配方

可分散油悬浮剂经典配方如表 14-15 所示。

表 14-15　可分散油悬浮剂典型配方

制剂名称	配方内容	性能指标	提供单位
40%代森锰锌 OD	代森锰锌（85%）47.1%，BREAK-THRU® EM O7 7%，BREAK-THRU® EM O5 7%，Aerosil 200 1.5%，BREAK-THRU® DA 655 4%，甲基化菜籽油 33.4%	分解率≤10%，析油少于5%；其他性能指标合格；注意：需要筛选原药，对原药要求高	赢创工业集团
10%敌草隆+20%噻苯隆 OD	敌草隆 10%，噻苯隆 20%，白炭黑 3%，助剂 HY-8326 15%，油酸甲酯补齐 100%	悬浮率≥90%，其他指标合格	沧州鸿源农化有限公司
18%啶虫脒+7%氯虫苯甲酰胺 OD	啶虫脒 18%，氯虫苯甲酰胺 7%，白炭黑 3%，有机膨润土 0.5%，助剂 HY-8321 15%，油酸甲酯补齐 100%	悬浮率≥90%，其他指标合格	沧州鸿源农化有限公司
10%甲基磺草酮+10%烟嘧磺隆 OD	甲基磺草酮 10%，烟嘧磺隆 10%，HY8366 15%，HY091 1.5%，HY092 0.5%，有机膨润土 1%，油酸甲酯补齐 100%	悬浮率≥90%，其他指标合格	沧州鸿源农化有限公司
5%甲基磺草酮+20%莠去津 OD	甲基磺草酮 5%，莠去津 20%，HY8366 15%，有机膨润土 0.8%，水 3%，HY092 0.1%，油酸甲酯补齐 100%	悬浮率≥90%，其他指标合格	沧州鸿源农化有限公司
5%甲基磺草酮+20%莠去津 OD	甲基磺草酮 5%，莠去津 20%，HY8366 15%，有机膨润土 1%，HY092 0.3%，油酸甲酯补齐 100%	悬浮率≥90%，其他指标合格	沧州鸿源农化有限公司
15%甲基磺草酮 OD	甲基磺草酮 15%，HY8366 15%，HY092 0.1%，水 3%，有机膨润土 1.2%，油酸甲酯补齐 100%	悬浮率≥90%，其他指标合格	沧州鸿源农化有限公司
20%氰氟草酯 OD	氰氟草酯 20%，S-150# 15%，7208-F 20%～25%，有机膨润土 2%，白炭黑 1%，油酸甲酯补足	此配方低温下流动性好，无原药析出，入水乳状液适应水温、水质条件宽，具有较好的药效	南京太化化工有限公司
2%五氟+2%吡嘧 OD	五氟磺草胺 2%，吡嘧磺隆 2%，有机膨润土 2%，白炭黑 2%，助剂 HY-8321 15%，油酸甲酯补齐 100%	悬浮率≥90%，其他指标合格	沧州鸿源农化有限公司
10%五氟磺草胺 OD	五氟磺草胺（98%）10.7%，GY-ODE286 10%，GY-EM05 1.5%，有机膨润土 2.5%～3%，白炭黑 0.5%～1%，油酸甲酯补足 100%	热贮前，悬浮率 98%，黏度 400～600mPa·s；热贮后，悬浮率 98%，黏度 400～600mPa·s；泡沫 5mL	北京广源益农化学有限责任公司
2.5%五氟磺草胺 OD	五氟磺草胺（95%）2.7%，Geronol VO/01 18%，Soprophor SC 0.5%，膨润土 1.1%，白炭黑 0.8%，消泡剂 0.08%，大豆油补足	悬浮率>95%，黏度 650mPa·s，相对密度 0.94，D_{90}<5μm；热贮后，悬浮率>95%	Solvay

续表

制剂名称	配方内容	性能指标	提供单位
5%五氟磺草胺 OD	五氟磺草胺 5%，擎宇助剂或 DS10440 10%，AEO-3 2%，700# 2%，有机膨润土 2%，白炭黑 2%，ND-OD2 补齐 100%	悬浮剂≥90%，其他指标合格	福建诺德生物科技有限责任公司
24%烟·硝·莠 OD	烟嘧磺隆（97%）2.5%，硝磺草酮（98%）4.5%，莠去津（97%）19.1%，GY-ODE286 10%，GY-EM05 1.5%，GY-WD01 2%，有机膨润土 1%～2%，油酸甲酯补足至 100%	热贮前，悬浮率 97%，黏度 400～600mPa·s；热贮后，悬浮率 97%，黏度 400～600mPa·s；泡沫 5mL	北京广源益农化学有限责任公司
40g/L 烟嘧 OD	烟嘧磺隆（95%）4.2g，BREAK-THRU® EM V20 15g，Bentone 838F 或 Aerosil 200 1.5g，玉米油 补齐至 96g	热贮稳定，分解率≤5%，其他性能指标合格	赢创工业集团
4%烟嘧磺隆＋20%莠去津 OD	烟嘧磺隆 4%，莠去津 20%，7215-N 2%，7206-L 15%，有机膨润土 0.4%～0.7%，油酸甲酯补足	制剂经时稳定性好，乳状液常温及低温下乳化稳定性好，烟嘧磺隆分解率较低	南京太化化工有限公司
3%烟嘧磺隆＋7%硝磺＋20%莠去津 OD	烟嘧磺隆 3%，硝磺 7%，莠去津 20%，7215-N 1%，7216-L 15%，有机膨润土 0.2%～0.5%，油酸甲酯补足	常温贮存烟嘧硝磺分解率较低，制剂贮存状态优异	南京太化化工有限公司
24%烟嘧磺隆＋莠去津 OD	烟嘧磺隆 4%，莠去津 20%，无锡颐景丰 OD21 助剂 15%，有机膨润土 0.4%，白炭黑 0.5%，尿素 1%，ND-OD2 补齐 100%	悬浮剂≥90%，其他指标合格	福建诺德生物科技有限责任公司
4%烟嘧磺隆＋20%莠去津 OD	烟嘧磺隆（95%）4.3%，莠去津（97%）20.7%，Geronol VO02N 18%，有机膨润土 BT838F 1.5%，油酸甲酯补足	悬浮率＞95%，黏度 1250mPa·s，相对密度 1.04，$D_{90}<5\mu m$；热贮后，悬浮率＞95%	Solvay
4%烟嘧磺隆 OD	烟嘧磺隆 4%，7206-L 15%，有机膨润土 1.5%～1.7%，7215-N 2%（稳定剂），油酸甲酯补足	具有良好的常温及低温下乳化稳定性，低温下制剂的流动性好，烟嘧磺隆分解率较低	南京太化化工有限公司
4%烟嘧磺隆 OD	烟嘧磺隆（95%）4.3%，Geronol VO/01 18%，有机膨润土 BT838F 1.5%，大豆油补足	悬浮率＞95%，黏度 980mPa·s，相对密度 0.96，$D_{90}<4\mu m$；热贮后，悬浮率＞95%	Solvay
5%烟嘧磺隆 OD	烟嘧磺隆 5%，擎宇助剂或 DS10440 11%，AEO-3 1%，700# 2%，500# 1%，有机膨润土 1.5%，白炭黑 1%，尿素 1%，ND-OD2 补齐 100%	悬浮剂≥90%，其他指标合格	福建诺德生物科技有限责任公司

参考文献

[1] 郭武棣．农药剂型加工丛书：液体制剂．第 2 版．北京：化学工业出版社，2004.

[2] CIPAC 手册．天津：天津教育出版社，1996.

[3] Ronald Vermeer，et al. US 20070066489A1，2007.

[4] Yoshida，et al. US 5411932，1995.

[5] Tammy Tyler SHannon，et al. US 6521785B2，2003.
[6] Johnson Timothy Calvin，et al. EP 1242425B1，2004.
[7] Jae Su Kim，et al. Mycopathologia，2011，171：67-75.
[8] Peter James Tollington，et al. US 20100190648A1，2010.
[9] Tatsuya Mori. US 6294576B1，2001.
[10] Hong TD，Edgington s，Ellis RH，et al. J Invertebr Pathol，2005，89：136-143.
[11] Jenkins K J，Kramer JKG. J Dairy Sci，1990，73：2940-2951.
[12] 高宗军，李美，高兴祥，等．玉米科学，2009，17（2）：140-144.
[13] 童军，张晓光，郑占英，等．四川师范大学学报（自然科学版），2008，31（5）：604-606.
[14] 杨靖华，荆瑞俊．贵州农业科学，2009，37（3）：74-75.
[15] 张国生，李涛．农药科学与管理，2006，25（10）：40-42，24.
[16] 曹春霞，吴继星，陈在佴，等．湖北农业科学，2007，46（1）：83-84.
[17] 蔡党军．世界农药，2007，29（3）：36-38.
[18] 戴权．安徽化工，2006，3：45-46.
[19] 薛超，陈安良，丁秀丽，等．应用化工，2006，35（5）：400-402.
[20] 刘跃群，朱炳煜，杜有辰．农药研究与应用，2008，12（1）：20-22.
[21] 鲁梅．植物保护学报，2005（32）：295-299.
[22] 戴权．安徽化工，2006（2）：50-51.
[23] 朱炳煜，张正群，李刚，等．应用化学，2009，26（8）：881-883.
[24] 华乃震．农药，2008，47（4）：235-239，247.
[25] 刘志文，唐志军，李净净．山东化工，2009，11：09.

第 15 章
微囊悬浮剂

15.1 概述

15.1.1 微囊概念及组成

微胶囊（microcapsule）是一种利用天然的或者合成的高分子材料包裹某些物质的微型胶囊。广义上来说，一些通过特殊方法使某些化学成分溶解或分散在高分子材料中，形成的具有骨架结构的微球也可称作微胶囊。微胶囊一般是以天然或合成的高分子材料作为囊壁，通过化学法、物理法或物理化学法将活性物质（囊芯）包裹起来形成具有半透性或密封囊膜的微型胶囊，粒径在 $1\sim1000\mu m$，这一过程称为微胶囊化。

微胶囊中的成膜材料称为壁材，被包覆物称为芯材。该技术通过密闭的或半透性的壁膜将目的物与周围环境隔离开来，从而达到保护和稳定芯材、屏蔽气味或颜色、控制释放芯材等目的。微胶囊的外形通常为球形，但包囊固体粒子的微胶囊的外形通常形状不一，可以是椭圆形、腰形、谷粒形、块状或絮状形态，也可以是多核、单核等。常见的微胶囊形态如图 15-1 所示[1]。

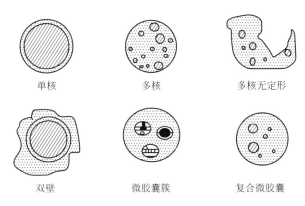

单核　　　　　　多核　　　　　　多核无定形

双壁　　　　　微胶囊簇　　　　复合微胶囊

图 15-1　常见的微胶囊形态示意图

15.1.2 农药微胶囊制剂的发展概述

农药微囊悬浮剂是当前农药剂型中技术要求较高的一种，其制剂具有延长农药的持效期、提高农药稳定性、降低农药经皮毒性和挥发性等优点。

农药原药微胶囊化后，控制了光、热、空气、水及微生物的分解作用和无效的流失、挥发，使农药缓慢地释放出有效剂量，使残效期大大延长；由于改变了原药的表面性质，可以使接触性毒性、药害、令人不愉快的气味和易燃性等大为降低；由于表面物理性能的改善，使药效稳定，对人畜作物安全、防治对象扩大；同时，因为与其他物质分隔，容易实现与其他农药或助剂的混合而不发生化学反应，有利于制剂加工；而且通过微胶囊化，可以使液体或气体农药变成固态农药，有利于贮存和运输。农药微胶囊化的意义有以下几点[2]：

（1）改善农药的物理性质　当液态农药微胶囊化后，可得到细粉状物质，称之为拟固体(pseudo solid)。它拥有固体特征，但其内部仍然是液体。这样可以增加液态农药的适用范围，降低水质对药物使用效果的影响，并可以使不相溶的两种成分复配在一起，得到更多的复配制剂。

同样的农药在我国南方使用和北方使用效果相差明显。主要原因是水质不同。南方水质偏酸，pH 5.8～6.5，而北方水质偏碱，pH 值为 7.3～8.3。农药大多数呈弱酸性，在南方弱酸性水质条件下，使用量少、效果好，但同样的制剂，到北方碱性水质地区药效大为下降，使用量增加 1～3 倍，效果还不如南方。微胶囊化后，不同水质对农药的稳定性影响大为减少，甚至没有影响。

微胶囊化后，制剂的相对密度相对于原药可以发生变化。由于制备过程中可以包入空气或空芯微胶囊，从而使制剂的相对密度降低，甚至可以变成漂浮在水面上的产品。

（2）保护有效成分　一些化学性质不稳定的原药，如有机磷类和拟除虫菊酯类农药，容易分解，制成微胶囊后，由于农药有效成分被一层薄膜包在里边，因此不易光解、水解、氧化、挥发，而且可以延长持效期，特别是对生物源农药作用更明显。由于生物农药存在价格贵、持效期短、性质不稳定等原因，因此在我国发展缓慢，微胶囊技术的应用将改变这一现状，改善其稳定性，延长持效期，提高效果，降低生产和使用成本，利于生物农药的推广。

（3）控制释放　控制微胶囊中活性组分的释放可以采用立即释放、延时定时释放或长效释放等进行控制。农药微胶囊的释放速度受多种因素的影响，制备微胶囊时，可以根据制备方法、有效成分的理化性质和壁材的性质等因素来调控农药的释放速度，从而有效控制释放剂量、释放时间，以满足不同防治对象的需要。

（4）降低毒性，安全环保　农药微胶囊化后，一般毒性可降低 10～20 倍，有的可降低几百倍。特别是一些剧毒农药，经微胶囊化对人、畜的安全性可大大提高。同时由于没有了苯、甲苯等高污染有机溶剂，加上毒性降低，施治次数减少，大大降低了对环境的危害。

（5）提高药效　微胶囊农药囊芯有效成分浓度一般达到 5%～15%，甚至更高，相对于乳油等传统剂型其有效成分集中。高浓度的杀虫剂微胶囊一旦触及虫体，就会比其他剂型更易使害虫中毒，击倒速度得到提高。微胶囊后一般杀虫效果可提高 15%～30%，原药使用量最低可减少 50%，持效期延长 2～8 倍，最高可达到 250d。据报道，通过 1994～1997 年在北美洲 16 种作物上的 146 个田间试验的统计分析发现，先正达农化公司的三氟氯氰菊酯微囊悬浮剂的药效在某些情况下优于乳油。南美洲和亚洲的试验也表明微囊悬浮剂的药效与乳油的药效相似或更优，且具有更好的持效性。

另据报道，由于微胶囊产品不易被土壤吸附或挥发，因此进入表土茅草层有更大的渗透能力，因此，甲草胺微胶囊在未耕作和保护耕作系统下比甲草胺乳油有更好的效果。

（6）减少施药次数，降低农业成本　由于微胶囊农药的持效期延长，杀虫效果提高，一个生长周期内农药使用的次数大大减少，因而使害虫防治成本降低，省工省力。如棉花全生长期只需喷 2～3 次微胶囊农药制剂即可，远低于其他剂型的使用次数。

15.2　农药微胶囊常用的囊壁材料

微胶囊的囊壁材料是决定微胶囊产品性的重要因素之一。对壁材的一般要求是：性质稳定，成膜性好，不应与囊芯物反应，不与囊芯物混溶，有适宜的释药速率，具有一定的机械强度、稳定性、渗透性、溶解性、可聚合性、黏度、电性能和成膜性等[3]。选择微胶囊囊壁材料首先要考虑的是被包囊物质的性质、微胶囊产品的应用性能要求等。油溶性囊芯物一般选用水溶性囊壁材料，水溶性囊芯物则多选用油溶性囊壁材料。目前使用的微胶囊主要有天然高分子材料、半合成高分子材料和全合成高分子材料。

15.2.1　天然高分子材料

用于制备微胶囊囊壁材料的天然高分子材料主要是蛋白类和植物胶类，主要包括明胶、阿拉伯胶、琼脂、环糊精、淀粉及淀粉衍生物、海藻酸钠、壳聚糖、角叉胶等。这些天然高分子材料具有无毒、成膜性好但力学性能差的特点。

（1）明胶（gelatin）　明胶是医药和食品工业领域常用的天然高分子材料，它是胶原温和断裂的产物，分子量一般在几万至十几万，主要组成为氨基酸组成相同而分子量分布很宽的多肽分子混合物。明胶是一种两性物质，既具有酸性，又具有碱性，其胶团是带电的，具有极强的亲水性。明胶不溶于有机溶剂，也不溶于冷水，溶于热水后再冷却可以形成凝胶，但容易受水分、温度、湿度的影响而变质。通常可以根据原药的理化性质选用酸性明胶或者碱性明胶，用于制备微胶囊时的用量为 20～100g/L。

（2）阿拉伯胶（acacia senegal）　也称阿拉伯树胶。来源于阿拉伯树的天然树脂，成分复杂，是糖类和半纤维素酶的松散聚集物，分子量在 240000～580000 之间，是世界上最古老也是最知名的一种天然胶。在水中有较高的溶解度，阿拉伯胶经常与明胶一起使用，因为它具有良好的水溶性和乳化性，包覆过程中可以使包埋物的微囊化效率增加。

（3）壳聚糖（chitosan）　壳聚糖为甲壳素的脱乙酰化产物，分子量在 300000～600000 之间，其学名为 β-(1,4)-2-氨基-2-脱氧-D-葡萄糖，壳聚糖可溶于大多数稀酸（如盐酸、醋酸、苯甲酸）生成盐。利用壳聚糖制备微球的机理通常是利用电荷相互作用，因为它是阳离子型聚电解质，当它与某些带负电荷的特定多聚阴离子化合物在水相条件下相遇时，会发生交联和凝胶化作用，从而形成微米级或纳米级的颗粒。近年来，壳聚糖还被用于一些聚合反应来制备微胶囊，有报道将甲基丙烯酸接枝到壳聚糖上以增加其水溶性，再利用 N,N'-亚甲基-双丙烯酰胺作为交联剂利用界面聚合法制备了可生物降解的壳聚糖微胶囊。

（4）海藻酸钠（sodium alginate）　海藻酸钠又名褐藻酸钠、海带胶、褐藻胶、藻酸盐，是从海草中提取的天然多糖类水化合物，无臭无味，易溶于水，不溶于乙醇、乙醚、氯仿和酸（pH$<$3）。它是由古洛糖醛酸（G 段）与其立体异构体甘露糖醛酸（M 段）2 种结构单元以 3 种方式（MM 段、GG 段与 MG 段）通过 α（1,4）糖苷键连接而成的线性嵌段共聚物。在水溶液中加入 Ca^{2+}、Ba^{2+} 等阳离子后，G 单元上的 Na^{+} 与二价离子发生离子交换反应，G 基团堆积而成交联网络结构，从而转变成水凝胶。海藻酸钠广泛应用于食品、医药、纺织、印染、造纸、日用化工等产品中，作为增稠剂、乳化剂、稳定剂、黏合剂、上浆剂等使用。

（5）角叉胶（carrageenan） 又名卡拉胶，它的化学结构是由半乳糖及脱水半乳糖所组成的多糖类硫酸酯的钙、钾、钠、铵盐。由于其中硫酸酯结合形态的不同，可分为K型（Kappa）、I型（Iota）、L型（Lambda）。白色或淡黄色粉末，可溶于冷水或温水，完全溶于60℃以上的水，溶液冷至常温则成黏稠或透明冻胶。不溶于有机溶剂，无味，无臭，具有形成亲水胶体、凝胶、增稠、乳化、成膜、稳定分散体等特性，因而广泛用于食品工业、日化工业及生化、医学研究等领域中。

（6）环糊精（cyclodextrin，CD） 环糊精是直链淀粉在由芽孢杆菌产生的环糊精葡萄糖基转移酶作用下生成的一系列环状低聚糖的总称，通常含有6～12个D-吡喃葡萄糖单元。其中研究得较多并且具有重要实际意义的是含有6、7、8个葡萄糖单元的分子，分别称为α-环糊精、β-环糊精和γ-环糊精。由于环糊精的外缘（rim）亲水而内腔（cavity）疏水，因而它能够像酶一样提供疏水结合部位，作为主体（host）包络各种适当的客体（guest）。因此，在催化、分离、食品及药物等领域中均有应用。

15.2.2 半合成高分子材料

作为微胶囊囊壁材料的半合成高分子材料多为纤维素衍生物，包括羧甲基纤维素钠、邻苯二甲酸醋酸纤维素、甲基纤维素、乙基纤维素、羟丙基甲基纤维素等，其特点是毒性小，黏度小，成盐后溶解度增大，不宜高温处理。

（1）羧甲基纤维素钠（carboxy methyl cellulose sodium） 羧甲基纤维素钠是当今世界上使用范围最广、用量最大的纤维素种类，属于阴离子性高分子材料，与强酸溶液、可溶性铁盐，以及一些其他金属如铝、汞和锌等有配伍禁忌，常与明胶配合使用，利用复凝聚法制备微胶囊，但在酸性溶液中容易水解。

（2）邻苯二甲酸醋酸纤维素（cellulose acetate phthalate） 邻苯二甲酸醋酸纤维素是醋酸纤维素的衍生物，在医药中作为制备胶囊和片剂的肠溶性包衣辅料，是作为一种惰性物质使用的。醋酸纤维素外观为颗粒、片状或粉末状固体，其形状与生产工艺条件有关，其颜色均为白色，性能取决于醋酸纤维素在生产过程中羟基的乙酰化程度，具有韧性好、光泽好、机械强度高、透明等特点。对光稳定，不容易燃烧。

（3）甲基纤维素（methyl cellulose） 甲基纤维素可在水中溶胀成澄清或微浑浊的胶体溶液，不溶于无水乙醇、氯仿或乙醚。所成膜具有良好的柔韧度和透明度，因属非离子型高分子，可与其他的离子型乳化剂配合使用，但易盐析，溶液pH最好控制在3～12范围内。在pH低于3时，糖苷键会由于酸催化而水解，并导致溶液黏度降低。加热时，溶液黏度下降，直至在约50℃时，形成凝胶。甲基纤维素易被微生物污染而腐败，因此使用时可以选择性加入抗菌防腐剂。

（4）乙基纤维素（ethyl cellulos） 乙基纤维素又称为纤维素乙醚，一般不溶于水，而溶于不同的有机溶剂，其溶解性、吸水性、力学性能和热性能受醚化度大小的影响。醚化度降低，在碱液中溶解度变大，而在有机溶剂中溶解度减小。溶于许多有机溶剂。热稳定性好，燃烧时灰分极低，在阳光下或紫外光下易发生氧化降解。乙基纤维素因其水不溶性和多孔性，可用作骨架材料阻滞剂，制备多种类型的骨架缓释制剂。

（5）羟丙基甲基纤维素（hydroxypropyl methyl cellulose） 又名羟丙甲纤维素、纤维素羟丙基甲基醚，为白色或类白色粉末，溶于水及大多数极性溶剂和适当比例的乙醇/水、丙醇/水、二氯乙烷等，在乙醚、丙酮、无水乙醇中不溶，在冷水中溶胀成澄清或微浊的胶体溶液。水溶液具有表面活性，透明度高、性能稳定。具有热凝胶性质，产品水溶液加热后形成凝胶析出，冷却后又溶解，不同规格的产品凝胶温度不同。溶解度随黏度而变化，黏度越低，溶解度越大，不同规格的羟丙基甲基纤维素其性质有一定的差异，在水中溶解不受 pH 值影响。颗粒度：100 目通过率大于 98.5%。相对密度 1.26～1.31。变色温度 180～200℃；炭化温度 280～300℃。甲氧基值 19.0%～30.0%，羟丙基值 4%～12%。黏度（22℃，2%）5～200000mPa・s。凝胶温度（0.2%）50～90℃。羟丙基甲基纤维素具有优良的增稠能力、排盐性、pH 稳定性、保水性、尺寸稳定性、成膜性以及广泛的耐酶性、分散性和黏结性等。

15.2.3　全合成高分子材料

按照材料能否被生物降解，全合成高分子囊壁材料可分为生物降解的和不可生物降解的两类。全合成高分子材料的特点是化学稳定性好，成膜性好。主要包括聚脲、聚氨酯、聚酰胺、脲醛树脂、三聚氰胺甲醛树脂、聚醋酸乙烯、聚乙烯醚、聚酯、聚氨酯-聚脲、聚酰胺-聚脲等。可生物降解材料由于对环境友好，受到普遍重视，但由于受成本限制，目前农药领域应用较少，如聚碳酸酯、聚乳酸（PLA）、聚丙烯酸树脂、聚甲基丙烯酸甲酯、聚乳酸-聚乙二醇嵌段共聚物（PLA-PEG）、聚合酸酐及羧甲基葡聚糖等。

（1）脲醛树脂（urea-formaldehyde resins）　脲醛树脂是尿素与甲醛反应产生的聚合物，是农药微胶囊中成本低廉的一种材料。其优点为坚硬，耐物理磨损，耐弱酸弱碱及油脂等介质，具有一定的韧性，用作微胶囊制备时包封率较高，形貌较好，且价格便宜。缺点是易于吸水，因而耐水性和电性能较差，耐热性也不高，且原料甲醛对环境和人体的危害较大，制备过程或产品中残留未反应完全的甲醛会对环境和接触者产生危害。

（2）聚氨酯（polyurethane）　聚氨酯是指分子结构中含有氨基甲酸酯基团（—NH—COO—）的聚合物，是由多异氰酸酯和多元醇聚合而成的。聚氨酯在 20 世纪 30 年代由德国化学家 O. Bayer 发明以来，由于其配方灵活、产品形式多样、制品性能优良，在各行各业中的应用越来越广泛。聚氨酯材料是一类产品形态多样的多用途合成树脂，随着聚氨酯化学研究、产品制造和应用工艺技术的进步以及应用领域的不断拓宽，逐渐成为目前世界上第六大合成材料。根据使用的反应单体和反应条件不同，制得的聚氨酯性能会有所差异，但可根据需要控制其生成机械强度优良、硬度高、富有弹性，且具有优良耐磨、耐油、耐臭氧及耐热等性能的材料。

常用的多异氰酸酯单体有 2,4-甲苯二异氰酸酯（TDI）、二苯基甲烷二异氰酸酯（MDI）、萘二异氰酸酯（NDI）、对苯二异氰酸酯（PPDI）、多亚甲基多苯基异氰酸酯（PAPI）、1,6-六亚甲基二异氰酸酯（HDI）、异佛尔酮二异氰酸酯（IPDI）等；常用的多元醇有乙二醇、丙三醇、三乙醇胺、1,3-丁二醇、聚乙二醇、聚乙烯醇等。很多农药聚脲微胶囊都采用此法制备，此法制备的微胶囊成膜性和密闭性好、化学稳定性高[4]。

（3）聚脲（polyurea）　聚脲是由异氰酸酯和氨基化合物聚合而成的聚合物，其广义上也归属于聚氨酯材料。选用不同的多异氰酸酯和不同的多元胺可获得多种性质不同的聚脲膜。

常用的多异氰酸酯单体与合成聚氨酯的种类相同；多元胺单体包括乙二胺、已二胺、二乙烯三胺、三乙烯四胺、六亚甲基四胺等。制备过程与聚脲材料的制备非常相似，一般也是采用界面聚合法制备。

（4）聚乳酸（polylactic acid，PLA）及其共聚物　由 α-羟基酸聚合而成，是一种具有良好的生物可降解性、良好的生物相容性、无生物毒性的高分子化合物，经美国 FDA 认可可以直接应用于人体。聚乳酸被用作药物载体时，很容易被修饰或者改性制备接枝共聚物，可以满足不同药物控释体系的要求。具有实际意义的聚乳酸制备方法是开环聚合法（ringopen polymerization，ROP），首先使乳酸脱水缩合得到低聚物，然后加入催化剂，使其解聚，得到丙交酯，最后丙交酯在催化剂的作用下引发开环聚合得到聚乳酸。

由于使用方式、防治对象、环境等方面的特殊要求，许多在医药或化妆品上使用的材料，难以移植于农药微胶囊上。因此，农药微胶囊产品仍会采用较低成本的囊壁材料。

根据不同的使用目的和制备方法，可选择合适的壁材。国内外农药微胶囊所用壁材见表 15-1[5]。

表 15-1 国内外农药微胶囊所用壁材

壁材	比例/%	壁材	比例/%
聚脲	37	氨基树脂	9
聚酰胺	2	尼龙类	2
聚脲-聚酰胺	7	明胶-阿拉伯胶	4
聚氨酯	7	其他（包括聚丙烯酸酯类）	32

15.3 农药微胶囊的制备工艺及原理

微胶囊的制备工艺有很多种，但至今还没有一套系统的分类方法。依据成囊机理大致可分为三大类：物理法、化学法和物理化学法。

15.3.1 物理法

物理法是利用物理与机械原理制备微胶囊，包括锅式涂层法、溶剂蒸发法、空气悬浮法、离心挤压法、静电沉积法、气相沉淀法、喷雾干燥法、沸腾床涂布法等。

（1）锅式涂层法　即在涂层锅内，将涂层液喷涂在粒状固体上（600～5000μm）。

（2）溶剂蒸发法　将成囊材料和原药溶解在易挥发的有机溶剂中形成有机相，然后将有机相加入到连续相，在乳化剂和机械搅拌作用下，形成乳状液，再在恒速搅拌条件下蒸发去除有机溶剂，经过分离（离心或抽滤）得到微胶囊。

（3）空气悬浮法　在空气悬浮设备中，固体微粒反复与高分子雾化物接触而包覆涂层（适于 35～5000μm 的微粒）。

（4）离心挤压法　热熔成液态的芯材和壁材物质，分别从内外孔道进入挤压机，当它同时离开出料孔时，冷却断裂成微胶囊。

（5）静电沉积法　使囊芯物质和壁材物质分别带有相反电荷，在涂层室内相遇，使之形成微胶囊。

（6）喷雾干燥法　将芯材物质分散在壁材稀释液中，然后在热空气或液体介质中浓缩、固化，成为壁材物质包裹于芯材之外形成微胶囊。

15.3.2 物理化学法

物理化学法是通过改变反应条件，使溶解状态的囊壁材料从溶液中聚沉下来，并将囊芯包覆形成微胶囊的方法，包括相分离法（水相相分离法和油相相分离法）、复凝聚法、干燥浴法（复相乳化法）、熔化分散冷凝法等。

（1）相分离法　先将芯材乳化分散在溶有壁材的连续相中，然后采用加入聚合物的非溶剂、降低温度或加入与芯材相互溶解性好的第二种聚合物等方法使壁材溶解度降低而从连续相中分离出来，形成黏稠的液相，包裹在芯材上形成微胶囊。根据囊芯在水中的溶解性能不同，将相分离法分为水相相分离法和有机相相分离法。将水不溶性的芯材制备微胶囊的相分离法称为水相相分离法，将水溶性的芯材制备微胶囊的相分离法称为有机相相分离法[6]。

（2）复凝聚法　利用两种或多种带有相反电荷的线性无规则聚合物作为成囊材料，囊壁材料在溶液中会由于条件（如温度、pH 值、浓度、电解质加入等）改变导致电荷间相互作用发生交联导致溶解度下降而凝聚形成微胶囊。

（3）干燥浴法（复相乳化法）　该法的基本原理是将芯材分散到壁材的溶剂中，形成的混合物以微滴状态分散到介质中，随后除去连续的介质而实现胶囊化。

（4）熔化分散冷凝法　当壁材（蜡状物质）受热时，将芯材分散在液态蜡中，并形成微粒（滴）。当体系冷却时，蜡状物质就围绕着芯材形成囊壁，从而产生了微胶囊。

15.3.3　化学法

化学法是建立在化学反应基础上的微胶囊制备技术，主要是利用单体小分子发生聚合反应生成高分子成膜材料并将芯材包覆形成微胶囊的方法，如界面聚合法、原位聚合法、悬浮交联法、锐孔法等。

（1）界面聚合法　将两种活性单体分别溶解在互不相溶的溶剂中，当一种溶液被分散在另一种溶液中时，两种溶液中的单体在界面发生聚合反应而形成微胶囊。

（2）原位聚合法　单体成分及催化剂全部位于芯材液滴的内部或者外部，发生聚合反应而微胶囊化。

（3）悬浮交联法　不同于上述两种方法中使用单体聚合生成微胶囊，而是采用聚合物为原料，先将线型聚合物溶解形成溶液，然后使线型聚合物悬浮交联固化，聚合物可迅速析出并附着于芯材上形成囊壁。该方法中聚合物的析出和固化可通过使用交联物（如无机盐、醛类、硝酸、异氰酸酯等）、热改性和带相反电荷聚合物之间的结合等方法来实现。

（4）锐孔法　锐孔法是因聚合物的固化造成微胶囊囊壁的形成，即先将线型聚合物溶解形成溶液，当其固化时，聚合物迅速沉淀析出形成囊壁。因为大多数固化反应即聚合物的沉淀作用是在瞬间进行并完成的，故有必要使含有芯材的聚合物溶液在加到固化剂中之前预先成型，锐孔法可满足这种要求，这也是该法的由来。

真正可用于农药工业的微胶囊技术则需要符合以下条件：①能批量化连续化生产；②生产成本低，能被农药工业所接受；③有成套的相应设备可借鉴引用，设备简单；④生产中不产生大量污染物。欲把某种农药制成微囊悬浮剂，主要根据该农药的稳定性、挥发性、释放特性和施药环境的特殊要求，来选用相应的囊皮材料和成囊方法。目前制备农药微胶囊，主要使用界面聚合法、原位聚合法、复合凝聚法、喷雾干燥法等方法。下面对这几种工艺进行重点介绍。

15.3.4　原位聚合法

15.3.4.1　典型工艺

原位聚合法（in situ polymerization）是指两种或两种以上的单体与引发剂溶解在分散相或连续相中，通过聚合反应生成不溶性的高分子聚合物，此聚合物沉积到芯材表面并对芯材实现包覆的工艺过程。该方法要求先制备预聚体，在芯材液滴表面上，低分子量的预聚体通过缩聚反应进一步交联固化，开始变成水不溶性的高分子聚合物，并逐渐沉积在芯材液滴表面，由于交联及聚合的不断进行，最终固化形成微胶囊壁。

原位聚合法制备微胶囊工艺中，液体或气体均可用作微囊反应介质，但形成的聚合物囊壁不应溶解于该介质中。常用的微囊化介质为液体，微胶囊结构的具体形式见图 15-2。

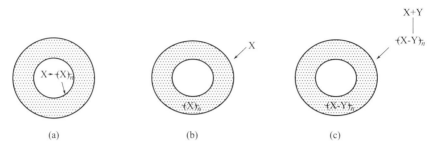

图 15-2 原位聚合法制备微胶囊的主要结构

X，Y—反应单体；-(X)-_n，-(X-Y)-_n—聚合体

图 15-2（a）为单体和分散相在同一相中，聚合反应开始，随着聚合物分子量增大，溶解度降低，分离并沉积在液滴表面形成微胶囊囊壁。该方法的特点是让聚合物在油-水界面聚合沉积，而不是在整个液体介质中沉积。如苯乙烯和乙酸乙烯酯等乙烯基单体，与引发剂一起溶解于溶剂中，并在乳化剂的作用下分散在水相中，形成 O/W（水包油型）乳液，通过加热等作用引发单体发生聚合反应，聚合物逐渐在油-水界面上沉积形成囊壁。

图 15-2（b）为单体从体系的连续相中向分散相-连续相界面处移动，在界面处发生聚合反应并形成微胶囊囊壳。如使用氰基丙烯酸正烷酯制备微胶囊便属于这种情况。在油相中将水相乳化成 W/O（油包水型）乳液，加入氰基丙烯酸正烷酯，它会移动到油-水界面处，自聚形成聚氰基丙烯酸正烷酯囊壳，将水相包覆。

图 15-2（c）为单体 X 和 Y 在连续相中先生成预聚体，再在分散相界面聚合沉积生成高分子聚合物囊壳。该工艺被广泛使用于农药微胶囊的生产，其工艺流程见图 15-3。如尿素-甲醛和三聚氰胺-甲醛均属于这种反应。首先将尿素或三聚氰胺和甲醛溶解在水中，调节体系的 pH 后加热反应制备预聚体。然后在乳化剂的作用下，油相在含有预聚体的水相中乳化分散。再次调节 pH 至 3.5～4.5，并在 50～60℃反应 1～4h。预聚体发生聚合，分子量逐渐增大，并沉积在油-水界面，直至形成高度交联的脲醛树脂囊壁。由于预聚体带正电荷，沉积过程中，阴离子助剂可以促进聚合物的沉积，因此，反应中可以加入适量阴离子助剂帮助反应。

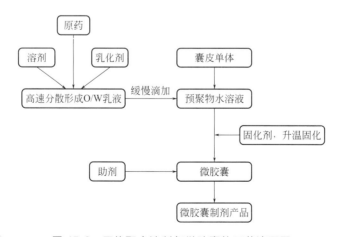

图 15-3 原位聚合法制备微胶囊的工艺流程图

15.3.4.2　基本原理

原位聚合法制备微胶囊从原理上属于化学法。下面主要以尿素或三聚氰胺-甲醛和异氰酸酯为原料通过原位聚合法制备囊皮为例介绍原位聚合法的原理。

微胶囊囊壳的形成通过在酸性条件下尿素与甲醛反应而制得，三聚氰胺和甲醛在液体介质中也产生类似的反应生成微胶囊囊壳。

（1）尿素或三聚氰胺和甲醛聚合　这是一种以聚胺类与一种醛类在水相中聚合生成三聚氰胺（即密胺）-甲醛或者尿素-甲醛的微胶囊聚合法。在此过程中，低分子量的三聚氰胺-甲醛或者脲-甲醛的预聚合物先溶解在水中，不溶于水的农药活性成分被乳化（或分散）进入该溶液，降低 pH 值到 3.5 左右，然后加热到 50～60℃反应若干小时，使预聚合物围绕农药活性成分界面聚合生成一种不溶的囊壁，即为原位聚合。利用预聚合物是为了避免直接使用游离醛去反应。此法的主要缺点是生成囊壁需要较长时间，必须被稳定在低 pH 值下进行反应和必须保证给定芯材中不含有任何能与胺或醛发生反应的官能团。

（2）尿素-甲醛为原料　制备脲醛树脂微胶囊，第一步，尿素与甲醛在弱碱性条件下发生加成反应，生成预聚体，也就是一羟甲基脲和二羟甲基脲，二者都是溶于水的；第二步，在酸催化作用下，脲醛树脂预聚体羟甲基脲中的羟甲基（$—CH_2OH$）发生缩聚反应脱去小分子水，形成以亚甲基键和少量醚键连接的线型或支链型低分子量物，同时交联固化后沉积在油-水界面完成包裹囊芯的反应，反应式如下：

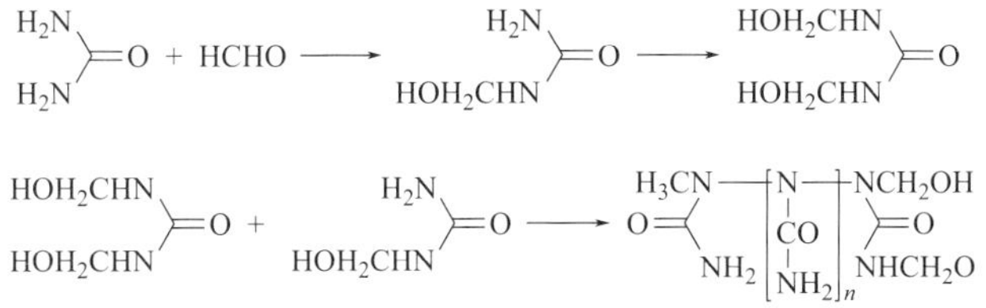

当尿素和甲醛的摩尔比不同时，可能形成不了微胶囊或形成的微胶囊有不同的表面形态。不同尿素和甲醛的摩尔比对微胶囊的影响见表 15-2[7]。

表 15-2　尿素和甲醛的摩尔比对微胶囊的影响

n（尿素）∶n（甲醛）	产物	微胶囊表面形态
1∶(0.5～1.0)	一羟甲基脲	无微胶囊形成
1∶(1.0～1.5)	一羟甲基脲，二羟甲基脲	形成少量微胶囊，表面结构松散
1∶(1.5～2.0)	二羟甲基脲为主	表面结构紧密呈球形
1∶(2.0～2.5)	二羟甲基脲，三羟甲基脲	表面形态呈非球形有凹陷
1∶(2.5～3.0)	二羟甲基脲，三羟甲基脲，四羟甲基脲	表面有开裂现象

造成上述现象的原因是在囊壁的加成反应阶段，反应介质为中性或弱碱性时，尿素过量时生成稳定的一羟甲基脲。继续缩聚形成线型聚合物故得不到体型网状结构的微胶囊产品。当 n（尿素）∶n（甲醛）=1∶(1.5～2.0) 时，一部分一羟甲基脲可与多余的甲醛再反应，生成二羟甲基脲和少量的三羟甲基脲或四羟甲基脲。该分子中存在较多的游离羟甲基、氨基、亚氨基等活性基团，分子间脱水可形成水溶性的线型或支链型相对低分子量产物，它们是各种低分子量产物的混合物，继续缩聚最后可形成交联网状结构的非水溶性聚合物，并包覆囊芯形成微胶囊，所以二羟甲基脲是形成网状结构聚合物囊壁的主体。参与反应的甲醛越多，生成的二羟甲基脲就越多，聚合物的交联度越高，固化后微胶囊的结构则越紧密。但甲

醛过量太多会在缩聚产物中含有大量未反应的羟甲基亲水基，使微囊产品易吸水潮解；同时，由于产品中未反应的游离甲醛含量过多，不仅不利于环保，而且微胶囊固化后收缩性大，微胶囊表面形态呈有凹陷的非球形，甚至发生开裂现象，造成微胶囊的包封率降低。因此，选择 n（尿素）∶n（甲醛）=1∶（1.5～2.0）制备微胶囊较为合适。

制备预聚体时，pH 值、反应温度和时间对这一过程有很大影响。反应时 pH 过低，小于 3 时，即在强酸性介质中反应，一羟甲基脲和二羟甲基脲立即脱水，生成亚甲基脲，很快转变成聚亚甲基脲 $(C_2H_4N_2O)_n$，成为无定形白色沉淀，会发生浑浊现象，失去进一步交联的可能性，此时预聚体不能制备出微胶囊。反应式如下：

$$NH_2CONHCH_2OH \xrightarrow[-H_2O]{} NH_2CONCH_2$$

$$n\,HOCH_2NHCONHCH_2OH \xrightarrow[-H_2O]{} n\,CH_2NCONCH_2\downarrow$$

pH 为 7～10 时，可以生成稳定的水溶性羟甲基脲，得到的预聚体溶液为稍黏透明状，可以制备出表面形态较好的致密的微胶囊。当 pH 较大时，会导致羟甲基脲分子间反应生成二亚甲基醚，水溶性降低，预聚体变浑浊，制得的微胶囊形态差，容易开裂。制备预聚体时，反应温度过低则反应缓慢，且反应不完全；反应温度过高则会增加副反应，均不利于微胶囊的制备。反应时间过短造成反应不完全，制备的微胶囊结构松散、强度低；反应时间过长则会增加副反应。因此，制备质量较好的尿素-甲醛预聚体需要控制其反应温度在 70～80℃，保温反应 0.5～1.5h。

（3）三聚氰胺-甲醛为原料　三聚氰胺与甲醛反应得到的聚合物，又称密胺甲醛树脂、密胺树脂，英文缩写 MF。加工成型时发生交联反应，制品为不溶且不熔的热固性树脂。习惯上把它与尿醛树脂统称为氨基树脂。固化后的三聚氰胺甲醛树脂无色透明，在沸水中稳定，甚至可以在 150℃ 使用，具有自熄性、抗电弧性、良好的力学性能。

三聚氰胺甲醛树脂的合成过程可以分为 2 个阶段，第一阶段为羟甲基化阶段，即三聚氰胺与甲醛在碱性条件下反应生成羟甲基化三聚氰胺：

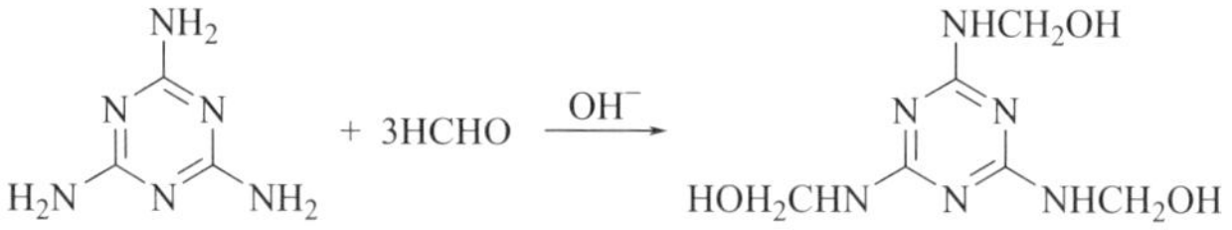

第二阶段为缩聚反应阶段，即羟甲基三聚氰胺在酸性条件下发生缩聚反应产生交联：

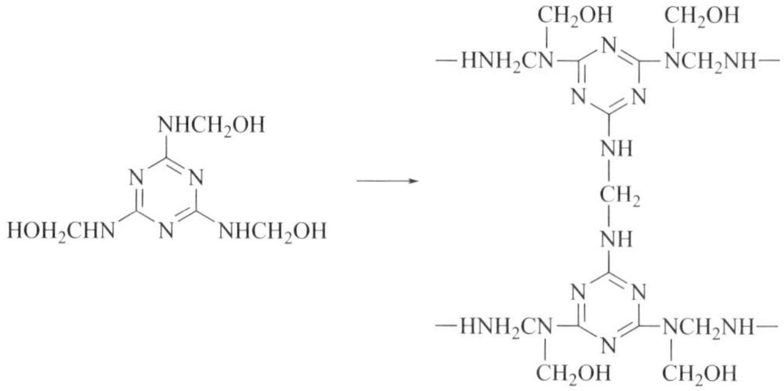

三聚氰胺-甲醛树脂的制备是一个复杂的反应过程，在三聚氰胺-甲醛树脂形成过程中，原料摩尔比、反应介质的 pH 值以及反应终点控制等，都是影响树脂质量的重要因素。

三聚氰胺与甲醛的摩尔比影响反应速率和树脂性能。摩尔比低，生成的羟甲基少，未反应的活泼氢原子就多，羟甲基和未反应的活泼氢原子之间，缩合失去 1 分子水，生成亚甲基键（一步反应）。摩尔比高，生成的羟甲基多，羟甲基与羟甲基之间的反应是先缩合失去 1 分子水生成醚键，再进一步脱去 1 分子甲醛生成亚甲基键（两步反应）。所以摩尔比愈高，树脂的稳定性愈好，但游离醛含量也随之增高。

三聚氰胺与甲醛反应时，介质 pH 值对树脂性能有很大影响，如果反应开始就在酸性条件下反应，会立即生成不溶性的亚甲基三聚氰胺沉淀。生成的亚甲基三聚氰胺已失去继续反应的能力，不能进一步聚合成为树脂。所以，开始反应时要将体系的 pH 值调至 8.5～9.0，以保证反应过程中的 pH 值在 7.0～7.5 之间（因甲醛有康尼查罗反应 pH 值会下降），即在微碱性条件下生成稳定的羟甲基三聚氰胺，进一步缩聚成初期树脂。

三聚氰胺-甲醛树脂由于化学活性较大，所以终点控制对树脂质量和稳定性有很大影响，终点控制过头，树脂黏度大，稳定性差，造成微胶囊体系发黏；终点不到会影响聚合物质量，从而影响微胶囊囊壁的性质，所以要严格控制反应终点。

（4）异氰酸酯水解法　在油相中，多元异氰酸酯先与水反应生成极不稳定的氨基甲酸，并立即分解成二元胺，同时释放出二氧化碳。生成的二元胺在原位继续与游离的多元异氰酸酯反应生成取代脲，取代脲分子上两端的氨基又继续与多元异氰酸酯反应，使聚合反应逐步进行下去生成聚脲，沉积在油滴表面形成囊壁。该聚合反应如下：

$$\mathrm{OCN{-}R{-}NCO + H_2O \longrightarrow [HOOCHN{-}R{-}NHCOOH] \longrightarrow H_2N{-}R{-}NH_2 + CO_2\uparrow}$$

$$\mathrm{OCN{-}R{-}NCO + H_2N{-}R{-}NH_2 \longrightarrow H_2NRNH\overset{\overset{\displaystyle O}{\|}}{C}NHRNH\overset{\overset{\displaystyle O}{\|}}{C}NHRNH_2}$$

这种工艺过程的主要优点是胺类不必加入到水相中去，可避免在反应时因胺类浓度过高或过低的变化带来诸多问题。这种方法与界面聚合法有三个不同点：第一，该方法仅使用一种单体进行反应；第二，反应过程中产生的 CO_2 要冲破正在形成的聚合物膜而逃逸出去，结果在囊壁上形成许多微孔，成为农药活性成分扩散渗出的通道，从而得到较理想的微囊悬浮剂，但也会导致反应中泡沫过多以及可能引起囊壁的多孔性和不良的完整性等问题；第三，聚合物囊壁生成是在分散农药油相界面内侧，而不同于界面聚合是在连续相水相一侧，其特点是可能加工得到较高浓度的微囊悬浮剂。此外，由于水解反应比界面聚合反应要慢得多，因此该法比起两相界面聚合法需要更长的时间才能完成。

15.3.4.3　影响微胶囊性质的因素

原位聚合法制备微胶囊的形态和性能与囊皮结构有着密切的关系。如构成囊皮的脲醛树脂分子可以是线性的，也可以是交联的，脲醛树脂分子链越长，直链结构越多，分子排列就越紧密，分子间空隙变小，囊壁就会相对光滑、致密，微胶囊的韧性和抗渗透性好。

囊壁是由预聚体进行缩聚反应形成的，因此，预聚体制备条件对微胶囊的表面形态及性能有显著影响。影响树脂预聚体的因素除了上述提到的甲醛和尿素或甲醛和三聚氰胺的摩尔比，还包括 pH 值、反应温度、反应时间等。当反应温度低于 50℃时，预聚体反应速度慢，反应不完全，形成的预聚体的平均分子量相对较低，以此预聚体进行缩聚反应制备微胶囊，形成微胶囊的过程中有聚亚甲基脲白色沉淀产生，且包埋率低，形成的微胶囊的囊壁结构松散，强度差，过滤后微胶囊大部分破碎。当反应温度超过 80℃时，预聚体的颜色明显变黄，表明预聚体制备过程中的副反应增多，以此预聚体为原料进一步缩聚制备微胶囊，制得的微胶囊表面粗糙、透明度差、包埋率低。预聚体反应时的升温速度对微胶囊的包覆也有大的影响，预聚体加成反应是放热反应，若开始时加热速度太快，反应体系温度容易过高，反应剧烈，易出现暴聚，加成产物颜色也明显变深，证明有副反应发生，包埋率也很低。制备预聚体时反应时间对形成的微胶囊的形态也有很大的影响。当反应时间短（少于 0.5h）时，形成的脲醛预聚体的黏度低、分子量小，以此预聚体制备微胶囊制得的微胶囊结构松散。当反应时间过长（超过 1.5h），制备的预聚体颜色很深，这种现象在高温时更为显著，这说明发生了大量的副反应，继续缩聚制备的微胶囊的透明性很差，表面粗糙，微胶囊的包埋率也很低。

预聚体缩聚过程中 pH 值、酸性催化剂种类、反应温度、反应时间、固化温度、固化时间等均对微胶囊的形态和性质有影响。缩聚过程中 pH 过低（pH<2）容易发生暴聚反应，放出大量热，并生成树脂块；pH 值过高（pH>5），形成的微胶囊囊壁不够坚固，易破裂。酸性催化剂的加入时间对微胶囊的形成也有影响，酸性催化剂加入太快，使体系 pH 降低太快导致反应太剧烈，易于引发预聚体暴聚；若缓慢加入，可使体系 pH 缓慢降低，此时微胶囊具有表面光滑透明、结构致密的优点。缩聚反应温度与缩聚速度成正比，当缩聚反应温度较高时，缩聚反应的速度很快，在短时间内形成大量的树脂粒子，树脂粒子不能够很快沉积到油相的表面，将会沉积到水相团聚成树脂块；当缩聚反应的温度低时，形成树脂粒子的速度相对小，形成的树脂粒子很快沉积到油相表面包覆油相形成微胶囊，制备出的树脂微胶囊表面光滑、无粘连、分散性好、微胶囊中没有沉淀。固化温度过低，会造成微胶囊囊壁无法固化，或囊壁硬度较差，易于破裂；固化温度过高，会导致囊壁形成太快，黏度增大，且会生成树脂块。

表面活性剂对原位聚合法制备微胶囊有很大影响，不同乳化剂对预聚体在油相颗粒表面的沉积有不同影响，乳化剂选择不合适，甚至无法制得微胶囊。分散时间和分散转速对微胶囊的粒径影响较大，分散转速越大，油相的乳化分散越充分，制得的微胶囊粒径越小越均匀。其他因素固定，随着乳化分散时间的增加，平均粒径减小，但分散一定时间后，平均粒径的变化趋于平缓。

15.3.5 界面聚合法

15.3.5.1 典型工艺

界面聚合法（interfacial polymerization）是一种广泛使用的、在相界面上生成缩合聚合物类的界面聚合技术，目前该工艺是工业生产农药微囊悬浮剂常用的方法之一，用此法制备的产品也是最多的。

界面聚合工艺主要用于包覆溶液体系，该工艺是将芯材乳化分散在溶有一种单体的连续相中，然后在芯材表面通过单体缩合聚合反应而形成微胶囊。该工艺的主要步骤为：第一步将原药、油溶性单体和乳化剂溶解在有机溶剂中作为有机相（芯材）；第二步将有机相乳化分散在作为连续相的水中，乳化剂要提前加入到油相或水相中，一段时间后形成稳定的水-油（W/O）乳状液或油-水（O/W）乳状液；向 W/O 乳液中加入水不溶性反应单体或向 O/W 乳液中加入水溶性反应单体，此时，两种单体在液滴界面处相遇，并迅速发生缩聚反应生成囊膜形成微胶囊。该方法的基本过程比较简单，其特点是反应单体至少有两个，一个在水相，一个在油相，缩聚反应发生在两相界面上，反应条件比较温和，多数在常温搅拌下就可以迅速反应，比原位聚合法快得多。其具体形式见图 15-4。

图 15-5 为典型的界面聚合法制备微胶囊的工艺流程。该工艺是将反应单体溶于分散相中，并扩散到与其不相溶的连续相所形成的界面上，然后与连续相中的另一种单体发生聚合反应形成不溶的囊壁。分散相可以是水溶性或水不溶性的溶液，大部分农药属于水不溶性物质，因此，下面以包覆水不溶性溶液为例介绍界面聚合的工艺流程。

界面聚合法的优点是使用了两种及两种以上单体，反应很容易发生，条件温和，制得的微胶囊致密性较好，所以界面反应制备液体原药微胶囊具有较大的优势；与原位聚合法相比，该法在聚合过程中的分散相和连续相均提供了反应单体，所以该法的反应速率较快；无抽提、脱挥工序，适合制成微囊悬浮剂。界面聚合法的缺点，也是原位聚合反应存在的问题，就是会有一部分单体未参加成膜反应而遗留在微胶囊中，故在制备含微囊悬浮剂时，可以混合无毒的乙二醇或丙三醇，既可起成膜单体的作用，又可作为水的阻滞剂，其次就是该

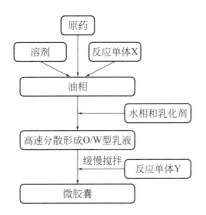

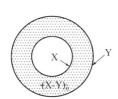

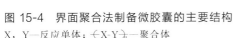

图 15-4　界面聚合法制备微胶囊的主要结构

X，Y—反应单体；$\left(X-Y\right)_n$—聚合体

图 15-5　界面聚合法制备微胶囊的工艺流程图

法采用的单体活性较高，毒性也较大，对操作者有安全隐患。

15.3.5.2　基本原理

在界面聚合法制备微胶囊的过程中，反应物单体均为多官能团物质。选用的单体至少一种为油溶性的，而且至少有一种水溶性单体。可进行界面缩聚的反应很多，常用的水溶性单体一般是多官能团的胺类，例如二元胺和多元胺等，它们的特点是能迅速溶解在水中，而且它与油溶性单体起反应比水更快。还有一些多元醇类也可以参与界面聚合，如乙二醇、丙二醇和 1,4-丁二醇等。常用的油溶性单体是多官能团的异氰酸酯类，例如甲苯基异氰酸酯（TDI）和多亚甲基多苯基异氰酸酯（PAPI）等是常选用的单体，另外还有一些多元酰氯和双氯代甲酸酯等也可以用来进行界面聚合反应。不同的单体组合可以制备不同性质的聚合物囊壁，从而赋予囊芯不同的释放性质。表 15-3 是一些常见的界面聚合体系。

表 15-3　常见的界面聚合体系

有机相中的单体	水相中的单体	聚合产物
多元异氰酸酯	多元胺	聚脲
	多元醇或多元酚	聚氨酯
多元酰氯	多元胺	聚酰胺
	多元醇或多元酚	聚酯
双氯代甲酸酯	多元胺	聚氨酯

国外研发和生产较多采用界面聚合法，油溶性单体一般选用的是多官能团的异氰酸酯类，水溶性单体大都喜欢用多官能团的胺类。其具体的反应如下：

$$H_2N-R'-NH_2 + Cl-\overset{O}{\overset{\|}{C}}-R-\overset{O}{\overset{\|}{C}}-Cl \longrightarrow \left[\overset{O}{\overset{\|}{C}}-R-\overset{O}{\overset{\|}{C}}-NH-R'NH\right]_n$$

$$HO-R'-OH + Cl-\overset{O}{\overset{\|}{C}}-R-\overset{O}{\overset{\|}{C}}-Cl \longrightarrow \left[\overset{O}{\overset{\|}{C}}-R-\overset{O}{\overset{\|}{C}}-OR'-O\right]_n$$

$$H_2N-R'-NH_2 + Cl-\overset{O}{\overset{\|}{C}}-OR-O\overset{O}{\overset{\|}{C}}-Cl \longrightarrow \left[\overset{O}{\overset{\|}{C}}-OR-O\overset{O}{\overset{\|}{C}}-NH-R'\right]_n$$

$$H_2N-R'-NH_2 + Cl-\overset{O}{\overset{\|}{C}}-Cl \longrightarrow \left[\overset{O}{\overset{\|}{C}}-NHR'-NH\right]_n$$

$$H_2N-R'-NH_2 + O=C=N-R-N=C=O \longrightarrow \left[NHR'NH-\overset{\overset{\displaystyle O}{\|}}{C}-NHR \right]_n$$

$$HO-R'-OH + O=C=N-R-N=C=O \longrightarrow \left[OR'-O\overset{\overset{\displaystyle O}{\|}}{C}-NH-R-NH \right]_n$$

上述反应进行得十分迅速，在界面上形成很薄的半透性膜。聚合物的单体若具有缩合、加成聚合反应的多功能团，可生成空间聚合物，或用单体混合物生成共聚物，而使囊皮具有特殊的渗透性能。

在使用界面聚合法制备微胶囊时，需要根据情况对反应单体进行选择。如使用酰氯进行反应制成聚酰胺或聚酯微囊时，会产生盐酸，这对遇酸不稳定的被包覆物来说是不利的。因此，可选择聚合反应不产生强酸的聚氨酯的方法来制备对酸敏感物质的微胶囊。

由于聚合物的活泼单体如酰氯、异氰酸酯等容易与水反应，因此应保持干燥、隔绝空气。当向水相中加料时要迅速，以免发生副反应，影响成囊的效果。此外，为促进反应，常加入 NaOH、Na_2CO_3、$NaHCO_3$ 等碱性物质，调节酸碱度。而反应温度根据具体各聚合反应的最适温度来选择，一般室温即可。

界面聚合法中应选用两种互不相溶的溶剂体系，一般是水和苯、甲苯、二甲苯、烷基萘、己烷、戊烷等烷烃，矿物油、四氯化碳、氯仿、环己酮、二硫化碳、邻苯二甲酸二乙酯、乙酸正丁酯或参与反应的试剂。

常用的分散剂为通用的乳化剂和分散剂。水悬性胶囊最有效的分散剂是油包水乳状液所用的乳化剂，容易在油中溶解。而有机物分散在水中最好的分散剂是聚乙烯醇（部分水解后的黏性物）、聚乙二醇、明胶、阿拉伯胶、羧甲基纤维素、硅酸镁铝、木质素磺酸钠等。

15.3.5.3 影响微胶囊性质的因素

微胶囊颗粒的大小、囊壁厚度、交联密度、孔隙率和可膨胀性是用界面聚合法制备的微胶囊的重要评价指标，这些指标与很多因素相关。分散状态是影响产品性能很重要的因素，微胶囊的粒径是由第一种单体乳化分散的液滴大小决定的，乳化剂和分散剂的种类与用量、搅拌效果等对微胶囊的粒径分布和囊壁厚度等影响非常大。选择合适的乳化分散剂，不但可以形成微胶囊，而且可以避免产物发生堆积、分层、结块等情况，保证体系的稳定性。

水相中常加入木质素磺酸钠、甲基纤维素、乳化剂等表面活性物质，使之分散成较稳定的微粒；搅拌速度越快，分散越细[8~11]。成囊单体用量和反应时间决定囊皮的厚度，即各单体成比例的总用量大，则囊皮变厚，反之则薄。若在同样的单体总用量下，微囊越细、分散度大，则囊皮变薄。在搅拌中，开始分散时搅拌较快，当聚合物单体都加入后，因迅速形成了微胶囊，应减慢搅拌速度，用一定时间使之充分反应和固化。若用过大的搅拌速度，会破坏已形成的微胶囊。

在不同条件下形成的囊壁有不同的结构，这将会导致不同的扩散性质。界面聚合反应过程中，反应速率、聚合物的分子量与结晶度、聚合物本身的性质、芯材液滴的大小、反应容器的直径、搅拌的速度、液滴的黏度和乳化剂种类及浓度对最终的微胶囊的形态结构都有较大的影响。一般认为，较高浓度的单体参与反应制得的囊壁较厚，较厚的囊壁拥有较好的缓释性能。在较高聚合速度下形成的囊壁具有较多的无定形部分，无定形含量多的聚合物囊壁比无定形含量少而结晶度高的囊壁扩散性能更好。

15.3.6 相分离法

相分离过程也称为凝聚（coacervation）过程，该方法首先将芯材乳化分散在溶有壁材的连续相中，然后采用加入聚合物的非溶剂、降低温度或加入与芯材相互溶解性好的第二种聚合物等方法使壁材溶解度降低而从连续相中分离出来，形成黏稠的液相，包裹在芯材上形成微胶囊。

根据囊芯在水中的溶解性能不同，将相分离法分为水相相分离法和有机相相分离法。将水不溶性的芯材制备微胶囊的相分离法称为水相相分离法，将水溶性的芯材制备微胶囊的相分离法称为有机相相分离法。由于农药大多数为水不溶性芯材，因此，制备微胶囊使用的主要方法为水相相分离法。水相相分离法又可分为单凝聚法和复凝聚法两种。单凝聚法是使用一种聚合物材料进行凝聚后实现相分离的方法，复凝聚法是指由至少有两种带相反电荷的聚合物材料进行凝聚而实现相分离的方法。

15.3.6.1　复凝聚法

复凝聚法是利用两种或多种带有相反电荷的线型无规则聚合物作为成囊材料，囊壁材料在溶液中会由于条件（如温度、pH 值、浓度、电解质加入等）改变造成电荷间相互作用发生交联导致溶解度下降而凝聚。制备微胶囊时，将原药分散在其中一个聚合物离子的溶液中，在搅拌下滴入另一个聚合物离子的溶液，这样两种单体发生交联，固化后将原药包覆形成微胶囊，所得的微胶囊颗粒分散在液体介质中或通过过滤离心等手段进行收集，再经过冷冻干燥、喷雾干燥、流化床干燥等方法干燥后可制成自由流动的微胶囊颗粒。此法也适用于对非水溶性的固体粉末或液体进行包囊。

实现复合凝聚的必要条件是有关的两种聚合物离子的电荷相反，此外，有时还要调节体系的温度、pH 和盐的含量等。常用的聚合物组合为明胶和阿拉伯胶、明胶和海藻酸钠、明胶和羧甲基纤维素、海藻酸钠和脱乙酰壳聚糖等，其中明胶和阿拉伯胶是最常用的组合。该法也可以与其他方法结合来制备微胶囊。复合凝聚法是经典的微胶囊化方法，操作简单，既可用于难溶性药物的微胶囊化，也可用于水溶性农药的微胶囊化，同时，非水溶性的液体材料不仅能够被微胶囊化，而且具有高效率和高产率，此法反应条件温和，工艺方法较方便，反应速度也快，效果好，无需昂贵的设备，可在常温下进行，但是相分离条件不易控制，生成的微胶囊粒径往往较大。

（1）典型工艺　复凝聚法制备微胶囊的工艺主要可分为四步：①囊芯物质在含有一种壁材聚电解质水溶液中乳化分散成小液滴。将油性芯材和带一种电荷的囊壁材料按照一定比例混合，可加入少量分散剂，蒸馏水稀释后乳化分散；②加入另外一种聚电解质水溶液并分散均匀；③改变温度、pH 值、浓度、电解质的加入等条件，使得两种单体在芯材液滴周围形成沉析；④凝聚层的胶凝与交联。凝聚层从溶液中分离出来，减低温度后会发生凝胶化现象。该过程是可逆的，如果可逆平衡被破坏，凝聚相就会消失。为了使囊芯周围凝聚的凝胶不再溶解，需进行交联处理，如加入交联剂。具体过程见图 15-6。

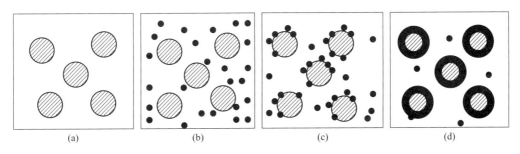

图 15-6　复凝聚法制备微胶囊过程示意图

（a）芯材在聚电解质水溶液中分散；（b）加入带相反电荷的另一电解质，微凝聚物从溶液中析出；（c）微凝聚物在新材料液滴表面上逐渐沉积；（d）微凝聚物结合成液滴的壁材料复凝聚法中常用的方法是 pH 值调节法，其典型工艺流程见图 15-7。

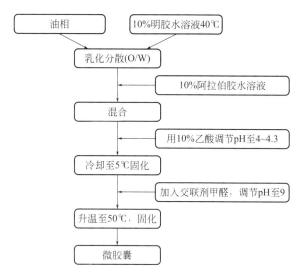

图 15-7 调节 pH 值复凝聚法制备微胶囊的工艺流程图

（2）基本原理 采用复凝聚法可以制备水不相容或水不溶材料的胶囊。一般来说，微胶囊的粒度为 2～1000μm，囊芯含量为 85%～90%。一般认为通过凝聚进行微胶囊化，有两种可能的机理：其一，芯材液滴或粒子逐步被新形成的凝聚核所覆盖；其二，先形成相对较大的凝聚液滴或可见的凝聚物，然后再将芯材液滴或颗粒包裹。如果芯材物质在凝聚开始时混合物中就已出现，并且体系被充分混合且很稳定，则逐步的表面沉积是主要的机理。相反，如果芯材物质是在凝聚过程完成之后加入，或者体系不够稳定，搅拌不够充分，则大块胶囊化机理占主导地位。

复凝聚法工艺简单，容易实现规模化生产，以水为介质，对环境友好。使用复凝聚法制备微胶囊以前，必须先通过试验来观察两种胶体的复凝聚现象。即将所选择的两种胶体的混合物稀释，以观察其凝聚的形成。通过制备不同种类胶体的不同浓度的溶液，将它们混合，用水缓慢稀释至出现浑浊，说明发生了复凝聚。若其混合物分为两层，说明这两种胶体溶液是不相容的，不适合进行复凝聚反应。复凝聚法所使用的壁材目前还很少有人研究，多采用明胶和阿拉伯胶为壁材原料，而阿拉伯胶大量依赖进口，增大了制药成本。下面就以明胶和阿拉伯胶为例介绍复凝聚法制备微胶囊的原理。

明胶是一种水溶性的、天然的两性高分子化合物，无毒且具有良好的成膜性，其分子链是由许多结构不同的氨基酸组成的。在水溶液中，分子链上含有—NH_2 和—COOH 及其相应的解离基团—NH_3^+ 与—COO^-，但含有—NH_3^+ 与—COO^- 离子多少，受介质 pH 值的影响，当 pH 值低于明胶的等电点时，—NH_3^+ 数目多于—COO^-，分子带正电荷；当溶液 pH 值高于明胶等电点时，—COO^- 数目多于—NH_3^+，分子带负电荷。明胶溶液在 pH 4.0 左右时，其正电荷最多。阿拉伯胶为多聚糖，在水溶液中，分子链上含有—COOH 和—COO^-，其水溶液不受 pH 值的影响，具有负电荷。因此，在明胶与阿拉伯胶混合的水溶液中，调节 pH 约为 4.0 时，明胶和阿拉伯胶因荷电相反而中和形成复合物，其溶解度降低，自体系中凝聚成囊析出。由于该凝聚是可逆的，因此需要再加入甲醛或戊二醛等固化剂，与明胶发生胺醛缩合反应，形成较坚固的醛化蛋白质，明胶分子交联成网状结构，保持微囊的形状，成为不可逆的微囊；加 2% NaOH 调节介质 pH 8～9，有利于胺醛缩合反应进行完全，其反应如下所示。

溶液 pH 低于明胶的等电点：

$$R-\underset{\underset{NH_2}{|}}{\overset{\overset{H}{|}}{C}}-COOH \rightleftharpoons R-\underset{\underset{NH_3^+}{|}}{\overset{\overset{H}{|}}{C}}-COOH + OH^-$$

溶液 pH 高于明胶的等电点：

$$R-\underset{\underset{NH_2}{|}}{\overset{\overset{H}{|}}{C}}-COOH \rightleftharpoons R-\underset{\underset{NH_2}{|}}{\overset{\overset{H}{|}}{C}}-COO^- + H^+$$

醛与明胶产生胺醛缩合反应的机理如下：

$$明胶\text{-}NH_2 + R\text{-}CHO \longrightarrow 明胶\text{-}NH\text{-}CH_2OH \xrightarrow{明胶\text{-}NH_2} 明胶\text{-}NH_2\text{-}CH_2NH\text{-}明胶 + H_2O$$

$$明胶\text{-}NH\text{-}CH_2OH + HOCH_2\text{-}NH\text{-}明胶 \xrightarrow{-H_2O} 明胶\text{-}NH\text{-}CH_2OCH_2\text{-}NH\text{-}明胶$$

由于明胶能与一些聚阴离子发生复凝聚反应形成稳定的聚合产物，所以除了常用的阿拉伯胶外，其他可以用于凝聚形成微胶囊的聚阴离子还有海藻酸钠、角叉胶、琼脂、羧甲基纤维素、萘磺酸盐-甲醛缩聚物等。一般来说，有效的反应物是聚合物类、表面活性剂类及分子中含有羧基的有机化合物。

固化剂的选择方面，当使用醛类作为固化剂时，制得的微囊壁具有亲水性，会在水中溶胀，且在不絮凝的情况下很难干燥。在低 pH 条件下用尿素和甲醛处理可提高交联度并降低囊膜的水溶性。将甲醛作为固化剂时会在产品中存在残留，影响产品的使用和安全。可以采用金属氢氧化物、金属磷酸盐、钙盐或镁盐除去甲醛。除常用的醛类，也可以采用金属螯合盐，例如三氯化铬、硫酸铜、明矾等作为固化剂，将可溶于水的囊膜变成水不溶性的具有一定强度的囊壁。另外，还可以通过使凝胶与单宁酸、五倍子酸及其铁盐或活性酚化合物反应，以达到稳定微胶囊囊壁的目的。热处理也可以达到这一目的。

影响凝聚发生的因素除 pH 外，体系的温度和无机盐含量也会对复凝聚反应有所影响。由明胶的性质可知，明胶的水溶液存在着溶胶与凝胶状态之间的转换，明胶溶液可因温度降低而形成具有一定硬度、不能流动的凝胶。当高于明胶凝胶的温度时，明胶水溶液呈现为低黏度的溶胶状态；当温度低于明胶凝胶的温度时，明胶呈现为高黏度的凝胶形态。因此，温度对以明胶为原料的复凝聚反应有较大影响。另外，由于无机离子的存在会优先与聚离子结合，这样会减少聚离子的有效电荷，因此，体系中存在无机盐会在一定程度上抑制复凝聚反应。综上所述，在进行复凝聚反应制备微胶囊时要综合考虑 pH、温度和无机盐等因素对反应的共同影响。

15.3.6.2　单凝聚法

单凝聚是只有一种聚合物产生相分离的现象。单凝聚法制备微胶囊是以一种高分子材料为囊壁材料，将囊芯分散在囊壁材料的水溶液中，然后加入凝聚剂，如乙醇、丙酮、盐等。此时，大量的水与凝聚剂结合，致使体系中的壁材溶解度降低而凝聚析出，沉积在液滴表面形成微胶囊。如果适当选择凝聚剂、温度、pH 值等，任何一种聚合物的水溶液都能发生单凝聚。使用单凝聚法制备微胶囊时，控制微胶囊的大小较为困难，该方法在使用上稍差于复凝聚法。

（1）典型工艺　单凝聚法制备微胶囊与复凝聚法相似，也可分为连续的三步：①囊芯在含有壁材聚电解质水溶液中乳化分散成小液滴；②改变温度、pH 值或加入溶剂等条件，使壁材凝聚并沉析在芯材液滴周围；③凝聚层的胶凝与固化。该方法适用于非水溶性物质的微胶囊化。

单凝聚法的典型工艺流程见图 15-8。

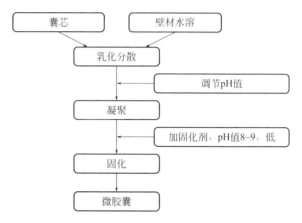

图 15-8　单凝聚法制备微胶囊的典型工艺流程图

(2) 基本原理　单凝聚法是将囊芯分散在囊壁材料的水溶液中，然后加入凝聚剂（可以是强亲水性电解质硫酸钠水溶液，或强亲水性的非电解质如乙醇），由于壁材分子水合膜的水分子与凝聚剂结合，使壁材的溶解度降低，分子间形成氢键，最后从溶液中析出而凝聚形成凝聚囊。这种凝聚是可逆的，一旦解除凝聚的条件（如加水稀释），就可发生解凝聚，凝聚囊很快消失。这种可逆性在制备过程中可加以利用，经过几次凝聚与解凝聚，直到凝聚囊形成满意的形状为止（可用显微镜观察）。最后再采取措施（最后调节 pH 值至 8～9，加入 37%甲醛溶液）加以交联，使之成为不凝结、不粘连、不可逆的球形微囊。

可用于单凝聚法的壁材包括明胶、琼脂、果胶、甲基纤维素、聚乙烯醇、纤维蛋白原和阴离子聚合物等。在该方法中，通过向壁材的水溶液中加入凝聚用溶剂或盐，可以引起聚合物凝聚。明胶体系中，凝聚溶剂包括乙醇、丙酮、异丙醇、苯酚、二噁烷和聚氧乙烯醚等，一般常用乙醇、丙酮和异丙醇。凝聚用盐，按照其凝聚能力排序，阳离子为 $Na^+ > K^+ > Rb^+ > Cs^+ > NH_4^+ > Li^+$，阴离子为硫酸盐＞柠檬酸盐＞酒石酸盐＞醋酸盐＞氯离子，一般常用硫酸钠和硫酸镁。

15.3.6.3　有机相相分离法

在水相相分离法中，囊芯主要为非水溶性材料，而水溶性固体或液体囊芯不能用水作为介质进行分散，只能用有机溶剂才能把它们分散成 W/O（油包水）的乳液，再用油溶性壁材进行包覆形成微胶囊。大部分农药是油溶性的，只有一小部分农药是水溶性的，为了满足水溶性农药微胶囊化的需要，开发了有机相相分离法。凡能在有机溶剂中溶解的聚合物，大多数可以用来作为壁材。该方法在医药领域应用较多，在该领域已成功实现商品化。

(1) 典型工艺　油相相分离法制备水溶性囊芯微胶囊主要分为两步：①将水溶性囊芯在含有壁材的有机相中乳化分散成小液滴；②通过改变温度或加入溶剂等方法，使壁材聚合物凝聚并沉积在芯材液滴周围。在油相相分离法制备微胶囊工艺中，不需要进行固化。其典型工艺如图 15-9 所示。

(2) 基本原理　与水相相分离类似的，油相相分离法的基本原理是在溶有聚合物壁材的有机溶剂中加入对该聚合物为非溶剂的液体（凝聚剂或另一种壁材组分），引发聚合物析出沉积而分离，从而将囊芯包覆在内形成微胶囊。实现微胶囊化的方法主要有三种：①在含有囊芯、壁材和凝聚剂的溶剂体系中，改变反应系统的温度；②在含有囊芯和壁材的溶剂体系中加入非溶剂；③在含有囊芯和壁材的溶剂体系中加入能引起相分离的聚合物。

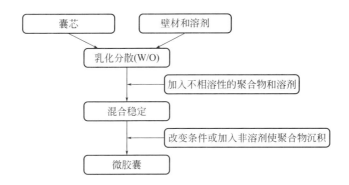

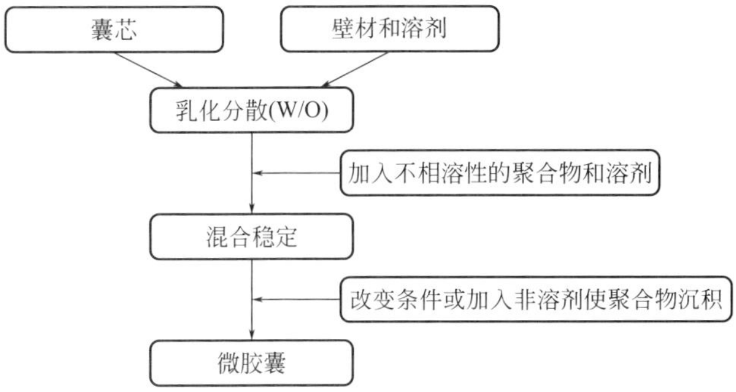

图 15-9 油相相分离法制备微胶囊的典型工艺流程图

改变温度法实现油相相分离的原理是某些聚合物在溶剂中的溶解度随温度变化较大，温度较低时，聚合物基本不溶解，因此，在高温时将聚合物溶解在溶剂体系中，再降低体系的温度使聚合物壁材析出并沉积在分散液滴周围，实现相分离。如将乙基纤维素和单油酸甘油酯等溶解于环己烷，升温至 70℃，然后将囊芯分散在该体系中，将温度降至 25℃，则可得到乙基纤维素包覆的微胶囊。

加入非溶剂实现油相相分离的原理与单凝聚法类似，通过向壁材的溶剂溶液中加入凝聚用溶剂，可以引起聚合物凝聚，达到相分离的目的。该方法中囊芯一般为水溶液，聚合物溶剂为有机溶剂，非溶剂需要选用水不溶性或疏水性的。常用组合为乙基纤维素-四氯化碳-石油醚，制备水溶液的微胶囊。

加入能引起相分离的聚合物实现油相相分离的方法是利用聚合物-聚合物之间的不相容性来制备微胶囊的，本质上，引起相分离的聚合物起着非溶剂的作用。因为将两种不同化学类型的聚合物溶解在同一种溶剂中，这两种聚合物会自发分离成为两相，每个液体相中存在一种聚合物的绝大部分。根据其不相容的原理，利用一种液态聚合物作为壁材聚合物的相分离引发剂，分离出的壁材聚合物为浓缩溶液相。

15.3.6.4 溶剂蒸发法

所谓溶剂蒸发法，是将成囊材料和原药溶解在易挥发的有机溶剂中形成有机相，然后将有机相加入到连续相，在乳化剂和机械搅拌作用下，形成乳状液，再在恒速搅拌条件下蒸发去除有机溶剂，最后经过分离（离心或抽滤）得到微胶囊。该方法具有工艺简单、无副反应发生、制备周期短、不需要昂贵复杂的设备、溶剂可回收和残留低等特点。目前该方法在医药领域应用较多，多用于制备以可降解高分子材料为载体的缓释药物微胶囊，而在农药领域的应用，该方法比较适合活体或代谢产物、生物农药及酶等的微胶囊化，但研究尚较薄弱。溶剂蒸发法的缺点是溶剂蒸出条件需要严格控制，温度太高导致溶剂蒸发快，会造成微胶囊表面粗糙，释放速度加快，低沸点且对芯材和壁材均有良好溶解度的溶剂较少，综合这些特点，溶剂蒸发法在农药微胶囊制备方面难以形成大规模生产。

（1）典型工艺 溶剂蒸发法是从乳状液中除去分散相挥发性溶剂以制备微胶囊的方法，可以将微胶囊的粒径控制在纳米范围内，既不需要提高温度也不需要引起相分离的凝聚剂。常用的溶剂蒸发法是根据聚合物与药物的性质制成 O/W、W/O/W、O/W/O 型等单乳化或复乳化的乳液体系，在形成稳定的乳液后，采用升温、减压抽提或连续搅拌等方法使有机溶剂扩散进入连续相并通过连续相和空气的界面蒸发，同时，微胶囊逐渐固化，经过过滤、清洗和干燥等操作得到最终的载药微胶囊。因此，溶剂蒸发法基本包括 4 个步骤：①药物的加入；②乳状液的形成；③溶剂的去除；④微胶囊的干燥及回收。图 15-10 是溶剂蒸发法制备微胶囊的过程示意图[8]。溶剂蒸发法制备微胶囊的基本工艺流程见图 15-11。

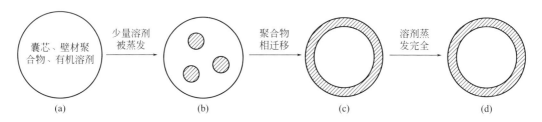

图 15-10　溶剂蒸发法制备微胶囊的过程示意图

(a) 乳液液滴；(b) 含有水溶液的聚合物微滴发生相分离；(c) 聚合物相迁移至界面；(d) 微胶囊形成

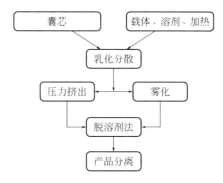

图 15-11　溶剂蒸发法制备微胶囊的工艺流程图

(2) 基本原理[9]

① 药物的加入。根据药物的性质，药物可以溶解或混悬于聚合物溶液中或者溶解于与聚合物溶液不混溶的内相中形成乳液。药物加入的不同方式，对微胶囊的结构、包封率及药物的包埋状态都有影响。当药物能完全溶解在聚合物溶液中，在溶剂蒸发过程中药物可与聚合物始终保持均匀混合状态，直至微胶囊形成。

② 乳液液滴的形成。溶剂蒸发法制备微球的关键因素是乳液液滴的形成，因为乳液液滴形成步骤决定着微球的粒径和粒径分布，而乳滴的外形、稳定性和固化时发生的变化则影响微球的形态。液体起始黏度、搅拌速度和温度等因素对微胶囊的尺寸有很大影响。在制备微胶囊时，需加入保护性胶体，保证微胶囊的包覆率。当不使用保护性胶体时，微胶囊的包覆率急剧下降；当保护性胶体用量不足时，会发生逆向转化，使囊芯释放出来，形成空囊。常用的保护性胶体包括聚乙烯醇、明胶、阿拉伯树胶和表面活性剂等。

微胶囊的尺寸影响着药物的释放速率和药物微胶囊的效率。在连续相中使药物分散最直接的方法是搅拌，搅拌速度是在连续相中控制药物分散液滴尺寸的主要参数，逐渐增大混合时的搅拌速度可以降低微胶囊微粒的平均粒径。微球粒径还与聚合物溶液的黏度、两相界面张力、两相体积比、搅拌桨叶片的形状及数量、搅拌桨与容器的尺寸比例等因素直接相关。

根据聚合物与药物的性质，乳液液滴分为 O/W 型等单乳化乳液体系和 W/O/W、O/W/O 型等复乳化乳液体系。O/W 型乳液已分别成功应用于水难溶性药物。药物溶解于聚合物溶液中，连续搅拌直到有机相均匀分散到水相中，然后通过溶剂蒸发除去有机溶剂，就可得到包覆药物的微胶囊。为进一步提高微球的载药量和包封率，近年来发展了复乳化溶剂蒸发法，包括 W/O/W 和 O/W/O 复乳化乳液体系。具体方法是使药物溶液与聚合物溶液形成乳液，再将这种乳液分散于水或挥发性溶剂，形成复合乳液，然后通过加热、减压、萃取等方法除去溶解聚合物的溶剂，则聚合物沉积于药物表面，固化成微球。复乳化溶剂蒸发法形成的微球是贮库式的，药物集中在内层，外层是聚合物形成的外壳，药物通过微球外壳的微孔从微球骨架溶出，从而达到良好的控释效果。

③ 有机溶剂的去除。对上述形成的乳状液液滴，采取一定的方法将其中的溶剂除去，使微胶囊逐渐固化。一般采用溶剂蒸发法和溶剂萃取法。溶剂蒸发法是通过搅拌在常温下或减压条件下逐渐除去有机溶剂。溶剂蒸发法提高了微胶囊界面的凝聚速率，易形成表面光滑且均一无孔的微胶囊。有机溶剂的挥发速度对最后微胶囊产品特征的影响很大，主要通过温度、压强和溶剂类型及聚合物在该溶剂中的溶解度来控制。当有机溶剂快速去除时，聚合物迅速固化形成一层较致密的表面层，阻碍药物向外扩散，有利于包封率的提高，并且微胶囊内部呈现空心球状结构，但会造成部分微胶囊表面出现一定的缺陷，微胶囊的圆整度较差。若微胶囊固化的过程比较缓慢，有利于形成完整的球形，其内部结构由于有机溶剂的不断缓慢挥发而呈现疏松多孔状态，使得微胶囊拥有较快的释放能力。

有机溶剂的选择非常重要，它自身的理化性质对制备微胶囊影响很大，不仅要求与连续相不混溶，且在外相中有一定的溶解度和挥发性。最常用的溶剂为二氯甲烷和乙酸乙酯，其中二氯甲烷的效果更优。在溶剂蒸发法制备微胶囊时，温度在很大程度上影响有机溶剂的挥发速度。在除去溶剂固化成微囊的过程中，低温下减压缓慢蒸除溶剂有利于微球形成致密的表面，减少药物突释。但若温度过低，有机溶剂蒸发速度减慢，则可延长制备时间及药物向外水相扩散的时间，同样会降低包封率；而温度越高，聚合物固化过程越剧烈，不利于药物的包埋，骨架控释能力越差，微胶囊的突释现象加重，还会引起乳滴聚结，使微胶囊粒径增大。

④ 固体微胶囊的收集。在分散介质中的微胶囊通过过滤、筛选或离心进行收集。需要用适当的溶剂洗涤微胶囊，清除黏附在微胶囊表面的物质，诸如分散相稳定剂和乳化剂等。固化过程中，一般通过提高温度或使用萃取剂去除残留在微胶囊内部的溶剂。然后，可在室温下自然干燥、减压干燥、加热或者采用冷冻干燥来制得流动性良好的微胶囊。

15.3.6.5　喷雾干燥法

喷雾干燥法可用于固态和液态药物的微囊化，粒径范围在 600μm 以下。其工艺是先将芯材分散在壁材的溶液中，再用喷雾装置将此混合物喷入热气流使液滴干燥固化，得到固体微胶囊。

喷雾干燥过程一般在 5～30s 内完成，比传统工艺要快得多，在传统干燥工艺中，要经过多步工艺才能得到所需的产品，而此法只需一步就可完成干燥，因此也特别适合工业生产。倘若需要制得一种微胶囊干剂型而不是一种微胶囊悬浮剂的产品，此法最为有用，因为它不需要再移出水分。该法的特点是在微囊壁上容易形成较大的孔洞；设备成本较高，只有大量生产时才经济。

（1）典型工艺　喷雾干燥主要分为 2 个步骤。第一步先将所选的囊壁溶解于水中，可选用明胶、阿拉伯胶、羧甲基纤维素钠（CMC-Na）、海藻酸钠、黄原胶、蔗糖、变性乳蛋白、变性淀粉、麦芽糖等作囊壁材料，然后加入液体原药活性成分搅拌，使物料以均匀的乳浊液状态送进喷雾干燥机中。第二步，在喷雾干燥机中，可使用多种技术将乳浊液雾化，然后通过与热空气接触，使物料急剧干燥。水和其他溶剂的急剧蒸发作用使壁材在原药活性成分珠滴周围形成一层薄膜，这层薄膜能使包埋在珠滴中的水继续渗透并蒸发。另一方面，大的化合物分子则会保留下来，其浓度不断增加。最后，在干燥机中停留 30s 后除去相对小的载体相。喷雾干燥法制备微胶囊的工艺流程图见图 15-12。

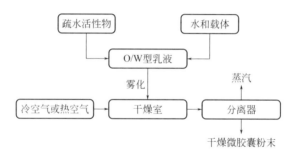

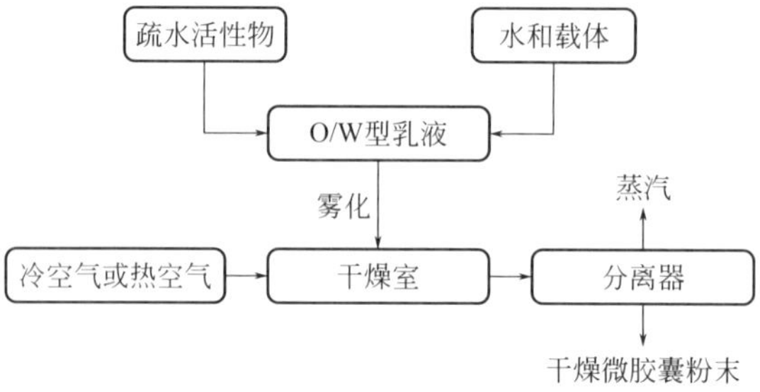

图 15-12 喷雾干燥法制备微胶囊的工艺流程图

（2）基本原理 喷雾干燥是将待干燥液体（包括溶液、乳状液、悬浮液或浆状物料等）通过雾化器的作用，雾化成为非常细小的雾滴，并利用干燥介质（热空气、冷空气、烟道气或惰性气体）与雾滴混合均匀，进行热交换和质交换，使水和溶剂汽化蒸发，从而使物质固化。基于此，喷雾干燥制备微胶囊工艺是将囊芯和壁材的混合物通入加热室或冷却室，以便快速脱除溶剂或凝固，以制成微胶囊。

自 21 世纪以来，我国在农药微囊悬浮剂的研制上有了很大的进展，在制备方法以及壁材选择上均进行了大量试验，并且在农、林、卫生害虫防治等方面展开了探讨。农药微囊悬浮剂不仅可使农药的释放在数量、时间和空间上加以控制，还可有效提高利用率，达到理想的效果，也为在化学农药领域的应用开辟了广阔的前景。随着高分子技术的发展，更多的囊皮材料被开发，微胶囊的制备技术也在快速发展，这将极大地推动农药微囊悬浮剂的开发与应用。

15.4 农药微胶囊的释放机理

农药包覆于不同的聚合物内，可减慢有效成分的降解，并使其按照一定的动力学模式释放，实现较优的使用效果。农药微胶囊中使用的壁材多为非生物降解性材料，有效成分的释放主要是基于扩散释放原理；随着壁材使用的多样性和环保性，溶蚀性机制也成为微胶囊释放的重要因素。农药活性成分从微胶囊中释放到环境中，主要通过以下几个方式实现：①有效成分从非生物降解性材料中扩散释放。通过选择合适的壁材、加工方法和释放介质，使有效成分在释放介质中依靠浓度差进行扩散渗透，以达到控制释放的效果。②囊膜的破裂突释。某些微胶囊壁材强度较弱，可通过害虫的咀嚼或践踏，很容易造成部分囊膜破裂，从而使有效成分释放到靶标生物上。③聚合物溶蚀产生的药物释放。某些对环境敏感的壁材，当外界环境（如温度和 pH）变化时，容易被溶蚀破坏，从而释放芯材，利用这一点可使农药在指定的 pH 值、温度下释放。此外，通过定量的理论研究可以得出一些物理参数，通过调整这些参数可以达到更好地控制囊芯释放的速率和预测微囊释放的目的。扩散作用在各聚合物微粒法释放过程中是始终存在的。例如，对于生物降解十分缓慢的聚合物微粒，药物释放主要受控于扩散作用及基质溶胀；而对于生物降解相对较快的聚合物材料，有效成分释放则受到溶蚀作用和扩散作用的共同作用，当溶蚀过程减慢时，扩散作用则在释放过程中占主导。目前国内关于药物释放机理和模型的研究很少，关于农药的释放模型研究就更少了。

15.4.1 农药微胶囊囊芯释放理论

微胶囊的释放机理是由很多因素影响的，有效成分在聚合物囊膜内外的浓度差、聚合物的孔径分布、药物在体液或介质中的溶解度等是影响药物释放的几个重要因素。人们经常是利用药物释放曲线研究释放机理，国内外许多研究者做了大量的试验和理论工作，用于指导药物制剂的设计和开发，量化药物的释放行为，但是还没有突破性进展，基本都是费克扩散定律的扩展[10]。

由于农药微胶囊制备和释放环境比较复杂，通常的做法是假设将壁材作为一种由高聚物组成的、厚度一致的连续均匀体系，且在原药释放过程中微囊始终保持尺寸大小不变的圆球形状。将这个理想化的微囊样品浸入含有大量释放介质的环境中，则会有三个过程：①环境中的释放介质透过胶囊壁材进入胶囊核心中；②核心中囊芯溶解并进入释放介质中形成溶液；③溶解的囊芯溶液由胶囊内的高浓度区扩散到胶囊外的释放介质中。微囊结构模型见图 15-13。

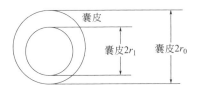

图 15-13　微囊结构模型

15.4.2　影响微胶囊释放的因素

微胶囊中农药活性成分的释放，既可设计成通过物理因素（例如被虫子压碎或咬破）使微胶囊壁破裂，也可通过化学因素（如水解、热、光和 pH 值改变等）扩散释放。通过控制释放机理可知有许多因素会影响农药活性成分的释放过程，主要有微胶囊的表面积、囊壁厚度、农药的扩散系数、分配系数、渗透率和通过壁的农药活性成分浓度等。农药活性成分通过囊壁材料释放速度的控制因素有壁的结构（交联）、壁材料的类型、壁厚、被包农药活性成分的物理性质和浓度等。

15.4.2.1　有效成分的性质

（1）有效成分的溶解度[12]　农药有效成分的溶解性是影响微胶囊释放机制的重要因素之一。农药有效成分大部分是难溶于水的，在水中的溶解度极低，但仍然能够缓慢溶解。研究表明，囊芯在胶囊内形成的水溶液浓度与胶囊外水相浓度之差是囊芯向外迁移的推动力。有些囊芯在水中的溶解度较大，可以很快在进入的水中溶解并达到饱和，这类囊芯释放的推动力很大。不同囊芯的溶解度差别会影响其溶解速率的快慢。对于难溶于水的囊芯物质而言，由于在微胶囊内的溶解度很低，它在核心内浓度与胶囊外浓度的差别小，从而使其向外迁移的推动力小。对于这类囊芯物质，溶解阻力就成为囊芯向外扩散的主要阻力，而囊芯在水中的溶解速率就成为控制囊芯向外扩散速率的关键因素。尽管如此，只要胶囊外水相中农药浓度小于核心内浓度，释放就会继续，但越接近囊芯物质的饱和溶解度，释放速率越慢。

（2）有效成分的扩散系数和分配系数　根据上述的费克扩散定律，可以看出，囊芯向外扩散的速率与扩散系数 D、囊芯在囊膜中的分配系数 K、囊内外有效成分的浓度 Δc 和扩散面积 $4\pi r_0 r_1$ 成正比，与胶囊壁厚度 r_1-r_0 成反比。如果扩散介质是囊壁，当囊芯物质和微胶囊粒径不变时，扩散系数主要受囊壁性质影响。因而引入了表观扩散系数（D_x）的概念，其定义是 $D_x=DK$。在实际计算表观扩散系数时，采用如下公式：

$$D_x=kdh/6$$

式中　k——芯材释放量对时间所作直线进行线性回归后的直线斜率；

d——微胶囊的平均直径；

h——囊壁厚度。

15.4.2.2 壁材的性质

壁材在很大程度上决定着微囊产品的释放性能，是微胶囊的关键组成部分。囊芯物质的理化性质、防治对象和应用环境对于壁材的选择起着决定性的作用。例如，用于叶面处理的微胶囊壁材应比水中使用的微胶囊通透性要强；在水中溶解度小的芯材所选壁材的通透性应比溶解度大的溶芯材要强等。

不同壁材的通透性有很大差异。虽然制备工艺在某种程度上也能改变微胶囊的通透性，但壁材的选择十分重要。不同囊材的性质、孔隙率和结晶度等不同，引起的释放速率不同。一些研究结果表明，不同壁材的微胶囊释放速率顺序为明胶＞乙基纤维素＞乙烯-马来酸酐共聚物＞聚酰胺；明胶与藻酸钠形成的囊壁的释放速率要快于明胶与果胶形成的囊壁。由于对难溶性农药微胶囊研究的缺乏，目前仅仅知道聚电解质、多糖等作为难溶性农药的囊材较为适宜；淀粉适宜作为水中溶解度为 20～300mg/L 的农药的壁材。

囊壁结构的差异对释放速率影响很大。一些胶囊壁并非是均匀连续的高聚物结构，囊壁上具有孔洞，囊芯既可以通过高聚物的连续体向外扩散，也可以通过孔洞扩散，而且由孔洞向外扩散的速率更快，因此，具有不同孔隙率的高聚物囊材的囊芯释放速率不同，如囊芯从乙基纤维素壁膜中的扩散速率较蜡封乙基纤维素大。一些研究发现，高聚物囊材是由含有结晶区和无定形区的结构组成的，囊芯不能通过紧密排列的结晶区向外扩散，只能通过无定形区向外扩散。因此，难溶性固体芯材应选用结晶度低的聚合物作囊材。但由于难溶性农药的溶解性差异极大，选用何种囊材来制备微胶囊还需要具体研究。

对不同方法和壁材制备的阿维菌素微胶囊进行的释放行为研究表明，乙基纤维素和聚甲基丙烯酸甲酯作为壁材制备的微胶囊在土壤中的释放行为差异较大，乙基纤维素微囊释放速度快于聚甲基丙烯酸甲酯微囊。观察其释放后的形貌，发现相比乙基纤维素，聚甲基丙烯酸甲酯作为壁材具有更好的稳定性，微囊并未出现被溶蚀的现象，外观依然紧实完整，这与其较慢的释放速度是一致的。对于界面聚合法制备的阿维菌素微胶囊，由于能形成典型的核壳结构，并且形成的囊壳比较完整紧实，故其释放速度较慢，比较适合易降解、不稳定的农药。

15.4.2.3 载药量

载药量也是影响农药释放行为的因素之一。药物研究领域研究发现，在 PLGA 微胶囊中，随着载药量的增加，紫杉醇累积释药减少。产生这种现象的主要原因可能是当载药量低时，有效成分以分子状态分散在聚合物骨架中；当载药量高时［如 30%（质量分数）］，载药可能超出有效成分在聚合物骨架中的溶解度，这样在聚合物骨架中就会形成少量药物结晶，这时，药物在骨架中的实际释药就会比扩散模型所预测的慢许多。

15.4.2.4 释放环境

不同释放介质、pH 值、温度等因素均会影响微胶囊的释放速率。有研究表明，高效氯氟氰菊酯聚氨酯微胶囊在水中和 20%乙腈水溶液中分别进行释放，释放量达到 6%时，在水中需要 35d 以上，而在 20%乙腈水溶液中仅需要 8h 左右（图 15-14）。在不同 pH 值溶液中释放速率的差异主要是由于溶解度的差异造成的，溶解度大的有效成分产生高渗透压，使其穿过囊壁的速率加快。另外，对于一些特定壁材的微胶囊，pH 的变化可引起壁材结构发生变化，导致囊壁的通透性发生变化，从而改变有效成分的释放速率。如海藻酸-壳聚糖微胶囊在 pH 为 1.5～2.0 时通透性较弱，在 pH 为 6.8 时通透性较强，改变其释放环境的 pH 值，则可改变释放速率。

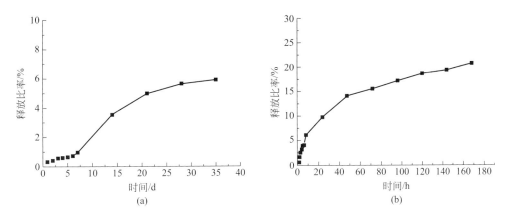

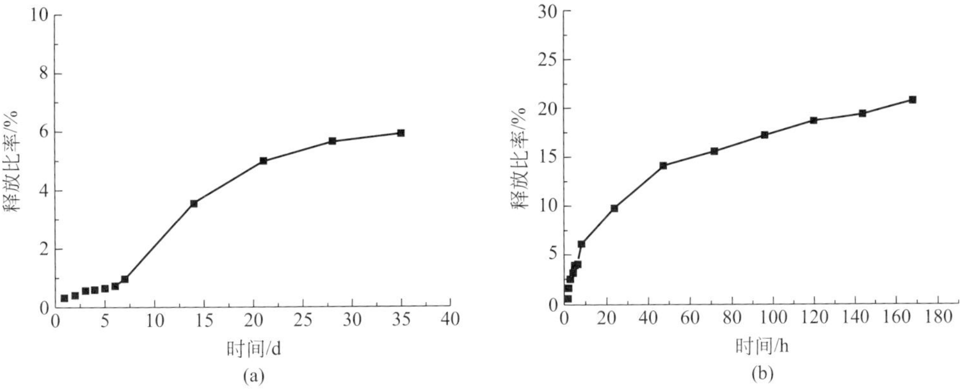

图 15-14　高效氯氟氰菊酯聚氨酯微胶囊在不同介质中的释放曲线

（a）水；（b）20%乙腈水溶液

15.5　农药微囊悬浮剂的开发

15.5.1　配方的组成

微囊悬浮剂（aqueous capsule suspension，CS），是用物理与化学方法使原药分散成几微米到几百微米的微粒，然后用高分子化合物包裹和固定起来，形成具有一定包覆强度、能控制原药释放的半透膜胶囊。将制作好的微胶囊在助剂中形成微囊悬浮剂，用水稀释后使用。微囊悬浮剂与其他剂型相比有如下优点：①降低了环境中光、空气、水和微生物对原药的分解，减少了挥发、流失的可能性，并改变了释放性能，从而使残效期延长，用药量和用药次数减少，以达到充分发挥药效、省工省药的目的。②缓释剂的控制释放技术使高毒农药低毒化，降低了急性毒性，减轻了残留及刺激气味，减少了对环境的污染和对作物的药害。③通过缓释技术处理，改善了药剂的物理性能，减少了漂移，使液体农药固体化，贮存、运输、使用和最后处理都很简单。④根据需要持续释放物质进入外界环境。综上可见，微囊悬浮剂是一种安全性好、对环境友好、综合性能佳和应用前景好的优良剂型，进入 21 世纪后，以微囊悬浮剂为代表的缓释剂可能发展成为占主要地位的剂型。

微囊悬浮剂属于固-液分散体系，但不同于一般悬浮剂，微囊悬浮剂的加工方法一般分为两步：第一步，根据原药性质和使用目的，使用合适的方法和壁材，将有效成分包裹在囊壁中，形成具有一定粒度范围的微囊悬浮剂；第二步，在含有微囊悬浮剂的水相体系中加入适量的分散剂、润湿剂、增稠剂、消泡剂等助剂，混合均匀后即得到微囊悬浮剂。微囊悬浮剂与一般悬浮剂不同，不需要经过湿法粉碎，湿法粉碎会将微胶囊囊壁破坏，造成囊芯外溢。

微囊悬浮剂配方由有效成分、溶剂、乳化剂、聚合物壁材、分散剂、润湿剂、消泡剂、水等组成。各组分之间的共同作用和相互协调作用不仅使其具有较好的润湿性、分散性和优良的悬浮性，同时还应具有良好的贮存稳定性，而且还应达到增加农药微胶囊在植物表面的持留量、延长持留时间和提高对植物表皮的穿透能力的目的，从而提高农药的生物活性，减少使用剂量，降低成本，减轻对环境的污染。但由于农药是一类具有极强生物活性的特殊化学品，其防治对象、保护对象和环境条件又十分复杂，表面活性剂除需按农药的性质、特点选择配制外，还需考虑表面活性剂本身对靶标生物产生的影响。因此，要求所选用的表面活性剂具有良好的配伍性，以保证产品具有优良的综合性能。

农药微囊悬浮剂的一般配方如下：

农药有效成分	5%～10%
溶剂	0～15%
乳化剂	1%～5%
聚合物壁材	10%～15%
润湿分散剂	0～5%
增稠剂	0～5%
防冻剂	0～10%
消泡剂	0.1%～0.5%
水	补足至 100%

15.5.1.1 农药有效成分

农药有效成分在化学上是稳定的，在水中不水解。固体和液体活性成分在水中不溶或有低的溶解度。液体活性成分最适合，使用固体活性成分必须先溶解在溶剂中配成溶液后才能继续加工。

15.5.1.2 溶剂

选用加工乳油中使用的溶剂，溶剂选择的主要依据是原药在溶剂中的溶解度和溶剂对有效成分稳定性的影响，其次是溶剂的来源和价格。目前常用的溶剂有溶剂油、石油醚、乙酸乙酯、油酸甲酯等，如果溶解度不够理想时，再选用适当的助溶剂，即使用混合溶剂，其他溶剂还包括酮类如环己酮、异佛尔酮、吡咯烷酮等；醇类如甲醇、乙醇、丙醇、丁醇、乙二醇、二乙二醇等；醇醚类如乙二醇甲醚、乙醚、丁醚等。工业溶剂的组分、性质变化较大，在使用前必须通过必要的试验，了解它的基本组分、相对密度和沸程。

15.5.1.3 乳化剂

乳化剂是一种表面活性剂，其分子结构中既有亲水基团，又有亲油基团，因此，可以在油-水界面吸附形成具有一定强度的界面膜，使分散相液滴不易相互碰撞聚结。在微囊悬浮剂的制备中选择一种合适的乳化剂，利于制备出粒度均一、表面形貌较好的微囊剂。乳化剂的选择在微胶囊制备过程中非常重要，如果选择不当，就会造成微胶囊无法形成。有研究者使用原位聚合法制备毒死蜱微胶囊，对几种乳化剂进行了筛选。结果表明，加入 LAS、司盘 80 和吐温 20 虽然可以将溶解原药的油相组分很好地乳化成较小的液滴，但却不利于最终成囊，所得胶囊表面粗糙，周围有许多脲醛颗粒沉淀，常有聚并、结块与粘连现象出现，并导致大粒径微囊的产生。这是由于这些表面活性剂分子包覆了油珠的表面，阻碍了脲醛颗粒在油珠表面的沉积，即使最终成囊也是包裹了多个油珠，而不是均匀沉积，因此导致囊面粗糙。SMA 吸附在囊芯表面，使其表面带有一定的负电荷，不但阻止了囊芯之间的合并，具有稳定的分散乳化作用，而且对溶液中带有正电荷的物质产生富集作用，使它们自发地向液滴表面聚拢，吸附在芯材周围，形成一个高浓度区，从而起到了定位反应的作用，利于微胶囊的形成。

15.5.1.4 聚合物壁材

根据不同的有效成分、使用目的、作用靶标、包囊方法等，选择不同的壁材。具体的壁材上面章节已介绍，在此不再赘述。

15.5.1.5 分散剂

微囊悬浮剂是不稳定的多相分散体系，为保持微胶囊颗粒的分散程度，防止微胶囊颗粒凝集成块，保证使用条件下的悬浮性能，必须添加分散剂。分散剂能在微胶囊粒子表面形成强有力的吸附层和保护屏障，为此既可使用提供静电斥力的离子型分散剂，又可使用提供空间位阻的非离子型分散剂。常见的分散剂有木质素磺酸盐、烷基萘磺酸盐甲醛缩聚物、羧酸盐高分子聚合物、EO-PO 嵌段共聚物等。

农药微囊悬浮剂中分散的药物颗粒较小，与分散介质间存在巨大的相界面，属于热力学不稳定体系，颗粒有自发凝聚，减小表面能的趋势，从而导致农药颗粒间相互结合变大、沉降、结块，最终导致悬浮体系被破坏。加入分散剂起到了阻止分散相中的粒子絮凝、聚凝和聚结作用，形成稳定的悬浮剂，同时可以使微囊悬浮剂在稀释时具有良好的悬浮率，利于用户喷雾使用。

微囊悬浮剂中粒子的相互作用包括范德华力、双电层静电斥力、空间位阻作用、溶剂化作用等。粒子间的作用力随着加入分散剂种类的不同而有所差异，但主要有三种途径来稳定粒子：①通过静电排斥作用（DLVO 理论）；②通过空间排斥作用（HVO 理论）；③通过静电和空间排斥的混合作用。

范德华力总是存在于颗粒之间，使颗粒有相互吸引凝结的趋势。使用离子型表面活性剂后，在颗粒周围形成双电层结构，外层的同号电荷相互排斥，与范德华力的综合作用表现在颗粒上就是其是否会凝聚。人们通常用胶体稳定理论——DLVO 理论来解释悬浮体系的稳定性作用。20 世纪 40 年代，Derjaguin、Landau、Verwey 和 Overbeek 四人以微粒间的相互吸引和相互排斥力为基础，提出 DLVO 理论，它能够比较好地解释电解质对微粒多相分散系稳定性的影响。DLVO 理论中认为，溶胶在一定条件下能否稳定存在取决于胶粒之间相互作用的位能。总位能等于范德华吸引位能和由双电层引起的静电排斥位能之和。这两种位能都是胶粒间距离的函数，吸引位能与距离的六次方成反比，而静电的排斥位能则随距离按指数函数下降。这两种位能之间的受力为范德华力和静电排斥力。这两种相反的作用力决定了胶体的稳定性。

通过空间排斥作用稳定悬浮剂中的粒子，可以用空间稳定理论（HVO 理论）解释。这一理论由 Hesselink、Vrij 和 Overbeek 等提出，空间位阻模型见图 15-15，他们发现高分子化合物由于具有保护作用，可显著提高体系的稳定性。当高分子层吸附时，粒子存在范德华引力势能、静电斥力势能和空间斥力势能，这三者的共同作用决定了体系的稳定性。非离子型分散剂的加入，就提供了空间排斥作用。分散剂在粒子表面形成了致密的吸附层，在水中将亲水长链打开，当粒子之间彼此接近的距离接近到小于 2 倍吸附层厚度距离时，长链遭受挤压，就会降低链的构型熵，导致粒子间发生排斥，这种排斥力是很强的。同时，粒子间的渗透压力比在大多数水里大，这时大多数水分子扩散进入能把粒子分开。从而使粒子之间产生空间位阻，保证悬浮剂的稳定。

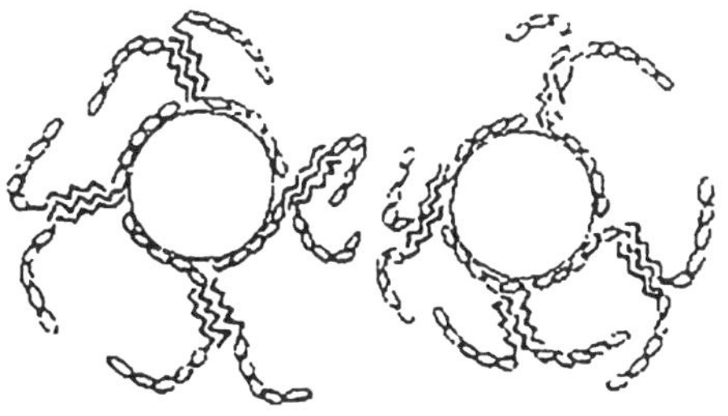

图 15-15　空间位阻作用示意图

选用聚合物分散剂时，可以提供静电排斥和空间位阻双重作用，使悬浮剂稳定。典型的聚合物分散剂如聚羧酸盐分散剂，是由强疏水性的骨架长链与亲水性的低分子接枝共聚形成的，主链能够以范德华力、氢键等作用紧紧吸附在颗粒表面，侧链则伸入水中，产生空间位阻作用并形成“双电层”，阻止粒子间的相互吸引，从而使粒子达到良好的分散。

悬浮剂的稳定性作用见图 15-16，通过对 DLVO 理论、HVO 理论及空缺理论的探讨研究，以及固-液分散体系中的一些表观现象的分析，可以看出悬浮剂中分散剂（如表面活性剂及高分子物）的重要作用就是防止分散质点接近到范德华力占优势的距离，使分散体系稳定而不至于絮凝或聚沉。分散剂的加入能产生静电斥力，降低范德华力，有利于溶剂化，并形成一围绕质点、有一定厚度的保护层。维持固-液分散体系稳定性的最好办法就是加入分散剂，而且要根据不同的药粒的理化性质加入不同的分散剂，以达到最好的稳定效果。

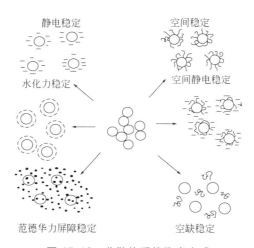

图 15-16　分散体系的稳定方式

通常情况下，在悬浮剂体系中加入一定量的分散剂可以达到悬浮剂的分散稳定。但选择合适的分散剂及其用量也十分关键，如果品种选择不合适的话，可能会出现絮凝和聚结等现象，一旦出现这种情况，悬浮剂就会十分黏稠，甚至无法搅动，表明这种分散剂不适用于此悬浮剂体系。加入量也有一定的要求，比如某些阴离子分散剂，一般在开始加入时，分散稳定性随分散剂的增加而变好；当浓度达到一定值后，分散稳定性趋于一定而体系稳定；当浓度进一步增大时，其分散稳定性急剧降低，悬浮剂的分散性变差。这是由于分散剂在颗粒表面吸附达到饱和，再加入分散剂，它在水中电离出离子，等同于加入了电解质，同号电荷会压缩双电层，使分散稳定性迅速恶化。因此，对于不同的分散剂，均存在一个最佳的分散剂用量。

15.5.1.6　润湿剂

出色的分散性能和优良的润湿性能对于确保有效而均匀的向田间喷洒农药制剂至关重要。润湿剂可降低制剂的表面张力，在实际应用中，由于药剂表面张力的降低，可增大雾滴的分散程度，易于喷洒，低表面张力易于药剂在植物表面的铺展，并有良好的附着性，使其最大限度地发挥生物效应。因此，要求润湿剂的分子结构中既有亲水较强的基团，又有与原药亲和力较强的亲油基团。常见的润湿剂有烷基苯磺酸盐（如十二烷基苯磺酸钠）、烷基萘磺酸盐（如二正丁基萘磺酸盐、二异丁基萘磺酸盐、异丙基萘磺酸盐等）、脂肪酰胺-*N*-甲基牛磺酸盐、烷基酚聚氧乙烯醚硫酸盐、苯乙基酚聚氧乙烯醚硫酸酯盐和磷酸酯盐、长链和支链的脂肪醇聚氧乙烯醚等。润湿剂选择的一个基本原则是与分散剂和成分有关，例如烷基苯磺酸盐常与萘磺酸盐甲醛缩合物类分散剂配合使用，十二烷基苯磺酸盐常与木质素磺酸盐匹配等。但是往往有效成分品种和其他辅料成分的变化会破坏这种匹配，尤其是一个配方选用两种分散剂的时候，润湿剂需要进入筛选程序。

润湿剂的加入量不多，但作用非常重要，合适的润湿剂能起到画龙点睛的作用。润湿剂的品种没有特别的要求，一般悬浮剂配方中可以使用的在微囊悬浮剂中均可以使用。

提高农药微囊悬浮剂分散稳定性的主要措施便是加入润湿剂，润湿剂一般需满足以下条件：能在分散的农药颗粒上稳定吸附，并能显著提高微囊悬浮剂的分散稳定性；不降低农药有效成分的生物活性；环境相容性好。在微囊悬浮剂中，润湿剂、分散剂的选择一般遵循结构匹配的原则：一般来说，助剂的结构和有效成分的相似性，尤其是主要“特征基团”的相似性，使有效成分颗粒与助剂结构匹配时，不仅亲和力更好，而且使得“锚固”基团能充分发挥作用，大大增强制剂的稳定性。

15.5.1.7 增稠剂

适宜的黏度是保证微囊悬浮剂质量和施用效果十分重要的因素。根据 Stokes 定律：固-液分散体系中粒子的沉降速度与三个因素有关：粒子直径、粒子密度与悬浮液密度之差、悬浮液的黏度。体系黏度的适当提升，可以使固体微粒的沉降速率减慢，增强体系的稳定性。增黏剂还可增大 Zeta 电位，利于形成保护膜，改变介质黏度，减少密度差，有助于制剂的稳定悬浮。

增稠剂有天然的和合成的两种，又分为有机和无机两大类。有机的增稠剂，常用的多为水溶性高分子化合物和水溶性树脂，如阿拉伯胶、黄原胶（XG）、甲基纤维素、羧甲基纤维素、羟乙基纤维素、羟丙基纤维素、丙烯酸钠、聚乙烯醇（PVA）、聚乙烯吡咯烷酮（PVP）、聚丙烯酸钠、聚乙烯醋酸酯等。无机的有分散性硅酸、气态二氧化硅、膨润土和硅酸镁铝。常用的增稠剂有黄原胶、羧甲基纤维素钠、聚乙烯醇、硅酸铝镁、海藻酸钠、阿拉伯树胶等。

15.5.1.8 防冻剂

以水为分散介质的悬浮剂若在低温地区生产和使用，要考虑防冻问题，否则制剂会因冻结使物性破坏而难以复原，影响防效。符合要求的防冻剂不仅防冻性能好，而且挥发性低。常用的防冻剂多为非离子的多元醇类化合物等吸水性和水合性强的物质，用以降低体系的冰点，如乙二醇、丙二醇、丙三醇、聚乙二醇、尿素、山梨醇等。

15.5.1.9 消泡剂

微囊悬浮剂的生产工艺中需加入分散剂和润湿剂等表面活性剂，且需要搅拌均匀，搅拌过程中极易把大量空气带入并分散成极微小的气泡，使悬浮液体积膨胀。这些微小气泡不仅会影响黏度、计量和包装，而且将显著地降低生产效率。如果不能消泡，还可能使塑流型流体变成涨流型流体。所以，在制剂中需要加入一定量的消泡剂，并要求消泡剂必须能同制剂的各组分有很好的相容性。常用的消泡剂有机聚硅氧烷类、C_8～C_{10}的脂肪醇、C_{10}～C_{20}饱和脂肪酸类及酯醚类等。有时亦可通过调整加料顺序或设备选型，或真空机械脱泡，避免泡沫产生，此时可不加消泡剂。

15.5.2 微囊悬浮剂的开发实例

微囊悬浮剂是一种较新颖的剂型，在我国实现工业化的时间不长，对于微囊悬浮剂的开发技术普及较少。配方开发中主要关注以下几点：①微囊化的方法和工艺的选择；②壁材的选择；③乳化剂的选择；④分散剂和润湿剂的选择；⑤增稠剂的选择；⑥防冻剂的选择；⑦消泡剂的选择。

微囊悬浮剂的加工对工艺的依赖性很强，主要是微胶囊的制备过程影响因素很多，需要严格控制各反应点的参数，如反应温度、反应时间、pH 值、搅拌速度、固化温度、固化时间等。不同的制备微胶囊的方法，对应着不同的壁材和加工工艺。

15.5.2.1 30%毒死蜱微胶囊悬浮剂的开发(原位聚合法)

（1）预聚体的制备　向烧瓶中加入适量水和甲醛，开启搅拌（此时调节转速为 400r/min），再投入尿素，使甲醛和尿素的摩尔比为（1.5～2.0）∶1，充分溶解后滴加氢氧化钠，将体系的 pH 值调至 8～9。将搅拌速度调节为 300r/min，以 2℃/min 的速度升温至 70℃，保温搅拌 1h。将温度降至 35℃，即得到脲醛树脂预聚体。

（2）有机相的制备　将毒死蜱原药加入适量二甲苯中，温度升至 45～50℃，搅拌使原药溶解。待原药溶解后，加入 OP-10，继续搅拌，使充分溶解混合，备用。

（3）有机相的加入　将搅拌速率提升至 400r/min，然后将制备好的有机相匀速滴加至预聚体中，1.5h 加完。继续搅拌，混合均匀。

（4）调酸　将 5%盐酸水溶液缓慢加入，约 1h 滴加完毕，搅拌均匀，将体系的 pH 值调至 3 左右。

（5）升温固化　将搅拌速度调低至 300r/min，体系缓慢升温至 55～60℃，保温固化 5h，即得到毒死蜱微胶囊。

（6）微囊悬浮剂的制备　保持搅拌速度为 300r/min，加入适量氢氧化钠将体系 pH 值调至中性（具体添加量根据实际情况而定）。再加入亚甲基双萘磺酸钠和有机硅消泡剂混合均匀，搅拌 1h，将温度降至室温，即得到 30%毒死蜱微囊悬浮剂。

毒死蜱微胶囊显微镜照片见图 15-17。

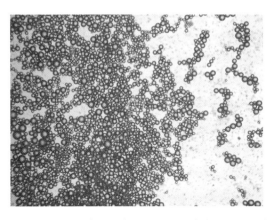

图 15-17　毒死蜱微胶囊显微镜照片（放大 640 倍）

15.5.2.2 5%阿维菌素微囊悬浮剂的开发(界面聚合法)

将阿维菌素原药，1g PAPI 和 3g NP-10 溶于 14g 氯仿中作为油相。配制 30mL 2%的 PVA 的水溶液作为水相，在 200r/min 机械搅拌下将油相加入水相中，形成均匀的水包油乳液。将 0.8g 三乙醇胺加入到上述乳液中，聚合反应在室温下进行 2h，即得到 5%阿维菌素微胶囊。在配方中加入 2g 木质素磺酸钠、5g 丙三醇、0.15g 黄原胶，用水补足 100g，搅拌均匀后，即得到 5%阿维菌素微囊悬浮剂。阿维菌素微胶囊扫描电镜照片见图 15-18。

使用不同用量的三乙醇胺对阿维菌素聚氨酯微胶囊成囊进行研究，测试了其包封率和粒径，如表 15-4 所示。当三乙醇胺的量从 0.01g 增加到 0.8g 时，包封率从 10%增加到了 97.9%。然而，三乙醇胺从 0.8g 增加到 1.2g 时，包封率不再增加，但是粒径开始变得不均匀。微囊粒径一致性从 8.652 增至 10.044。这个现象说明过量的三乙醇胺可以导致乳液的

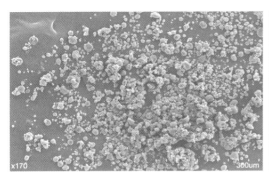

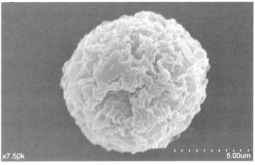

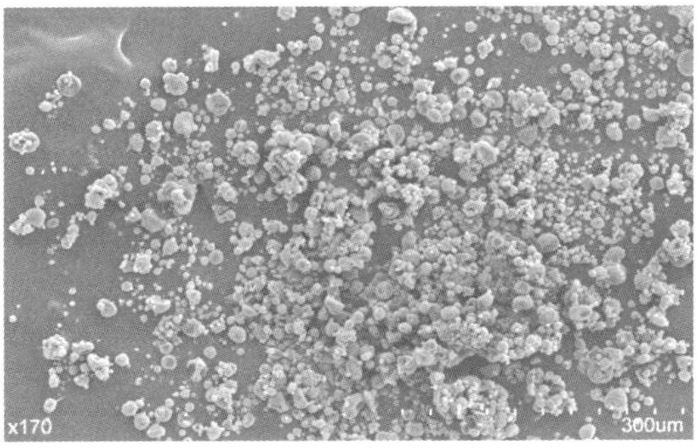

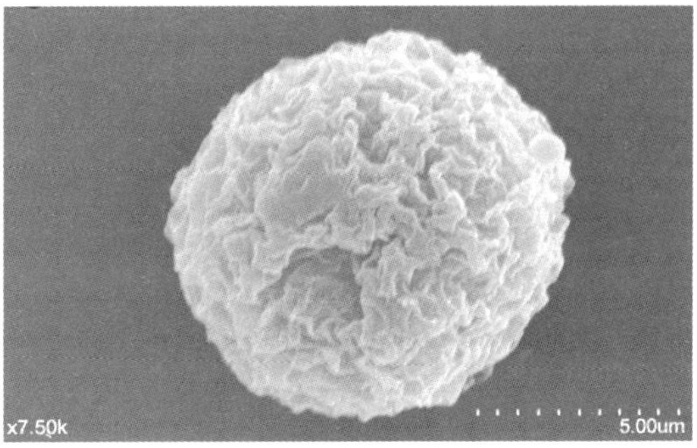

图 15-18　阿维菌素微胶囊扫描电镜照片

表 15-4　三乙醇胺对包封率和粒径的影响

PAPI/g	三乙醇胺/g	包封率/%	粒径/μm	粒径一致性[①]
1	0.01	10.3	10.265	3.601
1	0.2	56.8	8.374	3.188
1	0.4	82.5	4.356	1.706
1	0.8	97.9	4.574	1.723
1	1.0	95.2	2.842	8.652
1	1.2	95.5	2.544	10.044
1	1.6	—	—	

① 粒径一致性=$(D_{90}-D_{10})/D_{50}$。

不稳定和颗粒的团聚。此时继续增加三乙醇胺的量，加至 1.6g 时，反应体系开始变得黏稠以至于不能生成微胶囊。也就是适当增加三乙醇胺的量有利于粒径变得均匀，同时会使粒径有所降低，这一点与 Hisham Essawy 等的研究结果一致。

15.5.2.3　10%高效氯氟氰菊酯微囊悬浮剂的开发(乳液聚合法)

称取 10.5g 高效氯氟氰菊酯和 24g 甲基丙烯酸甲酯，将其溶解后，在机械搅拌下加入溶有 5g 吐温 60 的水溶液中，在转速为 300r/min 下乳化 0.5h 后开始加热，加热至 70℃后再加入 0.3mmol 过硫酸钾，继续加热搅拌 7 h。反应完成后，停止加热和搅拌，即得到高效氯氟氰菊酯微囊悬浮液。然后加入 3g 萘磺酸盐甲醛缩聚物和 4g 乙二醇，搅拌均匀后即得到高效氯氟氰菊酯微囊悬浮剂，其扫描电镜照片见图 15-19。

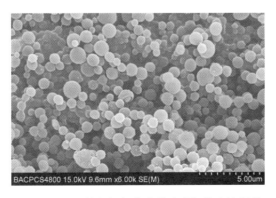

图 15-19　高效氯氟氰菊酯微胶囊扫描电镜照片

从制备过程的成囊情况看，壁材的量过少会导致成囊困难，乳化剂不足会造成乳化不均匀，同时造成成囊很少，而过量的过硫酸钾会造成乳液不稳定，或者微囊的黏结或聚集。因此，采用这种方法制备微胶囊需要对各成分的用量进行实验确定。

15.5.2.4 20%毒死蜱微囊悬浮剂[13](界面聚合法)

先将 1.88g 多亚甲基多苯基多异氰酸酯 PM-130 与 0.63g 聚氧化丙烯三元醇 TMN-350 在 45～50℃反应 0.5h，生成低活性预聚体，加入 50g 毒死蜱在 60℃下混合均匀后，倒进 190g 60℃水中（内含 0.019g 开孔调节剂 CZ 和 1.0g 乳化剂），以 8000～9000r/min 高剪切乳化 10min，形成 O/W 型乳化液，将乳化液移入三口烧瓶中，在 63～68℃下继续保温搅拌反应 4 h 后，滴入 20%乙二胺水溶液，若反应物料没有片状物出现即为反应终点，结束反应后冷却至 30℃，再加入适量润湿分散剂、增稠剂、防冻剂搅拌 0.5h，制成 20%毒死蜱微囊悬浮剂。

大田试验表明，与同等剂量的 20%毒死蜱乳油相比，20%毒死蜱微囊悬浮剂对花生田蛴螬的防效稍高。

15.5.2.5 30% 2,4-D 微囊悬浮剂[14](原位聚合法)

（1）预聚体的制备　将甲醛、尿素按照适当的摩尔比（1∶1.75）混合溶解于装有温度计、搅拌装置的三口烧瓶中，搅拌器在 500r/min 的速度下搅拌；用 10% 氢氧化钠溶液调节 pH 至 9.0；将水浴锅温度按 2℃/min 升温至 70℃ 后保温 1h，得甲醛-尿素预聚体（UF）溶液。

（2）30% 2,4-D 微囊悬浮剂的制备　常温下将总质量为 6g、一定质量比的乳化剂 A 和乳化剂 B 混合物加至 31.25g 2,4-D 原药中得到油相，微热振荡至均匀混合，再与适量预聚体溶液混合，用高剪切乳化机匀至 5min，形成均一稳定的 2,4-D（O/W）乳剂。将上述 2,4-D 乳液转移至 250mL 三口瓶中，在适当的转速下，在一定时间内将其 pH 调至 2.0，逐渐升高转速，一定温度下固化囊壁，至反应终点后，加入 NaOH 调节体系 pH 为 7.0，即为 30% 2,4-D 微囊悬浮剂。

本文献采用原位聚合法，以脲醛树脂预聚体为壁材所制备的 2,4-D 微囊悬浮剂，囊芯与囊壁比、固化时间、固化温度等对微囊悬浮剂的粒径大小、粒径分布以及包囊率有很大的影响，而包囊率是衡量农药微囊悬浮剂质量优劣的一个重要指标。本研究将影响制备微囊悬浮剂的影响因子进行了更加详细的研究，结果表明，反应过程中各影响因子都有一定值，高于或低于这个值所制备的微囊悬浮剂的包囊率不是最高值，从而会影响药效。

15.5.2.6 2% 阿维菌素微胶囊的制备[15](复凝聚法)

取一定量的明胶加入适量水浸泡，待膨胀后，搅拌至完全溶解，配成 5%明胶溶液。将一定量的阿维菌素原粉溶于溶剂配成溶液，加入 5%阿拉伯胶溶液，乳化 3min，移至三口瓶，在搅拌的状态下加入上述配好的明胶溶液，用醋酸溶液调节 pH 值 3.5～4.5。取样在显微镜下观察成囊形态，继续恒温搅拌，并迅速降温至 10℃以下，加入甲醛溶液使之交联，自然升至室温后出料。制成的微胶囊溶液经离心、洗涤至中性，取样分析后加入适量的水、增稠剂和抗沉淀剂配制成稳定的阿维菌素微囊悬浮剂，经稀释后可以直接喷洒到农作物的表面。

试验结果表明，影响包囊率的因素主次关系依次为搅拌速度、pH 值、体系浓度、芯材比，优水平为搅拌速度 150r/min，pH 值 4.5，芯材比 1.1，体系浓度 2.0%。在此条件下重复试验得到平均粒径 13.65μm 的圆整微胶囊，包囊率达到 95.42%。

15.5.3　国内外农药微囊悬浮剂简介

经过几十年的研究发展，国内外已有很多农药微胶囊产品进行了登记，现在简要进行介绍。

15.5.3.1　国内登记的微囊悬浮剂

国内在 20 世纪 80 年代起开展了对微胶囊技术的研究，并涉及包括农药在内的各个领域，与国外相比，我国还处于起步阶段，但近年来对微胶囊技术的基础理论和应用技术进行了大量的深入研究，并取得了一定的进展，并工业化了一批产品。目前在国内登记注册的产品达到 140 余个。部分国内登记产品见表 15-5。

表 15-5　部分国内登记的微囊悬浮剂产品

有效成分	含量	类别	生产企业
二甲戊灵	450g/L	除草剂	浙江省乐斯化学有限公司
2 甲 4 氯异辛酯	45%	除草剂	安徽美兰农业发展股份有限公司
乙草胺	25%	除草剂	山东贵合生物科技有限公司
异噁草松	360g/L	除草剂	江苏龙灯化学有限公司
丁草胺	25%	除草剂	黑龙江省平山林业制药厂
野麦畏	40%	除草剂	江苏苏州佳辉化工有限公司
高效氯氟氰菊酯	75g/L	杀虫剂	江苏扬农化工股份有限公司
高效氯氟氰菊酯	23%	杀虫剂	江苏明德立达作物科技有限公司
甲氨基阿维菌素苯甲酸盐	2%	杀虫剂	江西中讯农化有限公司
甲基嘧啶磷	30%	杀虫剂	南通联农佳田作物科技有限公司
吡虫啉	10%	杀虫剂	山东德浩化学有限公司
噻虫啉	3%	杀虫剂	江西天人生态股份有限公司
高效氯氰菊酯	5%	杀虫剂	山东省济南开发区捷康化学商贸中心
毒死蜱	30%	杀虫剂	河南省安阳市安林生物化工有限责任公司
辛硫磷	30%	杀虫剂	安徽丰乐农化有限责任公司
吡虫啉·毒死蜱	25%	杀虫剂	山东省青岛奥迪斯生物科技有限公司
毒死蜱·辛硫磷	30%	杀虫剂	安阳全丰生物科技有限公司
阿维菌素·吡虫啉	15%	杀虫剂	山东省青岛奥迪斯生物科技有限公司
阿维菌素·毒死蜱	16%	杀虫剂	中国农科院植保所廊坊农药中试厂
阿维菌素	3%	杀线虫剂	山东省青岛润生农化有限公司
阿维菌素	5%	杀线虫剂	南通联农佳田作物科技有限公司
噻唑膦	30%	杀线虫剂	山东省联合农药有限公司
辛硫磷·福美双	18%	杀虫剂/杀菌剂	哈尔滨火龙神农业生物化工有限公司
咪鲜胺	30%	杀菌剂	江苏明德立达作物科技有限公司
嘧菌酯	10%	杀菌剂	江苏省通州正大农药化工厂有限公司
嘧菌酯·咯菌腈	4%	杀菌剂	南通联农佳田作物科技有限公司

表 15-5 是部分国内登记的微囊悬浮剂产品，以杀虫剂居多，除草剂次之，杀菌剂较少。登记较多的有效成分为二甲戊灵、毒死蜱、阿维菌素等。

15.5.3.2 国外登记的微囊悬浮剂

部分国外市场商品化微胶囊产品列于表 15-6。

表 15-6 部分国外登记的微囊悬浮剂产品

有效成分	含量	类别	生产企业
氯氰菊酯	15g/L	杀虫剂	BASF
杀螟硫磷	300g/L	杀虫剂	BASF
氯氰菊酯	20g/L	杀虫剂	Elf Atocher
甲基对硫磷	200g/L	杀虫剂	Elf Atocher
二嗪磷	240g/L	杀虫剂	Elf Atocher
甲基对硫磷	450g/L	杀虫剂	Bayer SA
七氟菊酯	200g/L	杀虫剂	Bayer SA
甲草胺	480g/L	除草剂	Monsanto
氟咯草酮	250g/L	除草剂	BASF
吡唑醚菌酯	9%	杀菌剂	BASF

从表 15-6 可以看出，国外登记的微囊悬浮剂主要以杀虫剂为主，除草剂次之。

15.6 农药微囊悬浮剂的性能测定

为保证产品的质量，需对农药微囊悬浮剂产品进行各项性能指标的测定，下面对其各项性能指标和具体测试方法进行介绍。

(1) 外观　产品外观是人们对产品最直接的认识，保证产品外观的稳定具有重要意义。为保证产品外观的稳定性，需对外观进行测定。

① 试验标准。中华人民共和国农业行业标准《农药理化性质测定试验导则　第 3 部分：外观》(NY/T 1860.3—2016)。

② 方法提要。在日光或其他没有色彩偏差的人造光线下对被试物进行视觉观察和气味辨别，给出颜色、物理状态和气味等的定性描述。

③ 试验条件。无色透明玻璃试管 (50mL)；烧杯 (50mL)；白色背景；环境温度 21.0℃；相对湿度 20.7%RH。

④ 试验步骤

a. 颜色测定。在一白色背景中取 20g 被试物于无色透明玻璃试管中，对样品的色度、色调和亮度进行评价。

b. 物理状态测定。在一白色背景中取 20g 被试物于无色透明玻璃试管中，对样品的物理性状进行评价。

c. 气味测定。取 20g 被试物于 50mL 烧杯中，用手小心煽动，对样品的气味进行评价。

(2) 有效成分含量的测定　称取一定量的样品，用溶剂萃取、超声，破坏囊壁，将囊芯完全提取，然后经过分离，取上清液进行分析，分析方法参照相关有效成分的检测方法。

(3) 游离有效成分的质量分数测定　不同于其他制剂，微囊悬浮剂需要对游离的有效成分含量进行测定，以保证其包封率，使其发挥较长时间的药效。

具体方法为：称取试样于离心管中，加入少量纯净水稀释样品，摇匀后在一定转速下离心 30min，取出离心管，将上层清液转移至容量瓶中（注意：不要搅起沉淀物）。用溶剂溶解、定容，超声使有效成分完全溶解、摇匀、冷却至室温，过滤后进行含量测定，分析方法参照相关有效成分的检测方法。

（4）pH 值的测定　农药微囊悬浮剂是以水作为分散介质的，悬浮体系在中性介质中较为稳定。测定微囊悬浮剂的 pH 值，目的在于提供体系所需酸碱性条件调整的依据。按照要求调整好体系的 pH 值，可保证产品的贮存稳定性。

按照 GB/T 1601—1993 方法测定。称取 1g 试样于 100mL 烧杯中，加入 100mL 水，剧烈搅拌 1min，静置 1min。将校正好的 pH 电极插入试样溶液中，测其 pH 值。至少平行测定三次，测定结果的绝对差值应小于 0.1，取其算术平均值即为该试样的 pH 值。

（5）湿筛试验　微囊悬浮剂作为一种固-液分散体系，如果固体微粒的粒径过大，会导致体系长期存放出现分层和结块现象，同时在喷雾使用时会发生堵塞喷头的现象，湿筛试验就是进行这方面的测试。

按 GB/T 16150—1995 中“湿筛法”测定。将称好的试样，置于烧杯中润湿、稀释，倒入润湿的试验筛中，用平缓的自来水流直接冲洗，再将试验筛置于盛水的盆中继续洗涤，将筛中残余物转移至烧杯中，干燥残余物，称重，计算。

（6）有效成分悬浮率的测定　悬浮性是指分散的原药粒子在悬浮液中保持悬浮时间长短的能力。一个好的悬浮剂，不仅对水使用时，可使所有原药粒子均匀地悬浮在介质水中，达到方便应用的目的，而且在制剂贮存期内也具有良好的悬浮性。由于悬浮剂是一个悬浮分散体系，故具有胶体的某些性质，如分散液具有聚结不稳定性与不均匀态，也具有和溶胶系统相近似的特性。

有效成分悬浮率按 GB/T 14825—2006 方法测定。用标准硬水将待测试样配制成适当浓度的悬浮液。在规定的条件下，于量筒中静置一定时间，测定底部 1/10 悬浮液中有效成分的质量分数，计算其悬浮率。

（7）自发分散性的测定　自发分散性是指微胶囊粒子悬浮于水中保持分散成微细个体粒子的能力。分散性与悬浮性有密切的关系。分散性好，一般悬浮性就好；反之，悬浮性就差。悬浮剂要求悬浮粒子有足够的细度，粒子越大，越易受地心引力作用加速沉降，破坏分散性；反之，粒子过小，粒子表面的自由能就越大，越易受范德华力的作用，相互吸引发生团聚现象而加速沉降，因而也降低了悬浮性。要提高微细粒子在悬浮液中的分散性，除了要保证足够的细度外，重要的是克服团聚现象，主要办法是加入分散剂。因此，影响分散性的主要因素是原药和分散剂的种类和用量。选择适当，不仅可以阻止粒子的团聚，而且还可以获得较好的分散性。

微囊悬浮剂的自发分散性按 CIPAC 方法中的 MT 160 测定。将一定量的试剂加入规定体积的水中，上下翻转一次量筒进行混合，制成悬浮液，静置一段时间后，取出顶部 9/10 的悬浮液，对余下 1/10 的悬浮液和沉淀中的有效成分进行测定计算。

（8）倾倒性的测定　倾倒性实际上是对微囊悬浮剂黏度范围的规定，不同品种要求不同。

倾倒性按 GB/T 31737—2015 方法测定。将置于容器中的悬乳剂试样放置一定时间后，按照规定程序进行倾倒，测定滞留在容器内试样的量，计算得到洗涤前的数据；将容器用水洗涤后，再测定容器内的试样量，计算得到洗涤后的数据。

（9）持久起泡性的测定　起泡性是指悬浮剂在生产和对水稀释时产生泡沫的能力。泡沫多，说明起泡性强。泡沫不仅给加工带来困难（如冲料、降低生产效率、不易计量），而且也会影响喷雾效果，进而影响药效。悬浮剂的泡沫可以通过选择合适的助剂得到解决，必要时还可以加抑泡剂或消泡剂。

持久起泡性按 GB/T 28137—2011 方法测定。将规定量的试样与标准硬水混合，静置后记录泡沫体积。

(10) 冻融稳定性的测定 微胶囊悬浮剂的冻融过程，可能导致无法预料的、不可逆的反应，包括无法控制的有效成分结晶所引起的胶囊的失效。因此，该制剂是否具有抵御反复的结冻和融化过程的能力，是应该考虑的一项重要的性质。

微囊悬浮剂的冻融稳定性按 FAO 微囊悬浮剂标准方法测定。试样经结冻—融化四个循环，并使之均匀后，pH 值范围、自发分散性、倾倒性、湿筛试验等项目仍符合标准为合格。结冻融化 1 个循环指在－10℃±2℃结冻 18h，在 20℃±2℃融化 6h。

(11) 热贮稳定性的测定 热贮稳定性是微囊悬浮剂一项重要的性能指标，它直接关系产品的性能和应用效果。它是指制剂在贮存一定时间后，理化性能变化大小的指标。变化越小，说明贮存稳定性越好；反之，则差。贮存稳定性通常包括贮存物理稳定性和贮存化学稳定性。贮存物理稳定性是指制剂在贮存过程中微囊粒子互相黏结或团聚而形成的分层、析水和沉淀，及由此引起的流动性、分散性和悬浮性的降低或破坏。提高贮存物理稳定性的方法是：选择适合的有效浓度和助剂。贮存化学稳定性是指制剂在贮存过程中，由于微囊与连续相（水）和助剂的不相容性或 pH 值变化而引起的有效成分分解，使有效成分含量降低。提高贮存化学稳定性的方法是选择好助剂和适宜的 pH 值。

热贮稳定性按 GB/T 19136—2003 方法测定。将试样置于 54℃贮存 14d 后，对规定项目进行测定。热贮后有效成分的分解率小于等于 5.0%，其他各项指标仍符合标准为合格。

15.7 智能控释农药微胶囊

智能响应性材料可对酶、氧化还原、pH 值、光、温度、电场、磁场和离子强度等环境刺激的变化做出响应，实现有效成分的靶向控制释放，在药物控制释放方面显示出明显的优势，目前已经在医药、食品和环境工程等领域广泛应用[16~19]。将智能响应性材料应用于研究开发新型智能农药控释剂，已逐渐成为新型农药制剂的重要发展方向。

15.7.1 响应不同刺激信号的智能材料的种类

响应不同刺激信号的载体材料包括可对酶、pH 值、氧化还原、光和温度等不同类型刺激做出响应的智能载体材料，与普通载体材料相比，在药物控释、药物传递、分离纯化、临床诊断以及酶和细胞的固定化等领域展现出较好的应用性能。根据其刺激源的不同，目前常见的环境响应性材料主要可分为以下几类：

15.7.1.1 酶响应性智能材料

酶响应性智能材料包括酶响应性聚合物[20]、纳米粒子[21]和水凝胶[22]等，在药物控释[23]、光学传感与成像[24]、生物催化[25]等领域具有广阔的应用前景，尤其是在癌症药物治疗领域，通过利用疾病相关酶可实现药物的控制释放，达到高效、精准、高选择性的药物靶向控释[26]。农作物在有害生物侵害过程中，也会存在如纤维素酶[27]、果胶酶[28]和蛋白酶[29]等细胞壁降解酶等多种相关联酶，因此可采用药物靶向控释策略，实现精准智能化控制有害生物的侵害。

15.7.1.2 pH 响应性智能材料

pH 响应性智能材料含有可离子化的弱酸或弱碱基团，如—COOH、—SO_3H、—OH、—NH_2 等，其能根据体系 pH 值的变化接受或给予质子，从而导致基团解离程度发生响应变化，引起材料不连续的溶胀收缩、体积变化或溶解度变化。例如聚丙烯酸类水凝胶和壳聚糖可分别在碱性和酸性条件下溶胀[30]。

15.7.1.3　氧化还原响应性智能材料

氧化还原响应性智能材料可对生物体内或体外氧化还原环境的差异做出响应，这些材料一般在体外相对稳定，但到了体内还原环境后降解，具有良好的生物相容性。一般包括含有二硫键（S—S）或其他具有多个氧化状态的物质（如铁、硒和硫）的载体材料。例如含有二硫键的聚合物在生物体内还原型谷胱甘肽的作用下可实现二硫键的断裂，从而实现氧化还原响应性[19]。

15.7.1.4　光响应性智能材料

光响应性智能材料是以光作为刺激信号，具有低污染等优良特性。如紫外光辐射时，光响应性材料的光敏感基团发生异构化、光解离，从而导致基团构象和偶极矩等性质发生变化，常见的生色基团包括偶氮苯、螺吡喃、二芳基乙烯类等。例如偶氮苯聚合物中含有的偶氮苯基团在紫外/可见光照射下会发生可逆顺-反异构反应，改变大分子链间距离，从而使聚合物表现出膨胀-收缩，且在偏振光作用下发生分子取向重排，同时还伴随着吸收光谱、折射率、偶极距、介电常数等物理化学性质的变化，因此，偶氮苯聚合物在光控药物缓释方面具有很好的应用前景[31]。

15.7.1.5　温度响应性智能材料

温度响应性智能材料能对温度刺激产生可逆的物理结构和化学性质变化[32]。其中温敏响应性聚合物最典型的性质就是在溶剂中存在一个临界溶液温度，如果高于这个温度出现相分离则称为低临界溶液温度（lower critical solution temperature，LCST）。低于此温度出现相分离则称为高临界溶液温度（upper critical solution temperature，UCST）[33]。具有最低临界溶液温度的聚合物有 *N*-取代丙烯酰胺类聚合物、羟丙基甲基纤维素、羟丙基甲基丙烯酸甲酯、聚乙烯基甲基醚和聚乙烯醇等[34]。

15.7.2　智能控释农药微胶囊

在有害生物为害作物过程中，会伴随一系列环境刺激的变化，如酶、氧化还原、pH 值、光和温度等。因此，将环境响应性载体材料应用于农药领域，研究开发新型环境响应性农药控释剂，有望成为新型农药制剂的重要发展方向，利用有害生物和作物相互作用产生的环境刺激变化调节控释载体的降解，从而智能、靶向地释放农药分子，可更有效地防治有害生物。

15.7.2.1　酶响应性农药微胶囊

Ding[35] 和 Liu[36] 分别用 3-氨丙基三乙氧基硅烷（APTES）和 *N*-羟基琥珀酰亚胺作为交联剂，改性后得到春雷霉素二氧化硅纳米微球和雷霉素-果胶控释剂。两种制剂均具有良好的酶刺激响应性，其中春雷霉素二氧化硅纳米微球可响应细菌侵染过程中产生的酰胺酶，实现春雷霉素的酶刺激触发释放[35]；雷霉素-果胶控释剂可在假单胞菌分泌的果胶酶和酰胺酶作用下触发释放出春雷霉素[36]。

Guo 等[37] 采用乳液聚合法制备了甲氨基阿维菌素苯甲酸盐二氧化硅微囊，经 APTES 改性后与环氧氯丙烷改性的羧甲基纤维素（EMC）交联，得酶响应性甲氨基阿维菌素苯甲酸盐微囊，可实现对桃蚜为害过程中产生的纤维素酶的响应，从而触发而释放出药物，显示出良好的酶刺激响应性能。

Kaziem 等[38] 以介孔二氧化硅为载体负载氯虫苯甲酰胺，与 α-环糊精交联包封表面介孔，制备得到酶响应性氯虫苯甲酰胺控释剂，该剂型表现出良好的酶刺激响应性能，可实现对咀嚼式口器昆虫唾液和中肠中 α-淀粉酶的快速响应，从而触发而释放药物。

15.7.2.2 pH 响应性农药微胶囊

Rudzinski 等[39]利用制备丙烯酸/乙二醇二甲基丙烯酸酯共聚水凝胶负载氯氰菊酯，制备得到 pH 响应性氯氰菊酯控释剂，具有良好的 pH 响应性能，可实现利用土壤的碱性条件控制农药的释放。

林粤顺等[40]利用氨基化介孔硅负载毒死蜱，并通过静电吸附聚丙烯酸（PAA）后制得 pH 响应性的 PAA/毒死蜱/氨基化介孔硅缓释剂型，缓释动力学研究表明，该体系表现出明显的 pH 响应性，在 pH≤7 时，pH 值越低，毒死蜱释放速率随 pH 值的降低而加快，在偏碱性条件下的释放比中性条件下稍快。Xiang 等[41]将毒死蜱吸附于聚多巴胺改性硅镁土载体上，再与海藻酸钙交联形成多孔的水凝胶球，制得 pH 响应性毒死蜱控释剂，实现了在碱性条件下对毒死蜱的可控释放，且能有效保护毒死蜱在紫外光条件下的降解。

15.7.2.3 氧化还原响应性农药微胶囊

Yu 等[42]将两亲性的羧甲基壳聚糖衍生物在水溶液中自组装成纳米粒子，经超声处理生成二硫键，并负载敌草隆后，得到具有氧化还原响应性的敌草隆控释剂。该控释剂在植物组织中的还原型谷胱甘肽作用下触发而释放出敌草隆，对稗草具有较好的除草活性且对作物安全。

郭明程[43]利用二硫键将二氧化硅微球与果胶交联，制得氧化还原响应性春雷霉素控释剂。该控释剂在白菜软腐病菌侵染危害过程中产生的谷胱甘肽作用下触发而释放出药物，且负载率较高，能有效提高春雷霉素对光照和受热的稳定性。与春雷霉素可湿性粉剂相比，该控释剂在相同浓度下的杀菌活性更好、更持久。

15.7.2.4 光响应性农药微胶囊

Atta 等[44,45]分别以二萘嵌苯-3-联苯甲醇光敏有机荧光纳米粒子和香豆素共聚物为载体，制备了光响应性 2,4-D 控释剂。两种控释剂均表现出良好的荧光性、细胞吸收性和光刺激响应性能。生测试验显示，该控释剂在植株体内的传导性、靶向性和除草活性显著提高。

Ye 等[46]将羧甲基壳聚糖与 2-硝基苄基侧基键合，在水溶液中自组装为聚合物胶束，交联后制备了光响应性壳交联胶束。以胶束为载体负载敌草隆，得到光响应性敌草隆控释剂。结果显示，该控释剂在黑暗条件下敌草隆不会释放，而在太阳光照射下，8h 后敌草隆释放率即可达 96.8%。该研究提供了利用太阳光控释光合作用抑制剂类除草剂，大大提高了农药利用率。

Ding 等[47]将聚乙二醇键合 *O*-硝基苄基基团后，与 2,4-D 枝接，得到两亲性的聚合物-农药接合物，在水溶液中自聚后形成光响应性胶束，实现无光照条件下无 2,4-D 释放，而在太阳光照射下，8h 后 2,4-D 的累积释放率达 99.6%，表现出好的光响应性。

Xu 等[48]将螺虫乙酯烯醇与香豆素共价交联，制得光响应性螺虫乙酯烯醇控释剂，该控释剂具有良好的光刺激响应性能。在黑暗条件下对豆蚜无明显的杀虫活性，而在太阳光照射下可触发释放出螺虫乙酯烯醇，显示出良好的杀虫活性。

Chen 等[49]使用由生物炭、绿坡缕石（ATP)、草甘膦（Gly)、偶氮苯（AZO）和氨基硅油（ASO）组成的纳米复合材料开发了具有核-壳结构的光响应控释除草剂颗粒（LCHP)。其中，纳米网络结构的 ATP 均匀分布于生物炭的孔隙中，形成多孔生物炭-ATP 复合物，作为载体有效地负载大量的 Gly 和 AZO 分子，得到多孔生物炭-ATP-Gly-AZO 颗粒。随后，生物炭-ATP-Gly-AZO 颗粒被 ASO 不完全包覆，在 ASO 涂层中形成具有丰富微孔的 LCHP。在 UV-Vis 光辐射下，AZO 分子的反式-顺式和顺式-反式异构体转变将发生，作为光激发的“搅拌器”以促进从 LCHP 通过那些纳米孔释放 Gly。因此，LCHP 显示出优异的光响应控制释放性能。另外，LCHP 在杂草叶片表面具有良好的黏附性能，这有利于提高对杂草的防治效果。

15.7.2.5 温度响应性农药微胶囊

Xu 等[50]以在聚多巴胺（PDA）微球表面包覆热敏的聚 *N*-异丙基丙烯酰胺（PNIPAm），制得核壳结构的 PDA@PNIPAm 复合载体，负载吡虫啉（imidacloprid）后得到具有良好温度响应性能的控释剂。

Greene 等[51]制备了温度响应性的二嗪磷（diazinon）、氟乐灵和甲草胺控释剂，当土壤温度或气温达到病虫草等有害生物最活跃的临界温度时，才按可预测的速率释放出药物。与常规剂型相比，二嗪磷控释剂对害虫作用的持效期长；氟乐灵控释剂降低了对作物的药害，省去了快速覆土的需求；甲草胺控释剂延长了防治杂草的持效期，并减少了其在土壤中的淋溶。

Chi 等[52]以硅镁土-碳酸氢铵-草甘膦混合物为核心，氨基硅油-聚乙烯醇为壳，制备了核壳结构的温度响应性草甘膦控释剂。利用多孔硅镁土，可大量负载草甘膦分子；碳酸氢铵作为发泡剂，可在壳上制造出大量的微纳米孔，促进草甘膦释放；温度变化可有效调节孔的数量，同时，聚乙烯醇壳在高温条件下易溶于水溶液。因此，该控释剂实现了对草甘膦的可控释放。

王宁等[53]以 *N*-异丙基丙烯酰胺（NIPAM）和丙烯酸丁酯（BA）的共聚物为壁材，采用乳液聚合法制备了温度响应型吡唑醚菌酯微囊。结果发现，该微胶囊具有明显的温度响应性特征，当环境温度高于低临界溶解温度（LCST）28.2℃时，能够快速释放活性成分，而低于该温度时其释放行为受到抑制。同时，还能够显著提高吡唑醚菌酯对水生生物的安全性。

15.7.2.6 多种响应性农药微胶囊

Xu 等[54]结合天然和合成聚合物的优点，通过与 2-甲基丙烯酸 2-(二甲基氨基)乙酯（DMAEMA）作为乙烯基单体的自由基接枝共聚，可以容易地制备 pH 和温度双响应性壳聚糖共聚物（CS-g-PDMAEMA）。使用乳液化学交联方法制备得到具有 pH 和温度双响应的唑菌胺酯微胶囊。该体系显示出 pH 和热响应释放，唑菌胺酯载荷含量和包封率分别为 18.79％和 64.51％。微胶囊化可以解决唑菌胺酯光不稳定性及对水生生物的高毒性的问题。

Cao 等[55]将三甲胺（TA）基团接枝到介孔二氧化硅纳米粒子（MSN）上，合成了正电荷功能化 MSN，负电性的 2,4-D 钠盐能有效地负载到带正电荷的 MSN 纳米颗粒上，形成具有多种响应的缓释体系。此体系中，农药的负载和释放具有 pH、离子强度和温度响应性。土柱实验表明，MSN-TA 可以减少 2,4-D 钠盐的土壤淋溶。此外，这种新型制剂在目标植物上显示出良好的生物活性，而对非目标植物的生长没有不利影响。

Sheng 等[56]通过腙键键合制备了温度与 pH 双响应性的阿维菌素控释剂，该控释剂可实现对温度与 pH 双刺激响应性，且具有较高的负载率。

参考文献

[1] 赵德．脲醛树脂制备毒死蜱微胶囊及性能表征．山东：山东农业大学，2006.

[2] 高德霖．现代化工，2000（2）：12-16.

[3] 甘孝勇．广州化工，2012（13）：56.

[4] 刘益军．聚氨酯树脂及其应用．北京：化学工业出版社，2015.

[5] 华乃震．现代农药，2010，9（4）：9.

[6] 宋健，陈磊，李效军．微胶囊化技术及应用．北京：化学工业出版社，2004.

[7] 丁明惠．脲醛树脂微胶囊制备及应用研究．哈尔滨：哈尔滨工程大学，2006.

[8] 乔吉超，胡小玲，张团红，等．化工进展，2006，25（8）：885-889.

[9] 刘志挺．广东药学院学报，2007，23（5）：596-599.
[10] 陈庆华，张强，等．药物微囊化新技术及应用．北京：人民卫生出版社，2008.
[11] 范腾飞．两种农药微胶囊的制备及其性能的研究．北京：中国农业大学，2014.
[12] 卢向阳．现代农药，2013，12（2）：4-8.
[13] 丁向东．农药，2007，46（10）：666-668.
[14] 王岩，万邱影．广州化工，2012，40（1）：78-79.
[15] 廖沛峰，赖开平，罗桂新，等．广西科学，2011，18（3）：233-234.
[16] Manatunga D C，de Silva R M，de Silva K M N，et al. European Journal of PHarmaceutics and BiopHarmaceutics，2017，117：29-38.
[17] Zhang C，Pan D，Li J，et al. Acta biomaterialia，2017，55：153-162.
[18] Eswaramma S，Rao K S V K. Carbohydrate polymers，2017，156：125-134.
[19] 郭明程，陈立萍，张佳，等．农药学学报，2018，20（3）：270-278.
[20] Wang C，Chen Q，Wang Z，et al. Angewandte Chemie，2010，122（46）：8794-8797.
[21] Nguyen M，Carlini A S，Chien M P，et al. Advanced Materials，2015，27（37）：5547-5552.
[22] Hu J，Zhang G，Liu S. Chemical Society Reviews，2012，41（18）：5933-5949.
[23] Li X，Burger S，O'Connor A J，et al. Chemical Communications，2016，52（29）：5112-5115.
[24] Zha Z，Zhang S，Deng Z，et al. Chemical Communications，2013，49（33）：3455-3457.
[25] Tokarev I，Gopishetty V，Zhou J，et al. ACS applied materials & interfaces，2009，1（3）：532-536.
[26] Andresen T L，Thompson D H，Kaasgaard T. Molecular membrane biology，2010，27（7）：353-363.
[27] Watanabe H，Tokuda G. Annual review of entomology，2010，55（1）：609-632.
[28] Maisuria V B，Patel V A，Nerurkar A S. J Microbiol Biotechnol，2010，20（7）：1077-1085.
[29] Agustí N，Cohen A C. Science，2000，35（2）：176-186.
[30] 魏忠，侯华．高分子通报，2012（5）：15-22.
[31] 李光华，李玉香，赵治巨，等．广西大学学报：自然科学版，2010，35（3）：444-450.
[32] Bromberg L E，Ron E S. Advanced drug delivery reviews，1998，31（3）：197-221.
[33] 马永翠，唐刚，闵晓燕，等．化学世界，2013，54（4）：246-250.
[34] Ganta S，Devalapally H，Shahiwala A，et al. Journal of controlled release，2008，126（3）：187-204.
[35] Ding G，Li D，Liu Y，et al. Journal of nanoparticle research，2014，16（11）：2671.
[36] Liu Y，Sun Y，Ding G，et al. Journal of agricultural and food chemistry，2015，63（17）：4263-4268.
[37] Guo M，Zhang W，Ding G，et al. Rsc Advances，2015，5（113）：93170-93179.
[38] Kaziem A E，Gao Y，He S，et al. Journal of agricultural and food chemistry，2017，65（36）：7854-7864.
[39] Rudzinski W E，Chipuk T，Dave A M，et al. Journal of Applied Polymer Science，2003，87（3）：394-403.
[40] 林粤顺，周红军，周新华，等．化工学报，2016，67（10）：4500-4507.
[41] Xiang Y，Zhang G，Chen C，et al. ACS Sustainable Chemistry & Engineering，2017，6（1）：1192-1201.
[42] Yu Z，Sun X，Song H，et al. Materials Sciences and Applications，2015，6（06）：591.
[43] 郭明程．环境响应性农药控释剂的制备及生物效应研究．北京：中国农业大学，2016.
[44] Atta S，Bera M，Chattopadhyay T，et al. RSC Advances，2015，5（106）：86990-86996.
[45] Atta S，Paul A，Banerjee R，et al. RSC Advances，2015，5（121）：99968-99975.
[46] Ye Z，Guo J，Wu D，et al. Carbohydrate polymers，2015，132：520-528.
[47] Ding K，Shi L，Zhang L，et al. Polymer Chemistry，2016，7（4）：899-904.
[48] Xu Z，Gao Z，Shao X. Chinese Chemical Letters，2018，32（10）：1602-1605.
[49] Chen C，Zhang G，Dai Z，et al. Chemical Engineering Journal，2018，349：101-110.
[50] Xu X，Bai B，Wang H，et al. ACS applied materials & interfaces，2017，9（7）：6424-6432.
[51] Greene L C，Meyers P A，Springer J T，et al. Journal of agricultural and food chemistry，1992，40（11）：2274-2278.
[52] Chi Y，Zhang G，Xiang Y，et al. ACS Sustainable Chemistry & Engineering，2017，5（6）：4969-4975.
[53] 王宁，齐麟，王娅，等．农药学学报，2017，19（3）：381-387.
[54] Xu C，Cao L，Zhao P，et al. International journal ofmolecular sciences，2018，19（3）：854.
[55] Cao L，Zhou Z，Niu S，et al. Journal of agricultural and food chemistry，2017，66（26）：6594-6603.
[56] Sheng W，Ma S，Li W，et al. RSC Advances，2015，5（18）：13867-13870.

第 16 章
悬浮种衣剂

16.1 概述

16.1.1 悬浮种衣剂的发展简史

种苗期病虫害发生较重，适合使用种衣剂的主要作物有棉花、大豆、花生、小麦、玉米、水稻、谷子、高粱、蔬菜（黄瓜、番茄、芹菜、茄子等）、甜菜、油菜、向日葵、芝麻、西瓜、当归、西洋参、麻类、烟草、牧草、苗木和观赏植物等。

国内种衣剂的真正发展是从 20 世纪 90 年代才开始的。在过去的 20 年里，开发了适宜在不同地区、不同作物、防治不同病虫害的一系列品种，并基本形成了具中国特色的种衣剂研究、开发、生产和推广体系。种衣剂的发展，一直保持着较快的发展势头。

目前发展品种较多的是化学型种衣剂，目前国内种衣剂市场的特点是：种衣剂生产企业规模小，技术水准不高，种衣剂总体质量合格率低，质量难以保证，产品结构不合理、发展不平衡，新产品的开发滞后。市场发育不成熟，甚至出现“正规军”打不过“杂牌军”的怪现象。生物型种衣剂目前正在开发中，在美国有些品种已投产应用；用于水稻的逸氧型种衣剂及干旱地区作物种子包衣所用的高分子吸水剂为组分的特异型种衣剂，也是现今研制开发的热点之一；开发难度大的含选择性除草剂的种衣剂也在研制之中。总之，为了适应不同国家或地区的不同良种包衣之需要，种衣剂的类型和品种将不断扩大和增多。

我国是农业大国，种衣剂市场潜力巨大。1996 年，农业部开始实施“种子工程”，使我国种子包衣技术得到大力推广应用，种衣剂生产企业从原来的 33 家定点厂发展到目前的 300 余家，年产量 1 万多吨。国产种衣剂中病虫兼治的复合型种衣剂较多，占种衣剂品种的 70%左右，药肥复合型种衣剂占 40%左右，应用较多的品种有 35%多克福［多菌灵（carbendazim）＋克百威（carbofuran）＋福美双（thiram）］种衣剂、20%多克福［克百威（carbofuran）＋福美双（thiram）］种衣剂等。

16.1.2 基本概念

种衣剂（seed coating formulation）是指在干燥或润湿状态的植物种子外，用含有黏结剂的农药或者肥料等组合物包裹，使之成为具有一定功能和包裹强度的保护层，将该过程称之为种子包衣，把包在种子外的原组合物称为种衣剂。通常种衣剂是由活性成分（杀虫剂、杀菌剂、生长调节剂、微肥等）、成膜剂、润湿分散剂、警戒色和其他助剂加工制成，可直接或经稀释后包覆于种子表面，形成具有一定强度和渗透性的保护膜的制剂。它和用于种子处理的农药剂型如乳油、粉剂、可湿性粉剂等不同，种衣剂是包在种子表面形成特殊的包衣膜，这层膜在土壤中吸水膨胀而不被溶解，允许种子正常发芽所需的水分和空气通过，使农药和种肥等物质缓慢释放，具有杀灭地下害虫、防止种子带菌和苗期病害、促进种苗健康生长发育、改进作物品质、提高种子发芽率、减少农药使用量、提高产量等功能，从而达到减少环境污染、防病治虫保苗的目的。

种衣剂之所以备受重视，主要是因为它与其他施药方式相比具有高效、经济、安全、持效期长和多功能等诸多优点。

① 高效是指种子处理从农作物的生长发育的起点出发，着重保护种子本身以及作物娇嫩的幼芽期，是体现预防为主的一种施药方式和农药制剂，因而最能充分地发挥药剂的效果。

② 经济是指种子处理的高度目标性，因为药力集中、利用率高，较之叶面喷施、土壤处理、毒土、毒饵等方法省药、省工、省时和省种。与沟施相比，种子处理用药量不及它的15%，与叶面喷施相比。种子处理用药量不及它的1%。

③ 安全是指种子处理可在小范围内进行，便于实现产业化；药剂隐蔽使用，对大气环境、土壤无污染或少污染；不伤天敌，有利于综合防治，且使作物地上部分的残留量大为减少，因而有助于高毒农药实现低毒化。

④ 持效期长是指种子处理后，药剂一般不易迅速向周围土壤扩散，而是缓慢释放。加之不与土壤广泛接触，又不受日晒雨淋和高温等影响，因而有效成分对病虫害的防治持效期相对延长。

⑤ 多功能是指种子处理以种子为载体包覆多种有效成分，可以包括杀虫剂、杀菌剂、生长调节剂、肥料和微量元素等，实现从多方面促进作物生长，最终起到增产作用。

16.1.3 种衣剂的分类

种子处理剂分为拌种剂、浸种剂和种衣剂。其中拌种剂和浸种剂属于田间施药的一种方式，它们共同的特点是在播种前农民根据防治的需要用固体农药或者用含有农药的水溶液来处理种子，它是一种传统的、田头的作物保护方法之一。而种衣剂是在植物种子外表形成具有一定功能和包覆强度的衣膜（或保护层），我们把具有这种功能的药剂称之为种衣剂，很显然，与前两种种子处理的方式相比，种子包衣能适合现代化大农业的需要，它有利于区域性的综合防治，也有利于区域性的良种推广和统一供种。

种衣剂在国际上有许多类型和品种。这主要取决于种子的类型及各国病虫及土壤状况。据报道，种衣剂品种有几百种，目前对种衣剂的分类标准没有一致的说法。

（1）按其组成分分　大致可分为4大类型：

① 物理型（又称泥浆型），主要用于小粒种子丸粒化，具成膜性，崩解速率快，有控制释放作用。其中包括播种的种衣剂、抗流失种衣剂、帮助作物移植生长的种衣剂。

② 化学型（即农药、月巴、激素型），其中包括杀虫杀菌种衣剂、常量元素肥料和微肥种衣剂、除草剂种衣剂（除草剂在种衣剂中的应用还处于实验阶段）、复合型种衣剂。

③ 生物型，利用有益微生物为有效成分制成种衣剂处理种子，可防止污染，保护环境。

④ 特异型，用于特定或特殊目的的种衣剂。其中包括蓄水抗旱种衣剂、抗寒种衣剂、逸氧种衣剂、抑制除草剂残效种衣剂。四类种衣剂的共同特点是必须具有成膜性。

（2）按功能分　分为 2 种类型：

① 植保型，即以防治芽期苗期的主要病虫害为目标，拟定的活性物质配方，形成衣膜包裹在种子表面。

② 衣胞型，一般来说，在某些特殊情况下（如特种作物、特定的气候条件或特殊的地区），为了保证种子的发芽而不受周边环境的影响，在种子外表包裹了一层保护层，犹如给种子提供了一个小“宾馆”，为种子发芽初期提供了便利条件，例如：包括防病菌虫害侵入组分、供氧剂、保水剂、养分等。

（3）按使用环境分　分为 2 种：旱田种衣剂；水田种衣剂。

（4）按种衣剂物理形态分　分为 3 类。丸粒化型：固形物含量较高，用于小粒种子和不规则种子的丸粒化。悬浮型：固形物含量较低，外观为均匀流动的悬浮液，用于种子包衣。干粉型：产品为粉状，使用时须加水稀释，可用于丸粒化和包衣。此外，一些先进的种子加工线上使用其他制剂现场复配并包衣的方法也可属于同一类种衣剂。

（5）按包衣层数分　分为 2 种：单层包衣；多层包衣。

多层包衣主要是指以上所述单一型种衣剂的衣膜按功能多层包衣，另外一种是指丸粒化的制作过程。

（6）按农药加工剂型分　分为 6 种：水悬浮型；水乳型；悬乳型；干胶悬型；微胶囊型；水分散粒剂型等。

悬浮种衣剂，一般包括以下几种类型：水悬浮型种衣剂（flowable concentrate for seed treatment），剂型国际代号为 FS；水乳型种衣剂（EWS）；悬乳型种衣剂（SES）；微胶囊型种衣剂（CS）。

水悬浮型种衣剂（简称悬浮种衣剂）是目前我国推广种子包衣技术使用最广泛、使用量最大的种衣剂，它是把固体的农药和其他辅助成分超微粉碎成一定细度范围而做成的一种特殊功能的农药水悬浮剂。

水乳型种衣剂是根据某些特殊作物的种子的防治需要而研制出的一种新的种衣剂剂型。它是把农药以液体形式均匀地悬浮在种衣剂中，同时配以特殊的成膜材料和渗透剂。它的特点是活性物质的渗透性极强，能迅速穿过质地较为坚硬的种皮而被种子吸收，同时，特殊材料制成的衣膜保证了活性物质的单向渗透，具有特殊的效果。

悬乳型种衣剂是水悬浮型种衣剂和水乳型种衣剂的复配剂型。

微胶囊型种衣剂，这种剂型的特点是把农药的活性成分包裹在 $2 \sim 5\mu m$ 或者更小直径的高分子小球内，形成一个一个的微型胶囊，然后再按种衣剂的要求加工成水悬浮型的或干胶悬型的种衣剂，它具有控制释放的功能，从而可以延长药效，更可靠地确保种子的安全。到目前为止，部分跨国农化公司已成功开发了相关微囊种衣剂的产品，而我国的农药企业也研发了相关产品并取得良好的市场反馈。悬浮种衣剂，是由有效成分（杀虫剂、杀菌剂、植物生长调节剂、微量元素等）、成膜剂、润湿剂、分散剂、增稠剂、警戒色、填料和水经湿法粉碎而制成的一种可流动的稳定的均匀悬浮液体。悬浮种衣剂和悬浮剂的主要差别在于悬浮种衣剂组成中有成膜剂及警戒色，同时，悬浮种衣剂的配方组分对种子的安全性要优于普通悬浮剂，目前国内的种衣剂产品绝大多数都是悬浮种衣剂。

农作物良种播种之前，根据可能会发生的芽期、苗期虫害及种传、土传病害，选择药液品种，对种子进行包衣。一层薄薄的药膜保护了种子，犹如穿上了一种外衣，故名种衣剂。一般包衣种子可在芽期和苗期的近 45d 内不需再施农药，微囊型种衣剂的缓释作用可持效更久。可以说种衣剂的使用不仅有效减少了施药次数、节约了劳动力，而且减少了施药的总量。从整体意义上看，可以说推广种子包衣技术是植保领域中使用农药方式的一次革命，由于种子包衣所耗用农药大幅度减少，防治和增产效果明显，因此属世界公认的要积极推广的对环境友好的农药新剂型。推广种子技术是我国由传统农业向现代高科技农业过渡的桥梁之一。国际种子处理界的科学家们普遍认为种子包衣技术是充分挖掘作物遗传基因潜力的一个重要措施，种子包衣既可以为当前的传统作物栽培服务，也是将来以基因工程为基础的现代农业不可缺少的技术措施之一，有着广阔的科技发展前景。

16.2 悬浮种衣剂的配方与加工工艺

16.2.1 悬浮种衣剂的主要组成与技术要求

16.2.1.1 悬浮种衣剂

悬浮种衣剂一般由以下六个部分组成：活性物质；成膜剂；其他助剂（分散剂、渗透剂、流变添加剂、防冻剂、消泡剂、增稠剂等）；填料；辅助成分（微肥、植物生长调节剂、保水剂、供氧剂等）；警戒色。

（1）活性物质　活性物质是种衣剂的主配方成分，是在病虫害防治功能中起主要作用的部分，它包括杀菌剂、杀虫剂、杀线虫剂、植物生长调节剂以及相应的保护剂、微量元素等。但种衣剂配方所选用的农药活性物质有着特殊的要求，如：不能影响种子的活性；在土壤中必须稳定；原药的酸碱度必须保持基本是中性；对环境和土壤不产生严重的污染；残效期适中等。

国际上种衣剂的开发和使用在20世纪60年代左右，开始阶段所选用的活性物质种类与拌种剂接轨，主要使用的杀菌剂有多菌灵、福美双、萎锈灵、苯菌灵、甲霜灵等，杀虫剂主要有克百威、甲拌灵等，随着高效和超高效农药的问世，上述传统农药从20世纪90年代起正在逐步地从种衣剂配方中被淘汰，而代之以三唑醇、烯唑醇、戊唑醇、咯菌腈、灭菌唑、吡虫啉、七氟菊酯、氟虫腈、噻虫嗪等。国家已规定甲基异柳磷、辛硫磷、甲基环硫磷、甲拌磷等剧毒农药禁止或逐步禁止在种衣剂上使用。2002年又规定，以呋喃丹为活性物质登记的种衣剂不再扩大登记。

（2）成膜剂　成膜剂是种衣剂的一个关键成分，它必须在种子外表形成一层衣膜，具有透气透水的功能和一定的强度，但又不被水分所溶解，随着种子的发芽、生长而逐步地降解，它是一种特殊的高分子复合材料。

（3）微肥　上述辅助成分中微肥主要以特殊形态的锌、硼、锰、铜以及少量稀有元素为主。

（4）植物生长调节剂　根据植物需要，经常选用的是多效唑、烯效唑、缩节安、赤霉素、萘乙酸、吲哚丁酸、环烷酸盐、三十烷醇、复硝钾、过氧化钙、过氧化锌、生根剂、种子萌发促进剂等。

（5）警戒色　一般是由各种染料或颜料构成的，色系选择国际通用的警戒色——红色系，也可根据需要选择其他色系，但应注意选择的警戒色物质不能对被包衣种子和种衣剂的其他成分有不良的影响。包衣后的种子一般都带有农药等有毒物质，如果不加警戒色，不易区分包衣前后的种子，引起人畜及鸟类的误食，就可能酿成中毒事故。为便于与一般种子进行区别，同时起到对种子或产品的分类作用，在种衣剂配方中必须加警戒色。

16.2.1.2 主要技术要求

有效成分的细度：水悬浮型种衣剂其平均粒度应小于4μm，目前应用较多的是使用激光粒度分析仪进行检测。粒度决定包衣的均匀性，粒度越小，产品分布越均匀，田间播种后，防治效果越均衡。

黏度的大小直接影响产品的包衣效果，一般来说，对于某一种的特定的种子，黏度和包衣效果息息相关。一个优质的种衣剂必须具备相应的流变性，在静置贮放时有较高的黏度有助于产品的稳定性，而摇晃后的黏度变小有助于种子的均匀包衣，可以通过晃动产品或小试包衣做出一个粗略的判断。可以用黏度计来检测。

成膜性是种衣剂中最为关键的性能之一，成膜性分为表观性能和安全性能。表观性能即包衣后所能观察到的直观包衣效果，对应的指标为种衣剂的包衣脱落率，成膜性与包衣脱落率成正相关，在种子包衣和包装贮存过程中也可能做出一个初步的判别。如果种子包衣晾干后表面的药液干燥物脱落很明显，说明成膜性的表观性能不佳，反之亦然。而成膜剂的安全性能则通过种子的发芽率表现出来，好的成膜性有助于活性组分附着于种皮表面，有良好的表观性能，同时不影响种子在发芽时的气体呼吸作用与水分吸收，对种子的发芽速率没有影响，安全性能高。如果使用添加成膜剂的药液包衣，种子的发芽速率有明显的抑制作用，说明成膜剂的种类和用量还需调整，配方体系的成膜剂的安全性能不够完善[1,2]。

种衣剂的酸碱度应严格控制在中性左右，过酸或过碱会对种子的发芽产生不良的影响，值得注意的是贮存期较长（一般两年）的种衣剂酸碱度的变化较大，不宜再使用。

冷贮稳定性，种衣剂产品在低温条件下贮存要求物理性状无明显变化，国家标准定为0℃±2℃贮存 7d，物理性状无明显变化。特别优良的种衣剂即使在－5～－10℃的条件下，长期贮存而结冰，但在室温条件下，化冰后仍能恢复原状。

热贮稳定性是检验产品配方是否合理、在保质期内是否稳定的一项指标要求。方法是将样品在 54℃±2℃贮存 2 周后，其有效成分分解率应不超过该产品标准规定的分解率，各项物理指标仍应符合原标准的规定。

另外，种子活力的测定和包衣种子的发芽试验是种子公司进行批量种子包衣时不可缺少的试验程序。

16.2.2 悬浮种衣剂的配方组成与加工工艺

这里主要介绍悬浮种衣剂的配方组成与加工工艺，其他类型的液体悬浮种衣剂可参考水乳剂、悬乳剂、微囊悬浮剂等的配方组成与加工工艺。

16.2.2.1 液体悬浮种衣剂的配方组成

悬浮种衣剂主要由活性成分、润湿剂、分散剂、成膜剂、警戒色、增稠剂、抗冻剂、消泡剂等组分组成。润湿剂通常指能使固体物料更易被水浸湿的物质，通过降低其表面张力或界面张力，使水能展开在固体物料的表面上，或者导入其表面，把固体物料润湿，一般用量在 1%、3%的范围比较合适。而分散剂可以阻止粒子之间相互凝集而形成稳定的悬浮体系，一般用量在 1%～8%的范围比较合适。润湿分散剂的主要类型有萘磺酸钠甲醛缩合物、三苯乙烯基酚聚氧乙烯醚类和衍生物酯类、木质素磺酸盐、脂肪醇聚氧乙烯醚类、EO/PO 嵌段共聚物、烷基酚聚氧乙烯醚类、苯乙烯苯酚甲醛树脂聚氧乙烯醚磷酸酯盐、高分子梳型共聚物、聚合羧酸盐类等。

成膜材料是在种子外表形成一层衣膜，具有透气透水的功能和一定的强度，但又不被水分所溶解，随着种子的发芽、生长而逐步降解的高分子复合材料。成膜剂的主要类型有聚乙烯醇（PVA）、聚乙二醇（PEG）、聚乙烯醋酸酯、聚乙烯吡咯烷酮（PVP）、松香、聚苯乙烯、苯丙乳液、丙烯酸树脂聚合物、羧甲基纤维素、明胶、阿拉伯胶、黄原胶、海藻酸钠、琼脂、多糖类高分子化合物、纤维素衍生物等。

警戒色一般是由各种染料或颜料构成的，色系选择国际通用的警戒色——红色系，也可根据需要选择其他色系。常用的有偶氮类的染料如碱性玫瑰精，染料具有染色上染率高、染色迅速、不易脱色，但染料在水中的溶解度低，染料上色顽固，不易清洗施药药具，同时也容易污染土壤和水质，不易降解，目前国际上更多开始使用有机颜料来替代染料。为了提高包衣后的表面光亮度，成膜剂配方中还需要加入适当的珠光粉和炭光粉等。

增稠剂常用的有黄原胶、纤维素醚及其衍生物、聚乙二醇、聚乙烯醇、硅酸镁铝、膨润土、高岭土、硅藻土、白炭黑、明胶、阿拉伯胶中的一种或者两种以上的组合。目前悬浮种衣剂中较常使用的为黄原胶，黄原胶从黏度、悬浮率等方面都是目前所知的性能最为优越的生物胶之一，其独特的理化性能使之集增稠、悬浮及助乳化稳定等功能于一身，广泛应用到悬浮种衣剂生产中。

以水为主要介质的悬浮种衣剂，在北方地区寒冷的自然条件下，不利于生产、存贮和使用，所以添加抗冻剂是必不可少的工序，加入后能延缓种衣剂的结冻现象，并起到尽快解冻的效果。抗冻剂一般从乙二醇、丙二醇、丙三醇、无机盐、尿素中选择[3]。

消泡剂有硅类消泡剂、聚醚类消泡剂、高碳醇、磷酸三丁酯、聚硅氧烷消泡剂等。

生产工艺中所采用的水为去离子水或者蒸馏水。

根据工艺要求，流程示意图中的加料顺序可以适当调整，例如成膜剂、抗冻剂、增稠剂、pH 调节剂等可以在搅拌、砂磨前加入，具体加料顺序及工艺需要在小试阶段摸索和验证。

16.2.2.2 悬浮种衣剂的加工工艺

农药悬浮种衣剂加工的设备和工艺非常重要，常常影响到产品的质量。

悬浮种衣剂加工工艺研究的主要内容就是：

① 根据选好的农药有效成分的性质确定一种加工方法，即确定工艺路线；

② 选定合适的加工设备；

③ 确定各组分的加料顺序。

农药悬浮种衣剂的加工方法主要有两种：一种是超微粉碎法（亦称湿磨法）；另一种是凝聚法（亦称热熔-分散法）。农药悬浮种衣剂的加工基本都采用超微粉碎法[4]。

16.3 悬浮种衣剂理论基础和存在问题

16.3.1 悬浮种衣剂基础理论知识

（1）悬浮型种衣剂制备的理论基础　悬浮种衣剂是将不溶于水的固体农药经微细化分散于水中时，由于粒子本身的疏水性以及粒子间存在范德华力的缘故，它们会自发地聚集在一起，所以体系中粒子的凝聚和沉降是影响种衣剂物理稳定性的主要原因。悬浮种衣剂是以浓缩悬浮液的形态存在，经时存放期间除可能出现化学不稳定性外，更常出现的是物理稳定问题。Stokes 公式指出，悬浮体系中粒子的沉降速率与黏度成负相关，与粒子直径的平方及分散介质——粒子的相对密度成正相关，粒子直径对沉降速率的影响是指数级的。

近年来，使用激光粒度仪对粒子粒度进一步研究时发现粒度分布范围对体系稳定性也有很大影响。使用流动电位仪对粒子带电性质的研究表明，电导率影响也十分显著。通过添加在连续相介质水中能够发生电离作用的表面活性剂或电解质可以改善粒子的带电性能，从而降低分散相粒子表面的界面能及静电排斥作用，防止粒子凝聚，从而使制剂保持稳定。

（2）表面活性剂在悬浮种衣剂中的应用与筛选　大量的研究表明，表面活性剂是降低体系表面能、阻止粒子相互靠近或凝聚成大粒子的有效手段。对于悬浮型种衣剂而言，表面活性剂主要是指润湿剂和分散剂。它们的作用是通过改变固体（水不溶）原药的表面性能，使得固体原药能够分散到水中，在粒子周围形成与范德华力相抗衡的斥力场，形成稳定的分散体系。润湿分散剂的主要作用机理是“静电排斥”作用与“空间位阻作用”：所谓“静电排斥”理论指离子型分散剂吸附于粒子表面的负电荷互相排斥，与粒子之间的吸附/聚集而最后形成大颗粒而分层/沉降；所谓“空间位阻”作用其稳定机理一般认为是大分子表面活性剂分散相粒子界面上吸附并成一个致密的吸附层，这种分散相在界面的致密吸附层会对粒子间的进一步靠近产生空间位阻作用，从而保持悬浮种衣剂的分散稳定性。在实际研制中需要针对不同原药的性质进行选择。目前能够准确验证表面活性剂与原药相互作用性质的理论基础十分薄弱，大多数商品制剂都是凭经验开发的。

（3）粒度分布与研磨技术的关系　如上所述，颗粒细度和粒度分布是影响悬浮体系物理稳定性的主要因素，所以也是悬浮型种衣剂研究中的关键问题。一般要求悬浮体系的粒子平均粒径 D_{50} 在 2μm 左右。除表面活性剂的作用外，解决细度问题的主要手段是提高加工过程的研磨效率。湿法研磨的砂磨机主要有立式和卧式之分，卧式砂磨机比立式砂磨机的能力可提高近 2 倍，启动功率低，消耗能量小，得到广大用户的青睐。目前国内现在已有许多设备生产厂家能提供密闭卧式砂磨机，价格较低，性能稳定，选择合适类型和品质优良的密闭卧式砂磨机，完全可满足国内悬浮剂生产的需要。

近期国外瑞士 WAB 华宝公司已经设计出配备特殊加速器 ECM 的新一代戴诺磨和纳米级砂磨机，技术革新不仅带来研磨效率的提高，同时使得制备高含量的悬浮剂更为简单便捷。但价格更昂贵，维修和保养成本更高。

（4）悬浮种衣剂的成膜剂性能与筛选　成膜剂是种衣剂中最为关键的成分。常用的聚乙烯醇、聚乙二醇、聚乙烯醋酸酯、聚乙烯吡咯烷酮、松香、聚苯乙烯、苯丙乳液、丙烯酸树脂聚合物、羧甲基纤维素、明胶、阿拉伯胶、黄原胶、海藻酸钠、琼脂、多糖类高分子化合物、纤维素衍生物等具有黏结性和成膜性的高分子聚合物，经水解成一定黏度的液体。高分子聚合物本身的特性决定了黏结性能较高的品种成膜强度一般较低，产品流动性差，不均匀(即流平性能差)，膜的耐磨性能差，容易成粉状脱落；反之，成膜强度高的品种黏结性差，膜与种子的亲和力差，容易成片脱落。近年来，为了兼顾黏度与强度的要求，研究中往往采用两种以上不同性能的聚合物进行水解后的再聚合、缩合、共混、共聚等反应，得到理想的成膜剂。采用旋转黏度计考察样品黏度，采用测定膜的耐折性考察成膜强度，最终以包衣种子脱落率的方法来综合考察成膜剂的性能。

复合成膜剂的制备主要基于两种聚合理论。一是共聚理论，认为不同性能的聚合物在水解状态下重新聚合或缩合成接枝共聚产物，表现出原成分的黏性和强度；二是嵌合理论，认为不同性能的聚合物在水解状态下共混形成相互嵌合的产物，也能表现出双重特性。近年来，基于上述理论研制开发的种衣剂品种多能达到兼顾黏性和强度的要求，脱落率、黏度和流动性有明显改善。

16.3.2　悬浮种衣剂存在的问题与解决方法

（1）悬浮种衣剂存在的稳定性问题　悬浮种衣剂系指固体原药以一定分散度粒径（0.5～5μm）分散在介质（以水为介质）中形成的多相分散体系，易于受重力作用而沉降分层，并因其表面积大，具有较大的界面，有自动聚集的趋势，属于动力学和热力学不稳定体系。分析悬浮种衣剂存在问题的原因是悬浮种衣剂介于胶体分散体系（分散相粒径为 0.001～1μm）与粗分散体系（分散相粒径为 1μm）之间，分散相粒子很小，分散相与分散介质间存在巨大的相界面和界面能，属热力学不稳定体系。根据胶体化学原理，这种高度分散的多相体系总是自发地趋向于粒子合并聚结，总界面积减少，界面能降低，最终导致悬浮体系被破坏，成为悬浮种衣剂在存放过程中物理稳定性不稳定的根本原因。在以往有关的文献数据中，论述有关系统解决悬浮种衣剂悬浮稳定性的研究资料很少。研究者通过多年的悬浮种衣剂生产实践和剂型研发，总结出一系列方法来解决悬浮稳定性差的问题。解决悬浮种衣剂的稳定性有两种途径：其一就是通过机械物理的角度来改善和解决种衣剂悬浮稳定性问题；其二就是筛选合适的助剂能减缓原药粒子的沉降速率，阻止絮凝和保持介质粒子分散悬浮在水中，从而提高悬浮种衣剂的悬浮稳定性。通过这两种途径有机地结合，使悬浮种衣剂能达到分散均匀、减缓粒子沉降速率、增强附着能力等理想效果。

（2）解决悬浮稳定性的机械物理途径　在国内生产悬浮种衣剂普遍使用的机械设备是分散混合机和砂磨机的组合（目前分散混合机和高剪切乳化机应用较为广泛）。砂磨机在生产中起重要作用，它是可连续生产的研磨分散机械，用于研磨固体液相悬浮体系，湿法粉碎精细研磨设备也是悬浮种衣剂生产的必要设备。砂磨机的使用有两个阶段：立式砂磨机阶段和卧式砂磨机阶段。前者是悬浮种衣剂生产的初期阶段，后者为现阶段普遍应用的阶段。

卧式砂磨机在农药加工领域不断地扩展并广泛地使用，说明砂磨机是解决农药细度问题（颗粒细度和粒度分布）必不可少的手段和途径。随着砂磨机的不断改进，出现了新型砂磨机，可以使粒径接近纳米级，分布范围更窄；能够更好地满足农药生产加工中不同的需要，在提高农药活性、分散性和悬浮率等物理稳定性方面成果显著。种衣剂中的各种混合物料通过砂磨机的研磨达到一定的细度和黏度，粒度小，重量轻，悬浮性能就好，种衣剂浓度达到规定的标准，才能对农作物起到杀虫灭菌的作用。降低种衣剂中各种物料粒径的方式，还有通过砂磨机的重复研磨来达到要求的标准。

（3）有效助剂对悬浮种衣剂稳定性的作用　悬浮种衣剂的活性成分的熔点一般比较高（大于 60℃），在水中稳定且溶解度极小，溶解度不随温度变化而变化。在加工过程中，根据活性物质的物化性质如极性、水中溶解度大小等，选择合适的润湿、分散、增稠、渗透等有效助剂及悬浮物理稳定体系，可以加工成稳定的悬浮种衣剂，且无任何结晶产生，所以选取有效助剂是悬浮种衣剂悬浮稳定性的关键。悬浮种衣剂采用的有效助剂主要有润湿剂、分散剂。它们的主要作用是通过改变固体（水不溶）原药的表面性能使得固体原药能够分散到水中，形成稳定的分散体系。

有效助剂在悬浮种衣剂中的功能：使悬浮种衣剂原药中固-液两相间的界面张力降低，使得固体完全被液相所润湿，才能被磨细，并不与液相发生分离；能阻止悬浮种衣剂中的粒子自动重新积聚来降低表面自由能而趋于形成热力学稳定体系；调节黏度，能降低农药粒子在重力作用下发生自由沉降的速率，增加体系的稳定性。

润湿剂是悬浮种衣剂中普遍采用的农药助剂。它是一种增强药液在植物表面铺展和附着作用的助剂，针对指定作物和农药有效地选择一种良好的润湿剂是十分重要的。植物表层多数是由含蜡的角质膜所组成的。这些物质构成了低能表面，而多数农药常以水溶液形式施加。由于水的表面张力比这种低能面的临界表面张力高，所以通常情况下，药液与植物直接接触是不易铺展的。为了改善这一体系的润湿性，常在药液中加入一些表面活性剂，即润湿剂。润湿效果可以用在植物叶面上发生铺展时所需活性剂的最低浓度来衡量，其实是降低药液的表面张力。因此，能显著降低水的表面张力的活性剂，对水溶性药液也将具有良好的润湿作用。润湿作用对农药而言，不仅能增加药液与作物的接触面积，还有保持农药的有效浓度、增强植物的吸收、提高药效的重要作用。

润湿剂通常使用的有丁基萘磺酸钠盐（拉开粉 BX）、十二烷基硫酸钠（K12）、十二烷基苯磺酸钠（LAS）、脂肪醇与环氧乙烷的缩合物（渗透剂 JFC）、渗透剂 T、NP-10（壬基酚聚氧乙烯醚）、烷基萘磺酸盐和阴离子润湿剂的混合物、YUS-Lxc、YUS _ SXC、TERWET1004、GY-W04 等。有机硅类润湿增效剂、氮酮也有应用，但更多适合于现混现用。

16.4　悬浮种衣剂质量控制指标和检测方法

农业部农药检定所对种衣剂产品指标要求及具体的检测方法进行了充分的讨论，将我国的实际国情与国际有关组织对该产品的一些标准要求相结合，认为种衣剂产品应符合以下技术指标：

（1）外观　紫红色（或其他警戒色）可流动的均匀悬浮液，长期存放可能出现少量沉淀或分层，但在室温下经摇动后能恢复原状，不应有结块。

（2）有效成分　有效成分含量是种衣剂产品的重要质量指标，要求有效成分的含量不小于标明值。检测方法要求准确可靠，例如用高效液相色谱法、气相色谱法等。

（3）有害杂质含量　首先判断产品是否存在有害杂质根据具体产品而定，控制有害杂质的最高值，以避免引起药害。

（4）悬浮率　测定种衣剂产品的悬浮率是在我国现有条件下，根据粒度难以直接测定的情况而设定的一种能够反映产品粒度分布的可行的测定方法。粒度决定产品的包衣均匀性，粒度越小产品分布越均匀。因种衣剂产品细度很小，只有采用激光粒度扫描仪才能测定其粒度大小及其分布情况。由于激光粒度扫描仪十分昂贵，国内绝大部分种衣剂生产企业难以购置，而目前大部分企业采用的显微镜下数单位面积内的微粒数从而推断计算产品的实际粒度的方法是不科学的，显微镜无法确定产品的总微粒数，不能确定每一微粒所占的比例，也不能反映产品粒度情况。悬浮率与粒子和助剂有关，一般来讲，粒度小悬浮率高，但有些助剂也会提高悬浮率，需通过试验而定。悬浮率要求用 CIPAC 采用的重量法测定，指标≥90％。

（5）黏度　黏度的大小直接影响产品的包衣效果，黏度和包衣效果成反比的关系。用黏度计进行测定，一般要求黏度不大于 400mPa・s。

（6）pH 值　由农药稳定性决定。

（7）包衣均匀度　包衣均匀度是反映种衣剂产品在种子上分布情况的标准指标。它与产品的综合防治效果有直接的关系。粒度和黏度都能间接地反映出包衣均匀度，因此，该项指标的测定可作为抽检项目，在换一批成膜时测一次包衣均匀度。包衣均匀度检测采用比色法。要求其有效成分含量在平均值±30％以内和种子数目应大于包衣种子总数的 90％。

（8）脱落率　反映种衣剂附着力的一项标准指标。产品脱落率直接反映产品包衣效果以及包衣后的种子在使用时的安全性，脱落率小则产品包裹效果好。方法：称取一定量包衣后的种子于振荡仪上振荡一定时间后，用乙醇溶解经振荡后的包衣种子上的种衣剂，通过测定吸光度和变化计算其脱落率。目前大部分采用称取 100g 种子经过包衣后，在振荡仪上振荡 30min，然后以脱落的质量占种子质量的百分比作为种衣剂的脱落率的方法，实际脱落率按有效成分计不大于 1.0％即为合格产品，这种做法是不对的。

（9）湿筛试验　湿筛试验是控制产品中较大颗粒比例的有效方法。如果种衣剂产品中存在较多和较大的颗粒，该种衣剂的包衣效果必然不佳，甚至会由于杂质过多而引起药害，因而必须进行湿筛试验。

（10）冷贮稳定性　种衣剂产品在低温条件下贮存不稳定会出现分层而影响产品的使用，因而要求产品在一定低温条件下贮存物理性状和外观无明显变化或置于室温下仍能恢复原状。具体将产品置于 0℃±1℃贮存 7d 后，物理性状应无明显变化或置于室温下仍能恢复原状。

（11）热贮稳定性　因种衣剂产品中有大量的水分存在，大部分农药产品在水中不稳定，因此，很有必要制定热贮稳定性指标。测其热贮稳定性也是检验产品配方是否合理，在保持期骨干产品是否稳定的一项指标要求。方法是将样品在 54℃±2℃贮存 14d 后，其有效成分分解率应不超过本标准规定的分解率指标，并且各项物理指标仍应符合本标准的规定。

参考文献

[1] 王早骧．农药助剂．北京：化学工业出版社，1997.

[2] 邵维忠．农药剂型加工丛书：农药助剂．第 3 版．北京：化学工业出版社，2003.

[3] 郭武棣．农药剂型加工丛书：液体制剂．第 3 版．北京：化学工业出版社，2003.

[4] 刘广文．现代农药剂型加工技术．北京：化学工业出版社，2013.

第 17 章
其他制剂

17.1 烟剂

17.1.1 烟剂定义

烟剂农药是农药剂型之一，是将药剂经燃烧变成烟后产生杀虫效果的农药。烟剂又称烟熏剂、烟雾剂。

烟剂主要由三种成分组成：①原药，主要起杀虫、杀菌的作用，如敌百虫、硫黄等；②易燃物质，主要起燃烧生热、使农药气化的作用，如锯末、木炭等；③助燃剂，是强氧化剂，能供给充足的氧，帮助燃烧，如氯酸钾、硝酸钾、硝酸铁等；此外，配制时还应加入降温剂，以降低燃烧的温度，防止农药分解失效，如氯化铵、硫酸铁等。使用烟剂防治大棚内的蔬菜病虫害，近些年得到广泛推广，已成为一种重要的病虫害防治技术。使用时，点燃导火线，农药受热气化，在空气中形成固体烟状物产生药效。常用的烟剂有敌百虫、西维因以及除虫菊、蚊烟香等，很适合森林、仓库害虫的防治。

17.1.2 烟剂农药特点

0.5～5.0μm 的固体微粒分散悬浮于气体中的分散体系，称之为“烟”；1～50μm 的液体微粒悬浮分散于气体中的分散体系，称之为“雾”。两者均以气体为分散介质，形成胶体状态的分散体系，因而它们在化学上统称为气溶胶。当固体原药溶于有机溶剂中而加热挥发时，往往同时形成烟和雾，故此时也可称为“烟雾剂”。烟剂的组成包括主剂，即有效成分；供热剂，为主剂成烟提供热源；发烟剂，增大烟量和烟的浓度，起主剂的载体作用；以及其他性能调节剂。采用合适的烟剂防治，不需要水源和专门的器械，使用方法简单，携带方便，省工省时，适合封闭的小环境，如温室、大棚、仓库等应用。烟剂农药同时也是防治森林病虫害的一种重要剂型。在树高、林密、交通不便、水源不足、防治器械缺少的林区，一般化学农药不易使用，甚至无法使用，而烟剂则显露出了不可比拟的优点。点燃烟剂后离开棚室，关闭门窗，烟雾弥漫于空间，农药微粒缓慢均匀地沉降到植株、架材等表面，渗入到土壤孔隙中，因此，农药的有效成分分布要比常规喷雾更均匀、防治更彻底。由于使用烟剂可节省大量人工和器械费用，因而可大大降低生产成本。烟剂多在傍晚使用，夜间发挥作用，不影响农事操作，所以很受广大菜农的青睐。

17.1.3 烟剂品种

从目前国内厂家在农业部正式登记的几百个烟剂品种分析，以杀菌剂居多，约占 80%左右，其余是杀虫剂。市面上常见和生产常用的烟剂种类主要有百菌清烟剂、百菌清发烟弹、灰霉清烟剂、腐霉利烟剂、克菌灵烟剂（腐霉利和百菌清的复配制剂）、杀毒矾烟剂、霜疫净烟剂、噻菌灵烟剂等，每种烟剂又可制成不同有效成分含量的制剂品种，供生产上选择使用，防治不同类型的病害。

17.1.4 作用原理

药剂受热后气化，热的气态药剂流散入空气中后迅速冷却，重又凝聚成为细小的固态微粒，微粒细度可达 1μm 以下，在阳光照射下呈乱反射，所以看起来常是白色的。极细的微粒能在空气中较长时间地悬浮和扩散，形成烟云，无孔不入地飘散到空间的任何角缝中，沉积于生物体的各部位。烟剂适用于相对密闭的场所。在棚室内放烟，如果空气湿度比较大，特别是在闭棚以后，棚室内开始结露，悬浮在空气中的细小雾珠能够凝聚烟粒，促使烟粒的聚并，较快沉降。有时需要打开棚顶塑料薄膜或顶窗排放水蒸气。

17.1.5 防治范围与使用条件

烟剂主要用于森林、温室和大棚植物病虫害以及仓库害虫的防治，用于棚室蔬菜上部分常见病虫害的防治，如霜霉病、早疫病、晚疫病、疫病、灰霉病、立枯病、猝倒病、炭疽病、菌核病、黑星病和蚜虫、白粉虱等。但是，因有效成分和剂型等方面的原因，多种烟剂产品不能直接在小拱棚蔬菜上使用，防止产生药害。

密闭的环境条件下使用效果最佳。烟剂农药的作用原理是有效成分以烟雾为载体，通过弥漫、渗透而到达作用目标，而烟雾具有很强的飘移和扩散性，因此，烟剂的使用要求严格的密闭环境，棚室薄膜不能破损有孔洞，门窗关闭要严密，否则会影响防治效果。

17.1.6 施药时间与方法

烟剂微粒在植株表面的附着量影响防治效果。晴天中午太阳光直射时，植株表面较干燥，表层温度与烟剂微粒相同，烟雾不易沉积。傍晚地面温度低于上部空气温度的“逆温”时段，无上升气流干扰，因此，施放烟剂最好选在傍晚日落后进行，此时植株表面湿润，易于微粒黏附，而且又不占用农时。另外，阴雨天、下雪天可照常使用，不影响效果。

将烟剂制备成一定的形状或装在一种适当的容器中，如纸质的发烟罐，避免烟雾被地面吸附，并可促使烟雾迅速扩散，做成片状或块状是一种很方便的用法。确定燃放点，烟剂的有效成分含量在 10%～30%之间，燃放点可少些，每亩设 3～5 个点；烟剂的有效成分含量在 30%以上时，为防止燃放点因长时间高浓度烟雾熏蒸而造成药害，每亩燃放点应增加到 5 个以上。根据用药面积和空间，确定好施用量，多点布放，布点要均匀，并用铁丝、砖块、石块等（即用木块、竹签）做支架，将烟剂支离地面 20～50 cm 高处，燃放时应从棚室由内而外按顺序点燃，注意吹灭明火，使其正常发烟。点完后立即密闭棚室门窗，次日早晨充分通气后方可进行农事操作。在阴雨天的白天施药后应密闭 4～6h 才可放风作业。

17.1.7 施药剂量

根据棚室内空间大小、病虫害发生程度、烟剂的有效成分含量等因素确定施用量。一般情况下常见烟剂一次用量 0.3～0.4g/m^3，折合每亩（1 亩＝667m^2）棚室用烟剂 300～400g。防治病害应在发病初期开始使用，一般每隔 7～10d 防治 1 次，连续 2～3 次；防治虫害宜在发生初期施药，以利及早控制。病虫害发生严重或棚室密封性较差时，可适当增加用药量或缩短施药间隔期。如防治大棚黄瓜霜霉病、疫病、番茄早疫病、晚疫病、灰霉病等，可选用 45％百菌清烟剂或 15％克菌灵烟剂，每次每亩用药 200～500g；防治黄瓜白粉病可选用 15％克菌灵烟剂，每次每亩用药 250g；防治菌核病可选用 10％速克灵烟剂或 15％克菌灵烟剂，每次每亩用药 200～250g；防治西葫芦灰霉病、黄瓜灰霉病，可选用 15％腐霉利烟剂或 45％百菌清烟剂，每次每亩用药 200～250g，或 3.3％噻菌灵（特克多）烟剂每亩棚室用药 350g；防治蚜虫、潜叶蝇、温室白粉虱等，可选用 22％敌敌畏烟剂，每次每亩用药 300～400g。生产上烟剂可单独使用，但为了延缓病菌和害虫抗药性的产生，提高防治效果，提倡烟剂与粉尘法、喷雾法交替使用。

17.1.8　注意事项

（1）棚体封闭要严密　烟剂农药的作用原理是农药燃烧气化后分散凝成药雾粒，有效成分以烟雾为载体，通过弥漫、渗透达到作用目标。烟雾具有很强的飘移和扩散性，因此，烟剂的使用要求严格的密闭环境，棚室薄膜不能有破损的孔洞，在大棚内使用烟剂前要先检查棚膜，补好漏洞，使棚面封闭严实。同时，门窗关闭也要严密，否则也会影响防治效果。

（2）用药时间要准确　烟剂微粒在植株表面的附着量会影响防治效果。烟剂农药是以烟雾的形式作用于植物体，烟雾的飘移靠气流运动来完成，在地面温度高于空气温度时就会产生上升气流，在晴朗的白天太阳光照射到棚室的地面上，使地面温度升高，所以白天的上升气流很显著，尤其是在中午更为突出；到傍晚时地面不再被阳光照射，地面开始放热，放出的热量被上部的空气所吸收，所以这时候出现了地面温度低于上部空气温度的现象，这就是逆温现象，在逆温层的范围内上升气流现象消失。这时候施放烟雾剂，烟雾就能形成比较稳定的烟云覆盖在地面上，效果较好。所以，傍晚时候施放烟雾剂可以避免上升气流的干扰。而在晴天中午太阳光直射时，植株表面较干燥，表层温度与烟剂微粒温度相同，烟雾不易沉积，在傍晚落日后植株表面湿润，易于微粒黏附。因此，使用烟剂农药的时间以阴天、雪天、傍晚点燃烟剂灭虫防病的效果为好。此外，要注意在发病初期用药。

（3）用药方法要恰当　在大棚内使用烟雾剂时，不要将烟雾剂药片直接放在菜地上，可将烟雾剂药片放在砖上或悬挂在棚内的铁丝上，药片与药片之间要保持相等的距离。对于棚室空间较大的、使用有效成分含量较低（10％～30％）的烟雾剂，一般每亩设 3～5 个燃放点，使用有效含量高的烟雾剂，每亩设 5 个以上燃放点；对于棚室空间矮小的，宜选用有效成分含量低的烟雾剂，每亩设 7～10 个燃放点。药片放好后，封闭大棚，由内向外依次点燃药片。注意吹灭明火，以利于产生浓烟，进行熏蒸，全部点燃后人要及时撤离棚外，密封大棚过夜，次日需充分通风换气后，人方能进棚。烟剂农药只能在大棚、中棚和温室中使用，不能直接在小拱棚蔬菜上使用，以免产生药害。

（4）合理选择药剂品种　使用烟雾剂时，根据发生病虫害的种类、特点、抗性等因素，选用合适的烟剂才能获得理想的防治效果，生产中要勤查看、全面分析、准确诊断、对症用药。如防治黄瓜霜霉病、疫病、番茄早疫病、晚疫病和灰霉病等，可选用 45％百菌清烟剂或 15％克菌灵烟剂；瓜类白粉病可选用 15％克菌灵烟剂防治；茄果类、瓜类菌核病、灰霉病可选用 10％速克灵烟剂或 15％克菌灵烟剂或 15％腐霉利烟剂防治；茄果类、瓜类的蚜虫、烟粉虱、潜叶蝇等害虫可选用 10％异丙威烟剂、10％高氯・噻烟剂、22％敌敌畏烟剂防治。一般应在病虫发生初期使用，每 7～10d（早春连阴雨天气 5～7d）熏 1 次，连熏 2～

3 次，防效较好。

（5）安全防火用药　烟剂农药在贮存期间要注意防火和防止自燃。点燃后应只见浓烟而不见明火，烟剂燃烧结束后，灰烬亦无明火复燃，严防火灾事故发生。

烟剂农药主要是污染大气，使用时应注意风向、风力，以尽量避免对人、畜的伤害。

17.2 泡腾剂

17.2.1 泡腾片的概念和作用原理

泡腾片是指含有崩解剂，遇水可产生气体而呈泡腾状的片剂。将泡腾片投入水中，由于泡腾崩解剂的作用而产生大量的 CO_2 气泡，使得泡腾片迅速崩解。在大部分情况下，对泡腾片的崩解原理可进行如下几方面的总结：

（1）产气作用　泡腾片遇到体液或水，有机酸和碱发生中和反应，产生 CO_2 气体，气体逸出使泡腾片形成许多孔洞，水不断地进入片剂内部，引起连锁反应，产生足量的 CO_2 并形成一定的压力，从而使泡腾片彻底崩解，药物得以溶解释放出来。

（2）膨胀作用　对于不溶、难溶于水或者是制成泡腾片后难以快速崩解的药物而言，除了需要酸碱系统作为泡腾崩解剂，还需另加其他崩解剂。崩解剂一般具亲水性、润湿性，能使得水进入药片中，引起泡腾片膨胀、逐渐变形而崩解。

（3）润湿与毛细管作用　对于干燥淀粉而言，由于淀粉粒呈圆形，同时具有可润湿性，因此，在加压下会形成许多孔隙与毛细管，而且具有很强的吸水性，使得水很快地进入到泡腾片和颗粒的内部，将泡腾片润湿，从而崩解。

17.2.2 泡腾片的特点

泡腾片具有如下优点。

① 一般而言，泡腾片的体积较小，表面光洁美观，携带方便。

② 泡腾片内药物剂量依照配方规定，片重差异必须符合标准。

③ 泡腾片须具有一定的硬度，因此在贮存和运输时不易损坏，片内药物含量稳定，不易变质。

④ 泡腾片可以用自动化机械进行大批量的生产，卫生条件比较好控制，包装成本较低。

但是，泡腾片容易吸潮变质，因此，在制备、生产时必须严格控制环境的温度和湿度，当外界环境湿度较大时，需有除湿设备。在压片后应及时进行包装处理，防止泡腾片吸潮，且生产成本比普通片剂略高。

17.2.3 泡腾片的常用辅料

在制备泡腾片时，需要加入酸源、碱源、填充剂、黏合剂、润滑剂、矫味剂等辅料，每种辅料又有多种选择，下面是对一些常用的辅料的简述。

（1）酸源　制备泡腾片时常用的酸源有柠檬酸（又名枸橼酸，按含水量不同，分为一水柠檬酸和无水柠檬酸）、酒石酸、己二酸、富马酸等。

柠檬酸是目前使用最广泛的酸源，柠檬酸易溶于水，但是吸湿性较强，在生产过程中容易产生粘冲、胀片、颗粒难烘干等问题。无水柠檬酸在柠檬酸的基础上失去了一分子结晶水，保持了柠檬酸的优点，同时吸湿性有所降低。

酒石酸在泡腾片的制备中也使用的较多，它的酸性比柠檬酸强，水溶性好，吸湿性较弱。但是酒石酸易与数种矿物质产生沉淀，在口服泡腾片中，影响溶液的澄清度，一般需加入色素进行掩盖。

富马酸具有良好的润滑作用且无吸湿性，可彻底解决压片时的粘冲、吸潮等问题。但是富马酸的酸性弱，水溶性较差，影响崩解时间。

己二酸与富马酸具有类似的性质，具有良好的润滑性且不吸潮，但是崩解缓慢有残留。

（2）碱源　最常用的碱源是碳酸氢钠和碳酸钠，这两者都安全易得，如果用碳酸钾或碳酸氢钾，首先成本过高，而且需要比碳酸氢钠多用 12%的量才能中和过量酸。在使用碳酸氢钠干燥颗粒时，温度不得高于 60℃，否则碳酸氢钠会受热分解。

酸源与碱源的比例没有硬性规定，一般为了保证中和作用完全且使成品比较适口，酸的用量会稍稍比碱的用量多出 10%左右。

（3）填充剂　填充剂又名稀释剂或吸收剂，凡将原药制备为泡腾片时，需加入填充剂以增加片剂的体积。下面对几种常用的填充剂作简要概述：

① 淀粉。淀粉为白色细粉，无味，具有吸湿性，不溶于水、乙醇，性质稳定，不和大多数药物起反应，但在水中加热至一定温度（70℃左右）则会糊化成胶体溶液。淀粉具吸湿性，但不会潮解，遇水会膨胀，遇酸、碱在潮湿或加热条件下则会被水解从而失去膨胀作用。鉴于淀粉具有以上性质特点，又便宜易得，所以在泡腾片的制备和生产中经常使用它来当作填充剂。

② 糊精。作为淀粉的水解产物，糊精呈白色或黄色，冷水中溶解缓慢，热水中易溶，不溶于乙醇，可作为片剂和胶囊的填充剂。使用糊精作为泡腾片的填充剂时，用量不宜过多，否则会使泡腾片太硬，影响崩解时限。

③ 蔗糖。蔗糖为白色粉末，有甜味，易溶于水，微溶于乙醇，露置于空气中易受潮结块，流动性好，因此可作为泡腾片的填充剂、矫味剂、黏合剂。

④ 乳糖。乳糖为白色或类白色的粉末，无臭，味微甜，易溶于水，不溶于乙醇、氯仿或乙醚，对大部分药物不起化学作用，可作为泡腾片的填充剂。

⑤ 葡萄糖。葡萄糖为白色结晶性粉末，无臭，味甜，但甜度不及蔗糖，易溶于水，微溶于乙醇。用葡萄糖作填充剂时，能对易氧化的药物起到稳定作用。

⑥ 甘露醇。甘露醇为白色具结晶性粉末，有甜味，性质不活泼，有吸湿性。使用甘露醇作为泡腾片的填充剂时，可使片剂表面光滑、美观。

（4）黏合剂　如果药物本身具有黏性，那么只需加入润湿剂（如水、乙醇等）进行润湿即可；若药物不具黏性或黏性较差，则需要加入黏合剂，使药物产生黏性。

① 水。水本身不具黏性，但如果物料中含有遇水产生黏性的物质，则用水进行润湿即可，不必再添加其他黏合剂。一般仅适用于不易溶于水的主药。

② 乙醇。药物本身具黏性，但遇水易变质或者是润湿时黏性过强导致湿度不均匀，或是片剂崩解时限过长等情况的，则可选用乙醇作润湿剂。

③ 淀粉浆。淀粉浆又称淀粉糊，是最常用的黏合剂，由水和淀粉在适宜温度下糊化而成，常用 10%浓度，如物料可压性差，则可提高至 20%浓度，反之也可降低到 5%。淀粉浆可利用冲浆法和蒸汽加热法制备，两者均利用了淀粉能糊化的性质。淀粉浆可和其他黏合剂，如羧甲基纤维素钠、蔗糖等搭配使用，当黏性不够时，将 2%～5%的羧甲基纤维素钠与 20%淀粉浆按一定比例混合后即可增加黏性。

④ 聚乙烯吡咯烷酮（PVP）。PVP 是一种合成高分子化合物，外观呈白色粉末状，易溶于水和乙醇，其分子量从几千到几十万不等，化学性质稳定，为良好的黏合剂。PVP 依分子量不同，可分为四级，以 K 值表示，一般情况下，用浓度为 1%～10%的 PVPK30 的乙

醇溶液作泡腾片的黏合剂。

⑤ 羧甲基纤维素钠（CMC-Na）。CMC-Na 是纤维素的羧甲基化衍生物，为白色纤维状粉末，有吸湿性，可分散于水中形成透明的胶状溶液，不溶于乙醇。CMC-Na 具有黏性，可用作泡腾片的黏合剂，还能螯合微量金属离子，能使某些含金属离子的泡腾片在贮存时延缓变色。

⑥ 低取代羟丙基纤维素（L-HPC）。L-HPC 呈白色粉末状，无味，部分溶于 38℃ 以下冷水中，不溶于热水，也不溶于有机溶剂。L-HPC 属于非离子型纤维素衍生物，经常被用作黏合剂、崩解剂，并且其呈中性，对人无害，一般不与药物反应，能提高片剂的硬度，降低崩解时限。

（5）润滑剂　一般来说，压片之前需加入润滑剂以改善颗粒的润滑性，减少颗粒与冲模的粘连，使得泡腾片易从模中抛出，还可以使泡腾片的外观更美观。润滑剂按溶解性能分类，可分为水溶性润滑剂与水不溶性润滑剂。水溶性润滑剂：常用的有十二烷基硫酸钠、PEG4000 或 PEG6000、L-亮氨酸、氯化钠、硼酸、苯甲酸钠等。水不溶性润滑剂：常用的有硬脂酸镁、微粉硅胶、滑石粉等。对于口服类型的泡腾片，一般要求润滑剂为水溶性的。其中 L-亮氨酸的效果好，不影响崩解时间，但是价格贵，PEG4000 或 PEG6000 的熔点低，压片时可能会由于升温而造成粘冲。

17.2.4　泡腾片的常用制粒工艺

一般情况下，粉末状药物需制成颗粒后才能进行压片，下面对常用的制粒工艺进行概述。

（1）湿法制粒　湿法制粒又可分为酸碱混合制粒和酸碱分开制粒。

① 酸碱混合制粒。将主药、辅料、酸源、碱源混匀后，加入黏合剂制软材，过筛之后加入润滑剂，混匀就可以压片了。也可以用熔融的 PEG6000 将碳酸氢钠包裹之后再进行制粒。胡林水等使用 PEG 包裹碱源的方法制备了银杏叶提取物泡腾片，肖焕等使用同样的方法制备了山楂叶提取物泡腾片，经稳定性考察，表明该法制备的泡腾片质量稳定，工艺可靠，可有效避免制备过程中酸碱发生反应的情况。

② 酸碱分开制粒。将主药和辅料分为两组：一组加入酸源和黏合剂制软材，过筛后制成颗粒；另一组加入碱源和黏合剂制软材，过筛后制成颗粒，将两组混合，再加入润滑剂混匀，最后压片即可。与酸碱混合制粒法相比，该方法可避免酸碱混合时发生反应的问题，有利于制剂稳定性。张真真等采用酸碱分开制粒的方法制备了常山胡柚果皮果渣提取物泡腾片，压片无粘冲，泡腾效果好。

（2）干法制粒　该方法是将原辅料粉末直接制成符合要求的颗粒，再进行压片，适用于热敏性药物和遇水易分解的药物。干法制粒可将原辅料连续直接成型，不添加黏合剂，省略了相关工序，直接避免了酸源和碱源的接触，又可以减少设备，节约电能，提高了效率以及片剂的稳定性。　田守生等利用干法制粒工艺制备的阿胶颗粒，具有良好的可行性和重复性，符合《中国药典》的规定。饶小勇等采用干法制粒工艺制备了感冒退热泡腾片，与湿法相比，使用该法制备所得片剂美观且崩解时限和稳定性都合格。

（3）粉末直接压片　粉末直接压片是指将主药和辅料粉末分别过筛、混合，跳过制粒（湿颗粒和干颗粒）阶段，直接压片。使用该法具有工艺简单、能简化流程、提高效率等优点，适用于遇湿热易分解的药物。但该法对药物有所要求，需要药物具有一定的结晶形态，药粉要具有流动性和可压性，多数药物不具备该特点，可通过适当的方法加以改善。Y. Kawashima 等为了使用粉末直接压片法，将维生素 C 制成球状结晶，以改善其流动性和可压性。

17.2.5　泡腾片制备过程中常见的问题

（1）裂片　裂片是指泡腾片受到振动或经放置一段时间后从顶部脱落一层或腰间开裂的现象。在压片时，若出现裂片现象，应该及早发现并进行补救，以免生产后全部返工。产生裂片主要是由于粉末的特性造成的。采用粉末直接压片法时，粉末弹性较强，压出来的药片复原率高，且片剂上、下表面受压力大，又因为上表面受压时间最短、最早移出模孔，所以容易发生顶裂。经过对氯雷他定片的裂片现象进行分析，改进工艺，添加 0.25％的硬脂酸镁，能有效解决产品的裂片问题。

（2）粘冲　在压片时，经常都会遇到粘冲的现象。粘冲会造成片剂表面不光滑、不平整、有缺痕或凹痕，严重影响片剂的美观。产生粘冲的原因主要有如下几点：①外界环境的温度或湿度过高。当温度过高时，有些熔点低的药物，如聚乙二醇类，可能会熔化而造成粘冲；当湿度过高时，颗粒会吸水，尤其是含有吸湿性强的药物或辅料，从而造成粘冲。②黏合剂选用不当。若选用的黏合剂黏性不足，则颗粒间黏结力不足，造成压片时粘冲；反之，在硬度已经符合标准或要求的情况下产生粘冲，则是由于黏结力太大导致的。③颗粒含水量较高。颗粒中应当含有一定的水分，但若水分含量过高，则会造成片剂的松软，从而导致粘冲。④润滑剂用量不足。使用润滑剂的目的是使得颗粒更具流动性，减少与冲头的黏结力，若用量不足，则会使得颗粒与冲头黏结，造成粘冲。以下方法可用于解决上述产生粘冲的原因：首先在制粒时，应选择适当的黏合剂，多选择几种进行对比试验，从中择优，且用量要控制好；其次，压片之前要严格控制颗粒的含水量，把握好烘干温度和时间，同时要注意加入的润滑剂的量；最后，压片时，需严格控制周围环境的温度和湿度，防止粘冲。⑤崩解缓慢。目前，很多泡腾片都存在着崩解缓慢、延时的问题，不符合《中国药典》规定。究其原因，主要是药物在水中的溶解度较小、酸碱崩解剂的用量不足、润滑剂选择不当或用量不准确等多方面的因素造成的。解决该问题，应当从药物、辅料、工艺多方面进行综合性的考虑，改进和优化工艺。

（3）稳定性差　该处所说的稳定性差，主要是指泡腾片易吸潮变质。泡腾片在制粒、压片、贮存时均要严格控制环境湿度和药物辅料的含水量，否则药物、辅料遇水可能会产生黏性，酸碱系统遇水会发生中和反应。

提高泡腾片的稳定性，可以从以下几个方面考虑：采用酸碱分开制粒工艺或者是选择 PEG6000 将碱源碳酸氢钠包裹起来再混合酸源进行制粒；对每一道工序进行严格把关，控制好颗粒含水量及外界环境的湿度；或是采用新的方法，有研究者制备了盐酸氨溴索三层泡腾片，将酸碱放于不同的片层中，解决了上述问题，同时加入了强效崩解剂以促进片剂的崩解。

17.3　膏剂

17.3.1　概述

17.3.1.1　定义

软膏剂（ointments）系指药物与适宜基质制成具有适当稠度的膏状外用制剂。其中用乳剂基质的亦称乳膏剂（creams）。

17.3.1.2　特点

软膏剂具有热敏性和触变性。热敏性反映遇热熔化而流动，而触变性反映施加外力时黏度降低，静止时黏度升高，不利于流动。

17.3.1.3　软膏剂的配方前研究工作

①活性成分的稳定性；②附加剂的稳定性；③流变性、稠度、黏性和挤出性能；④水分及其他挥发性成分的损失；⑤物理外观变化、均匀性及分散相的颗粒大小及粒度的分布，还有涂展性、油腻性、成膜性、气味及残留物清除的难易等；⑥pH 值；⑦微生物等。

17.3.1.4　国家标准有关规定

软膏剂在生产与贮存期间均应符合下列有关规定：

① 软膏剂常用的基质材料有凡士林、液状石蜡、羊毛脂、蜂蜡、植物油、单硬脂酸甘油酯、高级醇、聚乙二醇和乳化剂等；

② 供制软膏剂用的固体药物，除另有规定外，应预先用适宜的方法制成细粉；

③ 软膏剂应均匀、细腻、涂于皮肤上应无不良刺激性；并应具有适当的黏稠性，易于涂布于皮肤或黏膜上而不熔化，但能软化；

④ 软膏剂应无酸败、异臭、变色等变质现象，必要时可加适量防腐剂或抗氧剂使稳定；

⑤ 软膏剂所用的包装容器，不应与药物或基质发生理化作用；

⑥ 除另外有规定外，软膏剂应置遮光器中密闭贮存。

17.3.2　软膏剂的基质

基质（bases）是软膏剂形成和发挥药效的重要组成部分。

17.3.2.1　软膏剂的基质要求

①润滑无刺激，稠度适宜，易于涂布；②性质稳定，与主药不发生配伍变化；③具有吸水性，能吸收伤口的分泌物；④不妨碍皮肤的正常功能，具有良好的释药性能；⑤易洗除，不污染衣服。

17.3.2.2　常用的软膏剂基质

常用的基质主要有油脂性基质、乳剂型基质、亲水或水溶性基质。

（1）油脂性基质　油脂性基质是指以动植物油脂、类脂、烃类及聚硅氧烷类等疏水性物质为基质。主要用于遇水不稳定的药物制备软膏剂。一般不单独用于制备软膏剂，为了克服其疏水性常加入表面活性剂或制成乳剂型基质来应用。

烃类系指从石油中得到的各种烃的混合物，其中大部分属于饱和烃。

① 凡士林（vaselin）。凡士林又称软石蜡（soft paraffin），是由多种分子量的烃类组成的半固体状物，熔程为 38～60℃，有黄白两种，化学性质稳定，无刺激性，特别适用于遇水不稳定的药物。

凡士林中加入适量羊毛脂、胆固醇或某些高级醇类可提高其吸水性能。

水溶性药物与凡士林配合时，还可加适量表面活性剂如非离子型表面活性剂聚山梨酯类于基质中以增加其亲水性。

石蜡（paraffin）与液状石蜡（liquid paraffin）：石蜡为固体饱和烃混合物，熔程为 50～65℃；液体石蜡为液体饱和烃，与凡士林同类，最宜用于调节凡士林基质的稠度，也可用于其他类型基质的油相。

② 类脂类。类脂类系指高级脂肪酸与高级脂肪醇化合而成的酯及其混合物，有类似脂肪的物理性质，但化学性质较脂肪稳定，且具一定的表面活性作用而有一定的吸水性能，多与油脂类基质合用。

常用的有羊毛脂、蜂蜡、鲸蜡等。

a. 羊毛脂（wool fat）。一般是指无水羊毛脂（wool fat anhydrous），为淡黄色黏稠微具特臭的半固体，主要成分是胆固醇类的棕榈酸酯及游离的胆固醇类，熔程为 36～42℃。

吸收 30%水分的羊毛脂，称为含水羊毛脂，可以改善黏稠度，羊毛脂可吸收 2 倍的水而成乳剂型基质。

由于本品黏性太大而很少单用作基质，常与凡士林合用，以改善凡士林的吸水性与渗透性。

b. 蜂蜡（beeswax）与鲸蜡（spermaceti）。蜂蜡的主要成分为棕榈酸蜂蜡醇酯，熔程为 62～67℃；鲸蜡的主要成分为棕榈酸鲸蜡醇酯，熔程为 42～50℃。

蜂蜡和鲸蜡均含有少量游离高级脂肪醇而具有一定的表面活性作用，属较弱的 W/O 型乳化剂，在 O/W 型乳剂型中起稳定作用。

蜂蜡与石蜡均不易酸败，常用于取代乳剂型基质中部分脂肪性物质以调节稠度或增加稳定性。

（2）乳剂型基质　乳剂型基质是将固体的油相加热熔化后与水相混合，在乳化剂的作用下形成乳化，最后在室温下成为半固体基质。

遇水不稳定的药物不宜用乳剂型基质制备软膏。

常用的油相固体：硬脂酸、石蜡、蜂蜡、高级醇（如十八醇）等。

稠度调节剂：液状石蜡、凡士林或植物油等。

乳剂型基质的类型：水包油（O/W）型和油包水（W/O）型。

O/W 型基质的保湿剂：甘油、丙二醇、山梨醇等，用量为 5%～20%。

乳剂型基质常用的乳化剂有以下几种：

① 皂类

a. 一价皂。常为一价金属离子钠、钾、铵的氢氧化物、硼酸盐或三乙醇胺、三异丙胺等有机碱与脂肪酸（如硬脂酸或油酸）作用生成新生皂，HLB15～18，降低水相的表面张力强于降低油相的表面张力，易形成 O/W 基质，但油相过多时可转为 W/O 基质。

一价皂的乳化能力随脂肪酸中碳原子数 12～18 而递增，但在 18 以上乳化能力又降低。

新生皂作乳化剂形成的基质应避免用于酸、碱类药物制备的软膏，特别是忌与含钙、镁离子的药物配方。

含有机铵皂的乳剂型基质配方：硬脂酸 100g、蓖麻油（调节稠度）100g、液体石蜡（调节稠度）100g、三乙醇胺 8g、甘油（保湿剂）40g、羟苯乙酯（防腐剂）0.8g、蒸馏水？452g。

b. 多价皂。多价皂系由二、三价金属离子钙、镁、铝的氧化物与脂肪酸作用生成多价皂，HLB<6，形成 W/O 基质。

多价皂在水中的解离度小，亲水基的亲水性小于一价皂，其亲油性强于亲水性。

多价皂形成的 W/O 基质比一价皂形成的 O/W 基质稳定。

含有多价皂的乳剂型基质配方：硬脂酸 12.5g，单硬脂酸甘油酯 17g，蜂蜡 5g，地蜡 75g，液体石蜡（调节稠度）410g，白凡士林 67g，双硬脂酸铝（乳化剂）10g，氢氧化钙 1g，羟苯丙酯（防腐剂）1.0g，蒸馏水 401.5g。

② 脂肪醇硫酸（酯）钠类。常用的有十二烷基硫酸（酯）钠，是阴离子表面活性剂，常用量 0.5%～2%。

常与其他 W/O 型乳化剂（如十六醇或十八醇、硬脂酸甘油酯、脂肪酸山梨坦类等）合用。

本品与阳离子表面活性剂作用形成沉淀并失效，加入1.5%～2%氯化钠使之丧失乳化作用，适宜pH6～7，不应小于4或大于8。

含有十二烷基硫酸钠的乳剂型基质配方：硬脂醇（油相，辅助乳化）220g，十二烷基硫酸钠（乳化剂）15g，白凡士林（油相）250g，羟苯甲酯（防腐剂）0.25g，羟苯丙酯（防腐剂）1.0g，丙二醇（保湿剂）120g，蒸馏水加至1000g。

③ 高级脂肪酸及多元醇酯类

a. 十六醇及十八醇。十六醇，即鲸蜡醇（cetylalcohol），熔点45～50℃；十八醇即硬脂醇（stearylalcohol），熔点56～60℃，均不溶于水，但有一定的吸水能力，吸水后可形成W/O型乳剂型基质的油相，可增加乳剂的稳定性和稠度。

新生皂为乳化剂的乳剂基质中，用十六醇和十八醇取代部分硬脂酸形成的基质，则较细腻光亮。

b. 硬脂酸甘油酯（glyceryl monostearate）。单、双硬脂酸的混合物，不溶于水，溶于热乙醇及乳剂型基质的油相中。

本品分子的甘油基上有羟基存在，有一定的亲水性，但十八碳链的亲油性强于羟基的亲水性，是一种较弱的W/O型乳化剂，与较强的O/W型乳化剂合用时，则制得的乳剂型基质稳定，且产品细腻润滑，用量为15%左右。

含硬脂酸甘油酯的乳剂型基质配方：硬脂酸甘油酯（油相）35g，硬脂酸120g，白凡士林（油相）10g，羊毛脂（油相）50g，三乙醇胺4mL，羟苯乙酯1g，蒸馏水加至1000g。

[制法] 将油相成分（即硬脂酸甘油脂、硬脂酸、液状石蜡，凡士林、羊毛脂）与水相成分（三乙醇胺、羟苯乙酯溶于蒸馏水中）分别加热至80℃，将熔融的油相加入水相中，搅拌，制成O/W型乳剂型基质。

c. 脂肪酸山梨坦与聚山梨酯类。非离子型表面活性剂。脂肪酸山梨坦，即司盘类，HLB值在4.3～8.6之间，为W/O型乳化剂；聚山梨酯，即吐温类，HLB值在10.5～16.7之间，为O/W型乳化剂。

各种非离子型乳化剂均可单独制成乳剂型基质，但为调节HLB值而常与其他乳化剂合用。非离子型表面活性剂无毒性，中性，对热稳定，对黏膜与皮肤比离子型乳化剂刺激小，并能与酸性盐、电解质配伍，但与碱类、重金属盐、酚类及鞣质均有配伍变化。

聚山梨酯类能严重抑制一些消毒剂、防腐剂的效能，如与羟苯酯类、季铵盐类、苯甲酸等络合而使之部分失活，但可适当增加防腐剂用量予以克服。

非离子型表面活性剂为乳化剂的基质中可用的防腐剂有山梨酸、洗必泰碘、氯甲酚等，用量约0.2%。

含聚山梨酯类的乳剂型基质配方：硬脂酸60g，聚山梨酯8044g，油酸山梨坦16g，硬脂醇（增稠剂）60g，液状石蜡90g，白凡士林60g，甘油100g，山梨酸2g，蒸馏水加至1000g。

[制法] 将油相成分（硬脂酸、油酸山梨坦、硬脂醇、液状石蜡及白凡士林）与水相成分（聚山梨酯80、甘油、山梨酸及水）分别加热至80℃，将油相加入水相中，边加边搅拌至冷凝成乳剂型基质。

[注解] 配方中聚山梨酯80为主要乳化剂（O/W型），油酸山梨坦（Span80）为反型乳化剂（W/O型），以调节适宜的HLB值而形成稳定的乳剂型基质。硬脂醇为增稠剂，制得的乳剂型基质光亮细腻，也可用单硬脂酸甘油酯代替得到同样的效果。

含油酸山梨坦为主要乳化剂的乳化型基质配方：单硬脂酸甘油酯120g，蜂蜡50g，石蜡50g，白凡士林50g，液状石蜡250g，油酸山梨坦20g，聚山梨酯8010g，羟苯乙酯1g，蒸馏水加至 1000g。

[制法] 将油相成分（单硬脂酸甘油酯、蜂蜡、石蜡、白凡士林、液状石蜡、油酸山梨坦）与水相成分（聚山梨酯 80、羟苯乙酯、蒸馏水）分别加热至 80℃，将水相加入到油相中，边加边搅拌至冷凝即得。

[注解] 配方中油酸山梨坦与单硬脂酸甘油酯同为主要乳化剂，形成 W/O 型乳剂型基质，聚山梨酯 80 用以调节适宜的 HLB 值，起稳定作用。单硬脂酸甘油酯、蜂蜡、石蜡均为固体，有增稠作用，单硬脂酸甘油酯用量大，制得的乳膏光亮细腻且本身为 W/O 型乳化剂。蜂蜡中含有蜂蜡醇，也能起较弱的乳化作用。

d. 聚氧乙烯醚的衍生物类

Ⅰ. 平平加 O（perrgol O）。平平加 O 即以十八（烯）醇聚乙二醇-800 醚为主要成分的混合物，为非离子型表面活性剂，其 HLB 值为 15.9，属 O/W 型乳化剂，但单用本品不能制成乳剂型基质，为提高其乳化效率，增加基质稳定性，可用不同的辅助乳化剂，按不同配比制成乳剂型基质。

含平平加 O 的乳化型基质配方：平平加 O 25～40g，十六醇 50～120g，凡士林 125g，液状石蜡 125g，甘油 50g，羟苯乙酯 1g，蒸馏水加至 1000g。

[制法] 将油相成分（十六醇、液状石蜡及凡士林）与水相成分（平平加 O、甘油、羟苯乙酯及蒸馏水）分别加热至 80℃，将油相加入水相中，边加热边搅拌至冷，即得。

[注解] 其他平平加类乳化剂经适当配合也可制成优良的乳剂型基质，如平平加 A-20 及乳化剂 SE-10（聚氧乙烯 10 山梨醇）和柔软剂 SG（硬脂酸聚氧乙烯酯）等配合制得较好的乳剂型基质。

Ⅱ. 乳化剂 OP。乳化剂 OP 为以聚氧乙烯（20）月桂醚为主的烷基聚氧乙烯醚的混合物，亦为非离子 O/W 型乳化剂，HLB 值为 14.5，可溶于水，1%水溶液的 pH 值为 5.7，对皮肤无刺激性，常与其他乳化剂合用。

本品耐酸、碱、还原剂及氧化剂，性质稳定，用量一般为油相质量的 5%～10%。

本品不宜与羟基类化合物，如苯酚、间苯二酚、麝香草酚、水杨酸等配伍，以免形成络合物，破坏乳剂型基质。

含乳化剂 OP 的乳剂型基质配方：硬脂酸 114g，蓖麻油 100g，液体石蜡 114g，三乙醇胺 8mL，乳化剂 OP 3mL，羟苯乙酯 1g，甘油 160mL，蒸馏水 500mL。

[制法] 将油相（硬脂酸、蓖麻油、液状石蜡）与水相（甘油、乳化剂 OP、三乙醇胺及蒸馏水）分别加热至 80℃，将油、水两相逐渐混合。搅拌至冷凝，即得 O/W 型乳剂型基质。

(3) 水溶性基质　水溶性基质是由天然或合成的水溶性高分子物质所组成的，溶解后形成水凝胶，如 CMC-Na 属凝胶基质。

目前常见的水溶性基质主要是合成的 PEG 类高分子物，以其不同分子量配合而成。

聚乙二醇（polyethyleneglycol，PEG）是用环氧乙烷与水或乙二醇逐步加成聚合得到的水溶性聚醚。分子式为 $HOCH_2(CHOHCH_2)_nCH_2OH$。药剂中常用的 PEG 平均分子量在 300～6000。PEG700 下均是液体，PEG1000、1500 及 1540 是半固体，PEG2000～6000 是固体。固体 PEG 与液体 PEG 适当比例混合可得半固体的软膏基质，且较常用，可随时调节稠度。

此类基质易溶于水，能与渗出液混合且易洗除，能耐高温，不易霉败。但由于其较强的吸水性，用于皮肤常有刺激感，且久用可引起皮肤脱水干燥感，不宜用于遇水不稳定的药物的软膏，对季铵盐类、山梨糖醇及羟苯酯类等有配伍变化。

含聚乙二醇的水溶性基质配方：聚乙二醇 3350 400g，聚乙二醇 400 600g。

［**制法**］将两种聚乙二醇混合后，在水浴上加热至65℃搅拌至冷凝，即得。若需较硬基质，则可取等量混合后制备。

若药物为水溶液（6%～25%的量），则可用30～50g硬脂酸取代同重的聚乙二醇3350，以调节稠度。

17.3.3 软膏剂的附加剂

在药剂及化妆品局部外用制剂中常用的附加剂主要有抗氧剂、防腐剂等。

（1）抗氧剂　主要用来保护软膏剂的化学稳定性。常用的抗氧剂分为三种。

第一种是抗氧剂，它能与自由基反应，抑制氧化反应。如VE、没食子酸烷酯、丁羟基茴香醚（BHA）和丁羟基甲苯（BHT）等。

第二种由还原剂组成，其还原势能小于活性成分，更易被氧化从而能保护该物质，它们通常和自由基反应，如抗坏血酸、异抗坏血酸和亚硫酸盐等。

第三种是抗氧剂的辅助剂，它们通常是螯合剂，本身抗氧效果较小，但可通过优先与金属离子反应，从而加强抗氧剂的作用，如枸橼酸、酒石酸、EDTA和巯基二丙酸等。

（2）防腐剂

① 抑菌剂的要求

a. 和配方中组成药物没有配伍禁忌；

b. 有热稳定性；

c. 在较长的贮藏时间及使用环境中稳定；

d. 对皮肤组织无刺激性、无毒性、无过敏性。

② 软膏剂中常用的抑菌剂

a. 醇类，使用浓度7%。如乙醇、异丙醇、氯丁醇、三氯甲基叔丁醇、苯基对氯苯丙二醇、苯氧乙醇、溴硝基丙二醇（bronopol）。

b. 酸类，使用浓度0.1%～0.2%。如苯甲酸、脱氢乙酸、丙酸、山梨酸、肉桂酸。

芳香酸类，使用浓度0.001%～0.002%。如茴香醚、香茅醛、丁子香粉、香兰酸酯。

c. 汞化物类，如醋酸苯汞、硼酸盐、硝酸盐、汞撒利。

d. 酚类，使用浓度0.1%～0.2%。如苯酚、苯甲酚、麝香草酚、卤化衍生物（如对氯邻甲苯酚、对氯间二甲苯酚）、煤酚、氯代百里酚、水杨酸。

e. 酯类，使用浓度0.01%～0.5%。如对羟基苯甲酸（乙酸、丙酸、丁酸）酯。

f. 季铵盐类，使用浓度0.002%～0.01%。如苯扎氯铵、溴化烷基三甲基铵。

g. 其他类，使用浓度0.002%～0.01%。如葡萄糖酸洗必泰。

17.3.4 软膏剂的制备及举例

软膏剂的制备，按照形成的软膏类型、制备量及设备条件不同，采用的方法也不同。溶液型或混悬型软膏常采用研磨法或熔融法。

乳剂型软膏常在形成乳剂型基质过程中或在形成乳剂型基质后加入药物，称为乳化法。在形成乳剂型基质后加入的药物常为不溶性微细粉末，也属于混悬型软膏。

制备软膏的基本要求，必须使药物在基质中分布均匀、细腻，以保证药物剂量与药效，这与制备方法和加入药物的方法正确与否密切相关。

（1）软膏剂的制备

① 制备方法及设备。油脂性基质的软膏主要采用研磨法和熔融法。

a. 研磨法。基质为油脂性的半固体时，可直接采用研磨法（水溶性基质和乳剂型基质不宜用)。一般在常温下将药物与基质等量递加混合均匀。此法适用于小量制备，且药物为不溶于基质者。

b. 熔融法。大量制备油脂性基质时，常用熔融法。特别适用于含固体成分的基质，先加温熔化高熔点基质后，再加入其他低熔成分熔合成均匀基质，然后加入药物，搅拌均匀冷却即可。

c. 乳化法。将配方中的油脂性和油溶性组分一起加热至 80℃左右成油溶液（油相)，另将水溶性组分溶于水后一起加热至 80℃成水溶液（水相)，使温度略高于油相温度，然后将水相逐渐加入油相中，边加边搅至冷凝，最后加入水、油均不溶解的成分，搅匀即得。

② 药物加入的一般方法

a. 药物不溶于基质或基质的任何组分中时，必须将药物粉碎至细粉（眼膏中药粉细度为 75μm 以下)。

若用研磨配制，配制时取药粉先与适量的液体组分，如液体石蜡、植物油、甘油等研成糊状，再与其余基质混匀。

b. 药物可溶于基质某组分中时，一般油溶性药物溶于油相或少量有机溶剂，水溶性药物溶于水或水相，再吸收混合或乳化混合。

c. 药物可直接溶于基质中时，则油溶性药物溶于少量液体油中，再与油脂性基质混匀成为油脂性溶液型软膏；水溶性药物溶于少量水后，与水溶性基质成水溶液性溶液型软膏。

d. 具有特殊性质的药物，如半固体黏稠性药物（如鱼石脂或煤焦油)，可直接与基质混合，必要时先与少量羊毛脂或聚山梨酯类混合再与凡士林等油性基质混合。若药物有共溶性组分（如樟脑、薄荷脑）时，可先共熔再与基质混合。

e. 中药浸出物为液体（如煎剂、流浸膏）时，可先浓缩至稠膏状再加入基质中。固体浸膏可加少量水或稀醇等研成糊状，再与基质混合。

（2）举例

① 水杨酸乳膏配方：水杨酸 50g，硬脂酸甘油酯 70g，硬脂酸 100g，白凡士林 120g，液状石蜡 100g，甘油 120g，十二烷基硫酸钠 10g，羟苯乙酯 1g，蒸馏水 480mL。

[制法] 将水杨酸研细后通过 60 目筛，备用。

取硬脂酸甘油酯、硬脂酸、白凡士林及液状石蜡加热熔化为油相。

另将甘油及蒸馏水加热至 90℃再加入十二烷基硫酸钠及羟苯乙酯溶液为水相，然后将水相缓缓倒入油相中，边加边搅，直至冷凝，即得乳剂型基质；将过筛的水杨酸加入上述基质中，搅拌均匀即得。

本品用于治疗手足癣及体股癣，忌用于糜烂或继发性感染部位。

② 清凉油配方：樟脑 160g，薄荷脑 160g，薄荷油 100g，桉叶油 100g，石蜡 210g，蜂蜡 90g，氨溶液（10%）6.0mL，凡士林 200g。

[制法] 先将樟脑、薄荷脑混合研磨使其共熔，然后与薄荷油、桉叶油混合均匀，另将石蜡、蜂蜡和凡士林加热至 110℃（除去水分)，必要时滤过，放冷至 70℃加入芳香油等，搅拌，最后加入氨溶液，混匀即得。

本品用于止痛止痒，适用于伤风、头痛、蚊虫叮咬。

17.3.5　软膏剂的质量检查

软膏剂的质量检查主要包括药物的含量、软膏剂的性状、刺激性、稳定性等的检测以及软膏中药物释放、吸收的评定。

根据需要及制剂的具体情况，皮肤局部用制剂的质量检查，除了采用药典规定的检验项目外，还可采用一些其他方法。

（1）主药含量测定　软膏剂采用适宜的溶剂将药物溶液提取，再进行含量测定，测定方法必须考虑和排除基质对提取物含量测定的干扰和影响，测定方法的回收率要符合要求。

（2）物理性质的检测

① 熔程。一般软膏以接近凡士林的熔程为宜。按照药典方法测定或用显微熔点仪测定，由于熔点的测定不宜观察清楚，需取数次平均值来测定。

② 黏度和流变性测定。用于软膏剂黏度和流变性的测定仪器有流变仪和黏度计。目前常用的有旋转黏度计、落球黏度计、穿入计等。

流变性是软膏基质最基本的物理性质，测定流变性主要是考察半固体制剂的物理性质。

③ 刺激性。软膏剂涂于皮肤或黏膜时，不得引起疼痛、红肿或产生斑疹等不良反应。药物和基质引起过敏反应者不宜采用。

若软膏的酸碱度不适而引起刺激时，应在基质的精制过程中进行酸碱度处理，使软膏的酸碱度近似中性。

④ 稳定性。根据《中国药典》2015 年版有关稳定性的规定，软膏剂应进行性状（酸败、异臭、变色、分层、涂展性）、鉴别、含量测定、卫生学检查、皮肤刺激性试验等方面的检查，在一定的贮存期内应符合规定要求。

⑤ 药物释放度及吸收的测定方法

a. 释放度检查法：表玻片法（watch glassmethod）；桨法（药典）；渗析池法（dialysis cellμmethod）；圆盘法（disk assemble method）等。

b. 体外试验法：离体皮肤法；凝胶扩散法；半透膜扩散法；微生物法等。

c. 体内试验法。

17.4 热雾剂

17.4.1 概念

将液体（或固体）农药溶解在具有适当闪点和黏度的溶剂中，再添加其他成分调制成一定规格的制剂。在使用时，借助于烟雾机，将此制剂定量地压送到烟花管内，与高温高速的热气流混合喷入大气中，形成微米级的雾或烟，称此制剂为热雾剂。

17.4.2 烟雾机

烟雾载药技术与经典的喷雾技术有较大的差异，因此，对农药的剂型有不同的要求。在原药柴油悬浮母液中加入烷基酚或环氧乙烷缩合物，热雾剂均表现出较好的乳化作用。该配方的最优组合为柴油 150mL、原药 509mL、脂肪醇聚氧乙烯醚 89mL。该热雾剂的热雾水平有效扩散距离可达 25m，对玉米小斑病的防治效果达 72.10%。

从 20 世纪 70 年代开始，为了彻底消灭病虫害，大量使用化学农药，造成了环境的严重污染，且害虫抗药性增加。面对化学防治引起的一系列问题，人们对生物防治的研究越来越多。但是，目前我国生物农药的使用还存在一些问题：一是剂型研究不够深入，对于生物农药的贮藏以及产品的货架寿命仍没有良好的解决办法；二是在防治过程中，施药方式等环节依然存在很多问题，施药技术不成熟，尤其是对高大林木的林间防治投入较高，效率相对较低，抑制了生物农药的推广使用。

脉冲烟雾机的热动力为脉冲发动机，进入燃烧室的可燃混合气点火燃烧后，形成的高温气流以较高的速度流经较小直径的喷管，由于脉冲发动机燃烧室内处于脉动燃烧过程，喷管内对应的热气流处于较强的紊流流动状态中。当油溶剂药液从位于喷管上的喷药嘴喷入喷管内高速紊流的热气流中，利用气流的热能及动能将药液进行破碎、裂化、蒸发成非常细小的雾滴（粒径小于 20μm），从喷口喷出进入空气中冷凝成可视的烟雾。由于烟雾颗粒非常轻小，会自动向上升腾、渗透直至包裹着整个树冠，达到有效杀灭病虫害的目的。且油性药液雾滴在植物叶面上具有较好的附着性能，耐雨水冲刷、高效持久，因此，单位面积用药量大大减少，对环境的污染相当小。这是热烟雾载药技术最突出的优点。将脉动燃烧技术与烟雾载药技术结合起来研制成的脉冲烟雾机是国内近十几年发展起来的一种地面施药高效防治新技术，适用于交通不便、林木高大、水源缺乏的林区。目前该装备只用于化学农药的施用，将化学农药与溶剂油相混合经过热力烟化形成烟雾，采用的溶剂油一般为 0# 柴油。脉冲烟雾机结构及温度测试位置见图 17-1。

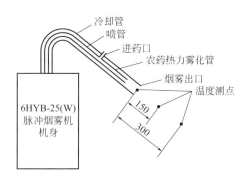

图 17-1　烟雾机结构及温度测点位置示意图（单位：mm）

17.4.3　热雾剂的应用

除原药之外，热雾剂还由溶剂、助溶剂、黏着剂、闪点和黏度调节剂以及稳定剂等组成。由于它的烟雾微细，能被气雾机送至很远很高的距离，并具有长时间的飘浮能力，多用于森林、果园、仓库、保护地、地下水道等场合，防病防虫。

17.4.3.1　生物热雾剂

白僵菌（*Beauveria bassiana*）杀虫剂是目前世界上研究和应用最多的广谱真菌杀虫剂。如果应用烟雾载药技术进行生物农药如白僵菌的烟雾施放来防治病虫害，因溶剂柴油在烟化过程中温度高达 600℃ 左右，会使农药失去生物活性。虽然国外针对白僵菌在应用过程中有可能遇到的温度、湿度及气压等环境条件进行了研究，但是目前国内应用烟雾载药技术进行施放生物农药的相关报道还较少。经测试，脉冲烟雾机喷管内热气流温度在喷药嘴处热力烟化前高达 900℃左右，油溶剂农药进入喷管内进行热力烟化后的温度也高达 600℃ 左右。在进行白僵菌油剂配套应用研究中，将柴油白僵菌菌液通过金马牌脉冲烟雾机热力烟化后，收集白僵菌孢子，其孢子均不萌发，说明柴油不能作为白僵菌溶剂油，因此需配制适用于白僵菌的新型热雾剂。针对白僵菌在应用脉冲烟雾机进行热力烟化过程中存在的问题，有学者开展了新型生物农药白僵菌制剂的研制，研究它们经过热力烟化后的生物活性，以解决对高大林木无法采用生物防治技术的难题。

17.4.3.2　三唑酮、咪鲜胺和嘧菌酯热雾剂

橡胶树常见的病害有炭疽病、白粉病等，由于具有较高的树干和冠层结构，使用常规的喷雾或喷粉的方法防控效果不佳，并需要耗费大量的人力和物力。热雾剂具有雾滴细密、分

布均匀、渗透力强、污染低和效率高等优点，而且不受地形、树干的高度以及水源的限制，是对大面积发生的橡胶树炭疽病、白粉病最为经济有效的治理措施。研究表明，三唑酮、咪鲜胺和嘧菌酯 3 种有效成分，是经过室内 22 种原药的配比对橡胶炭疽病的毒力敏感性试验及橡胶离体嫩叶和嫩枝上白粉病的毒力试验筛选出来效果最好的配比之一，其中三唑酮为内吸性较强的杀菌剂，咪鲜胺具有保护作用，嘧菌酯兼具保护、治疗、铲除作用。这 3 种农药都为高效广谱农药，对人畜低毒，配合使用能有效杀灭橡胶炭疽病、橡胶白粉病，同时能降低炭疽病、白粉病的抗药性，对橡胶树具有保护和治疗的双重作用。

17.4.3.3 5%高氯·啶虫脒热雾剂

室内和田间测定了 5%高氯·啶虫脒热雾剂对烟粉虱的杀虫活性。结果表明，5%高氯·啶虫脒热雾剂对烟粉虱成虫具有很强的毒杀作用，其毒力回归方程为 $4.0078+1.4577x$，LC_{50}值为 4.79mg/L，说明氯氰菊酯对啶虫脒具有显著的增效作用，其共毒系数（CTC）为 186；田间防治试验显示，5%高氯·啶虫脒热雾剂对烟粉虱具有明显的控制作用，在处理剂量为 37.5～112.5g/hm^2 时，药后 7d 的防治效果可达 75%以上。5%高氯·啶虫脒热雾剂可用于防治烟粉虱。

17.4.3.4 结论

我国利用热雾技术防治作物病虫害仅有 10 余年的历史，且主要用于森林和橡胶树。近几年，热雾技术在果树等高秆作物、大棚蔬菜及卫生消毒等领域被相继开发应用。目前，在热雾机和热雾剂的研制及开发应用方面均取得较大的进步和良好的发展趋势。随着热雾机的功能越来越完善、制造工艺不断改进以及热雾药剂研究的不断深入，相信烟雾载药技术将会在植物保护中得到广泛的应用。

17.5 水面扩散油(粉)剂

17.5.1 概述

17.5.1.1 水面扩散油剂的概念

水面扩散油剂，剂如其名，是在普通油剂中配有一种被称为水面扩散剂的特殊助剂，施于水面形成薄膜的油剂。只要把药液直接滴到水田中，药液就可迅速扩散至整田形成药膜，并借水稻茎基部向上爬升到害虫栖息处或病发处，达到防病治虫的目的，克服了水稻生长后期茎叶喷雾或撒施农药难以直接达到防治效果的困难，非常方便。

针对广大农民迫切要求改变防治病虫害传统繁重艰苦的施药方法，希望能生产一种高效、安全、低毒、操作便捷的新剂型农药，他们把航天高新科学技术研究应用到农业生产上，根据当代超分子化学理论、稻飞虱发生规律，结合噻嗪酮原药的药理特性及分子结构特征，水面扩散剂分子与噻嗪酮分子间非共价键缔合而形成一种新的农药制剂（水面扩散油剂）和施药方法，具有高效、长效、低毒、安全、使用便捷、省工节本等特点。

17.5.1.2 水面扩散油剂的特点

（1）防治效果显著　该农药具有触杀和内吸传导作用。只要把药液直接滴到水田中，药液就可迅速扩散至整田形成药膜，并借水稻茎基部向上爬升到稻飞虱栖息处，达到靶向给药杀虫的目的，解决了水稻生长后期茎叶喷雾或撒施农药难以直接触杀害虫的问题，省工节本，防治费用低。

一般每亩只需本药 100～150mL，与其他农药相比用量及成本都较低。在使用过程中，操作简便，只需在水稻田中分 10～15 个等距离施药点，不需加水或拌土，不用植保器械，直接把药滴入水中，每亩花工不足 10min，可节省施药成本投入 85%以上，比常规施药提高工效 20 倍。男女老少皆宜操作，极大减轻施药劳动强度，有利于劳力转化，改变现有传统繁重的施药方法，省工节本，降低防治费用，且该药不受气候影响。在防治适期无论下雨或阴天均可直接滴药，只需稻田水不溢出田埂即可。

（2）低毒安全　该药低毒，而且由于特殊的施药方式，使其在使用过程中不产生药液飘移，不污染环境，不产生药害，对天敌的杀伤力小，对人畜安全。使用该产品，掌握在稻飞虱产卵高峰至卵盛孵期适时下药，视虫口密度，中等发生时每亩用 100mL，重发生时每亩 150mL，用目测法定 10～15 个等距离药点，每点滴入时要注意施药一定有 5～7cm 水层，药后保持 5～7d，充分发挥药效作用。药后不宜将药水排入鱼塘或蔬菜地，以免发生药害。

17.5.1.3　水面扩散油剂的发展

早在 20 世纪末，国内就已围绕水面扩散油剂进行研究，先后研发出 8%噻嗪酮水面扩散油剂、30%毒・噻水面扩散油剂、30%稻瘟灵水面扩散油剂、5%吡虫啉水面扩散油剂、1%杀螺胺展膜油剂、15%苄・乙水面扩散油剂以及 25%噁草・丙草胺水面扩散油剂。其中，仅有陕西省西安西诺农化有限责任公司的 8%噻嗪酮水面扩散油剂取得正式登记。该产品于 1997～1998 年在湖南、四川、广西、安徽、福建等多个省（区）展开大面积示范推广，均取得明显的防效和经济社会效益，深受农民的喜爱。经中国科技信息研究所联机检索认为，从农药的剂型到施药方法，在国内外有关专刊及文献中均未见报道；有关单位和同行专家教授一致认定为该产品是最新的杀虫剂型农药，属国内外首创，其综合技术经济指标达到国际先进水平。但是由于后续研发困难，该类产品并未在国内真正应用和发展起来。

17.5.2　性能测定

随着用工成本的增加以及土地集中规模经营，用药需要方便性成为必然[1]；水膜用药存在不方便性，方便使用的剂型越来越成为需要[2,3]，水面扩散油剂就是一个很好的剂型，完全可以满足需求，水面扩散油剂的使用不受天气降雨等问题影响，从而也更方便用药；近年来水面扩散油剂得到迅猛发展，但作为一种新剂型[4]，其质量性能控制标准却存在很多不确定性，这方面不能得到控制，产品质量和使用效果就存在问题，针对水面扩散油剂需要制定其专用的指标和测试方法。本文从产品需要具备的常规的基本理化性能和其独有的使用性能进行分析，从而找到其可有效判定展膜性能的测定方法。

（1）供试试剂及设施

① 原料及试剂：10%稻瘟酰胺水面扩散油剂，硫黄粉，塑料泡沫粉，342mg/L 标准硬水，20mg/L 标准软水，小麦壳，稻谷壳。

② 设备：秒表，10μL 微量进样器，50μL 微量进样器，米尺，恒温水浴锅，100mL 具塞量筒，计算器，滴管，水盆，直径 2m 的方形或圆形水盘（可在其内均匀盛 3～5cm 厚的水即可）。

（2）水面扩散油剂的性能指标

① 基本理化性能：产品的含量、pH 值、外观、热贮稳定性、低温稳定性，这些都是液体制剂所需要考虑的基本指标中的一部分；其在水面扩散油剂中也是一样的，这些指标可以借鉴乳油的控制指标和方法，在这里就不再进行说明。

② 水面扩散油剂的使用性能：膜稳定性，展膜性能（展膜半径、展膜速度、展膜厚度），再次展布性能[5]，展布抗逆性。

a. 展膜性能。展膜性能是产品在水中展布的一个重要性能，是产品控制的一个重要指标，展膜性能的评价从三个方面进行：展膜半径、展膜速度和展膜厚度，由于油膜在水面展布得非常薄，所以单纯用眼察看其展布面积是很难确定其边界的，必需要想法察看其展布边界才可进行各项性能评定。

展布性能察看方法如下：

Ⅰ. 参照物对比法。选择参照物，先在水面上分散撒上一层硫黄粉，然后在水面中央滴上一滴10%稻瘟酰胺水面扩散油剂制剂；可以看到水面扩散油剂在水面迅速推动硫黄粉层向外围扩展，硫黄粉的面积在迅速被压缩，可以动态反映水面扩散油剂在水面的展布情况。该方式效果明显，但由于在水面上撒一层硫黄粉时比较麻烦，同时由于这层硫黄粉可能在后期对展膜形成阻力，影响其展布能力。对该方法进一步优化：在水面中央小面积撒施参照物，然后在参照物中心水面滴一滴水面扩散油剂，只见这些参照物被展膜油层推着向四周迅速扩散，扩散后由参照物形成的圆形轮廓清晰可见。经过一系列对比，该参照物可以选择非水溶性疏水的物质，这些物质有颜色的和密度轻的更容易观察：实验室用的原料如硫黄、精喹禾灵原药、玉米面粉、塑料泡沫粉粒，在田间试验时可以就地取材，如小麦壳、稻谷壳、干枯叶片（将其揉碎用细末）。

Ⅱ. 取样器和盛水器的选择。在使用水盆时由于面积小，参照物都被推到容器边缘，这种方式测定面积不准，这种情况就需要要么是缩小液滴的体积，要么是增大水面的面积。在缩小液滴的体积方面：采用50μL微量进样器滴样时，50μL可以压出10滴；采用10μL微量进样器滴样时，10μL可以压出2.5滴。滴样方式为：用微量进样器取水面扩散油剂后定量到刻度线，针口向下缓慢推动进样器，让待测液缓慢流出针口，在针口处呈球形，然后自由下落，这样连续进行500μL可以滴10滴；也可用5μL微量进样器取样，定容针口放在参照物中心的液面下推出这5μL。经过这些测试对比，最后选择每滴药液量为5μL，盛水器放大直径，选直径2m的圆形盘或边长2m的方形盘。

Ⅲ. 指标测定方法。选择直径2m的圆形容器，在容器内盛水，在容器口处通过两条相交直径找出圆心（如果是方形容器，可以利用对角线标出中心），在水面圆心撒下直径5～10cm的参照物（试验室可选硫黄），用微量进样器（50μL）在参照物中心水面滴入一滴，在滴下的同时启动秒表，在参照物不动时记下所用的时间，测量出参照物所形成的圆形直径R（cm）。展布平均速度（cm/s）：

$$v=\frac{R}{2t}$$

式中　R——油膜展布扩展的直径，cm；

t——滴下药滴到扩展结束时所用的时间，s。

展布油膜厚度（cm）：

$$H=\frac{4V}{3.14R^2}$$

式中　V——滴入药滴的体积，cm^3；

R——药滴展布后的直径，cm。

b. 膜稳定性。膜稳定性是反映产品成膜后的稳定性，膜的稳定性影响药的均匀性和可吸收性能。膜的稳定性可以从两个方面体现：膜是否会很快消失或者原药被释放出来。可以通过对水稳定性试验来进行验证；通过观察膜在水中的均匀性来判断膜的均一稳定性能。

Ⅰ. 对水稳定性。用100mL具塞量筒，分别装标准软水和硬水并定容至95mL，然后放入30℃±2℃水浴中，待恒温后向其各移入5mL水面扩散油剂，盖上塞子上下颠倒10次放入恒温水浴，然后取下塞子，观察2h和24h的情况。在水面上层应是一层油膜，这种情况对水稳定性是优秀的；如果水中有原药析出或在水面有原药析出以及水面看不到油膜的存在，这些情况都说明产品在成膜后稳定性差，不利于原药的吸收，从而降低产品的应用效果。

Ⅱ. 成膜均匀性的问题。要观察产品入水后的展布动态以及展布后的状态，如果是一层油状膜向四周快速均匀扩散，且扩散过程中膜没有破裂或破裂后形成多小点扩散再破裂再扩散则为优，否则膜的均一稳定性不好。

c. 再次展布性能和抗逆性能

Ⅰ. 再次展布性能。可以利用对水稳定性试验后的上层药液，用滴管取上层药液后滴入水中还能展膜分散，则产品的再次展布性能是可以的。

Ⅱ. 膜的抗逆性能。在水面展布一层油膜后可以利用外部力量如搅动或用风吹，使油膜聚集在局部区域，观察油膜能否还有再次向没有油膜的地方展布的能力。

17.5.3　小结与讨论

展膜性能中的展膜速度是反映产品在水中展膜速度快慢的一个指标，在这里用平均速度可以很好地比较不同配方或产品的展膜性能差异，是展布的动态体现；展膜半径是药滴在水面展膜的一种能力，其大小决定了水面释药的最低用量；只有在最低用量以上才可能在水面都有药膜。

膜的稳定性能：对水稳定性反映出油膜在水面可以保持的稳定性，如果原药被释放出来或很快挥发则说明药膜持有时间短，这种情况药液不能被有效吸收，从而降低了水面扩散油剂的施用效果；药膜的均匀性同样也是保证药膜持药性的一个重要指标。

水面扩散油剂的这些使用性能是其剂型的独有指标，经过对常规性能和这些性能的综合评价可以有效鉴定水面扩散油剂的质量好坏；这些性能和方法评价有效。

17.6　可乳化粉剂

可乳化粉剂（emulsifiable powder，EP）为具有超低能量、超低表面张力的产品在水中分散后，成为一种常见的水包油（O/W）型乳状液使用的粉状制剂。可乳化粉剂中可包含一种或几种有效成分，首先将有效成分或溶解或稀释在适宜的有机溶剂中，加入表面活性剂混匀，再吸附到水溶性聚合物粉或其他类型的水溶性或水不溶性粉体填料上，再经加工而成。一般来说，凡是液态的农药原药或在有机溶剂中有相当大的溶解度的固态原药，无论是杀虫剂、杀螨剂、杀菌剂，还是除草剂，都可以加工成可乳化粉剂。

17.6.1　可乳化粉剂的特性

由于可乳化粉剂是在可湿性粉剂和乳油的基础上发展起来的一种新剂型，使得它在综合了上述剂型的优点的同时还具有自己独特的性能。一是不用或少用有机溶剂，节省了大量的有机溶剂，避免了有机溶剂在生产和使用时对人及环境的危害，安全性好；二是流动性好，不黏结、不结块，便于贮存、运输；三是所配制的可乳化粉剂生物活性高，药效与同剂量的相应乳油相当；四是与化肥和微量元素具有良好的掺合性；五是由于该类剂型具有超低能量和超低表面张力，甚至可以使油水界面张力达到超低 10^{-4} mN/m 数量级，并且乳化性能强，乳化增溶率达到 80%以上。

17.6.2　可乳化粉剂配方研究

（1）加工工艺　可乳化粉剂中通常可包含一种或几种有效成分，其加工方法为：首先将这些（种）有效成分或溶解或稀释在适宜的有机溶剂中，加入表面活性剂混匀，然后通过喷雾器将其均匀喷雾到一定量的载体上（预先经过机械粉碎和气流粉碎至通过 45μm 试验筛的量≥95%），混合均匀，即可得到可乳化粉剂，其加工工艺如图 17-2 所示。

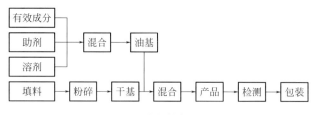

图 17-2 可乳化粉剂加工工艺

（2）配方筛选　可乳化粉剂的配制不同于乳油和可湿性粉剂，由上小节可知，它是将有效成分或溶解或稀释在适宜的有机溶剂中，再吸附到水溶性聚合物粉或其他类型的水溶性或水不溶性粉状载体上经加工配制而成的。要求在该剂型的研究中，既要考虑有效成分溶解在何种溶剂中（溶解度要大），所选用的助剂体系能保证稀释液的稳定性；又要考虑溶解的有效成分分散在何种载体上，才能满足可乳化粉剂的技术指标要求[6~8]。

① 溶剂的选择。用于配制乳油的溶剂应满足可乳化粉剂对溶剂的要求，结合实际生产应用中欲使用的各类原药在有机溶剂中的溶解情况及生产成本，我们相应选择合适的溶剂作配制可乳化粉剂中油基的溶剂（如喹草烯原药可以使用油剂油作为溶剂）。

② 填料的筛选。在可乳化粉剂中，由于要将含有有效成分的油基均匀分散在载体填料上，所选用的载体对油基的吸附量要大，载体吸附容量的大小直接影响所配制的可乳化粉剂的质量。常用的几种可以粉碎到一定细度的填料，如凹凸棒土、硅藻土、膨润土、高岭土、白炭黑等。

③ 乳化剂筛选。乳化剂是可乳化粉剂配方中重要的组分之一，是影响可乳化粉剂重要技术指标和分散稳定性的重要因素。加入乳化剂的作用是使可乳化粉剂用水稀释后，在其液滴的周围形成保护层，阻止凝聚，从而使其很好地分散悬浮和乳化在水中，进而进行喷雾使用，并保证在作物表面具有良好的附着性，使其最大限度地发挥生物活性[9,10]。一般来说，农药活性成分乳化分散度越高，对作物表面的附着量越多，药效相应地也越好。常见的应用于农药领域的乳化剂有农乳 2201、农乳 0201B、农乳 0203B、农乳 600#、农乳 OX-656、农乳 NP-15、农乳 OX-8686 等。

实例：20%莎稗磷可乳化粉剂配方筛选

根据莎稗磷原药在有机溶剂中的溶解情况，选择无水乙醇和溶剂油 S-150 作为配制莎稗磷可乳化粉剂的油相。

用 40%莎稗磷乳油为油相，对几种粉碎后的填料进行了吸附能力试验，结果见表 17-1。

表 17-1　填料吸附能力实验结果

填料名称	油相加入量/%	物料状态
硅藻土	30	湿润粉末
凹凸棒土	30	湿润粉末
高岭土	30	湿润粉末
轻质碳酸钙	30	较湿润粉末
白炭黑	50	干燥粉末

试验结果表明，白炭黑对莎稗磷油相的吸附能力最强，轻质碳酸钙其次。综合考虑，选择白炭黑与轻质碳酸钙的混合物作为配制莎稗磷可乳化粉剂的填料。

根据莎稗磷原药的结构和性质，选择 NP-10、NP-10-P、T-20、1601#、700#、PEG200、PEG200 单油酸酯等乳化剂进行了筛选，结果见表 17-2。

表 17-2　乳化剂筛选实验结果

配方	1	2	3	4	5	6	7	8	9	10
98%莎稗磷原药/%	20	20	20	20	20	20	20	20	20	20
NP-10/%	10				5		5			5
T-20/%		10	5				5			
农乳 1601#/%			5			5		5		5
农乳 700#/%				5				5		
PEG200/%					5				5	
PEG200 单油酸酯/%				5		5			5	
NP-10-P/%							1	1	1	1
无水乙醇/%	10	10	10	10	10	10	10	10	10	10
溶剂油 S-150/%	10	10	10	10	10	10	10	10	10	10
白炭黑/%	30	30	30	30	30	30	30	30	30	30
轻质碳酸钙/%	20	20	20	20	20	20	19	19	19	19
润湿时间/s	40	50	40	40	55	55	50	58	60	65
悬浮率/%	51	55	56	45	42	52	65	50	42	58

试验结果表明，综合考察润湿时间与悬浮率，采用 NP-10、T-20、NP-10-P 复配作为 20%莎稗磷可乳化粉剂的乳化剂较为适宜，用量分别为 5%、5%、1%（7 号配方）。

由于加入分散剂和润湿剂可提高制剂的悬浮率和润湿性，在采用 NP-10、T-20、NP-10-P 乳化剂组合的基础上，对分散剂和润湿剂进行了筛选，结果见表 17-3。

表 17-3　分散剂与润湿剂试验筛选结果

配方	1	2	3	4	5	6	7
98%莎稗磷原药/%	20	20	20	20	20	20	20
NP-10/%	5	5	5	5	5	5	5
T-20/%	5	5	5	5	5	5	5
NP-10-P/%	1	1	1	1	1	1	1
无水乙醇/%	10	10	10	10	10	10	10
溶剂油 S-150/%	10	10	10	10	10	10	10
木质素磺酸钙/%	4	3	3	5	5	5	
十二烷基硫酸钠/%	1	2	2		2	2	
扩散剂 NNO/%	2	2		3	3		5
D-425/%			3			3	3
EFW/%				2			2
白炭黑/%	30	30	30	30	30	30	30
轻质碳酸钙/%	12	12	11	9	9	9	9
润湿时间/s	40	35	40	30	35	25	35
悬浮率/%	68	70	72	74	81	72	70

试验结果表明，加入了分散剂和润湿剂以后，制剂的润湿时间缩短，悬浮率提高。在润湿时间都符合标准的前提下，5号配方的悬浮率较高，但还需要做热贮试验进一步检验配方性能（此处省略后续性能测试）。

通过配方组分筛选以及生物活性测定结果，并结合热贮稳定性试验（本文未对性能试验的具体操作及结果做出说明），得到了较佳的配方，见表17-4。

表17-4　20%莎稗磷可乳化粉剂优惠配方

配方组成	用量/%	配方组成	用量/%
莎稗磷原药	20	木质素磺酸钙	5
NP-10	5	十二烷基硫酸钠	2
T-20	5	扩散剂NNO	3
NP-10-P	1	白炭黑	30
无水乙醇	10	轻质碳酸钙	9
溶剂油S-150	10		

该实例作为一种可乳化粉剂配方的具体筛选过程，可以清晰地选择出最合理最符合自己需求的可乳化粉剂。

17.7　水面漂浮性颗粒剂

（1）粉末载体的选择　载体作为必不可少的条件，应水溶性高，能在水中迅速溶解，并在造粒加工时无问题，生产方便经济，不易受空气中水分的影响等。

（2）黏结剂的选择　用于水面漂浮性颗粒剂的黏结剂，必须具有能使载体粉末粒子之间很好结合，并能使存于颗粒内的空气在水中不外逸这两个功能。而且在加水混拌时，溶于水中的混合物能具有可塑性，以易于造粒；当颗粒成型干燥后，必须充分发挥其黏结作用，防止在产品贮存、运输和施用时粉化。作为颗粒必不可少的条件，应在水中沉降后具有上浮性。总之，能在水中保持黏稠状，而不是立即溶解。聚丙烯酸钠（高聚品）与黄原胶组合能完全满足这些项目。

（3）水面展开性的赋予　在颗粒制剂中所保持的有效成分，为使其在水面展开，必须为油状液体。当有效成分为固体或高黏性液体时，则需加入适当的溶剂进行混合，以使其黏度下降。另外，可通过加入表面活性剂以使其能有良好的水面展开性。作为溶剂的油状物，除能溶解有效成分外，其相对密度必须小于1。另外，还应该是不易燃的低挥发性物，这是十分重要的。同时，对作物的药害也必须进行充分的调查。至于表面活性剂则以环氧乙烷或环氧丙烷的共聚物为宜。

（4）制法　将原材料加水捏合，再经造粒机过筛、挤出造粒。有效成分若是能容易地在水面展开的液体，则可在最初混合时事先加入，或者由干燥后的颗粒吸着亦可。对于在干燥时易因热而受影响的有效成分，由于其在造粒时会损失，就往往采用吸附的方法。另外，在加工时由于所用的无机盐原料易使金属装置致锈，故而对于有问题的部分应用不锈钢等防锈材料。所用的原材料应尽量选择吸湿性小的无机盐，不然会因含水量高，在贮存时会增加负重，加压时间一长就会结块。故而在生产时对水分的管理十分重要。必须注意的是，所用的包装材料应是不透水的。另外，在使用氯化钾时，颗粒中的水分应控制在0.5%以下为宜。

（5）喷洒器械适应性的探讨　由于本剂所用原材料与以前的颗粒剂不同，故对用常用的喷洒器械能否无故障地喷洒水面漂浮性颗粒剂进行了试验。试验表明，用通常颗粒剂以 $30kg/hm^2$ 为控制范围。

17.8　飞防制剂

17.8.1　飞防助剂

飞防助剂又称为桶混助剂，是飞机喷雾过程中添加在药液中现混现用的一种功能性助剂产品。它可以降低药液的表面张力，提高润湿渗透性，增加雾滴在叶面的沉积量等以达到增加药效的目的，上海是大高分子材料有限公司科研工作者研究认为添加量一般为 1%～3%。飞防助剂是伴随着飞防农药喷洒出现的一种助剂，由于飞机喷雾是一种作业高度高、低容量高浓度喷雾，易受温度、风速等环境因素的影响，添加飞防助剂对雾滴特性和药效具有重要影响。

农业可持续发展已经成为当今世界农业发展的主流，而影响农业可持续发展的因素之一就是病虫草害。随着我国农业机械化的发展和人力用工成本的升高，使用作业效率高、适用范围广、节水、节药环保型、用工少的农业航空植保机械喷药已成为我国农业发展的大趋势[11]。但由于航空喷雾受作业条件和环境因素的影响，存在飘移损失大、沉积效果差等问题，而使用飞防助剂是解决以上问题的一种行之有效的方法[12]。飞防助剂又称为桶混助剂，是一种添加在农药稀释液中，可有效改善药液在靶标植物叶片上的润湿、附着、展布与渗透等界面特性的助剂，从而提高农药在供试作物叶片上的沉积量。

17.8.1.1　飞防助剂的发展简介

1918 年，美国使用农用航空飞机在棉花上喷洒农药，拉开了航空喷洒农药的序幕[13]。在 19 世纪末，人类使用肥皂液、面粉、糖等改善硫黄、石灰、铜、砷制剂的黏着性；在 1900～1920 年，使用油作为助剂提高杀虫剂、杀菌剂的生物活性；20 世纪 30 年代，进一步研究了助剂对药液表面张力、接触角、润湿性等相关因子的影响；40～50 年代，由于现代有机合成技术的大力发展，新型飞防助剂开始广泛使用，此间主要研究的是非离子型表面活性剂对农药活性的增效作用；60～70 年代，学者研究发现在除草剂中添加煤油与表面活性剂的混合物可以减少除草剂用量，同时还发现有机硅助剂促进了植物叶片对农药药液的吸收。从 20 世纪 80 年代开始，大多数农化企业开始将目光锁定在飞防助剂的相关研究上，至此飞防助剂有了迅速发展，进入 90 年代，研究人员发现不同化学和生物特性的农药对助剂具有选择性，因此开始探索特异性的飞防助剂[14～16]。

17.8.1.2　飞防助剂的种类

农药飞防助剂的种类繁多，作用方式多种多样，但最终都是通过改善药液在靶标上的展布、附着或渗透而达到提高药效的目的[17]。其分类方法主要有两种：按飞防助剂的化学类别分主要有表面活性剂类、有机硅类、矿物油类、植物油类、无机盐类等；按助剂功能可分为展着剂、防飘移剂、润湿剂、渗透剂、增效剂等。本文主要探讨以化学类别的分类。

(1) 表面活性剂类　表面活性剂也称为两亲分子，分子结构为不对称结构，由亲油的非极性基团和亲水的极性基团构成。表面活性剂是指能在溶液的表面定向排列，较少的加入量也能显著降低水或其他溶液表面张力的物质[18]。当其溶于水时，亲水头基进入到溶液的内部，疏水链则指向空气界面，使表面活性剂分子呈现其特有的表面性能，必须克服这种不稳定状态，亲水基和疏水链之间保持一定的平衡，这就要利用分子中两个不同的部分，将两相可以看作本相的一个组分，分子排列在两相之间，吸附在溶液的表面，亲水基伸入水中，疏水链伸向空气中，通过这种方式可部分消除两相的界面，从而达到降低水溶液表面张力的目的[19]。

表面活性剂类飞防助剂不仅可以改善药液在植物表面的理化特性，从而提高叶片对药液有效成分的吸收，还可以增加茎叶除草剂的选择性，并且对防治阔叶类杂草增效显著。添加表面活性剂后，植物叶片蜡质层有溶解现象，使植物叶片的蒸腾作用大幅增加；同时增大植物叶片上表面活性剂的浓度，植物叶片的气孔会逐渐变大，在达到其最大孔径后又逐渐关闭[20]。除此之外，表面活性剂可大幅度降低药液的表面张力，提高药液在叶片表面的润湿作用，从而提高了农药的对靶沉积，提高农药的有效使用率。该类助剂具有来源广泛、稳定、种类多等特点[21]。但是，表面活性剂类飞防助剂只在适宜的湿度范围内对农药有增效作用，且还存在与植物的亲和性差等缺点。目前国产常用飞防助剂有上海是大高分子材料有限公司生产的 SD-90、北京广源益农化学有限责任公司的迈道等。

（2）有机硅类　最早开始用有机硅表面活性剂作为飞防助剂使用，是在 1992 年用美国商品化的 SilwetL-77 作为草甘膦的飞防助剂。有机硅助剂是一类硅氧烷表面活性剂，由于有机硅助剂不带电荷，在水中很少部分解离甚至不会解离，属于非电解质。在普通盐的存在下，本身具有化学惰性，因此可以与大多数农药混用[22]。

与其他类型的飞防助剂相比，有机硅飞防助剂具有以下显著的特点：第一，可在靶标物表面瞬间展布，有利于药液通过气孔、皮孔等形态学结构进入动植物内部[23]；第二，有机硅能在喷头产生分散液膜的几毫秒时间内，明显降低喷雾液的表面张力，一般可达 27mN/m 左右，甚至更低[24]；第三，使药剂在叶面上达到最大的覆盖和附着，甚至还可以使药剂进入到叶背面或果树缝隙中藏匿的害虫处，达到杀虫和杀菌的效果，从而极大地增强了农药的药效。

虽然有机硅类飞防助剂药效显著，但是此类助剂也有一定的局限性[25]。首先，当空气湿度在 65%以下、气温在 27℃以上的干旱条件下，有机硅助剂的增效作用降低，这也是非离子表面活性剂作为飞防助剂使用的最大劣势[26]。再者，有机硅助剂较一般常规飞防助剂（如氮酮、JFC 和 OP-10 等）更容易发生作物药害，而且药害十分严重，尤其是在易被润湿作物上[27]。有机硅助剂可导致叶片表皮细胞角质层“析解”，使其保水能力下降，细胞受损，最终产生药害，其主要药害症状是植物叶片失绿干枯，果树果实上产生不正常褐色沉淀或晕圈等，严重影响作物的产量或质量。有机硅助剂药害的发生与作物品种、药剂种类、助剂使用浓度、植株叶片着药量、施药时的温度等密切有关[28]。最后，有机硅类飞防助剂对溶液的 pH 值非常敏感，在 $pH<5$ 或 $pH>9$ 的情况下有机硅助剂会发生缩聚反应，对农药失去增效作用，因此，在实际的田间使用中要考虑 pH 值对有机硅飞防助剂的影响[29]。

（3）矿物油类　1963 年首次报道了矿物油在除草剂阿特拉津中的增效作用，至此拉开了油类助剂作为飞防助剂在除草剂中使用的序幕。在国外，油类助剂在除草剂中的使用已经非常普遍，同时，由于油类助剂的溶解性等方面的问题，直接添加在制剂中的量很少，一般是将矿物油作为飞防助剂使用；在矿物油助剂的早期使用中，一般要添加 1%～2%的乳化剂[30]。矿物油助剂对除草剂药效的增强机理大致有以下几个方面：①改善药液的理化特性，即降低药液的表面张力，延长药液的干燥时间，提高药液在植物叶表面的润湿与展着，增加药液在叶表面的滞留；②破坏或软化杂草叶表面的蜡质层，增加除草剂的吸收。

通常认为矿物油助剂是用低含量芳香烃的化合物进一步精制得到的。因此，它们是由 C_{16}～C_{30} 平均分子量 250～400 范围内烃类化合物复杂的混合物组成的[31]。矿物油中主要有脂肪烃和芳香烃（如萘）类结构，而烷基支链等成分也存在。主要是由于矿物油 2 种烃类化合物结构形式及相对含量不同，也就反映出它们之间的黏度不同。

王金信等[32]比较了 10 种不同黏度的矿物油助剂对氰草津、烟嘧磺隆药效的增强作用，研究发现，低黏度和高黏度矿物油助剂的增强作用均较低，对于同种矿物油助剂而言，其对不同除草剂药效的增强作用也不同，一些除草剂由于被杂草吸收较慢，加入油乳剂后杂草吸收速度提高，因而增强作用较大。毕彦坤等[33]研究发现，矿物油分子量和分子结构变化对其低温特性量值（倾点、冷滤点、浊点）影响明显，随着较高分子量的直链烷烃的加入，矿物油低温特性量值升高，反之，低温特性量值降低。环烷烃、芳香烃的加入对矿物油低温特性量值的影响较小。王仪等[34]研究发现，与未加助剂的 4.5％的高效氯氰菊酯相比，加入 20％矿物油助剂的高效氯氰菊酯在 6～15h 期间，后者的药液渗透效率为前者的 9.9 倍。同时发现，未加矿物油助剂的处理组在渗透时间为 13h 时，达到最大渗透率 2.21％；添加矿物油助剂的处理组在渗透时间为 22.4h 时停止渗透，最大渗透率为 5.4％，且后者的渗透速率始终都高于前者，以上实验结果无一不说明了矿物油助剂能有效地促进药液在靶标植物叶片的渗透性能。但是，由于矿物油助剂含有较多的烯烃与芳香烃，因此，易对农作物产生药害。使用硫酸可以除去芳香烃和不饱和烃这些有毒物质，同时，非磺化物含量高于 92％的矿物油对农作物是安全的，随着提炼技术的进一步优化，矿物油中的非磺化物的含量可达 95％以上。另外，矿物油助剂的黏度差异主要是由于助剂中脂肪烃和芳香烃结构造成的，两种结构的结构形式与含量的不同会影响矿物油助剂的黏度，从而影响对农药的增效作用[35]。

现如今应用较多的矿物油助剂一般是由矿物油与非离子乳化剂组成的混合物。其中矿物油占 80％～87％，乳化剂占 13％～20％。这使得矿物油助剂不仅拥有了油的渗透性，而且拥有了表面活性剂降低药液表面张力的特性，有利于水溶性差的农药的溶解，使用矿物油助剂可延长药液雾滴的干燥时间，促进药剂吸收与渗透，促进农药在难润湿的靶标上的吸附[36]。

综上所述，矿物油助剂具有诸多优良特性，保证了其作为农用飞防助剂使用对农药的增效作用远远高于表面活性剂类飞防助剂，特别是在干旱、高温等不良环境条件下，其对除草剂的增效性能更佳[37]。但是，此类助剂在田间温度＞28℃、湿度＜65％时无明显的增效作用，在实际的田间应用中需重视温湿度是否适宜[38]。

（4）植物油类　相比于表面活性剂类和矿物油类飞防助剂，由于植物油类飞防助剂对生态环境造成的危害较低，因此逐渐受到人类的青睐，这也将是未来农业助剂的发展趋势。植物油助剂具有与表面活性剂相似的诸多优良特性，不仅可以降低农药药液的表面张力与接触角，增强药液在植物叶片上的润湿性，增加农药在靶标上的铺展面积，提高药液的渗透性，同时可使药液易黏附在植物叶片表面，增强药液的耐雨水冲刷性和促进药液在靶标叶片的吸收，从而可提高农药的药效与农药的有效利用率，实现农药减量化使用的目的[39]。

一般农化领域的植物油包括两种类型：一种是传统层面上的植物油；另一种是酯化植物油。植物油的主要成分是由脂肪酸与甘油化合形成的三酰甘油，因此，脂肪酸的种类、含量和三酰甘油的空间结构决定了植物油的性质与使用价值。酯化植物油类飞防助剂的植物油是来自天然或者部分精制的植物脂肪酸短链烷基酯的酯化植物油[40]。常见的来自于葵花油、棉籽油、大豆油和椰子油等，粗提植物油一般增效作用为 2～3 倍[41]。为了增加植物油的亲脂特性，将植物油与醇类通过转酯化反应形成非甘油酯类，如脂肪酸甲、乙 、丙、丁、戊酯类。酯化植物油比植物油和矿物油的活性高，可明显提高除草剂的渗透性。通过调节所连接醇碳链的结构，可以改变酯化油的 HLB 值及挥发性和渗透性，使其适应不同的除草剂，因此，有较好的灵活性[42]。

但是，油类助剂在我国的农药利用中还没有形成规模效应，植物油衍生物类新型飞防助剂有待进一步开发。1995年以来，人们先后评价了欧美发达国家生产的各个种类的植物油飞防助剂，并将其应用于实际的田间作业中[43]。结果发现，植物油飞防助剂对农药药效增效明显，而且这些助剂在干旱等极端条件下可使农药获得稳定的药效，对农作物的安全性高，其对农药的增效作用远远高于其他类飞防助剂，这是植物油助剂最优良的特性。利用我国丰富的植物油资源，开发诸多植物油型飞防助剂，有利于我国农业的可持续发展。

（5）无机盐类　作为除草剂的助剂使用较多，它可以促进除草剂的吸收以及解除一些金属离子对除草剂的拮抗作用，像尿素、硫酸铵、硝酸铵等铵盐应用比较多。

17.8.1.3　飞防助剂的作用

① 降低农药制剂稀释液的表面张力，提高喷头系统的雾化效果。

② 提高雾滴的沉降速率，使雾化的液滴迅速地从空中沉降到作物的叶面和靶标体表。

③ 提高雾滴的抗飘移能力，降低飞机下压气流带来的干扰，减少飘移带来的药害和利用率的下降。

④ 有效提高对叶面的附着力，改进雾滴的润湿和铺展，降低飞机下压气流对雾滴沉淀附着的干扰，有效提高雾滴在作物叶面或靶标害虫体表上的附着与黏附。

⑤ 有效提高靶标对药液的吸收，加快蜡质层溶解，促进药液吸收。

⑥ 在高温情况下具有良好的耐挥发能力，有效降低药液在叶片表面的蒸发；延长药物的作用时间，提高整体的药效和防控能力。

⑦ 有效提高耐雨水冲刷的能力，降低雨水对作物叶面的有效成分的冲淋情况，提高活性成分在叶面的滞留作用，提高药物成分的进一步吸收。

17.8.1.4　飞防助剂的增效机理

① 由于无人机喷雾的高度较高，在农药液滴脱离喷雾器械沉积到靶标叶片与地面的过程中，小于30μm的雾滴由于受气流的影响较大，会飘移到非靶标区，或者会在空气中被气流干燥而析出结晶；而30～105μm的雾滴容易飘移或者在气流分解作用下成为小雾滴在空气中飘移。在农药药液中加入飞防助剂后，可增大雾滴粒径，调节雾滴谱，从而减少易发生飘移的小雾滴个数，减少药液的挥发与飘移损失[44]。

② 表面张力与接触角可直接影响喷雾药液的药效。由于植物叶片表面的蜡质层具有柔油性，若药液雾滴的表面张力较大，易在植物叶片上形成液珠，该种液珠不浸润植物叶片。因此，药液在植物叶片表面不稳定，易因叶片震动或枝叶摩擦而从植物叶片上滚落。研究表明，在一定的浓度范围内，农药稀释液的表面张力与其在靶标上的接触角成正相关[45]。因此，喷雾时，降低药液的表面张力，减小与靶标的接触角，可以降低干燥时间，增强药液在靶标表面的润湿 、湿展、附着性，有利于提高药效。通过在农药稀释液中添加飞防助剂，可改善喷洒液的表面张力与药液在靶标叶片上的接触角，从而调节药液在植物叶片上的润湿性与铺展性，保证药液在靶标上的进一步渗透与吸收[46]。

③ 飞防助剂可以增加药液在靶标物上的滞留量，增强药液的耐雨水冲刷性，对昆虫或叶面蜡质层较厚的植物增效作用更加明显[47]。药液附着在植物叶片上后，需要通过植物体表面的蜡质层与角质层等附属结构才能进入植物体内部发挥药效。因此，药液雾滴能否通过蜡质层与角质层成为阻碍农药发挥药效的天然屏障，植物油助剂与作物有亲和性，可以一定程度地溶解植物叶片表面的蜡质层，从而增加了植物对农药雾滴的吸收量，提高了农药药效。

④ 减小农药施药量，提高农药有效利用率。从传统的农药使用技术来看，若选用触杀型除草剂，为保证其药效，农药施药量分别为：人工300～500L/hm^2，拖拉机150～200L/hm^2，飞机40～50L/hm^2。内吸性农药的施药量：人工150～200L/hm^2，拖拉机75～150L/hm^2，

飞机 20～30L/hm^2[48]。飞机喷雾受风速、温度等条件的影响，若喷水基溶液，雾滴中水分会蒸发，在空气中飘移较之地面喷雾更长的时间才能达到目标，或完全蒸发变成纯农药粒子，影响防治效果[49]。

17.8.1.5　飞防助剂的评价指标

良好的施药质量首先必须表现在令人满意的防治效果上，这是使用农药的根本目的；但同时也要最大限度地减少农药对环境和有益生物的危害。农药在作物上的沉积分布状况是最直观的施药质量依据，也是最便于进行施药质量检测的指标。所以评价喷施质量的重要指标包括雾滴直径大小、雾滴覆盖密度、抑制雾滴蒸发率等。

（1）雾滴直径　雾滴粒径及分布是影响雾滴沉积的重要因素。小于 105μm 的雾滴在下降过程中会蒸发到 30μm 以下，而小于 30μm 的雾滴无法沉积到作物上。且雾滴直径小，虽然覆盖率大，靶标接触面大，但受气流影响大，飘移严重，不易沉降，污染环境，效果也不佳。大于 350μm 的雾滴在沉降到作物表面的过程中，易造成弹跳与滑落，雾滴分布不均匀，大多数雾滴滚落到土壤中，且大雾滴使喷雾雾滴密度下降，影响喷雾效果。因此，对于不同的农作物，应选择合适的雾滴直径，可以减少飘移损失，减轻环境污染，提高对靶标的沉积量，使药剂发挥最佳的效果。一种好的施药技术，应当是选择最佳的雾滴大小，以增加沉积在作物或病、虫、草等靶体上的雾滴数量，并均匀地覆盖，才能获得良好的防治效果[50]。

（2）雾滴覆盖密度　使用桶混助剂的重要目的之一是提高雾滴在植物叶面的附着率。无论是触杀型还是内吸型农药，叶面附着是发挥药效的先决条件[51]。药液在植物叶面的展布性对于保护性杀菌剂及大多数杀虫剂尤为重要，而展布性与药液的静电表面张力有关。低容量和超低容量所用的喷洒药液浓度很高，而每亩喷洒药液的量却很少，施药后药剂在作物表面上，不是像常量喷雾以液膜的形式覆盖，而是以雾滴覆盖，雾滴与雾滴之间有一定的距离，这种在单位面积上沉积的雾滴数量，叫做雾滴覆盖密度。覆盖密度与药效密切相关，一般来说，在一定的数值范围内，覆盖密度愈高，则药效愈好[52]。

雾滴覆盖密度和雾滴大小密切相关，在单位面积上喷施药液量固定的条件下，雾滴直径大小与雾滴覆盖密度反相关，即雾滴直径愈小，雾滴覆盖密度愈大。这是因为球形雾滴的直径若缩小一半，1 个大雾滴可分割成 8 个小雾滴，雾滴覆盖密度就增大 8 倍。所以覆盖密度又反映了雾滴大小，而雾滴大小又与雾滴的飘移性、分散性、穿透性等有关[53]。

（3）雾滴体积中径　雾滴的体积中径是表示雾滴大小的指标。在一次喷雾中，形成一个雾滴群。在这个雾滴群中，大的和小的雾滴均占少数，中间的占多数。把这个雾滴群的雾滴按直径从小到大排列，当以体积从小到大顺序累加到达全部雾滴总体积一半时那个雾滴的直径大小叫做体积中径。如果粗雾滴多，体积中径值偏高；细小雾滴多，则体积中径值偏低。

（4）抑制雾滴蒸发率　在农药液滴沉积到靶标物的过程中，由于喷雾机械距离靶标物较远，因此，极易造成雾滴的蒸发，最后只剩纯农药粒子，在上升空气的推动下，这些粒子将发生飘移，从而影响防治效果。因此，增强雾滴的抗蒸发性能是衡量飞防助剂优劣的一个重要指标[54]。

17.8.2　飞防助剂对 18%草铵膦水剂性能影响举例

17.8.2.1　飞防助剂性能测试

（1）雾滴粒径测定　上海师范大学任天瑞课题组[55]系统研究了飞防助剂在 18%草铵膦水剂中的应用，将五种不同的飞防助剂 Silwet DRS60、AG-910、迈道、SD-90 和 Greenwet720 分别滴加在盛有 1L 蒸馏水的大烧杯中，飞防助剂的添加量均为 1%。选用旋转离心式喷头高空喷雾，将喷雾器的压力调至 0.2MPa，设置喷头的高度为 1m，通过 DP-02 激光粒度分析仪测定雾滴通过红色激光处的雾滴粒径，同一飞防助剂测定三次，最后计算平均值。

其中，DV_{50}表示喷雾雾滴体积分布的中值粒径，是把全部雾滴按照由小到大顺次排列，累积分布在50%处的雾滴粒径。DV_{10}和DV_{90}表示边界粒径，是把全部雾滴按照由小到大顺次排列，累积分布在10%和90%处的雾滴粒径。

（2）表面张力的测定　选用铂金板法测定药液的表面张力，测定前参照GB/T 22237—2008对铂金板进行校准，测试温度为25℃。将五种不同的飞防助剂Silwet DRS60、AG-910、迈道、SD-90和Greenwet720分别添加在去离子水中，添加量为1%，同一飞防助剂测定三次，最后计算平均值。

（3）铺展性测定　将五种不同的飞防助剂Silwet DRS60、AG-910、迈道、SD-90和Greenwet720分别添加在去离子水中，用移液枪吸取含有1%飞防助剂的溶液各5μL滴在稗草叶片的表面，用秒表记录时间，2min后再测量液滴直径，同一飞防助剂测定3次，最后取平均值。

（4）雾滴蒸发测定　将五种不同的飞防助剂分别滴加在去离子水中，配制成0.2%、0.5%和1%的溶液。选用视频光学接触角测量仪分别测定添加飞防助剂后雾滴的蒸发情况，设置实验温度为33℃，并选择悬滴模式，控制雾滴发生器形成的雾滴体积为4μL。实验过程中，设置软件SCA20的模式为“视频录制”，视频间隔为1s，实时监控雾滴在高温环境中的体积变化。实验过程中，为防止雾滴晃动影响实验效果，实验时不能触碰实验台且保证周围无干扰。

（5）雾滴密度测定　将五种不同的飞防助剂分别滴加在去离子水中，配制成1%的溶液，并在配好的溶液中添加诱惑红染料，使溶液呈红色。诱惑红为一种食品级染料，对雾滴密度实验无干扰且对环境污染小。选用旋转离心式喷头喷雾，将喷雾器的压力调至0.2MPa，在距离喷头高度约1m处平行放置3张卡罗米特纸，每张测试纸之间的间隔约为30cm。实验结束后，使用扫描仪对卡罗米特纸上的雾滴进行扫描和数据处理。

（6）户外无人机喷雾实验　实验前，在每棵柑橘树的不同方位悬挂四张雾滴测试卡纸，雾滴测试卡是一种对药液油剂敏感的材料，当材料的涂层触碰到油剂时会迅速发生反应，呈现出测试卡的底层颜色，从而显现出雾滴的痕迹。使用极飞P20无人机在距柑橘树高约1m处进行高空喷雾，同一飞防助剂在3棵柑橘树上进行重复实验，一棵树视为一次重复。分别将480g 25%的吡唑醚菌酯、720g 21%的噻虫嗪、480g 32.5%的苯醚甲环唑·嘧菌酯、480g 110g/L的乙螨唑和480g 24%的螺螨酯各稀释到2L，最后混匀备用。在喷雾前，分别在农药稀释液中添加1%的迈道、SD-90和AG910，最后使用计算机软件对雾滴测试卡纸上的信息进行整理分析。

（7）18%草铵膦水剂除草活性的测试　实验在国家南方农药创制中心进行，将稗草种子种植在12cm的花盆中，放在室温为30℃、相对湿度为65%的温室中培养。设置拜耳18%草铵膦水剂和自制18%草铵膦水剂为空白对照。喷雾前，把五种不同的飞防助剂Silwet DRS60、AG-910、迈道、SD-90和Greenwet720分别滴加在18%草铵膦稀释液（自制）中，飞防助剂的添加量为0.2%、0.5%和1.0%。把培育好的3～4叶期稗草间苗定株后，按照设定的剂量进行高空喷雾处理，将喷雾器的压力调至0.2MPa，药液量为4.5mL，喷雾高度为1m，在面积为0.1m^2的区域进行喷药，每组实验设置三次重复，实验时风速为4m/s。约1h后，稗草叶面的药液风干，为使土壤能够保持适宜的湿度和温度，将植株移至温室中继续培养，并继续定期在花盆底部补水。

17.8.2.2　结果与分析

（1）飞防助剂对雾滴粒径的影响　影响雾滴沉积的一个重要因素就是雾滴粒径及其分布。由于无人机喷雾的高度较高，在农药液滴沉积到靶标物的过程中，小于 105μm 的雾滴会挥发到 30μm 以下，而小于 30μm 的雾滴无法沉积到植物叶片上；大于 350μm 的雾滴在沉降到靶标物的过程中，极易造成雾滴的弹跳与滑落，且大雾滴造成雾滴密度下降，影响喷雾效果。

农药的喷施效果及利用效率与雾滴粒径密切相关，上海师范大学任天瑞课题组的研究结果[55]表明，影响药液飘移的重要原因就是雾滴粒径较小。农药液滴从无人机喷头喷出以后，对于容易挥发的液滴，在下降过程中会迅速挥发，使液滴的粒径减小而挥发到非靶标处，且喷洒除草剂更适用于较粗大的农药雾滴。表 17-5 表明，在清水中添加五种飞防助剂 Silwet DRS60、AG-910、迈道、SD-90 和 Greenwet720 后，均可有效提高＜105μm 雾滴的比例，增加 DV_{50} 粒径。其中，添加飞防助剂 1% SD-90 和迈道后，小雾滴降低最明显，比清水处理少了约 12%，雾滴 DV_{50} 粒径增大约 37%，说明这两款飞防助剂可显著降低＜105μm 雾滴的比例，增加理想雾滴体积的比例，进而降低飘移雾滴的数量。添加飞防助剂 TERMIX5920 后，雾滴的 DV_{10} 粒径较大，为 90.25μm，但对于 DV_{50} 的增大比例略低一些。加入飞防助剂，会影响液膜的撕裂程度和液膜分布，从而影响粒径大小及其分布，且在一定范围内，药液在靶标物上的沉积量与雾滴的粒径成正相关关系，见表 17-5。

表 17-5　飞防助剂对雾滴粒径的影响

离地高度 1.0m	DV_{10}/μm	DV_{50}/μm	DV_{90}/μm	＜105μm 雾滴的比例/%	DV_{50} 增大比例/%
清水	57.26	158.58	203.69	35.76	—
1% DRS60	72.519	192.57	229.83	27.36	21.4
1% TERMIX5920	90.25	206.83	269.76	24.33	30.4
1%　SD-90	89.71	218.52	320.83	22.19	37.2
1% AG-910	75.56	192.15	276.06	25.92	21.2
1% 迈道	88.08	220.19	312.65	24.89	38.9

（2）飞防助剂对雾滴表面张力和铺展性能的影响　由表 17-6 可知，在去离子水中分别添加 1%的飞防助剂 Silwet DRS60、TERMIX5920、AG-910、迈道和 SD-90 后，液体的表面张力均有明显降低，且五种飞防助剂的表面张力值结果相近。液体表面张力的降低，也有利于液滴在靶标物表面的铺展，因此，液滴的铺展直径也更大，但表面张力过小也会造成农药的流失浪费。在清水中添加 1%的不同飞防助剂后，均可使清水的表面张力明显降低，且五种飞防助剂降低表面张力的能力差别不大，均在 27.5～28.3mN/m 之间。农药药液的理化性质对农药药效也有着重要的影响，液滴在靶标物表面的铺展直径会随着药液的表面张力降低而相应增大。在五种飞防助剂中，添加 1% SD-90 和迈道后，液滴的平均直径可达到 4.6mm；添加 1% Silwet DRS60，液滴的平均直径可达到 4.5mm。

表 17-6　飞防助剂对表面张力和铺展性能的影响

测试对象	用量/%	液滴平均直径/mm	表面张力/(mN/m)
CK	0	3.1	72.1
Silwet DRS60	1	4.5	27.5
AG-910	1	3.8	28.3

续表

测试对象	用量/%	液滴平均直径/mm	表面张力/(mN/m)
SD-90	1	4.6	27.8
TERMIX5920	1	4.3	27.6
迈道	1	4.6	27.9

(3) 飞防助剂对雾滴蒸发体积的影响　无人机一般在距离靶标物1～2.5m处高空喷药，由于液滴从喷出到落在靶标物上的时间间隔较长，对于农药水剂来说，雾滴中的水分容易蒸发，导致液滴变小，而小雾滴在沉积到靶标物的过程中，极易完全挥发，最后只剩纯农药粒子，在上升空气的推动下，这些粒子将发生飘移，从而影响农药药液的防治效果，带来各种污染问题。因此，雾滴抗蒸发性能的好坏是衡量飞防助剂优劣的一项重要依据。使用视频光学接触角测量仪实时监控在不同时间雾滴的体积变化，利用计算机软件绘制雾滴蒸发曲线，横坐标表示时间、纵坐标表示雾滴体积，最后通过拟合得到蒸发方程，方程斜率的绝对值越小，表明雾滴体积的变化越小，抑制雾滴蒸发的效果越好。实验时，分别比较了25℃和33℃时，五种飞防助剂对雾滴蒸发的抑制效果。

表17-7　飞防助剂对雾滴蒸发体积的影响（25℃）

测试对象	添加比例/%	雾滴蒸发方程	相关系数
清水	0	$y=-0.0023x+3.5857$	0.9522
DRS60	0.20%	$y=-0.0018x+2.5338$	0.9233
	0.50%	$y=-0.0015x+2.6421$	0.9356
	1.00%	$y=-0.0016x+2.6918$	0.9612
TERMIX5920	0.20%	$y=-0.0017x+2.8173$	0.9512
	0.50%	$y=-0.0016x+3.2826$	0.9813
	1.00%	$y=-0.0015x+3.3426$	0.9633
SD-90	0.20%	$y=-0.0014x+2.5131$	0.9599
	0.50%	$y=-0.0014x+2.6936$	0.9697
	1.00%	$y=-0.0013x+2.3561$	0.9571
AG910	0.20%	$y=-0.0016x+3.4375$	0.9345
	0.50%	$y=-0.0016x+3.2562$	0.9514
	1.00%	$y=-0.0016x+3.2961$	0.9534
迈道	0.20%	$y=-0.0015x+3.4271$	0.9431
	0.50%	$y=-0.0014x+3.6837$	0.9517
	1.00%	$y=-0.0014x+3.7221$	0.9632

表17-7为在室温25℃时，不同浓度的五种飞防助剂的抑制蒸发方程及相关系数。由表17-7可知，DRS60在浓度为0.50%时，对雾滴蒸发的抑制效果最佳；SD-90在每个浓度梯度都可明显抑制雾滴的蒸发，且在浓度为1.00%时，抑制效果最好；不同浓度的AG910对抑制雾滴蒸发的效果相差不大；飞防助剂迈道在0.50%和1.00%时对雾滴蒸发的抑制效果较好。

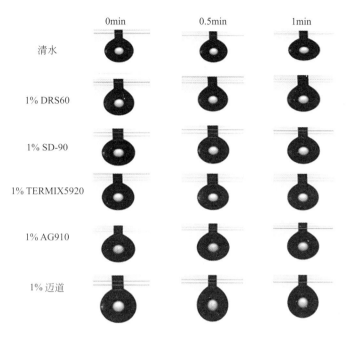

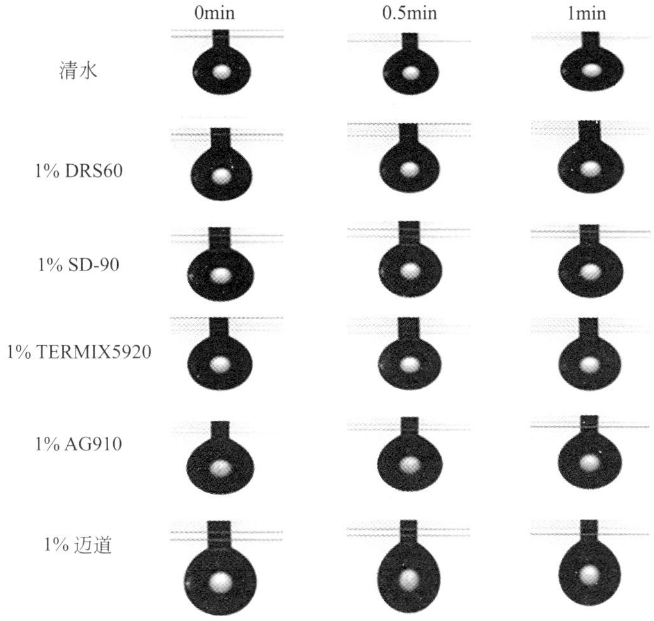

图 17-3　添加 1%飞防助剂后的雾滴悬滴图（25℃）

图 17-3 为 25℃时，使用视频光学接触角测量仪 OCA 记录的雾滴悬滴在 1min 内的变化情况，从图中可较直观地观察到雾滴体积的变化，观察发现，添加 1%DRS60 和 1% SD-90 的液滴体积变化不大。

表 17-8 为在室温 33℃时，不同浓度的五种飞防助剂的抑制蒸发方程及相关系数。研究结果表明，五种航空飞防助剂均可抑制雾滴蒸发，且不同浓度的同一飞防助剂对于抑制雾滴蒸发的效果也有差异，其中当添加 1%的飞防助剂 SD-90 后，雾滴蒸发方程的绝对值最小，抑制雾滴蒸发的效果明显，添加 0.2% DRS60、0.5%和 1.0%的迈道后，雾滴蒸发方程的绝对值次之，表明对于雾滴蒸发的抑制效果也较为显著。

图 17-4 为 33℃时，实时记录的雾滴在 1min 内的体积变化情况，这个时间与雾滴从喷出到落在植物叶片上所用的时间相近，因此，实验数据的实用性较强。从图中可以直观地看到，清水组的雾滴体积随着时间变化明显减小，而添加飞防助剂后的雾滴体积未出现明显变化，表明加入五种飞防助剂后，均可起到抑制雾滴蒸发的作用，只是抑制蒸发的效果不同。

表 17-8　飞防助剂对雾滴蒸发体积的影响（33℃）

测试对象	添加比例/%	雾滴蒸发方程	相关系数
清水		$y=-0.0024x+2.8395$	0.9863
DRS60	0.2%	$y=-0.0013x+2.575$	0.9534
	0.5%	$y=-0.0022x+2.6543$	0.9889
	1.0%	$y=-0.0019x+3.369$	0.9837
TERMIX5920	0.2%	$y=-0.0019x+5.7932$	0.9510
	0.5%	$y=-0.0018x+2.8332$	0.9676
	1.0%	$y=-0.0018x+3.4159$	0.9765

style="text-align:right">续表</div>

测试对象	添加比例/%	雾滴蒸发方程	相关系数
SD-90	0.2%	$y=-0.0015x+8.5221$	0.9601
	0.5%	$y=-0.0013x+3.0531$	0.9832
	1.0%	$y=-0.0012x+3.4221$	0.9831
AG910	0.2%	$y=-0.0024x+3.8892$	0.9721
	0.5%	$y=-0.0021x+4.2206$	0.9608
	1.0%	$y=-0.0018x+5.6683$	0.9753
迈道	0.2%	$y=-0.0018x+8.4762$	0.9691
	0.5%	$y=-0.0014x+7.0092$	0.9486
	1.0%	$y=-0.0013x+7.2586$	0.96185

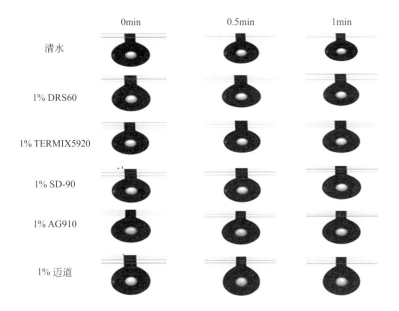

图 17-4　添加 1% 飞防助剂后的雾滴悬滴图（33℃）

（4）飞防助剂对雾滴密度的影响　在农药施用过程中，雾滴分布不均匀是影响其药效的重要因素，而衡量雾滴分布效果的重要途径就是对雾滴密度的分析。增加雾滴密度可有效降低农药施药量，若雾滴密度太小，在农药液滴沉积到靶标物的过程中，更易发生漂移，从而影响防治效果；但若雾滴密度太大，容易造成农药药液的滑落，导致利用效率降低。

在加有诱惑红染料的清水中分别添加不同浓度的飞防助剂 Silwet DRS60、TERMIX5920、AG910、迈道和 SD-90 后，卡罗米特纸上的红色液滴增多，表明五种飞防助剂均可不同程度地增加雾滴密度，将测试卡进行扫描并使用计算机软件对实验数据进行处理，得到了雾滴密度变化的柱状图，如图 17-5 所示。对比实验数据可知，在清水中分别添加五种飞防助剂后，雾滴的密度增大了约 10%～35%，表明有更多的农药雾滴可以沉积到靶标物表面，其中添加 1.00% 的迈道和 1.00% 的 SD-90 后，提高雾滴密度的性能尤为显著，雾滴密度分别为 48.6% 和 50.9%。

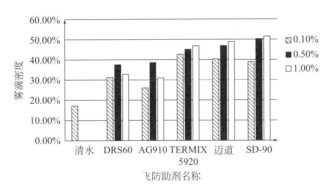

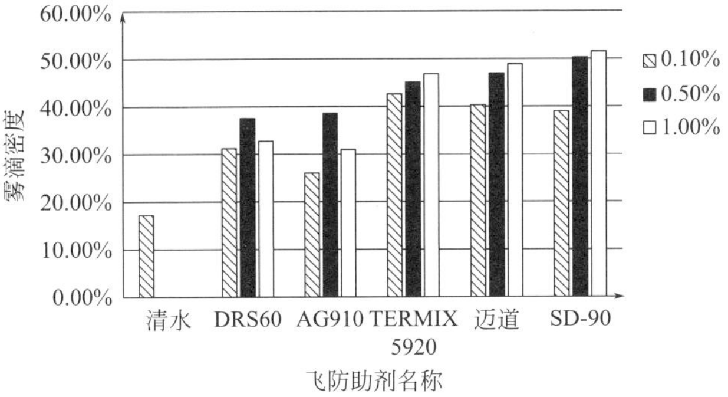

图 17-5　添加不同浓度的飞防助剂对雾滴密度的影响

(5) 户外无人机喷雾实验　使用极飞 P20 进行高空喷雾，该无人机为一种小型的遥控式多旋翼无人机，其螺旋桨产生的向下气流可增加植株冠层的通透性，增大植物叶片背面的着液面积。如图 17-6 所示，雾滴测试卡上的蓝色液滴越多，表明雾滴的密度越大，将测试卡扫描为图片，再利用计算机软件对实验数据进行扫描分析。表 17-9 为在柑橘园进行户外无人机喷雾实验的结果，与清水组相比，迈道、SD-90 和 AG910 三款飞防助剂均可有效增加雾滴的沉积量。其中，SD-90 在叶片正面平均雾滴数可达 173.33 个/cm^2，平均药液沉积量可达 0.9054mL/cm^2；在叶片背面平均雾滴数可达 25.83 个/cm^2，平均药液沉积量可达 0.0228mL/cm^2，增效性能显著高于其他两款飞防助剂。使用无人机进行高空喷药时，两侧的旋翼高速转动产生旋转气流，不仅可以在无人机下方形成紊流区，提高农药喷洒的均匀度，还可以使作物叶片翻转，喷洒到叶片背部，这也是使用无人机喷药相比于传统喷药方式的一个优势。

1%SD-90　　1%SD-90　　1%迈道　　1%迈道

图 17-6　户外无人机喷雾实验

表 17-9　户外无人机喷雾实验结果

测试内容	部位	CK	迈道	SD-90	AG910
平均雾滴数/(个/cm^2)	正面	23.03	45.58	173.33	60.17
	反面	20.88	5.95	25.83	9.20
平均药液沉积量/(mL/cm^2)	正面	0.0433	0.0942	0.9054	0.1557
	反面	0.0196	0.0082	0.0228	0.0138

6）飞防助剂对草铵膦除草活性的影响 稗草的表面是一种可将农药药液封闭持留的刚性刺毛，与茸毛表面的植物相比，一定程度上可减缓药液流失。

$$鲜重抑制率（\%）=\frac{对照组的植株鲜重－施药组的植株鲜重}{对照组的植株鲜重}\times100 \qquad (17\text{-}1)$$

$$株防效（\%）=\frac{对照组的植株存活数－施药组的植株存活数}{对照组的植株存活数}\times100 \qquad (17\text{-}2)$$

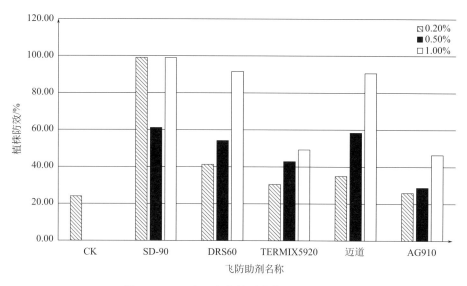

图 17-7 五种飞防助剂对稗草的防治效果

图 17-7 为以自制 18%草铵膦水剂为空白对照，在草铵膦稀释液中分别添加五种飞防助剂 DRS60、TERMIX5920、AG910、迈道和 SD-90 后对稗草的防治效果。研究结果表明，在施药次日，添加飞防助剂后的稗草叶片开始出现枯萎现象，未添加飞防助剂的稗草叶片无明显现象。施药 5d 后，五种飞防助剂都可有效提高草铵膦的除草效果，且可显著增加稗草的鲜重抑制率。其中，0.2%、1.0%的 SD-90 对稗草植株的防效最佳，在喷药 5d 后，稗草基本全部死亡；1%的迈道和 1%的 DRS60 次之，对稗草植株的防效可达到约 90%左右。

相比于其他农药剂型，飞防助剂对于提高农药水剂中的有效成分效果更加显著。许多动植物的体表为可溶在有机溶剂却不溶于水中的蜡质层，而农药水剂中水所占的比例较多，导致农药有效成分不能很好地渗入到病虫体与植物体内，降低了农药的利用效率。在干旱的环境中，多数植物的蜡质层厚度会增加，农药流失现象会更加显著。选用的五种喷雾航空飞防助剂均属于油类助剂，在 1963 年便有将矿物油添加在除草剂中增强药效的报道，之后的研究表明，植物油也可提高除草剂的使用效果。这是因为油类助剂可增加液滴的保湿时间，增加植物叶片角质层和气孔对于农药雾滴中有效成分的吸收，但因为油类助剂在农药水溶性制剂中的溶解性较差，因此一般不直接添加在水溶性制剂中或添加量非常少，多数油类助剂作为桶混助剂使用。相比于表面活性剂类航空飞防助剂，油类飞防助剂受环境影响较小，特别是植物油类航空飞防助剂，由于其带来的环境问题少，毒害小，正逐渐受到大家的青睐。

上海是大高分子材料有限公司所生产的航空飞防助剂 SD-90 的使用对环境的湿度和温度没有特殊要求，其对 18%草铵膦的增效机理主要包括两个方面：一是通过增加雾滴的粒径和提高雾滴的黏度对雾滴谱进行调节，液滴的粒径和黏度增大后，质量也相应增大，在沉积到植物叶片的过程中，水分的蒸发相对减少，雾滴挥发和漂移现象减弱；二是通过溶解植物的部分蜡质层和降低药液的表面张力，从而增强药液在植物叶片的润湿渗透性，提高在靶标物上的附着力，使药液可以更好地发挥药效，减少对生态环境的危害。

17.8.3　飞防设备

（1）雾化喷头　可以将 ULV 制剂雾化为粒径 100μm 以下雾滴的喷头有以下几类：

① 转盘式离心雾化喷头，如图 17-8 所示。雾化原理：转盘式离心雾化喷头工作时，药液从外部输药管注入到离心转盘上，在转盘高速旋转产生的离心力作用下，将药液从转盘上直接抛射出来，达到雾化的效果。其雾滴大小由药液黏度、药液注入量、转盘转速等因素决定。

图 17-8　转盘式离心雾化喷头

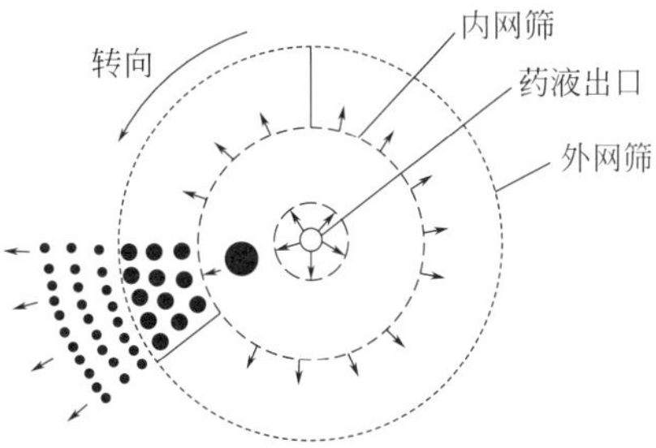

图 17-9　转笼式离心雾化喷头示意图

② 转笼式离心雾化喷头，如图 17-9 所示。雾化原理：转笼式离心雾化喷头工作时，药液由外部管路注入到喷头中心，经由中心孔药液出口流出，在转笼高速旋转产生的离心力作用下，将药液抛到转笼的笼网上，在经过内外两层网筛的二次雾化，使原本粗大的液滴分裂成细小的雾滴，从而达到雾化的效果。其雾滴大小由转笼转速、转笼直径及筛网网目大小等因素决定。

③ 风力二次雾化。雾化原理：通常由液力式圆锥喷头产生第一次雾化，在药液喷射出喷头的瞬间，施加强力风场，将原本已经很小的液滴“撕裂”成为极细的雾滴。其雾滴大小由喷头的类型、工作压力、风场的强度等因素决定。

（2）雾化效果的检测设施　雾化效果的检测是研究喷头性能的必要过程，检测喷头的雾化效果不仅需要配备专门的仪器设备，同时还需要对雾滴的产生条件和环境加以控制，如广西田园集团建设的专门用于研究喷头雾化效果和防效关系的施药技术实验室，其主要功能室如下：

① 雾滴粒径检测室。雾滴粒径检测室的主要职能是用于研究在不同的施药条件（包括剂型、喷头、压力、流量、高度、温度、湿度等）下，喷头产生雾滴的粒径变化情况。该实验室主要由三大系统构成：第一大系统——粒径检测系统，采用国内领先的喷雾激光粒度分析仪（winner319C，检测范围 1～2000μm 雾滴粒径），用于实现实时监测雾滴的粒径变化；第二大系统——竖直升降系统，主要用于调节喷雾系统工作的压力和高度，同时，直接以无人机桨叶产生下沉风场，模拟无人机的喷雾状态，用于实现不同压力、高度、下沉风场的喷雾；第三大系统——恒温恒湿系统，主要用于调节整个粒径检测室的温湿度（调节范围：温度 10～40℃，湿度 30%～90%），模拟不同温湿度状态下的外界环境，用于保证喷头喷雾过

程中外界环境的恒定。

② 匀速施药试验台。匀速施药试验台可在0.1s实现0～4m/s的提速并匀速行进，其主要职能是用于模拟户外不同行进速度下对不同靶标的作业试验，运用专门的雾滴测试卡及相应的检测软件，可研究不同速度雾滴的密度变化情况。

③ 喷雾均匀性检测试验台。喷雾均匀性检测试验台主要针对的是多喷头喷雾系统，通过调节多个喷头的喷雾高度、压力、间距，模拟多喷头喷雾系统喷雾时的工作状态，试验台内侧配置有用于检测喷雾量的量筒，根据相同时间下进行喷雾时量筒内接收到喷雾量的差异，用以评估喷雾系统喷雾量的均匀性，确定喷头的最佳安放位置。

(3) 飞防平台　无人机的常用机型有电动多旋翼无人机、电动单旋翼无人机、油动单旋翼无人机等类型，典型产品有3WWDZ16B电动单旋翼无人机，如图17-10所示。

① 配置

a. 主电机功率：5400W。

b. 尾电机功率：900W，机体脚架有脚轮。

c. 锂聚合物动力电池：44.4V/12Ah/3kg，电池配备8块。

d. 充电器：配备充电器一次性可充电池4块，充电器可一键保养电池。

e. 配备螺旋桨1副。

f. 飞控系统：全自动可选配RTK；无副翼结构；尾旋翼电机直联，无尾皮带传动；配备实时在智能手机上查看飞行轨迹、飞行里程、飞行距离的记录仪；配备智能施药喷雾控制系统。

② 性能参数

a. 外形尺寸（长宽高）：1820mm×580mm×710mm。

b. 旋翼直径：2030mm。

c. 尾旋翼直径：300mm。

d. 最大起飞重量：25kg。

③ 工作参数

a. 农药容器容量：17L。

b. 作业有效载荷：16L。

c. 作业速度：0～7m/s（风速2～3级）。

d. 作业效率：1～2亩/min。

e. 相对飞行高度：距离农作物1.5～3m（可调）。

f. 喷幅：4～6m。

g. 喷头类型：离心转子喷头。

h. 喷洒流量：1～2L/min。

i. 雾滴中径：80～150μm（可调）。

j. 单组电池单次作业量：20亩（水稻）。

k. 作业成本：约3～5元/亩。

l. 高工效专用农药用量（包括配水）：0.5L药液/亩（水稻甘蔗）。

(4) 飞防应用　飞防施药在下列作物病虫害防治中有不可替代的优势：

① 水稻病虫草害的防治。近年来，随着无人机飞防技术的迅速发展，在植保上得到了广泛的认可，在多种作物上得到了迅速推广。飞防施药应用于水稻防治病虫害方面，其相比于传统的人工喷药方式，具有以下明显的优势：

图 17-10　3WWDZ16B 电动单旋翼无人机

a. 作业速度快，防控效率高。水稻病虫害来势迅速，迁飞距离远，而人工喷药速度较慢，大面积病虫害来临时难以扑灭。而植保无人机的作业效率可达 50～100 亩/h，若按每天 8h 作业计算，可作业 400～800 亩/d，是传统的人工喷洒速度的 40～80 倍。通过快速、及时地完成施药作业，从而有效地控制水稻病虫害，提高效率。

b. 防治难度低，施药均匀，省工省力省本。水稻生长在水生泥烂的环境中，人工下田施药难度大，人工施药速度慢，均匀施药难度高，取水施药成本高等情况严重制约了我国水稻产业的发展。而植保无人机的作业不需要下田，每亩用药液量仅 1～2L，大大地节约取用水量成本；另外，无人机机身小，灵活小巧，容易携带，可操作性强，单人可以操作 1～4 台飞机，耗费人力物力较少，在一定程度上降低了成本，省工省力省本。

c. 基部防治效果好，安全性高。飞防施药一般采用专用的超低容量液剂，雾化程度高，施药下压风力大，施药穿透力强，对危害水稻基部的纹枯病、稻飞虱和钻心虫有很好的防治效果。药剂采用全新的抗挥发药剂，叶片沉积量大，作用活性高，防效高且久，且对水稻安全。另外，在飞防施药过程中，实现了人、作物和机器分离，喷洒作业人员避免了直接暴露于农药范围内的危险，保障了施药人员的安全。

②甘蔗、果蔗病虫害防治。甘蔗属于热带或亚热带作物，生育期长达一年，甘蔗栽培中难免受到凤梨病、褐条病、锈病、梢腐病、黑穗病、霜霉病等病害和螟虫、蓟马、蚜虫、黏虫、蝗虫等虫害的危害，这些病虫害若不及时加以防治，将会影响甘蔗的正常生长，最终造成减产。而防治病虫害最快速、有效的方法就是化学防治法，如何改善施药方法、提高药效及作业效率，一直是甘蔗植保的关键问题。

飞防施药应用于甘蔗防治病虫害方面，也具有明显的效果，其相比于传统的人工喷药方式，具有以下明显的优势：

a. 作业速度快，效率高。甘蔗病虫害来势迅速，人工喷药速度较慢，大面积病虫害来临时难以扑灭。而植保无人机的作业效率可达 50～100 亩/h，若按每天 8h 作业计算，可作业 400～800 亩/d，是传统的人工喷洒速度的 40～80 倍。通过快速、及时地完成施药作业，从而有效地控制病虫害，提高效率。

b. 安全性好，效果好。在飞防施药过程中，机械本身不会与农作物进行过多的接触，更重要的是与传统喷洒作业相比较，实现了人机分离，喷洒作业人员避免了直接暴露于农药范围内的危险，保障了人员的安全。特别是在甘蔗生长的中后期，植株较高，甚至倒伏，人工施药难度大，对喷药人员也有人身危害。无人机施药恰好解决了这一难题。

c. 节省人力物力，降低成本。飞防施药用水量很少，每亩用药液量仅 0.5～1L，大大地节约了用水量。无人机机身小，灵活小巧，容易携带，可操作性强，耗费人力物力较少，在一定程度上降低了成本。

③ 搭架蔬菜病虫害的防治。大田种植的高秧或蔓生性强的蔬菜作物，如番茄、黄瓜、豇豆、丝瓜等，在栽培中需要插架和吊蔓，以支持植株形成通风透光的株形，且方便栽培管理；一般起垄种植，垄间常蓄水以供作物生长需要，在低温时也起到保持地温的作用。

无人机施药防治搭架蔬菜的病虫害效果和常规施药相当，但能极大地减少人工的消耗，作业效率可达 20 亩/h，效率高；其每亩植保作业只需 3min 左右，可快速作业；在阴雨天气时，在间歇期间及时防控，有效控制病害的蔓延，避免损失，如图 17-11 所示。

图 17-11 无人机在番茄植保作业

④ 番石榴全程病虫害防治。番石榴为桃金娘科番石榴属的常绿灌木或小乔木，原产于美洲热带地区。番石榴传入我国已有 300 多年的历史，我国主要引种栽培的省（区）有广东、广西、福建、海南、台湾，另外，云南、贵州和四川的一些地方也有栽培。据不完全统计，全国番石榴种植面积 125 万亩，并且有逐年增加的趋势。

飞防在番石榴上有以下不可替代的优势：

a. 番石榴在种植上多数为规模化种植。基地种植一般遵循“统一规划、统一品种、统一标准、统一管理”，散户种植也多数在 5～10 亩/户，这就为我们的规模化统防统治提供了便利。

b. 安全、高效。目前番石榴打药方式多为拉管打药，并且种植管理人员多为老人；番石榴高水平种植区域一般每 20～30d 打药一次，全年作业至少 12 次，无人机打药可以有效解决打药困难的问题，可以使果农专注于种植管理和收获，节省劳动力。飞防施药人机分离，远离施药环境，避免近距离触摸农药导致的健康损害。农户自防每亩一般要 40～60min，用水 100kg/亩，飞防每亩只需 3min，用水 2～4kg，效率提升 20 倍，用水减少 30～50 倍。

c. 有效提高农药利用率、减少农药使用量。无人机采用超低量的喷雾方式，旋翼产生的气流吹动番石榴叶片，提高果树下部及叶片背面的药液附着率，防治效果相比传统施药机械更好，从而有助于提高植保作业质量，有效减少农药使用量。尤其是在应对突发、暴发性虫害的防控效果方面，无人机要明显优于地面机械，具有其他常规手段难以比拟的优越性，可有效解决番石榴作业难问题。

d. 优质。传统施药方式大水量冲刷，造成落花落果、产量减少、果品下降；无人机防治不但落花率低，而且下旋风有效增加传粉。无人机统防统治以防为主、以治为辅、防治结合，真正改变“见虫打药、见病防治”的习惯，真正做到预防为主。

17.8.4　飞防制剂

飞防制剂指可使用飞机等航空设备撒施的农药药剂。由于无人机等航空设备的载荷资源有限，飞防制剂要求每亩需用有效成分量制剂在用水或其他稀释剂稀释到 $300\sim800\text{mL}$ 后可以稳定存放 2h 以上，可以使用超低容量雾化设备雾化成粒径 $100\mu\text{m}$ 以下的液滴，并对作物无药害。国际上航空飞防用制剂通常为超低容量液剂（ultra low volume，ULV）。

（1）飞防制剂的标准

① 国际上用于飞防施药的 ULV 制剂的标准，如表 17-10 所示。

表 17-10　用于飞防施药的 ULV 制剂国际标准

序号	项目	指标值
1	有效成分含量	额定值
2	外观	单相液体
3	低温稳定性	$-5℃$ 下 48h 不分层
4	热贮稳定性	合格
5	挥发性	滤纸悬挂法，挥发率≤30%
6	闪点	开口杯法，>70℃
7	黏度	恩氏黏度计测定法，<2Pa·s（25℃）
8	急性毒性	小白鼠急性口服 LD_{50}>300mg/kg
9	植物安全性	推荐使用剂量下，不产生药害

② 广西壮族自治区超低容量制剂地方标准，如表 17-11 所示。

表 17-11　用于飞防施药的 ULV 制剂地方标准

序号	项目	指标
1	外观	均相液体
2	乳液稳定性	合格
3	pH 值范围	指定值
4	闪点	开口杯法，≥70℃
5	黏度	恩氏黏度计测定法，<2Pa·s（25℃）
6	低温稳定性	合格
7	热贮稳定性	合格
8	挥发率	≤30%
9	蒸发耐受度	≥20%
10	雾滴液挥发率	≤20%

（2）ULV 制剂指标项目的检测

① ULV 制剂外观　用目视法检查。

② ULV 制剂乳液稳定性测试方式　按 GB/T 1603—2001 进行。

③ ULV 制剂 pH 值的测定　按 GB/T 1601—1993 中的"pH 计法"进行。

④ ULV 制剂闪点检测方法　按《农药理化性质测定试验导则　第 11 部分：闪点》（NY/T 1860.11—2016）进行。

⑤ ULV 制剂黏度测试　在 30℃±2℃恒温水浴条件下，按 NY/T 1860.21—2016 中 3.3“旋转黏度法”进行。

⑥ ULV 制剂低温稳定性试验　按 GB/T 19137—2003 中 2.1“乳剂和均相液体制剂”方法进行试验，析出物不超过 0.3mL 为合格。

⑦ ULV 制剂热贮稳定性试验　按 GB/T 19136—2003 中 2.1“液体制剂”方法进行试验。

⑧ ULV 制剂挥发率测试方法

a. 仪器。恒温恒湿箱：波动≤±0.5℃。

b. 测定步骤。用注射器取 0.8～1.0mL 试样，均匀滴在平放的预先称重的带铜丝环的直径 11cm 的定性滤纸上，使滤纸全部湿透，立即称重，悬挂在 30℃±1℃、相对湿度为 60%的恒温恒湿试验箱内，20min 后取出再称重。

c. 计算。试样的挥发率 X_2（%）按下式进行计算：

$$X_2=\frac{m_1-m_2}{m_1}\times 100\%$$

式中　m_1——称取的试样的质量，g；

m_2——恒温试验后试样的质量，g。

d. 允许差。两次平行测定结果之相对差值应不大于 5%。取其算术平均值作为测定结果。

⑨ ULV 制剂蒸发耐受度测试方法研究　我国广西田园生化股份有限公司对 ULV 制剂蒸发耐受度进行了研究，基本方法如下：将专用溶剂稀释 3 倍测试蒸发耐受度，在 100mL 测试瓶中加入 10mL ULV 制剂，对标准水或专用溶剂 2 倍，30℃条件下减压蒸发低沸点物(30℃条件下不会影响到制剂稀释液的稳定性)，观察出现分层、结晶、沉淀时测定测试瓶内剩余物总质量，计算出现该现象时蒸出物的总量和百分数（%），该百分数即为该制剂的“蒸发耐受度”。

蒸发耐受度试验方法如下：

先组装好减压蒸馏装置，在冷却肼中加入液氮或者冰块，提前给冷凝管通冰盐水冷却，检查好装置的密闭性。将药剂与标准硬水提前按照 1∶2 进行混对后摇晃均匀备用，将 10mL 超低容量液剂与 20mL 标准硬水混对得到乳液，将乳液转入圆底烧瓶中，采用电子天平称量蒸发前的圆底烧瓶质量 M_1 和加入乳液后圆底烧瓶和稀释液的总质量 M_2，打开 2XZ-2 旋片式真空泵开始减压蒸馏，调节好合适的气压防止爆沸，观察实验现象，当观察到圆底烧瓶中的乳液有分层、析晶、破乳、析油等现象时，停止蒸馏，称量圆底烧瓶蒸发后的剩余物总质量 M_3，用以下公式计算耐受度：

$$E_n=\frac{M_2-M_3}{M_2-M_1}\times 100$$

式中　E_n——乳液耐受度，%；

M_1——圆底烧瓶质量，g；

M_2——圆底烧瓶蒸发前瓶内物质总质量，g；

M_3——圆底烧瓶蒸发后的剩余物总质量，g。

一些 ULV 制剂的耐受度数据见表 17-12。

目前广西田园生化股份有限公司已经下证的超低容量液剂产品配方采用的溶剂、助剂组合基本一致（比例略有差异），试验下来超低容量液剂（ULV）与标准硬水按照 1∶2 混对的乳液的耐受度基本维持在 28.3%～40.5%。

表 17-12　ULV 制剂的耐受度数据

产品名称	耐受度/%				
	试验 1	试验 2	试验 3	试验 4	试验 5
5%氯虫苯甲酰胺 ULV	29.5	30.2	28.3	31.6	29.6
1.5%阿维菌素 ULV	37.6	41.2	41.4	40.9	39.8
1%甲维盐 ULV	40.1	39.6	39.8	36.1	40.5
3%氟环唑 ULV	33.2	32.9	32.4	31.0	33.0
45%戊唑醇·咪鲜胺 EW	14.9	15.3	16.2	14.8	14.9

⑩ ULV 制剂雾滴挥发率测试研究　以滤纸作为测试载体，通过"BET 气体吸附法"确定滤纸型号（比表面积）与 ULV 制剂喷雾粒径（折算为比表面积）一一对应。应用定制的热重分析仪器测定滤纸上药液的挥发率。

（3）国内用于飞防的 ULV 制剂

① 登记状况　如表 17-13 所示，截止到 2018 年 6 月 30 日，国内已登记的 ULV 制剂共 15 个，13 个大田 ULV 制剂全部由广西田园集团所属公司登记。

表 17-13　截止到 2018 年 6 月 30 日国内获批的 ULV 制剂一览表

登记证号	产品名称	生产厂家	有效成分及含量	农药类别
PD20151781	甲氨基阿维菌素苯甲酸盐	广西田园生化股份有限公司	甲氨基阿维菌素 1%	杀虫剂
PD20152045	嘧菌酯	广西田园生化股份有限公司	嘧菌酯 5%	杀菌剂
PD20160999	戊唑醇	广西田园生化股份有限公司	戊唑醇 3%	杀菌剂
PD20161195	苯醚甲环唑	广西田园生化股份有限公司	苯醚甲环唑 5%	杀菌剂
PD20171283	烯啶虫胺	广西田园生化股份有限公司	烯啶虫胺 5%	杀虫剂
PD20171507	阿维菌素	广西田园生化股份有限公司	阿维菌素 1.5%	杀虫剂
PD20171557	茚虫威	广西田园生化股份有限公司	茚虫威 3%	杀虫剂
PD20181029	唑醚·戊唑醇	河南金田地农化有限责任公司	吡唑醚菌酯 5%、戊唑醇 5%	杀菌剂
PD20181057	噻虫嗪	河南金田地农化有限责任公司	噻虫嗪 3%	杀虫剂
PD20182176	二嗪磷	广西田园生化股份有限公司	二嗪磷 20%	杀虫剂
PD20182482	甲维·茚虫威	南宁市德丰富化工有限责任公司	茚虫威 5%、甲氨基阿维菌素苯甲酸盐 1%	杀虫剂
PD20182484	呋虫胺	广西田园生化股份有限公司	呋虫胺 3%	杀虫剂
PD20182485	噻呋·氟环唑	广西康赛德农化有限公司	噻呋酰胺 2%、氟环唑 4%	杀菌剂
WP20100120	杀虫超低容量液剂	江苏省南京荣诚化工有限公司	胺菊酯 1%、富右旋反式苯醚菊酯 1%	卫生杀虫剂
WP20180047	氯菊酯	美国德瑞森有限公司	氯菊酯 1%	卫生杀虫剂

② 研究开发状况、专利　分析超低容量液剂专利技术的发展趋势，自 1992 年以来国内超低容量农药制剂专利申请总体呈平稳上升的趋势。超低容量农药制剂的专利申请量从 1985 年至 1993 年一直处于一种较低水平的申请，基本维持在 20 件/年以下的申请量，从 1994 年开始迎来第一个申请的高峰，年申请量突破了 60 件，是之前年申请量的两倍多；随后在 2000 年和 2001 年出现了一个低谷，2002 年以后的申请量一路攀升，这与中国相应阶

段的农业发展水平是基本一致的。

（4）美国飞防制剂发展状况　在世界范围内，目前飞防应用最多的是美国、澳大利亚、日本等发达国家，飞防药剂大量使用对油喷雾，在喷洒农药时采用新型的矿物油、植物油、长链烃类等进行稀释，效果也更好。

美国是应用航空喷雾最发达的国家，目前有农用航空公司 20 多家，65% 的农业化学处理由飞机承担。农用飞机以作业效率较高的有人驾驶固定翼飞机为主，农用航空作业项目除了飞机播种、施肥、施农药外，还包括人工降雨、森林灭火、空气清洁、杀灭病菌等。航空喷雾作业面积前 5 名的作物依次是玉米、麦类、棉花、大豆和水稻，对森林病虫害的防控几乎 100% 采用航空喷雾作业。

① 美国“ULV”（包括 ultra low volume）登记产品　美国在登记 ULV 杀虫产品（非杀蚊产品）的有效成分主要为马拉硫磷（见表 17-14）。

表 17-14　美国在登记 ULV 产品的主要有效成分

产品用途	产品有效成分	产品数量
杀蚊	增效醚＋除虫菊素（或苄氯菊酯）	33
	乙基双环二甲酰亚胺＋增效醚＋除虫菊素	
	毒死蜱/毒死蜱＋除虫菊素	3
杀虫	马拉硫磷/马拉硫磷＋高效氯氰菊酯	7

美国在登记 ULV 产品的主要剂型如表 17-15 所示。

表 17-15　美国在登记 ULV 产品的主要剂型

剂型类别	可溶液剂	即用溶剂	悬浮剂	乳油	未知
产品数量	10	18	1	1	13

② 美国“ULV application”相关产品登记情况　有 116 个登记产品非以 ULV 命名，但却以 ULV 技术进行应用。有效在登记产品数为 103 个。以 ULV 技术进行应用的 138 个产品的剂型类别情况见表 17-16。

表 17-16　以 ULV 技术进行应用的登记产品的主要剂型

制剂类型	可溶液剂	即用溶剂	乳油	悬浮剂	其他剂型	合计
产品数量	27	52	43	6	10	138

注意：其他剂型指压缩液体、水分散粒剂等。

参考文献

[1] 王成，宋妍，朱莹，等．山东化工，2016，45（8）：20-30.
[2] 原国辉，陈志中，孙淑香，等．河南化工，1999（10）：21-23.
[3] Higgins I J，Best D J，Hammond R C，et al. Microbiological reviews，1981，45（4）：556.
[4] 陈兆肃．植物技术与推广，1999，19（5）.
[5] 王成，宋妍，戴荣化，等．山东化工，2016，45（16）：20-21，25.
[6] 吴学民，徐妍．农药制剂加工实验．北京：化学工业出版社，2009.
[7] 高亮，姜斌，王丽颖，等．农药，2015（9）：645-647.
[8] 张国生，韩葆莉．农药科学与管理，2008（10）.
[9] 郝鲁．内蒙古石油化工，2014，13.

[10] 程丽晶，王硕．化工管理，2015，17.
[11] 郭永旺，袁会珠，何雄奎，等．中国植保导刊，2014，34 (10)：78-82.
[12] 薛新宇，兰玉彬．农业机械学报，2013，44 (5)：194-201.
[13] 王斌，袁洪印．农业与技术，2016，36 (7)：59-62.
[14] Pan M Z，Mei C T，Li G C，et al. Transactions of the Chinese Society of Agricultural Engineering，2014，30 (16)：328-333.
[15] 苏少泉．农药研究与应用，2007，05：3-7.
[16] Yan W，Zhang Y，Yang J H，et al. Chemistry & Industry of Forest Products，2011，31 (5)：81-84.
[17] 刘支前．农药，2002，43 (9)：1-3.
[18] 张连水．化学教育，1998，19 (3)：1-3.
[19] Zhong C，Wang C，Huang F，et al. Carbohydrate Polymers，2013，94 (1)：38-45.
[20] 叶小利，李学刚，陈时洪，等．大豆科学，2000，01：49-56.
[21] 沈娟，黄啟良，折东梅，等．农药，2007，46 (12)：806-809.
[22] 张忠亮，李相全，王欢，等．农药学学报，2015，17 (1)：115-118.
[23] 李雅珍，陶燕华，唐海燕．上海蔬菜，2006 (5)：70-71.
[24] 徐广春，顾中言，徐德进，等．中国农业科学，2013，46 (7)：1370-1379.
[25] 董红强，赵冰梅，李平，等．农药，2015，54 (10)：770-772.
[26] 张宗俭，张春华，倪汉文，等．中国农药，2012，09：16-20.
[27] 陈立涛，高军，郝延堂，等．现代农业科技，2016 (18)：99+101.
[28] 王静，朱九生．山西农业科学，2016 (7)：1004-1006.
[29] 卢向阳．农药市场信息，2013 (19)：38.
[30] Wang J，Zhu J. Plant Diseases and Pests，2012，3 (3/4)：18.
[31] 华乃震．现代农药，2005，4 (4)：1-9.
[32] 王金信，张新，肖斌．农药学学报，2002，4 (1)：58-63.
[33] 毕彦坤，阚莹，张正东．计量技术，2017 (1)：3-6.
[34] 王仪，张立塔，郑斐能，等．中国农业科学，2002，01：33-37.
[35] Liu X，Zhang D，Zhai S，et al. Acta Oceanologica Sinica，2015，34 (4)：41-55.
[36] Selvam G G，Sivakumar K. Asian Pacific Journal of Reproduction，2013，2 (2)：119-125.
[37] Dong R，Yingming X U，Lin W，et al. Acta Scientiae Circumstantiae，2015，35 (8)：2589-2596.
[38] Chen W，Chen Y，Pan H，et al. Materials Science and Engineering. IOP Publishing，2018，307 (1)：012057.
[39] Kowalewski W，Maooecka M，Dankowska A. Dairy Science & Technology，2015，95 (4)：413-424.
[40] Mercier L，Serre I，Cabance F，et al. Weed Research，1997，37：267-276.
[41] Banne F，Gaudry J C，Streibig J C. Weed Research，1999，39：67.
[42] 王成菊，张文吉，李学锋，等．精细化工，2002 (S1)：91-93+105.
[43] 陈立涛，高军，马建英，等．河北农业，2017 (5)：40-42.
[44] 顾中言，许小龙，韩丽娟．农药学学报，2002，4 (2)：75-80.
[45] 黄启良，李凤敏，袁会珠，等．农药学学报，2001，3 (3)：66-70.
[46] 何金田，陈渝仁，董宏，等．应用激光，1995，15 (5)：230-231.
[47] 周文礼，翟炳仁，贤伟华．现代农业科技，2006 (12)：81-82.
[48] Xu B，Bhagwat S，Xu H，et al. Applied Thermal Engineering，2018，131：102-114.
[49] 王立军，姜明海，孙文峰，等．农机化研究，2005 (5)：64-65.
[50] Kira O，Dubowski Y，Linker R. Biosystems Engineering，2018，169：32-41.
[51] Faiçal B S，Freitas H，Gomes P H，et al. Computers and Electronics in Agriculture，2017，138：210-223.
[52] Papadakis S E，King C J. Industrial & Engineering Chemistry Research，1988，27 (11)：2116-2123.
[53] Bruno S Faiçal，Heitor Freitas，Pedro H Gomes. Computers and Electronics in Agriculture，2017，38：210-223.
[54] Luckham P F. Pest Management Science，2010，25 (1)：25-34.
[55] 任帅臻．航空施用型高效环保草铵膦水剂的开发．上海：上海师范大学，2018.

第18章 农药制剂的生物活性测定

18.1 概述

农药生物活性测定即农药生物测定（pesticide bioassay），是指运用特定的试验设计，利用生物整体或离体的组织、细胞对农药（或某些化合物）的反应，并以生物统计为工具，分析供试对象在一定环境条件下的反应，来度量某种农药的生物活性。典型的农药生物活性测定是用不同剂量或浓度的农药（如杀虫剂、杀螨剂、杀菌剂、除草剂、杀鼠剂、植物生长调节剂等）采用一定的方法处理测试靶标（包括昆虫、蜱螨、病原菌、线虫、杂草、动植物组织及细胞等），测试供试对象所产生反应的大小或强度（如死亡、中毒、抑制生长发育、阻止取食、繁殖等），来评价农药的相对效果。

18.1.1 农药制剂的生测内容

农药生物活性测定的内容主要包括：

① 测定农药对昆虫、螨类、病原菌、线虫、杂草以及鼠类等靶标生物的毒力或药效；

② 研究农药对植物的生理作用；

③ 通过对大量新化合物或提取物的生物活性、安全性筛选和评价，创制新农药品种；

④ 研究化合物的化学结构与生物活性关系的规律，即农药构效关系，为定向创制新农药提供依据；

⑤ 研究农药的理化性质及剂型与毒效的关系，提高农药的使用效果；

⑥ 研究有害生物的生理状态及外界环境条件与药效的关系，以便提高农药使用水平，做到适时用药；

⑦ 测定不同农药复配的共毒系数及农药混用的效力，为农药的科学合理混用及寻找增效剂提供依据；

⑧ 对有害生物的耐药性进行监测，研究克服或延缓抗药性发展的有效措施；

⑨ 研究农药的作用机理及生理效应；

⑩ 利用敏感生物（如蚊幼虫等）来测定农药的有效含量及残留量；

⑪ 测定农药对非靶标生物及有益生物的毒性。

农药生物活性测定是一项很重要的实用和实践技术，其研究内容随着农药的发展不断得到加强和丰富[1]。

18.1.2　农药及其制剂生测试验设计的原则

农药生物活性测定是研究农药与生物的相关性，对农药及生物的要求均比较严格。如农药样品至少要有确切的有效成分含量；供试靶标生物应该是纯种，个体差异小，生理标准较为均一；同时还必须以确定的环境条件为前提。农药生物活性测定应掌握以下基本原则：

（1）相对控制的实验条件　外界环境条件（如温度、湿度、光照等）的变化，对农药的理化性状和靶标生物的生理状态都有直接或间接的影响。而农药理化性能的变化，能影响其对靶标生物的毒效。靶标生物生理状态（如生产阶段、龄期、性别等）的不同，对农药有不同的耐药力。因此，在农药生物活性测定中，应该采用标准的靶标生物和相对控制的环境条件，尽可能消除或减少因靶标个体差异、人为及环境因素影响所造成的误差，以提高试验的精确度。

（2）必须设立对照　在试验期间，靶标生物往往存在自然死亡情况，因此，药剂处理组的死亡不完全是药剂的作用效果，故应设立对照加以校正，以消除自然因素所造成的死亡对药剂效果的干扰。对照一般有三种：一种是不做任何处理的空白对照；二是标准药剂作对照，选择与试验药剂同类的防治靶标生物最有效的药剂；三是与药剂处理所用的溶剂或乳化剂等助剂完全一样，只是不含药剂的溶剂和助剂对照。

（3）各种处理必须设重复　在一个生物种群中，个体之间对药剂的耐药力不同，反应有显著的差异，取样的代表性很重要。因此，每个处理要求一定的个体数量，即重复次数越多，试验结果就越可靠。增加重复是减少误差的一种方法，重复次数应根据试验目的与要求以及不同的生物靶标而定，一般为 3～5 次。

（4）运用生物统计方法分析试验结果　生物统计是判断和评价试验结果的重要工具，是在生物学指导下以概率论为基础，描述偶然现象隐藏着必然规律的科学分析方法，可以从错综复杂的实验数据中揭露农药与生物之间的内在联系。各处理之间的差异显著程度，不能主观认定，必须客观评定，用数理生物统计方法，精密而合理地计算分析。

18.2　杀虫剂的生物测定

18.2.1　杀虫剂毒力测定与评价

18.2.1.1　茎叶处理杀虫剂毒力测定

（1）喷雾法　农业上的多数害虫是通过取食植物的茎叶进行危害的，生产上也多是把药剂加工成乳油、悬浮剂、水分散粒剂等能分散在水中的制剂进行喷雾处理。室内喷雾法测定杀虫剂的毒力是与田间接近的一种试验方法，就是将杀虫剂药液按所需用量精确、均匀地喷施到寄主植物或试虫体表以测定杀虫剂毒力。喷雾法需用特殊的喷雾设备。1941 年波特（Potter C.）发明了 Potter 精确喷雾塔（Potter spray tower，由英国 Burkard 公司生产），其喷头通过气流使药液雾化，使喷出的雾滴大小一致，散布均匀，喷雾压力为 0～2.0kgf/cm^2（1kgf/cm^2＝98.0665kPa），在生物测定中广泛应用。喷雾处理后的试虫置于适宜条件下饲养，定期观察并记录中毒、死亡情况，计算药剂毒力。

对于活动能力强的试虫可经过冷冻或麻醉后再喷雾，注意所有试虫冷冻处理的温度和时间保持一致；麻醉处理时所用麻醉剂的剂量和处理时间一致。避免因冷冻或麻醉造成试虫死亡，影响生物测定结果。

（2）浸渍法　将试虫浸入药液一定时间（蚜虫、螨类 2～5s，棉铃虫、黏虫等 5～10s）后，除去虫体表面多余药液，转移到干净的器皿中，于正常条件下饲养一定时间（如 24h 或 48h）后观察并记录死亡情况，评价药剂毒力。具体测试方法因昆虫种类而异：棉铃虫、黏虫等中、大型昆虫可直接浸入药液，或将试虫放入铜纱笼再浸药，也可先浸渍寄主植物，阴干后再接入试虫；蚜虫等小型昆虫可放入附有铜网底的指形管浸药；蚜虫、叶螨和介壳虫也可连同寄主植物一起浸药。

18.2.1.2　土壤处理杀虫剂毒力测定

土壤药剂处理应用普遍，是杀灭病菌、虫卵、害虫最直接、有效的方法。土壤是病虫害传播的主要媒介，也是病虫害生存、繁殖、越冬的主要场所。蝼蛄、蛴螬、地老虎、金针虫等地下害虫还危害种子、幼芽、根茎，造成缺苗，甚至毁种，导致农作物减产。因此，不论是苗床用土、盆花用土、露天苗圃地、农田还是温室大棚等设施土壤，使用前都应彻底消毒。

（1）土壤混药法　将粉状药剂、颗粒剂等药剂同过筛的潮润砂质壤土混合均匀，土壤含水量控制到土壤饱和含水量的 50%～80%，药剂剂量以 mg/kg 计，将土壤装于适宜大小的容器内，播种作物种子，在适宜条件下培养。播种后，立即接入供试昆虫或经过 3d 待种子发芽后，再接入供试昆虫。

（2）土壤浇灌法　将土壤装于适宜大小的容器内，播种作物种子，将药剂溶解到水中后，定量浇灌于容器内，在适宜条件下培养。一定时间后，接入供试昆虫或经过 3d 待种子发芽后，将供试昆虫放入。如测定危害茎叶的昆虫，如蚜虫等，则在植株长到一定高度后进行药剂处理，处理 2d 后，在植株上接供试昆虫，或剪取部分植株饲喂供试昆虫，进行毒力评价。

两种均须设未拌药剂处理作空白对照，每容器放入昆虫量根据容器容积和昆虫习性而定，经过 14d 调查昆虫死亡情况。如用植物被害程度作为检查药效的标准时，在播种前先将供试昆虫放入土内，然后再播种，计算幼苗受害率。

18.2.1.3　种子处理杀虫剂毒力测定

种衣剂既有液体的，也有固体粉末状的；有预制成型长久存放的，也有现制现用的。种衣剂可使农药缓慢释放，具有杀灭地下害虫或苗期害虫的作用。

（1）拌种法　拌种用药粉量按种子重量计算或以各类种子最大携带药粉量为准，一般麦类种子最大拌粉量不超过种子重的 1%，液体药剂一般浓度不超过 1%，药液量约相当于种子重量的 1.5～3 倍。拌种后的种子可晾干后即播种，也可保存一段时间后再播种。

（2）浸种法　在 10～30℃范围内，采用定温或不定温的条件进行浸种。浸种时间最短需 6h，最长不超过 48h，一般处理以浸种 12h 或 24h 为宜。浸药剂后应将种子外部附着的多余水分用布或吸水纸吸去，或用水迅速将种子外皮进行淋洗，经过浸药的种子有的需要立即播种，有的可迅速晾干以后保存一段时间后再播种。

试验方法同土壤处理方法相似。在播种前将供试昆虫放于土壤中，然后将种子播入。但必须控制种子用量（即单位面积内的用量或播种数量）。播种后 10～20d，调查土壤中供试昆虫的死亡率或种子出苗百分率及被害百分率等。无论采用哪种方法都必须设用清水或惰性粉剂浸种或拌种的空白对照。

18.2.1.4　熏蒸处理杀虫剂毒力测定

熏蒸处理杀虫剂利用有毒的气体、液体或固体的挥发产生的蒸气毒杀害虫。对昆虫的毒力测定有的需要大型的复杂设备，但一般实验室内采用较简便的用具也可以进行，例如一般用容器法，采用烧瓶、广口瓶、锥形瓶、玻璃钟罩、其他玻璃器具或金属桶等器具盛供试昆虫，借气体下沉、拍气法或压气法将药剂吸入容器内进行熏蒸处理。

（1）锥形瓶熏蒸法　随机选取发育及生活力趋于一致的试虫。将供试昆虫接入 300mL 锥形瓶中，并将面积为 7～8cm^2 的滤纸条固定在大头针顶端，大头针尖端插入瓶塞中央，根据预试结果设置各试虫的处理剂量梯度，由低到高依次用微量移液器向滤纸条上滴加熏蒸剂（对照组不加），迅速盖上瓶塞，每处理设 4 个重复，每重复 10 只试虫。将锥形瓶置于养虫室（培养温度为 24～26℃，相对湿度为 70%～80%，每日光照期及暗期各 12h）培养，储粮害虫 24h（卫生害虫如家蝇等 4h）后，揭盖散气将试虫转入干净培养皿中，观察 24～96h，进行毒力评价。

（2）熏蒸盒法　在 1.5L 熏蒸盒内，沿对角线固定 1 根细铜丝，将叶片、滤纸条悬挂在细铜丝上，叶片要刚好接触到盒底。接入试虫，根据预试结果的剂量梯度，由低到高依次用微量移液器向滤纸条上滴加熏蒸剂（对照组不加），迅速盖上内沿涂有均匀凡士林的盒盖。每处理设 3 个重复，每重复试虫 10 只，置于养虫室内培养 24h（卫生害虫如家蝇等 4h），揭盖散气将试虫转入干净培养皿中，观察 24～96h，进行毒力评价。

（3）广口瓶法　用两个广口瓶（250mL），在一个广口瓶中放入一定数量的靶标昆虫，另一个广口瓶中放入定量药液，然后用插有数根粗玻管的橡皮塞将两个广口瓶严密地连接，晃动摇瓶，使药剂扩散均匀，一定时间后，将靶标昆虫移入干净器皿中，放入新鲜饲料，用纱布盖上，置于正常的环境条件下，于规定时间内，观察靶标昆虫中毒及死亡反应。

熏蒸药剂剂量的表示方法同其他毒力测定所用的表示方法有所不同。不能采用按每一昆虫或每单位虫体重所接受的药剂量来表示，只能用单位容积内的药剂用量来表示。即每升容积内所用药剂的质量（mg）或体积（mL）。进行相对毒力测定则以在一定条件下，使昆虫致死 50%（或 95%）各药剂所需的剂量进行比较，或以一定的剂量和一定的条件下，使昆虫致死 50%所需的时间来表示。

18.2.1.5　毒饵处理杀虫剂毒力测定

毒饵主要是通过诱聚试虫取食，从而起到毒杀作用。可以用嗅觉计来测定毒饵毒力。它的基本原理是将试虫置于两个可以选择的道路分叉处，即有毒饵气味的支路和没有气味的支路，观察试虫进入哪一个支路，再观察试虫取食毒饵后的死亡情况。一般试虫到了分叉处就被诱到有毒饵气味的支路上。如果加入的毒饵无效，那么试虫进入两个分支的概率相同（要求在两个分支上的光和温度等外界环境条件都是同样的）。最基本的嗅觉计就是一个 Y 形管。另外，还要求具备两个重要条件：①有引起试虫起飞或活动的刺激因素，一般用光；②为了防止两个分支中的气味混合，带着气味的空气一定要流动，Y 形管中的空气必须由一端（放有毒饵的一端）进入，由另一端排出，气流的方向与试虫的运动方向相反。对于某些试虫，也有一些特殊设计的嗅觉计，比如有些爬行昆虫不需要光刺激也能不断爬行；而有些昆虫不需要气流的简单嗅觉计。

18.2.2　杀虫剂生物测试实例

18.2.2.1　噻虫嗪对抗性稻飞虱的室内杀虫活性测定

（1）试验目的　水稻褐飞虱对吡虫啉产生了严重的抗性，为了明确噻虫嗪对抗吡虫啉稻飞虱的活性，为噻虫嗪防治水稻褐飞虱的应用提供依据，以抗性稻飞虱为靶标，测定噻虫嗪对抗性稻飞虱的杀虫活性。

（2）试验条件

① 试验靶标

a. 敏感品系：水稻褐飞虱（*Nilaparvata lugens*）3 龄中期若虫，室内常年累代饲养虫种。

b. 抗性品系：吡虫啉抗性品系褐飞虱 3 龄中期若虫。

② 仪器设备：电子分析天平、Potter 喷雾塔、移液枪等。

（3）试验设计与安排

① 试验药剂：98%噻虫嗪原药、98%吡虫啉原药。

② 试验处理与方法

a. 剂量设置和药液配制。将噻虫嗪、吡虫啉原药分别用 DMF 溶解，配制成 5000mg/L 的母液，然后用含 0.1%吐温 80 的蒸馏水配制成试验所需的剂量，备用。

b. 试验方法与调查。采用稻苗培养皿喷雾法。将 4～6 根水稻苗（长约 3～4cm，室内培育）用白石英砂固定于 Φ7cm 的培养皿内，接 CO_2 麻醉的水稻褐飞虱 3 龄中期若虫若干，置于 Potter 喷雾塔下定量喷雾处理，沉降量为 4.35mg/cm^2，设空白对照，每处理重复 4 次。喷雾后用透明塑料杯罩住，放于观察室内（27℃，14h 光照），72h 后检查结果。调查时，以毛笔轻触虫体，无反应视为死虫。

（4）数据统计与分析　统计各个处理的活虫数和总虫数，计算各处理死亡率（Abbott's 公式）。用“DPS 数据处理系统”进行数据分析统计，求回归直线和 LC_{50}。计算抗性倍数。

（5）结果与分析　试验结果如表 18-1 所示。吡虫啉原药对稻飞虱敏感品系的 LC_{50} 为 1.089mg/L，而对稻飞虱抗性品系的 LC_{50} 为 17.467mg/L，抗性倍数为 16.04 倍。

噻虫嗪对稻飞虱敏感品系的 LC_{50} 为 1.294mg/L，而对稻飞虱抗性品系的 LC_{50} 为 6.150mg/L，抗性倍数为 4.75 倍。

（6）结论与讨论　抗性倍数 3.0 以下为敏感，3.1～5.0 为敏感性下降，5.1～10.0 为低抗性水平，10.1～40.0 为中等水平抗性，40.1～160.0 为高抗性水平。吡虫啉抗性品系的抗性倍数为 16.04 倍，为中等抗性水平；噻虫嗪的抗性倍数为 4.75 倍，为敏感性下降，中抗吡虫啉的稻飞虱种群虽对噻虫嗪没有显著的交互抗性，但噻虫嗪为敏感性下降，在其开发上应慎重。

表 18-1　噻虫嗪对抗吡虫啉稻飞虱毒力测定结果

药剂	品系	回归直线 (Y＝A＋BX)	LC_{50} /(mg/L)	95%置信区	抗性倍数
98%吡虫啉原药	敏感品系	$Y=4.908+2.477X$	1.089	0.973～1.218	1
	抗性品系	$Y=2.858+1.725X$	17.467	15.134～20.120	16.04
98%噻虫嗪原药	敏感品系	$Y=4.756+2.181X$	1.294	1.151～1.456	1
	抗性品系	$Y=3.279+2.182X$	6.15	4.658～8.403	4.75

18.2.2.2　噻虫嗪种衣剂对棉蚜活性比较试验

（1）试验目的　噻虫嗪对刺吸式害虫如蚜虫、飞虱、叶蝉、粉虱等有良好的防效，为了比较 70%噻虫嗪 WS 和 69.23%噻虫嗪 WS 的活性，以 70%噻虫嗪 WS（锐胜）为对照药剂，对种子包衣处理，测定其杀蚜虫活性。

2）试验材料与方法

① 试验靶标：棉蚜（*Aphis gossypii*），温室内自然发生种群。

② 仪器设备：电子分析天平、烧杯、移液枪、镊子等。

③ 试验药剂：70％噻虫嗪 WS；69.23％噻虫嗪 WS；70％噻虫嗪 WS（锐胜），先正达作物保护有限公司。

④ 剂量设置和药液配制：先称取适量的种子，根据种子质量，称取药剂，用水将药剂溶解进行包衣处理。

各药剂处理剂量为 300g/100kg 种子、450g/100kg 种子、600g/100kg 种子。

⑤ 试验方法与调查：采用种子包衣法。将包衣的种子播于直径约 15cm 的花盆内，每盆 5 粒种子，并设未包衣种子为空白对照，置于温室内培养，试验重复 4 次。15d 后接种温室内自然发生的棉蚜，30d、45d 调查植株上试虫数，45d 调查后再次接虫，60d 调查试验结果[1]。

⑥ 数据统计与分析：统计各个处理的试虫数，按式（18-1）计算各处理的防效。

$$防效（\%）=\frac{空白对照组试虫数-药剂处理组试虫数}{空白对照组试虫数}\times 100\% \qquad (18\text{-}1)$$

（3）结果与分析　试验结果表明，将棉花种子用噻虫嗪包衣处理，防治棉蚜高效。药后 30d，剂量为 450g/100kg 种子、600g/100kg 种子时，70％噻虫嗪 WS、69.23％噻虫嗪 WS 和 70％噻虫嗪 WS（锐胜）的防效均显著高于其剂量为 300g/100kg 种子的防效；相同剂量下，各药剂之间的防效没有显著性差异。药后 45d，剂量为 600g/100kg 种子时，各药剂的防效达 99.9％～100％，没有显著差异；450g/100kg 种子时，69.23％噻虫嗪 WS 和 70％噻虫嗪 WS（锐胜）的防效显著高于 70％噻虫嗪 WS 的防效。药后 60d，剂量为 300～600g/100kg 种子时，69.23％噻虫嗪 WS 和 70％噻虫嗪 WS（锐胜）的防效达 99.8％～100％，各药剂、各剂量间没有显著差异，与 70％噻虫嗪 WS 在 450～600g/100kg 种子的防效也没有显著差异，均显著高于 70％噻虫嗪 WS 在 300g/100kg 种子的防效。

（4）结论　如表 18-2 所示，供试药剂 70％噻虫嗪 WS、69.23％噻虫嗪 WS 在 300～600g/100kg 种子剂量下，对棉蚜具有较高的防效，而且持效期长。其中 70％噻虫嗪 WS 的防效略低于 69.23％噻虫嗪 WS 和 70％噻虫嗪 WS（锐胜）的防效。

表 18-2　2 个噻虫嗪 WS 对棉蚜活性比较试验结果

供试药剂	剂量/(g/100kg 种子)	防效/%		
		药后 30d	药后 45d	药后 60d
70％噻虫嗪 WS	600	99.7AB	99.9A	100.0A
	450	99.4ABC	99.4B	99.8A
	300	98.1C	99.8AB	95.8B
69.23％噻虫嗪 WS	600	99.7AB	100A	100.0A
	450	99.9A	100A	99.8A
	300	98.3C	99.3B	98.3A
70％噻虫嗪 WS（锐胜）	600	99.9A	100A	100.0A
	450	99.6AB	100A	100.0A
	300	98.4C	99.9A	99.9A

注：处理防效为各重复平均值；不同大写字母表示 5％差异显著性。

18.3 杀菌剂的生物测定

18.3.1 杀菌剂毒力测定与评价

在杀菌剂试验的过程中，杀菌剂的施用一般要求接近田间的使用，而且施药必须均匀一致，如喷布施药的杀菌剂应该采用较精密的喷雾器进行喷施，种子处理剂应选择性能优异的包衣机，土壤熏蒸剂注意密封材料的选择等。施药时间要根据药剂的特性及试验目的来定，如测定杀菌剂的保护作用，一般要求在接种前24h施药。如果测定杀菌剂的治疗作用，应先接种，等发病后再施药，或等病菌侵入但植株未表现明显病症前施药。

18.3.1.1 喷布处理杀菌剂试验方法

喷布施药是当前杀菌剂的主要施用方式之一，适用于杀菌剂对气流和雨水飞溅传播的病害的药效测定，如稻瘟病、水稻赤霉病、小麦锈病、玉米的大小斑病等。该类病害发生时均可导致植株地上部多处发病，病害循环周期短，发病迅速。喷布式施药可采用器械将药液均匀喷施、分布在植株体表面，从而全方位对植物进行保护，防止植株地上部病害的发生和发展。

（1）病原菌接种及施药处理　植株活体测定的病原菌要容易培养、易产孢、易发病、病斑发展迅速，如小麦赤霉病菌和稻瘟病菌。但目标病原菌不能在人工培养基上生长时，病菌孢子需要从田间或者培养植株上采集，如黄瓜霜霉病菌和小麦白粉病菌等，尤其是前者需要新鲜孢子接种才能成功。供试菌株的致病力是影响测定结果的重要因素。病原菌的致病力是在一定条件下对某一特定寄主所表现的特征，同种病原菌中存在着致病力各异的菌系和小种。菌株的致病力与它的生理、生化状况等生物学因子有关。接种时注意下列影响因子：

①菌株的培养条件。培养基影响菌株的致病力，长期连续培养降低菌株的致病力或者导致菌株的退化，因此，使用时必须活化，甚至需要接种到寄主上进行致病力的复壮。

② 菌株隶属的菌系和生理小种。菌株的致病性与来源地和寄主密切相关。

③ 接种菌量。成功接种所需菌量因病原菌的不同而不同，因此，接种菌量需要根据具体情况确定。适宜的接种菌量，能够保证寄主发病，并且表现典型的症状。

④ 环境因子。它不仅影响供试植株的生长和发育状况，而且决定接种的成败，其中最重要的是温度、湿度、光照、供试植株的生长发育状况等。

接种和施药处理依据杀菌剂的作用方式和作用机理进行施药处理的选择。杀菌剂若以保护作用为主，则先施用药剂，后接种病原菌。例如在进行保护性杀菌剂代森锰锌的药效测定中，通常于接种病原菌前24h在适龄的寄主植物的地上部均匀喷施药液，自然风干后在寄主植物上接种病原菌，保持最适发病条件。如果供试杀菌剂的作用机理为诱导寄主植物产生抗病性，则需根据药剂的特点设置提前施药的系列时间，需通过试验才能得出提前施药的时间，不能一概而论。若药剂的作用方式以治疗作用为主，则先接种病原菌。待寄主植物开始发病的时候进行施药处理。

（2）取样和调查　大多数病害均可采用分级计数法进行调查，以计算病情指数和防治效果［式（18-2）和式（18-3）］，病情指数即可直接反映发病的严重程度。该方法可靠性强，能反映实际情况，不但适用于真菌病害，同样适用于线虫和病毒病害。分级调查的单位不限于叶片，也可以是以整株为单位。

分级计数法的原理是按照植物发病的轻重分为多个级值，每级按轻重顺序用简单数值表示，然后用下列公式计算病情指数。级值数目的多少（即最高代表级值）可以根据病害的发生情况确定，通常分为 5 级或 9 级。

$$病情指数=\frac{\sum(各级病株数或叶数\times相对级数值)}{调查总株数或叶数\times最高代表级值}\times100\% \tag{18-2}$$

$$防治效果(\%)=\frac{空白对照区病情指数-药剂处理区病情指数}{空白对照区病情指数}\times100\% \tag{18-3}$$

18.3.1.2　果实防腐剂生物测定

生产上用于防治贮藏期病害的化学药剂主要包括咪鲜胺、抑霉唑、百可得（双胍辛烷苯基磺酸盐）以及苯并咪唑类的多菌灵、甲基硫菌灵、苯菌灵、噻菌灵等。施用方法一般采用药剂喷洒、浸渍和密闭熏蒸几种方式。因此，对果实防腐剂的效力测定也通过这几种方式进行，具体选用的方法由杀菌剂的特性和防治对象的特点来决定。

药剂喷洒（或浸渍）的方法简单，易操作，适用于大多数杀菌剂的施用。对于硫黄等易挥发的杀菌剂和臭氧等气态杀菌剂，应该选择密闭熏蒸的方式来进行，选用这种方法需要注意时间和剂量的控制。

下面以杀菌剂防治柑橘青霉病、绿霉病的温室效力试验为例介绍这类试验的方法要点：

首先挑选完好无伤口、大小相近、成熟度一致的柑橘果实作为供试材料，用砂纸或其他细小的硬物小心地将果实表皮轻微擦伤，注意各个果实的伤口数量保持相近。再将果实放在药液中浸渍约 2min 或在其表面均匀地喷上药液，每处理用果 30 个，3～4 次重复。晾干后，将提前在 PDA 培养基上培养的或从发病果实上新鲜采集的柑橘青霉病菌、绿霉病菌的孢子附于脱脂棉球上，轻轻接触果皮进行接种，也可以采用喷布孢子悬浮液的方式进行接种。再将接种的果实放入相对密闭的器皿中，注意保持湿度在 90%以上，在 25℃下保持 5d 后调查结果。根据发病的果实数、发病程度来判定药效。如果测定具有熏蒸作用的药剂的效果，则可取适量药剂使其吸附于滤纸上，在密闭的器皿中将滤纸放到果实的上面及下面即可。

18.3.1.3　种子杀菌剂生物测定

种子处理剂的生物测定试验中，种子处理剂施药的载体是种子，在试验过程中，除了考虑供试杀菌剂对靶标菌的抑制作用，还须特别注意杀菌剂对种子发芽和生长的影响。因此，针对这类药剂的使用特点，在试验设计时必须注意供试杀菌剂的种类和处理剂量的控制。在寄主植物、病原菌的选择、培养以及供试土壤的准备等方面，本试验与土壤杀菌剂生物测定要求相近，可参考相关章节。下面重点介绍接种和药剂处理方法。

（1）病原菌接种　检测杀菌剂对种传病原菌的作用：可采用自然带菌的种子进行药剂处理，不过这样的种子很难获得，通常需采用人工的方法将供试种子用病原菌的孢子悬浮液浸种或拌种的方式制造带菌种子。

供试病原菌为土传病害，一般采取提前土壤接菌或在播种同时接菌两种方式。土壤提前接菌是主要的接菌方式，需根据病原菌的生长特点设定接菌时间，一般情况下在播种前 3～5d 接菌比较适合。播种的同时接种病原菌的方式比较适合黑粉菌属的试验，如玉米丝黑穗病的温室防治试验，在播种的同时在玉米种子表面直接覆盖上一层菌土接种，这种方式可提高接种成功率。

（2）施药处理　杀菌剂的种子处理通常有拌种、浸种（闷种）和包衣三种方式。①拌种是指将药剂和种子混合搅拌后播种，可分干拌和湿拌。一般当供试杀菌剂为可湿性粉剂等固体剂型时可采用该方法。拌种处理操作简单，方便易行，但药剂易脱落淋失，靶标施药效能较低。②浸种是指用药液浸泡种子的方法，其目的是促进种子发芽和消灭病原物。一般当供试杀菌剂为乳油、水剂等液体剂型时可采用该方法。浸种处理一般为现浸现用，处理的种子不能进行贮运，浸种时间要严格控制，药剂浓度低时浸种时间可略长，浓度高时浸种时间要缩短，时间过短则没有效果，时间太长容易引起药害；浸过的种子要注意冲洗和晾晒，对于部分药剂允许浸后直接播种的，请遵循使用说明进行。③种子包衣，对于专用于种子包衣的药剂，需要对种子进行包衣后进行试验。对种子进行包衣处理，除了使用专业的机械包衣机外，还可以进行手工包衣，只需要容量充足的密封塑料袋或有大内腔的容器即可，把药剂和适量的水调制成药液后，加入种子，然后迅速剧烈振荡，使得药剂能均匀分布在种子表面，包衣完毕后，待种子表面药剂晾干后即可播种。

（3）播种和调查　将杀菌剂处理后的供试作物种子播种到接菌处理的土壤内，最少 4 次重复，每个处理播种 200 粒种子。放置在适合作物生长的环境中培养，正常水肥管理，观察出苗和幼苗的生长情况。对防效的考察指标主要为出苗率和发病率（对部分病害可调查病情指数），可参照中华人民共和国国家标准农药田间药效试验准则，同时需要关注株高、根长、鲜重、干重等反映幼苗质量性状的指标，以考察药剂对寄主植物的安全性。

18.3.1.4　土壤杀菌剂生物测定

土传病害是当前农业生产中的一类重要病害，如玉米丝黑穗病、小麦纹枯病、棉花枯萎病、瓜果腐霉和辣椒疫霉等。引起这类病害的病原菌主要存活在土壤中，生产中通常会采用熏蒸、灌根、沟施等办法施用药剂，尽可能使药剂和病原菌直接接触，以达到杀菌防病的作用。对于该类药剂的生物活性测定应根据其实际使用特点选择适宜的方法进行试验。

（1）寄主植物和病原菌　杀菌剂温室效力试验选择的病原菌必须具有强致病力，并选择感病寄主植物，供试种子应饱满、无病，建议播种之前经过表面消毒，防止种子携带病菌对试验的干扰。

（2）病原菌培养和供试土壤处理　土壤处理杀菌剂效力试验的接菌一般采用菌土来进行，即将病原菌活化后接种在经过灭菌处理的玉米砂培养基（或者是适合病原菌生长的植物组织，要求该组织容易粉碎以利于土壤接种）中培养 10～14d，取出后尽量在无菌条件下晾干，将其与灭菌的农田土壤按照一定的比例混合后制成菌土。对于一些难以离体培养的病原菌（如玉米丝黑穗病菌），可以直接将病组织（冬孢子）与消毒后的细砂混合均匀直接制成菌土。将菌土和经过 160℃、6h 灭菌的田间自然土壤按照一定的比例混合均匀后，就可以作为已接菌的土壤进行试验。

（3）施药处理　根据药剂的性质采用下面相应的方法进行施药处理：

① 喷淋或浇灌法。将药剂用清水稀释成一定浓度，用喷雾器喷淋于土壤表层，或直接灌溉到土壤中，使药液渗入土壤深层，杀死土中病菌。常用的消毒剂有多菌灵、土菌消等。

② 毒土混入法。先将药剂配成毒土，然后施用。毒土的配制方法是将杀菌剂（乳油、可湿性粉剂）与具有一定湿度的细土按比例混匀。毒土的施用方法有沟施、穴施和撒施。

③ 熏蒸法。利用土壤注射器或土壤消毒机将熏蒸剂注入土壤中，于土壤表面盖上薄膜等覆盖物，在密闭或半密闭的设施中扩散，杀死病菌。土壤熏蒸后，待药剂充分散发后才能播种，这段等待的时期称为候种期，一般为 15～30d，否则，容易使后茬作物产生药害。常用的土壤熏蒸消毒剂有棉隆、氯化苦等，具有广谱、高效的特点，对土壤中的病、虫、草等有害生物和有益微生物均有效。

（4）播种和调查　将混合好的带菌土装于直径合适的花盆中，待杀菌剂处理土壤后，根据药剂的特性，立即或过一定时间后播种或移栽供试作物种子或苗木，放置在适合作物生长的环境中培养，正常水肥管理，观察 7～14d 种子的发芽和幼苗生长情况，根据不同病害的发生特点，14～28d 对其病情指数进行调查（对部分病害可调查发病率），同时需要关注株高、根长、鲜重、干重等反映幼苗质量性状的指标，以考察药剂对寄主植物的安全性。

（5）熏蒸杀菌剂生物测定　一些蔬菜大棚的土传病害，如苗期猝倒病、立枯病、瓜类枯萎病、线虫病、根腐病等，可使用熏蒸剂进行防治。

实验室测定熏蒸剂的毒力就是利用其低蒸气压的特点或者经过分解后才能对病原菌具有生物活性的气体。基本原理为：在无菌条件下，在灭菌的固体培养基上接种供试病原菌，将培养皿倒置，在盖内加上待测药剂，在适宜条件下培养一定时间后调查病原菌的生长和发育状况，评价药剂的熏蒸毒力。具体方法为在无菌操作条件下，制备小培养皿平板，然后接种供试病原菌。将已接菌的小培养基放入玻璃圆筒中，周围用熔化了的 2%琼脂培养基固定小培养皿。在玻璃圆筒盖上放置另一个小培养皿，加入供试药剂。在玻璃圆筒盖里加入已经熔化了的 2%培养基，将玻璃圆筒插入盖里，并罩住含药小培养皿，待凝固后，再加入适当的培养基封住玻璃圆筒和筒盖之间，防止漏气。小心地将上述小培养皿移入培养箱培养，待培养一定时间后，调查病原菌的菌丝生长情况，计算药剂毒力。

18.3.2　杀菌剂生物测定实例

丙硫菌唑对水稻稻曲病室内活性测定试验如下：

（1）试验目的　丙硫菌唑是一种新型广谱三唑硫酮类杀菌剂，主要用于防治禾谷类作物和豆类作物的众多病害，几乎对所有麦类病害都有很好的防治效果，如小麦和大麦的白粉病、纹枯病、枯萎病、叶斑病、锈病、菌核病等。此外，还能防治油菜和花生的土传病害及主要叶面病害，如灰霉病、黑斑病、褐斑病、黑胫病、菌核病和锈病等。

水稻稻曲病是危害水稻穗粒的病害之一。近年来，随着耕作制度的变化、杂交稻的推广、生产条件的改善和生产水平的提高，稻曲病的发生越来越严重，在一些地区已经跃升为主要病害。本试验测定丙硫菌唑对水稻稻曲病的室内活性，为其田间应用提供理论依据。

（2）试验条件

① 试验靶标：水稻稻曲病菌（*Ustilaginoidea virens*），由本试验室保存。

② 仪器设备：电子分析天平、超净工作台、人工气候培养箱等。

（3）试验设计

① 试验药剂。95.3%丙硫菌唑 TC，95%戊唑醇 TC，均用 DMF 溶解配成 5%乳油，用 0.1%的吐温 80 水溶液稀释成 50mg/L 的溶液备用。

② 试验处理。丙硫菌唑和戊唑醇均设 5 个浓度：5mg/L、2.5mg/L、1.25mg/L、0.625mg/L 和 0.3125mg/L，每个浓度设 4 个重复，空白对照只加无菌水。

（4）试验方法

① 菌种培养。在 100mL PSB 培养基中接种已在 PDA 培养基上培养了 14d 的菌丝块（直径 5mm）3 块，26℃ 恒温摇培 14d 的孢子菌丝悬浮液，以单层灭菌医用纱布过滤去菌丝，孢子悬浮液供测试用。

② 含毒培养基制备。将丙硫菌唑和戊唑醇分别按预备试验设计的系列浓度，加入到 PSB 液体培养基中制成含药液体培养基。最终浓度为 5mg/L、2.5mg/L、1.25mg/L、

0.625mg/L 和 0.3125mg/L。每 50mL 的锥形瓶中装稀释液 20mL，每浓度 4 瓶。同时设空白对照。该过程严格按照无菌操作。每锥形瓶加已培养备用的菌种 2mL，26℃恒温摇培 12d（转速 120r/min），静置培养 2d。倒出菌丝，60℃烘干称菌丝干重。

（5）药效计算　计算各药剂处理的抑菌效果，通过抑制率的概率值和系列药剂浓度的对数值之间的线性回归分析，求出各药剂的 EC_{50}。

$$抑制率(\%)=\frac{空白对照菌丝干重-药剂处理菌丝干重}{空白对照菌丝干重}\times100\%$$

（6）结果分析　如表 18-3 所示，离体杀菌活性测定结果表明，丙硫菌唑对水稻稻曲病病原菌表现出很好的抑菌效果，丙硫菌唑在离体条件下的 EC_{50} 为 0.66mg/L，而对照药剂戊唑醇在离体条件下的 EC_{50} 为 0.82mg/L。比较 EC_{50} 值的大小，可以看出丙硫菌唑对水稻稻曲病病原菌的抑菌活性优于对照药剂戊唑醇，可以作为防治水稻稻曲病的药剂之一。

表 18-3　丙硫菌唑对水稻稻曲病病原菌离体毒力测定结果

药剂	回归直线（$Y=A+BX$）	相关系数（R）	EC_{50}/(mg/L)	95%置信区间/(mg/L)
丙硫菌唑	$Y=5.271+1.476X$	0.9957	0.66	0.50～0.81
戊唑醇	$Y=5.137+1.623X$	0.9832	0.82	0.67～0.98

18.4　除草剂的生物测定

18.4.1　除草剂活性测定与评价

农药制剂加工研究过程中需要生物测定试验评价环节，主要包括不同剂型活性比较、助剂筛选、助剂添加量确定等。通过不同剂型、不同助剂配方对同一靶标杂草的除草活性平行比较试验，选择除草效果较好的剂型或助剂配方进行应用，可以大大提高农药有效成分使用效率。除草活性测定与评价试验的主要过程如下：

（1）药剂处理　按试验药剂特性或田间实际施药方法进行药剂处理，可分为苗后茎叶喷雾处理、芽前土壤喷雾处理、浇灌处理或撒施处理等。通过喷雾装置进行药剂处理的试验，需要设置和记录相应的喷雾面积、施药液量、工作压力、着液量。选择合适的试材进行药剂处理，土壤处理药剂应于播种后 12～24h 进行处理，茎叶处理于试验前一天，挑选生长均匀一致的试材，去除发黄或颜色异常的叶片，植株培土后进行处理。处理后静置 4～5h，移入温室内培养，于药效完全发挥时调查试验结果。

（2）试验环境条件　在除草剂生测试验中，环境条件（如土壤、光照、温度、湿度等）不仅影响靶标生物的生理状态，也影响药剂的吸收、传导及药效的发挥。所以在试验开展过程应对环境条件进行控制或全程记录环境条件参数，以方便分析或验证各因素对结果的可能影响。另外，为了减少误差，同一试验的同种试材应放在同一条件下进行培养，以保证所有处理在相对一致的环境下测试，结果具有重现性和可行性。

（3）结果评价与记录　根据具体试验内容、试验性质以及所用具体靶标生物选用相应的结果调查评价方法以及数据记录和处理方法。由于试验结果与药剂、靶标、测试条件等多种因素相关，故在记录和评价活性时，要有详细的试验原始记录。原始记录应记载药剂的特性、剂型、含量、生产日期、样品提供者、配制过程、施药方法、靶标生育期、培养条件、喷雾参数等基础数据，以及处理后的试材培养条件及管理方法、结果调查方法与调查结果等。结果调查可以测定试材根长、鲜重、干重、株高、分枝（蘖）数、枯死株数、叶面积等具体的定量指标，通过对比药剂处理与空白对照的数值，计算生长抑制率（%）。也可以视植物受害症状及程度进行综合目测法评价。

（4）数据处理　对于试验得到的大量数据，通过计算机统计分析软件进行分析才能发现其内在关系与规律，如通过 DPS 统计软件进行剂量与活性的回归分析，建立相关系数 $R \geqslant 0.9$ 的剂量-反应相关模型，获得 ED_{90} 值（除草剂抑制杂草生长 90%的最低剂量）或 ED_{50} 值等数据。还可以对不同处理进行在 $P=0.05$ 或 0.01 水平上的活性差异显著性分析，以比较不同处理间的差异，科学阐述不同处理产生的不同试验结果。

18.4.2　除草剂生物活性测定

18.4.2.1　5 个 25g/L 五氟磺草胺可分散油悬浮剂样品除草活性比较试验

（1）试验目的　比较 5 个 25g/L 五氟磺草胺可分散油悬浮剂样品的除草活性，为其开发提供理论依据。

（2）试验条件

① 试验靶标。鳢肠（*Eclipta prostrata*）、稗草（*Echinochloa crusgalli*）、耳叶水苋（*Ammannia arenaria*）为供试杂草，供试杂草种子由本单位杂草种子库提供。

② 试材培养。试验用土为未用药地块收集的试验专用土，取口径 10.5cm、深 11.5cm 的花盆，将土装至 3/4 高度。加水待土壤完全润湿后，将各供试靶标种子分别播入花盆，每种植物保证 15～20 粒种子，种子发芽率为 80%～90%。播种后，覆 0.5～1.0cm 厚的过筛细土，底部加水方式使土壤吸水饱和，出苗后进行间苗、定株，当稗草和鳢肠长至 4～5 叶期、耳叶水苋 1.5 叶期时进行茎叶喷雾处理。

③ 仪器设备。电子分析天平；3WPSH-700E 全自动喷雾塔；智能温室；移液枪；盆钵；烧杯。

（3）试验设计

① 试验药剂。试验药剂五氟磺草胺样品 A、B、C、D；对照药剂为稻杰。按设置剂量用蒸馏水稀释成试验剂量进行处理。

② 试验处理

a. 剂量设置。处理剂量为 0.09375g(a.i.)/hm^2、0.375g(a.i.)/hm^2 和 1.5g(a.i.)/hm^2，共 3 个剂量，均为有效成分用量。

b. 试验方法。采用温室盆栽法，芽后茎叶喷雾处理。喷雾装置的喷药面积为 0.097m^2，药液量为 10mL，工作压力为 0.2MPa，着液量为 40%。每处理设 4 次重复，另设空白对照。处理后置温室中生长，每天以底部灌溉方式补水，保持适宜的土壤含水量。定时观察植株的反应症状，于药后 25d 目测除草活性，并测定地上部分鲜重，计算鲜重防效（%）。

③ 数据调查与分析。用目测法评价药剂对各测试靶标植株抑制、畸形、白化、死亡等综合影响程度，0%为无除草活性，100%为受害植株完全死亡，目测法评价标准见表 18-4。

表 18-4　目测法除草活性评价标准

分级	除草活性/%	除草活性综合评语（对植株茎或根抑制、畸形、白化、烂等的影响程度）
1 级	100	杂草全部死亡
2 级	97.5～100	相当于空白对照区杂草的 0%～2.5%；活性好，严重抑制生长
3 级	95～97.4	相当于空白对照区杂草的 2.6%～5%；活性好，严重抑制生长

续表

分级	除草活性/%	除草活性综合评语（对植株茎或根抑制、畸形、白化、烂等的影响程度）
4级	90～94.9	相当于空白对照区杂草的5.1%～10%；活性好，严重抑制生长
5级	85～89.9	相当于空白对照区杂草的10.1%～15%；活性好，严重抑制生长
6级	75～84.9	相当于空白对照区杂草的15.1%～25%；有活性，能抑制生长
7级	65～74.9	相当于空白对照区杂草的25.1%～35%；活性低，对生长有明显影响
8级	32.5～64.9	相当于空白对照区杂草的35.1%～67.5%；活性低，稍有影响
9级	0～32.4	相当于空白对照区杂草的67.6%～100%；活性差，基本无效

鲜重防效计算公式如下：

$$鲜重防效(\%)=\frac{空白对照鲜重-处理鲜重}{空白对照鲜重}\times100\%$$

(4) 结果与分析　施药后25d调查5个样品各处理对耳叶水苋、稗草、鳢肠的除草活性。计算5个样品各处理的除草活性试验结果见表18-5。表内数据显示，5个样品对耳叶水苋的除草活性分别为33.3%～100.0%、0.0%～76.7%、43.3%～98.39%、0.0%～89.33%、24.4%～75.0%；对稗草的除草活性分别为16.10%～60.0%、19.67%～73.3%、20.0%～75.0%、26.7%～70.0%、35.71%～63.3%；对鳢肠的除草活性分别为0.0%～60.0%、－0.42%～66.7%、－0.70%～63.3%、0.0%～60.86%、0.0%～50.0%。

表18-5　各样品处理对3种供试杂草的除草活性试验结果　　%

处理编号	剂量/(g ai/hm^2)	耳叶水苋		稗草		鳢肠	
		目测	鲜重	目测	鲜重	目测	鲜重
A	0.09375	33.3	34.71	16.7	16.10	0.0	0.10
	0.375	50.0	52.37	46.7	46.41	23.3	25.55
	1.5	100.0	100.00	60.0	57.01	60.0	59.99
B	0.09375	0.0	9.18	20.0	19.67	0.0	−0.42
	0.375	20.0	21.87	43.3	43.11	20.0	20.02
	1.5	76.7	75.05	73.3	71.41	66.7	66.65
C	0.09375	43.3	47.60	20.0	21.24	0.0	−0.70
	0.375	46.7	48.19	43.3	41.92	26.7	26.35
	1.5	91.7	98.39	75.0	74.89	63.3	62.82
D	0.09375	0.0	0.96	26.7	27.01	0.0	1.94
	0.375	30.0	32.92	43.3	41.34	23.3	22.20
	1.5	88.3	89.33	70.0	69.42	60.0	60.86
稻杰	0.09375	26.7	24.40	36.7	35.71	0.0	1.75
	0.375	30.0	34.99	43.3	43.70	20.0	20.51
	1.5	75.0	74.49	63.3	62.66	50.0	48.76

各药剂在不同供试剂量下对耳叶水苋的除草活性比较结果（图 18-1）表明，样品 A 和 C 对耳叶水苋的活性略高于其他样品，对稗草和鳢肠的活性 5 个样品均较一致，活性差异不明显。

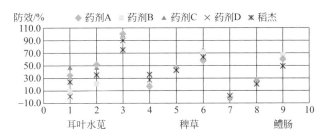

图 18-1　5 个样品各处理对 3 种供试杂草的除草活性比较

（5）小结　温室盆栽法测定 5 个五氟磺草胺样品对耳叶水苋、稗草、鳢肠的除草活性，结果显示，样品 A 和 C 对耳叶水苋的活性略高于其他样品，对稗草和鳢肠的活性 5 个样品均较一致，活性差异不明显。总体看来，样品 C 的活性略高，样品 D 的活性略低，其他样品活性相当。

18.4.2.2　草铵膦不同飞防助剂配方除草活性比较试验

（1）试验目的　本试验开展草铵膦 5 种不同助剂配方除草活性比较试验，以筛选最佳助剂，为其开发提供理论依据。

（2）试验条件

① 试验靶标。选用稗草为试验靶标，供试靶标种子由本单位种子库提供。

② 试材培养。试验用土为未用药地块收集的试验专用土，取口径 10.5cm、深 11.5cm 的花盆，将土装至 3/4 高度。加水待土壤完全润湿后，将稗草种子播入花盆，每盆保证 4～5 粒种子。播种后覆 0.5～1.0cm 厚的过筛细土，采用底部加水方式使土壤吸水饱和，出苗后进行间苗、定株，长至 3～4 叶期时进行茎叶喷雾处理。

③ 仪器设备。电子分析天平；3WPSH-700E 全自动喷雾塔；智能温室；移液枪；盆钵；烧杯。

（3）试验设计

① 试验药剂。试验药剂为 SD-90、DRS60、TERMIX5920、迈道、AG910 共 5 个，另设一个空白对照。

② 试验处理

a. 剂量设置。处理剂量为 75g(a.i.)/hm^2，飞防助剂添加量分别为 0.2%、0.5% 和 1.0%。

b. 试验方法。采用温室盆栽法，茎叶喷雾处理，工作压力 0.2MPa，每处理设 3 次重复，另设空白对照。处理后置温室中生长，定期以底部灌溉方式补水，保持适宜的土壤湿度。于药后 1d、3d 和 5d 定时观察植株反应症状，药害症状明显时，目测综合除草活性，药后 7d 同时测定地上部分鲜重，鲜重防效（%）计算公式为：

$$鲜重防效(\%)=\frac{空白对照鲜重-处理鲜重}{空白对照鲜重}\times 100\% \qquad (18\text{-}4)$$

（4）结果与分析　药后 7d 调查草铵膦各处理的除草活性，各处理的除草活性比较具体见图 18-2。

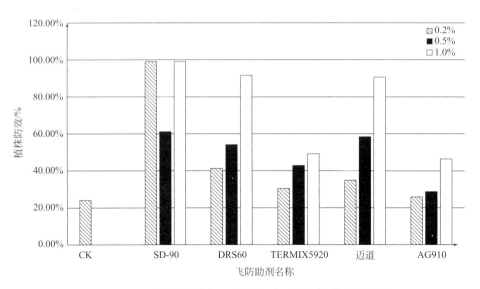

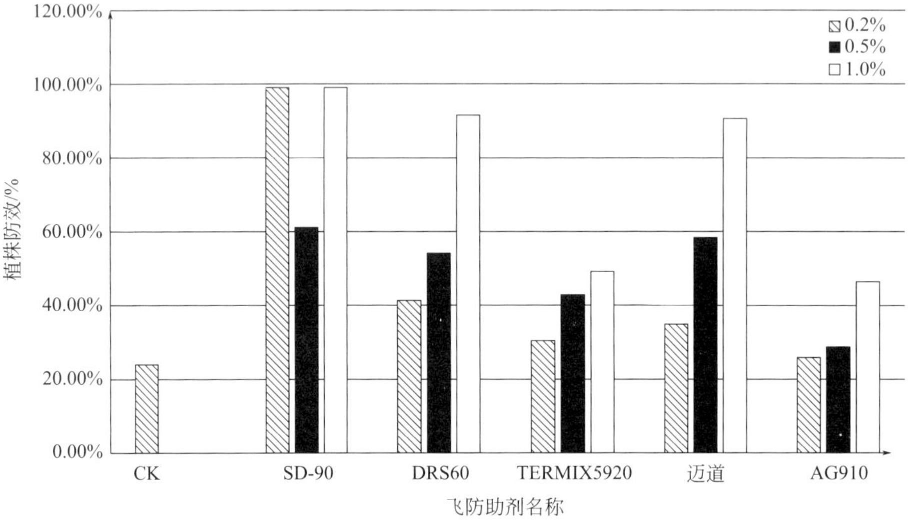

图 18-2 18%草铵膦水剂不同助剂配方除草活性比较试验结果

图 18-2 为以自制 18%草铵膦水剂为空白对照，在草铵膦稀释液中分别添加五种飞防助剂 Silwet DRS60、TERMIX5920、AG910、迈道和 SD-90 后对稗草的防治效果。研究结果表明，在施药次日，添加飞防助剂后的稗草叶片开始出现枯萎现象，未添加飞防助剂的稗草叶片无明显现象。施药 5d 后，五种飞防助剂都可有效提高草铵膦的除草效果，且可显著增加稗草的鲜重抑制率。其中，0.2%、1.0%的 SD-90 对稗草植株的防效最佳，在喷药 5d 后，稗草基本全部死亡；1.0%的迈道和 1.0%的 DRS60 次之，对稗草植株的防效可达到 90%左右。

相比于其他农药剂型，飞防助剂对于提高农药水剂中的有效成分效果更加显著。许多动植物的体表为可溶在有机溶剂却不溶于水中的蜡质层，而农药水剂中水所占的比例较多，导致农药有效成分不能很好地渗入到病虫体与植物体内，降低了农药的利用效率[2]。在干旱的环境中，多数植物的蜡质层厚度会增加，农药流失现象会更加显著。选用的五种喷雾航空飞防助剂均属于油类助剂，在 1963 年便有将矿物油添加在除草剂中增强药效的报道，之后的研究表明，植物油也可提高除草剂的使用效果。这是因为油类助剂可增加液滴的保湿时间，增加植物叶片角质层和气孔对农药雾滴中有效成分的吸收，但因为油类助剂在农药水溶性制剂中的溶解性较差，因此一般不直接添加在水溶性制剂中或添加量非常少，多数油类助剂作为桶混助剂使用。相比于表面活性剂类航空飞防助剂，油类飞防助剂受环境影响较小，特别是植物油类航空飞防助剂，由于其带来的环境问题少，毒害小，正逐渐受到大家的青睐。

航空飞防助剂 SD-90 的使用对环境的湿度和温度没有特殊要求，其对 18%草铵膦的增效机理主要包括两个方面：一是通过增加雾滴的粒径和提高雾滴的黏度对雾滴谱进行调节，液滴的粒径和黏度增大后，质量也相应增大，在沉积到植物叶片的过程中，水分的蒸发相对减少，雾滴挥发和飘移现象减弱；二是通过溶解植物的部分蜡质层和降低药液的表面张力，从而增强药液在植物叶片的润湿渗透性，提高在靶标物上的附着力，使药液可以更好地发挥药效，减少对生态环境的危害。

(5) 小结　温室盆栽法测定草铵膦 5 个不同飞防助剂处理的除草活性结果显示，在 75g(a.i.)/hm^2 剂量处理下，综合药后 5d 各药剂活性表现，认为飞防助剂 SD-90 相较于其他 4 个飞防助剂，性能最优。

18.5 混剂的活性与评价

将两种或两种以上农药混配在一起使用叫做农药的混用。农药混用是病虫草害综合治理重要措施之一，农药混用可以提高药效、扩大防治谱、提高作物安全性、减少残留、延缓农药抗药性的发生与发展。农药混用是提高农药应用效果的一项重要措施。农药混用对于生物的作用可能是增效作用、相加作用，也可能是拮抗作用。农药混合毒力测定就是采用合适的生物活性测定试验方法，评价农药混用后对生物的作用。

18.5.1 杀虫、杀菌剂混剂的活性与评价

(1) Bliss 法 根据 Bliss (1939) 的独立联合作用的概念，假如有两种杀虫剂甲和乙，它们对某一种昆虫单独使用时的死亡率分别为 P_1 和 P_2，实际上混用时它们的死亡率并不等于 P_1+P_2，因为 P_1 中可能有一部分也是 P_2 中的一部分，即是说杀虫剂甲能杀死的一部分中也可能有杀虫剂乙所杀死的。因此，混用时的理论死亡率为 $P=1-(1-P_1)(1-P_2)$，再以实际死亡率 (M_e) 减去理论死亡率 (P) 判定药剂混用效果，结果为正值为增效作用，负值为拮抗作用。

具体方法为：

① 分别测得杀虫剂单剂的毒力回归线，选择杀死 5%～10%的剂量。

② 测定这 2 个剂量混合后的死亡率（即实际死亡率，以 M_e 表示）。

③ 分别测定每个单剂的实际死亡率，即 P_1 和 P_2。

④ 根据公式求出混用后的理论死亡率 (P)。

⑤ 按下式求出增效效果：

$$M_e-P=M_e-[1-(1-P_1)(1-P_2)]$$

评判标准：结果为正值为增效作用，负值为拮抗作用。

(2) Finney 法 Finney (1952) 在 Bliss 模型基础上提出了“混剂理论毒力倒数值”的观点，分别测定混合物中各化学物质的 LC_{50}，按等毒效应剂量预测混合物的 LC_{50}，计算增效系数，评价混用效果。

计算方法如下：

$$\frac{1}{\text{混剂理论毒力 } LC_{50}}=\frac{a}{LC_{50}(A)}+\frac{b}{LC_{50}(B)} \tag{18-5}$$

式中 a——混剂中 A 的百分含量，%；

b——混剂中 B 的百分含量，%；

$LC_{50}(A)$ ——混剂中 A 的 LC_{50} 值，mg/L；

$LC_{50}(B)$ ——混剂中 B 的 LC_{50} 值，mg/L。

$$\text{增效系数}=\frac{\text{混剂理论毒力 } LC_{50}}{\text{混剂实测毒力 } LC_{50}} \tag{18-6}$$

评判标准：增效系数>2.6，为增效作用；0.5≤增效系数≤2.6，为相加作用；增效系数<0.5，为拮抗作用。

(3) Wadley 法 Wadley 提出根据增效系数 (SR) 来评价药剂混用的作用的方法。

计算方法如下：

$$X_1=\frac{P_A+P_B}{P_A/A+P_B/B}\times 100 \tag{18-7}$$

式中　X_1——混剂 EC_{50} 的理论值，mg/L；

P_A——混剂中 A 的百分含量，%；

P_B——混剂中 B 的百分含量，%；

A——混剂中 A 的 EC_{50} 值，mg/L；

B——混剂中 B 的 EC_{50} 值，mg/L。

$$SR=\frac{X_1}{X_2}$$

式中　X_1——混剂 EC_{50} 的理论值，mg/L；

X_2——混剂 EC_{50} 的实测值，mg/L。

评判标准：SR＞1.5，为增效作用；0.5≤SR≤1.5，为相加作用；SR＜0.5，为拮抗作用。

(4) 共毒系数法　孙云沛（Sun 等，1960）发表的方法，是根据剂量对数和死亡概率值而形成的，用来评价两种或两种以上杀虫剂或杀菌剂混用时毒力变化的系数。

首先采用生物测定技术分别求出 A 剂、B 剂和 M（A+B 混合剂）的毒力回归线，求出致死中量 LD_{50}、致死中浓度 LC_{50} 或抑制中浓度 EC_{50}，计算出毒力指数（toxicity index），最后计算出共毒系数（co-toxicity coefficient，CTC）来表示混用的效果。

计算方法如下：

$$\text{毒力指数(TI)}=\frac{\text{标准药剂 }LC_{50}}{\text{供试药剂 }LC_{50}}\times 100 \tag{18-8}$$

$$\text{实际混剂毒力指数(ATI)}=\frac{\text{A 药剂 }LC_{50}}{\text{M 药剂 }LC_{50}}\times 100 \tag{18-9}$$

理论混剂毒力指数(TTI)＝A 毒力指数×混剂中 A 百分含量＋B 毒力指数×混剂中 B 百分含量

$$\text{共毒系数(CTC)}=\frac{\text{实际混剂毒力指数(ATI)}}{\text{理论混剂毒力指数(TTI)}}\times 100 \tag{18-10}$$

若增效剂或一种药剂对测试的靶标无毒时，即 A 为毒剂，B 为无毒的增效剂或药剂，可采用下式：

$$\text{共毒系数}=\frac{\text{A 药剂 }LC_{50}}{\text{B 药剂 }LC_{50}}\times 10 \tag{18-11}$$

评判标准：CTC ＞120，为增效作用；80＜CTC＜100，为相加作用；CTC＜80，为拮抗作用。

18.5.2　除草剂混剂的活性与评价

(1) 等效线法（equivalent efficacy for herbicide mixture evaluation）　等效线法是一种评价杀草谱相近型二元混剂配方筛选和联合作用类型的除草剂混配评价方法。基本原理是通过测定两个单剂及相应混剂对同一供试靶标的 ED_{90} 值，在坐标图上用 ED_{90} 值绘制出理论等效线 L_1 和实测等效线 L_2，通过比较两条线的位置来判断配方的联合作用类型。

等效线法比较准确，不仅能评价二元除草剂混剂的联合作用类型，还能确定最适宜的配比。但该方法试验规模较大，且只能对二元除草剂混用进行测定，同时要求被测定的两个单剂对同一靶标杂草均有较好的活性，否则会产生单边效应，不适用于评价杀草谱互补型的除草剂混配。等效线法的主要评价过程如下：

① ED_{90} 值测定试验。选择对 2 个供试除草剂均敏感的杂草为供试靶标。设置 2 个单剂 10～12 个剂量梯度进行活性测定预备试验，根据试验结果，选择 2 个单剂 7 个活性呈梯度

分布的剂量开展正式试验，获得 2 个单剂及单剂 7 个剂量分别混配处理共 9 条线的除草活性数据，计算 2 个单剂及 7 个混剂对同一供试靶标的 ED_{90} 值。

② 混配作用评价。以两个单剂剂量为 X 轴和 Y 轴绘制坐标图。将各处理的 ED_{90} 值在坐标图上的点标定，连接 2 个单剂的 ED_{90} 点得到的直线即为其理论等效线 L_1，连接各混剂配比的 ED_{90} 点为实测等效线 L_2。如 L_2 在 L_1 的上方，则 A、B 混用的联合作用为拮抗作用，重合则为相加作用，L_2 在 L_1 的下方则为增效作用。如绘出增效作用等效线，向等效线引斜率等于－1 的切线，其切点就是两个单剂最经济、有效的混配配比。

(2) Gowing 法（Gowing method for herbicide mixture evaluation）　Gowing 法是通过测定单剂及混剂对靶标杂草的防效，通过单剂的实测防效计算出混剂的理论防效，将其与混剂的实测防效相比较来确定联合作用类型的除草剂混配评价方法。该方法试验设计和数据处理简单，适用于评价除草剂二元混剂配方的联合作用类型，但仅能对两种除草剂的混用配比进行合理性评价，不能筛选出具体配方。其主要评价过程如下：

① 除草活性测定试验。选择敏感、易培养的杂草为供试靶标，设置 2 个单剂剂量和各剂量混配处理。药剂处理后放入温室统一培养，于药效完全发挥时进行结果调查，可以按试验要求测定试材出苗数、根长、株高、鲜重等具体的定量指标，计算生长抑制率（%）；也可以对植物受害症状及程度进行综合目测法评价。获得的除草活性数据用于混配作用评价。

② 混配作用评价。Gowing 法以下式计算除草剂混配的效应：

$$E_0 = X + [Y(100 - X)]/100$$

式中，X 为用量为 P 时 A 的除草活性；Y 为用量为 Q 时 B 的除草活性；E_0 为用量为（$P+Q$）时 A＋B 的理论防效；设 E 为各处理的实测防效。当 $E-E_0>5\%$时，说明混配产生增效作用；当 $E-E_0<-5\%$时，说明混配产生拮抗作用；当 $E-E_0$ 值介于±5%时，说明混配产生加成作用。

(3) Colby 法（Colby method for herbicide mixture evaluation）　Colby 法是通过先测定单剂及混剂对靶标杂草的存活率，再通过单剂的实测存活率计算出混剂的理论存活率，将其与混剂的实测存活率相比较来确定联合作用类型的除草剂混配评价方法。Colby 法是评价除草剂混用效果快速而实用的方法，尤其适合评价 2 种以上除草剂混用的联合作用类型，明确配比的科学合理性。但 Colby 法是通过测定各处理的存活率来作为计算依据的，如结果测定时采用目测法评价（目测法一般评价抑制率），需要将抑制率转换为存活率后进行数据处理。主要评价过程如下：

① 除草活性测定试验。选择敏感、易培养的杂草为供试靶标，设置 2 个单剂剂量和各剂量混配处理。药剂处理后放入温室统一培养，于药效完全发挥时进行结果调查，可以按试验要求测定试材出苗数、根长、株高、鲜重等具体的定量指标，通过下列公式计算存活率（%）：

$$存活率(\%) = \frac{处理的生物量}{对照的生物量} \times 100\% \tag{18-12}$$

也可以对植物的受害症状及程度进行综合目测法评价。获得的存活率数据用于混配作用评价。

② 混配作用评价。Colby 法理论存活率计算公式为：

$$E_0 = 100 - \frac{X \times Y \times E \times \cdots \times n}{100^{(n-1)}} \tag{18-13}$$

式中，X 为用量为 P 时 A 的杂草存活率；Y 为用量为 Q 时 B 的杂草存活率；n 为混配除草剂品种数量；E_0 为用量为（$P+Q$）时 A＋B 的理论杂草存活率；E 为各处理的实际杂草存活率。当 $E_0-E>5\%$ 时，说明产生增效作用；当 $E_0-E<-5\%$时，说明产生拮抗作

用；当 E_0-E 值介于±5%时，说明产生加成作用。

18.6 作物安全性的测定与评价

18.6.1 杀虫、杀菌剂作物安全性的测定与评价

在农药的使用过程中，有些杀虫剂或杀菌剂会对作物产生药害，影响作物的产量，通过改变剂型或添加助剂减轻药害，也是制剂研究的一项内容。此外，一些溶剂或助剂的添加，也可能会对作物产生药害。因此，在制剂研究中，作物安全性的测定是必不可少的。

杀虫、杀菌剂作物安全性测定的试验施药时期和施药方法与实际应用方法一致。此外，按下述方法进行：

（1）剂量设置　杀菌、杀虫剂对作物安全性室内试验中，试验药剂的剂量以药剂推荐的田间药效试验最高剂量为最低试验剂量，按 1 倍、2 倍、4 倍剂量的梯度设计试验处理剂量，并设不含药剂处理的对照。

（2）供试作物　由于不同品种或生物类型的作物对杀菌、杀虫剂的敏感性存在很大差异，杀菌、杀虫剂对作物安全性试验须选用靶标作物的 3 个以上不同常规品种（如：水稻的粳稻、籼稻、糯稻，白皮小麦和红皮小麦等）作为供试作物。用于评价杀菌、杀虫剂安全性的每个作物品种，种子质量或生长势需要一致。选用干净饱满的种子，采用营养一致的土壤在气候条件可控的培养箱或温室内培养，保持良好的水肥管理。

（3）安全性评价内容　根据药剂处理时期确定作物安全性试验的具体评价内容。

① 苗前处理。种子处理的药剂安全性需要调查对种子发芽和出苗的影响，土壤处理的药剂只需调查对出苗的影响，主要评价药剂对种子发芽率、发芽势、出苗率、出苗势、苗高/长、根系数量和主根长度、根/茎鲜重比及植株形态和叶色的伤害等。

② 营养生长期处理。包括苗后孕穗前或果蔬花蕾形成前的药剂处理（喷施和熏蒸等茎叶处理、撒施和浇灌等根部土壤处理），主要评价药剂对作物株高（茎长）生长速率、植株形态和叶色的伤害等。

③ 生殖生长期处理。包括作物孕穗期和花蕾形成以后、幼果期至收获前的药剂处理（喷施和熏蒸等茎叶处理、撒施和浇灌等根部土壤处理），主要评价药剂对作物株高（茎长）生长速率、植株形态、叶/果色、结实率的伤害等。

18.6.2 除草剂作物安全性的测定与评价

除草剂作物安全性试验是以目标作物为试验靶标，药剂处理后，根据测试靶标受药后的反应症状和受害程度来评价除草剂对供试作物安全性的试验。安全性评价是除草剂应用的关键技术，为正确合理地使用除草剂提供重要依据[3~5]。

作物靶标药剂处理后，定期观察作物的出苗情况及出苗后的生长发育情况。对有药害的处理应观察记载药害反应的时间、症状以及与对照相比的差异。结果调查可以按试验要求测定试材出苗数、根长、鲜重、干重、株高、分蘖数、花果量、产量等具体的定量指标，计算生长抑制率（%）。也可以视植物受害症状及程度进行综合目测法评价。作物受药后的主要药害症状有颜色变化（黄化、白化等）、形态变化（新叶畸形、扭曲等）、生长变化（脱水、枯萎、矮化、簇生等）、激素状等。

根据测试作物靶标的受害症状和药害程度，评价药剂的作物安全性，评价标准如下：药害程度小于 10%表示安全，在 10%～30%表示有轻微药害，在 30%～50%为中度药害，大于 50%为严重药害。表 18-6 是除草剂作物安全性试验目测法评价标准。

style="text-align:center">**表 18-6 除草剂作物安全性试验目测法评价标准**</p>

综合生长抑制率/%	作物安全性综合评语（对植株抑制、畸形、白化、死亡等的影响程度）
0	同对照，无影响，安全
10	稍有影响，药害很轻
20～40	有影响，药害明显
50～70	明显影响生长，药害严重
80	严重影响生长，药害较严重
90	严重影响生长，大部分死亡，药害非常严重
95	植株基本死亡，药害非常严重
100	全部死亡

除草剂的安全性是在特定环境条件下、一定剂量范围内的相对安全性，是同等条件下对比杂草防效的一个相对值，几乎没有绝对安全的除草剂。同时，作物药害从用药初期有一定的抑制作用到后期慢慢恢复生长，也是一个动态的变化过程。安全性试验需要综合考虑以上因素得出科学的评价结果。

除草剂在一定用量与使用条件下，只毒杀某种或某类杂草，而不损害作物的特性称为选择性。凡具有这种选择性作用的除草剂称为选择性除草剂。除草剂的不同作用原理形成了多种不同类型的选择性。如形态选择性指一些除草剂利用植物的形态结构差异来杀死杂草而不伤害作物。生理选择性指不同植物对除草剂的吸收、传导差异而形成的选择性。生物化学选择性是除草剂在不同植物体内通过一系列生物化学变化形成的选择性，如酶促反应。利用作物与杂草不同生长时间差来防除杂草，称为时差选择性。利用杂草与作物在土壤内或空间中位置的差异而获得的选择性，称为位差选择性。还有一些选择性较差的药剂可以通过添加保护物质或安全剂而获得选择性。

评价除草剂选择性的试验称为选择性试验，根据测试药剂的应用目标作物和防治对象杂草，选择对该药剂安全的作物及其敏感的目标杂草为测试靶标，用有效的测定方法，定量测定对敏感杂草的最低有效剂量（ED_{90} 值）和对安全作物的最高安全剂量（ED_{10} 值），ED_{10} 值与 ED_{90} 值的比值即为该药剂的选择性系数，系数越大选择性越高。选择性评价试验步骤如下：

（1）除草效果最低有效剂量（ED_{90} 值）的测定 以对测试药剂敏感的杂草为测试靶标，通过除草活性测定方法，设置 5～8 个梯度剂量处理，通过鲜重、株高或目测等综合评价结果获得该药剂对测试杂草的活性抑制率（%）。通过统计软件对活性抑制率和剂量进行回归分析，获得回归方程，计算除草效果最低有效剂量（ED_{90} 值），该 ED_{90} 值为获得该药剂选择性系数的分母。

（2）作物安全性最高安全剂量（ED_{10} 值）的测定 以除草剂应用的目标作物或最具耐药性的作物为测试靶标，通过安全性评价试验，设置 5～8 个梯度剂量处理，通过鲜重、株高或药害症状目测等综合评价结果获得该药剂对测试作物的生长抑制率（%）。通过统计软件对生长抑制率和剂量进行回归分析，获得回归方程，计算药害程度不超过 10% 的最高安全剂量（ED_{10} 值），该 ED_{10} 值为获得该药剂选择性系数的分子。

（3）选择性系数

$$选择性系数 = \frac{最高安全剂量（ED_{10}）}{最低有效剂量（ED_{90}）}$$

当选性择系数 $\geqslant 2$ 时，认为测试的药剂具有一定的选择性；选性择系数 $\geqslant 4$ 时，认为选择性较好；系数越大，该药剂对测试作物的选择性越高，应用前景越好。

18.7 制剂的田间药效试验

在制剂研究中，剂型的药效评价试验包括剂型间比较试验以及加工制剂中的表面活性剂、安全剂对药效及安全性的影响试验等，以选择最佳剂型和研究剂型的适用性。

根据试验的目的、要求和试验地的具体自然条件，遵循一定的原则，合理设置和排列小区，尽可能减少或排除非试验因子造成的误差，并能比较正确地估计这些非试验因子所造成的误差，使田间试验所得出的药剂防治效果、使用价值、安全性等评价结论更符合客观实际。其基本原则主要包括试验地、作物品种及靶标种群选择原则、试验药剂处理设计和设置重复原则、试验小区采用随机排列原则、试验重复间采用局部控制原则、必须设立对照区及保护行、标准化的施药方法、调查取样方法确定原则及试验结果的统计分析原则。

(1) 试验地选择　根据药效试验的要求和目的，试验地应选择供试靶标生物（如病、虫、草等）种群的发生和危害程度、供试作物及品种、土壤类型、耕作栽培制度及生产管理水平在当地所在生态区具有代表性的试验地点，靶标有害生物有足够的种群数量，危害程度或数量分布较为均匀，土地类型、土地肥力、作物种植（如播栽期、生育阶段、株行距等）和管理水平一致，且地势平坦的农田。

(2) 试验小区设置　小区试验面积大小应根据作物生长密度和病害发生情况来确定。小区面积一般为 $20\sim60\mathrm{m}^2$（棚室不小于 $15\ \mathrm{m}^2$）。重复次数最少为 4 次。小区形状通常为长方形，长宽比例应根据地形、作物栽培方式、株行距大小而定，一般长宽比为（2～8）∶1。各个小区之间的试验条件不可能完全一致，肥力水平等土壤条件也会存在不同程度的差异，为了克服小区间差异对试验结果的影响，小区进行随机排列。

(3) 药剂处理　制剂田间药效试验的试验药剂可设计 3～4 个处理剂量，此外，根据试验目的设立对照药剂、空白对照、溶剂对照、助剂对照等。从掌握对作物安全的最高剂量和防除杂草的最低剂量考虑，除草剂药效试验的供试药剂通常应设高、中、低及中量的倍量共 4 个剂量，设置倍量处理是为了评价供试药剂对作物的安全性。通常对照药剂应选用化学结构类别、剂型与供试药剂相同者，对照药剂可与试验药剂剂量相同或是其中的一个剂量。

(4) 试验结果的调查和药效计算　调查取样的样本能代表该取样小区药效试验的客观实际，即取样要有代表性。在田间试验调查有害生物的数量或对作物的危害程度时通常采用随机取样。只有当田间各取样的调查单位都有同等的机会被抽取作为样本时，这样的随机取样才能使样本有代表性。因此，药效调查包括采用正确的取样方法、调查单位和足够的样本数量。常用的取样方法有对角线五点取样法、棋盘式取样法、平行线取样法等。每个样点（调查单位）如何调查统计，主要取决于调查统计用什么单位。调查统计单位随着靶标有害生物的种类、生长发育阶段、活动栖息方法的不同，以及作物种类的不同而灵活运用。常用的调查单位为面积（如 $1\mathrm{m}^2$）、长度（如 $1\mathrm{m}$）、植株或叶片、果实、穗、体积（如 $1\mathrm{m}^3$）、质量（如 $0.5\mathrm{kg}$）、时间（如单位时间内采得虫数）、调查器械（如捕虫网、白瓷盘）等，采用各种不同的单位，都是为了使每样点的取样标准化。在田间试验的取样调查中，样本数量因靶标种类、作物生育期、环境条件的不同而不同。具体可参照中华人民共和国国家标准《农药田间药效试验准则》（GB/T 17980—2004）中的规定进行取样调查。药效计算方法也可参照此标准，根据计算结果进行统计分析，评价药剂的田间防效。

参考文献

[1] 刘广文．现代农药剂型加工技术．北京：化学工业出版社，2013.
[2] 朱小兵，周立红，徐水英．山东农药信息，2009（12）：31-32.
[3] Bruno S Faiçal，Heitor Freitas，Pedro H Gomes. Computers and Electronics in Agriculture，2017，38：210-223.
[4] Papadakis S E，King C J. Industrial & Engineering Chemistry Research，1988，27（11）：2116-2123.
[5] 杜延，黄亚茹，雷小英，等．浙江农药化工，2012，43（7）：4-7.

第 19 章
农药制剂工厂

19.1 概述

19.1.1 农药制剂工厂总体布局设计

农药制剂工厂总体布局设计是农药制剂工厂设计的重要组成部分，它的基本任务是将全厂不同使用功能的建筑物、构筑物（如不同功能的车间、仓库、公用工程）按照生产工艺流程、产品类别，结合用地条件和企业产品特点进行合理的、科学的布局和分区，达到生产、物流、人流的最佳合理状态，使建筑群体组成一个有机整体，确保产品品质、高效生产，符合安全生产、环境保护、职业健康等要求。

农药制剂工厂总体布局设计包括以下内容，其整体布局见图 19-1。

图 19-1 农药制剂工厂整体布局示意图

（1）除草剂、杀虫剂、杀菌剂、植物生长调节剂等不同使用功能、不同类别的产品，生产车间在厂区的布局和界区划分　农药制剂产品不同于一般产品，农药制剂产品具有一定的特殊性，不同类别的产品在使用功能上具有专一性（例如杀虫、杀菌、除草、植物生长调节等），农药制剂工厂总体布局设计必须从硬件上严防不同功能产品间的交叉污染，例如灭生性除草剂、选择性除草剂、植物生长调节剂、杀虫杀菌剂布局在不同的专用生产区域，并且有明显的界区划分，这是产品安全的保障。如果一个农药制剂工厂的总体布局在防范交叉污染方面存在设计缺陷，在建成投产后是很难通过加强管理来弥补的。

（2）仓储区域的合理分布　仓储区域的合理分布是指不同类别产品的生产车间应该在对应的界区内配套专业的仓库，包括原材料仓库、成品仓库，例如在除草剂生产界区内设置专用的除草剂原料仓库、成品仓库。一方面防范不同类别产品原材料、成品之间的交叉污染；另一方面便于原材料的领料和成品的入库，有利于高效生产、节能降耗。

（3）物流、人流的合理设计　物流、人流的合理设计包括货物装卸区的设置、道路的宽度、人流物流方向等方面；物流的合理设计应满足货物装卸方便、物流顺畅、便捷、避免或减少迂回；人流合理设计应满足人员安全、顺畅、便捷等要求；物流、人流组织合理，避免物流和人流有过多的交叉；另外应注意避免不同类别产品原料物流对产品交叉污染的风险。

（4）公用工程的合理分布　公用工程是指满足车间生产的辅助设施，一般包括供电、供水、锅炉、循环水、消防水、低温水、压缩空气、工艺用软水、应急水池、机修车间等设施。

公用工程的布局设计一般应注意两方面：一是公用工程设施本身的安全高效运行；二是尽量靠近相关生产车间的中心位置，距离每个使用点为最短的位置。例如厂区变电站的设置，一是应靠近厂区边缘，方便高压进线，远离有强烈震动的设施，远离容易产生腐蚀性气体的设施；二是尽量靠近主要用电负荷中心的位置，达到距离主要用电点最近。

（5）厂前区的合理布局　厂前区一般包括生产管理及生活服务设施，应根据工厂规模，按其性质和使用功能，一般适宜布置在厂区上风向位置，避免受工厂污染空气的影响，适宜布置在主要人流出入口处，靠近外部主要道路。

我国的农药制剂加工企业经过近 20 年的高速发展，已逐步形成行业特色和产业优势，许多制剂企业的规模与品牌早已扬名海内外。如何让企业立于不败之地，并能长足发展是摆在每一个制剂企业面前的重要课题。

19.1.2　农药企业面临的形势

由于历史原因，我国的农药制剂企业起步晚，硬件配套及经营理念严重缺失，虽然近些年许多企业走出国门，逐步与国际先进水平接轨，但仍没有形成完整的、先进的制剂工厂的概念。

（1）新农药管理条例下的农药制剂企业

① 加速整合，淘汰落后。新的农药管理条例（以下简称新条例）取消了农药企业定点的概念，即只要符合新条例的要求以及国家相应的政策法规，就可以注册农药企业，同时要求农药企业的自动化水平要达到一定的高度。

② 加速升级，搬迁问题突出。新条例中一个重要的内容就是要求分步将农药企业逐渐迁入化工园区，这也是许多产能、设备落后的小企业无法承受的条件，但却为整个行业的标准升级提供了前所未有的机遇。搬入园区的制剂企业都将会按照新的要求规范建设工厂。

③ 加速资源共享。新条例中一个特别重要的变化是：国内制剂加工企业可以充分利用地域、技术、服务等资源优势进行相互间委托加工，这就打开了一扇同行业资源共享的大门，将改变我国制剂企业小而全、加工产品杂、交叉污染风险大、自动化程度低的局面，必将出现在某个区域或某个工厂对某一种产品或某种剂型的规模优势或特色。

（2）供给侧调整对企业的影响

① 原材料、原药价格上升，制剂市场疲软。自国家提出供给侧改革及加大力度进行环

境治理以来，农药企业始终处于风口浪尖，各个园区加大了针对环境问题的查处力度，问题企业不断地在停产、整顿、生产、再停产、再整顿的循环中艰难维持，严重影响供方市场的稳定，化工原料、农药原药供应紧张，价格高。但令人不解的是制剂市场的价格异常平稳，菲薄的利润空间让制剂企业苦不堪言，难负其重，经营风险加大。当然，这和市场产品过剩、陈货较多不无一定关系，但也反映了农药供应链的脆弱和潜在的隐患。

② 产品需要专业服务配套。中国的制剂企业经历了由卖方市场向买方市场的深刻转变，产品在市场的竞争力已不仅仅依靠产品本身，而是更注重服务的深度和质量，市场营销早已不只是扮演售卖产品的角色，还得具备相当的植保专业知识，精准的市场定位，唯有如此，高品质的农服才能有保障。

③ 生产加工更注重质量、安全。制剂加工企业过去多注重结果，只要产品达到标准，至于用什么方式生产没有太多的要求，现场管理严重缺失，产品质量一旦出现问题，无法查明原因，责任不清。安全生产的管理也是粗放式的，造成众多安全隐患和安全事故。如今通过与国际的接轨，各种先进的工艺和管理理念被植入企业，企业更加注重过程化管理和安全意识。这种企业对员工、员工对岗位的要求都在发生着变化，相互的需求也更加符合国际的规范。

（3）制剂加工将进入大数据时代

① 工厂各个环节实现数据管控，产品将通过数据分析提升质量。目前中国的农药制剂企业，能够实现数字化管理和生产的凤毛麟角，即使数字化也只能是在某一条生产线上实现，全面实现大数据管控的智能制造还没有出现，但未来几年将会有所突破，届时全工厂的设备运行都是通过大数据分析后，发出指令，然后执行下一步程序。现在的许多高端制造都是通过大量的超高灵敏探头采集数据，并通过大数据分析来进行运作的。新型的制剂工厂需要智能化设计思路，这将大大降低人为因素造成的问题。

② 私人订制将成为主流。我国的农药制剂产品多以小包装为主，品规繁杂，但仍不能满足很多特定的需求。智能制造将可以解决这些问题，智能终端将和市场直接连接，用最短的时间生产出符合客户特殊需要的产品。

19.1.3 农药制剂工厂管理流程新解

一个现代化的农药制剂加工企业，建立一套行之有效的现代化管理体系十分迫切。新型工厂的管理体系建设包括生产管理、生产工艺、设备应用、生产流程、生产安全、产品质量、成本、生产效率8个方面。生产管理是指建立相应的生产规程和流程并付诸实施，如：生产操作规程的文件化，操作数据的保管以及制剂生产过程中需要建立的软件系统等；生产工艺是指确立研制的产品配方与加工设备的匹配性，如：研发的配方须具备优异的物理稳定性，选择的生产工艺路线应合理高效；设备应用涵盖了设备的选型及养护；生产流程是指要确定整个生产过程的规范程序和模式；制剂的生产安全包括两个方面：一个是生产环境的安全性，如爆炸风险的防范、静电风险的防范等，另一个就是加工过程中交叉污染的防控；产品质量的管理本身是有一套国家制定的检测体系的，但不同的企业对产品质量的要求不同，其执行过程就会有较大的差别，所以它仍是整个管理体系的重要一环；虽然产品在生产之初都经过核算，但成本管理模式是对产品成本再评估的过程，是管理体系数字化最直观的体现，它会牵动配方、质检、设备、生产等一系列管理环节；涉及工艺改进、设备更新、现场管理尤其需要注重各个生产环节的数据采集分析，这是提高生产效率的关键。还需要专家诊断会通过培训、提供解决方案、监督优化调整等方式优化管理模式，提高生产效率，提升产品质量等；这种机制的建立会使企业始终处于良性发展的状态。

19.1.4　农药制剂工厂建设方案

建设一座现代化的农药制剂工厂，将眼光瞄准国际先进水平是必需的。过去国内企业没有这样的学习机会，即使学了也没有这个实力加以实施。近些年随着国内企业与国际知名企业合作的增多，国际上企业间的互动也越发频繁，国内制剂企业与跨国公司软硬实力的差距都在逐步地缩小。

（1）跨国公司的制剂加工的特点

① 产品品种少而精。一个生产车间或生产线生产的产品种类都经过严格审查，数量和品种均受到管控。

② 生产基地较多。由于产品多、产量大，不同性质的产品不宜在一处生产，以及考虑区域运输等成本因素，因此，需要建多个生产基地加以消化，这是一笔巨大的投入。

③ 委托分装较多。由于品种较多，自建生产线无法满足需求，因此，产品外包是跨国公司的普遍做法。

④ 交叉污染管控严格。跨国公司的制剂加工厂包括其委托外包的工厂，对交叉污染的管控始终是执行最严格的标准。

⑤生产效率高。这与优选的配方、优良的设备、合理的工艺、科学的管理紧密相关。尤其是对生产各个环节的数据采集分析，是提高生产效率的有效手段。

（2）国内制剂加工的突出问题

① 企业加工产品多而杂。我国的制剂企业几乎都有类似的问题，企业小而全，不论销量多少，企业仍追求拥有的产品能涵盖所有作物。

② 厂房设计不规范。与跨国公司相比，国内制剂工厂的厂房设计思路比较随意，缺乏专业指导，隐患较多。

③ 交叉污染防控意识及措施都很薄弱。上述两个原因导致生产线切换频繁，清洗程序不规范，交叉污染风险较大。工艺布局不合理，车间设计中防范交叉污染的功能缺失。

④ 生产效率较低。多数企业设备配套没有经过精确计算，产能低下，产品切换频繁，集约时间少。

⑤ 整体投入较少。制剂加工由于历史的原因，行业准入门槛低，许多必需的设施缺乏，多采用较为简易的工艺及设备。

19.1.5　农药制剂工厂建设的规范流程

针对国内制剂企业的突出问题，结合跨国公司的先进经验，在我国建立一套具有国际水准的制剂工厂建设规范十分必要，这样不仅可以有效地规范行业管理，而且可以较快地提升我国制剂加工的整体水平。

（1）制剂工厂建设原则

① 符合国家相关标准要求。

② 生产工艺简单合理。

③ 做好交叉污染风险管控。

④ 物流通畅，快速有效生产。

⑤ 安全、环保管理符合相关规定。

（2）制剂工厂建设的工作流程

① 产品分析。制剂工厂在建设前首先要对企业经营的产品进行分类，以确定厂区的总体及区域布局，同时要对产品配方及生产工艺进行优化。

② 产品风险评估。对加工产品进行粉尘爆炸风险评估及交叉污染风险评估。

③ 工程设计。在完成前两项工作后开始进行工厂布局设计、剂型加工、分装工程工艺流程的设计。

④ 设备选型。加工、分装关键设备和管道、泵选型涉及生产风险的相关设备选型。

⑤ 生产车间设计。设计与生产相关的平面布局及通风除尘、VOC 防治等。

19.2 农药制剂车间的工艺设计

19.2.1 农药制剂车间工程建设的现状

（1）观念和认识落后。农药制剂的发展长期以来重视剂型、配方的研发，对生产装备和生产过程重视不够，忽视工厂布局、生产车间、生产装备对产品的直接影响。

一个农药制剂车间项目，设计工作尤其是工艺设计工作是至关重要的，直接关系到车间建设的品质、工期、投资成本、建成后的生产效率、产品的质量等。

（2）农药制剂工程技术人员匮乏。

农药制剂生产技术包括两个方面：农药制剂剂型及配方的研发；农药制剂生产装备和农药制剂工程技术的研发。

其中，农药制剂生产装备和农药制剂工程技术的研发包括以下几个方面：

a. 农药制剂工厂总体布局设计（不同产品的车间在厂区的布局和界区划分、公用工程和生产车间的分布、仓储和生产车间的分布、物流等）；

b. 生产工艺流程设计和优化；

c. 生产装置的成套化和设备选型；

d. 生产车间的整体布局设计；

e. 工艺管道布置设计；

f. 通风除尘除味设计；

g. 控制设计；

h. 智能化生产的设计和研发。

在国内从事农药制剂的技术人员大都是剂型和配方研发人员，从事农药制剂生产装备和工程研究的人员极少。

（3）国内没有专业从事农药制剂生产设计和研究的设计院所。

（4）很多农药制剂企业没有主导产品，产品品种多，单品批量小，切换品种频繁，导致连续化、智能化的成套加工装置不适合使用。

19.2.2 农药制剂车间工程项目工艺设计的内容

农药制剂车间工程项目设计工作分工艺设计和建筑设计，工艺设计是建筑设计的基础，建筑设计必须依据工艺设计提出的条件开展设计工作，所以一个农药制剂车间项目首先应该开展工艺设计工作，建筑设计必须依据工艺设计提出的条件进行设计工作，工艺设计的内容有以下几个方面：

① 生产工艺流程设计和优化；

② 定型设备选型及非标设备设计；

③ 车间整体布局设计；

④ 管道布置设计；

⑤ 除尘、除味系统及通风设计；

⑥ 安装设计。

19.2.3　生产工艺流程设计和优化

生产工艺流程设计是从原料到成品的整个生产过程的设计，是根据原料的性质、产品的要求把所采用的生产过程及设备组合起来，并用图解的形式表现出全部的单元设备和机械设备以及生产顺序。生产工艺流程设计是工艺设计工作中极其重要的内容，其他各工艺设计都是为实现该工艺流程而进行的。生产工艺流程是否正确直接影响产品质量、产品成本、生产能力、操作条件等一系列的问题，也直接影响着企业的经济效益。

农药制剂车间生产工艺流程设计一般要遵循以下原则：

① 充分利用原料，以获得最高的成品得率；

② 在技术成熟的前提下，积极采用新技术、新工艺、新设备、新方法，使操作简单化、自动化、智能化，生产过程连续化，保证产品质量优良；

③ 采用先进可行的工艺指标，在能达到工艺指标的前提下，尽量缩短工艺流程的路线，减少设备数量，尤其是减少输送设备的数量；

④ 一方面充分考虑一机多用，充分发挥每一台设备的效能，提高设备的运转率，另一方面要考虑生产的连续性，提高生产效率；

⑤ 生产工艺流程要充分考虑安全操作、环境保护和劳动保护的问题。

19.2.4　定型设备选型和非标设备设计

（1）定型设备的选择原则　在选择定型设备时，必须充分考虑工艺要求和各种定型设备的规格、性能、技术特性与使用条件，在选择设备时一般先选择类型，再考虑规格。

（2）农药制剂生产常用的定型设备　双螺旋锥形混合机、气流粉碎机、螺杆挤压造粒机、旋转造粒机、沸腾床造粒机、干燥机、振动筛、脉冲除尘器、引风机、高速剪切机、砂磨机、水平包装机、灌装机、旋盖机、贴标机等，选择设备时必须遵循以下原则：

① 必须满足工艺要求，所选的设备，其生产能力、技术参数、数量等都要满足生产要求并有一定的富余量；

② 选用的设备要生产效率高，能耗低，且结构合理紧凑，占用空间小，操作方便，维修、清理、安装方便，安全可靠；

③ 以工艺状态为设备选择标准，以产品要求为设备选择基准；

④ 选用的设备应满足农药制剂生产安全、防爆、耐腐蚀等要求；

⑤ 尽量选用配套的、连续的、自动化程度高的设备；

⑥ 尽量选用通用设备和标准设备以及经过实践证明有效的设备。

设备的选择计算：定型设备选型的依据是设备的生产能力；在进行设备选型和计算时，必须注意设备的最大生产能力和设备最经济、最合理的生产能力的区别。在生产上是希望设备发挥最大生产能力的；但从设备的安全运转角度，如果设备长期处于最大的负荷运转，则是不合理的。因为设备都有一个最佳运转速度范围，在这一范围内设备耗能最省，设备的使用寿命最长。因此，在进行设备选型计算时，不能以设备的最大生产能力为依据，而应取其最佳生产能力。另外，计算生产能力时要考虑一套生产装置生产不同产品，产品切换时的清洗时间。

（3）非标设备的设计　农药制剂生产中用得最多的就是配制釜、计量罐、储罐、中间槽、投料斗、固体料仓等容器类设备，这类设备要根据工艺要求设计，要考虑是否需要搅拌、搅拌的形式、容积大小、是否需要加热或冷却、工艺要求的形状、材质、安装形式、管口方位等。

19.2.5 车间整体布局设计

农药制剂车间整体布局设计包括设备布置设计；辅助设施、功能间及物流人流设计；厂房体型设计。

(1) 设备布置设计　设备布置设计是设计工作中很重要的一环，设备布置设计的任务就是按照生产工艺流程的顺序，把经过计算和选型后所确定的设备合理地布置在车间内。

设备布置设计的基本要求如下：

① 生产工艺要求

a. 设备布置必须满足生产工艺流程顺序，保证水平方向和垂直方向的连续性。对于有压差的设备，应充分利用高位差布置，尽量减少物料的动力输送。

b. 在不影响工艺流程顺序的原则下，将较高设备尽量集中布置，充分利用空间，简化厂房体型，这样既可利用位差进出物料，又可以减少楼面的负荷，降低造价。

c. 相同设备、同类型设备或操作性质相似的有关设备，应尽可能地布置在一起，有利于统一管理，集中操作。

d. 对于容易产生有害气体、粉尘污染的设备应根据物料性质集中布置，必要时需要采取设置隔离墙，划分区域重点处理（增加除尘除味通风等设施）。

② 操作要求。设备布置应考虑给操作者创造一个良好的操作条件，主要包括：

a. 操作的便利性；

b. 良好的采光或照明；

c. 必要的操作通道和平台；

d. 合理的设备间距和净空高度；

e. 控制室的位置要合理，出入方便，远离震动设备。

③ 安装和维修要求

a. 根据设备大小及结构，考虑设备安装、维护、检修及拆卸需要的空间和面积；

b. 设备排列要整齐，间距均匀合理；

c. 要考虑设备能够顺利地进出车间，设置合适的大门和吊装孔，对于外形尺寸较大的设备可采用安装墙或安装门；

d. 必须考虑设备安装、检修时的吊装设备，根据具体情况选择固定式吊装设备或移动式吊装设备；

e. 要充分考虑特殊设备保养检修时需要将内部部件拉出时需要的位置和空间，例如剪切釜的剪切机、砂磨机的研磨筒体、布袋除尘器的布袋等设备的检修和清洗时需要的位置和空间；

f. 对于经常需要保养、清洗，并且较重的设备部件，应考虑专用的吊装设备。

④ 建筑要求

a. 设备布置必须符合建筑要求；

b. 设备平面位置必须避开建筑柱网（柱子和主梁）；

c. 设备平面位置应充分考虑因设备的支撑位置必须设置的次梁是否符合建筑要求；

d. 设备的立体布置应根据设备的高度、设备之间的关系合理布置，设备的支撑点尽量布置在建筑层面上，如果建筑层面不能满足要求，也可以设置钢支架和钢平台；

e. 厂房建筑柱网要经济合理，柱网间距一般在 6～8m 之间最经济，柱距应尽量符合建筑模数的要求，另外注意在一栋厂房内不宜采用多种柱距。

⑤ 经济合理的要求

a. 设备布置在符合生产工艺流程的前提下应考虑经济合理的要求；

b. 设备布置时有工艺关联的设备应充分考虑相互的位置关系，尽量做到管道最短而且平直；

c. 在满足设备空间要求的情况下，建筑层高尽量降低；

d. 需要的设备支架、操作平台应统一考虑，避免支柱过多和重复；

e. 有剧烈震动的设备尽量布置在底层，以减少厂房楼面的载荷和震动。

(2) 辅助设施、功能间及物流人流设计　车间内应根据生产需要设置必要的生产辅助设施和功能间，生产辅助设施一般有货梯（或液压提升梯）、通风换气设施、消防设施、空调设施、风淋等；功能间一般有控制室、配电间、更衣室、洗手间、配件室、工具室等；物流、人流通道设计是根据生产需要合理布置车间内的原材料进口、原材料运输方向、投料区、原料暂存区、成品暂存区、人员进口、人员流动方向、操作区、操作平台等。

① 货梯（或液压提升梯）的设置应考虑物料的进出方便，一般要设置在靠近仓库一侧。

② 通风换气和空调设施的作用是保持车间内良好的操作条件。

③ 消防设施应符合相关国家规范。

④ 风淋分人流风淋和物流风淋，应分别设置在物流进出口和人流进出口，目的是避免活性物质被人为带出车间污染环境。

⑤ 功能间的布置应根据车间的火灾危险类别进行合理规范的设置，甲、乙类车间不允许设置办公室和休息室。

⑥ 人流设计主要考虑人员的安全，生产操作的便捷；物流设计应考虑物料的进出方便，有一定的暂存区域等。

(3) 厂房体型设计　厂房的体型设计包含厂房的平面布置、垂直布置、层数、层高、柱网布置、跨度等方面。

厂房的体型设计依据是生产工艺流程、设备布置、生产辅助设施布置、管道布置等方面的设计资料；厂房的占地面积、层数、层高、形状是由生产装置和设备布置等方面的因素决定的；如果先决定厂房的体型，然后再进行厂房内的设备布置设计，就会有很多限制条件，设备布置一般不会达到理想的效果，有些功能就实现不了，例如液体制剂车间实现自动配料的垂直布置，一般需要三层，如果厂房没有设计三层结构或层高不够，上述功能就实现不了。

19.2.6　管道设计

(1) 管道、管件、阀门的选择

① 管径的确定。管径的确定一般根据管道输送物料的流量、流速计算或根据每 100m 管长的压力降控制值来计算。

② 管道、管件材料的选择。材料的选择是根据生产装置在生产过程中各种操作工况和使用操作条件，如压力、温度和输送物料的物化性质、组成、腐蚀性、物态、间隙或连续操作来合理选择。

③ 阀门的选择。阀门的选择主要根据物料状态、操作状态下的工作条件来合理选择。

(2) 管道布置设计　管道布置设计的一般要求：

① 管道布置应满足生产工艺要求，充分考虑操作、安装、维护检修方便。

② 在满足工艺要求的前提下，合理敷设总管、支管，合理布置阀门的位置，管道尽量

平行布置，尽量少拐弯、少交叉。

③ 管道布置设计时考虑便于管架的设计，尽量靠近管架易于安装的位置。

④ 对于工艺管道，应充分考虑管道清洗的便利性，合理布置法兰和活接，方便拆卸清洗。

⑤ 采用专业的三维管道布置设计软件（Autodesk Plant 3D、PDMS、PDSOFT、SMARTPLANT 等），提高管道布置设计的质量和可靠性，避免管道与设备、电气桥架、通风管道等的空间冲突；采用软件自动产生管道材料表，提升管道材料表的精度，有效提升工程采购的精准度，避免施工安装因为缺少材料的停工。

19.2.7 除尘、除味系统及微负压车间设计

农药制剂车间粉尘污染主要来自生产过程中固体原料的投料、放料、人工转运、开放式转料、开放式加工等，以及固体制剂加工过程的生产尾气等；气味污染主要来自生产过程中的开放式液体投料、放料、搅拌、转料过程中的尾气等。

（1）除尘、除味系统设计原则

① 从污染源头解决粉尘、气味泄漏和飘逸，例如尽量采用负压投料，采用密闭贮存和转料，生产过程减少重复投料等。

② 生产尾气采取有组织排放，集中处理。

③ 合理选用除尘、除味设备，根据不同尾气的特性选用能够有效处理、达标排放的设备，例如不同含尘量的尾气选用不同形式的除尘器，根据不同的气味选用不同的气味处理方法和设备。

（2）微负压车间设计

① 农药制剂车间（特别是除草剂车间），一般设计为密闭的微负压车间，主要是为了防范生产过程的有效成分和粉尘通过空气无序流通带入到周边环境当中形成污染。

② 为保证车间内形成稳定的微负压状态，必须具备两方面的条件：一是车间必须与外部区域严密隔离；二是通过引风机和通风管道对车间进行抽风。

③ 车间必须与车间外部区域进行隔离，除必要的人员及物流进出通道外，其余区域进行密闭处理；所有窗必须采用无法开启的固定窗，除必要的消防安全门及生产物流、人流门外不设置其他出口；所有进出口包括人员进出口及车间物流流动进出口在非必要情况下必须处于关闭状态。

④ 通过计算设计一定风量的引风系统对车间进行抽风，使车间内保持一定的负压（一般在 10Pa 左右），并对通风尾气进行有效处理，达标排放。

19.2.8 安装设计

安装设计包括设备安装基础的设计以及设备安装、管道安装、通风除尘安装、电气控制安装所需要的预埋件、预埋螺栓、预留孔（包括楼面和墙面）、设备支架、管道支架、电缆桥架支架等方面的设计。安装设计涉及的专业较多，每个专业必须互相配合，容易出现的问题有不同专业的安装位置、预留孔重叠，安装空间位置交叉发生矛盾，直接影响工程后期的安装，导致安装的质量、效率不高和项目费用增加，例如工艺管道、通风管道、电缆桥架安装的空间位置发生冲突，包括所需楼面和墙面预留孔设计不到位，安装时就需要现场变更位置和现场开孔，费时、费力、不规范。所以采用专业的、先进的三维设计软件进行设备布置、管道布置、安装设计工作对提高农药制剂车间的工程质量有重要的作用。

19.2.9　以水乳剂为例的安全化生产流程

19.2.9.1　生产原料

作为一个农药工业整体，宗旨是在全球安全地生产、运输和销售产品，首先要清楚地了解生产原料的性能，即生产产品所用的原药和助剂的来源、价格、性能、毒性。

（1）原药　原药是指在制造过程中得到的有效成分及杂质组成的最终产品，不能含有可见的外来物质和任何添加物，必要时可加入少量的稳定剂。大多数农药具有一定的毒性，为了生产操作的安全，我们有必要清楚地了解将要被加工成水乳剂的原药的毒性及理化性质，主要包括原药的急性毒性、诱发性毒性和亚急性毒性。就生产和使用的安全性而言，来自口吸入和皮肤接触毒性的可能性很大。同时，如果农药水乳剂已经商品化，那么就不要轻易地改变所用原药的来源及规格，即使是原药含量有所提高。因为原药含量的提高，也意味着杂质组成的改变，极有可能影响制剂产品的稳定性及药效。重要杂质的含量不得超出可能对使用和/或安全有不利影响的范围。同时对原药中大于 1‰的生产杂质应加以限制并提供分析方法。

（2）助剂　农药助剂又称农药辅助剂，是指在农药制剂加工和应用过程中的辅助原料，能帮助主要药剂成分充分发挥其效能的物质[1]。在农药水乳剂生产过程中，通常使用的主要助剂包括溶剂、表面活性剂、助表面活性剂、增稠剂和防冻剂等，一般来说，它们是无毒的，但由于它们具有有机性质，因此，有些有可能会引起火灾，需引起重视。

溶剂是指能溶解原药和其他助剂药的液体，大部分是有机溶剂。由于有机溶剂的挥发性、刺激性和易燃易爆性，应做好充分的预防，使火灾最小化。同时，有机溶剂具有一定的吸入性和皮肤接触性毒性，应避免产生过多的蒸气，要做好操作者的个人防护，使吸入量最小化[2]。

助表面活性剂不是乳化剂，但有助于油/水间界面张力的降低，并能降低界面膜的弹性模量，改善乳化性能。助表面活性剂通常为分子量较小的极性分子，如丁醇、异丁醇、1-十二烷醇、1-十四烷醇、1-十八烷醇、1-十九烷醇、1-二十烷醇等直链烷醇类。助表面活性剂具有一定的挥发性、刺激性和易燃易爆性，应做好操作者的个人防护、安全化生产。

19.2.9.2　生产装置

一套“生产装置”是指在任意时间可用于生产加工某产品的所有设备的总和。它也可以进行多个产品的依次生产。生产装置之间的隔离是安全化生产的关键因素。“隔离”是指装置之间无共用设备（如通风管道），以防产品意外地从一个生产装置被送到另一个生产装置。可通过如下措施达到隔离的目的：分开建筑；在同一建筑内的不同生产流水线之间建隔离墙；将关键产品转移到其他装置。在进行风险评估时生产装置的设计、构型应注意以下两点：①污染风险的评估；②生产装置的清洁水平，对于水乳剂的生产设备，用清洁剂最多清洗 3 次，结果要达到小于 100mg/kg 的清洁水平。

19.2.9.3　操作规程

车间的操作必须建立规范的操作规程，并明确生产过程中的注意事项。首先，对工作场所进行有效的清洁，这是安全生产的基础。其次，确认生产现场的物质，了解原药及助剂的理化性质、毒性等，对其进行分类管理与使用；核查原料的名称、批号、数量等；对于易污染的物质应分区贮存。最后，建立使用公用设备（软管、泵、工具、清洗设备等）的书面程序；临时储罐应贴上适当的标签，内容包括产品名称、产品鉴定、清洁状况（是否干净）；注意设备的日常维护和保养等。

对于农药水乳剂的生产，应根据农药的性质及生产工艺选择合适的设备，并考虑是否加热；固体物料应缓慢加入，以防静电而产生火灾；溶剂和原药应通过不同的管道加入；同时整套生产设备必须接地，以防静电潜在的危险。由于溶剂的挥发性及易燃易爆性，要有一套良好的通风设备，且通风管道需经二级处理，不能直接排放入大气中。泵和管道连接处应避免泄漏，若发生需尽快处理，以防发生火灾，该类接口应经常检查。混合装置的搅拌器须足够大，液面距离上沿不可过近，以防飞溅，同时要有玻璃窗，确保能观察搅拌器内部等；操作者要配备必要的防护设施：防护服，多种用途的手套、鞋、眼罩等。易产生火花的装置要远离该生产区，严禁明火，严禁吸烟，火灾报警器必须放在合适的位置和高度，且安装防爆防火的电机和开关，以便最大限度地避免危害的发生[3]。

19.2.9.4 管理者的责任关怀

企业实施责任关怀的一个主要原则就是要不断地提高管理者和全体员工对化学品危害的认识程度，提高员工的安全意识、安全行为和卫生行为。在农药水乳剂生产过程中，管理者首要的责任是保护财产和人身安全，减少员工潜在的危险，包括教会员工自我防护；其次是建立标准操作规程，用简洁的语言写明安全操作指南，明了地列出注意事项及应急操作，并提供工艺安全信息，对工艺危害进行分析；管理者还应该对员工定期进行安全化生产培训及考核，所有培训及考核应有记录存档；管理者和操作者都要有一定的急救基础。员工必须接受相关培训：安全知识、安全操作规程、使用的原料和试剂的危险性特征等。对于相同的工作，员工经常选择走捷径，这样一来就容易养成不安全的工作习惯，从而导致发生事故的可能性升高。健康、安全、环境（简称 HSE）是农药生产管理的一项核心工作。建立职业安全、健康和环境保护方针并付诸实施是实现农药工业现代化与可持续发展的需要，是提高我国农药企业在国际市场上的竞争力的需要。

19.2.9.5 生产中废物的管理

在农药水乳剂的生产过程中，通常产生三种重要的废物需进行安全处理：无毒废物、轻度污染废物及有毒废物。无毒废物主要是指不用的包装材料，包括纸板、纸张、塑料及大量的容器。它们大部分洁净且无毒，因此，需定期清理并移走。轻度污染废物主要指不用的污染包装，包括纸、塑料、瓶子和罐子等。它们大部分产生于生产和再包装阶段。有毒废物主要指液体流出物生产过程中的沉淀物等，需要妥善处理。

（1）废物的贮存基于安全和可操作性考虑　建立并执行一个完善规划的废物收集体系是非常必要的，废物贮存区域必须建在安全的地方，且仅仅是专门的负责人员才允许进入；废物贮存地域应具备至少 2m 高的墙或栅栏，入口需具有同样的高度和宽度，便于叉车和其他运载工具的使用；地面应采用水泥等非渗透性材料建成，且四周凸起；贮存区域上方应建顶以保护操作者和仪器免遭恶劣天气的破坏。一般无毒和轻度毒性废物的数量庞大，应每天从工作区域将其清理到指定收集点，以备后处理。而有毒废物通常比较集中并含有特殊组分，需严格地控制以避免交叉污染，在转移之前需进行标记和记录。上述操作必须严格执行，应依从生产活动的进行，并满足生产安全管理的需要。所有废物产品都有潜在的毒性，当进行处理时，应穿上同农药制剂生产者类似的全面防护服，使危险最小化。

（2）废物的处理方法　在废物处理时，基本原则是资源再利用、节能减排、对环境无害化。主要有四种方法被广泛使用：①资源回收和再利用，通常这是首选，而且在任何可能的时候都应使用的方法；②掩埋式处理；③低温焚烧（300～500℃），该方法仅适于可燃性的无毒和轻毒废弃物处理；④高温焚烧（1000℃），通常包括初始燃烧（600～800℃）、二次燃烧（1000℃）两步操作。选择焚烧处理时，要给出物料的组成、热值、黏度、含盐量等，要提出焚烧的工艺参数，避免产生二次污染。

无论采用何种方法对废物进行处理，废物的管理、贮存、转运以及最终处理都必须遵从严格的规定。更为重要的是，废物处理操作的每一环节都应进行全面而详细的记载和记录。

19.2.9.6　分装车间

杀虫剂的分装线和除草剂的分装线中间要建隔离墙。辅助设备也必须严格分开，不能共用。杀虫剂/杀菌剂的分装车间，只能放杀虫剂/杀菌剂的分装材料，杀虫剂/杀菌剂必须在专用的设备中分装；除草剂及其分装材料，只能贮藏在除草剂分装车间。所有的分装原辅材料必须存放在合适的地方，必须有清楚和正确的记录。原辅材料在使用前要认真核对记录，包括分析记录和贴在包装上的标签。所有的容器都必须贴有清楚的标签，不管是满桶还是半桶，而且还包括用过的空桶及垃圾桶。农药水乳剂产品的包装最好采用自动包装生产线，包括灌（包）装、封口、加盖、贴签、喷码等操作。农药水乳剂的外包装材料应坚固耐用，保证内装物不受破坏。农药水乳剂的内包装材料应坚固耐用，不与农药发生任何物理和化学作用而损坏产品，不溶胀，不渗漏，不影响产品的质量。

19.3　交叉污染

（1）生产操作交叉污染预防规范　“生产操作交叉污染预防规范”针对日常工作中需应对的交叉污染预防问题，提供交叉污染预防的操作规范“最佳做法”和工具，为企业农业化学品的合成、制剂和（再）包装中的交叉污染预防问题提供保障。

下列农业化学品，作为活性成分或按配方制作的产品，属于本规范的范围：

① 除草剂（用于作物和非作物类，不分使用方法）。

② 安全剂。

③ 杀菌剂、植物生长调节剂、植物催化剂、杀虫剂、杀螨剂、灭螺剂、杀线虫剂、熏剂以及硝化抑制剂。这些产品可以用于叶面喷洒、颗粒制剂、种子处理或任何形式的土壤处理。

④ 灭鼠剂（用作诱饵）。

⑤ 农业应用、喷雾器、作物油和叶面肥料的辅药。

以下内容不在本规范的范围之内：

① 农场交叉污染预防（如喷洒罐清洁）。

② 生物科技和种子交叉污染预防问题，如种子生产过程中转基因生物和非转基因生物的交叉污染。

③ 批发商和经销商处大宗成品的交付和贮存。在处理大宗最后成品中，执行交叉污染预防措施实施指南，是各成员公司和区域作物保护组织的责任。

④ 在人类可能会接触交叉污染物的地方，用以控制非作物虫害的公共卫生产品（如蚊帐处理）。

⑤ 在动物可能接触交叉污染物的地方，专用于控制外寄生虫、按制药规范生产的动物卫生产品。

（2）交叉污染　在竞争日益激烈的现代化工行业中，企业管理是企业竞争的核心，做好管理，安全才能得到保证，生产才能在管控状态下有序进行，才能保证产品质量，稳定制造成本，保证销售订单，保证企业的利润。对每个多功能化学合成、制剂生产和包装企业而言，产品残留物交叉污染都是个潜在的问题。交叉污染会对敏感的、经处理的作物或非靶标生物造成不利影响，还可能带来监管上的问题。交叉污染事故还会破坏整个工厂的声誉和形象。因此需要制定严格的交叉污染预防体系。制定相应详细的交叉污染管理制度和交叉污染管理手册，避免车间产品转换频繁给安全生产、交叉污染带来重大隐患。因为一旦有交叉污染的产品流入市场，轻则影响声誉、失去客户，重则给企业带来严重的经济损失。

交叉污染的定义：交叉污染是指农药在生产和物流过程中混入了其他组分或物质，由此可能引起有害效果、影响生态、违反政府规定或交易合同条款，甚至包含法律纠纷的污染事件。

（3）预防交叉污染的总体要求

① 交叉污染预防风险评估必须形成文件。

② 必须定义清洗水平。

③ 非除草剂不可以与除草剂共线，也就是说，必须确保生产单元独立存在。这一点适用于所有合成、制剂、包装和分包。唯一例外的情况是已经执行了严格的清洗措施，并有高级管理层的同意的许可文件。

④ 为降低除草剂和非除草剂通用原料共用的风险，必须对原料使用进行评估。

⑤ 移动、便携设备（真空吸尘器、软管、泵、工具等）必须划分专用于除草剂或非除草剂区域。

⑥ 重复使用的容器（IBCs、ISOs、吨袋、轨道货车等）必须与接触产品的化学设备采取相同的处理方式。

⑦ 回收使用和返工必须控制在尽可能减小交叉污染风险的范围内。

⑧ 所有物料必须清晰明确地标记，这包括但不局限于原料、中间体、散装制剂、成品、返工、反复利用和废弃物。

⑨ 必须制定有效的清洗程序和经过验证的分析方法，以适用于废液（清洗液）中残留物的分析，和/或后续产品的分析。

⑩ 生产停止后必须尽快执行清洗操作，这不只针对从一个产品转换到另一个产品，还针对设备的闲置。这项要求适用于所有合成、制剂、包装和分包设备。

19.3.1 预防交叉污染方针及体系的建立

（1）预防交叉污染方针建立　污染预防方针：介绍工厂交叉污染预防的总体方针及污染预防项目中各目标要素的概要。

（2）工厂预防交叉污染标准建立　这是一项资源文件，介绍污染预防项目的基本要素。可用于解释、运用预防交叉污染基本要素的标准程序文件。

（3）工厂预防交叉污染审核程序建立　它是用于工厂的污染预防审核的标准程序。简要列出了标准中的要求和建议，能帮助工厂制订整改计划，并附审核清单等相关标准要求。

19.3.2 工厂预防交叉污染管理层职责

组织结构中任命一个能代表公司就交叉污染防治所有方面进行权威性交流的公司联系人。主要职责如下：①负责整个工厂交叉污染预防的体系实施；②协调、评估整个工厂交叉污染预防体系中各关键要素；③对交流的信息保密；④为交叉污染防治的各个环节提供充足的资源；⑤负责整个工厂交叉污染预防的体系要求和最佳实践；⑥持续培训；⑦工厂内交叉污染日常事务管理；⑧对工厂内交叉污染日常及非常规例外情况书面审批。

19.3.3 人员的信息交流

所有员工和合同工都应该对污染事故的潜在性及其后果有充分的理解，这种理解必须及时更新。必须有一个正式的书面培训体系以交流有关信息，培养必要的意识和价值理念，确保方针和标准的正确实施。

（1）人员应该有相应的渠道及时得到交叉污染预防的信息

① 必须具备书面正式的和非正式的交流程序和体系，这样才能使污染预防的信息得到及时更新。交流在污染预防的各个方面都起着至关重要的作用。如果信息不能得到交流，不能被那些需要利用这些信息的人员理解，那么这些信息的存在就失去了意义。

② 必需的具体书面交流形式包括分析证书、污染预防证书和质量事故报告。

③ 上一班和下一班之间及前一天和第二天之间的生产交流必须充分，最大程度地减少污染的可能性。

④ 每个生产的总结性报告是极好的工具。要求记录从生产中获得的重要知识。例如清洗工艺的改善，减少返工的方法和物料处理方法的改善。

⑤ 质量事故报告需要记录与事故有关的事实，在进行这一类的调查时根本原因分析是一个行之有效的工具。

（2）人员的责任性培养 ①三思而后行；②采取某一项行动前，确保所有的必需品都已到位；③有疑必问；④建立人员奖励和惩罚措施。

（3）人员的培训

① 培训人员范围：需要接受培训的人员包括操作工、仓库操作工、工程师、各级管理人员、实验室人员、生产计划者、临时操作工和包装工，以及其他直接参与移动或加工产品、设计设备的人员。

② 培训内容：必须包括所有方针和标准，以及应用于具体工厂、组织或团队的污染预防标准。

③ 培训计划：必须把与污染预防有关的操作程序全部包括在其中；员工必须被培训成能够发现并报告生产中任何原材料、产品和包装外观的任何偏差，包括颜色差异、产品整体外观差异或异常的包装外观、重量等。

④ 培训频率：任何工艺变更需要及时培训或至少每年一次全员培训。

19.4 设计和规划生产单元

交叉污染风险评估包括对生产装置和在装置内所生产的产品进行评估。评估内容包括所有产品、制造工厂及其生产单元设计布局、生产单元的分隔、清洗要求和清洗能力、生产和分析实践。上述方面的任何改变都需要重新进行交叉污染风险评估。需要考虑风险评估清洗水平的计算，主要有五个方面：①产品目录（高活性除草剂、除草剂、杀虫剂、其他）；②法律要求；③对非靶标生物的毒性；④使用量；⑤安全系数。

设计和布局生产单元能显著影响清洗的容易程度。所有清洗方面都需进行交叉污染风险评估。

19.4.1 生产单元的分隔

生产单元分隔是预防交叉污染的关键因素。一个“生产单元”是指用于生产某产品的所有设备的总和。它也可依次用于多个产品的生产。一个制造工厂可能拥有多个生产单元。“隔离”是指生产单元之间没有任何共用设备（如通风管道和通风横管）而导致产品意外地从一个生产单元送到另一个生产单元装置。而且反应釜之间的阀门也会成为一个隔离不安全的隐患，因为尽管阀门关闭，微小的渗漏还是会发生的。采取如下有效措施可以达到隔离的目的：如生产单元安排在不同的建筑内，将关键产品的生产转移到别的生产单元或在同建筑内的专用生产线。

一些公用设施可能必须共享，例如真空管路、蒸汽、压缩空气和氮气。特别是真空管路，需要安装单向阀门，防止回流。

作为交叉污染预防的关键第一步，共享生产设备必须进行如下分隔规则来将交叉污染风险降到最低（同时也减少清洗成本和停车时间）。

（1）除草剂与非除草剂隔离　这种分隔是把除草剂生产单元和非除草剂生产单元隔离开。

① 除草剂包括所有除草剂（作物及非作物，不考虑使用方法）、脱叶剂、干燥剂。

② 非除草剂包括所有杀菌剂和杀虫剂、杀螨剂、杀螺剂、杀线虫剂、味诱激素、植物抗病激活剂、除草剂安全剂、杀鼠剂、作物油和助剂、喷雾器清洗剂、化肥和熏蒸剂、植物生长调节剂和硝化抑制剂。

（2）生产分隔如果一个生产装置有如下产品组生产，必须实施生产分隔：

① 人用或兽用的口服或者局部注射药剂；

② 个人护理和其他健康护理产品；

③ 食品和饲料（包括维生素）。

（3）降低交叉污染风险的要点

① 将登记在不同作物上的“高活性除草剂”与“常规及低效除草剂”分开。考虑到常规除草剂与高活性除草剂的用量不同，常规用量除草剂可能对非靶标作物造成不利影响。将登记在同一类作物上的除草剂综合考虑使用同一个生产单元，例如所有的水田除草剂或者所有的谷类除草剂可以降低交叉污染风险，尽管如此，仍建议计算清洗水平。

② 在杀虫剂生产线上生产植物生长调节剂（PGRS）。美国环保署法规 96-8 视植物生长调节剂为常规用量除草剂。但我们建议在专用的非除草剂设备上进行植物生长调节剂的生产/配制，而不是与除草剂共用设备。许多植保国际协会成员企业已经采纳该方法，并表示在杀虫设备上生产植物生长调节剂的交叉污染风险已被大大降低。

目前没有已知的植物生长调节剂在登记使用量上表现除草活性。这就意味着如果生长调节剂的残留杂质＜ 1000mg/L，就不会对后续产品的生产造成药害。目前，由于低药害以及没有 NOEL 数据，植物生长调节剂有效剂量（ED）的评估是不现实的。

当一个生产计划表现出的交叉污染风险增加时，建议进行额外风险评估，获得高层许可并进行市场管理。这些情况应做例外考虑，并给出明确的时间节点。

19.4.2　交叉污染风险评估中的关键因素

生产单元需进行以下方面的交叉污染风险评估，包括：①生产单元的设计（容易清洗和拆除、充分隔开等）；②在制造工厂某一个生产单元如何处理某些其他活性成分或产品；③好的生产计划能够避免要求低的清洗水平；④及时更新清洗水平；⑤验证清洗方法；⑥返工/回收和混样实践；⑦能证明生产进度表中前一个残留杂质在随后生产的产品中被清洗到较低程度；⑧公司内部或被认可的合同实验室，有恰当的设备和设施对残留杂质的痕量水平进行理化分析；⑨经过培训的熟练操作人员，培训记录。

同一生产装置或者同一区域相邻建筑物之间的空气污染，这是高活性除草剂在相邻生产单元生产时极为重要的一点。考虑的因素有风向、进气口的位置、通风设备、窗的位置和粉尘过滤器。特别要注意在同一建筑物隔离的生产单元必须保证其分隔墙壁的密封性，其他人员生产过程中不能随意进出生产区域。同时要求：①避免通过鞋子、衣服和便携式移动设备所导致的相邻生产单元间的相互污染，这一点对生产高活性除草剂的生产厂家尤为重要；②充分理解和坚持执行工艺变更管理流程、清洗方法和产品放行；③建立交叉污染评估小组，定期评估生产现场会处理哪些活性成分或其产品，残留会带来如何交叉污染的风险；④建立并评估交叉污染预防重点的名称；⑤评估生产单位的设计和布局（易清洗、易拆卸、设备和建筑物分离度）；⑥建立和实施产品间转换过程、清洗方法和产品释放的书面程序。

19.4.3　评估清洗能力

要评估一个生产单元是否适合某特定生产序列，应该对以下两个因素进行考察：

（1）生产单元的设计　对生产单元来说，最高的交叉污染风险点是死角，这对于固体和液体产品（包括活性成分和制剂）都适用，死角会因原料留存而导致污染，这种污染不仅来源于目前的生产活动，甚至有很早以前积累下来的。这种原料有可能突然释放，同时对后来生产的一批甚至几批产品造成影响。因此，对生产单元的设计进行潜在死角的交叉污染风险评估是非常重要并且首要考虑的问题。

（2）成功的清洗程序　共有下列四个关键要素：①正确的清洗标准；②清洗方法；③分析能力；④文件（记录存档、留样）。

回顾清洗能力的历史数据有助于确定一个生产单元是否能成功实现产品转换。一贯展示的清洗结果和下列清洗水平类似：

① 合成活性组分：经过溶剂清洗、泵和管道的部分拆洗，通常达到＜ 50mg/L 的水平。

② 液体产品的制剂生产和包装：设备用清洗介质最多冲洗三遍，通常达到＜100mg/L 的水平。

③ 固体产品的制剂生产和包装：经过干洗之后湿洗或冲洗，一般可达到＜200mg/L 的水平。

19.5　生产单元的隔离

（1）生产单元的隔离准则　作为交叉污染预防的第一个重要步骤——遵守以下隔离规定，可最大限度地降低交叉污染风险和降低清洁成本。

① 隔离“除草剂”和“杀虫剂/杀菌剂”方式，指生产单位要么专门生产除草剂，要么专门生产杀虫剂/杀菌剂。

② 如果除草剂用于不同作物，将“低用量除草剂”（尤其是高活性除草剂）和“正常用量除草剂”分开。

③ 考虑在“杀虫剂/杀菌剂”生产线上生产植物生长调节剂。

（2）生产单元的隔离形式

① 隔离：生产设备用一道屏障（例如一道围墙）隔开，以限制人员和产品容器的移动。屏障也可以是柱子和链条，柱子应该固定在地板上，必须严格遵守操作守则。

② 隔离：生产设备可以在同一座建筑物内，但必须用从地板到天花板的实心墙隔开。这种墙必须能防止人员、产品和灰尘的移动，例如，没有门与生产设备直接相连。

③ 相互独立的工艺建筑物：生产设备分别位于户外距离至少为 1m 的建筑物内。如果建筑物之间的距离小于 5m，那么至少应有一面相对的墙上不能设门、窗及建筑物的通风出入口。建筑物之间不能共用墙或上层楼面。在这个定义中，建筑物包括没有墙的开放式结构，但这些开放式结构之间的距离必须至少为 5m。

④ 相互独立的工艺建筑物及仓库：每个生产设备都位于独立的建筑物中，而且各自有独立的仓库，用于物料和配料的进出。配料包括活性物，中间体，返工品、制剂配料，

包装材料及所有会进入产品的其他东西。进入多种产品的惰性物、中间体或包装材料（如未贴标签的瓶子或圆桶）可以贮存在一个仓库的公共区域，然后转到有关的生产区域的仓库中以供使用。独立的仓库意味着工艺不同的建筑物以及用于移动物料的独立的设备，例如升降平台。

⑤ 建筑物之间的屏障：生产设备位于具有独立仓库的独立建筑物中。在建筑物之间用一道物理屏障，通常为一堵围墙，以造成一种心理定势的区别，减少物料进入错误区域的可能性。把装有物料的容器或设备从屏障的一边移到另一边需要控制门和特别的控制措施。进入多种产品的惰性物、中间体或包装材料可以存放在屏障某一边的某一个仓库中的公共区域中，然后在特殊的控制下运过围墙，送到有关的生产区域的仓库中以供使用。物料送入工厂中需要独立的外单元或护送到屏障内的区域中。

⑥ 二元工厂：每个生产单元都有独立的操作人员和机械人员，及各自的更衣室和车间。从一个工厂到另一个工厂，在通过控制门进入第二个工厂前要经过一条公共的道路。

⑦ 独立的工厂：设备位于不同的工厂内，工厂的围墙和围墙之间至少相距 1mile（1mile＝1609.344m）。工厂之间不共用设备，可能的例外为实验室（在特别的控制下），推荐使用不同的道路、地址、厂名和公司名。

19.6 危险因素

进行同时生产时，设备的隔离可以降低几种不同原因引起的污染事故的风险。

19.6.1 危险因素

(1) 经空气传播的灰尘　灰尘从一个生产设备中释放出来，通过天然或人工的通风管道进行传播，然后被另一个生产不同产品的设备吸收。

(2) 人员的移动　在一个区域工作的人员进入生产另一种不同产品的区域时，带入了污染物，例如，在衣服、鞋子或保护设备上附着的污染物。

(3) 设备的移动　便携式的设备、备件、铲车或工具携带着污染物从一个区域被挪到另一个区域。原材料和配料的错误给料。错误的物料被送进了备料区和给料区，然后进入了生产过程中。

(4) 错误的传送　错误的物料从一个设备、工厂传送到另一个设备、工厂，或在仓库和工厂之间发生了错误的传送。

19.6.2 同时操作时设备隔离对发生交叉污染事故的可能性影响情况

表 19-1 这个矩阵中的各个条目显示了每种隔离水平预期会对事故的可能性产生什么样的影响。这些条目不是数字意义上的可能性，只给出了事故可能性的方向及相对的变化量。

表 19-1　发生事故的潜在原因

序号	分离	经空气传播的灰尘	人员移动	设备移动	物料控制	送料
1	分离	＋＋＋＋	＋＋＋	＋＋	＋＋	＋＋＋＋
2	分离	＋	＋	＋	＋＋	＋＋＋＋
3	独立的建筑物	－－		－	＋	＋＋＋＋
4	独立的仓库	－－	－	－	－	＋＋

续表

序号	分离	经空气传播的灰尘	人员移动	设备移动	物料控制	送料
5	屏障	－－	－－	－－	－－	＋
6	二元工厂	－－	－－－	－－－	－－	＋
7	独立的工厂	－－－	－－－	－－－	－－－	－

注：＋＋＋＋（较高的可能性）
＋＋＋
＋＋
＋
－
－－
－－－
－－－－（较低的可能性）

决定分离水平时必须考虑的其余因素为工艺内在的相对危险性。这个具体的工艺导致污染事故的可能性有多大？从直觉上来说，我们知道一个危险性相对较高的工艺会比危险性相对较低的工艺需要更多的分离。

19.6.3　导致交叉污染发生的 12 个危险源要素

（1）大量的空气处理　空气处理越多，物料出去的可能性就越大。可湿性粉剂单元或有粉碎功能的制剂和包装单元，空气传送器和/或流化床干燥器对空气处理来说有较高的相对工艺危险性。液体重包装操作和使用非挥发性的液体活性配料的液体制剂单元对空气处理来说相对工艺危险性较低。

（2）生产单元的设计　设计生产单元时，应使其满足生产的产品最新的污染预防标准要求。设计中采用单独粉尘过滤器，采用集尘器的泄漏检测系统，建立布局合理的备料区，规划防范对人员移动的控制区域，建立合理布局的原材料、包材和成品的堆放区域等可大大降低交叉污染的风险。反之会增加交叉污染的风险。

（3）处理大量的活性物料　生产中处理的不同的活性物料越多，误处理的可能性就越大。生产中混淆了活性物料引起的危害性比混淆了其他辅助物料更大。

（4）大量的人员　人越多，发生错误的可能性就越大，因为人们的衣服、鞋子等会携带产品，更多的人会发生给料错误，更多的人会发生标签错误等。只由 2 个人或 3 个人操作的生产单元的相对危险性较低。有 5 个或更多的单元的相对危险性较高。

（5）粉碎和细微粉剂的处理　颗粒越细，被带到设备、人员、容器上及空气中等地方的可能性就越大，如果细微粉剂中含有活性物，那么相对危险性就更高了。

（6）多次的手工处理　手工处理的次数越多，人为错误的可能性就越大。在一个简单包装单元中，配料被送进来，然后直接到达最终包装材料中，这样相对危险性就较低。

（7）固体的加工　处理固体配料或产品的单元，特别是当固体是活性物时，固体比液体更容易发生误处理。固体可以通过空气或人员传播，会到达另一个地点。固体制剂、制剂和包装、再包装单元会是相对危险性较高的因子。粉剂比颗粒的危险性高，因为粉剂比颗粒更容易传播。液体的再包装单元的相对危险性较低，而使用粉剂原药的液体制剂的相对危险性为中等水平。

（8）系统控制　有 ISO9000 体系及其他的标准可以改善并减少发生交叉污染事故的可能性。

（9）不同的包装　如果所有的配料都装在不同的包装中（如不同大小或颜色的圆桶、袋等），那么发生配料混合的可能性就大大减少了，可以减少交叉污染的可能性。

（10）总量较大的配料　不同的配料越多，发生混淆的机会就越大。发生交叉污染的可能性就越大。有六种或六种以上配料的固体制剂单元具有较高的相对危险性，只有一种配料的再包装单元的相对危险性则较低。

（11）大量的容器（配料或包装）　容器越多，放错地方的机会就越大。有多种配料的制剂单元或有多种包装材料的包装单元发生交叉污染的危险性大。

（12）生产单元的生产能力　生产大量产品或生产速度高的单元的危险性较高。生产少量产品时能够进行严格的控制。

19.6.4　产品生产过程中相对工艺发生交叉污染危险性要素

产品生产过程中相对工艺发生交叉污染危险性要素见表19-2。

表19-2　产品生产过程中相对工艺发生交叉污染危险性要素

编号	工艺的类型	相对工艺危险性	导致交叉污染危险性的要素
1	固体制剂	高	通常有大量的空气、大量的人员、邻近客户、固体加工、大量的配料、大量的容器和大容量的生产单元。有时候还有大量的活性物料和多种手工处理
2	颗粒的包装	中	通常有大量的人员、邻近客户、固体加工和大量的容器。有时候有大量的活性物、多种手工处理和大容量的生产单元
3	液体制剂	中	通常有邻近客户、大量的配料和大量的容器。有时候有大量的活性物、大量的人员、多种手工处理，固体加工及大容量的生产单元
4	固体包装	中	通常有大量的人员、邻近客户、固体加工和大量的容器。有时候有大量的空气和大容器的生产单元。很少有大量的活性物、多种手工处理和大量的配料
5	活性物的合成	中	通常有大量的人员、邻近客户和大量的容器。有时候有大容器的生产单元。很少有大量的空气处理、大量的活性物、多种手工处理、固体加工和大量的配料
6	液体包装	低	通常有大量的人员、邻近客户和大量的容器。有时候有大容器的生产单元。很少有大量的空气处理、大量的活性物、多种手工处理、固体加工和大量的配料
7	中间体的合成	低	通常有大量的配料。有时候有大量的空气、大量的人员、固体加工、大量的容器和大容量的生产单元

19.6.5　非同时的操作

有时候，两种操作需要在同一个工厂的不同设备内运行，但没有办法得到预防交叉污染所要求的分离水平。在这种情况下，可以通过停止其他设备，使得两种产品不在同一时间生产，降低交叉污染的风险。

19.6.6　非同时的操作控制措施

（1）停止生产的单元应满足这些条件：

① 停止生产时及再次开车前都要清洁设备和建筑物的内表面；

② 所有停止生产的单元设备（包括生产通风设备）的电源应关闭；

③ 操作和维修人员不能接触停止生产的单元设备；

④ 只能对不接触物料的设备进行维修，如马达、仪表；

⑤ 配料和包装材料要与操作单元分开，放在另一座建筑物内或另一个安全的房间内；

⑥ 限制有关人员接触操作设备的要求应贴在有关人员能看到的地方。

（2）有关人员必须就这一具体情况做一次风险分析，确保分析中覆盖了所有的因素。

（3）非同步操作的条件必须记录在工厂的程序文件中。管理审核中必须明确有关的控制措施得到了实施。

（4）可以考虑采取一些工程控制措施，例如一种连锁机制，可以防止两个区域的电源同时都处于打开的状态。

19.7　清洗要求

产品切换所要求的清洗标准限值是产品转换风险的主要指标。如果清洗过程失败，清洗标准限值越小，造成交叉污染的风险越大；另外，清洗标准限值越低，清洗所需的人力、时间、成本越高。为了优化生产顺序，建立在残留杂质水平的基础上开发清洗矩阵是很明智的。

19.7.1　生产设备清洗标准限值

（1）产品切换中生产设备设定清洗标准限值的目的就是保证如下要求：

① 清洗操作后更换产品时，后续产品可以安全地使用在登记的作物上，不会受到前面产品任何残留杂质的影响；

② 后续产品的安全使用仅限于标签上说明的情况，标签上未说明的使用情况不包括在内；

③ 所有清洗标准限值的计算方法都需要以文档的形式保存至该产品整个生命周期为止；

④ 清洗标准限值可能会持续更新，生效的版本必须是最新的版本（版本更新管控）。

（2）清洗极限值的计算需要知道以下几点：

① 对于低使用剂量的除草剂，活性成分的无可见作用剂量（NOELs）；

② 后续产品在所有登记农作物上的施药剂量以及每个种植季节的施药次数；

③ 1996 年 10 月 31 日美国环保署颁布的农药法规通告 96-8 的分类方法；

④ 对于杀虫剂，蜜蜂半数致死量（LD_{50}）及该产品按照法律规定的使用区域；在计算清洗标准限值时，必须首要考虑前一个活性组分在后一个产品登记的所有作物上的无可见作用剂量（NOEL），必须使用最低的无可见作用剂量（NOEL）（也就是对前一个活性组分最敏感作物的 NOEL），不管后续产品是否大面积用在该作物（低敏感性）上。

美国环保署（EPA）1996 年 10 月 31 日在农药法规通告上发行了关于前一产品对下一产品污染的毒性显著水平（TSLCs）指南，这是在计算清洗标准限值时必须参考的。农药法规通告 96-8 适用于在美国的农药产品生产、进口和/或使用。也就是说，将美国作为最终目的地的农化产品清洗标准限值不能高于毒性显著水平（TSLCs）所列各类产品的的限定值。有必要再次提醒：仅仅执行美国环保署指南而不考虑生物效应仍然可能导致严重的交叉污染事故，因为 TSLCs 标准可能太高，不能覆盖所有必需的“生物安全界限”，以致不能防止所有交叉污染事故的发生。如果依据生物学确定的清洗水平低于法规限值，必须使用生物学标准。

美国之外的其他国家，只要不违反相关作物保护法规，政府部门通常允许植保行业自行规定清洗标准限值。然而，美国环保署（EPA）的 PRN96-8 条款应用在加拿大也是可以理解的，目前也应用在墨西哥。

19.7.2 除草剂清洗标准限值

如果依据生物学基础来计算清洗标准限值，有必要建立一个无可见作用剂量（NOEL）数据库。生物学基础的清洗标准限值让我们可以判定是否超过或低于 EPA 默认值。完成这些需要建立在污染物分类的基础上。大多数情况下，前一产品包含一到多个专有活性成分，这些成分的无可见作用剂量（NOEL）值在该公司自己的数据库中是可获得的。建议每个公司指定一个专家（例如生物学家或农学家）联络负责生产和法规的同事来负责计算所有清洗标准限值。

（1）除草剂的无可见作用剂量　除草剂的无可见作用剂量（NOEL）值在科技文献中没有，这些数据主要是由该活性成分的原研发公司在温室中获得的。这意味着 NOEL 值仅应用在专利农药上，一般不用在仿制农药上。

无可见作用剂量是在温室中通过使用“剂量/反应”的研究方法，通过观察作物上是否有可视的损伤获得的。临界值设置在 ED_0（产生 0%负面影响的有效剂量）和 ED_{10}（产生 10%负面影响的有效剂量）之间，取决于公司的风险管理政策。然后，这个 ED 值被作为无可见作用剂量计算清洗标准限值。ED_5 和 ED_{10} 值经常被当作清洗标准限值的起始点。一些公司喜欢只用 ED_0 来计算清洗标准限值。当活性成分在低剂量下就产生显著可视症状（如褪绿黄斑）时（$<ED_{10}$），以较低的 ED 值作为 NOEL 值则比较明智。

对于“高活性除草剂”而言，计算清洗标准限值时需要额外注意。“高活性除草剂”的使用剂量往往低于 50g 活性成分/hm^2，而在非靶标作物上，NOEL 值低于 10mg 活性成分/hm^2 的情况很普遍。

（2）安全系数　在清洗标准限值的计算中使用安全系数（SFs）进一步减少可能的交叉污染事件。每一个成员企业根据自己公司的风险管理政策来决定安全系数的级别，通常在 2～10 之间。

使用安全系数的原因：

①“剂量/反应”的研究方法是在温室中（白天和黑夜）恒定的温度、湿度和光照管理条件下进行的；

② 在田间情况下使用植保药剂时，部分重复经常无法避免，这会导致部分试用田的使用剂量翻一倍；

③ 温室条件下植物的排列都是最理想状态，而田间的湿度、温度和光照强度不是均匀的；

④ 温室中的供试植物一般比田间供试的植物小，每个植物上喷到的药量会较少；

⑤ 现代农场中的施药量经常比在温室中的施药量显著降低，这样一来温室中的喷药剂量较高会导致喷洒溶液中潜在污染物浓度也较高的风险。

（3）施用量　施用量是清洗标准限值计算中的重要部分。知晓制剂在每个作物上的施用量是必不可少的，并且需要考虑到很多产品在每个作物季节中的多次使用。在计算清洗标准限值时，根据公司特定的风险评估方法，需使用登记作物上后续产品最高单次施用量和最高单季施用量的数值。

（4）计算除草剂清洗水平的方程　以生物学为基础的清洗水平用下面的公式计算：

$$\text{清洗标准限值}(\times 10^{-6})=\frac{10^6\times \mathrm{NOEL}}{\mathrm{SF}\times \mathrm{AR}}$$

式中　AR——后续制剂产品最大施用量，g 制剂/hm^2 或者 mL 制剂/hm^2；

NOEL——在后续产品登记的所有作物中，对前一个产品活性组分最敏感的作物上无可见作用剂量，g 活性组分/hm^2；

SF——安全系数，从 2 到 10 不等。每一个后续客户根据自己公司的风险管理政策，定义 SF 的值。

（5）先前产品包含两个或多个活性成分，除草剂清洗水平的计算　如果先前除草剂制剂包含两个或多个活性成分，所有残留活性组分的清洗水平都应计算。

产品转换时，为了确保所有残留杂质达到清洗标准，需进行分析确认。如果一种活性组分达到清洗标准，并不能认为所有活性组分的清洗水平都已达到。不同化学物质的溶解度不同，也就是说，它们不能以同样的比率被清洗液洗掉。这意味着当一种化学物质可能被清洗得小于清洗标准时，其他活性组分只有部分被洗掉。假如有一种以上的污染物，必须为污染物分别计算和分析它们的清洗标准。应该考虑到污染物可能在非靶标作物上有协同效应。这些活性组分的联合清洗水平不能比最低清洗标准的除草剂高。

（6）安排生产顺序时需要注意的事项　在安排生产日程时，下述特别关键的生产顺序要考虑：

① 深度染色的活性成分，如二硝基化合物，或带颜色的制剂如种子处理剂，为满足后续生产的外观颜色标准，通常要求清洗到比生物学确定的清洗标准限值低得多的程度。

② 从水性制剂转为生产含有机溶剂的制剂，或相反，需要彻底除去先前的溶剂残留。另外用一种既易溶于水又溶于有机溶剂的溶剂额外清洗设备是一种好办法。为避免这种情况的发生，安排生产日程时要尽量将乳油生产安排在一起，以减少清洗的时间，避免清洗溶剂的浪费。

③ 当一些吡咯类杀菌剂污染种子处理杀菌剂/杀虫剂时，会对刚出芽的幼苗有毒性作用或者直接导致其不能出芽，通常是在清洗水平要求比美国环保署农药法规通告 96-8 规定的限值低得多的情况下发生的。

19.7.3 杀虫剂的清洗水平

杀虫剂的清洗限值标准的目的在于不仅对下茬作物安全，如无药害损害，保证对非靶标生物如蜜蜂在处理过的作物上采蜜时安全。

当残留在生产装置中的杀虫剂活性组分在以下产品中出现［美国 EPA 杀虫法规（PR）notice 96-8］，美国 EPA 将＜1000mg/kg 作为它的清洗标准限值。作物保护产品法规 1107/2009/EC 对未确定的杂质建议使用同样的标准。

如果对其应用类型并无副作用发生，杀虫剂活性成分＜1000mg/kg 的清洗水平用作控制非作物领域的节肢动物、灭螺剂、杀线虫剂、土壤熏蒸剂、落叶剂或者干燥剂都是可接受的。尽管如此，当接下来安排生产的产品是杀菌剂、杀螨剂、其他杀虫剂和叶面喷雾使用的植物生长调节剂，用＜1000mg/kg 作为杀虫剂活性的默认清洗水平可能导致非靶标生物出现意外的副作用。

（1）叶面喷雾用杀虫剂清洗水平的计算　杀虫剂清洗水平的计算基于蜜蜂的半数致死量（LD_{50}）。蜜蜂经口和触杀的半数致死量数据对杀虫剂的所有活性组分都可获得。使用这些数据的优点是蜜蜂多数情况下都对杀虫剂敏感，而且数据获得快捷，基于良好实验室规范，且高度标准化（即根据 OECD TG213/214 产生）。如果蜜蜂经口和触杀的半数致死量都可用，建议使用最低的值计算清洗水平。这样可确保这两个暴露途径（通过接触和饲喂）都涵盖。

$$清洗水平(\times 10^{-6})=\frac{10^6\times LD_{50}\times HQ}{SF\times AR\times MAF}$$

式中　LD_{50}——导致一半蜜蜂死亡的杀虫剂剂量，μg ai/蜜蜂；

HQ——HQ 触发值源自危险商数方法，建议使用值为 50，这是一个可以避免蜜蜂事故的有效值（EPPO 20106，20037）；

10^6——转换系数；

SF——安全系数（默认值是 1），额外安全系数，假如使用 IPM（病虫害综合防治），就是公司需自己决定，并对清洗水平的计算负责，比如，SF 值以单剂对非靶标节肢动物（NTA）的数据为基础；

AR——后续产品的最大单次施用量，g 制剂/hm^2 或者 mL 制剂/hm^2；

MAF——多个应用因素（默认值是 1），根据叶面半衰期、施用次数和喷洒间隔判断，它的值可能增加。

当紧随杀虫剂的产品用于害虫综合防治（IPM）时，应引起特殊关注，这里种植者可能使用寄生虫或者食肉节肢动物防治害虫。

杀虫剂对于寄生虫或者食肉节肢动物的毒性数据不像蜜蜂数据那样快速易得，但活性成分的数据既不易得也缺少标准化。因此，使用蜜蜂的毒性数据更实用。

如果杀虫剂对蜜蜂的半数致死量>0.1μg 活性成分/蜜蜂，应查看使用蜜蜂毒性数据计算清洗水平的适用性，比如查看单剂非靶标节肢动物数据。与此类似，根据 OECD TG 213/214，昆虫生长调节剂（IGRs）在蜜蜂上无毒性，就应该考察它对非靶标节肢动物的数据。另一个例子是杀螨剂，这种产品对蜜蜂毒性很低却对螨有毒。如果肉食螨用于作物的病虫害综合防治，清洗水平应设置在一个不影响这些螨的水平。

（2）用作种子处理的杀虫剂清洗水平计算　有时候，当杀虫剂作为种衣剂使用时，计算杀虫剂的清洗水平比使用美国 EPAPRN 96-8 默认值<1000×10^{-6}（类别 1）更好些。尤其是杀虫剂活性成分有内吸性的时候。

AR 值以被处理种子的播种率和用于给 100kg 种子做包衣的制剂产品的数量为基础（种子包衣应用率）：

$$被处理种子的播种率(SWR)=\frac{S}{H_a}$$

$$种子包衣应用率(SLAR)=\frac{FP}{100S}$$

因此，计算种衣剂产品中杀虫剂清洗水平的公式如下：

$$种衣剂产品中杀虫剂清洗水平=\frac{10^8\times LD_{50}\times HQ}{SF\times SWR\times SLAR}$$

式中　S——被包衣的种子质量，kg；

H_a——播种面积，万平方米；

FP——100kg 种子做包衣的制剂产品数量，g；

LD_{50}——导致一半蜜蜂死亡的杀虫剂剂量，μg 活性成分/蜜蜂；

HQ——触发值，源自危险商数方法，建议使用值为 50；

SF——安全系数，默认值是 1；

SWR——被处理种子的播种率，kg/万平方米；

SLAR——种子包衣应用率。

MAF 在方程中被省略是因为种衣剂是典型的一次性应用。

安全系数的值只能由后续制剂产品的拥有者基于上述杀虫剂的细节信息决定。SF 的数量级可能比计算除草剂清洗水平的计算值大大增加。

19.7.4　杀菌剂的清洗水平

本部分介绍关于作为种子处理产品潜在污染物清洗水平的计算。

（1）叶面喷雾杀菌剂的清洁水平　叶面杀菌剂是典型的登记在众多作物上的产品，作物种类范围广且属于不同的植物科属。这也用于内吸性叶面杀菌剂，并能明确说明当使用登记用量时叶面杀菌剂具有高选择性。在大量的案例中，使用列于美国 EPA PRN 96-8 种类 1 默认的＜1000mg/kg 值可以认为是安全的。因为依据制剂产品标签说明进行的叶面喷洒，反复应用产品后，叶面杀菌剂活性组分残留通常并未导致药害。尽管如此，人们知道许多杀菌剂（比如吡咯类杀菌剂）表现出植物生长调节的活性。因此，如果以前使用的杀菌剂属于这类化学结构，决定清洗水平前，建议在一些典型的作物上使用杀菌剂和杀虫剂检查它的选择性。那样可能其他杀菌剂活性成分对非靶标作物也表现植物生长调节的活性。

（2）用于种子处理的杀菌剂的清洗水平　同样，用于种子处理（种衣剂）时，吡咯类杀菌剂也表现出植物生长调节的活性。因此，前面产品是种子处理剂时，确定这些杀菌剂的清洗水平需要小心谨慎。

19.7.5　活性成分浓度低于 1g(a. i.)/kg 的制剂产品清洗水平

许多诱饵产品和用于家用市场（比如家用和花园产品）的活性组分在许多情况下是＜1g 的。美国 EPA PRN 96-8 并未特别涵盖这些产品。因此，理论上 EPA PRN96-8 TSLC 值（前一产品对下一产品污染的毒性显著水平）可被用于计算清洗标准限值（CLs），尽管如此，这将意味着残留杂质的含量可能高于活性成分。基于这个原因，建议可接受的残留杂质浓度不应超过活性成分含量的 1/10。这一建议被许多植保协会国际成员公司执行。

19.8　生产设备的清洁清洗

生产单元的清洗是最基本的污染预防有效措施。优化的生产顺序能够降低交叉污染的风险并减少废弃物的排放。

清洗程序必须考虑生产的类型（合成，生产制剂，液体和固体的包装）、生产单元的结构、详细的生产顺序，以保证残留物的含量低于清洗水平。本章会推荐一些最佳的实践。

19.8.1　一般的清洗程序

原药合成、液体产品制剂和包装的一般清洗程序必须一直保持有效并文件化。书面的清洗程序必须详尽如下：

① 所使用的清洗介质（有机溶剂、水、清洗剂、漂白剂、氢氧化钠、膨润土、高岭土、沙、糖、滑石粉）。

② 对于生产线各个单独模块的清洗顺序。

③ 往设备中加入清洗载体的方式（比如利用旋转喷雾头或者高压清洗器）。

④ 冲洗（用液体或固体）的次数，以及每次冲洗的最小量。

⑤ 拆除（或部分拆除）装置，用清洗载体人工清洗单独的模块（如果需要）。

⑥ 对冲洗样品取样位置的描述。

⑦ 内表面干燥程序（如果必要），采用烘干或选择氮气与压缩空气进行吹扫。

⑧ 清洗介质的废弃/回收程序。

19.8.2 目视检查

目测检查是评估一个清洗步骤是否有效的重要、低廉、快速且有效的方法。只要发现设备上有任何材料痕迹（灰尘、结块和/或表面染色），就可以要求重新清洗。检查设备法兰内缘、管道等死角的时候，镜子和纤维光学照相机是非常有用的工具。

19.8.3 生产单位(设备)湿洗

湿洗一般用于液体产品生产单元，但很多情况下也应用于固体生产线清洗程序中的某一个清洗步骤。湿洗不适合那些难以收集甚至无法收集清洗液的设备（如压片机、流化床）。

书面湿洗程序必须详述以下内容：

① 所用清洗介质（如有机溶剂、水、清洁剂、漂白剂、苛性钠）。它必须以大于 1%（质量分数）的比率溶解、乳化或分散残留杂质。可以在实验室提前测试清洗介质的有效性。

② 生产线各部件的清洗顺序。

③ 将清洗介质送入设备，如使用旋转式喷头（嘴）。在预先设置好的温度搅动和/或循环清洗介质，时间要足够长，从而清除污染物。可能的话，推荐使用清洗介质回流的蒸馏法。

④ 冲洗次数和每次冲洗清洗介质的最少用量。

⑤（部分）拆卸设备，用清洗介质手工清洗各个部件。

⑥ 冲洗设备内表面，如使用高压射水。

⑦ 描述冲洗液样品的取样位置。必须指出，确定冲洗液（用过的液体清洗介质）中的残留物并非总能确保后继产品的残留水平自动低于约定清洁水平，即使是冲洗液的残留水平低于清洁水平。

⑧ 通过用氮或压缩空气加热或吹洗设备，烘干内表面的过程（必要的话）。

⑨ 用过的被污染的清洗介质的处理/再利用程序。

⑩ 非水清洗介质（如有机溶剂）存在的任何潜在的健康、安全和环境问题（处理、可燃性）以及推荐使用的操作员人身保护设备。

19.8.4 生产单位(设备)采用干洗

打开或（部分）拆卸设备生产线，清除上面的固体沉积物（粉末、颗粒），然后用刷子和/或用真空吸尘器打扫内胆。

固体冲洗材料由不含活性成分的固体惰性材料组成，不管是纯粹的载体（如蒙脱土、瓷土、沙子、硅石、糖、滑石等）或者是载体和表面活性剂的混合体（制剂辅料），具体用什么材料要根据前面产品的组成决定。

冲洗后一定要另外干洗和（可选择）湿洗，清除设备上留下的冲洗材料。必须注意，在固体配制线上，干洗和（可选择）湿洗后，清洗液和/或固体冲洗材料分析并不能确保后继产品的残留水平低于约定清洁水平，即使清洗液/固体冲洗材料上是这种水平。前产品可能以块状的形式藏在设备死角，并在生产后继产品时发生移动，进而污染后继产品，使得交叉污染水平高于清洁水平。所以，我们不断强调，要彻底目测检查配制线，保证没有隐藏的物料留在生产线中。

19.8.5　清洗能力验证

清洗能力验证是用来证明只要严格按照书面的清洗程序进行清洗，能够持续达到清洗水平。特别是残留物的分析是从使用过的清洗介质（清洗液或固体冲洗材料）中取样，而不是从后续产品中取样。证明清洗能力验证，可以考虑确定影响清洗水平的关键参数，包括以下方面：

① 设备设计，死角。

② 理化性质（如：产品在清洗溶剂中的溶解性）。

③ 清洗过程操作条件（如：清洗介质的停留时间、温度、搅拌速度、流速等）。

④ 选择清洗水平低的产品转换（不同的产品组合）或选择一个前产品难于清洗的产品转换（如，强黏性的活性组分或制剂，具有强染色能力的活性成分或染料）。

⑤ 清洗过程严格遵守制定的清洗程序以保证过程具有重复性。

⑥ 检测清洗介质中的残留物，如需要重复几次清洗，分析每次使用过的清洗介质，以此确认达到所要求的清洗水平的清洗循环的次数，以达到最佳清洗效率。

⑦ 分析后产品中前产品的残留量，并与使用过的清洗液中的残留量进行对比。在产品转换时使用完全相同的清洗程序，重复合适的次数用于证明清洗程序的可重现性。

⑧ 如果任何一个关键的参数（如上述）发生变化，需要重新评估清洗能力。

⑨ 使用统计技术采取合适的样本量进行清洗能力和不良趋势的回顾。

必须严格执行验证过的清洗程序中所列出的步骤和条件，以确保生产计划中出现相同的产品转换时，每次清洗的结果具有重现性。这也就意味着设备的设定与清洗程序中所描述的保持一致。

培训操作人员严格遵守清洗程序，例如改变清洗介质或者是清洗介质的浓度，增加或减少清洗介质的数量，缩短或延长清洗周期的时长或者是省略人工清洗的步骤都将导致清洗的失败。

19.8.6　清洗介质的回收

使用过的清洗介质的循环使用必须建立在风险/收益评估基础上，可以考虑以下几个方面：

① 贮存使用过的清洗介质由于标识不当或与其他产品混合而导致的污染风险；

② 贮存使用过的清洗介质因变质（化学的或细菌的/真菌的）引起的质量风险；

③ 重复使用清洗介质节约了成本；

④ 减少废弃物产生的生态效益。

19.8.7　设计设备提高清洗效率

（1）设备设计　设备设计在任何生产单元的清洗便利性方面都起着决定性的重要作用。在易清洗设备和避免任意种类潜在交叉污染物附着方面进行投入，有助于优化整个清洗过程并降低停工期成本。掌握现有生产单元中关键部件的知识，执行充分的风险评估和清洗程序。

（2）为改进清洗效率的设备设计　污染预防要求构成了新生产单元设计或现有生产单元改造设计中的一个重要的考虑事项。应考虑下列改进清洗效率的设计理念：

① 采用先进的技术减少潜在污染：在线清洗（CIP）技术，如釜内旋转喷头、在线分析仪等。

② 在配备过程控制系统的生产线上，考虑清洗程序自动化。

③ 设计应包含清洗类型。如采用湿式清洗，技术设备必须不漏液，设备内表面必须耐腐蚀且光滑，从而避免附着产品。某些塑料（如用于管路的塑料材料）可能吸附活性成分和溶剂，且无法实施适当清洗。建议使用非吸附性材料。

④ 设计数量足够多的清洗检查窗，以便实现良好的设备内部检查及便利的清洗中设备检查。

⑤ 在管路的最低点设置阀门，以便排液。

⑥ 在生产单元中设计足够的周边空间和合理的拆卸点，以便清洗。考虑在设备上设置快速接头，从而实现快速拆卸和检查。

⑦ 加大管路的坡度，从而最大限度地促进排液。管路弯头（尤其是半径小的弯头，可能成为积液点）应尽可能地避免。避免采用 U 形管路。

⑧ 选择"无死体积"（容器无 90°转角且无死角）的技术设备（反应釜、阀门等），从而最大限度地降低物料附着风险，同时促进排液。

⑨ 安装取样装置应覆盖整个工艺过程，帮助满足清洗后的分析和问题查找需求。设计取样装置时始终关注清洗的便利性。

⑩ 对于使用专用预过滤器过滤的粉末，考虑采用封闭式卸料和包装设施。

⑪ 在生产单元中设置"洗涤室/工作站"，用于拆卸下来的较小设备的清洗。

⑫ 生产区域内不建议采用格栅地板。实心地板容纳泄漏物的能力远优于前者。

⑬ 采用可清洗、防泄漏或边缘密封无裂缝的建筑墙。

（3）关键部件清洗操作建议的生产单元示意图　污染预防得以成功的关键因素之一就是采用低于认可清洗水平的生产单元。特别关注不同类型的制剂和包装单元中难以清洗的各个关键区域和关键部件（图 19-2）。虽然中间体或活性成分生产单元的有效清洗在污染预防管理中具有相当的重要性，由于不同的合成工艺需要比制剂或包装单元多得多的设备配置范围。在合成单元中，关键的区域为离心机、过滤器、干燥设备和将最后一步合成产品转移至储罐、物料桶等中所用的设备。

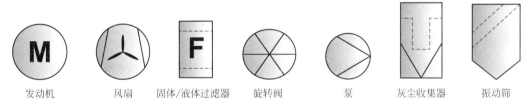

发动机　　风扇　　固体/液体过滤器　　旋转阀　　泵　　灰尘收集器　　振动筛

图 19-2　生产单位清洗关键部件

19.8.8　设备清洗关键重点区域介绍

有效的交叉污染预防管理工作中，主要成功的因素之一就是保证生产装置的清洁程度达到规定的清洁标准值以下。

下面专门介绍不同制剂包装装置难清洗的重点区域。尽管对生产中间体和有效成分的装置进行有效的清洁工作同样是必要的，但是相对配制包装单位而言，各种合成过程要求更广泛的设备配置。合成单位的关键部分有离心分离机、过滤器、烘干机以及将最终合成品（如介质或最终活性成分）转移到散装容器、鼓形圆桶等中的设备。

（1）液体制剂装置难清洗关键重点区域（SL 和 EC 制剂）　见图 19-3（a）。

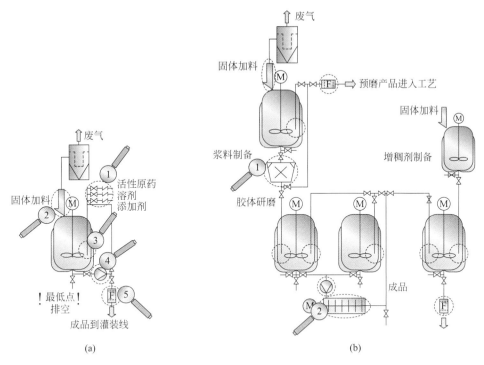

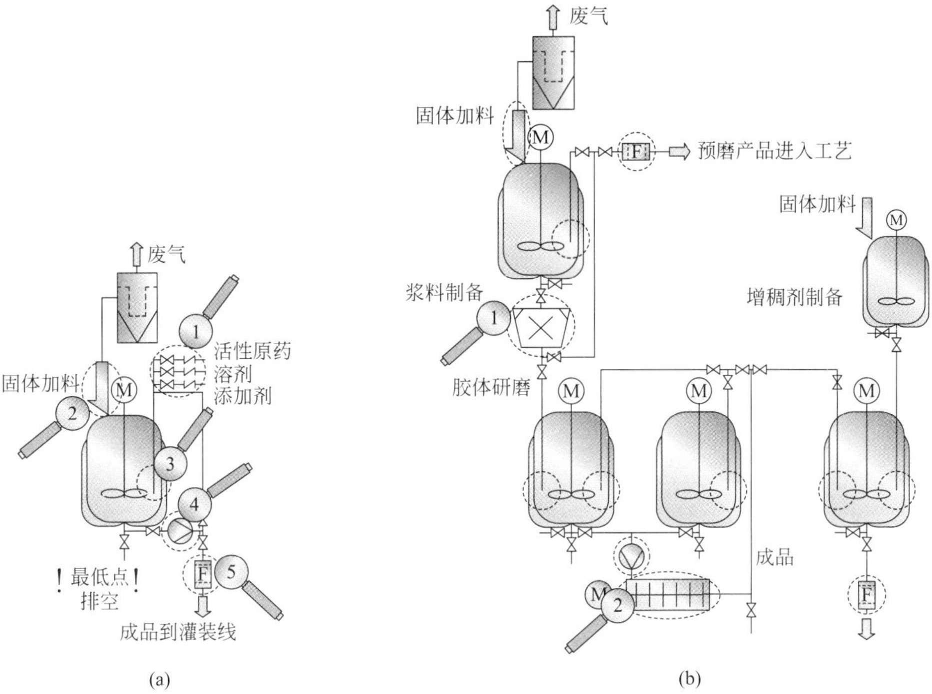

图 19-3　液体制剂装置（a）和湿（液体）研磨、SC 制剂装置（b）难清洗关键重点区域

［注解］

① 来自储罐的管线必须配备可靠的预防返流措施并定期对这些措施进行检查。如储罐中的溶剂和添加剂（如表面活性剂）还被用于其他生产单元投料，则这类措施尤为关键。如容器或灌装线可接受来自多个不同活性成分、配制或原料储罐的物料时，未使用的管线应排空或关闭断开，以确保不会因错误或机械故障而加入错误的物料。

② 在固体投料区域，有三点需要非常慎重的管理：

a. 工艺中使用正确的固体物料。

b. 不仅在工艺过程中（污染预防和工业卫生），而且在更换至后续产品时，均需要特别关注对一些产生粉尘的部位的清洁管理。

c. 过滤器中收集的粉尘应优先选择进行处置。如预期循环利用粉尘，必须严格按照已批准程序中的内容采取具体措施，避免贮存及后续产品中循环利用时产生混淆。收集自地面或墙面的粉尘不得循环利用于工艺！

③ 滴加管可能产生沉淀，且与配制容器的其他部位相比需要更长的清洗时间。尤其是采用在线清洗时，对滴加管线的清洗需要进行检查，理想的方案是实施目视检查。

④ 泵总是难以清洗的，理想的方案是泵单独清洗。

⑤ 后续产品制剂生产开始前，“必须”更换滤袋。

（2）湿（液体）研磨、SC 制剂装置清洗的关键重点区域　见图 19-3（b）。

［注解］强烈建议阶段性生产完成后立即进行清洗，即使尚未决定之后生产哪个产品。如生产单元生产悬浮剂，由于悬浮剂一旦变干可形成极难去除的固体活性成分颗粒、增稠剂等的液膜，立即清洗甚至更为重要。如果清洗过程未能完全去除上述液膜，其可能溶于后续产品并导致污染。

① 胶体研磨机在清洗过程中需要给予特别关注，由于单元的固有设计和高剪切速度，

在难以清洗的位置必将产生固体膜。清洗及清洁程度检查过程中，可能有必要打开设备。

② 针对每种在球磨机中生产的活性成分，建议使用专用磨珠。磨珠应进行清洗，并在阶段性生产间隔妥善贮存——清楚标注对应活性成分的名称。

（3）干（固体）制剂难清洗关键重点区域

① 干研磨-WP 配制、颗粒配制清洗的关键重点区域见图 19-4（a）。

固体制剂生产中一般需要考虑的问题是来自设备各处散发出的粉尘。在任何类型的作物保护产品生产中，最为重要的始终是维持良好的内务管理；对于固体产品的生产而言，这一点更为关键。

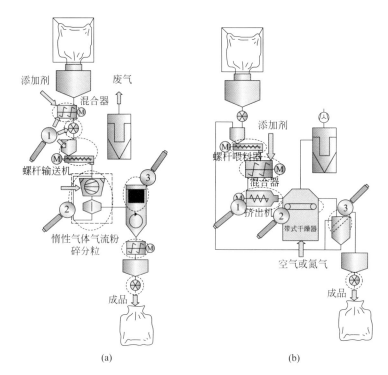

图 19-4　干研磨-WP 配制、颗粒配制装置（a）和挤压造粒装置（b）清洗的关键重点区域

［**注解**］固体物料在设备内壁和螺杆输送机移动部件、回转阀、进料器和混合器上的“结块”难以避免，这常与所使用的固体物料的物理特性相关。最为有效的清洗方法是先通过（或部分通过）机械清洗除去所有的固体沉积物，再拆下螺杆输送机、回转阀和混合器。随后，才开始用加压水清洗。

a. 应将气流粉碎机（或机械粉碎机）打开，首先机械清洗，随后实施湿式清洗。擦拭试验是一种确定设备内壁上前个活性成分的潜在残留的非常好的方法。有时这些残留物可能是不可见的，但对于活性高的产品，这样的残留水平仍然可能污染后续产品。

b. 过滤器和旋风分离器所收集的“粉尘”可以形成“团块”，而这些团块可能进入后续产品，因此，这两个部件需要进行额外的彻底清洗。建议使用产品专用过滤器管路/滤袋。仔细管理专用滤袋的包装、贴签和贮存，以避免在下一阶段性生产中被意外地用于错误的产品。

② 挤压造粒装置清洗的关键重点区域　见图 19-4（b）。

［**注解**］

a. 需要将压粒机中的筛子全部拆除，并在含适宜洗涤剂的水中浸泡和清洗这些筛子，另外，建议针对每种活性成分使用专用筛子。压粒机的其他需要特殊清洗关注的部件包括螺杆输送机。

b. 不管干燥设备是怎么设计的，产品通常会附着在内壁的某些突出部分，且需要在清洗操作过程中给予额外的关注。

c. 需要将筛分机中的筛子拆除，手工清洗筛子，接着进行目视检查。

19.9　清洗流程及实例

19.9.1　清洗流程

对于外购产品的情况，委托商有责任提供清洗水平、分析方法和推荐最适当的分析设备。外部生产商以及后续的客户应共同设计痕量分析方法和适合特定设备的取样方法。

（1）产品及清洗介质（固体或液态）中残留物的分析　清洗水平指在后续产品中残留的前产品活性成分的浓度，而不是清洗介质中残留的浓度。因此，清洗水平应该在后续产品中进行分析，但鉴于某些原因，此值可能在清洗介质中进行了分析。

需要强调的是，通过确定清洗介质中的残留量并不能保证后续产品中的残留量就能低于之前确定的清洗水平，即使该清洗水平是通过清洗介质来计算确定的。

（2）取样　每个设备都必须有一个文件化的取样规程，保证能取到具有代表性的样品或取自生产过程中合适的取样点，来确保所有的设备已清洗并且清洗水平低于残留杂质水平（RIL）。

必须培训操作员掌握正确的取样程序。

① 取什么

a. 用清洗介质冲洗设备后的末次清洗液。

b. 实际配制或合成容器中取出的产品。

c. 分析后继产品的残留物水平时，生产线上包装的第一瓶产品。

② 取样地点

a. 产品残留可能积聚的技术设备关键部位。

b. 专门贴有标签的样品端口，如阀门，或最终包装填充管口。

③ 取样数　取样需有代表性，但是尺寸应尽可能小，因为样品不可以返回生产过程。

④ 取样点的实例

a. 在包装前从制剂制备罐或原药合成釜内进行产品取样。

b. 分析后续产品中前产品的残留量时，应从生产线上的第一瓶或第一批瓶产品中进行取样。

c. 设备清洗完成后，最后一次清洗液进行取样。

不建议重复使用取样瓶；确定哪个样品需要留样以及留样时间和存放条件。清洗介质的留样不是必需的要求；对于最终产品和清洗介质，相关的分析原始数据必须要保留。

（3）残留杂质的分析方法开发　需要建立合适的分析方法，用于测定最后一次清洗液和/或在后续产品中前产品的残留，同时还需要考虑的是分析室自身引入的交叉污染。因此需要有系统性的要求，例如：使用清洁的玻璃仪器，尽可能使用一次性容器、试管、吸液头等。

正确清洗分析设备也是十分重要的，否则会导致结果的假阳性。

① RI 分析的原则实例如下：

a. 分析 TOC 值（总有机碳）是一种有效的分析水性清洗介质的方法。清洗水平大于

50mg/L 时通常使用标准方法（如 GC-FID、HPLC 和 UPLC）。

b. RILs 低于 50mg/L 时通常要求更具有专一性和灵敏度的分析手段，如 HPLCMS、GC-MS 或者 GC-ECD。

② 任何分析方法都需要进行验证；分析方法验证中必须包含下述内容：

a. 方法的专一性：分析方法能够将活性成分和其他杂质分开。

b. 方法的回收率：分析方法能够准确地定量活性成分含量（例如加标）。

c. 方法的重复性：对于同一样品，多次分析、不同的称量和不同的分析员都可以获得重现的结果。

d. 线性：能够可靠定量的相关成分的浓度范围。

(4) 清洗的监控　清洗结束后，对惰性物料清洗后进行取样分析，可以对清洗的有效性做一个大致的评价。但是产品允放的清洗结果是以对最初的新产品取样分析的结果为基础的。通常情况下，任何浓度的痕量组分都会一直下降到分析方法的检测极限（LOD），这一点标记着过渡期终止，进入常规操作期。

(5) 连续监控　在连续监控中，任何高于检测极限的峰值都应该予以调查。

① 立即判断这是不是由于返工、开车或其他已知的具体原因引起的可以预期的结果。

② 如果结果是不可预期的，生产只能继续进行到可以判断这个问题是单一的事件还是进行中的时候为止。

③ 如果问题是进行中的，就应该停止生产，在重新开始生产前找出并排除导致问题发生的原因。

④ 无论问题是进行中的还是单一的事件，都应该立即通过分析判断出任何超出允放标准的产品，加以分离并销毁。

⑤ 在正常程序下物料低于允放标准但高于痕量 LOD 的不能允放，因为正常的允放程序只适用于过渡物料，所以必须在具体的允放条件下进行允放。

其他的特别注意事项如下：

① 检查样品计划，确保所取的都是要求取的样品，而且都是可能达到的规模最小的样品。

② 在现场进行尽可能多的测试，进一步减少送到多产品实验室的样品数目。

③ 只把要求的样品带到中心实验室（多产品实验室），测试结束后丢掉残留的样品。

另外，特别要注意以下两点：

① 只在许可的、经过正确设计的取样区开启容器，无论这个取样区是在生产区域还是在仓库。

② 如果容器要在生产区域开启，那么应该在同一种产品的生产过程中开启。

19.9.2　清洗实例分析

案例 1　不当的清洗过程

① 有些花农投诉说，他们培育的盆栽玫瑰在施用控制杂草的土壤除草剂后，叶子上出现了严重的褪色斑（很明显，白色）。这大大降低了这些盆栽植物的市场价值，并需要额外的人工去修剪枝叶以改善外观。

② 在生产该土壤除草剂悬浮剂 SC 之前，该生产线生产过一种谷物除草剂，这种产品含有高活性的阔叶杂草除草剂成分，在杂草上最初表现的症状就是褪色。

③ 对土壤除草剂中所含的谷物除草剂的高活性成分含量进行分析，结果表明，其含量达 87mg/L，这个值远远高于它在玫瑰上的无可见作用剂量（NOEL）。

事故原因调查显示：

① 两个生产班组对生产装置进行清洗。正常情况下是一个生产班组对装置进行清洗。并且工人没有按照清洗操作规程操作，清洗时的顺序不正确。

② 工人们没有按照操作规程先将料斗进行清洗，第一个班组的工人先清洗了制剂配制釜和颗粒研磨机。对最后一次清洗液进行取样和分析，结果表明残留成分浓度低于所要求的限值。

③ 第二个班组不得不清洗料斗。在干法清洗之后，料斗用软管冲水清洗并晾干。

④ 料斗的清洗液收集在第一个釜内，也就是在这个釜里进行下一个 SC 产品的配浆。配浆釜中的清洗液未按清洗程序要求排空。

⑤ 下一班的工人没有被告知配浆釜内含有被污染的水。下一个品种的制剂生产就这样开始了。这次事故导致 7 次来自玫瑰花农的高额索赔，外加长时间的大返工。

从这个案例我们学习到什么？

① 建立一个书面的设备清洗程序，并且要包含设备清洗的检查清单，该清洗程序要列出每一个清洗步骤和每个步骤的顺序。这个书面程序必须经实验证明有效。

② 确保完成每一步骤都在批次卡上有记录，并且要有操作工人姓名及日期。缺少的步骤必须要调查清楚。

③ 对清洗液和/或下一个生产产品要取足够数量的样品进行分析，确认清洗的有效性。

案例 2　不当的清洁清洗标准

几千公顷的大豆不发芽，而所有的大豆种子都由一种防止枯萎病种子处理杀菌剂处理过。同一家杀菌剂制剂工厂接到生产两个大豆杀菌剂的紧急订单：一个是属于吡咯系的叶面杀菌剂；另一个是种子处理杀菌剂。种子处理杀菌剂含有黏性很强的染色剂，使得清洗过程非常困难，耗时很长（这种染色剂容易黏附在设备壁上）。当痕量的染色剂未被完全从设备上清理掉，就可能给几乎全白色的叶面杀菌剂染上颜色，由此而产生质量问题。因此，叶面杀菌剂的生产应安排在种子处理杀菌剂之前。

这样做的假定前提是：一个杀菌剂产品后紧接着生产另一个杀菌剂产品，适用的清洗标准应该是 EPA 批准的 1000mg/L。

事故原因调查显示：

① 叶面杀菌剂生产结束后，设备进行了清洗。由于分析设备故障，残留杂质含量（即叶面杀菌剂的活性组分含量）未能测定。但是种子处理杀菌剂的生产立刻开始，并没有等分析设备修复。

② 因为这些产品属于紧急订单，两种产品又都用于大豆，所以决定不经过管理层批准，自行减少了清洗次数，

③ 分析结果显示，前面产品的活性组分在种子处理杀菌剂中的含量超过 6000mg/L，所有的在库种子处理杀菌剂产品被隔离。

④ 在当地田间试验站进行的快速试验显示这个叶面杀菌剂在大豆种子处理中的安全限值是 2000mg/L。

⑤ 基于市场压力，产品返工（与其他未污染的产品混合）降低叶面杀菌剂的含量到 2000mg/L 以下。

⑥ 后续温室研究表明，实际上该叶面杀菌剂在大豆种子处理杀菌剂中的安全标准是低于 2000mg/L，用该杀菌剂处理过的大豆均未发芽，导致了一连串的高额索赔。

从这个案例我们学习到什么？

① 无论业务压力多大，永远不要缩短清洗程序。交叉污染风险很容易导致更多的业务

损失。

② 即使清洗标准在 2000mg/L 是安全的，永远不要高于 1000mg/L 的清洗标准。这不但违背了美国环保署容许的标准，而且不符合未列明杂质含量不得大于 0.1%（1000mg/L）的规定。

③ 美国环保署默认的从一个杀菌剂生产转到另一个杀菌剂生产的清洗标准是 1000×10^{-6}，但并不是任何时候都适用于从叶面杀菌剂转换到种子处理杀菌剂或杀虫剂。尤其是在前一个产品的活性组分属于吡咯类的时候，因为吡咯类能在一定的含量下表现出生长调节剂的作用（如阻止发芽）。

案例 3　不当使用或标识可互换的部件

一家种植大户意外得到了一个种植 $10hm^2$ 特殊的高附加值的花卉球茎订单。他紧急订购了一种特殊的“球茎处理”杀菌剂，要求生产厂家一周不到的时间交货，因此赶在栽种期之前。然而花卉球茎种植完全失败。

事故原因调查显示：

① 产品是在一个杀菌剂专用釜中配制的。一根软管将原料转移至杀菌剂配制生产线的高位槽，使用的也是杀菌剂专用泵。由于操作工人没有找到他经常使用的软管，于是就使用了在隔壁房间（除草剂专用配制区）里找到的另一根软管。

② 该软管当日被用来转移一个除草剂乳油产品，第二天还会是同样的用途。使用之前并没有对软管进行清洗，因此软管内壁有残留的除草剂。软管上没有标签显示它的清洗状态。

③ 残留的除草剂污染了杀菌剂，因此花蕾作物就完全没有发芽。

索赔的法律程序漫长而昂贵，而种植户为其所有的作物保护产品都找了另一家供应商。

从这个案例我们学习到什么？

① 尽可能避免使用可互换的部件，如软管等。固定的专用的管道是最安全的。

② 最佳实践经验表明，可互换的部件在整个生产年度应该由某个产品或者某个生产线专用，并且要标识清楚是哪个产品或者生产线专用的。如果某个可以互换的部件从生产线上撤下，应该彻底排空并立即彻底清洗，不论它会被用于其他产品还是会被存放起来。

③ 确保可互换的部件通过适当的标识可以追踪其使用历史记录，即便它们是用于同一类产品。如：它最后是用于什么产品？清洗程序如何？清洗的程度怎么样？

案例 4　生产除草剂，消费者投诉在使用杀虫剂后作物受到了损害

分析检测结果显示杀虫剂中有低含量的除草剂污染。

事故原因调查显示：

① 两个生产装置所在房间的中间隔墙没有被完全封严，墙上有几个小洞。这些小洞是最初为安装管道而留下的。

② 为了改善员工的保护条件，免受杀虫剂粉尘的伤害，在杀虫剂生产车间安装了超大的排风设备。这样，杀虫剂车间的空气压力低于除草剂车间，除草剂的粉尘就通过小洞进入了杀虫剂车间的粉尘收集器。回收利用收集器上的粉尘就将除草剂带进了杀虫剂产品。

这个事故使得人们更加重视发货给客户之前对产品质量的确认，隔离成品，重新取样，以及重新检测。而在以上程序完成之前不能发货。

从这个案例我们学习到什么？

① 当两个产品同时生产时，即使生产设施由实体墙隔开，交叉污染也可能会发生。

② 在不了解所有内在关联影响（包括交叉污染风险）的情况下，不要改变设计，不要加设管道、增强排风设备、增加门窗等。

③ 不要认为墙是万无一失的隔断，很难封严墙上所有的洞。

④ 对那些彼此都非常敏感的产品，产品之间的隔离就要更彻底，甚至需要放在不同的建筑内生产。比如杀虫剂和常规活性的除草剂，至少需要由密封墙体分隔的独立生产车间和独立空气处理系统。如果是杀虫剂和高效除草剂，需要在各自独立的建筑内生产。

案例 5　原药包装桶没有标签

某合同工厂要同时配制一种杀虫剂和一种除草剂乳油制剂。结果杀虫剂被除草剂污染，导致生产的杀虫剂产品不能使用。在工厂，杀虫剂和除草剂是几乎完全隔离的。这两种产品的原药常温下都是固态的，使用之前需要在热水浴中熔化。该水浴池可以一次性容纳 10 个 200L 的桶。这也是这个厂区唯一的除草剂与非除草剂公用的区域。

事故原因调查显示：

① 除草剂和杀虫剂各 5 桶原药放在水浴池中过夜等待第二天配制制剂。

② 叉车工发现桶身的标签脱落，但是他认为他已经记住除草剂和杀虫剂放置的位置。

③ 原药桶被运送到备料台上并立即倒入制剂配制釜。

④ 分析实验室发现杀虫剂被除草剂污染了，反之亦然。

返工是不可能了，这两种制剂的废弃造成了原药的损失、额外劳动力的损失以及焚烧产品的额外成本。

从这个案例我们学习到什么？

① 如果厂区只有一个水浴池（或蒸汽房）的话，要确保每次只熔化一种原药产品，并且在这个产品的整个生产周期专用。

② 在将产品放入之前要确保每个产品包装桶上都有去不掉的标记。

③ 如果桶身的标签脱落，产品变得不可识别，立刻将该桶货物隔离，取样，直到 QC 人员确定成分以后再将产品放行。

④ 决不要将没有标签的产品送到备料区。

⑤ 包装桶及袋子上的标签没有验证之前，千万不要投料。

案例 6　第三方采购原药

某制剂生产厂家拥有某种杀虫剂制剂的知识产权，但是其用于生产的原药是从第三方采购的，该原药供应商拥有该产品的登记。该第三方原药供应商给其提供了授权书以支持制剂厂家的登记，然而双方却没有就原药的规格达成一致意见。一名政府的食品安全稽查员取了一个用第三方采购原药配制的制剂处理过的产品样，残留分析发现了一种没有在该作物上登记过的杀虫剂。

事故原因调查发现：

① 第三方的原药供应商生产该原药的生产线上生产另一种化学性质极为接近的杀虫剂产品，但是这一情况，该生产商并没有通知他们的客户。

② 在一些市场，生产的第二种杀虫剂原药并没有在其客户产品登记的作物上进行登记。政府作物部门的随机抽检发现在许多情况下，这种没有登记的杀虫剂的残留量都超过了最低限度。

③ 于是对施药作物进行了更广泛的残留研究，所有残留浓度超过限值的作物都必须销毁。制剂生产厂家因销售不合规产品而被罚款。

④ 对采购的原药的留样进行分析后发现未登记的原药的残留量明显高于规定值。好几个批次的原药都不合格。

从这个案例我们学到什么？

① 从法律的角度来说，所有的原药都有包括副产品含量限值在内的登记规格。

② 供应商应当提供一个可能出现的杂质的清单，以让制剂厂家进行分析验证。如果供应商只提供一个授权书，那么他就要单方面对规格中的所有参数负责。

③ 当制定原药采购合同的时候，应当将要采购产品的残留杂质的法规参数规定清楚，并确保这些规格参数符合法规要求，并且与配制制剂的原药登记规格一致。

④ 供应商必须同意符合以上的要求。

⑤ 为了便于进行风险评估，需要供应商提供正在执行的交叉污染预防体系。

19.10 农药制剂工厂仓库

19.10.1 仓库现场鉴定进场货物

① 从外部供应商处进入工厂的物料（产品、原药、中间体及其他的原材料）的标签上必须有内容物的名称、数量和批号。

② 检查装货单和分析证明，确保有安全数据单表。

③ 如果客户要求鉴定进场原料或进行质量控制（如化学和物理分析、目测检查），这些货物必须进行隔离。

19.10.2 仓库贮存管理

做好管理，确保将正确的材料交付生产地点并用于生产过程。

① 所有厂内仓库，每种具体产品的配料（原材料、中间体、原药、大桶产品、返工品及包装材料）都必须加以分离。

② 无论是当容器进入工厂，还是在仓库和生产单元之间流动，或离开工厂时，我们都不希望发生容器的混淆。

③ 所有会受到天气的不良影响的容器都被存放在一个持久的结构内（至少是在屋顶下）。不允许把这样的物料存放在室外。

④ 某些高敏感性的物料组合必须存放在彼此完全分开的仓库中。

⑤ 物料的其他组合可以存放在同一个仓库中，但必须有物理性的分离手段，或者用具有条码追踪方法的计算机系统加以管理，后者在防止取料错误和存放错误方面具有与前者相同的效果。

⑥ 环境卫生是仓库管理中的一个重要组成部分。希望所有的仓库都具有一个清洁无尘的环境。

⑦ 在任何仓库中，生产杀菌剂和杀虫剂（包括杀螨剂）的物料（除包装好的成品以外）都应该和生产除草剂（包括植物生长调节剂）的物料进行分离。

⑧ 分离贮存区，如除草剂活性成分和原材料与杀菌剂活性成分以及原材料分开贮存。

⑨ 仓库工作人员取货时核实材料的名称和批号。

⑩ 生产人员采用全面的确认体系，即由专人对物料的特性加以确认。这意味着，物料在进入生产之前应确认三次：一次是由把物料从仓库中取出的仓库操作工进行确认；一次是由接受物料或备料的生产操作工进行确认；最后一次是由送料操作工在把物料送进生产之前进行确认。

⑪ 不同的产品，分排存放货盘；每一排或几排用来存放一种产品。

⑫ 所有放在货盘上的物料在存放到仓库的任何地方之前，都必须进行条码标识，或由供应商编码，或在接收或生产后立即编码。条码的标签必须应至少有物料的名称、接收或生

产的资料、数量及批号。

⑬ 每个货架都必须有定位单个货盘的独特标识。

⑭ 每一次移动货盘时，存放或提取货盘所采用的条码标签都必须用扫描仪阅读，货盘的来处和去处都必须输入，或者由仓库的操作工输入，或者通过阅读货盘定位的条码标签输入。

⑮ 所有这些移动的结果都必须实时输入计算机系统，或至少每一班输一次。必须对操作工进行培训，以保证除了用条码阅读机阅读货盘上的标签外，操作工能够肉眼阅读标签，并进一步确认物料的正确性。

⑯ 每个仓库都必须制定并使用一种处理损坏的或不良的条码标签的方法。

⑰ 所有放在货架上的存放物料的货盘必须用缠绕带或其他方法固定在货盘上。这是为了防止单个的容器掉到下面一个存放不同产品的货盘上，从而产生误送料的可能性。

⑱ 在这些控制措施下，物料可以存放在货架的随机的位置上；不要求对同一种产品的配料进行归类。

如果工厂选择根据不同的产品来分排存放，那么就必须遵循下列标准：

① 仓库中每一排或每一类的排都必须标有各自的产品名。标签应在显眼的位置，例如悬挂在分离屏障上，或挂在每排产品上方的墙壁上。标签的内容必须清晰可辨。

② 进入多种产品的惰性物（如黏土、表面活化剂、可湿性制剂）或中间体，以及不是专用于某种具体产品的包装材料（如未加标签的瓶子或圆桶）可以分成几份，放在每种产品所属的那一排或那一类排的位置上。

③ 活性物或含有活性物的物料不能存放在公共区域内。进入多种成品的活性物应该单独存放一排。

19.10.3　适用于所有仓库的更多标准

① 仓库必须有书面的程序，能够给操作人员提供详细的指导。程序中应纳入污染预防计划的各种要素，成为操作中的一个常规部分。程序应该能确保产品不被一定数量的任何东西污染。

② 所有的仓库程序都应该定期更新，以确保程序不会过时。由于这些程序是操作人员的主要信息来源，所以应该以一种清楚易懂的形式书写，而且需要时可以即时可得。应有用当地语言书写的程序，以便操作人员能够充分理解。

③ 仓库的程序应包括如何把物料送进生产区域及送回仓库的操作，以及所有在仓库中进行的样品处理。

④ 任何物料都不能从厂外仓库直接进入生产区域的备料区。这就绕过了分排存放产品的分离措施及计算机条码系统，没有进行一种能够避免物料发生混合的重要检查。

⑤ 鼓励采用获得库存物料的单向途径，但到达各排物料的前面和后面的途径允许采用“先进先出”的方式。必须防止边路的采用，较好的方法为利用物理手段来防止。

⑥ 一个已开启的装有中间体或原材料的容器送回仓库中是一个有风险的操作，因为这种操作有标签错误或贮存错误的可能性。应尽可能避免进行这一操作。可以考虑定购较小的包装，以防止这种操作的发生。

⑦ 存放廉价物料（如黏土或用于制剂的糖）的未装满的容器及所有重新密封非常困难的容器（如纸袋）都应该丢弃。

⑧ 如果存放在公共区域中的任何物料（惰性物、中间体或包装材料）从生产区域返回，必须对容器进行清洗、密封并用标签标记，以便用于具体的产品中。一旦这些物料进入了仓

库，就必须存放在它们曾经接触过的那种产品的位置上，而不能返回公共区域。对于返回仓库且现在专用于某种具体产品的物料，可能必须要求采用独立编码。

⑨ 在进行生产前，所有的配料（包括包装材料、原材料、活性配料、再循环品和返工品）都必须经过一个最终的备料区，这种备料区限于那条生产线生产的单一产品。这是进入送料区之前的最后一个物理检查点。生产的每种产品都要求有一个备料区。备料区不应该被当作是另一个仓库，而只是暂时存放准备进入生产的物料的一个区域。比较可取的备料区是附属于生产区域的卫星区。如果不可能，那么备料区应该是位于与所有其他产品分开的主要仓库中的一个区域，只要这个区域不用来长期存放物料即可。

⑩ 任何环境下，都不允许把任何配料从多产品的存放区直接移到送料区。给每种产品都划出一个备料区，其目的在于保证送料前对原材料、活性物、再循环品及返工品进行了多种检查，此外，还有助于培养从标准区域中获取每种产品的物料的习惯，从而减少了送料错误的可能性。

⑪ 无论是厂外仓库还是厂内仓库，其贮存区都应该在封闭的基础上进行操作，只允许指定的工作人员进入，在开放的具体时段内应一直加以看管。需要进入该区域的非指定的人员应由指定工作人员陪同进入。这些方法能够提高准确度，减少物料的失窃和误放，及物料不必要的从贮存区的移出。

⑫ 不允许从仓库中的生产工艺的物料中取样，因为这样做就把仓库实际上变成生产区域了。如要把已开启的容器用于加工或取样，就需要一个特殊的封闭性加工区或取样区，同时还要求有充分的灰尘控制措施和清洗能力，而且一段时间内只能有一种产品在这个区域中。

⑬ 所有存放少量产品的仓库，以及样品用于田地测试、仓库贮存测试或供市场、开发代表使用的仓库，都必须遵循下列有关物料贮存的特殊注意事项。任何时候容器都应该是封闭的，且具有完整的标签，各自存放在仓库中指定的、有标签的区域中。只要具有标签（例如“只用于田地测试”）而且保持封闭，这种区域可以是一个架子或一个柜子。尽管不要求根据不同的产品把各自的物料分开，但我们仍建议在存放敏感物料时应各自单独存放。容器不允许在仓库中开启，除非仓库中有一个上述的取样区，可供开启容器时使用。

19.11 数字化农药制剂车间

19.11.1 数字化农药制剂车间的概念

数字化农药制剂车间是以农药制剂生产专用的 MES 系统（生产过程执行管理系统）为核心，对制造资源（生产装置）、生产计划、生产流程、产品质量等进行管控。

数字化农药制剂车间可以分为生产控制和现场执行两部分；生产控制是数字化农药制剂车间的核心，主要强调的是生产计划控制和执行，它主要完成车间的人员调配、劳动组织、生产调度、产量控制、质量控制、成本控制、工艺反馈和改进、质量分析、生产统计、定额核算、安全生产、环境保护、现场管理等整个车间生产管理与执行控制任务；现场执行是数字化车间的基础，主要强调的是设备管理、现场数据采集和现场监控等整个车间设备状态和现场实时数据管理。

19.11.2 农药制剂加工数字化的核心内容

制造资源数字化；

设备装置的运行状态和运行参数数字化；
关键岗位人员的定位数字化；
生产装置的生产能力和生产效率跟踪数字化；
生产过程数字化；
各生产工序的数据采集和跟踪数字化；
各订单（或生产计划单）的完成情况数字化；
生产现场运行数字化；
设备运行状态和运行参数数字化；
物料的消耗和配送数字化；
重要岗位的视频采集与分析数字化；
现场环境（光/温/湿/尘/气）数字化；
质量管控数字化；
质量统计分析报表及异常报告数字化；
质检现场数据/质检设施数据数字化；
物料转料过程数据数字化；
质量报表数据/统计分析数据数字化；
现场质量事故及事故性质分析数字化；
物料管控数字化；
物流通道及设备监控数字化；
物流运输工具及设施运行情况数字化；
物流设备位置数字地图显示数字化；
物料配送执行状态跟踪及监控数字化；
仓库出入库/库存/缺料跟踪数字化。

19.11.3　数字化执行层

（1）先进的排程与任务分派　通过合理的生产排程与任务分派，有效地提高生产效率，降低生产成本。

（2）质量控制　通过对质量信息的及时采集、分析和响应，及时发现并处理质量问题，杜绝问题物料流入下道工序，确保产品品质。

（3）准时化物料配送　通过对生产计划和物料需求的提前预估，确保在正确的时间将正确的物料送达正确的地点，一方面减少因物料短缺影响正常生产的问题，同时达到减低库存的目的。

（4）及时响应现场异常　通过对生产状态的实时掌控，快速处理车间生产过程中的物料短缺、设备故障等各种异常问题。

19.11.4　数字化农药制剂车间的优势

采用物联网技术对车间作业提供可视化看板、Andon（安灯管理系统）异常管理、自动生成排程、智能原料配送管理、数据自动化采集、质量分析管控、防伪溯源管理等解决方案。与 ERP 无缝连接，数据实时采集随时响应，彻底解决车间信息不畅、难以管控的问题。大幅提升订单达成率，缩短生产周期、提高产能。

① 实现一体化、电子化、网络化、智能化，提高现场执行力和管理水平。

② 车间生产现场：使制造过程透明化，敏捷响应生产过程的各类异常问题，保证生产

有序高效运行。

③ 生产计划：合理安排生产，减少问题，提高整体生产效率。

④ 生产物流：减少物流瓶颈，提高物流配送精准率，有效减少停工待料问题。

⑤ 生产质量：准确预测质量趋势，有效控制产品质量，通过二维码系统实现产品质量可追溯。

⑥ 协同管理：解决各环节信息不对称问题，减少沟通成本，支撑协同生产。

19.12 未来农药制剂加工工厂的发展方向

目前我国农药制剂加工产业发展迅猛，产量居世界第一位，是世界农药出口大国，但不是农药制剂强国，农药制剂加工企业小而分散，多数制剂企业工厂整体布局不合理，加工水平偏低，加工工艺简单、设备简陋，作坊式、间隙式生产，自动化、连续化生产水平较低，存在着安全、环保、健康、产品品质、交叉污染等隐患，这些现状和农药生产大国形成强烈反差。为了彻底改变这些现状，适应国内国际制造业转型升级的大趋势，提高我国农药制剂加工水平，建设符合未来发展方向的农药制剂工厂有重要的现实意义。

19.12.1 安全、环保、健康是农药制剂工厂运营的底线和基础

安全、环保、健康是国家政策对企业的基本要求，是企业持续发展的保障，一个农药制剂加工工厂实现安全、环保、健康必须从两方面入手：第一是硬件，即工厂的设施、车间、生产装置等符合安全、环保、健康的要求；第二是软件，有一套完善的管理体系，如 HSE 管理体系。

（1）农药制剂工厂的生产装置、车间、仓库及其他辅助设施必须符合安全、环保、健康的要求

① 工厂安全环保设施和整体布局按照《石油化工企业设计防火规范》或《建筑设计防火规范》的要求，对农药制剂工厂的建筑物、生产装置、辅助设施等进行合理布局。

② 不同类别产品（除草剂、杀虫剂、杀菌剂、生物调节剂等）的生产车间和设施应该布局在不同的专用生产区域，并且有明显的界区划分，这是产品安全的保障。

③ 按照规范要求合理设置消防水池、应急水池、污水处理设施，分别布置雨水、污水管网等。

④ 车间设计必须符合安全、环保、健康的要求。

⑤ 生产装置必须符合安全、环保、健康的要求，包括电机、电气、仪表防爆，设备的安全稳定运行，操作、维护的人性化及安全防护，工艺尾气（包括含尘气体和有害气体）的有序收集和处理，噪声等。

⑥ 车间应设置必要的安全、环保、健康防护设施，包括消防设施、放电球、洗眼器等。

⑦ 车间布局必须符合安全、环保、健康的要求，包括合理的人流、物流通道，必要的功能性房间，紧急情况使用的通道及安全门，通风换气及尾气处理设备。

（2）全面实施 HSE 管理体系　HSE 是英文 health、safety、environment 的缩写，即健康、安全、环境。HSE 也就是健康、安全、环境一体化管理。HSE 管理体系是实施健康、安全与环境管理的组织机构、职责、做法、程序、过程和资源等而构成的整体。它由许多要素构成，这些要素通过先进、科学的运行模式有机地融合在一起，相互关联、相互作用，形成一套结构化动态管理系统。从其功能上讲，它是一种事前进行风险分析，确定其自身活动可能发生的危害和后果，从而采取有效的防范手段和控制措施防止其发生，以便减少可能引

起的人员伤害、财产损失和环境污染的有效管理模式。它突出强调了事前预防和持续改进，具有高度自我约束、自我完善、自我激励机制，因此是一种现代化的管理模式，是现代企业制度之一。

HSE 管理体系主导一切事故都可以预防的思想；全员参与的观点；层层负责制的管理模式；程序化、规范化的科学管理方法；事前识别控制险情的原理。

制定健康、安全与环境方针、规章制度和标准，全面落实健康、安全与环境责任制；将健康、安全与环境作为一项关键的管理要素，有机地融入到每一项生产经营业务活动之中；将健康、安全与环境指标作为关键业绩指标，纳入员工的业绩考核之中，使每一名员工都对健康、安全与环境负责。

19.12.2　品质、高效是农药制剂工厂的生命

品质、高效是企业永恒的主体，品质、高效关系到企业的生存和发展，是企业发展的灵魂和竞争的核心，关系到企业的发展乃至生死存亡。

品质、高效包含以下几方面的内涵：人的素养；产品的质量；售后服务；运营效率……

未来的农药制剂工厂必须具备高品质、高效运转的能力。

未来的农药制剂工厂的硬件方面必须具备以下特点：工厂整体布局合理，生产装置的工艺流程先进、设备布置规范、采用先进的控制方法，能够连续化、智能化、信息化、高效生产。

企业具备农药制剂研究开发能力，掌握先进的环境友好的农药剂型和配方。

软件方面采用先进的管理体系，如数字化的农药制剂生产专用 MES 生产管理体系、ISO9000 质量管理体系、ERP 管理系统等。

企业有自己的特色产品、优势产品，采用连续化、智能化的生产装置高效生产。

19.12.3　智能化农药制剂工厂是未来发展的趋势

19.12.3.1　《中国制造 2025》和《工业 4.0》

2015 年 5 月 19 日，国务院正式印发了《中国制造 2025》，它是中国制造的顶层设计，是中国制造未来发展的路线图，其基本思路是，借助两个 IT 的结合（工业技术和信息技术），改变中国制造业现状，令中国到 2025 年跻身现代工业强国之列。

《工业 4.0》最初由德国政府于 2013 年提出。它描绘了制造业的未来愿景，提出继蒸汽机的应用、规模化生产和电子信息技术等三次工业革命后，人类将迎来以信息物理融合系统（CPS）为基础，以生产高度数字化、网络化、机器自组织为标志的第四次工业革命。

《中国制造 2025》和《工业 4.0》两者既有很多相同之处，也有很多不同之处。中国和德国工业发展的水平不在一个起点上，不在一个水平线上。德国总体处在从 3.0 到 4.0 发展的阶段，我国可能还要补上从 2.0 到 3.0 发展的课，然后才能向 4.0 发展，要结合中国的国情、中国工业企业的实际，把发展的路径选择好，走一条更好更快的发展道路。

我国农药制剂加工整体水平还很低，大部分处于 2.0 阶段，很少一部分可以达到 3.0；所以未来农药制剂加工工厂的发展方向，首先要到达 3.0 的自动化生产，然后走向 4.0 的智能化和信息化。

工业 4.0 的核心是智能制造，精髓是智能工厂，精益生产是智能制造的基石，工业机器人是最佳助手，工业标准化是必要条件，软件和工业大数据是关键大脑。

19.12.3.2　智能工厂的概念

智能工厂是现代化工厂信息化发展的新阶段，是在数字化工厂的基础上，利用物联网的

技术和设备监控技术加强信息管理和服务；清楚掌握产销流程，提高生产过程的可控性，减少生产线上人工的干预，及时正确地采集生产线数据，以及合理的生产计划编排与生产进度，并加上绿色智能的手段和智能系统等新兴技术于一体，构建一个高效节能的、绿色环保的、环境舒适的人性化工厂。

智能工厂是以工厂运营管理整体水平提高为核心，关注于产品及行业生命周期研究，从客户开始到自身工厂和上游供应商的整个供应链的精益管理通过自动化和信息化的实现，从满足到挖掘，乃至开拓和引领客户需求开始的销售与市场管理能力提高；提高环境、安全、健康管理水平；提高产品研发水平；提高整个工厂的生产水平，提高内外物流管理水平，提高售后服务管理水平，提高能源（电、水、气）利用管理水平等方面入手，通过自动化、信息化来实现精益工厂建设和完成工厂大数据系统建立和发展完善，通过自动化和信息化实现从客户开始到自身工厂和上游供应商的整个供应链的精益管理的工厂。

19.12.3.3 智能化农药制剂车间

智能化农药制剂车间是以产品生产整体水平提高为核心，从生产管理能力提高，产品质量提高，客户需求导向的及时交付能力提高，产品检验设备能力提高，安全生产能力提高，生产设备能力提高，车间信息化建设提高，车间物流能力提高，车间能源管理能力提高等方面入手；通过网络及软件管理系统把数控自动化设备（含生产设备、检测设备、运输设备、机器人等所有设备）实现互联互通，达到感知状态（客户需求、生产状况、原材料、人员、设备、生产工艺、环境安全等信息），实时数据分析，从而实现自动决策和精确执行命令的自组织生产的精益管理境界的车间。它主要包括两个流程。

一是智能化生产装置及过程的建立，以及网络化分布式生产设施的实现，包含能够连续化生产的生产装置、采集数据的传感器、智能感知和识别仪器、现场执行的执行元件及机器人、CPU及组态控制系统、物联网等。

二是“智能生产”，主要涉及车间的生产物流管理、人机互动以及3D技术在工业生产过程中的应用等；建立和开发适合农药制剂智能生产的MES系统，通过智能仓储、自动搬运、自动化生产设备、自动化检测设备与信息化软件进行集成，对整个生产过程实现数据采集、过程监控、设备管理、质量管理、生产调度以及数据统计分析，从而实现生产现场的信息化、智能化的智能制造管理。

19.12.3.4 智能化仓储与运输配送

（1）数据采集自动化　仓库到货检验、入库、出库、调拨、移库移位、库存盘点等各个作业环节的数据实现自动化采集。

（2）可视化管理　通过各种无线通道和手持终端及车载终端将采集数据实时上传，保证仓库管理各个环节数据的实时性和准确性。

（3）库存状态可控　准确掌握库存数据，合理包材和控制库存，实现按时、按量、准确配送。

19.12.3.5 我国先进智能化农药制剂工厂实例

江苏金旺工程中心成立于2010年，一直以来主要致力于为农药制剂企业工程建设提供一站式服务，采用EPC（设计、采购、施工）模式，为企业提供农药制剂工艺设计（包括农药制剂工厂整体布局设计、生产工艺设计、设备选型、设备布置设计、智能化控制的设计）、设备材料采购、施工安装、试生产全方位服务。

金旺智能农药制剂车间的特点如下：

（1）工艺方面

① 先进的生产工艺。针对农药制剂的不同剂型在传统生产工艺的基础上进行优化，主

要在生产连续性、产品质量的提高、提升生产效率、减少生产岗位（减少人工）、安全环保等方面进行优化设计，积极采用新技术、新工艺、新设备、新方法，使操作简单化、自动化、智能化，生产过程连续化，保证产品质量优良。

② 先进的生产装备。选用符合工艺要求的定型设备，设计符合农药制剂生产的非标设备，并充分借鉴其他行业生产装备的优点。

③ 合理的设备布置和车间布局。车间布局方面充分考虑生产工艺的要求、操作要求、安装和维修要求、建筑要求和经济合理的要求。图 19-5 为智能化农药制剂车间布局图。

图 19-5　智能化农药制剂车间布局图

（2）智能方面　应用工业自动化技术并融入现代通讯信息技术，建立和开发适合农药制剂智能生产的中控系统，首先是智能化生产装置及过程的建立，以及网络化分布式生产设施的实现，包含能够连续化生产的生产装置、采集数据的传感器、智能感知和识别仪器、现场执行的执行元件及机器人、CPU 及组态控制系统、物联网等。

通过自动化生产设备、自动化检测设备与信息化软件进行集成，对整个生产过程实现数据采集、过程监控、设备管理、质量管理、生产调度以及数据统计分析，从而实现生产现场的信息化、智能化的智能制造管理。

① 确保生产安全、环保、健康。采用智能控制技术和通信技术实现人的安全、工艺安全、产品安全、环境安全。智能化农药制剂车间换气及处理系统、尾气处理系统能够确保人和车间的安全。

② 确保产品质量

a. 智能配料：采用精准定量投料技术，实现配料智能化；消除人为因素对配料准确性的影响；提高产品品质，降低产品成本。

b. 生产过程参数（温度、压力、料位、流量、时间等）智能控制。

c. 生产数据实时记录、储存、分析、可追溯，实现数据管理生产。

③ 确保生产高效。采用智能控制技术和通讯技术实现一键启动生产程序（自动化）；相关设备连锁运转、故障报警（自动化）；生产状态数字化；生产状态互联互通、实时数据分析。

智能化农药制剂车间典型案例：上海生农生化股份有限公司智能化 SC 项目，设计产能为 400kg/h，每天每班次 4.5t，每天两班，每套设备产能为 4000t/年。安徽华星 10 万吨草甘膦水剂（SL）及 1 万吨草甘膦铵盐颗粒剂（SG）项目，车间包含水剂（SL）生产装置 12 套、颗粒剂（SG）生产装置 3 套，实现产能：水剂（SL）10 万吨、颗粒剂（SG）1 万吨；华星智能化草甘膦制剂车间为目前国内规模最大、智能化程度最高的草甘膦制剂生产基地。

总之，未来农药制剂加工工厂安全、环保、健康是基础，品质、高效是灵魂和竞争的核心，智能化、信息化是未来发展的趋势。

19.13 二维码整体解决方案

19.13.1 农药标签新规定

2017 年 3 月，国务院颁发了《农药管理条例》。2017 年 6 月，农业部颁发了《农药标签和说明书管理办法》。这两个新政规定农药包装应当符合国家有关规定，并印制或者贴有标签。农药标签应当按照国务院农业主管部门的规定，以中文标注农药的名称、剂型、有效成分及其含量、毒性及其标识、使用范围、使用方法和剂量、使用技术要求和注意事项、生产日期、可追溯电子信息码等内容。

随着互联网和移动互联网的快速发展，人们对于商品和消费行为均在发生变化，技术升级、消费升级，未来终端用户数据越来越容易收集。信息技术促进互联网发展，而随着互联网产业的成熟度不断上升，移动互联网成为互联网产业化的重要部分，并已经成为互联网商业价值普及与创新的主体力量。

在互联网大数据的背景下，移动终端扫描设备能准确地处理分析信息及企业是否盈利，它不仅承担着大数据时代下信息采集与传达，也肩负着企业商家营销手段转变的重要责任，还承担着互联网下相关的商业模式与盈利模式创新的重要使命。为满足大数据时代下消费者对移动终端数据采集、转换以及存储的需求，移动终端的数据读取能力与方式在不断地更新。紧接着，移动终端背后的移动营销悄然兴起，成为众多企业商家转变营销策略的创新性力量。移动营销是指一种企业商家能直接与任何个人，通过任何网络和任何移动设备，在任意的地点，在任何不确定的时间进行沟通的营销方式——二维码营销。近年来，由于二维码具有较强的互动性、可娱乐性等特点，因此，二维码营销成为各企业商家争先恐后使用的热门营销方式，并且成为各类信息汇总并转换的重要纽带。在互联网方面，二维码不仅具有其他营销媒体机构在营销上的一切功能，而且能够在降低客户埋怨投诉的情况下利用互联网移动终端技术呈现立体式精准营销。线下方面，二维码既弥补了其他营销方式在客户反馈方面的缺陷，又使营销在线上线下紧密结合，更好地从消费者的角度推进营销发展。二维码移动营销已经逐渐成为移动终端的新型信息获取方式，其所受的关注度在持续提升。

19.13.2 二维码在农药标签上的应用

农药标签可追溯电子信息码主要以二维码标注，能够扫描识别农药名称、农药登记证持有人名称、单元识别代码、追溯信息系统网址四项内容。

“二维码”技术可以通过图像输入设备或光电扫描设备进行信息的自动识读，并实现信息的自动处理。由于二维码具有输入速度快、可靠性高、信息采集量大、纠错性能好、灵活性强、系统成本较低等一维码不可比拟的优势，因而常被用来表示产品的相关信息和其他附属信息，如价格、名称、制造厂、生产日期、重量、有效期、检验员等。目前，二维码技术在物流包装中应用的通常做法是把条码印制或粘贴在物品或物品的外包装上，通过应用二维码识读器和计算机网络设备对物流全过程进行实时跟踪、识别、认证、控制、反馈，避免数据的重复录入。二维码具有唯一性，对应一个销售包装单位。从生产源头建立二维码追溯体系，保证农药生产者、农药经营者、农药使用者等各环节信息通畅。

19.13.3　二维码的价值

(1) 防伪查询　通过二维码追溯产品的详细生产、仓储、物流、消费者信息，为企业的生产计划提供真实的科学数据，降低库存风险和财务成本。

二维码在这个过程中从生产的第一个环节到消费者全部进行了串联。消费者得到产品的各项信息，消费者通过查询，企业了解到消费者的相关主要信息和市场信息。

(2) 用二维码进行微信红包、兑奖等营销　企业目前越来越重视客户关系管理，我们要与客户进行良好的沟通与理解，只有更好地理解客户，完善客户关系，才能更好地服务客户。同时，我们要不算吸取客户的相关有利于自身发展的优势及本身存在风险，今后如何避免，收集存储大量的信息资源，建立比较完善的客户管理体系，客户的发展势必需要企业不断完善与发展，从中求取合作共赢，这样才能带动整个行业的进步与提高。

二维码在农药标签上使用，拉近企业与用户的距离，在包装上做营销活动：积分换礼、抽奖话费、微信红包等，第三方战略合作商提供了形式多样的奖品，包括微信红包（直接进入用户钱包）、三大运营商的话费、代金券，以及京东等电商平台消费券等。如此能够轻松地刺激消费者参与活动并购买商品，为经销商带来利润并进一步增强其合作动力。奖品配置、中奖率等可实时动态调整也便于企业及时应对市场变化。

终端营销管理系统是基于微信红包可以直接兑现的系统，结合传统的纸质刮奖卡促销作用进行二次商用开发推出的一款智慧营销管理系统。主要通过为每件物品编订一个唯一的红包身份码，让每个购买商品的消费者都可以在通过扫码关注微信，注册会员后直接领取红包。为红包发放的所属企业分配一个互联网＋平台管理系统（手机 APP 版和 PC 网站版），并与微信公众号、阿里旺铺、手机官网、网上商城、企业 ERP、CRM 无缝对接，多码合一，一码多能，既是企业智慧促销微平台，也是广告宣传自媒体、精准营销直通车。

(3) 客户大数据与客户生命周期管理　“大数据”是指数量巨大、类型众多、结构复杂、有一定联系的各种数据所构成的数据集合。大数据技术具有广阔的应用前景和巨大的商业价值。社会各界通过对大数据的整合共享和交叉应用，已经开发出数据仓库、数据安全、数据分析以及数据挖掘等实用技术，形成强大的智力资源和知识服务能力。

在此基础上综合考虑客户生命周期的各种理论和观点，将客户生命周期划分为四个阶段：建立期、成长期、成熟期和退化期。

(4) 为农户提供安全放心的农化农资用品　对个体的农户来说，市场上供应的农资农化产品丰富，农户无法识别这些产品的真伪和产品功效的有效范围。通过规范化的二维码农药标签，是农户生产出安全放心的蔬菜、米、肉、油、面等的前提，是国家菜篮子、米篮子、果篮子、水、气等安全的重要保障。

(5) 有利于品牌方和经销商实时掌握库存　可变二维码标签并不局限于消费者层面。在生产流通方面，可变二维码也可用于实时掌握商品库存、促销品的走向，防止产品窜货。此外，还可对分销商、小店店主的出货数量、店铺位置、所需产品型号及数量、订货周期等做出详尽的信息采集，从而建立商户的数据库。这样会让农药生产商实现对消费者、市场全方位的精准管控。

国内印刷包装产业经过三十多年的快速发展，已经成为国民经济支柱产业之一，数据显示，2010 年我国包装产业总产值突破 1.2 万亿元。随着互联网行业的快速发展，5G 时代的到来和智能手机的普及，二维码可变数据印刷将成为未来的主流印刷。

上海灵敏包装材料有限公司，农药包装二维码标签生产及追溯系统服务专家，专业生产农化标签、说明书、彩盒、纸箱，并提供防伪追溯系统解决方案。2003 年成立以来服务于多家国内外农化客户，与美国陶氏益农、德国巴斯夫、美国杜邦、德国拜耳、日产化学、日本金鸟化工、日本三菱商事、日本佳田、澳大利亚纽发姆、上海生农生化、上海允发、上海绿泽、上海惠光等上百家企业有 5 年以上的合作经验，专业为客户量身定制个性化包装产品。

参考文献

[1] 邵维忠．农药剂型加工丛书：农药助剂．第 3 版．北京：化学工业出版社，2003.
[2] 郭武棣．农药剂型加工丛书：液体制剂．第 3 版．北京：化学工业出版社，2003.
[3] 刘广文．现代农药剂型加工技术．北京：化学工业出版社，2013.

附录

附录1　农药剂型名称及代码(GB/T 19378—2017)

1　范围

本标准规定了农药产品的剂型名称及代码。

本标准适用于农药的原药、母药和制剂。

2　农药剂型名称及代码

条号	剂型名称	剂型英文名称	代码	说明
2.1　原药和母药 technical materials and technical concentrates				
2.1.1	原药	technical material	TC	在制造过程中得到有效成分及有关杂质组成的产品，必要时可加入少量的添加剂（稳定剂）
2.1.2	母药	technical concentrate	TK	在制造过程中得到有效成分及有关杂质组成的产品，可能含有少量必须的添加剂（稳定剂）和适当的稀释剂
2.2　固体制剂 solid formulations				
2.2.1　直接使用固体制剂 solid formulations for direct use				
2.2.1.1	粉剂	dustable powder	DP	使用喷粉或撒布含有效成分的自由流动粉状制剂
2.2.1.2	颗粒剂	granule	GR	具有一定粒径范围可自由流动含有效成分的粒状制剂
2.2.1.3	球剂	pellet	PT	含有效成分的球状制剂（一般直径大于6mm）
2.2.1.4	片剂	tablet	TB	具有一定形状和大小含有效成分的片状制剂（通常具有两平面或凸面，两面间距离小于直径）
2.2.1.5	条剂	plant rodlet	PR	含有效成分的条状或棒状制剂（一般长为几厘米，宽度/直径几毫米，即长度大于直径/宽度）

续表

条号	剂型名称	剂型英文名称	代码	说明
2.2.2 可分散固体制剂 solid formulations for dispersion				
2.2.2.1	可湿性粉剂	wettable powder	WP	有效成分在水中分散成悬浮液的粉状制剂
2.2.2.2	油分散粉剂	oil dispersible powder	OP	有效成分在有机溶剂中分散成悬浮液的粉状制剂
2.2.2.3	乳粉剂	emulsifiable powder	EP	有效成分被有机溶剂溶解，包裹在可溶或不溶的惰性成分中，在水中分散形成水包油乳液的粉状制剂
2.2.2.4	水分散粒剂	water dispersible granule	WG	在水中崩解，有效成分分散成悬浮液的粒状制剂
2.2.2.5	乳粒剂	emulsifiable granule	EG	有效成分被有机溶剂溶解，包裹在可溶或不溶的惰性成分中，在水中分散形成水包油乳液的粒状制剂
2.2.2.6	水分散片剂	water dispersible tablet	WT	在水中崩解，有效成分分散成悬浮液的片状制剂
2.2.3 可溶固体制剂 solid formulations for dissolution				
2.2.3.1	可溶粉剂	water soluble powder	SP	有效成分在水中形成真溶液的粉状制剂，可含有不溶于水的惰性成分
2.2.3.2	可溶粒剂	water soluble granule	SG	有效成分在水中形成真溶液的粒状制剂，可含有不溶于水的惰性成分
2.2.3.3	可溶片剂	water soluble tablet	ST	有效成分在水中形成真溶液的片状制剂，可含有不溶于水的惰性成分
2.3 液体制剂 liquid formulations				
2.3.1 溶液制剂 simiple solution formulations				
2.3.1.1	可溶液剂	soluble concentratate	SL	用水稀释成透明或半透明含有效成分的液体制剂，可含有不溶于水的惰性成分
2.3.1.2	可溶胶剂	water soluble gel	GW	用水稀释成真溶液含有效成分的胶状制剂
2.3.1.3	油剂	oil miscible liquid	OL	用有机溶剂稀释（或不稀释）成均相、含有效成分的液体制剂
2.3.1.3.1	展膜油剂	spreading oil	SO	在水面自动扩散成油膜含有效成分的油剂
2.3.2 分散液体制剂 solution formulations for dispersion				
2.3.2.1	乳油	emulsifiable concentrate	EC	用水稀释分散成乳状液含有效成分的均相液体制剂
2.3.2.2	乳胶	emulsifiable gel	GL	用水稀释分散成乳状液含有效成分的乳胶制剂
2.3.2.3	可分散液剂	dispersible concentrate	DC	用水稀释分散成悬浮含有效成分的均相液体制剂
2.3.2.4	膏剂	paste	PA	含有效成分可成膜的水基膏状制剂，一般直接使用
2.3.3 乳液制剂 solution formulations for dispersion				
2.3.3.1	水乳剂	emulsion，oil in water	EW	有效成分（或其有机溶液）在水中形成乳状液体制剂

续表

条号	剂型名称	剂型英文名称	代码	说明
2.3.3.2	油乳剂	emulsion, water in oil	EO	有效成分（或其有机溶液）在油中形成乳状液体制剂
2.3.3.3	微乳剂	micro-emulsion	ME	有效成分在水中成透明或半透明的微乳状液体制剂，直接或用水稀释后使用
2.3.3.4	脂剂	grease	GS	含有效成分的油或脂肪黏稠制剂，一般直接使用
2.3.4 悬浮制剂 suspension formulations				
2.3.4.1	悬浮剂	suspension concentrate	SC	有效成分以固体微粒分散在水中成稳定的悬浮液体制剂，一般用水稀释使用
2.3.4.2	微囊悬浮剂	capsule suspension	CS	含有效成分的微囊分散在液体中形成稳定的悬浮液体制剂
2.3.4.3	油悬浮剂	oil miscible flowable concentrate	OF	有效成分以固体微粒分散在液体中成稳定的悬浮液体制剂，一般用有机溶剂稀释使用
2.3.4.4	可分散油悬浮剂	oil-based suspension concentrate (oil dispersion)	OD	有效成分以固体微粒分散在非水介质中成稳定的悬浮液体制剂，一般用水稀释使用
2.3.5 多相制剂 multi-character liquid formulations				
2.3.5.1	悬乳剂	suspo-emulsion	SE	有效成分以固体微粒和水不溶的微小液滴形态稳定分散在连续的水相中成非均相液体制剂
2.3.5.2	微囊悬浮-悬浮剂	mixed formulation of CS and SC	ZC	有效成分以微囊及固体微粒分散在水中成稳定的悬浮剂液体制剂
2.3.5.3	微囊悬浮-水乳剂	mixed formulation of CS and EW	ZW	有效成分以微囊、微小液滴形态稳定分散在连续的水相中成非均相液体制剂
2.3.5.4	微囊悬浮-悬乳剂	mixed formulation of CS and SE	ZE	有效成分以微囊、固体颗粒、微小液滴形态稳定分散在连续的水相中成非均相液体制剂
2.4 种子处理制剂 seed treatment formulations				
2.4.1 种子处理固体制剂 seed treatment solid formulations				
2.4.1.1	种子处理干粉剂	powder for dry seed treatment	DS	直接用于种子处理含有效成分的干粉制剂
2.4.1.2	种子处理可分散粉剂	water dispersible powder for slurry seed treatment	WS	用水分散成高浓度浆状含有效成分的种子处理粉状制剂
2.4.2 种子处理液体制剂 seed treatment liquid formulations				
2.4.2.1	种子处理液剂	solution for seed treatment	LS	直接或稀释用于种子处理含有效成分、透明或半透明的液体制剂，可能含有不溶水的惰性成分
2.4.2.2	种子处理乳剂	emulsion for seed treatment	ES	直接或稀释用于种子处理含有效成分、稳定的乳液制剂
2.4.2.3	种子处理悬浮剂	suspension concentrate for seed treatment (flowable concentrate for seed treatment)	FS	直接或稀释用于种子处理含有效成分、稳定的悬浮液体制剂
2.5 其他制剂 other formulations				
2.5.1 带有应用器具的制剂 formulations prepared as devices				
2.5.1.1	气雾剂	acrosol dispenser	AE	按动阀门在抛射剂作用下，喷出含有效成分药液的微小液珠或雾滴的密封灌装制剂

续表

条号	剂型名称	剂型英文名称	代码	说明
2.5.1.2	电热蚊香片	vaporizing mat	MV	以纸片或其他为载体，在配套加热器加热，使有效成分挥发的片状制剂
2.5.1.3	电热蚊香液	liquid vaporizer	LV	在盛药液瓶与配套的加热器配合下，通过加热芯棒使有效成分挥发的均相液体制剂
2.5.1.4	防蚊片	proof mat	PM	以合成树脂或其他为载体，在配套风扇等的风力作用下，使有效成分挥发的片状或粒状制剂
2.5.2　挥散制剂 volatile formulations				
2.5.2.1	气体制剂	gas	GA	有效成分在耐压容器内压缩的气体制剂
2.5.2.1.1	发气剂	gas generating product	GE	以化学反应产生有效成分的气体制剂
2.5.2.2	挥散芯	dispensor	DR	利用载体释放有效成分，用于调控昆虫行为的制剂
2.5.3　烟类制剂 smoke formulations				
2.5.3.1	烟剂	smoke generatort	FU	通过点燃发烟（或经化学反应产生的热能）释放有效成分的固体制剂
2.5.3.2	蚊香	mosquito coil	MC	点燃（熏烧）后不会产生明火，通过烟将有效成分释放到空间的螺旋形盘状制剂
2.5.4　诱饵制剂 bait formulations				
2.5.4.1	诱饵	bait（ready for use）	RB	为引诱靶标有害生物取食直接使用、含有效成分的制剂
2.5.4.2	浓诱饵	bait concentrate	CB	稀释后使用、含有效成分的固体或液体诱饵
2.5.5　空间驱避制剂 spatial repellent formulations				
2.5.5.1	防蚊网	insect-proof net	PN	以合成树脂或其他为载体，释放有效成分的网状制剂
2.5.5.2	防虫罩	insect-proof cover	PC	以无纺布或其他为载体，释放有效成分的网状制剂
2.5.5.3	长效防蚊帐	long-lasting insecticidal net	LN	以合成纤维或其他为载体，释放有效成分，以物理和化学屏障防治害虫的蚊帐制剂
2.5.6　涂抹制剂 paint formulations				
2.5.6.1	驱蚊乳	repellent milk	RK	直接涂抹皮肤，具有趋避作用、含有效成分的乳液制剂
2.5.6.2	驱蚊液	repellent liquid	RQ	直接涂抹皮肤，具有趋避作用、含有效成分或可有黏度的清澈液体制剂
2.5.6.2.1	驱蚊花露水	repellent floral water	RW	直接涂抹皮肤，具有趋避作用、含有效成分的清澈花露水液体制剂
2.5.6.3	驱蚊巾	repellent wipe	RP	直接擦抹皮肤，具有趋避作用、含有效成分药液的湿无纺布或其他载体制剂
2.5.7　使用方式制剂 use formulations				
2.5.7.1	超低容量液剂	ultra low volunme liquid	UL	直接或稀释后在超低容量设备上使用的均相液体制剂
2.5.7.2	热雾剂	hot fogging concentrate	HN	直接或稀释后在热雾设备上使用的制剂

附录 2　农药产品控制项目及评审要求

一、原药（TC）	
项目	评审要求
有效成分含量（包括异构体比例）	一般不应分等级，含量不能过低；原药原则上含量不低于 90%，以≥…%表示
其他成分及其含量	相关杂质以≤…%表示，稳定剂以≥…%表示
酸碱度（以 H_2SO_4 或 NaOH 计）或 pH 范围（对水溶性原药）	其范围应保证有效成分稳定
水分含量或加热减量	其范围应保证有效成分稳定
不溶物	是指不溶于某种规定溶剂、溶液或水中的杂质，目的是控制机械杂质；通常含量应不超过 0.5%
二、母药（TK）	
项目	评审要求
有效成分含量（包括异构体比例）	规定上下限
其他成分及其含量	相关杂质以≤…%表示，稳定剂和安全剂以≥…%表示
酸碱度（以 H_2SO_4 或 NaOH 计）或 pH 范围	其范围应保证有效成分稳定
水分含量或加热减量	其范围应保证有效成分稳定
不溶物	是指不溶于某种规定溶剂、溶液或水中的杂质，目的是控制机械杂质；通常含量应不超过 0.5%
三、超低容量液剂（UL）	
项目	评审要求
有效成分含量（包括异构体比例）	规定上下限
其他成分及其含量	相关杂质以≤…%表示，稳定剂和安全剂以≥…%表示
水分含量	一般应≤0.5%
酸碱度（以 H_2SO_4 或 NaOH 计）或 pH 范围	应保证有效成分稳定和对包装材料无腐蚀性
黏度	30℃±2℃时的黏度
低温稳定性（0℃±2℃，7d）	底部离析物体积≤0.3mL
热贮稳定性（54℃±2℃，14d）	一般有效成分分解率≤5%，有机磷产品热贮分解率≤10%，相关杂质的含量、酸碱度或 pH 范围应符合产品规格要求
其他	
四、超低容量悬浮剂（SU）	
项目	评审要求
有效成分含量（包括异构体比例）	规定上下限
其他成分及其含量	相关杂质以≤…%表示，稳定剂和安全剂以≥…%表示
酸碱度（以 H_2SO_4 或 NaOH 计）或 pH 范围	应保证有效成分稳定和对包装材料无腐蚀性
湿筛试验（通过 75μm 试验筛）	一般应（通过 75μm 筛）≥98%
黏度	30℃±2℃时的黏度
低温稳定性（0℃±2℃，7d）	湿筛试验应符合产品规格要求

续表

热贮稳定性（54℃±2℃，14d）	一般有效成分分解率≤5%，有机磷产品热贮分解率≤10%，相关杂质的含量、酸碱度或 pH 范围应符合产品规格要求
其他	
五、电热蚊香片（MV）	
项目	评审要求
有效成分含量（包括异构体比例）（以 mg/片计）	规定上下限
其他成分及其含量	相关杂质以≤…%表示，稳定剂和安全剂以≥…%表示
片规格	通用型 35×22×2.6（mm）
挥发速率	国标中规定加热时间为标明时间的一半，标明有效成分含量不得低于 30%（使用配套的加热器）
热贮稳定性（54℃±2℃，14d）	一般有效成分分解率≤10%，相关杂质的含量应符合产品规格要求
其他	
六、电热蚊香液（LV）	
项目	评审要求
有效成分含量（包括异构体比例）	规定上下限
其他成分及其含量	相关杂质以≤…%表示，稳定剂和安全剂以≥…%表示
挥发速率	国标中规定连续试验到明示时间的一半，测试其剩余药液量不低于明示值的 30%，剩余药液的有效成分含量不得低于明示值的 80%
最低持效期	应规定剩余药液体积范围和有效成分含量变化范围
热贮稳定性（54℃±2℃，14d）	一般有效成分分解率≤10%，相关杂质的含量应符合产品规格要求
七、饵剂（RB）包括谷物饵剂（AB）、饵块（BB）、饵粒（GB）、直接使用饵剂（RB）、饵片（PB）	
项目	评审要求
有效成分含量（包括异构体比例）	规定上下限
其他成分及其含量	相关杂质以≤…%表示，稳定剂和安全剂以≥…%表示
水分含量或干燥减量	为保证适口性，应规定范围
与尺寸和完整性相关的指标，如粒径范围、碎片/碎末等	
热贮稳定性（54℃±2℃，14d）	一般有效成分分解率≤10%，相关杂质的含量应符合产品规格要求
其他	
八、粉剂（DP）	
项目	评审要求
有效成分含量（包括异构体比例）	规定上下限
其他成分及其含量	相关杂质以≤…%表示，稳定剂和安全剂以≥…%表示
水分含量	一般应≤3.0%
干筛试验（通过 75μm 试验筛）	一般（通过 75μm 筛）应≥95%
酸碱度（以 H_2SO_4 或 NaOH 计）或 pH 范围	应保证有效成分稳定和对包装材料无腐蚀性

续表

热贮稳定性（54℃±2℃，14d）	一般有效成分分解率≤5%，有机磷产品热贮分解率≤10%，相关杂质的含量、干筛试验应符合产品规格要求
其他	·
九、花露水	
项目	评审要求
有效成分含量（包括异构体比例）	规定上下限
其他成分及其含量	相关杂质以≤…%表示，稳定剂和安全剂以≥…%表示
酸碱度（以 H_2SO_4 或 NaOH 计）或 pH 范围	应保证有效成分稳定和对包装材料无腐蚀性
低温稳定性（0℃±2℃，7d）	固体和油状析出物
热贮稳定性（54℃±2℃，14d）	一般有效成分分解率≤5%，相关杂质的含量、酸碱度或 pH 范围应符合产品规格要求
其他	
十、颗粒剂（GR）包括微囊粒剂（CG）、微粒剂（MG）、大粒剂（GG）、微粒剂（MG）	
项目	评审要求
有效成分含量（包括异构体比例）	规定上下限
其他成分及其含量	相关杂质以≤…%表示，稳定剂和安全剂以≥…%表示
水分含量	一般应≤3.0%
粉尘	基本无粉尘
松密度和堆密度	
酸碱度（以 H_2SO_4 或 NaOH 计）或 pH 范围	应保证有效成分稳定和对包装材料无腐蚀性
粒度范围	最大粒径与最小粒径之比不超过 4∶1，且在指定粒度范围内的量≥85%
脱落率（包裹型）或破损率（造粒型）	造粒型或吸附型破碎率一般应≤3.0%。包裹型因为有效成分包裹在颗粒的表面，有可能脱落物主要为有效成分，因此应视具体产品来规定
有效成分释放率	仅适用于微囊粒剂
热贮稳定性（54℃±2℃，14d）	一般有效成分分解率≤5%，有机磷产品热贮分解率≤10%，相关杂质的含量、酸/碱度或 pH 范围、粒径范围、粉尘、脱落率或破损率应符合产品规格要求
其他	
十一、可分散片剂（WT）	
项目	评审要求
有效成分含量（包括异构体比例）	规定上下限
其他成分及其含量	相关杂质以≤…%表示，稳定剂和安全剂以≥…%表示
水分含量	一般≤3%
酸碱度（以 H_2SO_4 或 NaOH 计）或 pH 范围	应保证有效成分稳定和对包装材料无腐蚀性
崩解时间	
悬浮率	一般应≥60%
湿筛试验（通过 75μm 试验筛）	一般应（通过 75μm 筛）≥98%

续表

持久起泡性	
粉末和碎片	
热贮稳定性（54℃±2℃，14d）	一般有效成分分解率≤5%，有机磷产品热贮分解率≤10%，相关杂质的含量、酸/碱度或pH范围、崩解时间、悬浮率、湿筛试验应符合产品规格要求
其他	
十二、可分散液剂（DC）	
项目	评审要求
有效成分含量（包括异构体比例）	规定上下限
其他成分及其含量	相关杂质以≤…%表示，稳定剂和安全剂以≥…%表示
水分含量	
酸碱度（以 H_2SO_4 或 NaOH 计）或 pH 范围	应保证有效成分稳定和对包装材料无腐蚀性
分散稳定性	
湿筛试验（通过 75μm 试验筛）	一般应（通过 75μm 筛）≥98%
持久起泡性	
低温稳定性（0℃±2℃，7d）	底部离析物体积≤0.3mL
热贮稳定性（54℃±2℃，14d）	一般有效成分分解率≤5%，有机磷产品热贮分解率≤10%，相关杂质的含量、酸/碱度或pH范围、崩解时间、悬浮率、湿筛试验应符合产品规格要求
其他	
十三、可分散油悬浮剂（OD）	
项目	评审要求
有效成分含量（包括异构体比例）	规定上下限
其他成分及其含量	相关杂质以≤…%表示，稳定剂和安全剂以≥…%表示
水分含量	
酸碱度（以 H_2SO_4 或 NaOH 计）或 pH 范围	应保证有效成分稳定和对包装材料无腐蚀性
分散稳定性	
倾倒性	一般要求倾倒后残余物≤5.0%，洗涤后残余物≤0.5%
持久起泡性	
低温稳定性（0℃±2℃，7d）	湿筛试验、分散稳定性仍符合产品规格要求
热贮稳定性（54℃±2℃，14d）	一般有效成分分解率≤5%，有机磷产品热贮分解率≤10%，相关杂质的含量、酸/碱度或pH范围、崩解时间、悬浮率、湿筛试验应符合产品规格要求
其他	
十四、可溶粉剂（SP）	
项目	评审要求
有效成分含量（包括异构体比例）	规定上下限
其他成分及其含量	相关杂质以≤…%表示，稳定剂和安全剂以≥…%表示
水分含量	一般应≤3.0%
酸碱度（以 H_2SO_4 或 NaOH 计）或 pH 范围	应保证有效成分稳定和对包装材料无腐蚀性

续表

溶解程度和溶液稳定性（通过 75μm 试验筛）	通过 75μm 试验筛后残留在筛上的量，用 5min 后≤…%和 18h 后≤…%表示
润湿时间	一般应≤120s
持久起泡性	
热贮稳定性（54℃±2℃，14d）	一般有效成分分解率≤5%，有机磷产品热贮分解率≤10%，相关杂质的含量、酸/碱度或 pH 范围、崩解时间、悬浮率、湿筛试验应符合产品规格要求
其他	
十五、可溶粒剂（SG）	
项目	评审要求
有效成分含量（包括异构体比例）	规定上下限
其他成分及其含量	相关杂质以≤…%表示，稳定剂和安全剂以≥…%表示
水分含量	一般应≤3.0%
酸碱度（以 H_2SO_4 或 NaOH 计）或 pH 范围	范围应保证有效成分稳定和对包装材料无腐蚀性
溶解程度和溶液稳定性（通过 75μm 试验筛）	通过 75μm 试验筛后残留在筛上的量，用 5min 后≤…%和 18h 后≤…%表示
粉尘	
耐磨性	
持久起泡性	
热贮稳定性（54℃±2℃，14d）	一般有效成分分解率≤5%，有机磷产品热贮分解率≤10%，相关杂质的含量、酸/碱度或 pH 范围、崩解时间、悬浮率、湿筛试验应符合产品规格要求
其他	
十六、可溶片剂（ST）	
项目	评审要求
有效成分含量（包括异构体比例）	规定上下限
其他成分及其含量	相关杂质以≤…%表示，稳定剂和安全剂以≥…%表示
水分含量	一般应≤3.0%
酸碱度（以 H_2SO_4 或 NaOH 计）或 pH 范围	应保证有效成分稳定和对包装材料无腐蚀性
持久起泡性	
崩解时间（仅限沸腾片）	
溶解程度和溶液稳定性（通过 75μm 试验筛）	通过 75μm 试验筛后残留在筛上的量，用 5min 后≤…%和 18h 后≤…%表示
湿筛试验（通过 75μm 试验筛）	一般应（通过 75μm 试验筛）≥98%
热贮稳定性（50℃±2℃，14d）	一般有效成分分解率≤5%，有机磷产品热贮分解率≤10%，相关杂质的含量、酸碱度或 pH 范围、解崩时间、溶解度程度和溶液稳定性、湿筛试验应符合产品规格要求
其他	
十七、可溶液剂（SL）	
项目	评审要求
有效成分含量（包括异构体比例）	规定上下限

续表

其他成分及其含量	相关杂质以≤…%表示，稳定剂和安全剂以≥…%表示
水分含量	
酸碱度（以 H_2SO_4 或 NaOH 计）或 pH 范围	应保证有效成分稳定和对包装材料无腐蚀性
持久起泡性	
稀释稳定性	
低温稳定性	
热贮稳定性（50℃±2℃，14d）	一般有效成分分解率≤5%，有机磷产品热贮分解率≤10%，相关杂质的含量、酸碱度或 pH 范围、稀释稳定性应符合产品规格要求
其他	

十八、可湿性粉剂（VP）

项目	评审要求
有效成分含量（包括异构体比例）	规定上下限
其他成分及其含量	相关杂质以≤…%表示，稳定剂和安全剂以≥…%表示
水分含量	一般应≤3.0%
酸碱度（以 H_2SO_4 或 NaOH 计）或 pH 范围	应保证有效成分稳定和对包装材料无腐蚀性
持久起泡性	规定上下限
悬浮率	应≥60%
润湿时间	一般应≤120s
湿筛实验（通过 75μm 试验筛）	一般应（通过 75μm 筛）≥98%
热贮稳定性（50℃±2℃，14d）	一般有效成分分解率≤5%，有机磷产品热贮分解率≤10%，相关杂质的含量、酸碱度或 pH 范围、湿筛试验、悬浮率、润湿时间应符合产品规格要求
其他	

十九、浓饵剂（CB）(所需技术指标与浓饵剂本身的组成和加工方法有关。它们可能是不同类型的液剂，如油剂、水剂，也还可能是固体制剂的粉剂等)

项目	评审要求
有效成分含量（包括异构体比例）	规定上下限
其他成分及其含量	相关杂质以≤…%表示，稳定剂和安全剂以≥…%表示
制剂本身的指标	
稀释均匀性	
低温稳定性	
热贮稳定性	
其他	

二十、片剂（DT）(指使用前不需要分散或溶解在水中，直接投到大田使用的片剂)

项目	评审要求
有效成分含量（包括异构体比例）	规定上下限
其他成分及其含量	相关杂质以≤…%表示，稳定剂和安全剂以≥…%表示
水分/干燥减量	
酸/碱度或 pH	

续表

片剂完整性	
热贮稳定性（片剂完整性、酸/碱度或 pH 范围、水分/干燥减量）	
其他	
二十一、气雾剂（AE）	
项目	评审要求
有效成分含量（包括异构体比例）	规定上下限
其他成分及其含量	相关杂质以≤…%表示，稳定剂和安全剂以≥…%表示
酸碱度或 pH 范围（pH 范围仅限于水基气雾剂）	
内压力（55℃）（由生产商综合考虑安全等因素做出规定）	
净含量	
雾化率	一般应≥98%
喷出速率	
热贮稳定性（50℃±2℃，14d）	一般有效成分分解率≤10%，相关杂质的含量、喷出速率、重量变化应符合产品规格要求
其他	
二十二、气体发生剂（GE）	
项目	评审要求
有效成分含量（包括异构体比例）	规定上下限
其他成分及其含量	相关杂质以≤…%表示，稳定剂和安全剂以≥…%表示
气体发生率	
水分（视需要）	
酸碱度或 pH 范围（视需要）	
低温稳定性	固体和油状析出物
热贮稳定性（50℃±2℃，14d）	一般有效成分分解率≤5%，有机磷产品热贮分解率≤10%，相关杂质的含量、气体发生率、酸碱度或 pH 范围应符合产品规格要求
其他	
二十三、气体制剂（GA）	
项目	评审要求
有效成分含量（包括异构体比例）	规定上下限
其他成分及其含量	相关杂质以≤…%表示，稳定剂和安全剂以≥…%表示
内压力	
二十四、驱蚊帐（LN）	
项目	评审要求
有效成分含量（包括异构体比例）、增效剂（如有）（FAO）规定	规定上下限
其他成分及其含量	相关杂质以≤…%表示，稳定剂和安全剂以≥…%表示
活性组分保留指数或释放指数	

align="right">续表</div>

增效剂保留指数或释放指数	
网孔大小（孔/cm²）	
缩水率（通用要求不超过 5％）	
破裂强度	
热贮稳定性（40℃±2℃，56d）	一般有效成分分解率≤10％，相关杂质的含量、活性组分保留系数或释放指数、缩水率、破裂强度应符合产品规格要求
其他	

<div align="center">二十五、乳粉剂（EP）</div>

项目	评审要求
有效成分含量（包括异构体比例）	规定上下限
其他成分及其含量	相关杂质以≤…％表示，稳定剂和安全剂以≥…％表示
水分含量	
酸/碱度（以 H_2SO_4 或 NaOH 计）或 pH 范围	
润湿时间	
分散稳定性	
湿筛试验（通过 $75\mu m$ 试验筛）	一般应（通过 $75\mu m$ 筛）≥98％
持久起泡性	
热贮稳定性（54℃±2℃，14d）	一般有效成分分解率≤10％，相关杂质的含量、酸碱度或 pH 范围、润湿时间、分散稳定性、湿筛试验应符合产品规格要求
其他	

<div align="center">二十六、乳粒剂（EG）</div>

项目	评审要求
有效成分含量（包括异构体比例）	规定上下限
其他成分及其含量	相关杂质以≤…％表示，稳定剂和安全剂以≥…％表示
水分含量	
酸/碱度（以 H_2SO_4 或 NaOH 计）或 pH 范围	
润湿性	
分散稳定性	
湿筛试验（通过 $75\mu m$ 试验筛）	一般应（通过 $75\mu m$ 筛）≥98％
粉尘	
破损率（脱落率）	
持久起泡性	
热贮稳定性（54℃±2℃，14d）	一般有效成分分解率≤10％，相关杂质的含量、酸碱度或 pH 范围、润湿性、分散稳定性、湿筛试验、粉尘、破损率应符合产品规格要求
其他	

<div align="center">二十七、乳油（EC）</div>

项目	评审要求
有效成分含量（包括异构体比例）	规定上下限

其他成分及其含量	相关杂质以≤…%表示，稳定剂和安全

续表

其他成分及其含量	相关杂质以≤…%表示，稳定剂和安全剂以≥…%表示
水分含量	一般应≤0.5%
酸/碱度（以 H_2SO_4 或 NaOH 计）或 pH 范围	应保证有效成分稳定和对包装材料无腐蚀性
乳液稳定性	一般稀释 200 倍后合格或执行其他国际标准
低温稳定性（0℃±2℃，7d）	离心管底部离析物体积一般≤0.3mL
热贮稳定性（54℃±2℃，14d）	一般有效成分分解率≤5%，有机磷产品热贮分解率≤10%，相关杂质的含量、酸碱度或 pH 范围、乳液稳定性应符合产品规格要求
其他	

二十八、水分散粒剂（WG）

项目	评审要求
有效成分含量（包括异构体比例）	规定上下限
其他成分及其含量	相关杂质以≤…%表示，稳定剂和安全剂以≥…%表示
水分含量	一般应≤3%
酸/碱度（以 H_2SO_4 或 NaOH 计）或 pH 范围	应保证有效成分稳定和对包装材料无腐蚀性
粉尘	
悬浮率	一般应≥60%
湿筛试验（通过 75μm 试验筛）	一般应（通过 75μm 筛）≥98%
分散性	
润湿时间	一般应≤120s
持久起泡性	
热贮稳定性（54℃±2℃，14d）	一般有效成分分解率≤5%，有机磷产品热贮分解率≤10%，相关杂质的含量、酸碱度或 pH 范围、粉尘、悬浮率、湿筛试验、分散性应符合产品规格要求
其他	

二十九、水剂（AS）

项目	评审要求
有效成分含量（包括异构体比例）	规定上下限
其他成分及其含量	相关杂质以≤…%表示，稳定剂和安全剂以≥…%表示
水不溶物含量	
酸/碱度（以 H_2SO_4 或 NaOH 计）或 pH 范围	应保证有效成分稳定和对包装材料无腐蚀性
稀释稳定性	一般稀释 20 倍
低温稳定性（0℃±2℃，7d）	离心管底部离析物体积一般≤0.3mL
热贮稳定性（54℃±2℃，14d）	一般有效成分分解率≤5%，有机磷产品热贮分解率≤10%，相关杂质的含量、酸碱度或 pH 范围、稀释稳定性应符合产品规格要求
其他	

三十、水溶胶剂（GW）（凝胶是啫喱状的复杂的物理化学胶状体系。提交的资料应能体现产品适于按照使用说明书使用，在贮存过程中物理状态不发生变化。凝胶可以加工成直接使用或分散在水中使用的形式。技术指标根据使用方式不同而不同。如果是水溶胶，则需规定稀释稳定性和润湿性）

项目	评审要求
有效成分含量（包括异构体比例）	规定上下限
其他成分及其含量	相关杂质以≤…%表示，稳定剂和安全剂以≥…%表示

align="right">续表</div>

酸/碱度（以 H_2SO_4 或 NaOH 计）或 pH 范围	应保证有效成分稳定和对包装材料无腐蚀性
与水互溶性（仅适用于用水分散使用的水溶胶）	
湿筛试验（通过 $75\mu m$ 试验筛）（仅适用于用水分散使用的水溶胶）	
持久起泡性（仅适用于用水分散使用的水溶胶）	
稀释稳定性（仅适用于用水分散使用的水溶胶）	
乳液稳定性（仅适用于用水分散使用的水溶胶）	
悬浮率（仅适用于用水分散使用的水溶胶）	
低温稳定性	
热贮稳定性（与使用方法有关）	

<div align="center">三十一、水乳剂（EW）</div>

项目	评审要求
有效成分含量（包括异构体比例）	规定上下限
其他成分及其含量	相关杂质以≤…%表示，稳定剂和安全剂以≥…%表示
酸/碱度（以 H_2SO_4 或 NaOH 计）或 pH 范围	应保证有效成分稳定和对包装材料无腐蚀性
乳液稳定性	可以采用国际要求的稀释 200 倍，也可以采用 CIPAC 方法或其他公认国际组织的方法
倾倒性	一般要求倾倒后残存物≤3%，洗涤后残余物≤0.5%
持久起泡性	
低温稳定性（0℃±2℃，7d）	离心管底部离析物体积≤0.3mL
热贮稳定性（54℃±2℃，14d）	一般有效成分分解率≤5%，有机磷产品热贮分解率≤10%，相关杂质的含量、乳液稳定性应符合产品规格要求
其他	

<div align="center">三十二、微囊悬浮剂（CS）</div>

项目	评审要求
总有效成分含量（包括异构体比例）	规定上下限
游离的有效成分含量	以≤…%表示
其他成分及其含量	相关杂质以≤…%表示，稳定剂和安全剂以≥…%表示
释放速率	当作为缓释剂时使用
酸/碱度（以 H_2SO_4 或 NaOH 计）或 pH 范围	应保证有效成分稳定和对包装材料无腐蚀性
湿筛试验（通过 $75\mu m$ 试验筛）	一般应（通过 $75\mu m$ 筛）≥98%
悬浮率	≥60%
自发分散性	
倾倒性	
持久起泡性	
冻融稳定性	游离有效成分含量、酸碱度或 pH 范围、湿筛试验、悬浮率、自发分散性、倾倒性应符合产品规格要求
热贮稳定性（54℃±2℃，14d）	一般有效成分分解率≤5%，有机磷产品热贮分解率≤10%，游离的有效成分含量、相关杂质的含量、酸碱度或 pH 范围、湿筛试验、悬浮率、自发分散性、倾倒性应符合产品规格要求
其他	

续表

三十三、微囊悬浮-水乳剂（ZW）	
项目	评审要求
总有效成分含量（包括异构体比例）	规定上下限
游离的有效成分含量	以≤…%表示
其他成分及其含量	相关杂质以≤…%表示，稳定剂和安全剂以≥…%表示
释放速率	当作为缓释剂时使用
酸/碱度（以 H_2SO_4 或 NaOH 计）或 pH 范围	
湿筛试验（通过 75μm 试验筛）	一般应（通过 75μm 筛）≥98%
倾倒性	
持久起泡性	
分散稳定性	
冻融稳定性	游离有效成分含量、酸碱度或 pH 范围、湿筛试验、分散稳定性、倾倒性应符合产品规格要求
热贮稳定性（54℃±2℃，14d）	一般有效成分分解率≤5%，有机磷产品热贮分解率≤10%，游离的有效成分含量、相关杂质的含量、酸碱度或 pH 范围、湿筛试验、分散稳定性、倾倒性应符合产品规格要求
其他	

三十四、微囊悬浮-悬浮剂（ZC）	
项目	评审要求
总有效成分含量（包括异构体比例）	规定上下限
游离的有效成分含量	以≤…%表示
其他成分及其含量	相关杂质以≤…%表示，稳定剂和安全剂以≥…%表示
释放速率	当作为缓释剂时使用
酸/碱度（以 H_2SO_4 或 NaOH 计）或 pH 范围	应保证有效成分稳定和对包装材料无腐蚀性
湿筛试验（通过 75μm 试验筛）	一般应（通过 75μm 筛）≥98%
自发分散性	
倾倒性	
持久起泡性	
冻融稳定性	游离有效成分含量、酸碱度或 pH 范围、湿筛试验、自发分散性、倾倒性应符合产品规格要求
热贮稳定性（54℃±2℃，14d）	一般有效成分分解率≤5%，有机磷产品热贮分解率≤10%，游离的有效成分含量、相关杂质含量、酸碱度或 pH 范围、湿筛试验、自发分散性、倾倒性应符合产品规格要求
其他	

三十五、微囊悬浮-悬乳剂（ZE）	
项目	评审要求
总有效成分含量（包括异构体比例）	规定上下限
游离的有效成分含量	以≤…%表示
其他成分及其含量	相关杂质以≤…%表示，稳定剂和安全剂以≥…%表示

续表

释放速率	当作为缓释剂时使用
酸/碱度（以 H_2SO_4 或 NaOH 计）或 pH 范围	
湿筛试验（通过 75μm 试验筛）	一般应（通过 75μm 筛）≥98%
倾倒性	
持久起泡性	
分散稳定性	
冻融稳定性	游离有效成分含量、酸碱度或 pH 范围、湿筛试验、分散稳定性、倾倒性应符合产品规格要求
热贮稳定性（54℃±2℃，14d）	一般有效成分分解率≤5%，有机磷产品热贮分解率≤10%，游离的有效成分含量、相关杂质含量、酸碱度或 pH 范围、湿筛试验、分散稳定性、倾倒性应符合产品规格要求
其他	
三十六、微乳剂（ME）	
项目	评审要求
有效成分含量（包括异构体比例）	规定上下限
其他成分及其含量	相关杂质以≤…%表示，稳定剂和安全剂以≥…%表示
酸碱度（以 H_2SO_4 或 NaOH 计）或 pH 范围	应保证有效成分稳定和对包装材料无腐蚀性
乳液稳定性	可以采用国际要求的稀释 200 倍，也可采用 CIPAC 方法或其他公认国际组织的方法
持久起泡性	
低温稳定性（0℃±2℃，7d）	离心管底部离析物体积≤0.3mL
热贮稳定性（54℃±2℃，14d）	一般有效成分分解率≤5%，有机磷产品热贮分解率≤10%，相关杂质的含量、酸碱度或 pH 范围、乳液稳定性应符合产品规格要求
其他	
三十七、蚊香（MC）	
项目	评审要求
有效成分含量（包括异构体比例）	规定上下限
其他成分及其含量	相关杂质以≤…%表示，稳定剂和安全剂以≥…%表示
水分	一般应≤10%
盘平均质量	
双盘分离度	除连结点外，香体其他部分均易完整脱开
燃烧时间	一般单圈应≥7h
抗折力（盘强度）	一般应≥1.5N
热贮稳定性（54℃±2℃，14d）	一般有效成分分解率≤10%，相关杂质的含量、燃烧时间、抗折力、双盘分离度应符合产品规格要求
其他	
三十八、雾剂包括热雾剂（HN）、冷雾剂（KN）	
项目	评审要求
有效成分含量（包括异构体比例）	规定上下限

续表

其他成分及其含量	相关杂质以≤…%表示，稳定剂和安全剂以≥…%表示
酸碱度（以 H_2SO_4 或 NaOH 计）或 pH 范围	
持久起泡性（仅适用分散在水中使用时）	
稀释稳定性（仅适用分散在水中使用时）	
乳液稳定性（仅适用被水乳化时）	
闪点	
低温稳定性	
热贮稳定性（与使用方法对应）	

三十九、悬浮剂（SC）

项目	评审要求
有效成分含量（包括异构体比例）	规定上下限
其他成分及其含量	相关杂质以≤…%表示，稳定剂和安全剂以≥…%表示
酸碱度（以 H_2SO_4 或 NaOH 计）或 pH 范围	应保证有效成分稳定和对包装材料无腐蚀性
湿筛试验（通过 75μm 试验筛）	一般应（通过 75μm 筛）≥98%
悬浮率	一般应≥80%
倾倒性	一般要求倾倒后残余物≤5.0%，洗涤后残余物≤0.5%
持久起泡性	一般表示为 1min 后小于…mL（100mL 量筒时，小于 25mL；250mL 量筒时，小于 60mL）
低温稳定性（0℃±2℃，7d）	一般要求悬浮率和湿筛试验仍符合要求
热贮稳定性（54℃±2℃，14d）	一般有效成分分解率≤5%，有机磷产品热贮分解率≤10%，相关杂质的含量、酸碱度或 pH 范围、湿筛试验、悬浮率、倾倒性应符合产品规格要求
其他	

四十、悬浮种衣剂（FSC）

项目	评审要求
有效成分含量（包括异构体比例）	规定上下限
其他成分及其含量	相关杂质以≤…%表示，稳定剂和安全剂以≥…%表示
酸碱度（以 H_2SO_4 或 NaOH 计）或 pH 范围	应保证有效成分稳定和对包装材料无腐蚀性
黏度	
湿筛试验（通过 44μm 试验筛）	一般应（通过 44μm 筛）≥99%
悬浮率	一般应≥90%
成膜时间	一般应≤20min
包衣均匀度	一般应≥90%
脱落率	一般应≤10%
低温稳定性（0℃±2℃，7d）	一般要求悬浮率和黏度仍符合要求
热贮稳定性（54℃±2℃，14d）	一般有效成分分解率≤5%，有机磷产品热贮分解率≤10%，相关杂质的含量、酸碱度或 pH 范围、湿筛试验、悬浮率应符合产品规格要求
其他	

续表

四十一、悬乳剂（SE）	
项目	评审要求
有效成分含量（包括异构体比例）	规定上下限
其他成分及其含量	相关杂质以≤…%表示，稳定剂和安全剂以≥…%表示
酸碱度（以 H_2SO_4 或 NaOH 计）或 pH 范围	应保证有效成分稳定和对包装材料无腐蚀性
湿筛试验（通过 75μm 试验筛）	
分散稳定性	
倾倒性	
持久起泡性	
低温稳定性（0℃±2℃，7d）	一般要求酸碱度或 pH 范围、分散稳定性、湿筛试验仍符合要求
热贮稳定性（54℃±2℃，14d）	一般有效成分分解率≤5%，有机磷产品热贮分解率≤10%，相关杂质的含量、酸碱度或 pH 范围、分散稳定性、倾倒性、湿筛试应符合产品规格要求
其他	
四十二、种子处理液剂（LS）	
项目	评审要求
有效成分含量（包括异构体比例）	规定上下限
其他成分及其含量	相关杂质以≤…%表示，稳定剂和安全剂以≥…%表示
水分（视需要）	
酸/碱度（以 H_2SO_4 或 NaOH 计）或 pH 范围	应保证有效成分稳定和对包装材料无腐蚀性
稀释稳定性	
附着性	
低温稳定性	一般要求离心管底部离析物体积≤0.3mL
热贮稳定性（54℃±2℃，14d）	一般有效成分分解率≤5%，有机磷产品热贮分解率≤10%，相关杂质的含量、酸碱度或 pH 值范围、稀释稳定性、附着性应符合产品规格要求

注：对暂未做出规定的其他剂型可从保证产品的有效性、稳定性、安全性等方面综合考虑，确定适当的技术要求。

附录 3　表面活性剂常用缩略词释义

SAA	表面活性剂
a-SAA	阴离子表面活性剂
n-SAA	非离子表面活性剂
c-SAA	阳离子表面活性剂
CAPG	阳离子烷基糖苷
LAS	直链烷基苯磺酸盐（软性苯磺酸盐）
AS	烷基硫酸盐
AES	脂肪醇聚氧乙烯醚硫酸盐
ABS	硬性苯磺酸盐
AOS	烯基磺酸盐
MES	脂肪酸甲酯磺酸盐
AEC	醇醚羧酸盐
MES	脂肪酸甲酯磺酸盐
K12	脂肪醇硫酸盐（钠）
AESS	脂肪醇聚氧乙烯醚琥珀酸酯磺酸钠
AE	脂肪醇聚氧乙烯醚
MAP	单烷基磷酸酯
FMEE	脂肪酸甲酯乙氧基化合物
CMEA	椰油酸单乙醇酰胺
6501	椰油酸二乙醇酰胺
LDEA	月桂基二乙醇酰胺
FMEA	脂肪酸单乙醇酰胺
LAPB	月桂酰胺丙基甜菜碱
CAPB	椰油酰胺丙基甜菜碱
CAB	椰油酰胺甜菜碱
CAMA	椰油基咪唑啉甜菜碱
LAPB	月桂酰胺丙基甜菜碱
LAPO	月桂酰胺丙基氧化胺
CAPO	椰油酰胺丙基氧化胺
平平加 A-20	脂肪醇聚氧乙烯醚，HLB 值为 16
添加剂 AC	脂肪胺聚氧乙烯醚
AEO	脂肪醇聚氧乙烯醚
AES	脂肪醇聚氧乙烯醚硫酸盐

净洗剂 AN	脂肪醇聚氧乙烯醚
匀染剂 AN	脂肪胺聚氧乙烯醚（尼凡丁）
AOS	α-烯基磺酸盐
AP	烷基磷酸酯
APE	壬基酚聚氧乙烯醚
APG	烷基多糖苷
AR617 精炼剂	油酸钠、碳酸钠和三聚磷酸钠为主的混合物
AS	脂肪醇硫酸钠
AS-33	含 33%脂肪醇硫酸钠的水溶液
ASEA	烷基硫酸酯单乙醇胺盐
匀染剂 BOF	烷基苯酚聚氧乙烯醚
BS-12 甜菜碱	十二烷基二甲基氨基己酸钠
BSL	4,4-二氨基芪-2,2-二磺酸的三氮杂苯基衍生物（荧光增白剂）
BX 拉开粉	丁基萘磺酸钠
Nekal BX	烷基萘磺酸钠
CDE	椰子油脂肪酸二乙醇酰胺
CMC	羧甲基纤维素
CME	椰子油脂肪酸单乙醇酰胺
匀染剂 CN	阳离子表面活性剂复合物
扩散剂 CNF	亚甲基苄基萘磺酸钠
分散剂 CS	纤维素硫酸酯钠盐
CTAB	溴化十二烷基三甲基铵
CTAC	氯化十二烷基三甲基铵
5881D	十二烷基磺酸钠、拉开粉、磷酸氢钠和松节油为主的混合物（渗透剂）
DAN	硫酸化蓖麻籽油
分散剂 DAS	烷基联苯醚磺酸盐
SDS	十二烷基磺酸钠
匀染剂 DC	氯化十八烷基二甲基苯乙基铵
SDBS	十二烷基苯磺酸盐
DSDMAC	氯化双十八烷基二甲基铵
DTPA	二亚乙基三胺五乙酸五钠（整合剂）
渗透剂 EA	脂肪醇聚氧乙烷醚（1∶1.6）
EL	蓖麻油聚氧乙烯醚
柔软剂 ES（EST）	咪唑啉阳离子表面活性剂
净洗剂 FAE	第二不皂化物醇制成的 AE08
FAS	脂肪醇硫酸钠乳化剂

FO	脂肪醇聚氧乙烯醚（1∶0.8）
FWA	荧光增白剂
CMS	甘油单硬脂酸酯
匀染剂 GS	芳基醚硫酸酯和烷基醚基酯的混合物
Hyaminel622	氯化二异丁基苯氧基乙氧基乙基二甲基苄基铵
IgeponT	牛脂酸——*N*-甲基牛磺酸酰胺
分散剂 IW	脂肪醇聚氧乙烯醚
润湿剂 JFC	C_8～C_{10}脂肪醇聚氧乙烯（4～5）醚
K12	脂肪醇硫酸钠
KDC	二氯异氰尿酸钾
LAB	直链烷基苯
LAS	直链烷基苯磺酸盐
LMEOA	月桂基单乙醇酰胺
净洗剂 LS	对甲氧基脂肪酰胺基苯磺酸钠
MES	脂肪酸甲酯磺酸盐
扩散剂 MF	亚甲基双甲基萘磺酸钠
乳化剂 MOA-3	C_{10}～C_{14}脂肪醇聚氧乙烯（3）醚
MS	甲基葡萄糖苷硬脂酸酯
MSE	聚氧乙烯（4）十八烷基硫酸钠
MT	十二酰胺乙氧基（7～15）化物
MTS	聚氧乙烯（4）十八烷基硫酸钠
NaTPP	三聚磷酸钠
NAXS	二甲苯磺酸钠
Ninol	烷基醇酰胺
NMF	天然保湿因子
扩散剂 NNO	亚甲基双萘磺酸钠
NS	十一烯基单乙醇酰胺琥珀酸酯磺酸钠（抑菌剂）
NSD	非皂型洗涤剂
抗静电剂 NX	烷基酚聚氧乙烯（7～10）醚
匀染剂 O	脂肪醇聚氧乙烯（5）醚
乳化剂 O	脂肪醇聚氧乙烯（15～20）醚
PET	单烷基醚磷酸酯三乙醇胺盐
防水剂 PF	十八酰胺甲基苯基氯化铵
PGFE	聚甘油脂肪酸酯
POA	聚 α-羟丙烯酸钠
平平加-SA-20	脂肪醇聚氧乙烯醚（HLB 值 15）

SABS	烷基苯磺酸钠
SAES	脂肪醇聚氧乙烯醚硫酸钠
SAS	仲烷基磺酸盐；链烷磺酸盐；脂肪醇硫酸钠
柔软剂 SCM	十七烷基羟乙基羧甲基咪唑啉
精炼剂 SD	芳基醚硫酸酯混合物
SDS	十二烷基硫酸钠
SLS	月桂基硫酸钠
SMP	偏磷酸钠
抗静电剂 SN	十八烷基二甲基羟乙基硝酸铵
SPF 值	防晒指数；防晒因子
T 20	吐温 20
T 80	吐温 80
TAM	磺化-*N*-(2-羟基丙式）氢化牛油酰胺（钙皂分散剂）
抗静电剂 TM	甲基三羟乙基甲基硫酸季铵盐
TMS	牛油甲酯磺酸盐
柔软剂 VS	十八烷基乙烯脲
分散剂 WA	三脂肪醇聚氧乙烯醚基甲基硅烷
渗洗剂 YS	烷基苯磺酸钠
磷辛-10	仲辛醇聚氧乙烯（10～15）醚
宁乳 31	苄基联苯酚聚氧丙烯（24～28）醚
农乳 100	乳（壬）基酚聚氧乙烯（10～14）醚
柔软剂 101	硬脂酸、石蜡和平平加的乳液
匀染剂 102	脂肪醇聚氧乙烯（25～30）醚
209	*N*,*N*-油酰甲基牛磺酸钠；胰加漂 T
浓乳 500	十二烷基苯磺酸钙
613	雷米邦 A
1227	氯化十二烷基二甲基苄基铵
1231	溴化十二烷基三甲基铵
1631	氯化十六烷基三甲基铵
1821	氯化双十八烷基二甲基铵
1831	氯化十八烷基三甲基铵
6501	月桂基二乙醇酰胺
6503	烷基醇酰胺磷酸酯

附录 4　为本书提供相关资料和科研数据的企业

上海是大高分子材料有限公司

广西田园生化股份有限公司

江苏金旺包装机械科技有限公司

沧州鸿源农化有限公司

东莞市琅菱机械有限公司

江苏擎宇化工科技有限公司

昆山博瑞凯粉碎设备有限公司

上海灵敏包装材料有限公司

上海纳锘实业有限公司

苏州国建慧投矿物新材料有限公司

张家港市创成机械制造有限公司

赢创特种化学（上海）有限公司

常州力健制粒干燥设备有限公司

中兴农谷湖北有限公司

宜兴市聚能超细粉碎设备有限公司

阿克苏诺贝尔中国有限公司

上海启雄实业有限公司

广州友柔精细化工有限公司

重庆市江北区渝辉化工机械有限公司

北京广源益农化学有限责任公司

索尔维投资有限公司

南京太化化工有限公司

上海外电国际贸易有限公司

江苏钟山化工有限公司

江阴市卓英干燥工程技术有限公司

东莞市康博机械有限公司

鲍利葛国际贸易（上海）有限公司

无锡颐景丰科技有限公司

索引

（按汉语拼音排序）

A

安全化生产……306
安全化生产流程……491
安装设计……487
凹凸棒土……126
奥氏熟化……348

B

1,2-苯并噻唑啉-3-酮……263
白炭黑……180
包衣均匀度……415
比例法……035
吡唑醚菌酯……198
表面张力……046
丙三醇……063
薄膜水……172
不稳定性……348

C

仓库管理……516
草甘膦水剂……251
茶皂素……085
产品质量……484
长期物理稳定性……285
Hamaker 常数……103
超低容量（ULV）喷雾……342
超低容量液剂……455
车间整体布局设计……486
成本……484
成膜材料……411
成烟率……005
齿轮泵……235
除草剂活性测定……470
除尘、除味系统及通风设计……487

D

大豆油……205
单凝聚法……383
单一因素……031
等效线法……476
低芳烃溶剂油……207
低熔点原药悬浮剂……293
敌草隆……039
调制釜……234
定型设备选型及非标设备设计……486
定性分析……049
动态表面张力……299
毒死蜱……230
毒死蜱水乳剂……033
堆积密度……117
对分法……032
多菌灵……151
多孔珍珠岩……123
多因素研究……035
多重乳状液……265

E

二氯喹啉酸……033
二维码……524

F

Bliss 法……475
Colby 法……477
Finney 法……475
Gowing 法……477
Wadley 法……475
帆布沉降法……049
凡士林……424
范德华力……245

防腐剂 …… 428
防飘移剂 …… 439
飞防设备 …… 451
飞防应用 …… 452
飞防增效助剂 …… 137
飞防制剂 …… 455
飞防助剂 …… 439
非离子型 …… 061
沸腾床 …… 184
费克扩散定律 …… 389
分配系数 …… 055
分散剂 …… 066，287，361
分散性 …… 175
分散作用 …… 046
分数法 …… 034
粉粒细度 …… 004
粉末直接压片 …… 422
蜂蜡 …… 425
复凝聚法 …… 381
附着力 …… 442

G

改性植物油 …… 130
干法制粒 …… 422
干洗 …… 506
干悬浮剂 …… 196
干燥塔 …… 201
甘油酯 …… 092
高分子分散剂 …… 071
高含量悬浮剂 …… 293
高岭土 …… 118
高浓度乳油 …… 224
高效氯氰菊酯 …… 273
工程化技术 …… 333
Stokes 公式 …… 412
功能性二氧化硅 …… 352
固体乳油 …… 226
HSE 管理体系 …… 520
管道布置设计 …… 486

H

海泡石 …… 120
航空飞防助剂 …… 450
核磁共振法 …… 056
滑石粉 …… 180
黄金分割法 …… 033
磺基型甜菜碱 …… 114
磺酸盐类 …… 074，135
磺酰脲类除草剂 …… 170
挥发性 …… 209
混合釜 …… 279
混剂 …… 475

J

极性相似 …… 246
挤出造粒 …… 162，182
挤压造粒 …… 161
计算极差 …… 044
季铵盐阳离子 …… 109
加工工艺 …… 347，411，435
假密度 …… 006，126
碱性木质素 …… 124
碱源 …… 421
交叉污染风险评估 …… 495
交叉污染危险性要素 …… 500
交叉污染预防 …… 493
接触角 …… 299
结构参数法 …… 057
结构因子法 …… 057
介电常数 …… 244
界面活性剂 …… 047
界面聚合法 …… 378
界面膜 …… 261
界面能 …… 171
界面吸附 …… 171
界面张力 …… 171
晶体生长率 …… 228
精喹禾灵 …… 229
鲸蜡醇 …… 426
静电排斥 …… 393
静电势垒 …… 261
静电位阻稳定机制 …… 106
聚合型抗飘移剂 …… 252
聚羧酸型分散剂 …… 098
聚氧乙烯脂肪醇 …… 090
聚乙烯吡咯烷酮 …… 176

聚乙烯醇…… 176
均质混合机…… 279

K

抗飘移能力…… 442
抗氧剂…… 428
颗粒细度…… 413
可分散油悬浮剂…… 341
可溶粉（粒）剂…… 151
可溶液剂…… 242
可乳化粉剂…… 207，435
可湿性粉剂…… 143
空间排斥…… 393
空间势垒…… 261
空间位阻效应…… 100
控制释放…… 368
矿物油…… 205
矿物油助剂…… 440
扩散作用…… 243

L

600# 磷酸酯…… 233
粒度分布…… 413
临界胶束浓度…… 048，050
临界胶束浓度法…… 054
磷酸酯…… 065
磷脂…… 089
流动性…… 008
流化床造粒…… 188
流化造粒…… 165
硫酸盐类…… 074
络合作用…… 100

M

美国农药控制协会联合会…… 066
咪鲜胺…… 431
膜稳定性…… 434
木质素…… 068
目测检查…… 506

N

纳米乳状液…… 265
耐挥发能力…… 442
耐雨水冲刷…… 442
囊壁…… 367
囊芯…… 367
囊芯释放理论…… 388
黏度…… 008
黏合剂…… 421
黏着剂…… 221
脲醛树脂…… 371
柠檬酸…… 420
柠檬酸硬脂酸单甘酯…… 042
牛磺酸…… 068
牛脂胺…… 251
农药生物测定…… 460
农药稳定性…… 368
农药制剂…… 001
农药制剂车间工程项目设计工作…… 486
农药制剂工厂布局…… 023
农药制剂工厂总体布局设计…… 482
农药制剂质量标准…… 004
农药助剂…… 046
农药助剂的安全性…… 011

P

抛物线法…… 034
泡腾片…… 420
配方组成…… 411
喷雾干燥法…… 387
喷雾造粒…… 182
平平加 O…… 427
破乳…… 262

Q

气流粉碎机…… 150
气雾剂…… 131
起泡…… 084
嵌段聚醚…… 094
亲水基…… 047
亲水性黏结剂…… 156
倾倒性…… 008
清洗标准限值…… 501，502
清洗介质的循环使用…… 507
清洗流程…… 511
清洗能力验证…… 507

清洗实例……512
氰氟草酯……233
球晶造粒……165
全合成高分子材料……371

R

热雾剂……431
容重……004
溶剂化作用……244
溶剂油……205
溶剂蒸发法……385
溶胶状乳油……225
溶解度……243
熔融法……428
乳化法……053
乳化分散性……208
乳化剂……060，361
乳化剂 OP……427
乳化剂筛选……436
乳剂型基质……425
乳油……204
Pickering 乳状液……265
软膏剂……423
软膏剂的基质……424
润湿分散剂……345
润湿剂……414
润湿热……101
润湿性……004，048

S

三丁磷……077
三角形法……036
色谱法……056
杀虫单……151
杀虫剂毒力测定……461
杀虫剂生物测试实例……463
杀菌剂毒力测定……466
杀菌剂生物测定实例……469
山梨醇……064
山梨醇酯……093
闪点……209
商品化的悬浮剂……308
设备应用……484
渗透剂……073，221
生测内容……460
生产安全……484
生产单元的隔离准则……497
生产单元的清洗……505
生产工艺……484
生产工艺流程设计……486
生产管理……484
生产过程数字化……519
生产流程……484
生产效率……484
生物热雾剂……431
湿法研磨……197
湿法造粒……185
湿法制粒……422
湿洗……506
十二烷基苯磺酸钙……220
十二烷基硫酸（酯）钠……425
室内杀虫活性测定……463
疏水性黏结剂……157
数字化农药制剂车间……518
数字化执行层……519
双电层斥力理论……099
水分散粒剂……170
水合热法……056
水剂……242
水面扩散油剂……432
水面漂浮性颗粒剂……438
水溶性高分子……070
水乳剂……224，260
水悬浮型种衣剂……409
松基油溶剂……206
松节油……129
松脂油……205
羧甲基纤维素……070

T

糖酯……093
糖酯化合物……086
天然高分子材料……369
田间药效试验……480
甜菜碱型……113
填充剂……421

填料…… 116
桶混助剂 …… 140，469
团簇固体…… 067
团聚造粒…… 163
脱落率…… 415

W

烷基多苷…… 255
烷基磺酸盐…… 096
烷基糖苷…… 093
微胶囊…… 367
微胶囊型种衣剂…… 409
微囊悬浮剂…… 391
微囊悬浮剂的开发…… 395
微乳剂 …… 225，273
卧式砂磨机…… 414
无机分散剂…… 071
无可见作用剂量（NOEL）值 …… 502
雾滴覆盖密度…… 443
雾滴体积中径…… 443
雾滴直径…… 443

X

吸附热力学…… 101
吸附容量…… 125
吸附水…… 172
吸附造粒…… 160
烯基乙二醇酯…… 092
纤维素衍生物…… 370
现代化管理体系…… 484
相分离法…… 380
消泡…… 084
性能测定…… 400
悬浮剂的质量控制…… 311
悬浮剂开发…… 296
悬浮剂品种…… 308
悬浮剂实用配方…… 313
悬浮率 …… 005，415
悬浮性…… 175
悬乳剂…… 324
悬乳剂的稳定性…… 336
悬乳剂典型配方…… 339
悬乳型种衣剂…… 409
选择性系数…… 479

Y

压力式喷雾干燥器…… 200
亚甲基蓝…… 050
烟剂…… 417
烟剂品种…… 418
烟嘧磺隆…… 342
烟雾机…… 430
研磨法…… 428
研磨介质 …… 199，303
研磨设备…… 302
羊毛脂…… 425
氧化铵…… 094
抑制雾滴蒸发率…… 443
阴离子型…… 064
硬脂酸甘油酯…… 426
油类助剂…… 440
油酸甲酯…… 205，207，350
油悬剂产品配方…… 356
有机硅表面活性剂…… 440
有机硅类表面活性剂…… 176
有机膨润土…… 351
有机溶剂限量…… 205
有机相相分离法…… 384
莠灭净…… 194
原位聚合法…… 373

Z

载体…… 145
载药量…… 390
藻土…… 180
皂角粉…… 086
增溶作用 …… 083，215，247
增效剂…… 076
增效乳油…… 227
增效性能…… 449
增效作用…… 251
展膜性能…… 433
展着剂…… 439
正交试验法…… 040
脂肪叔胺烷氧基化物…… 251
脂肪酸甲氧基聚氧乙烯醚酯…… 091

脂肪酸聚氧乙烯醚酯…… 091
脂肪酸类表面活性剂…… 089
脂肪酸三甘酯…… 218
脂肪族溶剂油…… 207
pH 值调节法 …… 382
pH 值调节剂 …… 262
植物油类飞防助剂…… 441
制剂车间工程建设…… 486
制剂工厂建设的规范流程…… 485
制粒工艺…… 422
制造资源数字化…… 518
质量管控数字化…… 519
质量控制指标…… 415
质子溶剂…… 247
智能工厂…… 521
智能化农药制剂车间…… 522
智能控释…… 403
智能响应性…… 402
滞留量…… 442
种衣剂…… 407
种子处理剂…… 408
助喷剂…… 078
助燃剂…… 078
助溶剂…… 250
转盘造粒…… 182
浊点…… 053
最低有效剂量…… 479
最高安全剂量…… 479
作物安全性的测定…… 478

其他

CoMFA …… 059
Davies …… 059
DBS-Na …… 074
Griffin …… 052
HLB …… 052
LAS …… 068
MF …… 068
NNO …… 068
SOPA …… 068
VOC …… 127